国外电子与通信教材系列

数字信号处理
——基于计算机的方法(第四版)

Digital Signal Processing
A Computer-Based Approach
Fourth Edition

[美] Sanjit K. Mitra 著

余翔宇 译

電子工業出版社
Publishing House of Electronics Industry
北京·BEIJING

内容简介

本书是数字信号处理领域的经典教材 Digital Signal Processing：A Computer-Based Approach，Fourth Edition 的中文翻译版，内容涵盖了信号与信号处理、时域中的离散时间信号、频域中的离散时间信号、离散时间系统、有限长离散变换、*z* 变换、变换域中的 LTI 离散时间系统、数字滤波器结构、IIR 数字滤波器设计、FIR 数字滤波器设计、DSP 算法实现等方面。本书的特点是，在讲解上述内容的同时，给出了大量简单而实用的例子，并用 MATLAB 程序进行了验证，同时提供了大量的高质量习题和仿真练习。

本书可作为高等院校电子信息类专业高年级本科生或研究生的教材，也可供有关技术、科研管理人员使用，或作为继续教育的参考书。

Sanjit K. Mitra.

Digital Signal Processing: A Computer-Based Approach, Fourth Edition

ISBN: 0-07-736676-X. Copyright © 2011 by McGraw-Hill Education.

版权贸易合同登记号　图字：01-2011-3678

图书在版编目（CIP）数据

数字信号处理：基于计算机的方法：第四版 /（美）桑吉特 · K. 米特拉（Sanjit K. Mitra）著；余翔宇译.

北京：电子工业出版社，2018.6

书名原文：Digital Signal Processing: A Computer-Based Approach, Fourth Edition

国外电子与通信教材系列

ISBN 978-7-121-33921-9

Ⅰ. ①数…　Ⅱ. ①桑…　②余…　Ⅲ. ①数字信号处理-高等学校-教材　Ⅳ. ①TN911.72

中国版本图书馆 CIP 数据核字（2018）第 060684 号

策划编辑：冯小贝
责任编辑：冯小贝
印　　刷：三河市良远印务有限公司
装　　订：三河市良远印务有限公司
出版发行：电子工业出版社
　　　　　北京市海淀区万寿路 173 信箱　邮编　100036
开　　本：787 × 1092　1/16　　印张：42.25　字数：1377 千字
版　　次：2005 年 1 月第 1 版（原著第 2 版）
　　　　　2018 年 6 月第 3 版（原著第 4 版）
印　　次：2023 年 8 月第 6 次印刷
定　　价：129.00 元

凡所购买电子工业出版社图书有缺损问题，请向购买书店调换。若书店售缺，请与本社发行部联系，联系及邮购电话：（010）88254888，88258888。

质量投诉请发邮件至 zlts@phei.com.cn，盗版侵权举报请发邮件至 dbqq@phei.com.cn。

本书咨询联系方式：fengxiaobei@phei.com.cn。

译 者 序

Sanjit K. Mitra 教授的《数字信号处理——基于计算机的方法》一书，最早由清华大学出版社于 2001 年 9 月以影印版的形式引入中国。为了让更多的中国读者能够分享这本世界知名的教材，电子工业出版社及时地购买了该书的翻译版权，分别于 2005 年初和 2006 年中先后推出该书的第二版和第三版的中译版，满足了国内教学和科研的需要。该书由于其通俗性及与 MATLAB 紧密的融合等优点，逐渐成为国内大学中最受欢迎的数字信号处理外版书籍。

2011 年初，麦格劳 - 希尔教育出版公司再次在全球推出该书的第四版。全书的翻译基本延续了前两版的风格，同时对于专业词汇，均重新参考了相应的专业书籍，力求更加准确。此外，对于书后参考文献中在国内已经有出版的书籍均给出了说明，尽管其中有些已经绝版，但仍然可以在各大高校的图书馆中借阅。

本书第二版由余翔宇初译全书，再由孙洪教授组织师生修改，最后由孙教授修正、定稿。第三版由孙洪教授组织师生翻译，并由孙教授定稿。第四版在本人第二版译稿的基础上，对照第二版与第四版的差异，并参考第三版中译版的相关内容逐句改译、增译而成。因此，第四版中译本乃集合了诸多前人智慧之结晶，由于人数众多，不便在此一一列举，具体名单可参阅第二版及第三版的译者序。在本次翻译过程中，刘文杨同学协助给出了第四版部分新增内容的初译，我的父亲余伯庸先生利用退休后的闲暇时间帮我录入了书中的公式并检查了文稿中的错漏处，帮我减轻了一定的工作量。

非常感谢孙洪教授给本人提供参与翻译此书第二版的机会。也要感谢电子工业出版社高教分社的谭海平社长力邀，使我能与此书再次结缘。还要感谢华南理工大学电子与信息学院“数字信号处理”国家级精品课程的负责人韦岗教授及主要授课教师金连文教授、傅予力教授在百忙之中审阅了本书译稿。麦格劳 - 希尔教育出版公司北京办事处的古丽婵女士和香港办事处的张俊文先生在本书的翻译过程中提供了不少帮助，尤其是在 2011 年 6 月 Mitra 教授访华期间积极安排与其的会面，在此一并感谢。

由于本人水平有限，加之翻译时间仓促，书中错误在所难免，欢迎各位同行和同学批评指正。

译　者

前　言

半个世纪以来,数字信号处理(DSP)领域发展迅猛,在研究和应用方面都取得了显著的进展。数字计算机技术和软件开发的进展推动了其发展。现在,几乎全球所有的电气和计算机工程系都开设了一门或几门数字信号处理方面的课程,最初的课程通常在大学本科四年级开设。本书旨在作为大学本科四年级和研究生一年级学生共两学期的数字信号处理课程的教材,同样也适用于工程技术人员或科研人员自学。

本书第三版在2006年出版,从读者的反馈来看,显然需要一个新的版本来包含那些所建议的变化。对于本书前一版主要有三类变动:包括了大量新主题,删除了一些内容,并对内容进行了重新组织。我们认为调整后的每一章更具逻辑性。另外,加入了一些新的带有解答的例题来解释那些难以理解的新概念。

第四版的主要变化之一是,将原第2章、第3章和第4章的内容重新调整为三个新的章节:一章是离散时间信号的时域表示,一章是离散时间信号的频域表示,另一章则是离散时间系统的时域和频域表示。第三版第4章中关于模拟低通、高通、带通和带阻滤波器设计,模拟抗混叠滤波器设计,以及模拟重构滤波器设计等几节,在第四版中已移至两个附录中。此外,删除了对实际中连续时间信号数字处理所需接口设备(抽样-保持电路、模数转换器和数模转换器)的讨论。

第四版第二个主要变化是删除了关于应用的一章,而将该章中的绝大部分材料收录于随书附带的光盘[①]中。关于短时傅里叶变换的讨论也从该章移到了新版本中讨论有限长离散变换的第5章中。

第四版中的新内容包括:循环前缀(5.10.2节)、数字积分器(7.4.3节)、数字微分器(7.4.4节)、直流阻断器(7.4.5节)、以级联格型结构形式实现一对FIR传输函数的新方法(8.9节)、IIR数字滤波器的计算机辅助设计内容(9.7节)、为计算上有效的内插FIR滤波器设计确定最优稀疏因子的方法(10.6.2节)、使用转置运算生成的快速DFT计算算法(11.3.3节)。上一版有关数字正余弦发生器设计的一节,已从第8章中删除,转而作为该章末尾的习题。第11章中关于可调谐数字滤波器设计的内容,已移至讨论数字滤波器实现的章节(8.7节)中。最后,关于算术运算和函数逼近的几节已从第11章中删除,而关于某些函数逼近的一些问题则在该章末尾以习题的形式出现。

本书的主要特点之一是,大量使用基于MATLAB[②]的例题来示例程序在求解信号处理问题上的强大功能。本书采用了一种三步教学法的结构,从而充分利用了MATLAB的优势,避免了采用"食谱"式方法解题的弊端。每一章首先从讨论基本理论和算法开始;接下来给出一些人工求解计算的实例;最后用MATLAB推演题解。从一开始就尽量提供详细的MATLAB代码,以便学生在自己的计算机上重复这些例子。在每一章中,除了对常规理论问题要求分析求解之外,还包含了大量需要使用MATLAB来求解的问题。本书只需要学生掌握初步的MATLAB知识。我们相信学生通过使用验证过的完整程序,可以加快掌握解决复杂问题的能力,随后就可以编写一些简单的程序来求解指定的问题(这些问题列在第2章到第14章的末尾)。

由于计算机的验证可以增强对基本理论的理解,所以与前三版一样,第四版给出了一个庞大的MATLAB程序库。第三版原有的MATLAB程序都已进行了升级,以便适用于MATLAB和信号处理工具箱的新版本。另外,在第四版中加入了新的MATLAB程序及其代码段。所有的程序都列在本书附带的光盘中。学生可以运行这些程序来验证书中的结果。教材中的所有程序和代码段已在MATLAB 7.10.0.499(R2010a)及信号处理工具箱6.13(R2010a)版本下测试过。本书中所列出的一些程序就执行速度而言,可能不一定是最快的,其代码量也不一定是最短的,但在没有详细解释的情况下是用最容易理解的方式编写的。

本书的另一大特点是,包含了大量简单却很实用的例子。这些例子向读者展示了实际生活中的数字

---

① 随书附带的光盘内容已上传至华信教育资源网(http://www.hxedu.com.cn),有兴趣的读者可免费下载——编者注。

② MATLAB是MathWorks公司的注册商标,该公司的网址是http://www.mathworks.com。

信号处理问题，我们可以使用计算机来解决这些实际问题。本书还包含了当前未出现在教材中的一些热门主题。第2章到第14章后面的习题向读者介绍了其他一些主题。

本书附带的光盘中包含几个重要的数字信号处理应用。这些应用易于理解，不要求读者具有其他高级课程的知识。光盘还包含其他一些有用的材料，如表示实信号的文件、复习材料、其他例题、常见问题解答(FAQ)、大量数字信号处理的典型应用及简短的MATLAB指南。在教材中，我们尽可能地用光盘符号为读者指出光盘中的相关资料。希望读者的反馈能帮助我们在将来的版本中改进光盘的内容。

本书的先修课程是大学三年级关于线性连续时间和离散时间系统的课程，这在绝大部分学校都是必修课。本书简要复习了线性系统及其变换，包括线性系统理论的基本内容，其中重要的内容用表格进行总结。这样，就可以在不明显增加教材篇幅的情况下，包含较多的深入内容。

本书由14章和3个附录组成。第1章介绍信号处理，并概述信号和信号处理方法。

第2章讨论将离散时间信号在时域中表示成数字序列。首先，介绍在任意离散时间信号和离散时间系统的时域描述中起着重要作用的几个基本离散时间信号。接着，描述了大量由一个或更多序列生成其他序列的基本运算。这些运算的组合还将用来构造离散时间系统，而用离散时间序列表示连续时间信号的问题仅作为简单情况来研究。

第3章讨论离散时间信号的频域表示。本章首先简要回顾连续时间信号的连续时间傅里叶变换(CTFT)表示。然后，引入用于在频域中表示离散时间信号的离散时间傅里叶变换(DTFT)，接着介绍离散时间傅里叶逆变换，用以将原始离散时间信号从其DTFT表示中恢复出来。由于DTFT表示涉及一个无限求和，因此也对DTFT的收敛性进行了探讨。接下来，回顾了DTFT的属性，探讨消除DTFT中某些不连续性的相位函数的展开。最后，推导带限连续时间信号在理想抽样情况下的离散时间表示及从抽样精确恢复信号的条件。

第4章首先介绍一些简单离散时间系统的时域表示及其应用，然后探讨各种类别的离散时间系统，其中本书重点考察因果、线性和时不变(LTI)系统。这里表明因果LTI离散时间系统的时域表示是根据其冲激响应进行的，从该冲激响应可以得到系统的输入/输出关系。之后讨论通过互连几个简单的LTI系统来生成更复杂的LTI系统。LTI离散时间系统的频域表示是其频率响应，它就是系统冲激响应的DTFT。接下来引入频率响应的概念，并仔细分析与频率响应相关的相位延迟和群延迟之间的差别。

第5章主要讨论离散傅里叶变换(DFT)，由于可以用快速算法来有效地实现线性卷积，DFT在一些数字信号处理应用中起着重要的作用。首先引入DFT及其逆变换，然后讨论其性质。本章还概述了离散余弦变换(DCT)和Haar变换。上面讨论的所有三种变换都是有限长序列的正交变换的例子。此外，本章还简要回顾了短时傅里叶变换，这种变换通常用于提供非确定离散时间信号的频域表示。

第6章讨论z变换。首先引入z变换及其逆变换，并且讨论其性质。然后详细讨论z变换的收敛条件，之后讨论LTI离散时间系统的传输函数的概念及其与系统频率响应的关系。

如前所述，本书基本上只涉及LTI离散时间系统，第7章讨论该系统的变换域表示。此外，还将讨论这些变换域表示的特有性质，以及一些简单的应用。

硬件或软件实现LTI数字滤波器的第一步是由几个基本模块互连起来的结构描述。结构描述可以揭示一些固有的内部变量与输入/输出之间的关系，这是系统实现的关键。数字滤波器有多种结构描述，第8章将讨论其中的两种描述形式，然后讨论实现实因果IIR和FIR数字滤波器的一些常用方案。

第9章探讨IIR数字滤波器的设计问题。首先，讨论滤波器设计的相关问题。然后，描述设计IIR滤波器的最常用方法，即基于将原型模拟传输函数转换成数字传输函数的方法。此外，还将讨论经过谱变换把一类IIR传输函数变换成另一类函数，最后介绍了用MATLAB设计IIR数字滤波器。

第10章讨论FIR滤波器的设计问题。首先描述一种非常简单的FIR滤波器设计方法，然后讨论用计算机辅助来设计等波纹线性相位FIR数字滤波器的常用方法。最后，讨论用MATLAB设计FIR数字滤波器。

第11章涉及DSP算法的实现。首先讨论涉及实现的两个主要问题。通过在计算机上对数字滤波和对DFT算法进行软件实现的过程，说明其要点。接着讨论数字设备中数字和信号变量的各种表示方法，这些是在第12章中所讨论的有限字长效应分析方法的基础。最后，简要介绍用于处理溢出的运算。

第 12 章分析不同来源量化误差的影响，描述对这些影响敏感度较小的结构。此外，还将讨论系数量化的影响。

第 13 章和第 14 章讨论多抽样率离散时间系统，即在不同部分使用不同抽样率的系统。本章概述抽样率变换的基本概念和特性，数字滤波器的抽取和内插的设计，以及多抽样率滤波器组的设计。

附录 A 简单介绍模拟低通滤波器的设计方法，以及设计模拟抗混叠滤波器和模拟重构滤波器的要求。附录 B 讨论模拟高通、带通和带阻滤波器的设计方法。附录 C 回顾随机变量和随机过程的重要统计特性。

本书的内容已在加州大学圣・巴巴拉分校用于两个学期的数字信号处理课程，并经过了课堂上超过 20 年的仔细检验。基本框架是，从第 2 章到第 8 章的内容对应本科高年级的基础课程，第 8 章到第 14 章的内容及一些应用例题则对应研究生课程。此外，本书的主要部分过去几年来也一直用于南加州大学的本科高年级课程。

本书包含了 324 个例题、146 个 MATLAB 程序和代码段、845 个习题及 158 个 MATLAB 练习。

我们已尽最大努力保证本书中所有材料（包括 MATLAB 程序）的准确性。然而，也非常感激读者指出本书中出现的任何笔者和出版社都未发现的错误。对于这些错误和建议，读者可以通过电子邮件的方式和笔者交流，其电子邮件地址是 mitra@ece.ucsb.edu。

本书的网址为 www.mhhe.com/mitra，上面包含了面向教师和学生的其他资源。教师可受益于麦格劳-希尔教育出版公司的 COSMOS 电子解答手册。COSMOS 可使教师随心所欲地生成习题，并将自己的习题传输及整合到该软件中。进一步的信息可与麦格劳-希尔教育出版公司的销售代表联系①。

最后，非常荣幸在教学生涯中能有机会与我的研究小组中杰出的学生一起工作长达 40 多年。在和他们的交流与合作中，本人已经并将继续受益匪浅，谨以此书向他们表示衷心的感谢。

Sanjit K. Mitra

① 有关教学辅助资源的获取方法请参阅书后所附的“教学支持说明”——编者注。

致　　谢

本书第一版的完整初稿经过了下述博士的审阅:克罗地亚萨格勒布大学的 Hrvojc Babic,杜克大学的 James F. Kaiser,奥地利维也纳理工大学的 Wolfgang F. G. Mecklenbräuker,加州理工大学的 P. P. Vaidyanathan。草稿经过了下述博士的审阅:微软公司的 Roberto H. Bambmerger,普渡大学的 Charles Boumann,明尼苏达大学的 Kevin Buckley,得克萨斯农工大学的 John A. Flemming,加州大学圣·巴巴拉分校的 Jerry D. Gibson,所罗门大学的 John Gowdy,加州理工州立大学圣·路易斯·奥比斯保分校的 James Harris 和 Mahmood Nahvi,波特兰州立大学的 Yih-Chyun Jenq,加州大学圣迭哥分校的 Troung Q. Ngyuen,亚利桑那州立大学的 Andreas Spanias。该书稿的许多内容还经过了如下博士的审阅:莱斯大学的 C. Sidney Burrus, AT&T 实验室的 Richard V. Cox,加州大学圣迭哥分校的 Ian Galton,乔治亚理工大学的 Nikil S. Jayant,挪威科技大学的 Tor Ramstad,赖特州立大学的 B. Ananth Shenoi,德国埃朗根-纽伦堡大学的 Hans W. Schüssler,俄勒冈州立大学的 Richard Schreier 和 Gabor C. Temes。

第二版经过了如下博士的审阅:北卡罗来纳州立大学的 Winser E. Alexander,罗切斯特工学院的 Sohail A. Dianat,印度理工学院的 Suhash Dutta Roy,北达科他州立大学的 David C. Farden,苏丹卡布斯大学的 AbdulnasirY. Hossein,杜克大学的 James F. Kaiser,安捷伦实验室的 Ramakrishna Kakarala,奥地利维也纳理工大学的 Wolfgang F. G. Mecklenbräuker,南加州大学的 Antonio Ortega,奥本大学的 Stanley J. Reeves,马里兰大学的 George Symos,麻省理工学院的 Gregory A. Wornell。第二版手稿的许多内容还受到了如下博士的审阅:哥伦比亚大学的 Dimitris Anastassiou,佛罗里达州立大学的 Rajendra K. Arora,罗德岛大学的 Ramdas Kumaresan,加州大学圣·巴巴拉分校的 Upamanyu Madhow,纽约布鲁克林理工学院的 Ivan Selesnick,俄勒冈州立大学的 Gabor C. Temes。

第三版经过了如下博士的审阅:新西兰梅西大学的 Donald G. Bailey,意大利罗马第三大学的 Marco Carli,明尼苏达大学的 Emad S. Ebbini,塔斯基吉大学的 Chandrakanth H. Gowda,得克萨斯大学奥斯汀分校的 Robert W. Heath,史蒂文斯理工学院的 Hongbin Li,加州大学河滨分校的 Ping Liang,俄勒冈州立大学的 Luca Lucchese,迈阿密大学的 Kamal Premaratne,罗格斯大学的 Lawrence R. Rabiner,威斯康星州密尔沃基大学的 Ali M. Reza,新奥尔良大学的 Terry E. Riemer,得克萨斯农工大学的 Erchin Serepdin,阿克伦大学的 Okechukwu C. Ugweje。第三版手稿的许多内容还受到了如下博士的审阅:加州大学圣·巴巴拉分校的 Shivkumar Chandrasekaran,新墨西哥州立大学(拉斯库鲁斯校区)的 Charles D. Creusere,新加坡南洋理工大学的林永青和马凯光,MathWorks 有限公司的 Ricardo Losada,斯坦福大学的 Julius O. Smith,加州大学圣迭哥分校的 Truong Nguyen。这里我要感谢他们有价值的意见,这些意见无疑对本书非常有用。

第三版的修订意见由如下博士提供:泰国诗琳通国际理工学院的 Chalie Charoenlarpnopparut,比利时 Katholieke 高等专业学院(Associatie K. U. Leuven)的 Patrick Colleman,新墨西哥州立大学(拉斯库鲁斯校区)的 Charles D. Creusere,纽约伦斯勒理工学院的 Alan A. Desrochers,印度 Aligarh 穆斯林大学的 Omar Farooq,印度果阿大学的 Rajendra S. Gad,印度理工学院孟买分校的 Vikram M. Gadre,印度卡利卡特国立工学院的 E. Gopinathan,马来西亚多媒体大学的林行祥,新西兰奥克兰理工大学的 Hamid Gholam Hosseini,印度喀拉拉邦 Thangal Kunju Musaliar 工程学院的 Abdul Jaleel,马来西亚 Putra 大学的 Sabira Khatun,中国山东大学的刘琚,哥伦比亚特区大学的 Wagdy H. Mahmoud,印度 Vishwakarma 工学院的 Ashutosh Marathe,印度理工学院孟买分校的 S. N. Merchant,巴基斯坦 Riphah 国际大学的 Muhammad Javed Mirza,印度 Hamirpur 国立理工学院的 Ravinder Nath,印度理工学院马德拉斯分校的 K. M. M. Prabhu,印度国立理工大学卡利卡特分校的 S. M. Sameer,印度国立理工大学古鲁格舍德拉分校的 O. P. Sahu,北伊利诺伊大学的 Mansour Tahernezhadi,泰国朱拉隆功大学的 Nisachon Tangsangiumvisai,巴基斯坦卡拉奇计算机与前沿科学 FAST 国立大学的 Imran A. Tasadduq。

第四版的手稿由奥地利维也纳理工大学的 Wolfgang F. G. Mecklenbräuker 博士及加州大学圣迭哥分校的 Truong Nguyen 博士审阅。第四版的部分手稿还得到了印度理工学院新德里分校的 Suhash Dutta Roy 博士审阅。

这里我要感谢他们有价值的建议，这些建议无疑对本书非常有用。

我的许多学生审阅了所有版本的各种手稿，并测试了许多 MATLAB 程序。我尤其要感谢 Charles D. Creusere 博士、Rajeev Gandhi 博士、Gabriel Gomes 博士、Serkan Hatipoglu 博士、何志海博士、何昕瀚博士、Michael Lightstone 博士、林应松博士、Luca Lucchese 博士、Michael Moore 博士、Debargha Mukherjee 博士、Norbert Strobel 博士、Stefan Thurnhofer 博士、Mylene Queiroz de Farias 博士以及 Eric Leipnik 先生。我还要感谢加州大学圣·巴巴拉分校 ECE 158 和 ECE 258A 课程的学生，以及南加州大学 EE 483 课程的学生，感谢他们几年来的反馈，这些反馈帮助我使这本书增色不少。

感谢 Goutam K. Mitra 和 Alicia Rodriguez 为本书设计了封面。最后，我要感谢 Patricia Monohon 为本书的第四版精心准备 LaTeX 文件。

书中包含的所有 MATLAB 程序均可在本书附带的光盘中找到，也可以通过网站 www. ece. ucsb. edu/Faculty/Mitra/Book4e 获得。

教师可通过出版商获得由何昕瀚、Travis Smith 和 Martin Gawecki 准备的习题解答手册，其中包含了所有习题及 MATLAB 练习的答案，也可通过与作者联系得到书中大部分内容的 PowerPoint 幻灯片。

作者简介

Sanjit K. Mitra：美国南加州大学洛杉矶分校谢明电气工程系的 Stephen and Etta Varra 教授，加州大学圣·巴巴拉分校电气与计算机工程系研究员。分别于 1960 年和 1962 年获得加州大学伯克利分校电气工程专业硕士和博士学位。曾以不同身份为 IEEE 服务，包括担任 1986 年 IEEE 电路与系统学会主席，1996 年至 1999 年 IEEE 信号处理学会主席团成员。他在模拟与数字信号处理、图像处理领域发表了 660 多篇论文，出版了 12 本图书，并拥有 5 项专利。在工业和学术领域，Mitra 博士获得了许多荣誉，包括 1973 年的 F. E. Terman 奖，1985 年美国工程教育学会的 AT&T 基金奖，1989 年的教育奖，1999 年 Mac Van Valkenburg 学会奖和 IEEE 电路与系统学会 CAS50 周年奖，1989 年的德国亚历山大·范·洪保基金会著名美国科学家奖；IEEE 信号处理学会 1995 年技术成就奖，2001 年学会奖，2006 年教育奖；IEEE 2005 年千禧奖，2006 年小詹姆斯·H·马利根教育奖；信号处理欧洲学会（EURASIP）2002 年技术成就奖，2009 年 Athanasios Papoulis 奖，2005 年的国际光学工程学会 SPIE 技术成就奖，2005 年的斯洛文尼亚 Slova 工学院 Bratislava 分校大学奖。他是 2000 年 IEE（伦敦）Blumlein-Browne-Willans 奖及 2001 年 IEEE 视频技术电路与系统汇刊最佳论文的获得者。同时，他是美国工程院院士，芬兰科学院院士，挪威科学与技术学院院士，克罗地亚科学与艺术学院外籍成员，墨西哥工程院外籍成员，印度工程院外籍院士，印度科学院外籍院士。曾被授予芬兰坦佩雷工学院、罗马尼亚布加勒斯特理工大学、罗马尼亚雅西工学院荣誉博士学位。Mitra 博士是 IEEE、AAAS、SPIE 会士，同时也是 EURASIP 会员。

目　录

第1章　信号和信号处理

信号在日常生活中扮演了重要的角色。常见的信号有语音、音乐、图片和视频信号等。信号是自变量(如时间、距离、位置、温度和压力等)的函数。例如，语音和音乐信号表示空间上某个点的气压，它是时间的函数;黑白图片将光强度表示为两个空间坐标的函数;电视中的视频信号由称为帧的图像序列组成，它是两个空间坐标和时间这三个变量的函数。

我们遇到的大多数信号都是自然产生的。然而，信号也可以通过人工合成或计算机仿真生成。信号携带着信息，而信号处理的目的就是提取信号所携带的有用信息。信息提取的方法取决于信号的类型以及信号中信息的本质。因此，粗略地讲，信号处理研究信号的数学表示以及用以提取信号所含信息而对信号进行的算法运算。信号可以用原自变量域中的基函数或者用变换域中的基函数表示。同样，信息提取处理可以在信号的原始域或变换域中进行。本书主要涉及信号的离散时间表示和相应的离散时间处理。

本章给出了信号和信号处理方法的概述。首先讨论信号的数学描述和信号的分类;接着，详细讨论一些典型的信号，并且描述它们所携带信息的类型，接下来通过例子给出并演示一些常用的信号处理运算;随后简要地讲述一些典型的数字信号处理应用;最后讨论数字信号处理的优点和缺点。

1.1　信号的特征与分类

根据自变量的本质以及定义该信号函数的值，可定义不同类型的信号。例如，自变量可以是连续的或离散的。同样，信号也可以是自变量的连续的或离散的函数。此外，信号可以是实值函数或一个复值函数。

信号可以由一个或多个源产生。在前一种情况下，它为标量信号;而在后一种情况下，它为向量信号，通常也称为多通道信号。一维(1-D)信号是单个自变量的函数，二维(2-D)信号是两个自变量的函数，多维(*M*-D)信号是多个自变量的函数。语音信号是一个一维信号，其中自变量是时间。图像信号，如照片，是一个二维信号，其中的两个自变量是空间的两个变量。黑白视频信号的每一帧是一个二维图像信号，它是两个离散空间变量的函数，每一帧在离散时间上按顺序出现。因此，黑白视频信号可以看成是一个三维(3-D)信号，其三个自变量分别是两个空间变量和一个时间变量。彩色视频信号是由分别表示红、绿、蓝(RGB)三原色的三个三维信号组成的三通道信号，在传输中，将RGB电视信号转换成由亮度分量和两个色度分量组成的另一种三通道信号。

在自变量的指定值上信号的值称为信号的**振幅**，作为自变量的函数的振幅变化称为**波形**。

对于一维信号，自变量通常为**时间**。若自变量是连续的，该信号称为**连续时间信号**;若自变量是离散的，该信号称为**离散时间信号**。连续时间信号定义在时间的每个时刻，而离散时间信号仅在特定的离散时刻取值，而在这些时刻之间，信号没有定义。因此，离散时间信号实质上是数字的一个序列。

语音示例1

具有连续振幅的连续时间信号通常称为**模拟信号**，语音信号就是模拟信号的一个例子。在日常生活中经常遇到的模拟信号通常以自然方式产生。用有限个数字表示离散振幅值的离散时间信号称为**数字信号**。存储在光盘中的数字化音乐信号就是一种数字信号。具有连续振幅值的离散时间信号称为**抽样数据信号**，这一类信号出现在开关电容(SC)电路中。因此，数字信号可以看成是量化后的抽样数据信号。最后，具有离散振幅值的连续时间信号称为**量化矩形窗信号**[Ste93]，这种信号出现在数字电路中，其中信号在时钟的两个时刻间保持固定电平(通常是两个值之一)。图1.1示例了这四种类型的信号。

图像示例1
视频示例1

通常可以清楚地看出信号在其数学表达式中的函数依赖关系。对于一维连续时间信号，连续自变量通常用 t 表示;而对于一维离散时间信号，离散自变量通常用 n 表示。例如，$u(t)$ 表示一个一维连续时间信号，而 $\{v[n]\}$ 表示一个一维离散时间信号。离散时间信号中的每个成员 $v[n]$ 称为一个**样本**。在许多应用中，离散时间信号是通过对原连续时间信号以相等的时间间隔抽样产生的。若定义离散时间信号的离散时刻是等间隔的，则离散自变量 n 可以被归一化，从而取为整数值。

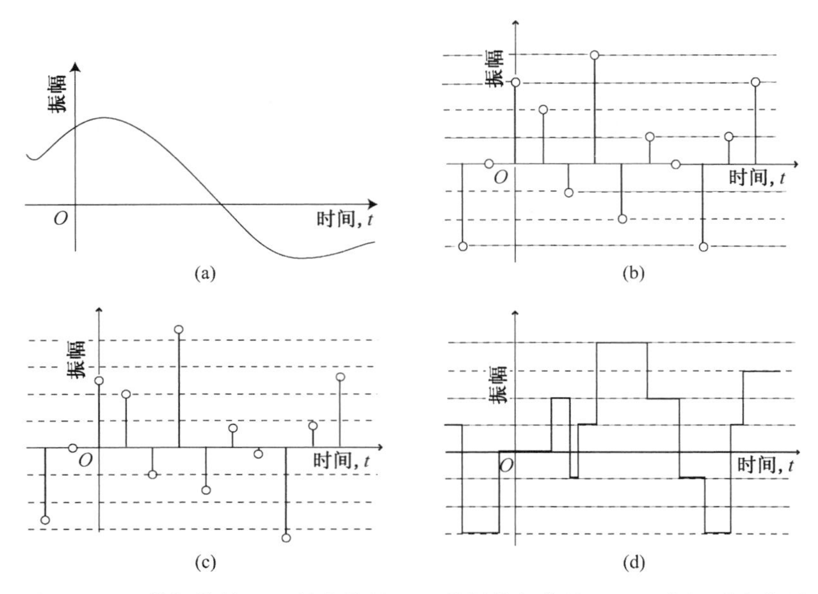

图 1.1 (a)模拟信号；(b)数字信号；(c)抽样数据信号；(d)量化矩形窗信号

对二维连续时间信号，两个自变量通常是空间坐标，常用 x 和 y 表示。例如，黑白图像的强度可以表示为 $u(x, y)$。彩色图像 $\boldsymbol{u}(x, y)$ 由表示红、绿、蓝三原色的三个信号组成：

$$\boldsymbol{u}(x, y) = \begin{bmatrix} r(x, y) \\ g(x, y) \\ b(x, y) \end{bmatrix}$$

此外，数字化后的图像是二维离散信号，其两个自变量是通常表示为 m 和 n 的离散化的空间变量，因此，数字图像可以表示为 $v[m, n]$。同样，黑白视频序列是三维信号，可用 $u(x, y, t)$ 表示，其中 x 和 y 表示两个空间变量，t 表示时间变量。而彩色视频信号是向量信号，它由表示红、绿、蓝三原色的三个视频信号组成。

依据信号是否能被唯一地描述的确定性可对信号进行另一种分类。可由一个明确定义的过程(如通过一个数学表达式或规则，或通过查找表)来确定的信号称为**确定信号**；而一个由随机方式产生且不能提前预测的信号称为**随机信号**。本书主要探讨离散时间确定信号的处理。然而，由于实际的离散时间系统是用有限字长来存储信号和实现信号处理算法的，所以有必要提出一些工具来分析有限字长对离散时间系统性能的影响。为此，将某些相关信号表示为随机信号，并用统计的方法进行分析，就会比较方便。

下一节将介绍一些典型的作用在模拟信号上的信号处理运算。

1.2 典型的信号处理运算

在实际中使用了不同类型的信号处理运算。对模拟信号而言，大多数信号处理运算通常都在时域进行，而对离散时间信号来讲，时域和频域运算均被用到。对上述任何一种情况，所需的运算是通过一些基本运算的组合来实现的。尽管在某些应用中，这些运算可以离线实现，但它们通常还是实时的或准实时的实现。

1.2.1 简单时域运算

时域中三个最基本的信号运算是尺度缩放、延迟和相加。**尺度缩放**是直接将信号与一个正的或负的常数相乘。对模拟信号而言，若相乘常数(称为**增益**)的幅度大于 1，则该运算通常称为**放大**；若相乘的常数幅度小于 1，则该运算称为**衰减**。因此，若 $x(t)$ 是一个模拟信号，则尺度缩放运算产生信号 $y(t)=\alpha x(t)$，其中 α 是尺度缩放常量。

延迟运算产生一个原信号延迟副本。对于模拟信号 $x(t)$，$y(t)=x(t-t_0)$ 是 $x(t)$ 延迟 t_0 后的信号，其中 t_0 通常被假定为一个正数。若 t_0 是负数，则对应的运算是一个**超前**运算。

许多应用需要通过两个或多个信号的运算来生成新信号。例如，$y(t)=x_1(t)+x_2(t)-x_3(t)$ 是三个模拟信号 $x_1(t)$、$x_2(t)$ 和 $x_3(t)$ 通过**相加**产生的信号。另一个基本运算是两个信号的**相乘**。两个信号 $x_1(t)$ 和 $x_2(t)$ 的相乘产生信号 $y(t)=x_1(t)x_2(t)$。

另外两个基本运算是积分和微分。模拟信号 $x(t)$ 的**积分**生成信号 $y(t)=\int_{-\infty}^{t}x(\tau)\mathrm{d}\tau$，而 $x(t)$ 的**微分**得到信号 $w(t)=\mathrm{d}x(t)/\mathrm{d}t$。

上面前三种基本运算，即尺度缩放、延迟和相加，也适用于离散时间信号，这将在本书后面详细讨论。另外两个运算，即积分和微分运算，在离散时间域只能近似实现。

接下来我们介绍一些通常用到的复杂信号运算，它们是通过两个或多个基本运算的组合实现的。其中有一些运算的特性通过使用连续时间傅里叶变换在频域中比较容易理解。连续时间信号 $x(t)$ 的连续时间傅里叶变换 $X(\mathrm{j}\Omega)$ 定义为①

$$X(\mathrm{j}\Omega)=\int_{-\infty}^{\infty}x(t)\mathrm{e}^{-\mathrm{j}\Omega t}\,\mathrm{d}t \tag{1.1}$$

$X(\mathrm{j}\Omega)$ 称为 $x(t)$ 的频谱。

1.2.2　滤波

使用得最广泛的一种复杂信号处理运算是**滤波**，其主要目的是根据指定的要求改变频谱。实现这种运算的系统称为**滤波器**。例如，滤波器可以设计成允许信号中某些特定频率的成分通过而阻止其他频率成分。滤波器允许通过的频率范围称为**通带**，而滤波器阻止通过的频率范围称为**阻带**。根据滤波运算的性质可以定义不同的滤波器类型。在大多数情况下，模拟信号的滤波运算是线性时不变的。若滤波器用一个冲激响应 $h(t)$ 来表征，则滤波器对应于输入的输出 $y(t)$ 可以用卷积积分来描述：

$$y(t)=\int_{-\infty}^{\infty}h(t-\tau)x(\tau)\,\mathrm{d}\tau \tag{1.2}$$

这里假设在输入信号作用时滤波器是零初始条件的松弛状态。在频域中，上式可表示为

$$Y(\mathrm{j}\Omega)=H(\mathrm{j}\Omega)X(\mathrm{j}\Omega) \tag{1.3}$$

其中 $Y(\mathrm{j}\Omega)$、$X(\mathrm{j}\Omega)$ 和 $H(\mathrm{j}\Omega)$ 分别表示 $y(t)$、$x(t)$ 和 $h(t)$ 的连续时间傅里叶变换。

低通滤波器允许低于某个特定频率 f_p（称为**通带边界频率**）的所有低频成分通过，并阻止所有高于 f_s（称为**阻带边界频率**）的高频成分。**高通滤波器**可通过所有高于某个通带边界频率 f_p 的高频成分，并阻止所有低于阻带边界频率 f_s 的低频成分。**带通滤波器**通过两个通带边界频率 f_{p1} 和 f_{p2} 之间的所有频率成分，其中 $f_{p1}<f_{p2}$，并阻止所有低于阻带边界频率 f_{s1} 和高于阻带边界频率 f_{s2} 的频率成分。**带阻滤波器**阻止两个阻带边界频率 f_{s1} 和 f_{s2} 之间的所有频率成分，通过所有低于通带边界频率 f_{p1} 和高于通带边界频率 f_{p2} 的频率成分。图 1.2(a) 显示了一个由频率分别为 50 Hz、100 Hz 和 200 Hz 的三个正弦成分组成的信号。图 1.2(b) 至图 1.2(e) 显示了上面 4 种类型的滤波运算经适当选择截止频率后得到的结果。

用来阻止单个频率分量的带阻滤波器称为**陷波器**。**多频带滤波器**有多个通带和多个阻带。**梳状滤波器**则设计用来阻断某个低频的整数倍的频率成分。

信号可能受到一个干扰信号（称为**干扰**或**噪声**）不经意地破坏。在许多应用中，期望的信号占据一个从直流（dc）到某个频率 f_L Hz 的低频带，同时被一个频率成分大于 f_H Hz 的高频噪声干扰，这里 $f_H>f_L$。此时可以将被噪声干扰的信号通过一个截止频率为 f_c 的低通滤波器来恢复期望信号，其中 $f_L<f_c<f_H$。在一些应

① 参见 3.1 节关于连续时间傅里叶变换的介绍。

用中，干扰期望信号的噪声可能是单一频率的正弦信号。例如，由电力线辐射的电磁场产生的噪声表现为一个 60 Hz 的正弦信号。将被干扰的信号通过陷波频率为 60 Hz 的陷波器，可以恢复出期望信号①。

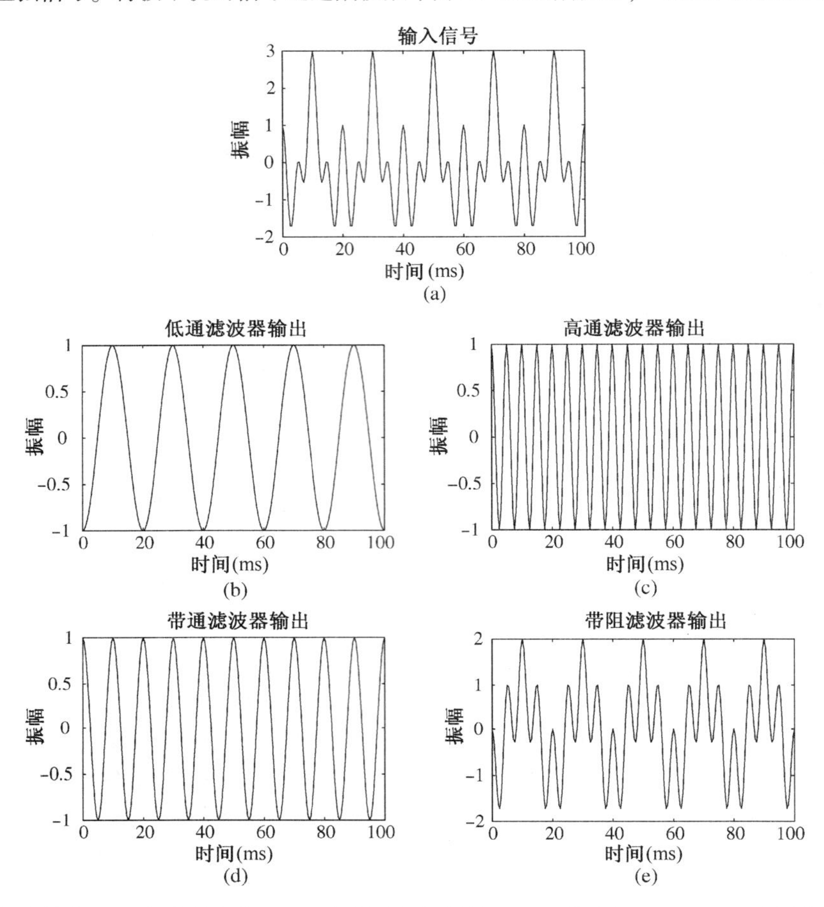

图 1.2　(a)输入信号；(b)截止频率为 80 Hz 的低通滤波器输出；(c)截止频率为 150 Hz 的高通滤波器输出；(d)截止频率为80 Hz和150 Hz的带通滤波器输出；(e)截止频率为80 Hz和150 Hz的带阻滤波器输出

1.2.3　产生复值信号

如前所述，信号可以是实数值信号或者复数值信号。为方便起见，通常称前者为**实数信号**，而称后者为**复数信号**。所有自然产生的信号都是实值信号。在一些应用中，需要由具有更多期望性质的实数信号来生成复数信号。可以将实数信号通过**希尔伯特变换器**来产生复数信号，该变换由下面给出的冲激响应 $h_{\mathrm{HT}}(t)$ 描述[Fre94]，[Opp83]：

$$h_{\mathrm{HT}}(t) = \frac{1}{\pi t} \tag{1.4}$$

其连续时间傅里叶变换 $H_{\mathrm{HT}}(\mathrm{j}\Omega)$ 为

$$H_{\mathrm{HT}}(\mathrm{j}\Omega) = \begin{cases} -\mathrm{j}, & \Omega > 0 \\ \mathrm{j}, & \Omega < 0 \end{cases} \tag{1.5}$$

设 $x(t)$ 表示实数模拟信号，其连续时间傅里叶变换为 $X(\mathrm{j}\Omega)$。实数信号的幅度谱具有偶对称性，而相位谱具有奇对称性。因此，实数信号 $x(t)$ 的频谱 $X(\mathrm{j}\Omega)$ 包含了正负频率，可以表示为

① 在许多国家(包括中国)中，电力线产生 50 Hz 的噪声。

$$X(\mathrm{j}\Omega) = X_p(\mathrm{j}\Omega) + X_n(\mathrm{j}\Omega) \tag{1.6}$$

其中 $X_p(\mathrm{j}\Omega)$ 是 $X(\mathrm{j}\Omega)$ 的正频率部分，$X_n(\mathrm{j}\Omega)$ 是 $X(\mathrm{j}\Omega)$ 的负频率部分。若将 $x(t)$ 通过一个希尔伯特变换器，则其输出 $\hat{x}(t)$ 的频谱 $\hat{X}(\mathrm{j}\Omega)$ 可以表示为

$$\hat{X}(\mathrm{j}\Omega) = H_{\mathrm{HT}}(\mathrm{j}\Omega)X(\mathrm{j}\Omega) = -\mathrm{j}X_p(\mathrm{j}\Omega) + \mathrm{j}X_n(\mathrm{j}\Omega) \tag{1.7}$$

可以看出 $\hat{x}(t)$ 也是一个实数信号。考虑由 $x(t)$ 与 $\hat{x}(t)$ 的和组成的复数信号 $y(t)$

$$y(t) = x(t) + \mathrm{j}\hat{x}(t) \tag{1.8}$$

信号 $x(t)$ 和 $\hat{x}(t)$ 分别称为 $y(t)$ 的**同相分量**和**正交分量**。$y(t)$ 的连续时间傅里叶变换则可以表示为(参见习题3.9)

$$Y(\mathrm{j}\Omega) = X(\mathrm{j}\Omega) + \mathrm{j}\hat{X}(\mathrm{j}\Omega) = 2X_p(\mathrm{j}\Omega) \tag{1.9}$$

因此，复数信号 $y(t)$ 称为**解析信号**，它只存在正频率成分。

图1.3给出了从实数信号产生解析信号的框图。希尔伯特变换器的一个应用是实现单边带调制，如图1.8所示，我们将在1.2.4节中对其进行讨论。

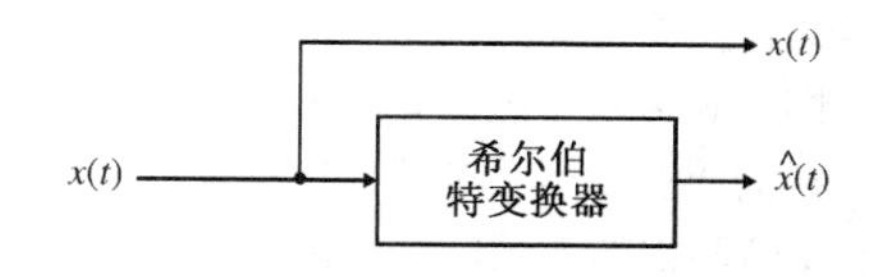

图1.3　使用希尔伯特变换器产生解析信号

1.2.4　振幅调制

对于信号的长距离传输，将使用诸如电缆、光纤或者大气等作为传输媒质。每种这样的媒质都在高频范围内有一个较为适合的信号有效传输的带宽。因此，为了在信道上传输低频信号，必须通过调制运算将信号变换成高频信号。在接收端，对已调高频信号进行解调，并通过后续处理提取所求的低频信号。模拟信号调制有4种主要的类型：振幅调制、频率调制、相位调制和脉冲振幅调制。在这些方案中，振幅调制的概念比较简单，这里对其进行讨论[Fre94]，[Opp83]。

在**振幅调制**方案中，**载波信号**是高频正弦信号 $A\cos(\Omega_o t)$，其幅度随着的低频带限信号 $x(t)$（称为**调制信号**）变化，按照

$$y(t) = Ax(t)\cos(\Omega_o t) \tag{1.10}$$

产生一个称为**已调信号**的高频信号 $y(t)$。因此，振幅调制可以通过调制信号与载波信号相乘来实现。$y(t)$ 的频谱 $Y(\mathrm{j}\Omega)$ 可以表示为

$$Y(\mathrm{j}\Omega) = \tfrac{A}{2}X(\mathrm{j}(\Omega - \Omega_o)) + \tfrac{A}{2}X(\mathrm{j}(\Omega + \Omega_o)) \tag{1.11}$$

其中 $X(\mathrm{j}\Omega)$ 是调制信号 $x(t)$ 的频谱。图1.4显示了在假定载波频率 Ω_o 比包含在 $x(t)$ 中的最高频率 Ω_m 大很多的情况下，调制信号和已调信号的频谱。从图中可以看出，$y(t)$ 是一个中心在 Ω_o、带宽为 $2\Omega_m$ 的带限高频信号。

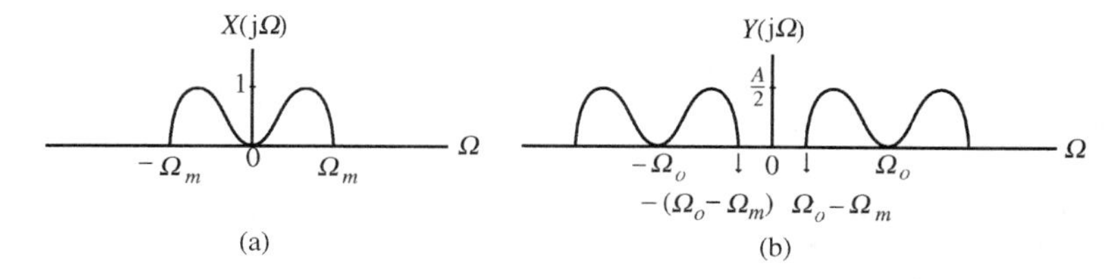

图1.4　(a)调制信号 $x(t)$ 的频谱及(b)已调信号 $y(t)$ 的频谱。为方便起见，两个频谱都用实函数表示

调幅信号在 Ω_o 到 $\Omega_o + \Omega_m$ 之间的部分称为**上边带**，而在 Ω_o 到 $\Omega_o - \Omega_m$ 之间的部分称为**下边带**。由于在已调信号中产生了两个边带并且没有载波成分，所以该过程称为**抑制载波双边带(DSB-SC)调制**。

$y(t)$ 的**解调**分两步进行，其中假定 $\Omega_o > \Omega_m$。首先将 $y(t)$ 乘以一个与载波同频的正弦信号，其结果为

$$r(t) = y(t)\cos\Omega_o t = Ax(t)\cos^2\Omega_o t \tag{1.12}$$

它可重写为

$$r(t) = y(t)\cos\Omega_o t = \tfrac{A}{2}x(t) + \tfrac{A}{2}x(t)\cos(2\Omega_o t) \tag{1.13}$$

这个结果表明乘积信号由以因子 1/2 尺度缩放的原调制信号和载波频率为 $2\Omega_o$ 的已调幅信号组成。$r(t)$ 的频谱 $R(\mathrm{j}\Omega)$ 在图 1.5 中给出。于是可以通过一个截止频率 Ω_c 满足关系 $\Omega_m < \Omega_c < 2\Omega_o - \Omega_m$ 的低通滤波器，从 $r(t)$ 中恢复出原调制信号。滤波器的输出就是调制信号尺度缩放后的副本。

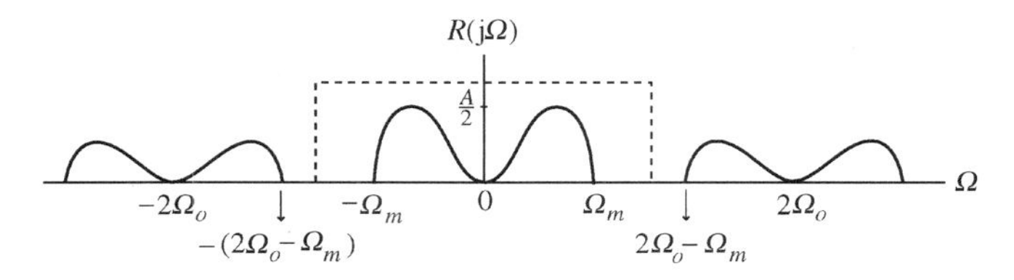

图 1.5 已调信号与载波乘积的频谱

图 1.6 显示了振幅调制和解调方案的框图。上述解调过程的前提是假设可以在接收端产生与载波信号一样的正弦信号。通常，很难保证解调的正弦信号在任何时候都和载波具有一样的频率。为解决该问题，在已调幅的无线电信号的传输中修改调制过程，使得被传输的信号中包括载波信号。为此重新定义振幅调制过程：

$$y(t) = A[1 + mx(t)]\cos(\Omega_o t) \tag{1.14}$$

其中选择 m 的数值确保 $[1 + mx(t)]$ 对于所有 t 都是正数。图 1.7 显示了频率为 20 Hz 的一个正弦调制信号的波形，以及当载波频率为 400 Hz 且 $m = 0.5$ 时按照式(1.14)得到的已调幅载波。注意，已调载波的包络基本上就是调制信号的波形。由于这里载波也出现在已调信号中，因此该过程称为**双边带(DSB)调制**。在接收端，载波信号先被分离，然后用于解调。

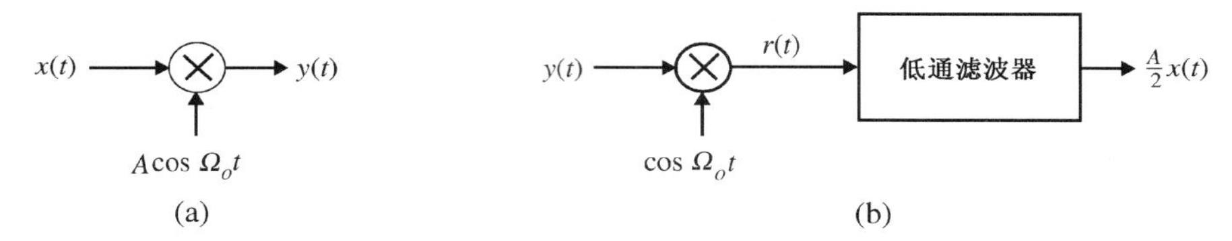

图 1.6 DSB-SC 振幅调制和解调方案的示意图：(a) 调制器；(b) 解调器

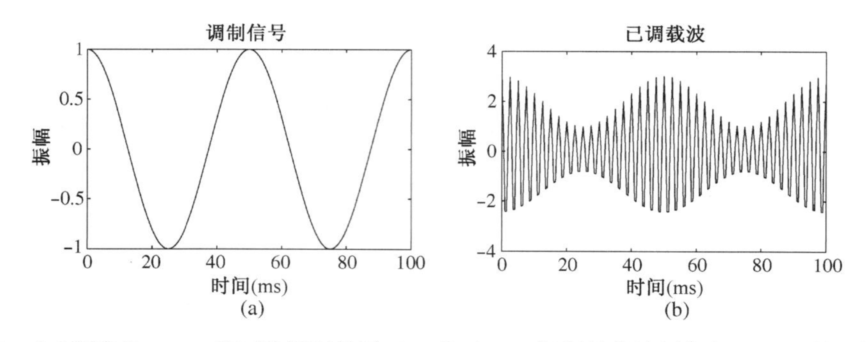

图 1.7 (a) 频率为 20 Hz 的正弦调制信号；(b) 基于 DSB 调制的载波频率为 400 Hz 的已调载波

从图 1.4 中可看出，在通常的振幅调制情况下，已调信号的带宽是 $2\Omega_m$，而调制信号的带宽是 Ω_m。为了提高传输媒质的容量，通常使用振幅调制的一种修正形式，该形式传输已调信号的上边带或者下边带。为了把它和图 1.6(a) 中所示的双边带调制方案区分开，相应的过程称为**单边带(SSB)调制**。

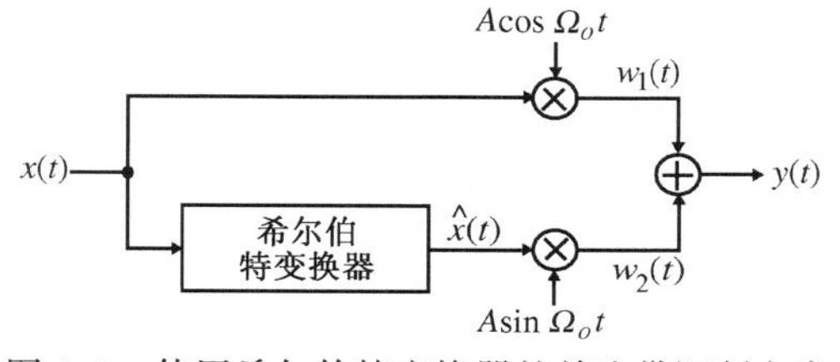

图 1.8 使用希尔伯特变换器的单边带调制方案

图 1.8 中给出了实现单边带振幅调制的一种方法，其中所用的希尔伯特变换器由式(1.4)定义。图 1.9 显示了图 1.8 中相关信号的频谱。

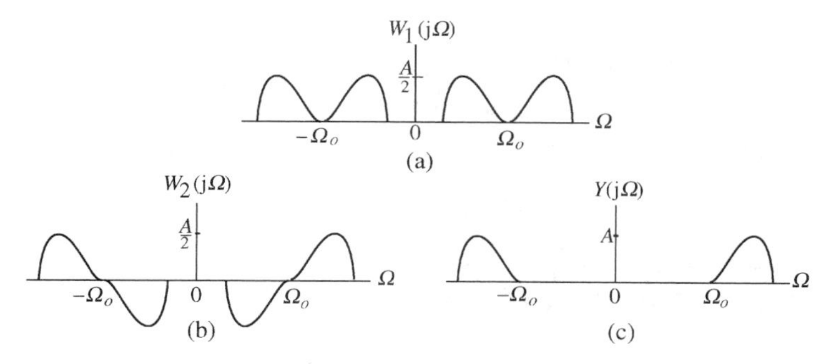

图 1.9 图 1.8 中相关信号的频谱

1.2.5 复用和解复用

为了有效使用宽带传输信道，人们将许多窄带低频信号组合起来形成一个混合宽带信号，作为单个信号进行传输。组合这些信号的过程称为**复用**，实施时必须保证在接收端可以恢复出原始窄带低频信号的副本。该恢复过程称为**解复用**。

在电话通信系统中，一种广泛使用的组合不同声音信号的方法是**频分复用**(FDM)方案[Cou83]，[Opp83]。这里，每个声音信号(通常带限到低频带宽 $2\Omega_m$)通过式(1.10)的调幅方法进行频谱迁移而来到较高的频段。相邻已调幅信号的载波频率相隔 Ω_o，且 $\Omega_o > 2\Omega_m$，以便保证每个已调信号通过相加形成的基带混合信号在频谱上没有重叠。该信号然后被调制到生成 FDM 信号的主载波上并被传输。图 1.10 说明了频分复用方案。

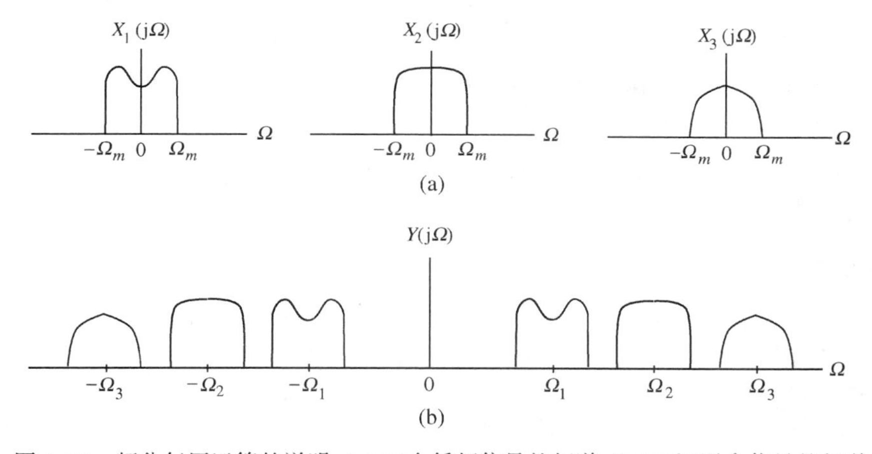

图 1.10 频分复用运算的说明：(a)三个低频信号的频谱；(b)已调混合信号的频谱

在接收端，首先通过解调将混合基带信号从 FDM 信号中取出，然后将该混合信号通过一个中心频率与相应载波频率相等且带宽稍大于 $2\Omega_m$ 的带通滤波器，对每个频率搬移后的信号做解复用。接下来用图 1.6(b)所示的方法对带通滤波器的输出进行解调，从而恢复出一个原声音信号的尺度缩放后的副本。

1.2.6 正交振幅调制

前面我们观察到，就频谱利用率而言，DSB 振幅调制的效率是 SSB 振幅调制的一半。**正交振幅调制**(QAM)方法使用 DSB 调制来调制两个不同的信号，以让它们占有同一个带宽；因此，正交振幅调制只占用与 SSB 调制方法一样的带宽。为了说明正交振幅调制方法的基本思想，设 $x_1(t)$ 和 $x_2(t)$ 是如图 1.4(a)所示的带宽为 Ω_m 的两个带限低频信号。这两个调制信号分别被两个载波信号 $A\cos(\Omega_o t)$ 和 $A\sin(\Omega_o t)$ 调制，并求和得到混合信号 $y(t)$：

$$y(t) = Ax_1(t)\cos(\Omega_o t) + Ax_2(t)\sin(\Omega_o t) \tag{1.15}$$

可以看到，这两个载波信号有着相同的载波频率 Ω_o，但相位差为90°。通常，载波 $A\cos(\Omega_o t)$ 称为**同相分量**，而载波 $A\sin(\Omega_o t)$ 称为**正交分量**。这样，混合信号 $y(t)$ 的频谱 $Y(\mathrm{j}\Omega)$ 为

$$\begin{aligned} Y(\mathrm{j}\Omega) &= \frac{A}{2}\{X_1(\mathrm{j}(\Omega-\Omega_o)) + X_1(\mathrm{j}(\Omega+\Omega_o))\} \\ &\quad + \frac{A}{2\mathrm{j}}\{X_2(\mathrm{j}(\Omega-\Omega_o)) - X_2(\mathrm{j}(\Omega+\Omega_o))\} \end{aligned} \tag{1.16}$$

可以看出，它与用 DSB 调制得到的已调信号占有相同的带宽。

为了恢复原始调制信号，混合信号分别乘以载波的同相分量和正交分量，得到两个信号：

$$r_1(t) = y(t)\cos(\Omega_o t), \qquad r_2(t) = y(t)\sin(\Omega_o t) \tag{1.17}$$

将式(1.15)给出的 $y(t)$ 代入式(1.17)，通过代数演算得到

$$\begin{aligned} r_1(t) &= \frac{A}{2}x_1(t) + \frac{A}{2}x_1(t)\cos(2\Omega_o t) + \frac{A}{2}x_2(t)\sin(2\Omega_o t) \\ r_2(t) &= \frac{A}{2}x_2(t) + \frac{A}{2}x_1(t)\sin(2\Omega_o t) - \frac{A}{2}x_2(t)\cos(2\Omega_o t) \end{aligned} \tag{1.18}$$

$r_1(t)$ 和 $r_2(t)$ 通过截止频率为 Ω_m 的低通滤波器产生两个调制信号。图 1.11 显示了正交振幅调制和解调方案的框图。

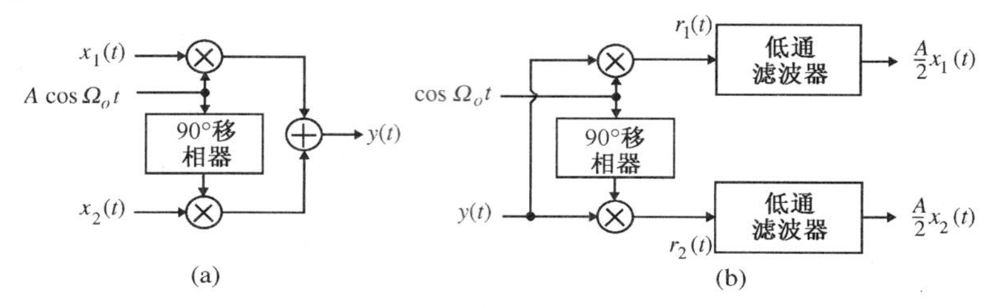

图 1.11 正交振幅调制和解调方案的示意图：(a)调制器；(b)解调器

如同抑制载波的 DSB 方法一样，为了精确解调，QAM 方法在接收端也需要一个发射端载波信号的精确副本。因此 QAM 并不用于模拟信号的直接传输，而是应用于传输离散时间数据序列以及通过抽样和模数转换变换成离散时间序列的模拟信号。

1.2.7 信号产生

信号处理中同样重要的部分是合成信号的产生。最简单的一个是称为**振荡器**的正弦信号发生器，它是前两节描述的调幅和解调系统中不可缺少的一部分。振荡器还有各种其他的信号处理应用。

有些应用需要产生其他类型的周期信号(如方波和三角波)。在实际中还经常应用到一些特定的随机信号，它的频谱在任何频率上都有恒定的振幅，该随机信号称为**白噪声**，典型应用于产生合成的离散时间语音信号。

1.3 典型信号举例①

为了更好地理解信号处理任务的广泛性，我们现以一些典型信号为例对其在特定应用中的相应处理进行介绍。

心电图(ECG)信号

心脏的电活动用心电图信号表示[Sha81]。典型的心电图信号迹线在图 1.12(a)中给出。心电图迹线基本上是一个周期性的波形。图 1.12(b)中给出了心电图波形的一个周期，它表示血液从心脏到动脉

① 本节改编自 Sanjit K. Mitra 和 James F. Kaiser 编写的 *Handbook for Digital Signal Processing*，John Wiley & Sons 出版社 1993 年出版。改编得到了 John Wiley & Sons 出版社的许可。

传输的一个循环。这部分波形来源于心脏右心房的窦房结的电激动产生。激动引起心房收缩，使得心房中的血被压到对应的心室里，产生的信号称为 P 波。房室结对兴奋激动延迟直到血液从心房到心室的传送完成，得到心电图波形的 P-R 间期。兴奋激动接着引起心室的收缩，将血液压到动脉，从而产生了心电图波形的 QRS 部分。在此阶段心房松弛并有血液充入。波形的 T 波表示心室的松弛状态，整个过程周期性地重复，产生心电图迹线。

心电图波形的每一部分携带着不同类型的信息，以便医生分析患者的心脏状况［Sha81］。例如，P 和 QRS 部分的振幅和时间定位揭示心肌块的情况：振幅低表明心肌受损，而振幅高表示心率异常。P-R 间隔很长表示房室结中过长的延迟。同样，部分或所有收缩冲激的阻滞由 P 和 QRS 波之间的间歇同步反映。大多数这些异常都可以用不同的药物治疗，通过观察药物治疗后的新心电图波形，可以重新监控药物的效力。

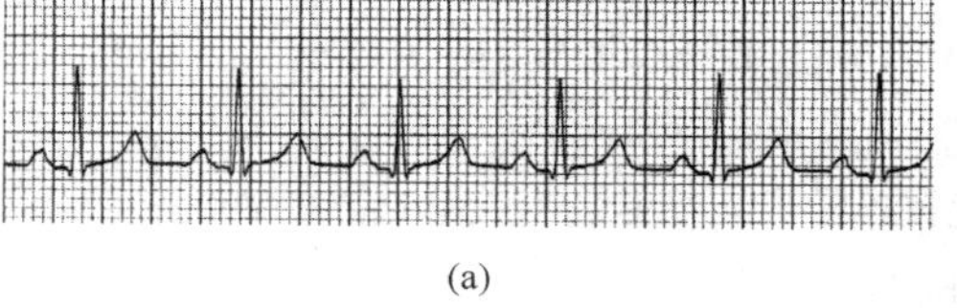

(a)

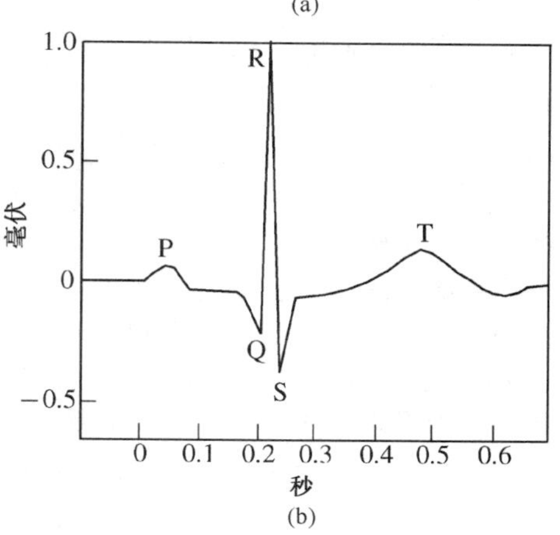

(b)

图 1.12　(a)一个典型的心电图迹线；(b)心电图波形的一个周期

实际中，在心电图信号中会出现各种外部引起的虚假信号［Tom81］。如果这些干扰没被消除，医生很难做出正确的诊断。一种常见的噪声源是 60 Hz 的电力线，通过电容耦合或磁感应，电力线辐射的电磁场被耦合到心电图设备中。其他干扰源有通过心肌收缩生成的电压的肌电图信号。使用严密的屏蔽与信号处理技术，可以消除上述及其他干扰。

脑电图(EEG)信号

脑电图信号用来表示大脑中上亿个单独的神经元随机触发的电活动的总和［Coh86］，［Tom81］。在多导脑电图记录中，电极被放置在头皮的不同位置，其中两个参考电极放在耳垂上，不同电极之间的电位差被记录下来。这类脑电图的带宽通常在 0.5 Hz 到大约 100 Hz 之间变化，振幅在 2 mV 到 100 mV 之间变化。多导脑电图的信号迹线的一个示例如图 1.13 所示。

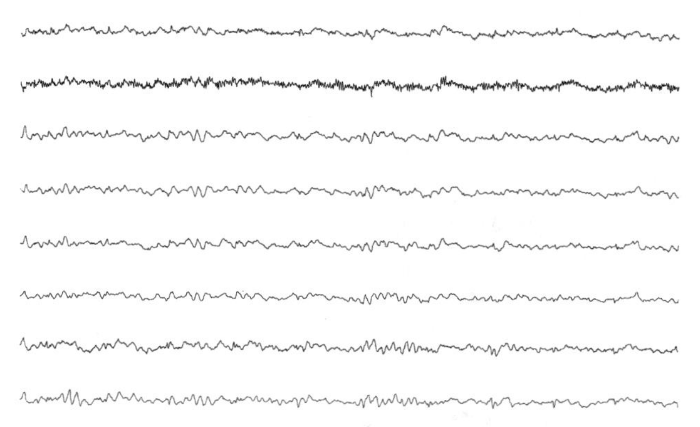

图 1.13　多导脑电图的信号迹线

脑电图信号的频域和时域分析都可用于诊断癫痫症、失眠、精神病等。为此，脑电图谱被分成 5 个波段：(1)δ 范围，占有从 0.5 Hz 到 4 Hz 的波段；(2)θ 范围，占有从 4 Hz 到 8 Hz 的波段；(3)α 范围，占有从 8 Hz 到 13 Hz 的波段；(4)β 范围，占有从 13 Hz 到 22 Hz 的波段；(5)γ 范围，占有从 22 Hz 到 30 Hz 的波段。

对于儿童和睡眠中的成人，脑电图信号中出现δ波是正常的。由于δ波通常不出现于觉醒的成人身上，它的存在暗示着某种大脑病变。尽管在觉醒的成人身上可以观察到θ波，但它通常出现在儿童身上。α波通常出现在所有正常人身上，并且当一个放松且清醒的人闭上眼睛时更加显著。同样，β活动通常出现在正常成人身上。当人睡觉做梦时，脑电图表现出快速的低电压波，称为**眼睛快速移动**(REM)波。否则，在睡眠的人身上，脑电图包含了类α波的爆发，称为**睡眠纺锤波**。癫痫症患者的脑电图展示了不同类型的异常，这些异常由非控制神经放电所引起的癫痫病的类型所决定。

地震信号

地震信号由地震、火山喷发或地下爆炸产生的岩石运动引起[Bol93]。大地的运动将产生从运动源通过地球体向所有方向传播的弹性波。三类基本的弹性波由地运动产生。其中有两类穿过地球体，且一类传播得比另一类更快一些。运动得快的波称为**初波**或**P波**，而较慢的波称为**次波**或**S波**。第三类波称为**面波**，它沿着地球表面运动。通过地震仪，这些地震波被转换成电信号并被记录在带状记录纸或磁带上。

由于地面运动的三维特性，地震仪通常由三个单独的记录仪器组成，分别提供两个水平方向和一个垂直方向的信息，并生成如图1.14所示的三个记录。每个记录是一个一维信号。从记录下的信号中，可以确定地震或核爆炸的幅度以及大地运动的起源位置。

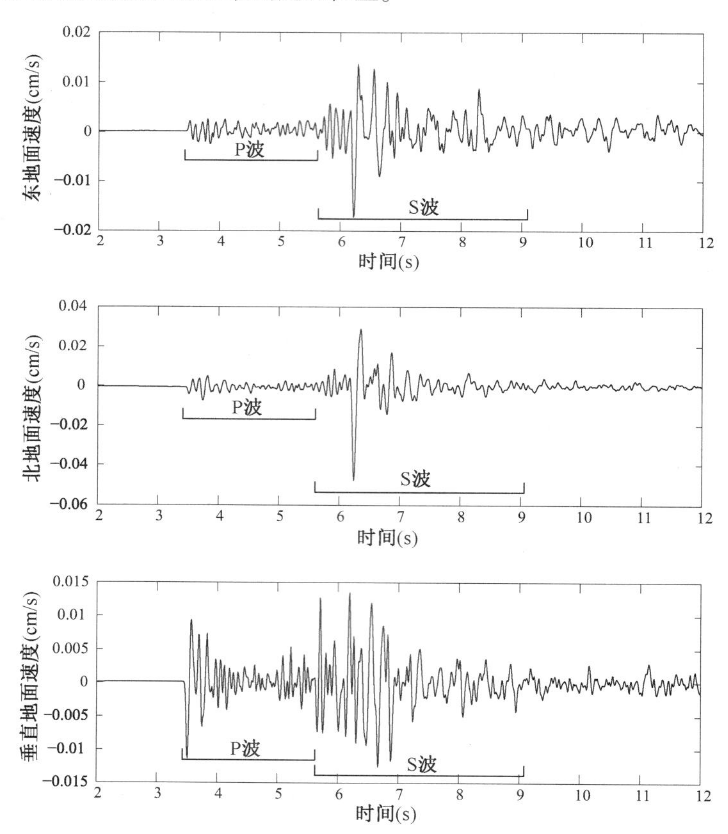

图1.14 2008年7月29日南加州地震数据中心南加州地震网于Puddingstone水库观测站记录的奇诺岗余震 <http://www.data.scec.org> P波和S波的近似持续时间被附加在原地震图上

地震信号在油气地球物理勘探中也起着重要的作用[Rob80]。在这类应用中，地震源的线性排列(如高能炸药)在地表按规律间隔放置。爆炸引起地震波通过地下地质结构传播并从地层分界面反射回地表。通过以一定模式的混合排列放置地震检波器，反射波被转换成电信号并以一个二维信号显示，它是一个时间和空间的函数，称为**迹线集**，如图1.15所示。在分析这些信号以前，要对数据进行一些时间和幅度的预校正，以补偿不同的物理现象。校正好的数据中，反射地震信号之间的时间差用来反映构造变形，而振幅变化通常表明存在有碳氢化合物。

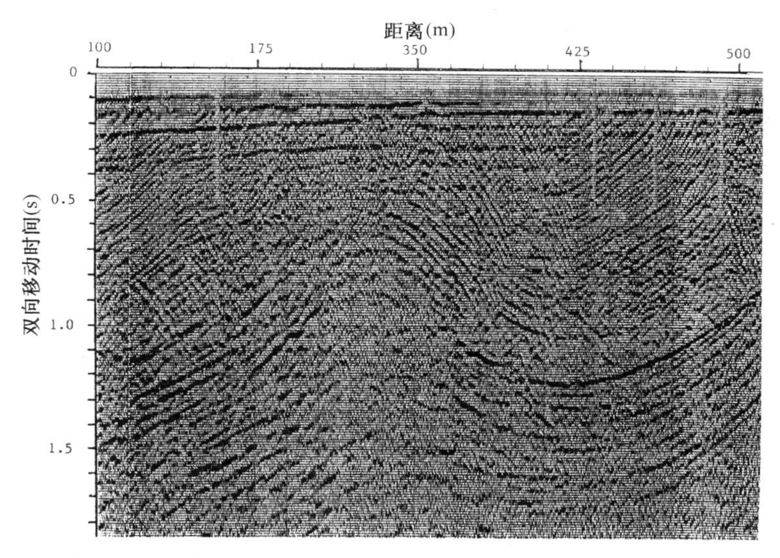

图 1.15　典型的地震信号迹线集(加州大学圣·巴巴拉分校地壳研究所允许使用)

语音信号

产生语音的声学理论给出了表示语音信号的一套数学模型。语音信号通过激励声道形成，激励可以通过准周期的空气喷射或者在声道的某个收缩部位产生空气湍流或者这两种方式的混合来产生[Del93]，[Rab78]。所谓的**浊音**，它是当空气被迫通过绷紧的声门时，以一定的振荡方式使声门产生振动因而产生准周期的空气脉冲激励声道所产生的。浊音包括元音，如/I/(像在'big'中)或/ae/(像在'bad'中)；浊辅音，如/b/，/d/，/g/，/m/，/n/等；还有所谓的**流音**和**滑音**，如/w/，/l/，/r/和/y/①。清音是通过在声道的某个部位形成收缩而产生的，此时收缩的部位使得空气流变得紊乱(噪声状)，空气湍流便作为诸如/f/，/s/，/sh/等声音的激励源。最后还有一类声音，它利用两种激励源产生，因而同时具有浊音和清音的特性。这类声音就是**浊摩擦音**，如/v/，/z/和/zh/。

有一类声音，称为**爆破音**，如/p/，/t/和/k/，在它产生的过程中其特性是动态变化的。对于这些声音，声道的某个点完全闭合(因此完全阻塞空气流，声音在声道内产生)。闭合后产生空气压力，当闭合点开启时闭合之后集聚的气压会突然地释放以产生声音，之后集聚的气流将逐渐释放。

图 1.16(a)描绘了男性说“I like digital signal processing”这样一段话时的语音波形。整个显示的语音波形的持续时间为 3 s。单词“like”中的/I/和单词“processing”中的/S/段的放大波形分别在图 1.16(b)和图 1.16(c)中给出。在放大的波形中，/I/中缓慢变化的低频浊音波形和/S/中的高频清摩擦音非常明显。图 1.16(b)中浊音的波形可以看成是准周期的，并且可以建模为一个有限的正弦波之和。在该描述中，振荡的最低频率称为**基本频率**或**基音频率**。图 1.16(c)中清音的波形没有规则的微细结构，它更像是噪声。

语音示例 1

数字信号处理技术的一个主要应用是在语音处理的常规领域。该领域的问题通常分为三类：(1)语音分析；(2)语音合成；(3)语音分析与合成[Opp78]。数字语音分析方法用于自动语音识别、说话者检测和说话者识别。数字语音合成技术的应用包括将文本自动转换成语音的阅读机和通过终端或电话远程接入的计算机语音数据恢复。属于第三类的一个例子是为了安全传输的声音扰乱。为了有效使用传输媒质而

① 语音信号的声音通常形象地用“音标字母”来表示，在字母的两旁插入标记“/”来表示声音并且用大写字母表示在振幅上较强的浊音。

进行的语音数据压缩是又一个语音分析后进行合成的应用例子。典型的语音信号转换到数字格式每秒大约包含64 000比特。根据合成语音的质量需要，原数据可以被更大程度地压缩(如下降到约1000比特每秒)。

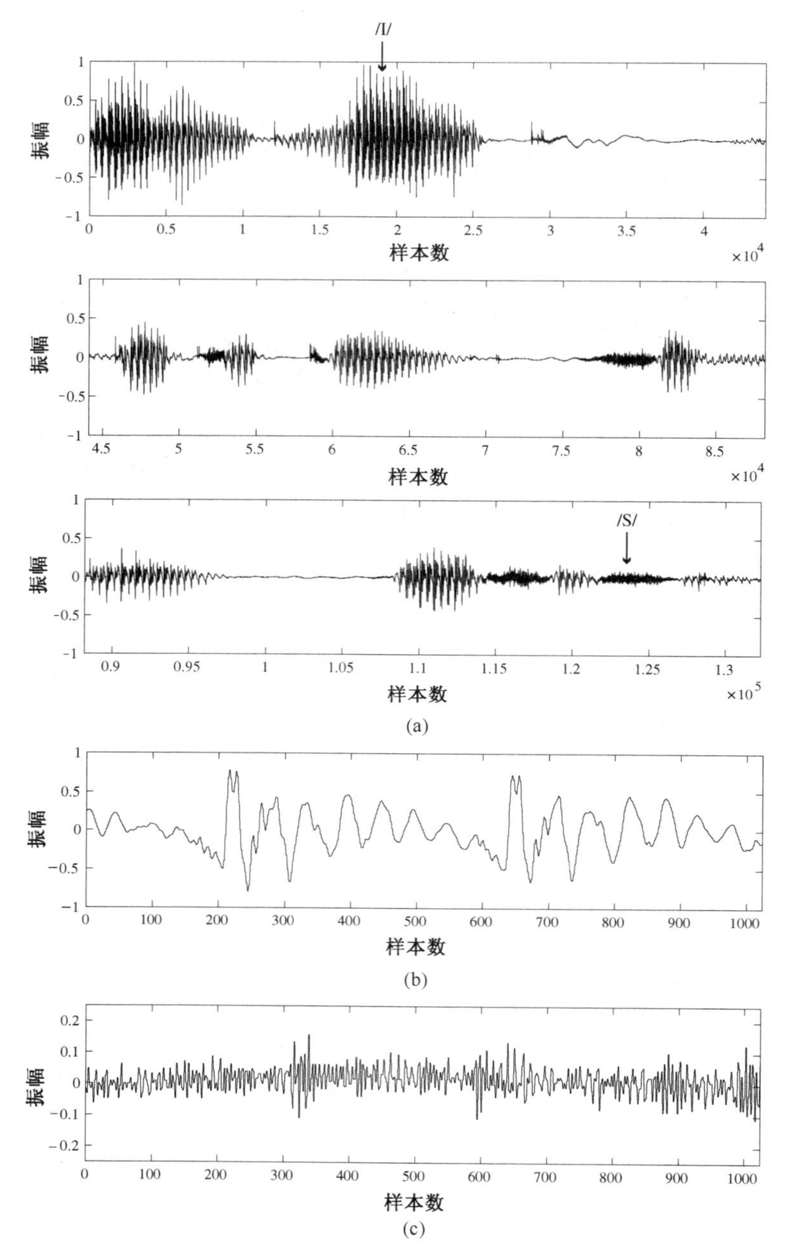

图1.16　语音波形的举例：(a)句子长度段；(b)浊音段("like"中的字母/I/)的放大波形；(c)清音段("processing"中的字母/S/)的放大波形

音乐信号

使用现代数字信号处理的一个例子是电子合成器[Ler83]，[Moo77]。大多数乐器产生的自然声音通常是通过激活某种形式的振荡器而引起机械振动，然后它又引起乐器的其他部分振动而产生的。一个乐器中所有这些振动合在一起就形成了音乐。在小提琴中，主要的振动器是一根拉紧的弦(羊肠线)，拉动横在它上面的弓会使弦产生振动，这导致小提琴的木质体共振，然后使乐器内外的空气振动。在钢琴中，主要振动器是一根拉紧的钢线，通过音锤的击打进入振动状态，然后引起钢琴的木质乐器体(共鸣板)共振。对于铜管乐器，振动发生在气流中，通过活瓣或键调整振动率可实现气流长度中的机械变化。

管弦乐队的乐器声音可分成两组：**准周期的**和**非周期的**。准周期信号声音可以描述为有限个幅度和频率独立变化的正弦之和。大提琴和低音鼓这两个不同乐器的声音波形，分别显示在图 1.17(a)和图 1.17(b)中。在每一幅图中，最上面的波形是一个完全孤立的音符波形，而下面的图显示音符中一部分的放大形式；对于大提琴是 10 ms，对于低音鼓是 80 ms。大提琴的音符波形可以看成是准周期的；而低音鼓波形明显是非周期的。管弦乐器的音调通常分成三个部分，称为**起声**部分、**稳态**部分和**减弱**部分。图 1.17 显示了这两个音调中这些部分的划分。注意，图 1.17(b)中的低音鼓音调没有显示出稳态部分。将这些部分连接在一起，可以得到许多音调的合理近似。然而，高保真地再现需要更加复杂的模型。

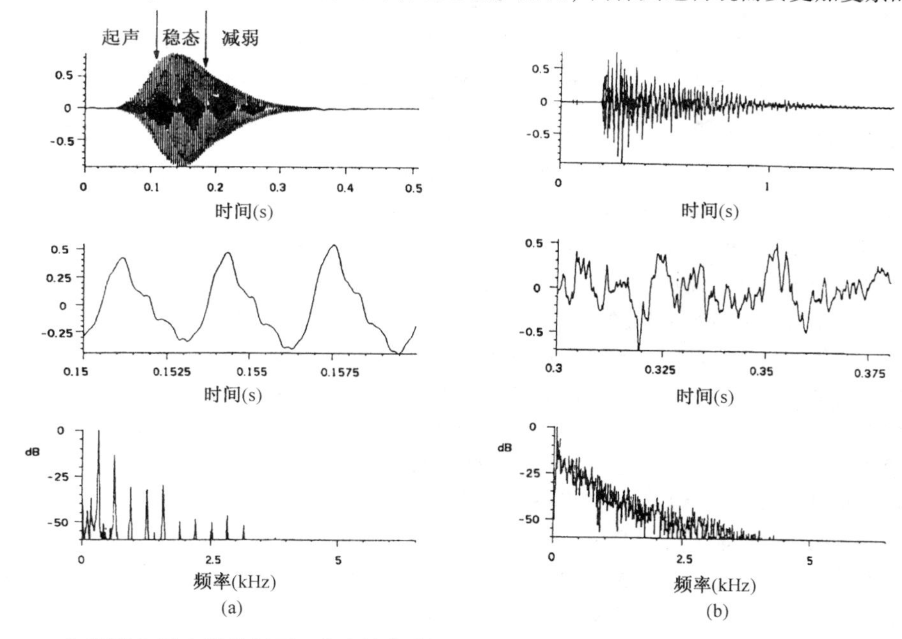

图 1.17　大提琴和低音鼓的波形(获允许复制于 J. A. Moorer, Signal processing aspects of computer music: A survey, *Proceedings of the IEEE*, 第65卷, 1977年8月, 1108 - 1137页。©1977 IEEE)

时间序列

迄今描述的信号是以时间为自变量的连续函数。在许多情况下，所讨论的信号本身就是自变量的离散函数。通常，这样的信号具有有限持续。这类信号的例子有每年太阳黑子的平均数、每日的股票价格、一个国家每个月的总出口值、在某个地区动物种群的年度数量、一个国家每亩的农作物产量，以及在一定时期内每月的国际航班乘客数。这类有限持续的信号，通常称为**时间序列**，在商业、经济、自然科学、社会科学、工程、医学和其他领域均有出现。一些典型时间序列的图形显示在图 1.18(a)和图 1.18(b)中。

经常需要分析一个特定的时间序列[Box70]。在某些应用中，可能需要建立一个模型来确定数据与自变量的关系，并用它预测序列的未来行为。例如，在商业计划中，需要合理准确地进行销售预测。某些类型的序列含有季节或周期成分，提取这些成分是很重要的。对太阳黑子数量的研究对预测气候变化很重要。通常，时间序列数据是带噪的，需要基于其统计特性的模型来表示它。

图像

如前所述，一幅图像是一个二维信号，它在任何点的强度是两个空间变量的函数。常见的例子有照片、静态图像、雷达和声呐图像、胸部和牙齿的 X 射线图像。而我们在电视上看到的图像序列本质上是三维信号，这时，任何一点的图像强度是两个空间变量和一个时间变量这三个变量的函数。

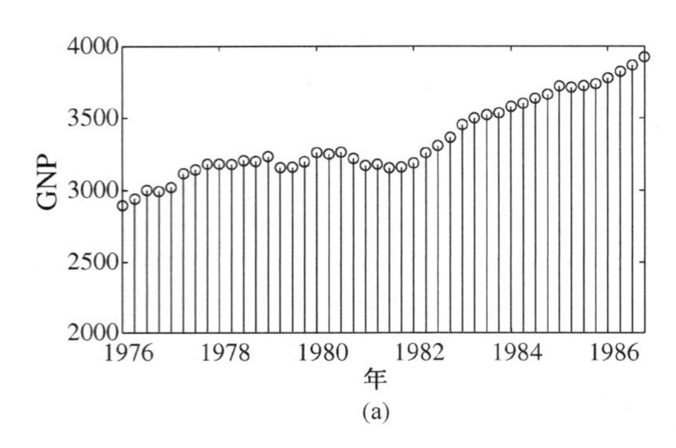

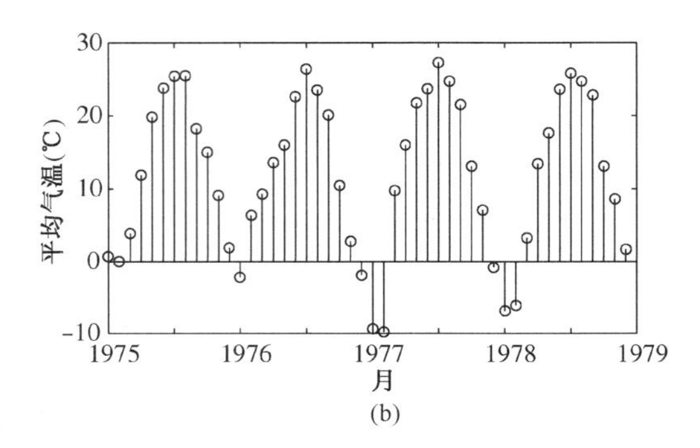

图 1.18 (a)1976 年到 1986 年季节性调整的季度美国国民生产总值，以 1982 年的美元为标准(摘自[Lüt91]);(b)1975年到1978年密苏里州圣路易斯月平均气温,用摄氏温度表示(摘自[Mar87])

图像处理的基本问题是图像信号表示和建模、增强、恢复、从投影重建、分析和编码[Jai89]。

对一幅特定的图像，其每个像素代表一定的物理量;该元素的一个描述称为**图像表示**。例如，一幅照片表示照相机看到的不同物体的亮度;用卫星或者飞机拍摄的红外线图像表示一个地区的温度剖面。根据图像及其应用的类型通常可定义不同类型的图像模型。这些模型基于感性认识，也基于局部和全局特性。图像处理算法的本质和性能依赖于所使用的图像模型。

图像增强算法用来增强特定的图像特征，以便提高视觉感知的图像质量，或有助于为特征提取所进行的图像分析。它包括对比度增强、边缘检测、锐化、线性和非线性滤波、图像缩放以及噪声消除。

图像恢复是用来消除或减少图像退化的算法，这些退化诸如由图像系统或它的环境引起的模糊和几何失真。从投影得到的**图像重建**研究三维物体从不同角度得到的一定数量的平面投影所生成的二维图像切片。通过创建一系列相邻的切片，生成描述该物体内部的情景的三维图像。

图像分析方法用来对图像中的一个或多个指定的目标进行定量的描述和分类。

对于数字处理而言，一幅图像需要使用模数转换器来抽样和量化。一幅一般尺寸的原始数字图像要占用相当大的内存空间。例如，一个含有 512×512 个样本、每个样本分辨率为 8 比特的图像，其大小会超过 200 万比特。同语音编码一样，**图像编码**方法用来在不降低视觉质量的前提下，减少图像的比特总数。譬如，压缩至每个样本平均约 1 比特。

1.4 典型的信号处理应用①

在日常生活中，我们经常在不经意中就会遇到大量信号处理的应用。这些应用的信号处理算法最初都是在连续时间域中实现的。然而，它们现在正逐渐地通过离散信号处理算法来实现。由于篇幅限制，不可能讨论所有这些应用。本节将对部分应用进行简要介绍。

1.4.1 录音应用

如今，大多数音乐节目通常是在一间隔音的录音室中录制的。来自每一种乐器的声音由放置在离乐器非常近的麦克风进行拾音，并被录制在含有多达 48 个轨道的多轨磁带录音机的一个单轨上。然后，由录音师在**混音**系统中编辑和组合原记录中的各个单轨信号，形成双轨立体声录音。采用这种方法有许多原因:首先，每个单独的麦克风被放置在与对应乐器非常近的位置，这使得各乐器高度分离并降低了录音中的背景噪声;其次，如有必要，某乐器的声音部分可在以后重录;再次，在混音过程中，录音师可通过一

① 本节改编自 Sanjit K. Mitra 和 James F. Kaiser 编辑的 *Handbook for Digital Signal Processing*, John Wiley & Sons 出版社 1993 年出版。改编得到了 John Wiley & Sons 出版社的许可。

些信号处理设备来改变乐器产生的声音之间的音乐平衡来控制单个信号，也可以改变音色，还可加入室内的自然声学效果以及其他的特殊效果[Ble78]，[Ear76]。

在混音阶段会用到不同类型的信号处理技术，有些用来修改声音信号的频谱特性并加入特殊效果，还有些用来增强传输媒质的质量。使用最普遍的信号处理电路是：(1)压缩器和限幅器；(2)扩展器和噪声门；(3)均衡器和滤波器；(4)降噪系统；(5)延迟和混响系统；(6)用于特殊效果的电路[Ble78]，[Ear76]，[Hub89]，[Wor89]。这些操作通常在原模拟音频信号上进行并用模拟电路器件实现。然而，全数字实现及其用于处理模拟音频信号数字化形式的趋势在不断增长[Ble78]。

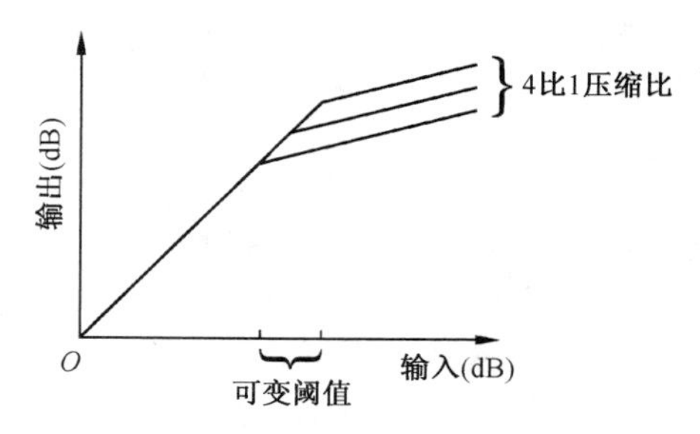

图 1.19　一个典型压缩器的传输特性

压缩器与限幅器。这些器件用来压缩声音信号的动态范围。压缩器可以看成是有两个增益电平的放大器：电平低于某个阈值的输入信号的增益是 1，而电平高于这个阈值的输入信号的增益小于 1。阈值电平可在输入信号的一个很宽的范围内调整。图 1.19 显示了典型压缩器的传输特性。

描述压缩器的参数是压缩比、阈值电平、触发时间和释放时间，如图 1.20 所示。

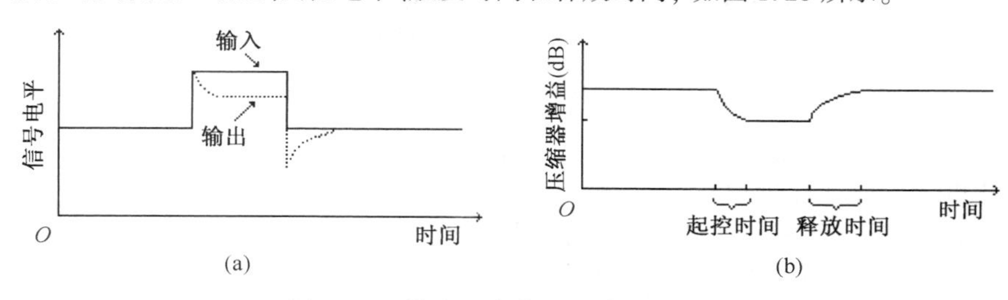

图 1.20　描述一个典型压缩器的参数

当输入信号电平突然上升到超过某个指定的阈值时，压缩器将其标准单位增益调整到较低的值所需的时间称为**起控时间**。由于该效应，在达到所需输出电平之前输出信号会出现轻微的过冲。为保护系统免受快速高电平瞬间声影响，需要一个零起控时间。然而，这样将消除剧烈音乐起控的影响，得到一个迟钝枯燥且“无生气的”声音[Wor89]。而较长的起控时间则会导致声音的输出比正常更具有震撼力。

类似地，当输入电平突然降到阈值以下时，压缩器达到标准单位增益值所用的时间称为**释放时间**或**恢复时间**。若输入信号在阈值附近的一个小区间快速波动，压缩器的增益也会上下波动。在这种情况下，背景噪声的升落将引起一种称为**喘息声**或**抽吸声**的可听到的效果，通过对压缩器增益采用更长的释放时间可降低这种情况。

压缩器单元在音乐录制中有许多应用[Ear76]。例如，可以通过钳制到某个恒定电平来减少电贝司输出信号的峰值变化，从而提供一个水平而坚实的基线。为了保持乐器的原有性质，必须使用一个与电贝司自然衰减率相当的长恢复时间的压缩器。该装置也用来补偿由于歌手频繁运动以及不断变化与麦克风的距离而引起的信号电平的大范围变化。

具有 10 比 1 或更大压缩比的压缩器称为**限幅器**，这是由于它的输出电平基本上被钳制在阈值电平内。限幅器用来防止由于信号峰值超过某个电平而引起的放大器和其他设备的过载。

扩展器与噪声门。扩展器的功能与压缩器相反。它也是一个具有两个增益电平的放大器：高于某个阈值的输入信号的增益电平为 1，低于该阈值的电平信号的增益小于 1。阈值电平也可以在输入信号的一个很大范围内调整。图 1.21 显示了一个典型的扩展器的传输特性。**扩展器**通过增大高电平信号而削弱低电平信号来扩

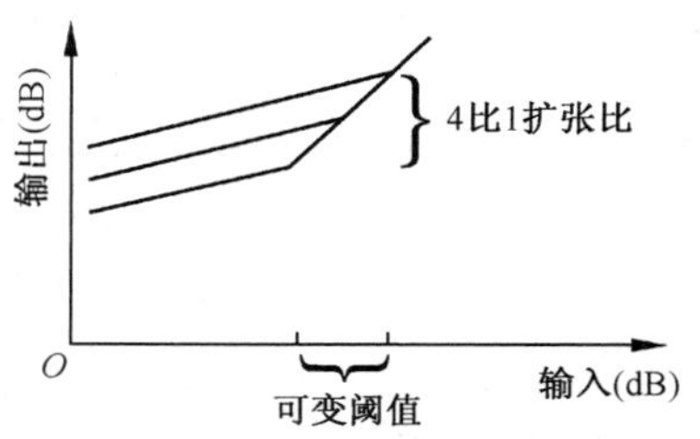

图 1.21　一个典型扩展器的传输特性

展一个声音信号的动态范围。该设备还可以用来减弱低于阈值电平的噪声。

扩展器用其扩展比、阈值电平、起控时间以及释放时间来描述。这里，当输入信号突然变化到高于阈值电平时，器件达到标准单位增益所需要的时间定义为**起控时间**。同样，若输入信号电平突然降低，器件从它的标准单位增益值降下来所需要的时间称为**恢复时间**。噪声门是一种特殊类型的扩展器，它大大地衰减低于阈值的电平信号。例如，当音乐暂停时，它完全切断麦克风，避免将麦克风拾取到的噪声传递到录音设备中。

均衡器和滤波器。不同类型的滤波器用来修改录音或监控通道的频率响应。其中一种滤波器称为**倾斜式滤波器**，它在不影响声音谱其余范围的频率响应的前提下，在声音频率范围的低端或者高端对频率响应增强(上升)或衰减(下降)，如图1.22所示。**峰值滤波器**用于中频带的均衡，它设计成提供增强的一个带通响应，或提供衰减的一个带阻响应，如图1.23所示。

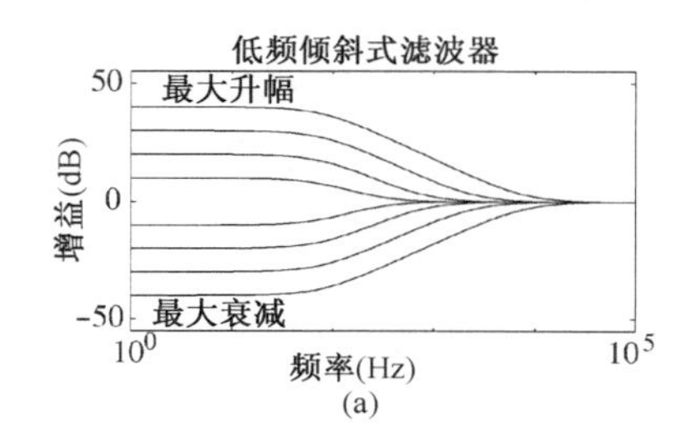

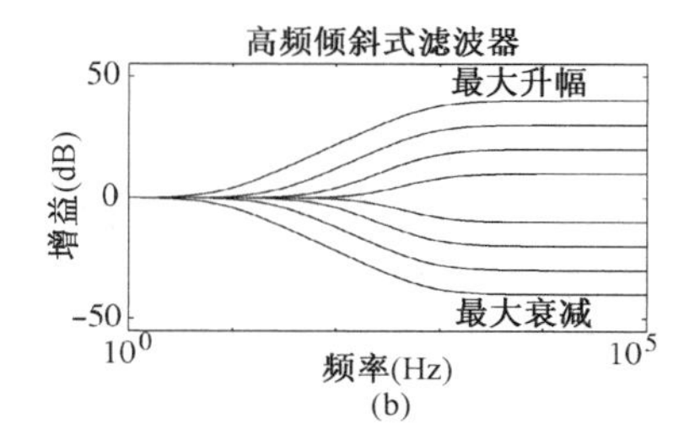

图1.22 (a)低频倾斜式滤波器;(b)高频倾斜式滤波器的频率响应

描述低频倾斜式滤波器的参数是两个频率f_{1L}和f_{2L}，这里幅度响应从一个恒定电平开始向上或向下逐渐变小，其低频增益以分贝为单位。同样，描述高频倾斜式滤波器的参数是两个频率f_{1H}和f_{2H}，这里幅度响应从一个恒定电平开始向上或向下逐渐变小，其高频增益也以分贝为单位。对于峰值滤波器，所关心的参数是中心频率f_0、钟形曲线的3 dB带宽Δf以及中心频率的增益电平。在大多数情况下采用品质因数$Q=f_0/\Delta f$而不是带宽Δf来描述频率响应的形状。

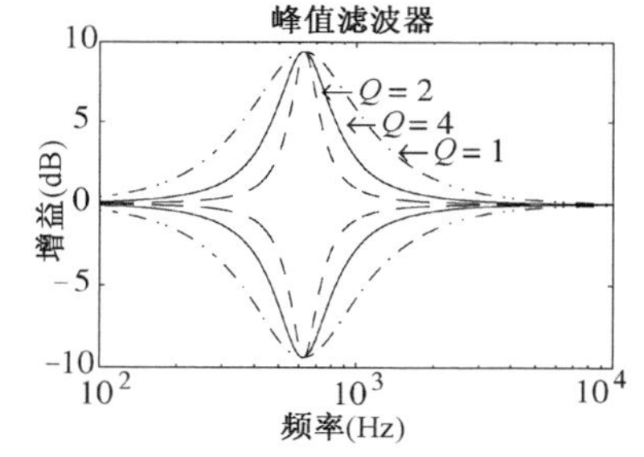

图1.23 峰值滤波器频率响应

典型的均衡器由一个低频倾斜式滤波器、一个高频倾斜式滤波器和参数可调的三个或更多的峰值滤波器级联组成，从而在整个音频频谱范围内对均衡器频率响应进行调整。在**参数均衡器**中，其滤波器组的每个参数可以独立变化，而不影响其他均衡滤波器的参数。

图形式均衡器由一些峰值滤波器级联而成，这些滤波器具有固定的中心频率，但可以通过面板上的垂直滑动条来控制可调的增益电平。滑动条的物理位置大致近似于整个均衡器的幅度响应，图1.24显示了其示意图。

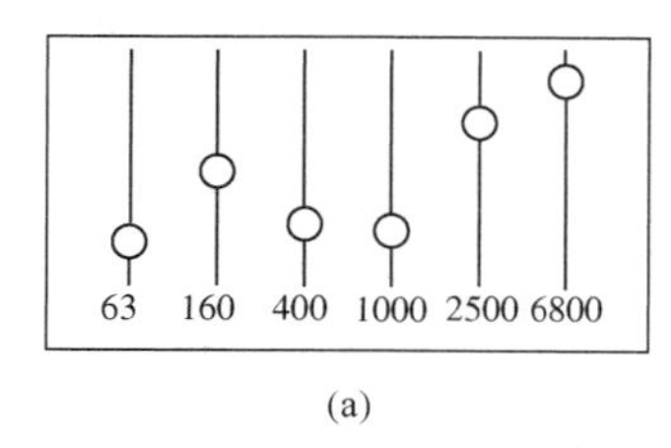

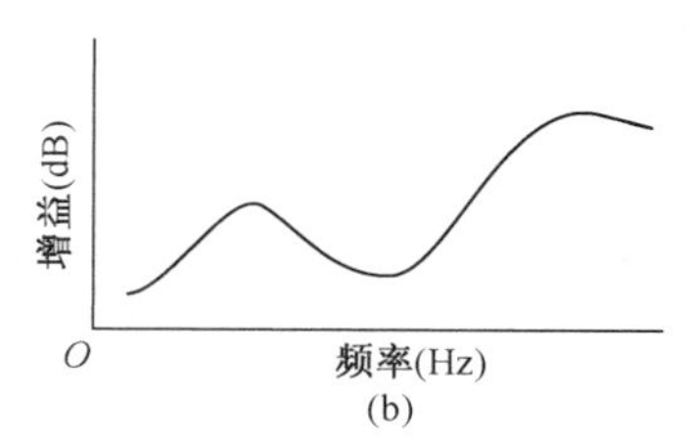

图1.24 图形式均衡器:(a)控制面板设置;(b)相应的频率响应(摘自[Ear76])

在音乐录音和传输过程中，还会应用到其他类型的滤波器，如**低通滤波器**、**高通滤波器**和**陷波器**。它们相应的频率响应如图1.25所示。陷波器用来减弱一个特定的频率分量，它有一个很窄的陷波带宽，因而不会影响音乐节目中的其他部分。

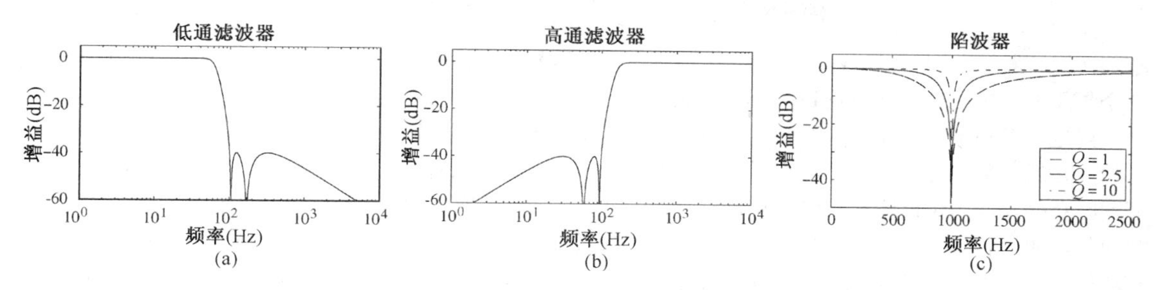

图 1.25　其他类型滤波器的频率响应:(a)低通滤波器;(b)高通滤波器;(c)陷波器

均衡器和滤波器在录音中的两个重要应用是，纠正在录音或传输过程中可能出现的某些类型的问题，以及完全为了音乐上的或创作的需要来改变谐波或音色内容[Ear76]。例如，由于老式唱片有限的带宽，从每分钟 78 转的老式唱片(指黑胶唱片)直接将音乐录音转换到一个宽带重放系统将会有很大的噪声。为降低噪声，使用一个带通滤波器，令其通带对应于老式唱片的带宽。通常，通过在 5 ~ 10 kHz 范围加入一个宽的高频峰值并消除一些低频成分，可使旧录音作品变得更加悦耳。陷波器在移除 60 Hz 电源嗡嗡声方面特别有效。

通过混音多通道录音制作节目时，根据创作要求，录音师通常对各通道进行均衡[Ear76]。例如，通过提升 100 ~ 300 Hz 的频率成分，可以使弱音乐器(如吉他)具有“丰满”的效果。同样，通过提升 2 ~ 4 kHz 的分量，可以使手指弹拨吉他弦的声音瞬变效果更加明显。而对高于 1 ~ 2 kHz 范围采用高频倾斜式方式进行提升，可以增加如手鼓或军鼓这类打击乐器的“清脆”性。

降噪系统。人耳听力的整个动态范围超过 120 dB。然而，大多数录音和传输媒质的动态范围要小得多。要录制的音乐就必须比背景声音或噪声高。若背景噪声大约是 30 dB，用于音乐的动态范围就只有 90 dB，这就需要进行动态范围压缩用于降噪。

降噪系统包括两部分:第一部分在录音模式下提供压缩，而第二部分在放音模式下提供扩展与前者互补。为此，在音乐录音中最常用的方法是杜比降噪方案，它有几种类型[Ear76]，[Hub89]，[Wor89]。

在用于专业录音的杜比 A 型方法中，对于录音模式，通过一个滤波器组(由 4 个滤波器组成)将声音信号分成 4 个频率段;每段提供单独的压缩，将它们混合起来作为压缩器的输出，如图 1.26 所示。而且，每个频段的压缩限制在 20 dB 的输入范围(−40 ~ −20 dB)。低于下阈值(−40 dB)的很低电平的信号被增强 10 dB，高于上阈值(−20 dB)的信号，系统增益为 1，即让高电平信号毫无变化地通过。录音模式的传输特性如图 1.26 所示。

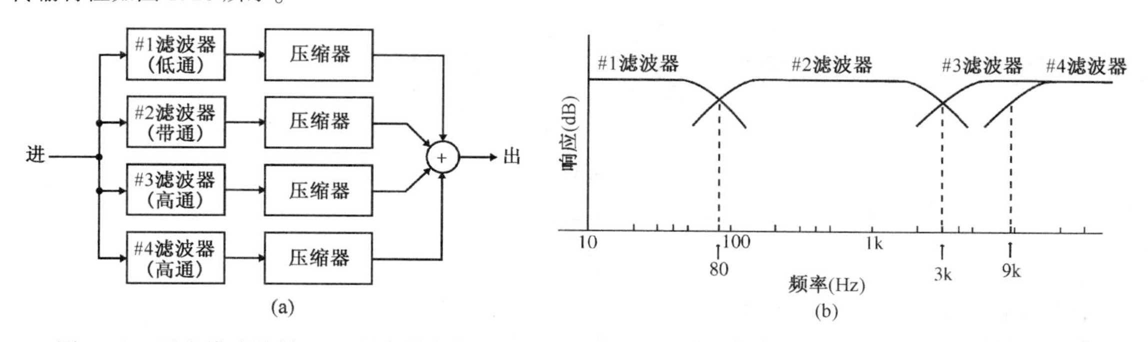

图 1.26　录音模式的杜比 A 型降噪方案:(a)框图;(b)4 个滤波器的频率响应，其截止频率如图所示

在放音模式中，方案本质上和录音模式一样，只是用传输特性上互补的放大器取代了压缩器，如图 1.27 所示。这里，放大倍数被限制在 10 dB 的输入范围(−30 ~ −20 dB)。高于上阈值(−20 dB)的非常高的电平信号被衰减 10 dB，而低于下阈值(−30 dB)的信号，系统增益为 1，让低电平信号毫无变化地通过。

注意，对于每一个频段，在一个2比1的压缩后面跟着一个1比2的互补扩展，这样使得信号的动态范围在压缩器输入端与扩展器输出端完全相等。这类信号处理运算的整个过程通常称为**压扩**。此外，在某个频段的压扩运算不会影响到信号的其他频段，该运算通常可以被其他没有压扩的频段屏蔽。

延迟与混响系统。在隔音录音室里面产生的音乐，与室内(如音乐厅)演奏的音乐相比，听起来并不自然。在后一种情况下，声波向各个方向传播而且在不同时间从各个方向到达听众，该时间依赖于从声源到听众的声波的传播距离。向听众直接传播的波，称为**直达声**，最早到达并决定了听众对位置、大小和声源的性质的感知。接下来的是一些在空间上比较近的回声，称为**早期反射**，它是通过房间从各方向对声波的反射产生的，到达听众的时间是不定的。这些回声给听众提供了关于房间大小的潜意识的线索。在这些早期反射以后，由于多次反射，越来越多的密集回声到达听众，后面的回声群被称为**混响**。回声的振幅随时间呈指数衰减，即对每个反射产生衰减。图1.28描述了这个概念。混响下降60 dB所对应的时间，称为**混响时间**。由于不同物质对不同频率的吸收特性是不同的，因而混响时间在不同频率上也不同。

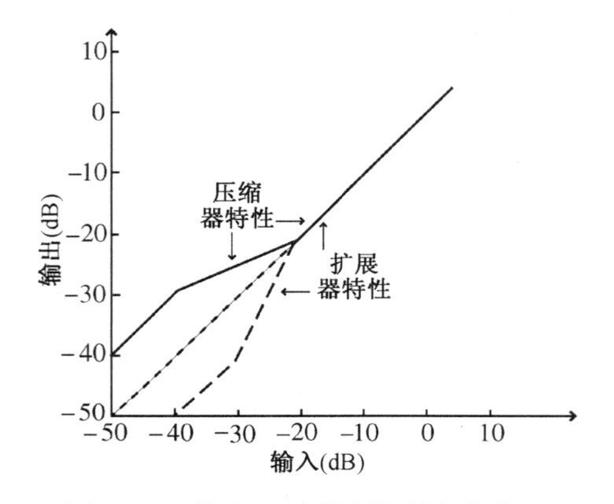

图1.27　杜比A型噪声抑制方案中压缩器和扩展器的传输特性

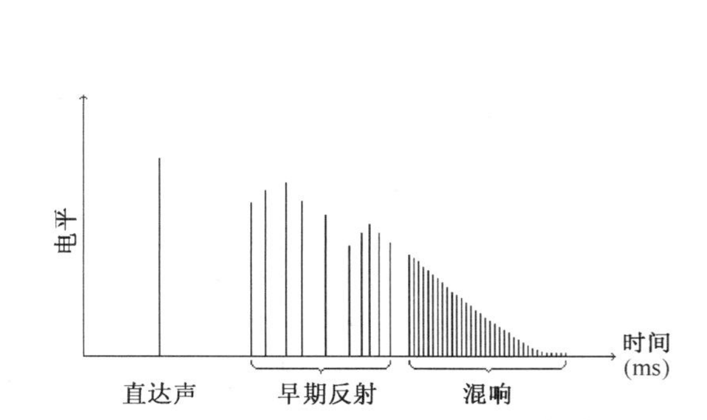

图1.28　房间内一个单声源产生的各种回声

具有可调延迟因子的延迟系统用来人工产生这样的早期反射。电子产生的混响结合人造回声反射通常被加到录音室制作的录音中。图1.29给出了单声道系统中一个典型延迟混响系统的框图。

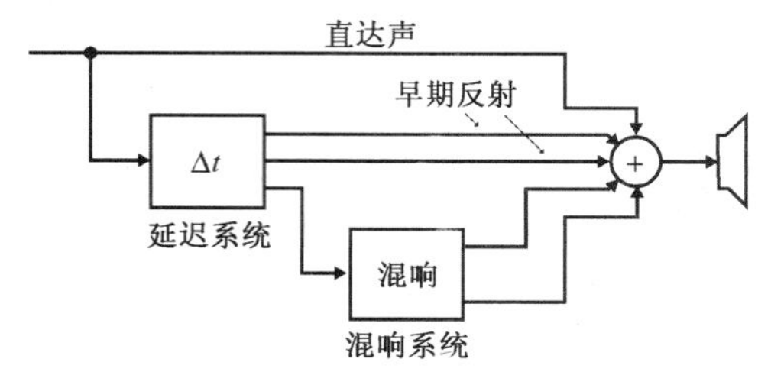

图1.29　单声道系统中一个完整的延迟-混响系统的框图

下面描述电子延迟系统的其他一些应用[Ear76]。

特殊效果。如图1.30所示，利用一个可调节的延迟和增益控制，加入同样的声音信号，对于一个处在对称平面的听众来说，就有可能从左扬声器变到右扬声器改变声源的定位。例如，在图1.30中，左声道的一个0 dB的衰减和右声道的几毫秒的延迟会给出声源在左边的感觉。然而，把左声道信号电平降低几个分贝会给人以声源移向中间的假象。该方案可以进一步扩展，通过一个全通网络①对某个信道做一个相对于其他信道的相位移动，提供一定程度的**声音扩展**，如图1.31所示。

① 全通网络的特征是对于所有的频率，其幅度谱等于1。

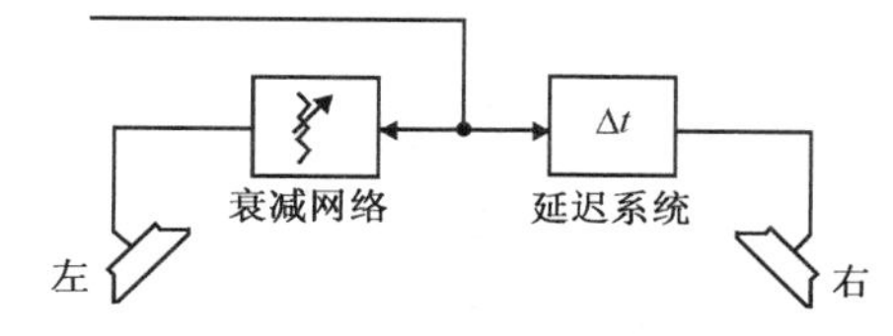

图 1.30　用延迟系统和衰减网络进行声源定位

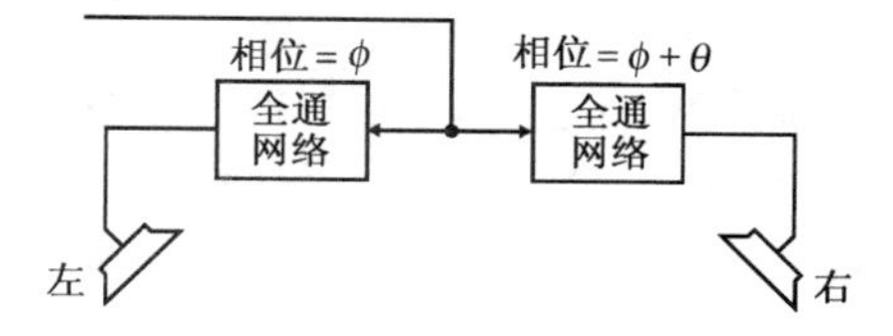

图 1.31　用全通网络进行声音扩展

延迟混响系统的另一个应用是通过模拟自然声音环境将单轨信号处理成伪立体声形式，如图 1.32 所示。

延迟系统也可以用于由一个独唱者的声音产生出合唱效果，所使用的基本方案如图 1.33 所示。每一个延迟单元具有一个由低频伪随机噪声源控制的可变延迟来提供随机的音调变化[Ble78]。

这里需要指出的是，录音师用另外的信号处理进行立体声辅助输出，它更适合录音剪切器或卡式磁带复制器。

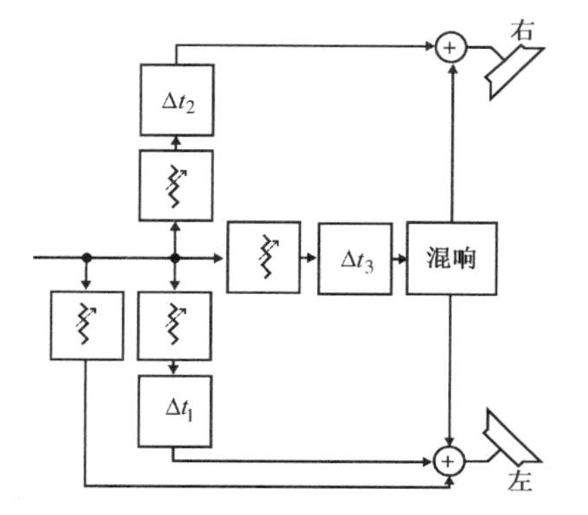

图 1.32　延迟系统和混响在立体声系统中的应用

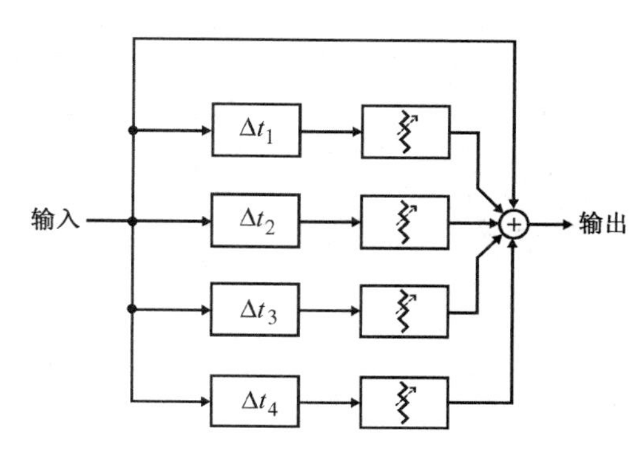

图 1.33　实现合唱效果的方案

1.4.2　电话拨号应用

在按键式电话拨号系统中，信号处理对信令音的检测和产生起着主要作用[Dar76]。当按下每一个按键时，装有按键式拨号的电话会产生一组特定的双音信号，这称为**双音多频(DTMF)信号**，电话交换机会对该信号进行处理，根据确定两个相关的音调频率来识别所按下的号码。用 7 个频率对 10 个十进制数字和两个标有“ * ”和“#”的特殊按钮进行编码。低频带频率有 697 Hz、770 Hz、852 Hz 和 941 Hz，其余 3 个属于高频带频率，分别是 1209 Hz、1336 Hz 和 1477 Hz。第 4 个高频为 1633 Hz，目前并没有使用，留做将来在特殊服务中使用 4 个附加按键。在按键拨号方案中，频率分配如图 1.34 所示[ITU84]。

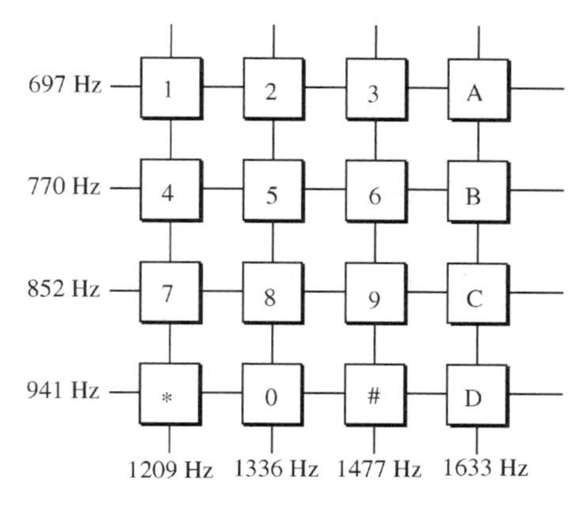

图 1.34　按键式拨号的音调频率分配

图 1.35 给出了识别所按下的按钮所对应的两个频率的方案。这里，两个基音首先由一个低通和一个高通滤波器分开，低通滤波器的通带截止频率略高于 1000 Hz，而高通滤波器的截止频率则略低于 1200 Hz。接下来每个滤波器的输出被一个限幅器转变成一个方波，并经过一个具有很窄通带的带通滤波器组进行处理。低频信道的 4 个带通滤波器的中心频率是 697 Hz、770 Hz、852 Hz 和 941 Hz，而高频信道的 4 个带通滤波器的中心频率是 1209 Hz、1336 Hz、1477 Hz 和 1633 Hz。若输入电压高于某个阈值，每个通带滤波器后面的检波器就会生成所需要的直流转换信号。

实际中上述所有信号处理功能通常在模拟域实现。然而，这些功能越来越多地使用数字技术实现。

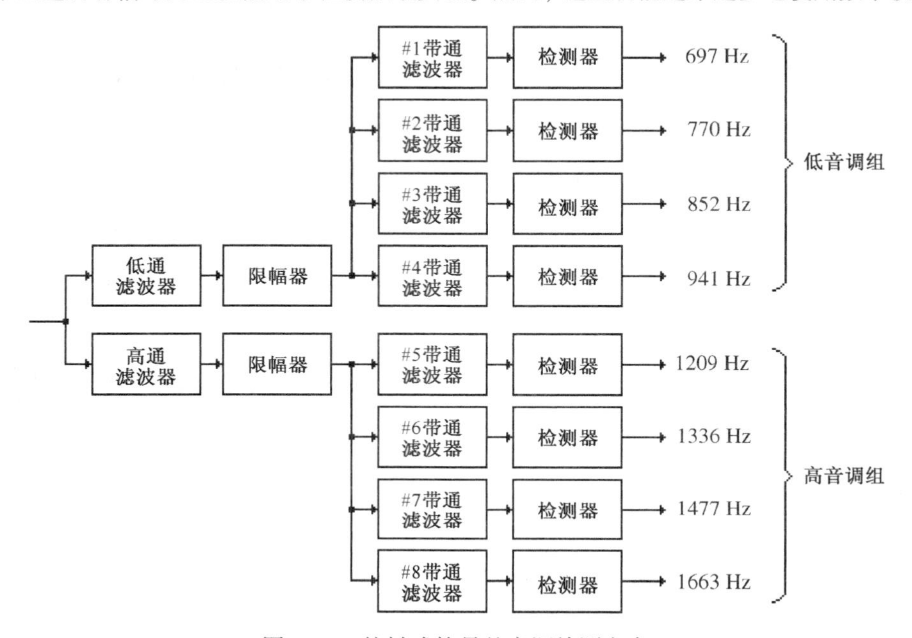

图 1.35　按键式拨号的音调检测方案

1.4.3　调频立体声应用

要对一个在低频范围内的信号(如音频信号)进行无线传输，需要将其调制到高频载波，使之变换到高频范围。在接收端，对已调信号解调来恢复为低频信号。用于无线传输的信号处理运算是调制、解调和滤波。在无线电领域，用得最多的两种调制方案是调幅(AM)和调频(FM)。

我们接下来介绍美国使用的调频(FM)立体声广播和接收的基本思路[Cou83]。该方案的一个重要特征是，在接收端可以用单个扬声器的标准单声道调频收音机来收听信号，也可以用两个扬声器的立体声调频收音机收听。该系统基于 1.2.5 节中描述的频分复用(FDM)方法。

FM 立体声发射和接收的框图分别在图 1.36(a)和图 1.36(b)中给出。在发射端，首先产生左右声道的音频信号 $s_L(t)$ 和 $s_R(t)$ 的“和”与“差”。注意，和信号 $s_L(t)+s_R(t)$ 用于单声道调频广播，差信号 $s_L(t)-s_R(t)$ 则用子载波频率 f_{sc} 为 38 kHz 的抑制载波双边带(DSB-SC)方案①来调制。和信号、调制后的差信号同一个 19 kHz 的导频音信号加在一起，生成混合基带信号 $s_B(t)$。混合信号的谱在图 1.36(c)中给出。接下来用调频方式将基带信号调制到主载波频率 f_c 上。在接收端，调频信号经过解调得到基带信号 $s_B(t)$，然后用一个低通滤波器和一个带通滤波器从该基带信号中分离出低频部分的和信号以及调制后的差信号。低通滤波器的截止频率大约是 15 kHz，而带通滤波器的中心频率是 38 kHz。19 kHz 导频基音用于在接收器中生成 38 kHz 的参考信号来进行相干子载波解调，恢复出音频差信号。两个音频信号的和与差，就成为所求的左声道和右声道信号。

① 参见 1.2.4 节。

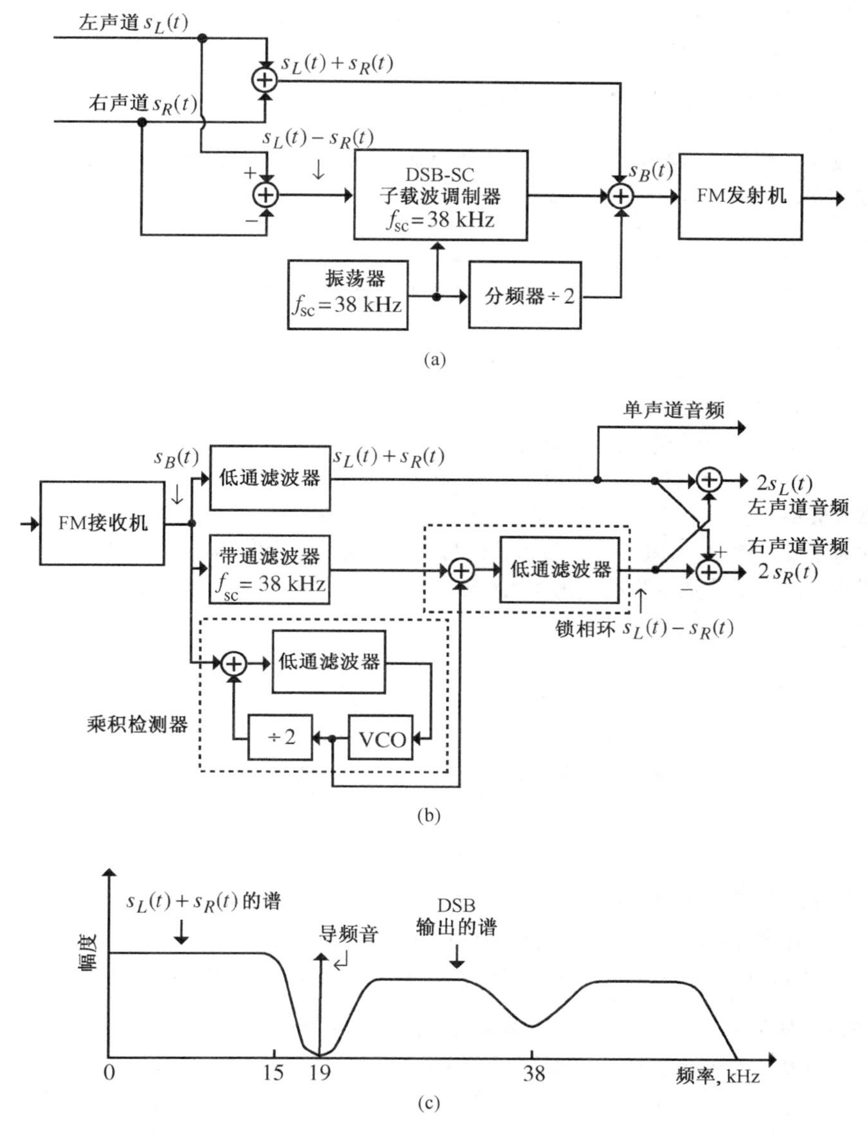

图 1.36　调频立体声系统:(a)发射机;(b)接收机;(c)混合基带信号 $s_B(t)$ 的谱

1.4.4　音乐声合成

信号处理应用的另一例子是用电路或软件算法产生乐器声。有 4 种基本的音乐声合成方法:(1)**波表合成**;(2)**谱建模合成**;(3)**非线性合成**;(4)**物理建模合成**[Rab2001],[Smi91]。

波表合成

这种合成方法被广泛采用,它是将预先录制的音乐声以数据库形式(称为**波表**)存储在存储器中,需要时进行播放。存储的声音包含起声和稳态部分。在回放模式,可以运用多种技术在声音再现过程中产生各种变化,采用的典型技术有移调、循环、包络和滤波。

音乐示例 1

通过**移调**,可以以不同的音调播放已记录的音乐声数据。为了避免增加额外的存储需求,音乐音符通常记录在有限多个频率上。而对于没有记录的频率对应的单音符可以通过改变最靠近其频率的已存储音符的音调来产生。

循环用来扩展已记录音符的播放时间。它通过反复读出已存储的数据来实现扩展。

音符的包络包含起奏、衰减、持续和释放部分，循环扩展经常会造成已记录的音符的包络各部分的损失，这些部分可以通过**包络**的方法重新产生或改变。可以用一个时变增益函数改变已记录的声音的振幅来实现包络。

滤波用来改变音调的频谱特性。它对已记录的声音进行随时间变化的改进控制，并且经常用于由包络造成的幅度改变。

谱建模合成

该音乐合成方法的基础是声音信号 $s(t)$ 的如下表示[Moo77]，[All80]：

音乐
示例 2

$$s(t) = \sum_{k=1}^{N} A_k(t) \sin(2\pi f_k(t) t) \tag{1.19}$$

其中 $A_k(t)$ 和 $f_k(t)$ 是信号的第 k 个分量的基函数 $\sin(2\pi f_k(t)t)$ 的时变振幅和频率。频率函数 $f_k(t)$ 随时间缓慢变化。当乐器演奏一个孤立的音调时，有 $f_k(t) = kf_o$，即

$$s(t) = A_k(t) \sin(2\pi k f_o t) \tag{1.20}$$

其中 f_o 称为**基本频率**。在含有很多音调的音乐声中，所有其他频率通常是基本频率的整数倍并被称为**泛音频率**，也称为**谐波**。例如，图 1.37(a) 显示了来自于单簧管的一个实际音调的 17 个谐波频率分量的时间－振幅函数的透视图。合成的目的是为了用电子的方法产生 $A_k(t)$ 和 $f_k(t)$ 函数。

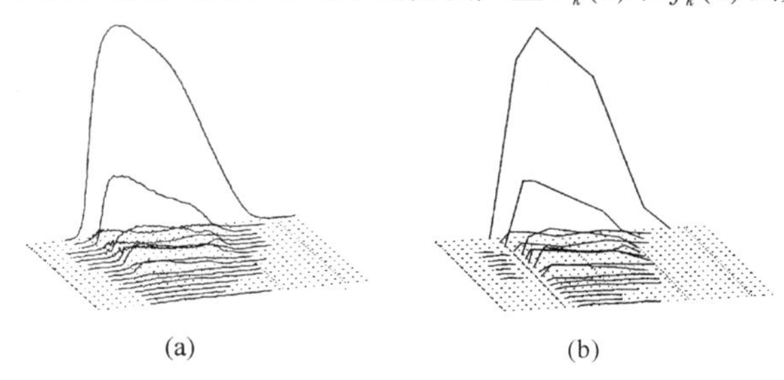

图 1.37 (a) 单簧管的实际音调振幅函数 $A_k(t)$ 的透视图；(b) 图 1.37(a) 中的振幅函数的一个分段线性近似(获允许复制于J. A. Moorer, Signal processing aspects of computer music: A survey, *Proceedings of the IEEE*, vol. 65, 1977年8月, 1108 ~ 1137页。©1977 IEEE)

每个谐波频率分量由一些具有时变振动频率的振荡器独立产生。这样，所需的信号的振幅就可以各自分别修改，这种方法很接近通过分析和结合(即**相加**)得到的实际变化，从而产生需要的声音信号。例如，图 1.37(b) 绘制了图 1.37(a) 中的单簧管音符的一个分段线性近似，可以用来产生音符的合理副本。通常，在生成与原乐器声音尽可能接近的音乐以前，可能需要对振幅和频率函数做一些改变。

相加合成的最新发展是**粒子合成**。在这种合成方法中，式(1.19)中的基函数集中于频率和时间，称为**粒子**或**原子**。该基函数可以通过几种方法产生，例如对正弦波加窗分段，或者通过波表产生，或者利用小波展开级数①。

非线性合成

一种相当简单的非线性合成方法基于**频率调制**(FM)。在其最基本的形式中，通过调制信号 $\phi(t)$ 调制载波信号 $\sin(2\pi f_0 t)$ 来产生声音信号 $s(t)$，得到

音乐
示例 3

$$s(t) = A(t) \sin(2\pi f_0 t + \phi(t)) \tag{1.21}$$

对于一个正弦调制器

$$\phi(t) = \kappa \sin(2\pi f_m t) \tag{1.22}$$

① 参见 14.6.1 节。

已调载波 $s(t)$ 包含频率为 f_0+nf_m（$n=0, 1, 2, \cdots$）的正弦分量。正弦分量的振幅可以通过调制指数 κ 来改变。可以看到，用一个小的调制频率 f_m 结合一个高的调制指数 κ 可以产生丰富的声音。然而，由于提供的可调参数较少，所以该方法不能用来产生自然乐器的声音。尽管如此，基于 FM 的合成是一种经济的方法，并经常用于个人计算机和电子合成器的声卡中。

物理建模合成

该方法通过直接对声音生成的机理进行建模来产生声音。它得到对乐器的主要振动结构进行物理描述的偏微分方程。该方法通常要利用波动方程来描述波在固体和空气中的传播。偏微分方程可以通过有限差分方法、数字波导或传输函数模型等求解。

音乐示例 4

1.4.5 电话网中的回声抑制

在电话网中，中心局采用必要的交换来连接两个用户[Dut80]，[Fre78]，[Mes84]。出于经济考虑，用户使用**二线**电路连到中心局上，而中心局之间使用**四线**电路连接。二线电路是双向的，在两个方向传递信号。四线电路使用两对分离的单向路径在两个方向传输信号。因为在中继线路的中间点，信号可以通过中继器得到均衡和放大，而且，若需要，很容易实现复用，因此，四线电路在长距离中继线路连接中是首选的。交换机的一个混合线圈提供二线电路和四线电路的接口，如图 1.38 所示。理想情况下，混合电路应该通过阻抗平衡对二线电路提供完美的阻抗匹配，这样就可使得从四线接收到的信号直接通到与混合线圈连接的二线电路，而不会在四线传输路径上有部分信号出现。然而，为了节省成本，通常由几个用户共享混合线圈。因此，由于用户线长度的不同，不可能在每种情况下提供完美的阻抗匹配。这种不平衡会引起来自远端说话者的大部分的接收信号出现在传输路径上，并以回声的形式返回说话者。图 1.39 描绘了说话者和接听者之间的正常传输以及两种可能的主要回声路径。

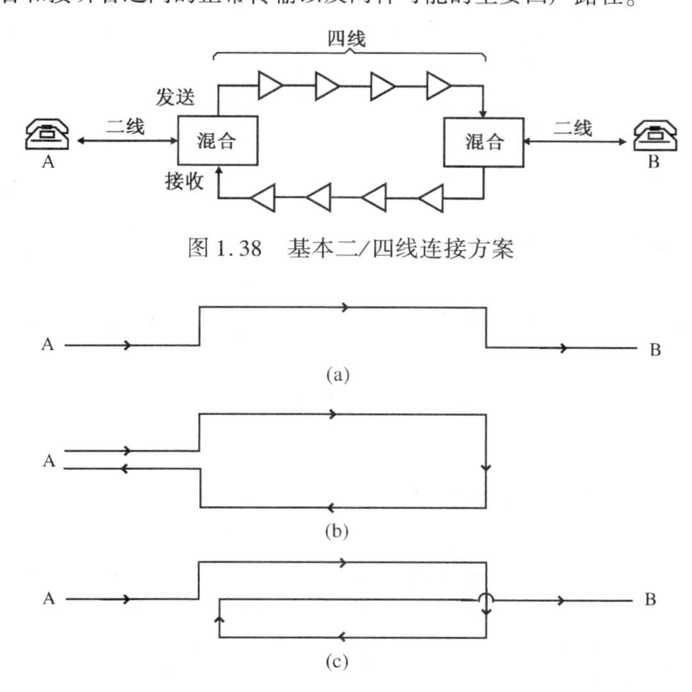

图 1.38　基本二/四线连接方案

图 1.39　电话网络中的各种信号：(a)从说话者 A 到接听者 B 的传输路径；(b)说话者A的回声路径；(c)接听者B的回声路径

回声的影响可能令说话者烦躁，其程度与回声的振幅和延迟（即中继线路的长度）有关。对于采用同步卫星电路的电话网络，回声效果最为厉害，这类回声的延迟大约为 540 ms。

可以采用几种方法来降低回声的影响。当中继线路长度达到 3000 km 时，由四线电路在两个方向引入附加的信号损耗，足以降低回声。在该方案中，由于回声在两个方向上都有损耗，而信号仅仅衰减一次，这样就提高了信号-回声比。

距离大于 3000 km 时，回声的控制将通过在中继线路中加入回声抑制器来实现，如图 1.40(a)所示。该装置本质上是实现两个功能的一个语音触发开关。首先检测通话的方向，然后阻隔四线电路中的反向路径。尽管在两个用户都在说话时由于切断了部分语音信号引入了失真，但是回声抑制器为地面传输提供了一种可接受的合理解决方案。

对于采用卫星电路的电话交谈，上乘的方案是使用回声抵消器。该电路根据接收路径的信号产生回声信号的副本，并从发射路径中减去它，如图 1.40(b)所示。在原理上这是一个自适应滤波器结构，其参数可以通过某些自适应算法进行调节，直到残留信号小到令人满意为止①。通常，回声降低约 40 dB 在实际应用中可以认为是令人满意的。为避免当双方用户同时讲话时产生的问题，当信号在发射路径上同时含有回声和靠近混合线圈的用户产生的信号时，自适应算法会关闭。

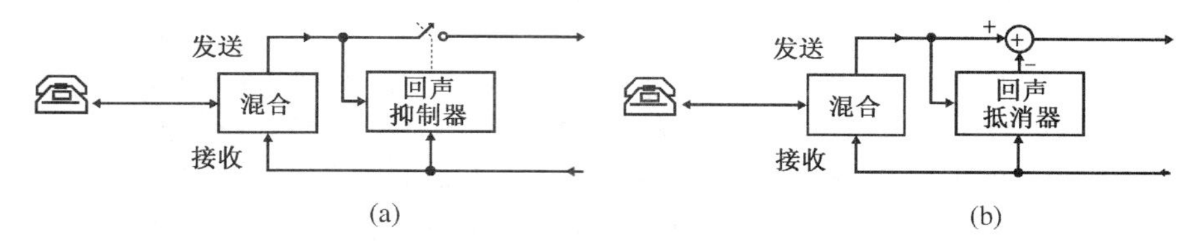

图 1.40 (a)回声抑制方案;(b)回声抵消方案

1.5 为什么要进行数字信号处理②

在某种意义上，数字信号处理技术的发源可以追溯到 17 世纪，当时有限差分方法、数值积分方法和数字内插方法等被提出用以解决涉及连续变量和函数的物理问题。20 世纪 50 年代，随着大型数字计算机的出现，数字信号处理开始兴起。最初主要用于模拟信号处理方法的仿真。大约在 20 世纪 60 年代初，科研人员开始将数字信号处理本身看做一个独立的领域。从那时开始，数字信号处理理论和应用就有了长足和巨大的发展与突破。

模拟信号的数字处理包括三个基本步骤:模拟信号转换成数字形式，数字形式的处理，以及最后将处理过的数字信号转换回模拟形式。图 1.41 以框图的形式显示了整个方案。

图 1.41 模拟信号数字处理的方案

由于输入的模拟信号的振幅随时间变化，首先由一个**抽样和保持(S/H)**电路对模拟输入以周期的间隔进行抽样，并在**模数(A/D)转换器**的输入端保持这个恒定的抽样值，使之能精确地进行数字转换。若抽样和保持电路保持抽样值直到下一个抽样时刻，则 A/D 转换器的输入端是一个阶梯形模拟信号。A/D 转换器的输出是一个二进制数据流，该数据流接下来被实施所需信号处理算法的数字信号处理器进行处理。数字处理器的输出是另一个二进制数据流，然后通过一个**数模(D/A)转换器**转换成一个阶梯形模拟信号。接着，D/A 转换器输出端的低通滤波器会滤除所有不需要的高频分量，并在输出端给出经过所需处理的模拟信号。图 1.42 画出了有关上面过程中各个阶段的信号波形，为清晰起见，这里二进制信号的两个电平分别用正负脉冲表示。

---

① 对自适应滤波方法的回顾可以参考[Cio93]。

② 本节改编自 Sanjit K. Mitra 和 James F. Kaiser 编辑的 *Handbook for Digital Signal Processing*, John Wiley & Sons 出版社 1993 年出版。改编得到了 John Wiley & Sons 出版社的许可。

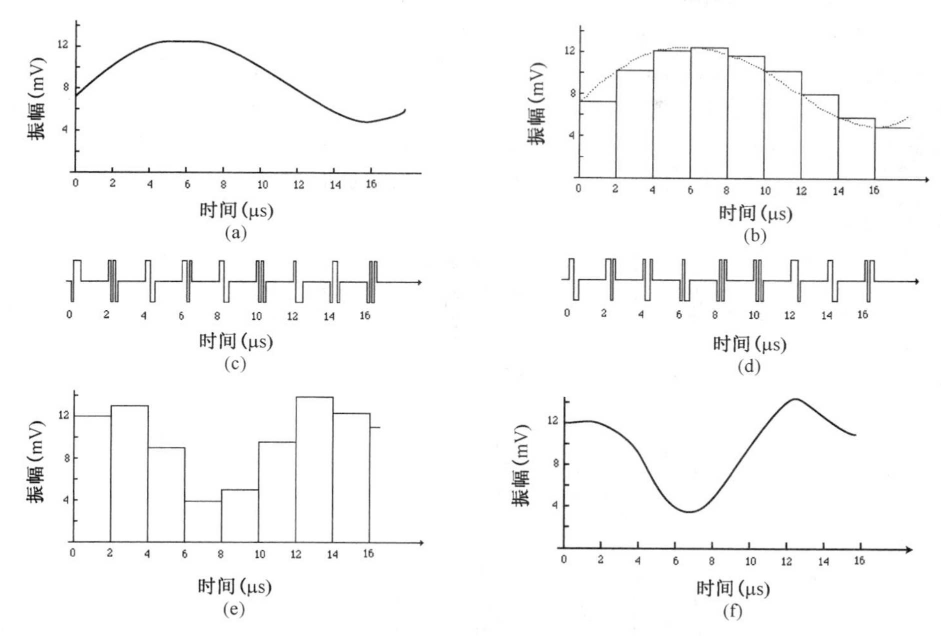

图1.42　图1.41中的信号在不同阶段的典型波形:(a)模拟输入信号;(b)抽样和保持电路的输出;(c)模数转换器输出;(d)数字处理器的输出;(e)数模转换器的输出;(f)模拟输出信号。在(c)和(d)中,为清晰起见,数字高电平和低电平用正脉冲和负脉冲表示

与上面相比，模拟信号的直接模拟处理由于仅需一个处理器，因此在概念上非常简单，如图1.43所示。因此，我们很自然地要问模拟信号的数字处理的优势是什么?

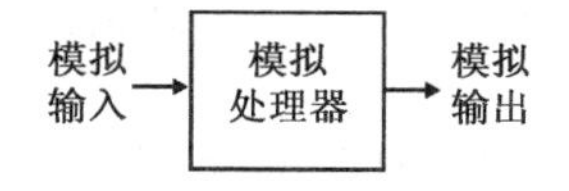

图1.43　模拟信号的模拟处理

当然，选择数字信号处理具有很多优势。下面将讨论最重要的几点[Bel2000]，[Pro96]。

与模拟电路不同，数字电路的运算并不依赖于数字信号值的精度。这样，数字电路对于元件值的容限就不是很敏感，并与温度、寿命和大多数其他外部参数无关。数字电路可以很容易地大量复制，且在制造期间或以后的使用中不需要调整。另外，它容易实现全集成，并且随着当今**超大规模集成(VLSI)电路**的发展，有可能将高度精密和复杂的数字信号处理系统集成到一个芯片上。

在数字信号处理器中，信号和描述处理运算的系数都用二进制的字表示。因此，任何需要的精度可以在成本所限范围内通过简单地增加字长来实现。此外，若需要，信号和系数的动态范围还可以通过使用浮点运算进一步得到扩大。

数字处理可以通过分时来使大量的信号共享某个处理器，这样就减少了每路信号的处理代价。图1.44描述了分时的概念，这里两个数字信号通过分时被合成为一个信号。复用信号接下来被送入一个处理器，通过在每个信号到达处理器输入端之前转换处理器的系数，使得该处理器就可以看成是两个不同的系统。最后，通过对处理器的输出信号解复用，可分离处理后的信号。

如实现自适应滤波器所需要的一样，数字实现在处理过程中可以很容易地调整处理器特性。这种调整可以通过周期性地改变描述处理器特征算法的系数来简单实现。改变系数的另一个应用是实现具有可编程特性的系统，如具有可调整截止频率的频率选择滤波器。具有保证互补频率响应特性的滤波器组在数字形式下可以很容易实现。

数字处理可以实现用模拟处理不可能实现的某些特性，如精确的线性相位以及多抽样率处理。与模拟电路不同，数字电路可以在没有负载匹配问题的情况下进行级联。数字信号可以在不同存储媒质(如磁带、磁盘和光盘)中在不丢失信息的前提下，几乎不失真地进行存储。这些存储的信号可以在以后做离线处理，例如使用 CD 播放器、数字影碟播放器、数字音带播放器，或者用通用计算机处理地震数据等。相反，被存储的模拟信号随着时间的推移将迅速被损坏，而且不可能恢复出原有形式。

另一个优点是可以对频率非常低的信号(如地震应用中出现的信号)进行数字处理。若进行模拟处理，所需要的电感和电容在物理上必将具有很大尺寸。

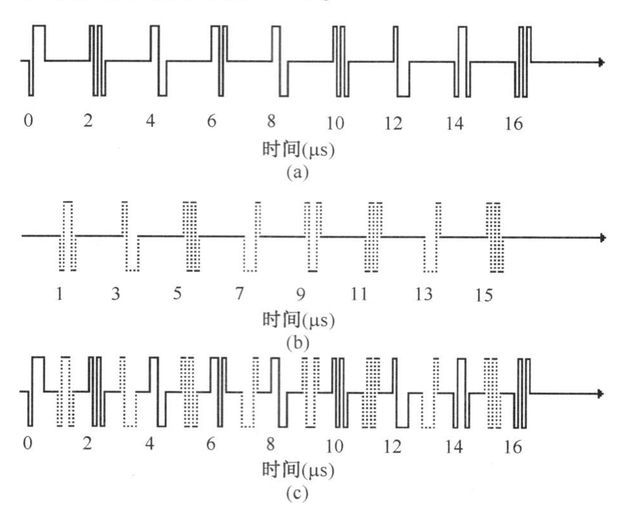

图 1.44 分时的概念。(c)中显示的信号由(a)和(b)中的信号经时分复用得到

数字信号处理也有一些缺点。一个明显的缺点是对模拟信号做数字处理将增加系统的复杂性，这是由于需要一些附加的预处理和后处理设备，如模数转换和数模转换以及同它们相关的滤波器和复杂数字电路。

有关数字信号处理的第二个缺点是有效处理的频率范围有限。这个特性限制了它的应用，尤其是在模拟信号的数字处理中。如后所示，通常，一个连续时间的模拟信号必须被至少是信号所含最高频率成分两倍的抽样频率进行抽样。若该条件不满足，则高于抽样频率一半的信号分量将以低于该分量频率的信号分量出现，使输入模拟信号波形完全失真。数字信号处理器运算的有效频率范围主要由抽样和保持电路以及数模转换器决定，因此受当前技术发展的限制。目前文献上提到的最高抽样率大约为 1 GHz [Pou87]。这样高的抽样频率通常不在实际中使用，因为由模拟样本数字等效的字长确定的模数转换器可达到的分辨率随着转换器速度的增加而降低。例如，已报道的工作在 1 GHz 下的模数转换器的分辨率是 6 比特[Pou87]。而另一方面，在大多数应用中，所要求的模数转换器的分辨率约为 12 比特到 16 比特。因此，目前实际应用中最高抽样率的上限为 10 MHz。然而，该上限随着技术的发展会变得越来越大。

第三个缺点在于，数字系统是由耗电的有源器件构成的。例如，WE DSP32C 数字信号处理器芯片包含了超过 405 000 个的晶体管，其能量消耗大约为 1 W。相反，大量模拟算法可以用无源电路实现，其中采用不需要电源的电感、电容和电阻。另外，有源设备没有无源设备可靠。

数字信号处理的另外一个缺点来源于在硬件或软件中用有限精度来实现算法时产生的有限字长效应。通过合理的设计算法及其实现方式，可以将有限字长的影响降到最小。

然而，在许多应用中，优点远远超过缺点，而且随着数字处理器的硬件成本不断降低，数字信号处理的应用正在迅速增加。

第 2 章　时域中的离散时间信号

如图 1.1(c)所示，离散时间信号最基本的形式是定义在等间隔的时间离散值(自变量)上，且在这些离散时间上的信号振幅值是连续的。因此，离散时间信号可以表示为数字序列，其中时间自变量用 $-\infty$ 到 $+\infty$ 之间的整数表示。这样，离散时间信号处理就是指通过离散时间系统的处理对该信号处理，生成具有我们期望的一些特性——另一个离散时间信号，或者提取原信号中的某些信息。

在涉及连续时间信号的许多应用中，用离散时间信号处理的方法来处理连续时间信号越来越具有吸引力。为此，连续时间信号首先通过周期抽样，转换为“等效”离散时间信号；接着，所得信号经离散时间系统处理得到另一个离散时间信号，若需要，再将它转换成等效的连续时间信号。我们在后面 3.8.1 节将会看到，在某种(理想)条件下，连续时间信号的等效离散时间信号包含了原连续时间信号中的所有信息，而且可以无失真地由该离散时间信号恢复出该原连续时间信号。

因此，为了理解数字信号处理的原理并设计离散时间系统，需要知道如何用数学方式来表示离散时间信号和系统，可以在时域或频域中进行这种表示。本章及下一章将把注意力集中在离散时间信号上。

本章讨论离散时间信号的时域数学表示以及与该表示相关的一些概念。首先讨论时域中的表示，然后描述离散时间信号的一些基本运算及其实现器件，这些运算在生成处理离散时间信号的离散时间系统时构成了基本结构单元。接着讨论离散时间信号的不同分类，这些分类通常用于简化信号处理算法。然后，介绍由一个序列或多个序列生成其他序列的一些基本运算。进而讨论几个基本的离散时间信号或序列，它们在任意离散时间信号和离散时间系统的时域描述中起着重要作用。接下来，我们探讨连续时间信号与通过在均匀时间间隔对其进行抽样而得到的离散时间形式之间的关系。此外，我们指出由均匀抽样得到的离散时间信号可唯一表示原连续时间信号的条件。一对离散时间信号间的某种相似性度量由互相关序列给出，我们将介绍互相关序列并研究其性质。最后对离散时间随机信号的量化给出一个定性描述。

在本章和后续章节中，我们将大量使用 MATLAB，通过计算机仿真来对所介绍的概念进行说明。

2.1　时域表示

前面曾提到，在数字信号处理中，信号用数字序列表示，该序列称为**样本**。典型的离散时间信号(或序列)的样本值是定义在从 $-\infty$ 到 $+\infty$ 之间整数值自变量的函数，即 $x[n]$ 是离散时间信号 $\{x[n]\}$ 在时刻 $n(-\infty < n < +\infty)$ 的振幅。注意，$x[n]$ 只在 n 为整数值时有定义，而在 n 为非整数值时没有定义。若离散时间信号表示成括号内的一组样本，我们在时间序号 $n=0$ 处的样本下面用箭头↑标示，右边的样本值对应于 n 为正值的部分，而左边的样本值对应于 n 为负值的部分。样本值为实数的离散时间信号的例子为

$$\{x[n]\} = \{\cdots, 0.95, -0.2, \underset{\uparrow}{2.17}, 1.1, 0.2, -3.67, 2.9, -0.8, 4.1, \cdots\} \tag{2.1}$$

对于上面的信号，$x[-1]=-0.2$，$x[0]=2.17$，$x[1]=1.1$，以此类推。图 2.1 给出了样本值为实数的序列 $\{x[n]\}$ 的波形。

在某些应用中，对连续时间信号 $x_a(t)$ 以相等的时间间隔周期抽样，可得到离散时间序列 $\{x[n]\}$(如图 2.2 所示)：

$$x[n] = x_a(t)|_{t=nT} = x_a(nT), \qquad n = \cdots, -2, -1, 0, 1, 2, \cdots \tag{2.2}$$

式(2.2)中的两个相邻样本之间的间隔 T 称为**抽样间隔**或**抽样周期**。抽样间隔 T 的倒数，记为 F_T，称为**抽样频率**：

$$F_T = \frac{1}{T} \tag{2.3}$$

抽样频率的单位是周期/秒，当抽样周期以秒为单位时，抽样率的单位为赫兹(Hz)。对一幅图像而言，空间抽样同时在水平和垂直方向上进行。此时，水平和垂直的抽样率用在定义了抽样周期的两个方向上以周期每单位距离作为单位来表示。

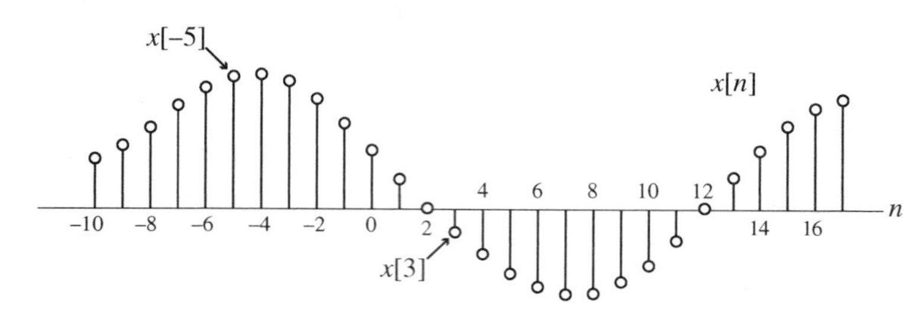

图 2.1　离散时间序列{$x[n]$}的图形表示

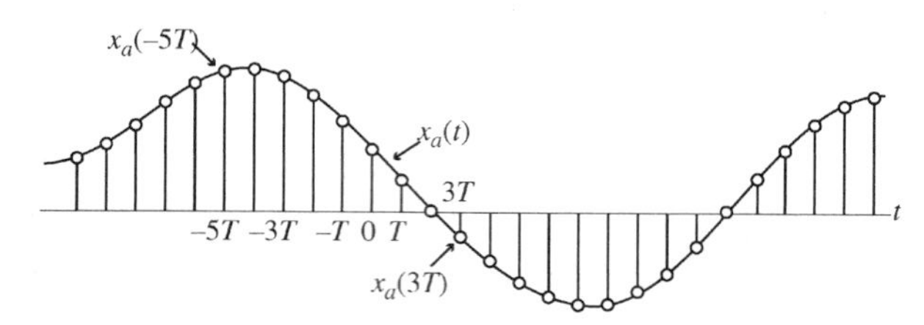

图 2.2　通过对连续时间信号 $x_a(t)$ 抽样产生的序列

注意，不管序列{$x[n]$}是否是通过抽样得到的，量$x[n]$都称为序列的**第 n 个样本**。对于序列{$x[n]$}，第 n 个样本值 $x[n]$ 通常可以取任意实数或复数。若对于所有的 n，$x[n]$均为实数，则{$x[n]$}是**实序列**；否则，若有一个或多个 n，其对应的 $x[n]$为复数，则{$x[n]$}是**复序列**。将 $x[n]$分解成实部和虚部，则可将复序列{$x[n]$}写为

$$\{x[n]\} = \{x_{\mathrm{re}}[n]\} + \mathrm{j}\,\{x_{\mathrm{im}}[n]\} \tag{2.4}$$

式中，$x_{\mathrm{re}}[n]$和 $x_{\mathrm{im}}[n]$分别表示 $x[n]$的实部和虚部，它们均为实序列。对于所有的 n 值，对实序列有 $x_{\mathrm{im}}[n]=0$，而对纯虚序列有 $x_{\mathrm{re}}[n]=0$。{$x[n]$}的复共轭序列通常用{$x^*[n]$}表示，记为{$x^*[n]$} = {$x_{\mathrm{re}}[n]$} − j{$x_{\mathrm{im}}[n]$}①。一般来说，若不发生混淆，在表示序列时，将不再加大括号。

由前一章的定义可知，离散时间信号有两种基本类型：一种是抽样数据信号，其样本值是连续的；另一种是数字信号，其样本值是离散的。实际的数字信号处理系统所处理的相关信号都是采用**舍入**或**截尾**对样本值量化得到的数字信号。例如，把式(2.1)的离散时间序列 $x[n]$的样本值按照取最近整数值的原则，可舍入得到数字信号{$\hat{x}[n]$}：

$$\{\hat{x}[n]\} = \{\cdots,\ 1,\ 0,\ \underset{\uparrow}{2},\ 1,\ 0,\ -4,\ 3,\ -1,\ 4,\ \cdots\}$$

图 2.3 给出了一个数字信号的例子，其振幅在 −3 到 3 的范围内取整数值。

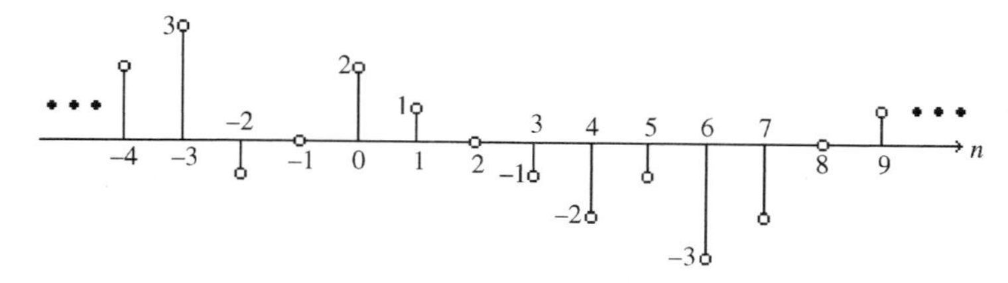

图 2.3　数字信号

① 复共轭序列运算通常用符号 * 表示。

对连续时间信号进行数字处理时，连续时间信号先后通过抽样保持电路及模数转换器得到其等效数字信号。而处理后的数字信号依次通过数模转换器和模拟重构滤波器转回等效连续时间信号。3.8 节将讨论连续时间信号的数字处理，推导抽样过程的数学基础，并介绍连续时域和数字域之间不同接口电路的运算。第 12 章将研究振幅离散化的影响。

2.1.1　离散时间信号的长度

离散时间信号可以是**有限长序列**或**无限长序列**。有限长(也称为**有限时宽**或**有限范围**)序列只在有限时间段内有定义：

$$N_1 \leqslant n \leqslant N_2 \tag{2.5}$$

其中，$-\infty < N_1$ 且 $N_2 < \infty$，并有 $N_2 \geqslant N_1$。上面的有限长序列的**长度或时宽** N 为

$$N = N_2 - N_1 + 1 \tag{2.6}$$

长度为 N 的离散时间序列包含 N 个样本并通常称为 N 点序列。若把定义范围以外的样本值均设为零，则可将有限长序列看成是无限长序列。这种通过加入零值样本来延长序列的过程称为**补零**或**零填充**。在某些应用中，也可对有限长序列补上非零样本来使之变长。

有三类无限长序列。当 $n < N_1$ 时，$x[n]$ 的样本值为零的序列，即

$$x[n] = 0, \qquad n < N_1 \tag{2.7}$$

称为**右边序列**。其中，N_1 是值为正或负的有限整数。若 $N_1 \geqslant 0$，则右边序列通常称为**因果序列**①。同样，**左边序列** $x[n]$ 当 $n > N_2$ 时的样本值为零，即

$$x[n] = 0, \qquad n > N_2 \tag{2.8}$$

其中，N_2 是值为正或负的有限整数。若 $N_2 \leqslant 0$，则左边序列通常称为**反因果序列**。一般的**双边序列**在正和负的 n 值都有定义。图 2.4 说明了上述两种单边序列。

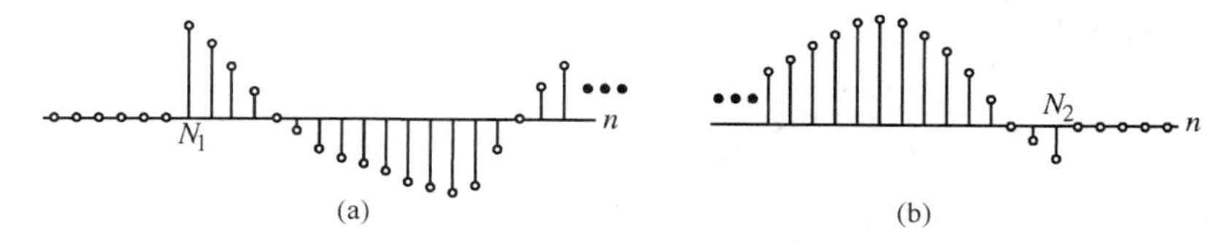

图 2.4　(a)右边序列；(b)左边序列

为简单起见，对于定义在从时间序号 $n=0$ 开始且 n 为正值的有限长序列，序列的第一个样本通常假定其对应的时间序号为 $n=0$，而不再用箭头在下面明确表示。

到目前为止，我们都是讨论用数字序列表示时域中的离散时间信号。在第 5 章中，将看到有限长离散时间信号也可以表示成变换域中的有限长序列，其样本值是变换域中某个离散变量(常用整数 k 表示)的函数。通常，用大写字母表示离散时间信号 $x[n]$ 在变换域的形式(比如 $X[k]$)。若把定义在 $0 \leqslant n \leqslant N-1$ 上的长度为 N 的时域样本以向量的形式表示为②

$$\boldsymbol{x} = [x[0] \quad x[1] \quad \cdots \quad x[N-1]]^{\mathrm{T}}$$

则定义在 $0 \leqslant k \leqslant N-1$ 上的长度为 N 的变换域样本

$$\boldsymbol{X} = [X[0] \quad X[1] \quad \cdots \quad X[N-1]]^{\mathrm{T}}$$

是通过把 $N \times N$ 阶可逆矩阵 $\boldsymbol{D}$ 与 $\boldsymbol{x}$ 相乘而得到的：

$$\boldsymbol{X} = \boldsymbol{D}\boldsymbol{x}$$

通过一个逆变换，可以从变换域表示恢复出原时域序列：

---

① 名词**因果序列**源于 4.4.4 节讨论的离散时间系统的因果条件。

② 上标 T 表示矩阵转置。

$$\boldsymbol{x}=\boldsymbol{D}^{-1}\boldsymbol{X}$$

在许多情况中，实值的时域序列在变换域的表示可能是复值序列。通常，对变换域序列的处理也会采用与时域中离散时间信号相同的处理方式。序列的一些基本运算将在 2.2.1 节中讨论。

2.1.2 离散时间信号的强度

离散时间信号的强度由其范数给出。通常，序列$\{x[n]\}$的$\mathcal{L}_p$范数定义如下：

$$\|x\|_p=\left(\sum_{n=-\infty}^{\infty}|x[n]|^p\right)^{1/p} \tag{2.9}$$

其中，p 是正整数。实际中常用的 p 值为 1，2 或∞。根据上面的定义式，$\mathcal{L}_\infty$ 范数是$\{x[n]\}$的**绝对值的峰值**，即

$$\|x\|_\infty=|x|_{\max} \tag{2.10}$$

由式(2.9)，对一个长度为 N 的序列，$\|x\|_2/\sqrt{N}$是$\{x[n]\}$的均方根(rms)值，而$\|x\|_1/\sqrt{N}$是$\{x[n]\}$的绝对值的均值。可以证明(参见习题 2.2)

$$\|x\|_2\leqslant\|x\|_1$$

范数在估计用另一个离散时间信号逼近某离散时间信号所产生的误差中有应用。设长度为 N 的序列 $y[n]$($0\leqslant n\leqslant N-1$)是长度为 N 的序列 $x[n]$($0\leqslant n\leqslant N-1$)的逼近。例如，$x[n]$可以是被加性噪声污染的离散时间信号，而 $y[n]$是移除噪声后的信号。误差估计有多种定义。逼近质量的一种估计由**均方误差**(**MSE**)给出

$$\mathrm{MSE}=\frac{1}{N}\sum_{i=0}^{N-1}(|y[n]-x[n]|)^2=\frac{1}{N}(\|y[n]-x[n]\|_2)^2 \tag{2.11}$$

它是差信号的$\mathcal{L}_2$ 范数的平方除以信号的长度。**相对误差**给出了逼近的另一种估计，它是差信号的$\mathcal{L}_2$ 范数和原信号的$\mathcal{L}_2$ 范数之比：

$$\mathrm{E_{rel}}=\left(\frac{\sum_{n=0}^{N-1}|y[n]-x[n]|^2}{\sum_{n=0}^{N-1}|x[n]|^2}\right)^{1/2}=\frac{\|y[n]-x[n]\|_2}{\|x[n]\|_2} \tag{2.12}$$

有限长序列 x 的范数可以用 MATLAB 中的 M 文件 `norm` 计算。用 `norm(x)`或 `norm(x, 2)`可以得到 x 的$\mathcal{L}_2$ 范数，而由 `norm(x, 1)`可以得到 x 的$\mathcal{L}_1$ 范数。最后，用 `norm(x, inf)`可以求 x 的$\mathcal{L}_\infty$范数。

2.2 序列的运算

数字信号处理研究的是对一个或多个离散时间信号进行处理来得到另一个信号或具有更多所需性质的信号。例如，在通过媒质的传输过程中，感兴趣的信号可能被加性噪声污染，有必要对加噪的信号进行运算来得到原未污染信号的一个合理的副本。在一些应用中，为了有效传输，几个不同的离散时间信号在发送端被组合并在接收端通过对混合信号进行运算进行分离。在大多数情况下，定义一个特定的离散时间系统的运算是由下面将要介绍的一些基本运算组成的。

2.2.1 基本运算

设 $x[n]$和 $y[n]$是两个已知序列。这两个序列的样本值的**乘积**是指将两个序列的样本值逐点对应相乘，从而得到新序列 $w_1[n]$：

$$w_1[n]=x[n]\cdot y[n] \tag{2.13}$$

在一些应用中乘积运算也被称为**调制**。实现调制运算的器件称为**调制器**，其运算功能的框图如图 2.5(a)所示。

积运算的一个应用如例 2.14 所示。积运算的另一个应用是通过将无限长序列与称为**窗序列**的有限长序列相乘，由该无限长序列产生有限长序列。

第二个基本运算是标量**相乘**，它把序列 $x[n]$ 的每个样本乘以标量 A 产生新序列：

$$w_2[n] = Ax[n] \tag{2.14}$$

实现相乘运算的器件称为**乘法器**，其框图如图 2.5(b) 所示。

第三个基本运算是**相加**，它把两个序列 $x[n]$ 和 $y[n]$ 的样本值逐一相加得到新序列 $w_3[n]$：

$$w_3[n] = x[n] + y[n] \tag{2.15}$$

实现加运算的器件称为**加法器**，其框图如图 2.5(c) 所示。若把序列 $y[n]$ 的所有样本值的符号取反，则也可以用加法器实现**相减**运算。

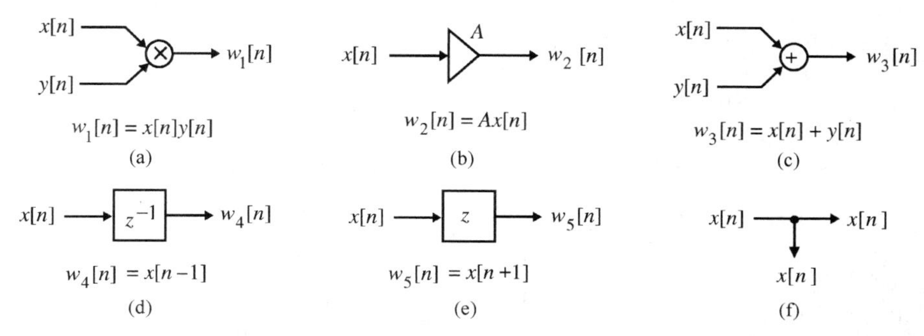

图 2.5　序列基本运算的示意图表示：(a) 调制器；(b) 乘法器；(c) 加法器；(d) 单位延迟；(e) 单位超前；(f) 节点

相加运算的一个非常简单的应用是改进被加性随机噪声干扰的观测数据的质量。在许多情况下，在前后两次测量中，真实未受干扰的数据向量 $\boldsymbol{s}$ 基本保持不变，而加性噪声向量却是随机的，不能复制。假设用 $\boldsymbol{d}_i$ 表示在第 i 次测量中干扰真实数据向量 $\boldsymbol{s}$ 的噪声向量：

$$\boldsymbol{x}_i = \boldsymbol{s} + \boldsymbol{d}_i$$

K 次观测后得到的平均数据向量，称为**集合平均**，即

$$\boldsymbol{x}_{\text{ave}} = \frac{1}{K}\sum_{i=1}^{K}(\boldsymbol{x}_i) = \frac{1}{K}\sum_{i=1}^{K}(\boldsymbol{s} + \boldsymbol{d}_i) = \boldsymbol{s} + \frac{1}{K}\left(\sum_{i=1}^{K}\boldsymbol{d}_i\right)$$

因为噪声的随机性，若 K 足够大，总和噪声向量 $\frac{1}{K}\left(\sum_{i=1}^{K}\boldsymbol{d}_i\right)$ 的均值样本值非常小，$\boldsymbol{x}_{\text{ave}}$ 可以认为是对期望数据向量 $\boldsymbol{s}$ 的一个合理近似。例 2.1 是集合平均的一个例子。

例 2.1　集合平均示例

为简单起见，假设原始未受干扰的数据为[Sch75]：

$$s[n] = 2[n(0.9)^n] \tag{2.16}$$

程序 2_1. m

MATLAB 程序 2_1 用于产生上述数据 $s[n]$、噪声 $d[n]$ 和集合平均。由上述程序产生的两个序列如图 2.6 所示。图 2.7 显示了受噪声干扰的数据 $s[n] + d_i[n]$ 的一个样本值和经过 50 次测量后得到的集合平均。可以看出，图 2.7(b) 所示的集合平均与图 2.6(a) 所示的原始未受干扰的数据几乎相同。

随机信号的功率谱估计是集合平均的一个应用，在随书附带的光盘中讨论。

式(2.17)中的**时移**运算显示了 $x[n]$ 及其时移形式 $w_4[n]$ 之间的关系：

$$w_4[n] = x[n - N] \tag{2.17}$$

其中，N 是一个整数。若 $N>0$，则它为**延迟**运算；而若 $N<0$，则它为**超前**运算。当 $N=1$ 时，输入-输出关系为

$$w_4[n] = x[n - 1]$$

实现延迟一个样本的器件称为**单位延迟**。按照第 6 章中引入的 z 变换，上述输入-输出关系也可重写为

$$W_4(z) = z^{-1}X(z)$$

其中，$W_4(z)$和$X(z)$分别表示输出序列$w_4[n]$和输入序列$x[n]$的z变换。在实际应用中，常用符号z^{-1}示意性表示单位延迟运算，如图2.5(d)所示。

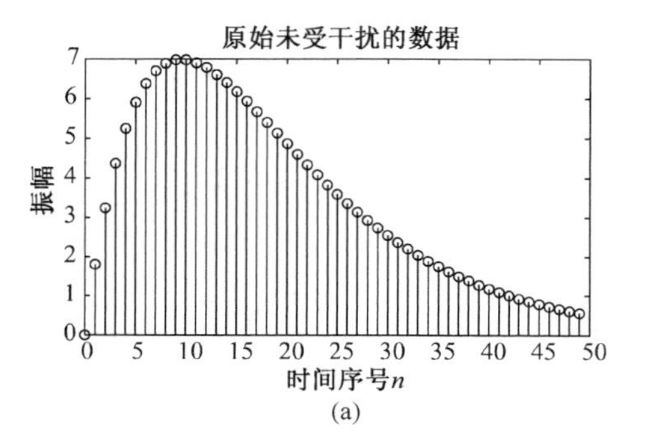

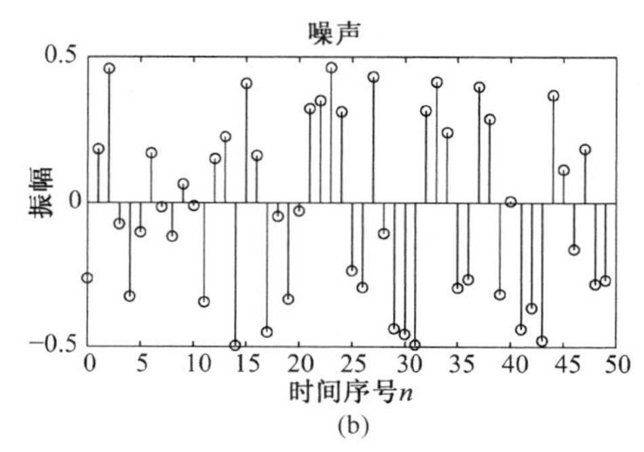

图2.6 (a)原始未受干扰序列$s[n]$；(b)噪声信号$d_i[n]$

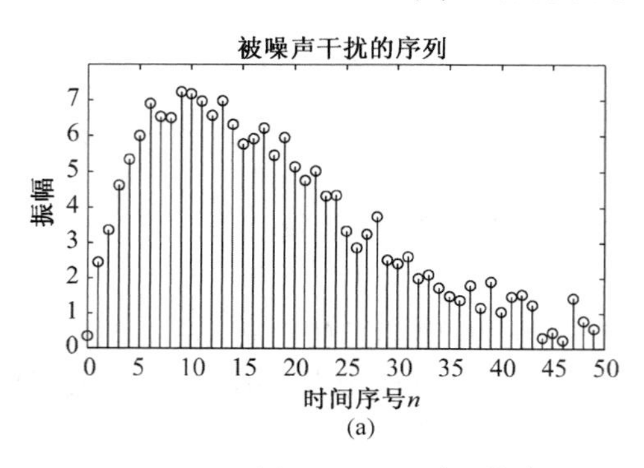

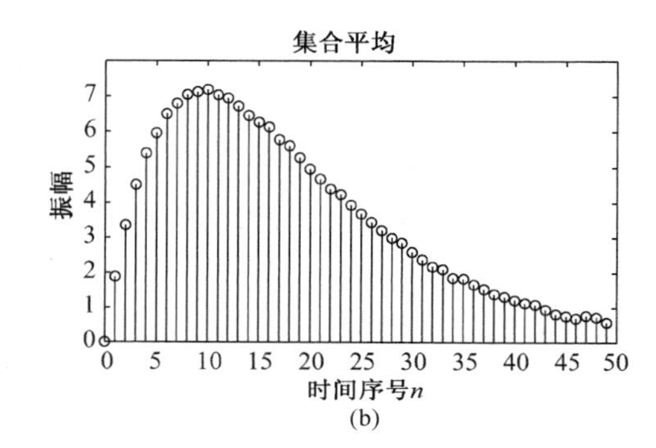

图2.7 (a)受干扰序列的一个样本；(b)50次测量的集合平均

与单位延迟相反的运算是**单位超前**运算，定义为

$$w_5[n] = x[n+1]$$

用z变换表示为

$$W_5(z) = z\,X(z)$$

因此，在实际应用中常用符号z示意性表示单位超前运算，如图2.5(e)所示。

时间反转运算(也称为**折叠运算**)是产生新序列的另一种有效方法。例如

$$w_6[n] = x[-n] \tag{2.18}$$

是序列$x[n]$的时间反转形式。

图2.5(f)显示了一个**节点**，它将一个序列送入离散时间系统的不同部分。

例2.2示例了乘积、相加和相乘这三个基本运算的使用。

例2.2 等长序列的基本运算

考虑定义在$0\leq n\leq 4$上长度为5的两个序列：

$$c[n] = \{3.2,\quad 41,\quad 36,\quad -9.5,\quad 0\}$$
$$d[n] = \{1.7,\quad -0.5,\quad 0,\quad 0.8,\quad 1\}$$

由以上序列可得到几个长度为5的新序列：

$$w_1[n] = c[n]\cdot d[n] = \{5.44,\quad -20.5,\quad 0,\quad -7.6,\quad 0\}$$
$$w_2[n] = c[n]+d[n] = \{4.9,\quad 40.5,\quad 36,\quad -8.7,\quad 1\}$$
$$w_3[n] = \tfrac{7}{2}c[n] = \{11.2,\quad 143.5,\quad 126,\quad -33.25,\quad 0\}$$

如例2.2所示，若所有的序列具有相同的长度并且定义在相同的时间序号n的范围内，则可以通过对其中两个或两个以上的序列进行运算产生新序列。然而，若参与运算的序列长度不同，可以对长度较

短的序列插入零值样本，以使所有序列都定义在相同的时间序号 n 的范围内。该过程将在例 2.3 中加以说明。

例 2.3　不等长序列的基本运算

考虑定义在 $0 \leqslant n \leqslant 2$ 上长度为 3 的序列 $\{g[n]\}$：

$$\{g[n]\} = \{-21,\quad 1.5,\quad 3\}$$

很明显，我们不能将该序列与例 2.2 中任一个长度为 5 的序列进行运算来生成另一个序列。然而，对 $\{g[n]\}$ 添加两个零值样本后，可使之成为定义在 $0 \leqslant n \leqslant 4$ 上长度为 5 的序列：

$$\{g_e[n]\} = \{-21,\quad 1.5,\quad 3,\quad 0,\quad 0\}$$

下面举例给出 $\{g_e[n]\}$ 与前例中的 $c[n]$ 进行运算产生的新序列：

$$\{w_4[n]\} = \{c[n] \cdot g_e[n]\} = \{-67.2,\quad 61.5,\quad 108,\quad 0,\quad 0\}$$
$$\{w_5[n]\} = \{c[n] + g_e[n]\} = \{-17.8,\quad 42.5,\quad 39,\quad -9.5,\quad 0\}$$

2.2.2　基本运算的组合

大多数应用都是采用上述基本运算的组合。例 2.4 举例说明了一种组合。

例 2.4　基本运算组合的示例

在某些应用中，一个序列是通过另一个序列及其过去值的加权和，以及所生成的序列的过去值的加权和而产生的，如式(2.19)所示。

$$y[n] = b_0 x[n] + b_1 x[n-1] + b_2 x[n-2] + a_1 y[n-1] + a_2 y[n-2] \tag{2.19}$$

如上式所指出的，通过将序列 $x[n]$ 及其两个过去值 $x[n-1]$ 和 $x[n-2]$ 分别乘以常数 b_0，b_1，b_2，并将序列 $y[n]$ 的两个过去值 $y[n-1]$ 和 $y[n-2]$ 分别乘以常数 a_1 和 a_2，然后对所有加权后的样本求和，可以得到序列 $y[n]$。因此，式(2.19)中的复杂运算用到了三个基本运算，即相加、相乘和延迟。图 2.8 画出了用加法器、乘法器和单位延迟的示意图给出的式(2.19)的示意图。

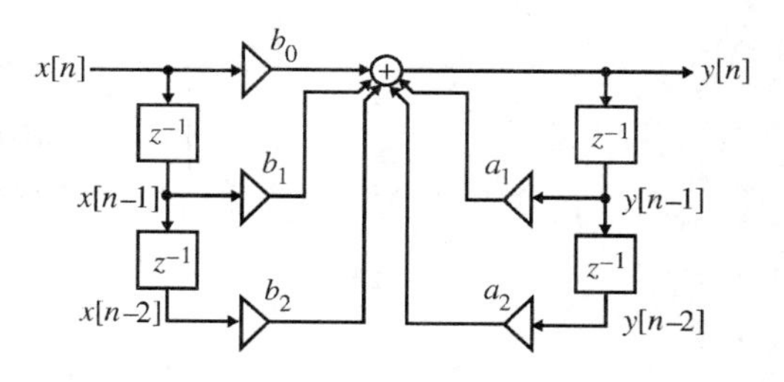

图 2.8　式(2.19)的示意图

下面讨论的卷积和给出了两个序列产生新序列的更复杂组合方式。

2.2.3　卷积和

设 $x[n]$ 和 $h[n]$ 表示两个序列。这两个序列通过**卷积和**产生的序列 $y[n]$ 为

$$y[n] = \sum_{k=-\infty}^{\infty} x[k]h[n-k] \tag{2.20a}$$

假设，式(2.20a)中的卷积和收敛，通过简单的变量变换，上式可等效写为

$$y[n] = \sum_{k=-\infty}^{\infty} x[n-k]h[k] \tag{2.20b}$$

从上面两式可以看出，通过卷积和生成序列 $y[n]$ 包括 4 个基本运算：时移、相乘、相加和延迟。在后面 4.4.1 节中将看到某类离散时间系统在时域中可以完全用卷积和来描述。

为了简化，卷积和可以简洁地写为

$$y[n] = x[n] \circledast h[n] \tag{2.21}$$

其中，记号⊛表示卷积和①。例 2.5 说明了卷积和的计算。

① 在有些文献中，卷积和符号是没有圈的 *。然而，由于上标 * 经常被用于表示复共轭运算。在本书中采用符号⊛来表示卷积和运算。

例 2.5　用卷积和计算输出

下面我们将系统地推导由图 2.9(a)所示的两个有限长序列 $x[n]$ 和 $h[n]$ 进行卷积得到序列 $y[n]$ 的过程。从图中可以看到，当 $n<0$ 时的平移且时间反转形式 $\{h[n-k]\}$ [图 2.9(b)中画出了 $n=-3$ 时的结果]，可以看出，对于任何样本序号 k，$\{x[k]\}$ 或 $\{h[n-k]\}$ 的第 k 个样本为零。因此，对任意 k，第 k 个样本的乘积总是零，式(2.20a)的卷积和为

$$y[n]=0, \qquad n<0$$

现在考虑 $y[0]$ 的计算。首先得到 $\{h[-k]\}$，如图 2.9(c)所示。乘积序列 $\{x[k]h[-k]\}$ 如图 2.9(d)所示，它仅在 $k=0$ 时有一个非零样本 $x[0]h[0]$。因此

$$y[0]=x[0]h[0]=-2$$

为计算 $y[1]$，把 $\{h[-k]\}$ 往右边移动一个抽样周期得到 $\{h[1-k]\}$，如图 2.9(e)所示。图 2.9(f)显示的乘积序列 $\{x[k]h[1-k]\}$ 在 $k=0$ 时有一个非零样本 $x[0]h[1]$。因此

$$y[1]=x[0]h[1]+x[1]h[0]=-4+0=-4$$

为计算 $y[2]$，我们得到 $\{h[2-k]\}$，如图 2.9(g)所示。图 2.9(h)画出了乘积序列 $\{x[k]h[2-k]\}$，有

$$y[2]=x[0]h[2]+x[1]h[1]+x[2]h[0]=0+0+1=1$$

继续该过程，可得

$$y[3]=x[0]h[3]+x[1]h[2]+x[2]h[1]+x[3]h[0]=2+0+2-1=3$$
$$y[4]=x[1]h[3]+x[2]h[2]+x[3]h[1]+x[4]h[0]=0+0-2+3=1$$
$$y[5]=x[2]h[3]+x[3]h[2]+x[4]h[1]=-1+0+6=5$$
$$y[6]=x[3]h[3]+x[4]h[2]=1+0=1$$
$$y[7]=x[4]h[3]=-3$$

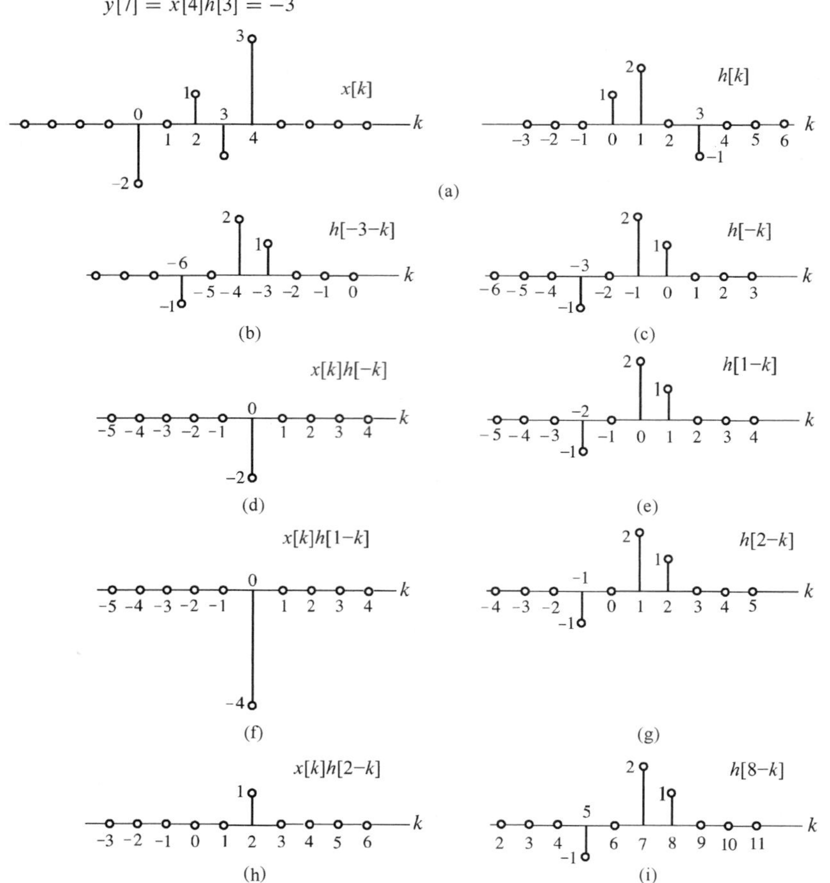

图 2.9　卷积过程图示

由图 2.9(i) 中的 $\{h[n-k]\}$ 和图 2.9(a) 中的 $\{x[k]\}$ 可以看到，当 $n>7$ 时，这两个序列没有交集。因此

$$y[n]=0, \qquad n>7$$

最后得到序列 $\{y[n]\}$，如图 2.10 所示。

注意，在式(2.20a)或式(2.20b)中，求和项中的每一个乘积项的两个样本所对应序号的和等于用卷积运算产生的输出样本值所对应的序号。例如，计算 $y[3]$ 时需要用到乘积 $x[0]h[3]$、$x[1]h[2]$、$x[2]h[1]$ 和 $x[3]h[0]$。这 4 个乘积中的每两个样本所对应序号的和都等于 3，它正好是输出样本 $y[3]$ 的序号。

从例 2.5 中可以看到，两个有限长序列卷积的结果仍是有限长序列。在该例中，长度为 5 的序列 $\{x[n]\}$ 与长度为 4 的序列 $\{h[n]\}$ 进行卷积，其结果为长度为 8 的序列 $\{y[n]\}$。通常，若被卷积的两个序列的长度分别是 M 和 N，则卷积得到的序列的长度是 $M+N-1$(参见习题 2.5)。

在 MATLAB 中，M 文件 conv 实现两个有限长序列的卷积。其应用在例 2.6 中示出。

例 2.6　用 MATLAB 计算卷积

程序 2_2.m

本书附带光盘中给出的程序 2_2 可以用于计算两个有限长序列的卷积。图 2.11 给出了用程序 2_2 实现例 2.5 中对两个序列进行卷积得到的新序列的图。正如所料，该结果与例 2.5 推导的结果完全相同。

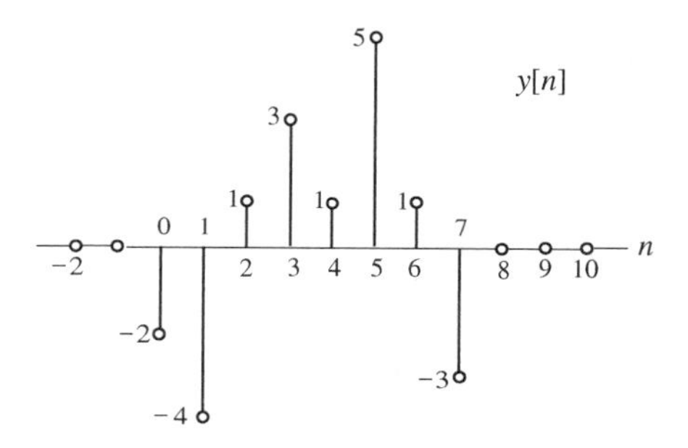

图 2.10　卷积产生的序列

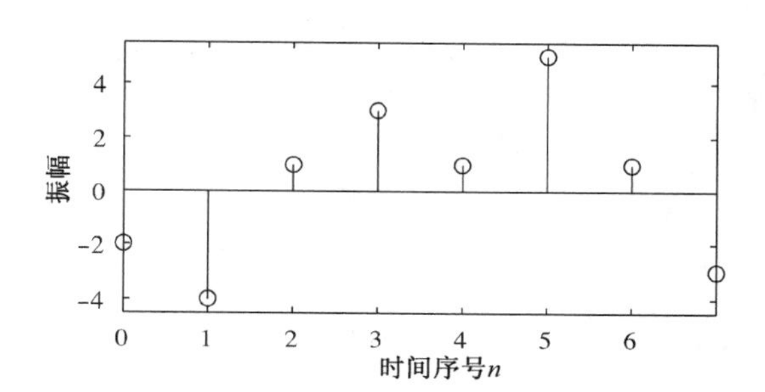

图 2.11　用 MATLAB 进行卷积产生的序列

2.2.4　抽样率转换

从给定序列生成抽样率高于或低于它的新序列的运算称为抽样率转换，它也是一种非常有用的运算。因此，若 $x[n]$ 是抽样率为 F_T Hz 的序列，由它得到所需抽样率为 F'_T Hz 的另一个序列 $y[n]$，则**抽样率转换比**为

$$\frac{F'_T}{F_T}=R \tag{2.22}$$

若 $R>1$，该运算会得到具有更高抽样率的序列，该运算用来将具有较低抽样率的序列内插得到具有较高抽样率的序列。实现内插过程的离散时间系统称为**内插器**。同理，若 $R<1$，抽样率会被称为**抽取**的过程降低。实现抽取的离散时间系统称为**抽取器**。

抽样率转换过程中用到的基本运算有两种：**上抽样**和**下抽样**。这些运算在多抽样率离散时间系统中有着重要作用，将在第 13 章和第 14 章中讨论。

在以整数因子 $L>1$ 进行上抽样时，上抽样器按照下面的关系将 $L-1$ 个等间距零值样本插入到输入序列 $x[n]$ 的每两个相邻的样本之间，得到输出序列 $x_u[n]$：

$$x_u[n]=\begin{cases}x[n/L], & n=0,\pm L,\pm 2L,\cdots\\ 0, & \text{其他}\end{cases} \tag{2.23}$$

$x_u[n]$ 的抽样率是原序列 $x[n]$ 的 L 倍。

图 2.12(a) 画出了上抽样器(也称为**抽样率扩展器**)的框图。图 2.13 示例了上抽样因子为 $L=3$ 的上抽样运算。内插器由上抽样器后接一个离散时间系统组成，该离散时间系统用 $x[n]$ 中的样本值线性组合得到一个更适当的值来替换 $x_u[n]$ 中添入的那些零值。4.1 节给出了内插器的一个简单例子。

相反地，整数因子 $M>1$ 的下抽样运算保留 $x[n]$ 中序号为 M 的整数倍的样本并移除这些样本之间的

$M-1$ 个样本，即按照下面的关系产生输出序列 $y[n]$：

$$y[n]=x[nM] \tag{2.24}$$

所得序列 $y[n]$ 的抽样率为 $x[n]$ 的抽样率的 $1/M$。基本上，输入序列中所有时间序号为 M 的整数倍的对应输入样本值在输出被保留，其他的则被丢弃。

图2.12(b)显示了**下抽样器**(也称为**抽样率压缩器**)的框图。图2.14说明了下抽样因子为 $M=3$ 时的下抽样运算。抽取器由离散时间系统和紧随其后的下抽样器组成。位于下抽样器前的离散时间系统确保输入信号 $x[n]$ 是适当带限，从而防止下抽样运算引起的混淆。

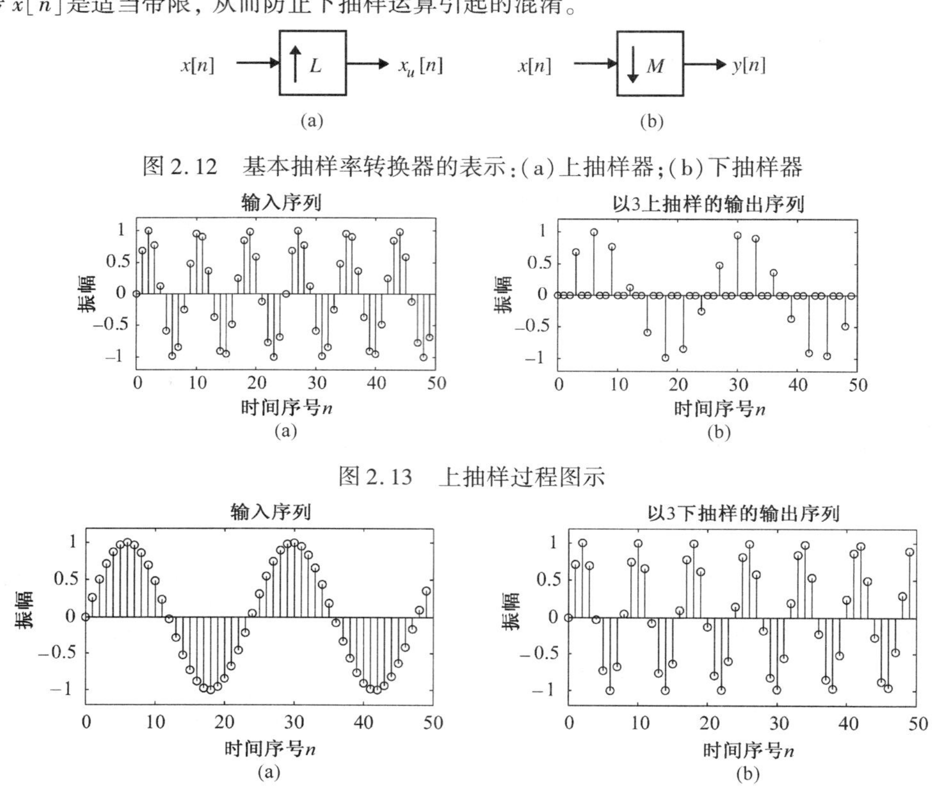

图2.12　基本抽样率转换器的表示：(a)上抽样器；(b)下抽样器

图2.13　上抽样过程图示

图2.14　下抽样过程图示

2.3　有限长序列的运算

上一节所描述的一些序列运算并不适用于有限长序列。设 $x[n]$ 是定义在区间 $0\leq n\leq N-1$ 上这样一个长度为 N 的序列，当 $n<0$ 和 $n\geq N$ 时，该序列的样本值等于零。对 $x[n]$ 进行时间反转运算，将得到长度同为 N，定义在区间 $-(N-1)\leq n\leq 0$ 上的序列 $x[-n]$。同样，以整数值 M 对序列进行线性时移得到一个长度为 N 的序列 $x[n+M]$，它不再定义在 $0\leq n\leq N-1$。因此，需要另外定义一种平移，来使得平移后的序列仍然在范围 $0\leq n\leq N-1$ 中。类似地，定义在 $0\leq n\leq N-1$、长度为 N 的一个序列 $x[n]$ 与另一个定义在 $0\leq n\leq N-1$、长度为 N 的序列 $h[n]$ 的卷积会得到一个定义在 $0\leq n\leq 2N-2$、长度为 $2N-1$ 的序列。因此，需要定义另外一种卷积，来保证被卷积后的序列在范围 $0\leq n\leq N-1$ 中。在本节中，我们考虑有限长序列的时间反转和时移运算。有限长序列的类似卷积和的运算将在5.4节中介绍。

2.3.1　圆周时间反转运算

用**模运算**可以对有限长序列进行时间反转运算来得到和原序列定义在相同时间序号 n 值范围内的新序列。

设 0，1，…，$N-1$ 是一组 N 个正整数，m 是任意一个整数。通过将 m 对 N 取模得到整数 r，称为**余数**，它是值在 0 到 $N-1$ 之间的一个整数。模运算用记号

$$\langle m\rangle_N = m \text{ 模 } N$$

表示。若令 $r=\langle m\rangle_N$，则

$$r = m + \ell N$$

其中，ℓ 是一个使得 $m+\ell N$ 的值在 0 和 $N-1$ 之间的整数。例如，当 $N=7$，$m=25$ 时，有 $r=25+7\ell=25-7\times 3=4$。因此 $\langle 25\rangle_7=4$。同样，当 $N=7$，$m=-15$ 时，有 $r=-15+7\ell=-15+7\times 3=6$，因此 $\langle -15\rangle_7=6$。在MATLAB 中可通过 M 文件 mod 来实现模运算。

因此，定义在 $0\leqslant n\leqslant N-1$ 且长度为 N 的序列 $\{x[n]\}$ 的时间反转形式 $\{y[n]\}$ 为 $\{y[n]\}=\{x[\langle -n\rangle_N]\}$。我们在例 2.7 中说明圆周时间反转运算。

例 2.7　圆周时间反转运算示例

考虑长度为 5 的序列 $\{x[n]\}=\{x[0], x[1], x[2], x[3], x[4]\}$。其圆周时间反转形式为 $\{y[n]\}=\{x[\langle -n\rangle_5]\}$。$\{y[n]\}$ 的 5 个样本如下

$$\begin{aligned}
y[0] &= x[\langle 0\rangle_5] = x[0]\\
y[1] &= x[\langle -1\rangle_5] = x[4]\\
y[2] &= x[\langle -2\rangle_5] = x[3]\\
y[3] &= x[\langle -3\rangle_5] = x[2]\\
y[4] &= x[\langle -4\rangle_5] = x[1]
\end{aligned}$$

因此，$\{y[n]\}=\{x[0], x[4], x[3], x[2], x[1]\}$。

有限长序列的圆周时间反转的概念如图 2.15 所示。

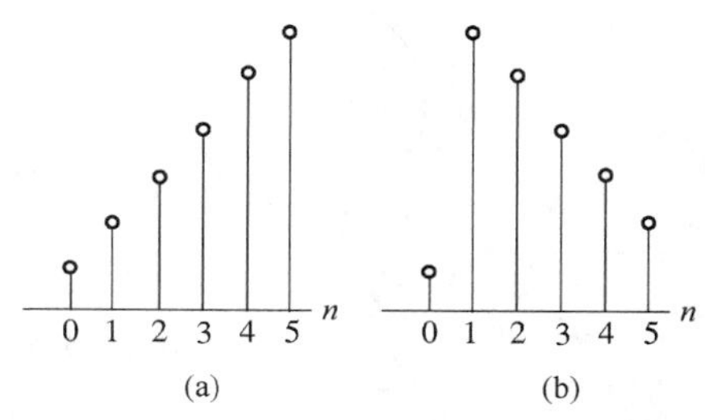

图 2.15　一个有限长序列的圆周时间反转图示：(a) $x[n]$；(b) $y[n]=x[\langle -n\rangle_6]$

2.3.2　序列的圆周平移

用圆周**时移**运算可以对有限长序列进行时移运算来得到和原序列具有相同 n 值范围且相同长度的另一个序列。这样的平移运算可用模运算实现。

长度为 N 的序列 $x[n]$ 以数量 n_o 进行的圆周平移定义为

$$x_c[n] = x[\langle n-n_o\rangle_N] \tag{2.25}$$

其中 $x_c[n]$ 也是一个长度为 N 的序列。若 $n_o>0$；则它是一个右圆周平移；若 $n_o<0$，则它是一个左圆周平移。当 $n_o>0$ 时，上式表明

$$x_c[n] = \begin{cases} x[n-n_o], & n_o\leqslant n\leqslant N-1\\ x[N-n_o+n], & 0\leqslant n< n_o\end{cases} \tag{2.26}$$

有限长序列的圆周平移的概念如图 2.16 所示。图 2.16(a) 给出了一个长度为 6 的序列 $x[n]$。图 2.16(b) 显示了图 2.16(a) 中的序列向右平移 1 个样本周期的其圆周平移形式，该序列也可看成是原序列向左平移了 5 个样本周期。同样，图 2.16(c) 给出了原序列向右圆周平移 4 个样本周期后的形式，或者是向左圆周平移 2 个样本周期后的序列。

由图 2.16(b) 和图 2.16(c) 可以看出，向右圆周平移 n_o 个样本周期等效于向左圆周平移 $N-n_o$ 个样本周期。注意以大于 N 的整数 n_o 进行的圆周平移等效于以 $\langle n_o\rangle_N$ 圆周平移。对于定义在特定时间区间上的有限长序列，圆周**时间反转**运算（类似于时间反转的运算）是用模算术来定义的。特别地，对于长度为 N 的序列 $x[n]$，$0\leqslant n<N-1$，圆周时间反转序列也是长度为 N 的序列，为

$$x[\langle -n\rangle_N] = x[\langle N-n\rangle_N]$$

由于 $1\leqslant n< N-1$ 时有 $\langle -n\rangle_N=N-n$，所以圆周时间反转运算可以用

$$x[\langle -n\rangle_N] = \begin{cases} x[N-n], & 1\leqslant n\leqslant N-1\\ x[n], & n=0\end{cases}$$

来实现。

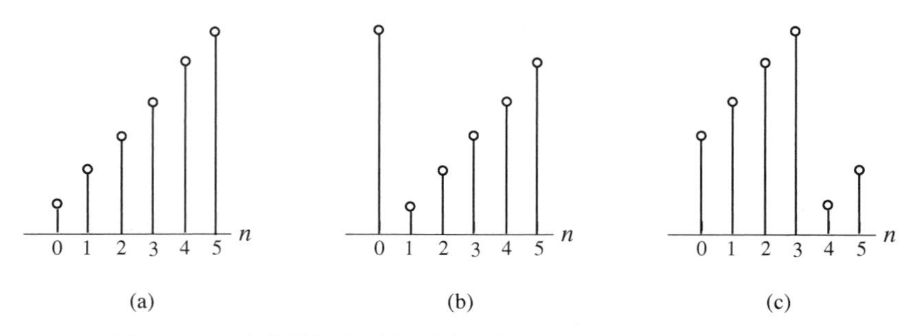

图 2.16　一个有限长序列的圆周平移图示:(a)$x[n]$; (b) $x[\langle n-1\rangle_6]=x[\langle n+5\rangle_6]$;(c)$x[\langle n-4\rangle_6]=x[\langle n+2\rangle_6]$

若将长度为 N 的序列以等间隔点显示在一个圆上, 则圆周平移运算可被看做该序列在圆上顺时针或逆时针旋转 n_o 个样本点,如图 2.17 所示。

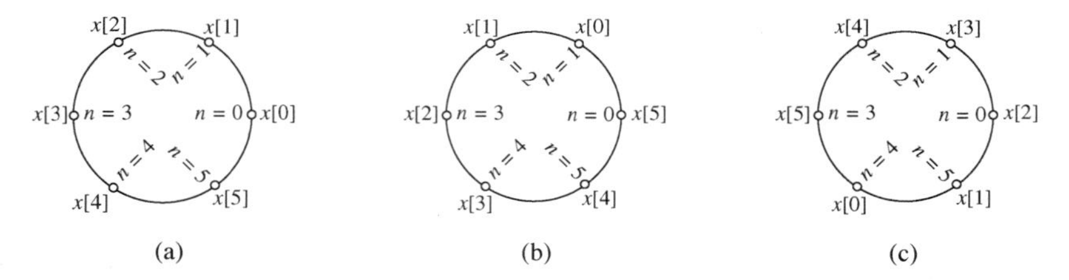

图 2.17　有限长序列的圆周平移的另一种图示:(a)$x[n]$; (b) $x[\langle n-1\rangle_6]=x[\langle n+5\rangle_6]$;(c)$x[\langle n-4\rangle_6]=x[\langle n+2\rangle_6]$

2.3.3　序列的分类

离散时间信号根据其特定特性可以分成不同的类型。前面讨论的一种分类方法是根据定义序列的样本数目, 另一种分类方法可根据序列值关于 $n=0$ 的样本值的对称性。离散时间信号也可以根据它的其他特性, 如周期性、可和性、能量以及功率来进行分类。这些特征常用于简化许多信号处理算法。

基于对称性分类

若序列 $x[n]$满足 $x[n]=x^*[-n]$, 则称其为**共轭对称序列**。称实共轭对称序列为**偶序列**。若序列$x[n]$满足 $x[n]=-x^*[-n]$, 则称其为**共轭反对称序列**。称实共轭反对称序列为**奇序列**。对于共轭反对称序列 $x[n]$, 在 $n=0$ 时对应的样本值必须是纯虚数。因此, 对奇序列有 $x[0]=0$。图 2.18 给出了偶序列和奇序列的例子。

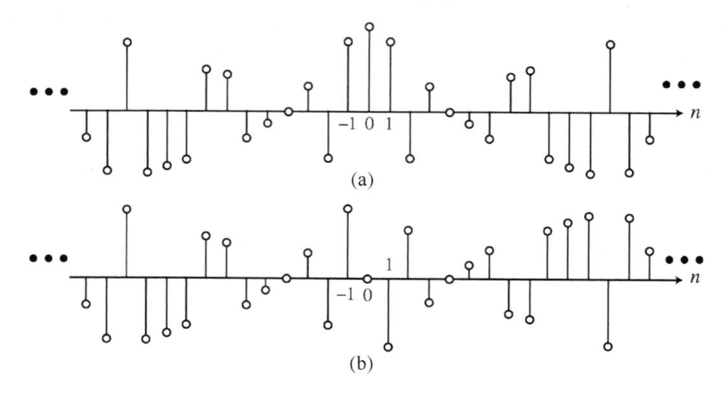

图 2.18　(a)偶序列;(b)奇序列

任何复序列 $x[n]$ 都可以表示成其共轭对称部分 $x_{cs}[n]$ 与其共轭反对称部分 $x_{ca}[n]$ 之和：

$$x[n] = x_{cs}[n] + x_{ca}[n] \tag{2.27}$$

其中

$$x_{cs}[n] = \frac{1}{2}(x[n] + x^*[-n]) \tag{2.28a}$$

$$x_{ca}[n] = \frac{1}{2}(x[n] - x^*[-n]) \tag{2.28b}$$

如式(2.28a)和式(2.28b)所示，在计算某序列的共轭对称部分和共轭反对称部分时，需用到共轭、时间反转、相加和相乘运算。由于时间反转运算的存在，若原序列是定义在对称区间 $-M \leqslant 0 \leqslant M$ 上且其长度为奇数的有限长序列，才有可能将此序列分解成共轭对称序列与共轭反对称序列的和。

例 2.8　复数序列的对称部分的产生

考虑定义在 $-3 \leqslant n \leqslant 3$ 上且长度为 7 的有限长序列：

$$\{g[n]\} = \{0,\ 1+\mathrm{j}4,\ -2+\mathrm{j}3,\ \underset{\uparrow}{4-\mathrm{j}2},\ -5-\mathrm{j}6,\ -\mathrm{j}2,\ 3\}$$

求其共轭对称部分 $g_{cs}[n]$ 和共轭反对称部分 $g_{ca}[n]$。求得

$$\{g^*[n]\} = \{0,\ 1-\mathrm{j}4,\ -2-\mathrm{j}3,\ \underset{\uparrow}{4+\mathrm{j}2},\ -5+\mathrm{j}6,\ \mathrm{j}2,\ 3\}$$

进而，其时间反转形式为

$$\{g^*[-n]\} = \{3,\ \mathrm{j}2,\ -5+\mathrm{j}6,\ \underset{\uparrow}{4+\mathrm{j}2},\ -2-\mathrm{j}3,\ 1-\mathrm{j}4,\ 0\}$$

利用式(2.28a)可得

$$\{g_{cs}[n]\} = \{1.5,\ 0.5+\mathrm{j}3,\ -3.5+\mathrm{j}4.5,\ \underset{\uparrow}{4},\ -3.5-\mathrm{j}4.5,\ 0.5-\mathrm{j}3,\ 1.5\}$$

同样，由式(2.28b)可得

$$\{g_{ca}[n]\} = \{-1.5,\ 0.5+\mathrm{j},\ 1.5-\mathrm{j}1.5,\ \underset{\uparrow}{-\mathrm{j}2},\ -1.5-\mathrm{j}1.5,\ -0.5+\mathrm{j},\ 1.5\}$$

容易验证 $g_{cs}[n] = g_{cs}^*[-n]$ 且 $g_{ca}[n] = -g_{ca}^*[-n]$。

同样，任何实序列 $x[n]$ 都可以表示成其偶部 $x_{ev}[n]$ 与其奇部 $x_{od}[n]$ 之和的形式：

$$x[n] = x_{ev}[n] + x_{od}[n] \tag{2.29}$$

其中

$$x_{ev}[n] = \frac{1}{2}(x[n] + x[-n]) \tag{2.30a}$$

$$x_{od}[n] = \frac{1}{2}(x[n] - x[-n]) \tag{2.30b}$$

通常，序列对称性可以简化它们在频域的相应表示形式，且用于信号分析。3.2.3 节将会讨论对称性在序列的频域表示中的意义。

周期和非周期信号

若序列 $\tilde{x}[n]$ 满足

$$\tilde{x}[n] = \tilde{x}[n+kN], \quad \text{所有 } n \tag{2.31}$$

则该序列称为**周期为 N 的周期序列**，其中，N 是正整数，k 是任意整数。图 2.19 给出了周期为 $N=7$ 的一个周期序列。若序列不是周期序列，则称之为**非周期序列**。为了区别周期序列和非周期序列，我们将在周期序列的上方加一个“~”符号。满足式(2.31)的最小 N 值称为周期信号的**基本周期 N_f**。

两个或两个以上的周期序列的和仍是周期序列。若 $\tilde{x}_a[n]$ 和 $\tilde{x}_b[n]$ 是基本周期分别为 N_a 和 N_b 的两个周期序列，序列 $\tilde{y}[n] = \tilde{x}_a[n] + \tilde{x}_b[n]$ 也是周期序列且其基本周期 N 为 N_a 和 N_b 的**最小公倍数**(LCM)；即

$$N = \mathrm{LCM}(N_a, N_b) \tag{2.32}$$

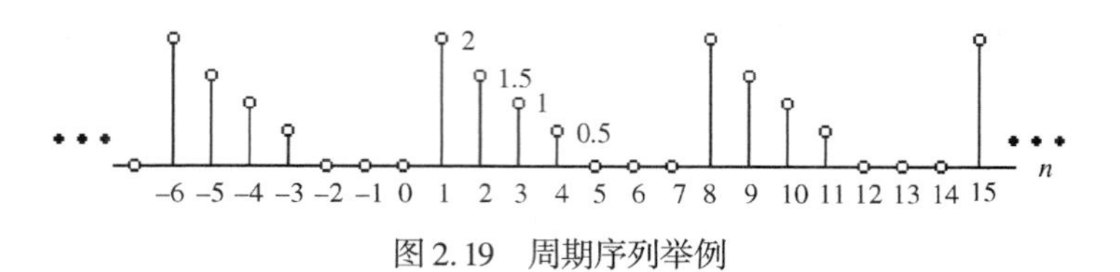

图2.19 周期序列举例

可以将 N_a 和 N_b 的乘积除以 N_a 和 N_b 的**最大公约数**(GCD)来计算 $\mathrm{LCM}(N_a, N_b)$:

$$\mathrm{LCM}(N_a, N_b) = \frac{N_a N_b}{\mathrm{GCD}(N_a, N_b)} \tag{2.33}$$

同理，两个或两个以上的周期序列的积也是周期序列。若 $\tilde{x}_a[n]$ 和 $\tilde{x}_b[n]$ 是基本周期分别为 N_a 和 N_b 的两个周期序列，序列 $\tilde{w}[n] = \tilde{x}_a[n]\tilde{x}_b[n]$ 也是周期序列且其周期由式(2.32)给出。注意，有时基本周期可能比式(2.32)得到的小。两个整数的 LCM 和 GCD 在 MATLAB 中可以用 M 文件 `lcm` 和 `gcd` 计算。

能量和功率信号

序列 $x[n]$ 的总**能量**定义为

$$\mathcal{E}_x = \sum_{n=-\infty}^{\infty} |x[n]|^2 \tag{2.34}$$

具有有限样本值的无限长序列的能量可能有限，也可能无限，如例2.9所示。

例2.9 能量有限信号和能量无限信号示例

无限长序列 $x_1[n]$ 定义如下：

$$x_1[n] = \begin{cases} \frac{1}{n}, & n \geqslant 1 \\ 0, & n \leqslant 0 \end{cases} \tag{2.35}$$

其能量为

$$\mathcal{E}_{x_1} = \sum_{n=1}^{\infty} \left(\frac{1}{n}\right)^2$$

它收敛于 $\pi^2/6$，即 $x_1[n]$ 是能量有限的。然而，定义为

$$x_2[n] = \begin{cases} \frac{1}{\sqrt{n}}, & n \geqslant 1 \\ 0, & n \leqslant 0 \end{cases} \tag{2.36}$$

的无限长序列 $x_2[n]$，其能量为

$$\mathcal{E}_{x_2} = \sum_{n=1}^{\infty} \frac{1}{n}$$

它不收敛。因此，序列 $x_2[n]$ 有无限能量。

非周期序列 $x[n]$ 的**平均功率**定义为

$$\mathcal{P}_x = \lim_{K\to\infty} \frac{1}{2K+1} \sum_{n=-K}^{K} |x[n]|^2 \tag{2.37}$$

通过定义有限区间 $-K \leqslant n \leqslant K$ 内序列的能量为

$$\mathcal{E}_{x,K} = \sum_{n=-K}^{K} |x[n]|^2 \tag{2.38}$$

可以建立序列的平均功率与其能量的关系为

$$\mathcal{P}_x = \lim_{K\to\infty} \frac{1}{2K+1} \mathcal{E}_{x,K} \tag{2.39}$$

从上式可以看出，若信号的能量 $\mathcal{E}_x$ 有限，则其平均功率 $\mathcal{P}_x$ 为零。

无限长序列的平均功率可能有限，也可能无限。若一个信号的平均功率有限，而能量无限，则称之

为**功率信号**。同样，若一个信号能量有限，而平均功率为零，则称之为**能量信号**。具有有限平均功率但无限能量的周期序列是一个功率信号，而具有有限能量而零均值功率的有限长序列则属于能量信号。周期为 N 的周期序列 $\tilde{x}[n]$ 的平均功率为

$$\mathcal{P}_x = \frac{1}{N}\sum_{n=0}^{N-1}|\tilde{x}[n]|^2 \tag{2.40}$$

例 2.10　功率信号示例

已知因果序列

$$x[n] = \begin{cases} 3(-1)^n, & n \geqslant 0 \\ 0, & n < 0 \end{cases}$$

由式(2.34)可知，$x[n]$ 具有无限能量。另外，根据式(2.37)可得其平均功率为

$$\mathcal{P}_x = \lim_{K\to\infty}\frac{1}{2K+1}\left(9\sum_{n=0}^{K}1\right) = \lim_{K\to\infty}\frac{9(K+1)}{2K+1} = 4.5$$

它是有限的。

其他类型的分类

若序列 $x[n]$ 中的每个样本值的幅度小于或等于一个有限正数 B_x，则称该序列是**有界的**，即

$$|x[n]| \leqslant B_x < \infty \tag{2.41}$$

图 2.19 所示的周期序列就是界 $B_x=2$ 的有界序列。

若序列 $x[n]$ 满足

$$\sum_{n=-\infty}^{\infty}|x[n]| < \infty \tag{2.42}$$

则称序列 $x[n]$ 是**绝对可和的**。若序列 $x[n]$ 满足

$$\sum_{n=-\infty}^{\infty}|x[n]|^2 < \infty \tag{2.43}$$

则称序列 $x[n]$ 是**平方可和的**。因此，一个平方可和序列是能量有限的，而且若其功率为零，则它是能量信号。满足平方可和但不满足绝对可和的序列，例如：

$$x_a[n] = \begin{cases} \frac{\sin\omega_c n}{\pi n}, & n<0, n>0 \\ \frac{\omega_c}{\pi}, & n=0 \end{cases}$$

既不满足绝对可和也不满足平方可和的序列，例如：

$$x_b[n] = \sin\omega_c n, \qquad -\infty < n < \infty$$
$$x_c[n] = K, \qquad -\infty < n < \infty$$

其中 K 为一常数。

把绝对可和序列 $x[n]$ 与对其进行了 N 的整数倍平移的一系列序列相加，得到周期为 N 的序列 $\tilde{y}[n]$，即

$$\tilde{y}[n] = \sum_{k=-\infty}^{\infty}x[n+kN] \tag{2.44}$$

其中，N 为正整数(参见习题 2.25)。周期序列 $\tilde{y}[n]$ 称为序列 $x[n]$ 的以 N 为**周期的延拓**。

2.4　典型序列与序列表示

下面介绍几种在离散时间系统的分析和设计中起重要作用的特殊序列。例如，任意一个离散时间序列可以用这些基本序列表示。另一个基本应用是用离散时间系统对某些基本序列的响应来描述该系统的

特性，这也是离散时间信号处理的关键。若任意一个离散时间信号可以用这些基本序列表示出来，则利用该描述方法可以计算出该离散时间系统对任意离散时间信号的响应。

2.4.1 一些基本序列

最常见的基本序列是单位样本序列、单位阶跃序列、正弦序列和指数序列。下面将给出这些序列的定义。

单位样本序列

单位样本序列是最简单也是用得最多的序列之一，通常也称为**离散时间冲激**或**单位冲激**，如图2.20(a)所示，记为$\delta[n]$，其定义如下：

$$\delta[n] = \begin{cases} 1, & n = 0 \\ 0, & n \neq 0 \end{cases} \tag{2.45}$$

平移k个样本的单位样本序列表示为

$$\delta[n-k] = \begin{cases} 1, & n = k \\ 0, & n \neq k \end{cases}$$

图2.20(b)显示了$\delta[n-2]$的图形。我们在2.4.3节将会看到任意一个序列都可以用时移后的单位样本序列的加权和来表示。在3.4节中，我们将说明某类离散时间系统在时域可以用系统对单位冲激输入的输出响应来完全描述。进一步，若知道了系统的这个特殊响应，就能计算该系统对于任意输入序列的响应。

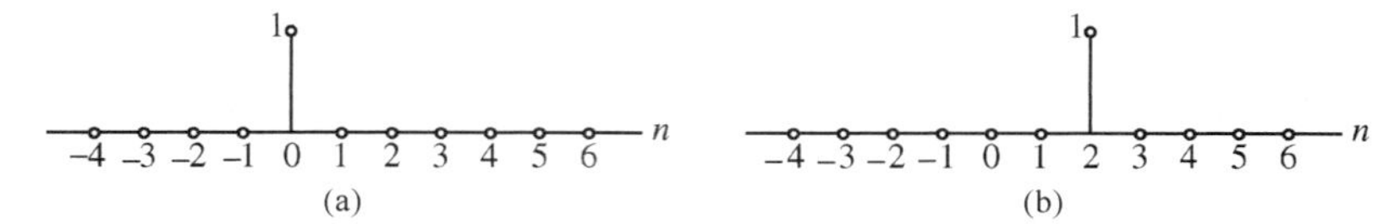

图2.20 (a)单位样本序列$\{\delta[n]\}$；(b)平移后的单位样本序列$\{\delta[n-2]\}$

单位阶跃序列

第二个基本序列为**单位阶跃序列**，如图2.21(a)所示，记为$\mu[n]$，并定义为

$$\mu[n] = \begin{cases} 1, & n \geqslant 0 \\ 0, & n < 0 \end{cases} \tag{2.46}$$

平移k个样本的单位阶跃序列表示为

$$\mu[n-k] = \begin{cases} 1, & n \geqslant k \\ 0, & n < k \end{cases}$$

图2.21(b)显示了$\mu[n+2]$的图形。

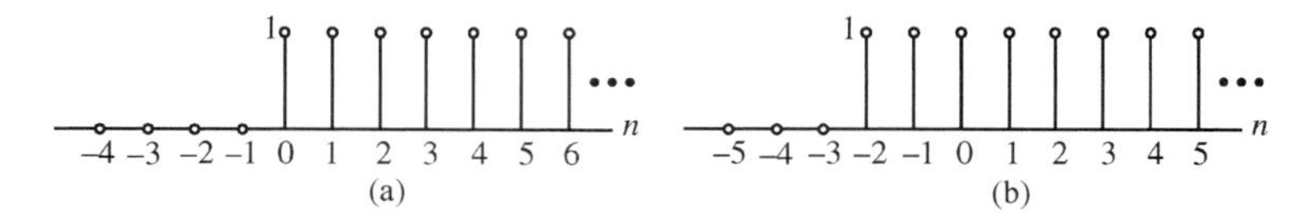

图2.21 (a)单位阶跃序列$\{\mu[n]\}$；(b)平移后的单位阶跃序列$\{\mu[n+2]\}$

单位样本序列和单位阶跃序列之间的关系如下(参见习题2.26)：

$$\mu[n] = \sum_{m=0}^{\infty} \delta[n-m] = \sum_{k=-\infty}^{n} \delta[k] \tag{2.47a}$$

$$\delta[n] = \mu[n] - \mu[n-1] \tag{2.47b}$$

正弦序列和指数序列

常见到形如

$$x[n] = A\cos(\omega_o n + \phi), \qquad -\infty < n < \infty \tag{2.48}$$

具有恒定振幅的**实正弦序列**，其中，A、ω_o和ϕ是实数。参数A、ω_o和ϕ分别表示正弦序列$x[n]$的**振幅**、**归一化角频率**和**相位**。

图2.22显示了一组有着不同类型的实正弦序列。式(2.48)给出的实正弦序列也可以写成

$$x[n] = x_i[n] + x_q[n] \tag{2.49}$$

式中，$x_i[n]$和$x_q[n]$分别表示$x[n]$的**同相**和**正交分量**：

$$x_i[n] = A\cos\phi\cos(\omega_o n), \qquad x_q[n] = -A\sin\phi\sin(\omega_o n) \tag{2.50}$$

在上式中，$A\cos\phi$是正弦同相分量$x_i[n]$的振幅，而$A\sin\phi$是正弦正交分量$x_q[n]$的振幅。

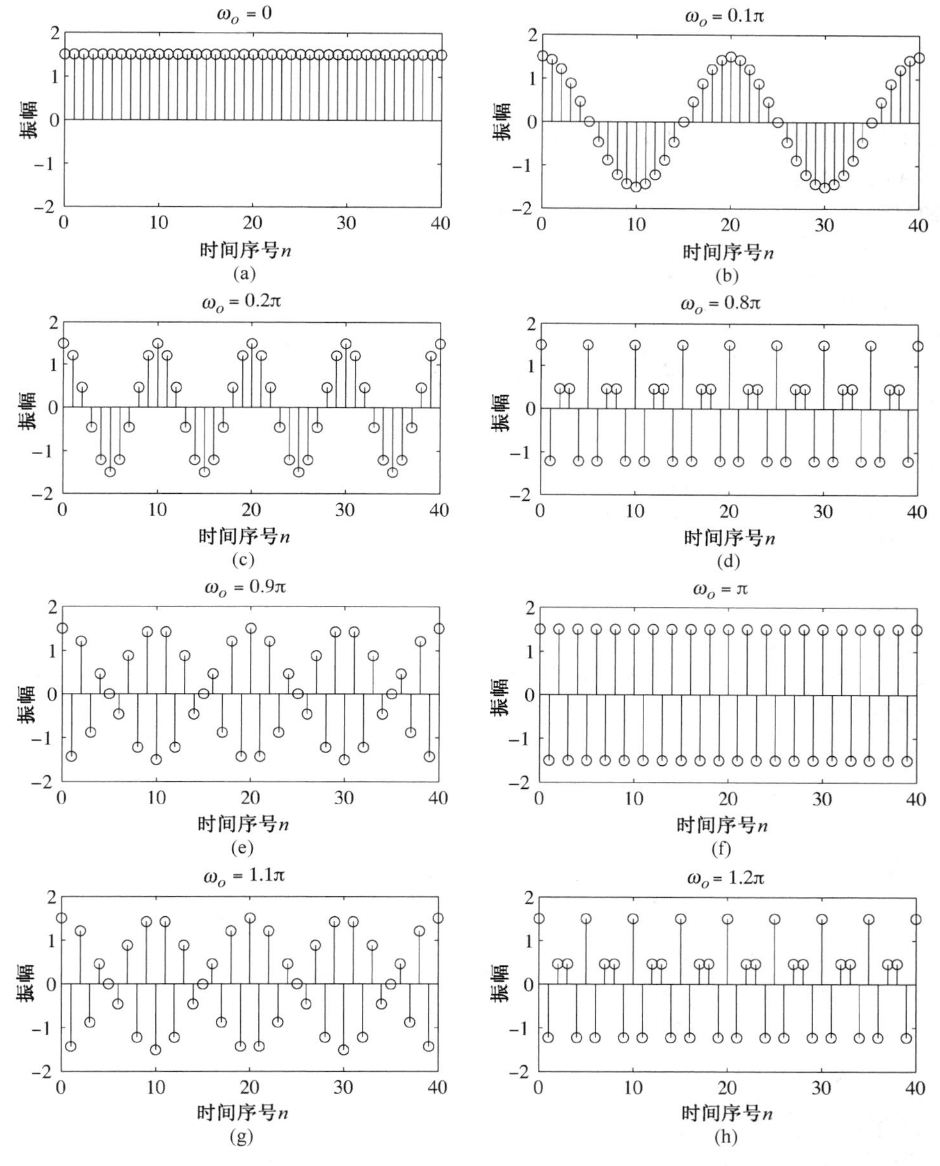

图2.22　用$x[n]=1.5\cos\omega_o n$表示的一个正弦序列族：(a) $\omega_o=0$；(b) $\omega_o=0.1\pi$；(c) $\omega_o=0.2\pi$；(d) $\omega_o=0.8\pi$；(e) $\omega_o=0.9\pi$；(f) $\omega_o=\pi$；(g) $\omega_o=1.1\pi$；(h) $\omega_o=1.2\pi$

另一类基本序列集是通过将实常数或复常数的n次幂取为第n个样本值而得到的。这样的序列称为**指数序列**，其最一般形式为

$$x[n] = A\alpha^n, \qquad -\infty < n < \infty \tag{2.51}$$

式中，A 和 α 是实数或复数。若

$$\alpha = \mathrm{e}^{(\sigma_o + \mathrm{j}\omega_o)}, \qquad A = |A|\,\mathrm{e}^{\mathrm{j}\phi}$$

则式(2.51)可重写为

$$x[n] = A\mathrm{e}^{(\sigma_o + \ \omega_o)n} = |A|\,\mathrm{e}^{\sigma_o n}\mathrm{e}^{(\omega_o n + \phi)} \tag{2.52a}$$

$$= |A|\,\mathrm{e}^{\sigma_o n}\cos(\omega_o n + \phi) + \mathrm{j}\,|A|\,\mathrm{e}^{\sigma_o n}\sin(\omega_o n + \phi) \tag{2.52b}$$

从而得到**复指数序列**的另一种通用形式，式中，σ_o、ϕ 和 ω_o都是实数。若记 $x[n] = x_{\mathrm{re}}[n] + \mathrm{j}x_{\mathrm{im}}[n]$，则由式(2.52b)可得

$$x_{\mathrm{re}}[n] = |A|\,\mathrm{e}^{\sigma_o n}\cos(\omega_o n + \phi)$$

$$x_{\mathrm{im}}[n] = |A|\,\mathrm{e}^{\sigma_o n}\sin(\omega_o n + \phi)$$

式中，$|A|\,\mathrm{e}^{\sigma_o n}$ 是正弦信号 $x_{\mathrm{re}}[n]$的振幅，而 $|A|\,\mathrm{e}^{\sigma_o n}$ 是正弦信号 $x_{\mathrm{im}}[n]$的振幅。当 $n > 0$ 时，一个复指数序列的实部和虚部是具有恒定($\sigma_o = 0$)、递增($\sigma_o > 0$)或递减($\sigma_o < 0$)振幅的实正弦序列。振幅递减的复指数序列如图 2.23 所示。注意，在显示复指数序列时，我们分别给出其实部和虚部。

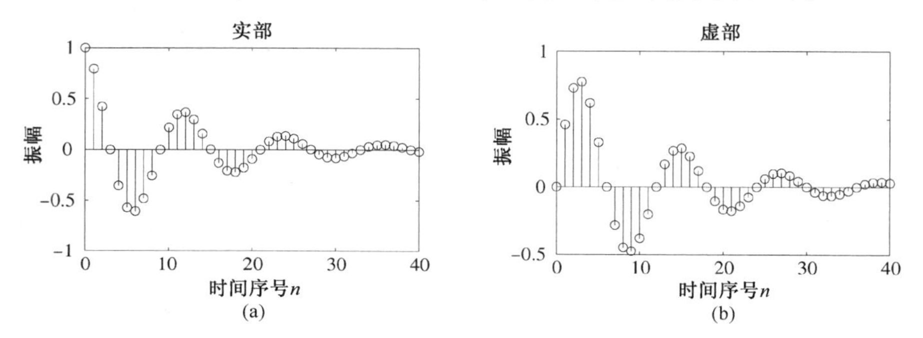

图 2.23 一个复指数序列 $x[n] = \mathrm{e}^{(-1/12 + \mathrm{j}\pi/6)n}$：(a)实部；(b)虚部

若 A 和 α 都是实数，式(2.51)给出的序列可简化为**实指数序列**。若 $n \geq 0$，当$|\alpha| < 1$ 时序列值随着 n 的增加而减小；而当$|\alpha| > 1$ 时序列值随着 n 的增加而呈指数增加。图 2.24 显示了在两种不同 α 值情况下得到的实指数序列。

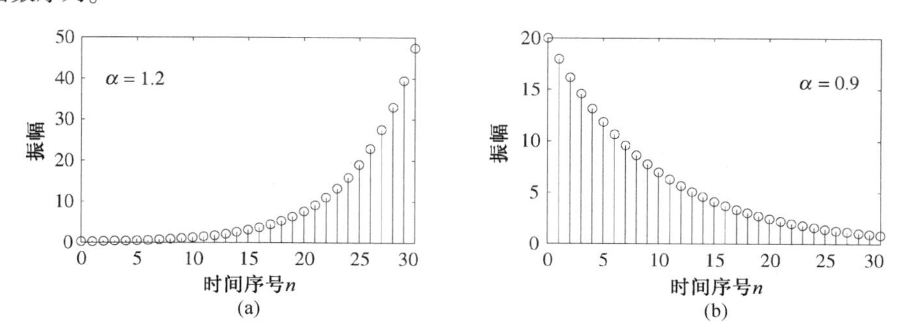

图 2.24 实指数序列的例子：(a) $x[n] = 0.2(1.2)^n$；(b) $x[n] = 20(0.9)^n$

在 3.2.1 节我们将会知道，可以用形如 $\mathrm{e}^{\mathrm{j}\omega n}$的复指数序列来表示一大类序列。

注意，当 $\omega_o N$ 是 2π的整数倍时，即 $\omega_o N = 2\pi r$(其中 N 和 r 是正数)，式(2.48)给出的正弦序列和 $\sigma_o = 0$ 时式(2.52a)给出的复指数序列都是周期为 N 的周期序列。满足上述条件的最小 N 值就是序列的**基本周期**。为验证这一点，取两个正弦序列 $x_1[n] = \cos(\omega_o n + \phi)$ 和 $x_2[n] = \cos(\omega_o(n + N) + \phi)$。现在

$$x_2[n] = \cos(\omega_o(n + N) + \phi)$$

$$= \cos(\omega_o n + \phi)\cos\omega_o N - \sin(\omega_o n + \phi)\sin\omega_o N$$

只有当 $\sin\omega_o N=0$ 且 $\cos\omega_o N=1$ 时，上式才和 $\cos(\omega_o n+\phi)=x_1[n]$ 相等。当且仅当 $\omega_o N$ 是 2π 的整数倍时，上述这两个条件才同时满足，即

$$\omega_o N = 2\pi r \tag{2.53a}$$

或

$$\frac{2\pi}{\omega_o} = \frac{N}{r} \tag{2.53b}$$

若 $2\pi/\omega_o$ 是一个有理小数，则序列的周期将是 $2\pi/\omega_o$ 的整数倍。若 $2\pi/\omega_o$ 不是一个有理数，尽管序列有一个正弦包络，它也是非周期的。例如，$x[n]=\cos(\sqrt{3}n+\phi)$ 是一个非周期信号。

例 2.11　确定正弦序列的基本周期

求图 2.22 所示的正弦序列的周期。在图 2.22(a) 中，$\omega_o=0$，且当 $r=0$ 时可以满足式(2.53a)，此时 N 可取任意整数值，其中 N 的最小值等于 1。同样，在图 2.22(b) 中，$\omega_o=0.1\pi$，由式(2.53a) 可得 $0.1\pi N=2\pi r$，当 $N=20, r=1$ 时此式得到满足。按照类似的思路可得，在图 2.22(c) 中 $N=10$，在图 2.22(d) 中 $N=5$，在图 2.22(e) 中 $N=20$，在图 2.22(f) 中 $N=2$，在图 2.22(g) 中 $N=20$，在图 2.22(h) 中 $N=5$。图中这些数字显而易见。

例 2.12　确定正弦序列和的基本周期

试求 $\tilde{x}[n]=3\cos(1.3\pi n)-4\sin(0.5\pi n+0.5\pi)$ 的基本周期。先求 $\tilde{x}_a[n]=3\cos(1.3\pi n)$ 的基本周期 N_a。此时，式(2.53a) 简化为 $1.3\pi N_a=2\pi r_a$，它当 $N_a=20$ 且 $r_a=13$ 时成立。然后再求 $\tilde{x}_b[n]=4\sin(0.5\pi n+0.5\pi)$ 的基本周期 N_b。此时，式(2.53a) 简化为 $0.5\pi N_b=2\pi r_b$，它当 $N_b=4$ 且 $r_b=1$ 时成立。因此，$\tilde{x}[n]$ 的基本周期 N 为 $\mathrm{LCM}(N_a, N_b)=\mathrm{LCM}(20, 4)=20$。

式(2.48) 和式(2.52a) 给出的两个序列中的参数 ω_o 称为**归一化角频率**。因为时刻 n 是无量纲的，所以角频率 ω_o 和**相位** ϕ 的单位是弧度。若 n 的单位被指定为样本，则 ω_o 的单位是弧度/样本，ϕ 的单位是弧度。在实际中，归一化角频率 ω 通常表示为

$$\omega = 2\pi f \tag{2.54}$$

式中，f 是**归一化频率**，其单位是周期每样本。

正弦序列的两个性质

下面将讨论这些序列的两个有趣性质。定义两个复指数序列 $x_1[n]=e^{j\omega_1 n}$ 和 $x_2[n]=e^{j\omega_2 n}$，其中 $0\leqslant\omega_1<2\pi$ 和 $2\pi k\leqslant\omega_2<2\pi(k+1)$，$k$ 是任意正整数。若

$$\omega_2 = \omega_1 + 2\pi k \tag{2.55}$$

则

$$x_2[n] = e^{j\omega_2 n} = e^{j(\omega_1+2\pi k)n} = e^{j\omega_1 n} = x_1[n]$$

因此将不能区分 $x_1[n]=e^{j\omega_1 n}$ 和 $x_2[n]=e^{j\omega_2 n}$ 这两个序列。同样，定义两个正弦序列 $x_1[n]=\cos(\omega_1 n+\phi)$ 和 $x_2[n]=\cos(\omega_2 n+\phi)$，其中 $0\leqslant\omega_1<2\pi$ 和 $2\pi k\leqslant\omega_2<2\pi(k+1)$，$k$ 是任意正整数，若 $\omega_2=2\pi k+\omega_1$，则也不能区分这两个序列。换言之，对于任何指数或正弦序列，设其归一化角频率为 ω_2 且取值范围在 $0\leqslant\omega<2\pi$ 之外，它们都与以 ω_2 对 2π 取模的结果作为归一化角频率的指数或正弦序列相等。

离散时间正弦信号的另一个重要特性来自正弦和余弦函数的特性。为说明这一点，考虑两个正弦函数 $x_1[n]=\cos(\omega_1 n)$ 和 $x_2[n]=\cos(\omega_2 n)$，其中 $0\leqslant\omega_1<\pi$ 和 $\pi\leqslant\omega_2<2\pi$。设 $\omega_2=2\pi-\omega_1$。因此，可以推出 $x_2[n]=\cos(2\pi n-\omega_1 n)=\cos(\omega_1 n)=x_1[n]$。这样，我们就不能区分 $x_1[n]$ 和 $x_2[n]$ 这两个正弦序列。因此，若一个正弦序列的归一化角频率为 ω_2，且其满足 $\pi\leqslant\omega_2<2\pi$，则它在范围 $0\leqslant\omega_1<\pi$ 内与归一化角频率为 $\omega_1=2\pi-\omega_2$ 的正弦序列相等。于是，称频率 π 为**折叠频率**。正弦序列的这种特性的含义如图 2.22 所示。随着 ω_o 从 0 增加到 π，离散时间正弦序列 $x[n]=A\cos(\omega_o n)$ 的振荡频率随着 ω_o 的增加而增加；而当 ω_o 从 π 增加到 2π 时，振荡频率随着 ω_o 的增加而减小。我们对第一个特性进行总结：对任意整数值 k，$\omega=2\pi k$ 的邻域内的归一化角频率 ω_o 与 $\omega=0$ 的邻域内的归一化角频率 $\omega_o-2\pi k$ 是不能区分的；而且

$\omega=\pi(2k+1)$的邻域内的归一化角频率 ω_o 与 $\omega=\pi$的邻域内的归一化角频率 $\omega_o-\pi(2k+1)$也是不能区分的。因此，通常称 $\omega_o=2\pi k$ 的邻域内的频率为**低频**，而称 $\omega_o=\pi(2k+1)$的邻域内的频率为**高频**。例如，图 2.22(b)所示的 $v_1[n]=\cos(0.1\pi)=\cos(1.9\pi n)$是低频信号，而图 2.22(d)和图 2.22(h)所示的 $v_2[n]=\cos(0.8\pi n)=\cos(1.2\pi n)$则是高频信号。

矩形窗序列

矩形窗序列也称为 box-car 序列，该序列 $w_R[n]$在一个有限范围 $N_1\leqslant n\leqslant N_2$ 中具有单位样本值，而在此范围外样本值均为零，即

$$w_R[n]=\begin{cases}0, & n<N_1\\ 1, & N_1\leqslant n\leqslant N_2\\ 0, & n>N_2\end{cases} \tag{2.56}$$

上面序列的一个应用就是将一个无限长或者非常长的序列 $x[n]$与 $w_R[n]$相乘，从 $x[n]$中提取在 $N_1\leqslant n\leqslant N_2$范围内的所有样本，并且把在此取值范围之外的所有样本置 0，因此有

$$x[n]\cdot w_R[n]=\begin{cases}0, & n<N_1\\ x[n], & N_1\leqslant n\leqslant N_2\\ 0, & n>N_2\end{cases} \tag{2.57}$$

上式所描述的运算称为**加窗**，它在设计某些类型的数字滤波器时有重要的作用(参见 10.2 节)。它也被用于非平稳信号的短时分析。

生成复杂波形序列

可以对在 2.2.1 节中介绍的那些基本运算进行组合，来产生具有较为复杂波形的序列。例 2.13 说明了其应用。

例 2.13 生成方波序列

已知归一化角频率分别为 0.05、0.15 和 0.25 的三个正弦序列 $x_1[n]$、$x_2[n]$和 $x_3[n]$如下所示：

$$x_1[n]=\sin(0.05\pi n)\mu[n]$$
$$x_2[n]=\sin(0.15\pi n)\mu[n]$$
$$x_3[n]=\sin(0.25\pi n)\mu[n]$$

这三个正弦序列的波形分别如图 2.25(a)至(c)所示。对上面三个序列组合而成的新序列 $y[n]$如下：

$$y[n]=x_1[n]+\tfrac{1}{3}x_2[n]+\tfrac{1}{5}x_3[n]$$

其波形图如图 2.25(d)所示。可以看到，这个新序列近似为方波。

2.2.1 节中讨论过的调制运算的一个应用是，将具有低频正弦分量的序列变换成具有高频分量的序列，即用一个频率非常高的正弦序列调制具有低频正弦分量的序列，如例 2.14 所示。

例 2.14 调制运算示例

设 $x_1[n]=\cos(\omega_1 n)$和 $x_2[n]=\cos(\omega_2 n)$，其中$\pi>\omega_2\gg\omega_1>0$。定义积序列 $y[n]=x_1[n]x_2[n]$，因此有

$$y[n]=\cos(\omega_1 n)\cdot\cos(\omega_2 n) \tag{2.58}$$

使用三角恒等式可得

$$y[n]=\tfrac{1}{2}\cos((\omega_1+\omega_2)n)+\tfrac{1}{2}\cos((\omega_2-\omega_1)n) \tag{2.59}$$

新序列 $y[n]$由两个正弦序列组成，其频率分别为 $\omega_1+\omega_2$ 和 $\omega_2-\omega_1$。注意，由式(2.55)所给出的性质可知，若 $\omega_1+\omega_2>\pi$，则高频正弦序列 $\cos((\omega_1+\omega_2)n)$会以低频序列 $\cos((2\pi-\omega_1-\omega_2)n)$的形式出现，其角频率值小于$\pi$①。

① 高频信号 $\cos((\omega_1+\omega_2)n)$以低频信号 $\cos((2\pi-\omega_1-\omega_2)n)$的形式出现时，称为混叠(参见 2.5 节)。

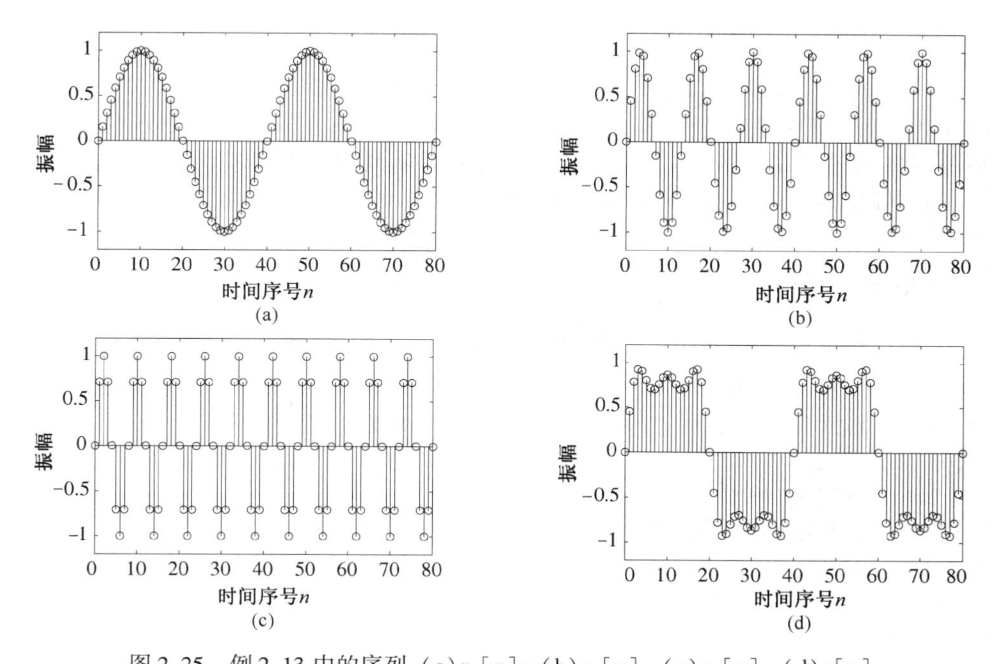

图 2.25　例 2.13 中的序列：(a)$x_1[n]$；(b)$x_2[n]$；(c)$x_3[n]$；(d)$y[n]$

图 2.26 显示了频率分别为 $\omega_1 = 0.1\pi$ 和 $\omega_2 = 0.01\pi$ 的两个正弦序列的乘积序列的图形。由该图形及式(2.58)可知，乘积信号是一个高频正弦信号序列，其振幅随着时间以一个较低频率按正弦变化。

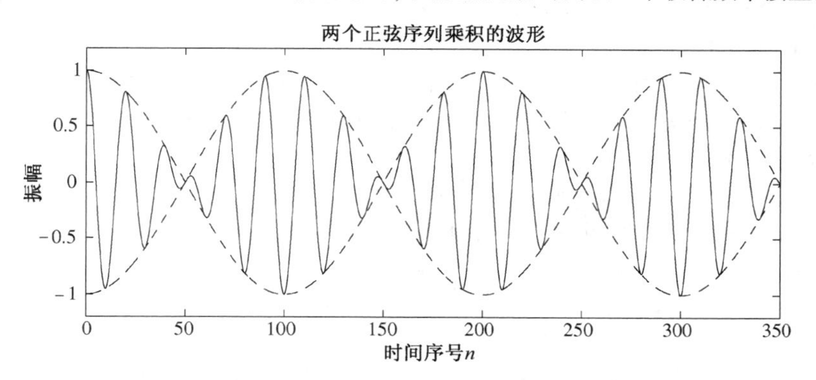

图 2.26　角频率分别为 $\omega_1 = 0.1\pi$ 和 $\omega_2 = 0.01\pi$ 的两个正弦序列的乘积

基波和谐波分量

注意，例 2.13 中的序列 $x_2[n]$ 的角频率是 $x_1[n]$ 的 3 倍，而序列 $x_3[n]$ 的角频率是 $x_1[n]$ 的 5 倍。若某些正弦序列的角频率是某一个正弦序列的角频率的整数倍，则称这些序列为**谐波**，而具有较低角频率的那个正弦序列则称为**基波分量**，相应的角频率称为**基本频率**。若谐波角频率为基波角频率的 k 倍，则称该谐波分量为 ***k* 次谐波**。在例 2.13 中，序列 $x_1[n]$ 即为基波，其对应的基本频率为 0.05 弧度/样本，而序列 $x_2[n]$ 和 $x_3[n]$ 分别为 3 次谐波和 5 次谐波。

任何周期序列都可以表示成基波和一系列谐波的线性加权和的形式，即**傅里叶级数**展开。展开式中每一项的权值称为傅里叶级数系数。在例 2.13 中，$x_1[n]$、$x_2[n]$ 和 $x_3[n]$ 的傅里叶级数系数分别为 1，1/3 和 1/5。在习题 5.3 中，我们将要求读者推导周期序列的傅里叶级数展开。

拍音

如例2.14所示，归一化角频率分别为ω_1和ω_2的两个正弦序列$x_1[n]$和$x_2[n]$相乘，会产生一个新序列，它可以写成两个正弦序列之和，其归一化角频率分别为$\omega_1+\omega_2$与$\omega_1-\omega_2$，即分别为原正弦信号归一化角频率之和与之差。若$\omega_2 \ll \omega_1$，则频率$\omega_1+\omega_2$与$\omega_1-\omega_2$非常接近，如图2.26所示。相乘的过程产生了一个高频信号，称为**拍音**。它以较低的频率渐强渐弱出现。若这两个频率都在听觉范围内，则可以听到拍音的效果。拍音信号产生可用于两个乐器调音中。若两个乐器的音调相同，则听不见拍音。

2.4.2 用 MATLAB 产生序列

MATLAB 中有许多可以用于产生信号的函数，一些比较重要的函数是

```
exp,    sin,    cos,    square,    sawtooth
```

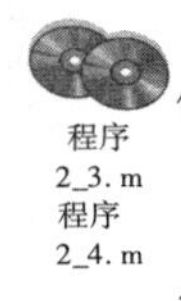

程序 2_3.m 程序 2_4.m

例如，生成具有图2.23所示形式的指数为$a+jb$且长度为N的复指数序列的代码为

```
n = 1:N;
x = K*exp((a + b*i)*n);
```

完整的代码由程序2_3给出。同样，生成具有图2.24所示形式的底数为a且长度为$(N+1)$的实指数序列的代码如下：

```
n = 0:N;
x = K*a.^n;
```

完整的代码参见程序2_4。用 MATLAB 产生序列的另一种方法参见前面的例2.1。

2.4.3 任意序列的表示

在时域中，任意一个序列都能表示为某些基本序列及其延迟的加权和。表示一个任意序列时，常用的基本序列是单位样本序列。例如，图2.27中的序列$x[n]$可以表示为

$$x[n] = 0.5\,\delta[n+2] + 1.5\,\delta[n-1] - \delta[n-2] + \delta[n-4] + 0.75\,\delta[n-6] \tag{2.60}$$

这种表示的含义将在4.4.1节讨论，届时将推导出一个通用表达式，以便用于计算任意输入序列通过某类离散时间系统后的输出序列。

既然单位阶跃序列和单位样本序列之间存在式(2.47b)给出的关系，那么也可以用单位阶跃序列及其延迟序列的加权和来表示任意一个输入序列(参见习题2.44)。

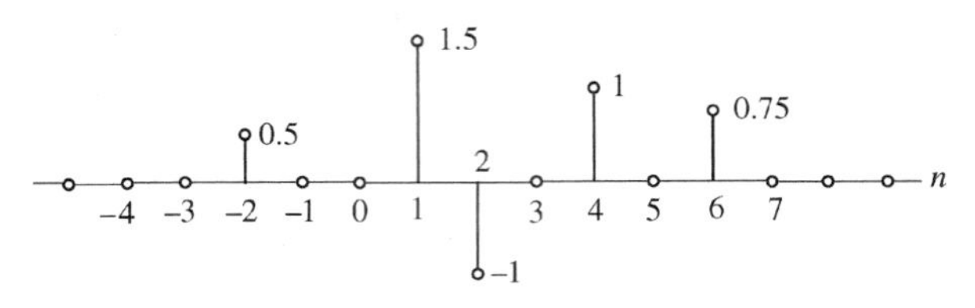

图2.27 任意序列$x[n]$

2.5 抽样过程

前面指出，通常离散时间序列是通过对连续时间信号$x_a(t)$均匀抽样得到的，如图2.2所示。这两个信号的关系由式(2.2)给出，式中，连续时间信号的时间变量t与离散时间信号的时间变量n只在离散时刻t_n相关联，关系为

$$t_n = nT = \frac{n}{F_T} = \frac{2\pi n}{\Omega_T} \tag{2.61}$$

其中，$F_T=1/T$表示抽样频率，而$\Omega_T=2\pi F_T$表示抽样角频率。若连续时间信号为

$$x_a(t) = A\cos(2\pi f_o t + \phi) = A\cos(\Omega_o t + \phi) \tag{2.62}$$

则其相应的离散时间信号为

$$\begin{aligned} x[n] &= A\cos(\Omega_o nT + \phi) \\ &= A\cos\left(\frac{2\pi\Omega_o}{\Omega_T}n + \phi\right) = A\cos(\omega_o n + \phi) \end{aligned} \tag{2.63}$$

其中

$$\omega_o = \frac{2\pi\Omega_o}{\Omega_T} = \Omega_o T \tag{2.64}$$

ω_o表示离散时间信号 $x[n]$ 的归一化角频率，单位为弧度/样本；而连续时间信号的角频率 Ω_o 的单位是弧度/秒。若抽样周期 T 的量纲是秒(s)，则频率 f_o 的单位是赫兹(Hz)。

例 2.15　连续时间信号的离散时间表示的不确定性

以 10 Hz 抽样率，即 $T = 0.1$s，分别对频率为 3 Hz、7 Hz 和 13 Hz 的三个余弦函数 $g_1(t) = \cos(6\pi t/\text{s})$、$g_2(t) = \cos(14\pi t/\text{s})$ 和 $g_3(t) = \cos(26\pi t/\text{s})$ 均匀抽样，得到的三个序列为

$$g_1[n] = \cos(0.6\pi n), \qquad g_2[n] = \cos(1.4\pi n), \qquad g_3[n] = \cos(2.6\pi n)$$

图 2.28 给出了这些序列(图中用小圆圈表示)和它们的原时间函数的波形。从图中看到在任意给定的 n 处，每个序列都有相同的样本值。通过下面的推导也可以验证这一点：

$$g_2[n] = \cos(1.4\pi n) = \cos((2\pi - 0.6\pi)n) = \cos(0.6\pi n)$$

和

$$g_3[n] = \cos(2.6\pi n) = \cos((2\pi + 0.6\pi)n) = \cos(0.6\pi n)$$

结果证明这三个序列的确相同而且很难用唯一的连续时间函数与这三个序列中的任意一个相联系。实际上，所有频率为 $(10k \pm 3)$Hz 的余弦波形(其中 k 是任意非负整数)，当抽样率为 10 Hz 时都会得到序列 $g_1[n] = \cos(0.6\pi n)$。

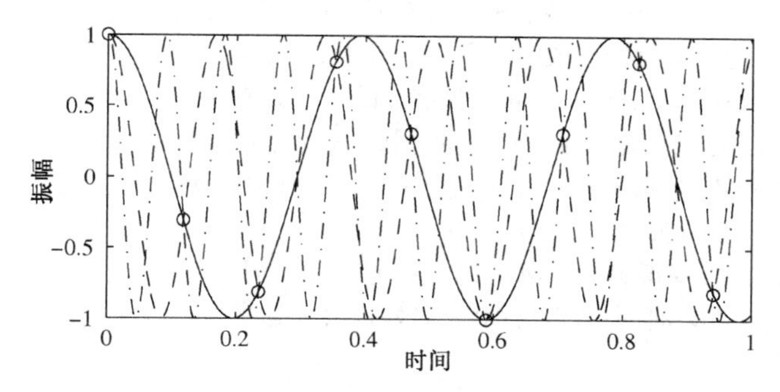

图 2.28　连续时间信号的离散时间表示产生的模糊性。$g_1(t)$ 用实线表示，$g_2(t)$ 用虚线表示，$g_3(t)$ 用点画线表示，抽样得到的序列用圆圈表示

通常情况下，由连续时间正弦族

$$x_{a,k}(t) = A\cos(\pm(\Omega_o t + \phi) + k\Omega_T t), \qquad k = 0, \pm1, \pm2, \cdots \tag{2.65}$$

可以产生相同的抽样信号

$$\begin{aligned} x_{a,k}(nT) &= A\cos((\Omega_o + k\Omega_T)nT + \phi) = A\cos\left(\frac{2\pi(\Omega_o + k\Omega_T)n}{\Omega_T} + \phi\right) \\ &= A\cos\left(\frac{2\pi\Omega_o n}{\Omega_T} + \phi\right) = A\cos(\omega_o n + \phi) = x[n] \end{aligned} \tag{2.66}$$

即对较高频率的连续正弦信号抽样得到相同的较低频率的连续正弦序列，这种现象称为**混叠**。由于存在无限多个连续时间信号，对它们进行周期抽样可能得到同一个序列，因此，需要加入其他的条件来保证序列 $\{x[n]\} = \{x_a(nT)\}$ 唯一地表示原连续时间函数 $x_a(t)$。这时，就可以由 $\{x[n]\}$ 完全恢复出 $x_a(t)$。

例 2.16 混叠示例

确定离散时间信号 $v[n]$ 是通过对连续时间信号 $v_a(t)$ 以 200 Hz 的抽样频率均匀抽样得到的。$v_a(t)$ 由频率为 30 Hz、150 Hz、170 Hz、250 Hz 和 330 Hz 的 5 个正弦信号的加权和构成，即

$$v_a(t)=6\cos(60\pi t/s)+3\sin(300\pi t/s)+2\cos(340\pi t/s)+4\cos(500\pi t/s)+10\sin(660\pi t/s)$$

抽样周期 $T=1/200=0.005$s。因此，所得的离散时间信号 $v[n]$ 为

$$\begin{aligned}v[n]&=6\cos(0.3\pi n)+3\sin(1.5\pi n)+2\cos(1.7\pi n)+4\cos(2.5\pi n)\\&\quad+10\sin(3.3\pi n)\\&=6\cos(0.3\pi n)+3\sin((2\pi-0.5\pi)n)+2\cos((2\pi-0.3\pi)n)\\&\quad+4\cos((2\pi+0.5\pi)n)+10\sin((4\pi-0.7\pi)n)\\&=6\cos(0.3\pi n)-3\sin(0.5\pi n)+2\cos(0.3\pi n)+4\cos(0.5\pi n)\\&\quad-10\sin(0.7\pi n)\end{aligned}$$

由上式可以看出，$3\sin(1.5\pi n)$、$2\cos(1.7\pi n)$、$4\cos(2.5\pi n)$ 和 $10\sin(3.3\pi n)$ 分别与 $-3\sin(0.5\pi n)$、$2\cos(0.3\pi n)$、$4\cos(0.5\pi n)$ 和 $-10\sin(0.7\pi n)$ 产生混叠，最后得到的离散时间序列为

$$v[n]=8\cos(0.3\pi n)+5\cos(0.5\pi n+0.6435)-10\sin(0.7\pi n)$$

它仅由归一化角频率分别为 0.3π、0.5π 和 0.7π 的 3 个正弦信号的加权和组成。

注意，若对一个由频率分别为 30 Hz、50 Hz 和 70 Hz 的 3 个连续时间正弦信号加权组成的连续时间信号以 200 Hz 频率抽样，可以得到与上面相同的离散时间信号：

$$w_a(t)=8\cos(60\pi t)+5\cos(100\pi t+0.6435)-10\sin(140\pi t)$$

另一个能够产生相同离散时间序列的连续时间信号为

$$u_a(t)=2\cos(60\pi t/s)+4\cos(100\pi t/s)+10\sin(260\pi t/s)+6\cos(460\pi t/s)+3\sin(700\pi t/s)$$

它是频率分别为 30 Hz、50 Hz、130 Hz、230 Hz 和 350 Hz 的 5 个正弦信号的加权和。

由式(2.64)可以推出：若 $\Omega_T>2\Omega_o$，则对原连续时间信号 $x_a(t)$ 抽样得到的离散时间信号 $x[n]$ 的对应归一化数字频率 ω_o 将在范围 $-\pi<\omega<\pi$ 中，表明没有混叠；若 $\Omega_T<2\Omega_o$，由于混叠，归一化的数字频率将会折入范围 $-\pi<\omega<\pi$ 内的一个较低的数字频率 ω_o，其中 ω_o 的值等于 $2\pi\Omega_o/\Omega_T$ 对 2π 的模值。因此，为了防止混叠发生，抽样率 Ω_T 应该大于被抽样的正弦信号的频率 Ω_o 的两倍。对上面的结果进行推广，若任意一个连续时间信号 $x_a(t)$，可以用几个正弦信号的加权和表示，如果选择抽样率 Ω_T 大于 $x_a(t)$ 中的最高频率的两倍，这样 $x_a(t)$ 就可由其抽样形式 $\{x[n]\}$ 唯一表示。抽样率为了避免混叠必须满足的条件被称为**抽样定理**。3.8.1 节中将给出其正式的推导。

由连续时间信号 $x_a(t)$ 抽样得到的离散时间信号可以用序列 $\{x_a[nT]\}$ 表示。然而，为了简化，我们使用通用记号 $\{x[n]\}$ 表示离散时间序列。注意，当处理由连续时间函数的抽样得到的离散序列时，需要知道抽样周期 T 的数值。

2.6 信号的相关

有时需要把一个或多个信号与参考信号进行比较，以便确定每对信号之间的相似性并从相似性中提取额外的信息。相关序列用来度量信号之间的相似性。例如，在数字通信中，一个数据符号集由一组独特的离散时间序列表示。若其中某一个序列被传输，则接收机必须通过把接收到的信号与这个数据符号集中的每个可能序列进行比较，从而确定所传输的是哪个特定的序列。同样，在雷达和声呐的应用中，接收的从目标反射回来的信号是发射信号的延迟形式，通过测量延迟，可以确定目标的位置。在实际中，由于接收信号通常会受到加性随机噪声的干扰，因此，检测问题变得更加复杂。本节将定义相关序列并研究其性质。

2.6.1 定义

互相关序列 $r_{xy}[\ell]$ 表示一对能量信号 $x[n]$ 和 $y[n]$ 之间相似性的度量，其定义为(假设式中的无限求和是收敛的)

$$r_{xy}[\ell]=\sum_{n=-\infty}^{\infty}x[n]y[n-\ell],\quad \ell=0,\pm1,\pm2,\cdots \tag{2.67}$$

参数 ℓ 称为**时滞**，表示这一对信号间的时移。若为正，则说时间序列 $y[n]$ 相对于参考序列 $x[n]$ 右移了 ℓ 个样本;若为负，则说 $y[n]$ 相对左移了 ℓ 个样本。

式(2.67)的下标 xy 的顺序表明 $x[n]$ 是参考序列，它在时间上保持固定，而序列 $y[n]$ 相对于 $x[n]$ 做平移。若希望 $y[n]$ 做参考序列而序列 $x[n]$ 相对于 $y[n]$ 平移，则相应的互相关序列为

$$\begin{aligned}r_{yx}[\ell]&=\sum_{n=-\infty}^{\infty}y[n]x[n-\ell]\\&=\sum_{m=-\infty}^{\infty}y[m+\ell]x[m]=r_{xy}[-\ell]\end{aligned} \tag{2.68}$$

由此可以看出，$r_{yx}[\ell]$ 是序列 $r_{xy}[\ell]$ 经过时间反转而得到的。

通过在式(2.67)中，令 $y[n]=x[n]$ 即可得到序列 $x[n]$ 的**自相关**序列为

$$r_{xx}[\ell]=\sum_{n=-\infty}^{\infty}x[n]x[n-\ell] \tag{2.69}$$

注意，由式(2.69)可得 $r_{xx}[0]=\sum_{n=-\infty}^{\infty}x^2[n]=\mathcal{E}_x$，即信号 $x[n]$ 的能量。由式(2.68)也可以推出 $r_{xx}[\ell]=r_{xx}[-\ell]$，表明当 $x[n]$ 为实序列时，$r_{xx}[\ell]$ 是偶序列。

研究式(2.67)，可以看到互相关的表达式与式(2.20a)的卷积表达式相似。若重写式(2.67)，这种相似性将会更加清楚：

$$r_{xy}[\ell]=\sum_{n=-\infty}^{\infty}x[n]y[-(\ell-n)]=x[\ell]\circledast y[-\ell] \tag{2.70}$$

由上面可以推出，序列 $x[n]$ 与参考序列 $y[n]$ 的互相关就是序列 $x[n]$ 与 $y[-n]$（$y[n]$ 的时间反转形式）的卷积和。同样，$x[n]$ 的自相关就是它自己与其时间反转形式的卷积和。

2.6.2　自相关和互相关序列的性质

接下来推导自相关和互相关序列一些基本性质[Pro96]。已知两个有限能量序列 $x[n]$ 和 $y[n]$。现在，组合序列 $ax[n]+y[n-\ell]$ 的能量也是有限且非负的，即

$$\begin{aligned}\sum_{n=-\infty}^{\infty}(ax[n]+y[n-\ell])^2&=a^2\sum_{n=-\infty}^{\infty}x^2[n]+2a\sum_{n=-\infty}^{\infty}x[n]y[n-\ell]+\sum_{n=-\infty}^{\infty}y^2[n-\ell]\\&=a^2r_{xx}[0]+2ar_{xy}[\ell]+r_{yy}[0]\geqslant 0\end{aligned} \tag{2.71}$$

其中，$r_{xx}[0]=\mathcal{E}_x>0$ 且 $r_{yy}[0]=\mathcal{E}_y>0$，它们分别表示序列 $x[n]$ 和 $y[n]$ 的能量。对任何有限值 a，式(2.71)可重写为

$$[a\quad 1]\begin{bmatrix}r_{xx}[0] & r_{xy}[\ell]\\ r_{xy}[\ell] & r_{yy}[0]\end{bmatrix}\begin{bmatrix}a\\1\end{bmatrix}\geqslant 0$$

换言之，矩阵

$$\begin{bmatrix}r_{xx}[0] & r_{xy}[\ell]\\ r_{xy}[\ell] & r_{yy}[0]\end{bmatrix}$$

是半正定的。即

$$r_{xx}[0]r_{yy}[0]-r_{xy}^2[\ell]\geqslant 0$$

或等效地有

$$|r_{xy}[\ell]|\leqslant\sqrt{r_{xx}[0]r_{yy}[0]}=\sqrt{\mathcal{E}_x\mathcal{E}_y} \tag{2.72}$$

上面的不等式给出了互相关序列样本的上界。若设 $y[n]=x[n]$，则上式可简化为

$$|r_{xx}[\ell]| \leqslant r_{xx}[0] = \mathcal{E}_x \tag{2.73}$$

这是一个重要的结论，它指出零时滞($\ell=0$)时，自相关序列取最大值。

为得到互相关序列的另外一个性质，考虑情况

$$y[n] = \pm\, b\, x[n-N]$$

其中，N 为整数，b 是任意正数。此时$\mathcal{E}_y=b^2\mathcal{E}_x$，因此有

$$\sqrt{\mathcal{E}_x\mathcal{E}_y} = \sqrt{b^2\mathcal{E}_x^2} = b\mathcal{E}_x$$

把上面的结果代入式(2.72)，此时可得

$$-b\, r_{xx}[0] \leqslant r_{xy}[\ell] \leqslant b\, r_{xx}[0]$$

2.6.3 用 MATLAB 计算相关

MATLAB 中，很容易计算得到互相关和自相关序列。例 2.17 和例 2.18 将给出示例。

例 2.17 用 MATLAB 计算互相关

定义两个有限长序列

$$x[n] = [1,\quad 3,\quad -2,\quad 1,\quad 2,\quad -1,\quad 4,\quad 4,\quad 2]$$
$$y[n] = [2,\quad -1,\quad 4,\quad 1,\quad -2,\quad 3]$$

使用 MATLAB，求取并画出互相关序列 $r_{xy}[\ell]$。

如式(2.70)所示，两个序列 $x[n]$和 $y[n]$的互相关序列 $r_{xy}[\ell]$是 $x[n]$与时间反转序列 $y[-n]$的线性卷积。因此，程序 2_5 可以计算出两个有限长序列的互相关，它用到了 M 文件 conv。相关代码为

程序 2_5.m

```
r = conv(x,fliplr(y));
```

用程序 2_5 得到的两个有限长序列的互相关序列如图 2.29(a)所示。

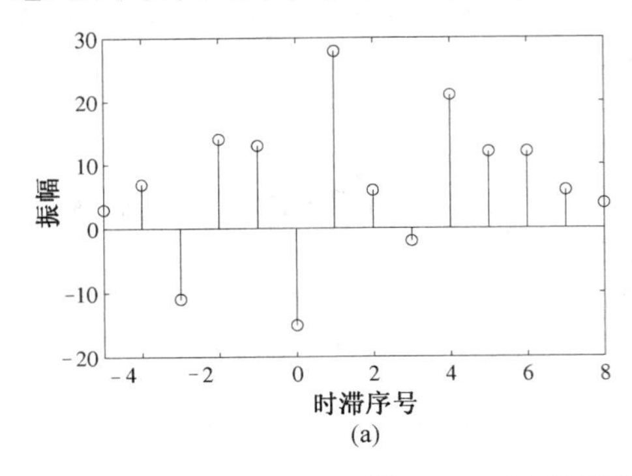

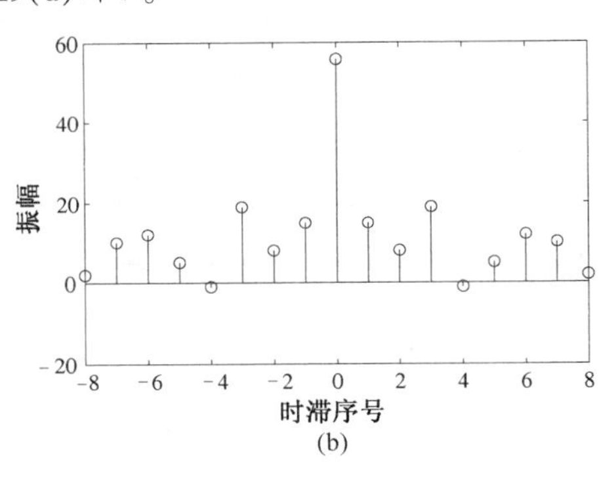

图 2.29 (a)互相关序列；(b)自相关序列

例 2.18 用 MATLAB 计算自相关

本例求取并绘制例 2.17 中序列 $x[n]$的自相关。接着，通过将随机噪声 $d[n]$加到 $x[n]$上，计算并绘出这个受到噪声干扰的序列的自相关。

也可以用程序 2_5 来计算有限长序列的自相关序列。用这个程序对例 2.17 中的 $x[n]$计算得到其自相关序列 $r_{xx}[\ell]$，如图 2.29(b)所示。与预料的一样，在零时滞处，$r_{xx}[0]$取最大值。

再次运行程序 2_5，计算当 $N=4$ 时 $x[n]$与 $y[n]=x[n-N]$的互相关。从图 2.30(a)可见，互相关的峰值恰好在 N 值处，这说明互相关可以用来准确计算延迟 N 的值。

接下来，修改程序 2_5，得到的序列是在 $x[n]$的基础上加上随机噪声形成的，其中随机噪声由函数 rand 产生。图 2.30(b)画出了受噪声干扰的序列的自相关图。正如预料的那样，自相关仍然在零时滞处呈现显著峰值。

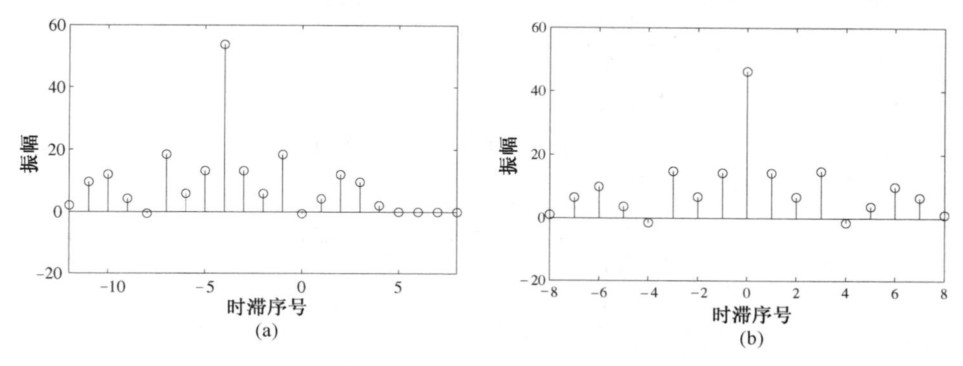

图 2.30　(a)从互相关序列做延迟估计；(b)受噪声干扰的非周期序列的自相关序列

注意，自相关和互相关序列也可以直接调用 MATLAB 函数 `xcorr` 来计算。然而，用该函数产生的相关序列是用程序 2_5 产生的序列的时间反转形式。用 `r = xcorr(x, y)` 可计算得到两个序列 $x[n]$ 和 $y[n]$ 的互相关 $r_{xy}[\ell]$，而用 `r = xcorr(x)` 可计算得到序列 $x[n]$ 的自相关 $r_{xx}[\ell]$。

2.6.4　相关的归一化形式

为了便于比较和显示，常用自相关和互相关的归一化形式：

$$\rho_{xx}[\ell] = \frac{r_{xx}[\ell]}{r_{xx}[0]} \tag{2.74}$$

$$\rho_{xy}[\ell] = \frac{r_{xy}[\ell]}{\sqrt{r_{xx}[0]\, r_{yy}[0]}} \tag{2.75}$$

由式(2.72)和式(2.73)可知，$|\rho_{xx}[\ell]| \leqslant 1$ 和 $|\rho_{xy}[\ell]| \leqslant 1$，且与 $x[n]$ 和 $y[n]$ 的值的范围无关。

2.6.5　计算功率和周期信号的相关

对功率和周期信号，自相关和互相关序列的定义略有不同。

对一对功率信号 $x[n]$ 和 $y[n]$，其互相关序列定义为

$$r_{xy}[\ell] = \lim_{K\to\infty} \frac{1}{2K+1} \sum_{n=-K}^{K} x[n]y[n-\ell] \tag{2.76}$$

而 $x[n]$ 的自相关序列为

$$r_{xx}[\ell] = \lim_{K\to\infty} \frac{1}{2K+1} \sum_{n=-K}^{K} x[n]x[n-\ell] \tag{2.77}$$

同样，若 $\tilde{x}[n]$ 和 $\tilde{y}[n]$ 是周期为 N 的两个周期信号，则其互相关序列为

$$r_{\tilde{x}\tilde{y}}[\ell] = \frac{1}{N} \sum_{n=0}^{N-1} \tilde{x}[n]\, \tilde{y}[n-\ell] \tag{2.78}$$

而 $x[n]$ 的自相关序列为

$$r_{\tilde{x}\tilde{x}}[\ell] = \frac{1}{N} \sum_{n=0}^{N-1} \tilde{x}[n]\, \tilde{x}[n-\ell] \tag{2.79}$$

从上面的定义可知 $r_{\tilde{x}\tilde{y}}[\ell]$ 和 $r_{\tilde{x}\tilde{x}}[\ell]$ 也是周期为 N 的周期序列。

自相关序列的周期性可以用于确定受到加性随机干扰影响的周期信号的周期 N。设 $\tilde{x}[n]$ 是正的周期信号，它受随机噪声 $d[n]$ 干扰后，得到信号

$$w[n] = \tilde{x}[n] + d[n]$$

其中，$0 \leqslant n \leqslant M-1$，$M \gg N$。$w[n]$ 的自相关为

$$\begin{aligned} r_{ww}[\ell] &= \frac{1}{M}\sum_{n=0}^{M-1} w[n]\,w[n-\ell] \\ &= \frac{1}{M}\sum_{n=0}^{M-1} (\tilde{x}[n]+d[n])\,(\tilde{x}[n-\ell]+d[n-\ell]) \\ &= \frac{1}{M}\sum_{n=0}^{M-1} \tilde{x}[n]\,\tilde{x}[n-\ell] + \frac{1}{M}\sum_{n=0}^{M-1} d[n]\,d[n-\ell] \\ &\quad + \frac{1}{M}\sum_{n=0}^{M-1} \tilde{x}[n]\,d[n-\ell] + \frac{1}{M}\sum_{n=0}^{M-1} d[n]\,\tilde{x}[n-\ell] \\ &= r_{\tilde{x}\tilde{x}}[\ell] + r_{dd}[\ell] + r_{\tilde{x}d}[\ell] + r_{d\tilde{x}}[\ell] \end{aligned} \tag{2.80}$$

在上式中，$r_{\tilde{x}\tilde{x}}[\ell]$ 是周期为 N 的一个周期序列，因此它在 $\ell=0,\ N,\ 2N,\ \cdots$，处有峰值，并且随着 ℓ 趋近于 M，这些峰值有相同的振幅。由于 $\tilde{x}[n]$ 与 $d[n]$ 不相关，所以相对于 $r_{xx}[\ell]$ 的振幅而言，互相关序列 $r_{\tilde{x}d}[\ell]$ 和 $r_{d\tilde{x}}[\ell]$ 的样本很小。干扰信号 $d[n]$ 的自相关在 $\ell=0$ 时有一个峰值，并且随着 $|\ell|$ 值的增加其值迅速减小。因此，当 $\ell>0$ 时，$r_{ww}[\ell]$ 的峰值基本上是由 $r_{\tilde{x}\tilde{x}}[\ell]$ 的峰值引起的，若这些峰值以一定的周期间隔出现，则可以确定 $\tilde{x}[n]$ 是否是周期序列以及它的周期大小。

2.6.6 用 MATLAB 计算周期序列的相关

例 2.19 将举例说明如何用 MATLAB 求受噪声干扰的周期序列的周期。

例 2.19 求受噪声干扰的周期序列的周期

程序 2_6.m

求受到在区间[−0.5, 0.5]内均匀分布的加性随机噪声的干扰的正弦序列 $x[n]=\cos(0.25\pi n)$ 的周期，$0\leqslant n\leqslant 95$。

为此，用程序 2_6 来计算受噪声干扰的正弦序列的自相关序列。运行程序得到的结果如图 2.31(a)所示。由图可知，在零时滞处有强的峰值，而且在时滞为 8 的倍数处有明显的峰值，这意味着正弦序列的周期为 8，与事实相符①。图 2.31(b)画出了噪声分量的自相关序列 $r_{dd}[n]$。由图可见，$r_{dd}[n]$ 仅仅在零时滞处呈现很强的峰值，而在其他时滞处相关样本的振幅相当小，这是由噪声序列的样本互不相关造成的。

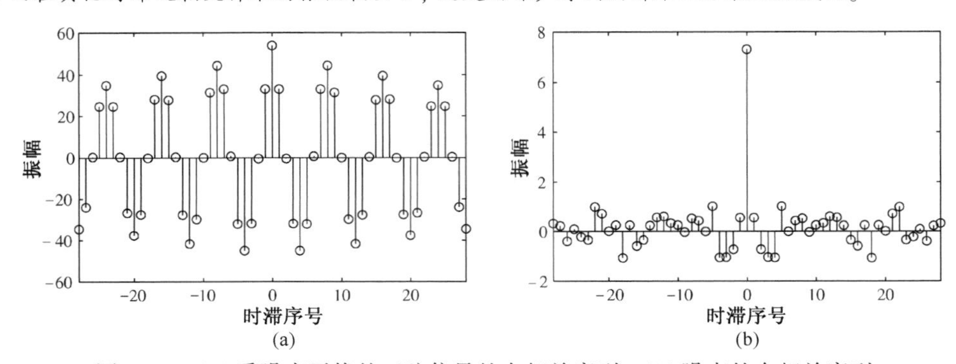

图 2.31 (a)受噪声干扰的正弦信号的自相关序列；(b)噪声的自相关序列

2.7 随机信号

本书绝大部分内容都将讨论确定性信号的处理。这类离散时间信号都假设它们可以用明确定义的过程唯一确定，该过程可以是某一个数学表达式或是某一种规则或某个查找表。由于该序列在所有时间序

① 由于周期序列的有限长度，峰值振幅随着时滞序号 l 的增加而衰减，使得在计算卷积和时非零乘积项减少。

号值上都有明确的定义，它通常称为**确定性信号**。例如，式(2.48)的正弦序列和式(2.51)的指数序列都是确定性序列。

每个样本以随机方式产生而且不能提前预测的信号组成了另一类信号，称之为**随机信号**，它们不能被随意复制，甚至使用同一个过程也不能产生相同的随机信号。因此需要利用信号的统计信息进行建模。常见的语音、音乐和地震信号就属于随机信号。在分析中，连续时间信号的理想抽样形式与通过实际模数转换器后得到的量化形式之间的误差信号，通常用随机信号来建模以便分析①。图 2.6(b)给出用 MATLAB 的 `rand` 函数产生的噪声序列 $d[n]$，这是随机信号的一个例子。

离散时间**随机信号**或随机过程通常由离散时间序列 $\{X[n]\}$ 的无限**集合**所组成。该集合中的某一个特定序列 $\{x[n]\}$ 称为这个随机过程的一个**实现**。在某一个给定时间序号 n，观测样本值 $x[n]$ 取**随机变量** $X[n]$ 的值。因此，一个随机过程是一族随机变量 $\{X[n]\}$。通常，样本的取值范围是连续的。附录 C 中将介绍随机变量和随机过程的一些重要统计特性。

2.8　小结

本章介绍了一些与离散时间信号时域描述相关的重要而基础的概念，定义了在离散时间信号处理中起着重要作用的某些基本的离散时间信号，介绍了用来生成更复杂的信号的不同数学运算；研究了连续时间信号及对它以均匀时间间隔抽样产生的离散时间信号之间的关系。最后，引入了一个序列的自相关和一对序列的互相关概念。

通过学习第 3 章讨论的离散时间信号的频域表示后，可以更深入地理解这些内容。我们将在第 4 章分析离散时间系统的时域表示以及某类离散时间系统的频域表示。

2.9　习题

2.1　求下述有限长序列的 $\mathcal{L}_1$ 范数、$\mathcal{L}_2$ 范数和 $\mathcal{L}_\infty$ 范数：

(a) $\{x_1[n]\} = \{1.21,\ -3.42,\ 10.01,\ -0.13,\ -5.11,\ -1.29,\ 3.87,\ 2.16,\ -3.21,\ 0.02\}$

(b) $\{x_2[n]\} = \{9.81,\ 6.22,\ 1.17,\ 0.81,\ 0.12,\ -6.21,\ -12.01,\ 3.16,\ -0.14,\ 1.87\}$

2.2　证明 $\|x\|_2 \leqslant \|x\|_1$。

2.3　已知序列

$$x[n] = \{2,\ 0,\ -1,\ 6,\ -3,\ 2,\ 0\},\ -3 \leqslant n \leqslant 3$$

$$y[n] = \{8,\ 2,\ -7,\ -3,\ 0,\ 1,\ 1\},\ -5 \leqslant n \leqslant 1$$

$$w[n] = \{3,\ 6,\ -1,\ 2,\ 6,\ 6,\ 1\},\ -2 \leqslant n \leqslant 4$$

上述序列在给定区间以外的样本值都为零。生成下列序列：

(a) $c[n] = x[n+3]$

(b) $d[n] = y[n-2]$

(c) $e[n] = x[-n]$

(d) $u[n] = x[n-3] + y[n+3]$

(e) $v[n] = y[n-3] \cdot w[n+2]$

(f) $s[n] = y[n+4] - w[n-3]$

(g) $r[n] = 3.9w[n]$

2.4　图 P2.1 画出了用相加、相乘和延迟这三个基本运算生成的 4 个运算的示意图。对每个运算将 $y[n]$ 表示成 $x[n]$ 的函数。

2.5　证明一个长度为 M 的序列与一个长度为 N 的序列进行卷积，可得到一个长度为 $(M+N-1)$ 的序列。

2.6　设 $x[n]$、$y[n]$、$w[n]$ 分别表示长度为 N、M 和 L 的三个序列，每个序列的第一个样本都出现在 $n=0$ 处，序列 $x[n] \circledast y[n] \circledast w[n]$ 的长度是多少？

---

① 参见 12.5.1 节。

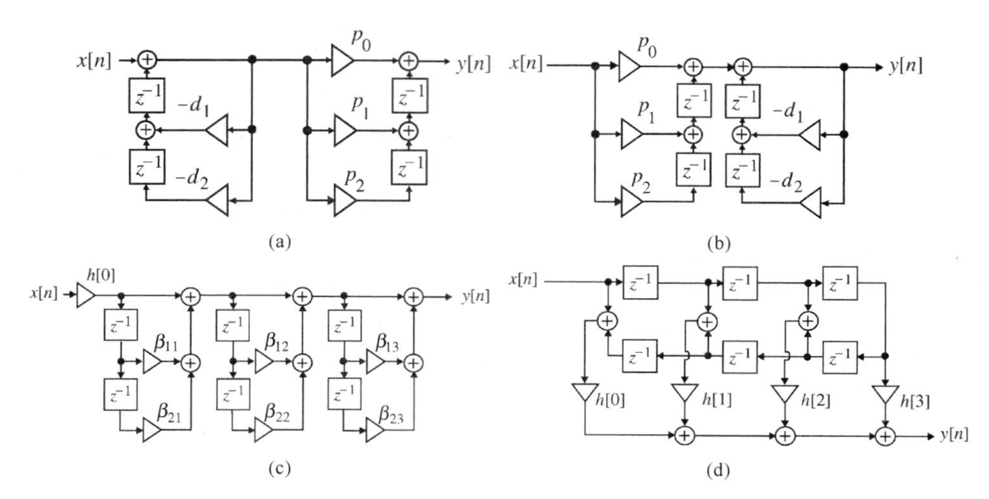

图 P2.1

2.7 考虑如下因果有限长序列，其第一个样本在 $n=0$ 处：

(a) $\{x_1[n]\}=\{1,\ 0,\ 1,\ 0,\ 1,\ 0,\ 1,\ 0,\ 1,\ 0,\ 1,\ 0,\ 1,\ 0,\ 1\}$

(b) $\{x_2[n]\}=\{1,\ 1\}$

(c) $\{x_3[n]\}=\{1,\ 1,\ 0,\ 0,\ 0,\ 0,\ 0,\ 0,\ 1,\ 1\}$

(d) $\{x_4[n]\}=\{1,\ 0,\ 1,\ 0,\ 1,\ 0,\ 1\}$

证明 $x_1[n]⊛x_2[n]=x_3[n]⊛x_4[n]$。

2.8 求下面每个序列与其自身的线性卷积：

(a) $x_1[n]=\{1,\ -1,\ 1\},\ -1\leq n\leq 1$

(b) $x_2[n]=\{1,\ -1,\ 0,\ 1,\ -1\},\ 0\leq n\leq 4$

(c) $x_3[n]=\{-1,\ 2,\ 0,\ -2,\ 1\},\ -3\leq n\leq 1$

2.9 求用习题2.3中序列的线性卷积而得到的下述序列：

(a) $u[n]=x[n]⊛y[n]$，　(b) $v[n]=x[n]⊛w[n]$，　(c) $g[n]=w[n]⊛y[n]$

2.10 设 $y[n]=x_1[n]⊛x_2[n]$ 且 $v[n]=x_1[n-N_1]⊛x_2[n-N_2]$，试用 $y[n]$ 来表示 $v[n]$。

2.11 设 $g[n]=x_1[n]⊛x_2[n]⊛x_3[n]$、$h[n]=x_1[n-N_1]⊛x_2[n-N_2]⊛x_3[n-N_3]$。试用 $g[n]$ 来表示 $h[n]$。

2.12 考虑下面有限长序列

(i) $\{h[n]\},\ -M\leq n\leq N$

(ii) $\{g[n]\},\ -K\leq n\leq N$

(iii) $\{w[n]\},\ -L\leq n\leq -R$

其中 M、N、K、L 和 R 是正整数，且 $K<N$、$L>R$。定义

(a) $y_1[n]=h[n]⊛h[n]$，　(b) $y_2[n]=g[n]⊛g[n]$，　(c) $y_3[n]=w[n]⊛w[n]$，

(d) $y_4[n]=h[n]⊛g[n]$，　(e) $y_5[n]=h[n]⊛w[n]$

每个卷积序列的长度是多少？上面所定义的每个卷积序列序号 n 的范围是什么？

2.13 设 $y[n]$ 表示两个序列 $\{x[n]\}=\{2,\ -3,\ 4,\ 1\},\ -1\leq n\leq 2$ 和 $\{h[n]\}=\{-3,\ 5,\ -6,\ 4\},\ -2\leq n\leq 1$ 的线性卷积，无须计算卷积和，求 $y[-1]$ 的值。

2.14 设 $\{x[n]\}=\{1\}$ 是定义在 $0\leq n\leq N-1$ 长度为 N 的序列，而 $\{h[n]\}=\{1\}$ 是定义在 $0\leq n\leq N-3$ 范围内长度为 $(N-2)$ 的序列，不进行卷积运算，求 $y[n]=x[n]⊛h[n]$ 最大正样本的值及位置。

2.15 设 $y[n]$ 是通过两个因果有限长序列 $h[n]$ 和 $x[n]$ 的线性卷积得到的。对下列各对 $y[n]$ 和 $h[n]$，确定 $x[n]$。每个序列的第一个样本都对应于 $n=0$ 处。

(a) $\{y[n]\}=\{2,\ 5,\ -5,\ 0,\ 12,\ 10,\ 3\}$，$\{h[n]\}=\{2,\ -3,\ 1,\ 3\}$

(b) $\{y[n]\}=\{0,\ -15,\ -7,\ 9,\ -4,\ 2\}$，$\{h[n]\}=\{5,\ -1,\ 1\}$

(c) $\{y[n]\}=\{6, 8, -12, -11, 14, -22, -12, 3, -18\}$, $\{h[n]\}=\{-3, 2, 2, 0, 3\}$

2.16 考虑序列$\{x[n]\}=\{2, -5, 6, -3, 4, -4, 0, -7, 8\}$, $-5\leqslant n\leqslant 3$。

(a) 设$\{y[n]\}$表示$\{x[n]\}$向左圆周平移 12 个样本周期得到的序列，求样本$y[-3]$的值。

(b) 设$\{z[n]\}$表示$\{x[n]\}$向右圆周平移 15 个样本周期得到的序列，求样本$z[2]$的值。

2.17 考虑序列$\{g[n]\}=\{-3, 0, 4, 9, 2, 0, -2, 5\}$, $-4\leqslant n\leqslant 3$

(a)求$\{g[n]\}$向右圆周平移 5 个样本周期得到的序列$\{h[n]\}$

(b)求$\{g[n]\}$向左圆周平移 4 个样本周期得到的序列$\{w[n]\}$

2.18 证明实数值序列$x[n]$的平均功率$\mathcal{P}_x$是其偶部和奇部平均功率$\mathcal{P}_{x_{ev}}$和$\mathcal{P}_{x_{od}}$之和。

2.19 计算长度为 N 的序列 $x[n]=\sin(2\pi kn/N)$ 的能量，$0\leqslant n\leqslant N-1$。

2.20 求习题 2.3 中序列 $x[n]$、$y[n]$和 $w[n]$的偶部和奇部。

2.21 求下面序列的共轭对称和共轭反对称部分：

(a)$x_1[n]=\{-1+j3, 2-j7, 4-j5, 3+j5, -2-j\}$, $-2\leqslant n\leqslant 2$

(b)$x_2[n]=e^{j2\pi n/5}+e^{j\pi n/3}$

(c)$x_3[n]=j\cos(2\pi n/7)-\sin(2\pi n/4)$

2.22 设 $x[n]$和 $y[n]$分别是共轭对称和共轭反对称序列。下面序列中哪一个是共轭对称序列，哪一个是共轭反对称序列？

(a) $g[n]=x[n]x[n]$,　(b)$u[n]=x[n]y[n]$,　(c)$v[n]=y[n]y[n]$

2.23 绝对可和序列是有界序列么？证明你的结论。

2.24 (a)证明当所有 $n\geqslant 0$ 时，因果实序列 $x[n]$可从它的偶部 $x_{ev}[n]$中完全恢复出来，而仅当所有 $n>0$ 时才可从它的奇部 $x_{od}[n]$中恢复出来。

(b)因果复序列 $y[n]$能够从它的共轭反对称部分 $y_{ca}[n]$中完全恢复出来吗？$y[n]$能从它的共轭对称部分 $y_{cs}[n]$中完全恢复出来吗？证明你的结论。

2.25 设 $x[n]$是一个绝对可和序列。证明按照式(2.44)的以 N 为周期的延拓形成的序列 $\tilde{y}[n]$ 是周期为 N 的周期序列。

2.26 验证式(2.47a)中给出的单位样本序列$\delta[n]$与单位阶跃序列$\mu[n]$的关系。

2.27 求下面实序列的偶部和奇部：

(a)$x_1[n]=\mu[n-3]$,　(b)$x_2[n]=\alpha^n\mu[n-1]$,　(c)$x_3[n]=n\alpha^n\mu[n+1]$,　(d)$x_4[n]=\alpha^{|n|}$

2.28 下面的序列中，哪些序列是有界序列？

(a) $x[n]=A\alpha^{|n|}$，其中 A 和 α 是复数，且$|\alpha|<1$

(b) $h[n]=\dfrac{1}{2^n}\mu[n]$

(c) $y[n]=\alpha^n\mu[n-1]$，其中$|\alpha|<1$

(d) $g[n]=4ne^{j\omega_o n}\mu[n]$

(e) $w[n]=3\cos((\omega_o)^2 n)$

(f) $v[n]=\left(1-\dfrac{1}{n^2}\right)\mu[n-1]$

2.29 证明即使 $\sum_{n=1}^{\infty}x[n]=\ln 2$，序列 $x[n]=\dfrac{(-1)^{n+1}}{n}\mu[n-1]$ 也不是绝对可和的。

2.30 证明下面的序列是绝对可和的：

(a)$x_1[n]=\alpha^n\mu[n-1]$

(b)$x_2[n]=n\alpha^n\mu[n-1]$

(c)$x_3[n]=n^2\alpha^n\mu[n-1]$

其中$|\alpha|<1$。

2.31 证明下面的序列是绝对可和的：

(a) $x_a[n]=\dfrac{1}{4^n}\mu[n]$,　(b) $x_b[n]=\dfrac{1}{(n+2)(n+3)}\mu[n]$

2.32 证明一个绝对可和的序列具有有限能量，但是一个能量有限的序列不一定是绝对可和的。

2.33 证明式(2.35)给出的平方可和的序列 $x_1[n]$ 不是绝对可和的。

2.34 证明序列 $x_2[n] = \frac{\cos \omega_c n}{\pi} \mu[n-1]$ 是平方可和的，但不是绝对可和的。

2.35 计算下列序列的能量：

(a) $x_a[n] = A\alpha^n \mu[n], \ |\alpha| < 1$, (b) $x_b[n] = \frac{1}{n^2}\mu[n-1]$

2.36 计算下列序列的能量和平均功率：

(a) $x_1[n] = (-1)^n$, (b) $x_2[n] = \mu[n]$, (c) $x_3[n] = n\mu[n]$,

(d) $x_4[n] = A_o e^{j\omega_o n}$, (e) $x_5[n] = A\cos\left(\frac{2\pi n}{M} + \phi\right)$

2.37 当 N 取下列值时，对习题2.3中的序列进行以 N 为周期的延拓得到新的周期序列：(a) $N=6$, (b) $N=8$。确定新周期序列中一个周期的样本。

2.38 下列序列表示形如 $\tilde{x}[n] = A\sin(\omega_o n + \phi)$ 的正弦序列的一个周期：

(a) $\{1, 1, -1, -1\}$

(b) $\{0.5, -0.5, 0.5, -0.5\}$

(c) $\{0, 0.5878, -0.9511, 0.9511, -0.5878\}$

(d) $\{2 \quad 0 \, -2 \quad 0\}$

分别求参数 A、ω_o 和 ϕ 的值。

2.39 求下列周期序列的基本周期：

(a) $\tilde{x}_a[n] = e^{j0.25\pi n}$

(b) $\tilde{x}_b[n] = \cos(0.6\pi n + 0.3\pi)$

(c) $\tilde{x}_c[n] = \text{Re}(e^{j\pi n/8}) + \text{Im}(e^{j\pi n/5})$

(d) $\tilde{x}_d[n] = 6\sin(0.15\pi n) - \cos(0.12\pi n + 0.1\pi)$

(e) $\tilde{x}_e[n] = \sin(0.1\pi n + 0.75\pi) - 3\cos(0.8\pi n + 0.2\pi) + \cos(1.3\pi n)$

2.40 当角频率 ω_o 取下列值时，求正弦序列 $\tilde{x}[n] = A\sin(\omega_o n)$ 的基本周期：

(a) 0.3π, (b) 0.48π, (c) 0.45π, (d) 0.525π, (e) 0.7π, (f) 0.75π

2.41 求正弦序列 $\tilde{x}_1[n] = \sin(0.06\pi n)$ 的周期，并至少举出两个与 $\tilde{x}_1[n]$ 具有相同周期不同的正弦序列。

2.42 求下列周期序列的基本周期和平均功率：

(a) $\tilde{x}_1[n] = 5\cos(\pi n/3)$

(b) $\tilde{x}_2[n] = 2\cos(2\pi n/5)$

(c) $\tilde{x}_3[n] = 2\cos(2\pi n/7)$

(d) $\tilde{x}_4[n] = 3\cos(5\pi n/7)$

(e) $\tilde{x}_5[n] = 4\cos(2\pi n/5) + 3\cos(3\pi n/5)$

(f) $\tilde{x}_6[n] = 4\cos(5\pi n/3) + 3\cos(3\pi n/5)$

2.43 (a) 将习题2.3中的 $x[n]$、$y[n]$ 和 $w[n]$ 表示成延迟单位样本序列的线性加权和。

(b) 将习题2.3中的 $x[n]$、$y[n]$ 和 $w[n]$ 表示成延迟单位阶跃序列的线性加权和。

2.44 试用单位阶跃序列 $\mu[n]$ 表示长度为4的序列 $x[n] = \{2.1, -3.3, -1.7, 5.2\}$, $-1 \leqslant n \leqslant 2$。

2.45 试用单位阶跃序列 $\mu[n]$ 表示序列

$$x[n] = \begin{cases} 2, & n \geqslant 2 \\ 1, & n < 2 \end{cases}$$

2.46 求下列卷积和的闭式表示：

(a) $\alpha^n \mu[n] \circledast \mu[n]$, (b) $n\alpha^n \mu[n] \circledast \mu[n]$

2.47 已知序列

(i) $x_1[n] = 2\delta[n-1] - 2\delta[n+1]$

(ii) $x_2[n] = 3\delta[n-2] - \delta[n]$

(iii) $h_1[n]=\delta[n+3]-1.5\delta[n]-\delta[n-2]$

(iv) $h_2[n]=-\delta[n+1]+2\delta[n-1]+3\delta[n-3]$

确定由其中两个序列的线性卷积而得到的序列：

(a) $y_1[n]=x_1[n]\circledast h_1[n]$

(b) $y_2[n]=x_2[n]\circledast h_2[n]$

(c) $y_3[n]=x_1[n]\circledast h_2[n]$

(d) $y_4[n]=x_2[n]\circledast h_1[n]$

2.48 考虑下面的序列

(i) $x[n]=\mu[n]-\mu[n-N]$

(ii) $h[n]=\mu[n]-\mu[n-M]$

(iii) $g[n]=\mu[n-M]-\mu[n-N]$

(iv) $w[n]=\mu[n+M]-\mu[n-N]$

其中 N 和 M 是正整数，且 $N>M$。

不进行卷积运算，求下面序列最大样本的值及位置。

(a) $y_1[n]=x[n]\circledast x[n]$

(b) $y_2[n]=h[n]\circledast h[n]$

(c) $y_3[n]=g[n]\circledast g[n]$

(d) $y_4[n]=w[n]\circledast w[n]$

(e) $y_5[n]=x[n]\circledast h[n]$

(f) $y_6[n]=x[n]\circledast g[n]$

(g) $y_7[n]=x[n]\circledast w[n]$

2.49 考虑以各自共轭对称和共轭反对称之和的形式表示的两个复值序列 $h[n]$ 和 $g[n]$，即 $h[n]=h_{cs}[n]+h_{ca}[n]$ 且 $g[n]=g_{cs}[n]+g_{ca}[n]$。试确定下列序列是共轭对称还是共轭反对称的。

(a) $h_{cs}[n]\circledast g_{cs}[n]$，　(b) $h_{ca}[n]\circledast g_{cs}[n]$，　(c) $h_{ca}[n]\circledast g_{ca}[n]$

2.50 证明若抽样频率 $\Omega_T=2\pi/T>2\Omega_o$，连续时间信号 $x_a(t)=A\cos(\Omega_o t+\phi)$ 可以从其抽样形式 $x[n]=x_a(nT)$ 完全恢复，$-\infty<n<\infty$。

2.51 连续时间信号 $x_a(t)=\cos\Omega_o t$ 在 $t=nT$ 抽样，$-\infty<n<\infty$，生成离散时间序列 $x[n]=x_a(nT)=\cos(\Omega_o nT)$。当 T 取何值时 $x[n]$ 是一个周期序列？若 $\Omega_o=30$ 弧度且 $T=\pi/6$ s，$x[n]$ 的基本周期是多少？

2.52 (a) 求习题 2.3 中各序列的自相关序列。

(b) 求习题 2.3 中序列 $x[n]$ 和 $y[n]$ 的互相关序列 $r_{xy}[\ell]$，以及序列 $x[n]$ 和 $w[n]$ 的互相关序列 $r_{xw}[\ell]$。

2.53 求下面每个序列的自相关序列。并证明它们均为偶序列，自相关序列最大值的位置在哪里？

(a) $x_1[n]=\alpha^n\mu[n]$，　$|\alpha|<1$

(b) $x_2[n]=\begin{cases}1, & 0\leqslant n\leqslant N-1\\ 0, & \text{其他}\end{cases}$

2.54 计算下列各周期序列的自相关序列及它们的周期：

(a) $\tilde{x}_1[n]=\cos(\pi n/M)$，其中 M 为正整数

(b) $\tilde{x}_2[n]=n$ 模 6

(c) $\tilde{x}_3[n]=(-1)^n$

2.10 MATLAB 练习

M2.1 编写一个 MATLAB 程序来生成一个有限长复序列的共轭对称和共轭反对称部分。用该程序来验证例题 2.8 的结果。

M2.2 (a) 用程序 2_2 生成如图 2.23 和图 2.24 所示的序列。

(b) 用程序 2_2 生成并画出 $0\leqslant n\leqslant 82$ 时的复指数序列 $-2.7e^{(-0.4+j\pi/6)n}$。

M2.3 用 MATLAB 生成习题 2.39(b) 到习题 2.39(e) 中的周期序列。

M2.4 (a) 编写一个 MATLAB 程序生成正弦序列 $x[n]=A\sin(\omega_o n+\phi)$，并用函数 `stem` 绘出其图形。所需的输入数据为序列长度 L、振幅 A、角频率 ω_o 和相位 ϕ，其中 $0<\omega_o<\pi$ 且 $0\leqslant\phi\leqslant 2\pi$。用这个程序生成图 2.22 所示的正弦序列。

(b) 生成习题 2.40 中给出的角频率的正弦序列。从图中确定各个序列的周期，并从理论上验证该结果。

M2.5 用 MATLAB 验证例题 2.15。

M2.6 编写一个 MATLAB 程序画出连续时间正弦信号及其抽样形式，并验证图 2.28。需要使用 `hold` 函数来同时绘制两个图形。

M2.7 利用前一个题中编写的程序，用实验证明式(2.65)给出的连续时间正弦系列将得到相同的抽样信号。

M2.8 利用程序 2_5(新)，求习题 2.52 中的自相关和互相关序列。你的结果与习题 2.52 中得到的相同吗?

M2.9 修改程序 2_5(新)，求被用函数 `rand` 产生的一个均匀分布的随机信号干扰的序列的自相关序列。利用修改后的程序说明受噪声干扰的序列的自相关序列在零时滞处呈现尖峰。

M2.10 对下面的 α 值：(a) $\alpha=0.6$，(b) $\alpha=0.8$，求取并用 MATLAB 画出因果指数衰减序列 $x[n]=\alpha^n\mu[n]$ 的自相关序列。

第 3 章　频域中的离散时间信号

在 2.4.3 节中，我们曾经指出时域中的任意序列都可表示为延时单位样本序列$\{\delta[n-k]\}$的线性加权和。在 4.4.1 节中，将推导该表示的一个重要的结论:某类离散时间系统在时域中的输入-输出特性可用一个卷积和来表征。在很多应用中，为了方便，常以形如$\{e^{j\omega n}\}$的复指数序列来表征序列，其中 ω 是为归一化的频率变量，单位是弧度。这引出了离散时间序列和某类离散时间系统在频域中一种非常有用的表示①。

本章讨论的离散时间序列的频域表示，就是离散时间傅里叶变换。它将时间序列映射为频率变量 ω 的连续函数。由于离散时间傅里叶变换的周期性，对应的离散时间序列可以通过计算其傅里叶级数表示很容易得到。由于是以无限级数形式表示，我们将研究离散时间傅里叶变换的存在及其性质。

我们接下来推导一个连续时间信号可以由一个离散时间信号唯一表示的条件，并证明原连续时间信号怎样才能由其离散时间等效恢复。从连续时间信号转换到离散时间等效由抽样和保持电路及模数转换器实现。我们将讨论实际抽样和保持电路产生离散时间等效的效果。

本章也同样大量使用 MATLAB 通过计算机仿真来说明所引入的各种概念。

3.1　连续时间傅里叶变换

本节首先简单介绍连续时间傅里叶变换及其性质，该变换是连续时间信号的频域表示，这将有助于我们更好地理解离散时间信号和系统的频域表示。

3.1.1　定义

连续时间信号 $x_a(t)$的频域表示由**连续时间傅里叶变换**(CTFT)给出:

$$X_a(j\Omega)=\int_{-\infty}^{\infty}x_a(t)e^{-j\Omega t}dt \tag{3.1}$$

CTFT 通常也称为连续时间信号的**傅里叶谱**，或简称为**谱**。连续时间信号 $x_a(t)$可以通过逆**傅里叶积分**

$$x_a(t)=\frac{1}{2\pi}\int_{-\infty}^{\infty}X_a(j\Omega)e^{j\Omega t}d\Omega \tag{3.2}$$

从其 CTFT $X_a(j\Omega)$恢复。

记式(3.1)和式(3.2)的 CTFT 对为

$$x_a(t)\overset{\text{CTFT}}{\longleftrightarrow}X_a(j\Omega)$$

在式(3.1)和式(3.2)中，Ω 是一个实数，它表示的是连续时间的角频率变量，单位为弧度每秒。式(3.2)给出的傅里叶逆变换可以解释为形如 $\frac{1}{2\pi}e^{j\Omega t}d\Omega$ 的无穷小复指数信号在从 $-\infty$ 到∞ 的角频率范围以复常量 $X_a(j\Omega)$进行加权的线性组合。由式(3.1)的定义可以看出，CTFT 通常都是角频率 Ω 在范围 $-\infty<\Omega<\infty$ 内的复函数，可用极坐标表示为

$$X_a(j\Omega)=|X_a(j\Omega)|e^{j\theta_a(\Omega)}$$

其中

$$\theta_a(\Omega)=\arg\{X_a(j\Omega)\}$$

式中，量$|X_a(j\Omega)|$称为**幅度谱**，量 $\theta_a(\Omega)$称为**相位谱**，两者都是 Ω 的实函数。

---

① 周期序列在频域中可通过离散傅里叶级数表示(参见习题 5.3)。

一般来说，若连续时间函数 $x_a(t)$ 满足**狄利克雷(Dirichlet)条件**：

(a)在任何一个有限的区间内，信号具有有限个不连续点，且极值数目有限。

(b)信号绝对可积，即

$$\int_{-\infty}^{\infty} |x_a(t)| \mathrm{d}t < \infty \tag{3.3}$$

则由式(3.1)定义的 CTFT $X_a(\mathrm{j}\Omega)$ 存在。在满足狄利克雷条件时，式(3.2)等号右边的积分在除了那些使 $x_a(t)$ 不连续的 t 值外的所有其他 t 值收敛于 $x_a(t)$。

很容易证明，若 $x_a(t)$ 绝对可积，则 $|X_a(\mathrm{j}\Omega)| < \infty$，这也证明了 CTFT 的存在(参见习题 3.1)。下面在例 3.1 至例 3.3 中示例 CTFT 的计算。

例 3.1　绝对可积的连续时间信号

考虑实信号

$$x_a(t) = \begin{cases} \mathrm{e}^{-\alpha t}, & t \geqslant 0 \\ 0, & t < 0 \end{cases} \tag{3.4}$$

其中 $0 < \alpha < \infty$。图 3.1 画出了 $\alpha = 0.5/\mathrm{s}$ 时的上述信号。由于

$$\int_{-\infty}^{\infty} |x_a(t)| \mathrm{d}t = \int_0^{\infty} \mathrm{e}^{-\alpha t} \mathrm{d}t = -\frac{\mathrm{e}^{-\alpha t}}{\alpha}\Big|_0^{\infty} = \frac{1}{\alpha} < \infty$$

该函数绝对可积。由式(3.1)得到其 CTFT 为

$$\begin{aligned} X_a(\mathrm{j}\Omega) &= \int_0^{\infty} \mathrm{e}^{-\alpha t}\mathrm{e}^{-\mathrm{j}\Omega t} \mathrm{d}t = \int_0^{\infty} \mathrm{e}^{-(\alpha+\mathrm{j}\Omega)t} \mathrm{d}t \\ &= -\frac{1}{\alpha + \mathrm{j}\Omega}\mathrm{e}^{-(\alpha+\mathrm{j}\Omega)t}\Big|_0^{\infty} = \frac{1}{\alpha + \mathrm{j}\Omega} \end{aligned} \tag{3.5}$$

可将上面的 CTFT 表示为

$$X_a(\mathrm{j}\Omega) = \frac{1}{\sqrt{\alpha^2 + \Omega^2}} \mathrm{e}^{-\mathrm{j}\arctan(\Omega/\alpha)}$$

其中，$|X_a(\mathrm{j}\Omega)| = 1/\left(\sqrt{\alpha^2 + \Omega^2}\right)$ 是幅度谱，$\theta_a(\Omega) = -\arctan(\Omega/\alpha)$ 是相位谱，两个函数的谱如图 3.2 所示。

可以证明，当 $\alpha < 0$ 时，$x_a(t)$ 不是绝对可积的，因此，此时 CTFT $X_a(\mathrm{j}\Omega)$ 不存在。

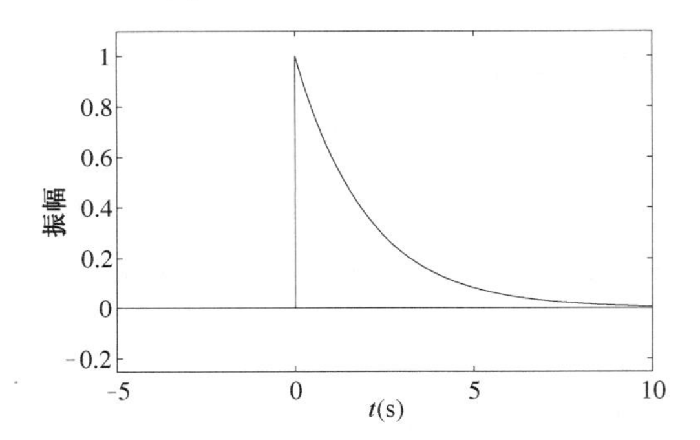

图 3.1　$\alpha = 0.5/\mathrm{s}$ 时，式(3.4)中的连续时间函数的图形

例 3.2　冲激函数的连续时间傅里叶变换

求理想冲激函数 $\delta(t)$ 的 CTFT $\Delta(\mathrm{j}\Omega)$。利用 δ 函数的抽样性质，应用式(3.1)可得

$$\Delta(\mathrm{j}\Omega) = \int_{-\infty}^{\infty} \delta(t)\mathrm{e}^{-\mathrm{j}\Omega t} \mathrm{d}t = 1$$

例 3.3　移位冲激函数的连续时间傅里叶变换

考虑移位冲激函数 $x_a(t) = \delta(t - t_o)$。其 CTFT 为

$$X_a(\mathrm{j}\Omega) = \int_{-\infty}^{\infty} \delta(t - t_o)\mathrm{e}^{-\mathrm{j}\Omega t} \mathrm{d}t = \mathrm{e}^{-\mathrm{j}\Omega t_o}$$

注意，具有有限振幅绝对可积的连续时间信号 $x_a(t)$ 总是具有有限能量，即式(3.6)成立：

$$\int_{-\infty}^{\infty} |x_a(t)|^2 \mathrm{d}t < \infty \tag{3.6}$$

然而，对不绝对可积的有限能量的连续时间信号，其 CTFT 也可能存在(参见习题 3.5)。因此，对比式(3.3)，式(3.6)给出的条件更加温和。

对于既不满足式(3.3)也不满足式(3.6)的某些函数，还可以通过理想冲激来定义 CTFT。

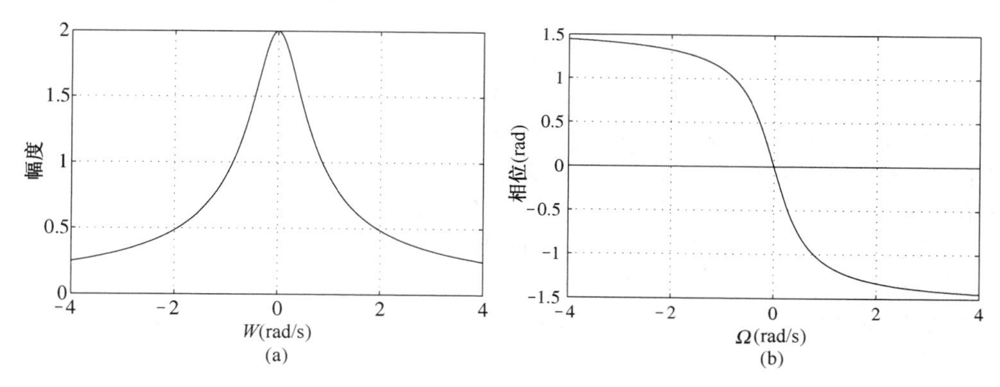

图 3.2　$X_a(\mathrm{j}\Omega)=1/(0.5/\mathrm{s}+\mathrm{j}\Omega)$ 的(a)幅度和(b)相位

3.1.2　能量密度谱

一个有限能量的连续时间复信号 $x_a(t)$ 的总能量$\mathcal{E}_x$为

$$\mathcal{E}_x=\int_{-\infty}^{\infty}|x_a(t)|^2\,\mathrm{d}t=\int_{-\infty}^{\infty}x_a(t)x_a^*(t)\,\mathrm{d}t \tag{3.7}$$

能量还可以用 CTFT $X_a(\mathrm{j}\Omega)$ 来定义。为此，首先将上式中的 $x_a^*(t)$ 用其逆 CTFT 表示来代替，如下式的方括号内所示

$$\mathcal{E}_x=\int_{-\infty}^{\infty}x_a(t)\left[\frac{1}{2\pi}\int_{-\infty}^{\infty}X_a^*(\mathrm{j}\Omega)\mathrm{e}^{-\mathrm{j}\Omega t}\,\mathrm{d}\Omega\right]\mathrm{d}t$$

交换上式的积分顺序，可得

$$\begin{aligned}\mathcal{E}_x&=\frac{1}{2\pi}\int_{-\infty}^{\infty}X_a^*(\mathrm{j}\Omega)\left[\int_{-\infty}^{\infty}x_a(t)\mathrm{e}^{-\mathrm{j}\Omega t}\,\mathrm{d}t\right]\mathrm{d}\Omega\\&=\frac{1}{2\pi}\int_{-\infty}^{\infty}X_a^*(\mathrm{j}\Omega)X_a(\mathrm{j}\Omega)\,\mathrm{d}\Omega=\frac{1}{2\pi}\int_{-\infty}^{\infty}|X_a(\mathrm{j}\Omega)|^2\,\mathrm{d}\Omega\end{aligned} \tag{3.8}$$

根据式(3.7)和式(3.8)，可得

$$\int_{-\infty}^{\infty}|x_a(t)|^2\,\mathrm{d}t=\frac{1}{2\pi}\int_{-\infty}^{\infty}|X_a(\mathrm{j}\Omega)|^2\,\mathrm{d}\Omega \tag{3.9}$$

上式就是著名的有限能量的连续时间信号的**帕塞瓦尔(Parseval)定理**。例 3.4 说明了上式的应用。

例 3.4　连续时间信号的能量

求式(3.4)所示连续时间信号的总能量$\mathcal{E}_x$。由式(3.9)有

$$\mathcal{E}_x=\frac{1}{2\pi}\int_{-\infty}^{\infty}\frac{1}{\alpha^2+\Omega^2}\,\mathrm{d}\Omega=\frac{1}{2\pi}\cdot\frac{\pi}{\alpha}=\frac{1}{2\alpha}$$

当 $\alpha=0.5$ 时，总能量$\mathcal{E}_x=1$。

式(3.8)等号右边的被积函数 $|X_a(\mathrm{j}\Omega)|^2$ 称为连续时间信号 $x_a(t)$ 的**能量密度谱**，通常用 $S_{xx}(\Omega)$ 表示；即

$$S_{xx}(\Omega)=|X_a(\mathrm{j}\Omega)|^2$$

信号 $x_a(t)$ 在频率范围 $\Omega_a\leqslant\Omega\leqslant\Omega_b$ 上的总能量$\mathcal{E}_{x,r}$，可通过对 $S_{xx}(\Omega)$ 在该范围内的积分得到：

$$\mathcal{E}_{x,r}=\frac{1}{2\pi}\int_{\Omega_a}^{\Omega_b}S_{xx}(\Omega)\,\mathrm{d}\Omega$$

3.1.3　带限连续时间信号

全频带有限能量的连续时间信号，其频谱占有整个频率范围，即 $-\infty<\Omega<\infty$，而对于**带限**连续时间信号，它的频谱则被限制在上述频率范围中的一部分。理想的带限信号在有限频率范围 $\Omega_a\leqslant|\Omega|\leqslant\Omega_b$

之外为零;即

$$X_a(j\Omega)=\begin{cases}0, & 0\leqslant|\Omega|<\Omega_a\\ 0, & \Omega_b<|\Omega|<\infty\end{cases}$$

然而,实际中不可能产生理想的带限信号,为了实用,保证带限信号在其频率范围之外的能量足够小就够了。

带限信号常根据绝大部分信号能量集中的频段来分类。**低通**连续时间信号的频谱所占的频率范围是 $0\leqslant|\Omega|\leqslant\Omega_p<\infty$,其中 Ω_p 称为信号的**带宽**。同理,对于**高通**连续时间信号,其频谱的频率范围是 $0<\Omega_p\leqslant|\Omega|<\infty$,其中信号的**带宽**从 Ω_p 到 ∞。最后,**带通**连续时间信号的频谱频率范围为 $0<\Omega_L\leqslant|\Omega|\leqslant\Omega_H<\infty$,其中 $\Omega_H-\Omega_L$ 是其**带宽**。带宽的准确定义取决于应用。由图3.2(a)可以看出,式(3.4)中的连续时间信号就是一个低通信号,该信号80%的能量都集中在频率范围 $0\leqslant|\Omega|\leqslant0.4898\pi$ 内,因此,可定义信号的80%带宽为 0.4898π 弧度(参见习题3.10)。

3.2 离散时间傅里叶变换

离散时间序列的频域表示由**离散时间傅里叶变换**(DTFT)给出,它将序列表示成复指数序列 $\{e^{j\omega n}\}$ 的加权和,其中 ω 是实归一化频率变量。在没有二义性的情况下,为了简便,常将离散时间傅里叶变换简称为**傅里叶变换**(FT)。若一个序列的傅里叶变换表示存在,就一定是唯一的,并且原序列可以通过逆变换从其变换表示中得到。本节将首先定义正变换,随后推导出其逆变换,接着将给出变换的存在条件,并介绍它的一些重要性质。

3.2.1 定义

序列 $x[n]$ 的**离散时间傅里叶变换** $X(e^{j\omega})$ 定义为

$$X(e^{j\omega})=\sum_{n=-\infty}^{\infty}x[n]e^{-j\omega n} \tag{3.10}$$

我们用例3.5和例3.6来说明傅里叶变换的计算。

例3.5 单位样本序列的离散时间傅里叶变换

考虑式(2.45)定义的单位样本序列 $\delta[n]$,其傅里叶变换 $\Delta(e^{j\omega})$ 可采用式(3.10)得到,为

$$\Delta(e^{j\omega})=\sum_{n=-\infty}^{\infty}\delta[n]e^{-j\omega n}=1 \tag{3.11}$$

这里,我们用到的是单位样本序列的抽样性质,即 $\delta[0]=1$ 且 $\delta[n]=0$,其中 $n\neq0$。

例3.6 指数序列的离散时间傅里叶变换

考虑一个因果序列

$$x[n]=\alpha^n\mu[n],\quad |\alpha|<1 \tag{3.12}$$

图3.3画出了 $\alpha=0.5$ 时的图。由于 $|\alpha e^{-j\omega}|=|\alpha|<1$,该指数序列的傅里叶变换 $X(e^{j\omega})$ 可用式(3.10)得到为

$$\begin{aligned}X(e^{j\omega})&=\sum_{n=-\infty}^{\infty}\alpha^n\mu[n]e^{-j\omega n}=\sum_{n=0}^{\infty}\alpha^n e^{-j\omega n}\\&=\sum_{n=0}^{\infty}(\alpha e^{-j\omega})^n=\frac{1}{1-\alpha e^{-j\omega}}\end{aligned} \tag{3.13}$$

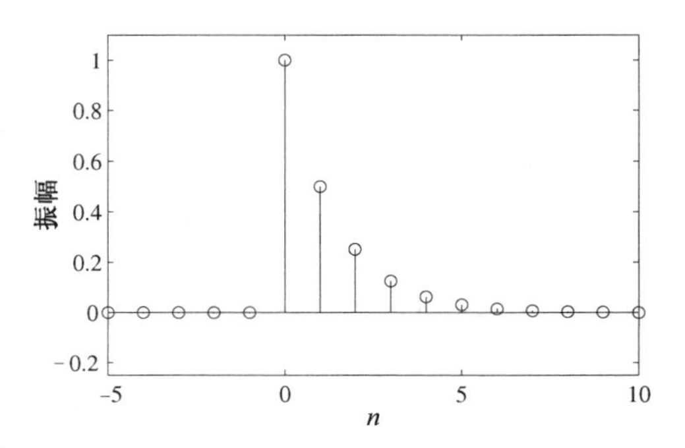

图3.3 $\alpha=0.5$ 时,式(3.12)中离散时间序列的图形

注意,绝大多数实际的离散时间序列的傅里叶变换可以用收敛的几何级数形式表示,该级数可以在一简单的闭式中求和,如例3.6所示。在3.2.4节我们将讨论一般傅里叶变换的收敛问题。

从定义可以看出，序列 $x[n]$ 的离散时间傅里叶变换 $X(e^{j\omega})$ 是 ω 的连续函数。然而，与连续时间傅里叶变换不同的是，它是 ω 的一个周期函数，周期为 2π。为验证后一个性质，对任何整数 k 观察

$$X(e^{j(\omega+2\pi k)}) = \sum_{n=-\infty}^{\infty} x[n]e^{-j(\omega+2\pi k)n} = \sum_{n=-\infty}^{\infty} x[n]e^{-j\omega n}e^{-j2\pi kn}$$
$$= \sum_{n=-\infty}^{\infty} x[n]e^{-j\omega n} = X(e^{j\omega}), \quad \text{所有}k\text{的值}$$

其中，我们利用了 $e^{-j2\pi kn}=1$。可以看到，式(3.10)就表示周期函数 $X(e^{j\omega})$ 的傅里叶级数展开。由此，傅里叶系数 $x[n]$ 可以由 $X(e^{j\omega})$ 算出，采用的是如下傅里叶积分：

$$x[n] = \frac{1}{2\pi}\int_{-\pi}^{\pi} X(e^{j\omega})e^{j\omega n}d\omega \tag{3.14}$$

上式称为**离散时间傅里叶逆变换**。注意，虽然式(3.14)中的积分范围可以在任意一段 2π 范围内进行，但在实际应用中常选择范围 $[-\pi, \pi]$。式(3.14)给出的离散时间傅里叶逆变换可解释为形如 $\frac{1}{2\pi}e^{j\omega n}d\omega$ 的无穷小复指数信号在从 $-\pi$ 到 π 的归一化角频率范围内以复常量 $X(e^{j\omega})$ 加权的线性组合。

式(3.10)和式(3.14)组成了序列 $x[n]$ 的离散时间傅里叶变换对。常称式(3.10)为**分析式**，因为它可以分析出原信号中存在多少复指数信号。另一方面，式(3.14)称为**综合式**，它的作用在于能从任意信号的复指数分量中合成该信号。为使符号上更简便，我们将用运算符号

$$\mathcal{F}\{x[n]\}$$

来表示序列 $x[n]$ 的 $X(e^{j\omega})$。同样，采用运算符号

$$\mathcal{F}^{-1}\{X(e^{j\omega})\}$$

来表示 $X(e^{j\omega})$ 的逆傅里叶变换 $x[n]$。这样，一个离散时间傅里叶变换对可表示为

$$x[n] \overset{\mathcal{F}}{\longleftrightarrow} X(e^{j\omega}) \tag{3.15}$$

为了验证式(3.14)中等号右边的积分确实得到 $x[n]$ 的逆 FT，将式(3.10)中 $X(e^{j\omega})$ 的表达式代入式(3.14)，得到

$$x[n] = \frac{1}{2\pi}\int_{-\pi}^{\pi}\left(\sum_{\ell=-\infty}^{\infty} x[\ell]e^{-j\omega\ell}\right)e^{j\omega n}d\omega$$

若括号内的求和一致收敛，即 $X(e^{j\omega})$ 存在时，则上式等号右边的积分与求和顺序是可以互换的。在该条件下，由上式可得

$$\sum_{\ell=-\infty}^{\infty} x[\ell]\left(\frac{1}{2\pi}\int_{-\pi}^{\pi} e^{j\omega(n-\ell)}d\omega\right) = \sum_{\ell=-\infty}^{\infty} x[\ell]\frac{\sin\pi(n-\ell)}{\pi(n-\ell)}$$
$$= \sum_{\ell=-\infty}^{\infty} x[\ell]\,\mathrm{sinc}(n-\ell)$$

当 $n \neq \ell$ 时，$\sin\pi(n-\ell)=0$，因此 $\mathrm{sinc}(n-\ell)=0$。当 $n=\ell$ 时，$\mathrm{sinc}(n-\ell)=0/0$，其值是不确定的。为了求正确的值，观察到 $\mathrm{sinc}(n)=\sin(\pi n)/\pi n$ 是连续时间函数 $\sin(\pi t)/\pi t$ 在 $t=n$ 时的抽样值，即 $\sin(\pi n)/\pi n = \frac{\sin(\pi t)}{\pi t}\big|_{t=n}$。应用洛必达法则，可得

$$\lim_{t\to 0}\frac{\sin(\pi t)}{\pi t} = \lim_{t\to 0}\frac{\pi\cos(\pi t)}{\pi} = 1$$

从而有

$$\mathrm{sinc}(n-\ell) = \begin{cases} 1, & n=\ell \\ 0, & n\neq\ell \end{cases} = \delta[n-\ell] \tag{3.16}$$

因此，利用单位样本序列的抽样性质，可得

$$\sum_{\ell=-\infty}^{\infty} x[\ell]\,\mathrm{sinc}(n-\ell) = \sum_{\ell=-\infty}^{\infty} x[\ell]\,\delta[n-\ell] = x[n]$$

3.2.2 基本性质

在 3.2.1 节，我们已经介绍过傅里叶变换的一个基本性质，即变换的周期性。这一节将继续介绍傅里叶变换的其他几个性质。

一般来说，傅里叶变换 $X(e^{j\omega})$ 都是实变量 ω 的复函数，写成直角坐标形式为

$$X(e^{j\omega}) = X_{re}(e^{j\omega}) + j\,X_{im}(e^{j\omega}) \tag{3.17}$$

式中，$X_{re}(e^{j\omega})$ 和 $X_{im}(e^{j\omega})$ 分别是 $X(e^{j\omega})$ 的实部和虚部，它们都是 ω 的实函数。由式(3.17)可得

$$X_{re}(e^{j\omega}) = \tfrac{1}{2}\{X(e^{j\omega}) + X^*(e^{j\omega})\} \tag{3.18a}$$

$$X_{im}(e^{j\omega}) = \tfrac{1}{2j}\{X(e^{j\omega}) - X^*(e^{j\omega})\} \tag{3.18b}$$

其中，$X^*(e^{j\omega})$ 表示 $X(e^{j\omega})$ 的复共轭。

傅里叶变换 $X(e^{j\omega})$ 也可用极坐标形式表示为

$$X(e^{j\omega}) = |X(e^{j\omega})|\,e^{j\theta(\omega)} \tag{3.19}$$

其中

$$\theta(\omega) = \arg\{X(e^{j\omega})\} \tag{3.20}$$

量 $|X(e^{j\omega})|$ 称为**幅度函数**，$\theta(\omega)$ 称为**相位函数**，这两个函数也都是 ω 的实数函数。在许多应用中，也称傅里叶变换为**傅里叶谱**，相应地，$|X(e^{j\omega})|$ 和 $\theta(\omega)$ 称为**幅度谱**和**相位谱**。

由式(3.17)和式(3.19)，可以得到 $X(e^{j\omega})$ 的直角坐标形式和极坐标形式之间的关系为

$$X_{re}(e^{j\omega}) = |X(e^{j\omega})|\cos\,\theta(\omega) \tag{3.21a}$$

$$X_{im}(e^{j\omega}) = |X(e^{j\omega})|\sin\,\theta(\omega) \tag{3.21b}$$

$$|X(e^{j\omega})|^2 = X(e^{j\omega})X^*(e^{j\omega}) = X_{re}^2(e^{j\omega}) + X_{im}^2(e^{j\omega}) \tag{3.21c}$$

$$\tan\theta(\omega) = \frac{X_{im}(e^{j\omega})}{X_{re}(e^{j\omega})} \tag{3.21d}$$

和连续时间傅里叶变换一样，离散时间傅里叶变换的相位函数也不是唯一的。在式(3.19)中，若用 $\theta(\omega)+2\pi k$ 替换 $\theta(\omega)$，其中 k 为任意整数，可得

$$X(e^{j\omega}) = |X(e^{j\omega})|\,e^{j[\theta(\omega)+2\pi k]} = |X(e^{j\omega})|\,e^{j\theta(\omega)}$$

表明傅里叶变换 $X(e^{j\omega})$ 保持不变。因此，对任何一个 DTFT 中，当 ω 取所有值，相位函数 $\theta(\omega)$ 都不能唯一确定。除非另做说明，否则我们假定相位函数被限定在下列值域中

$$-\pi \leqslant \theta(\omega) < \pi$$

上式称为**主值区间**。

3.2.3 对称关系

本节将介绍傅里叶变换的另外几个基于对称关系的性质。这些性质能够降低计算的复杂度，因此在数字信号处理应用中非常有用。我们在表 3.1 中列出了实序列傅里叶变换的对称关系，在表 3.2 中列出了复序列傅里叶变换的对称关系。这些对称关系的证明非常简单，留做练习(参见习题 3.36 和习题 3.37)。

实信号对称性质的有趣应用在于计算其幅度函数。考虑 DTFT $X(e^{j\omega})$，现在，由式(3.21c)，$|X(e^{j\omega})|^2 = X(e^{j\omega})X^*(e^{j\omega})$。由表 3.1 可以看出，对一个实信号，$X^*(e^{j\omega}) = X(e^{-j\omega})$。因此用

$$|X(e^{j\omega})|^2 = X(e^{j\omega})X(e^{-j\omega}) \tag{3.22}$$

很容易计算实信号的幅度函数。

表 3.1　实序列的离散时间傅里叶变换的对称关系

序列	离散时间傅里叶变换
$x[n]$	$X(e^{j\omega})=X_{re}(e^{j\omega})+jX_{im}(e^{j\omega})$
$x_{ev}[n]$	$X_{re}(e^{j\omega})$
$x_{od}[n]$	$jX_{im}(e^{j\omega})$
对称关系	$X(e^{j\omega})=X^*(e^{-j\omega})$
	$X_{re}(e^{j\omega})=X_{re}(e^{-j\omega})$
	$X_{im}(e^{j\omega})=-X_{im}(e^{-j\omega})$
	$\lvert X(e^{j\omega})\rvert=\lvert X(e^{-j\omega})\rvert$
	$\arg\{X(e^{j\omega})\}=-\arg\{X(e^{-j\omega})\}$

注意：$x_{ev}[n]$和$x_{od}[n]$分别表示$x[n]$的偶部和奇部。

表 3.2　复序列的离散时间傅里叶变换的对称关系

序列	离散时间傅里叶变换
$x[n]$	$X(e^{j\omega})$
$x[-n]$	$X(e^{-j\omega})$
$x^*[-n]$	$X^*(e^{j\omega})$
$x_{re}[n]$	$X_{cs}(e^{j\omega})=\frac{1}{2}\{X(e^{j\omega})+X^*(e^{-j\omega})\}$
$jx_{im}[n]$	$X_{ca}(e^{j\omega})=\frac{1}{2}\{X(e^{j\omega})-X^*(e^{-j\omega})\}$
$x_{cs}[n]$	$X_{re}(e^{j\omega})$
$x_{ca}[n]$	$jX_{im}(e^{j\omega})$

注意：$X_{cs}(e^{j\omega})$和$X_{ca}(e^{j\omega})$分别是$X(e^{j\omega})$的共轭对称和共轭反对称部分。同样，$x_{cs}[n]$和$x_{ca}[n]$分别是$x[n]$的共轭对称和共轭反对称部分。

例 3.7 说明了实序列傅里叶变换的对称性。

例 3.7　离散时间傅里叶变换的实部和虚部以及幅度和相位函数

式(3.12)中实序列的傅里叶变换由式(3.13)给出，在此重写为

$$\begin{aligned}X(e^{j\omega})&=\frac{1}{1-\alpha e^{-j\omega}}\\&=\frac{1}{1-\alpha e^{-j\omega}}\cdot\frac{1-\alpha e^{j\omega}}{1-\alpha e^{j\omega}}\\&=\frac{1-\alpha\cos\omega-j\alpha\sin\omega}{1-2\alpha\cos\omega+\alpha^2}\end{aligned}\tag{3.23}$$

因此，$X(e^{j\omega})$的实部和虚部为

$$X_{re}(e^{j\omega})=\frac{1-\alpha\cos\omega}{1-2\alpha\cos\omega+\alpha^2}$$

$$X_{im}(e^{j\omega})=-\frac{\alpha\sin\omega}{1-2\alpha\cos\omega+\alpha^2}$$

图 3.4(a)和图 3.4(b)分别画出了当$\alpha=0.5$时的上述实部和虚部。由于$\cos\omega$和$\sin\omega$都是ω的周期函数，周期为2π，因而从上式及其图示可以看出，$X_{re}(e^{j\omega})$和$X_{im}(e^{j\omega})$也都是ω的周期为2π的周期函数。另外，$\cos\omega$和$\sin\omega$分别是ω的偶函数和奇函数，因此，$X_{re}(e^{j\omega})$和$X_{im}(e^{j\omega})$也分别是ω的偶函数和奇函数。现在

$$\begin{aligned}|X(e^{j\omega})|^2&=X(e^{j\omega})\cdot X^*(e^{j\omega})\\&=\frac{1}{1-\alpha e^{-j\omega}}\cdot\frac{1}{1-\alpha e^{j\omega}}\\&=\frac{1}{1-2\alpha\cos\omega+\alpha^2}\end{aligned}$$

因此

$$|X(e^{j\omega})|=\frac{1}{\sqrt{1-2\alpha\cos\omega+\alpha^2}}$$

同样地

$$\tan(\theta(\omega))=\frac{X_{im}(e^{j\omega})}{X_{re}(e^{j\omega})}=-\frac{\alpha\sin\omega}{1-\alpha\cos\omega}$$

因此

$$\theta(\omega)=\arctan\left(-\frac{\alpha\sin\omega}{1-\alpha\cos\omega}\right)$$

图3.4(c)和图3.4(d)分别画出了当 $\alpha=0.5$ 时式(3.13)的傅里叶变换的幅度和相位。从这些图以及上面的表达式可以看出，$|X(e^{j\omega})|$和 $\theta(\omega)$ 也都是 ω 的周期为 2π 的周期函数。此外，$|X(e^{j\omega})|$和 $\theta(\omega)$ 分别是 ω 的偶函数和奇函数。

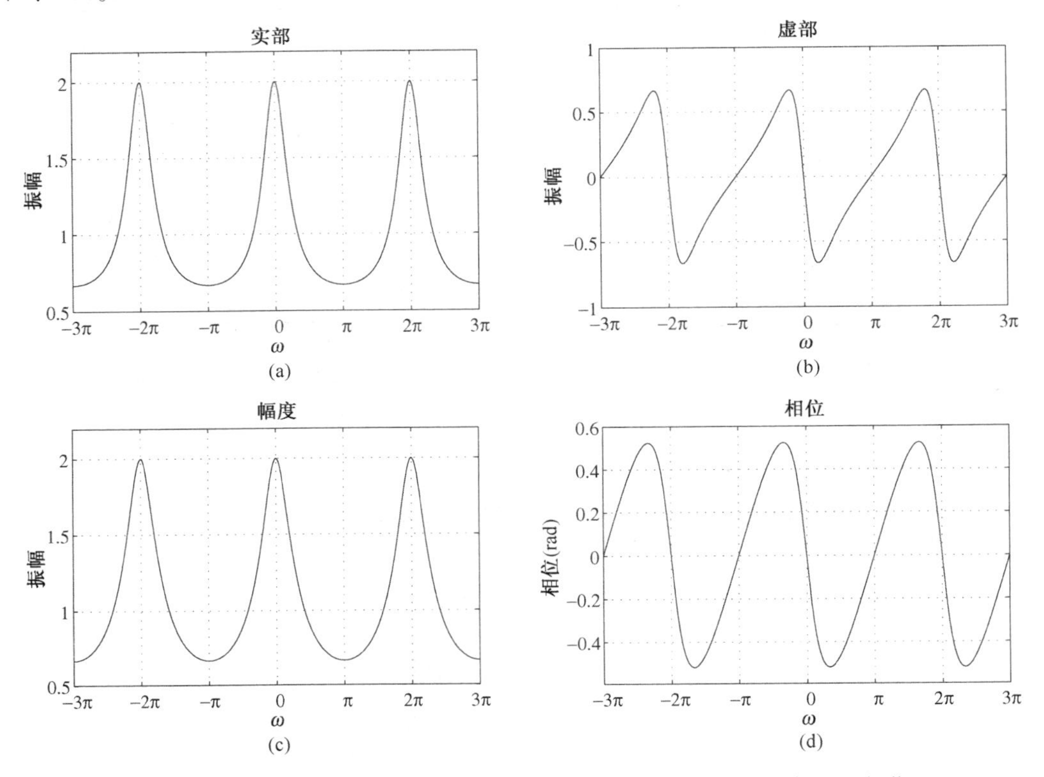

图3.4 $X(e^{j\omega})=1/(1-0.5e^{-j\omega})$的(a)实部;(b)虚部;(c)幅度;(d)相位

3.2.4 收敛条件

形如式(3.10)的无穷级数可能收敛也可能不收敛。若式(3.10)中的级数在一定意义上收敛，则认为 $x[n]$的傅里叶变换 $X(e^{j\omega})$存在。令

$$X_K(e^{j\omega})=\sum_{n=-K}^{K}x[n]e^{-j\omega n} \tag{3.24}$$

表示式(3.10)中的复指数加权的部分和，则对 $X(e^{j\omega})$的**一致收敛**，有

$$\lim_{K\to\infty}X_K(e^{j\omega})=X(e^{j\omega})$$

若 $x[n]$是**绝对可和序列**，即若

$$\sum_{n=-\infty}^{\infty}|x[n]|<\infty \tag{3.25}$$

那么

$$|X(e^{j\omega})|=\left|\sum_{n=-\infty}^{\infty}x[n]\,e^{-j\omega n}\right|\leqslant\sum_{n=-\infty}^{\infty}|x[n]|\;\left|e^{-j\omega n}\right|\leqslant\sum_{n=-\infty}^{\infty}|x[n]|<\infty$$

对所有 ω 值都能保证 $X(e^{j\omega})$存在。因此，式(3.25)是序列 $x[n]$的傅里叶变换 $X(e^{j\omega})$存在的充分条件。此外，可以证明，对于一个绝对可和序列，式(3.10)定义傅里叶变换的无穷级数对于所有 ω 值都是一致收敛的。

实际见到的一大类序列都是有限长的，且具有有限的样本值。这些序列是绝对可和的，因此，它们的傅里叶变换一致收敛。然而，无限长序列可能一致收敛也可能不一致收敛。因为

$$\sum_{n=-\infty}^{\infty} |\alpha^n|\mu[n] = \sum_{n=0}^{\infty} |\alpha|^n = \frac{1}{1-|\alpha|} < \infty$$

例 3.6 中的序列 $x[n]=\alpha^n\mu[n]$，$|\alpha|<1$ 是绝对可和的，因此其离散时间傅里叶变换 $X(\mathrm{e}^{\mathrm{j}\omega})$ 收敛于 $1/(1-\alpha\mathrm{e}^{-\mathrm{j}\omega})$。另外，序列 $x[n]=\alpha^n\mu[n]$，$|\alpha|\geqslant 1$ 不是绝对可和的，因而其 FT 也就不存在。

由于

$$\sum_{n=-\infty}^{\infty} |x[n]|^2 \leqslant \left(\sum_{n=-\infty}^{\infty} |x[n]|\right)^2$$

所以绝对可和序列总是具有有限能量(参见习题 2.2)。然而，有限能量序列并不一定是绝对可和的。例 2.9 中的序列 $x_1[n]$ 就是一个这样的序列。为了用离散时间傅里叶变换表示这样的序列，需要考虑 $X(\mathrm{e}^{\mathrm{j}\omega})$ 的**均方收敛**，均方收敛时，对于每个 ω 值，随着 K 趋近于∞，误差$\mathcal{E}(\omega)=X(\mathrm{e}^{\mathrm{j}\omega})-X_K(\mathrm{e}^{\mathrm{j}\omega})$的总能量必定趋近零，即

$$\lim_{K\to\infty}\int_{-\pi}^{\pi} \left|X(\mathrm{e}^{\mathrm{j}\omega})-X_K(\mathrm{e}^{\mathrm{j}\omega})\right|^2 \mathrm{d}\omega = 0 \tag{3.26}$$

在这种情况下，当 K 趋近于∞时，误差 $X(\mathrm{e}^{\mathrm{j}\omega})$ 并不一定是 $X_K(\mathrm{e}^{\mathrm{j}\omega})$ 的极限，离散时间傅里叶变换也不再有界。例 3.8 就分析了这样一个序列。

例 3.8　离散时间傅里叶变换的均方收敛示例

考虑图 3.5 所示的傅里叶变换

$$H_{\mathrm{LP}}(\mathrm{e}^{\mathrm{j}\omega}) = \begin{cases} 1, & 0\leqslant|\omega|\leqslant\omega_c \\ 0, & \omega_c<|\omega|\leqslant\pi \end{cases} \tag{3.27}$$

在数字滤波器中会用到这个傅里叶变换，我们将在 10.2.2 节中再次分析它。$H_{\mathrm{LP}}(\mathrm{e}^{\mathrm{j}\omega})$ 的逆 DTFT 为

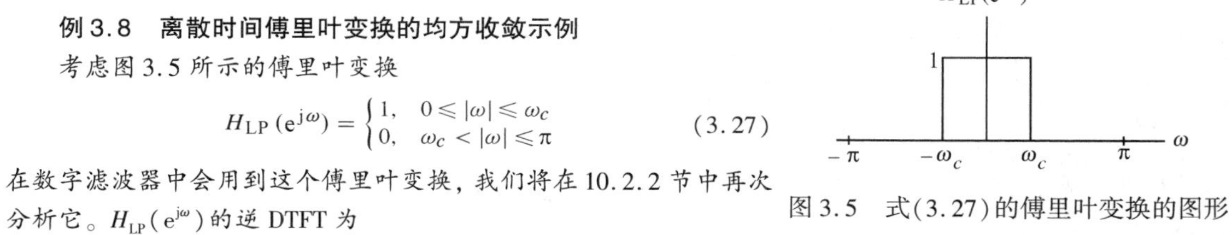

图 3.5　式(3.27)的傅里叶变换的图形

$$\begin{aligned} h_{\mathrm{LP}}[n] &= \frac{1}{2\pi}\int_{-\pi}^{\pi} H_{\mathrm{LP}}(\mathrm{e}^{\mathrm{j}\omega})\mathrm{e}^{\mathrm{j}\omega n}\mathrm{d}\omega = \frac{1}{2\pi}\int_{-\omega_c}^{\omega_c} \mathrm{e}^{\mathrm{j}\omega n}\mathrm{d}\omega \\ &= \frac{1}{2\pi}\left(\frac{\mathrm{e}^{\mathrm{j}\omega_c n}}{\mathrm{j}n}-\frac{\mathrm{e}^{-\mathrm{j}\omega_c n}}{\mathrm{j}n}\right) = \frac{\sin\omega_c n}{\pi n}, \qquad -\infty<n<\infty, n\neq 0 \end{aligned} \tag{3.28}$$

当 $n=0$ 时，傅里叶逆变换表达式简化为

$$h_{\mathrm{LP}}[0] = \frac{1}{2\pi}\int_{-\pi}^{\pi} H_{\mathrm{LP}}(\mathrm{e}^{\mathrm{j}\omega})\mathrm{d}\omega = \frac{1}{2\pi}\int_{-\omega_c}^{\omega_c}\mathrm{d}\omega = \frac{\omega_c}{\pi} \tag{3.29}$$

结合式(3.28)和式(3.29)，可得

$$h_{\mathrm{LP}}[n] = \begin{cases} \frac{\omega_c}{\pi}, & n=0 \\ \frac{\sin\omega_c n}{\pi n}, & n\neq 0 \end{cases} \tag{3.30}$$

注意，上面的序列通常可用紧凑形式表示为

$$h_{\mathrm{LP}}[n] = \frac{\sin\omega_c n}{\pi n}, \qquad -\infty<n<\infty \tag{3.31}$$

在上式中，默认假设为 $n=0$ 时，$h_{\mathrm{LP}}[n]=\frac{\omega_c}{\pi}$。我们将会在例 3.15 中看到上面这个序列的能量为 $\frac{\omega_c}{\pi}$，所以 $h_{\mathrm{LP}}[n]$ 是一个有限能量序列。然而，它不是绝对可和的。因此

$$\sum_{n=-\infty}^{\infty} h_{\mathrm{LP}}[n]\mathrm{e}^{-\mathrm{j}\omega n} = \sum_{n=-\infty}^{\infty} \frac{\sin\omega_c n}{\pi n}\mathrm{e}^{-\mathrm{j}\omega n}$$

对于所有 ω 值并不一致收敛到式(3.27)的 $H_{\mathrm{LP}}(\mathrm{e}^{\mathrm{j}\omega})$，但在均方意义下收敛到 $H_{\mathrm{LP}}(\mathrm{e}^{\mathrm{j}\omega})$。

例3.8讨论的序列 $h_{\mathrm{LP}}[n]$ 的均方收敛特性可以通过分析不同 K 值下函数

$$H_{\mathrm{LP},K}(\mathrm{e}^{\mathrm{j}\omega}) = \sum_{n=-K}^{K} \frac{\sin\omega_c n}{\pi n}\mathrm{e}^{-\mathrm{j}\omega n} \tag{3.32}$$

的图形进一步说明，如图3.6所示。从该图可以看出，$H_{\mathrm{LP}}(\mathrm{e}^{\mathrm{j}\omega})$ 曲线上点 $\omega=\omega_c$ 的两边附近存在波纹，而这与上式中的 K 值无关。波纹的数量随着 K 值的增大而增加，最大波纹的高度对于所有 K 值却都保持一致。随着 K 趋近于无穷，式(3.26)的条件成立，表明 $H_{\mathrm{LP},K}(\mathrm{e}^{\mathrm{j}\omega})$ 收敛到 $H_{\mathrm{LP}}(\mathrm{e}^{\mathrm{j}\omega})$。在图中 $H_{\mathrm{LP},K}(\mathrm{e}^{\mathrm{j}\omega})$ 的振荡行为不连续点处以均方意义逼近傅里叶变换 $H_{\mathrm{LP}}(\mathrm{e}^{\mathrm{j}\omega})$，如图3.6所示，这就是通常所说的**吉布斯(Gibbs)现象**。在10.2.3节讨论基于加窗傅里叶级数的FIR滤波器设计时，我们将再次看到这种现象。

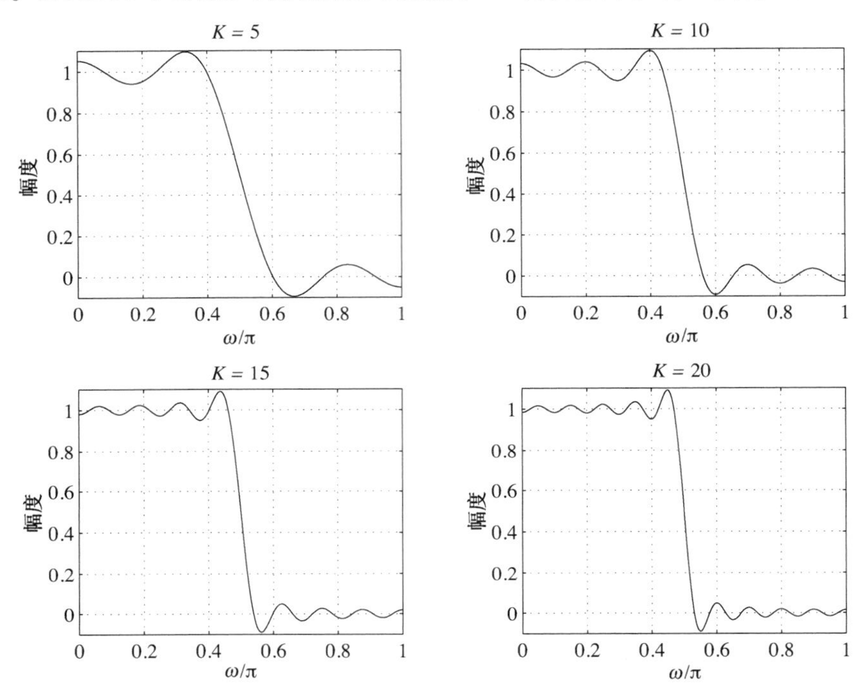

图3.6 对于不同的 K 值，式(3.32)的频率响应图

对于既不是绝对可和也不是平方可和的某些特定序列，也可以定义其傅里叶变换。如式(2.46)的单位阶跃序列、式(2.48)的正弦序列和式(2.51)的复指数序列，它们既不绝对可和，也不平方可和。对于这类序列，可以通过狄拉克 δ 函数使得傅里叶变换表示存在。

狄拉克(Dirac)δ 函数(也称为**理想冲激函数**)，$\delta(\omega)$ 是 ω 的函数，它具有无限高度、零宽度和单位面积。常由式

$$\int_{-\infty}^{\infty}\delta(\omega)\,\mathrm{d}\omega = 1, \qquad \delta(\omega)=0,\ \omega\neq 0 \tag{3.33}$$

定义。它也可以定义为一个如图3.7所示的单位面积冲激函数 $p_\Delta(\omega)$ 在 Δ 趋近于0时的极限形式

$$\delta(\omega) = \lim_{\Delta\to 0} p_\Delta(\omega)$$

其中

$$\int_{-\infty}^{\infty} p_\Delta(\omega)\mathrm{d}\omega = 1, \qquad p_\Delta(\omega)=0,\ \omega\neq 0$$

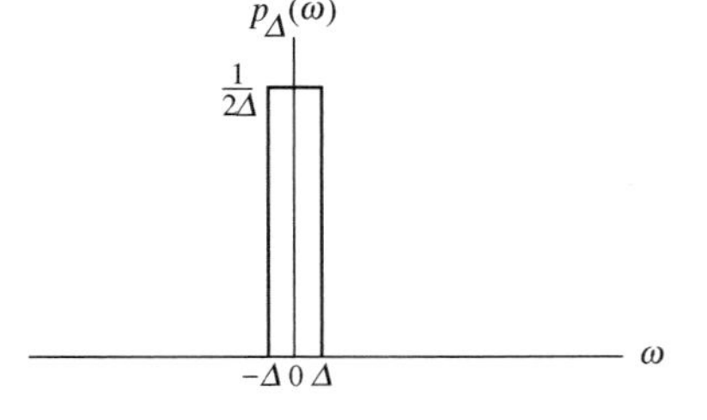

图3.7 单位面积冲激函数

δ 函数的抽样性质为

$$\int_{-\infty}^{\infty} D(\omega)\delta(\omega-\omega_o)\mathrm{d}\omega = D(\omega_o)$$

其中 $D(\omega)$ 是在 ω_o 处连续的 ω 的任意函数①。

利用狄拉克 δ 函数得到的傅里叶变换不是 ω 的连续函数。例3.9示例了使用 δ 函数求一个复指数序列的傅里叶变换。

例3.9 复指数序列的傅里叶变换

对一个复指数序列

$$x[n] = \mathrm{e}^{\mathrm{j}\omega_o n}$$

其中 ω_o 为实数。其傅里叶变换为

$$X(\mathrm{e}^{\mathrm{j}\omega}) = \sum_{k=-\infty}^{\infty} 2\pi\delta(\omega-\omega_o+2\pi k) \tag{3.34}$$

其中 $\delta(\omega)$ 是关于 ω 的冲激函数，且 $-\pi\leqslant\omega_o<\pi$。上式等号右边的函数是关于 ω 的周期为 2π 的周期函数，称其为**周期冲激串**。

为了证明上述结果，计算式(3.34)中 $X(\mathrm{e}^{\mathrm{j}\omega})$ 的傅里叶逆变换：

$$\begin{aligned} x[n] &= \frac{1}{2\pi}\int_{-\pi}^{\pi}\sum_{k=-\infty}^{\infty} 2\pi\delta(\omega-\omega_o+2\pi k)\,\mathrm{e}^{\mathrm{j}\omega n}\,\mathrm{d}\omega \\ &= \int_{-\pi}^{\pi}\delta(\omega-\omega_o)\,\mathrm{e}^{\mathrm{j}\omega n}\,\mathrm{d}\omega = \mathrm{e}^{\mathrm{j}\omega_o n} \end{aligned}$$

其中用到了冲激函数 $\delta(\omega)$ 的抽样性质。

表3.3列出了一些常见序列的离散时间傅里叶变换。

表3.3 常用的离散时间傅里叶变换对

序列	离散时间傅里叶变换
$\delta[n]$	1
$1,\ (-\infty<n<\infty)$	$\sum_{k=-\infty}^{\infty} 2\pi\delta(\omega+2\pi k)$
$\mu[n]$	$\frac{1}{1-\mathrm{e}^{-\mathrm{j}\omega}}+\sum_{k=-\infty}^{\infty}\pi\delta(\omega+2\pi k)$
$\mathrm{e}^{\mathrm{j}\omega_o n}$	$\sum_{k=-\infty}^{\infty} 2\pi\delta(\omega-\omega_o+2\pi k)$
$\alpha^n\mu[n],\ (\vert\alpha\vert<1)$	$\frac{1}{1-\alpha\mathrm{e}^{-\mathrm{j}\omega}}$
$(n+1)\alpha^n\mu[n],\ (\vert\alpha\vert<1)$	$\frac{1}{(1-\alpha\mathrm{e}^{-\mathrm{j}\omega})^2}$
$h_{\mathrm{LP}}[n]=\frac{\sin\omega_c n}{\pi n},\ (-\infty<n<\infty)$	$H_{\mathrm{LP}}(\mathrm{e}^{\mathrm{j}\omega})=\begin{cases}1, & 0\leqslant\vert\omega\vert\leqslant\omega_c\\ 0, & \omega_c<\vert\omega\vert\leqslant\pi\end{cases}$

3.2.5 DTFT 的强度

傅里叶变换 $X(\mathrm{e}^{\mathrm{j}\omega})$ 的强度的测度由其范数给出。$X(\mathrm{e}^{\mathrm{j}\omega})$ 的 $\mathcal{L}_p$ 范数定义为

$$\|X\|_p \triangleq \left(\frac{1}{2\pi}\int_{-\pi}^{\pi}\left|X(\mathrm{e}^{\mathrm{j}\omega})\right|^p\,\mathrm{d}\omega\right)^{1/p} \tag{3.35}$$

实际中用到的 p 值有1、2或∞。由式(3.35)可以推出，$\mathcal{L}_2$ 范数 $\|X\|_2$ 是 $X(\mathrm{e}^{\mathrm{j}\omega})$ 的均方根(rms)，$\mathcal{L}_1$ 范数

① 关于狄拉克 δ 函数详细的介绍，请参阅[Pap62]。

$\|X\|_1$ 是 $X(e^{j\omega})$ 在$[-\pi, \pi]$范围内的绝对值的均值。另外，$\lim_{p\to\infty}\|X\|_p$对于连续的 $X(e^{j\omega})$ 存在，并由其绝对值的峰值

$$\|X\|_\infty = \max_{-\pi<\omega\leqslant\pi} |X(e^{j\omega})| \tag{3.36}$$

给出。

在本书中，我们将要见到的很多傅里叶变换都是 $e^{-j\omega}$ 的有理函数，即形如

$$X(e^{j\omega}) = \frac{P(e^{j\omega})}{D(e^{j\omega})} = \frac{p_0 + p_1 e^{-j\omega} + \cdots + p_M e^{-j\omega M}}{d_0 + d_1 e^{-j\omega} + \cdots + d_N e^{-j\omega N}} \tag{3.37}$$

的 $e^{-j\omega}$ 的多项式之比。可以用 MATLAB 中的 M 文件 `filternorm` 来计算此类傅里叶变换的$\mathcal{L}_2$ 范数或者 $\mathcal{L}_\infty$ 范数。该函数具有三种可选形式。

3.3 离散时间傅里叶变换定理

离散时间傅里叶变换有一些重要定理在数字信号处理应用中很有用，可以用这些定理来计算由已知变换的序列的组合而得序列的傅里叶变换。我们将在这一节介绍这些定理。为简洁表示，采用式(3.15)中引入的运算符号以及下面的傅里叶变换对来陈述这些定理。

$$g[n] \overset{\mathcal{F}}{\longleftrightarrow} G(e^{j\omega}) \tag{3.38a}$$

$$h[n] \overset{\mathcal{F}}{\longleftrightarrow} H(e^{j\omega}) \tag{3.38b}$$

这里给出的大多数定理的证明都很简单，因此将留做习题。

线性定理

若序列 $x[n] = \alpha g[n] + \beta h[n]$，通过 $g[n]$ 和 $h[n]$ 的线性组合得到，其中 α 和 β 是任意常量。则 $x[n]$的傅里叶变换 $X(e^{j\omega})$ 为 $\alpha G(e^{j\omega}) + \beta H(e^{j\omega})$，即

$$\alpha\, g[n] + \beta\, h[n] \overset{\mathcal{F}}{\longleftrightarrow} \alpha\, G(e^{j\omega}) + \beta H(e^{j\omega}) \tag{3.39}$$

时间反转定理

时间反转序列 $g[-n]$的傅里叶变换为 $G(e^{-j\omega})$，即

$$g[-n] \overset{\mathcal{F}}{\longleftrightarrow} G(e^{-j\omega}) \tag{3.40}$$

时移定理

延时序列 $x[n] = g[n-n_o]$的傅里叶变换为 $X(e^{j\omega}) = e^{-j\omega n_o}G(e^{j\omega})$，$n_o$为整数，即

$$g[n-n_o] \overset{\mathcal{F}}{\longleftrightarrow} e^{-j\omega n_o} G(e^{j\omega}) \tag{3.41}$$

由于 $|e^{-j\omega n_o}| = 1$，由式(3.41)可得$|G(e^{j\omega})| = |X(e^{j\omega})|$；换言之，信号时移后其幅度谱不变。例 3.10 和例 3.11 说明了时移定理的应用。

例 3.10 一个有限长指数序列的傅里叶变换

求序列

$$y[n] = \begin{cases} \alpha^n, & 0 \leqslant n \leqslant M-1, \\ 0, & \text{其他} \end{cases} \qquad |\alpha| < 1 \tag{3.42}$$

的傅里叶变换 $Y(e^{j\omega})$。

先将 $y[n]$ 重写为

$$y[n] = \alpha^n \mu[n] - \alpha^n \mu[n-M] = \alpha^n \mu[n] - \alpha^M \alpha^{n-M} \mu[n-M]$$

在例 3.6 已经计算了 $x[n] = \alpha^n \mu[n]$的傅里叶变换，它由式(3.13)给出。由时移定理可得，$\alpha^{n-M}\mu[n-M]$的 FT 为 $e^{-j\omega M}/(1-\alpha e^{-j\omega})$。利用线性定理，可得 $y[n]$的傅里叶变换为①

① 注意，若序列 $y[n]$具有有限长度，对任何 α 有限值，式(3.43)给出的 DTFT 成立。然而，推导有少许不同。

$$Y(e^{j\omega}) = \frac{1}{1-\alpha e^{-j\omega}} - \alpha^M \cdot \frac{e^{-j\omega M}}{1-\alpha e^{-j\omega}} = \frac{1-\alpha^M e^{-j\omega M}}{1-\alpha e^{-j\omega}} \tag{3.43}$$

例3.11 由差分方程定义的序列的傅里叶变换

求序列 $v[n]$ 的傅里叶变换 $V(e^{j\omega})$，$v[n]$ 由下式给出：

$$d_0 v[n] + d_1 v[n-1] = p_0\delta[n] + p_1\delta[n-1], \qquad |d_1/d_0| < 1 \tag{3.44}$$

由例3.5和表3.3可知，$\delta[n]$ 的傅里叶变换就是1。再由表3.4，利用傅里叶变换的时移性质，可以观察到 $\delta[n-1]$ 的傅里叶变换为 $e^{-j\omega}$，而 $v[n-1]$ 的傅里叶变换为 $e^{-j\omega}V(e^{j\omega})$。利用表3.4中的线性性质，由式(3.44)可得到下面的式子

$$d_0 V(e^{j\omega}) + d_1 e^{-j\omega} V(e^{j\omega}) = p_0 + p_1 e^{-j\omega}$$

求解上式，可得

$$V(e^{j\omega}) = \frac{p_0 + p_1 e^{-j\omega}}{d_0 + d_1 e^{-j\omega}}$$

频移定理

序列 $x[n] = e^{j\omega_o n}g[n]$ 的FT为 $X(e^{j\omega}) = G(e^{j(\omega-\omega_o)})$；即

$$e^{j\omega_o n}g[n] \overset{\mathcal{F}}{\longleftrightarrow} G\left(e^{j(\omega-\omega_o)}\right) \tag{3.45}$$

例3.12给出了频移定理的应用。

例3.12 符号交替变化指数序列的傅里叶变换

考虑序列

$$y[n] = (-1)^n \alpha^n \mu[n], \qquad |\alpha| < 1$$

可将序列 $y[n]$ 表示为 $y[n] = e^{j\pi n}x[n]$，其中 $x[n]$ 为例3.6中的复指数序列，其傅里叶变换 $X(e^{j\omega})$ 由式(3.13)给出。因此，$y[n]$ 的傅里叶变换为

$$Y(e^{j\omega}) = X(e^{j(\omega-\pi)}) = \frac{1}{1-\alpha e^{-j(\omega-\pi)}} = \frac{1}{1+\alpha e^{-j\omega}}$$

图3.8画出了当 $\alpha=0.5$ 时，上面傅里叶变换的幅度和相位图。注意序列 $(-1)^n\alpha^n\mu[n]$ 的谱与图3.4所示的 $\alpha^n\mu[n]$ 的谱，除了有π弧度的相移之外，其他完全一致。

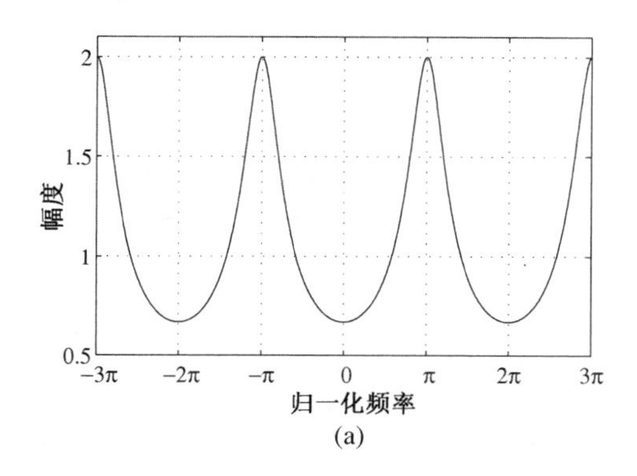

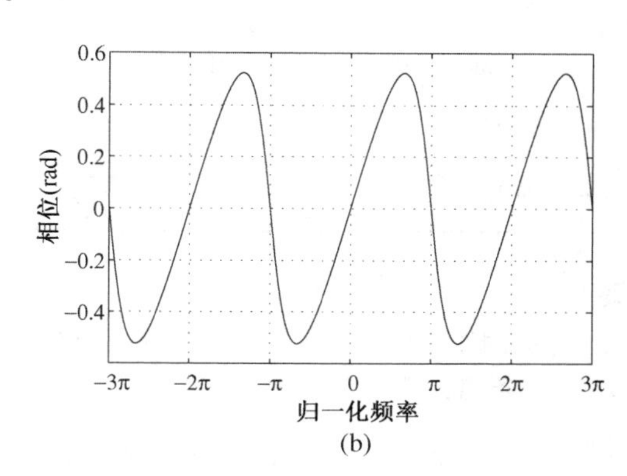

图3.8 $X(e^{j\omega}) = 1/(1+0.5e^{-j\omega})$ 的(a)幅度和(b)相位

频移定理在14.1.2节介绍滤波器组的设计中有应用。

频域微分定理

序列 $x[n] = ng[n]$ 的傅里叶变换为 $X(e^{j\omega}) = j\dfrac{dG(e^{j\omega})}{d\omega}$；即

$$n\,g[n] \overset{\mathcal{F}}{\longleftrightarrow} j\frac{dG(e^{j\omega})}{d\omega} \tag{3.46}$$

例 3.13 利用频域微分定理计算傅里叶变换

求序列

$$y[n] = (n+1)\alpha^n \mu[n], \qquad |\alpha| < 1$$

的傅里叶变换。令 $x[n] = \alpha^n \mu[n]$，$|\alpha| < 1$。因此，有

$$y[n] = n\,x[n] + x[n]$$

由式(3.15)可得 $x[n]$ 的傅里叶变换为

$$X(e^{j\omega}) = \frac{1}{1-\alpha e^{-j\omega}}$$

利用表 3.4 中给出的傅里叶变换的微分性质，可观察到 $nx[n]$ 的傅里叶变换为

$$j\,\frac{dX(e^{j\omega})}{d\omega} = j\,\frac{d}{d\omega}\left(\frac{1}{1-\alpha e^{-j\omega}}\right) = \frac{\alpha e^{-j\omega}}{(1-\alpha e^{-j\omega})^2}$$

接下来，利用表 3.4 中的傅里叶变换的线性定理，可以得到 $y[n]$ 的傅里叶变换为

$$Y(e^{j\omega}) = \frac{\alpha e^{-j\omega}}{(1-\alpha e^{-j\omega})^2} + \frac{1}{1-\alpha e^{-j\omega}} = \frac{1}{(1-\alpha e^{-j\omega})^2}$$

表 3.4 离散时间傅里叶变换定理

定理	序列	离散时间傅里叶变换
	$g[n]$	$G(e^{j\omega})$
	$h[n]$	$H(e^{j\omega})$
线性	$\alpha g[n] + \beta h[n]$	$\alpha G(e^{j\omega}) + \beta H(e^{j\omega})$
时间反转	$g[-n]$	$G(e^{-j\omega})$
时移	$g[n-n_o]$	$e^{-j\omega n_o}G(e^{j\omega})$
频移	$e^{j\omega_o n}g[n]$	$G(e^{j(\omega-\omega_o)})$
频率微分	$ng[n]$	$j\,\frac{dG(e^{j\omega})}{d\omega}$
卷积	$g[n] \circledast h[n]$	$G(e^{j\omega})H(e^{j\omega})$
调制	$g[n]h[n]$	$\frac{1}{2\pi}\int_{-\pi}^{\pi} G(e^{j\theta})H(e^{j(\omega-\theta)})\,d\theta$
帕塞瓦尔定理	$\sum_{n=-\infty}^{\infty} g[n]h^*[n] = \frac{1}{2\pi}\int_{-\pi}^{\pi} G(e^{j\omega})H^*(e^{j\omega})\,d\omega$	

卷积定理

两个序列的卷积和 $y[n] = g[n] \circledast h[n]$ 的傅里叶变换 $Y(e^{j\omega})$，由这两个序列的傅里叶变换的乘积 $G(e^{j\omega})H(e^{j\omega})$ 给出，即

$$g[n] \circledast h[n] \overset{\mathcal{F}}{\longleftrightarrow} G(e^{j\omega})H(e^{j\omega}) \tag{3.47}$$

证明：由式(2.20a)有

$$y[n] = \sum_{k=-\infty}^{\infty} g[k]h[n-k]$$

在上式中利用式(3.10)，可得

$$Y(e^{j\omega}) = \sum_{n=-\infty}^{\infty}\left(\sum_{k=-\infty}^{\infty} g[k]h[n-k]\right)e^{-j\omega n}$$

将 $m = n-k$ 代入上式并重新排列，可得

$$
\begin{aligned}
Y(e^{j\omega}) &= \sum_{m=-\infty}^{\infty}\sum_{k=-\infty}^{\infty} g[k]h[m]e^{-j\omega(m+k)} \\
&= \sum_{k=-\infty}^{\infty} g[k]\left(\sum_{m=-\infty}^{\infty} h[m]e^{-j\omega m}\right)e^{-j\omega k} \\
&= \sum_{k=-\infty}^{\infty} g[k]H(e^{j\omega})e^{-j\omega k} = G(e^{j\omega})H(e^{j\omega})
\end{aligned}
$$

式(3.47)的卷积定理的含义是，要计算两个序列 $g[n]$ 和 $h[n]$ 的线性卷积 $y[n]$，可以先分别计算出它们的傅里叶变换 $G(e^{j\omega})$ 和 $H(e^{j\omega})$，形成乘积 $Y(e^{j\omega}) = G(e^{j\omega})H(e^{j\omega})$，然后计算该乘积的傅里叶逆变换。图 3.9 给出了该过程的框图所示。在某些应用中，尤其是在无限长序列的情况下，基于傅里叶变换的方法可能比直接计算卷积更为方便。例 3.14 说明了卷积定理在计算卷积和时的应用。

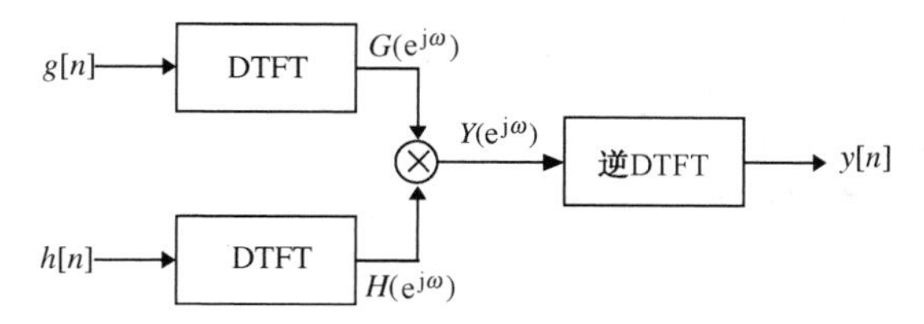

图 3.9　利用离散时间傅里叶变换进行线性卷积

例 3.14　利用傅里叶变换求卷积和

考虑序列 $x[n] = \alpha^n\mu[n]$，其中 $|\alpha| < 1$，且 $h[n] = \beta^n\mu[n]$，其中 $|\beta| < 1$。这里考虑通过基于 DTFT 的方法来实现卷积 $y[n] = x[n]⊛h[n]$。从表 3.3 中可以观察到序列 $x[n]$ 和序列 $h[n]$ 的 DTFT 分别是 $X(e^{j\omega}) = 1/(1-\alpha e^{-j\omega})$ 和 $H(e^{j\omega}) = 1/(1-\beta e^{-j\omega})$。因此，利用卷积定理，我们注意到 $y[n]$ 的 DTFT $Y(e^{j\omega})$ 为

$$
Y(e^{j\omega}) = H(e^{j\omega})X(e^{j\omega}) = \frac{1}{(1-\alpha e^{-j\omega})(1-\beta e^{-j\omega})} \tag{3.48}
$$

上面 $Y(e^{j\omega})$ 的表达式可以重写为

$$
Y(e^{j\omega}) = \frac{A}{1-\alpha e^{-j\omega}} + \frac{B}{1-\beta e^{-j\omega}} = \frac{(A+B)-(A\beta+B\alpha)e^{-j\omega}}{(1-\alpha e^{-j\omega})(1-\beta e^{-j\omega})} \tag{3.49}
$$

比较上述两个式子等号的右边，可得

$$
A + B = 1,\qquad A\beta + B\alpha = 0
$$

解得

$$
A = \frac{\alpha}{\alpha-\beta},\qquad B = -\frac{\beta}{\alpha-\beta}
$$

将上面的 A 和 B 的值代入式(3.49)，得

$$
Y(e^{j\omega}) = \frac{\frac{\alpha}{\alpha-\beta}}{1-\alpha e^{-j\omega}} - \frac{\frac{\beta}{\alpha-\beta}}{1-\beta e^{-j\omega}}
$$

利用表 3.3，得到上式的傅里叶逆变换为

$$
y[n] = \frac{\alpha}{\alpha-\beta}\alpha^n\mu[n] - \frac{\beta}{\alpha-\beta}\beta^n\mu[n] = \frac{\alpha^{n+1}-\beta^{n+1}}{\alpha-\beta}\mu[n] = \left(\sum_{k=0}^{n}\alpha^k\beta^{n-k}\right)\mu[n]
$$

卷积定理在频域中生成某类离散时间系统的输入–输出描述时有重要作用，这将在 4.8.1 节中讨论。

调制定理

两个序列的乘积 $y[n] = g[n]h[n]$ 的傅里叶变换 $Y(e^{j\omega})$，可用它们的傅里叶变换的卷积积分 $\frac{1}{2\pi}\int_{-\pi}^{\pi}(e^{j\theta})H(e^{j(\omega-\theta)})d\theta$ 得到，即

$$g[n]h[n] \stackrel{\mathcal{F}}{\longleftrightarrow} \frac{1}{2\pi}\int_{-\pi}^{\pi} G(e^{j\theta})H(e^{j(\omega-\theta)})\,d\theta \tag{3.50}$$

证明:应用式(3.10),可观察到 $y[n]=g[n]h[n]$ 的傅里叶变换为

$$Y(e^{j\omega}) = \sum_{n=-\infty}^{\infty} g[n]h[n]e^{-j\omega n}$$

利用式(3.14)的傅里叶逆变换来表示 $g[n]$,可将上式重新写为

$$Y(e^{j\omega}) = \frac{1}{2\pi}\sum_{n=-\infty}^{\infty}\int_{-\pi}^{\pi} h[n]e^{-j\omega n}G(e^{j\theta})e^{j\theta n}\,d\theta$$

$$= \frac{1}{2\pi}\int_{-\pi}^{\pi} G(e^{j\theta})\left(\sum_{n=-\infty}^{\infty} h[n]e^{-j(\omega-\theta)n}\right)d\theta$$

$$= \frac{1}{2\pi}\int_{-\pi}^{\pi} G(e^{j\theta})H(e^{j(\omega-\theta)})\,d\theta$$

调制定理在数字通信的振幅调制中具有很重要的作用。调制定理也称为**加窗定理**,10.2 节将介绍此定理的一个应用,即基于对一个理想线性相位滤波器的双向无限冲激响应加窗来设计一个线性相位 FIR 滤波器。

帕塞瓦尔定理

此定理将两个复序列对应样本乘积的累加和表示为它们的傅里叶变换的乘积的积分。该定理最常见的形式为

$$\sum_{n=-\infty}^{\infty} g[n]h^*[n] = \frac{1}{2\pi}\int_{-\pi}^{\pi} G(e^{j\omega})H^*(e^{j\omega})\,d\omega \tag{3.51}$$

证明:为证明此定理,首先将其中一个序列用它的傅里叶逆变换表示,并交换求和与积分顺序,重新排列之后,将剩下的和表示为另一个序列的傅里叶变换,如下所示:

$$\sum_{n=-\infty}^{\infty} g[n]h^*[n] = \sum_{n=-\infty}^{\infty} g[n]\left(\frac{1}{2\pi}\int_{-\pi}^{\pi} H^*(e^{j\omega})e^{-j\omega n}\,d\omega\right)$$

$$= \frac{1}{2\pi}\int_{-\pi}^{\pi} H^*(e^{j\omega})\left(\sum_{n=-\infty}^{\infty} g[n]e^{-j\omega n}\right)d\omega$$

$$= \frac{1}{2\pi}\int_{-\pi}^{\pi} H^*(e^{j\omega})G(e^{j\omega})\,d\omega$$

下一节讨论的帕塞瓦尔定理的一个重要应用是计算有限能量序列的能量。

3.4 离散时间序列的能量密度谱

回忆式(2.34)可知,有限能量序列 $g[n]$ 的总能量为

$$\mathcal{E}_g = \sum_{n=-\infty}^{\infty} |g[n]|^2$$

若 $h[n]=g[n]$,则由式(3.51)给出的帕塞瓦尔定理可观察到

$$\mathcal{E}_g = \sum_{n=-\infty}^{\infty} |g[n]|^2 = \frac{1}{2\pi}\int_{-\pi}^{\pi} |G(e^{j\omega})|^2\,d\omega \tag{3.52}$$

因此,序列 $g[n]$ 的能量可以通过求等号右边的积分来得到。量

$$S_{gg}(e^{j\omega}) = |G(e^{j\omega})|^2 \tag{3.53}$$

称为序列 $g[n]$ 的**能量密度谱**。在 $-\pi \leqslant \omega < \pi$ 范围内该曲线下的面积再除以 2π 就是这个序列的能量。

我们以例 3.15 和例 3.16 来介绍式(3.52)的应用。

例 3.15　离散时间低通信号的能量

计算式(3.30)给出的序列 $h_{LP}[n]$ 的能量。由式(3.52)和例 3.8 可得

$$\sum_{n=-\infty}^{\infty}|h_{LP}[n]|^2=\frac{1}{2\pi}\int_{-\pi}^{\pi}|H_{LP}(e^{j\omega})|^2\,d\omega=\frac{1}{2\pi}\int_{-\omega_c}^{\omega_c}d\omega=\frac{\omega_c}{\pi}<\infty$$

因此，$h_{LP}[n]$ 是一个有限能量序列。

例 3.16　离散时间指数信号的能量

计算式(3.12)的指数序列的能量，其傅里叶变换由式(3.13)给出。应用式(3.52)可得

$$\mathcal{E}_x=\frac{1}{2\pi}\int_{-\pi}^{\pi}\left|\frac{1}{1-\alpha e^{j\omega}}\right|^2 d\omega=\frac{1}{2\pi}\int_{-\pi}^{\pi}\frac{1}{1+\alpha^2-2\alpha\cos\omega}d\omega$$

当 $\alpha=0.5$ 时，四舍五入到小数点后第四位，有

$$\mathcal{E}_x=0.8488\arctan(3\tan(\pi/2))=1.3333$$

对于样本值随着 $|n|$ 的增加呈指数衰减的离散时间序列 $x[n]$，其总能量可用近似

$$\mathcal{E}_x\approx\mathcal{E}_{x,M}=\sum_{n=-M}^{M}|x[n]|^2$$

计算，其中选择 M 使得 $|x[M+1]|^2$ 小于某一个事先设定的极小值，如 10^{-6}。从上例中可以证明，对式(3.12)中的因果序列，四舍五入后有 $\sum_0^{10}|x[n]|^2=1.3333$。

3.5　带限离散时间信号

由于离散时间信号的频谱是关于 ω 的周期为 2π 的函数，因此全频带离散时间信号的频谱占有整个频率范围 $-\pi\leqslant\omega<\pi$。若信号的频谱被限制在上述频率范围内的一部分，则该信号称为**带限**离散时间信号。一个理想带限信号的频谱，在其有限的频率范围 $0\leqslant\omega_a\leqslant|\omega|\leqslant\omega_b<\pi$ 之外应为零，即

$$X(e^{j\omega})=\begin{cases}0, & 0\leqslant|\omega|<\omega_a\\0, & \omega_b<|\omega|<\pi\end{cases}$$

然而，与连续时间信号一样，实际中不可能产生理想带限信号。出于实用考虑，保证带限信号在特定频率范围之外的信号能量足够小就够了。

带限离散时间信号常根据其绝大部分能量所集中的频率范围来分类。一个**低通**离散时间实信号的频谱所占的频率范围是 $-\pi<-\omega_p\leqslant\omega\leqslant\omega_p<\pi$。不过，由于对称性，信号能量的一半分布在正频率范围 $0\leqslant\omega_p<\pi$，其中 ω_p 称为信号的**带宽**。同理，**高通**离散时间实信号的频谱频率范围是 $\omega_p\leqslant|\omega|<\pi$，此时信号的能量也均匀地分布于正负频率范围内，此时信号**带宽**为 $\pi-\omega_p$。类似地，一个**带通**离散时间信号，其频谱的频率范围是 $0<\omega_L\leqslant|\omega|\leqslant\omega_H<\pi$，其中**带宽**为 $\omega_H-\omega_L$。若一个带通信号的带宽远小于频带边界的均值 $(\omega_H+\omega_L)/2$，就称为**窄带**信号[Pro96]。

与连续时间信号中一样，离散时间信号的带宽也根据其应用来精确定义。理想带限低通离散时间信号的一个例子就是式(3.31)给出的有限能量序列 $h_{LP}[n]$，其频谱 $H_{LP}(e^{j\omega})$ 可由式(3.27)给出并如图 3.5 所示，在范围 $\omega_c\leqslant|\omega|<\pi$ 内为零。$h_{LP}[n]$ 的 100% 带宽为 ω_c。由于 $h_{LP}[n]$ 在长度上是双向无限的，因此在实际中不可能实现。如图 3.6 所示，将 $h_{LP}[n]$ 截短为有限长序列后，得到的是一个可实现的低通信号，其绝大多数能量在频率范围 $0\leqslant|\omega|<\omega_c$ 内。

低通离散时间信号的另一个例子如式(3.12)所给出的序列，图 3.4(c)给出了当 $\alpha=0.5$ 时的频谱图。从图中可见，信号 80% 的能量都集中在频率范围 $0\leqslant|\omega|\leqslant0.5081\pi$ 内，因此，定义信号的 80% 带宽为 0.5081π 弧度(参见习题 3.55)。例 3.12 中的序列 $(-1)^n(0.5)^n\mu[n]$ 就是高通信号的一个例子，其频谱如图 3.8(a)所示。

3.6 用 MATLAB 计算 DTFT

MATLAB 的**信号处理工具箱**中包含了大量的 M 文件，有助于进行基于 DTFT 的离散时间信号分析。特别地，可用的函数有 `freqz`、`abs`、`angle` 和 `unwrap`。另外，在一些应用中也会用到内置的函数 `real` 和 `imag`。

函数 `freqz` 可用于计算用形如式(3.37)中 $e^{j\omega}$ 的有理函数所描述的某个序列的傅里叶变换在给定的离散频率点集 $\omega=\omega\ell$ 上的值。为了使图形非常准确，必须选择大量的频率点。该函数有很多的形式，我们将通过例 3.17 中的傅里叶变换计算来说明其应用。

例 3.17 用 MATLAB 计算傅里叶变换的示例

程序 3_1.m

可以用程序 3_1 求用 $e^{-j\omega}$ 的有理函数描述的实序列的傅里叶变换值。该程序计算了在给定频率点上的傅里叶变换值，并画出实部和虚部以及幅度和相位谱。注意，因为表 3.3 列举的实序列傅里叶变换的对称关系，这里只计算在 0 到π上指定的等间隔 ω 值的傅里叶变换。

我们考虑计算如下傅里叶变换：

$$X(e^{j\omega})=\frac{0.008-0.033e^{-j\omega}+0.05e^{-j2\omega}-0.033e^{-j3\omega}+0.008e^{-j4\omega}}{1+2.37e^{-j\omega}+2.7e^{-j2\omega}+1.6e^{-j3\omega}+0.41e^{-j4\omega}} \tag{3.54}$$

由程序 3_1 生成的图形如图 3.10 所示。

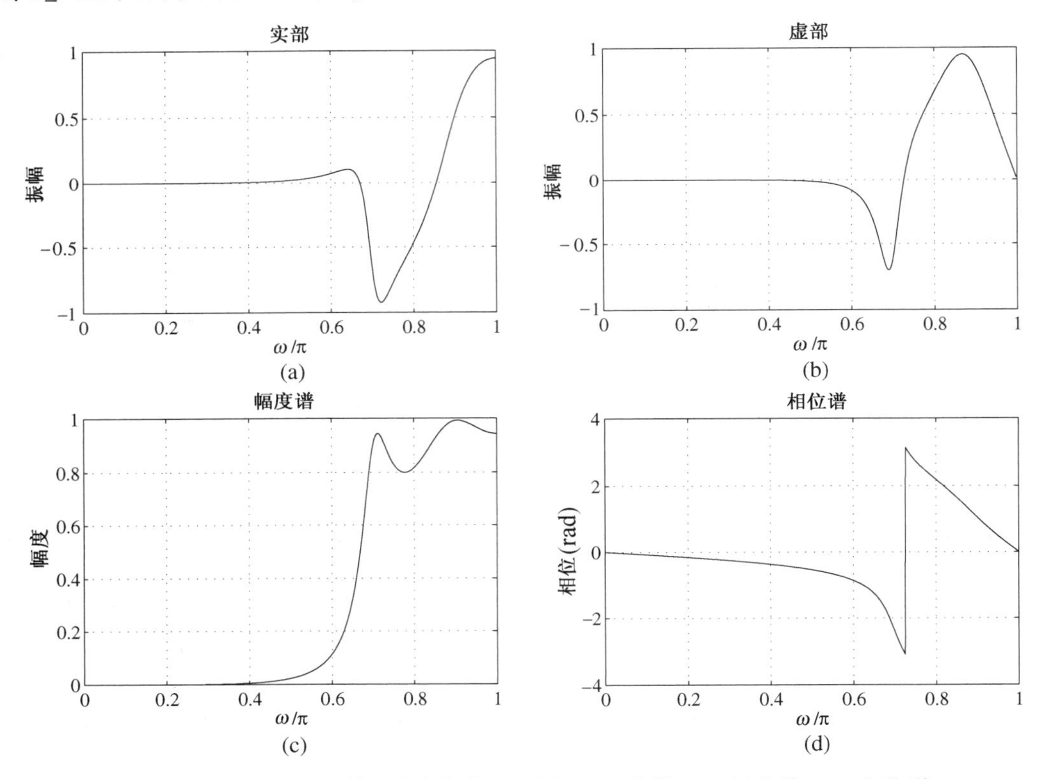

图 3.10 式(3.54)的傅里叶变换的(a)实部；(b)虚部；(c)幅度谱；(d)相位谱

3.7 展开相位函数

在数值计算中，当计算出的相位函数在频率范围[−π, π]之外时，相位按取 2π模计算，使计算出的值在这个频率范围之内。因此，一些序列的相位函数在其图中会出现相差 2π弧度的不连续。这类不连续如图 3.10(d)所示，图中，相位谱在 ω = 0.72 处出现了相差 2π的不连续。此时，常常考虑相位函数的另一种形式，即通过移除相差 2π的不连续，从原相位函数中得到 ω 的连续函数。移除不连续的过程称为**展开相位**，新的相位函数记为 $\theta_c(\omega)$，其下标 c 表示它是 ω 的连续函数①。现在我们给出相位函数是 ω 的连续函数的条件[Tri77]。

由式(3.19)可得，序列 $x[n]$的傅里叶变换 $X(e^{j\omega})$取自然对数后可表示为

$$\ln X(e^{j\omega}) = \ln|X(e^{j\omega})| + j\theta(\omega) \tag{3.55}$$

其中，$\theta(\omega)=\arg\{X(e^{j\omega})\}$。若 $\ln X(e^{j\omega})$存在，则它关于 ω 的导数也存在，即

$$\frac{d\ln X(e^{j\omega})}{d\omega} = \frac{1}{X(e^{j\omega})}\left[\frac{dX(e^{j\omega})}{d\omega}\right] = \frac{1}{X(e^{j\omega})}\left[\frac{dX_{re}(e^{j\omega})}{d\omega} + j\frac{dX_{im}(e^{j\omega})}{d\omega}\right] \tag{3.56}$$

根据式(3.55)，$\ln X(e^{j\omega})$关于 ω 的导数也可以表示为

$$\frac{d\ln X(e^{j\omega})}{d\omega} = \frac{d\ln|X(e^{j\omega})|}{d\omega} + j\frac{d\theta(\omega)}{d\omega} \tag{3.57}$$

因此，$\theta(\omega)$关于 ω 的导数也就是式(3.56)等号右边的虚部，即

$$\frac{d\theta(\omega)}{d\omega} = \frac{1}{|X(e^{j\omega})|^2}\left[X_{re}(e^{j\omega})\frac{dX_{im}(e^{j\omega})}{d\omega} - X_{im}(e^{j\omega})\frac{dX_{re}(e^{j\omega})}{d\omega}\right] \tag{3.58}$$

相位函数 $\theta(\omega)$因此可以通过其导数 $d\theta(\omega)/d\omega$ 来明确定义：

$$\theta(\omega) = \int_0^{\omega}\left[\frac{d\theta(\eta)}{d\eta}\right]d\eta \tag{3.59}$$

其约束条件为

$$\theta(0) = 0 \tag{3.60}$$

式(3.59)定义的相位函数称为 $X(e^{j\omega})$的**展开相位函数**。由式(3.59)和式(3.60)可知，展开的相位是 ω 的连续函数。因此，式(3.55)给出的 $\ln X(e^{j\omega})$存在。而且，如果

$$\frac{1}{\pi}\int_0^{2\pi}\left[\frac{d\theta(\omega)}{d\eta}\right]d\eta = 0$$

相位函数将是 ω 的奇函数。若以上的约束条件不满足，则要计算的相位函数将展现出大于π的绝对跳变[Tri77]。当展开相位时，这些跳跃应该被它们的 2π余角所代替。在 MATLAB 中，这可以用 M 文件 `unwrap` 实现。用该函数得到的式(3.54)的傅里叶变换展开后的相位谱如图 3.11 所示。

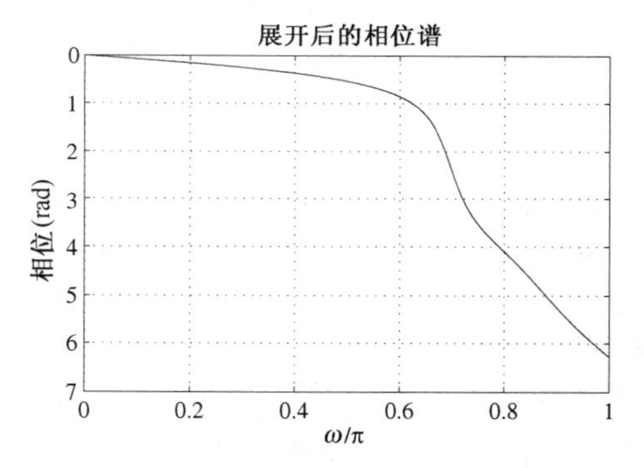

图 3.11　例 3.17 中的傅里叶变换展开后的相位谱

3.8　连续时间信号的数字处理

尽管本书主要研究离散时间信号处理，然而我们在现实生活中遇到的大多数信号都是连续时间信号(如语音、音乐和图像)。离散时间信号处理算法越来越多地用于处理这些连续时间信号，并可以通过离散时间模拟系统或数字系统来实现。当采用数字系统进行处理时，离散时间信号以数字形式表示，并将每个离散时间的样本值表示为一个二进制字。于是，需要模数和数模的接口电路来将连续时间信号转换成离散时间数字形式，或将数字信号转换成连续时间信号。因此，有必要研究连续时间信号及其对应的离散时间等效之间的时域及频域关系②，其中频域关系是确定理想情况下对连续时间信号无错地进行离散时间处理的条件的关键。

① 在某些情况下，展开相位后，可能仍会存在π的不连续。一个例子是表 3.3 给出的$\mu[n]$的 DTFT。

② 这些关系也适用于离散时间的模拟信号处理系统，如开关电容网络。

实现连续时间信号到数字形式转换的接口电路称为**模数(A/D)转换器**。同样，反过来实现数字信号到连续时间信号转换的运算的接口电路称为**数模(D/A)转换器**。除了上面两个器件外，还需要一些其他电路。由于模数转换通常需要一定的时间，通常需要保证 A/D 转换器输入端的模拟信号在转换结束之前保持振幅恒定，以将其表示中的误差降到最小。**抽样和保持(S/H)**电路可以实现上述要求。S/H 电路有双重目的，它不仅可以在周期间隔内对输入的连续时间信号进行抽样，而且可以在足够的时间内保持输出的模拟抽样值恒定，以便保证 A/D 转换器精确地转换。另外，D/A 转换器的输出是阶梯状波形的信号，因此必须通过模拟**重构(平滑)滤波器**来平滑 D/A 转换器的输出。最后因为在大多数应用中，所处理的连续时间信号的带宽通常要比离散时间信号处理器的带宽大，所以为了避免**混叠**效应的不利影响，在 S/H 电路前通常放置模拟**抗混叠滤波器**。连续时间信号的离散时间数字处理的功能需求如图 3.12 所示。

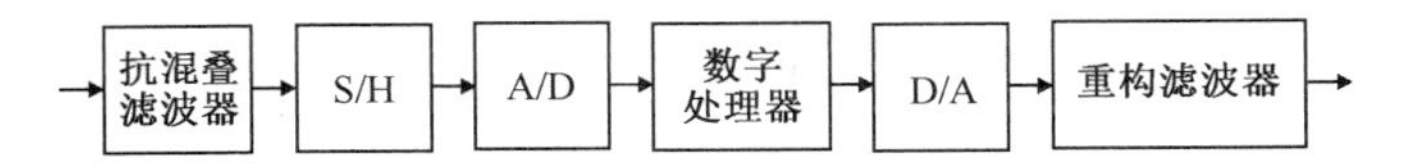

图 3.12　连续时间信号的离散时间信号处理的框图表示

要得到允许连续时间信号的离散时间处理的最基本条件，考虑图 3.12 的一个简单的数学等效，通过它可得连续时间信号的离散时间处理的最基本条件。为此，假设 A/D 和 D/A 转换器有无限精度字长，可得图 3.13 所示的简化表示①。在该表示中，与无限精度的 A/D 转换器相级联的 S/H 电路用理想的连续时间到离散时间(CT-DT)转换器(即理想抽样器)代替，来生成与连续时间信号 $x_a(t)$ 等效的离散时间信号 $x[n]$。同样，用理想的离散时间到连续时间(DT-CT)转换器(即理想内插器)代替与理想重构滤波器相级联的无限精度的 D/A 转换器，来生成经过处理的离散时间信号 $y[n]$ 的连续时间信号 $y_a(t)$ 等效。

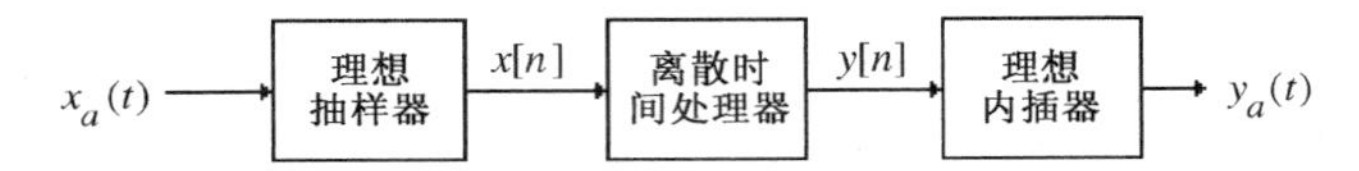

图 3.13　图 3.12 的简化表示

如前所述，在许多应用中离散时间信号是通过对连续时间信号抽样产生的。在例 2.15 中我们也观察到对不同连续时间函数的抽样可能得到同一个离散时间序列。实际上，通常存在无限个不同的连续时间信号可以通过相同的抽样率抽样得到相同的离散时间信号。然而，在一定条件下，可以将一个给定的离散时间序列和一个特定连续时间信号联系起来，并且可以从其抽样值恢复出原连续时间信号。通过分析连续时间信号和抽样得到的离散时间信号之间的频谱关系，可以建立这种对应关系及其相关的条件。

3.8.1　时域抽样在频域中的影响

设 $g_a(t)$ 是一个连续时间信号，在 $t=nT$ 时均匀抽样得到序列 $g[n]$，其中

$$g[n]=g_a(nT),\qquad -\infty<n<\infty \tag{3.61}$$

式中 T 是**抽样周期**，T 的倒数为**抽样频率** F_T，即 $F_T=1/T$。现在，$g_a(t)$ 的频域表示由其连续时间傅里叶变换(CTFT)给出：

$$G_a(\mathrm{j}\Omega)=\int_{-\infty}^{\infty}g_a(t)\mathrm{e}^{-\mathrm{j}\Omega t}\,\mathrm{d}t \tag{3.62}$$

而 $g[n]$ 的频域表示由它的离散时间傅里叶变换给出：

$$G(\mathrm{e}^{\mathrm{j}\omega})=\sum_{n=-\infty}^{\infty}g[n]\,\mathrm{e}^{-\mathrm{j}\omega n} \tag{3.63}$$

为了建立这两个不同类型的傅里叶谱 $G_a(\mathrm{j}\Omega)$ 和 $G(\mathrm{e}^{\mathrm{j}\omega})$ 之间的联系，将抽样运算在数学上表示为连续时间信号 $g_a(t)$ 和一个周期冲激串 $p(t)$ 的乘积：

① 有限字长效应将在第 12 章讨论。

$$p(t)=\sum_{n=-\infty}^{\infty}\delta(t-nT) \tag{3.64}$$

它由周期为 T 的理想冲激函数串①组成，如图 3.14 所示。相乘后产生一个对所有 t 值(包括 $t=nT$)时间上连续的函数：

$$g_p(t)=g_a(t)p(t)=\sum_{n=-\infty}^{\infty}g_a(nT)\delta(t-nT) \tag{3.65}$$

注意到信号 $g_p(t)$ 由一串均匀分布的冲激组成，其中在 $t=nT$，冲激以 $g_a(t)$ 在此时的抽样值 $g_a(nT)$ 加权并因此是由其积分性质所定义的独立分布。

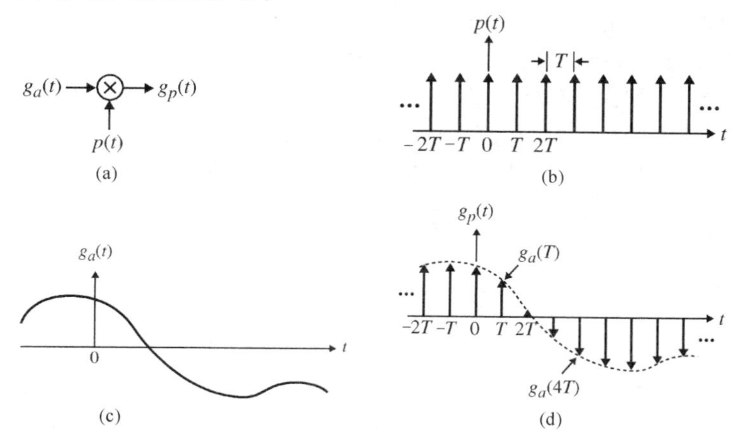

图 3.14　均匀抽样过程的数学表示：(a) 理想抽样模型；(b) 冲激串；(c) 连续时间信号；(d) 连续时间信号的抽样形式

$g_p(t)$ 的连续时间傅里叶变换 $G_p(\mathrm{j}\Omega)$ 有两种不同的形式。一种形式可以通过求式(3.64)的 CTFT，得到平移冲激函数 $\delta(t-nT)$ 的连续时间傅里叶变换的加权和。平移冲激函数 $\delta(t-nT)$ 的 CTFT 为 $\mathrm{e}^{-\mathrm{j}\Omega nT}$。因此，由式(3.65)，$G_p(\mathrm{j}\Omega)$ 为

$$G_p(\mathrm{j}\Omega)=\sum_{n=-\infty}^{\infty}g_a(nT)\mathrm{e}^{-\mathrm{j}\Omega nT} \tag{3.66}$$

为得到第二种形式，利用**泊松(Poisson)求和方程**[Pap62]：

$$\sum_{n=-\infty}^{\infty}\phi(t+nT)=\frac{1}{T}\sum_{k=-\infty}^{\infty}\Phi(\mathrm{j}k\Omega_T)\,\mathrm{e}^{\mathrm{j}k\Omega_T t} \tag{3.67}$$

式中 $\Omega_T=2\pi/T$ 表示抽样角频率，而 $\Phi(\mathrm{j}\Omega)$ 是连续时间函数 $\phi(t)$ 的 CTFT。上式的证明留做习题(参见习题 3.56)。当 $t=0$ 时，式(3.67)简化成更简单的形式

$$\sum_{n=-\infty}^{\infty}\phi(nT)=\frac{1}{T}\sum_{k=-\infty}^{\infty}\Phi(\mathrm{j}k\Omega_T) \tag{3.68}$$

利用上式可推导 $G_p(\mathrm{j}\Omega)$ 的第二种形式。由 CTFT 的频移特性，$g_a(t)\mathrm{e}^{-\mathrm{j}\Psi t}$ 的 CTFT 为 $G_a(\mathrm{j}(\Omega+\Psi))$。将 $\phi(t)=g_a(t)\mathrm{e}^{-\mathrm{j}\Psi t}$ 代入式(3.68)，可得

$$\sum_{n=-\infty}^{\infty}g_a(nT)\mathrm{e}^{-\mathrm{j}\Psi nT}=\frac{1}{T}\sum_{k=-\infty}^{\infty}G_a(\mathrm{j}(k\Omega_T+\Psi)) \tag{3.69}$$

在上式中用变量 Ω 替换式中的 Ψ，可得 $g_p(t)$ 的连续时间傅里叶变换的另一种形式为

$$G_p(\mathrm{j}\Omega)=\frac{1}{T}\sum_{k=-\infty}^{\infty}G_a(\mathrm{j}(\Omega+k\Omega_T)) \tag{3.70}$$

---

① 理想冲激函数的定义参见 3.2.4 节。

由上式可以看出，$G_p(\mathrm{j}\Omega)$是频率Ω的一个周期函数，它是由$G_a(\mathrm{j}\Omega)$通过平移和幅度缩放得到的各频谱分量之和组成的，其中平移为Ω_T的整数倍并且幅度以$1/T$尺度缩放。当$k=0$时，式(3.70)等号右边的项是$G_p(\mathrm{j}\Omega)$的基带部分，$k\neq 0$的其他项都是$G_p(\mathrm{j}\Omega)$的**频率平移**部分。频率范围$-\Omega_T/2\leqslant\Omega<\Omega_T/2$称为**基带或奈奎斯特频带**。

图3.15说明了时域抽样的频域效果。假定$g_a(t)$是一个带限信号，它的频谱为$G_a(\mathrm{j}\Omega)$，如图3.15(a)所示，图中Ω_m是包含在$g_a(t)$中的最高频率①。抽样周期为$T=2\pi/\Omega_T$的周期冲激串$p(t)$的频谱$P(\mathrm{j}\Omega)$如图3.15(b)和(d)所示。则$G_p(\mathrm{j}\Omega)$的两个可能的频谱如图3.15(c)和(e)所示。从图3.15(c)中可以明显看出，若$\Omega_T\geqslant 2\Omega_m$，则生成$G_p(\mathrm{j}\Omega)$的$G_a(\mathrm{j}\Omega)$平移的各频谱分量之间没有重叠。另一方面，如图3.15(e)所示，若$\Omega_T<2\Omega_m$，则$G_p(\mathrm{j}\Omega)$中$G_a(\mathrm{j}\Omega)$平移的各频谱分量谱之间存在重叠。因此，若$\Omega_T\geqslant 2\Omega_m$，则将$g_p(t)$通过一个增益为$T$、截止频率$\Omega_c$大于$\Omega_m$且小于$\Omega_T-\Omega_m$的理想低通滤波器$H_r(\mathrm{j}\Omega)$，就可以完全恢复出$g_a(t)$，如图3.16所示。然而，若$\Omega_T<2\Omega_m$，因为$G_a(\mathrm{j}\Omega)$平移各频谱分量的重叠，并由基带外平移分量一部分翻褶回去即**混叠**到基带中引起失真，因此不可能通过滤波来分离频谱$G_p(\mathrm{j}\Omega)$而恢复出$G_a(\mathrm{j}\Omega)$。抽样频率的一半$\Omega_T/2$通常称为**奈奎斯特频率**，也称为**折叠频率**或**截止频率**。

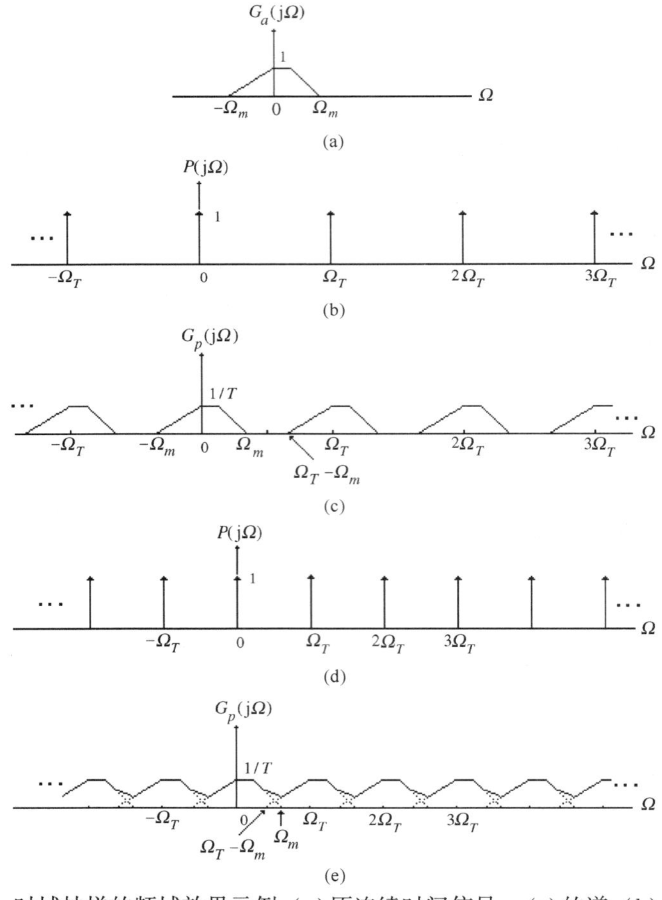

图3.15 时域抽样的频域效果示例：(a)原连续时间信号$g_a(t)$的谱；(b)周期冲激串$p(t)$的谱；(c)抽样后信号$g_p(t)$的谱，其中$\Omega_T>2\omega_m$；(d)周期冲激串$p(t)$的谱，其抽样周期长于(b)中的抽样周期；(e)抽样后信号$g_p(t)$的谱，其中$\Omega_T<2\Omega_m$[注意，$g_a(t)$的谱未显示为偶函数来强调抽样的效果]

① 我们专门选择非对称的CTFT以便更清楚地说明抽样的效果。

上述的结论就是**抽样定理**①，我们可以对其总结如下。

抽样定理。设 $g_a(t)$ 是一个当 $|\Omega|>\Omega_m$ 时 $G_a(j\Omega)=0$ 的带限信号。若

$$\Omega_T \geqslant 2\Omega_m \tag{3.71}$$

式中

$$\Omega_T = 2\pi/T \tag{3.72}$$

则通过其样本 $g_a(nT)$，$-\infty<n<\infty$，可以唯一地确定 $g_a(t)$。通常称式(3.71)为**奈奎斯特(Nyquist)条件**。给定 $\{g_a(nT)\}$，可以通过产生一个形如式(3.65)的冲激串 $g_p(t)$，再把 $g_p(t)$ 通过一个增益为 T 且截止频率 Ω_c 大于 Ω_m 且小于 $\Omega_T-\Omega_m$ 的理想低通滤波器 $H_r(j\Omega)$ 来完全恢复 $g_a(t)$，即

$$\Omega_m < \Omega_c < (\Omega_T - \Omega_m) \tag{3.73}$$

频率 $2\Omega_m$ 称为**奈奎斯特率**。它确定从抽样形式中完全恢复出 $g_a(t)$ 的最小抽样频率 $\Omega_T=2\Omega_m$。

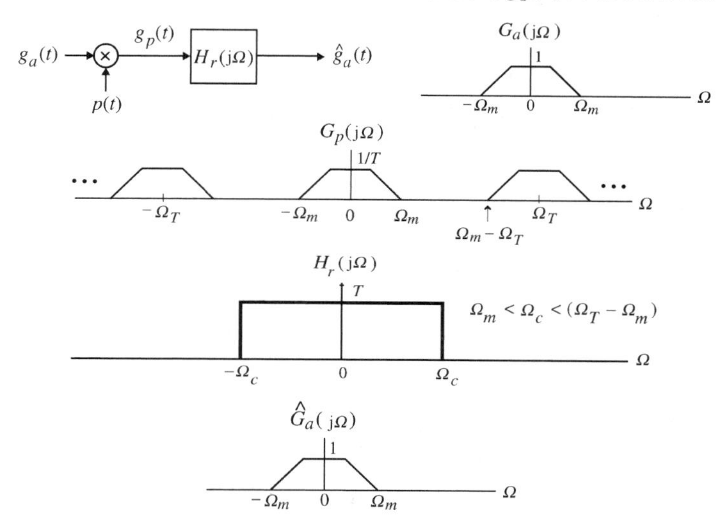

图 3.16　从理想抽样得到的抽样形式重构原连续时间信号

这里应当指出，若其样本 $g_a(nT)$，$-\infty<n<\infty$，是通过以奈奎斯特率抽样得到的，则要从 $g_a(nT)$ 中恢复出 $g_a(t)$，$g_a(t)$ 的频谱 $G_a(j\Omega)$ 在其最高频率 Ω_m 处就不能包含有冲激函数[Lat98]；若在该处含有冲激函数，则抽样率必须大于 $2\Omega_m$ 才能恢复出 $g_a(t)$（参见习题 3.57）。例如，带限信号 $g_a(t)=\sin(\Omega_m t)$ 的最高频率为 Ω_m。然而，当以奈奎斯特率进行抽样时，在 $-\infty<n<\infty$ 范围内 $g_a(nT)=0$，因此 $g_a(t)$ 不能从其抽样中恢复。

若抽样频率高于奈奎斯特率，该抽样运算是**过抽样**。另一方面，若抽样频率低于奈奎斯特率，则抽样运算称为**欠抽样**。若抽样频率恰好等于奈奎斯特率，则抽样运算称为**临界抽样**。

在实际中用到的典型抽样率的例子有，数字电话中的抽样率为 8 kHz，光盘(CD)音乐系统的抽样率为 44.1 kHz。在数字电话中，3.4 kHz 的带宽可以满足电话交谈的需求，因此，以 8 kHz 抽样是足够的，因为其大于可接受的 3.4 kHz 带宽的两倍。另一方面，在高品质模拟音乐信号处理中，为了确保音乐中最重要部分的逼真度，需要 20 kHz 左右的带宽，所以，用比最高频率的两倍稍高的 44.1 kHz 对模拟音乐信号进行抽样，可以保证混叠失真可忽略。

例 3.18 示例了模拟信号的抽样效果。

例 3.18　不同频率模拟正弦信号的抽样效果

考虑例 2.15 中的三个纯正弦信号：$g_1(t)=\cos(6\pi t/\mathrm{s})$，$g_2(t)=\cos(14\pi t/\mathrm{s})$ 和 $g_3(t)=\cos(26\pi t/\mathrm{s})$。它们对

① 也称为**奈奎斯特抽样定理**或**香农抽样定理**。

应的连续时间傅里叶变换均由两个冲激函数组成，分别为

$$G_1(\mathrm{j}\Omega) = \pi[\delta(\Omega - 6\pi/\mathrm{s}) + \delta(\Omega + 6\pi/\mathrm{s})]$$
$$G_2(\mathrm{j}\Omega) = \pi[\delta(\Omega - 14\pi/\mathrm{s}) + \delta(\Omega + 14\pi/\mathrm{s})]$$
$$G_3(\mathrm{j}\Omega) = \pi[\delta(\Omega - 26\pi/\mathrm{s}) + \delta(\Omega + 26\pi/\mathrm{s})]$$

各频谱如图 3.17(a)到(c)所示。

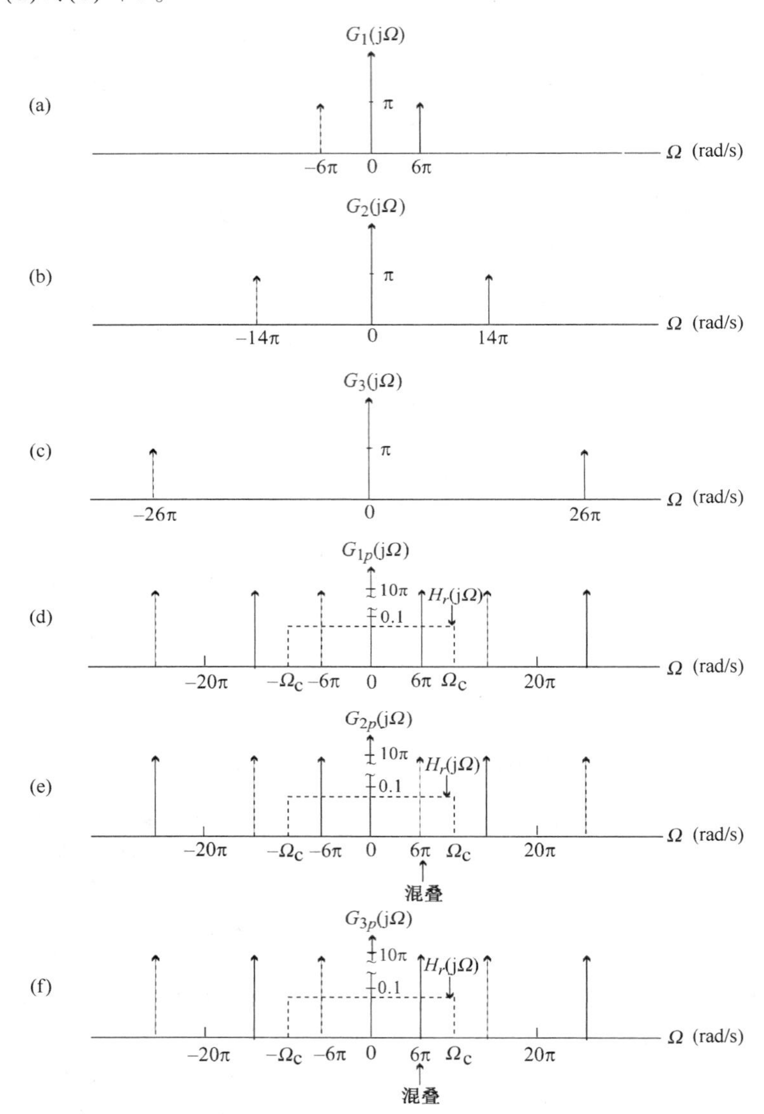

图 3.17 对纯余弦信号抽样的效果：(a) $\cos(6\pi t/\mathrm{s})$ 的谱；(b) $\cos(14\pi t/\mathrm{s})$ 的谱；(c) $\cos(26\pi t/\mathrm{s})$ 的谱；(d) $\cos(6\pi t/\mathrm{s})$ 的抽样结果的谱，其中 $\Omega_T = 20\pi > 2\Omega_m = 12\pi$；(e) $\cos(14\pi t/\mathrm{s})$ 的抽样结果的谱，其中 $\Omega_T = 20\pi < 2\Omega_m = 28\pi$；(f) $\cos(26\pi t/\mathrm{s})$ 的抽样结果的谱，其中 $\Omega_T = 20\pi < 2\Omega_m = 52\pi$

对三个纯正弦信号以速率 $T = 0.1\mathrm{s}$ 进行抽样，即抽样率 $\Omega_T = 20\pi\,\mathrm{rad/s}$，产生连续时间冲激串 $g_{1p}(t)$、$g_{2p}(t)$ 和 $g_{3p}(t)$。由式(3.69)，它们相应的连续时间傅里叶变换为

$$G_{\ell p}(\mathrm{j}\Omega) = \frac{1}{T}\sum_{k=-\infty}^{\infty} G_{\ell}(\mathrm{j}\Omega + \mathrm{j}k\Omega_T), \qquad \ell = 1, 2, 3$$

在图3.17(d)到(f)中画出。图中还用带点的线标出了截止频率为$\Omega_c=\Omega_T/2=10\pi/\text{s}$、增益为$T=0.1$的一个理想低通滤波器的频率响应(未按比例画出)。图3.17(d)到(f)还画出了每种情况下低通滤波器输出的连续时间傅里叶变换。注意到当输入为$g_1(t)$时，抽样率满足奈奎斯特条件，不存在混叠。输出重构的连续时间信号恰好是原始的连续时间信号$g_1(t)$。然而，在另外两种情况下，抽样率不满足奈奎斯特条件，所以引起频谱混叠，这两种情况下输出都等于混叠后的信号$\cos(6\pi t/\text{s})$。在图3.17(e)中，出现在低通滤波器的正频带中$\Omega=6\pi/\text{s}$处的冲激是$G_2(\text{j}\Omega)$在$\Omega=-14\pi/\text{s}$处的冲激混叠的结果。另一方面，图3.17(f)中出现在$\Omega=6\pi/\text{s}$处的冲激是$G_3(\text{j}\Omega)$在$\Omega=26\pi/\text{s}$处的冲激混叠的结果。

下面建立序列$g[n]$的离散时间傅里叶变换$G(\text{e}^{\text{j}\omega})$和模拟信号$g_a(t)$的连续时间傅里叶变换$G_a(\text{j}\Omega)$之间的关系。比较式(3.63)和式(3.66)，并利用式(3.61)，可观察到

$$G(\text{e}^{\text{j}\omega})=G_p(\text{j}\Omega)\big|_{\Omega=\omega/T} \tag{3.74a}$$

或等效地

$$G_p(\text{j}\Omega)=G(\text{e}^{\text{j}\omega})\big|_{\omega=\Omega T} \tag{3.74b}$$

因此，由上式和式(3.69)可得

$$\begin{aligned}G(\text{e}^{\text{j}\omega})&=\frac{1}{T}\sum_{k=-\infty}^{\infty}G_a(\text{j}\Omega+\text{j}k\Omega_T)\Bigg|_{\Omega=\omega/T}\\&=\frac{1}{T}\sum_{k=-\infty}^{\infty}G_a\left(\text{j}\frac{\omega}{T}+\text{j}k\Omega_T\right)\\&=\frac{1}{T}\sum_{k=-\infty}^{\infty}G_a\left(\text{j}\frac{\omega}{T}+\text{j}\frac{2\pi k}{T}\right)\end{aligned} \tag{3.75a}$$

它也可以表示为

$$G(\text{e}^{\text{j}\Omega T})=\frac{1}{T}\sum_{k=-\infty}^{\infty}G_a(\text{j}\Omega+\text{j}k\Omega_T) \tag{3.75b}$$

由式(3.75a)或式(3.75b)可以看出，按照关系

$$\Omega=\frac{\omega}{T} \tag{3.76}$$

对频率轴Ω尺度缩放可以很容易从$G_p(\text{j}\Omega)$得到$G(\text{e}^{\text{j}\omega})$。现在，连续时间傅里叶变换$G_p(\text{j}\Omega)$是$\Omega$的周期为$\Omega_T=2\pi/T$的周期函数。由于上面的归一化，离散时间傅里叶变换$G(\text{e}^{\text{j}\omega})$是$\omega$的周期为$2\pi$的周期函数。

可以通过MATLAB来研究抽样的频域效果。为此采用指数衰减的连续时间信号，其连续时间傅里叶变换的频谱近似是带限的，如例3.19所述。

例3.19　对连续时间信号以两个不同抽样率进行抽样

考虑对连续时间信号

$$x_a(t)=\begin{cases}2t\,\text{e}^{-t}, & t\geqslant 0\\ 0, & t<0\end{cases} \tag{3.77}$$

采用两个不同的抽样周期T进行抽样，产生相应的离散时间信号$x[n]$，并且比较$x_a(t)$的连续时间傅里叶变换$X_a(\text{j}\Omega)$和$x[n]$的离散时间傅里叶变换$TX(\text{e}^{\text{j}\omega})$。图3.18画出了$x_a(t)$及其连续时间傅里叶变换$X_a(\text{j}\Omega)$，可以看出信号$x_a(t)$带限到最高频率1 Hz左右是合理的。

然后以2 Hz的抽样率对式(3.77)中的连续时间信号进行抽样，该抽样率是产生图3.19所示的离散时间信号$x[n]$的$x_a(t)$近似带宽的两倍，其离散时间傅里叶变换$X(\text{e}^{\text{j}\omega})$以$T$缩放。正如所料，基带内的$TX(\text{e}^{\text{j}\omega})$是$X_a(\text{j}\Omega)$相当好的一个副本，表明频域中的混叠效应最小。接下来，以2/3 Hz的抽样率对式(3.77)中的连续时间信号进行抽样，产生的离散时间信号$x[n]$及其离散时间傅里叶变换以T进行缩放的结果如图3.20所示。此时，因为采用小于$x_a(t)$近似带宽1 Hz两倍的抽样率，所以存在相对程度的混叠，于是$TX(\text{e}^{\text{j}\omega})$不再是$X_a(\text{j}\Omega)$的一个副本。

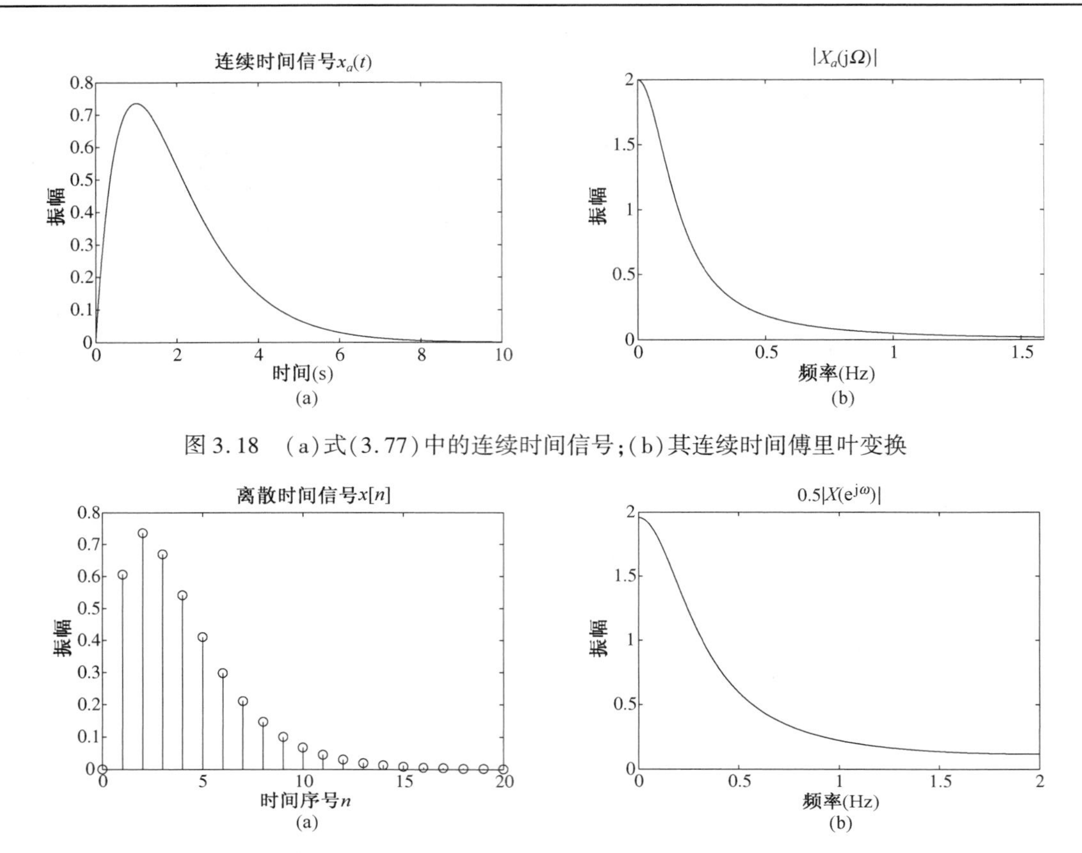

图 3.18　(a)式(3.77)中的连续时间信号;(b)其连续时间傅里叶变换

图 3.19　(a)对式(3.77)的信号以 2 Hz 的抽样率进行抽样得到的离散时间信号;(b)其离散时间傅里叶变换

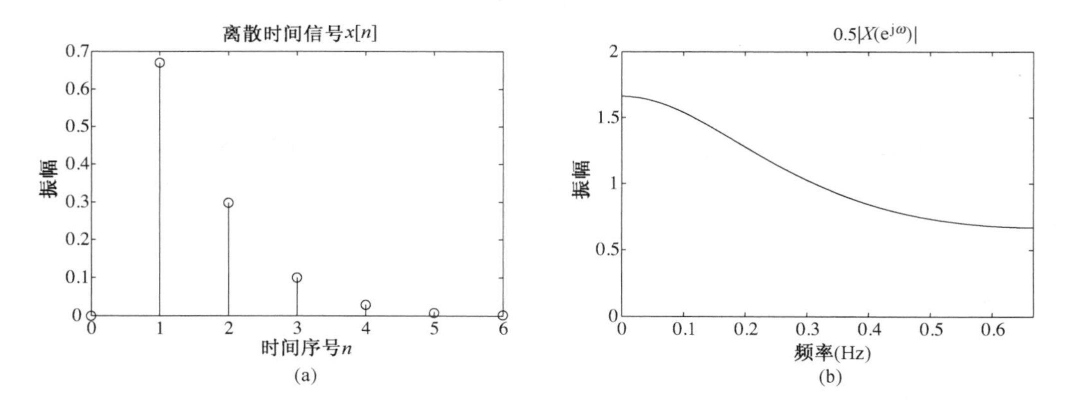

图 3.20　(a)对式(3.77)中的信号以 2/3 Hz 的抽样率进行抽样得到的离散时间信号;(b)其离散时间傅里叶变换

3.8.2　模拟信号的恢复

在前面已经提到，若离散时间序列 $g[n]$ 是以满足式(3.71)的条件的抽样率 $\Omega_T = 2\pi/T$ 对最高频率为 Ω_m 的一个带限连续时间信号 $g_a(t)$ 均匀抽样得到的，则可以将抽样得到的冲激序列 $g_p(t)$ 通过满足式(3.73)的截止频率为 Ω_c、增益为 T 的一个理想低通滤波器 $H_r(j\Omega)$，来完全恢复出原连续时间信号 $g_a(t)$。接下来推导以抽样 $g[n]$ 的函数表示理想低通滤波器输出 $\hat{g}_a(t)$ 的表达式。

现在，简单通过对上面的理想低通滤波器的频率响应 $H_r(j\Omega)$

$$H_r(j\Omega) = \begin{cases} T, & |\Omega| \leqslant \Omega_c \\ 0, & |\Omega| > \Omega_c \end{cases} \tag{3.78}$$

进行连续时间傅里叶逆变换，可得其冲激响应 $h_r(t)$ 为

$$\begin{aligned} h_r(t) &= \frac{1}{2\pi}\int_{-\infty}^{\infty} H_r(\mathrm{j}\Omega)\mathrm{e}^{\mathrm{j}\Omega t}\,\mathrm{d}\Omega = \frac{T}{2\pi}\int_{-\Omega_c}^{\Omega_c}\mathrm{e}^{\mathrm{j}\Omega t}\,\mathrm{d}\Omega \\ &= \frac{\sin(\Omega_c t)}{\Omega_T t/2}, \quad -\infty < t < \infty \end{aligned} \tag{3.79}$$

并且冲激序列 $g_p(t)$ 为

$$g_p(t) = \sum_{n=-\infty}^{\infty} g[n]\delta(t - nT) \tag{3.80}$$

因此，理想低通滤波器的输出 $\hat{g}_a(t)$ 等于 $g_p(t)$ 和模拟重构滤波器的冲激响应 $h_r(t)$ 的卷积：

$$\hat{g}_a(t) = \sum_{n=-\infty}^{\infty} g[n]h_r(t - nT) \tag{3.81}$$

将式(3.79)中的 $h_r(t)$ 代入式(3.81)，为了简化，假设 $\Omega_c = \Omega_T/2 = \pi/T$，可得

$$\hat{g}_a(t) = \sum_{n=-\infty}^{\infty} g[n]\frac{\sin[\pi(t - nT)/T]}{\pi(t - nT)/T} \tag{3.82}$$

上式表明，对整数 n 在范围 $-\infty < n < \infty$ 将低通滤波器的冲激响应 $h_r(t)$ 在时间上平移 nT 并且在振幅上乘以因子 $g[n]$，再将所有平移项求和即可得到重构的连续时间信号 $\hat{g}_a(t)$。理想带限内插过程如图 3.21 所示。

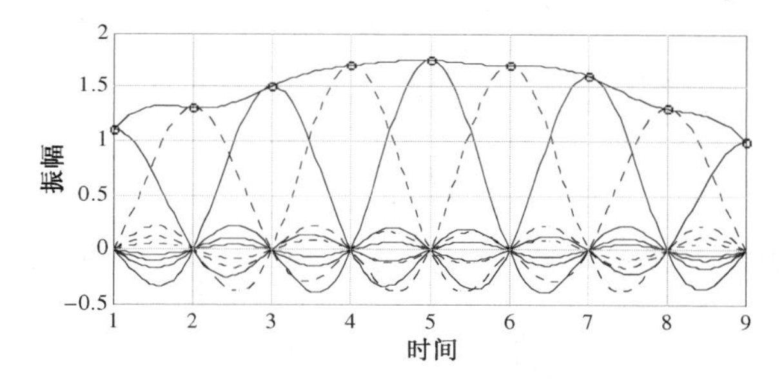

图 3.21　通过内插实现的理想带限重构

可以证明，当式(3.79)中 $\Omega_c = \Omega_T/2$ 时，若 $n \neq 0$，则 $h_r(0) = 1$ 且 $h_r(nT) = 0$(参见习题 3.64)。因此，由式(3.82)，不论是否满足式(3.71)中抽样定理的条件，对于在范围 $-\infty < n < \infty$ 内的所有整数值 n，都有 $\hat{g}_a(nT) = g[n] = g_a(nT)$。然而，仅当抽样频率 Ω_T 满足式(3.71)中抽样定理的条件时，对于所有 t 值才有 $\hat{g}_a(t) = g_a(t)$。

注意，式(3.78)所示的理想低通滤波器具有双向无限长冲激响应，因此它是不稳定和非因果的，并且没有一个有理传输函数，这使得该滤波器在物理上不可实现。同时，在抽样前也需要一个模拟低通滤波器对连续时间信号进行带限处理来保证满足抽样定理的条件。所以，必须修正抗混叠低通滤波器和模拟重构滤波器的幅度响应特性，以便保证它们可以实现。附录 A 将介绍设计可实现的和稳定的模拟低通滤波器的传输函数的一些通用方法，这些模拟低通滤波器可以逼近式(3.78)的理想幅度特性。在附录 A 中，还将分别专门讨论涉及抗混叠滤波器和重构滤波器设计的内容。

3.8.3　抽样过程的含义

还是以例 3.18 的三个连续时间信号的抽样为例。由图 3.17(d)可以明显看出，只要将原连续时间信号 $g_1(t) = \cos(6\pi t/\mathrm{s})$ 的抽样形式 $g_{1p}(t)$ 通过一个通带中心频率为 $\Omega = (20k \pm 6)\pi$ 的理想模拟带通滤波器，就可以从 $g_{1p}(t)$ 中恢复出其基带外的任何频移形式 $\cos[(20k \pm 6)\pi t/\mathrm{s}]$，例如，要恢复信号 $\cos(34\pi t/\mathrm{s})$，就必须使用频率响应为

$$H_r(\mathrm{j}\Omega) = \begin{cases} 0.1, & (34 - \Delta)\pi \leqslant |\Omega| \leqslant (34 + \Delta)\pi \\ 0, & 其他 \end{cases} \tag{3.83}$$

的带通滤波器，其中 Δ 是一个很小的数。同样，可以将抽样形式 $g_{2p}(t)$ 或者 $g_{3p}(t)$ 通过理想低通滤波器

$$H_r(\mathrm{j}\Omega)=\begin{cases}0.1, & (6-\Delta)\pi\leqslant|\Omega|\leqslant(6+\Delta)\pi\\ 0, & 其他\end{cases}\tag{3.84}$$

来恢复出混叠的基带分量 $\cos(6\pi t/\mathrm{s})$。除非原连续时间信号也包含分量 $\cos(6\pi t/\mathrm{s})$，否则将没有**混叠失真**。类似地，可以将抽样形式 $g_{2p}(t)$ 或 $g_{3p}(t)$ 通过一个合适的理想带通滤波器(视具体情况而定)，来恢复出包括原连续时间信号 $\cos(14\pi t/\mathrm{s})$ 或 $\cos(26\pi t/\mathrm{s})$ 在内的任何一个频移形式。

下面将通过例 3.20 和例 3.21 来进一步说明抽样的频移效果。

例 3.20 抽样频移效果的示例

图 3.22(a)显示了一个频率为 3 Hz 的连续时间正弦信号 $g_1(t)=\cos(6\pi t/\mathrm{s})$。以 10 Hz 的抽样率对 $g_1(t)$ 进行均匀抽样得到冲激串 $g_{1p}(t)$，如图 3.22(b)所示。将 $g_{1p}(t)$ 通过通带为 5～10 Hz 的一个模拟带通重构滤波器得到连续时间输出信号，如图 3.22(c)所示，可以看出它是一个频率为 7 Hz 的连续时间正弦信号 $\cos(14\pi t/\mathrm{s})$。通常，通带从 $5k$ Hz 到 $5k+5$ Hz(k 为一个正整数)的模拟带通重构滤波器的连续时间输出信号将是一个正弦信号，当 k 为偶数时其频率为$(5k+3)$Hz，当 k 为奇数时其频率为$[5(k+1)-3]$Hz。

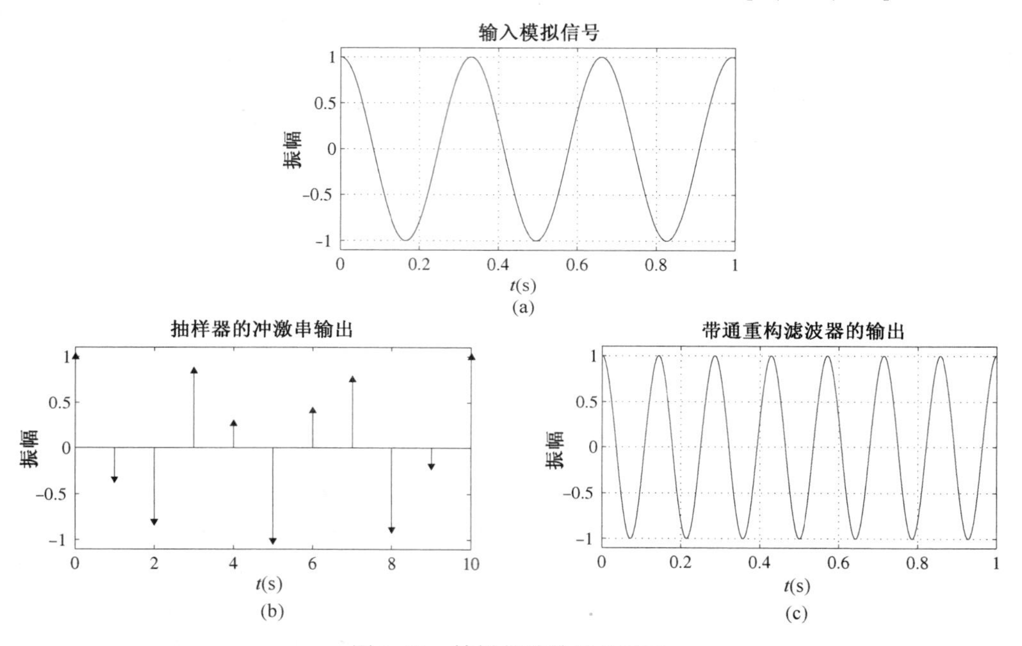

图 3.22 抽样频移效果的图示

例 3.21 欠抽样的效应示例

以 10 Hz 的抽样率对图 3.23(a)所示的频率为 13 Hz 的连续时间正弦信号 $g_3(t)=\cos(26\pi t/\mathrm{s})$ 进行均匀抽样，得到图 3.23(b)所示的冲激序列 $g_{3p}(t)$。将 $g_{3p}(t)$ 通过一个通带边界频率为 5 Hz 的模拟低通重构滤波器，所产生的输出是频率为 3 Hz 的一个连续时间正弦信号，如图 3.23(c)所示。注意，将 $g_{3p}(t)$ 通过一个通带为 10～15 Hz 的带通滤波器可以完全恢复出原高频正弦信号，如图 3.23(d)所示。

对上述讨论进行推广，分别考虑如图 3.24(a)到(c)所示的带限频谱为 $G_1(\mathrm{j}\Omega)$、$G_2(\mathrm{j}\Omega)$ 和 $G_3(\mathrm{j}\Omega)$ 的连续时间信号 $g_1(t)$、$g_2(t)$ 和 $g_3(t)$。当以抽样率 Ω_T 对这些连续时间信号进行抽样时，生成连续时间抽样信号 $g_{\ell p}(t)$，$\ell=1,2,3$，它们具有相同的周期频谱，如图 3.24(d)所示。因此，将抽样信号通过带宽大于 $\Omega_2-\Omega_1$ 且小于或等于 $\Omega_T/2$ 的一个合适的模拟低通或带通滤波器，可以恢复出原连续时间信号或其任何频移形式。注意，只要以抽样率 Ω_T 抽样的连续时间信号的频谱带限在频率范围 $k\Omega_T/2\leqslant|\Omega|\leqslant(k+1)\Omega_T/2$ 内，就不会因为抽样而引起混叠失真，并且它或它的频移形式总可以通过适当的滤波从抽样信号中恢复。仅当在比上面提到的更宽频率范围内存在频率分量时，才会有混叠失真。

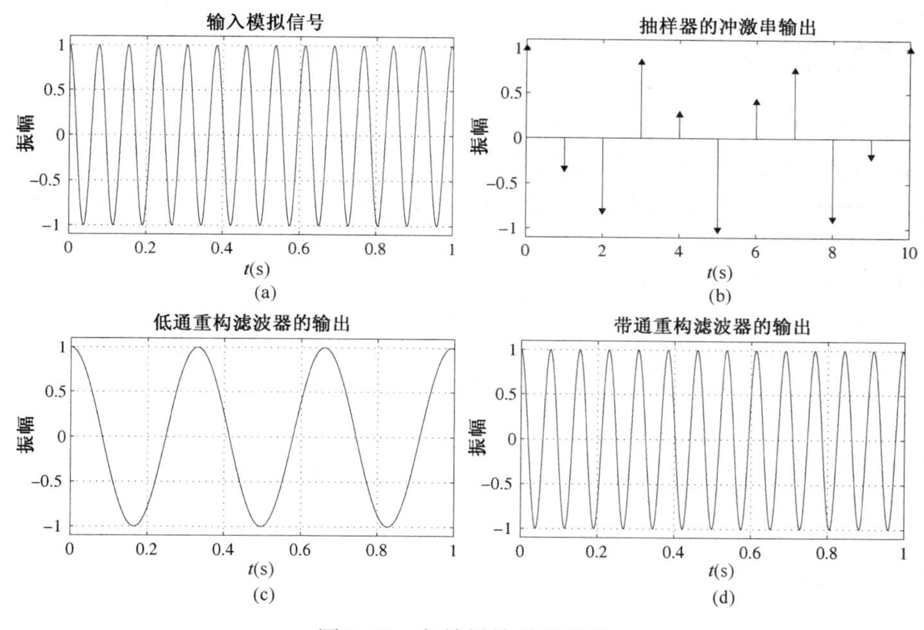

图3.23　欠抽样效果的图示

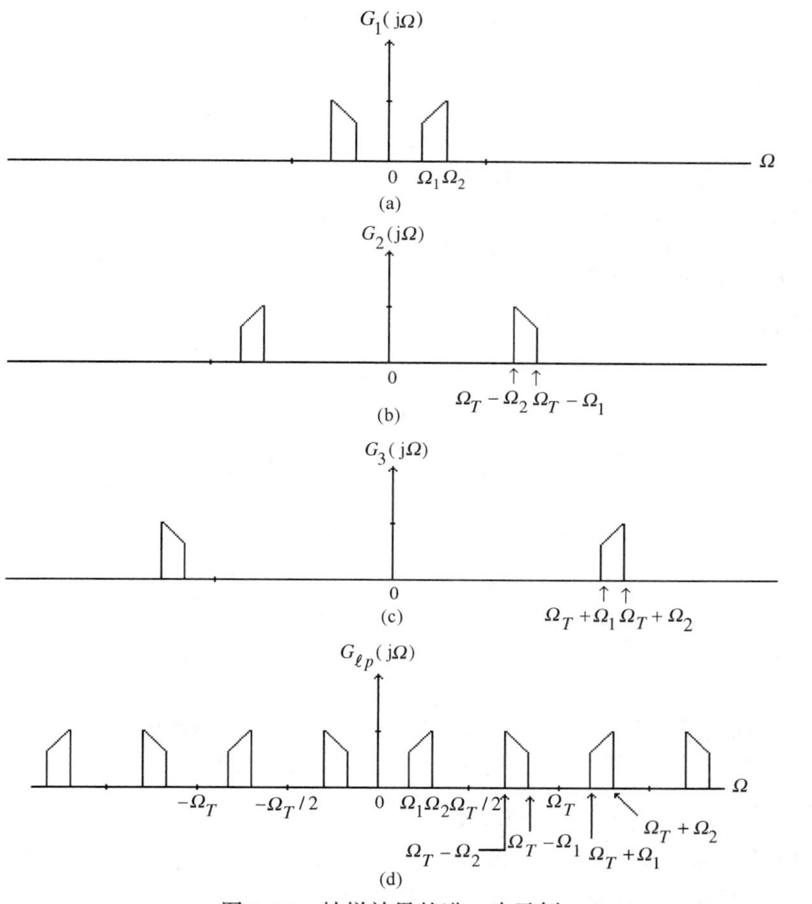

图3.24　抽样效果的进一步示例

3.9 带通信号的抽样

在3.8.1节中推导了用一个离散时间信号唯一地表示一个连续时间信号的条件，其中离散时间信号是通过均匀抽样得到的，此条件假设连续时间信号的频谱是带限的低通信号，其频率范围从直流到某个最高频率 Ω_m。在某些应用中，被抽样的信号是频谱带限到更高频率范围 $\Omega_L \leqslant |\Omega| \leqslant \Omega_H$ 中的带通信号，其中 $\Omega_L > 0$。这样的信号通常可以对一个低通信号调制得到。我们当然可以用大于最高频率两倍的抽样率对这样一个带通连续时间信号进行抽样，即通过保证

$$\Omega_T \geqslant 2\Omega_H$$

来防止混叠。然而，此时，由于连续时间信号的带通频谱，通过抽样得到的离散时间信号的频谱将存在间隔，在这些间隔中不存在任何信号分量。此外，若 Ω_H 很大，则抽样率也必须非常大，这在一些情况下未必实用。

接下来介绍一种更实用且更有效的方法[Por97]。定义 $\Delta\Omega = \Omega_H - \Omega_L$ 为带通信号的**带宽**。首先假设信号的最高频率 Ω_H 是带宽的整数倍，即

$$\Omega_H = M(\Delta\Omega)$$

选择的抽样率 Ω_T 满足条件

$$\Omega_T = 2(\Delta\Omega) = \frac{2\Omega_H}{M} \tag{3.85}$$

它比奈奎斯特率 $2\Omega_H$ 要小。将式(3.85)代入式(3.69)，可得冲激抽样信号 $g_p(t)$ 的傅里叶变换 $G_p(\mathrm{j}\Omega)$ 的表达式为

$$G_p(\mathrm{j}\Omega) = \frac{1}{T}\sum_{k=-\infty}^{\infty} G_a(\mathrm{j}(\Omega + 2k(\Delta\Omega))) \tag{3.86}$$

与前面一样，$G_p(\mathrm{j}\Omega)$ 由原傅里叶变换 $G_a(\mathrm{j}\Omega)$ 以及 $G_a(\mathrm{j}\Omega)$ 平移带宽 $\Delta\Omega$ 的偶数倍并且幅度缩放 $1/T$ 后得到的各频谱分量之和组成。每个 k 值对应的平移保证了在所有的平移频谱分量之间没有重叠，因此不会引起混叠。图3.25显示了原连续时间信号 $g_a(t)$ 的谱以及当 $M=4$ 时以式(3.85)给出的抽样率抽样得到的信号 $g_p(t)$ 的谱。从图中可以看出，当把 $g_p(t)$ 通过通带为 $\Omega_L \leqslant |\Omega| \leqslant \Omega_H$、增益为 T 的一个理想带通滤波器时，可以恢复出 $g_a(t)$。

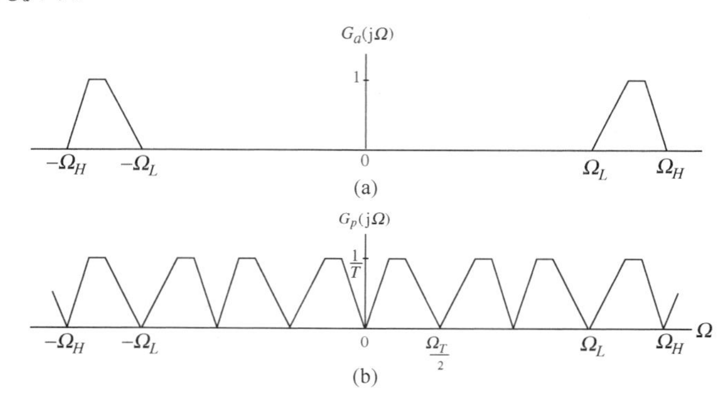

图3.25 以低于奈奎斯特率抽样的频域中的效果图示：(a)最高频率为该信号的带宽的整数倍的一个带通信号的谱；(b)以两倍原信号带宽的抽样率抽样得到的带通信号的谱

注意，将 $g_p(t)$ 通过通带为 $\Omega_L - k(\Delta\Omega) \leqslant |\Omega| \leqslant \Omega_H - k(\Delta\Omega)$，$1 \leqslant k \leqslant M-1$ 的带通滤波器可以保留较低频段内的任何频移分量，也就是将原带通信号频移到较低的频率范围内。若带通信号是通过调制一个低通信号得到的，则可以将 $g_p(t)$ 通过通带为 $0 \leqslant |\Omega| \leqslant \Delta\Omega$ 的低通滤波器来恢复出该低通信号，该滤波器保留了基带内的频谱分量。这种方法通常用于数字无线电接收机中。

若 Ω_H 不是带宽 $\Omega_H-\Omega_L$ 的整数倍，则可以向左或向右人为地扩展带宽使得带通信号的最高频率是扩展后的带宽的整数倍。例如，若我们向左扩展带宽，令此时带通信号的最低频率是 Ω_O，则选择 Ω_O 使得 Ω_H 是扩展后的带宽 $\Omega_H-\Omega_O$ 的整数倍。在这两种情况下，通过对 $g_a(t)$ 抽样得到的抽样信号的各频谱分量之间有一个小的间隔，如图 3.26 画出了 M 取值为 3 时带宽向左边扩展的情况。

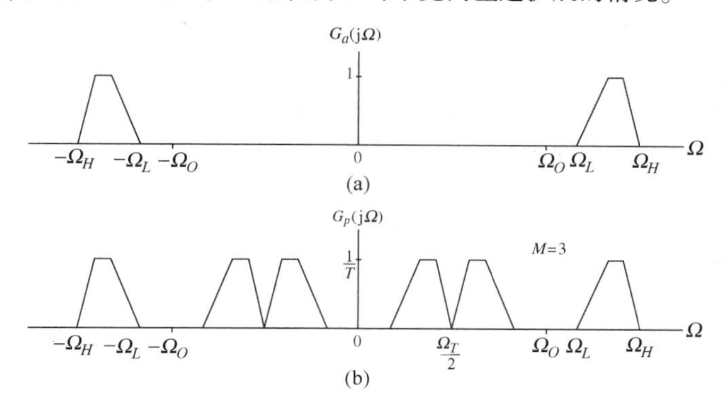

图 3.26　以低于奈奎斯特率抽样的频域中的效果示例：(a) 最高频率不为该信号的带宽的整数倍的一个带通信号的谱；(b) 以略高于两倍原信号带宽的抽样率抽样得到的带通信号的谱

与前面情况一样，较低频段内的任何频谱分量都可以将 $g_p(t)$ 通过合适的带通滤波器而得到。

3.10　抽样和保持运算的效果

在 3.8.1 节中讨论的一个连续时间信号的抽样的频域分析中假设理想抽样产生的是抽样信号的一个冲激串表示。如图 3.12 所示，在绝大多数应用中，抽样运算由一个 S/H 电路提供。在原理上，S/H 电路在每个抽样时刻对模拟信号抽样，并且在一个有限并很短的时间周期内保持恒定的抽样值来允许 A/D 转换器将它转换成其数字形式。然而，在实际中，S/H 电路在一个很小的间隔 ε 内跟踪模拟信号 $x_a(t)$。其整体效果是生成模拟信号在这个间隔内的平均值，如图 3.27 所示，该值在 A/D 转换器的输入保持恒定。下面将在频域分析 S/H 电路的平均运算的效果[Por97]。

由图 3.27 可以推出一个实际 S/H 电路的输出冲激串 $x_p(t)$ 的第 n 个样本值 $x[n]$ 为

$$x[n]=\frac{1}{\varepsilon}\int_{nT}^{nT+\varepsilon}x_a(t)\mathrm{d}t \tag{3.87}$$

为了理解上述平均运算的效果，记

$$g_a(t)=\int_{-\infty}^{t}x_a(\tau)\,\mathrm{d}\tau+K \tag{3.88}$$

式中 K 是一个任意常数。则由式(3.87)可得

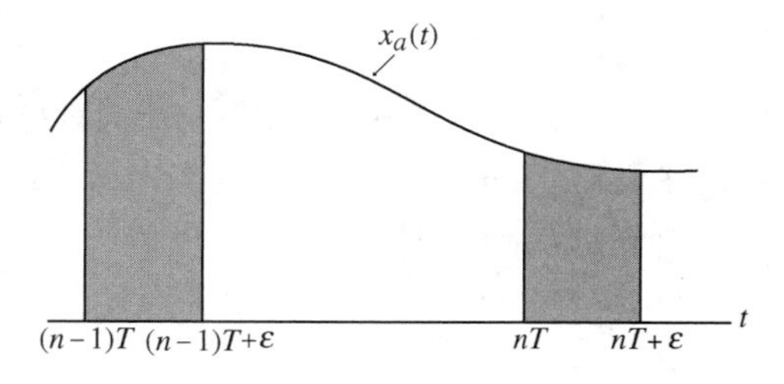

图 3.27　由 S/H 电路引起的平均运算图示

$$x[n]=\frac{1}{\varepsilon}\{g_a(nT+\varepsilon)-g_a(nT)\} \tag{3.89}$$

通过模拟信号 $g_a(t)$ 的理想抽样得到样本值为 $g_a(nT)$ 的冲激串 $g_p(t)$，并且由式(3.88)和连续时间傅里叶变换(CTFT)的微分定理可以推出 $g_p(t)$ 的 CTFT 为 $\frac{1}{j\Omega}X_a(j\Omega)$，式中 $X_a(j\Omega)$ 是 $x_a(t)$ 的 CTFT。利用时移定理，样本值为 $g_a(nT+\varepsilon)$ 的冲激串的 CTFT 因而为 $\frac{e^{-j\Omega\varepsilon}}{j\Omega}X_a(j\Omega)$。因此，由式(3.74a)和式(3.89)，作为 A/D 转换器输入的离散时间信号 $x[n]$ 的离散时间傅里叶变换(DTFT)可以表示为

$$X(e^{j\omega})=\frac{1}{T}\sum_{k=-\infty}^{\infty}\bar{X}_a\left(j\frac{\omega-2\pi k}{T}\right) \tag{3.90}$$

式中

$$\bar{X}_a(\mathrm{j}\Omega)=\frac{1-\mathrm{e}^{-\mathrm{j}\Omega\varepsilon}}{\mathrm{j}\Omega\varepsilon}X_a(\mathrm{j}\Omega)=\mathrm{e}^{-\mathrm{j}\Omega\varepsilon/2}\left(\frac{\sin(\Omega\varepsilon/2)}{\Omega\varepsilon/2}\right)X_a(\mathrm{j}\Omega) \tag{3.91}$$

从式(3.91)可以看出，由一个实际S/H电路进行的平均运算等价于将连续时间信号$x_a(t)$通过一个频率响应为$\mathrm{e}^{-\mathrm{j}\Omega\varepsilon/2}(\sin(\Omega\varepsilon/2))/(\Omega\varepsilon/2)$的LTI离散时间系统，然后用理想冲激序列进行抽样，如图3.28所示。注意，离散时间系统的频率响应在形式上类似于附录A中式(A.41)给出的零阶保持电路的频率响应，如图A.18(a)所示。因此，图3.28所示的离散时间系统的功能就像一个进行平均运算的窄带低通滤波器。若跟踪周期ε与抽样周期T相比非常小，则和通常情况一样，低通滤波器的影响可以忽略，从而实际的S/H电路可以看成是一个理想的抽样器。

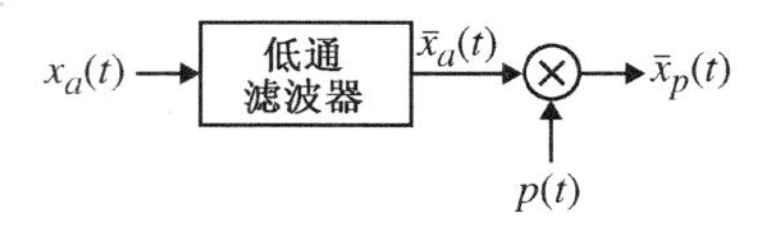

图3.28 实际S/H电路的等效表示

3.11 小结

这一章首先对连续时间信号的连续时间傅里叶变换(CTFT)表示做了一个简短的介绍，接着介绍了离散时间傅里叶变换(DTFT)及其逆变换，并讨论了DTFT的收敛性问题。研究了DTFT的性质，讨论了展开相位函数以去除DTFT中某种不连续性的问题。

本章研究了涉及连续时间信号的数字处理的不同问题。离散时间信号通过对一个连续时间信号均匀抽样得到。若抽样率大于连续时间信号的最高频率的两倍，则离散时间表示是唯一的，并且将离散时间等效通过一个截止频率是抽样率一半的理想低通重构滤波器，连续时间信号可以从其离散时间等效中完全恢复出来。若抽样率低于连续时间信号最高频率的两倍，由于混叠，连续时间信号通常不能从它的离散时间信号中恢复出来。实际中，连续时间信号先通过一个截止频率为抽样率一半的模拟低通抗混叠滤波器，然后对其输出进行抽样，来防止混叠。也可以证明，若带通连续时间信号的最高频率是其带宽的整数倍并且抽样率大于带宽的两倍，则可以从通过对这个带通连续时间信号欠抽样得到的离散时间等效中恢复出原信号。

3.12 习题

3.1 证明若$x_a(t)$是有限的，式(3.1)定义的CTFT $X_a(\mathrm{j}\Omega)$的绝对值绝对可积。

3.2 求定义在$-\infty<t<\infty$的下列连续时间函数的CTFT：

(a) $y_a(t)=\sin(\Omega_0 t)$

(b) $u_a(t)=\mathrm{e}^{-\alpha|t|}$

(c) $v_a(t)=\mathrm{e}^{\mathrm{j}\Omega_0 t}$

(d) $p_a(t)=\sum_{\ell=-\infty}^{\infty}\delta(t-\ell T)$

(e) $g_a(t)=\mathrm{e}^{-\alpha t^2}$

3.3 求定义在$-\infty<t<\infty$的下列连续时间函数的CTFT：

(a) $v_a(t)=1$ (b) $\mu_a(t)=\begin{cases}1, & t\geqslant 0\\ 0, & t<0\end{cases}$

(c) $x_a(t)=\begin{cases}1, & |t|<\frac{1}{2}\\ \frac{1}{2}, & |t|=\frac{1}{2}\\ 0, & |t|>\frac{1}{2}\end{cases}$ (d) $y_a(t)=\begin{cases}1-2|t|, & |t|<\frac{1}{2}\\ 0, & |t|\geqslant\frac{1}{2}\end{cases}$

3.4　为了方便，式(C.6)定义的高斯密度函数重写如下：

$$h(t)=\frac{1}{\sigma\sqrt{(2\pi)}}e^{-(t-\mu)^2/2\sigma^2} \tag{3.92}$$

其中，σ 和 μ 分别是该密度函数的方差和均值。具有式(3.92)给出的零均值的冲激响应的连续时间的滤波器称为**高斯滤波器**。证明 $h(t)$ 的 CTFT 也是 Ω 的高斯函数。

3.5　有限能量的函数 $x_a(t)=\sin(t)/\pi t$ 不是绝对可和的。证明其 CTFT 为

$$X_a(j\Omega)=\begin{cases}1, & |\Omega|\leqslant 1\\ 0, & |\Omega|>1\end{cases}$$

3.6　考虑 CTFT 对

$$x_a(t)\overset{\text{CTFT}}{\longleftrightarrow}X_a(j\Omega)$$

证明下面的 CTFT 定理：

(a)时移定理：$x_a(t-t_o)\overset{\text{CTFT}}{\longleftrightarrow}X_a(j\Omega)e^{-j\Omega t_o}$

(b)频移定理：$x_a(t)e^{j\Omega_O t}\overset{\text{CTFT}}{\longleftrightarrow}X_a(j(\Omega-\Omega_O))$

(c)对称定理：$X_a(t)\overset{\text{CTFT}}{\longleftrightarrow}2\pi x_a(-j\Omega_O)$

(d)尺度缩放定理：$x_a(at)\overset{\text{CTFT}}{\longleftrightarrow}\frac{1}{|a|}X_a\left(j\frac{\Omega}{a}\right)$

(e)时间微分定理：$\frac{dx_a(t)}{dt}\overset{\text{CTFT}}{\longleftrightarrow}j\Omega X_a(j\Omega)$

3.7　令 $X_a(j\Omega)$ 表示实值连续时间函数 $x_a(t)$ 的 CTFT。证明其幅度谱 $|X_a(j\Omega)|$ 是 Ω 的偶函数，而相位谱 $\theta(\Omega)=\arg\{X_a(j\Omega)\}$ 是 Ω 的奇函数。

3.8　证明式(1.4)定义的希尔伯特变换的 CTFT 是

$$H_{\text{HT}}(j\Omega)=\begin{cases}-j, & \Omega>0\\ j, & \Omega<0\end{cases}$$

3.9　设 $x(t)$ 是实值输入信号，其 CTFT 为 $X(j\Omega)=X_p(j\Omega)+X_n(j\Omega)$，其中 $X_p(j\Omega)$ 是占据 $X(j\Omega)$ 正频率范围的分量，$X_n(j\Omega)$ 是占据 $X(j\Omega)$ 负频率范围的分量。令 $\hat{x}(t)$ 表示 $x(t)$ 的希尔伯特变换。证明：复值信号 $y(t)=x(t)+j\hat{x}(t)$ 的 CTFT $Y(j\Omega)$ 为 $Y(j\Omega)=2X_p(j\Omega)$，即 $y(t)$ 的谱只包含正频率范围的分量。

3.10　计算式(3.4)中连续时间信号在 $\alpha=0.6$ 时的总能量，并计算其 75% 带宽。

3.11　证明 $\mu[n]$ 的 DTFT 是 $\frac{1}{1-e^{-j\omega}}+\sum_{k=-\infty}^{\infty}\pi\delta(\omega+2\pi k)$。

3.12　证明序列 $x[n]=1$ 的 DTFT 为 $X(e^{j\omega})=\sum_{k=-\infty}^{\infty}2\pi\delta(\omega+2\pi k)$，$-\infty<n<\infty$。

3.13　求双边序列 $y[n]=\alpha^{|n|}$，$|\alpha|<1$ 的 DTFT。

3.14　设 $X(e^{j\omega})$ 表示实序列 $x[n]$ 的 DTFT。

(a)证明：若 $x[n]$ 是偶序列，则它可以用 $x[n]=\frac{1}{\pi}\int_0^{\pi}X(e^{j\omega})\cos\omega n d\omega$ 从 $X(e^{j\omega})$ 计算。

(b)证明：若 $x[n]$ 是奇序列，则它可以用 $x[n]=\frac{j}{\pi}\int_0^{\pi}X(e^{j\omega})\sin\omega n d\omega$ 从 $X(e^{j\omega})$ 计算。

3.15　求因果序列 $x[n]=A\alpha^n\cos(\omega_0 n+\phi)\mu[n]$ 的 DTFT，其中 A、α、ω_0 和 ϕ 是实数，$|\alpha|<1$。

3.16　求下面每个序列的 DTFT：

(a)$x_1[n]=\alpha^n\mu[n-1]$，$|\alpha|<1$

(b)$x_2[n]=n\alpha^n\mu[n]$，$|\alpha|<1$

(c)$x_3[n]=\alpha^n\mu[n+1]$，$|\alpha|<1$

(d)$x_4[n]=n\alpha^n\mu[n+2]$，$|\alpha|<1$

(e)$x_5[n]=\alpha^n\mu[-n-1]$，$|\alpha|>1$

(f) $x_6[n]=\begin{cases}\alpha^{|n|}, & |n|\leq M\\ 0, & \text{其他}\end{cases}$

3.17　求下面每个序列的 DTFT:

(a) $x_a[n]=\mu[n+2]-\mu[n-3]$

(b) $x_b[n]=\alpha^n(\mu[n-1]-\mu[n-4])$, $|\alpha|<1$

(c) $x_c[n]=2n\alpha^n\mu[n]$, $|\alpha|<1$

3.18　求如下有限长序列的 DTFT:

(a) $y_1[n]=\begin{cases}1, & -N\leq n\leq N\\ 0, & \text{其他}\end{cases}$

(b) $y_2[n]=\begin{cases}1, & 0\leq n\leq N\\ 0, & \text{其他}\end{cases}$

(c) $y_3[n]=\begin{cases}1-\dfrac{|n|}{N}, & -N\leq n\leq N\\ 0, & \text{其他}\end{cases}$

(d) $y_4[n]=\begin{cases}N+1-|n|, & -N\leq n\leq N\\ 0, & \text{其他}\end{cases}$

(e) $y_5[n]=\begin{cases}\cos(\pi n/2N), & -N\leq n\leq N\\ 0, & \text{其他}\end{cases}$

3.19　序列 $x[n]=\{a,\ b,\ c\}$ 在频率 $\omega=3\pi/2$、$\omega=3\pi$ 和 $\omega=6\pi$ 的 DTFT 值分别是 $3-\mathrm{j}$、0 和 2。求样本 a、b、c 的值。

3.20　证明

$$X(e^{j\omega})=\frac{1}{(1-\alpha e^{-j\omega})^m},\quad |\alpha|<1$$

的 DTFT 逆变换为

$$x[n]=\frac{(n+m-1)!}{n!(m-1)!}\alpha^n\mu[n]$$

3.21　求下面每个 DTFT 的逆 DTFT:

(a) $X_a(e^{j\omega})=\sum_{k=-\infty}^{\infty}\delta(\omega+2\pi k)$

(b) $X_b(e^{j\omega})=\dfrac{e^{j\omega}(1-e^{j\omega N})}{1-e^{j\omega}}$

(c) $X_c(e^{j\omega})=1+2\sum_{\ell=0}^{N}\cos\omega\ell$

(d) $X_d(e^{j\omega})=\dfrac{-\alpha e^{-j\omega}}{(1-\alpha e^{-j\omega})^2}$, $|\alpha|<1$

3.22　求下面每个 DTFT 的逆 DTFT:

(a) $H_a(e^{j\omega})=\sin(3\omega)$

(b) $H_b(e^{j\omega})=\cos(3\omega)$

(c) $H_c(e^{j\omega})=\sin\left(4\omega+\dfrac{\pi}{2}\right)$

(d) $H_d(e^{j\omega})=\cos(4\omega+1)$

3.23　求下面每个 DTFT 的逆 DTFT:

(a) $H_1(e^{j\omega})=-4+3\cos\omega+4\cos 2\omega$

(b) $H_2(e^{j\omega})=(-4+3\cos\omega+4\cos 2\omega)\cos(\omega/2)e^{-j\omega/2}$

(c) $H_3(e^{j\omega})=j(-4+3\cos\omega+4\cos 2\omega)\sin\omega$

(d) $H_4(e^{j\omega})=j(-4+3\cos\omega+4\cos 2\omega)\sin(\omega/2)e^{j\omega/2}$

3.24　下面哪一个 ω 的函数可能是离散时间序列的 DTFT? 证实你的结论。

(a) $2\sin(0.4\omega)$　(b) $3\cos(0.75\omega)+4\cos(0.25\omega)$　(c) $\cos(0.2\omega)+3\sin(2\omega)$

3.25　设 $X(e^{j\omega})$ 是实序列 $x[n]$ 的 DTFT。用 $x[n]$ 表示 $Y(e^{j\omega})=X(e^{j3\omega})$ 的 DTFT 逆变换 $y[n]$。

3.26　$X(e^{j\omega})$ 是实序列 $x[n]$ 的 DTFT。定义

$$Y(e^{j\omega})=\frac{1}{2}\left\{X(e^{j\omega/2})+X(-e^{j\omega/2})\right\}$$

求 $Y(e^{j\omega})$ 的 DTFT 逆变换 $y[n]$。

3.27　实序列 $x[n]$ 的 DTFT 为

$$X(e^{j\omega})=\frac{\alpha+\beta e^{j\omega}}{1+\gamma e^{j\omega}},|\gamma|<1$$

求 $X(e^{j\omega})$ 的实部 $X_{re}(e^{j\omega})$、虚部 $X_{im}(e^{j\omega})$、幅度函数 $|X(e^{j\omega})|$ 和相位函数 $\{X(e^{j\omega})\}$。证明 $X_{re}(e^{j\omega})$ 和 $|X(e^{j\omega})|$ 是 ω 的偶函数，而 $X_{im}(e^{j\omega})$ 和 $\{X(e^{j\omega})\}$ 是 ω 的奇函数。

3.28　对 DTFT $X(e^{j\omega})=\dfrac{1}{(1-\gamma e^{j\omega})^2}$，　$|\gamma|<1$ 重做习题 3.27。

3.29　设 $\{x[n]\}$，$0\leq n\leq N-1$，是一个长度为 N 的序列，其 DTFT 为 $X(e^{j\omega})$。

(a) 设 $\{x_a[n]\}$ 是通过在 $\{x[n]\}$ 的后面补上 $M-N$ 个零得到的长度为 M 的序列，即

$$x_a[n]=\begin{cases}x[n], & 0\leq n\leq N-1\\ 0, & N\leq n\leq M-1\end{cases}$$

其 DTFT 为 $X_a(e^{j\omega})$。$X(e^{j\omega})$ 和 $X_a(e^{j\omega})$ 有什么关系？

(b) $\{x_b[n]\}$ 是通过在 $\{x[n]\}$ 的前面补上 $M-N$ 个零得到的长度为 M 的序列，即

$$x_b[n]=\begin{cases}0, & 0\leq n\leq M-N-1\\ x[n-M+N], & M-N\leq n\leq M-1\end{cases}$$

其 DTFT 为 $X_b(e^{j\omega})$。$X(e^{j\omega})$ 和 $X_b(e^{j\omega})$ 有什么关系？

3.30　图 P3.1 画出了离散时间序列 $x[n]$ 的幅度函数 $|X(e^{j\omega})|$ 在角频率轴的部分。试在频率范围 $-\pi\leq\omega<\pi$ 上画出幅度函数的图，$x[n]$ 是何种类型的序列？

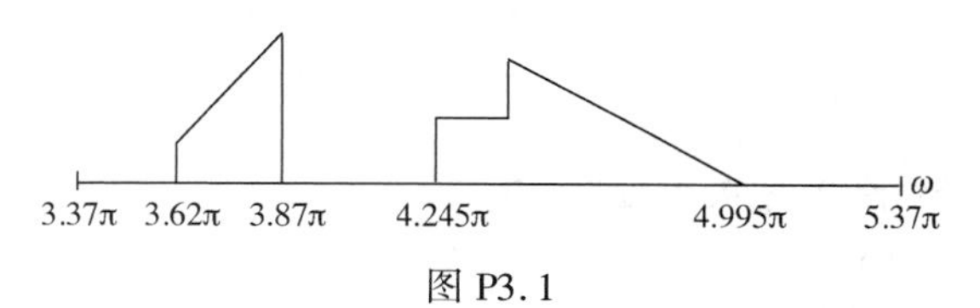

图 P3.1

3.31　不计算 DTFT，确定如下序列中的哪些有实值 DTFT，哪些有虚值 DTFT：

(a) $x_1[n]=\begin{cases}n, & -N\leq n\leq N\\ 0, & \text{其他}\end{cases}$

(b) $x_2[n]=\begin{cases}n^2, & -N\leq n\leq N\\ 0, & \text{其他}\end{cases}$

(c) $x_3[n]=\dfrac{\sin\omega_c n}{\pi n}$

(d) $x_4[n]=\begin{cases}0, & n\text{ 为偶数}\\ \dfrac{2}{\pi n}, & n\text{ 为奇数}\end{cases}$

(e) $x_5[n]=\begin{cases}0, & n=0\\ \dfrac{\cos\pi n}{n}, & |n|>0\end{cases}$

3.32　不计算 DTFT 逆变换，确定下面的 DTFT 中，哪些的逆是偶序列，哪些的逆是奇序列：

(a) $Y_1(e^{j\omega})=\begin{cases}|\omega|, & 0\leq|\omega|\leq\omega_c\\ 0, & \omega_c<|\omega|\leq\pi\end{cases}$

(b) $Y_2(e^{j\omega})=j\omega$，　$0\leq|\omega|\leq\pi$

(c) $Y_3(e^{j\omega}) = \begin{cases} j, & -\pi < \omega < 0 \\ -j, & 0 < \omega < \pi \end{cases}$

3.33 不计算逆 DTFT，确定图 P3.2 中哪个 DTFT 的逆是偶序列，哪个 DTFT 的逆是奇序列。

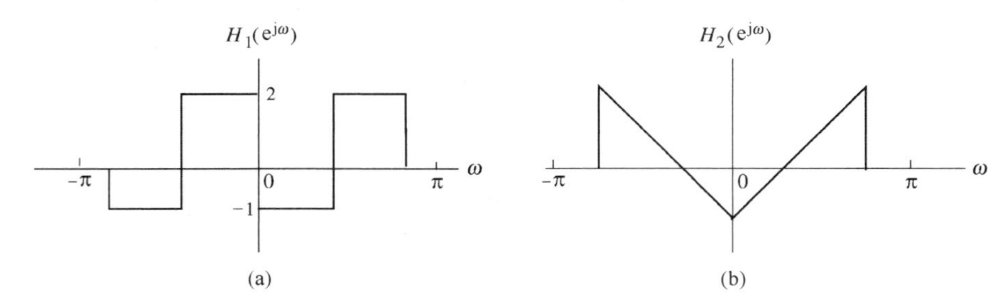

图 P3.2

3.34 设 $X(e^{j\omega})$ 表示复序列 $x[n]$ 的 DTFT。用 $x[n]$ 的实部和虚部表示 $X(e^{j\omega})$ 的实部和虚部。

3.35 设 $x[n]$ 和 $u[n]$ 是两个实值序列，其 DTFT 分别为 $X(e^{j\omega})$ 和 $U(e^{j\omega})$。按：$y[n] = x[n] + ju[n]$ 定义一个复值序列 $y[n]$。用 $y[n]$ 的 DTFT $Y(e^{j\omega})$ 表示 $X(e^{j\omega})$ 和 $U(e^{j\omega})$。若希望使 $Y(e^{j\omega})$ 在频率范围 $-\pi \leq \omega < 0$ 等于零，如何从 $x[n]$ 和 $u[n]$ 生成 $y[n]$。

3.36 验证表 3.1 给出的实序列的 DTFT 的对称关系。

3.37 验证表 3.2 给出的复序列的 DTFT 的对称关系。

3.38 证明离散时间傅里叶变换的下述定理：(a)线性定理，(b)时间反转定理，(c)时移定理，(d)频移定理。

3.39 设 $x[n]$ 是一个因果且绝对可和的实序列，其 DTFT 为 $X(e^{j\omega})$。若 $X_{re}(e^{j\omega})$ 和 $X_{im}(e^{j\omega})$ 表示 $X(e^{j\omega})$ 的实部和虚部，证明它们的关系为

$$X_{im}(e^{j\omega}) = -\frac{1}{2\pi}\int_{-\pi}^{\pi} X_{re}(e^{j\nu})\cot\left(\frac{\omega-\nu}{2}\right)d\nu \tag{3.93a}$$

$$X_{re}(e^{j\omega}) = \frac{1}{2\pi}\int_{-\pi}^{\pi} X_{im}(e^{j\nu})\cot\left(\frac{\omega-\nu}{2}\right)d\nu + x[0] \tag{3.93b}$$

上面的等式称为**离散希尔伯特(Hilbert)变换关系**。

3.40 设 $X(e^{j\omega})$ 表示一个复序列 $x[n]$ 的 DTFT。求用 $X(e^{j\omega})$ 表示的序列 $y[n] = x[n] \circledast x^*[-n]$ 的 DTFT $Y(e^{j\omega})$，并证明它是关于 ω 的实值函数。

3.41 在例 3.8 中，我们已证明图 3.5 所示的 DTFT $H_{LP}(e^{j\omega})$ 的逆 DTFT $h_{LP}[n]$ 由式(3.27)给出。求取并画出 $g[n] = \delta[n] - h_{LP}[n]$ 的 DTFT，$-\infty < n < \infty$。

3.42 序列 $x[n]$ 的零相位 DTFT $X(e^{j\omega})$ 如图 P3.3 所示。画出序列 $x[n]e^{-j\pi n/5}$ 的 DTFT。

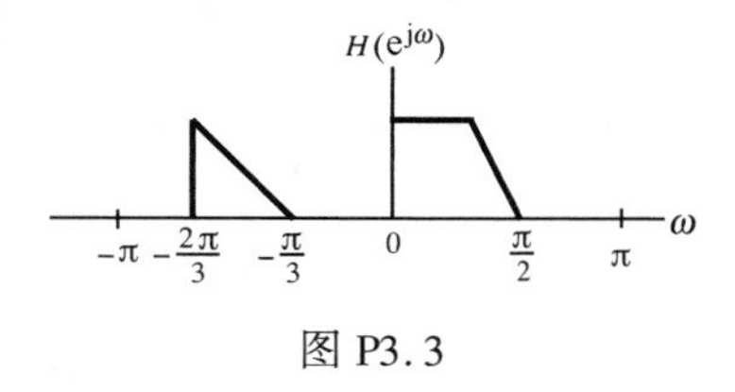

图 P3.3

3.43 用帕塞瓦尔关系求下面的积分：

(a) $\int_0^{\pi} \frac{4}{5+4\cos\omega}d\omega$ (b) $\int_0^{\pi} \frac{1}{3.25-3\cos\omega}d\omega$

(c) $\int_0^{\pi} \frac{4}{(5-4\cos\omega)^2}d\omega$

3.44 用例 3.14 列出的方法，求下述傅里叶变换的逆 DTFT：

(a) $X_1(e^{j\omega}) = \frac{1-1.4e^{-j\omega}}{1-1.3e^{-j\omega}+0.4e^{-j2\omega}}$

(b) $X_2(e^{j\omega}) = \frac{3-2.5e^{-j\omega}}{1-0.25e^{-j2\omega}}$

(c) $X_3(e^{j\omega}) = \frac{4}{1-0.16e^{-j2\omega}}$

(d) $X_4(e^{j\omega}) = \frac{2+0.8e^{-j\omega}}{1+1.4e^{-j\omega}+0.48e^{-j2\omega}}$

3.45　用基于 DTFT 的方法求下面每个序列与其自身的线性卷积：

(a) $x_1[n]=\{1,2,1\}$，$-1\leqslant n\leqslant 1$　　(b) $x_2[n]=\{-2,1,0,-1,2\}$，$0\leqslant n\leqslant 4$

3.46　考虑序列 $g[n]=n(0.4)^n\mu[n]$，其 DTFT 为 $G(e^{j\omega})$。利用表 3.1 给出的对称关系及表 3.3 给出的定理，不用计算 $G(e^{j\omega})$，求下面 $G(e^{j\omega})$ 函数的 DTFT：

(a) $X_1(e^{j\omega})=e^{-j4\omega}G(e^{j\omega})$

(b) $X_2(e^{j\omega})=G(e^{j(\omega+0.5\pi)})$

(c) $X_3(e^{j\omega})=3G(e^{j\omega})+4G(e^{-j\omega})$

(d) $X_4(e^{j\omega})=\dfrac{dG(e^{j\omega})}{d\omega}$

(e) $X_5(e^{j\omega})=jG_{im}(e^{j\omega})$

3.47　设 $X(e^{j\omega})$ 表示序列：

$$x[n]=\{3.4,\quad -2.1,\quad 1.4,\quad 0.2,\quad -2.1,\quad -0.9,\quad 0,\quad 1.8\},\quad -2\leqslant n\leqslant 5$$

的 DTFT，不计算 $X(e^{j\omega})$，求积分

$$\int_{-\pi}^{\pi}\left|\frac{dX(e^{j\omega})}{d\omega}\right|^2 d\omega$$

3.48　设 $X(e^{j\omega})$ 表示长为 9 的序列 $x[n]$

$$x[n]=\{3,\quad 1,\quad -5,\quad -11,\quad 0,\quad -5,\quad 3,\quad 3,\quad 8\},\quad -5\leqslant n\leqslant 3$$

的 DTFT。不求变换计算下面的 $X(e^{j\omega})$ 的函数：

(a) $X(e^{j0})$　(b) $X(e^{j\pi})$　(c) $\int_{-\pi}^{\pi}X(e^{j\omega})d\omega$　(d) $\int_{-\pi}^{\pi}|X(e^{j\omega})|^2 d\omega$　(e) $\int_{-\pi}^{\pi}\left|\dfrac{dX(e^{j\omega})}{d\omega}\right|^2 d\omega$

3.49　对下面长为 9 的序列

$$x[n]=\{-3,\quad -4,\quad -1,\quad 3,\quad -4,\quad -6,\quad -1,\quad 0,\quad 2\},\quad -1\leqslant n\leqslant 7$$

重做习题 3.48。

3.50　设 $G(e^{j\omega})$ 表示序列 $g[n]$

$$g[n]=\{-2,\quad 1,\quad 3,\quad 0,\quad -3,\quad -1,\quad 2\},\quad -3\leqslant n\leqslant 3$$

的 DTFT。不求 DTFT 计算下面的 $G(e^{j\omega})$ 的函数：

(a) $G(e^{j0})$　(b) $\arg\{G(e^{j\omega})\}$　(c) $G(e^{j\pi})$　(d) $\int_{-\pi}^{\pi}G(e^{j\omega})d\omega$　(e) $\int_{-\pi}^{\pi}|G(e^{j\omega})|^2 d\omega$

(f) $j\left.\dfrac{dG(e^{j\omega})}{d\omega}\right|_{\omega=0}$

3.51　对序列 $g[n]=\{-2,\quad -1,\quad 3,\quad 4,\quad 6,\quad 4,\quad 3,\quad -1,\quad -2\}$ 重做习题 3.50。

3.52　(a) 序列 $x[n]$ 的**时间延迟**常常通过其**重心**来度量，重心定义为

$$C_g=\frac{\sum_{n=-\infty}^{\infty}nx[n]}{\sum_{n=-\infty}^{\infty}x[n]}$$

试以 $x[n]$ 的 DTFT $X(e^{j\omega})$ 来表示 C_g。

(b) 求序列 $x[n]=\alpha^n\mu[n]$，$|\alpha|<1$ 的重心。

3.53　设 $G_1(e^{j\omega})$ 表示图 P3.4(a) 所示序列 $g_1[n]$ 的离散时间傅里叶变换。用 $G_1(e^{j\omega})$ 表示图 P3.4 中其他序列的 DTFT。不用计算 $G_1(e^{j\omega})$。

3.54　设 $y[n]$ 表示两个序列 $h[n]$ 和 $x[n]$ 的线性卷积；即，$y[n]=h[n]\circledast x[n]$，证明

(a) $\sum_{n=-\infty}^{\infty}y[n]=\left(\sum_{n=-\infty}^{\infty}h[n]\right)\left(\sum_{n=-\infty}^{\infty}x[n]\right)$

(b) $\sum_{n=-\infty}^{\infty}x[n]=\left(\sum_{n=-\infty}^{\infty}y[n]\right)/\left(\sum_{n=-\infty}^{\infty}h[n]\right)$

(c) $\sum_{n=-\infty}^{\infty}(-1)^n y[n]=\left(\sum_{n=-\infty}^{\infty}(-1)^n h[n]\right)\left(\sum_{n=-\infty}^{\infty}(-1)^n x[n]\right)$

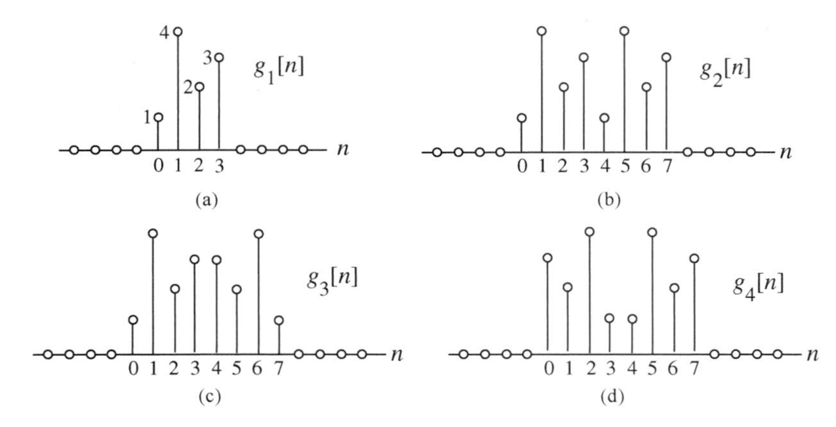

图 P3.4

3.55 证明式(3.12)的离散时间信号当 $\alpha = 1/3$ 时，其75%带宽是 0.4477π。

3.56 证明式(3.67)的**泊松求和方程**。

3.57 试证明若 $g_a(t)$(带限到 Ω_m)的谱 $G_a(\mathrm{j}\Omega)$ 在 Ω_m 处也包含有一个冲激，则要从对应的抽样形式中完全恢复出 $g_a(t)$，抽样率 Ω_T 必须大于 $2\Omega_m$。

3.58 连续时间信号 $g_a(t)$ 的奈奎斯特频率为 Ω_m，从 $g_a(t)$ 求出下面连续时间信号的奈奎斯特频率：

(a)$y_1(t) = g_a(t)g_a(t)$，(b)$y_2(t) = g_a(t/3)$，(c)$y_3(t) = g_a(3t)$

(d) $y_4(t) = \int_{-\infty}^{\infty} g_a(t-\tau)g_a(\tau)\,\mathrm{d}\tau$，(e) $y_5(t) = \dfrac{\mathrm{d}g_a(t)}{\mathrm{d}t}$

3.59 有限能量连续时间信号 $g_a(t)$ 以满足式(3.71)中奈奎斯特条件的抽样率进行抽样，得到离散时间序列 $g[n]$。建立连续时间信号 $g_a(t)$ 的总能量 $\varepsilon_{g_a(t)}$ 与离散时间信号 $g[n]$ 的总能量 $\mathcal{E}_{g[n]}$ 的关系。

3.60 对一段4.0 s长的连续时间信号进行无混叠的均匀抽样，产生一段包含8500个样本点的有限长序列。连续时间信号中可能存在的最高频率成分是什么？

3.61 连续时间的信号 $x_a(t)$ 由频率为300 Hz、500 Hz、1.2 kHz、2.15 kHz 和3.5 kHz 的正弦信号的线性组合组成。以3.0 kHz 的抽样率对信号 $x_a(t)$ 进行抽样，抽样所得的序列通过一个截止频率为900 Hz 的理想低通滤波器，从而得到一个连续时间信号 $y_a(t)$。重构信号 $y_a(t)$ 中的频率分量有哪些？

3.62 连续时间的信号 $x_a(t)$ 由频率为 F_1 Hz、F_2 Hz、F_3 Hz 和 F_4 Hz 的正弦信号的线性组合组成。以8 kHz 的抽样率对信号 $x_a(t)$ 进行抽样，抽样所得的序列接下来通过一个截止频率为3.5 kHz 的理想低通滤波器，得到一个由三个频率分别为150 Hz、400 Hz 和925 Hz 的正弦信号组成的连续时间的信号 $y_a(t)$。F_1、F_2、F_3 和 F_4 的可能取值是什么？你的答案是否是唯一的？若不是，试给出另一组可能的频率值。

3.63 连续时间信号 $x_a(t) = 3\sin(32\pi t) - 2\cos(24\pi t) + 4\sin(120\pi t) + 8\cos(144\pi t)$ 以40 Hz 的频率抽样，得到序列 $x[n]$。求 $x[n]$ 的准确表达式。

3.64 若截止频率为 $\Omega_c = \Omega_T/2$，其中 Ω_T 是抽样率，试证明由式(3.79)得到的理想低通滤波器的冲激响应 $h_r(t)$ 对所有的 n 值都有 $h_r(nT) = \delta[n]$。

3.65 考虑图3.13所示的系统，其中输入连续时间信号 $x_a(t)$ 具有带限谱 $X_a(\mathrm{j}\Omega)$，如图P3.5(a)所示，并以奈奎斯特频率进行抽样。离散时间处理器是一个频率响应为 $H(\mathrm{e}^{\mathrm{j}\omega})$ 的理想低通滤波器，如图P3.5(b)所示，其截止频率为 $\omega_c = \Omega_m T/2$，其中 T 是抽样周期。尽可能准确地画出输出连续时间信号 $y_a(t)$ 的谱 $Y_a(\mathrm{j}\Omega)$。

3.66 连续时间信号 $x_a(t)$ 具有带限谱 $X_a(\mathrm{j}\Omega)$，如图P3.6所示。求可以用来对 $x_a(t)$ 进行抽样的最小抽样率 F_T，使得对于下面的每组频带边界频率 Ω_1 和 Ω_2，可以从其抽样形式 $x[n]$ 中完全恢复出 $x_a(t)$。对每种情况，画出在最小抽样率 F_T 下通过对 $x_a(t)$ 进行抽样而得到的抽样形式 $x[n]$ 的DTFT，以及完全恢复 $x_a(t)$ 所需的理想重构滤波器的频率响应。

(a)$\Omega_1 = 120\pi$，$\Omega_2 = 160\pi$　(b)$\Omega_1 = 141\pi$，　$\Omega_2 = 183\pi$　(c)$\Omega_1 = 168\pi$，　$\Omega_2 = 220\pi$

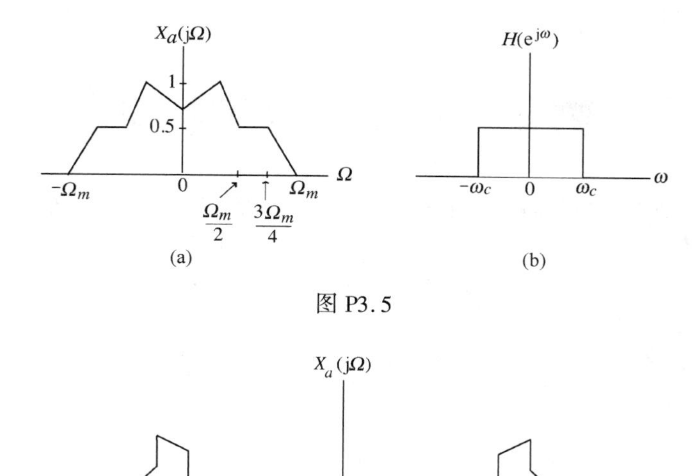

图 P3.5

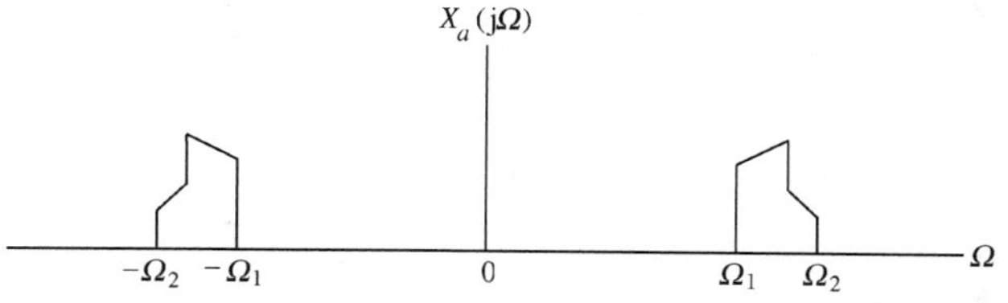

图 P3.6

3.13　MATLAB 练习

M3.1　用程序 3_1 求解并画出对 r 和 θ 取不同值时，如下 DTFT 的实部和虚部以及幅度和相位谱：

$$G(e^{j\omega}) = \frac{1}{1 - 2r(\cos\theta)e^{-j\omega} + r^2 e^{-j2\omega}}, \qquad 0 < r < 1$$

M3.2　用程序 3_1 求解并画出当 $N = 10$ 时，习题 3.18 中的序列的 DTFT 的实部和虚部以及幅度和相位谱。

M3.3　用程序 3_1 求解并画出如下 DTFT 的实部和虚部以及幅度和相位谱：

$$\text{(a)} \quad X(e^{j\omega}) = \frac{0.1323(1 + 0.1444e^{-j\omega} - 0.4519e^{-j2\omega} + 0.1444e^{-j3\omega} + e^{-j4\omega})}{1 + 0.1386e^{-j\omega} + 0.8258e^{-j2\omega} + 0.1393e^{-j3\omega} + 0.4153e^{-j4\omega}}$$

$$\text{(b)} \quad X(e^{j\omega}) = \frac{0.3192(1 + 0.1885e^{-j\omega} - 0.1885e^{-j2\omega} - e^{-j3\omega})}{1 + 0.7856e^{-j\omega} + 1.4654e^{-j2\omega} - 0.2346e^{-j3\omega}}$$

M3.4　用 MATLAB 验证表 3.1 列出的实序列的 DTFT 的对称关系。

M3.5　用 MATLAB 验证表 3.2 列出的复序列的 DTFT 的对称关系。

M3.6　用 MATLAB 验证表 3.4 列出的 DTFT 的下列常见定理：(a)线性，(b)时移，(c)频移，(d)频率微分，(e)卷积，(f)调制，(g)帕塞瓦尔定理。由于在 MATLAB 中所有数据必须是有限长的向量，所用来验证性质的序列也被限定为有限长序列。

第 4 章　离散时间系统

离散时间系统的功能是对给定的**输入序列**进行处理得到**输出序列**。输出序列应含有更多所需的特性，或可以从中提取关于输入序列的某种信息。大多数应用中，用到的离散时间系统是单输入单输出系统，如图 4.1 所示，其中 $y[n]$ 和 $x[n]$ 分别表示输出和输入序列。数学上，离散时间系统用运算子 $\mathcal{H}(\cdot)$ 描述，该运算将输入序列变换成系统输出端的另一个序列。例如，该算子可以由 2.2 节描述的基本运算组合合成。从某个时间序号值 n 开始，随着 n 值逐渐增加，输出序列顺序产生。若开始的时间序号是 n_o，则首先计算输出 $y[n_o]$，接下来计算 $y[n_o+1]$，以此类推。本章仅将注意力集中于其后面所述的具有某些特性的一类离散时间系统。

在此，首先介绍一些在实际中有广泛应用的简单离散时间系统，对其研究有助于我们更深入地了解复杂系统的运算。然后，将给出离散时间系统的不同分类。在这些系统中，线性时不变系统在本书中具有独特的重要性，我们将研究其几种不同形式的时域和频域描述。最后，以对线性时不变离散时间系统的两个重要特性的讨论结束全章。

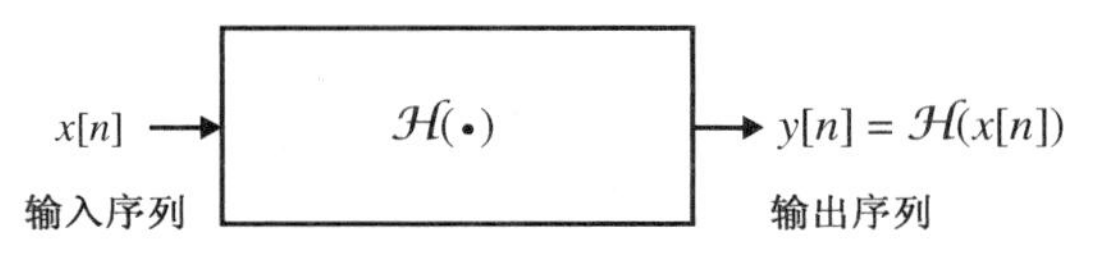

图 4.1　离散时间系统的示意图表示

在实际的离散时间系统中，所有信号都是数字信号，对这些信号的运算也产生数字信号，此类离散时间系统通常称为数字滤波器。然而，若没有歧义，无论离散时间系统是否用有限精度算法来实现，我们也将其称为数字滤波器。

4.1　离散时间系统举例

图 2.5 和图 2.12 中所示的基本运算器件都可以看成是基本离散时间系统。图中，调制器和加法器就是双输入单输出离散时间系统的例子，而其余的器件则是单输入单输出离散时间系统的例子。更复杂的离散时间系统由两个或两个以上的基本离散时间系统组合得到，如例 2.4 中的式(2.19)所示，其中 $x[n]$ 是输入序列而 $y[n]$ 是输出序列。下面给出其他一些离散时间系统的例子。

累加器

累加器是稍微有点复杂的离散时间系统的一个简单例子，它通过下面的输入-输出关系定义：

$$y[n] = \sum_{\ell=-\infty}^{n} x[\ell] \tag{4.1}$$

在 n 时刻的输出 $y[n]$ 是 n 时刻输入样本值 $x[n]$ 与所有过去输入样本值的和。因此，该系统实现了累积相加，即它对 $-\infty$ 到 n 的所有输入样本值求和。累加器可以看成是连续时间积分器的离散时间等效。

上式也可以写成如下形式

$$y[n] = \sum_{\ell=-\infty}^{n-1} x[\ell] + x[n] = y[n-1] + x[n] \tag{4.2}$$

从而引出累加器的另一种输入-输出关系。在此形式中，在时刻 n 的输出 $y[n]$ 是在时刻 n 输入序列 $x[n]$ 以及在时刻 $n-1$ 的前一个输出样本 $y[n-1]$ 之和，后者是从 $-\infty$ 到 $n-1$ 时刻所有输入样本值的和。

累加器的输入-输出关系的另一种变形是

$$y[n] = \sum_{\ell=-\infty}^{-1} x[\ell] + \sum_{\ell=0}^{n} x[\ell] = y[-1] + \sum_{\ell=0}^{n} x[\ell], \qquad n \geqslant 0 \tag{4.3}$$

上面形式的累加器用于因果输入序列，此时 $y[-1]$ 被称为**初始条件**。

滑动平均滤波器

在例2.1中，我们指出由于观测中随机噪声的影响，观测数据并不非常准确。在数据受到加性噪声干扰的情况下，检测得到的第n个抽样时刻的数据$x[n]$可建模为$x[n]=s[n]+d[n]$，其中$s[n]$和$d[n]$分别表示数据和噪声的第n个样本。此例说明，若可以得到对同一组数据的多次观测结果，则可以通过集合平均的方法得到对未受干扰的数据的一个较合理的估计。然而，有些应用不能对数据重复观测，这时，从范围$n-M+1\leq\ell\leq n$内被噪声污染的数据样本$x[\ell]$中已有的M个观测中估计时刻n的数据$s[n]$的常用方法是求取$y[n]$的**M点平均**或**均值**为

$$y[n]=\frac{1}{M}\sum_{\ell=0}^{M-1}x[n-\ell] \tag{4.4}$$

通常用**标准差**估计均值$y[n]$相对于真实值$s[n]$的分散程度，定义为[Tha98]

$$\sigma[n]=\sqrt{\frac{\sum_{\ell=0}^{M-1}(x[n-\ell]-y[n])^2}{M}} \tag{4.5}$$

实现式(4.4)的离散时间系统通常称为**M点滑动平均滤波器**。在绝大多数应用中，数据$x[n]$是有界序列，因此M点均值$y[n]$也是有界序列。由式(4.5)可知，若观测过程没有偏差，则可以简单地通过增加M来提高对噪声数据估计的准确性。

式(4.4)给出的M点滑动平均滤波器的直接实现包括$M-1$次相加、以值$1/M$为因子的一次相乘和能存储$M-1$个过去输入数据样本的存储器。下面将推导滑动平均滤波器的一种更为有效的实现。由式(4.4)可得

$$\begin{aligned}y[n]&=\frac{1}{M}\left(\sum_{\ell=0}^{M-1}x[n-\ell]+x[n-M]-x[n-M]\right)\\&=\frac{1}{M}\left(\sum_{\ell=1}^{M}x[n-\ell]+x[n]-x[n-M]\right)\\&=\frac{1}{M}\left(\sum_{\ell=0}^{M-1}x[n-1-\ell]+x[n]-x[n-M]\right)\end{aligned}$$

上式可重写为

$$y[n]=y[n-1]+\tfrac{1}{M}(x[n]-x[n-M]) \tag{4.6}$$

若使用上述递归方程计算序列第n时刻的M点滑动平均值$y[n]$，现在只需要2次相加和1次与$1/M$相乘，这样计算量就比按照式(4.4)的直接实现方式有了显著减少。

在例4.1中，我们将用MATLAB说明式(4.4)中滑动平均滤波器的实现，及其在去除观测数据样本中的随机噪声影响的应用。

例4.1　用滑动平均滤波器去除噪声

程序4_1.m

为简单起见，假设原未受干扰的信号按式(2.16)产生。程序4_1用式(4.4)给出的滑动平均系统，从受噪声干扰信号$x[n]$产生平滑的输出$y[n]$。图4.2画出了$M=3$时程序4_1中产生的有关信号。在执行中，程序要求的输入数据是待相加的输入样本数M。注意，为了更清晰地说明噪声平滑效果，这里使用了函数`plot`将离散时间信号画成连续曲线。

在例4.31中将会看到，式(4.4)给出的滑动平均滤波器工作起来就像一个低通滤波器，它通过去除高频成分来平滑输入数据。然而，大多数随机噪声在$0\leq\omega<\pi$范围内都有频率分量，因此，噪声中的一些低频成分也会出现在滑动平均滤波器的输出中。随着用于求平均的M值的增加，低通滤波器的带宽变窄，这样，就可能去除了一些原始信号中的中频成分，从而导致输出过分平滑。所以，必须根据影响原信号的噪声的本质选择合适的M。在一些应用中，通过把一组具有较小M值的相同滑动平均滤波器级联组成滤波器组，来处理受噪声影响的信号，可以得到质量较高的平滑输出。

注意，在图4.2(b)中，除了延迟一个样本之外，3点滑动平均滤波器的输出 $y[n]$ 几乎与理想的未受干扰的输入 $s[n]$ 相等。我们将在后面4.9节证明延迟 $(M-1)/2$ 个样本是 M 点滑动平均滤波器的固有特点。

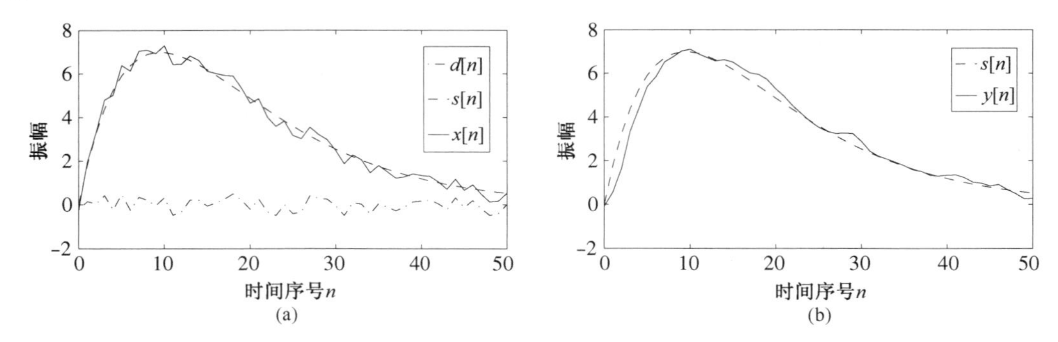

图4.2　例4.1的有关信号：$s[n]$ 是原始未被污染的信号，$d[n]$ 是噪声序列，$x[n]=s[n]+d[n]$，$y[n]$ 是滑动平均滤波器的输出

指数加权移动平均滤波器

用式(4.4)计算平均的方法对所有的 M 个数据样本具有相同的权重。在一些应用中，求平均时可能需要对离 n 时刻较近的数据样本采用较大的加权系数，而对较远的数据样本采用较小的加权系数。计算这种平均需用**指数加权移动平均滤波器**[Tha98]：

$$y[n]=\alpha y[n-1]+x[n],\qquad 0<\alpha<1 \tag{4.7}$$

用上式计算的移动平均需要包括1次相加和1次相乘。而且，只需要存储前一次移动平均的结果，而不需要存储以前的输入数据样本。

当 $0<\alpha<1$ 时，式(4.7)给出的指数加权平均滤波器通过对数据样本以指数形式加权，对当前数据样本的权重较大，而以前数据样本的权重较小。为了证明这一特性，通过替换式(4.7)中的 $y[n-1]$，然后接下来又替换 $y[n-2]$，$y[n]$ 可重写为

$$\begin{aligned}y[n]&=\alpha\,(\alpha y[n-2]+x[n-1])+x[n]\\&=\alpha^2 y[n-2]+\alpha x[n-1]+x[n]\\&=\alpha^2\,(\alpha y[n-3]+x[n-2])+\alpha x[n-1]+x[n]\\&=\alpha^3 y[n-3]+\alpha^2 x[n-2]+\alpha x[n-1]+x[n]\end{aligned}$$

由于 $0<\alpha<1$，从上面最后一个式子可以看到，以前输入数据所对应的权重以指数速率变得越来越小。

线性内插器

离散时间系统的另一个例子是线性内插器，它通常用于估计离散时间序列中相邻的一对样本值之间的样本值大小。线性内插首先将待内插的输入序列 $x[n]$ 通过上抽样器得到 $x_u[n]$，然后把它作为第二个离散时间系统的输入，该系统对上抽样器插入的零值重新"填入"，"填入"的数据是由零值样本周围的输入样本对经过线性内插得到的值，如图4.3所示。于是，内插样本值位于在连接输入样本值对的直线上，图4.4显示了一个因子为4的内插。

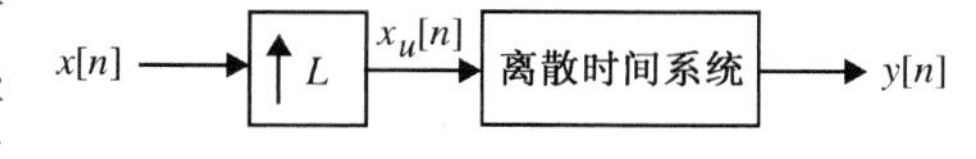

图4.3　因子为 L 的内插器

我们推导因子为2的内插器的输入-输出关系。这里，若 $x_u[n]$ 是在每一对输入样本间插入的一个零值，则用两个原输入样本 $x_u[n-1]$ 和 $x_u[n+1]$ 的平均值来代替这个零值，即

$$y[n]=x_u[n]+\tfrac{1}{2}\,(x_u[n-1]+x_u[n+1]) \tag{4.8}$$

另一方面，若 $x_u[n]$ 是原输入数据中的一个样本，而与之相邻的 $x_u[n-1]$ 和 $x_u[n+1]$ 都为零，此时，则由

式(4.8)可知 $y[n]=x_u[n]$，换言之，输入样本保持不变。这样，因子为 2 的上抽样器与根据式(4.8)所定义的离散时间系统一起组成了因子为 2 的内插器。式(4.8)也称为**双线性内插**。

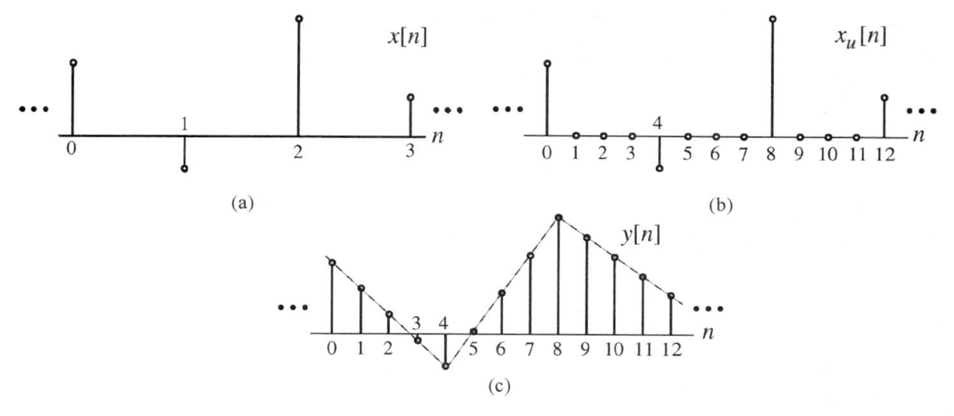

图 4.4　线性内插方法说明

同样，容易证明，对一个因子为 3 的内插器，跟在因子为 3 的上抽样器后面的离散时间系统可用输入–输出关系

$$y[n]=x_u[n]+\tfrac{2}{3}(x_u[n-1]+x_u[n+1])+\tfrac{1}{3}(x_u[n-2]+x_u[n+2]) \tag{4.9}$$

描述(参见习题 4.13)。

在一些实际应用中，常用到上述类型的线性内插器。数字图像在水平和垂直方向上的整数倍放大就是一个简单的应用。比如，若要把一幅图像放大两倍，则首先要依次在水平方向和垂直方向上的两个连续像素间插入零值像素，然后再依次在水平方向和垂直方向上采用双线性插值法，用插值出的数值替换零值像素，才能得到放大的图像。

线性插值的另一个应用是从廉价的数码相机中的单一 CCD 或 CMOS 图像传感器阵列捕获的数据生成全彩色图像。

线性内插器基本上以整数因子增加输入信号的抽样率。13.2 节中将讨论内插的原理，同时，也将介绍以整数或分数增加抽样率的内插器设计。13.5 节将讨论任意抽样率的内插器。

中值滤波器

一组$(2K+1)$个数的中值定义为这样的一个数：若该组中的 K 个数值大于该数值，而剩下的 K 个数小于该数值，则该数据即为中值。可以根据数组中数值的大小对数排序，然后选取位于中间的那个数。比如，有一组数$\{2,\ -3,\ 10,\ 5,\ -1\}$。重新排序后的为$\{-3,\ -1,\ 2,\ 5,\ 10\}$。因此，$\text{med}\{2,\ -3,\ 10,\ 5,\ -1\}=2$。

中值滤波器是通过在输入序列$\{x[n]\}$上滑动一个长度为奇数的窗口来实现的，每次滑动一个样本值[Reg93]，[Tuk74]。在任意时刻，滤波器的输出都为当前窗口中所有输入样本值的中值。更确切地说，在 n 时刻，窗口长度为$(2K+1)$的中值滤波器的输出 $y[n]$ 为

$$y[n]=\text{med}\{x[n-K],\cdots,x[n-1],x[n],x[n+1],\cdots,x[n+K]\} \tag{4.10}$$

在实际中，当用窗口长度为 M 的中值滤波器处理长度为 N(其中 $M<N$)的有限长序列$\{x[n]\}$时，需要在输入序列$\{x[n]\}$两端各添加$(M-1)/2$ 个零值，得到长度为 $N+M-1$ 的新序列$\{x_e[n]\}$：

$$x_e[n]=\begin{cases}0, & -\frac{(M-1)}{2}\leqslant n\leqslant -1\\ x[n], & 0\leqslant n\leqslant N-1\\ 0, & N\leqslant n\leqslant N-1+\frac{(M-1)}{2}\end{cases}$$

当用中值滤波器处理序列$\{x_e[n]\}$时得到输出序列$\{y[n]\}$，其长度仍为 N。

中值滤波器常用于去除加性随机冲激噪声，这类噪声将会导致受干扰信号中存在大量突发错误。在这种情况下，线性低通滤波器(如滑动平均滤波器或指数加权平均滤波器)在消除数据中突发的较大数值错误的同时，会使原数据中自然产生不连续从而严重失真。在许多实际场合，这种类型的不连续性经常发生，比如在语音中清音和浊音之间的突然过渡以及在图像和视频数据中自然出现的边缘。中值滤波器通常用来平滑由冲激噪声干扰的信号，如例 4.2 所示。

例 4.2　用中值滤波器移除冲激噪声

程序 4_2.m

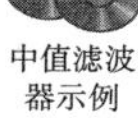

中值滤波器示例

MATLAB 中的 M 文件 `medfilt1` 用于实现式(4.10)定义的中值滤波器，它可以消除观测数据中的冲激噪声。为简便起见，假设原未受干扰信号由式(2.16)定义。图 4.5 画出了中值滤波器的窗口长度为 3 时，由程序 4_2 得到的有关信号。由图 4.5(b)可以看出，中值滤波后的信号与图 2.6(a)所示的原未受干扰信号几乎相同。

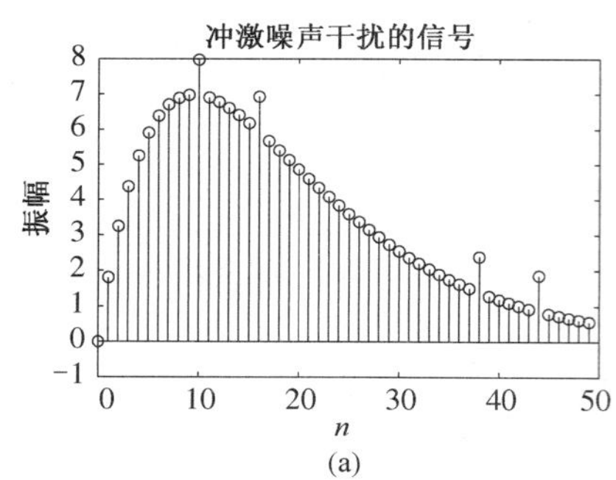

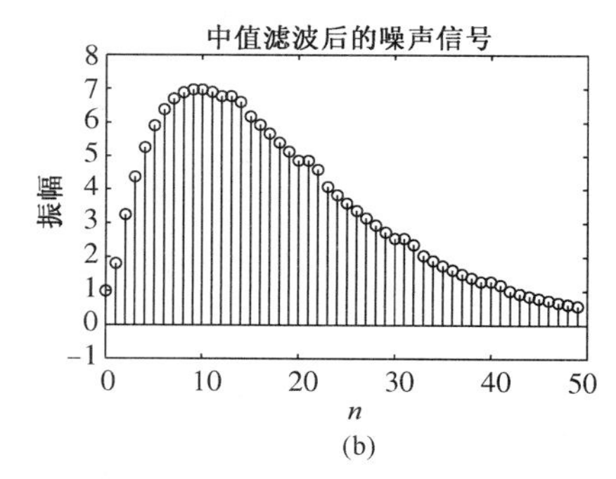

图 4.5　(a)受冲激噪声干扰的信号；(b)长度为 3 的中值滤波器的输出

4.2　离散时间系统的分类

下面将介绍几种离散时间系统的分类方法。这些分类都是基于可以表征系统特性的输入-输出关系进行的。

线性系统

线性系统是使用得最广泛的离散时间系统，而且也是本书中涉及得最多的系统，在该系统中，叠加原理总是成立的。更准确地说，对于一个线性离散时间系统，若 $y_1[n]$ 和 $y_2[n]$ 分别是输入序列为 $x_1[n]$ 和 $x_2[n]$ 的响应，则当输入为

$$x[n] = \alpha x_1[n] + \beta x_2[n]$$

时，其响应为

$$y[n] = \alpha y_1[n] + \beta y_2[n]$$

叠加定理必须对任意常数 α 和 β 以及所有可能输入 $x_1[n]$ 和 $x_2[n]$ 成立。若一个复杂序列可以表示成一些简单序列(如单位样本序列或复指数序列)的加权和，则利用此特性，就可以方便地计算出该复杂序列的输出响应。此时，所求输出可以用系统对各个简单序列的输出以相同的加权组合来表示。

例 4.3 将说明累加器的线性特性。

例 4.3　累加器的线性性质

设输入为 $x_1[n]$ 和 $x_2[n]$，根据式(4.1)给出的离散时间累加器的输入-输出关系，可得到输出 $y_1[n]$ 和 $y_2[n]$ 为

$$y_1[n] = \sum_{\ell=-\infty}^{n} x_1[\ell], \qquad y_2[n] = \sum_{\ell=-\infty}^{n} x_2[\ell]$$

当输入为 $\alpha x_1[n] + \beta x_2[n]$ 时，输出 $y[n]$ 为

$$y[n]=\sum_{\ell=-\infty}^{n}(\alpha x_1[\ell]+\beta x_2[\ell])$$

$$=\alpha\sum_{\ell=-\infty}^{n}x_1[\ell]+\beta\sum_{\ell=-\infty}^{n}x_2[\ell]=\alpha y_1[n]+\beta y_2[n]$$

因此，式(4.1)描述的离散时间系统是线性系统。

再来看式(4.3)定义的累加器的修正形式，它在 $n=0$ 时有因果输入。当输入为 $x_1[n]$ 和 $x_2[n]$ 时，得到的输出 $y_1[n]$ 和 $y_2[n]$ 为

$$y_1[n]=y_1[-1]+\sum_{\ell=0}^{n}x_1[\ell],\qquad y_2[n]=y_2[-1]+\sum_{\ell=0}^{n}x_2[\ell]$$

因此，当输入变为 $\alpha x_1[n]+\beta x_2[n]$ 时，输出 $y[n]$ 形如

$$y[n]=y[-1]+\sum_{\ell=0}^{n}(\alpha x_1[\ell]+\beta x_2[\ell])=y[-1]+\alpha\sum_{\ell=0}^{n}x_1[\ell]+\beta\sum_{\ell=0}^{n}x_2[\ell] \tag{4.11}$$

另一方面

$$\alpha y_1[n]+\beta y_2[n]=\alpha y_1[-1]+\alpha\sum_{\ell=0}^{n}x_1[\ell]+\beta y_2[-1]+\beta\sum_{\ell=0}^{n}x_2[\ell] \tag{4.12}$$

若

$$y[-1]=\alpha y_1[-1]+\beta y_2[-1]$$

则与式(4.11)中的 $y[n]$ 相同。

只有当所有初始条件 $y[-1]$、$y_1[-1]$ 和 $y_2[-1]$ 以及所有常量 α 和 β 都满足上面的初始条件时，式(4.3)给出的系统才为线性系统。除非式(4.3)给出的该系统处于零初始状态，否则这个条件不满足。当系统处于非零初始状态时，式(4.3)给出的离散时间系统是非线性的。

容易验证式(2.19)、式(2.23)、式(2.24)、式(4.4)、式(4.8)和式(4.9)所描述的离散时间系统都是线性系统(参见习题4.2)。然而，如例4.3所指出的，式(4.3)定义的离散时间系统的线性依赖于初始条件的值。我们在例4.4证明式(4.10)定义的中值滤波器是一个非线性离散时间系统。

例4.4　非线性离散时间系统

不失一般性，考虑窗长为3的中值滤波器。若输入为 $\{x_1[n]\}=\{3,4,5\}$，$0\leqslant n\leqslant 2$，则其输出是长度为3的序列 $\{y_1[n]\}=\{3,4,4\}$；若输入为 $\{x_2[n]\}=\{2,-1,-1\}$，$0\leqslant n\leqslant 2$，则其输出是长度为3的序列 $\{y_2[n]\}=\{0,-1,-1\}$。若输入为 $\{x[n]\}=\{x_1[n]+x_2[n]\}$，则输出为 $\{y[n]\}=\{3,4,3\}$。可以看到，$\{y_1[n]+y_2[n]\}=\{3,3,3\}$，它并不等于 $\{y[n]\}$。

移不变系统

移不变性质是对实际中的大多数数字滤波器的第二个条件。对于移不变离散时间系统，若 $y_1[n]$ 是对输入 $x_1[n]$ 的响应，则对输入 $x[n]=x_1[n-n_o]$ 的响应可以简单地表示为 $y[n]=y_1[n-n_o]$，式中，n_o 是任意正或负整数。输入和输出间的这种关系必须对任意输入序列及其输出成立。若序列或系统的序号 n 与离散时刻相关联时，上面的限制通常被称为时不变性质。**时不变**性质保证对于一个给定的输入信号，系统相应的输出与输入信号所加入的时刻无关。

可以证明，式(4.10)中的中值滤波器是时不变系统(参见习题4.7)。例4.5说明了式(2.23)的上抽样器的时变性质。

例4.5　时变离散时间系统

为了说明上抽样器的时变性质，由式(2.23)可以观察到，当输入为 $x_1[n]=x[n-n_o]$ 时，输出 $x_{1,u}[n]$ 为

$$x_{1,u}[n]=\begin{cases}x_1[n/L], & n=0,\pm L,\pm 2L,\cdots\\ 0, & \text{其他}\end{cases}$$

$$=\begin{cases}x[(n-Ln_o)/L], & n=0,\pm L,\pm 2L,\cdots\\ 0, & \text{其他}\end{cases}$$

但由式(2.23)可得

$$x_u[n-n_o]=\begin{cases}x[(n-n_o)/L], & n=n_o,n_o\pm L,n_o\pm 2L,\cdots\\ 0, & \text{其他}\end{cases}$$
$$\neq x_{1,u}[n]$$

可以证明式(2.24)给出的下抽样器也是时变系统(参见习题4.1)。

因果系统

除了上面两个性质以外，为了实用，我们对本书中处理的离散时间系统再加上因果和稳定的条件限制。**因果**离散时间系统是指，第 n_o 个输出样本 $y[n_o]$ 仅由对应于 $n \leqslant n_o$ 的输入样本 $x[n]$ 决定，而不依赖对应于 $n>n_o$ 的输入样本。因此，若输入为 $u_1[n]$ 和 $u_2[n]$，因果离散时间系统的响应分别为 $y_1[n]$ 和 $y_2[n]$，则

$$u_1[n]=u_2[n],\quad n<N \qquad \text{也就是说} \qquad y_1[n]=y_2[n],\quad n<N$$

简单地说，对因果系统，输出的变化并不先于输入的变化。需要指出的是，上面给出的因果性的定义仅仅适用于输入和输出具有相同抽样率的离散时间系统①。

很容易证明，式(2.19)、式(4.1)、式(4.3)、式(4.4)和式(4.7)给出的离散时间系统是因果系统，而式(4.8)和式(4.9)所定义的离散时间系统是非因果系统。注意，这两个非因果系统可以通过把输出分别延迟一个和两个样本而成为因果系统。

稳定系统

稳定性有不同的定义方式。当且仅当系统对于有界输入产生有界输出时，我们说该系统是**稳定**的。这意味着，若对 $x[n]$ 的响应是序列 $y[n]$，且对于所有的 n 值，有

$$|x[n]|<B_x$$

则对于所有的 n 值有

$$|y[n]|<B_y$$

式中，B_x 和 B_y 都是有限正常量。这类稳定性通常称为**有界输入有界输出**(BIBO)稳定性。例4.6和例4.7讨论了式(4.7)和式(4.4)给出的离散时间系统的BIBO稳定性。

例4.6 稳定性概念的含义

对于式(4.7)定义的因果离散时间系统，当输入为单位阶跃序列时，即 $x[n]=\mu[n]$，$n\geqslant 0$ 时，输出为

$$y[n]=\alpha^{n+1}y[-1]+\sum_{i=0}^{n}\alpha^i,\qquad n\geqslant 0$$

于是，若 $0<\alpha<1$，则随着 n 值增大，$y[n]$ 会逐渐减小，且 $\lim\limits_{n\to\infty}y[n]=\lim\limits_{n\to\infty}\sum_{i=0}^{n}\alpha^i=1/(1-\alpha)$。而若 $\alpha>1$，则随着 n 值增大，$y[n]$ 会逐渐增大，且 $\lim\limits_{n\to\infty}y[n]=\infty$。对后一种情况而言，当输入有界时，输出是无界的，所以该系统是不稳定的。

例4.7 稳定离散时间系统

对于例4.1中的 M 点滑动平均滤波器，当输入满足 $|x[n]|<B_x$ 时，根据式(4.4)可以推出第 n 个样本时刻其输出的幅度大小为

$$|y[n]|=\left|\frac{1}{M}\sum_{k=0}^{M-1}x[n-k]\right|\leqslant\frac{1}{M}\sum_{k=0}^{M-1}|x[n-k]|\leqslant\frac{1}{M}(M)B_x\leqslant B_x$$

从而表明这个系统是BIBO稳定的。

无源和无损系统

无源离散时间系统是指，对每个具有有限能量的输入序列 $x[n]$，输出序列 $y[n]$ 的能量不超过输入的

---

① 若输入和输出抽样率不一样，则必须修改因果性的定义。

能量，即

$$\sum_{n=-\infty}^{\infty}|y[n]|^2 \leqslant \sum_{n=-\infty}^{\infty}|x[n]|^2 < \infty \tag{4.13}$$

若对于每一个输入序列，上面的不等式中的等号成立，则该系统是**无损**系统。例 4.8 说明了无源和无损性质。

例 4.8　无源离散时间系统

考虑由 $y[n]=\alpha x[n-N]$ 定义的离散时间系统，其中 N 是正整数。其输出能量为

$$\sum_{n=-\infty}^{\infty}|y[n]|^2 = |\alpha|^2 \sum_{n=-\infty}^{\infty}|x[n]|^2$$

因此，当 $|\alpha|\leqslant 1$ 时，该系统是无源系统；而当 $|\alpha|=1$ 时，它是无损系统。

正如我们将在 12.9 节中看到的，在对变化不敏感的滤波器系数的设计中，无源性和无损性是非常重要的。

4.3　冲激和阶跃响应

单位样本响应是指输入单位样本序列 $\{\delta[n]\}$ 时数字滤波器的输出，或简称为**冲激响应**，记为 $\{h[n]\}$。同样，**单位阶跃响应**是指输入单位阶跃序列 $\{\mu[n]\}$ 时离散时间系统的输出，记为 $\{s[n]\}$，或简称为**阶跃响应**。在下一节中将会看到，线性时不变（LTI）数字滤波器在时域中可以通过其冲激响应或阶跃响应完全描述。

例 4.9 至例 4.11 说明了如何求三个离散时间系统的冲激响应。

例 4.9　求冲激响应

已知一个 LTI 离散时间系统的输入-输出关系为

$$y[n]=\alpha_1 x[n]+\alpha_2 x[n-1]+\alpha_3 x[n-2]+\alpha_4 x[n-3] \tag{4.14}$$

令 $x[n]=\delta[n]$，可得其冲激响应 $\{h[n]\}$ 为

$$h[n]=\alpha_1\delta[n]+\alpha_2\delta[n-1]+\alpha_3\delta[n-2]+\alpha_4\delta[n-3]$$

从而可知其冲激响应是长度为 4 的有限长序列

$$\{h[n]\}=\{\alpha_1,\quad \alpha_2,\quad \alpha_3,\quad \alpha_4\},\quad 0\leqslant n\leqslant 3$$

例 4.10　累加器的冲激响应

令 $x[n]=\delta[n]$，可得式（4.1）定义的离散时间累加器的冲激响应 $\{h[n]\}$ 为

$$h[n]=\sum_{\ell=-\infty}^{n}\delta[\ell]$$

由式（2.47a）可知它恰好是单位阶跃序列 $\mu[n]$。

例 4.11　因子为 2 的线性内插器的冲激响应

令 $x_u[n]=\delta[n]$，可得式（4.8）定义的因子为 2 的内插器的冲激响应 $\{h[n]\}$ 为

$$h[n]=\delta[n]+\tfrac{1}{2}(\delta[n-1]+\delta[n+1])$$

可以看出，该冲激响应是长度为 3 的有限长序列，也可以记为

$$\{h[n]\}=\{0.5,\ 1,0.5\}\qquad -1\leqslant n\leqslant 1$$

4.4　LTI 离散时间系统的时域特性

线性时不变（LTI）离散时间系统需要同时满足线性和时不变性，这类系统很容易用数学形式分析和描述，因此，也很容易设计。而且，在过去几十年中，利用这类系统研究出了非常有用的信号处理算法。本书几乎完全讨论这类离散时间系统。

在许多情况下，LTI 离散时间系统可以看做多个简单子系统的互连，而每个子系统又可以用前面 2.2.1 节中讨论的基本结构单元实现。为了能够对这类系统在时域进行分析，需要得到 LTI 离散时间系统中输入与输出之间的相互关系以及这个互连系统的特征。首先，我们将证明线性时不变离散时间系统的输出序列可以表示成冲激响应序列与输入序列的卷积和的形式。然后概要介绍一种简单的列表方法来计算两个有限长序列的卷积和。最后根据线性时不变离散时间系统的卷积和描述，推导出其用冲激响应表示的稳定性和因果性的条件。

4.4.1 输入-输出关系

线性时不变性质使得 LTI 离散时间系统可以由其冲激响应完全描述；即若已知冲激响应，就可以得到系统对任意输入的输出。下面将推导该关系。

设 $h[n]$ 表示所研究的 LTI 离散时间系统的冲激响应，即对输入 $\delta[n]$ 的响应。首先，计算该滤波器对如式(2.60)的输入信号 $x[n]$ 的响应。由于该离散时间系统是时不变的，所以对 $\delta[n-1]$ 的响应是 $h[n-1]$。同样，对于 $\delta[n+2]$、$\delta[n-4]$ 和 $\delta[n-6]$ 的响应分别是 $h[n+2]$、$h[n-4]$ 和 $h[n-6]$。由于线性，当输入为

$$x[n] = 0.5\delta[n+2] + 1.5\delta[n-1] - \delta[n-2] + \delta[n-4] + 0.75\delta[n-6]$$

时，LTI 离散时间系统的响应就是

$$y[n] = 0.5h[n+2] + 1.5h[n-1] - h[n-2] + h[n-4] + 0.75h[n-6]$$

由上面的结果可知，任意输入序列 $x[n]$ 可以表示为形如

$$x[n] = \sum_{k=-\infty}^{\infty} x[k]\delta[n-k] \tag{4.15}$$

的延迟和超前单位样本序列的线性加权和。式中，等号右边的权重 $x[k]$ 就是序列 $\{x[n]\}$ 的第 k 个样本值。LTI 离散时间系统对序列 $x[k]\delta[n-k]$ 的响应为 $x[k]h[n-k]$。因此，离散时间系统对 $x[n]$ 的响应 $y[n]$ 为

$$y[n] = \sum_{k=-\infty}^{\infty} x[k]h[n-k] \tag{4.16a}$$

假定式(4.16a)中的有限求和收敛，通过简单的变量变换，上式也可以写为

$$y[n] = \sum_{k=-\infty}^{\infty} x[n-k]h[k] \tag{4.16b}$$

式(4.16a)和式(4.16b)就是序列 $x[n]$ 和 $h[n]$ 的**卷积和**，并可用式(2.21)简洁表示。

例 4.12 考虑了计算具有延迟冲激响应的 LTI 离散时间系统的输出。

例 4.12 计算延迟冲激响应的输出

冲激响应为 $h[n]$ 的 LTI 离散时间系统，当输入为 $x[n]$ 时，其输出为 $y[n]$。在 LTI 离散时间系统的冲激响应为 $h[n-m]$ 时，对于输入 $x[n]$，确定其输出 $y_1[n]$。由式(4.16a)可得

$$y_1[n] = \sum_{k=-\infty}^{\infty} x[k]h[n-m-k] = x[n] \circledast h[n-m]$$

因此

$$y_1[n] = y[n-m]$$

卷积和运算有一些有用的性质。首先，该运算满足**交换律**，即

$$x_1[n] \circledast x_2[n] = x_2[n] \circledast x_1[n] \tag{4.17}$$

其次，对于稳定单边序列，卷积和运算满足**结合律**，即

$$(x_1[n] \circledast x_2[n]) \circledast x_3[n] = x_1[n] \circledast (x_2[n] \circledast x_3[n]) \tag{4.18}$$

最后，卷积和运算满足**分配律**，即

$$x_1[n] \circledast (x_2[n] + x_3[n]) = x_1[n] \circledast x_2[n] + x_1[n] \circledast x_3[n] \tag{4.19}$$

这些性质的证明将留做练习(参见习题4.17至习题4.19)。

式(4.16a)的卷积和运算可做如下解释。先将序列 $h[k]$ 时间反转得到 $h[-k]$，接着，将 $h[-k]$ 平移($n>0$ 表示向右移 n 个抽样周期；$n<0$ 表示向左移 n 个抽样周期)形成序列 $h[n-k]$。然后，形成乘积序列 $v[k]=x[k]h[n-k]$，把 $v[k]$ 的全部样本求和得到卷积和 $y[n]$ 的第 n 个样本。产生 $v[k]$ 的过程如图4.6所示。该过程对范围 $-\infty<n<\infty$ 内的每一个 n 值进行。将图4.6中的序列 $x[k]$ 与 $h[k]$ 互换可以得到式(4.16b)给出的卷积和运算的另一种形式的表示。

式(4.16a)的卷积和的另一个基于信号理论的解释为，它是冲激响应样本 $h[n-k]$ 的延迟或超前形式(决定于 k 值)以输入样本 $x[k]$ 加权的和；而式(4.16b)的卷积和则是输入信号 $x[n-k]$ 的延迟或超前形式(决定于 k 值)以冲激响应样本 $h[k]$ 加权的和。输入信号的延迟样本也称为**回声**。

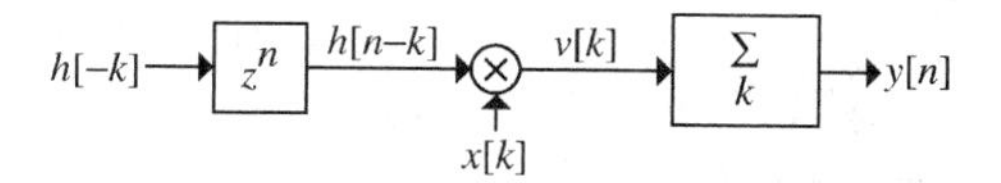

图4.6　式(4.16a)给出的卷积和运算的示意图

由上面的讨论可以清楚地知道，在已知冲激响应的情况下，原理上可以通过式(4.16a)或式(4.16b)的卷积和计算任意给定输入序列 $x[n]$ 的输出序列 $y[n]$，因此在时域中，用冲激响应 $\{h[n]\}$ 可以完全描述LTI离散时间系统。输出样本的计算仅仅是对一组乘积求和，其中只涉及诸如相加、相乘和延迟的简单算术运算。然而，在实际中，只要冲激响应序列或输入序列是有限长度的，卷积和就可以用来计算任何时刻的输出样本；得到一组乘积的有限和。值得注意的是，若输入序列和冲激响应序列都是有限长的，则输出序列也是有限长的。具有无限长冲激响应的离散时间系统，若输入也是无限长的，则显然不可能用卷积和的方法来计算系统输出。因此，对于此类系统，我们仅分析其另一种时域描述，此时，该系统仅涉及乘积的有限和。

例4.13利用卷积和求一个LTI离散时间系统的输出序列。

例4.13　用输入信号与冲激响应的卷积计算输出

设一个因果LTI离散时间系统的冲激响应为 $h[n]=\beta^n\mu[n]$，其中，$|\beta|<1$。当输入 $x[n]=\alpha^n\mu[n]$ 时，其中 $|\alpha|<1$，求输出序列 $y[n]$。输出 $y[n]$ 为

$$y[n] = h[n] \circledast x[n] = \beta^n \mu[n] \circledast \alpha^n \mu[n]$$

由于 $h[n]$ 和 $x[n]$ 都是因果序列，所以 $y[n]$ 也是因果序列。当 $n\geqslant 0$ 时，根据式(4.16a)可得

$$y[n] = \sum_{k=0}^{n} x[k]h[n-k] = \sum_{k=0}^{n} \alpha^k \beta^{n-k}$$

注意上面的结果与例3.14通过基于DTFT方法得到的完全一致。

4.4.2　计算卷积和的列表法

两个有限长序列的卷积和计算可以通过列表法得到，也可以通过基于多项式乘法的方法得到。列表法与实现两个数的传统乘法的方法[Pie96]相似，这两种方法都比在4.4.1节中采用的图形方法更简单易记。本节先介绍第一种方法，在6.6.1节将介绍如何用多项式相乘法实现卷积和计算。

不失一般性，计算序列 $\{g[n]\}$，$0\leqslant n\leqslant 3$ 与序列 $\{h[n]\}$，$0\leqslant n\leqslant 2$ 的卷积，得到序列

$$y[n] = g[n] \circledast h[n], \qquad 0 \leqslant n \leqslant 5$$

采用传统的乘法，对两个序列的样本相乘，但在列之间没有进位。首先，把 $\{g[n]\}$ 的每一个样本与 $h[0]$ 相乘，得到的乘积序列从时间序号 $n=0$ 开始写成一行。接着，把 $\{g[n]\}$ 的每一个样本与 $h[1]$ 相乘，得到的乘积序列从时间序号 $n=1$ 开始写在第二行。最后，把 $\{g[n]\}$ 的每一个样本与 $h[2]$ 相乘，得到的乘积序列从时间序号 $n=2$ 开始写在第三行。过程如下所述。

n:	0	1	2	3	4	5
$g[n]$:	$g[0]$	$g[1]$	$g[2]$	$g[3]$		
$h[n]$:	$h[0]$	$h[1]$	$h[2]$	—		
	$g[0]h[0]$	$g[1]h[0]$	$g[2]h[0]$	$g[3]h[0]$		
	—	$g[0]h[1]$	$g[1]h[1]$	$g[2]h[1]$	$g[3]h[1]$	
	—	—	$g[0]h[2]$	$g[1]h[2]$	$g[2]h[2]$	$g[3]h[2]$
$y[n]$:	$y[0]$	$y[1]$	$y[2]$	$y[3]$	$y[4]$	$y[5]$

注意，上表中的每一行都是一个延迟加权的冲激响应。把每个$\{y[n]\}$样本那一列上方对应的三项相加，可得到由卷积和产生的序列$\{y[n]\}$的样本。例如，对$n=0$那一列，只有一项。因此$y[0]=g[0]h[0]$。在$n=1$那一列有两项，对它们求和得到$y[1]=g[1]h[0]+g[0]h[1]$。在$n=2$那一列有三项。其和得到$y[2]=g[2]h[0]+g[1]h[1]+g[0]h[2]$。继续该过程可得剩下的三个$y[n]$样本：$y[3]=g[3]h[0]+g[2]h[1]+g[1]h[2]$，$y[4]=g[3]h[1]+g[2]h[2]$，且$y[5]=g[3]h[2]$。

例4.14和例4.15说明了用列表法计算卷积和。

例4.14 用列表法计算两个单边序列的卷积

我们用列表法计算例2.5中的两个序列$\{x[n]\}$与$\{h[n]\}$的卷积和。

n:	0	1	2	3	4	5	6	7
$x[n]$:	−2	0	1	−1	3			
$h[n]$:	1	2	0	−1	—			
	−2	0	1	−1	3			
	—	−4	0	2	−2	6		
	—	—	0	0	0	0	0	—
	—	—	—	2	0	−1	1	−3
$y[n]$:	−2	−4	1	3	1	5	1	−3

因此，这两个序列$x[n]$和$h[n]$的卷积和为

$$\{y[n]\}=\{-2,\quad -4,\quad 1,\quad 3,\quad 1,\quad 5,\quad 1,\quad -3\},\qquad 0\leqslant n\leqslant 7$$

可以看到结果与例2.5中得到的相同。

列表法也可用于计算两个有限长双边序列的卷积和[Pie96]。此时，在时间序号$n=0$时所对应样本的右边放了一个小数点。接着，忽略小数点，计算卷积。最后，根据传统乘法的规则插入小数点。紧挨着小数点的那个样本对应的就是时间序号$n=0$。

例4.15 用列表法计算两个双边序列的卷积

确定两个序列

$$\{g[n]\}=\{3,\quad \underset{\uparrow}{-2},\quad 4\},\qquad \{h[n]\}=\{\underset{\uparrow}{4},\quad 2,\quad -1\}$$

的卷积和$y[n]$。下面给出了用列表法计算上述两个序列的卷积和的过程，其中时间序号$n=0$对应的样本用置于样本右边的实心圆点示出。

$g[n]$:			3	−2•	4
$h[n]$:			4•	2	−1
			−3	2	−4
		6	−4	8	—
	12	−8	16	—	—
$y[n]$:	12	−2•	9	10	−4

因此，有

$$\{y[n]\}=\{12,\quad \underset{\uparrow}{-2},\quad 9,\quad 10,\quad -4\}$$

4.4.3 用冲激响应表示稳定条件

回忆 4.2 节可知，若对于所有有界输入序列$\{x[n]\}$，系统的输出序列$\{y[n]\}$仍保持有界，则称该离散时间系统是稳定的，或更准确地说，是有界输入有界输出(BIBO)稳定的。现在推导 LTI 系统中的稳定条件。可以看出，当且仅当 LTI 数字滤波器的冲激响应序列$\{h[n]\}$绝对可和时，即

$$\mathcal{S} = \sum_{n=-\infty}^{\infty} |h[n]| < \infty \tag{4.20}$$

时，该系统是 BIBO 稳定的。我们将用实冲激响应序列$\{h[n]\}$证明上述命题。把结论扩展到复冲激响应序列的证明将留做练习(参见习题 4.16)。现在，若输入序列$\{x[n]\}$是有界的，即$|x[n]| \leqslant B_x < \infty$，则由式(4.16b)可得 n 时刻输出信号的振幅为

$$\begin{aligned}|y[n]| &= \left|\sum_{k=-\infty}^{\infty} h[k]x[n-k]\right| \leqslant \sum_{k=-\infty}^{\infty} |h[k]|\,|x[n-k]| \\ &\leqslant B_x \sum_{k=-\infty}^{\infty} |h[k]| = B_x\mathcal{S} < \infty\end{aligned} \tag{4.21}$$

于是，$\mathcal{S} < \infty$ 意味着$|y[n]| \leqslant B_y = B_x\mathcal{S} < \infty$，即序列$\{y[n]\}$也是有界的。为证明逆命题也成立，假设序列$\{y[n]\}$是有界的，即$|y[n]| \leqslant B_y$。现在，考虑输入为

$$x[n] = \operatorname{sgn}(h[-n]) \tag{4.22}$$

其中，$\operatorname{sgn}(c)$是**符号函数**，定义为

$$\operatorname{sgn}(c) = \begin{cases} +1, & c \geqslant 0 \\ -1, & c < 0 \end{cases}$$

注意，因为$|x[n]| = 1$，显然$\{x[n]\}$是有界的。对于该输入，当 $n=0$ 时，$y[n]$为

$$y[0] = \sum_{k=-\infty}^{\infty} \operatorname{sgn}(h[k])h[k] = \sum_{k=-\infty}^{\infty} |h[k]| = \mathcal{S} \tag{4.23}$$

由上式可以推知，若$\mathcal{S} = \infty$，由于它有一个样本等于∞，则$\{y[n]\}$不是有界的。

在例 4.16 至例 4.18 中，我们将研究一些简单系统的 BIBO 稳定性。

例 4.16　因果一阶 LTI 离散时间系统的稳定性条件

假定一个因果 LTI 离散时间系统的冲激响应为

$$h_1[n] = \alpha^n \mu[n]$$

对该系统

$$\begin{aligned}\mathcal{S} &= \sum_{n=-\infty}^{\infty} |\alpha^n \mu[n]| \\ &= \sum_{n=0}^{\infty} |\alpha|^n = \frac{1}{1-|\alpha|}, \qquad |\alpha| < 1\end{aligned}$$

因此，当$|\alpha| < 1$时，有$\mathcal{S} < \infty$，此时上面的系统是 BIBO 稳定的。另一方面若$|\alpha| \geqslant 1$，无限项的和$\sum_{n=0}^{\infty}|\alpha|^n$不收敛，上面的系统不是 BIBO 稳定的。

例 4.17　反因果一阶 LTI 离散时间系统的稳定性条件

现在研究具有反因果冲激响应

$$h_2[n] = -\beta^n \mu[-n-1]$$

的一个 LTI 离散时间系统，此时，有

$$\begin{aligned}\mathcal{S} &= \sum_{n=-\infty}^{\infty} |\beta^n \mu[-n-1]| = \sum_{n=-\infty}^{-1} |\beta|^n \\ &= \sum_{m=1}^{\infty} |\beta|^{-m} = |\beta|^{-1} \sum_{m=0}^{\infty} |\beta|^{-m} = \frac{|\beta|^{-1}}{1-|\beta|^{-1}}, \qquad |\beta| > 1\end{aligned}$$

因此，当$|\beta|>1$时，有$\mathcal{S}<\infty$，说明上面的反因果系统是 BIBO 稳定的。而若$|\beta|\leqslant 1$，无限级数$\sum_{m=0}^{\infty}|\beta|^{-m}$不收敛，此时上面的反因果系统不是 BIBO 稳定的。

例 4.18 具有 FIR 的 LTI 离散时间系统的稳定性条件

设 LTI 离散时间系统的冲激响应为

$$h[n]=\begin{cases}\alpha^n, & N_1\leqslant n\leqslant N_2\\ 0, & \text{其他}\end{cases} \tag{4.24}$$

它在有限值N_1和N_2之间有有限数个非零冲激响应样本。因此，只要α的值不是无限的，无论α取何值，冲激响应序列是绝对可和的。所以，当α为有限值时，式(4.24)给出的系统是 BIBO 稳定的。

4.4.4 用冲激响应表示因果性条件

现在推导 LTI 离散时间系统的因果条件。设$y_1[n]$和$y_2[n]$分别表示冲激响应为$\{h[n]\}$的 LTI 离散时间系统对输入序列$x_1[n]$和$x_2[n]$的输出序列。假定

$$x_1[n]=x_2[n], \qquad n\leqslant n_o \tag{4.25a}$$

$$x_1[n]\neq x_2[n], \qquad n>n_o \tag{4.25b}$$

由式(4.16b)可知，在$n=n_o$时刻，该 LTI 离散时间系统的相应输出样本为

$$y_1[n_o]=\sum_{k=-\infty}^{\infty}h[k]x_1[n_o-k]=\sum_{k=0}^{\infty}h[k]x_1[n_o-k]+\sum_{k=-\infty}^{-1}h[k]x_1[n_o-k] \tag{4.26a}$$

$$y_2[n_o]=\sum_{k=-\infty}^{\infty}h[k]x_2[n_o-k]=\sum_{k=0}^{\infty}h[k]x_2[n_o-k]+\sum_{k=-\infty}^{-1}h[k]x_2[n_o-k] \tag{4.26b}$$

若该 LTI 离散时间系统也是因果的，则$y_1[n_o]$必然等于$y_2[n_o]$。现在，由于式(4.25a)，式(4.26a)等号右边的第一个求和项与式(4.26b)等号右边的第一个求和项相等，即

$$\sum_{k=0}^{\infty}h[k]x_1[n_o-k]=\sum_{k=0}^{\infty}h[k]x_2[n_o-k]$$

这意味着为了有$y_1[n_o]=y_2[n_o]$，式(4.26a)和式(4.26b)两个式子等号右边的第二个求和项必然也相等，即

$$\sum_{k=-\infty}^{-1}h[k]x_1[n_o-k]=\sum_{k=-\infty}^{-1}h[k]x_2[n_o-k]$$

当$n>n_o$时，由于$x_1[n]$与$x_2[n]$可能不相等，所以这两个和式相等的唯一条件是它们均等于零，如果

$$h[k]=0, \qquad k<0 \tag{4.27}$$

则满足上面的条件。于是，当且仅当 LTI 离散时间系统的冲激响应序列$\{h[n]\}$是满足式(4.27)的因果序列时，该系统才是**因果**的。

由例 4.9 可知，因为式(4.14)定义的离散时间系统的冲激响应满足式(4.27)给出的因果条件，因此它是因果系统。同样，由例 4.10 可知，式(4.1)定义的离散时间累加器也是因果系统。另一方面，由例 4.11可以看出，式(4.8)定义的因子为 2 的线性内插器的冲激响应不满足式(4.27)给出的因果条件，因此是非因果系统。然而，可以对具有有限长冲激响应的非因果离散时间系统中插入适当数量的延迟来得到因果系统。例如，对离散时间因子为 2 的线性内插器的输出延迟一个样本周期，可以得到对应的因果形式，新的输入-输出关系为

$$y[n]=x_u[n-1]+\tfrac{1}{2}(x_u[n-2]+x_u[n])$$

4.5　简单互连方案

通过对简单 LTI 离散时间系统进行组合通常可以生成更复杂的 LTI 离散时间系统。下面将介绍由简单 LTI 离散时间系统部分构成复杂 LTI 离散时间系统的两种常用方案。

4.5.1　级联

如图4.7所示，若一个 LTI 离散时间系统的输出作为第二个 LTI 离散时间系统的输入，则说这两个系统是**级联**的。若两个系统的冲激响应分别为 $h_1[n]$ 和 $h_2[n]$，则级联后的系统的冲激响应 $h[n]$ 表示为两者的线性卷积(参见习题4.25)，即

$$h[n] = h_1[n] \circledast h_2[n] \tag{4.28}$$

因此，级联系统与冲激响应为 $h_1[n] \circledast h_2[n]$ 的系统等效。若有两个及以上的 LTI 系统进行级联，则整个级联系统的冲激响应是各个系统的冲激响应的线性卷积。一般来说，由于卷积满足交换律，因而级联中的滤波器的顺序对整个冲激响应没有影响。

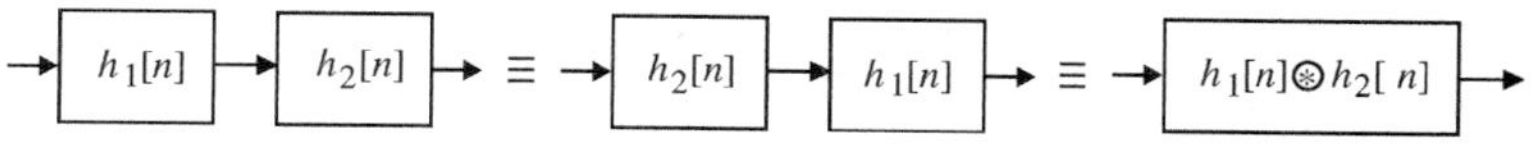

$\rightarrow$ [$h_1[n]$] $\rightarrow$ [$h_2[n]$] $\rightarrow$ ≡ $\rightarrow$ [$h_2[n]$] $\rightarrow$ [$h_1[n]$] $\rightarrow$ ≡ $\rightarrow$ [$h_1[n]\circledast h_2[n]$] $\rightarrow$

图4.7　级联

可以看出，两个稳定系统的级联仍是稳定系统。类似地，两个无源(无损)系统的级联仍是无源(无损)系统。

级联方案可用于生成**逆系统**。若图4.7中级联的两个 LTI 系统的冲激响应满足

$$h_1[n] \circledast h_2[n] = \delta[n] \tag{4.29}$$

则 LTI 系统 $h_2[n]$ 称为 LTI 系统 $h_1[n]$ 的逆系统，反之亦然。按照上面的关系，若将 $x[n]$ 输入到级联系统，则其输出也是 $x[n]$。此概念可用于从传输信道输出端出现的失真形式恢复出原信号。若已知该信道的冲激响应，则设计其逆系统即可实现此目的。

例4.19将说明如何生成一个逆系统。

例4.19　离散时间累加器的逆系统

由例4.10可知，离散时间累加器的冲激响应是单位阶跃序列 $\mu[n]$。因此，由式(4.29)可知，逆系统必须满足条件

$$\mu[n] \circledast h_2[n] = \delta[n] \tag{4.30}$$

由式(4.30)可以推出当 $n<0$ 时，$h_2[n]=0$ 且

$$h_2[0] = 1, \qquad \sum_{\ell=0}^{n} h_2[\ell] = 0, \qquad n \geqslant 1$$

由此

$$h_2[1] = -1 \quad 和 \quad h_2[n] = 0, \qquad n \geqslant 2$$

因此，此逆系统的冲激响应为

$$h_2[n] = \delta[n] - \delta[n-1]$$

它称为**后向差分系统**。

4.5.2　并联

图4.8所示的连接方案称为**并联**，此时同样的输入分别经过两个 LTI 离散时间系统，然后把两个输出加起来形成新的输出。整个系统的冲激响应为(参见习题4.26)

$$h[n] = h_1[n] + h_2[n] \tag{4.31}$$

同样，若有两个以上的 LTI 离散时间系统进行并联，则整个并联系统的冲激响应可表示为各个系统的冲激响应的和。

很容易证明，由两个稳定系统并联而成的系统也是稳定的。然而，两个无源(无损)系统并联后的系统不一定是无源(无损)的。

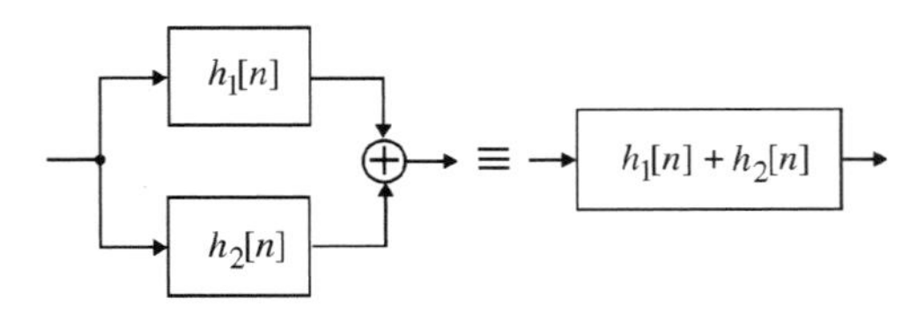

图 4.8 并联

例 4.20 分析由几个系统级联和并联组成的离散时间系统

考虑图 4.9 所示的离散时间系统，它由四个简单的离散时间系统互连而成，它们对应的冲激响应为

$$h_1[n] = \delta[n] + \tfrac{1}{2}\delta[n-1], \qquad h_2[n] = \tfrac{1}{2}\delta[n] - \tfrac{1}{4}\delta[n-1]$$

$$h_3[n] = 2\delta[n], \qquad h_4[n] = -2\left(\tfrac{1}{2}\right)^n \mu[n]$$

总冲激响应 $h[n]$ 为

$$\begin{aligned} h[n] &= h_1[n] + h_2[n]\circledast(h_3[n] + h_4[n]) \\ &= h_1[n] + h_2[n]\circledast h_3[n] + h_2[n]\circledast h_4[n] \end{aligned}$$

现在

$$h_2[n]\circledast h_3[n] = (\tfrac{1}{2}\delta[n] - \tfrac{1}{4}\delta[n-1])\circledast 2\delta[n] = \delta[n] - \tfrac{1}{2}\delta[n-1]$$

且

$$\begin{aligned} h_2[n]\circledast h_4[n] &= \left(\tfrac{1}{2}\delta[n] - \tfrac{1}{4}\delta[n-1]\right)\circledast\left(-2\left(\tfrac{1}{2}\right)^n \mu[n]\right) \\ &= -\left(\tfrac{1}{2}\right)^n \mu[n] + \tfrac{1}{2}\left(\tfrac{1}{2}\right)^{n-1} \mu[n-1] = -\left(\tfrac{1}{2}\right)^n \mu[n] + \left(\tfrac{1}{2}\right)^n \mu[n-1] \\ &= -\left(\tfrac{1}{2}\right)^n \delta[n] = -\delta[n] \end{aligned}$$

因此我们有

$$h[n] = \delta[n] + \tfrac{1}{2}\delta[n-1] + \delta[n] - \tfrac{1}{2}\delta[n-1] - \delta[n] = \delta[n]$$

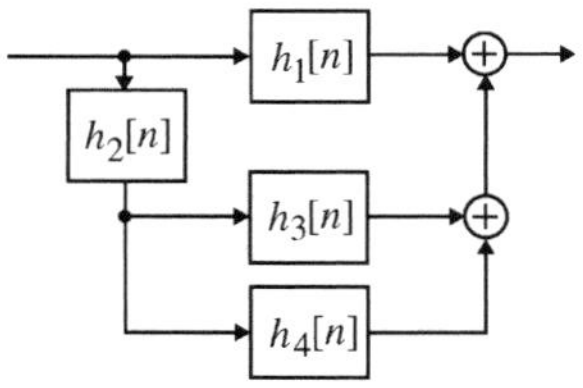

图 4.9 例 4.20 的离散时间系统

4.6 有限维 LTI 离散时间系统

LTI 离散时间系统的一个重要子类可通过形如下式的线性常系数差分方程来描述：

$$\sum_{k=0}^{N} d_k y[n-k] = \sum_{k=0}^{M} p_k x[n-k] \tag{4.32}$$

式中，$x[n]$和$y[n]$分别表示系统的输入和输出，$\{d_k\}$和$\{p_k\}$为常数。离散时间系统的**阶数**定义为

$\max(N, M)$，它也是描述该系统的差分方程的阶数。尽管式(4.32)描述的 LTI 系统通常具有无限长的冲激响应，但此处的计算只包括两个有限乘积之和，因此该系统是有可能实现的。

可以从式(4.32)递归地计算输出 $y[n]$。若假定系统是因果的，假设 $d_0 \neq 0$，则可重写式(4.32)，将 $y[n]$ 明确地表示成 $x[n]$ 的一个函数：

$$y[n] = -\sum_{k=1}^{N} \frac{d_k}{d_0} y[n-k] + \sum_{k=0}^{M} \frac{p_k}{d_0} x[n-k] \tag{4.33}$$

若已知 $x[n]$ 和初始条件 $y[n_o-1]$，$y[n_o-2]$，…，$y[n_o-N]$，则可以计算出所有 $n \geqslant n_o$ 的输出 $y[n]$。

例 4.21 中讨论了一个简单的有限维 LTI 系统。

例 4.21　恶性通货膨胀的货币动力学

一阶 LTI 离散时间系统的一个例子是由 Cagan 提出的恶性通货膨胀的货币动力学[Cag56]中的资产组合平衡条件：

$$m[n] - p[n] = \alpha(p^e[n+1] - p[n]), \qquad \alpha < 0,\ n \geqslant 0 \tag{4.34}$$

其中，$m[n]$ 表示货币供应量的对数，$p[n]$ 表示物价水平的对数，而 $p^e[n+1]$ 则表示根据当前时期 n 提供的数据得到的下一时期 $n+1$ 的预期物价水平。注意，$p^e[n+1]-p[n]$ 表示预期通货膨胀。若假设下一时期的预期通货膨胀与当前的通货膨胀 $p[n]-p[n-1]$ 成正比，即

$$p^e[n+1] - p[n] = \gamma(p[n] - p[n-1]) \tag{4.35}$$

这样，式(4.34)就退化为一阶差分方程

$$m[n] - p[n] = \alpha\gamma p[n] - \alpha\gamma p[n-1]$$

或等效为

$$p[n] - \frac{\alpha\gamma}{1+\alpha\gamma} p[n-1] = \frac{1}{1+\alpha\gamma} m[n] \tag{4.36}$$

可以证明，上面系统的冲激响应为

$$h[n] = \frac{1}{\alpha\gamma+1}\left(\frac{\alpha\gamma}{1+\alpha\gamma}\right)^n, \qquad n \geqslant 0 \tag{4.37}$$

由例 4.16 可知，对于有限的 α 和 γ，当且仅当

$$\left|\frac{\alpha\gamma}{1+\alpha\gamma}\right| < 1 \tag{4.38}$$

时，式(4.36)定义的系统才是 BIBO 稳定的。

接下来，我们首先给出两种不同的方法来计算用形如式(4.33)给出的线性常系数差分方程所描述的因果 LTI 离散时间系统对特定输入得到的输出；然后介绍上述系统的冲激响应的计算方法；接着讨论用 MATLAB 计算输出；最后推导这类系统的稳定性条件。

4.6.1　全解计算

形如式(4.32)的常系数差分方程的求解步骤与在 LTI 连续时间系统中求解常系数微分方程相似。在由式(4.32)定义的离散时间系统中，输出响应 $y[n]$ 包含两个部分，它们可以单独计算，然后相加得到全解：

$$y[n] = y_c[n] + y_p[n] \tag{4.39}$$

在式(4.39)中，分量 $y_c[n]$ 是当输入 $x[n]=0$ 时式(4.32)的解；即它是齐次差分方程

$$\sum_{k=0}^{N} d_k y[n-k] = 0 \tag{4.40}$$

的解，而 $y_p[n]$ 是当 $x[n] \neq 0$ 时式(4.32)的解。$y_c[n]$ 称为**齐次解**，$y_p[n]$ 是对称为**激励函数**的特定输入 $x[n]$ 得到的解，称为**特解**。式(4.39)给出的齐次解与特解之和称为**全解**。

先说明计算齐次解 $y_c[n]$ 的方法。为此，假定齐次解形如

$$y_c[n] = \lambda^n \tag{4.41}$$

将上式代入到式(4.40)中可得

$$\begin{aligned}\sum_{k=0}^{N} d_k y[n-k] &= \sum_{k=0}^{N} d_k \lambda^{n-k} \\ &= \lambda^{n-N}(d_0\lambda^N + d_1\lambda^{N-1} + \cdots + d_{N-1}\lambda + d_N) = 0\end{aligned} \tag{4.42}$$

多项式 $\sum_{k=0}^{N} d_k \lambda^{N-k}$ 称为由式(4.32)定义的离散时间系统的**特征多项式**。设 λ_1，λ_2，…，λ_N 表示它的 N 个根。若这些根彼此不同，则齐次解的一般形式为

$$y_c[n] = \alpha_1\lambda_1^n + \alpha_2\lambda_2^n + \cdots + \alpha_N\lambda_N^n \tag{4.43}$$

式中，α_1，α_2，…，α_N 都是常数，它们由离散时间系统的给定初始条件确定。若有重根，则齐次解采用其他形式。例如，若 λ_1 是 L 重根，而剩下的 $N-L$ 个根 λ_2，λ_3，…，λ_{N-L} 各不相同，则式(4.39)取下面的形式

$$y_c[n] = \alpha_1\lambda_1^n + \alpha_2 n\lambda_1^n + \alpha_3 n^2\lambda_1^n + \cdots + \alpha_L n^{L-1}\lambda_1^n + \alpha_{L+1}\lambda_2^n + \cdots + \alpha_N\lambda_{N-L}^n \tag{4.44}$$

接下来，考虑如何确定式(4.32)所示差分方程的特解 $y_p[n]$。这里，做如下假定，即对于所有 n，若 $x[n]$ 形如 λ_0^n（$\lambda_0 \neq \lambda_i$，$i = 1, 2, \cdots, N$），则特解也具有与之相同的形式。因此，若 $x[n]$ 是一个常量，则 $y_p[n]$ 也为常量；同样，若 $x[n]$ 是正弦序列，则 $y_p[n]$ 也为正弦序列，以此类推。

下面通过例4.22说明全解的求解过程。

例4.22　当输入信号为常数时，计算LTI系统的全解

当 $n \geqslant 0$ 时，求用常系数差分方程

$$y[n] + y[n-1] - 6y[n-2] = x[n] \tag{4.45}$$

描述的一个离散时间系统对阶跃输入 $x[n] = 8\mu[n]$ 的全解。其初始条件为 $y[-1] = 1$ 和 $y[-2] = -1$。

首先，确定齐次解的形式。在式(4.45)中，令 $x[n] = 0$ 和 $y[n] = \lambda^n$ 可得

$$\begin{aligned}\lambda^n + \lambda^{n-1} - 6\lambda^{n-2} &= \lambda^{n-2}(\lambda^2 + \lambda - 6) \\ &= \lambda^{n-2}(\lambda + 3)(\lambda - 2) = 0\end{aligned}$$

于是特征多项式 $\lambda^2 + \lambda - 6$ 的根为 $\lambda_1 = -3$ 和 $\lambda_2 = 2$。因此，齐次解形如

$$y_c[n] = \alpha_1(-3)^n + \alpha_2(2)^n \tag{4.46}$$

对于特解，假定

$$y_p[n] = \beta$$

将上式代入式(4.45)中可得

$$\beta + \beta - 6\beta = 8\mu[n]$$

当 $n \geqslant 0$ 时，可求得 $\beta = -2$。

因此，全解形如

$$y[n] = \alpha_1(-3)^n + \alpha_2(2)^n - 2, \qquad n \geqslant 0 \tag{4.47}$$

根据给定的初始条件可以确定常数 α_1 和 α_2，于是由式(4.45)和式(4.47)可得

$$y[-2] = \alpha_1(-3)^{-2} + \alpha_2(2)^{-2} - 2 = -1$$

$$y[-1] = \alpha_1(-3)^{-1} + \alpha_2(2)^{-1} - 2 = 1$$

解这两个方程得

$$\alpha_1 = -1.8, \ \alpha_2 = 4.8$$

因此，全解是

$$y[n] = -1.8(-3)^n + 4.8(2)^n - 2, \qquad n \geqslant 0 \tag{4.48}$$

若输入激励与齐次解中的某些项具有相同的形式，则必须修改特解的形式，如例4.23所示。

例 4.23　当输入信号为指数形式时，求 LTI 系统的全解

当 $n \geq 0$ 时，一个离散时间系统的常系数差分方程如式(4.45)所示，假设特定输入序列为 $x[n]=2^n\mu[n]$，初始条件与例 4.22 给出的相同。

如例 4.22 所示，齐次解包含项 $\alpha_2(2)^n$，它和特定输入具有一样的形式。因此，需要为特解选择一个不同的形式，它不能与齐次解中的任何一项相同。假定其形式为

$$y_p[n]=\beta n(2)^n$$

将上式代入式(4.45)可得

$$\beta n(2)^n+\beta(n-1)(2)^{n-1}-6\beta(n-2)(2)^{n-2}=(2)^n\mu[n]$$

当 $n \geq 0$ 时，解上面的方程得 $\beta=0.4$。所以全解形如

$$y[n]=\alpha_1(-3)^n+\alpha_2(2)^n+0.4n(2)^n, \qquad n \geqslant 0 \tag{4.49}$$

利用给定的初始条件来确定 α_1 和 α_2 的值。由式(4.45)和式(4.48)可得

$$y[-2]=\alpha_1(-3)^{-2}+\alpha_2(2)^{-2}+0.4(-2)(2)^{-2}=-1$$
$$y[-1]=\alpha_1(-3)^{-1}+\alpha_2(2)^{-1}+0.4(-1)(2)^{-1}=1$$

求解它们可得 $\alpha_1=-5.04$ 和 $\alpha_2=-0.96$。因此全解为

$$y[n]=-5.04(-3)^n-0.96(2)^n+0.4n(2)^n, \qquad n \geqslant 0$$

4.6.2　零输入响应和零状态响应

确定式(4.32)所示差分方程的全解 $y[n]$ 的另一种方法是计算它的**零输入响应** $y_{zi}[n]$ 和**零状态响应** $y_{zs}[n]$。令输入 $x[n]=0$ 时，式(4.32)的解即为 $y_{zi}[n]$ 分量；假设所有初始条件为零并运用给定输入时，式(4.32)的解即为 $y_{zs}[n]$ 分量。于是，全解表示为 $y_{zi}[n]+y_{zs}[n]$。例 4.24 将说明这种方法。

例 4.24　由零输入响应和零状态响应求解全解

通过计算零输入响应和零状态响应求例 4.22 中的离散时间系统的全解。

式(4.45)的零输入响应 $y_{zi}[n]$ 即为式(4.46)的齐次解，其中，常数 α_1 和 α_2 由给定初始条件确定。由式(4.45)可得

$$y[0]=-y[-1]+6y[-2]=-1-6=-7, \qquad y[1]=-y[0]+6y[-1]=7+6=13$$

接下来，由式(4.46)可得

$$y[0]=\alpha_1+\alpha_2, \qquad y[1]=-3\alpha_1+2\alpha_2$$

解这两组方程可得 $\alpha_1=-5.4$ 和 $\alpha_2=-1.6$。因此

$$y_{zi}[n]=-5.4(-3)^n-1.6(2)^n, \qquad n \geqslant 0$$

通过求取满足零初始条件的常量 α_1 和 α_2，可由式(4.47)确定零状态响应。由式(4.45)可得

$$y[0]=x[0]=8, \qquad y[1]=x[1]-y[0]=0$$

接下来，由式(4.47)和上面一组式子可得 $\alpha_1=3.6$ 和 $\alpha_2=6.4$。因此，当 $n \geq 0$ 且初始条件为 $y_{zs}[-2]=y_{zs}[-1]=0$ 时的零状态响应为

$$y_{zs}[n]=3.6(-3)^n+6.4(2)^n-2$$

因此，全解 $y[n]$ 为 $y_{zi}[n]+y_{zs}[n]$，结果是

$$y[n]=-1.8(-3)^n+4.8(2)^n-2, \qquad n \geqslant 0$$

正如所料，它与例 4.22 的结果相同。

4.6.3　计算冲激响应

因果 LTI 离散时间系统的冲激响应 $h[n]$ 是当输入 $x[n]=\delta[n]$ 时观测到的系统输出。因此，当 $x[n]=\delta[n]$ 时，它就是零状态响应。现在，若输入满足 $n>0$ 时 $x[n]=0$，则特解是零，即 $y_p[n]=0$。因此，当特征方程无重根时，可以通过确定满足零初始条件的常量 α_i 由式(4.43)的齐次解得到冲激响应；当特征方程有重根时，可按照相似的过程进行。若系统的初始状态全部为零，则该系统称为**松弛**系统。

例4.25和例4.26说明了冲激响应的计算。

例4.25 由零状态响应计算冲激响应

在该例中，我们确定例4.22中的因果离散时间系统的冲激响应$h[n]$。由式(4.46)可得

$$h[n]=\alpha_1(-3)^n+\alpha_2(2)^n,\qquad n\geqslant 0$$

根据上式可计算出

$$h[0]=\alpha_1+\alpha_2,\qquad h[1]=-3\alpha_1+2\alpha_2$$

接着，当$x[n]=\delta[n]$时根据式(4.45)可得

$$h[0]=1,\qquad h[1]+h[0]=0$$

解上面两组方程得到$\alpha_1=0.6$和$\alpha_2=0.4$。

因此，冲激响应为

$$h[n]=0.6(-3)^n+0.4(2)^n,\qquad n\geqslant 0$$

例4.26 根据全解计算冲激响应

设一个因果LTI离散时间系统的冲激响应$h[n]$满足下面的差分方程：

$$h[n]-ah[n-1]=\delta[n] \tag{4.50}$$

确定$h[n]$的闭式表达式以及上述系统的输入-输出关系。式(4.50)定义的差分方程的全解为

$$h[n]=h_c[n]+h_p[n] \tag{4.51}$$

其中，$h_c[n]$和$h_p[n]$分别表示齐次解和特解。为确定齐次解，假设式(4.50)等号右边等于零，并令$h[n]=\lambda^n$，得到

$$\lambda^n-a\lambda^{n-1}=0$$

上述方程的一个非平凡解为$\lambda=a$，因此$h_c[n]=a^n$。为求解特解，假定$h_p[n]=\beta$。用它们分别替换式(4.51)中的$h_c[n]$和$h_p[n]$得到

$$h[n]=a^n+\beta \tag{4.52}$$

根据式(4.50)和式(4.52)可得

$$h[0]=1=1+\beta$$

即$\beta=0$。因此，式(4.50)所示差分方程的全解为

$$h[n]=\begin{cases}a^n, & n\geqslant 0\\ 0, & n<0\end{cases} \tag{4.53}$$

注意，上述结果也可以通过归纳法，对$n=0,1,2,\cdots$，求式(4.50)，然后解$h[0]$、$h[1]$、$h[2]$，以此类推来得到(参见习题4.37)。

为确定上述离散时间系统输入-输出关系的一般式，我们把式(4.50)中的等号两端同时与$x[n]$求卷积，并利用式(4.16a)得到

$$y[n]-ay[n-1]=x[n] \tag{4.54}$$

由式(4.43)给出的齐次解的形式，可以推出由形如式(4.32)的差分方程描述的有限维LTI系统的冲激响应具有无限长度。然而，如例4.27所示，存在不能用形如式(4.32)的差分方程描述的具有无限冲激响应的LTI离散时间系统。

例4.27 一个不能用差分方程表示的因果稳定的LTI离散时间系统

由冲激响应

$$h[n]=\frac{1}{n^2}\mu[n-1]$$

定义的系统无法用线性常系数差分方程形式来表示。注意，该系统是因果的，而且是BIBO稳定的。

既然因果离散时间系统的冲激响应$h[n]$是因果序列，那么通过将初始条件设为零值，即设$y[-1]=y[-2]=\cdots=y[-N]=0$，并假设输入$x[n]$为单位样本序列$\delta[n]$，利用式(4.33)也可以递归地计算出当

$n \geqslant 0$ 时的冲激响应。同样，通过设置零初始条件并假设输入为单位阶跃序列，也可以递归地计算出因果 LTI 系统的阶跃响应。注意，式(4.33)定义的因果离散时间系统只有当零初始条件时才是线性的(参见习题4.10)。

4.6.4 用 MATLAB 计算输出

形如式(4.33)的因果 LTI 系统可以在 MATLAB 中使用函数 `filter` 来仿真，该函数已经在程序 4_1 中使用过。该函数用如下一组方程来实现式(4.33)：

$$\begin{aligned}
y[n] &= \frac{p_0}{d_0}x[n] + s_1[n-1] \\
s_1[n] &= \frac{p_1}{d_0}x[n] - \frac{d_1}{d_0}y[n] + s_2[n-1] \\
&\vdots \\
s_{N-1}[n] &= \frac{p_{N-1}}{d_0}x[n] - \frac{d_{N-1}}{d_0}y[n] + s_{N-2}[n-1] \\
s_N[n] &= \frac{p_N}{d_0}x[n] - \frac{d_N}{d_0}y[n]
\end{aligned} \tag{4.55}$$

其中，$s_i[n]$，$1 \leqslant i \leqslant N$ 表示 N 个内部变量。采用回代法，上面这组方程实际上可简化为式(4.33)(参见习题4.38)。内部变量 $s_i[n]$ 在开始时刻的一组值称为**初始条件**。

`filter` 函数的两种基本形式为

```
y = filter(p,d,x)
[y, sf] = filter(p,d,x, si)
```

第一种形式假定在零初始条件下，用系数向量 `p` 和 `d` 描述的系统处理输入数据向量 `x`，从而得到输出向量 `y`。`y` 的长度与 `x` 的长度相同。第二种形式允许在向量 `si` 中包含内部变量 $s_i[n]$ 的非零初始条件，并提供一个输出，它包括用来表示 $s_i[n]$ 最终值的向量 `sf`。因为函数实现的是式(4.33)，所以系数 d_0 必须非零。

例 4.28 将说明如何用函数 `filter` 计算得到全解。

例 4.28　用 MATLAB 计算全解

用 MATLAB 证明例 4.22 的结果。此时，式(4.45)形如：

$$\begin{aligned}
y[n] &= x[n] + s_1[n-1] \\
s_1[n] &= s_2[n-1] - y[n] \\
s_2[n] &= 6\,y[n]
\end{aligned}$$

接着由给定的初始条件 $y[-1]$ 和 $y[-2]$ 确定 $s_1[n]$ 和 $s_2[n]$ 的值。根据上面一组方程可得

$$\begin{aligned}
s_2[-1] &= 6\,y[-1] = 6 \\
s_1[-1] &= -y[-1] + s_2[-2] = -y[-1] + 6\,y[-2] = -7
\end{aligned}$$

用来确定对应于 $0 \leqslant n \leqslant 7$ 的输出 $y[n]$ 前 8 个样本的代码段为

```
[y,sf] = filter(1,[1 1 -6],8*ones(1,8), [-7 6]);
```

运行得到下面的结果：

```
y =
Columns 1 through 8
1     13     1     85     -71     589     -1007     4549
```

根据式(4.48)，用 MATLAB 对应于 $0 \leqslant n \leqslant 7$ 的输出 $y[n]$ 前 8 个样本的代码段为

```
n = 0:7;
y = -1.8*(-3).^n + 4.8*(2).^n - 2;
```

由上述代码得到的输出样本与用函数 `filter` 得到的样本相同。

4.6.5 用 MATLAB 计算冲激和阶跃响应

可以用 MATLAB 中的函数 impz 和 stepz 分别得到因果 LTI 离散时间系统的冲激响应和阶跃响应。每一个函数都提供多种选择。例 4.29 将说明如何使用这两个函数。

例 4.29　用 MATLAB 计算冲激响应和阶跃响应

已知一个因果 LTI 系统定义为

$$y[n]+0.7y[n-1]-0.45y[n-2]-0.6y[n-3]$$
$$=0.8x[n]-0.44x[n-1]+0.36x[n-2]+0.02x[n-3] \quad (4.56)$$

求其冲激响应和阶跃响应的前 41 个样本。用于计算冲激响应和阶跃响应的样本的代码为

```
p = [0.8 -0.44 0.36 0.02];
d = [1 0.7 -0.45 -0.6];
[h,m] = impz(p,d,41);
[s,m] = stepz(p,d,41);
```

图 4.10(a)和(b)分别显示了冲激响应和阶跃响应的前 41 个样本。

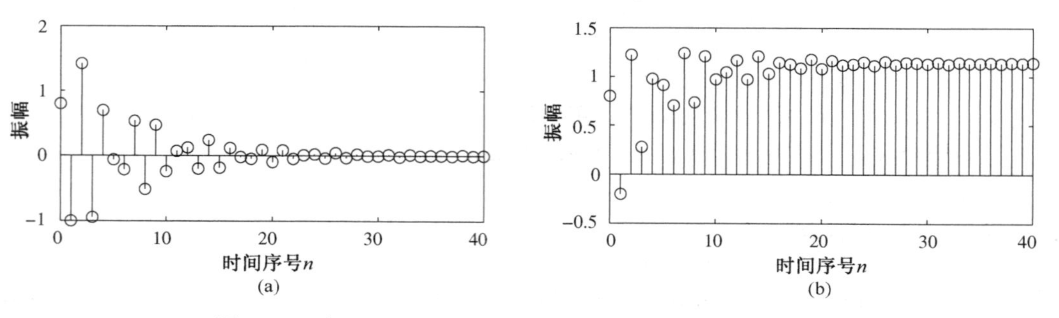

图 4.10　式(4.56)所示系统的(a)冲激响应和(b)阶跃响应

4.6.6 特征多项式根的位置与 BIBO 稳定性的关系

注意，稳定 LTI 系统的冲激响应的样本随着时间序号 n 的变大而衰减到零值。同样，稳定 LTI 系统的阶跃响应的样本随着 n 变大而趋于某个恒定值。由图 4.10(a)和(b)，可以得出结论：式(4.56)定义的 LTI 系统很有可能是 BIBO 稳定的。然而，仅仅通过这些图中所示的一段有限的冲激或阶跃响应不能判断某个系统的稳定性。

对形如式(4.32)的常系数差分方程来描述的一个因果 LTI 系统，其 BIBO 稳定性可以由它的特征多项式的根λ_i确定。为了建立稳定性条件，回忆到冲激响应的形式和齐次解的形式是一致的，由式(4.43)，并假定所有的根都不同，可得

$$h[n]=\sum_{i=1}^{N}\alpha_i\lambda_i^n\mu[n] \quad (4.57)$$

其中，可确定常数 α_i以使其满足零初始条件。由式(4.57)可得

$$\sum_{n=0}^{\infty}|h[n]|=\sum_{n=0}^{\infty}\left|\sum_{i=1}^{N}\alpha_i(\lambda_i)^n\right|\leqslant\sum_{i=1}^{N}|\alpha_i|\sum_{n=0}^{\infty}|\lambda_i|^n \quad (4.58)$$

由上面的方程可以推出，若对于所有 i 值，$|\lambda_i|<1$，则 $\sum_{n=0}^{\infty}|\lambda_i|^n<\infty$，所以有 $\sum_{n=0}^{\infty}|h[n]|<\infty$；即冲激响应是绝对可和的，这表明该因果 LTI 离散时间系统是 BIBO 稳定的。然而，若一个或更多的根λ_i的幅度大于或等于 1，则冲激响应序列就不是绝对可和的。注意，显然例 4.22 中式(4.45)描述的离散时间系统是不稳定系统，因为其特征方程的两个根的幅度都大于 1。

在特征方程有重根的情况下，冲激响应将包含形如 $n^K\lambda_i^n$ 的项。于是，表达式 $\sum_{n=0}^{\infty}|h[n]|$ 将包含项

$$\sum_{n=0}^{\infty} |n^K(\lambda_i)^n|$$

当 $|\lambda_i|<1$ 时，上式收敛(参见习题 4.48)，所以该冲激响应也是绝对可和的。

总之，如果由形如式(4.32)的线性常系数差分方程描述的因果 LTI 系统的特征方程的每个根的幅度都小于 1，则该系统是 BIBO 稳定的。该条件是充要的。

4.7　LTI 离散时间系统的分类

LTI 离散时间系统通常根据其冲激响应序列的长度或者根据确定输出样本的计算方法进行分类。

4.7.1　基于冲激响应长度的分类

若 $h[n]$ 具有有限长度，即

$$h[n]=0, \qquad n<N_1 \quad 和 \quad n>N_2 \quad 以及 \quad N_1<N_2 \tag{4.59}$$

则它是一个**有限冲激响应**(FIR)离散时间系统，此时，卷积和简化为

$$y[n]=\sum_{k=N_1}^{N_2} h[k]x[n-k] \tag{4.60}$$

上面的卷积和是有限和，可以直接用于计算 $y[n]$。涉及的基本操作是简单的相乘和相加。注意，在所有 n 值计算输出序列需要乘积的有限和。

式(4.4)定义的滑动平均系统以及式(4.8)和式(4.9)定义的线性内插器都是 FIR 离散时间系统。

若 $h[n]$ 无限长，则称其为**无限冲激响应**(IIR)离散时间系统。对于一个具有因果输入 $x[n]$ 的因果 IIR 离散时间系统，卷积和可以表示为

$$y[n]=\sum_{k=0}^{n} x[k]h[n-k]$$

它可以用于计算输出样本。然而，随着 n 不断增加，求和式中乘积项的数目也会增加，这增加了计算的复杂度。

本书讨论的一类 IIR 滤波器是可以由形如式(4.33)的线性常系数差分方程描述的因果系统。也要注意，在计算输出时需要的基本运算也是相乘和相加，并且对所有 n 值均为有限项求和。式(4.2)和式(4.3)定义的累加器就是这类 IIR 系统的一个例子。另一个例子是由式(4.7)定义的指数加权移动平均滤波器。例 4.30 将给出第三个例子。

例 4.30　作为 IIR 离散时间系统的梯形积分法

可以证明，用来数值求解形如

$$y(t)=\int_0^t x(\tau)\,\mathrm{d}\tau$$

的积分的常用的数值积分方程可以用线性常系数差分方程描述，因此可以看成是一个 IIR 系统。若将积分区间分为 n 个长度为 T 的相等部分，令 $t=nT$ 并用记号

$$y(nT)=\int_0^{nT} x(\tau)\,\mathrm{d}\tau$$

则上面的积分可重写为

$$y(nT)=y((n-1)T)+\int_{(n-1)T}^{nT} x(\tau)\,\mathrm{d}\tau \tag{4.61}$$

使用梯形法求式(4.61)等号右边的积分可得[这里 $y(0)=0$]

$$y(nT)=y((n-1)T)+\frac{T}{2}[x((n-1)T)+x(nT)]$$

记 $y(nT)=y[n]$ 和 $x(nT)=x[n]$，重写上式得

$$y[n]=y[n-1]+\frac{T}{2}(x[n]+x[n-1]) \tag{4.62}$$

它可以看成是一阶 IIR 离散时间系统的差分方程表示。

4.7.2 基于输出计算过程的分类

若仅仅知道当前和过去时刻的输入样本就可以顺序计算出输出样本，则该系统称为**非递归**离散时间系统。另一方面，若计算输出时除了需要知道当前和过去时刻的输入样本外，还需要知道过去时刻的输出样本，则称该系统为**递归**离散时间系统。用式(4.60)实现的 FIR 离散时间系统是一个非递归系统的例子，而用式(4.33)所示差分方程实现的 IIR 离散时间系统是一个递归系统的例子。若已知初始条件 $y[n_o-1]$ 到 $y[n_o-N]$，该式可以从某个时刻 $n=n_o$ 开始递归计算出逐渐增大 n 值的输出响应。然而，用递归计算方案实现 FIR 系统和用非递归计算方案实现 IIR 系统都是有可能的[Gol68]。例如，式(4.6)就是用递归方法实现了式(4.4)的 FIR 离散时间系统。

在一些应用中，我们用不同的术语划分因果有限维 LTI 离散时间系统，比如在基于模型的谱分析中(参见随书所附的光盘)。此处讨论的分类都是基于对该系统建模的线性常系统差分方程的形式。最简单的模型用输入-输出关系

$$y[n]=\sum_{k=0}^{M}p_k x[n-k] \tag{4.63}$$

描述，称之为**滑动平均**(MA)模型，它是 FIR 离散时间系统。它也可以看做式(4.4)定义的 M 点滑动平均滤波器的推广，这里对输入样本分配了不同的权重。另两种模型都是 IIR 离散时间系统。最简单的 IIR 系统称为**自回归**(AR)模型，其输入-输出关系为

$$y[n]=x[n]-\sum_{k=1}^{N}d_k y[n-k] \tag{4.64}$$

IIR 系统的另一个模型是**自回归滑动平均**(ARMA)模型，其输入-输出关系为

$$y[n]=\sum_{k=0}^{M}p_k x[n-k]-\sum_{k=1}^{N}d_k y[n-k] \tag{4.65}$$

4.7.3 基于冲激响应系数的分类

第三种分类方案基于冲激响应序列的实数或复数本质。因此，具有实值冲激响应的离散时间系统称为**实离散时间系统**。同样，**复离散时间系统**的冲激响应是复值序列。

4.8 LTI 离散时间系统的频域表示

在实际中遇到的多数离散时间信号，都可表示为很多个甚至无限多个具有不同角频率的正弦离散时间信号的线性组合。因此，若已知 LTI 系统对单个正弦信号的响应，就可以利用系统的叠加性，求出对更复杂的信号的响应。由于一个正弦信号可表示为指数信号的形式，因此，LTI 系统对一个指数输入的响应具有实际意义。这就引出了频率响应的概念，即 LTI 离散时间系统的变换域表示。我们首先定义频率响应，然后研究其性质，并描述其几种应用。同时，将简述从频率响应计算 LTI 系统的时域表示。

4.8.1 频率响应

LTI 系统的一个重要性质是，对于某些特定的输入信号(称为**特征函数**)，输出信号是输入信号乘以一个复常量。这里就考虑一个这样的特征函数作为输入。由 4.4.1 节可知，图 4.11 显示了冲激响应为 $h[n]$ 的一个 LTI 离散时间系统的输入-输出关系由如式(4.16b)所示的卷积和给出，形如

$$y[n]=\sum_{k=-\infty}^{\infty}h[k]x[n-k] \tag{4.66}$$

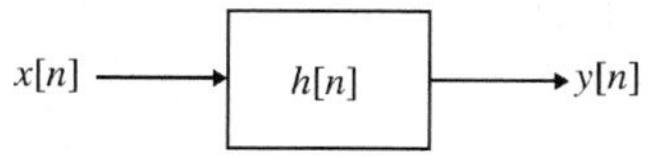

x[n] → h[n] → y[n]

图 4.11　一个 LTI 离散时间系统

其中，$y[n]$和$x[n]$分别是输出和输入序列。现在，若输入$x[n]$是一个形如

$$x[n]=\mathrm{e}^{\mathrm{j}\omega n},\qquad -\infty<n<\infty \tag{4.67}$$

的复指数序列，则由式(4.66)，可将输出信号表示为

$$y[n]=\sum_{k=-\infty}^{\infty}h[k]\mathrm{e}^{\mathrm{j}\omega(n-k)}=\left(\sum_{k=-\infty}^{\infty}h[k]\mathrm{e}^{-\mathrm{j}\omega k}\right)\mathrm{e}^{\mathrm{j}\omega n} \tag{4.68}$$

它还可写为

$$y[n]=H(\mathrm{e}^{\mathrm{j}\omega})\mathrm{e}^{\mathrm{j}\omega n} \tag{4.69}$$

这里，用到了记号：

$$H(\mathrm{e}^{\mathrm{j}\omega})=\sum_{n=-\infty}^{\infty}h[n]\mathrm{e}^{-\mathrm{j}\omega n} \tag{4.70}$$

由式(4.70)可以看出，对于复指数输入信号$\mathrm{e}^{\mathrm{j}\omega n}$，LTI 离散时间系统的输出是具有相同频率的复指数信号乘以复常量$H(\mathrm{e}^{\mathrm{j}\omega})$。因此，$\mathrm{e}^{\mathrm{j}\omega n}$就是该系统的特征函数。特征函数的另一个例子参见习题 4.54。

上面定义的量$H(\mathrm{e}^{\mathrm{j}\omega})$称为 LTI 离散时间系统的**频率响应**，它提供了系统的一个频域描述。由式(4.70)注意到，$H(\mathrm{e}^{\mathrm{j}\omega})$正好是系统冲激响应$h[n]$的傅里叶变换，且若$h[n]$绝对可和，或换言之，若 LTI 系统 BIBO 稳定，$H(\mathrm{e}^{\mathrm{j}\omega})$存在。

式(4.69)表明，对于形如式(4.67)的角频率为ω的复正弦输入序列$x[n]$，输出$y[n]$也是具有相同频率的复正弦序列，并以复振幅$H(\mathrm{e}^{\mathrm{j}\omega})$进行加权，该权重是输入频率$\omega$和系统冲激响应系数$h[n]$的函数。下一节将说明$H(\mathrm{e}^{\mathrm{j}\omega})$在频域完全描述了 LTI 离散时间系统。

就像其他离散时间傅里叶变换一样，$H(\mathrm{e}^{\mathrm{j}\omega})$一般也是$\omega$的周期为$2\pi$的复函数，它可用实部和虚部的形式，或者幅度和相位的形式表示。因此

$$\begin{aligned}H(\mathrm{e}^{\mathrm{j}\omega})&=H_{\mathrm{re}}(\mathrm{e}^{\mathrm{j}\omega})+\mathrm{j}H_{\mathrm{im}}(\mathrm{e}^{\mathrm{j}\omega})\\&=|H(\mathrm{e}^{\mathrm{j}\omega})|\mathrm{e}^{\mathrm{j}\theta(\omega)}\end{aligned} \tag{4.71}$$

其中，$H_{\mathrm{re}}(\mathrm{e}^{\mathrm{j}\omega})$和$H_{\mathrm{im}}(\mathrm{e}^{\mathrm{j}\omega})$分别是$H(\mathrm{e}^{\mathrm{j}\omega})$的实部和虚部，且

$$\theta(\omega)=\arg\{H(\mathrm{e}^{\mathrm{j}\omega})\} \tag{4.72}$$

量$|H(\mathrm{e}^{\mathrm{j}\omega})|$称为 LTI 离散时间系统的**幅度响应**，量$\theta(\omega)$称为 LTI 离散时间系统的**相位响应**。在很多应用中，离散时间系统的设计指标以幅度响应或相位响应或者两者同时给出。某些情况下，幅度函数会以分贝形式写出如下：

$$\mathcal{G}(\omega)=20\lg|H(\mathrm{e}^{\mathrm{j}\omega})|\ \ \mathrm{dB} \tag{4.73}$$

其中，$\mathcal{G}(\omega)$称为**增益函数**。增益函数的负数，即$\mathcal{A}(\omega)=-\mathcal{G}(\omega)$，称为**衰减函数**或**损失函数**。

注意，幅度函数和相位函数是ω的实函数，而频率响应则是ω的复函数。对于由实冲激响应$h[n]$描述的离散时间系统，由表 3.1 可知，幅度函数是ω的偶函数，即$|H(\mathrm{e}^{\mathrm{j}\omega})|=|H(\mathrm{e}^{-\mathrm{j}\omega})|$；相位函数是$\omega$的奇函数，即$\theta(\omega)=-\theta(-\omega)$。同样，$H_{\mathrm{re}}(\mathrm{e}^{\mathrm{j}\omega})$是偶函数，$H_{\mathrm{im}}(\mathrm{e}^{\mathrm{j}\omega})$是奇函数。

4.8.2　LTI 离散时间系统的频域描述

现在来推导 LTI 离散时间系统的频域表示。若$Y(\mathrm{e}^{\mathrm{j}\omega})$和$X(\mathrm{e}^{\mathrm{j}\omega})$分别表示输出序列$y[n]$和输入序列$x[n]$的傅里叶变换，则对式(4.66)利用表 3.4 中的卷积定理，可得

$$Y(\mathrm{e}^{\mathrm{j}\omega})=H(\mathrm{e}^{\mathrm{j}\omega})X(\mathrm{e}^{\mathrm{j}\omega}) \tag{4.74}$$

其中，$H(\mathrm{e}^{\mathrm{j}\omega})$是 LTI 系统的频率响应，它由式(4.70)定义。式(4.74)因此将 LTI 系统的输入和输出在频域联系起来。

由式(4.74)可得

$$H(e^{j\omega}) = \frac{Y(e^{j\omega})}{X(e^{j\omega})} \tag{4.75}$$

因此，LTI 离散时间系统的频率响应可表示为输出序列 $y[n]$ 的傅里叶变换 $Y(e^{j\omega})$ 与输入序列 $x[n]$ 的傅里叶变换 $X(e^{j\omega})$ 的比值。

由式(4.74)的 LTI 离散时间系统的输入-输出关系可知稳态输出不可能含有在系统输入中没有出现过的频率的正弦分量。因此，若一个系统的输出出现了新的频率分量，则该系统或不稳定，或非线性，或时变，或者是这三个性质的组合(参见习题4.60)。

4.8.3　LTI 离散时间系统的频率响应

在本节中，将推导 LTI FIR 和 IIR 离散时间系统的频率响应表达式。

LTI FIR 离散时间系统的频率响应

LTI FIR 离散时间系统由形如式(4.60)的输入-输出关系来描述，为了方便重写如下：

$$y[n] = \sum_{k=N_1}^{N_2} h[k]x[n-k], \qquad N_1 < N_2$$

对上式应用离散时间傅里叶变换(DTFT)并利用表3.4中的线性和时移性质，得到 LTI 系统在频域的输入-输出关系为

$$Y(e^{j\omega}) = \sum_{k=N_1}^{N_2} h[k]e^{-j\omega k}X(e^{j\omega}) \tag{4.76}$$

其中，$Y(e^{j\omega})$ 和 $X(e^{j\omega})$ 分别是序列 $y[n]$ 和 $x[n]$ 的傅里叶变换。在推导式(4.76)的过程中，默认假设 $Y(e^{j\omega})$ 和 $X(e^{j\omega})$ 是存在的。由上式可以得到其频率响应 $H(e^{j\omega})$ 的表达式为

$$H(e^{j\omega}) = \sum_{k=N_1}^{N_2} h[k]e^{-j\omega k} \tag{4.77}$$

上式可看做 $e^{-j\omega}$ 的多项式。

LTI IIR 离散时间系统的频率响应

在本书中将要讨论的 LTI IIR 离散时间系统，是由形如式(4.32)的线性常系数差分方程来描述的，为了方便重写如下：

$$\sum_{k=0}^{N} d_k y[n-k] = \sum_{k=0}^{M} p_k x[n-k]$$

对上式应用离散时间傅里叶变换(DTFT)并利用表3.4的线性和时移性质，可得 LTI 系统在变换域的输入-输出关系为

$$\sum_{k=0}^{N} d_k e^{-j\omega k} Y(e^{j\omega}) = \sum_{k=0}^{M} p_k e^{-j\omega k} X(e^{j\omega}) \tag{4.78}$$

上式还可写为

$$\left(\sum_{k=0}^{N} d_k e^{-j\omega k}\right) Y(e^{j\omega}) = \left(\sum_{k=0}^{M} p_k e^{-j\omega k}\right) X(e^{j\omega}) \tag{4.79}$$

因此，由式(4.79)可得频率响应 $H(e^{j\omega})$ 的表达式为

$$H(e^{j\omega}) = \frac{Y(e^{j\omega})}{X(e^{j\omega})} = \frac{\sum_{k=0}^{M} p_k e^{-j\omega k}}{\sum_{k=0}^{N} d_k e^{-j\omega k}} \tag{4.80}$$

上式是 $e^{-j\omega}$ 的有理函数。

4.8.4　用 MATLAB 计算频率响应

MATLAB 中的 M 文件 `freqz(h, w)` 可用来求指定冲激响应向量 `h` 在一组给定频率点 `w` 上的频率响应值。由这些频率响应值，还可以用函数 `real` 和 `imag` 计算实部和虚部，或用函数 `abs` 和 `angle` 计算幅度和相位，如例 4.31 所示。

例 4.31　滑动平均滤波器的频率响应

考虑式(4.4)中的滑动平均滤波器。比较式(4.4)和式(4.60)，注意到滑动平均滤波器的冲激响应可表示为

$$h[n] = \begin{cases} \frac{1}{M}, & 0 \leqslant n \leqslant M-1 \\ 0, & \text{其他} \end{cases} \tag{4.81}$$

由式(4.77)可得其频率响应为

$$\begin{aligned} H(e^{j\omega}) &= \frac{1}{M}\sum_{n=0}^{M-1} e^{-j\omega n} = \frac{1}{M}\left(\sum_{n=0}^{\infty} e^{-j\omega n} - \sum_{n=M}^{\infty} e^{-j\omega n}\right) \\ &= \frac{1}{M}\left(\sum_{n=0}^{\infty} e^{-j\omega n}\right)\left(1 - e^{-jM\omega}\right) = \frac{1}{M}\frac{1-e^{-jM\omega}}{1-e^{-j\omega}} \\ &= \frac{1}{M}\frac{\sin(M\omega/2)}{\sin(\omega/2)}e^{-j(M-1)\omega/2} \end{aligned} \tag{4.82}$$

由上式可得，式(4.81)所示滑动平均滤波器的幅度响应和相位响应分别为

$$|H(e^{j\omega})| = \left|\frac{1}{M}\frac{\sin(M\omega/2)}{\sin(\omega/2)}\right| \tag{4.83}$$

和

$$\theta(\omega) = -\frac{(M-1)\omega}{2} + \pi\sum_{k=1}^{\lfloor M/2 \rfloor}\mu\left(\omega - \frac{2\pi k}{M}\right) \tag{4.84}$$

其中，$\mu(\omega)$ 是 ω 的阶跃函数，其定义为

$$\mu(\omega) = \begin{cases} 1, & \omega \geqslant 0 \\ 0, & \omega < 0 \end{cases}$$

图 4.12 所示分别当 $M=5$ 和 $M=14$ 时滑动平均滤波器的幅度响应和相位响应。这两个曲线图可以用程序 4_3 得到。从图 4.12(a)中可以看出，在 $\omega=0$ 到 $\omega=\pi$ 的范围内，幅度在 $\omega=0$ 处具有极大值 1，而在 $\omega=2\pi k/M$，$k=1, 2, \cdots, \lfloor M/2 \rfloor$ 处为零①。相位函数在 $H(e^{j\omega})$ 的每个零点表现出相差π的不连续，而在其他地方呈线性且斜率为 $-(M-1)/2$。注意，幅度函数和相位函数都是 ω 的周期函数，周期为 2π。

程序 4_3.m

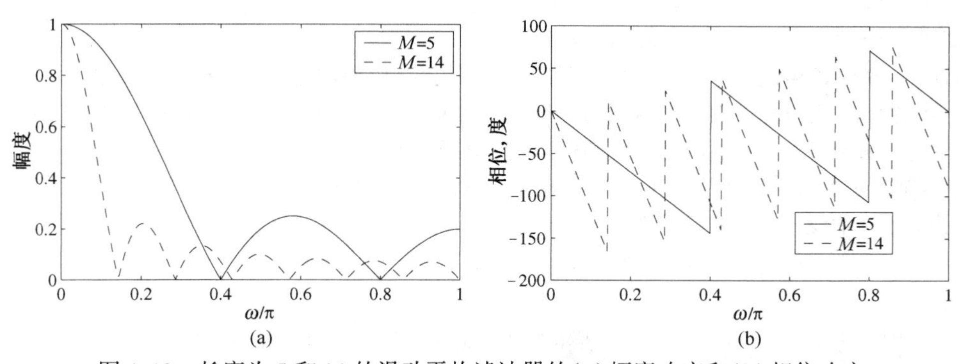

图 4.12　长度为 5 和 14 的滑动平均滤波器的(a)幅度响应和(b)相位响应

① $\lfloor x \rfloor$ 表示 x 的整数部分。

由于计算了反正切函数，当用计算机求离散时间系统的相位响应时，它可能出现多个 2π 量的跳变，例如，MATLAB 中的 angle 函数就如此。可以通过在跳变点增加 $\pm 2\pi$ 的倍数来展开相位从而将相位响应写成 ω 的连续函数。MATLAB 函数 unwrap 可用来实现上述目的，函数中假设所计算的相位的单位为弧度①。函数 unwrap 的应用已在 3.7 节的图 3.11 中说明。这里所说的跳变不能和图 4.12(b)所示的频率响应的零点产生的 π 跳变混淆。

4.8.5 稳态响应和瞬态响应

我们曾在 4.6.1 节指出，由一个常系数差分方程来描述的 LTI 离散时间系统的输出 $y[n]$ 包括两个部分：输入 $x[n]=0$ 时的齐次解 $y_c[n]$，以及给定输入 $x[n]$ 时的特解 $y_p[n]$。对于一个因果 LTI 系统，齐次解 $y_c[n]$ 形如式(4.43)所示，为方便重写如下：

$$y_c[n]=\alpha_1\lambda_1^n+\alpha_2\lambda_2^n+\cdots+\alpha_N\lambda_N^n$$

其中，α_1，α_2，…，α_N 是由离散时间系统所给定的初始条件确定的常量，λ_i 是多项式的特征根，且如 4.6.6 节中所指出的那样，对于一个稳定系统有 $|\lambda_i|<1$。因此，当 n 较大时，齐次解 $y_c[n]$ 衰减为零。输出的齐次解 $y_c[n]$ 部分也称为**瞬态响应**。接下来，研究对于两种给定类型输入时特解 $y_p[n]$ 的行为。

首先考虑某一时刻(如 n_o)开始往后不断延续的具有振幅为常量的输入序列。一个因果稳定离散时间系统的输出将包括，一个**稳态响应**(特解)，它也是振幅为常量的序列，以及一个在某一时刻 $n_1>n_o$ 之后趋于零的瞬态响应，这就得到了在时刻 n_1 之后的振幅为常量的输出。例 4.32 说明了 LTI 系统的这一行为。

例 4.32 FIR 滤波器对常量输入的输出

一个因果 FIR 离散时间系统用冲激响应 $\{h[n]\}=\{4,\ -5,\ 6,\ -3\}$ 来描述，$0\leqslant n\leqslant 3$。当输入为 $x[n]$ 时，可通过

$$y[n]=4\,x[n]-5\,x[n-1]+6\,x[n-2]-3\,x[n-3]$$

计算其输出样本。当输入为单位阶跃序列时，输出的前 6 个样本为

$$y[0]=4\,x[0]=4$$
$$y[1]=4\,x[1]-5\,x[0]=-1$$
$$y[2]=4\,x[2]-5\,x[1]+6\,x[0]=5$$
$$y[3]=4\,x[3]-5\,x[2]+6\,x[1]-3\,x[0]=2$$
$$y[4]=4\,x[4]-5\,x[3]+6\,x[2]-3\,x[1]=2$$
$$y[5]=4\,x[5]-5\,x[4]+6\,x[3]-3\,x[2]=2$$

由上面可知，当 $n\geqslant 3$ 时，$y[n]=2$，或者说输出在 $n=3$ 时达到了稳态。$n=0$，1，2 时的输出样本由瞬态和稳态响应的样本组成。

类似地，一个因果稳定 LTI 系统，当以振幅为常量的正弦序列作为输入时产生的输出，将在某一时刻之后具有稳态输出，它也是振幅为常量并与输入具有相同角频率的正弦序列。此时，在输出达到稳定状态之前，输出的初始样本也将由瞬态响应和稳态响应的样本构成。

用频率响应函数 $H(e^{j\omega})$ 可以很直接地生成一个具有实冲激响应为 $h[n]$ 的 LTI 离散时间系统对正弦输入时的稳态响应表达式。令 LTI 系统的输入为

$$x[n]=A\cos(\omega_o n+\phi),\qquad -\infty<n<\infty \tag{4.85}$$

其中，A 为实数。

现在，利用三角恒等式，将输入 $x[n]$ 表示为两个复指数序列之和的形式，即

$$x[n]=g[n]+g^*[n]$$

---

① 要小心使用 unwrap，因为若计算出的相位响应是稀疏的且具有快速变化的值，则它有时会给出错误的结果。

其中 $g[n]=\frac{1}{2}Ae^{j\phi}e^{j\omega_o n}$。由式(4.69)可知，LTI 离散时间系统在输入为 $e^{j\omega_o n}$ 时的输出为 $H(e^{j\omega_o})e^{j\omega_o n}$。根据线性定理，输入 $g[n]$ 的响应 $v[n]$ 为

$$v[n]=\frac{1}{2}Ae^{j\phi}H(e^{j\omega_o})e^{j\omega_o n}$$

同样，输入 $g^*[n]$ 的输出是 $v[n]$ 的复共轭，即

$$v^*[n]=\frac{1}{2}Ae^{-j\phi}H(e^{-j\omega_o})e^{-j\omega_o n}$$

结合这两个式子，可得 $y[n]$ 的表达式为

$$\begin{aligned}y[n]&=v[n]+v^*[n]\\&=\frac{1}{2}Ae^{j\phi}H(e^{j\omega_o})e^{j\omega_o n}+\frac{1}{2}Ae^{-j\phi}H(e^{-j\omega_o})e^{-j\omega_o n}\\&=\frac{1}{2}Ae^{j\phi}|H(e^{j\omega_o})|e^{j\theta(\omega_o)}e^{j\omega_o n}+\frac{1}{2}Ae^{-j\phi}|H(e^{-j\omega_o})|e^{j\theta(-\omega_o)}e^{-j\omega_o n}\\&=\frac{1}{2}Ae^{j\phi}|H(e^{j\omega_o})|e^{j\theta(\omega_o)}e^{j\omega_o n}+\frac{1}{2}Ae^{-j\phi}|H(e^{j\omega_o})|e^{-j\theta(\omega_o)}e^{-j\omega_o n}\end{aligned}$$

其中利用了这样一个事实：对于具有实冲激响应的 LTI 系统，其幅度函数是 ω 的偶函数，即 $|H(e^{j\omega})|=|H(e^{-j\omega})|$，而相位函数是 ω 的奇函数，即 $\theta(\omega)=-\theta(-\omega)$。从而 LTI 系统的输出可表示为

$$\begin{aligned}y[n]&=\frac{1}{2}A|H(e^{j\omega_o})|\left\{e^{j\theta(\omega_o)}e^{j\phi}e^{j\omega_o n}+e^{-j\theta(\omega_o)}e^{-j\phi}e^{-j\omega_o n}\right\}\\&=A|H(e^{j\omega_o})|\cos(\omega_o n+\theta(\omega_o)+\phi)\end{aligned}\tag{4.86}$$

因此，输出信号 $y[n]$ 与式(4.85)给出的输入信号 $x[n]$ 具有相同的正弦波形，而两点不同在于：(1)振幅乘以了 $|H(e^{j\omega_o})|$，即离散时间系统在 $\omega=\omega_o$ 的幅度函数值；(2)输出信号相对于输入有 $\theta(\omega_o)$ 的相位延迟，即离散时间系统在 $\omega=\omega_o$ 的相位值。

当 $\omega_o=0$ 和 $\phi=0$ 时，输入 $x[n]$ 将简化为一个振幅为常量的序列，即 $x[n]=A$。因此，由式(4.86)可得，稳态输出形如

$$y[n]=A|H(e^{j0})|\tag{4.87}$$

在例 4.32 的情况中，FIR 滤波器的频率响应为 $H(e^{j\omega})=4-5e^{j\omega}+6e^{j2\omega}-3e^{j3\omega}$。因此，稳态输出为 $y[n]=|H(e^{j0})|=4-5+6-3=2$，正好验证了在本例中得到的结果。

4.8.6　因果指数序列的响应

为推导式(4.86)对形如式(4.85)输入的结果，默认假设输入永远在时刻 n 之前出现，因此系统处于稳态。然而，实际中，对 LTI 离散时间系统的激励通常都是一个从某个有限样本序号 $n=n_o$ 作用的因果序列，因此，若从样本时刻 $n=n_o$ 开始观察，在该输入下的输出将包括一个瞬态分量以及一个稳态分量，所以将有不同于式(4.86)给出的结果。不失一般性，若输入是一个从 $n=0$ 开始作用的因果指数序列，即

$$x[n]=e^{j\omega n}\mu[n]$$

接下来推导因果 LTI 离散时间系统的输出响应 $y[n]$ 的另一个表达式。其中，$\mu[n]$ 是由式(2.46)定义的单位阶跃序列。由于 $n<0$ 时，$x[n]=0$，因此有 $n<0$ 时，$y[n]=0$。对于 $n\geq 0$，由式(4.66)可知输出响应为

$$y[n]=\sum_{k=0}^{\infty}h[k]e^{j\omega(n-k)}\mu[n-k]=\left(\sum_{k=0}^{n}h[k]e^{-j\omega k}\right)e^{j\omega n}$$

式中 $k>n$ 时，$\mu[n-k]=0$。重写上式，可得

$$\begin{aligned}y[n]&=\left(\sum_{k=0}^{\infty}h[k]e^{-j\omega k}\right)e^{j\omega n}-\left(\sum_{k=n+1}^{\infty}h[k]e^{-j\omega k}\right)e^{j\omega n}\\&=H(e^{j\omega})e^{j\omega n}-\left(\sum_{k=n+1}^{\infty}h[k]e^{-j\omega k}\right)e^{j\omega n},\qquad n\geq 0\end{aligned}\tag{4.88}$$

式(4.88)最后一行的第一项与式(4.69)给出的结果相同，是**稳态响应**：

$$y_{\mathrm{sr}}[n] = H(\mathrm{e}^{\mathrm{j}\omega})\mathrm{e}^{\mathrm{j}\omega n}$$

式(4.88)的第二项是**瞬态响应**：

$$y_{\mathrm{tr}}[n] = -\left(\sum_{k=n+1}^{\infty} h[k]\mathrm{e}^{-\mathrm{j}\omega k}\right)\mathrm{e}^{\mathrm{j}\omega n}$$

为了确定第二项对输出响应的影响，我们观察到

$$|y_{\mathrm{tr}}[n]| = \left|\sum_{k=n+1}^{\infty} h[k]\mathrm{e}^{-\mathrm{j}\omega(k-n)}\right| \leqslant \sum_{k=n+1}^{\infty}|h[k]| \leqslant \sum_{k=0}^{\infty}|h[k]| \tag{4.89}$$

现在，对于一个因果稳定的 IIR LTI 离散时间系统，其冲激响应是绝对可和的，从而其瞬态响应 $y_{\mathrm{tr}}[n]$ 是一个有界序列。此外，随着 $n \to \infty$，

$$\sum_{k=n+1}^{\infty}|h[k]| \to 0$$

因此，n 取值非常大时的瞬态响应将衰减为零。在大多数实际情况中，瞬态响应在某个有限时间量之后，会小到可以忽略，此时的系统可认为是稳定的。另一方面，对于一个冲激响应长度为 $N+1$ 因果 FIR LTI 离散时间系统，当 $n>N$ 时，$h[n]=0$。因此，当 $n>N-1$ 时，$y_{\mathrm{tr}}[n]=0$。所以这里的输出 $y[n]$ 在 $n=N$ 时是稳定的，当 $n \geqslant N$ 时输出样本值为 $y_{\mathrm{sr}}[n]=H(\mathrm{e}^{\mathrm{j}\omega})\mathrm{e}^{\mathrm{j}\omega n}$。可以看出对于例 4.32 所示的 FIR 滤波器，$N=3$，因此，当 $n=3$ 时系统达到稳态，如该例中所示。

注意，只要有输入信号作用或者输入信号发生改变，就会出现瞬态响应。

4.8.7 滤波的概念

LTI 离散时间系统的一个应用，就是让输入序列中的某种频率分量没有任何失真(若可能的话)地通过，同时阻止其他频率分量通过。这样的系统称为**数字滤波器**，它将是本节讨论的主要内容。滤波过程的关键是式(3.14)给出的离散时间傅里叶逆变换，它将任意一个输入序列表示为无穷多个指数序列的线性加权和，或等效表示为正弦序列的线性加权和。因此，通过适当选择 LTI 数字滤波器在对应于输入信号正弦分量的频率上的幅度函数值，相对于其他序列，某些正弦序列就会被有选择性地严重削弱或者滤除。

现在来解释滤波的概念并定义最常用的滤波器特征。为理解设计这样一个系统的机理，考虑一个实系数 LTI 离散时间系统，其幅度函数为

$$|H(\mathrm{e}^{\mathrm{j}\omega})| \approx \begin{cases}1, & 0 \leqslant |\omega| \leqslant \omega_c \\ 0, & \omega_c < |\omega| < \pi\end{cases} \tag{4.90}$$

将输入 $x[n]=A\cos\omega_1 n + B\cos\omega_2 n$ 作用于这个系统，其中 $0<\omega_1<\omega_c<\omega_2<\pi$。根据线性定理，由式(4.86)可知，系统的输出 $y[n]$ 为

$$y[n] = A|H(\mathrm{e}^{\mathrm{j}\omega_1})|\cos(\omega_1 n + \theta(\omega_1)) + B|H(\mathrm{e}^{\mathrm{j}\omega_2})|\cos(\omega_2 n + \theta(\omega_2)) \tag{4.91}$$

在式(4.91)中，应用式(4.90)可得

$$y[n] \approx A|H(\mathrm{e}^{\mathrm{j}\omega_1})|\cos(\omega_1 n + \theta(\omega_1))$$

表明该 LTI 离散时间系统的作用类似于一个低通滤波器。

下一个例子考虑设计非常简单的高通滤波器。

例 4.33 一个简单数字滤波器的设计

本例考虑设计一个非常简单的数字滤波器[Ham89]。输入信号包括角频率分别为 0.1 弧度/样本和 0.4 弧度/样本的两个余弦序列之和。需要设计这样一个高通滤波器，它将允许输入信号中的高频分量通过，而阻止其中的低频分量。

为了简化，假设滤波器是长度为 3 的 FIR 滤波器，其冲激响应为

$$h[0]=h[2]=\alpha_0,\quad h[1]=\alpha_1$$

因此，由式(4.66)可知，数字滤波器是采用如下差分方程实现的：

$$\begin{aligned}y[n]&=h[0]x[n]+h[1]x[n-1]+h[2]x[n-2]\\&=\alpha_0 x[n]+\alpha_1 x[n-1]+\alpha_0 x[n-2]\end{aligned}\tag{4.92}$$

其中，$y[n]$和$x[n]$分别表示输出和输入序列。因此，设计的目标是，为滤波器参数α_0和α_1选择合适的值，以使滤波器输出是频率为0.4弧度/样本的余弦序列。

现在由式(4.77)可得，上述FIR滤波器的频率响应为

$$\begin{aligned}H(\mathrm{e}^{\mathrm{j}\omega})&=h[0]+h[1]\mathrm{e}^{-\mathrm{j}\omega}+h[2]\mathrm{e}^{-\mathrm{j}2\omega}\\&=\alpha_0(1+\mathrm{e}^{-\mathrm{j}2\omega})+\alpha_1\mathrm{e}^{-\mathrm{j}\omega}=2\alpha_0\left(\frac{\mathrm{e}^{\mathrm{j}\omega}+\mathrm{e}^{-\mathrm{j}\omega}}{2}\right)\mathrm{e}^{-\mathrm{j}\omega}+\alpha_1\mathrm{e}^{-\mathrm{j}\omega}\\&=(2\alpha_0\cos\omega+\alpha_1)\mathrm{e}^{-\mathrm{j}\omega}\end{aligned}\tag{4.93}$$

该滤波器的幅度函数和相位函数分别为

$$|H(\mathrm{e}^{\mathrm{j}\omega})|=|2\alpha_0\cos\omega+\alpha_1|\tag{4.94}$$

$$\theta(\omega)=-\omega+\beta\tag{4.95}$$

其中，当$2\alpha_0\cos\omega+\alpha_1>0$时，$\beta=0$；当$2\alpha_0\cos\omega+\alpha_1<0$时，$\beta=\pi$。

为了不使低频分量在滤波器的输出中出现，$\omega=0.1$处的幅度函数必须等于零。同样，为了让高频分量没有任何衰减地通过，必须保证幅度函数在$\omega=0.4$处等于1。因此，必须满足的两个条件是

$$2\alpha_0\cos(0.1)+\alpha_1=0$$

$$2\alpha_0\cos(0.4)+\alpha_1=1$$

解上面两个式子，可得

$$\alpha_0=-6.761\,95,\qquad \alpha_1=13.456\,335\tag{4.96}$$

将式(4.96)代入式(4.92)中，可得所求的FIR滤波器的输入–输出关系为

$$y[n]=-6.761\,95(x[n]+x[n-2])+13.456\,335x[n-1]\tag{4.97}$$

其中

$$x[n]=\{\cos(0.1n)+\cos(0.4n)\}\mu[n]\tag{4.98}$$

为验证滤波行为，我们在MATLAB下实现式(4.97)的滤波并计算其从$n=0$开始的前100个输出样本值。注意输入已被假定为一个因果序列且第一个非零样本出现在$n=0$处；为了计算$y[0]$和$y[1]$，令$x[-1]=x[-2]=0$。MATLAB程序4_4可用来计算上述滤波器的输出。

图4.13画出了用程序4_4生成的输出$y[n]$以及输入$x[n]$的两条正弦曲线。在图中，为了更加清楚地显示稳态输出，输出值被限制在区间$(-1.2, 4)$内。表4.1列出了输出以及两个正弦输入的前7个样本。根据该表和图4.13，可观察到，忽略最低有效数字之后有

程序4_4.m

$$y[n]=\cos(0.4(n-1)),\qquad n=2,3,4,5,6$$

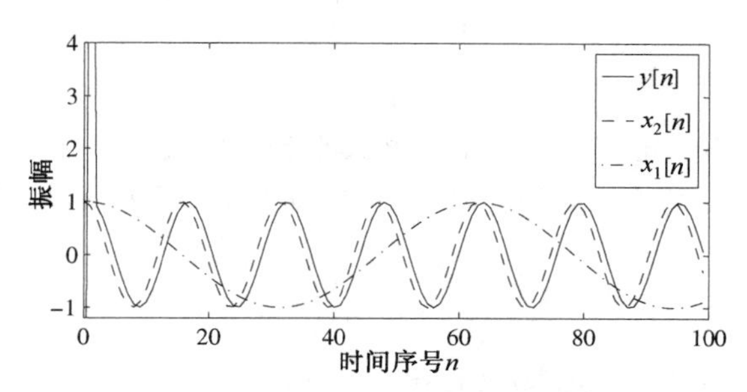

图4.13　式(4.97)给出的FIR滤波器的输出$y[n]$(实线)、低频输入$x_1[n]$(点画线)和高频输入$x_2[n]$(虚线)

从上例中可以注意到，要计算当前的输出值，需要知道输入在当前以及前两点的样本值。因此，前两个输出样本，是假设输入在 $n=-1$ 和 $n=-2$ 处为零值的结果，所以，除了稳态分量外，还包括瞬态分量。由于冲激响应长度为 $N+1=3$ 的序列，因此输出在 $n=N=2$ 时达到稳态。其次，输出是输入中高频分量 $\cos(0.4n)$ 的延迟形式，且延迟为 1 个样本周期。

表 4.1 例 4.33 中滤波器的输入和输出序列

n	$\cos(0.1n)$	$\cos(0.4n)$	$x[n]$	$y[n]$
0	1.0	1.0	2.0	-13.52390
1	0.995 004 1	0.921 060 9	1.916 065 2	13.956 333
2	0.980 066 5	0.696 706 7	1.676 773 3	0.921 061 6
3	0.955 336 4	0.362 357 7	1.317 694 2	0.696 706 4
4	0.921 060 9	-0.029 199 5	0.891 861 4	0.362 357 2
5	0.877 582 5	-0.416 146 8	0.461 435 7	-0.029 200 2
6	0.825 335 6	-0.737 393 7	0.087 941 9	-0.416 146 7

4.9 相位延迟和群延迟

还有两个重要的参数，这两个参数描述了 LTI 离散时间系统被以正弦序列线性加权和组成的输入信号 $x[n]$ 激励所产生的输出响应 $y[n]$ 的形式。这两个参数同系统的频率响应 $H(e^{j\omega})$ 相关。如式(4.86)中指出的那样，一个输入为正弦的稳定 LTI 系统的稳态响应，应与它的输入具有相同的形式，除非 LTI 系统在输入正弦信号频率 ω_o 处的幅度函数值 $|H(e^{j\omega_o})|$ 发生了改变，并且 LTI 系统在 ω_o 处相对于输入信号的相位出现了相位差 $\theta(\omega_o)=\arg\{H(e^{j\omega_o})\}$。对于一个窄带输入信号，假设在组成输入的正弦信号的所有频率点上，幅度函数本质上是常数，且相对于输入中其对应分量的相位，仅输出响应中每一项的相位影响输出信号的行为。

4.9.1 定义

若输入为式(4.85)给出的频率为 ω_o 的正弦信号，则输出也是具有相同频率 ω_o 的正弦信号，只是相位有 $\theta(\omega_o)$ 弧度的滞后，如式(4.86)所示。将式(4.86)重写为

$$\begin{aligned} y[n] &= A|H(e^{j\omega_o})|\cos\left(\omega_o\left(n+\frac{\theta(\omega_o)}{\omega_o}\right)+\phi\right) \\ &= A|H(e^{j\omega_o})|\cos\left(\omega_o\left(n-\tau_p(\omega_o)\right)+\phi\right) \end{aligned} \tag{4.99}$$

其中①

$$\tau_p(\omega_o) = -\frac{\theta(\omega_o)}{\omega_o} \tag{4.100}$$

称为**相位延迟**。

当输入信号包括很多正弦分量，其具有谐波不相关的不同频率；当由一个频率选择性的 LTI 离散时间系统进行处理时，每个分量经历不同的相位延迟，而信号延迟用称为**群延迟**的另一个参数确定，定义如下

$$\tau_g(\omega) = -\frac{d\theta(\omega)}{d\omega} \tag{4.101}$$

默认假定这里相位函数是展开的，因此其导数存在。

例 4.34 演示了相位延迟的计算。

---

① 负号表示相位滞后。

例 4.34　计算相位延迟

考虑离散时间系统 $y[n]=-x[n-1]$，其中 $x[n]$ 和 $y[n]$ 分别是输入和输出。该系统展开后的相位为

$$\theta(\omega)=-\omega+\pi+2K\pi$$

由此可以得到，对所有整数 K 值和所有 ω_o 值，在 $\omega=\omega_o$ 的相位延迟为

$$\tau_p(\omega_o)=1-\frac{\pi}{\omega_o}-\frac{2K\pi}{\omega_o}$$

随着 $\omega_o\to 0$，$\tau_p(\omega_o)\to\pm\infty$，正负取决于整数 K 的值，这个结果结论很难解释。另一方面，上面系统的群延迟就是

$$\tau_g(\omega)=1$$

它与 ω 的值无关。

如上例所指出的，离散时间系统的相位延迟导致了系统输出中相对输入产生相移，而偏移量取决于 ω。因此，与在连续时间情况不同，此时相位延迟没有更深的物理意义。注意，群延迟仅相对于联系输入和输出序列的潜在的连续时间函数才有物理意义。

两种类型延迟的图形比较如图 4.14 所示。从图中可以看到，群延迟 $\tau_g(\omega_o)$ 是相位函数 $\theta(\omega)$ 在频率 ω_o 处的斜率的相反值，而 $\tau_p(\omega_o)$ 则是从原点到点 $[\omega_o,\ \theta(\omega_o)]$ 的直线的斜率的相反值。

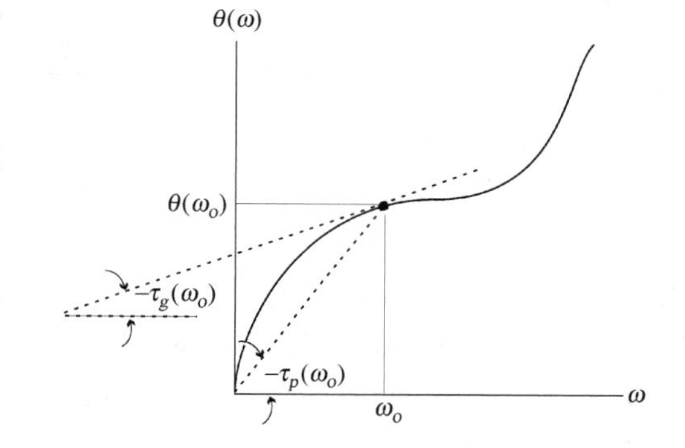

图 4.14　计算相位延迟和群延迟。改编自[Pap62]

上述这两类延迟的物理意义在连续时间的情况下比较容易理解[Pap62]。考虑频率响应为

$$H_a(\mathrm{j}\Omega)=|H_a(\mathrm{j}\Omega)|\mathrm{e}^{\mathrm{j}\theta_a(\Omega)}$$

的一个 LTI 连续时间系统，被一个窄带振幅调制的连续时间信号：

$$x_a(t)=a(t)\cos(\Omega_c t) \tag{4.102}$$

所激励。其中 $a(t)$ 是低通调制信号，其带限连续时间傅里叶变换为

$$|A(\mathrm{j}\Omega)|=0,\qquad |\Omega|>\Omega_o \tag{4.103}$$

而 $\cos(\Omega_c t)$ 是高频载波信号。

假设在频率范围 $\Omega_c-\Omega_o<|\Omega|<\Omega_c+\Omega_o$ 内，连续时间系统频率响应的幅度为常量，且具有线性相位；即

$$\begin{aligned}|H_a(\mathrm{j}\Omega)|&=|H_a(\mathrm{j}\Omega_c)|\\ \theta_a(\Omega)&=\theta_a(\Omega_c)-(\Omega-\Omega_c)\left.\frac{\mathrm{d}\theta_a(\Omega)}{\mathrm{d}\Omega}\right|_{\Omega=\Omega_c}\\ &=-\Omega_c\tau_p(\Omega_c)+(\Omega-\Omega_c)\tau_g(\Omega_c)\end{aligned} \tag{4.104}$$

现在利用频移性质得到输入信号 $x_a(t)$ 的连续时间傅里叶变换为

$$X_a(\mathrm{j}\Omega)=\tfrac{1}{2}\left(A(\mathrm{j}[\Omega+\Omega_c])+A(\mathrm{j}[\Omega-\Omega_c])\right)$$

此外，由于式(4.103)的限制，在频率范围 $\Omega_c-\Omega_o<|\Omega|<\Omega_c+\Omega_o$ 之外，有 $X_a(\mathrm{j}\Omega)=0$。最后，得到 LTI 连续时间系统的输出响应 $y_a(t)$ 为

$$y_a(t)=a\left(t-\tau_g(\Omega_c)\right)\cos\Omega_c\left(t-\tau_p(\Omega_c)\right) \tag{4.105}$$

在推导上式的过程中，假设 $|H_a(\mathrm{j}\Omega_c)|=1$。从上式可以看出，群延迟 $\tau_g(\Omega_c)$ 正好是输入信号 $x_a(t)$ 的包络 $a(t)$ 的延迟，而相位延迟 $\tau_p(\Omega_c)$ 是载波信号的延迟。图 4.15 说明了两种延迟对振幅调制的正弦信号的影响。

注意，假设 LTI 系统的频率响应满足式(4.104)，上面推导的输出响应才成立。在具有宽频带的频率响应的 LTI 系统中，这两种延迟都没有任何物理意义。

当 LTI 系统的群延迟在被调制信号的带宽上不是常数时，位于下方的连续时间输出信号的波形显示将出现失真。若失真不能接受，则通常对 LTI 系统级联一个延迟均衡器，使得级联上的所有群延迟在所

关心的频带上近似线性。然而，为了使原 LTI 系统的幅度响应保持不变，均衡器必须保证在所有频率上的幅度响应为常量①。

对于例 4.33 所示的滤波器，其相位函数为 $\theta(\omega) = -\omega+\beta$。因此，群延迟为 $\tau_g(\omega)=1$，从图 4.13 也可以明显看出来。类似地，对于式(4.81)的滑动平均滤波器，相位函数为式(4.84)，因此其群延迟为

$$\tau_g(\omega) = \frac{M-1}{2} \tag{4.106}$$

换言之，滑动平均滤波器在所有频率上表现出常量群延迟。

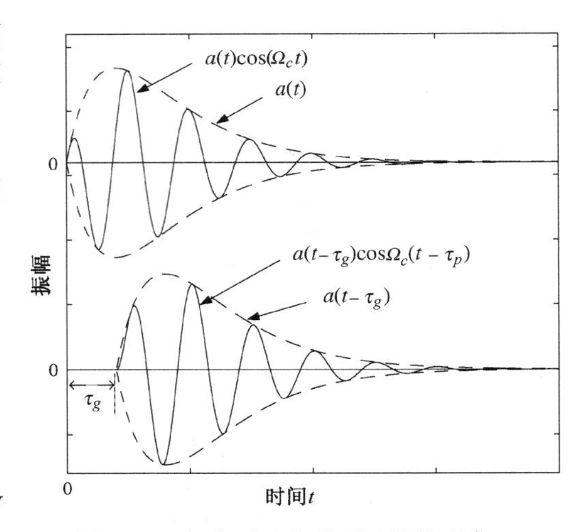

图 4.15　相位延迟和群延迟的物理意义的图示。改编自[Pap62]

4.9.2　用 MATLAB 计算相位延迟和群延迟

相位延迟可以通过 MATLAB 中的 M 文件 phasedelay 来求取。这个函数具有多个可选形式，用例 4.35 说明。

例 4.35　用 MATLAB 计算相位延迟

确定由频率响应

$$H(e^{j\omega}) = \frac{0.136\,728\,736(1-e^{-j2\omega})}{1-0.533\,530\,98e^{-j\omega}+0.726\,542\,528e^{-j2\omega}}$$

描述的数字滤波器的相位延迟。

用于计算相位延迟向量的 MATLAB 代码段为

```
num = 0.136728736*[1 0 -1];
den = [1 -0.53353098 0.726542528];
[phi,w] = phasedelay(num,den,1024);
```

图 4.16 画出了用 MATLAB 计算得到的相位延迟。

同样，群延迟可采用 MATLAB 中的 M 文件 grpdelay 来求取，该函数同样具有多个可选形式，其使用在例 4.36 中说明。

例 4.36　用 MATLAB 计算群延迟

利用 MATLAB，计算例 4.35 中的频率响应函数的群延迟。用来计算群延迟向量的 MATLAB 代码段为

```
num = 0.136728736*[1 0 -1];
den = [1 -0.53353098 0.726542528];
[gd,w] = grpdelay(num,den,1024);
```

用 MATLAB 计算得到的群延迟图如图 4.17 所示。

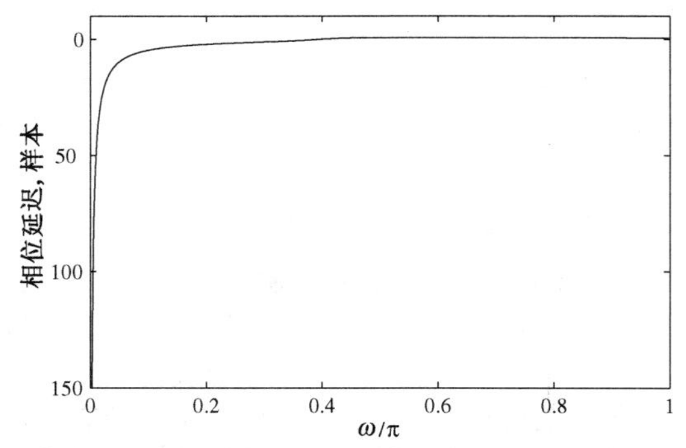

图 4.16　例 4.35 中的频率响应函数的相位延迟

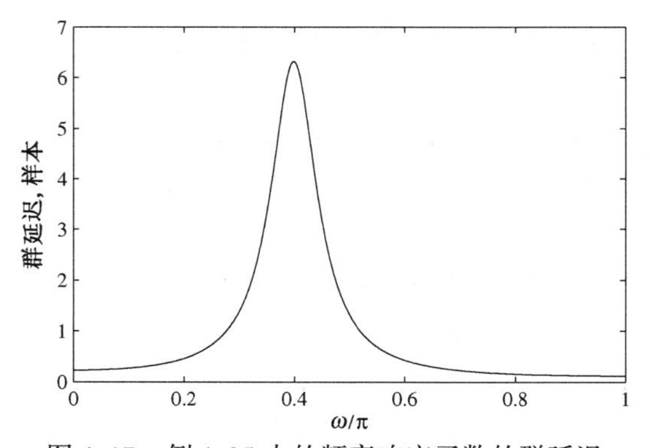

图 4.17　例 4.35 中的频率响应函数的群延迟

① 参见 7.1.3 节。

4.10 小结

在本章中，介绍了在时域和频域描述离散时间系统的一些重要和基本的概念。首先描述了一些非常简单、非常有用的离散时间系统。接下来给出这些系统的分类，其中线性时不变(LTI)离散时间系统在实际中有很多应用。我们给出了这类系统的定义，而且推导了其在时域的卷积和表示。然后，介绍了LTI系统的因果性和稳定性。接着，讨论了用线性常系数差分方程来描述其输入-输出关系的LTI系统中的一类重要系统，并且给出了在一定输入和初始条件下计算其输出的过程。同时，还介绍了LTI离散时间系统的一些分类方法，其中最常用的方法是按照冲激响应的长度来分类的。随后引出了LTI离散时间系统频率响应的概念。接着，详细研究了与频率响应相关的相位延迟和群延迟之间的差别。

4.11 习题

4.1 证明式(2.24)定义的下抽样器是时变系统。

4.2 证明下列式子所描述的离散时间系统是线性系统：
(a)式(2.19)　(b)式(2.23)　(c)式(2.24)　(d)式(4.4)　(e)式(4.8)　(f)式(4.9)

4.3 对于下列各离散时间系统，其中 $y[n]$ 和 $x[n]$ 分别表示输出和输入序列，确定该系统是否是(1)线性的，(2)因果的，(3)稳定的，(4)移不变的：
(a) $y[n]=x[n+3]$
(b) $y[n]=x[2-n]+\alpha$，其中 α 为非零常数
(c) $y[n]=\ln(1-|x[n]|)$
(d) $y[n]=\beta+\sum_{\ell=-1}^{3}x[n-\ell]$，其中 β 为非零常数

4.4 振幅随时间变化的离散时间序列的短时能量给出了振幅变化的一个合理观测[Rab78]。短时能量计算需要的平方运算为

$$y[n]=(x[n])^2 \tag{4.107}$$

其中 $x[n]$ 和 $y[n]$ 是输入和输出信号。平方运算是线性的吗？是时变的吗？是因果的吗？

4.5 式(4.107)中定义的平方运算对信号中的大振幅非常敏感。为解决此问题，有时用一个平均幅度函数来测量振幅变化[Rab78]。计算平均幅度需要计算信号样本的绝对值：

$$y[n]=|x[n]| \tag{4.108}$$

其中 $x[n]$ 和 $y[n]$ 是输入和输出信号。绝对值运算是线性的吗？是时变的吗？是因果的吗？

4.6 考虑如下离散时间系统：(a) $y[n]=n^K x[n]$、(b) $y[n]=x[n^K]$，其中 $x[n]$ 和 $y[n]$ 分别是系统的输入和输出，而 K 是一个整数。上面的系统是线性还是非线性的？

4.7 证明式(4.10)定义的中值滤波器是时不变系统。

4.8 序列 $x[n]$ 在时刻 n 的二阶导数 $y[n]$ 通常近似表示为

$$y[n]=x[n+1]-2x[n]+x[n-1]$$

若 $y[n]$ 和 $x[n]$ 分别表示离散时间系统的输出和输入，该系统是线性的吗？是时不变的吗？是因果的吗？

4.9 离散时间系统描述如下[Kai80]：

$$y[n]=x^2[n]-x[n-1]x[n+1]$$

其中，$y[n]$ 和 $x[n]$ 分别表示输出和输入序列，上面的系统是线性的吗？是时不变的吗？是因果的吗？

4.10 考虑由一阶线性常系数差分方程

$$y[n]=ay[n-1]+bx[n],\quad n\geqslant 0$$

描述的一个因果离散时间系统。其中，$y[n]$ 和 $x[n]$ 分别是输出和输入序列。求用初始条件 $y[-1]$ 和输入样本表示的输出样本 $y[n]$ 的表达式。

(a)若 $y[-1]=1$，系统是时不变的吗？是线性的吗？

(b)若 $y[-1]=0$，重做(a)。

(c)将(a)和(b)的结果推广到由式(4.32)给出的 N 阶因果离散时间系统的情况。

4.11　考虑由输入-输出关系[Cad87]：

$$y[n]=\frac{1}{2}\left(y[n-1]+\frac{x[n]}{y[n-1]}\right) \tag{4.109}$$

描述的离散时间系统，其中，$x[n]$ 和 $y[n]$ 分别是输入和输出序列。证明当输入为 $x[n]=\alpha\mu[n]$ 且 $y[-1]=1$ 时，上述系统的输出 $y[n]$ 随着 $n\to\infty$，收敛至 $\sqrt{\alpha}$，其中 α 是一个正数。上面的系统是线性的还是非线性的？是时不变系统吗？证明你的结论。

4.12　计算数 α 的平方根的一种算法为[Mik92]

$$y[n]=x[n]-y^2[n-1]+y[n-1] \tag{4.110}$$

其中，$x[n]=\alpha\mu[n]$，$0<\alpha<1$。若 $x[n]$ 和 $y[n]$ 分别是离散时间系统的输入和输出，该系统是线性的还是非线性的？是时不变的吗？证明随着 $n\to\infty$，$y[n]\to\sqrt{\alpha}$。注意，$y[-1]$ 是对 $\sqrt{\alpha}$ 的一个合适的初始估计。

4.13　确定式(4.9)中因子为3的线性内插器的冲激响应表达式。

4.14　确定因子为 L 的线性内插器的冲激响应表达式。

4.15　若一个因果LTI离散时间系统的单位阶跃响应在一个终值常量附近表现出振荡且振幅逐渐衰减，就说该系统是**过冲**的。证明对于所有的 $n\geq 0$，若系统的单位冲激响应 $h[n]$ 非负，则其单位阶跃响应没有过冲。

4.16　证明式(4.20)给出的BIBO稳定条件同样适用于具有复冲激响应的LTI数字滤波器。

4.17　证明卷积和运算满足交换律和分配律。

4.18　已知下面三个序列

$$x_1[n]=A\,(\text{常量}),\qquad x_2[n]=\mu[n],\qquad x_3[n]=\begin{cases}1, & n=0\\ -1, & n=1\\ 0, & \text{其他}\end{cases}$$

证明 $x_3[n]\circledast x_2[n]\circledast x_1[n]\neq x_2[n]\circledast x_3[n]\circledast x_1[n]$。

4.19　证明对于稳定的单边序列，卷积运算满足结合律。

4.20　求下列卷积和的闭式表达式：(a) $\alpha^n\mu[n]\circledast\mu[n]$，(b) $n\alpha^n\mu[n]\circledast\mu[n]$。

4.21　用LTI离散时间系统的输入 $x[n]$ 及单位阶跃响应 $s[n]$ 推导系统输出 $y[n]$ 的通用表达式。

4.22　把周期为 N 的周期序列 $\tilde{x}[n]$ 作用到冲激响应为 $h[n]$ 的LTI离散时间系统，生成输出 $y[n]$。$y[n]$ 是周期序列吗？若是，其周期是多少？

4.23　设 $y[n]$ 是通过两个因果有限长序列 $h[n]$ 和 $x[n]$ 的线性卷积得到的序列。对下列各对 $y[n]$ 和 $h[n]$，求 $x[n]$。每个序列的第一个样本都对应于时间序号 $n=0$。

(a) $\{y[n]\}=\{6,-7,-13,24,12,33,-5,14\}$，$\{h[n]\}=\{3,4,-1,2\}$

(b) $\{y[n]\}=\{-6,17,3,-38,6,41,-3,-20\}$，$\{h[n]\}=\{-2,3,1,4\}$

(c) $\{y[n]\}=\{15,-4,-16,24,36,-12,-31,-12\}$，$\{h[n]\}=\{3,-2,0,5,4\}$

4.24　一个LTI离散时间系统用左边冲激响应 $h[n]=\alpha^n\mu[-n-1]$ 描述。求使得该系统BIBO稳定的常数 α 值范围。

4.25　证明式(4.28)。

4.26　证明式(4.31)。

4.27　考虑由单位冲激响应分别为 $\alpha^n\mu[n]$ 和 $\beta^n\mu[n]$ 描述两个因果稳定LTI系统的级联，其中 $0<\alpha<1$，$0<\beta<1$。求该级联的冲激响应 $h[n]$ 的表达式。

4.28　求例4.16中LTI离散时间系统的逆系统的冲激响应 $g[n]$。

4.29　求描述习题4.27中级联LTI离散时间系统的逆系统的冲激响应 $g[n]$。

4.30　求图P4.1所示的各个LTI系统的冲激响应的表达式。

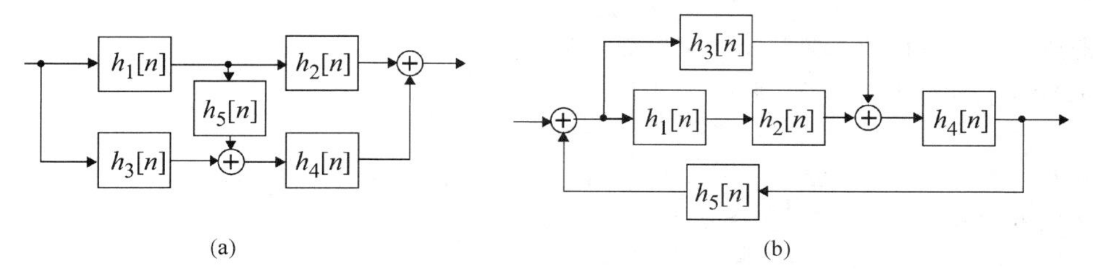

图 P4.1

4.31　求图 P4.2 所示系统的总冲激响应，其中，成员系统的冲激响应为

$$h_1[n]=2\delta[n-2]+3\delta[n+1],\ h_2[n]=\delta[n-1]-2\delta[n+2]$$
$$h_3[n]=5\delta[n-5]-7\delta[n-3]+2\delta[n-1]+\delta[n]-3\delta[n+1]$$

4.32　两个稳定的 LTI 系统的级联仍然是稳定的吗？证明你的结论。

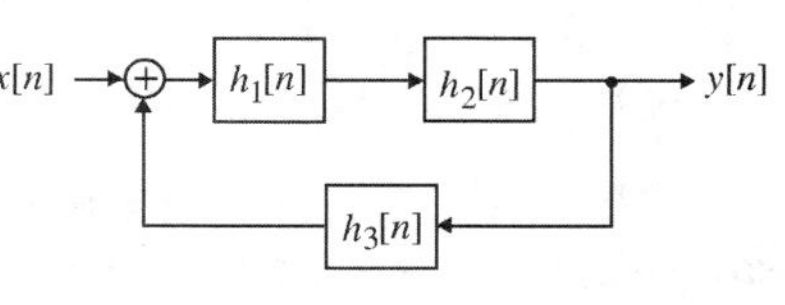

图 P4.2

4.33　证明两个无源（无损）的 LTI 系统的级联仍然是无源（无损）的。

4.34　两个稳定的 LTI 系统的并联仍然是稳定的吗？证明你的结论。

4.35　两个无源（无损）的 LTI 系统的并联仍然是无源（无损）的吗？证明你的结论。

4.36　考虑由差分方程

$$y[n]=p_0x[n]+p_1x[n-1]-d_1y[n-1]$$

描述的因果 LTI 系统。其中，$x[n]$和$y[n]$分别表示输入和输出。求其逆系统的差分方程表示。

4.37　通过归纳法，首先当 $n=0,1,2,\cdots$时，计算式(4.50)，接下来求解 $h[0]$、$h[1]$、$h[2]$，等等来推导式(4.53)。

4.38　用回代法证明式(4.55)给出的一组方程退化成式(4.33)。

4.39　斐波纳契数列$f[n]$是定义为

$$f[n]=f[n-1]+f[n-2],\quad n\geqslant 2$$

的因果序列。其中，$f[0]=0$ 且$f[1]=1$。

(a) 推导对于任何 n 都可以直接计算出$f[n]$的准确方程。

(b) 证明$f[n]$是下面由差分方程

$$y[n]=y[n-1]+y[n-2]+x[n-1]$$

描述的因果 LTI 系统的单位冲激响应[Joh89]。

4.40　考虑由差分方程

$$y[n]=\alpha y[n-1]+x[n]$$

描述的一个一阶复数字滤波器，式中，$x[n]$是实输入序列，$y[n]=y_{re}[n]+\mathrm{j}y_{im}[n]$是复输出序列，其中 $y_{re}[n]$和 $y_{im}[n]$分别表示其实部和虚部，且 $\alpha=a+\mathrm{j}b$ 是一个复常数。推导上面这个复数字滤波器的一个等效的单输入双输出的实差分方程表达式，并证明将 $y_{re}[n]$和 $x[n]$关联的单输入单输出数字滤波器可以用一个二阶差分方程描述。

4.41　设 $h[n]$、$h[n+1]$和 $h[n+2]$表示习题 4.36 中一阶因果 LTI 系统的三个连续冲激响应样本。证明描述这个系统的差分方程的系数 p_0、p_1、d_1 可由上面这三个冲激响应样本唯一确定。

4.42　当 $n\geqslant 0$ 时，求差分方程

$$y[n]-0.16y[n-1]=5.88\mu[n]$$

的全解。其中，初始条件为 $y[-1]=5$。

4.43　当 $n\geqslant 0$ 时，求差分方程

$$y[n]-0.7y[n-1]-0.02y[n-2]=3^n\mu[n]$$

的全解。其中，初始条件为 $y[-1]=3$、$y[-2]=0$。

4.44 当 $n\geqslant 0$ 时，求差分方程

$$y[n]-0.3y[n-1]-0.04y[n-2]=x[n]+2x[n-1]$$

的全解。其中，初始条件为 $y[-1]=3$、$y[-2]=0$，激励函数为 $x[n]=3^n\mu[n]$。

4.45 求习题4.42 中 LTI 系统的冲激响应 $h[n]$。

4.46 求习题4.44 中 LTI 系统的冲激响应 $h[n]$。

4.47 求由冲激响应 $h[n]=(-\alpha)^n\mu[n]$ 描述的 LTI 离散时间系统的阶跃响应，$0<\alpha<1$。

4.48 证明若 $|\lambda_i|<1$，$\sum_{n=0}^{\infty}|n^K(\lambda_i)^n|$ 收敛。

4.49 设一个因果 IIR 数字滤波器由式(4.32)的差分方程描述，其中 $y[n]$ 和 $x[n]$ 分别表示输出和输入序列。若 $h[n]$ 表示其冲激响应，证明

$$p_k=\sum_{n=0}^{k}h[n]d_{k-n},\qquad k=0,1,\cdots,M$$

根据上面的结论，证明 $p_n=h[n]\circledast d_n$。

4.50 已知一个长为 $L+1$ 的因果 FIR 滤波器的冲激响应为 $\{g[n]\}$，$n=0, 1, \cdots, L$。推导冲激响应为 $\{h[n]\}$ 的因果有限维 IIR 数字滤波器形如式(4.32)的差分方程表达式，其中 $M+N=L$，使得当 $n=0, 1, \cdots, L$ 时有 $h[n]=g[n]$。

4.51 计算当输入为 $x[n]=n\mu[n]$ 和如下的初始条件时，式(4.2)的累加器的输出：(a) $y[-1]=1$，(b) $y[-1]=-1$，(c) $y[-1]=0$。

4.52 在数值积分的矩形法中，式(4.61)等号右边的积分可表示为

$$\int_{(n-1)T}^{nT}x(\tau)\mathrm{d}\tau=T\cdot x((n-1)T) \tag{4.111}$$

推导数值积分矩形法的差分方程表示。

4.53 推导用

$$y[n]=\begin{cases}\frac{1}{n}\sum_{\ell=1}^{n}x[\ell], & n>0\\ 0, & n\leqslant 0\end{cases}$$

描述的时变线性离散时间系统的递归实现。

4.54 证明函数 $u[n]=z^n$ 是 LTI 离散时间系统的特征函数，其中 z 为复常量。当 z 为复常量时，序列 $v[n]=z^n\mu[n]$ 是否也是 LTI 离散时间系统的特征函数。证明你的结论。

4.55 求由冲激响应

$$h[n]=\delta[n]-\alpha\delta[n-R] \tag{4.112}$$

描述的 LTI 离散时间系统的频率响应 $H(e^{j\omega})$ 的闭式表示。其中，$|\alpha|<1$。其幅度响应的最大值和最小值是什么，并计算幅度响应在 $0\leqslant\omega<2\pi$ 范围内的峰和谷出现的个数和位置，画出 $R=5$ 时的幅度和相位响应。

4.56 求由冲激响应

$$g[n]=h[n]\circledast h[n]\circledast h[n] \tag{4.113}$$

描述的 LTI 离散时间系统的频率响应 $G(e^{j\omega})$ 的闭式表示。其中，$h[n]$ 由式(4.112)给出。

4.57 求冲激响应为

$$g[n]=\begin{cases}\alpha^n, & 0\leqslant n\leqslant M-1\\ 0\,, & \text{其他}\end{cases}$$

的 LTI 离散时间系统的频率响应 $G(e^{j\omega})$ 的闭式表示。其中，$|\alpha|<1$，$G(e^{j\omega})$ 与式(4.82)给出的 $H(e^{j\omega})$ 的关系是什么。给冲激响应乘以一个合适的常量进行缩放，以使幅度响应的直流值为 1。

4.58　求因子为 2 的上抽样器在频域中的输入–输出关系。

4.59　确定并画出双边冲激响应分别为 $h_1[n]=\delta[n]-\dfrac{\sin\omega_1 n}{\pi n}$，$h_2[n]=\dfrac{\sin\omega_2 n}{\pi n}$ 的 LTI 离散时间系统的级联的冲激响应的 DTFT，其中 $0<\omega_1<\omega_2<\pi$。

4.60　当输入为 $x[n]=\cos(\omega_o n)$ 时，求下列每个离散时间系统在输出中将出现的频率：

(a) $y_a[n]=\cos(\pi n/5)x[n]$，　(b) $y_b[n]=x^4[n]$，　(c) $y_c[n]=x[4n]$

4.61　一个非因果 LTI FIR 离散时间系统由冲激响应

$$h[n]=a_1\delta[n-3]+a_2\delta[n-2]+a_3\delta[n-1]+a_4\delta[n]+a_5\delta[n+1]+a_6\delta[n+2]$$

描述。当冲激响应序列 $\{a_i\}$，$1\leq i\leq 6$ 取何值时可以使 $H(e^{j\omega})$ 具有零相位。

4.62　一个因果 LTI FIR 离散时间系统由冲激响应

$$h[n]=a_1\delta[n]+a_2\delta[n-1]+a_3\delta[n-2]+a_4\delta[n-3]+a_5\delta[n-4]+a_6\delta[n-5]+a_7\delta[n-6]+a_8\delta[n-7]$$

描述。当冲激响应序列 $\{a_i\}$，$1\leq i\leq 8$ 取何值时可以使 $H(e^{j\omega})$ 具有线性相位。

4.63　一个 FIR LTI 离散时间系统由差分方程

$$y[n]=a_1x[n+k]+a_2x[n+k-1]+a_3x[n+k-2]+a_2x[n+k-3]+a_1x[n+k-4]$$

描述。其中，$y[n]$ 和 $x[n]$ 分别表示输出和输入序列。求其频率响应 $H(e^{j\omega})$ 的表达式，当常数 k 取何值时，系统的频率响应 $H(e^{j\omega})$ 是 ω 的实函数。

4.64　考虑两个因果 LTI 系统：$h_1[n]=\alpha\delta[n]+\delta[n-1]$，$h_2[n]=\beta^n\mu[n]$，$|\beta|<1$ 的级联。求整个系统的频率响应 $H(e^{j\omega})$，α、β 取何值时 $|H(e^{j\omega})|=1$？

4.65　一个非线性离散时间系统在频域的输入–输出关系为

$$Y(e^{j\omega})=|X(e^{j\omega})|^{\alpha}e^{j\arg X(e^{j\omega})}\tag{4.114}$$

其中，$0<\alpha\leq 1$，$X(e^{j\omega})$ 和 $Y(e^{j\omega})$ 分别表示输入和输出序列的 DTFT。求该系统的频率响应 $H(e^{j\omega})=Y(e^{j\omega})/X(e^{j\omega})$ 的表达式，并证明它具有零相位。式(4.116)描述的非线性算法称为 **α 求根方法**，用于图像增强中[Jai89]。

4.66　求用输入–输出关系

$$y[n]=x[n]+\alpha y[n-R],\qquad |\alpha|<1$$

描述的一个因果 IIR LTI 离散时间系统的频率响应 $H(e^{j\omega})$ 的表达式。其中，$y[n]$ 和 $x[n]$ 分别表示输出和输入序列。求系统幅度响应的最大值和最小值，并确定在范围 $0\leq\omega<2\pi$ 内幅度响应的峰和谷出现的次数和位置。画出 $R=5$ 时的幅度和相位响应图。

4.67　某 IIR LTI 系统用差分方程

$$y[n]+a_1y[n-1]+a_2y[n-2]=b_0x[n]+b_1x[n-1]+b_2x[n-2]$$

描述，其中 $y[n]$ 和 $x[n]$ 分别表示输出和输入序列。求其频率响应的表达式。常数 b_i 为何值时对所有 ω 值幅度响应是一个常数？

4.68　考虑冲激响应为 $h[n]=(0.4)^n\mu[n]$ 的一个 LTI 离散时间系统，求该系统的频率响应 $H(e^{j\omega})$ 并计算在 $\omega=\pm\pi/4$ 处的频率响应值。当输入为 $x[n]=\sin(\pi n/4)\mu[n]$ 时，系统的稳态输出 $y[n]$ 是什么？

4.69　一个长度为 3 的 FIR 滤波器由一个对称的冲激响应定义，即 $h[0]=h[2]$。假设该滤波器的输入由角频率分别为 0.2 弧度/样本和 0.5 弧度/样本的两个余弦序列之和组成，试求使得该滤波器仅通过输入中高频分量的冲激响应的系数。

4.70　(a) 设计一个长度为 5 的 FIR 带通滤波器，它具有反对称的冲激响应 $h[n]$，即 $h[n]=-h[4-n]$，$0\leq n\leq 4$，并满足如下幅度响应值：$|H(e^{j\pi/4})|=0.5$、$|H(e^{j\pi/2})|=1$。

(b) 求所设计滤波器的频率响应的准确表达式，并画出其幅度和相位响应。

4.71　(a) 设计一个长度为 4 的 FIR 带通滤波器，它具有对称的冲激响应 $h[n]$，即 $h[n]=-h[3-n]$，$0\leq n\leq 3$，并满足如下幅度响应值：$|H(e^{j\pi/4})|=1$、$|H(e^{j\pi/2})|=0.5$。

(b) 求所设计滤波器的频率响应的准确表达式，并画出其幅度和相位响应。

4.72　考虑具有对称的冲激响应，即 $h[n]=h[4-n]$，$0\leq n\leq 4$ 的一个长度为 5 的 FIR 滤波器。该滤波器的输入由角频率分别为0.3弧度/样本、0.4弧度/样本以及0.7弧度/样本的三个余弦序列之和组成，求使得该滤波器仅通过输入信号中的中频分量的冲激响应系数。

4.73 考虑冲激响应为

$$h_A[n]=0.3\delta[n]-\delta[n-1]+0.3\delta[n-2], \qquad h_B[n]=0.3\delta[n]+\delta[n-1]+0.3\delta[n-2]$$

的两个LTI因果数字滤波器。

(a)画出这两个滤波器的幅度响应，并比较它们的特征。

(b)设 $h_A[n]$ 为频率响应为 $H_A(e^{j\omega})$ 的因果数字滤波器的冲激响应。定义另一个数字滤波器，其冲激响应 $h_C[n]$ 为

$$h_C[n]=(-1)^n h_A[n], \qquad \text{对}\,n\,\text{的所有值}$$

试确定这个新滤波器的频率响应 $H_C(e^{j\omega})$ 和 $H_A(e^{j\omega})$ 之间的关系。

4.74 如例4.30中所示，梯形积分方程可表示为用差分方程

$$y[n]=y[n-1]+\tfrac{1}{2}\{x[n]+x[n-1]\}$$

表示的IIR数字滤波器，其中，$y[-1]=0$。求上面滤波器的频率响应。

4.75 辛普森数值积分方程的递归差分方程表示为[Ham89]：

$$y[n]=y[n-2]+\tfrac{1}{3}\{x[n]+4x[n-1]+x[n-2]\}$$

求上面这个滤波器的频率响应，并与习题4.74的梯形法得到的频率响应相比较。

4.76 一个LTI因果离散时间系统由差分方程

$$y[n]=d_3x[n]+d_2x[n-1]+d_1x[n-2]+x[n-3]-d_1y[n-1]-d_2y[n-2]-d_3y[n-3]$$

描述，其中 $y[n]$ 和 $x[n]$ 分别是输出和输入序列。求系统频率响应的表达式并证明对所有 ω 值该系统的幅度响应为1。

4.77 证明由频率响应 $H(e^{j\omega})$ 描述的一个LTI离散时间系统的群延迟 $\tau(\omega)$ 可表示为

$$\tau(\omega)=\mathrm{Re}\left\{\frac{\mathrm{j}\,\frac{dH(e^{j\omega})}{d\omega}}{H(e^{j\omega})}\right\} \tag{4.115}$$

4.78 一个LTI FIR离散时间系统的频率响应为 $H(e^{j\omega})=\alpha_0+\alpha_1e^{-j\omega}+\alpha_2e^{-j2\omega}+\alpha_3e^{-j3\omega}+\alpha_4e^{-j4\omega}$。系数 α_i，$0\le i\le 4$ 满足何种关系时，$H(e^{j\omega})$ 将具有常数群延迟？

4.79 求频率响应如下的每个LTI系统的群延迟的表达式

(a) $H_a(e^{j\omega})=\alpha+\beta e^{-j\omega}$

(b) $H_b(e^{j\omega})=\dfrac{1}{1+\gamma e^{-j\omega}}, \quad |\gamma|<1$

(c) $H_c(e^{j\omega})=\dfrac{\alpha+\beta e^{-j\omega}}{1+\gamma e^{-j\omega}}, \quad |\gamma|<1$

(d) $H_d(e^{j\omega})=\dfrac{1}{(1+\gamma e^{-j\omega})(1+\delta e^{-j\omega})}, \quad |\gamma|<1, \ |\delta|<1$

(e) $H_e(e^{j\omega})=\dfrac{\alpha+\beta e^{-j\omega}}{(1+\gamma e^{-j\omega})(1+\delta e^{-j\omega})}, \quad |\gamma|<1, \ |\delta|<1$

4.80 设 $H(e^{j\omega})$ 表示冲激响应为 $h[n]$ 的一个LTI离散时间系统的频率响应，设 $G(e^{j\omega})$ 表示序列 $nh[n]$ 的傅里叶变换。证明这个LTI系统的群延迟可用

$$\tau_g(\omega)=\frac{H_{re}(e^{j\omega})G_{re}(e^{j\omega})+H_{im}(e^{j\omega})G_{im}(e^{j\omega})}{|H(e^{j\omega})|^2} \tag{4.116}$$

计算。其中，$H_{re}(e^{j\omega})$ 和 $H_{im}(e^{j\omega})$ 分别表示 $H(e^{j\omega})$ 的实部和虚部，$G_{re}(e^{j\omega})$ 和 $G_{im}(e^{j\omega})$ 分别表示 $G(e^{j\omega})$ 的实部和虚部。

4.81 用式(4.116)求下列频率响应所对应的LTI离散时间系统的群延迟：

(a) $H_a(e^{j\omega})=2-0.5e^{-j\omega}$

(b) $H_b(e^{j\omega})=\dfrac{1}{1+0.8e^{-j\omega}}$

(c) $H_c(e^{j\omega}) = \dfrac{0.3 + 0.7e^{-j\omega}}{1 + 0.5e^{-j\omega}}$

(d) $H_d(e^{j\omega}) = \dfrac{1}{(0.3 + 0.4e^{-j\omega})(1 + 0.5e^{-j\omega})}$

(e) $H_e(e^{j\omega}) = \dfrac{2 - 0.5e^{-j\omega}}{(1 - 0.4e^{-j\omega})(1 - 0.6e^{-j\omega})}$

4.12 MATLAB 练习

M4.1 利用程序 4_1(新)，研究长度分别为 5、7 和 9 的滑动平均滤波器信号平滑的效果。增加滤波器的长度，信号平滑的效果会提升吗？长度对平滑后输出与含噪输入之间的延迟有何影响？

M4.2 编写一个 MATLAB 程序，实现习题 4.11 中式(4.109)给出的离散时间系统，并证明当 $y[-1]=1$、输入 $x[n]=\alpha\mu[n]$ 时，随着 $n\to\infty$，系统的输出 $y[n]$ 收敛于 $\sqrt{\alpha}$。

M4.3 编写一个 MATLAB 程序，利用习题 4.12 中式(4.110)的算法来计算平方根，并证明当 $y[-1]=1$、输入 $x[n]=\alpha\mu[n]$ 时，随着 $n\to\infty$，系统的输出 $y[n]$ 收敛于 $\sqrt{\alpha}$。画出 α 取不同值时以 n 为自变量的误差函数。如何计算一个大于 1 的数 α 的平方根？

M4.4 利用习题 4.77 的表达式，编写一个 MATLAB 程序来计算在一组给定的离散频率点上的群延迟。

M4.5 编写一个 MATLAB 程序仿真习题 4.69 所设计的滤波器，并验证其滤波运算。

M4.6 编写一个 MATLAB 程序仿真习题 4.72 所设计的滤波器，并验证其滤波运算。

第5章　有限长离散变换

通常，在实际应用中，将一段有限长的时域序列映射为等长的其他序列是很方便的，反之亦然。诸如此类的变换通常统称为**有限长变换**，是本章的主题。在前向变换中，变换的样本是唯一的，并表示为时域序列的线性加权。原时域序列可以通过逆变换来得到，在逆变换中，时域样本表示为其变换域表示的样本的线性加权和。

在某些应用中，较长的时域序列往往可以分割成一组较短的序列，这些较短的序列就可以进行有限长变换。变换后的序列在变换域经过后续处理后，其时域等价形式可以通过逆变换得到。处理后的短序列适当地组合在一起来得到最终的长序列。

学者们已提出很多有限维变换，若对每个变换进行讨论，则超出了本书的范围。本章仅限于讨论被称为**正交变换**的类。这里特别讨论三种这类变换：**离散傅里叶变换**、**离散余弦变换**和 **Haar 变换**。前一个变换已经广泛应用于数字信号处理应用中，后两个变换主要应用在信号压缩方面。

5.1　正交变换

令 $x[n]$ 表示长度为 N 的时域序列，$\mathcal{X}[k]$ 表示其 N 点正交变换的系数。正交变换对的一般形式如下：

$$\mathcal{X}[k] = \sum_{n=0}^{N-1} x[n]\psi^*[k,n], \qquad 0 \leqslant k \leqslant N-1 \tag{5.1}$$

$$x[n] = \frac{1}{N}\sum_{k=0}^{N-1} \mathcal{X}[k]\psi[k,n], \qquad 0 \leqslant n \leqslant N-1 \tag{5.2}$$

通常称式(5.1)为**分析式**，称式(5.2)为**综合式**。在上两式中，$\psi[k,n]$ 为**基序列**，它在时域和变换域都是长度为 N 的序列。在本章所涉及的有限维变换中，基序列应该满足条件

$$\frac{1}{N}\sum_{n=0}^{N-1} \psi[k,n]\psi^*[\ell,n] = \begin{cases}1, & \ell = k\\ 0, & \ell \neq k\end{cases} \tag{5.3}$$

满足以上条件的基序列 $\psi[k,n]$ 彼此称为**正交**序列。

为了证明逆变换式(5.2)的正确性，将其代入式(5.1)，得到

$$\sum_{n=0}^{N-1} x[n]\psi^*[\ell,n] = \sum_{n=0}^{N-1}\left(\frac{1}{N}\sum_{k=0}^{N-1}\mathcal{X}[k]\psi[k,n]\right)\psi^*[\ell,n] \tag{5.4}$$

由于基序列 $\psi[k,n]$ 满足式(5.3)的正交条件，交换上式等号右边的求和次序，得到

$$\sum_{n=0}^{N-1} x[n]\psi^*[\ell,n] = \sum_{k=0}^{N-1}\mathcal{X}[k]\left(\frac{1}{N}\sum_{n=0}^{N-1}\psi[k,n]\psi^*[\ell,n]\right) = \mathcal{X}[\ell] \tag{5.5}$$

从而验证了式(5.2)的确是该变换的逆变换。

基序列正交性的重要结果是变换的能量保持特性。该性质使我们可以在变换域中计算出时域序列 $x[n]$ 的能量 $\sum_{n=0}^{N-1}|x[n]|^2$。为说明此性质，观察到

$$\sum_{n=0}^{N-1}|x[n]|^2 = \sum_{n=0}^{N-1} x[n]x^*[n]$$

在最后一项中，可以将 $x[n]$ 写成式(5.2)的变换域表示并得到

$$\sum_{n=0}^{N-1} x[n]x^*[n] = \sum_{n=0}^{N-1}\left(\frac{1}{N}\sum_{k=0}^{N-1}\mathcal{X}[k]\psi[k,n]\right)x^*[n]$$

对上式最后一项交换求和次序并利用式(5.1)，可得

$$\frac{1}{N}\sum_{k=0}^{N-1}\mathcal{X}[k]\left(\sum_{n=0}^{N-1}x^*[n]\psi[k,n]\right) = \frac{1}{N}\sum_{k=0}^{N-1}\mathcal{X}[k]\mathcal{X}^*[k]$$

最后有

$$\sum_{n=0}^{N-1}|x[n]|^2 = \frac{1}{N}\sum_{k=0}^{N-1}|\mathcal{X}[k]|^2 \tag{5.6}$$

该式就是著名的**帕塞瓦尔定理**。

在一些应用中，需要用变换来对变换系数$\mathcal{X}[k]$，$0\leqslant k\leqslant N-1$ 解相关。能量压缩是另一种有意义性质，它在信号压缩应用中很有价值。具有较好能量压缩特性的变换中，信号的绝大部分能量都集中在变换系数的某个子集中，允许具有非常低能量的其他系数被设为零值。该处理得到时域信号在变换域的一个有效逼近，它是许多信号压缩方法的基础。

5.2　离散傅里叶变换

本节将给出离散傅里叶变换(常称为 DFT)的定义并推导其逆变换(常缩写为 IDFT)。我们将 DFT 和时域序列的傅里叶变换相联系，研究其主要特性，在下一节中将会特别研究该变换的两个独特性质。最后一节讨论 DFT 的几个重要应用，如傅里叶变换的数值计算以及线性卷积实现。

5.2.1　定义

时域中的 N 点序列 $x[n]$的**离散傅里叶变换**(DFT)定义为

$$X[k] = \sum_{n=0}^{N-1}x[n]\mathrm{e}^{-\mathrm{j}2\pi kn/N}, \qquad 0\leqslant k\leqslant N-1 \tag{5.7}$$

上式是通过将式(5.1)的基序列设为复指数序列

$$\psi[k,n] = \mathrm{e}^{\mathrm{j}2\pi kn/N}, \qquad 0\leqslant k\leqslant N-1 \tag{5.8}$$

得到。所以，即使 $x[n]$是实数，DFT 的系数 $X[k]$通常也是复数。很容易证明基序列 $\mathrm{e}^{\mathrm{j}2\pi kn/N}$是正交的，即该基序列满足式(5.3)给出的条件。为此，注意到

$$\frac{1}{N}\sum_{n=0}^{N-1}\mathrm{e}^{\mathrm{j}2\pi kn/N}\mathrm{e}^{-\mathrm{j}2\pi \ell n/N} = \frac{1}{N}\sum_{n=0}^{N-1}\mathrm{e}^{\mathrm{j}2\pi(k-\ell)n/N}$$

通过设 $u=\mathrm{e}^{\mathrm{j}2\pi(k-\ell)/N}$，上式等号的右边可以化简为有限和的形式

$$S_{N-1} = \sum_{n=0}^{N-1}u^n$$

由上式可得

$$\sum_{n=0}^{N}u^n = 1+u\sum_{n=0}^{N-1}u^n = 1+uS_{N-1} = S_{N-1}+u^N$$

若 $u\neq 1$，求解上式可得

$$S_{N-1} = \frac{1-u^N}{1-u} \tag{5.9}$$

将 $u=\mathrm{e}^{\mathrm{j}2\pi(k-\ell)/N}$代入上式得

$$\sum_{n=0}^{N-1} \mathrm{e}^{\mathrm{j}2\pi(k-\ell)n/N} = \frac{1-\mathrm{e}^{\mathrm{j}2\pi(k-\ell)}}{1-\mathrm{e}^{\mathrm{j}2\pi(k-\ell)/N}} \tag{5.10}$$

当 $k \neq \ell$ 时，上式等号右边的分子等于零。当 $k=\ell+rN$ 时，上式等号右边具有 0/0 的形式。当 $k=\ell$ 时，上式等号的左边之和为 N。因此

$$\frac{1}{N}\sum_{n=0}^{N-1} \mathrm{e}^{\mathrm{j}2\pi(k-\ell)n/N} = \begin{cases} 1, & k=\ell+rN \\ 0, & k\neq \ell \end{cases} \tag{5.11}$$

验证了基序列 $\mathrm{e}^{\mathrm{j}2\pi kn/N}$, $0\leqslant k\leqslant N-1$ 的正交性。

由于 $\mathrm{e}^{\mathrm{j}2\pi kn/N}$ 是 k 的周期序列，周期为 N，由式(5.7)可知，$X[k]$ 也可看成 k 在范围 $-\infty<k<\infty$ 的周期序列，周期为 N。然而，通过将频域整数变量 k 限制在范围 $0\leqslant k\leqslant N-1$ 中，可将 DFT $X[k]$ 看成是变换域中一个长度为 N 的序列。通常长度为 N 的 DFT 序列也称为 **N 点 DFT**。使用常用的记号

$$W_N = \mathrm{e}^{-\mathrm{j}2\pi/N} \tag{5.12}$$

式(5.7)可重写为

$$X[k] = \sum_{n=0}^{N-1} x[n]W_N^{kn}, \qquad 0\leqslant k\leqslant N-1 \tag{5.13}$$

通过在式(5.2)中采用式(5.8)中的基序列得到**离散傅里叶逆变换(IDFT)**为

$$x[n] = \frac{1}{N}\sum_{k=0}^{N-1} X[k]W_N^{-kn}, \qquad 0\leqslant n\leqslant N-1 \tag{5.14}$$

由上面的表达式可以看出，即使 DFT $X[k]$ 是一个实序列，逆 DFT 序列 $x[n]$ 也可以是复序列。

式(5.13)和式(5.14)构成了序列 $x[n]$ 的一对离散傅里叶变换对。离散傅里叶变换对通常可以表示为

$$x[n] \overset{\text{DFT}}{\longleftrightarrow} X[k] \tag{5.15}$$

例 5.1 和例 5.2 将说明 DFT 的计算。

例 5.1　计算只有一个非零样本的有限长序列的 DFT

考虑定义在 $0\leqslant n\leqslant N-1$ 上长度为 N 的序列：

$$x[n] = \begin{cases} 1, & n=0 \\ 0, & 1\leqslant n\leqslant N-1 \end{cases} \tag{5.16}$$

利用式(5.7)可得其 N 点 DFT 为

$$X[k] = 1, \qquad 0\leqslant k\leqslant N-1 \tag{5.17}$$

现在考虑定义在 $n=0, 1, \cdots, N-1$ 上长度为 N 的序列

$$y[n] = \begin{cases} 1, & n=m,\ 0\leqslant m\leqslant N-1 \\ 0, & \text{其他} \end{cases} \tag{5.18}$$

其 DFT 为

$$Y[k] = W_N^{km}, \qquad 0\leqslant k\leqslant N-1 \tag{5.19}$$

例 5.2　一个有限长正弦序列的 DFT

计算长度为 N 的序列

$$x[n] = \cos(2\pi rn/N), \qquad 0\leqslant n\leqslant N-1 \tag{5.20}$$

的 N 点 DFT，其中 r 是区间 $0<r\leqslant N-1$ 内的一个整数。根据三角恒等式及式(5.12)中的记号，$x[n]$ 可以重新写为

$$x[n] = \tfrac{1}{2}\left(\mathrm{e}^{\mathrm{j}2\pi rn/N} + \mathrm{e}^{-\mathrm{j}2\pi rn/N}\right) = \tfrac{1}{2}\left(W_N^{-rn} + W_N^{rn}\right) \tag{5.21}$$

将该式代入式(5.13)，得到其 DFT 为

$$X[k] = \frac{1}{2}\left[\sum_{n=0}^{N-1} W_N^{-(r-k)n} + \sum_{n=0}^{N-1} W_N^{(r+k)n}\right] \tag{5.22}$$

在式(5.22)中利用恒等式

$$\sum_{n=0}^{N-1} W_N^{-(k-\ell)n} = \begin{cases} N, & k-\ell = rN, r\text{为整数} \\ 0, & \text{其他} \end{cases} \tag{5.23}$$

可得式(5.20)中长度为 N 的序列 $x[n]$ 的 N 点 DFT 为

$$X[k] = \begin{cases} N/2, & k = r \\ N/2, & k = N-r \\ 0, & \text{其他} \end{cases} \tag{5.24}$$

5.2.2 计算复杂度问题

由式(5.13)和式(5.14)可知，计算 DFT 和 IDFT 分别需要约 N^2 次复数相乘及 $N(N-1)$ 次复数相加。已有一些巧妙的方法可以将计算量减少到只有 $N(\log_2 N)$ 次运算，这些方法通常称为快速傅里叶变换(FFT)算法，将在 11.3.2 节和 11.4 节中讨论。正是由于快速算法存在，DFT 和 IDFT 以及它们的多种变换形式就可以在不同目的的数字信号处理应用中得到广泛应用。

然而，应注意，在需要计算几个 DFT 或 IDFT 样本的应用中，直接用式(5.13)或式(5.14)来计算这些样本将会很实用。其中一种应用是检测用于按键电话机、ATM 机、语音邮箱等双音多频(DTMF)信号。一个双音多频信号由两个音调组成，它们的频率来自两个完全不同的预设频率组。每个这样的音频对代表唯一的数字或符号。因此，一个双音多频信号的解码包括在信号中识别这两个音调并确定它们相应的数字或符号。分配给按键区不同数字和符号的频率是国际认可的标准，如图 1.35 所示[ITU84]。

虽然有许多模拟电路的芯片可用于单通道中双音多频信号的产生和解码，但这些功能也能在 DSP 芯片上实现，而且这样的数字实现在性能上更为优异，因为它提供较好的精确度、稳定性、多功能性以及来满足其他音调标准的可编程性，并且通过分时的增加多通道运算的范围，最终需要较少的芯片数量。

一个双音多频信号的数字实现需要两个有限长数字正弦曲线序列的相加，它们可通过查表或计算一个多项式展开很容易产生。通过计算双音多频信号的 DFT，然后测量在 8 个 DTMF 频率处的能量很容易实现数字音调检测。一个双音多频信号的最小持续时间是 40 ms。因此，在 8 kHz 的抽样率下，最多有 $0.04 \times 8000 = 320$ 个样本可用于每一个双音多频数字的解码。用于 DFT 计算的实际样本数少于这个数，这样选择使正弦曲线的实际位置与最接近的 DFT 序号 k 整数值之间的差异最小。

用基于 DFT 的方法实现 DTMF 信号检测的详细讨论可在随书所附光盘中找到。

5.2.3 矩阵关系

式(5.13)中定义的 DFT 样本可用矩阵的形式表示为

$$\boldsymbol{X} = \boldsymbol{D}_N \boldsymbol{x} \tag{5.25}$$

其中，$\boldsymbol{X}$ 是由 N 个 DFT 样本组成的向量

$$\boldsymbol{X} = [X[0] \quad X[1] \quad \cdots \quad X[N-1]]^{\mathrm{T}} \tag{5.26}$$

$\boldsymbol{x}$ 是 N 个输入样本的向量

$$\boldsymbol{x} = [x[0] \quad x[1] \quad \cdots \quad x[N-1]]^{\mathrm{T}} \tag{5.27}$$

$\boldsymbol{D}_N$ 是大小为 $N \times N$ 的 DFT 矩阵

$$\boldsymbol{D}_N = \begin{bmatrix} 1 & 1 & 1 & \cdots & 1 \\ 1 & W_N^1 & W_N^2 & \cdots & W_N^{N-1} \\ 1 & W_N^2 & W_N^4 & \cdots & W_N^{2(N-1)} \\ \vdots & \vdots & \vdots & \ddots & \vdots \\ 1 & W_N^{N-1} & W_N^{2(N-1)} & \cdots & W_N^{(N-1)(N-1)} \end{bmatrix} \tag{5.28}$$

类似地，IDFT 关系也可以用矩阵形式表示为

$$\begin{bmatrix} x[0] \\ x[1] \\ \vdots \\ x[N-1] \end{bmatrix} = \boldsymbol{D}_N^{-1} \begin{bmatrix} X[0] \\ X[1] \\ \vdots \\ X[N-1] \end{bmatrix} \tag{5.29}$$

其中 $\boldsymbol{D}_N^{-1}$ 是大小为 $N \times N$ 的 **IDFT 矩阵**，即

$$\boldsymbol{D}_N^{-1} = \frac{1}{N}\begin{bmatrix} 1 & 1 & 1 & \cdots & 1 \\ 1 & W_N^{-1} & W_N^{-2} & \cdots & W_N^{-(N-1)} \\ 1 & W_N^{-2} & W_N^{-4} & \cdots & W_N^{-2(N-1)} \\ \vdots & \vdots & \vdots & \ddots & \vdots \\ 1 & W_N^{-(N-1)} & W_N^{-2(N-1)} & \cdots & W_N^{-(N-1)(N-1)} \end{bmatrix} \tag{5.30}$$

由式(5.28)和式(5.30)可得

$$\boldsymbol{D}_N^{-1} = \frac{1}{N}\boldsymbol{D}_N^* \tag{5.31}$$

5.2.4 用 MATLAB 计算 DFT

MATLAB 中有 4 个内置函数用来计算 DFT 和 IDFT

```
fft(x),      fft(x,M),      ifft(X),      ifft(X,M)
```

这些函数均采用 FFT 算法，与 DFT 和 IDFT 的直接计算相比，其计算效率更高。另外，MATLAB 的**信号处理工具箱**中的函数 `dftmtx(N)` 可以用来计算式(5.28)所定义的 $N \times N$ 阶 DFT 矩阵 $\boldsymbol{D}_N$。为计算 $N \times N$ 阶 DFT 矩阵的逆，可以使用函数 `conj(dftmtx(N))/N`。

例 5.3 和例 5.4 中具体说明上述 M 文件的应用。

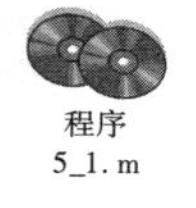
程序 5_1.m

例 5.3　用 MATLAB 计算 DFT

用 MATLAB 计算 N 点序列

$$u[n] = \begin{cases} 1, & 0 \leqslant n \leqslant N-1 \\ 0, & \text{其他} \end{cases} \tag{5.32}$$

的 M 点离散傅里叶变换 $U[k]$。为此，可用程序 5_1。在执行过程中，程序要求输入数据 N 和 M。为了保证 DFT 的计算正确，M 应不小于 N。在输入 N 和 M 后，该程序就可以进行 M 点 DFT 计算并画出原 N 点输入信号、DFT 序列的幅度和相位，图 5.1 画出了 $N=8$ 且 $M=16$ 时的结果。

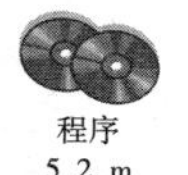
程序 5_2.m

例 5.4　用 MATLAB 计算 IDFT

接下来，我们用 MATLAB 计算 IDFT。K 点 DFT 序列为

$$V[k] = \begin{cases} k/K, & 0 \leqslant k \leqslant K-1 \\ 0, & \text{其他} \end{cases} \tag{5.33}$$

用程序 5_2 来求 IDFT 序列 $v[n]$。

在运行时，程序需要的输入数据包括 DFT 和 IDFT 的长度，程序将计算式(5.23)所示的斜变 DFT 序列的 IDFT 序列并画出 DFT 序列和 IDFT 序列，如图 5.2 所示。不难看出，和预料的一样，即使 DFT 是实序列，其 IDFT 也是时域上的复数序列。

M 文件 `fftshift` 将频率序号 $k=0$ 处的零频率样本值移到频谱的中间，这通常在肉眼观察序列的谱时很有用。

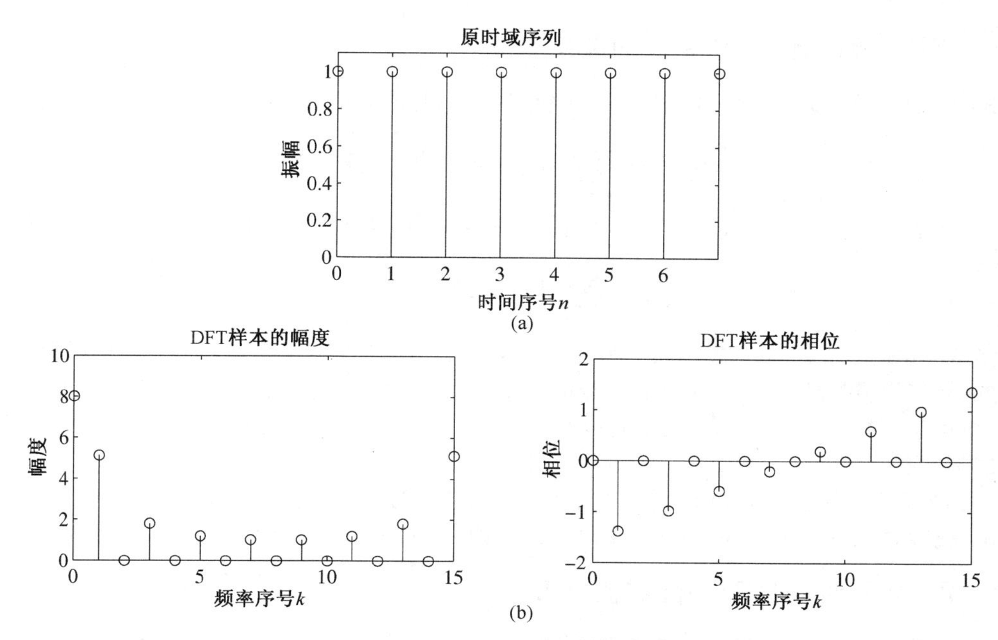

图5.1　当 $N=8$、$M=16$ 时(a)式(5.32)给出的长度为 N 的原序列;(b)其 M 点 DFT

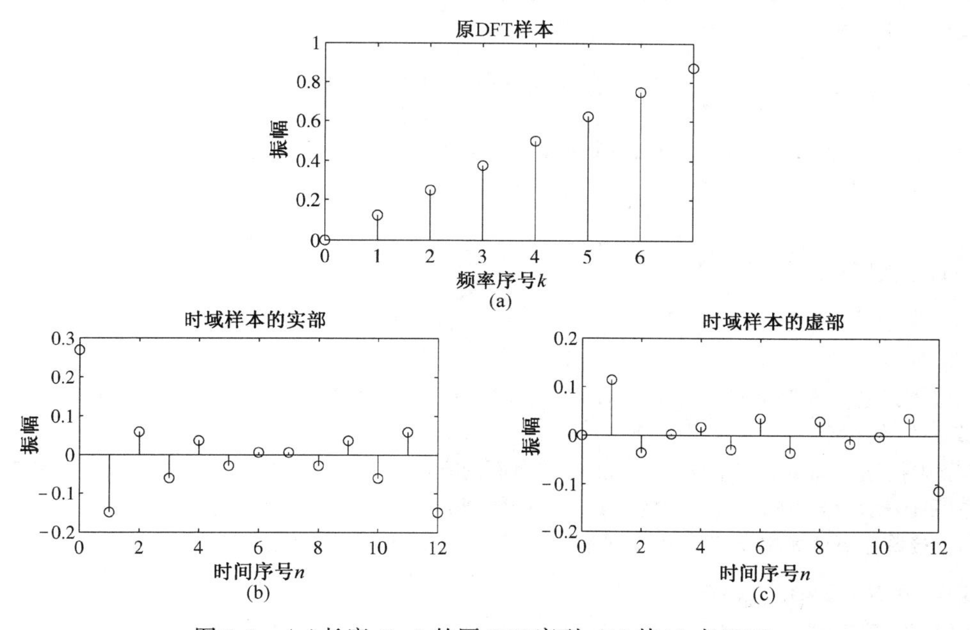

图5.2　(a)长度 $K=8$ 的原 DFT 序列;(b)其13点 IDFT

5.3　DTFT 与 DFT 及其逆之间的关系

现在研究长度为 N 的序列的 N 点 DFT 和傅里叶变换之间的关系，以及长度为 M 的序列的傅里叶变换与由对该傅里叶变换抽样所得到的 N 点 DFT 之间的关系。

5.3.1 与离散时间傅里叶变换的关系

由式(3.10)，对于$0\leqslant n\leqslant N-1$，长度为$N$的序列$x[n]$的傅里叶变换$X(e^{j\omega})$定义为

$$X(e^{j\omega})=\sum_{n=-\infty}^{\infty}x[n]e^{-j\omega n}=\sum_{n=0}^{N-1}x[n]e^{-j\omega n} \tag{5.34}$$

在ω轴上$0\leqslant\omega<2\pi$范围内，对$X(e^{j\omega})$以N个等间隔频率$\omega_k=2\pi k/N$均匀抽样，$0\leqslant k\leqslant N-1$，可得

$$X(e^{j\omega})\big|_{\omega=2\pi k/N}=\sum_{n=0}^{N-1}x[n]\,e^{-j2\pi kn/N},\qquad 0\leqslant k\leqslant N-1 \tag{5.35}$$

比较式(5.35)和式(5.7)，可观察到长度为N的序列$x[n]$的N点DFT序列$X[k]$就是其傅里叶变换$X(e^{j\omega})$在N个等间隔频率$\omega_k=2\pi k/N$上的一组频率样本，$0\leqslant k\leqslant N-1$。因此，式(5.7)是序列$x[n]$的频域表示①。由于DFT样本的计算需用到有限项求和，所以对于具有有限样本值的有限长时域序列，其DFT总是存在的。

由于DFT样本和傅里叶变换的频率样本之间存在着明确的关系，与DFT样本$X[k]$序号k相联系的归一化角频率为$2\pi k/N$弧度。例如，当$N=32$时，样本序号11表示归一化角频率为$\omega=11\pi/16$。

5.3.2 用DFT对DTFT进行数值计算

DFT对有限长序列的傅里叶变换的数值计算提供了一种实用的方法，尤其当计算DFT的快速算法存在时。设$X(e^{j\omega})$是长度为N的序列$x[n]$的傅里叶变换。我们希望在密集频率间隔$\omega_k=2\pi k/M$，$0\leqslant k\leqslant M-1$来求$X(e^{j\omega})$，其中$M\gg N$：

$$X(e^{j\omega_k})=\sum_{n=0}^{N-1}x[n]e^{-j\omega_k n}=\sum_{n=0}^{N-1}x[n]e^{-j2\pi kn/M} \tag{5.36}$$

定义新序列$x_e[n]$，它是对$x[n]$增加$M-N$个零值样本得到的：

$$x_e[n]=\begin{cases}x[n], & 0\leqslant n\leqslant N-1\\ 0, & N\leqslant n\leqslant M-1\end{cases} \tag{5.37}$$

在式(5.36)中使用$x_e[n]$，得到

$$X(e^{j\omega_k})=\sum_{n=0}^{M-1}x_e[n]\,e^{-j2\pi kn/M} \tag{5.38}$$

可以看出来该式是长度为M的序列$x_e[n]$的M点DFT $X_e[k]$。若M是2的整数幂，则DFT $X_e[k]$就可以用FFT算法有效计算。

3.6节中描述的MATLAB函数`freqz`使用上面的方法在指定离散频率集求有理傅里叶变换的频率响应，并将其表示为$e^{-j\omega}$的有理函数的形式。该函数把分子和分母看成是有限长序列，然后分别计算它们的DFT，接着在每个频率点表示DFT样本的比值，从而求出傅里叶变换。

例5.5　用MATLAB计算DTFT

程序5_3.m

对式(5.20)给出的有限长序列$x[n]$，令$r=3$，$N=16$。由式(5.24)，其16点DFT为

$$X[k]=\begin{cases}8, & k=3\\ 8, & k=13\\ 0, & \text{其他}\end{cases}$$

由于傅里叶变换$X(e^{j\omega})$是ω的连续函数，所以我们首先用MATLAB以密集频率间隔计算序列$x[n]$的DFT，并将其以ω的函数画出。程序5_3首先计算了512点DFT，接下来求由式(5.20)给出的序列$x[n]$的16点

① **非均匀离散傅里叶变换**(NDFT)是DFT概念的一种推广，它通过对傅里叶变换进行非均匀间隔频率点抽样得到[Bag98]。NDFT将在习题6.50中研究。

DFT，然后将 DFT 样本放在傅里叶变换 $X(e^{j\omega})$ 的顶部，以验证长度为 N 序列 $x[n]$ 的 16 点 DFT 就是傅里叶变换从 $\omega=0$ 开始的 16 个等间隔样本值。图 5.3 给出了由该程序得到的傅里叶变换 $X(e^{j\omega})$ 和 DFT 样本 $X[k]$ 的图形。如图所示，空心圆表示的 DFT 值 $X[k]$ 就是傅里叶变换 $X(e^{j\omega})$ 在 $\omega=\pi k/8$ 处的频率样本，$0\leqslant k\leqslant 15$。

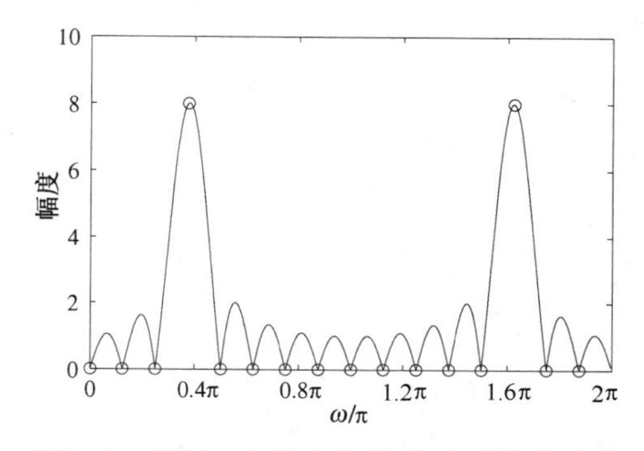

图 5.3　式(5.20)给出的序列 $x[n]$ 的傅里叶变换 $X(e^{j\omega})$ 及其DFT $X[k]$ 的幅度，这里 $r=3$，$N=16$。傅里叶变换结果用实线画出，DFT样本用圆圈表示

5.3.3　通过插值由 DFT 得到 DTFT

给定长度为 N 的序列 $x[n]$ 的 N 点 DFT $X[k]$ 后，可以通过在 ω 所有值对 $X[k]$ 进行插值，也有可能唯一地确定该序列的傅里叶变换 $X(e^{j\omega})$。为了建立所求的关系，首先观察由式(5.34)给出的序列 $x[n]$ 的傅里叶变换 $X(e^{j\omega})$。在式(5.34)中使用由式(5.14)给出的 $x[n]$ 的 IDFT 表达式，并使用式(5.12)的记号，可得

$$
\begin{aligned}
X(e^{j\omega}) &= \frac{1}{N}\sum_{n=0}^{N-1}\left[\sum_{k=0}^{N-1}X[k]W_N^{-kn}\right]e^{-j\omega n}\\
&= \frac{1}{N}\sum_{k=0}^{N-1}X[k]\sum_{n=0}^{N-1}e^{j2\pi kn/N}e^{-j\omega n}
\end{aligned} \tag{5.39}
$$

利用式(5.10)中的恒等式，上式等号右边的求和可以重写为

$$
\begin{aligned}
\sum_{n=0}^{N-1}e^{-j(\omega-2\pi k/N)n} &= \frac{1-e^{-j(\omega N-2\pi k)}}{1-e^{-j[\omega-(2\pi k/N)]}}\\
&= \frac{e^{-j[(\omega N-2\pi k)/2]}}{e^{-j[(\omega N-2\pi k)/2N]}}\cdot\frac{\sin\left(\frac{\omega N-2\pi k}{2}\right)}{\sin\left(\frac{\omega N-2\pi k}{2N}\right)}\\
&= \frac{\sin\left(\frac{\omega N-2\pi k}{2}\right)}{\sin\left(\frac{\omega N-2\pi k}{2N}\right)}\cdot e^{-j[\omega-(2\pi k/N)][(N-1)/2]}
\end{aligned} \tag{5.40}
$$

将式(5.40)代入式(5.39)可得

$$
X(e^{j\omega}) = \frac{1}{N}\sum_{k=0}^{N-1}X[k]\frac{\sin\left(\frac{\omega N-2\pi k}{2}\right)}{\sin\left(\frac{\omega N-2\pi k}{2N}\right)}\cdot e^{-j[\omega-(2\pi k/N)][(N-1)/2]} \tag{5.41}
$$

上式可重写为

$$
X(e^{j\omega}) = \sum_{k=0}^{N-1}X[k]\Phi\left(\omega-\frac{2\pi k}{N}\right) \tag{5.42}
$$

其中

$$
\Phi(\omega) = \frac{\sin\left(\frac{\omega N}{2}\right)}{N\sin\left(\frac{\omega}{2}\right)}\cdot e^{-j\omega[(N-1)/2]} \tag{5.43}
$$

式(5.42)就是所求的用长度为 N 的序列的 N 点 DFT $X[k]$ 来表示其傅里叶变换 $X(e^{j\omega})$ 的关系式。可以证明，内插多项式 $\Phi(\omega)$ 满足条件：

$$
\Phi(\omega)\big|_{\omega=2\pi\ell/N} = \begin{cases}1, & \ell=0\\ 0, & 1\leqslant \ell\leqslant N-1\end{cases} \tag{5.44}
$$

因此有

$$X(e^{j\omega})\big|_{\omega=2\pi\ell/N} = X[\ell], \qquad 0 \leqslant \ell \leqslant N-1 \tag{5.45}$$

所以，通过在离散频率点 $\omega = 2\pi\ell/N$, $0 \leqslant \ell \leqslant N-1$ 处内插值得到的傅里叶变换 $X(e^{j\omega})$ 的样本的确是 DFT 样本 $X[\ell]$。在其他 ω 处的 $X(e^{j\omega})$ 的值，可通过对 DFT 样本 $X[\ell]$ 内插值得到。

5.3.4 对傅里叶变换抽样

考虑序列 $\{x[n]\}$ 及其离散时间傅里叶变换 $X(e^{j\omega})$。我们对 $X(e^{j\omega})$ 以 N 个等间隔点 $\omega_k = 2\pi k/N$ 抽样，$0 \leqslant k \leqslant N-1$，得到 N 个**频率样本** $X(e^{j\omega_k})$，$0 \leqslant k \leqslant N-1$。这 N 个频率样本可以看成是 N 点 DFT $Y[k]$，其 N 点 IDFT 是长度为 N 的序列 $\{y[n]\}$，$0 \leqslant n \leqslant N-1$。

现在，$X(e^{j\omega})$ 是 ω 的周期函数，式(3.10)给出了其傅里叶级数表示。它的傅里叶系数 $x[n]$ 由式(3.14)给出。建立 $x[n]$ 和 $y[n]$ 之间的关系是很有用的。

由式(3.10)有

$$Y[k] = X(e^{j\omega_k}) = X(e^{j(2\pi k/N)}) = \sum_{\ell=-\infty}^{\infty} x[\ell] W_N^{k\ell}, \qquad 0 \leqslant k \leqslant N-1 \tag{5.46}$$

$Y[k]$ 的 N 点 IDFT 为

$$y[n] = \frac{1}{N}\sum_{k=0}^{N-1} Y[k] W_N^{-kn}, \qquad 0 \leqslant n \leqslant N-1 \tag{5.47}$$

将式(5.46)代入式(5.47)，可得

$$\begin{aligned} y[n] &= \frac{1}{N}\sum_{k=0}^{N-1}\sum_{\ell=-\infty}^{\infty} x[\ell] W_N^{k\ell} W_N^{-kn} \\ &= \sum_{\ell=-\infty}^{\infty} x[\ell]\left[\frac{1}{N}\sum_{k=0}^{N-1} W_N^{-k(n-\ell)}\right], \qquad 0 \leqslant n \leqslant N-1 \end{aligned} \tag{5.48}$$

回忆式(5.23)，得到

$$\frac{1}{N}\sum_{k=0}^{N-1} W_N^{-k(n-\ell)} = \begin{cases} 1, & \ell = n + mN \\ 0, & \text{其他} \end{cases}$$

在式(5.48)中使用上面的恒等式，最终得到期望的关系

$$y[n] = \sum_{m=-\infty}^{\infty} x[n+mN], \qquad 0 \leqslant n \leqslant N-1 \tag{5.49}$$

上面的关系表明，序列 $y[n]$ 可以通过对 $x[n]$ 的无限个平移副本相加从 $x[n]$ 得到，每一次的平移距离为 N 个抽样时刻的整数倍，并仅在间隔 $0 \leqslant n \leqslant N-1$ 内观察所求得的和。将式(5.49)应用到有限长序列，假设给定范围外的样本值为零。这样，若序列 $x[n]$ 是长度为 M 的有限长序列，$0 \leqslant n \leqslant M-1$，假定当 $n<0$ 或 $n \geqslant M$ 时 $x[n]=0$。由式(5.49)可知，M 小于或等于 N 时，对于 $0 \leqslant n \leqslant N-1$ 有 $y[n]=x[n]$，且通过对 $y[n]$ 在区间 $0 \leqslant n \leqslant N-1$ 内抽取 M 个样本，可以由 $y[n]$ 来恢复 $x[n]$。若 $M>N$，则在生成 $y[n]$ 的过程中，$x[n]$ 的样本存在时域混叠，从而 $x[n]$ 不能由 $y[n]$ 恢复，如例 5.6 所示。

例 5.6 对傅里叶变换进行抽样的效果示例

设 $x[n]$ 是长度为 6 的序列，在区间 $0 \leqslant n \leqslant 5$ 内其定义为

$$\{x[n]\} = \{0,\ 1,\ 2,\ 3,\ 4,\ 5\}$$

首先考虑对序列 $\{x[n]\}$ 的离散时间傅里叶变换 $X(e^{j\omega})$ 在 8 个等距点 $\omega_k = 2\pi k/8$，$0 \leqslant k \leqslant 7$ 进行抽样。对这些 DFT 样本应用 8 点 IDFT，并由式(5.49)可得序列 $y[n]$ 为

$$y[n] = x[n] + x[n+8] + x[n-8], \qquad 0 \leqslant n \leqslant 7$$

即

$$\{y[n]\} = \{0,\ \ 1,\ \ 2,\ \ 3,\ \ 4,\ \ 5,\ \ 0,\ \ 0\}$$

由上可知，原序列 $x[n]$ 可通过取 $y[n]$ 的前 6 个样本来恢复。

另一方面，对 $\{x[n]\}$ 的傅里叶变换 $X(e^{j\omega})$ 在 4 个等距 $\omega_k = 2\pi k/4$，$0 \leqslant k \leqslant 3$ 进行抽样后，再对这些样本应用 4 点 IDFT，可以得到序列 $y[n]$，由式(5.49)可得序列 $y[n]$ 为

$$y[n] = x[n] + x[n+4] + x[n-4],\quad 0 \leqslant n \leqslant 3$$

即

$$\{y[n]\} = \{4,\ \ 6,\ \ 2,\ \ 3\}$$

可以看到，因为序列 $x[n+4]$ 的最后两个样本存在混叠，上面这个序列的前两个样本和原序列 $x[n]$ 的前两个样本并不相同。所以，原序列 $x[n]$ 不能由上面的 $y[n]$ 恢复。

使用 MATLAB 可以很容易地验证上面的结果。

5.4　圆周卷积

这种运算类似于式(4.16a)给出的线性卷积运算，但略有不同。分别考虑定义在 $0 \leqslant n \leqslant N-1$ 上两个长度为 N 的序列 $g[n]$ 和 $h[n]$。它们的线性卷积是长度为 $(2N-1)$ 的序列 $y_L[n]$，即

$$y_L[n] = \sum_{m=0}^{N-1} g[m]h[n-m],\qquad 0 \leqslant n \leqslant 2N-2 \tag{5.50}$$

这里，假定两个长度为 N 的序列都已用补零将其长度扩展为 $2N-1$ ①。较长的序列 $y_L[n]$ 源于序列 $h[n]$ 的时间反转和反转后向右的线性平移。$y_L[n]$ 的第一个非零值是 $y_L[0] = g[0]h[0]$，而 $y_L[n]$ 的最后一个非零值 $y_L[2N-2] = g[N-1]h[N-1]$。

定义

为了建立一个与卷积类似的运算来生成长度为 N 的序列 $y_C[n]$，我们首先要利用圆周时间反转运算，然后应用圆周时移。这样的运算称之为**圆周卷积**，定义如下②：

$$y_C[n] = \sum_{m=0}^{N-1} g[m]h[\langle n-m\rangle_N] \tag{5.51}$$

上面的运算通常称为 ***N* 点圆周卷积**，记为

$$y_C[n] = g[n] \circledN h[n] \tag{5.52}$$

和线性卷积一样，圆周卷积满足交换律（参见习题 5.30）和结合律（参见习题 5.31），即

$$g[n] \circledN h[n] = h[n] \circledN g[n] \tag{5.53a}$$

$$(g[n] \circledN h[n]) \circledN w[n] = g[n] \circledN (h[n] \circledN w[n]) \tag{5.53b}$$

式(5.51)定义的 N 点圆周卷积也可以写为矩阵形式

$$\begin{bmatrix} y_C[0] \\ y_C[1] \\ y_C[2] \\ \vdots \\ y_C[N-1] \end{bmatrix} = \begin{bmatrix} h[0] & h[N-1] & h[N-2] & \cdots & h[1] \\ h[1] & h[0] & h[N-1] & \cdots & h[2] \\ h[2] & h[1] & h[0] & \cdots & h[3] \\ \vdots & \vdots & \vdots & \ddots & \vdots \\ h[N-1] & h[N-2] & h[N-3] & \cdots & h[0] \end{bmatrix} \begin{bmatrix} g[0] \\ g[1] \\ g[2] \\ \vdots \\ g[N-1] \end{bmatrix} \tag{5.54}$$

式(5.54)中矩阵的每一行中的元素，都是通过将上一行的元素向右圆周旋转 1 个位置得到的。这样的矩阵也称为**圆周矩阵**。

① 4.4.1 节表明，在求和式中的每个样本乘积的序号和就等于线性卷积运算后生成的样本序号。

② 注意，在求和式中的每个样本乘积的序号和对 N 取模之后就等于圆周卷积运算产生的样本序号。

例 5.7 演示了圆周卷积的计算。

例 5.7 两个有限长序列的圆周卷积

求图 5.4 中画出的两个长度为 4 的序列 $g[n]$和 $h[n]$

$$g[n] = \{1 \quad 2 \quad 0 \quad 1\}, \qquad h[n] = \{2 \quad 2 \quad 1 \quad 1\}, \qquad 0 \leqslant n \leqslant 3 \tag{5.55}$$

的 4 点圆周卷积。结果是长度为 4 的序列 $y_C[n]$，即

$$y_C[n] = g[n]④h[n] = \sum_{m=0}^{3} g[m]h[\langle n-m\rangle_4], \qquad 0 \leqslant n \leqslant 3 \tag{5.56}$$

根据式(5.56)，$y_C[0]$可由下式给出：

$$y_C[0] = \sum_{m=0}^{3} g[m]h[\langle -m\rangle_4]$$

圆周时间反转后的序列 $h[\langle -m\rangle_4]$为

$$h[\langle -m\rangle_4] = [h[0] \quad h[3] \quad h[2] \quad h[1]] = [2 \quad 1 \quad 1 \quad 2]$$

如图 5.5(a)所示。当 $0 \leqslant m < 3$ 时，首先找到每个 m 值对应的 $g[m]$和 $h[\langle -m\rangle_4]$，然后求出它们相应的积，最后对求出的积求和，得到

$$\begin{aligned} y_C[0] &= g[0]h[\langle -0\rangle_4] + g[1]h[\langle -1\rangle_4] + g[2]h[\langle -2\rangle_4] + g[3]h[\langle -3\rangle_4] \\ &= g[0]h[0] + g[1]h[3] + g[2]h[2] + g[3]h[1] \\ &= (1\times 2) + (2\times 1) + (0\times 1) + (1\times 2) = 6 \end{aligned} \tag{5.57}$$

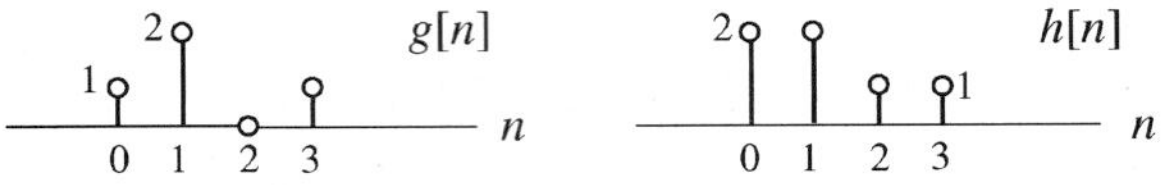

图 5.4 两个长度为 4 的序列

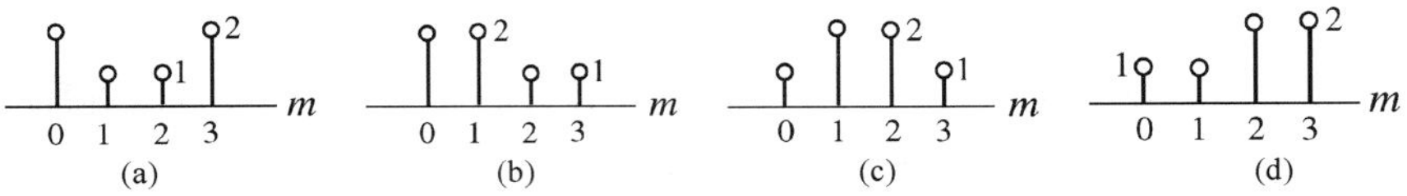

图 5.5 圆周时间反转序列及其圆周平移形式：(a)$h[\langle -m\rangle_4]$；(b)$h[\langle 1-m\rangle_4]$；(c)$h[\langle 2-m\rangle_4]$；(d)$h[\langle 3-m\rangle_4]$

接下来，由式(5.56)，计算出 $y_C[1]$为

$$y_C[1] = \sum_{m=0}^{3} g[m]h[\langle 1-m\rangle_4]$$

序列 $h[\langle 1-m\rangle_4]$是通过将 $h[\langle -m\rangle_4]$向右圆周时移一个抽样周期得到的，即

$$h[\langle 1-m\rangle_4] = [h[1] \quad h[0] \quad h[3] \quad h[2]] = [2 \quad 2 \quad 1 \quad 1]$$

如图 5.5(b)所示。对于每个 m 值，对乘积 $g[m]h[\langle 1-m\rangle_4]$求和可得

$$\begin{aligned} y_C[1] &= g[0]h[\langle 1-0\rangle_4] + g[1]h[\langle 1-1\rangle_4] + g[2]h[\langle 1-2\rangle_4] + g[3]h[\langle 1-3\rangle_4] \\ &= g[0]h[1] + g[1]h[0] + g[2]h[3] + g[3]h[2] \\ &= (1\times 2) + (2\times 2) + (0\times 1) + (1\times 1) = 7 \end{aligned} \tag{5.58}$$

继续这个过程，求 $y_C[n]$剩下的两个样本为

$$\begin{aligned} y_C[2] &= g[0]h[2] + g[1]h[1] + g[2]h[0] + g[3]h[3] \\ &= (1\times 1) + (2\times 2) + (0\times 2) + (1\times 1) = 6 \end{aligned} \tag{5.59}$$

$$\begin{aligned} y_C[3] &= g[0]h[3] + g[1]h[2] + g[2]h[1] + g[3]h[0] \\ &= (1\times 1) + (2\times 1) + (0\times 2) + (1\times 2) = 5 \end{aligned} \tag{5.60}$$

长度为 4 的序列 $y_C[n]$是通过对两个长度为 4 的序列 $g[n]$和 $h[n]$进行 4 点圆周卷积运算得到的，在图 5.6(a)中画出。长度为 7 的序列 $y_L[n]$由序列 $g[n]$和 $h[n]$的线性卷积得到，如图 5.6(b)所示。

圆周卷积运算的图形解释可以这样表示：长度为 N 的序列 $x[m]$ 可以看做在一个圆上的 N 个等间隔点的样本，而长度为 N 的圆周时间反转且平移序列 $h[n-m]$ 也可以看做均匀分布在同心圆上的 N 个等间隔点的样本。通过相邻样本的乘积求和运算，就可以得到最终的 $y_C[n]$。图 5.7 示例了 4 点圆周卷积的计算。

在 MATLAB 中圆周卷积可以通过 M 文件 `circonv` 来实现。接下来，我们在例 5.8 中将示例该函数的用法。

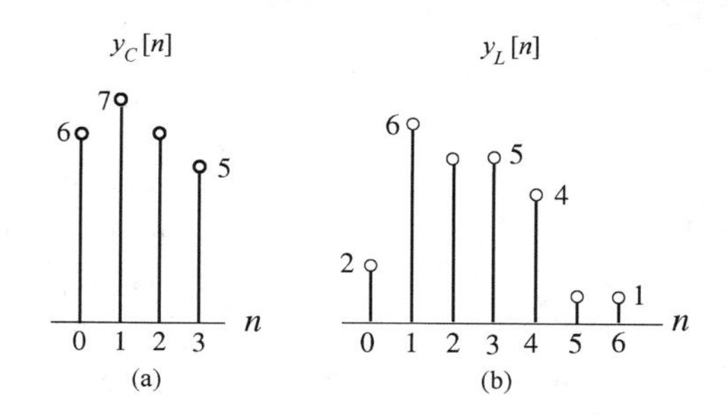

图 5.6　图 5.4 中两个序列的卷积结果：(a) 圆周卷积；(b) 线性卷积

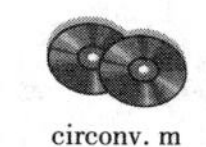

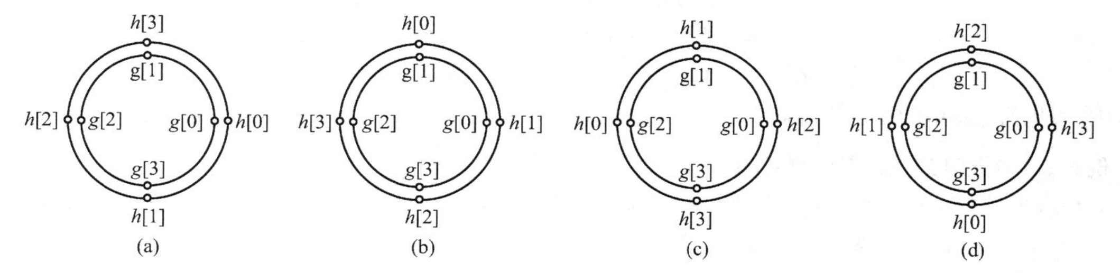

图 5.7　圆周卷积计算的图形解释：(a) $y_C[0]$；(b) $y_C[1]$；(c) $y_C[2]$；(d) $y_C[3]$。注意，$g[n]$ 的样本的位置在内圆上固定，而在外圆上 $h[-m]$ 的样本随着 n 的每次增加逆时针旋转 1 个样本的距离

例 5.8　使用 MATLAB 实现圆周卷积

我们使用 MATLAB 计算前例中的两个序列的圆周卷积，即计算序列 `g = [1 2 0 1]` 和序列 `h = [2 2 1 1]` 的圆周卷积。代码 `y = circonv(g, h)` 产生输出

```
y =
6     7     6     5
```

这个结果看起来与例 5.7 中由式 (5.57) 至式 (5.60) 给出的计算结果一致。

列表法

4.4.2 节所示的线性卷积计算的列表法经过修改可以用来实现圆周卷积 [Pie96]。为此，在第二行或更高行的乘积相加前，有必要对这些部分乘积应用圆周平移。下面给出该方法。

不失一般性，考虑序列 $\{g[n]\}$ 和 $\{h[n]\}$，$0 \leqslant n \leqslant 3$ 的 4 点圆周卷积

$$y[n] = g[n]④h[n], \qquad 0 \leqslant n \leqslant 3$$

用常规乘法对两个序列之间的样本相乘，但在第二行、第三行、第四行产生的部分乘积向左圆周平移。整个过程如下：

n:	0	1	2	3	$\langle 4\rangle_4$	$\langle 5\rangle_4$	$\langle 6\rangle_4$
$g[n]$:	$g[0]$	$g[1]$	$g[2]$	$g[3]$			
$h[n]$:	$h[0]$	$h[1]$	$h[2]$	$h[3]$			
	$g[0]h[0]$	$g[1]h[0]$	$g[2]h[0]$	$g[3]h[0]$			
	-	$g[0]h[1]$	$g[1]h[1]$	$g[2]h[1]$	$g[3]h[1]$		
	-	-	$g[0]h[2]$	$g[1]h[2]$	$g[2]h[2]$	$g[3]h[2]$	
	-	-	-	$g[0]h[3]$	$g[1]h[3]$	$g[2]h[3]$	$g[3]h[3]$

经过向左的圆周平移后，第二行的部分乘积中的 $g[3]h[1]$ 被向左移到属于 $n=0$ 的那一列。同样，第三行中的部分乘积 $g[3]h[2]$ 和 $g[2]h[2]$ 也分别向左移至属于 $n=1$ 和 $n=0$ 的那一列。最后，第四行的部分乘积 $g[3]h[3]$、$g[2]h[3]$ 和 $g[1]h[3]$ 也分别左移至对应于 $n=2$，$n=1$ 和 $n=0$ 的列。在所有部分乘积圆周平移后，结果如下所示。

n:	0	1	2	3
$g[n]$:	$g[0]$	$g[1]$	$g[2]$	$g[3]$
$h[n]$:	$h[0]$	$h[1]$	$h[2]$	$h[3]$
	$g[0]h[0]$	$g[1]h[0]$	$g[2]h[0]$	$g[3]h[0]$
	$g[3]h[1]$	$g[0]h[1]$	$g[1]h[1]$	$g[2]h[1]$
	$g[2]h[2]$	$g[3]h[2]$	$g[0]h[2]$	$g[1]h[2]$
	$g[1]h[3]$	$g[2]h[3]$	$g[3]h[3]$	$g[0]h[3]$
$y_C[n]$:	$y_C[0]$	$y_C[1]$	$y_C[2]$	$y_C[3]$

通过在对每个样本那一列上方的4个部分乘积求和，可以得到由卷积和生成的序列$\{y_C[n]\}$的样本为

$$y_C[0]=g[0]h[0]+g[3]h[1]+g[2]h[2]+g[1]h[3]$$
$$y_C[1]=g[1]h[0]+g[0]h[1]+g[3]h[2]+g[2]h[3]$$
$$y_C[2]=g[2]h[0]+g[1]h[1]+g[0]h[2]+g[3]h[3]$$
$$y_C[3]=g[3]h[0]+g[2]h[1]+g[1]h[2]+g[0]h[3]$$

例5.9说明用列表法计算圆周卷积。

例5.9　使用列表法计算圆周卷积

我们采用列表法来计算例5.7中的两个序列的4点圆周卷积，这两个序列为$\{g[n]\}=\{1, 2, 0, 1\}$和$\{h[n]\}=\{2, 2, 1, 1\}$，$0\leqslant n\leqslant 3$。过程示例如下。

n:	0	1	2	3
$g[n]$:	1	2	0	1
$h[n]$:	2	2	1	1
	2	4	0	2
	2	2	4	0
	0	1	1	2
	2	0	1	1
$y_C[n]$:	6	7	6	5

从上表的最后一行，可得$\{y_C[n]\}=\{6, 7, 6, 5\}$，$0\leqslant n\leqslant 3$，这与例5.7中得到的结果相同。

5.5　有限长序列的分类

对于定义在区间$0\leqslant n\leqslant N-1$上的长度为$N$的序列，2.3.3节中讨论的对称性定义不再适用。我们将给出有限长序列的对称性定义，并且给出长度为N的序列的对称分量和反对称分量的定义。定义有限长序列对称性使得一个长度为N的序列的对称和反对称部分的长度也为N并定义在时间序号n值的相同范围内。

对于无限长序列，有限长序列的对称性质可以简化其各自的频域表示并可用于信号分析。下一节中将讨论对称条件对序列DFT的含义。

5.5.1　基于共轭对称的分类

模运算给出了对称的一种定义。这里，长度为N的序列$x[n]$表示为

$$x[n]=x_{cs}[n]+x_{ca}[n],\quad 0\leqslant n\leqslant N-1 \tag{5.61}$$

其中$x_{cs}[n]$和$x_{ca}[n]$分别代表**圆周共轭对称部分**和**圆周共轭反对称部分**，定义为

$$x_{cs}[n]=\frac{1}{2}(x[n]+x^*[\langle -n\rangle_N]),\quad 0\leqslant n\leqslant N-1 \tag{5.62a}$$
$$x_{ca}[n]=\frac{1}{2}(x[n]-x^*[\langle -n\rangle_N]),\quad 0\leqslant n\leqslant N-1 \tag{5.62b}$$

对于实序列$x[n]$，共轭对称部分也是实序列，称为**圆周偶部分**，用$x_{ev}[n]$表示。同样，对于实序列$x[n]$，共轭反对称部分也是实序列，称为**圆周奇部分**，用$x_{od}[n]$表示。长度为N的复序列$x[n]$，$0\leqslant n\leqslant N-1$，若$x[n]=x^*[\langle -n\rangle_N]=x^*[\langle N-n\rangle_N]$，称为**圆周共轭对称序列**，而若$x[n]=-x^*[\langle -n\rangle_N]=$

$-x^*[\langle N-n\rangle_N]$，则称为**圆周共轭反对称序列**。同样，长度为 N 的实序列 $x[n]$，$0\leqslant n\leqslant N-1$，若 $x[n]=x[\langle -n\rangle_N]=x[\langle N-n\rangle_N]$，称为**圆周偶序列**，而若 $x[n]=-x[\langle -n\rangle_N]=-x[\langle N-n\rangle_N]$，则称为**圆周奇序列**。

例 5.10 说明序列的共轭对称部分和共轭反对称部分的计算。

例 5.10　复序列的共轭对称部分和共轭反对称部分

考虑长度为 4 的有限长序列，$0\leqslant n\leqslant 3$：

$$\{u[n]\}=\{1+\mathrm{j}4,\ -2+\mathrm{j}3,\ 4-\mathrm{j}2,\ -5-\mathrm{j}6\}$$

为求圆周共轭对称部分 $u_{cs}[n]$ 和圆周共轭反对称部分 $u_{ca}[n]$，由此生成

$$\{u^*[n]\}=\{1-\mathrm{j}4,\ -2-\mathrm{j}3,\ 4+\mathrm{j}2,\ -5+\mathrm{j}6\}$$

为计算模 4 圆周时间反转 $\{u^*[\langle -n\rangle_4]\}$，我们观察到

$$u^*[\langle -0\rangle_4]=u^*[0]=1-\mathrm{j}4$$
$$u^*[\langle -1\rangle_4]=u^*[3]=-5+\mathrm{j}6$$
$$u^*[\langle -2\rangle_4]=u^*[2]=4+\mathrm{j}2$$
$$u^*[\langle -3\rangle_4]=u^*[1]=-2-\mathrm{j}3$$

因此

$$\{u^*[\langle -n\rangle_4]\}=\{1-\mathrm{j}4,\ -5+\mathrm{j}6,\ 4+\mathrm{j}2,\ -2-\mathrm{j}3\}$$

使用式(5.62a)得到

$$\{u_{cs}[n]\}=\{1,\ -3.5+\mathrm{j}4.5,\ 4,\ -3.5-\mathrm{j}4.5\}$$

类似地，使用式(5.62b)有

$$\{u_{ca}[n]\}=\{\mathrm{j}4,\ 1.5-\mathrm{j}1.5,\ -\mathrm{j}2,\ -1.5-\mathrm{j}1.5\}$$

很容易验证 $u_{cs}[n]=u_{cs}^*[\langle -n\rangle_4]$、$u_{ca}[n]=-u_{ca}^*[\langle -n\rangle_4]$ 和 $u[n]=u_{cs}[n]+u_{ca}[n]$。

既然 DFT 在频域上也是一个有限长序列，所以可以按照对称性质对其分类。若

$$X[k]=X^*[\langle -k\rangle_N]=X^*[\langle N-k\rangle_N]$$

则 N 点 DFT $X[k]$ 可以定义为**圆周共轭对称**序列。同样，若

$$X[k]=-X^*[\langle -k\rangle_N]=-X^*[\langle N-k\rangle_N]$$

则 DFT 序列 $X[k]$ 可以定义为**圆周共轭反对称**序列。

复数 DFT $X[k]$ 可以表示为圆周共轭对称部分 $X_{cs}[k]$ 和圆周共轭反对称部分 $X_{ca}[k]$ 的和：

$$X[k]=X_{cs}[k]+X_{ca}[k],\qquad 0\leqslant k\leqslant N-1 \tag{5.63}$$

其中

$$X_{cs}[k]=\frac{1}{2}(X[k]+X^*[\langle -k\rangle_N]),\qquad 0\leqslant k\leqslant N-1 \tag{5.64a}$$

$$X_{ca}[k]=\frac{1}{2}(X[k]-X^*[\langle -k\rangle_N]),\qquad 0\leqslant k\leqslant N-1 \tag{5.64b}$$

5.5.2　基于几何对称的分类

具有几何对称的有限长序列在数字信号处理中有很重要作用。通常定义两种类型的几何对称：(1) 对称，(2) 反对称。长度为 N 的**对称序列** $x[n]$ 满足条件

$$x[n]=x[N-1-n] \tag{5.65}$$

而长度为 N 的**反对称序列** $x[n]$ 满足条件

$$x[n]=-x[N-1-n] \tag{5.66}$$

由于 N 可能是偶数也可能是奇数，因而存在 4 种类型的几何对称定义，如图 5.8 所示。由图可知，奇长度序列关于时间序号 $n=(N-1)/2$ 对称(反对称)，而偶长度序列是关于半样本点 $n=(N-1)/2$ 对称(反对称)。

接下来给出具有几何对称的这 4 类序列的傅里叶变换。

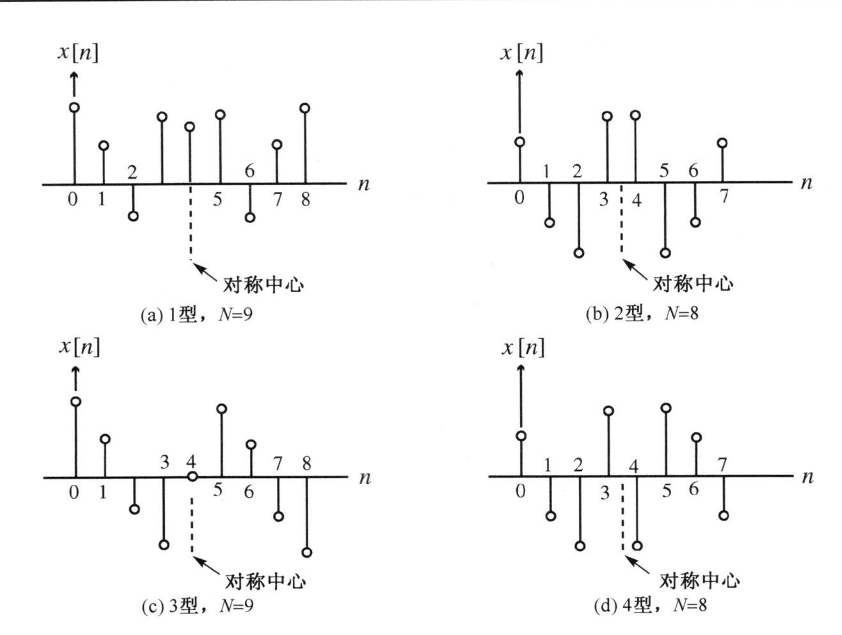

图 5.8　一个序列的四类几何对称的说明

1 型:奇长度对称序列。为了简化，先假设 $N=9$。长度为 9 的序列 $x[n]$ 的傅里叶变换为

$$\begin{aligned}X(e^{j\omega}) = &x[0] + x[1]\ e^{-j\omega} + x[2]\ e^{-j2\omega} + x[3]\ e^{-j3\omega} + x[4]\ e^{-j4\omega}\\ &+x[5]\ e^{-j5\omega} + x[6]\ e^{-j6\omega} + x[7]\ e^{-j7\omega} + x[8]\ e^{-j8\omega}\end{aligned} \tag{5.67}$$

当 $N=9$ 时，由式(5.65)有 $x[0]=x[8]$，$x[1]=x[7]$，$x[2]=x[6]$，$x[3]=x[5]$。因而式(5.67)可以简化为

$$\begin{aligned}X(e^{j\omega}) &= x[0]\left(1 + e^{-j8\omega}\right) + x[1]\left(e^{-j\omega} + e^{-j7\omega}\right) + x[2]\left(e^{-j2\omega} + e^{-j6\omega}\right)\\ &\quad +x[3]\left(e^{-j3\omega} + e^{-j5\omega}\right) + x[4]\,e^{-j4\omega}\\ &= x[0]\,e^{-j4\omega}\left(e^{j4\omega} + e^{-j4\omega}\right) + x[1]\,e^{-j4\omega}\left(e^{j3\omega} + e^{-j3\omega}\right) + x[2]\ e^{-j4\omega}\left(e^{j2\omega} + e^{-j2\omega}\right)\\ &\quad +x[3]\ e^{-j4\omega}\left(e^{j\omega} + e^{-j\omega}\right) + x[4]\,e^{-j4\omega}\end{aligned} \tag{5.68}$$

在式(5.68)等号的右侧将公因子 $e^{-j4\omega}$ 提出来，可得

$$\begin{aligned}X(e^{j\omega}) &= e^{-j4\omega}\{x[0](e^{j4\omega} + e^{-j4\omega}) + x[1](e^{j3\omega} + e^{-j3\omega}) + x[2](e^{j2\omega} + e^{-j2\omega})\\ &\quad +x[3](e^{j\omega} + e^{-j\omega}) + x[4]\}\\ &= e^{-j4\omega}\{2x[0]\cos(4\omega) + 2x[1]\cos(3\omega) + 2x[2]\cos(2\omega) + 2x[3]\cos(\omega) + x[4]\}\end{aligned} \tag{5.69}$$

注意，上式大括号中的量是 ω 的实函数，在范围 $0\leqslant\omega<\pi$ 内，该量可取为正值或为负值。因此，由式(5.69)可知该序列的相位为

$$\theta(\omega) = -4\omega + \beta$$

其中，β 的取值为 0 或π，所以该相位是 ω 的线性函数。

长度为 N 的 1 型线性相位序列在一般情况下，其傅里叶变换形如

$$X(e^{j\omega}) = e^{-j(N-1)\omega/2}\left\{x\left[\tfrac{N-1}{2}\right] + 2\sum_{n=1}^{(N-1)/2} x\left[\tfrac{N-1}{2} - n\right]\cos(\omega n)\right\} \tag{5.70}$$

其相位函数为

$$\theta(\omega) = -\left(\tfrac{N-1}{2}\right)\omega + \beta \tag{5.71}$$

长度为 N 的 1 型线性相位序列的 N 点 DFT 的表达式可以通过对其傅里叶变换在 $\omega=2\pi k/N$，$0\leqslant k\leqslant N-1$ 进行均匀抽样得到:

$$X[k] = e^{-j(N-1)\pi k/N}\left\{x\left[\tfrac{N-1}{2}\right]+2\sum_{n=1}^{(N-1)/2}x\left[\tfrac{N-1}{2}-n\right]\cos\left(\tfrac{2\pi kn}{N}\right)\right\} \tag{5.72}$$

2 型：偶长度对称序列。 设 $N=8$，使用式(5.65)给出的序列系数的对称性，可将序列 $x[n]$ 的傅里叶变换写为

$$X(e^{j\omega}) = e^{-j7\omega/2}\{2x[0]\cos(\tfrac{7\omega}{2})+2x[1]\cos(\tfrac{5\omega}{2})+2x[2]\cos(\tfrac{3\omega}{2})+2x[3]\cos(\tfrac{\omega}{2})\} \tag{5.73}$$

和前面一样，上式大括号中的量是 ω 的实函数，在范围 $0\leqslant|\omega|<\pi$ 内，该量可取正值或负值。因此，序列的相位为

$$\theta(\omega) = -\tfrac{7}{2}\omega+\beta$$

其中，β 的也可取为 0 或π，所以该相位也是 ω 的线性函数。

对于长度为 N 的 2 型线性相位序列，一般情况下其傅里叶变换式形如

$$X(e^{j\omega}) = e^{-j(N-1)\omega/2}\left\{2\sum_{n=1}^{N/2}x\left[\tfrac{N}{2}-n\right]\cos\left(\omega\left(n-\tfrac{1}{2}\right)\right)\right\} \tag{5.74}$$

其相位函数由式(5.71)给出。

长度为 N 的 2 型线性相位序列的 N 点 DFT 的表达式可以通过对上面的傅里叶变换在 $\omega=2\pi k/N$，$0\leqslant k\leqslant N-1$ 均匀抽样得到：

$$X[k] = e^{-j(N-1)\pi k/N}\left\{2\sum_{n=1}^{N/2}x\left[\tfrac{N}{2}-n\right]\cos\left(\tfrac{\pi k(2n-1)}{N}\right)\right\} \tag{5.75}$$

3 型：奇长度反对称序列。 设 $N=9$，在序列的傅里叶变换中利用式(5.66)给出的对称条件，可得

$$X(e^{j\omega}) = e^{-j4\omega}e^{j\pi/2}\{2x[0]\sin 4\omega+2x[1]\sin 3\omega+2x[2]\sin 2\omega+2x[3]\sin\omega\} \tag{5.76}$$

它也具有线性相位 $\theta(\omega)=-4\omega+\frac{\pi}{2}+\beta$，其中，$\beta$ 为 0 或π。

一般情况下，长度为 N 的 3 型线性相位序列的傅里叶变换表达式为

$$X(e^{j\omega}) = je^{-j(N-1)\omega/2}\left\{2\sum_{n=1}^{(N-1)/2}x\left[\tfrac{N-1}{2}-n\right]\sin(\omega n)\right\} \tag{5.77}$$

通常，相位函数形如

$$\theta(\omega) = -\left(\tfrac{N-1}{2}\right)\omega+\tfrac{\pi}{2}+\beta \tag{5.78}$$

通过在 $\omega=2\pi k/N$，$0\leqslant k\leqslant N-1$ 对上面的傅里叶变换均匀抽样，可得长度为 N 的 3 型线性相位序列的 N 点 DFT 的表达式为

$$X[k] = je^{-j(N-1)\pi k/N}\left\{2\sum_{n=1}^{(N-1)/2}x\left[\tfrac{N-1}{2}-n\right]\sin\left(\tfrac{2\pi kn}{N}\right)\right\} \tag{5.79}$$

4 型：偶长度反对称序列。 当 $N=8$ 时，其傅里叶变换可表示为

$$\begin{aligned}X(e^{j\omega}) = {} & e^{-j7\omega/2}e^{j\pi/2}\{2x[0]\sin\left(\tfrac{7\omega}{2}\right)+2x[1]\sin\left(\tfrac{5\omega}{2}\right)\\ & +2x[2]\sin\left(\tfrac{3\omega}{2}\right)+2x[3]\sin\left(\tfrac{\omega}{2}\right)\}\end{aligned} \tag{5.80}$$

它有线性相位 $\theta(\omega)=-\frac{7}{2}\omega+\frac{\pi}{2}+\beta$，其中，$\beta$ 为 0 或π。

一般情况下，长度为 N 的 4 型线性相位序列的傅里叶变换为

$$X(e^{j\omega}) = je^{-j(N-1)\omega/2}\left\{2\sum_{n=1}^{N/2}x\left[\tfrac{N}{2}-n\right]\sin\left(\omega\left(n-\tfrac{1}{2}\right)\right)\right\} \tag{5.81}$$

其相位函数由式(5.78)给出。

长度为 N 的 4 型线性相位序列的 N 点 DFT 因此为

$$X[k] = \mathrm{j}e^{-\mathrm{j}(N-1)\pi k/N}\left\{2\sum_{n=1}^{N/2} x\left[\tfrac{N}{2}-n\right]\sin\left(\tfrac{\pi k(2n-1)}{N}\right)\right\} \tag{5.82}$$

注意，式(5.70)、式(5.75)、式(5.79)和式(5.82)的大括号中的量都是实数。由于对于给定长度 N，每个 DFT 样本的相位是已知的，所以大括号中的表达式唯一地表征了对应的 DFT。

上面四种类型序列的另一种命名方式基于序列对称点所处的位置[Mar94]。由图 5.8 可以看出，对 1 型和 3 型序列，对称点正好与序列中的某一个样本重合，因此命名为**全样本对称**。另一方面，对 2 型和 4 型序列，对称点位于序列最中间两个样本的正中，因此命名为**半样本对称**。这样，1 型、2 型、3 型和4 型序列就分别称为**全样本对称序列**、**半样本对称序列**、**全样本反对称序列**、**半样本反对称序列**。

5.6 DFT 对称关系

如前所述，通常，序列 $x[n]$ 的 DFT $X[k]$ 是一个复序列，可以表示为

$$X[k] = X_{\mathrm{re}}[k] + \mathrm{j}X_{\mathrm{im}}[k] \tag{5.83}$$

其中 $X_{\mathrm{re}}[k]$ 和 $X_{\mathrm{im}}[k]$ 分别称为序列 $X[k]$ 的实部和虚部，它们都是有限长序列。序列 $X_{\mathrm{re}}[k]$ 和 $X_{\mathrm{im}}[k]$ 可以通过使用

$$X_{\mathrm{re}}[k] = \tfrac{1}{2}\left(X[k] + X^*[k]\right) \tag{5.84a}$$

$$X_{\mathrm{im}}[k] = \tfrac{1}{2}\left(X[k] - X^*[k]\right) \tag{5.84b}$$

由序列 $X[k]$ 得到。序列 $X[k]$ 的实部和虚部可以用序列 $x[n]$ 的实部和虚部表示。将

$$x[n] = x_{\mathrm{re}}[n] + \mathrm{j}x_{\mathrm{im}}[n]$$

代入式(5.7)，可得

$$\begin{aligned} X[k] &= \sum_{n=0}^{N-1}(x_{\mathrm{re}}[n] + \mathrm{j}x_{\mathrm{im}}[n])\left(\cos(\tfrac{2\pi kn}{N}) - \mathrm{j}\sin(\tfrac{2\pi kn}{N})\right) \\ &= \sum_{n=0}^{N-1}\left(x_{\mathrm{re}}[n]\cos(\tfrac{2\pi kn}{N}) + x_{\mathrm{im}}[n]\sin(\tfrac{2\pi kn}{N})\right) \\ &\quad + \mathrm{j}\sum_{n=0}^{N-1}\left(x_{\mathrm{im}}[n]\cos(\tfrac{2\pi kn}{N}) - x_{\mathrm{re}}[n]\sin(\tfrac{2\pi kn}{N})\right) \end{aligned} \tag{5.85}$$

由上式有

$$X_{\mathrm{re}}[k] = \sum_{n=0}^{N-1}\left(x_{\mathrm{re}}[n]\cos(\tfrac{2\pi kn}{N}) + x_{\mathrm{im}}[n]\sin(\tfrac{2\pi kn}{N})\right) = \sum_{n=0}^{N-1} x_{\mathrm{cs}}[n]\ e^{-\mathrm{j}\omega kn} \tag{5.86a}$$

$$X_{\mathrm{im}}[k] = \sum_{n=0}^{N-1}\left(x_{\mathrm{im}}[n]\cos(\tfrac{2\pi kn}{N}) - x_{\mathrm{re}}[n]\sin(\tfrac{2\pi kn}{N})\right) = \sum_{n=0}^{N-1} x_{\mathrm{ca}}[n]\,e^{-\mathrm{j}\omega kn} \tag{5.86b}$$

有限长复序列

对其 N 点 DFT 为 $X[k]$ 的给定长度为 N 的序列，很容易求得其长度为 N 的圆周时间反转序列 $x[\langle -n\rangle_N]$ 的 DFT 以及长度为 N 的复共轭序列 $x^*[n]$ 的 DFT。由式(5.7)可知

$$X^*[k] = \sum_{n=0}^{N-1} x^*[n]\,e^{\mathrm{j}2\pi kn/N}$$

由上式有

$$X^*[\langle -k\rangle_N] = \sum_{n=0}^{N-1} x^*[n]\,e^{\mathrm{j}2\pi(\langle -k\rangle_N)n/N}$$

当 $k=0$ 时，有

$$X^*[\langle -k\rangle_N] = X^*[k] = \sum_{n=0}^{N-1} x^*[n]$$

当 $1\leqslant k\leqslant N-1$ 时，有

$$X^*[\langle -k\rangle_N] = X^*[N-k] = \sum_{n=0}^{N-1} x^*[n]\,\mathrm{e}^{\mathrm{j}2\pi(N-k)n/N}$$

$$= \sum_{n=0}^{N-1} x^*[n]\,\mathrm{e}^{\mathrm{j}2\pi n}\,\mathrm{e}^{-\mathrm{j}2\pi kn/N} = \sum_{n=0}^{N-1} x^*[n]\,\mathrm{e}^{-\mathrm{j}2\pi kn/N}$$

其中 $\mathrm{e}^{\mathrm{j}2\pi}=1$。综合上面的两个结果，有

$$X^*[\langle -k\rangle_N] = \sum_{n=0}^{N-1} x^*[n]\,\mathrm{e}^{-\mathrm{j}2\pi kn/N}$$

从而导出 DFT 对

$$x^*[n] \stackrel{\text{DFT}}{\longleftrightarrow} X^*[\langle -k\rangle_N] \tag{5.87}$$

类似地，可推得其他的 DFT 对(参见习题 5.40)

$$x^*[\langle -n\rangle_N] \stackrel{\text{DFT}}{\longleftrightarrow} X^*[k] \tag{5.88a}$$

$$x_{\mathrm{re}}[n] \stackrel{\text{DFT}}{\longleftrightarrow} X_{\mathrm{cs}}[k] \tag{5.88b}$$

$$\mathrm{j}x_{\mathrm{im}}[n] \stackrel{\text{DFT}}{\longleftrightarrow} X_{\mathrm{ca}}[k] \tag{5.88c}$$

也很容易直接确定长度为 N 的序列的圆周共轭对称部分 $x_{\mathrm{cs}}[n]$ 和圆周共轭反对称部分 $x_{\mathrm{ca}}[n]$ 的 DFT。例如，将式(5.7)应用到式(5.62a)，可得

$$\tfrac{1}{2}\left(X[k] + X^*[k]\right) = X_{\mathrm{re}}[k]$$

从而得到 DFT 对

$$x_{\mathrm{cs}}[n] \stackrel{\text{DFT}}{\longleftrightarrow} X_{\mathrm{re}}[k] \tag{5.89}$$

同样，将式(5.7)应用于式(5.62b)，可得 DFT 对

$$x_{\mathrm{ca}}[n] \stackrel{\text{DFT}}{\longleftrightarrow} \mathrm{j}X_{\mathrm{im}}[k] \tag{5.90}$$

为便于以后参考，我们在表 5.1 中归纳了有限长复序列的 DFT 的对称特性。

注意，通常我们遇到的是实序列，两个实序列的 DFT 可以用一个复序列的单个 DFT 有效计算，该复序列是通过利用 DFT 的对称性从这两个实序列生成的。此方案将在 5.9.1 节中重点讨论。

表 5.1　复序列的 DFT 的对称性质

长度为 N 的序列	N 点 DFT
$x[n]=x_{\mathrm{re}}[n]+\mathrm{j}x_{\mathrm{im}}[n]$	$X[k]=X_{\mathrm{re}}[k]+\mathrm{j}X_{\mathrm{im}}[k]$
$x^*[n]$	$X^*[\langle -k\rangle_N]$
$x^*[\langle -n\rangle_N]$	$X^*[k]$
$x_{\mathrm{re}}[n]$	$X_{\mathrm{cs}}[k]=\frac{1}{2}\{X[k]+X^*[\langle -k\rangle_N]\}$
$\mathrm{j}x_{\mathrm{im}}[n]$	$X_{\mathrm{ca}}[k]=\frac{1}{2}\{X[k]-X^*[\langle -k\rangle_N]\}$
$x_{\mathrm{cs}}[n]$	$X_{\mathrm{re}}[k]$
$x_{\mathrm{ca}}[n]$	$\mathrm{j}X_{\mathrm{im}}[k]$

注意：$x_{\mathrm{cs}}[n]$ 和 $x_{\mathrm{ca}}[n]$ 分别是序列 $x[n]$ 的圆周共轭对称部分和圆周共轭反对称部分。同样，$X_{\mathrm{cs}}[k]$ 和 $X_{\mathrm{ca}}[k]$ 分别是序列 $X[k]$ 的圆周共轭对称部分和圆周共轭反对称部分。

有限长实序列

对于实序列，$x_{im}[n]=0$，将其代入式(5.85)可得

$$X[k]=\sum_{n=0}^{N-1}x_{re}[n]\cos\left(\frac{2\pi kn}{N}\right)-\mathrm{j}\sum_{n=0}^{N-1}x_{re}[n]\sin\left(\frac{2\pi kn}{N}\right) \tag{5.91}$$

由式(5.91)可得

$$X_{re}[k]=\sum_{n=0}^{N-1}x_{re}[n]\cos\left(\frac{2\pi kn}{N}\right) \tag{5.92a}$$

$$X_{im}[k]=-\sum_{n=0}^{N-1}x_{re}[n]\sin\left(\frac{2\pi kn}{N}\right) \tag{5.92b}$$

回忆5.5.1节，实序列$x[n]$的圆周共轭对称部分称为圆周偶部分，用$x_{ev}[n]$表示。此时，式(5.89)给出的DFT对可以简化为

$$x_{ev}[n]\overset{\text{DFT}}{\longleftrightarrow}X_{re}[k] \tag{5.93}$$

同样，实序列$x[n]$的圆周共轭反对称部分称为圆周奇部分，用$x_{od}[n]$表示。因此，式(5.90)给出的DFT对简化为

$$x_{od}[n]\overset{\text{DFT}}{\longleftrightarrow}\mathrm{j}X_{im}[k] \tag{5.94}$$

下面推导实序列的DFT的对称关系。由式(5.93)可得

$$\begin{aligned}X[\langle -k\rangle_N]&=\sum_{n=0}^{N-1}x_{re}[n]\cos\left(\frac{2\pi n(\langle -k\rangle_N)}{N}\right)-\mathrm{j}\sum_{n=0}^{N-1}x_{re}[n]\sin\left(\frac{2\pi n(\langle -k\rangle_N)}{N}\right)\\&=\sum_{n=0}^{N-1}x_{re}[n]\cos\left(\frac{2\pi n(N-k)}{N}\right)-\mathrm{j}\sum_{n=0}^{N-1}x_{re}[n]\sin\left(\frac{2\pi n(N-k)}{N}\right)\\&=\sum_{n=0}^{N-1}x_{re}[n]\cos\left(\frac{2\pi kn}{N}\right)+\mathrm{j}\sum_{n=0}^{N-1}x_{re}[n]\sin\left(\frac{2\pi kn}{N}\right)=X^*[k]\end{aligned}$$

这就导出了对称关系

$$X[k]=X^*[\langle -k\rangle_N] \tag{5.95}$$

通过该方程，可得如下的对称关系：

$$X_{re}[k]=X_{re}[\langle -k\rangle_N] \tag{5.96a}$$

$$X_{im}[k]=-X_{im}[\langle -k\rangle_N] \tag{5.96b}$$

$$|X[k]|=|X[\langle -k\rangle_N]| \tag{5.96c}$$

$$\arg X[k]=-\arg X[\langle -k\rangle_N] \tag{5.96d}$$

上述对称关系的证明将留做习题(参见习题5.41)。为方便日后参考，我们在表5.2中归纳了长度为N的实序列的对称特性。

表5.2 长度为N的实序列的DFT的对称性质

长度为N的序列	N点DFT
$x[n]=x_{ev}[n]+x_{od}[n]$	$X[k]=X_{re}[k]+\mathrm{j}X_{im}[k]$
$x_{ev}[n]$	$X_{re}[k]$
$x_{od}[n]$	$\mathrm{j}X_{im}[k]$
对称关系	$X[k]=X^*[\langle -k\rangle_N]$ $X_{re}[k]=X_{re}[\langle -k\rangle_N]$ $X_{im}[k]=-X_{im}[\langle -k\rangle_N]$ $\lvert X[k]\rvert=\lvert X[\langle -k\rangle_N]\rvert$ $\arg X[k]=-\arg X[\langle -k\rangle_N]$

注意：$x_{ev}[n]$和$x_{od}[n]$分别是序列$x[n]$的圆周偶部分和圆周奇部分。

5.7 离散傅里叶变换定理

和傅里叶变换一样，DFT也满足一些在数字信号处理应用中有用的性质。其中一些性质本质上同傅里叶变换中的性质一样，而另外一些则有些差别。正如傅里叶变换一样，DFT的某些定理也在数字信号处理中有用。可以用这些性质求取由已知其变换的序列组合而成的某序列的DFT。我们在本节中讨论这些定理。一些DFT性质和定理需要用到2.3.2节介绍的圆周平移运算。在时域中，该运算被称为**圆周时移**运算，而在频域中，则称为**圆周频移**运算。

假定所有的时域序列的长度为 N，且具有 N 点 DFT。为紧凑起见，用式(5.15)中引入的记号来描述这些定理，并将用到如下的 DFT 对：

$$g[n] \overset{\text{DFT}}{\longleftrightarrow} G[k]$$
$$h[n] \overset{\text{DFT}}{\longleftrightarrow} H[k]$$

许多定理的证明是十分直接的，我们将留做习题。

线性定理

考虑序列 $x[n]=\alpha g[n]+\beta h[n]$，该序列是由 $g[n]$ 和 $h[n]$ 线性组合而成的，其中 α 和 β 为任意常数，则序列 $x[n]$ 的 DFT $X[k]$ 为 $\alpha G[k]+\beta H[k]$，即

$$\alpha g[n]+\beta h[n] \overset{\text{DFT}}{\longleftrightarrow} \alpha G[k]+\beta H[k] \tag{5.97}$$

注意，序列的周期共轭对称部分的傅里叶变换和周期共轭反对称部分的傅里叶变换，可以通过线性定理从式(5.89)和式(5.90)得到。

圆周时移定理

圆周时移序列 $x[n]=g[\langle n-n_o\rangle_N]$ 的 DFT 为 $X[k]=W_N^{kn_o}G[k]$，其中 n_o 为整数，即

$$g[\langle n-n_o\rangle_N] \overset{\text{DFT}}{\longleftrightarrow} W_N^{kn_o}G[k] \tag{5.98}$$

圆周频移定理

圆周频移 DFT $X[k]=G[\langle k-k_o\rangle_N]$ 的逆 DFT 为 $x[n]=W_N^{-k_o n}g[n]$，其中 k_o 为整数，即

$$W_N^{-k_o n}g[n] \overset{\text{DFT}}{\longleftrightarrow} G[\langle k-k_o\rangle_N] \tag{5.99}$$

对偶定理

若长度为 N 的序列 $g[n]$ 的 N 点 DFT 为 $G[k]$，则长度为 N 的序列 $G[n]$ 的 N 点 DFT 为 $Ng[\langle -k\rangle_N]$，即

$$G[n] \overset{\text{DFT}}{\longleftrightarrow} Ng[\langle -k\rangle_N] \tag{5.100}$$

圆周卷积定理

长度为 N 的序列 $y[n]=g[n]Ⓝh[n]$ 的 N 点 DFT $Y[k]$ 由 $G[k]H[k]$ 给出，即

$$g[n]Ⓝh[n] \overset{\text{DFT}}{\longleftrightarrow} G[k]H[k] \tag{5.101}$$

证明：对序列 $y[n]=g[n]Ⓝh[n]$ 利用式(5.7)得到

$$Y[k]=\sum_{n=0}^{N-1}y[n]W_N^{kn}=\sum_{n=0}^{N-1}\left(\sum_{m=0}^{N-1}g[m]h[\langle n-m\rangle_N]\right)W_N^{kn}$$

交换求和的次序并做替换 $n-m=\ell+Nr$，其中 ℓ 和 r 是整数，且 $0\leqslant\ell\leqslant N-1$，可得

$$\begin{aligned}Y[k]&=\sum_{m=0}^{N-1}g[m]\left(\sum_{n=0}^{N-1}h[\langle n-m\rangle_N]W_N^{kn}\right)=\sum_{m=0}^{N-1}g[m]\left(\sum_{\ell=0}^{N-1}h[\ell]W_N^{k(\ell+m+Nr)}\right)\\&=\sum_{m=0}^{N-1}g[m]\left(\sum_{\ell=0}^{N-1}h[\ell]W_N^{k\ell}\right)W_N^{km}=\left(\sum_{m=0}^{N-1}g[m]W_N^{km}\right)H[k]=G[k]H[k]\end{aligned}$$

所以，两个长度为 N 的序列的 N 点圆周卷积，可以通过对两个 N 点 DFT 相乘后再对这两个 DFT 的乘积取 N 点逆 DFT 来实现，如图 5.9 所示。该过程在例 5.11 中说明。

例 5.11　用 DFT 计算圆周卷积

我们采用基于 DFT 的方法来计算式(5.55)中两个长度为 4 的序列的圆周卷积。现在，式(5.55)中长度为 4 的序列 $g[n]$ 的 4 点 DFT $G[k]$ 为

$$\begin{aligned}G[k] &= g[0] + g[1]\mathrm{e}^{-\mathrm{j}2\pi k/4} + g[2]\mathrm{e}^{\mathrm{j}4\pi k/4} + g[3]\mathrm{e}^{-\mathrm{j}6\pi k/4} \\ &= 1 + 2\mathrm{e}^{-\mathrm{j}\pi k/2} + \mathrm{e}^{-\mathrm{j}3\pi k/2}, \qquad k = 0,1,2,3.\end{aligned} \tag{5.102}$$

因此

$$\begin{aligned}G[0] &= 1 + 2 + 1 = 4 \\ G[1] &= 1 - \mathrm{j}2 + \mathrm{j} = 1 - \mathrm{j} \\ G[2] &= 1 - 2 - 1 = -2 \\ G[3] &= 1 + \mathrm{j}2 - \mathrm{j} = 1 + \mathrm{j}\end{aligned} \tag{5.103}$$

上面的 DFT 样本也可由式(5.25)给出的矩阵关系计算得到：

$$\begin{bmatrix} G[0] \\ G[1] \\ G[2] \\ G[3] \end{bmatrix} = \boldsymbol{D}_4 \begin{bmatrix} g[0] \\ g[1] \\ g[2] \\ g[3] \end{bmatrix} = \begin{bmatrix} 1 & 1 & 1 & 1 \\ 1 & -\mathrm{j} & -1 & \mathrm{j} \\ 1 & -1 & 1 & -1 \\ 1 & \mathrm{j} & -1 & -\mathrm{j} \end{bmatrix} \begin{bmatrix} 1 \\ 2 \\ 0 \\ 1 \end{bmatrix} = \begin{bmatrix} 4 \\ 1-\mathrm{j} \\ -2 \\ 1+\mathrm{j} \end{bmatrix} \tag{5.104}$$

其中 $\boldsymbol{D}_4$ 是 4×4 阶 DFT 矩阵。同样，式(5.55)给出的序列 $h[n]$的 4 点 DFT 为

$$\begin{bmatrix} H[0] \\ H[1] \\ H[2] \\ H[3] \end{bmatrix} = \boldsymbol{D}_4 \begin{bmatrix} h[0] \\ h[1] \\ h[2] \\ h[3] \end{bmatrix} = \begin{bmatrix} 1 & 1 & 1 & 1 \\ 1 & -\mathrm{j} & -1 & \mathrm{j} \\ 1 & -1 & 1 & -1 \\ 1 & \mathrm{j} & -1 & -\mathrm{j} \end{bmatrix} \begin{bmatrix} 2 \\ 2 \\ 1 \\ 1 \end{bmatrix} = \begin{bmatrix} 6 \\ 1-\mathrm{j} \\ 0 \\ 1+\mathrm{j} \end{bmatrix} \tag{5.105}$$

对积 $Y_C[k] = G[k]H[k]$应用 4 点 IDFT

$$\begin{bmatrix} Y_C[0] \\ Y_C[1] \\ Y_C[2] \\ Y_C[3] \end{bmatrix} = \begin{bmatrix} G[0]H[0] \\ G[1]H[1] \\ G[2]H[2] \\ G[3]H[3] \end{bmatrix} = \begin{bmatrix} 24 \\ -\mathrm{j}2 \\ 0 \\ \mathrm{j}2 \end{bmatrix} \tag{5.106}$$

得到期望的圆周卷积为

$$\begin{bmatrix} y_C[0] \\ y_C[1] \\ y_C[2] \\ y_C[3] \end{bmatrix} = \frac{1}{4}\boldsymbol{D}_4^* \begin{bmatrix} 24 \\ -\mathrm{j}2 \\ 0 \\ \mathrm{j}2 \end{bmatrix} = \frac{1}{4} \begin{bmatrix} 1 & 1 & 1 & 1 \\ 1 & \mathrm{j} & -1 & -\mathrm{j} \\ 1 & -1 & 1 & -1 \\ 1 & -\mathrm{j} & -1 & \mathrm{j} \end{bmatrix} \begin{bmatrix} 24 \\ -\mathrm{j}2 \\ 0 \\ \mathrm{j}2 \end{bmatrix} = \begin{bmatrix} 6 \\ 7 \\ 6 \\ 5 \end{bmatrix} \tag{5.107}$$

这个结果与例 5.7 中通过直接求取所得的一致。

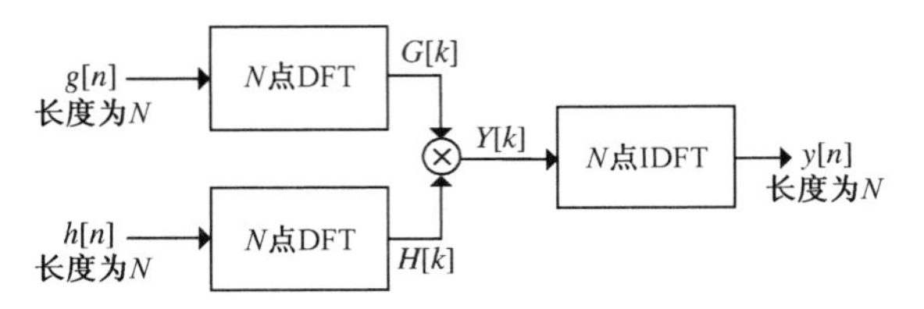

图 5.9 用 DFT 实现圆周卷积

在 MATLAB 中，也可以通过基于 DFT 的方法来实现圆周卷积，具体实现将留做习题(参见练习 M5.2)。

如果给出一个已知序列和一个未知序列的圆周卷积，假设已知序列的 DFT 没有零值样本，该未知序列可以用从已知序列与圆周卷积两者的 DFT 得到。该过程在例 5.12 中说明。

例 5.12 从某未知序列和一个已知序列的圆周卷积得到该序列

设已知序列是长度为 4 的序列

$$\{g[n]\} = \{1, \quad 2, \quad 0, \quad 1\}$$

它与长度同为 4 的未知序列$\{h[n]\}$的 4 点圆周卷积为

$$y[n] = \{6, \quad 7, \quad 6, \quad 5\}$$

由例 5.11，$\{g[n]\}$的 4 点 DFT$\{G[k]\}$为

$$\{G[k]\} = \{4, \quad 1-\mathrm{j}, \quad 2, \quad 1+\mathrm{j}\}$$

从例 5.11 也可知 $y[n]$ 的 4 点 DFT 为

$$\{Y[k]\} = \{24, \quad -\mathrm{j}\,2, \quad 0, \quad \mathrm{j}\,2\}$$

因此，$\{h[n]\}$ 的 4 点 DFT$\{H[k]\}$ 为

$$\{H[k]\} = \left\{\frac{Y[k]}{G[k]}\right\} = \{6, \quad 1-\mathrm{j}, \quad 0, \quad 1+\mathrm{j}\}$$

其 4 点逆 DFT 为

$$\{h[n]\} = \{2, \quad 2, \quad 1, \quad 1\}$$

这恰恰是例 5.11 中给出的序列$\{h[n]\}$。

注意，另一方面，若$\{h[n]\}$是已知序列，由于$\{h[n]\}$的 DFT $\{H[k]\}$有一个样本为 0，未知序列$\{g[n]\}$将不能用基于 DFT 的方法从 $y[n]$ 中得到。

例 5.13 说明线性卷积也可以用圆周卷积来实现。因为 DFT 和 IDFT 可以用快速算法来实现(参见 11.3.2 节)，在许多应用中这是一个吸引人的选择。

例 5.13　用圆周卷积实现两个有限长序列的线性卷积

现在，在式(5.55)给出的两个长度为 4 的序列后面添加三个零值样本，将序列的长度扩展到 7，即

$$g_e[n] = \begin{cases} g[n], & 0 \leqslant n \leqslant 3 \\ 0, & 4 \leqslant n \leqslant 6 \end{cases} \tag{5.108}$$

$$h_e[n] = \begin{cases} h[n], & 0 \leqslant n \leqslant 3 \\ 0, & 4 \leqslant n \leqslant 6 \end{cases} \tag{5.109}$$

接下来，确定 $g_e[n]$ 和 $h_e[n]$ 的 7 点圆周卷积

$$y[n] = \sum_{m=0}^{6} g_e[m] h_e[\langle n-m \rangle_7] \tag{5.110}$$

由上式有

$$\begin{aligned} y[0] = {} & g_e[0]h_e[0] + g_e[1]h_e[6] + g_e[2]h_e[5] + g_e[3]h_e[4] \\ & + g_e[4]h_e[3] + g_e[5]h_e[2] + g_e[6]h_e[1] \end{aligned} \tag{5.111}$$

可以看出，由于有补零，所以 $g_e[n]$ 在 $1 \leqslant n \leqslant 3$ 时的非零样本和 $h_e[n]$ 在 $4 \leqslant n \leqslant 6$ 时的零值样本相乘，而 $h_e[n]$ 在 $1 \leqslant n \leqslant 3$ 时的非零样本和 $g_e[n]$ 在 $4 \leqslant n \leqslant 6$ 时的零值样本相乘。因此有

$$y[0] = g[0]h[0] = (1 \times 2) = 2$$

接下来，计算 $y[1]$。由式(5.110)有

$$y[1] = g_e[0]h_e[1] + g_e[1]h_e[0] + g_e[2]h_e[6] + g_e[3]h_e[5] + g_e[4]h_e[4] + g_e[5]h_e[3] + g_e[6]h_e[2] \tag{5.112}$$

其中 $g_e[n]$ 在 $2 \leqslant n \leqslant 3$ 时的非零样本和 $h_e[n]$ 在 $5 \leqslant n \leqslant 6$ 时的零值样本相乘，而 $h_e[n]$ 在 $2 \leqslant n \leqslant 3$ 时的非零样本和 $g_e[n]$ 在 $5 \leqslant n \leqslant 6$ 时的零值样本相乘。在剩下的乘积 $g_e[4]h_e[4]$ 中，每个样本均为零。因此，有

$$y[1] = g[0]h[1] + g[1]h[0] = (1 \times 2) + (2 \times 2) = 6$$

继续上面的过程，得到 $y[n]$ 的余下样本

$$\begin{aligned} y[2] &= g[0]h[2] + g[1]h[1] + g[2]h[0] = (1 \times 1) + (2 \times 2) + (0 \times 2) = 5 \\ y[3] &= g[0]h[3] + g[1]h[2] + g[2]h[1] + g[3]h[0] \\ &= (1 \times 1) + (2 \times 1) + (0 \times 2) + (1 \times 2) = 5 \\ y[4] &= g[1]h[3] + g[2]h[2] + g[3]h[0] = (2 \times 1) + (0 \times 1) + (1 \times 2) = 4 \\ y[5] &= g[2]h[3] + g[3]h[2] = (0 \times 1) + (1 \times 1) = 1 \\ y[6] &= g[3]h[3] = (1 \times 1) = 1 \end{aligned}$$

从上面的结果可以明显地看到，$y[n]$ 恰好是在图 5.6(b) 中显示的由 $g[n]$ 和 $h[n]$ 的线性卷积得到的结果 $y_L[n]$。

调制定理

长度为 N 的乘积序列 $y[n] = g[n]h[n]$ 的 N 点 DFT $Y[k]$，可由 DFT 序列 $G[k]$ 和 $H[k]$ 的圆周卷积除

以 N 来实现，即

$$g[n]h[n] \overset{\text{DFT}}{\longleftrightarrow} \frac{1}{N}\sum_{\ell=0}^{N-1} G[\ell]H[\langle k-\ell\rangle_N] \tag{5.113}$$

将上述定理的证明留做习题(参见习题5.54)。注意，该定理和卷积定理互为对偶。

帕塞瓦尔定理

长度为 N 的序列 $g[n]$ 的总能量可以通过将 DFT 样本 $G[k]$ 的绝对值的平方除以 N 来计算，即

$$\sum_{n=0}^{N-1} |g[n]|^2 = \frac{1}{N}\sum_{k=0}^{N-1}|G[k]|^2 \tag{5.114}$$

该关系可根据为一般正交变换推导出来的式(5.6)所示的帕塞瓦尔定理来证明。式(5.114)可用于在频域中计算有限长序列的总能量。上面这个定理的更一般的形式为

$$\sum_{n=0}^{N-1} g[n]h^*[n] = \frac{1}{N}\sum_{k=0}^{N-1}G[k]H^*[k] \tag{5.115}$$

其证明将留做习题(参见习题5.57)。

为便于以后参考，我们在表5.3中总结了 DFT 定理。

表5.3 DFT 定理

定理	长度为 N 的序列	N 点 DFT
	$g[n]$	$G[k]$
	$h[n]$	$H[k]$
线性	$\alpha g[n]+\beta h[n]$	$\alpha G[k]+\beta H[k]$
圆周时移	$g[\langle n-n_o\rangle_N]$	$W_N^{kn_o}G[k]$
圆周频移	$W_N^{-k_o n}g[n]$	$G[\langle k-k_o\rangle_N]$
对偶	$G[n]$	$Ng[\langle -k\rangle_N]$
N 点圆周卷积	$\sum_{m=0}^{N-1}g[m]h[\langle n-m\rangle_N]$	$G[k]H[k]$
调制	$g[n]h[n]$	$\frac{1}{N}\sum_{m=0}^{N-1}G[m]H[\langle k-m\rangle_N]$
帕塞瓦尔定理	$\sum_{n=0}^{N-1}\mid g[n]\mid^2=\frac{1}{N}\sum_{k=0}^{N-1}\mid G[k]\mid^2$	

5.8 傅里叶域滤波

我们通常关心的是去除有限长离散时间信号的一个或多个频段上的分量。若这些频段的位置是事先就知道的，则可以通过傅里叶域的滤波直接去除不需要的信号分量。设 $X(e^{j\omega})$ 和 $H(e^{j\omega})$ 分别表示信号序列 $x[n]$ 和滤波器冲激响应 $h[n]$ 的傅里叶变换。构造乘积 $H(e^{j\omega})X(e^{j\omega})$，该乘积是滤波器输出序列 $y[n]$ 的傅里叶变换 $Y(e^{j\omega})$。序列 $Y(e^{j\omega})$ 的傅里叶逆变换就是待求的滤波器输出序列 $y[n]$。通常，由于傅里叶变换序列 $X(e^{j\omega})$ 是 ω 的复函数，因此傅里叶变换序列 $Y(e^{j\omega})$ 也应是 ω 的复函数。在处理一个实值信号 $x[n]$ 时，若所选滤波器的冲激响应序列 $h[n]$ 也为实数，则理论上，其傅里叶变换的乘积的傅里叶逆变换的样本虚部为零。然而，实际应用中由于计算误差，虚部是一个很小的数。所以，将乘积 $H(e^{j\omega})X(e^{j\omega})$ 的傅里叶逆变换 $y[n]$ 的实部作为滤波后的响应。

设计滤波器的一种简单方法如下：将包含信号 $x[n]$ 中需要抑制的分量的频段上的傅里叶变换 $H(e^{j\omega})$ 设为零，而将信号 $x[n]$ 中需要保留的频段上的傅里叶变换 $H(e^{j\omega})$ 设为1。由于傅里叶变换 $H(e^{j\omega})$ 是零相移的，所以 $H(e^{j\omega})$ 与 $X(e^{j\omega})$ 相乘并不改变需要保留频段中 $X(e^{j\omega})$ 的相位。

傅里叶域滤波通常用 DFT 实现。在时域中，该方法等效为有限长信号 $x[n]$ 与有限长理想滤波器的圆周卷积。然而，由于理想滤波器的傅里叶变换 $H(e^{j\omega})$ 在通带上为 1，在阻带上为 0，故其傅里叶逆变换就是一个无限长序列，对该傅里叶变换进行抽样来生成 DFT 样本会引起时域混叠，如 5.3.4 节所述。所以，基于 DFT 方法的滤波将会在滤波后的响应上产生一些小的波纹。

通常，这种对信号滤波的方法用于从被噪声干扰的低频信号中移除高频噪声样本。例 5.14 说明了该方法。

例 5.14　傅里叶域滤波示例

考虑窄带低通信号

$$x[n] = 0.1n\,e^{-0.03n}, \qquad 0 \leqslant n \leqslant 255$$

图 5.10(a) 画出了该信号。该信号被高频随机信号干扰，如图 5.10(b) 所示。首先对被噪声干扰的信号运行 256 点 DFT，接着将区间 $50 \leqslant k \leqslant 206$ 内所有 DFT 样本置为 0，然后形成 256 点 IDFT，得到图 5.10(c) 所示的结果。正如从图中所见，滤波后的响应和原信号很相近。然而，由于时域混叠，滤波后的响应在尾部有一定数量的波纹。

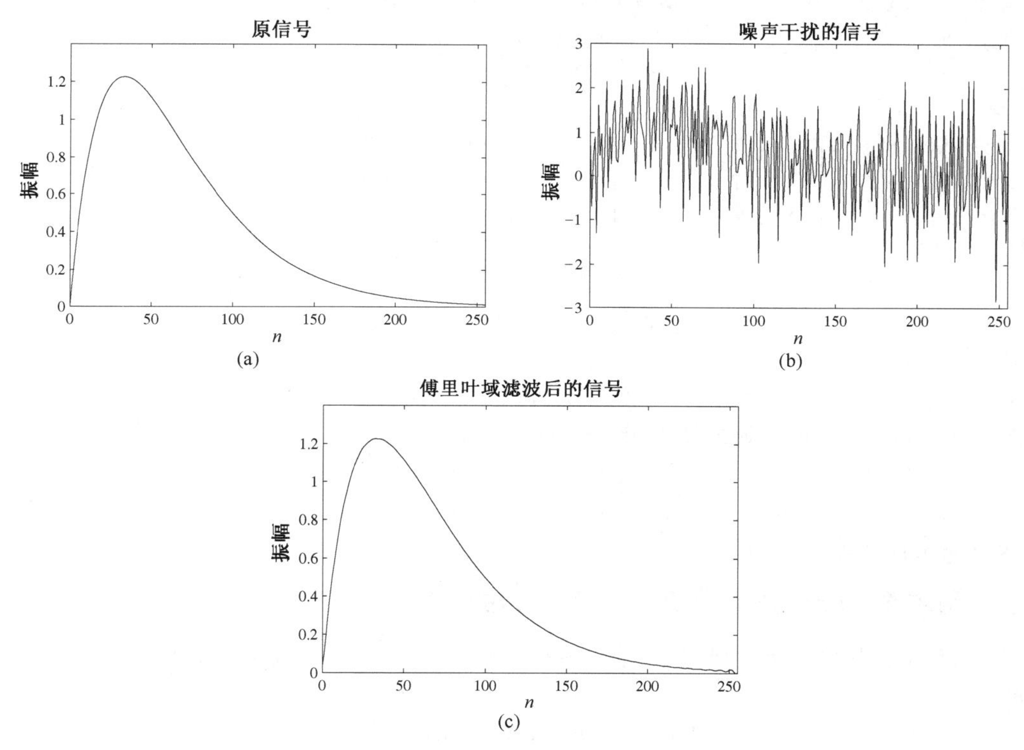

图 5.10　(a) 原信号；(b) 被噪声干扰的信号；(c) 经过傅里叶域滤波后得到的信号

傅里叶滤波在图像处理中有一些具体的应用[Gon2002]。

5.9　计算实序列的 DFT

在大多数应用中，有意义的序列一般是实序列。此时，表 5.1 和表 5.2 的 DFT 对称性质可以用来提高计算 DFT 的效率。正如本节将会讨论的那样，两个长度为 N 的实序列的 N 点 DFT，可以通过由这两个长度为 N 的实序列所构造的一个长度为 N 的复序列的 N 点 DFT 来计算。类似地，长度为 $2N$ 的实序列的 $2N$ 点 DFT 可以通过计算一个由长度为 $2N$ 的实序列构成的长度为 N 的复数序列的 N 点 DFT 来实现。

5.9.1 用单个 N 点 DFT 计算两个实序列的 N 点 DFT

设 $g[n]$ 和 $h[n]$ 是长度为 N 的两个实序列，$G[k]$ 和 $H[k]$ 分别代表其 N 点 DFT。这两个 N 点 DFT 可以通过长度为 N 的复序列 $x[n]$ 的单个 N 点 DFT 序列 $X[k]$ 来有效计算，$x[n]$ 定义为

$$x[n] = g[n] + \mathrm{j}h[n] \tag{5.116}$$

由上式可知 $g[n] = \mathrm{Re}\{x[n]\}$ 且 $h[n] = \mathrm{Im}\{x[n]\}$。

由表 5.1 可得

$$G[k] = \tfrac{1}{2}\{X[k] + X^*[\langle -k\rangle_N]\} \tag{5.117}$$

$$H[k] = \tfrac{1}{2\mathrm{j}}\{X[k] - X^*[\langle -k\rangle_N]\} \tag{5.118}$$

注意到 $X^*[\langle -k\rangle_N] = X^*[\langle N-k\rangle_N]$。

例 5.15 给出了式(5.117)和式(5.118)的应用。

例 5.15 用单个 DFT 计算两个实序列的 DFT

在本例中，我们用单个 4 点 DFT 来计算例 5.7 中的两个实序列的 4 点 DFT。

由式(5.55)，复序列 $\{x[n]\} = \{g[n] + \mathrm{j}h[n]\}$ 为

$$\{x[n]\} = \{1+\mathrm{j}2 \quad 2+\mathrm{j}2 \quad \mathrm{j} \quad 1+\mathrm{j}\}$$

其 DFT 为

$$\begin{bmatrix} X[0] \\ X[1] \\ X[2] \\ X[3] \end{bmatrix} = \begin{bmatrix} 1 & 1 & 1 & 1 \\ 1 & -\mathrm{j} & -1 & \mathrm{j} \\ 1 & -1 & 1 & -1 \\ 1 & \mathrm{j} & -1 & -\mathrm{j} \end{bmatrix} \begin{bmatrix} 1+\mathrm{j}2 \\ 2+\mathrm{j}2 \\ \mathrm{j} \\ 1+\mathrm{j} \end{bmatrix} = \begin{bmatrix} 4+\mathrm{j}6 \\ 2 \\ -2 \\ \mathrm{j}2 \end{bmatrix} \tag{5.119}$$

由上式有

$$\{X^*[k]\} = \{4-\mathrm{j}6 \quad 2 \quad -2 \quad -\mathrm{j}2\}$$

因此

$$\{X^*[\langle 4-k\rangle_4]\} = \{4-\mathrm{j}6 \quad -\mathrm{j}2 \quad -2 \quad 2\} \tag{5.120}$$

将式(5.119)和式(5.120)代入式(5.117)和式(5.118)，可得

$$\begin{aligned} \{G[k]\} &= \{4 \quad 1-\mathrm{j} \quad -2 \quad 1+\mathrm{j}\} \\ \{H[k]\} &= \{6 \quad 1-\mathrm{j} \quad 0 \quad 1+\mathrm{j}\} \end{aligned} \tag{5.121}$$

从而验证了例 5.11 所得到的结果。

5.9.2 用单个 N 点 DFT 计算一个实序列的 $2N$ 点 DFT

令 $v[n]$ 是长度为 $2N$ 的实序列，$V[k]$ 表示该实序列的 $2N$ 点 DFT。定义两个长度为 N 的实序列 $g[n]$ 和 $h[n]$ 为

$$g[n] = v[2n], \qquad h[n] = v[2n+1], \qquad 0 \leqslant n < N-1 \tag{5.122}$$

$G[k]$ 和 $H[k]$ 表示它们的 N 点 DFT。根据式(5.116)，定义一个长度为 N 的复序列 $x[n]$。通过式(5.117)和式(5.118)可以从序列 $x[n]$ 的 N 点 DFT $X[k]$ 来计算 DFT $G[k]$ 与 $H[k]$。

现在

$$\begin{aligned} V[k] &= \sum_{n=0}^{2N-1} v[n]W_{2N}^{nk} = \sum_{n=0}^{N-1} v[2n]W_{2N}^{2nk} + \sum_{n=0}^{N-1} v[2n+1]W_{2N}^{(2n+1)k} \\ &= \sum_{n=0}^{N-1} g[n]W_N^{nk} + \sum_{n=0}^{N-1} h[n]W_N^{nk}W_{2N}^{k} \\ &= \sum_{n=0}^{N-1} g[n]W_N^{nk} + W_{2N}^{k}\sum_{n=0}^{N-1} h[n]W_N^{nk} \end{aligned}$$

注意到上面最后一个表达式中的第一个求和就是长度为 N 的序列 $g[n]$ 的 N 点 DFT $G[k]$，而第二个求和就是长度为 N 的序列 $h[n]$ 的 N 点 DFT $H[k]$。因此，可将 $2N$ 点 DFT $V[k]$ 表示为

$$V[k] = G[\langle k\rangle_N] + W_{2N}^k H[\langle k\rangle_N], \qquad 0 \leqslant k \leqslant 2N-1 \tag{5.123}$$

其中用到了恒等式 $W_{2N}^{2k} = W_N^k$，并由于这里 k 的范围为 $0 \leqslant k \leqslant 2N-1$，也对等号右边两个 N 点 DFT 的变量用到了取模符号。

例 5.16 说明了式(5.123)的应用。

例 5.16　用较短长度的单个 DFT 计算一个实序列的 DFT

求长度为 8 的序列 $v[n]$ 的 8 点 DFT $V[k]$。其中

$$v[n] = \{1,\ 2,\ 2,\ 2,\ 0,\ 1,\ 1,\ 1\} \qquad 0 \leqslant n \leqslant 7$$

构造两个长度为 4 的实序列

$$g[n] = v[2n] = \{1,\ 2,\ 0,\ 1\}, \qquad h[n] = v[2n+1] = \{2,\ 2,\ 1,\ 1\}, \qquad 0 \leqslant n \leqslant 3$$

由式(5.123)，有

$$V[k] = G[\langle k\rangle_4] + W_8^k H[\langle k\rangle_4], \qquad 0 \leqslant k \leqslant 7$$

两个长度为 4 的序列 $g[n]$ 和 $h[n]$ 的 4 点 DFT $G[k]$ 和 $H[k]$ 已经在例 5.15 中得到，并被式(5.121)给出。将它们代入上式，最后得到

$$\begin{aligned}
V[0] &= G[0] + H[0] = 4 + 6 = 10\\
V[1] &= G[1] + W_8^1 H[1] = (1-\mathrm{j}) + (1-\mathrm{j})\cdot \mathrm{e}^{-\mathrm{j}\pi/4} = 1.0 - \mathrm{j}2.4142\\
V[2] &= G[2] + W_8^2 H[2] = -2 + 0\cdot \mathrm{e}^{-\mathrm{j}\pi/2} = -2\\
V[3] &= G[3] + W_8^3 H[3] = (1+\mathrm{j}) + (1+\mathrm{j})\cdot \mathrm{e}^{-\mathrm{j}3\pi/4} = 1.0 - \mathrm{j}0.4142\\
V[4] &= G[0] + W_8^4 H[0] = 4 + 4\cdot \mathrm{e}^{-\mathrm{j}\pi} = -2\\
V[5] &= G[1] + W_8^5 H[1] = (1-\mathrm{j}) + (1-\mathrm{j})\cdot \mathrm{e}^{-\mathrm{j}5\pi/4} = 1.0 + \mathrm{j}0.4142\\
V[6] &= G[2] + W_8^6 H[2] = -2 + 0\cdot \mathrm{e}^{-\mathrm{j}3\pi/2} = -2\\
V[7] &= G[3] + W_8^7 H[3] = (1+\mathrm{j}) + (1+\mathrm{j})\cdot \mathrm{e}^{-\mathrm{j}7\pi/4} = 1.0 + \mathrm{j}2.4142
\end{aligned}$$

可用 MATLAB 计算序列 $v[n]$ 的 8 点 DFT 来验证上面的结果。

5.10　用 DFT 实现线性卷积

在大多数信号处理领域中，线性卷积都很重要。由于 N 点 DFT 可以只用大约 $N(\log_2 N)$ 次算术运算来有效实现，因而运用 DFT 实现线性卷积的方法就变得很有研究意义。在前面的例 5.13 中，我们已经说明了在特定情况下如何用圆周卷积来实现线性卷积。本节我们首先将该例推广用于两个不等长的有限长序列的线性卷积。然后，我们将考虑有限长序列和无限长序列的线性卷积的实现。

5.10.1　两个有限长序列的线性卷积

回忆式(5.51)的圆周卷积定义，该运算实际上需要长度相等的两个序列的乘积的和，其中第二个序列相对于第一个序列要经过时间反转和圆周平移。圆周平移导致第二个序列存在卷绕，从而使所有的样本序号保持在第一个序列的样本序号的范围内。因此，样本乘积的数目总是等于序列的长度。另一方面，对于线性卷积而言，该运算其实是第二个序列经过时间反转和线性位移后与第一个序列对应相乘，然后求和的过程。因此，样本乘积的数目会从 1 开始线性增长，然后线性减小到 1。为了用圆周卷积运算实现线性卷积，需要以足够数量的零值样本对两个序列进行“补零”来将其延长，从而避免第二个序列的原样本的卷绕。

令 $g[n]$ 和 $h[n]$ 是长度分别为 N 和 M 的有限长序列。我们的目标是用圆周卷积实现这两个序列的线性卷积

$$y_L[n] = g[n] \circledast h[n] \tag{5.124}$$

用 $y_L[n]$ 表示卷积结果，其中 $L=M+N-1$。接下来，定义两个长度为 L 的序列：

$$g_e[n]=\begin{cases}g[n], & 0\leqslant n\leqslant N-1\\ 0, & N\leqslant n\leqslant L-1\end{cases}\tag{5.125}$$

$$h_e[n]=\begin{cases}h[n], & 0\leqslant n\leqslant M-1\\ 0, & M\leqslant n\leqslant L-1\end{cases}\tag{5.126}$$

这两个序列是在 $g[n]$ 和 $h[n]$ 中填充零值样本后构成的。因此：

$$y_L[n]=y_C[n]=g_e[n]\,\text{Ⓛ}\,h_e[n],\quad 0\leqslant n\leqslant L-1\tag{5.127}$$

换言之，为了用基于 DFT 的方法实现式(5.124)，我们先用 $(M-1)$ 个零对 $g[n]$ 进行补零得到长度为 L 的序列 $g_e[n]$，接着用 $(N-1)$ 个零对 $h[n]$ 进行补零得到长度为 L 的序列 $h_e[n]$。然后，分别计算 $g_e[n]$ 和 $h_e[n]$ 的 L 点 DFT，得到 $G_e[k]$ 和 $H_e[k]$，最后对乘积 $G_e[k]H_e[k]$ 做 L 点 IDFT，得到 $y_L[n]$。这个流程如图 5.11 所示。

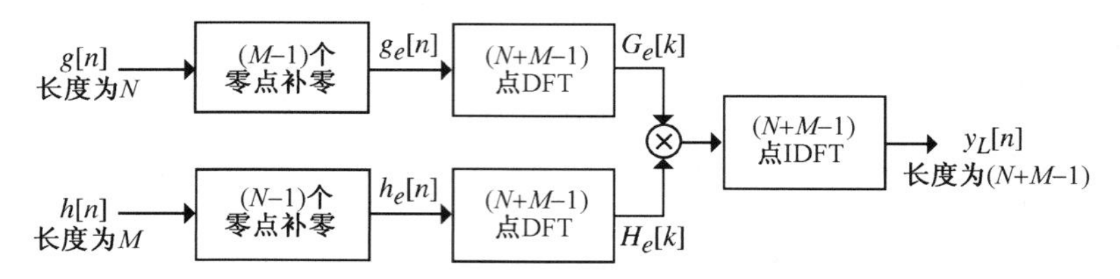

图 5.11　两个有限长序列的线性卷积的基于 DFT 实现

注意，尽管在此处我们令 $L=N+M-1$，其实可以采用满足 $L\geqslant N+M-1$ 的任何 L 值。在实际中，由于 DFT 通常用对 $L=2^v$ 计算高效的快速算法实现，L 通常取不小于它的最小一个 2 的整数次幂。

例 5.17 使用 MATLAB 来示例了上面的方法。

程序 5_4.m

例 5.17　用 DFT 计算两个有限长序列的线性卷积

程序 5_4 可用于通过基于 DFT 的方法求两个有限长序列的线性卷积，并与使用直接线性卷积得到的结果进行比较。在方括号里面以向量格式输入的数据是两个待卷积的序列。该程序画出基于 DFT 方法得到的序列和用 M 文件 conv 得到的序列及两者之差。使用该程序，可以验证例 5.13 的结果，如图 5.12 所示。注意，这两个振幅很小的非零样本是因为在 MATLAB 中计算 DFT 时用到有限精度算术所致。

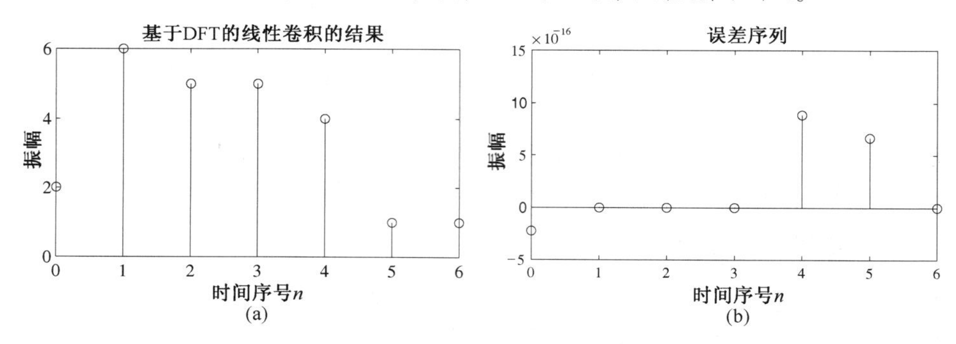

图 5.12　输出和误差序列的图形

5.10.2　循环前缀

在上一节中简述了用基于 DFT 的方法对一个长度为 N 的序列 $\{x[n]\}$ 和一个长度为 $M(N>M)$ 的序列 $\{h[n]\}$ 进行线性卷积。为此，两个序列都被补零至长度 $L=N+M-1$。接着，形成扩展后序列的 L 点 DFT 并逐样本相乘。两个 DFT 的乘积的 L 点逆 DFT 得到 $\{x[n]\}$ 和 $\{h[n]\}$ 的卷积和 $\{y[n]\}$。在一些应用中，只需计算长度为 N 的序列 $\{y[n]\}$ 的一部分，它可以通过对较长的序列附加一个称为"**循环前缀**"的子序列并使用 N 点 DFT 和 IDFT 得到[Gol2005]。

考虑两个长度分别为 N 和 M 的序列 $\{x[n]\}(0\leqslant n\leqslant N-1)$ 和 $\{h[n]\}(0\leqslant n\leqslant M-1)$，其中 $M<N$。序列 $\{x[n]\}$ 的**循环前缀**为一个长度为 $M-1$ 的序列 $\{x[N-M+1],\ x[N-M+2],\ \cdots,\ x[N-1]\}$，它由 $\{x[n]\}$ 的最后 $M-1$ 个样本组成。定义在起始部分用其循环前缀对序列 $\{x[n]\}$ 进行填充得到的新序列 $\{\hat{x}[n]\}$，即

$$\{\hat{x}[n]\}=\{x[N-M+1],\cdots,x[N-1],x[0],\cdots,x[N-M],x[N-M+1],\cdots,x[N-1]\} \tag{5.128}$$

图 5.13 展示了 $\{x[n]\}$ 和 $\{\hat{x}[n]\}$ 的关系。从式(5.128)可以看出，新序列 $\{\hat{x}[n]\}$ 的长度为 $L=N+M-1$，$-M+1\leqslant n\leqslant N-1$。此外

$$\hat{x}[n]=x[\langle n\rangle_N],\qquad -M+1\leqslant n\leqslant N-1 \tag{5.129}$$

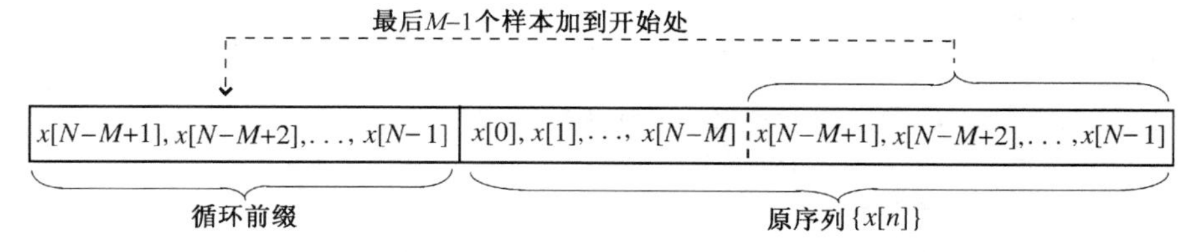

图 5.13　通过用循环前缀填充由 $\{x[n]\}$ 构造 $\{\hat{x}[n]\}$

从上式可得

$$\hat{x}[n-\ell]=x[\langle n-\ell\rangle_N],\qquad -M+1\leqslant n-\ell\leqslant N-1 \tag{5.130}$$

设 $\{y[n]\}$ 表示 $\{\hat{x}[n]\}$ 和 $\{h[n]\}$ 的卷积和，即

$$y[n]=\hat{x}[n]\circledast h[n]=\sum_{\ell=0}^{L-1}\hat{x}[n-\ell]h[\ell],\qquad -M+1\leqslant n\leqslant N+M-2 \tag{5.131}$$

设 $\{\hat{y}[n]\}$ 表示 $\{x[n]\}$ 和 $\{h_e[n]\}$ 的 N 点圆周卷积，即

$$\hat{y}[n]=\sum_{\ell=0}^{N-1}x[\langle n-\ell\rangle_N]h_e[n]=x[n]\,Ⓝ\,h_e[n],\qquad 0\leqslant n\leqslant N-1 \tag{5.132}$$

其中 $\{h_e[n]\}$ 是对 $\{h[n]\}$ 用 $N-M$ 个零进行填充得来的长度为 N 的序列：

$$h_e[n]=\begin{cases}h[n], & 0\leqslant n\leqslant M-1\\ 0, & M\leqslant n\leqslant N-1\end{cases} \tag{5.133}$$

因此，当 $0\leqslant n\leqslant N-1$ 时，$\hat{x}[n-\ell]=x[\langle n-\ell\rangle_N]$，由式(5.131)和式(5.132)可得

$$\hat{y}[n]=y[n],\qquad 0\leqslant n\leqslant N-1 \tag{5.134}$$

式(5.132)中的圆周卷积可以用如图 5.9 所示的基于 DFT 的方法来计算，因此

$$\hat{Y}[k]=X[k]H_e[k],\qquad 0\leqslant k\leqslant N-1 \tag{5.135}$$

其中 $\hat{Y}[k]$、$X[k]$ 和 $H_e[k]$ 分别表示 $\hat{y}[n]$、$x[n]$ 和 $h_e[n]$ 的 N 点 DFT。

循环前缀在基于多载波的数字通信里很有用[Gol2005]。这里，我们的目标是在已知输出序列和信道的冲激响应 $h[n]$ 时，恢复长度为 N 的输入序列 $x[n]$。为此，通过用由其最后 $M-1$ 个样本给出的循环前缀对输入 $x[n]$ 填充使其延长为一个长度 $(N+M-1)$ 的序列 $\hat{x}[n]$，如图 5.13 所示，其中 M 是信道冲激响应 $h[n]$ 的长度。在没有噪声时，若已知 $h[n]$ 和信道输出 $y[n]$，信道的原未知输入 $x[n]$ 可以从输入 $\hat{x}[n]$ 恢复，如下所述：首先，通过从 $y[n]$ 中提取中间的 N 个样本来生成 $\hat{y}[n]$，并对 $h[n]$ 以 $N-M$ 个零进行补零以生成长度为 N 的序列 $h_e[n]$。然后形成 $\hat{y}[n]$ 的 N 点 DFT $\hat{Y}[k]$ 和 $h_e[n]$ 的 N 点 DFT $H_e[k]$。假设 $H_e[k]$ 没有样本为零，逐样本用 $\hat{Y}[k]$ 除以 $H_e[k]$，并计算该结果的 N 点逆 DFT，得到所求的输入 $x[n]$ 如下所示：

$$x[n]=\text{IDFT}\left\{\frac{\hat{Y}[k]}{H_e[k]}\right\} \tag{5.136}$$

尽管输出序列 $y[n]$，$-M+1\leqslant n\leqslant N+M-2$ 的长度为 $N+2M-1$，$y[n]$ 最初和最后的 $M-1$ 个样本无须

计算，因为对于$0 \leqslant n \leqslant N-1$，不需要用它们来恢复输入序列$x[n]$。在实际中，一个长输入序列通常会分成等长的块，其中循环前缀插入到每对块之间，这也消除了相连块之间的符号干扰(ISI)。

例 5.18 中讨论了循环前缀的应用。

例 5.18 用循环前缀恢复输入序列的演示

设一个长度为 6 的序列$\{x[n]\}=\{-2,4,1,-1,3,5\}$，$0 \leqslant n \leqslant 5$和一个长度为 4 的序列$\{h[n]\}=\{1,-2,4,-1\}$，$0 \leqslant n \leqslant 3$。因而$\{x[n]\}$的循环前缀是由$\{x[n]\}$的最后 3 个样本组成的长度为 3 的序列$\{-1,3,5\}$。因此通过把$\{x[n]\}$的最后 3 个样本添加到最前面得到的新序列$\{\hat{x}[n]\}$为

$$\{\hat{x}[n]\}=\{-1,\ 3,\ 5,\ \underset{\uparrow}{-2},\ 4,\ 1,\ -1,\ 3,\ 5\},\ -3 \leqslant n \leqslant 5$$

$\{\hat{x}[n]\}$和$\{h[n]\}$的卷积和为

$$\{y[n]\}=\{-1,\ 5,\ -5,\ \underset{\uparrow}{1},\ 25,\ -20,\ 15,\ 5,\ -6,\ 3,\ 17,\ -5\},\ -3 \leqslant n \leqslant 8$$

因此，用 2 个零值样本对$\{h[n]\}$进行补零得到的序列$\{h_e[n]\}$是

$$\{h_e[n]\}=\{1,\ -2,\ 4,\ -1,\ 0,\ 0\},\ 0 \leqslant n \leqslant 5$$

现在，$\{x[n]\}$和$\{h_e[n]\}$的 6 点圆周卷积为

$$\{\hat{y}[n]\}=\{x[n] ⑥ h_e[n]\}=\{1,\ 25,\ -20,\ 15,\ 5,\ -6\},\ 0 \leqslant n \leqslant 5$$

这与上面给出的$\{y[n]\}$的中间 6 个样本完全一致。

可以用$\{\hat{y}[n]\}$的 6 点 DFT 对$\{h_e[n]\}$的 6 点 DFT 逐个样本相除，然后对结果进行 6 点 IDFT 来恢复序列$\{x[n]\}$，这样就可以得到所求的输入序列

$$\{-2.0,\ 4.0,\ 1.0,\ -1.0,\ 3.0,\ 5.0\},\ 0 \leqslant n \leqslant 5$$

结果恰如所料。

5.10.3 有限长序列和无限长序列的线性卷积

许多应用往往需要实现一个有限长序列和另一个序列的线性卷积，后一个序列有可能是无限长的，或者该序列比第一个有限长序列长得多。例如，应用中需要用一个 FIR 滤波器处理语音信号。此时，前一节中描述的方法就不适用了。解决该问题有两种不同的方法[Sto66]，本节中将讨论这两种方法。

令$h[n]$是一个长度为M的有限长序列，而$x[n]$是一个无限长序列(或者是一个长度远大于M的有限长序列)。我们的目的是生成一种基于 DFT 的方法来计算$h[n]$和$x[n]$的线性卷积的方法：

$$y[n]=\sum_{\ell=0}^{M-1} h[\ell] x[n-\ell]=h[n] \circledast x[n] \tag{5.137}$$

重叠相加法

在此方法中，首先分割$x[n]$(不失一般性，假定它为因果序列)，得到一组长度为N的连续有限长子序列$x_m[n]$：

$$x[n]=\sum_{m=0}^{\infty} x_m[n-mN] \tag{5.138}$$

其中

$$x_m[n]=\begin{cases} x[n+mN], & 0 \leqslant n \leqslant N-1 \\ 0, & \text{其他} \end{cases} \tag{5.139}$$

把式(5.138)代入式(5.137)，可得

$$\begin{aligned} y[n] &= \sum_{\ell=0}^{M-1} h[\ell]\left(\sum_{m=0}^{\infty} x_m[n-\ell-mN]\right) \\ &= \sum_{m=0}^{\infty}\left(\sum_{\ell=0}^{M-1} h[\ell] x_m[n-\ell-mN]\right) \\ &= \sum_{m=0}^{\infty} y_m[n-mN] \end{aligned} \tag{5.140}$$

其中

$$y_m[n] = h[n] \circledast x_m[n]$$

因为 $h[n]$ 的长度是 M，$x_m[n]$ 的长度是 N，所以线性卷积 $h[n]\circledast x_m[n]$ 的长度是 $(N+M-1)$。因此，所求的式(5.137)的线性卷积被分成了大量(可能无限个)长为 $(N+M-1)$ 的短长度的线性卷积的和。每个这样的短卷积都可用图 5.11 中列出的方法实现，其中 DFT(和 IDFT)在 $(N+M-1)$ 个点的基础上进行计算。在用基于 DFT 的方法实现式(5.140)之前，需要注意另一个细节。

现在，式(5.140)中的第一个短卷积为 $h[n]\circledast x_0[n]$，其长度为 $(N+M-1)$，定义在区间 $0\leqslant n\leqslant N+M-2$。式(5.140)中的第二个短卷积为 $h[n]\circledast x_1[n]$，它的长度也为 $(N+M-1)$，但定义在区间 $N\leqslant n\leqslant 2N+M-2$。这表明这两个短线性卷积之间在范围 $N\leqslant n\leqslant N+M-2$ 有 $M-1$ 个样本是重叠的。同样，式(5.140)的第三个卷积为 $h[n]\circledast x_2[n]$，定义在区间 $2N\leqslant n\leqslant 3N+M-2$，这就引起了 $h[n]\circledast x_1[n]$ 和 $h[n]\circledast x_2[n]$ 的样本在范围 $2N\leqslant n\leqslant 2N+M-2$ 发生重叠。通常，在短卷积 $h[n]\circledast x_{r-1}[n]$ 和 $h[n]\circledast x_r[n]$ 的样本之间会有 $M-1$ 个样本的重叠，重叠的范围为 $rN\leqslant n\leqslant rN+M-2$。

图 5.14 示例了该过程。图 5.14(b)显示了图 5.14(a)中 $x[n]$ 的前三个长度为 7$(N=7)$ 的分段 $x_m[n]$。每个这样的分段与一个长度为 5$(M=5)$ 的序列 $h[n]$ 卷积，得到图 5.14(c)中显示的长度为 11$(N+M-1=11)$ 的短线性卷积 $y_m[n]$。从图 5.14(c)可以看出，$y_0[n]$ 的最后 $M-1=4$ 个样本和 $y_1[n]$ 的前 4 个样本重叠。同样，$y_1[n]$ 的最后 $M-1=4$ 个样本和 $y_2[n]$ 的前 4 个样本重叠，以此类推。因此，通过 $x[n]$ 和 $h[n]$ 的线性卷积得到的所求序列 $y[n]$ 为

$$\begin{aligned}
y[n] &= y_0[n], && 0\leqslant n\leqslant 6\\
y[n] &= y_0[n] + y_1[n-7], && 7\leqslant n\leqslant 10\\
y[n] &= y_1[n-7], && 11\leqslant n\leqslant 13\\
y[n] &= y_1[n-7] + y_2[n-14], && 14\leqslant n\leqslant 17\\
y[n] &= y_2[n-14], && 18\leqslant n\leqslant 20\\
&\vdots
\end{aligned}$$

由于短线性卷积的结果重叠且需将重叠部分加起来得到正确的最后结果，所以上面的过程称为**重叠相加法**。

M 文件 `fftfilt` 可以用来实现上面的方法。我们在例 5.19 中进行说明。

例 5.19　用 MATLAB 实现重叠相加法

考虑使用一个长度为 3 的滑动平均滤波器来对例 4.1 中被噪声干扰的信号滤波。为此，采用程序 5_5。计算机生成的结果如图 5.15 所示。

程序 5_5.m

重叠保留法

在用 DFT 实现上一种方法时，由于式(5.137)中的全部线性卷积被表示为每个长度为 $(N+M-1)$ 的短长度线性卷积之和，需要计算两个 $(N+M-1)$ 点 DFT 和一个 $(N+M-1)$ 点 IDFT。其实，改用长度短于 $(N+M-1)$ 的圆周卷积也可实现式(5.137)的线性卷积。为此，需要将 $x[n]$ 分割为重叠的块 $x_m[n]$，在计算过程中，保留 $h[n]$ 和 $x_m[n]$ 的圆周卷积中与 $h[n]$ 和 $x_m[n]$ 的线性卷积对应的项，丢弃圆周卷积的其他部分。为了理解线性卷积和圆周卷积之间的对应关系，考虑长度为 4 的序列 $x[n]$ 和长度为 3 的序列 $h[n]$。设 $y_L[n]$ 表示 $x[n]$ 和 $h[n]$ 的线性卷积的结果。$y_L[n]$ 的 6 个样本为

$$\begin{aligned}
y_L[0] &= h[0]x[0]\\
y_L[1] &= h[0]x[1] + h[1]x[0]\\
y_L[2] &= h[0]x[2] + h[1]x[1] + h[2]x[0]\\
y_L[3] &= h[0]x[3] + h[1]x[2] + h[2]x[1]\\
y_L[4] &= h[1]x[3] + h[2]x[2]\\
y_L[5] &= h[2]x[3]
\end{aligned} \tag{5.141}$$

若在 $h[n]$ 后面加一个零值样本，并把它变成长度为 4 的序列 $h_e[n]$，则 $h_e[n]$ 和 $x[n]$ 的 4 点圆周卷积 $y_C[n]$ 为

$$\begin{aligned} y_C[0] &= h[0]x[0] + h[1]x[3] + h[2]x[2] \\ y_C[1] &= h[0]x[1] + h[1]x[0] + h[2]x[3] \\ y_C[2] &= h[0]x[2] + h[1]x[1] + h[2]x[0] \\ y_C[3] &= h[0]x[3] + h[1]x[2] + h[2]x[1] \end{aligned} \tag{5.142}$$

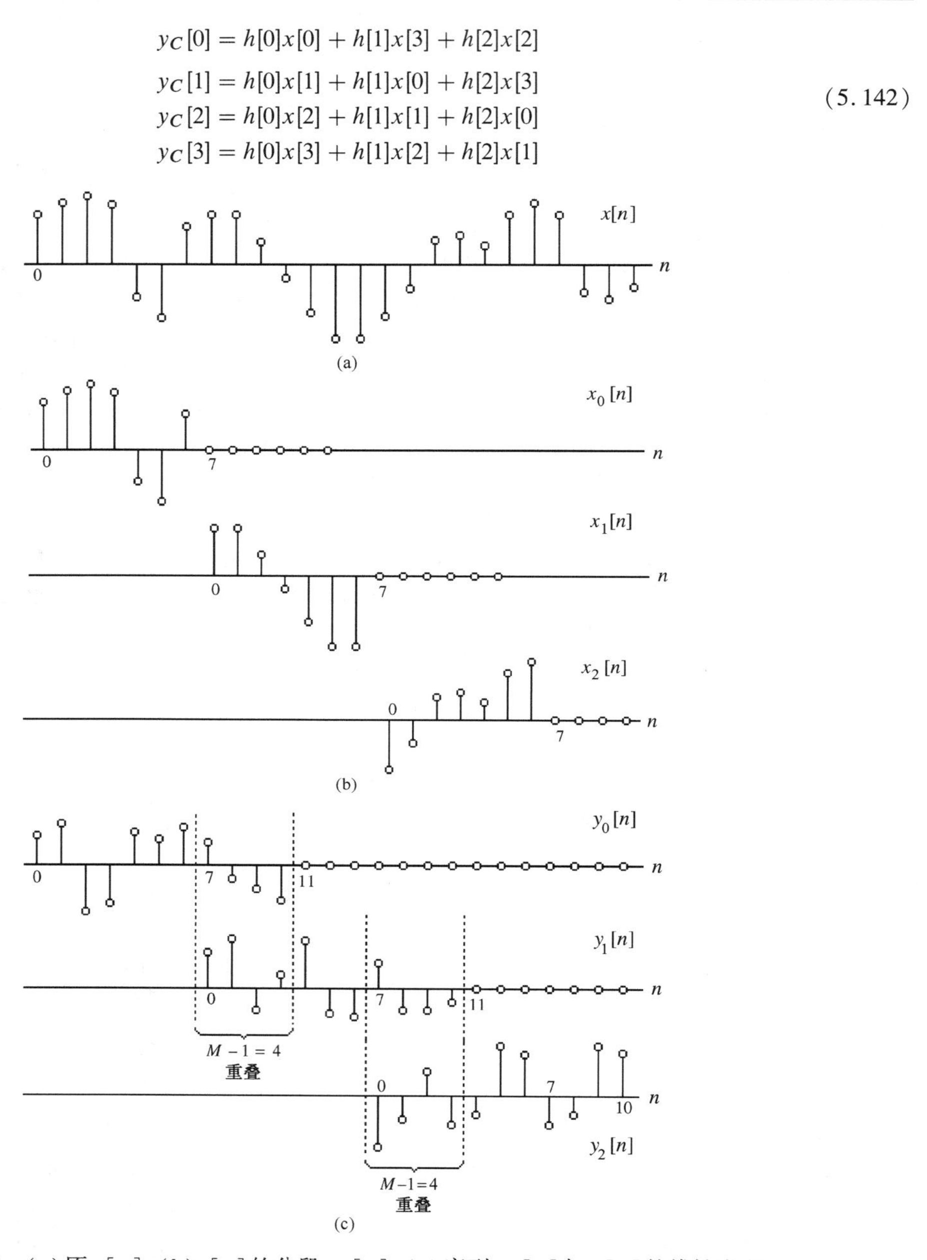

图 5.14 (a)原 $x[n]$;(b)$x[n]$的分段 $x_m[n]$;(c)序列 $x_m[n]$与 $h[n]$的线性卷积

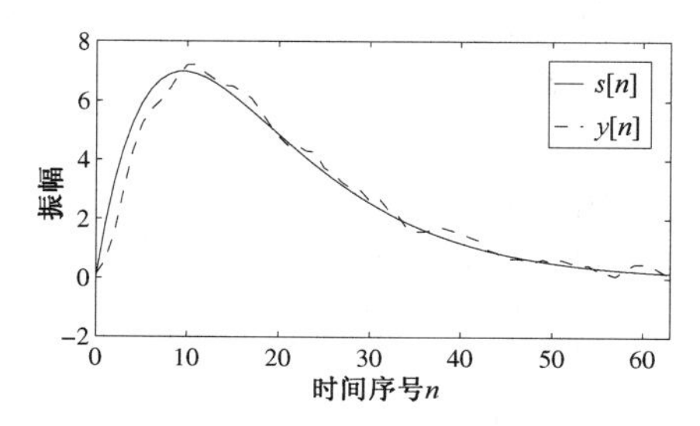

图 5.15 未被干扰的输入信号 $s[n]$(以实线给出)和滤波后的有噪信号 $y[n]$(以虚线给出)

比较式(5.141)和式(5.142)，可观察到圆周卷积的前两项并不对应线性卷积的前两项，而圆周卷积的最后两项恰好与线性卷积的第三项和第四项相等，即

$$y_L[0] \neq y_C[0], \qquad y_L[1] \neq y_C[1]$$
$$y_L[2] = y_C[2], \qquad y_L[3] = y_C[3]$$

在长度为 M 的序列 $h[n]$ 和长度为 N 的序列 $x[n]$ 的 N 点圆周卷积中，其中 $N>M$，通常最前面的 $M-1$ 个样本是不正确的并被丢弃，而余下的 $N-M+1$ 个样本对应于 $h[n]$ 和 $x[n]$ 的线性卷积的正确样本。

现在考虑一个无限长或者非常长的序列 $x[n]$。把它分解为一系列更短的(长度为4)序列 $x_m[n]$，如下所示：

$$x_m[n] = x[n+2m], \qquad 0 \leqslant n \leqslant 3, \quad 0 \leqslant m \leqslant \infty \tag{5.143}$$

接下来，形成

$$w_m[n] = h[n] \textcircled{4} x_m[n]$$

或等效地

$$\begin{aligned} w_m[0] &= h[0]x_m[0] + h[1]x_m[3] + h[2]x_m[2] \\ w_m[1] &= h[0]x_m[1] + h[1]x_m[0] + h[2]x_m[3] \\ w_m[2] &= h[0]x_m[2] + h[1]x_m[1] + h[2]x_m[0] \\ w_m[3] &= h[0]x_m[3] + h[1]x_m[2] + h[2]x_m[1] \end{aligned} \tag{5.144}$$

当 $m=0, 1, 2, 3, \cdots$ 时计算上式，并代入式(5.143)中 $x_m[n]$ 的值，可得

$$\begin{aligned} w_0[0] &= h[0]x[0] + h[1]x[3] + h[2]x[2] && \leftarrow \text{丢弃} \\ w_0[1] &= h[0]x[1] + h[1]x[0] + h[2]x[3] && \leftarrow \text{丢弃} \\ w_0[2] &= h[0]x[2] + h[1]x[1] + h[2]x[0] = y[2] && \leftarrow \text{保留} \\ w_0[3] &= h[0]x[3] + h[1]x[2] + h[2]x[1] = y[3] && \leftarrow \text{保留} \\ w_1[0] &= h[0]x[2] + h[1]x[5] + h[2]x[4] && \leftarrow \text{丢弃} \\ w_1[1] &= h[0]x[3] + h[1]x[2] + h[2]x[5] && \leftarrow \text{丢弃} \\ w_1[2] &= h[0]x[4] + h[1]x[3] + h[2]x[2] = y[4] && \leftarrow \text{保留} \\ w_1[3] &= h[0]x[5] + h[1]x[4] + h[2]x[3] = y[5] && \leftarrow \text{保留} \\ w_2[0] &= h[0]x[4] + h[1]x[5] + h[2]x[6] && \leftarrow \text{丢弃} \\ w_2[1] &= h[0]x[5] + h[1]x[4] + h[2]x[7] && \leftarrow \text{丢弃} \\ w_2[2] &= h[0]x[6] + h[1]x[5] + h[2]x[4] = y[6] && \leftarrow \text{保留} \\ w_2[3] &= h[0]x[7] + h[1]x[6] + h[2]x[5] = y[7] && \leftarrow \text{保留} \end{aligned}$$

注意，为了求 $y[0]$ 和 $y[1]$，需要形成 $x_{-1}[n]$：

$$x_{-1}[0] = 0, \quad x_{-1}[1] = 0, \quad x_{-1}[2] = x[0], \quad x_{-1}[3] = x[1]$$

并在 $0 \leqslant n \leqslant 3$ 时计算 $w_{-1}[n] = h[n] \textcircled{4} x_{-1}[n]$，丢弃 $w_{-1}[0]$ 和 $w_{-1}[1]$，并保留 $w_{-1}[2] = y[0]$ 和 $w_{-1}[3] = y[1]$。

对上面的结果进行推广，设 $h[n]$ 是一个长度为 M 的序列，而 $x_m[n]$ 是定义为

$$x_m[n] = x[n + m(N-M+1)], \qquad 0 \leqslant n \leqslant N-1 \tag{5.145}$$

的无限长序列 $x[n]$ 的第 m 分段，其长度为 N，$M \leqslant N$。若 $w_m[n]$ 表示 $h[n]$ 和 $x_m[n]$ 的 N 点圆周卷积，即 $w_m[n] = h[n] \textcircled{N} x_m[n]$，则我们丢弃 $w_m[n]$ 的前 $M-1$ 个样本并“邻接” $w_m[n]$ 剩下的 $N-M+1$ 个保留样本来得到 $h[n]$ 和 $x[n]$ 的线性卷积 $y_L[n]$。若记 $w_m[n]$ 保留的部分为 $y_m[n]$，即

$$y_m[n] = \begin{cases} 0, & 0 \leqslant n \leqslant M-2 \\ w_m[n], & M-1 \leqslant n \leqslant N-1 \end{cases} \tag{5.146}$$

则

$$y_L[n+m(N-M+1)] = y_m[n], \qquad M-1 \leqslant n \leqslant N-1 \tag{5.147}$$

上面过程如图5.16所示。由于输入数据被分隔成重叠的分段，且圆周卷积的部分结果被保留并通过邻接来求得线性卷积的结果，所以该方法称为**重叠保留法**。

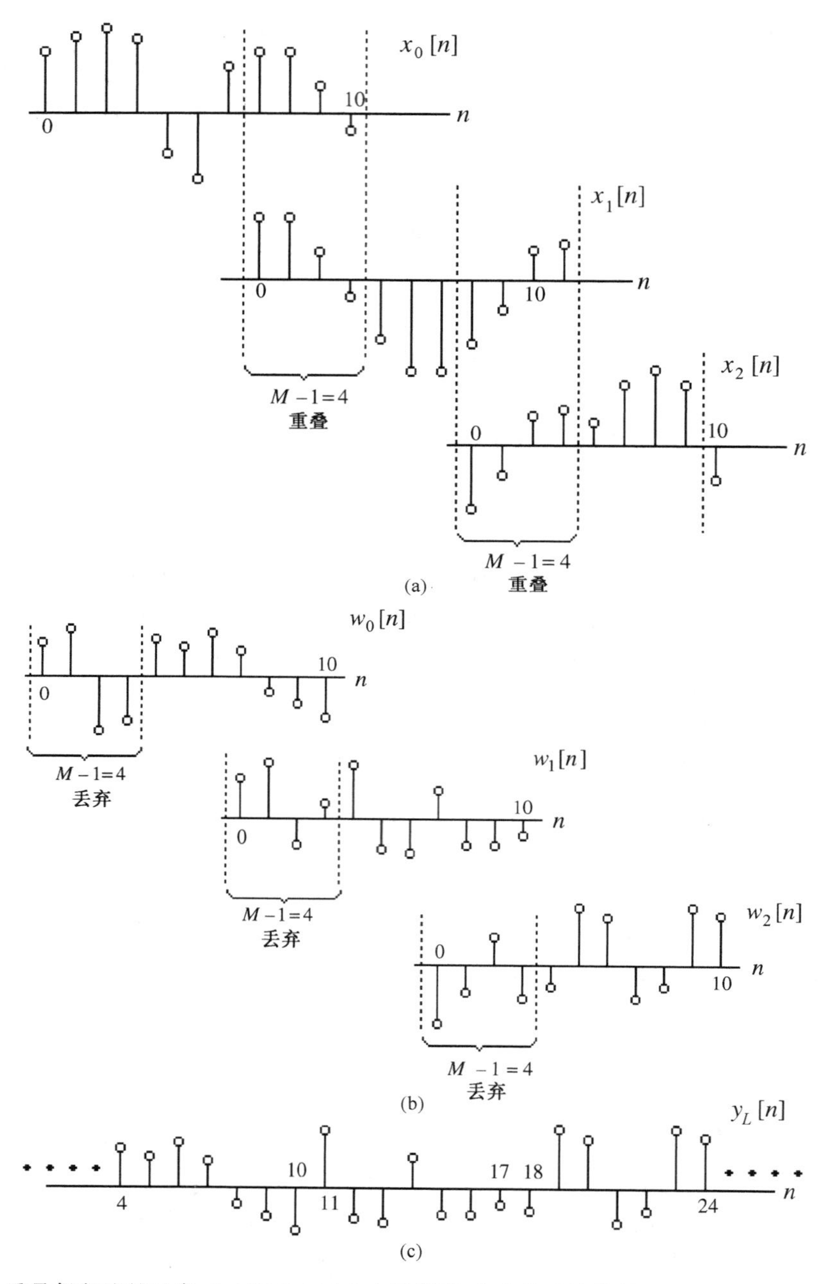

图5.16 重叠保留法的示意：(a)图5.14(a)中的序列$x[n]$的重叠分段；(b)通过11点圆周卷积生成的序列；(c)通过丢弃序列$w_i[n]$的前4个样本并邻接剩下的样本所组成的序列

5.11　短时傅里叶变换

数字信号处理方法的一个重要应用是在离散时域确定一个连续时间信号的频率内容，通常称之为**谱分析**。更明确地来讲，主要是求一个信号的能量谱和功率谱。可以发现，数字谱分析在很多领域应用得非常普遍。谱分析方法基于下面的观察结果：若连续时间信号 $g_a(t)$ 适度带限，则其离散时间等效 $g[n]$ 的谱特征将提供 $g_a(t)$ 谱特性的一个较好的估计。然而，在大多数情况下，$g_a(t)$ 定义在 $-\infty<t<\infty$，因此，$g[n]$ 具有无限长度并定义在 $-\infty<n<\infty$。由于求取一个无限长信号的谱参数很困难，一种更实用的方法如下。首先，连续时间信号 $g_a(t)$ 在抽样前先通过一个模拟抗混叠滤波器以消除混叠的影响。接下来对滤波器的输出抽样，来产生等效离散时间序列 $g[n]$。假定抗混叠滤波器被适当地设计，则可以忽略混叠的影响。而且，进一步假定模拟/数字转换器的字长足够大，则模拟/数字转换噪声可以忽略。

只要每个正弦分量的频率、振幅和相位是时不变的，并与信号长度无关，就可以用离散傅里叶变换对由这些正弦分量组成的有限长度信号进行谱分析。在有些实际情况中，被分析的信号是非平稳的，此时，这些信号参数是时变的。这样一种时变的信号的例子是通过对连续时间信号 $x_a(t)=A\cos(\phi(t))$ 抽样得到的离散时间信号

$$x[n]=A\cos(\omega_o n^2) \tag{5.148}$$

其中，$\phi(t)=\omega_o t^2$。$\dfrac{\mathrm{d}\phi(t)}{\mathrm{d}t}=2\omega_o t$ 的瞬时频率为 $x_a(t)$，因此 $x[n]$ 的瞬时频率为 $2\omega_o n$，它不是一个常数而随着时间线性增加，如图 5.17 所示。式(5.148)中的信号通常称为**线性调频信号**。语音、雷达和声呐信号是这样的非平稳信号。用整个信号的单个离散傅里叶变换在频域中描述这些信号会产生错误的结果。为了得到信号参数的时变本质，另一种方法是把序列分割成一组较短长度的子序列，每个子序列以均匀时间间隔为中心，并分别计算其 DFT。若子序列长度相当小，则为实际目的可以假定它是平稳的。因此，一个长序列的频域描述由一组短长度 DFT 给出，即一个依时 DFT。

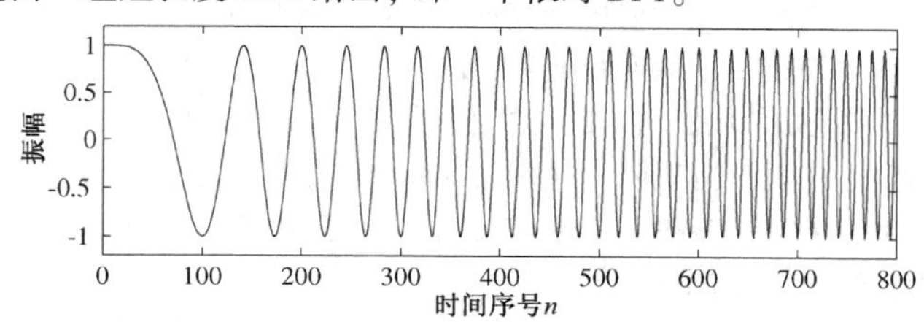

图 5.17　因果线性调频信号 $\cos(\omega_o n^2)$ 的前 800 个样本，其中 $\omega_o=10\pi\times10^{-5}$

为了用一组短长度子序列表示非平稳信号 $x[n]$，可以将其与一个相对于时间平稳的窗 $w[n]$ 相乘，并将信号移过该窗。例如，图 5.18 显示了图 5.17 的线性调频信号通过长度为 200 的平稳矩形窗所得的 4 个分段。如该图所示，这些分段在时间上可能会重叠。通过加窗得到的子序列的离散时间傅里叶变换称为短时傅里叶变换，因此，它是窗相对于原长序列位置及频率的函数。本节介绍与这类变换相关的基本概念，研究它的一些性质，并指出它的一个重要应用。这个主题的详细阐述可在[All77]，[Naw88]，[Opp99]和[Rab78]中找到。

5.11.1　定义

序列 $x[n]$ 的**短时傅里叶变换**(STFT)，也称之为**依时傅里叶变换**，定义为

$$X_{\mathrm{STFT}}(\mathrm{e}^{\mathrm{j}\omega},n)=\sum_{m=-\infty}^{\infty}x[n-m]w[m]\mathrm{e}^{-\mathrm{j}\omega m} \tag{5.149}$$

式中，$w[n]$ 是一个恰当选择的窗序列①。注意，窗函数是对序列 $x[n]$ 提取有限长度部分，这样，为实用目的，提取出的分段的谱特性在窗的持续时间内是近似平稳的。

① 一些常用窗的描述参见 10.2.4 节。

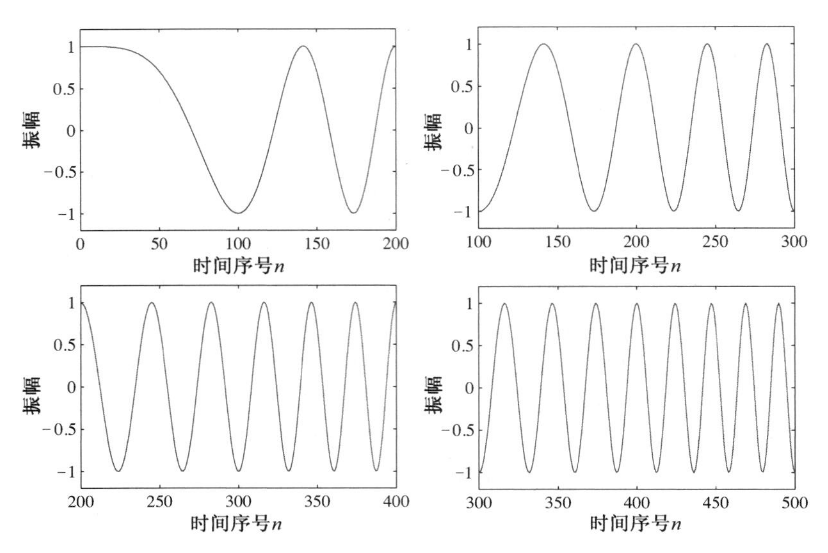

图5.18 由长度为200的矩形窗产生的图15.7所示线性调频信号的子序列示例

注意，若 $w[n]=1$，则式(5.149)给出的短时傅里叶变换的定义可退化为 $x[n]$ 的常规离散时间傅里叶变换(傅里叶变换)。不过，即使 $x[n]$ 的傅里叶变换在某种明确定义情况下存在，式(5.149)中加窗后的有限长序列保证了任何序列 $x[n]$ 的短时傅里叶变换存在。也应该注意，与常规的傅里叶变换不同，短时傅里叶变换是一个双变量函数：整数变量时间序号 n 和连续频率变量 ω。也可由式(5.149)的定义得到 $X_{\text{STFT}}(e^{j\omega}, n)$ 是一个以 2π 为周期的 ω 的周期函数。

在大多数应用中，具有意义的是短时傅里叶变换的幅度。短时傅里叶变换的幅度显示通常被称为**谱图**。然而，由于短时傅里叶变换是一个双变量函数，正常情况下显示其幅度需要三维空间。通常将它绘制在二维空间中，用图中的颜色深度表示幅度。这里，白色区域表示零值幅度，而灰色区域表示非零幅度，其中黑色表示最大幅度。在短时傅里叶变换幅度显示图中，垂直轴表示频率变量(ω)，而水平轴表示时间序号(n)。短时傅里叶变换也能够在三维空间坐标体系中用网格图进行可视化表示，其中，短时傅里叶变换幅度是 x-y 平面上的 z 方向上的一个点。

图5.19显示了当 $\omega_o=10\pi\times10^{-5}$ 时，式(5.148)所示线性调频序列的短时傅里叶变换，它是用上面两个形式的长度为200的汉明窗计算长度为20 000的样本而得到的①。在图5.19中，对于一个给定的时间序号 n 值，短时傅里叶变换本质上是正弦序列一个分段的DFT。在谱图中，大值DFT样本以狭窄且近乎黑的极短垂线显现，而其他DFT样本以灰暗点显现。随着线性调频信号的瞬时频率线性增加，短黑线在垂直方向向上移动，并且最终由于混叠，黑线在垂直方向开始向下移动。结果是，线性调频信号的谱图本质上以一个三角形形式的粗线显示。

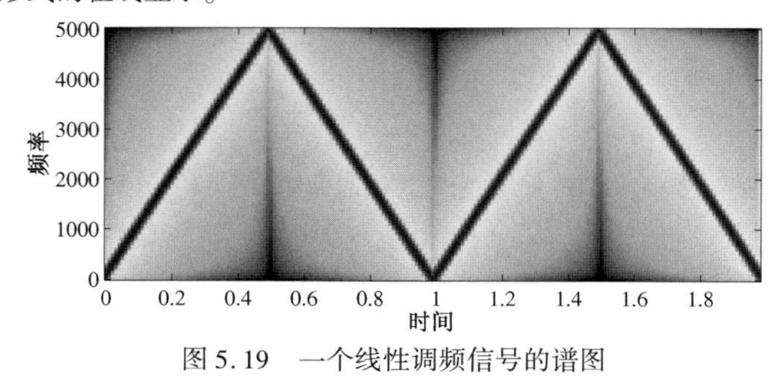

图5.19 一个线性调频信号的谱图

① 汉明窗序列的表达式在式(10.34)中给出。

5.11.2　在时间和频率维抽样

在实际中，短时傅里叶变换是在 ω 的离散值的一个有限集上进行计算。而且，由于窗序列的有限长度，只要频率样本数大于窗长，短时傅里叶变换就可以通过其频率样本来准确表示。此外，序列 $x[n]$ 在窗口内的部分可以从短时傅里叶变换的频率样本完全恢复。

为了更精确，令窗口长度为 R，且定义在范围 $0 \leqslant m \leqslant R-1$ 内。在 N 个等间隔频率 $\omega_k = 2\pi k/N$ 对 $X_{\mathrm{STFT}}(\mathrm{e}^{\mathrm{j}\omega}, n)$ 进行抽样，其中，$N \geqslant R$，如下所示：

$$\begin{aligned} X_{\mathrm{STFT}}[k,n] &= X_{\mathrm{STFT}}(\mathrm{e}^{\mathrm{j}\omega},n)\big|_{\omega=2\pi k/N} = X_{\mathrm{STFT}}(\mathrm{e}^{\mathrm{j}2\pi k/N},n) \\ &= \sum_{m=0}^{R-1} x[n-m]w[m]\mathrm{e}^{-\mathrm{j}2\pi km/N}, \quad 0 \leqslant k \leqslant N-1 \end{aligned} \tag{5.150}$$

由式(5.150)，假定 $w[m] \neq 0$，则 $X_{\mathrm{STFT}}[k, n]$ 就是 $x[n-m]w[m]$ 的 DFT。注意，$X_{\mathrm{STFT}}[k, n]$ 是一个二维序列并且是 k 的周期函数，且周期为 N。应用离散傅里叶逆变换，可得

$$x[n-m]w[m] = \frac{1}{N}\sum_{k=0}^{N-1} X_{\mathrm{STFT}}[k,n]\mathrm{e}^{\mathrm{j}2\pi km/N}, \qquad 0 \leqslant m \leqslant R-1 \tag{5.151}$$

换言之

$$x[n-m] = \frac{1}{Nw[m]}\sum_{k=0}^{N-1} X_{\mathrm{STFT}}[k,n]\mathrm{e}^{\mathrm{j}2\pi km/N}, \qquad 0 \leqslant m \leqslant R-1 \tag{5.152}$$

验证了只要频率样本数 N 大于或等于窗口长度 R，窗口内序列值可以完全从 $X_{\mathrm{STFT}}[k, n]$ 恢复。很明显，若 $X_{\mathrm{STFT}}(\mathrm{e}^{\mathrm{j}\omega}, n)$ 或 $X_{\mathrm{STFT}}[k, n]$ 也在时间维被抽样，在范围 $-\infty < n < \infty$，$x[n]$ 也能完全恢复。更精确地，若在式(5.152)中令 $n = n_o$，则可在间隔 $n_o \leqslant n \leqslant n_o + R - 1$ 内从 $X_{\mathrm{STFT}}[k, n_o]$ 恢复信号。同样，通过在式(5.152)中令 $n = n_o + R$，可在间隔 $n_o + R \leqslant n \leqslant n_o + 2R - 1$ 内从 $X_{\mathrm{STFT}}[k, n_o + R]$ 恢复信号，以此类推。

对一个定义在区域 $0 \leqslant m \leqslant R-1$ 的窗，抽样后的短时傅里叶变换为

$$X_{\mathrm{STFT}}[k,\ell L] = X_{\mathrm{STFT}}(\mathrm{e}^{\mathrm{j}2\pi k/N},\ell L) = \sum_{m=0}^{R-1} x[\ell L-m]w[m]\mathrm{e}^{-\mathrm{j}2\pi km/N} \tag{5.153}$$

式中，ℓ 和 k 是在 $-\infty < \ell < \infty$ 及 $0 \leqslant k \leqslant N-1$ 内的整数。图 5.20 显示了在(ω, n)平面上对应于 $X_{\mathrm{STFT}}(\mathrm{e}^{\mathrm{j}\omega}, n)$ 的线，以及当 $N=9$ 和 $L=4$ 时在(ω, n)平面上抽样点的栅格。正如我们已经看到的，若 $N \geqslant R \geqslant L$，则有可能从这样一个二维离散表示唯一地重构原信号。

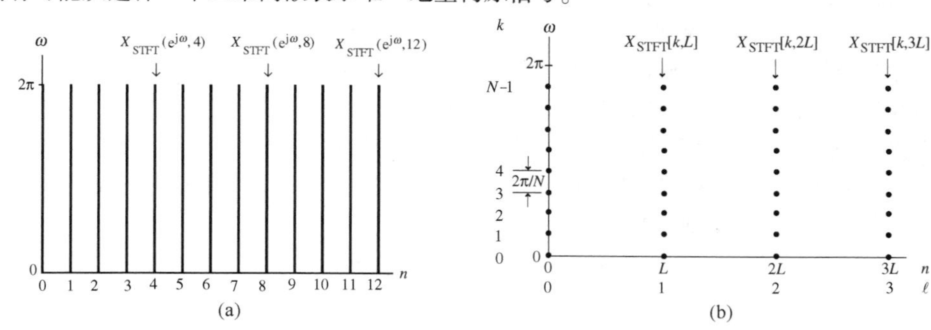

图 5.20　(a) $X_{\mathrm{STFT}}(\mathrm{e}^{\mathrm{j}\omega}, n)$ 在(ω, n)平面的谱线；(b) 当 $N=9$ 和 $L=4$ 时，$X_{\mathrm{STFT}}[k, \ell L]$ 在(ω, n)平面的抽样栅格

5.11.3　用 MATLAB 计算短时傅里叶变换

MATLAB 的**信号处理工具箱**中有一个函数 `specgram` 可用于计算信号的短时傅里叶变换。该函数有许多形式。

5.12 离散余弦变换

在前面曾指出，长度为 N 的实序列的 N 点 DFT $X[k]$ 是满足对称条件 $X[k]=X^*[\langle -k\rangle_N]$ 的复序列。若 N 是偶数，DFT 样本中仅 $X[0]$ 和 $X[N/2]$ 这两个样本是实数且互不相同。剩下的 $N-2$ 个 DFT 样本是复数，其中一半互不相同并与剩下的一半互为复共轭。另一方面，当 N 是奇数时，DFT 样本 $X[0]$ 为实数，剩下的 $N-1$ 个 DFT 样本都是复数，且这些样本中有一半互不相同并与剩下的一半互为复共轭。因此，离散时间序列基于 DFT 的频率表示存在着冗余。

用一个变换域的实序列 $\mathcal{X}[k]$ 表示时域实序列 $x[n]$ 的正交变换很有意义。已有多种这样的变换，每一种变换都有其某种吸引人的性质。我们仅研究两种这样的变换，一种是**离散余弦变换**，另一种是 **Haar 变换**。本节我们讨论前者，后者在 5.13 节中讨论。

5.12.1 定义

回忆 5.5.2 节可知，有限长实对称或反对称序列的 DFT 可以分为一个实数的振幅函数和一个线性相位项的乘积。对于给定长度的序列，由于相位项是已知的，振幅函数在变换域中唯一地描述了该时域序列。从 5.6 节我们也观察到，一个圆周偶序列的 DFT 是纯实数且没有相位项。

一类实正交变换是基于将任意有限长序列转换为几何对称或共轭对称有限长序列，然后从所产生的具有对称性的序列的 DFT 中提取实正交变换系数。

通过这种方法所建立的变换称为**离散余弦变换**(常简写为 DCT)和**离散正弦变换**(常简写为 DST)。这里，我们重点讨论离散余弦变换的推导。

正如 5.5.2 节中所指出的，根据对称或反对称点的位置，有 4 类几何对称有限长序列：(1)全样本对称(WS)；(2)全样本反对称(WA)；(3)半样本对称(HS)；(4)半样本反对称(HA)。为通过对某特定的有限长序列的周期延拓建立对称或反对称序列，上面的对称或反对称类型就可以应用到给定序列的每一端[Mar94]。这样，就有 16 种不同类型的周期延拓，其中 8 种是周期对称的，从而就有 8 种不同类型的 DCT，还有 8 种是周期反对称的，从而就有 8 种不同的 DST。本节仅考虑对称周期延拓。

为了描述周期延拓的过程，考虑一个长度为 4 的序列 $x[n]$，如图 5.21 所示。由序列 $\{x[n]\}$ 生成的 8 种周期延拓分别如图 5.22 和图 5.23 所示。注意图 5.22 中序列 $\tilde{x}_{\text{WSWS}}[n]$ 与 $\tilde{x}_{\text{WSWA}}[n]$ 的一个周期，以及图 5.23 中的 $\tilde{x}_{\text{WSHS}}[n]$ 与 $\tilde{x}_{\text{WSHA}}[n]$ 是圆周偶序列并表现出共轭对称性。另外，图 5.22 中序列 $\tilde{x}_{\text{HSHS}}[n]$ 的一个周期与图 5.23 中的 $\tilde{x}_{\text{HSWS}}[n]$ 是对称序列，而图 5.22 中的序列 $\tilde{x}_{\text{HSHA}}[n]$ 的一个周期与图 5.23 中的 $\tilde{x}_{\text{HSWA}}[n]$ 是反对称序列并表现出几何对称性。

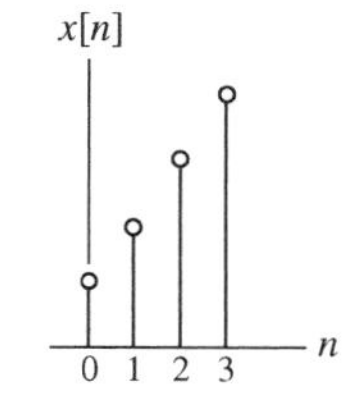

图 5.21 原长度为 4 的序列 $x[n]$

为了对上述每一个对称周期序列建立离散余弦变换的表达式，首先抽取一个周期。例如，要得到 **1 型离散余弦变换**，可通过对有限长序列 $x[n]$ 进行全样本对称延拓得到周期序列 $\tilde{x}_{\text{WSWS}}[n]$，然后抽取 $\tilde{x}_{\text{WSWS}}[n]$ 的一个周期 $y[n]$。这样，若

$$\{x[n]\}=\{\underset{\uparrow}{a},\quad b,\quad c,\quad d\}$$

则其全样本对称延拓是周期序列

$$\{\tilde{x}_{\text{WSWS}}[n]\}=\{\cdots b,\ a,\ b,\ c,\ d,\ c,\ b,\ \underset{\uparrow}{a},\ b,\ c,\ d,\ c,\ b,\ a,\ b,\ c,\ d,\cdots\}$$

从 $\tilde{x}_{\text{WSWS}}[n]$ 抽取的周期因此为

$$\{y[n]\}=\{\underset{\uparrow}{a},\quad b,\quad c,\quad d,\quad c,\quad b\}$$

同样，为了得到 **2 型离散余弦变换**，对有限长序列 $x[n]$ 进行半样本对称延拓得到周期序列 $\tilde{x}_{\text{HSHS}}[n]$，抽

取 $\tilde{x}_{\mathrm{HSHS}}[n]$ 的一个周期 $y[n]$。对上面给出的长度为4的序列 $x[n]$，半样本对称延拓是周期序列

$$\{\tilde{x}_{\mathrm{HSHS}}[n]\} = \{\cdots a,\ a,\ b,\ c,\ d,\ d,\ c,\ b,\ a,\ \underset{\uparrow}{a},\ b,\ c,\ d,\ d,\ c,\ b,\ a,\ a,\ b,\ c,\cdots\}$$

其抽取的周期为

$$\{y[n]\} = \{\underset{\uparrow}{a},\quad b,\quad c,\quad d,\quad d,\quad c,\quad b,\quad a\}$$

然后可由序列 $y[n]$ 的离散傅里叶变换来确定 $x[n]$ 的离散余弦变换。

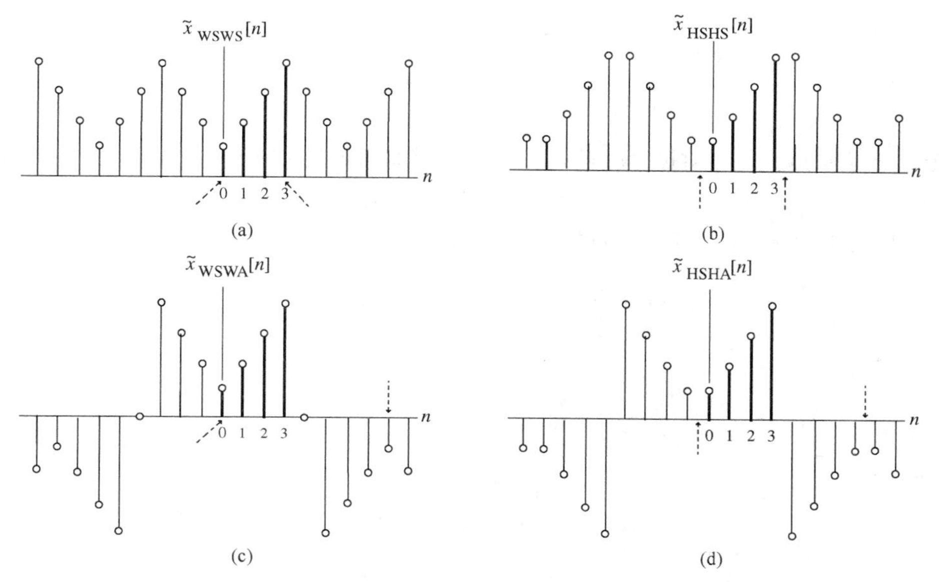

图5.22　图5.21中 $x[n]$ 的4种对称周期延拓：(a) $\tilde{x}_{\mathrm{WSWS}}[n]$（对于DCT-1）；(b) $\tilde{x}_{\mathrm{HSHS}}[n]$（对于DCT-2)；(c) $\tilde{x}_{\mathrm{WSWA}}[n]$（对于DCT-3）；(d) $\tilde{x}_{\mathrm{HSHA}}[n]$（对于DCT-4）。虚线箭头指向对称点

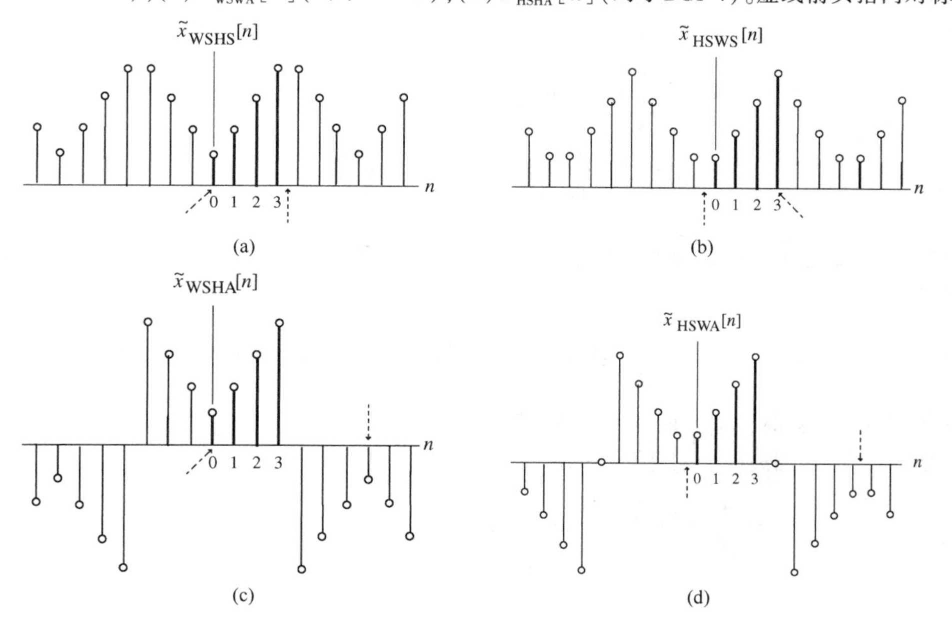

图5.23　图5.21中 $x[n]$ 的其他4种对称周期延拓：(a) $\tilde{x}_{\mathrm{WSHS}}[n]$（对于DCT-5)；(b) $\tilde{x}_{\mathrm{HSWS}}[n]$（对于DCT-6）；(c) $\tilde{x}_{\mathrm{WSHA}}[n]$（对于DCT-7）；(d) $\tilde{x}_{\mathrm{HSWA}}[n]$（对于DCT-8）。虚线箭头指向对称点

由于2型DCT有很好的能量压缩特性，并被用于许多图像和视频压缩的国际标准(如JPEG，MPEG和H.261)中，这里我们仅考虑此类DCT，也称为**偶对称离散余弦变换**[Ahm74]。

令$x[n]$是定义在$0\leqslant n\leqslant N-1$长度为$N$的序列。首先，通过补零，将序列$x[n]$扩展为长度为$2N$的序列：

$$x_e[n]=\begin{cases}x[n], & 0\leqslant n\leqslant N-1\\ 0, & N\leqslant n\leqslant 2N-1\end{cases}$$

接下来，按

$$\begin{aligned}y[n]&=x_e[n]+x_e[2N-1-n], \qquad 0\leqslant n\leqslant 2N-1\\ &=\begin{cases}x[n], & 0\leqslant n\leqslant N-1\\ x[2N-1-n], & N\leqslant n\leqslant 2N-1\end{cases}\end{aligned} \tag{5.154}$$

由$x_e[n]$形成长度为$2N$的2型对称序列$y[n]$。由式(5.154)可知生成的序列$y[n]$满足对称性质

$$y[n]=y[2N-1-n]$$

由式(5.13)，长度为$2N$的序列$y[n]$的$2N$点DFT $Y[k]$因此为

$$Y[k]=\sum_{n=0}^{2N-1}y[n]W_{2N}^{kn}, \qquad 0\leqslant k\leqslant 2N-1 \tag{5.155}$$

将式(5.155)重写为

$$\begin{aligned}Y[k]&=\sum_{n=0}^{N-1}y[n]W_{2N}^{kn}+\sum_{n=N}^{2N-1}y[n]W_{2N}^{kn}\\ &=\sum_{n=0}^{N-1}x[n]W_{2N}^{kn}+\sum_{n=N}^{2N-1}x[2N-1-n]W_{2N}^{kn}, \qquad 0\leqslant k\leqslant 2N-1\end{aligned} \tag{5.156}$$

通过变量代换，DFT $Y[k]$可以表示为

$$\begin{aligned}Y[k]&=\sum_{n=0}^{N-1}x[n]W_{2N}^{kn}+\sum_{n=0}^{N-1}x[n]W_{2N}^{-kn}W_{2N}^{k(2N-1)}\\ &=W_{2N}^{-k/2}\sum_{n=0}^{N-1}x[n]\left(W_{2N}^{kn}W_{2N}^{k/2}+W_{2N}^{-kn}W_{2N}^{-k/2}\right)\\ &=W_{2N}^{-k/2}\sum_{n=0}^{N-1}2\,x[n]\cos\left(\frac{\pi k(2n+1)}{2N}\right), \qquad 0\leqslant k\leqslant 2N-1\end{aligned} \tag{5.157}$$

由式(5.157)，通过提取$Y[k]$的前N个样本将其乘以$W_{2N}^{k/2}$，可得长为N的序列$x[n]$的2型N点**离散余弦变换(DCT)** $X_{\mathrm{DCT}}[k]$：

$$X_{\mathrm{DCT}}[k]=\sum_{n=0}^{N-1}2\,x[n]\cos\left(\frac{\pi k(2n+1)}{2N}\right), \qquad 0\leqslant k\leqslant N-1 \tag{5.158}$$

注意，当$x[n]$是实序列时，$X_{\mathrm{DCT}}[k]$的样本是实数。

N点DCT $X_{\mathrm{DCT}}[k]$的离散余弦逆变换(IDCT)为

$$x[n]=\frac{1}{N}\sum_{k=0}^{N-1}\alpha[k]\,X_{\mathrm{DCT}}[k]\cos\left(\frac{\pi k(2n+1)}{2N}\right), \qquad 0\leqslant n\leqslant N-1 \tag{5.159}$$

其中

$$\alpha[k]=\begin{cases}1/2, & k=0\\ 1, & 1\leqslant k\leqslant N-1\end{cases} \tag{5.160}$$

式(5.158)和式(5.159)组成了序列$x[n]$的离散余弦变换对，其中式(5.158)是分析式，而式(5.159)为

综合式。离散余弦变换对可以记为

$$x[n] \stackrel{\text{DCT}}{\longleftrightarrow} X_{\text{DCT}}[k] \tag{5.161}$$

可以证明

$$\frac{1}{N}\sum_{n=0}^{N-1}\cos\left(\frac{\pi k(2n+1)}{2N}\right)\cos\left(\frac{\pi m(2n+1)}{2N}\right)=\begin{cases}1, & k=m=0\\ 1/2, & k=m\neq 0\\ 0, & k\neq m\end{cases} \tag{5.162}$$

或换言之，基序列 $\cos\left(\frac{\pi k(2n+1)}{2N}\right)$ 相互正交。

为验证式(5.159)的序列 $x[n]$ 的确是 $X_{\text{DCT}}[k]$ 的 IDCT，将式(5.159)代入式(5.158)，得到

$$\begin{aligned}X_{\text{DCT}}[k] &= \frac{2}{N}\sum_{n=0}^{N-1}\left(\sum_{\ell=0}^{N-1}\alpha[\ell]X_{\text{DCT}}[\ell]\cos\left(\frac{\pi\ell(2n+1)}{2N}\right)\cos\left(\frac{\pi k(2n+1)}{2N}\right)\right)\\ &= 2\sum_{\ell=0}^{N-1}\alpha[\ell]X_{\text{DCT}}[\ell]\left(\frac{1}{N}\sum_{n=0}^{N-1}\cos\left(\frac{\pi\ell(2n+1)}{2N}\right)\cos\left(\frac{\pi k(2n+1)}{2N}\right)\right)\\ &\qquad 0\leqslant k\leqslant N-1\end{aligned} \tag{5.163}$$

在上式等号的右边利用式(5.162)中的恒等式，得到

$$\begin{aligned}X_{\text{DCT}}[k] &= \begin{cases}2\alpha[k]X_{\text{DCT}}[k], & k=0\\ \alpha[k]X_{\text{DCT}}[k], & 1\leqslant k\leqslant N-1\end{cases}\\ &= X_{\text{DCT}}[k], \qquad 0\leqslant k\leqslant N-1\end{aligned} \tag{5.164}$$

N 点 DCT 序列 $X_{\text{DCT}}[k]$ 的余弦逆变换也可以通过 DFT 计算。为此，首先按

$$Y[k]=\begin{cases}W_{2N}^{-k/2}X_{\text{DCT}}[k], & 0\leqslant k\leqslant N-1\\ 0, & k=N\\ -W_{2N}^{-k/2}X_{\text{DCT}}[2N-k], & N+1\leqslant k\leqslant 2N-1\end{cases} \tag{5.165}$$

形成一个 $2N$ 点 DFT 序列 $Y[k]$。接下来计算其长度为 $2N$ 的 IDFT $y[n]$，然后提取前 N 个样本。

由式(5.14)可知，$Y[k]$ 的 $2N$ 点 IDFT 序列 $y[n]$ 为

$$y[n]=\frac{1}{2N}\sum_{k=0}^{2N-1}Y[k]\,W_{2N}^{-kn}, \qquad 0\leqslant n\leqslant 2N-1 \tag{5.166}$$

将式(5.165)代入式(5.166)，可得

$$\begin{aligned}y[n] &= \frac{1}{2N}\sum_{k=0}^{N-1}X_{\text{DCT}}[k]\,W_{2N}^{-(n+\frac{1}{2})k}-\frac{1}{2N}\sum_{k=N+1}^{2N-1}X_{\text{DCT}}[2N-k]\,W_{2N}^{-(n+\frac{1}{2})k}\\ &= \frac{1}{2N}\sum_{k=0}^{N-1}X_{\text{DCT}}[k]\,W_{2N}^{-(n+\frac{1}{2})k}-\frac{1}{2N}\sum_{k=1}^{N-1}X_{\text{DCT}}[k]\,W_{2N}^{-(n+\frac{1}{2})(2N-k)}\\ &= \frac{1}{2N}\sum_{k=0}^{N-1}X_{\text{DCT}}[k]\,W_{2N}^{-(n+\frac{1}{2})k}+\frac{1}{2N}\sum_{k=1}^{N-1}X_{\text{DCT}}[k]\,W_{2N}^{(n+\frac{1}{2})k}\\ &= \frac{X_{\text{DCT}}[0]}{2N}+\frac{1}{N}\sum_{k=1}^{N-1}X_{\text{DCT}}[k]\cos\left(\frac{\pi k(2n+1)}{2N}\right), \qquad 0\leqslant n\leqslant 2N-1\end{aligned} \tag{5.167}$$

N 点 DCT $X_{\text{DCT}}[k]$ 的长度为 N 的 IDCT $x[n]$ 由 $y[n]$ 的前 N 个样本给出：

$$x[n]=y[n], \qquad 0\leqslant n\leqslant N-1$$

5.12.2　DCT 性质

DCT 有一系列性质，这些性质在某些应用中很有用。由于 DCT 和 DFT 有着紧密的关系，很多性质可很容易地从 DFT 的性质推出。本节将会给出几个重要性质。首先假设所有时域序列的长度为 N 并有 N

点 DCT。此外,为了简洁,用式(5.161)中引入的记号来描述这些性质,并用到如下 DCT 变换对:

$$g[n] \stackrel{\text{DCT}}{\longleftrightarrow} G_{\text{DCT}}[k]$$

$$h[n] \stackrel{\text{DCT}}{\longleftrightarrow} H_{\text{DCT}}[k]$$

线性

由两个序列 $g[n]$ 和 $h[n]$ 线性组合而成的序列 $x[n]=\alpha g[n]+\beta h[n]$(其中 α 和 β 为任意常数)的 DCT $X_{\text{DCT}}[k]$ 可由 $g[n]$ 和 $h[n]$ 各自的 DCT $G_{\text{DCT}}[k]$ 和 $H_{\text{DCT}}[k]$ 用同样的线性关系组合而成,即

$$\alpha g[n]+\beta h[n] \stackrel{\text{DCT}}{\longleftrightarrow} \alpha G_{\text{DCT}}[k]+\beta H_{\text{DCT}}[k] \tag{5.168}$$

该性质的证明很直接,因此将留做习题(参见习题 5.83)。

对称性

共轭序列 $g^*[n]$ 的 DCT 为 $G^*_{\text{DCT}}[k]$,即

$$g^*[n] \stackrel{\text{DCT}}{\longleftrightarrow} G^*_{\text{DCT}}[k] \tag{5.169}$$

该性质的证明也很直接,因此也留做习题(参见习题 5.83)。

能量保留性质

DCT 的能量保留性质类似于 DFT 的帕塞瓦尔关系。对 2 型 DCT 为

$$\sum_{n=0}^{N-1}|g[n]|^2=\frac{1}{2N}\sum_{k=0}^{N-1}\alpha[k]|G_{\text{DCT}}[k]|^2 \tag{5.170}$$

上面的结果可以通过式(5.159)的逆 DCT 表达式和式(5.169)的对称性验证,因此留做习题(参见习题 5.83)。

5.12.3 用 MATLAB 计算 DCT

前面是用长为 $2N$ 的偶对称序列 $y[n]$ 的 $2N$ 点 DFT $Y[k]$ 来计算 N 点 DCT。然而,MATLAB 遵循的是在下面介绍的另一种方法,可用类似的方法来计算 IDCT。

首先观察到在定义 DCT 时用到的基函数 $\psi[k,n]$,该函数可表示为

$$\psi[k,n]=\cos\left(\frac{\pi k(2n+1)}{2N}\right)=\text{Re}\left\{W_{2N}^{k(n+\frac{1}{2})}\right\}$$

因此,式(5.158)可以重写为

$$X_{\text{DCT}}[k]=2\,\text{Re}\left(W_{2N}^{k/2}\sum_{n=0}^{2N-1}x[n]\,W_{2N}^{nk}\right),\qquad 0\leqslant k\leqslant N-1 \tag{5.171}$$

上式表明长为 N 的序列 $x[n]$ 的 N 点 2 型 DCT 可以如下计算:

(a)通过补零将序列 $x[n]$ 延拓为长为 $2N$ 的序列 $x_e[n]$,并计算其 $2N$ 点 DFT 序列 $X_e[k]$。

(b)取序列 $X_e[k]$ 的前 N 个样本,且对每个样本乘以 $W_{2N}^{k/2}$。

(c)求上面的每个样本的实部并对每个都乘以 2。

MATLAB 中所用的 DCT 和 IDCT 定义是如下所示的归一化形式

$$X^{(n)}_{\text{DCT}}[k]=\sqrt{\frac{2}{N}}\beta[k]\sum_{n=0}^{N-1}x[n]\cos\left(\frac{\pi k(2n+1)}{2N}\right),\qquad 0\leqslant k\leqslant N-1 \tag{5.172}$$

$$x[n]=\sqrt{\frac{2}{N}}\sum_{k=0}^{N-1}\beta[k]X^{(n)}_{\text{DCT}}[k]\cos\left(\frac{\pi k(2n+1)}{2N}\right),\qquad 0\leqslant n\leqslant N-1 \tag{5.173}$$

其中

$$\beta[k]=\begin{cases}1/\sqrt{2}, & k=0\\ 1, & 1\leqslant k\leqslant N-1\end{cases} \tag{5.174}$$

式(5.172)和式(5.173)中用到的归一化因子使得基函数正交，并将式(5.170)的能量保留性质变成如下形式：

$$\sum_{n=0}^{N-1}|x[n]|^2=\sum_{k=0}^{N-1}|X_{\mathrm{DCT}}^{(n)}[k]|^2 \tag{5.175}$$

M 文件 `dct` 和 `idct` 可以用来计算序列的 2 型 DCT 及其逆，详见例 5.20 和例 5.21。

例 5.20　用 MATLAB 计算 DCT

程序 5_2.m

程序 5_2 经过修改后，可以计算式(5.32)给出的长度为 N 的序列的 M 点 DCT。修改后的程序中的核心代码段为

```
U = dct(u,M);
```

图 5.24 画出了当 $N=8$ 时，修改后的程序生成的 16 点 DCT。

例 5.21　用 MATLAB 计算 IDCT

程序 5_3.m

同样，程序 5_3 经过修改后，可以计算式(5.33)给出的 K 点 DCT 的 N 点 IDCT。改写后的程序中的核心代码段为

```
u = idct(U,N);
```

图 5.25 画出了当 $K=8$ 时，修改后的程序计算出的 13 点 IDCT。

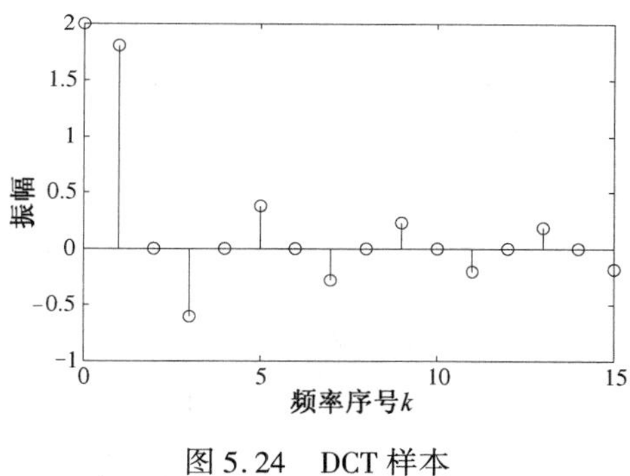

图 5.24　DCT 样本

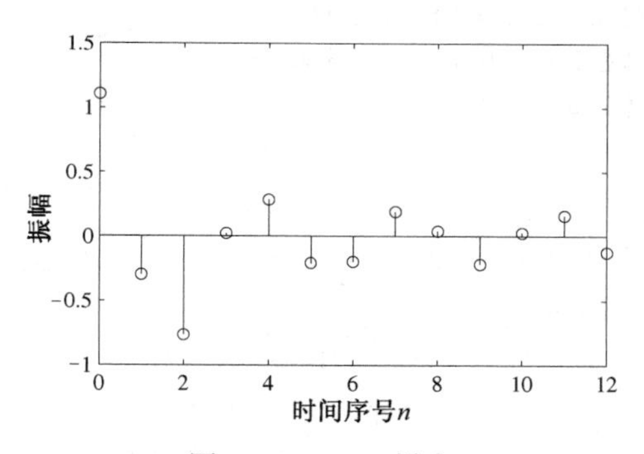

图 5.25　IDCT 样本

由 DCT 系数的归一化形式可以很容易地得到 DCT 系数的非归一化形式。为此，可使用如下的 MATLAB 代码段：

```
Cun(1) = 2*sqrt(N)*Cn(1);
Cun(2:N) = sqrt(2*N)*Cn(2:N);
```

其中，`Cun` 和 `Cn` 分别表示非归一化和归一化 DCT 系数向量。

5.13　Haar 变换

离散时间 Haar 变换通过对连续时间 **Haar 函数**抽样得到，而最初引入连续时间 Haar 函数是为了在范围 $0\le t\le 1$ 表示连续时间函数 $x_a(t)$[Haa10]。我们首先定义连续时间 Haar 函数，然后推导离散时间 Haar 变换，并讨论后者的一些性质。

Haar 函数集 $h_\ell(t)$ 包含有 N 个成员，其中 N 是 2 的正整数幂，即 $N=2^{\nu+1}$，其中 $\nu\ge 0$。在定义 Haar 函数时，整数下标 ℓ 可唯一表示为是两个非负整数变量 r 和 s 的函数：

$$\ell=2^r+s-1$$

可以证明对一个给定的 N 值，变量 r 和 s 的范围如下：当 $r\neq 0$ 时，$0\le r\le\nu$，$1\le s\le 2^r$；当 $r=0$ 时，$s=0$ 或 1。ℓ、r 和 s 之间的明确关系如例 5.22 所示。

例 5.22 定义 Haar 函数的参数之间的关系示例

考虑 $N=8$，它表明 $\nu=2$。此时，r 的范围为 $0\leqslant r\leqslant 2$。当 $r=1$ 时，s 的范围是 $1\leqslant s\leqslant 2$；当 $r=2$ 时，s 的范围是 $1\leqslant s\leqslant 4$。这样，ℓ、r 和 s 的关系如下所示：

ℓ	0	1	2	3	4	5	6	7
r	0	0	1	1	2	2	2	2
s	0	1	1	2	1	2	3	4

因而可以将 ℓ 用 r 和 s 的函数来表示，从而将 Haar 函数定义为

$$h_0(t)=h_{0,0}(t)=1,\qquad 0\leqslant t\leqslant 1 \tag{5.176}$$

$$h_\ell(t)=h_{r,s}(t)=\begin{cases}2^{r/2}, & \frac{s-1}{2^r}\leqslant t<\frac{s-0.5}{2^r}\\ -2^{r/2}, & \frac{s-0.5}{2^r}\leqslant t<\frac{s}{2^r}\\ 0, & 0\leqslant t\leqslant 1\end{cases} \tag{5.177}$$

5.13.1 定义

$N\times N$ 离散时间 Haar 变换矩阵 $\boldsymbol{H}_N$ 可以通过在 t 的离散值 $t=n/N$, $0\leqslant n\leqslant N-1$ 对 Haar 函数进行离散化得到。我们在例 5.23 首先推导 2×2 Haar 变换矩阵，然后证明使用递归方法如何从低阶 Haar 变换得到高阶 Haar 变换。

例 5.23 2×2 Haar 变换矩阵的推导

推导 2×2 Haar 变换矩阵 $\boldsymbol{H}_2$。

这里 $\nu=0$，且 $0\leqslant \ell\leqslant 1$。因此，$r=0$ 且 $0\leqslant s\leqslant 1$。ℓ，r 和 s 的关系如下：

ℓ	0	1
r	0	0
s	0	1

现在，连续时间 Haar 函数为

$$h_0(t)=h_{0,0}(t)=1,\qquad 0\leqslant t\leqslant 1$$

$$h_1(t)=h_{0,s}(t)=\begin{cases}1, & s-1\leqslant t<s-0.5\\ -1, & s-0.5\leqslant t<s\\ 0, & 0\leqslant t\leqslant 1\end{cases}$$

则 2×2 Haar 变换矩阵可以通过对上述 Haar 函数在 $t=n/2$ 进行抽样得到，$n=0, 1$，也就是在 $t=0$ 和 $t=0.5$ 这两点进行抽样。这会得到

$$h_{0,0}(0)=1,\qquad h_{0,0}(0.5)=1$$
$$h_{0,1}(0)=1,\qquad h_{0,1}(0.5)=-1$$

因此

$$\boldsymbol{H}_2=\begin{bmatrix}1 & 1\\ 1 & -1\end{bmatrix} \tag{5.178}$$

高阶 Haar 变换矩阵可以通过类似的方法获得。另一种更方便的方法可以用递归

$$\boldsymbol{H}_{2^{\nu+1}}=\begin{bmatrix}\boldsymbol{H}_{2^\nu}\otimes[1 \quad 1]\\ 2^{\nu/2}\boldsymbol{I}_{2^\nu}\otimes[1 \quad -1]\end{bmatrix},\ \nu\geqslant 1 \tag{5.179}$$

得到高阶 Haar 变换矩阵。其中⊗表示**克罗内克(Kronecker)积**(有些文献中称为**直积**，译者注)，$\boldsymbol{I}_K$ 是 $K\times K$ 阶单位矩阵①。例 5.24 说明了上述方法。

例 5.24 使用递归方法推导 4×4 Haar 变换矩阵

使用式(5.179)给出的递归方法推导 4×4 Haar 矩阵。此处 $\nu=1$，从而有

① 若 $\boldsymbol{A}$ 和 $\boldsymbol{B}$ 是两个任意的矩阵，其中矩阵 $\boldsymbol{A}$ 中的第 (r, s) 个元素为 $[a_{rs}]$，则 $\boldsymbol{A}\otimes\boldsymbol{B}=[a_{rs}\boldsymbol{B}]$。

$$
\begin{aligned}
\boldsymbol{H}_4 &= \begin{bmatrix} \boldsymbol{H}_2 \otimes [1 & 1] \\ \sqrt{2}\boldsymbol{I}_2 \otimes [1 & -1] \end{bmatrix} \\
&= \begin{bmatrix} 1 & 1 & 1 & 1 \\ 1 & 1 & -1 & -1 \\ \sqrt{2} & -\sqrt{2} & 0 & 0 \\ 0 & 0 & \sqrt{2} & -\sqrt{2} \end{bmatrix}
\end{aligned} \tag{5.180}
$$

长度为 N 的序列 $x[n]$ 的 N 点变换 $\boldsymbol{X}_{\text{Haar}}$ 为

$$\boldsymbol{X}_{\text{Haar}} = \boldsymbol{H}_N \cdot \boldsymbol{x} \tag{5.181}$$

其中

$$\boldsymbol{X}_{\text{Haar}} = [X_{\text{Haar}}[0]\ X_{\text{Haar}}[1]\ \cdots X_{\text{Haar}}[N-1]]^{\text{T}}$$

是 Haar 变换系数的向量，而

$$\boldsymbol{x} = [x[0]\ x[1]\ \cdots x[N-1]]^{\text{T}}$$

是时域样本的向量。因此，Haar 变换的基序列就由 Haar 变换矩阵 $\boldsymbol{H}_N$ 的行给出。

对于 DFT 和 DCT 矩阵，基向量和特定频率相关，特定频率定义为基向量的过零点的数目的函数。和频率类似的一个概念称为**列率**，通常与 Haar 变换矩阵的基本向量相关。它定义为行向量的过零点的数目。例如，当 Haar 变换矩阵 $\boldsymbol{H}_4$ 为式(5.180)中的 4×4 阶矩阵时，第一行的列率为 0，第二行的列率为 1，剩下两行的列率为 2。

一维 Haar 变换可以用 M 文件 `haar_1D` 来计算，该文件使用式(5.179)实现 Haar 矩阵 $\boldsymbol{H}_N$。

haar_1D. m

由式(5.181)可得 Haar 逆变换为

$$\boldsymbol{x} = \boldsymbol{H}_N^{-1} \boldsymbol{X}_{\text{Haar}} \tag{5.182}$$

通常，在实际中，我们使用 Haar 变换的归一化形式。这里，一个 2×2 归一化 Haar 变换矩阵为

$$\boldsymbol{H}_{2,n} = \begin{bmatrix} \frac{1}{\sqrt{2}} & \frac{1}{\sqrt{2}} \\ \frac{1}{\sqrt{2}} & -\frac{1}{\sqrt{2}} \end{bmatrix} \tag{5.183}$$

使用递归算法可以得到高阶 Haar 变换矩阵：

$$\boldsymbol{H}_{2^{\nu+1},n} = \begin{bmatrix} \boldsymbol{H}_{2^\nu,n} \otimes \begin{bmatrix} \frac{1}{\sqrt{2}} & \frac{1}{\sqrt{2}} \end{bmatrix} \\ \boldsymbol{I}_{2^\nu} \otimes \begin{bmatrix} \frac{1}{\sqrt{2}} & -\frac{1}{\sqrt{2}} \end{bmatrix} \end{bmatrix}, \quad \nu \geqslant 0 \tag{5.184}$$

5.13.2 Haar 变换的性质

同 DFT 和 DCT 一样，Haar 变换也满足一些有用的性质。下面给出其中的两个性质。

正交性质

Haar 变换矩阵是正交的，因此

$$\boldsymbol{H}_N^{-1} = \frac{1}{N}\boldsymbol{H}_N^t \tag{5.185}$$

当 $N=2$ 和 4 时，通过计算由式(5.178)给出的 $\boldsymbol{H}_2$ 的逆和由式(5.180)给出的 $\boldsymbol{H}_4$ 的逆，可以很容易地验证上面的结果。一般情况下式(5.185)的证明留做习题(参见习题 5.85)。由于正交性，式(5.179)的 Haar 逆变换的表达式可以简化为

$$\boldsymbol{x} = \frac{1}{N}\boldsymbol{H}_N^t\ \boldsymbol{X}_{\text{Haar}} \tag{5.186}$$

若把矩阵 $\boldsymbol{H}_N$ 中的第$(k,\ \ell)$个元素记为 $h_N(k,\ \ell)$，则式(5.186)可以重写为

$$x[n] = \frac{1}{N}\sum_{k=0}^{N-1} h_N(k,\ell) X_{\text{Haar}}[k], \qquad 0 \leqslant n \leqslant N-1 \tag{5.187}$$

能量守恒性质

和 DFT 的帕塞瓦尔关系类似，Haar 变换也存在类似的表达式，该式可用于在变换域计算总能量。由下式给出

$$\sum_{n=0}^{N-1}|x[n]|^2=\frac{1}{N}\sum_{k=0}^{N-1}|X_{\mathrm{Haar}}[k]|^2 \tag{5.188}$$

上面性质的证明留做习题(参见习题 5.85)。

5.14 能量压缩性质

在信号压缩应用中，我们通常期望使用具有高能量压缩性质的正交变换。在这些变换里，变换中具有大值的主要样本通常对应低频部分，而且包含序列的大部分能量。另一方面，具有非常小值的变换样本值通常对应于高频部分，可以置为零值。将变换样本中的高频部分的样本置为零，然后对修正后的变换样本进行逆变换，就可以得到原始时域序列的近似表示。

若变换序列中序号在范围$\mathcal{R}$的 L 个样本被置为零，其中 $L \ll N$，且若序列 $x^{(m)}[n]$表示修正后的变换的逆变换，则可以通过均方逼近误差

$$\mathcal{E}(L)=\frac{1}{N}\sum_{n=0}^{N-1}\left|x[n]-x^{(m)}[n]\right|^2$$

来度量由移除样本引起的能量压缩特性。现在，我们就可以研究本章所讨论的 DFT、DCT 和 Haar 这三种变换的能量压缩特性。

离散傅里叶变换

对于 N 点离散傅里叶变换，高频样本的序号在 $N/2$ 附近。因此，修改后的 DFT 为

$$X_{\mathrm{DFT}}^{(m)}[k]=\begin{cases}X_{\mathrm{DFT}}[k], & 0\leqslant k\leqslant \frac{N-1-L}{2},\\ 0, & \frac{N+1-L}{2}\leqslant k\leqslant \frac{N-1+L}{2},\\ X_{\mathrm{DFT}}[k], & \frac{N+1+L}{2}\leqslant k\leqslant N-1,\end{cases}\qquad 0\leqslant k\leqslant N-1 \tag{5.189}$$

当 N 为偶数时，DFT 序号 $N/2$ 对应于角频率 $\omega=\pi$。而且，对于实序列 $x[n]$的 N 点 DFT，除样本 $X[0]$和 $X[N/2]$外，其他所有的 DFT 样本值都是满足对称关系 $X[k]=X^*[N-k]$的复数。因此，当 $0\leqslant k\leqslant N/2$ 时 $(\frac{N}{2}+1)$ 个 DFT 样本在变换域中能有效地表示长为 N 的时域序列 $x[n]$。由于 DFT 样本 $X[k]$是复数，$1\leqslant k\leqslant(\frac{N}{2}-1)$，所以这些 DFT 样本的实部和虚部共含有 $N-2$ 个实数。因此，这些样本连同样本 $X[0]$和 $X[N/2]$一起就组成了 N 个实数，并完全表示长为 N 的时域实序列 $x[n]$。可通过计算 $X_{\mathrm{DFT}}^{(m)}[k]$ 的 IDFT 得到原时域序列 $x[n]$的近似表示 $X_{\mathrm{DFT}}^{(m)}[n]$：

$$x_{\mathrm{DFT}}^{(m)}[n]=\frac{1}{N}\sum_{k=0}^{N-1}X_{\mathrm{DFT}}^{(m)}[k]W^{-kn},\qquad 0\leqslant k\leqslant N-1 \tag{5.190}$$

对应的逼近误差为

$$\mathcal{E}_{\mathrm{DFT}}(L)=\frac{1}{N}\sum_{n=0}^{N-1}\left|x[n]-x_{\mathrm{DFT}}^{(m)}[n]\right|^2 \tag{5.191}$$

离散余弦变换

此时，高频率样本具有高序号，因而通过将高序号的 L 个样本置为零，可得修改后的 DCT 为

$$X_{\mathrm{DCT}}^{(m)}[k]=\begin{cases}X_{\mathrm{DCT}}[k], & 0\leqslant k\leqslant N-1-L\\ 0, & N-L\leqslant k\leqslant N-1\end{cases} \tag{5.192}$$

时域序列 $x[n]$ 对应的逼近表示 $X_{\mathrm{DCT}}^{(m)}[n]$ 可由 $X_{\mathrm{DCT}}^{(m)}[k]$ 的逆 DCT 给出：

$$x_{\mathrm{DCT}}^{(m)}[n]=\frac{1}{N}\sum_{k=0}^{N-1-L}\alpha[k]X_{\mathrm{DCT}}^{(m)}[k]\cos\left(\frac{\pi k(2n+1)}{2N}\right),\qquad 0\leqslant n\leqslant N-1 \tag{5.193}$$

对应的逼近误差为

$$\mathcal{E}_{\mathrm{DCT}}(L)=\frac{1}{N}\sum_{n=0}^{N-1}\left|x[n]-x_{\mathrm{DCT}}^{(m)}[n]\right|^2 \tag{5.194}$$

离散 Haar 变换

这里，具有高序号的变换样本与高频数字相关联。因此，将具有高序号的 L 个样本置为零，可得修改后的 Haar 变换为

$$X_{\mathrm{Haar}}^{(m)}[k]=\begin{cases}X_{\mathrm{Haar}}[k], & 0\leqslant k\leqslant N-1-L\\ 0, & N-L\leqslant k\leqslant N-1\end{cases} \tag{5.195}$$

由式(5.187)可得与时域序列 $x[n]$ 对应的近似表示 $x_{\mathrm{Haar}}^{(m)}[n]$ 为

$$x_{\mathrm{Haar}}^{(m)}[n]=\frac{1}{N}\sum_{k=0}^{N-1-L}h(k,n)X_{\mathrm{Haar}}[k],\qquad 0\leqslant n\leqslant N-1 \tag{5.196}$$

得到近似误差

$$\mathcal{E}_{\mathrm{Haar}}(L)=\frac{1}{N}\sum_{n=0}^{N-1}\left|x[n]-x_{\mathrm{Haar}}^{(m)}[n]\right|^2 \tag{5.197}$$

5.14.1 比较

我们通过将均方近似误差作为对一个典型信号每个变换中高频变换系数设为零的数目 L 的函数，并计算该误差，来比较离散傅里叶变换、离散余弦变换和离散 Haar 变换这三种变换之间的能量压缩特性，如例 5.25 所示。

例 5.25 DFT，DCT 和 Haar 变换的能量压缩特性的比较

一维待压缩信号是图 1.19(a)所示的大小为 512 × 512 的图像“Goldhill”的第 200 行。在 MATLAB 中用式(5.191)、式(5.194)和式(5.197)分别计算出相应的均方误差，结果如图 5.26 所示。从图中可以看出，DCT 变换和 Haar 变换的压缩特性均好于 DFT。所以实际中用到的大多数的信号压缩方法或基于 DCT 的量化或基于 Haar 变换系数。

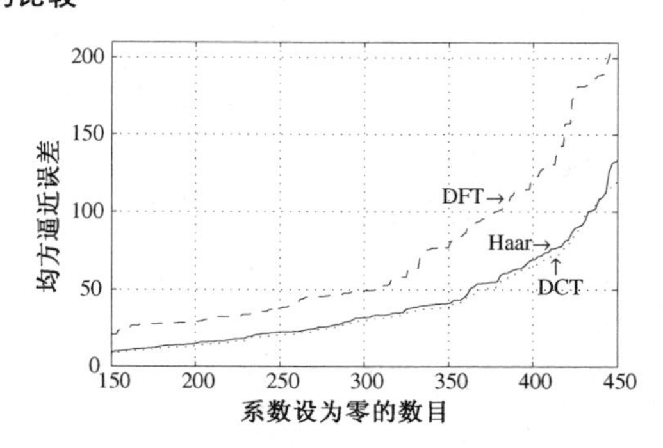

图 5.26 能量压缩效率比较

5.15 小结

本章介绍并研究了有限长离散时间序列的三种不同有限长正交变换。在每一种变换中，变换序列系数的长度和时间离散序列的长度是相等的。每一种变换都包含一对表达式：分析式和综合式。分析式用来将时域表示转换为变换域表示，综合式则与之相反。

这里讨论的第一个正交变换是离散傅里叶变换(DFT)，该变换就是离散时间序列的傅里叶变换在等间隔频率点 $\omega=2\pi k/N$ 的样本，其中 N 是序列的长度且 $0\leqslant k\leqslant N-1$。无论时域序列是实数还是复数，其 DFT 序列通常都是复数。DFT 广泛应用于大量数字信号处理应用中，其中有些应用将在本书后面讨论。

本章还讨论了两个有限长正交变换，即离散余弦变换(DCT)和 Haar 变换。对于离散时间实序列，这两种变换的样本均是实数。这两种变换通常用于信号压缩应用中。

在某些应用中，一个非常长的时域序列往往被分成一组较短的时域序列，然后把有限长变换应用于每个较短的序列。变换后的序列在变换域中处理，再通过应用逆变换可得到它们的时域等效。处理后的较短序列适当组合在一起就可形成最终的长序列。

5.16 习题

5.1 周期为 N 的两个周期序列 $\tilde{x}[n]$ 和 $\tilde{h}[n]$ 的**周期卷积**定义为

$$\tilde{y}[n]=\sum_{r=0}^{N-1}\tilde{x}[r]\tilde{h}[n-r] \tag{5.198}$$

证明 $\tilde{y}[n]$ 也是周期为 N 的周期序列。

5.2 求对下面给出的一对周期为 6 的周期序列进行周期卷积得到的周期序列 $\tilde{y}[n]$：

(a) $\tilde{x}[n]=\{4,-3,2,0,1,1\}$，$\tilde{h}[n]=\{-1,2,0,1,0,2\}$，$0\leqslant n\leqslant 5$

(b) $\tilde{x}[n]=\{6,9,-4,1,2,3\}$，$\tilde{h}[n]=\{1,-2,3,-4,0,1\}$，$0\leqslant n\leqslant 5$

5.3 设 $\tilde{x}[n]$ 是一个周期为 N 的周期序列，即 $\tilde{x}[n]=\tilde{x}[n+\ell N]$，其中 ℓ 是任意整数。序列 $\tilde{x}[n]$ 可用周期复指数序列 $\tilde{\psi}_k[n]=e^{j2\pi kn/N}$ 的加权和给出傅里叶级数的表示。证明：与周期连续时间信号的傅里叶级数表示不同，周期离散时间序列的傅里叶级数表示只需要 N 个周期复指数序列 $\tilde{\psi}_k[n]$，$k=0,1,\cdots,N-1$，并形如

$$\tilde{x}[n]=\frac{1}{N}\sum_{k=0}^{N-1}\tilde{X}[k]e^{j2\pi kn/N} \tag{5.199a}$$

其中傅里叶系数 $\tilde{X}[k]$ 为

$$\tilde{X}[k]=\sum_{n=0}^{N-1}\tilde{x}[n]e^{-j2\pi kn/N} \tag{5.199b}$$

证明 $\tilde{X}[k]$ 也是 k 的周期序列，周期为 N。式(5.199a)和式(5.199b)这组式子表示**离散傅里叶级数**对。

5.4 求如下周期序列的离散傅里叶级数系数，该级数由式(5.199b)定义

(a) $\tilde{x}_1[n]=\cos(3\pi n/4)\cos(\pi n/4)$，(b) $\tilde{x}_2[n]=\cos(\pi n/4)+3\sin^2(\pi n/4)$

5.5 用式(5.199a)和式(5.199b)证明周期冲激串 $\tilde{p}[n]=\sum_{r=-\infty}^{\infty}\delta[n+rN]$ 可以用 $\tilde{p}[n]=\frac{1}{N}\sum_{\ell=0}^{N-1}e^{j2\pi\ell n/N}$ 的形式来表示。

5.6 设 $x[n]$ 是离散时间傅里叶变换为 $X(e^{j\omega})$ 的非周期序列。定义

$$\tilde{X}[k]=X(e^{j\omega})\Big|_{\omega=2\pi k/N}=X(e^{j2\pi k/N}),\qquad -\infty<k<\infty$$

证明 $\tilde{X}[k]$ 是 k 的周期序列，且周期为 N。设 $\tilde{X}[k]$ 是周期序列 $\tilde{x}[n]$ 的离散傅里叶级数系数，该级数在式(5.199b)定义。用式(5.199a)和式(5.199b)证明

$$\tilde{x}[n]=\sum_{r=-\infty}^{\infty}x[n+rN]$$

5.7 设 $\tilde{x}[n]$ 和 $\tilde{y}[n]$ 是两个周期为 N 的周期序列。式(5.199b)定义的离散傅里叶级数的系数分别表示为 $\tilde{X}[k]$ 和 $\tilde{Y}[k]$。

(a)设 $\tilde{g}[n]=\tilde{x}[n]\tilde{y}[n]$ 且 $\tilde{g}[k]$ 表示它的离散傅里叶级数的系数。用式(5.199a)和式(5.199b)证明 $\tilde{g}[k]$ 可以用 $\tilde{X}[k]$ 和 $\tilde{Y}[k]$ 表示为

$$\tilde{G}[k]=\frac{1}{N}\sum_{\ell=0}^{N-1}\tilde{X}[\ell]\tilde{Y}[k-\ell] \tag{5.200}$$

(b)设 $\tilde{H}[k]=\tilde{X}[k]\tilde{Y}[k]$ 表示周期序列 $\tilde{h}[n]$ 的离散傅里叶级数的系数。用式(5.199a)和式(5.199b)证明 $\tilde{h}[n]$ 可以用 $\tilde{x}[n]$ 和 $\tilde{y}[n]$ 表示为

$$\tilde{h}[n] = \sum_{r=0}^{N-1} \tilde{x}[r]\tilde{y}[n-r] \tag{5.201}$$

5.8 求定义在区间 $0 \leq n \leq N-1$ 上的长度为 N 的如下序列的 N 点 DFT：

(a) $x_a[n] = \cos(2\pi n/N)$ (b) $x_b[n] = \sin^2(2\pi n/N)$ (c) $x_c[n] = \sin^3(2\pi n/N)$

5.9 求定义在区间 $0 \leq n \leq N-1$ 上的长度为 N 的如下序列的 N 点 DFT：

(a) $y_a[n] = \alpha^n$ (b) $y_b[n] = \begin{cases} 4, & n \text{ 为偶数} \\ -2, & n \text{ 为奇数} \end{cases}$

5.10 求定义在区间 $0 \leq n \leq N-1$ 上的长度为 N 的序列 $x[n] = \sin(\omega_o n)$ 的 N 点离散傅里叶变换 $X[k]$，其中 $\omega_o \neq 2\pi r/N$，$0 < r < N-1$。

5.11 设 $x[n]$ 是一个长度为 N 的序列，$X[k]$ 表示其 N 点 DFT。将 DFT 运算表示成 $X[k] = \mathcal{F}\{x[n]\}$，求对序列 $x[n]$ 进行 4 次 DFT 运算后得到的 $y[n]$，即

$$y[n] = \mathcal{F}\{\mathcal{F}\{\mathcal{F}\{\mathcal{F}\{x[n]\}\}\}\}$$

5.12 考虑长为 N 的序列 $x[n]$，$0 \leq n \leq N-1$，N 是偶数。定义两个长度为 $\frac{N}{2}$ 的子序列：$g[n] = x[2n]$ 和 $h[n] = x[2n+1]$，$0 \leq n \leq \frac{N}{2}$。设 $X[k]$ 表示序列 $x[n]$ 的 N 点 DFT，$0 \leq k \leq N-1$，$G[k]$ 和 $H[k]$ 表示序列 $g[n]$ 和 $h[n]$ 的 $\frac{N}{2}$ 点 DFT，$0 \leq k \leq \frac{N}{2} - 1$。用 $G[k]$ 和 $H[k]$ 表示 $X[k]$。

5.13 考虑长为 N 的序列 $x[n]$，$0 \leq n \leq N-1$，N 是偶数。定义两个长度为 $\frac{N}{2}$ 的序列：

$$g[n] = \left(x[n] + x[\tfrac{N}{2} + n]\right), \qquad h[n] = \left(x[n] - x[\tfrac{N}{2} + n]\right) W_N^n, \qquad 0 \leq n \leq \tfrac{N}{2} - 1$$

若 $G[k]$ 和 $H[k]$ 分别表示序列 $g[n]$ 和 $h[n]$ 的 $\frac{N}{2}$ 点 DFT，$0 \leq k \leq \frac{N}{2} - 1$，由这两个 $\frac{N}{2}$ 点 DFT 求序列 $x[n]$ 的 N 点 DFT $X[k]$，$0 \leq k \leq N-1$。

5.14 设 $X[k]$ 表示长为 N 的序列 $x[n]$ 的 N 点 DFT，N 是偶数。定义两个长度为 $\frac{N}{2}$ 的序列为

$$g[n] = \tfrac{1}{2}(x[2n] + x[2n+1]), \quad h[n] = \tfrac{1}{2}(x[2n] - x[2n+1]), \quad 0 \leq n \leq \tfrac{N}{2} - 1$$

若 $G[k]$ 和 $H[k]$ 分别表示序列 $g[n]$ 和 $h[n]$ 的 $\frac{N}{2}$ 点 DFT，$0 \leq k \leq \frac{N}{2} - 1$，由这两个 $\frac{N}{2}$ 点 DFT 求序列 $x[n]$ 的 N 点 DFT $X[k]$。

5.15 令 $X[k]$ 表示长度为 N 的序列 $x[n]$ 的 N 点 DFT，$0 \leq k \leq N-1$，其中 N 为偶数。定义两个长度为 $\frac{N}{2}$ 的序列为

$$g[n] = a_1 x[2n] + a_2 x[2n+1], \quad h[n] = a_3 x[2n] + a_4 x[2n+1], \quad 0 \leq n \leq \tfrac{N}{2} - 1$$

其中 $a_1 a_4 \neq a_2 a_3$。若 $G[k]$ 和 $H[k]$ 分别表示 $g[n]$ 和 $h[n]$ 的 $\frac{N}{2}$ 点 DFT，$0 \leq k \leq \frac{N}{2} - 1$，由这两个 $\frac{N}{2}$ 点 DFT 求出 N 点离散傅里叶变换 $X[k]$。

5.16 设 $x[n]$ 是长度为 N 的序列，$0 \leq n \leq N-1$，其 N 点 DFT 为 $X[k]$，$0 \leq k \leq N-1$。用 $X[k]$ 表示如下长度为 $2N$ 的序列的 $2N$ 点 DFT：

(a) $g[n] = \begin{cases} x[n], & 0 \leq n \leq N-1 \\ 0, & N \leq n \leq 2N-1 \end{cases}$ (b) $h[n] = \begin{cases} 0, & 0 \leq n \leq N-1 \\ x[n-N], & N \leq n \leq 2N-1 \end{cases}$

5.17 设 $G[k]$ 和 $H[k]$ 分别表示习题 5.16 中的长度为 $2N$ 的序列 $g[n]$ 和 $h[n]$ 的 $2N$ 点 DFT，$0 \leq k \leq 2N-1$。定义 $Y[k]$ 为长度为 $2N$ 的新序列 $y[n] = g[n] + h[n]$ 的 $2N$ 点 DFT，$0 \leq k \leq 2N-1$。建立 $Y[k]$、$G[k]$、$H[k]$ 和 $X[k]$ 之间的关系。

5.18 设 $Y[k]$ 表示将长度为 N 的序列 $x[n]$ 填充 $(M-1)N$ 个零后的 MN 点 DFT。证明 N 点 DFT $X[k]$ 可以从 $Y[k]$ 得到：

$$X[k]=Y[kM],\qquad 0\leqslant k\leqslant N-1$$

5.19 设序列 $x[n]$ 是一个长度为 N 的序列，$0\leqslant n\leqslant N-1$，其 N 点 DFT 为 $X[k]$，$0\leqslant k\leqslant N-1$。假设 N 是奇数。令 $R=LN$，其中 L 是正整数。定义 R 点 DFT 序列 $Y[k]$，$0\leqslant k\leqslant R-1$ 为

$$Y[k]=\begin{cases}LX[k], & 0\leqslant k\leqslant \frac{N-1}{2}\\ LX[k-R+N], & R-\frac{N-1}{2}\leqslant k\leqslant R-1\\ 0, & \text{其他}\end{cases}$$

将 $Y[k]$ 的长度为 R 的 IDFT 序列 $y[n]$ 表示成 $x[n]$ 的函数，$0\leqslant n\leqslant R-1$。

5.20 (a)考虑长度为 N 的序列 $x[n]$，$0\leqslant n\leqslant N-1$，其 N 点 DFT 为 $X[k]$，$0\leqslant k\leqslant N-1$。定义长度为 LN 的序列 $y[n]$，$0\leqslant n\leqslant NL-1$ 为

$$y[n]=\begin{cases}x[n/L], & n=0,L,2L,\cdots,(N-1)L\\ 0, & \text{其他}\end{cases}\tag{5.202}$$

其中 L 是正整数。用 $X[k]$ 表示 $y[n]$ 的 NL 点 DFT $Y[k]$。

(b)长度为 5 的序列 $x[n]$ 的 5 点 DFT 记为 $X[k]$，如图 P5.1 所示。画出用式(5.202)生成的长度为20 的序列 $y[n]$ 的 20 点 DFT 序列 $Y[k]$。

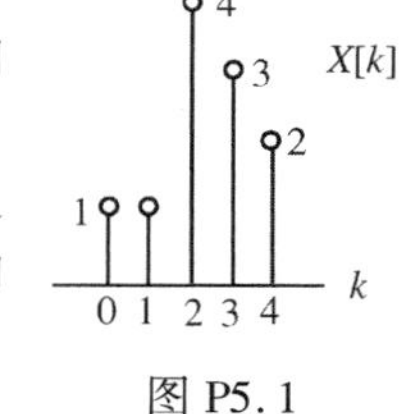

图 P5.1

5.21 证明长度为 N 的序列 $\{x[n]\}$ 的 N 点 DFT $\{X[k]\}$ 可以如下计算[Gol69b]：(1)通过对 $x[n]$ 乘以 $W_N^{-n^2/2}$ 生成长度为 N 的序列 $g[n]$，(2)计算序列 $y[n]=W_N^{n^2/2}$ 和 $g[n]$ 对时滞 k 的相关 $r_{yg}[k]$，(3)对 $r_{yg}[k]$ 乘以 $W_N^{-k^2/2}$ 来得到 $X[k]$。

5.22 设 $x[n]$ 是长为 N 的序列，$0\leqslant n\leqslant N-1$，而 $X[k]$ 表示其 N 点 DFT，$0\leqslant k\leqslant N-1$，定义长度为 $3N$ 的序列 $y[n]$ 为

$$y[n]=\begin{cases}x[n], & 0\leqslant n\leqslant N-1\\ 0, & N\leqslant n\leqslant 3N-1\end{cases}$$

其中 $Y[k]$，$0\leqslant k\leqslant 3N-1$ 表示其 $3N$ 点 DFT。设 $W[\ell]=Y[3\ell+2]$，$0\leqslant \ell\leqslant N-1$，其中 $w[n]$ 表示其 N IDFT，$0\leqslant n\leqslant N-1$。用 $x[n]$ 表示 $w[n]$。

5.23 考虑形如

$$X(e^{j\omega})=\frac{P(e^{j\omega})}{D(e^{j\omega})}=\frac{p_0+p_1e^{-j\omega}+\cdots+p_{M-1}e^{-j\omega(M-1)}}{d_0+d_1e^{-j\omega}+\cdots+d_{N-1}e^{-j\omega(N-1)}}$$

的实系数的有理离散时间傅里叶变换 $X(e^{j\omega})$，设 $P[k]$ 表示分子系数 $\{p_i\}$ 的 M 点 DFT，而 $D[k]$ 表示分母系数 $\{d_i\}$ 的 N 点 DFT。当 $M=N=4$ 时，如果其分子和分母系数的 4 点 DFT 为

$$P[k]=\{3.5,\ -0.5-j9.5,\ 2.5,\ -0.5+j9.5\},\qquad D[k]=\{17,\ 7.4+j12,\ 17.8,\ 7.4-j12\}$$

确定 DTFT $X(e^{j\omega})$ 的精确表达式，并用 MATLAB 验证你的结果。

5.24 若分子和分母系数的 4 点 DFT 为

$$P[k]=\{-9,\ -4-j9,\ -3,\ -4+j9\},\qquad D[k]=\{6,\ 3+j7,\ -4,\ 3-j7\}$$

重做习题 5.23。

5.25 设 $X(e^{j\omega})$ 表示长度为 9 的序列 $x[n]=\{1,\ -3,\ 4,\ -5,\ 7,\ -5,\ 4,\ -3,\ 1\}$ 的 DTFT。

(a)以均匀间隔 $\pi/6$ 从 $\omega=0$ 开始对 $X(e^{j\omega})$ 进行抽样，得到 DFT 序列 $X_1[k]$，不计算 $X(e^{j\omega})$ 和 $X_1[k]$，求出 $X_1[k]$ 的 IDFT 序列 $x_1[n]$。从 $x_1[n]$ 中可以恢复出 $x[n]$ 吗？

(b)以均匀间隔 $\pi/4$ 从 $\omega=0$ 开始对 $X(e^{j\omega})$ 进行抽样，得到 DFT 序列 $X_2[k]$，不计算 $X(e^{j\omega})$ 和 $X_2[k]$，求出 $X_2[k]$ 的 IDFT 序列 $x_2[n]$。从 $x_2[n]$ 中可以恢复出 $x[n]$ 吗？

5.26 考虑长度为 7 的序列 $\{x[n]\}=\{3,\ -5,\ 1,\ 2,\ 7,\ -4,\ -2\}$，$X(e^{j\omega})$ 表示其 DTFT。

(a)设 $Y[k]$ 表示通过在 $\omega=0,\ \frac{\pi}{2},\ \pi,\ \frac{3\pi}{2}$ 计算 $X(e^{j\omega})$ 得到的 4 点 DFT。不求 $Y[k]$ 及其逆，求 $Y[k]$ 的 4 点逆 DFT $y[n]$。

(b)设 $V[k]$ 表示通过在 $\omega=0,\ \frac{2\pi}{5},\ \frac{4\pi}{5},\ \frac{6\pi}{5},\ \frac{8\pi}{5}$ 计算 $X(e^{j\omega})$ 得到的 5 点 DFT。不求 $V[k]$ 及其逆，求 $V[k]$ 的5 点逆 DFT $v[n]$。

5.27　设 $x[n]$ 和 $h[n]$ 是定义在区间 $0 \leqslant n \leqslant 50$ 上的两个长度为 51 的序列。已知 $0 \leqslant n \leqslant 16$ 和 $37 \leqslant n \leqslant 50$ 时 $h[n]=0$。$u[n]$ 表示这两个序列的 51 点圆周卷积，$y[n]$ 表示它们的线性卷积。求 $y[n]=u[n]$ 的 n 的范围。

5.28　(a) 设 $g[n]$ 和 $h[n]$ 是长度为 6 的两个有限长序列。若 $y_L[n]$ 和 $y_C[n]$ 分别表示 $g[n]$ 和 $h[n]$ 的 6 点圆周卷积，推导用 $y_L[n]$ 求 $y_C[n]$ 的方法。

(b) 考虑两个长度为 6 的序列，$\{g[n]\}=\{3,\ -5,\ 2,\ 6,\ -1,\ 4\}$ 和 $\{h[n]\}=\{-2,\ 4,\ 7,\ -5,\ 4,\ 3\}$。求用 $g[n]$ 和 $h[n]$ 的线性卷积得到的 $y_L[n]$。用 (a) 中得到的方法，从 $y_L[n]$ 求 $g[n]$ 和 $h[n]$ 的圆周卷积所得序列 $y_C[n]$。用 MATLAB 验证你的结果。

5.29　设 $\{y[n]\}$ 表示两个长度为 6 的序列

$$\{x[n]\}=\{-3,\ 0,\ 7,\ 4,\ -5,\ 8\},\quad \{h[n]\}=\{7,\ -2,\ 4,\ -5,\ 0,\ 6\}$$

的 6 点圆周卷积。不进行圆周卷积运算，求样本值 $y[3]$。

5.30　证明圆周卷积满足交换律。

5.31　证明圆周卷积满足结合律。

5.32　设 $\{x[n]\}=\{-3,\ 2,\ -1,\ 4\}$ 和 $\{h[n]\}=\{1,\ 3,\ 2,\ -2\}$ 是定义在 $0 \leqslant n \leqslant 3$ 的两个长度为 4 的序列。用列表法求 $y[n]=x[n]④h[n]$。

5.33　对 $\{x[n]\}=\{2,\ 4,\ 3,\ 5\}$ 和 $\{h[n]\}=\{4,\ -2,\ 3,\ -6\}$ 重做习题 5.32。

5.34　设 $x[n]$ 是长度为 N 的序列，$0 \leqslant n \leqslant N-1$，其 N 点 DFT 为 $X[k]$，$0 \leqslant k \leqslant N-1$。

(a) 若 $x[n]$ 是满足条件 $x[n]=x[\langle N-1-n\rangle_N]$ 的一个对称序列，证明当 N 为偶数时有 $X[N/2]=0$。

(b) 若 $x[n]$ 是满足条件 $x[n]=-x[\langle N-1-n\rangle_N]$ 的一个反对称序列，证明 $X[0]=0$。

(c) 若 $x[n]$ 是一个满足条件 $x[n]=-x[\langle n+M\rangle_N]$ 的序列，其中 $N=2M$，证明当 $\ell=0,\ 1,\ \cdots,\ M-1$ 时有 $X[2\ell]=0$。

5.35　考虑两个长度为 N 的实对称序列 $x[n]$ 和 $y[n]$，$0 \leqslant n \leqslant N-1$，其中 N 是偶数。定义长度为 $\dfrac{N}{2}$ 的序列：

$$x_0[n]=x[2n+1]+x[2n],\quad x_1[n]=x[2n+1]-x[2n]$$
$$y_0[n]=y[2n+1]+y[2n],\quad y_1[n]=y[2n+1]-y[2n]$$

其中 $0 \leqslant n \leqslant \dfrac{N}{2}-1$。容易证明 $x_0[n]$ 和 $y_0[n]$ 是长度为 $\dfrac{N}{2}$ 的实对称序列。同样，序列 $x_1[n]$ 和 $y_1[n]$ 是反对称实序列。记 $x_0[n]$、$x_1[n]$、$y_0[n]$ 和 $y_1[n]$ 的 $\dfrac{N}{2}$ 点 DFT 分别为 $X_0[k]$、$X_1[k]$、$Y_0[k]$ 和 $Y_1[k]$。定义一个长度为 $\dfrac{N}{2}$ 的序列 $u[n]$：

$$u[n]=x_0[n]+y_1[n]+\mathrm{j}\,(x_1[n]+y_0[n])$$

用 $u[n]$ 的 $\dfrac{N}{2}$ 点 DFT 序列 $U[k]$ 求出 $X_0[k]$、$X_1[k]$、$Y_0[k]$ 和 $Y_1[k]$。

5.36　设 $x[n]$ 是偶数长的序列，$0 \leqslant n \leqslant N-1$，其 N 点 DFT 记为 $X[k]$，$0 \leqslant k \leqslant N-1$。若当 $0 \leqslant m \leqslant \dfrac{N}{2}-1$ 时有 $X[2m]=0$，证明 $x[n]=-x\left[\langle n+\dfrac{N}{2}\rangle_N\right]$。

5.37　设 $x[n]$ 是长度为 N 的序列，$0 \leqslant n \leqslant N-1$，其 N 点 DFT 为 $X[k]$，$0 \leqslant k \leqslant N-1$。

(a) 若 N 是偶数且对所有 n 有 $x[n]=-x\left[\langle n+\dfrac{N}{2}\rangle_N\right]$，证明当 k 为偶数时 $X[k]=0$。

(b) 若 N 是 4 的整数倍且对所有 n 有 $x[n]=-x\left[\langle n+\dfrac{N}{4}\rangle_N\right]$，证明当 $k=4\ell$ 时 $X[k]=0$，$0 \leqslant \ell \leqslant \dfrac{N}{4}-1$。

5.38　设 $x[n]$ 是定义 $0 \leqslant n \leqslant N-1$ 长度为 N 的复值序列，$X[k]$ 表示其 N 点 DFT，并定义在 $0 \leqslant k \leqslant N-1$。设 $x_{re}^{ev}[n]$ 和 $x_{re}^{od}[n]$ 分别表示 $x[n]$ 的实部的圆周偶部和奇部，$x_{im}^{ev}[n]$ 和 $x_{im}^{od}[n]$ 分别表示 $x[n]$ 的虚部的圆

周偶部和奇部，即

$$x[n]=\left(x_{\rm re}^{\rm ev}[n]+x_{\rm re}^{\rm od}[n]\right)+{\rm j}\left(x_{\rm im}^{\rm ev}[n]+x_{\rm im}^{\rm od}[n]\right)$$

同样，设 $X_{\rm re}^{\rm ev}[k]$ 和 $X_{\rm re}^{\rm od}[k]$ 分别表示 $X[k]$ 的实部的圆周偶部和奇部，$X_{\rm im}^{\rm ev}[k]$ 和 $X_{\rm im}^{\rm od}[k]$ 分别表示 $X[k]$ 的虚部的圆周偶部和奇部，即

$$X[k]=\left(X_{\rm re}^{\rm ev}[k]+X_{\rm re}^{\rm od}[k]\right)+{\rm j}\left(X_{\rm im}^{\rm ev}[k]+X_{\rm im}^{\rm od}[k]\right)$$

证明 $x[n]$ 和 $X[k]$ 不同部分之间的如下关系：

(a) $x_{\rm re}^{\rm ev}[n]\xleftrightarrow{\rm DFT}X_{\rm re}^{\rm ev}[k]$，(b) $x_{\rm re}^{\rm od}[n]\xleftrightarrow{\rm DFT}X_{\rm re}^{\rm od}[k]$，(c) $x_{\rm im}^{\rm ev}[n]\xleftrightarrow{\rm DFT}X_{\rm im}^{\rm ev}[k]$，(d) $x_{\rm im}^{\rm od}[n]\xleftrightarrow{\rm DFT}X_{\rm im}^{\rm od}[k]$

5.39 设 $x[n]$ 是长度为 N 的实序列，$0\leqslant n\leqslant N-1$，其 N 点 DFT 为 $X[k]$，$0\leqslant k\leqslant N-1$

(a) 证明 $X[\langle N-k\rangle_N]=X^*[k]$

(b) 证明 $X[0]$ 是实数

(c) 若 N 是偶数，证明 $X[N/2]$ 是实数

5.40 设 $x[n]$ 是长度为 N 的复序列，其 N 点 DFT 为 $X[k]$。用 $X[k]$ 确定下面长度为 N 的序列的 N 点 DFT：

(a) $x^*[\langle -n\rangle_N]$，　(b) $x_{\rm re}[n]$，　(c) ${\rm j}x_{\rm im}[n]$，　(d) $x_{\rm cs}[n]$，　(e) $x_{\rm ca}[n]$

5.41 设 $x[n]$ 是长度为 N 的实序列，其 N 点 DFT 为 $X[k]$。证明 $X[k]$ 的如下对称性质：

(a) $X[k]=X^*[\langle -k\rangle_N]$，　(b) $X_{\rm re}[k]=X_{\rm re}[\langle -k\rangle_N]$，　(c) $X_{\rm im}[k]=-X_{\rm im}[\langle -k\rangle_N]$，

(d) $|X[k]|=|X[\langle -k\rangle_N]|$，　(e) $\arg X[k]=-\arg X[\langle -k\rangle_N]$

5.42 不用计算 DFT，确定下面定义在 $0\leqslant n\leqslant 8$ 长度为 9 的序列中哪个 9 点 DFT 是实值序列，哪个是虚值序列。

(a) $\{x_1[n]\}=\{5,\ -9,\ 4,\ 7,\ -8,\ -8,\ 7,\ 4,\ -9\}$

(b) $\{x_2[n]\}=\{0,\ -4,\ 3,\ 7,\ -5,\ 5,\ -7,\ -3,\ 4\}$

(c) $\{x_3[n]\}=\{3,\ -1-{\rm j}9,\ -4-{\rm j}5,\ 5+{\rm j}5,\ 2-{\rm j}9,\ 2+{\rm j}9,\ 5-{\rm j}5,\ -4+{\rm j}5,\ -1+{\rm j}9\}$

(d) $\{x_4[n]\}=\{{\rm j}3,\ -8+{\rm j}6,\ 2+{\rm j}5,\ -7-{\rm j}9,\ -7-{\rm j}6,\ 7-{\rm j}6,\ 7-{\rm j}9,\ -2+{\rm j}5,\ 8+{\rm j}6\}$

5.43 长度为 11 的实序列的 11 点 DFT 的偶样本为 $X[0]=-12.61$、$X[2]=2.49-{\rm j}19.12$、$X[4]=-12.44+{\rm j}12.70$、$X[6]=-7.55+{\rm j}13.69$、$X[8]=-3.34+{\rm j}3.69$、$X[10]=1.50-{\rm j}5.31$。请补上缺失的 DFT 的奇样本。

5.44 长度为 11 的实序列的 11 点 DFT $X[k]$ 的 6 个样本如下：$X[0]=-8.86$、$X[2]=1.98+{\rm j}18.79$、$X[4]=9.28-{\rm j}3.37$、$X[5]=-2.60+{\rm j}22.52$、$X[8]=22.19+{\rm j}2.82$、$X[10]=-9.36-{\rm j}1.45$。求剩下的 5 个样本。

5.45 具有 10 点实数值 DFT $X[k]$ 的长度为 10 的实序列的 6 个样本为 $x[0]=-4.9$、$x[1]=6.2$、$x[3]=8.58$、$x[4]=-3.1$、$x[5]=-6.06$、$x[8]=6.28$。求 $x[n]$ 剩下的 4 个样本。

5.46 具有 10 点虚数值 DFT $X[k]$ 的长度为 10 的实序列的 6 个样本为 $x[0]=0$、$x[1]=4.2$、$x[2]=-6.19$、$x[4]=3.54$、$x[5]=0$、$x[7]=-9.32$。求 $x[n]$ 剩下的 4 个样本。

5.47 考虑定义在 $0\leqslant n\leqslant N-1$ 两个长度为 N 的序列 $x_1[n]$ 和 $x_2[n]$。令 $y[n]=x_1[n]\,Ⓝ\,x_2[n]$。证明下面的等式：

(a) $\displaystyle\sum_{n=0}^{N-1}y[n]=\left(\sum_{n=0}^{N-1}x_1[n]\right)\left(\sum_{n=0}^{N-1}x_2[n]\right)$

(b) $\displaystyle\sum_{n=0}^{N-1}(-1)^n y[n]=\left(\sum_{n=0}^{N-1}(-1)^n x_1[n]\right)\left(\sum_{n=0}^{N-1}(-1)^n x_2[n]\right)$，　N 为偶数

5.48 序列 $\{x[n]\}=\{2,\ -3,\ 1,\ 4\}$，$0\leqslant n\leqslant 3$，与下面定义在 $0\leqslant n\leqslant 3$ 的每个序列进行 4 点圆周卷积：

(a) $\{h_1[n]\}=\{1,\ 4,\ -2,\ -3\}$

(b) $\{h_2[n]\}=\{5,\ -4,\ -1,\ 3\}$

(c) $\{h_3[n]\}=\{-2,\ 5,\ 2,\ -4\}$

(d) $\{h_4[n]\}=\{-3,\ 2,\ -3,\ 4\}$

4 个圆周卷积的结果如下：

(a) $\{y_a[n]\} = \{-16, -24, 27, 25\}$

(b) $\{y_b[n]\} = \{-13, 5, 1, 7\}$

(c) $\{y_c[n]\} = \{30, 20, -29, -17\}$

(d) $\{y_d[n]\} = \{25, -6, -27, 8\}$

不计算圆周卷积，将上面的表达式对与 $x[n]④h_i[n]$ 配对，$1\leqslant i\leqslant 4$ 。

5.49 序列 $\{a[n]\} = \{6, -4, -2, 3\}$，$0\leqslant n\leqslant 3$，与下面定义在 $0\leqslant n\leqslant 3$ 的每个序列进行 4 点圆周卷积：

(a) $\{b_1[n]\} = \{-5, 6, 2, 4\}$

(b) $\{b_2[n]\} = \{6, 4, -5, 2\}$

(c) $\{b_3[n]\} = \{2, 4, 6, -5\}$

(d) $\{b_4[n]\} = \{4, -5, 2, 6\}$

4 个圆周卷积的结果如下：

(a) $\{y_a[n]\} = \{50, -19, -52, 42\}$

(b) $\{y_b[n]\} = \{-19, -52, 42, 50\}$

(c) $\{y_c[n]\} = \{32, 44, 1, -56\}$

(d) $\{y_d[n]\} = \{-32, 54, 10, -11\}$

不计算圆周卷积，将上面的表达式与 $a[n]④b_i[n]$ 配对，$1\leqslant i\leqslant 4$ 。

5.50 设 $x[n]$ 是长度为 N 的序列，$0\leqslant n\leqslant N-1$，其 N 点 DFT 为 $X[k]$，$0\leqslant k\leqslant N-1$。用 $X[k]$ 表示下列长度为 N 的序列的 N 点 DFT：

(a) $w[n] = \alpha x[\langle n-m_1\rangle_N] + \beta x[\langle n-m_2\rangle_N]$，其中 m_1 和 m_2 是小于 N 的正整数

(b) $g[n] = \begin{cases} x[n], & n \text{ 为偶数} \\ 0, & n \text{ 为奇数} \end{cases}$

(c) $y[n] = x[n]Ⓝx[n]$

5.51 设 $x[n]$，$0\leqslant n\leqslant N-1$ 是偶数长序列，其 N 点 DFT 记为 $X[k]$，$0\leqslant k\leqslant N-1$。用 $X[k]$ 表示下列长度为 N 的序列的 N 点 DFT：

(a) $u[n] = x[n] - x\left[\langle n-\frac{N}{2}\rangle_N\right]$

(b) $v[n] = x[n] + x\left[\langle n-\frac{N}{2}\rangle_N\right]$

(c) $y[n] = (-1)^n x[n]$

5.52 设 $x[n]$，$0\leqslant n\leqslant N-1$ 是长度为 N 的序列，其 N 点 DFT 为 $X[k]$，$0\leqslant k\leqslant N-1$。用 $x[n]$ 表示下列长度为 N 的 DFT 序列的 N 点逆 DFT：

(a) $W[k] = \alpha X[\langle k-m_1\rangle_N] + \beta X[\langle k-m_2\rangle_N]$，其中 m_1 和 m_2 是小于 N 的正整数

(b) $G[k] = \begin{cases} X[k], & k \text{ 为偶数} \\ 0, & k \text{ 为奇数} \end{cases}$

(c) $Y[k] = X[k]ⓃX[k]$

5.53 设 $G[k]$ 和 $H[k]$ 分别表示两个长度为 8 的序列 $g[n]$ 和 $h[n]$ 的 8 点 DFT，$0\leqslant k\leqslant 7$，$0\leqslant n\leqslant 7$。

(a) 若 $G[k] = \{3+\mathrm{j}4, 2-\mathrm{j}7, -4+\mathrm{j}, 5-\mathrm{j}2, 5, 4+\mathrm{j}3, 4-\mathrm{j}6, -3+\mathrm{j}2\}$ 且 $h[n] = g[\langle n-3\rangle_8]$，不采用形成 $h[n]$ 然后计算其 DFT 的方法求 $H[k]$。

(b) 若 $g[n] = \{-1-\mathrm{j}7, 3+\mathrm{j}, 2+\mathrm{j}7, 2+\mathrm{j}2, -8+\mathrm{j}2, 4-\mathrm{j}, -1+\mathrm{j}3, \mathrm{j}1.5\}$ 且 $H[k] = G[\langle k+5\rangle_8]$，不采用计算 DFT $G[k]$，形成 $H[k]$，然后求其 IDFT 的方法来求 $h[n]$。

5.54 证明表 5.3 中列出的 DFT 的定理：(a) 线性；(b) 圆周时移；(c) 圆周频移；(d) 对偶；(e) N 点圆周卷积。

5.55 考虑定义在 $0\leqslant n\leqslant 3$ 三个长度为 4 的序列 $x[n]$、$y[n]$ 和 $w[n]$，其中 $w[n] = x[n]④y[n]$。设 $x[n] = \{2, -2, 1, 3\}$ 且 $w[n]$ 的 4 点 DFT 为 $W[k] = \{20, 7+\mathrm{j}9, -10, 7-\mathrm{j}9\}$，$0\leqslant k\leqslant 3$。求 $y[n]$ 。

5.56 当 $x[n] = \{1, 1, -2, 2\}$ 且 $W[k] = \{8, 6-\mathrm{j}8, -8, 6+\mathrm{j}8\}$ 时，重做习题 5.55。

5.57 证明式(5.115)。

5.58 考虑定义在 $0\leqslant n\leqslant N-1$ 两个实值序列 $x[n]$ 和 $y[n]$，其 N 点 DFT 分别为 $X[k]$ 和 $Y[k]$，$0\leqslant k\leqslant N-1$。

$x[n]$和$y[n]$的**圆周互相关**为

$$r_{xy}[\ell]=\sum_{n=0}^{N-1}x[n]y[\langle n-\ell\rangle_N],\ 0\leqslant\ell\leqslant N-1 \tag{5.203}$$

用$X[k]$和$Y[k]$表示$r_{xy}[\ell]$的DFT。

5.59 设$x[n]$是长度为N的序列，$0\leqslant n\leqslant N-1$，其$MN$点DFT为$X[k]$，$0\leqslant k\leqslant MN-1$。定义

$$y[n]=x[\langle n\rangle_N],\qquad 0\leqslant n\leqslant MN-1$$

如何在仅知道$X[k]$的情况下计算出$y[n]$的MN点离散傅里叶变换$Y[k]$？

5.60 考虑定义在$0\leqslant n\leqslant 9$上长度为10的序列：

$$\{x[n]\}=\{6.29,\ 8.11,\ -7.46,\ 8.26,\ 2.64,\ -8.04,\ -4.43,\ 0.93,\ -9.15,\ 9.29\}$$

其10点DFT为$X[k]$，$0\leqslant k\leqslant 9$。不计算DFT，求出$X[k]$的如下函数：

(a)$X[0]$，(b)$X[5]$，(c)$\sum_{k=0}^{9}X[k]$，(d)$\sum_{k=0}^{9}e^{-j3\pi k/5}X[k]$，(e)$\sum_{k=0}^{9}|X[k]|^2$

5.61 设$X[k]$是长度为12的实序列$x[n]$的12点DFT，$0\leqslant k\leqslant 11$。$X[k]$的前7个样本为

$$X[k]=\{12,\ -18-j21,\ -10+j4,\ -6+j7,\ 9+j8,\ 19-j16,\ 39\},\quad 0\leqslant k\leqslant 6$$

求$X[k]$剩下的样本。不计算$X[k]$的IDFT的，求出$x[n]$的如下函数：

(a)$x[0]$，(b)$x[6]$，(c)$\sum_{n=0}^{11}x[n]$，(d)$\sum_{n=0}^{11}e^{j\pi n/3}x[n]$，(e)$\sum_{n=0}^{11}|x[n]|^2$

5.62 实值序列$x[n]$的158点DFT $X[k]$有如下DFT样本：$X[0]=31$，$X[15]=4.13-j8.27$，$X[k_1]=6.1+j2.8$，$X[41]=-3.15-j2.04$，$X[k_2]=-7.3-j9.5$，$X[80]=9.08$，$X[119]=6.1-j2.8$，$X[k_3]=4.13+j8.27$，$X[151]=-7.3+j9.5$和$X[k_4]=-3.15+j2.04$。假设剩下的DFT样本取零值。

(a)求序号k_1，k_2，k_3和k_4的值。

(b)$\{x[n]\}$的直流值是多少？

(c)$\{x[n]\}$的能量是多少？

5.63 实值序列$x[n]$的134点DFT $X[k]$有如下DFT样本：$X[0]=3.42-j\alpha$，$X[17]=4.52+j7.91$，$X[k_1]=-3.6+j5.46$，$X[k_2]=j3.78$，$X[47]=-j3.78$，$X[67]=45+j\beta$，$X[k_3]=\gamma-j7.91$，$X[79]=-3.6+j\delta$，$X[108]=\epsilon+j7.56$和$X[k_4]=-3.7-j7.56$。假设剩下的DFT样本取零值。

(a)求序号k_1，k_2，k_3和k_4的值。

(b)求α，β，δ和ϵ的值。

(c)$\{x[n]\}$的直流值是多少？

(d)$\{x[n]\}$的能量是多少？

5.64 长度为12的序列为$\{x[n]\}=\{3+j5,\ -4+j6,\ 8-j3,\ -4,\ -6-j2,\ 5,\ j9,\ 2-j4,\ 10-j5,\ 1+j2,\ -5-j5,\ 0\}$，$0\leqslant n\leqslant 11$，其12点DFT为$X[k]$，$0\leqslant k\leqslant 11$。不计算IDFT，求序列$y[n]$，其12点DFT为$Y[k]=W_4^{3k}X[k]$。

5.65 长度为12的序列$h[n]$，$0\leqslant n\leqslant 11$，其12点DFT为$H[k]$，$0\leqslant k\leqslant 11$，

$$H[k]=\{4.0,\ 17.19+j1.46,\ -9.0+j3.46,\ -9.0+j5.0,\ 1.0+j24.25,\ 6.8-j5.46,\ 6.0\}$$

不用计算$h[n]$，形成$g[n]$，再求其DFT的思路，求长度为12的序列$g[n]=h[\langle n-17\rangle_{12}]$的12点DFT $G[k]$。

5.66 设$x[n]$、$y[n]$和$w[n]$分别表示长度为R、M和L的三个有限长序列，每个序列的第一个样本出现在$n=0$。由于R、M和L互不相等，为形成这三个序列的圆周卷积，需要对每一个都补零使其等长。设N表示上述序列补零后的长度，扩展后的序列分别记为$x_e[n]$、$y_e[n]$和$w_e[n]$。N的最小值是多少？给出一个基于DFT的方法来计算$x_e[n]Ⓝ y_e[n]Ⓝ w_e[n]$。

5.67 设$x[n]$是长度为N的序列，其N点DFT为$X[k]$。假设N可以被5整除。定义一个序列

$$y[n]=x[5n],\qquad 0\leqslant n\leqslant \frac{N}{5}-1$$

用$X[k]$表示$y[n]$的$\frac{N}{5}$点DFT $Y[k]$。

5.68　设 $x[n]$ 是一个长度为 8 的序列为 $\{x[n]\}=\{2,4,6,8,1,3,5,7\}$，$0\leqslant n\leqslant 7$，且 $X(e^{j\omega})$ 表示其 DTFT。定义 $Y[k]=X(e^{j2k\pi/5})$，$0\leqslant k\leqslant 4$，且 $y[n]$ 表示其 5 点 IDFT。不计算 $Y[k]$ 及其 IDFT 求 $y[n]$。

5.69　长度为 8 的复序列 $v[n]=x[n]+jy[n]$ 的 8 点 DFT 为

$$V[0]=-2+j6,\quad V[1]=3+j5,\quad V[2]=6+j4,\quad V[3]=-1+j8$$

$$V[4]=-2+j3,\quad V[5]=7+j3,\quad V[6]=-j8,\quad V[7]=4-j7$$

其中 $x[n]$ 和 $y[n]$ 分别是序列 $v[n]$ 的实部和虚部。不计算 $V[k]$ 的 IDFT，分别求出实序列 $x[n]$ 和 $y[n]$ 的 8 点 DFT $X[k]$ 和 $Y[k]$。通过用 MATLAB 计算 $V[k]$ 的 IDFT 来验证你的结果。

5.70　通过计算单个 DFT，求如下定义在 $0\leqslant n\leqslant 3$ 长度为 4 的序列对中每个序列的 4 点 DFT：

(a) $g[n]=\{-3,2,-5,4\}$，$h[n]=\{5,7,-3,8\}$

(b) $x[n]=\{4,3,-1,5\}$，$y[n]=\{6,-4,2,5\}$

5.71　通过计算单个 4 点 DFT，分别求长度为 4 的序列 $\{x[n]\}=\{3,-2,1,4\}$ 和 $\{h[n]\}=\{-1,4,2,-5\}$ 的 4 点 DFT $X[k]$ 和 $H[k]$。用 MATLAB 验证你的结论。

5.72　设 $X[k]$ 和 $Y[k]$，$0\leqslant k\leqslant N-1$，分别表示长度为 N 的序列 $x[n]$ 和 $y[n]$ 的 N 点 DFT，$0\leqslant n\leqslant N-1$。给定 $X[k]$ 和 $y[n]$，证明 $x[n]$ 和 $Y[k]$ 可用单个 N 点 DFT 计算[Gun2002]。

5.73　设 $x[n]$ 是定义在 $0\leqslant n\leqslant N-1$ 上长度为 N 的序列，且 $X[k]$ 表示其 N 点 DFT，$0\leqslant k\leqslant N-1$。定义

$$v[n]=\begin{cases}x[n], & 0\leqslant n\leqslant N-1\\ x[\langle -n-1\rangle_N], & N\leqslant n\leqslant 2N-1\end{cases}$$

用 $X[k]$ 表示长度为 $2N$ 的序列 $v[n]$ 的 $2N$ 点 DFT $V[k]$。

5.74　设 $x[n]$ 是定义在 $0\leqslant n\leqslant N-1$ 上长度为 N 的序列，且 $X[k]$ 表示其 N 点 DFT，$0\leqslant k\leqslant N-1$。设 $x_e[n]$ 表示通过对 $x[n]$ 补零得到的长度为 $2N$ 的序列，即

$$x_e[n]=\begin{cases}x[n], & 0\leqslant n\leqslant N-1\\ 0, & N\leqslant n\leqslant 2N-1\end{cases}$$

且 $X_e[k]$ 表示其 $2N$ 点 DFT。求 $X_e[k]$ 并确定它与 $X[k]$ 和 $x[n]$ 的关系。

5.75　通过计算单个 4 点 DFT 求习题 5.68 中长度为 8 的序列的 8 点 DFT $X[k]$。

5.76　考虑两个有限长序列 $g[n]=\{-3,2,5\}$，$0\leqslant n\leqslant 2$ 和 $h[n]=\{4,-3,1,-4\}$，$0\leqslant n\leqslant 3$。

(a) 求 $y_L[n]=g[n]\circledast h[n]$。

(b) 对 $g[n]$ 进行补零，将其扩展为长度为 4 的序列 $g_e[n]$，并计算 $y_C[n]=g_e[n]\,④\,h[n]$。

(c) 用基于 DFT 的方法求 $y_C[n]$。

(d) 对序列 $g[n]$ 和 $h[n]$ 进行补零，将它们扩展为长度为 6 的序列，然后计算扩展后序列的 6 点圆周卷积 $y[n]$。$y[n]$ 和(a)中求得的 $y_L[n]$ 相同吗？

5.77　设 $x[n]$、$y[n]$ 和 $w[n]$ 分别表示长度为 R、M 和 L 的三个有限长序列，每个序列的第一个样本出现在 $n=0$。给出一个基于 DFT 的方法来计算 $x[n]\circledast y[n]\circledast w[n]$。

5.78　令 $x[n]=\{2,1,2\}$，$0\leqslant n\leqslant 2$ 且 $w[n]=\{-4,0,-3,2\}$，$0\leqslant n\leqslant 3$。若 $w[n]=x[n]\circledast y[n]$，用基于 DFT 的方法求 $y[n]$。

5.79　用 128 点 DFT 和 IDFT 计算一个长度为 110 的序列和一个长度为 1300 的序列的线性卷积。

(a) 求用重叠相加法计算上面线性卷积所需的最少 DFT 和 IDFT 数目。

(b) 求用重叠保留法计算上面线性卷积所需的最少 DFT 和 IDFT 数目。

5.80　**广义离散傅里叶变换**(GDFT)是传统 DFT 的推广，它允许在变换核序号的任意一边或两边平移[Bon76]。长度为 N 的序列 $x[n]$ 的 N 点广义离散傅里叶变换 $X_{GDFT}[k,a,b]$ 定义为

$$X_{\mathrm{GDFT}}[k,a,b]=\sum_{n=0}^{N-1}x[n]\exp\left(-j\,\frac{2\pi(n+a)(k+b)}{N}\right)\tag{5.204}$$

证明广义离散傅里叶逆变换为

$$x[n]=\frac{1}{N}\sum_{k=0}^{N-1}X_{\mathrm{GDFT}}[k,a,b]\exp\left(j\,\frac{2\pi(n+a)(k+b)}{N}\right)\tag{5.205}$$

5.81 求通过对有限长序列$\{x[n]\}=\{a, b, c, d\}$进行全样本反对称延拓得到的周期序列$\{\tilde{x}_{\text{WSWA}}[n]\}$。提取$\{\tilde{x}_{\text{WSWA}}[n]\}$的一个周期$\{y[n]\}$。

5.82 求通过对有限长序列$\{x[n]\}=\{a, b, c, d\}$进行半样本反对称延拓得到的周期序列$\{\tilde{x}_{\text{HSHA}}[n]\}$。提取$\{\tilde{x}_{\text{HSHA}}[n]\}$的一个周期$\{y[n]\}$。

5.83 证明 DCT 的如下性质:(a)式(5.168)给出的 DCT 的线性;(b)式(5.169)给出的 DCT 的对称性;(c)式(5.170)给出的能量保留性质。

5.84 式(5.172)给出的归一化 DCT $X_{\text{DCT}}^{(n)}[k]$, $0\leqslant k\leqslant N-1$ 的 N 个系数可以写为矩阵形式 $\boldsymbol{X}_{\text{DCT}}=\boldsymbol{C}_N\boldsymbol{x}$, 其中,

$$\boldsymbol{X}_{\text{DCT}}=\left[X_{\text{DCT}}^{(n)}[0]\quad X_{\text{DCT}}^{(n)}[1]\quad\cdots\quad X_{\text{DCT}}^{(n)}[N-1]\right]^{\text{T}},\ \boldsymbol{x}=[x[0]\quad x[1]\quad\cdots\quad x[N-1]]^{\text{T}}$$

且 $\boldsymbol{C}_N$是 $N\times N$ 阶 DCT 矩阵, 其第(k, n)个元素为

$$X_{\text{DCT}}^{(n)}[k]=\sqrt{\frac{2}{N}}\beta[k]\sum_{n=0}^{N-1}\cos\left(\frac{\pi k(2n+1)}{2N}\right)$$

其中$\beta[k]$由式(5.174)给出。尽管 DCT 矩阵 $\boldsymbol{C}_N$是正交的, 即 $\boldsymbol{x}=\boldsymbol{C}_N^{-1}\boldsymbol{X}_{\text{DCT}}=\boldsymbol{C}_N^{\text{T}}\boldsymbol{X}_{\text{DCT}}$, 其元素也是无理数, 当用有限精度算术对序列 $\boldsymbol{X}_{\text{DCT}}$进行 DCT 逆变换时不能得到原输入向量 $\boldsymbol{x}$。因此, 需要在实际应用中使用和 DCT 类似的具有均匀频率分解的整数值正交矩阵。

(a)在 H.26L 视频压缩中所使用的这样一个变换矩阵是 4×4 矩阵[Bjo98]:

$$\boldsymbol{H}_N=\begin{bmatrix}13&13&13&13\\17&7&-7&-17\\13&-13&-13&13\\7&-17&17&-7\end{bmatrix}$$

证明上面的变换矩阵是正交的, 且其所有的行均有相同的$\mathcal{L}_2$ 范数。

(b)近来提出的一个更为简单的 4×4 变换矩阵[Mal2002]:

$$\boldsymbol{G}_N=\begin{bmatrix}1&1&1&1\\2&1&-1&-2\\1&-1&-1&1\\1&-2&2&-1\end{bmatrix}$$

与 $\boldsymbol{H}_N$相比有更小的动态范围。证明上面的变换矩阵是正交的, 但是没有相同的$\mathcal{L}_2$ 范数。

5.85 证明 Haar 变换有如下性质:(a)式(5.185)给出的正交性;(b)式(5.188)给出的能量守恒性质。

5.86 长度为 N 的序列 $x[n]$的 N 点**离散哈特莱(Hartley)变换**(DHT)$X_{\text{DHT}}[k]$定义为[Bra83]

$$X_{\text{DHT}}[k]=\sum_{n=0}^{N-1}x[n]\left(\cos\left(\frac{2\pi nk}{N}\right)+\sin\left(\frac{2\pi nk}{N}\right)\right),\quad k=0,1,\cdots,N-1 \tag{5.206}$$

从上面可以看出, 实序列的离散哈特莱变换也是实序列。证明离散哈特莱逆变换为

$$x[n]=\frac{1}{N}\sum_{k=0}^{N-1}X_{\text{DHT}}[k]\left(\cos\left(\frac{2\pi nk}{N}\right)+\sin\left(\frac{2\pi nk}{N}\right)\right),\quad n=0,1,\cdots,N-1 \tag{5.207}$$

5.87 设 $X_{\text{DHT}}[k]$表示长度为 N 的序列 $x[n]$的 N 点 DHT。

(a)证明 $x[\langle n-n_0\rangle_N]$的 DHT 是

$$X_{\text{DHT}}[k]\cos\left(\frac{2\pi n_0k}{N}\right)+X_{\text{DHT}}[-k]\sin\left(\frac{2\pi n_0k}{N}\right)$$

(b)求 $x[\langle -n\rangle_N]$的 N 点 DHT。

(c)证明帕塞瓦尔关系:

$$\sum_{n=0}^{N-1}x^2[n]=\frac{1}{N}\sum_{k=0}^{N-1}X_{\text{DHT}}^2[k] \tag{5.208}$$

5.88 推导长度为 N 的序列 $x[n]$的 N 点 DHT $X_{\text{DHT}}[k]$和 N 点 DFT $X[k]$之间的关系。

5.89 设三个长度为 N 的序列 $x[n]$、$g[n]$和 $y[n]$的 N 点 DHT 分别用 $X_{\text{DHT}}[k]$、$G_{\text{DHT}}[k]$和 $Y_{\text{DHT}}[k]$表示。若 $y[n]=x[n]\,\textcircled{N}\,g[n]$, 证明

$$Y_{\text{DHT}}[k]=\tfrac{1}{2}X_{\text{DHT}}[k](G_{\text{DHT}}[k]+G_{\text{DHT}}[\langle -k\rangle_N])\\ +\tfrac{1}{2}X_{\text{DHT}}[\langle -k\rangle_N](G_{\text{DHT}}[k]-G_{\text{DHT}}[\langle -k\rangle_N]) \tag{5.209}$$

5.90　长度为 N 的序列 $x[n]$，$0\leqslant n\leqslant N-1$ 的**离散组合傅里叶变换**(**DCFT**)，定义为其 N 点 DFT 和 N 点 IDFT 的线性组合[Ans85]

$$X_{\text{DCFT}}[k]=\sum_{n=0}^{N-1}\left(\alpha_1 W_N^{nk}+\alpha_2 W_N^{-nk}\right)x[n],\quad 0\leqslant k\leqslant N-1 \tag{5.210}$$

其中，常数 α_1 和 α_2 至少有一个不为零。

(a)考虑序列

$$y[n]=\sum_{n=0}^{N-1}\left(\beta_1 W_N^{-nk}+\beta_2 W_N^{nk}\right)X_{\text{DCFT}}[k],\quad 0\leqslant n\leqslant N-1 \tag{5.211}$$

证明:若满足如下两个条件，则 $y[n]=x[n]$，后者是 $X_{\text{DCFT}}[k]$的 DCFT 逆变换:

$$\alpha_2\beta_1+\alpha_1\beta_2=0$$
$$N(\alpha_1\beta_1+\alpha_2\beta_2)=1$$

(b)若 $\alpha_1^2\neq\alpha_2^2$，则 $X_{\text{DCFT}}[k]$的 DCFT 逆变换可以表示为

$$x[n]=\frac{1}{N\left(\alpha_1^2-\alpha_2^2\right)}\sum_{k=0}^{N-1}\left(\alpha_1 W_N^{-nk}-\alpha_2 W_N^{nk}\right)X_{\text{DCFT}}[k],\quad 0\leqslant n\leqslant N-1 \tag{5.212}$$

(c)证明若 $\alpha_1=\alpha_2^{\star}=\alpha_{\text{re}}+\text{j}\alpha_{\text{im}}$，$X_{\text{DCFT}}[k]$是实序列，假设 $\alpha_{\text{re}}\neq 0$ 和 $\alpha_{\text{im}}\neq 0$。

(d)证明离散哈特莱变换是实值 DCFT 的特例。

5.91　长度为 N 的序列 $x[n]$，$n=0, 1, \cdots, N-1$ 的阿达马(Hadamard)变换 $X_{\text{HT}}[k]$是[Gon2002]

$$X_{\text{HT}}[k]=\frac{1}{N}\sum_{n=0}^{N-1}x[n](-1)^{\sum_{i=0}^{\ell-1}b_i(n)b_i(k)},\qquad k=0,1,\cdots,N-1 \tag{5.213}$$

其中 $b_i(r)$是 r 的二进制表示的第 i 位，且 $N=2^{\ell}$。在矩阵形式中，阿达马变换可以表示为

$$\boldsymbol{X}_{\text{HT}}=\boldsymbol{H}_N\boldsymbol{x}$$

其中

$$\boldsymbol{X}_{\text{HT}}=[X_{\text{HT}}[0]\quad X_{\text{HT}}[1]\quad\cdots\quad X_{\text{HT}}[N-1]]^{\text{T}}$$
$$\boldsymbol{x}=[x[0]\quad x[1]\quad\cdots\quad x[N-1]]^{\text{T}}$$

(a)当 $N=2$、4 和 8 时，试求阿达马矩阵 $\boldsymbol{H}_N$的形式。

(b)证明

$$\boldsymbol{H}_4=\begin{bmatrix}\boldsymbol{H}_2 & \boldsymbol{H}_2\\ \boldsymbol{H}_2 & -\boldsymbol{H}_2\end{bmatrix},\qquad \boldsymbol{H}_8=\begin{bmatrix}\boldsymbol{H}_4 & \boldsymbol{H}_4\\ \boldsymbol{H}_4 & -\boldsymbol{H}_4\end{bmatrix}$$

(c)求阿达马逆变换的表达式。

5.17　MATLAB 练习

M5.1　当 $N=4$、6、8 和 10 时，用 MATLAB 计算习题 3.18 中的长度为 N 的序列的 N 点 DFT。将你的结果和习题 3.18 中在 $\omega=2\pi k/N$，$k=0, 1, \cdots, N-1$ 时求得 DTFT 进行比较。

M5.2　用基于 DFT 的方法编写 MATLAB 程序来计算两个长度为 N 的序列的圆周卷积。用该程序求下面序列对的圆周卷积:

(a)$g[n]=\{3, 2, -2, 1, 0, 1\}$，$h[n]=\{-5, -1, 3, -2, 4, 4\}$

(b)$x[n]=\{3-\text{j}2, 4-\text{j}, -2+\text{j}3, \text{j}, 0\}$，$v[n]=\{1-\text{j}3, -2-\text{j}, 2+\text{j}2, 3, -2+\text{j}4\}$

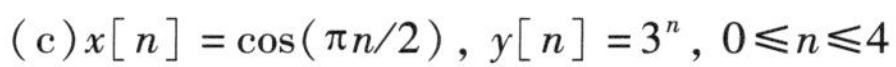

(c)$x[n]=\cos(\pi n/2)$，$y[n]=3^n$，$0\leqslant n\leqslant 4$

用函数 circonv 验证你的结果。

M5.3　用 MATLAB 验证表 5.1 中所列出的复序列的 DFT 的对称关系。

M5.4 用 MATLAB 验证表 5.2 所列出的实序列的 DFT 的对称关系。

M5.5 用 MATLAB 证明表 5.3 列出的 DFT 的常见性质:(a)线性;(b)圆周时移;(c)圆周频移;(d)对偶;(e)N 点圆周卷积;(f)调制;(g)帕塞瓦尔关系。

M5.6 基于 5.9.1 节所描述的方法编写一个 MATLAB 程序来计算两个等长实序列的 DFT。用该程序计算如下序列对的 DFT:

(a) $\{x[n]\}=\{-3, 2, 4, -6, 1, 2\}$, $\{h[n]\}=\{2, -1, 3, -4, 5, 6\}$

(b) $\{x[n]\}=\{5, -4, -2, 6, 1, 3\}$, $\{h[n]\}=\{4, -5, 5, 1, -2, 3\}$

M5.7 基于 5.9.2 节所描述的方法编写一个 MATLAB 程序, 用一个序列的单个 DFT 计算两个偶数长度实序列的 DFT, 前者的长度是后者的一半。用该程序计算如下序列对的 DFT:

(a) $\{x[n]\}=\{-3, 2, 4, -6, 1, 2, 2, -1, 3, -4, 5, 6\}$

(b) $\{x[n]\}=\{5, -4, -2, 6, 1, 3, 4, -5, 5, 1, -2, 3\}$

M5.8 通过用 MATLAB 计算给定序列 $x[n]$ 的 DFT $X[k]$ 来验证习题 5.60 的结果, 然后求所列出的 $X[k]$ 的函数。

M5.9 通过用 MATLAB 计算给定 DFT $X[k]$ 的 IDFT $x[n]$ 来验证习题 5.61 的结果, 然后求所列出的 $x[n]$ 的函数。

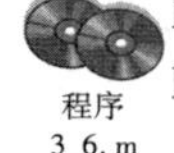

程序 3_6. m

M5.10 编写一个 MATLAB 程序实现例 5.13 描述的傅里叶域滤波。用这个程序验证该例中的结果。

M5.11 编写一个 MATLAB 函数来实现重叠保留法。用这个函数通过修改程序 3_6, 用长度为 3 的滑动平均滤波器对例 4.1 中被噪声干扰信号进行滤波。

第6章　z变换

式(3.10)所定义的离散时间傅里叶变换是角频率 ω 的复数函数，它提供了离散时间信号和 LTI 系统的频域表示。此外，由于收敛条件，在许多情况下，一个序列的离散时间傅里叶变换是不存在的，因此，此时不能使用这类频域描述。

z 变换是离散时间傅里叶变换的一种推广形式，该变换是复变量 z 的函数。有很多序列的离散时间傅里叶变换不存在，但是其 z 变换存在。另外，对于本书中我们所关心的实值序列，其 z 变换往往是复变量 z 的实有理函数。我们知道，z 变换技术允许简单的代数运算处理，因此，z 变换是数字滤波器的设计和分析的重要工具。在本章中，将讨论序列的这一种变换域表示及其性质。LTI 离散时间系统在 z 域中的表示由其传输函数给出，该传输函数是系统冲激响应的 z 变换。我们将研究传输函数的性质并将其与系统频率响应相联系，后者是冲激响应的离散时间傅里叶变换。在本章的最后，还将从 LTI 系统的传输函数推导 BIBO 稳定条件。

就像在介绍 DTFT 和 DFT 时那样，我们将大量使用 MATLAB 来说明不同的概念并实现一些有用的算法。

6.1　定义

首先通过把该变换视为离散时间傅里叶变换的推广形式来定义序列的 z 变换并研究其存在性。这将引出 z 变换的收敛域的概念，我们会对其详尽研究。之后将介绍逆变换的计算并指出计算有理实 z 变换的逆变换的两种直接方法。接下来将学习 z 变换的性质。

对于一个给定的序列 $g[n]$，其 z 变换 $G(z)$ 定义为

$$G(z)=\sum_{n=-\infty}^{\infty} g[n]z^{-n} \tag{6.1}$$

式中 $z=\mathrm{Re}(z)+\mathrm{jIm}(z)$ 是一个连续的复变量。为方便，通常把该 z 变换表示为如下算子的形式：

$$\mathcal{Z}\{g[n]\}=G(z)=\sum_{n=-\infty}^{\infty} g[n]z^{-n}$$

因此，算子 $\mathcal{Z}\{\cdot\}$ 将离散时间序列 $g[n]$ 转换为复变量 z 的函数 $G(z)$。

序列 $g[n]$ 及其 z 变换 $G(z)$ 用简洁的形式表示为

$$g[n] \stackrel{\mathcal{Z}}{\longleftrightarrow} G(z) \tag{6.2}$$

在6.4节中我们将推导从其 z 变换 $G(z)$ 计算逆变换 $g[n]$ 的表达式。

若将复数 z 表示成极坐标的形式 $z=re^{j\omega}$，则式(6.1)可以简化为

$$G(re^{j\omega})=\sum_{n=-\infty}^{\infty} g[n]r^{-n}e^{-j\omega n} \tag{6.3}$$

序列 $g[n]$ 的离散时间傅里叶变换 $G(e^{j\omega})$ 为

$$G(e^{j\omega})=\sum_{n=-\infty}^{\infty} g[n]\,e^{-j\omega n}$$

通过比较上面的两个等式，可以发现式(6.3)实际上可以看做修改后的序列 $\{g[n]r^{-n}\}$ 的离散时间傅里叶变换。

通过研究点 z 在复 z 平面上的位置，可以给出 z 变换的几何解释。对于固定的 r 和 ω，复 z 平面上的点 $z=re^{j\omega}$ 在一个长为 r 的向量的顶端，该向量从点 $z=0$ 开始，且与实轴的夹角为 ω，如图6.1所示。围线

$|z|=1$ 是 z 平面上半径为 1 的圆，称之为**单位圆**。当 $r=1$(即 $|z|=1$)时，若 $g[n]$ 的傅里叶变换存在，则其 z 变换 $G(z)$ 退化成傅里叶变换 $G(e^{j\omega})$。若 $z=1$，$G(z)$ 的值就是 $G(e^{j0})$，即 $G(e^{j\omega})$ 在 $\omega=0$ 时的值；当 $z=j$时，$G(z)$ 的值是 $G(e^{j\pi/2})$，即 $G(e^{j\omega})$ 在 $\omega=\pi/2$ 的值，等等。因此，若从 $z=1$ 开始并以逆时针方向回到 $z=1$ 结束，对单位圆上所有 ω 求 $G(z)$，实际上，我们就在频率范围 $0\leqslant\omega<2\pi$ 上计算了 $G(e^{j\omega})$。另一方面，若在单位圆上按顺时针方向移动，则在频率范围 $-2\pi\leqslant\omega<0$ 上求得了 $G(e^{j\omega})$。因此，可以看出，通过顺时针或逆时针在单位圆上来回移动，可以在频率 $-\infty<\omega<\infty$ 上的所有值计算傅里叶变换 $G(e^{j\omega})$，该傅里叶变换表现出一个周期为 2π 的周期响应。

和离散时间傅里叶变换一样，式(6.1)中的无限长级数是有收敛条件的。对于给定的序列，使 z 变换收敛的所有 z 值集合 $\mathcal{R}$ 称为**收敛域**(ROC)。从我们在前面 3.2.4 节中所讨论的离散时间傅里叶变换的一致收敛以及将 z 变换 $G(z)$ 解释为序列 $g[n]r^{-n}$ 的离散时间傅里叶变换可以推出，若 $g[n]r^{-n}$ 绝对可和，即若

$$\sum_{n=-\infty}^{\infty}\left|g[n]r^{-n}\right|<\infty \tag{6.4}$$

则式(6.1)的级数就收敛。由式(6.4)可得，即使原序列 $g[n]$ 不是绝对可和的，通过选择适当的 r 值，可以使序列 $g[n]r^{-n}$ 绝对可和。因此，其离散时间傅里叶变换不能一致收敛的序列 $g[n]$ 可能存在 z 变换，且收敛域为 $\mathcal{R}_g$。

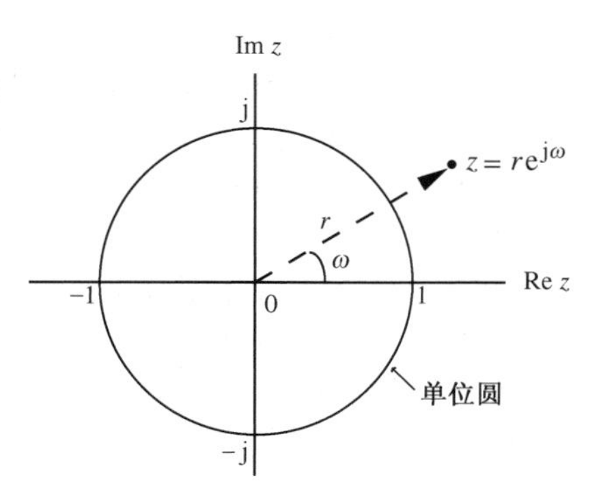

图 6.1　复 z 平面上的点 $z=re^{j\omega}$

从式(6.4)也可以看出，若 $z=re^{j\omega}$ 有一个特定的值使得 z 变换 $G(z)$ 存在，则 z 平面上以 r 为半径的圆内的任何一点，其 z 变换都是存在的。通常，序列 $g[n]$ 的 z 变换的收敛域 $\mathcal{R}$ 是 z 平面上的一个环形区域：

$$R_{g-}<|z|<R_{g+} \tag{6.5}$$

其中，$0\leqslant R_{g-}<R_{g+}\leqslant\infty$。在后面我们将看到不同的序列可能有相同的 z 变换，因此，对一个序列 $g[n]$ 而言，指明其收敛域 $\mathcal{R}_g$ 也很重要，此时，其 z 变换 $G(z)$ 如下所示：

$$g[n]\stackrel{\mathcal{Z}}{\longleftrightarrow}G(z),\qquad \text{ROC}:\mathcal{R}_g \tag{6.6}$$

注意，式(6.1)所定义的 z 变换是洛朗(Laurent)级数的形式，它在收敛域中每点均为解析函数[Chu90]。这一点反过来表明，在收敛域 z 变换及其所有导数是复变量 z 的连续函数。

例 6.1　因果指数序列的 z 变换

求因果序列 $x[n]=\alpha^n\mu[n]$ 的 z 变换 $X(z)$ 及其收敛域。利用式(6.1)的定义，可得

$$X(z)=\sum_{n=-\infty}^{\infty}\alpha^n\mu[n]z^{-n}=\sum_{n=0}^{\infty}\alpha^n z^{-n} \tag{6.7}$$

上面的幂级数收敛于

$$X(z)=\frac{1}{1-\alpha z^{-1}},\qquad |\alpha z^{-1}|<1 \tag{6.8}$$

表明收敛域是环形区域 $|z|>|\alpha|$。

通过令 $\alpha=1$，单位阶跃序列 $\mu[n]$ 的 z 变换 $\boldsymbol{\mu}(z)$ 可以由式(6.8)得到：

$$\boldsymbol{\mu}(z)=\frac{1}{1-z^{-1}},\qquad |z^{-1}|<1 \tag{6.9}$$

因此 $\boldsymbol{\mu}(z)$ 的收敛域是一个环形区域 $1<|z|<\infty$。注意到单位阶跃序列不是绝对可和的，因而其傅里叶变换并不是一致收敛的。

例 6.2　反因果指数序列的 z 变换

考虑反因果序列 $x[n]=-\alpha^n\mu[-n-1]$。利用式(6.1)可得该序列的 z 变换为

$$X(z) = -\sum_{n=-\infty}^{-1} \alpha^n z^{-n} = -\sum_{m=1}^{\infty} \alpha^{-m} z^m = -\alpha^{-1} z \sum_{m=0}^{\infty} \alpha^{-m} z^m$$
$$= -\frac{\alpha^{-1} z}{1-\alpha^{-1} z} = \frac{1}{1-\alpha z^{-1}}, \qquad |\alpha^{-1} z| < 1 \tag{6.10}$$

其中收敛域是环域$|z| < |\alpha|$。

注意，在上面的两个例子中，虽然原序列不同，但其z变换的表达式却是一样的。将序列和z变换关联的唯一方法是指明其收敛域。在6.3节中将进一步讨论收敛域的重要性。

例6.3　有限长序列的z变换

求有限长序列的z变换

$$x[n] = \begin{cases} \alpha^n, & M \leqslant n \leqslant N-1 \\ 0, & \text{其他} \end{cases} \tag{6.11}$$

采用式(5.9)中的恒等式，有

$$X(z) = \sum_{n=M}^{N-1} \alpha^n z^{-n} = \alpha^M z^{-M} \sum_{n=0}^{N-M-1} (\alpha z^{-1})^n$$
$$= \alpha^M z^{-M} \left(\frac{1-\alpha^{N-M} z^{-(N-M)}}{1-\alpha z^{-1}} \right) \tag{6.12}$$
$$= \frac{\alpha^M z^{-M} - \alpha^N z^{-N}}{1-\alpha z^{-1}}$$

要确定上面的$X(z)$的收敛域(ROC)，需要分析和式$\sum_{n=M}^{N-1} |\alpha z^{-1}|^n$并求使该和式有限的$z$值。由于和式涉及有限项，因此，若$|\alpha|$是有限的，则除了$z=0$和$z=\infty$，对于$z$平面上所有的点，和式都是有限的。当$N > M \geqslant 0$时，ROC包含除$z=0$外的整个$z$平面。当$M<0$且$N>0$时，ROC包括除$z=0$和$z=\infty$外的整个$z$平面。当$M<N<0$时，ROC是除$z=\infty$外的整个$z$平面。

在例6.1中，若$|\alpha|<1$，收敛域就包括单位圆，此时，因果序列$x[n]=\alpha^n\mu[n]$的傅里叶变换$X(e^{j\omega})$存在。同样，在例6.2中，若$|\alpha|>1$，ROC包括单位圆，此时反因果序列$x[n] = -\alpha^n\mu[-n-1]$的傅里叶变换$X(e^{j\omega})$存在。另外，在例6.3中，收敛域是否包括单位圆与$M$和$N$值无关，因此，式(6.11)中的有限长序列的傅里叶变换$X(e^{j\omega})$总是存在的。由这三个例子可知，当且仅当序列$g[n]$的z变换$G(z)$的收敛域包括单位圆时，序列$g[n]$的傅里叶变换$G(e^{j\omega})$一致收敛。然而，需注意，傅里叶变换的存在并不意味着z变换一定存在。例如，式(3.31)中的有限能量序列$h_{LP}[n]$就有由式(3.27)给出的傅里叶变换$H_{LP}(e^{j\omega})$，它在均方意义下收敛。然而，由于$h_{LP}[n]r^{-n}$并不是对于任何r值都绝对可和的，所以该序列没有z变换。

表6.1中列出了一些常用的z变换对。

表6.1　一些常用的z变换对

序列	z变换	收敛域
$\delta[n]$	1	z的所有值
$\mu[n]$	$\frac{1}{1-z^{-1}}$	$\|z\|>1$
$\alpha^n\mu[n]$	$\frac{1}{1-\alpha z^{-1}}$	$\|z\|>\|\alpha\|$
$n\alpha^n\mu[n]$	$\frac{\alpha z^{-1}}{(1-\alpha z^{-1})^2}$	$\|z\|>\|\alpha\|$
$(n+1)\alpha^n\mu[n]$	$\frac{1}{(1-\alpha z^{-1})^2}$	$\|z\|>\|\alpha\|$
$(r^n\cos\omega_o n)\mu[n]$	$\frac{1-(r\cos\omega_o)z^{-1}}{1-(2r\cos\omega_o)z^{-1}+r^2z^{-2}}$	$\|z\|>\|r\|$
$(r^n\sin\omega_o n)\mu[n]$	$\frac{(r\sin\omega_o)z^{-1}}{1-(2r\cos\omega_o)z^{-1}+r^2z^{-2}}$	$\|z\|>\|r\|$

6.2　有理 z 变换

在本书中所研究的LTI离散时间系统，所有相关的 z 变换都是 z^{-1} 的有理函数，即是 z^{-1} 的两个多项式 $P(z)$ 和 $D(z)$ 之比：

$$H(z)=\frac{P(z)}{D(z)}=\frac{p_0+p_1z^{-1}+\cdots+p_{M-1}z^{-(M-1)}+p_Mz^{-M}}{d_0+d_1z^{-1}+\cdots+d_{N-1}z^{-(N-1)}+d_Nz^{-N}} \tag{6.13}$$

其中分子多项式 $P(z)$ 的次数是 M，分母多项式 $D(z)$ 的次数是 N。有理 z 变换的另一种表示是自变量为 z 的两个多项式之比：

$$H(z)=z^{(N-M)}\frac{p_0z^M+p_1z^{M-1}+\cdots+p_{M-1}z+p_M}{d_0z^N+d_1z^{N-1}+\cdots+d_{N-1}z+d_N} \tag{6.14}$$

在一些应用中，将有理 z 变换 $H(z)$ 表示成二阶有理 z 变换的乘积将会很方便：

$$H(z)=\frac{p_0}{d_0}\frac{\prod_{\ell=1}^{M/2}(1+p_{1\ell}z^{-1}+p_{2\ell}z^{-2})}{\prod_{\ell=1}^{N/2}(1+d_{1\ell}z^{-1}+d_{2\ell}z^{-2})} \tag{6.15}$$

其中不失一般性，假定分子和分母多项式的次数 M 和 N 都是偶数。

式(6.14)也可以写成因式形式为

$$H(z)=\frac{p_0}{d_0}\frac{\prod_{\ell=1}^{M}(1-\xi_\ell z^{-1})}{\prod_{\ell=1}^{N}(1-\lambda_\ell z^{-1})}=z^{(N-M)}\frac{p_0}{d_0}\frac{\prod_{\ell=1}^{M}(z-\xi_\ell)}{\prod_{\ell=1}^{N}(z-\lambda_\ell)} \tag{6.16}$$

在分子多项式的根 $z=\xi_\ell$，$H(\xi_\ell)=0$，这些 z 值就是 $H(z)$ 的**零点**。同样，在分母多项式的根 $z=\lambda_\ell$，$H(\lambda_\ell)\to\infty$，z 平面上的这些点称为 $H(z)$ 的**极点**。从式(6.16)中的表达式可以看出，$H(z)$ 有 M 个有限零点和 N 个有限极点①。从上面的表达式也可以推出，若 $N>M$，则在 $z=0$(z 平面的原点)处另有 $(N-M)$ 个零点；若 $N<M$，则在 $z=0$ 处另有 $(M-N)$ 个极点。例如，式(6.9)的 z 变换 $\mu(z)$ 可以重写为

$$\mu(z)=\frac{z}{z-1},\qquad |z|>1 \tag{6.17}$$

它在 $z=0$ 处有一个零点，在 $z=1$ 处有一个极点。

注意，有理 z 变换可以通过极点位置 $\{\lambda_\ell\}$ 和零点位置 $\{\xi_\ell\}$ 以及增益常数 p_0/d_0 来完全描述。

通过画出对数幅度 $20\lg|H(z)|$，可以从物理上解释零点和极点的概念。该对数幅度是 $\text{Re}(z)$ 和 $\text{Im}(z)$ 的二维函数，因此，其图描述为复平面上的一个平面，对有理 z 变换

$$H(z)=\frac{1-2.4\,z^{-1}+2.88\,z^{-2}}{1-0.8\,z^{-1}+0.64\,z^{-2}}$$

其图如图6.2所示。从图中可以看出，幅度图在 $z=0.4\pm \text{j}0.6928$ 附近表现出极大的峰，它们是 $H(z)$ 的极点。在零点 $z=1.2\pm \text{j}1.2$ 附近表现出窄而深的谷。

在大多数的实际情况中，z 变换的复极点和复零点以复共轭对的形式出现，而单极点和单零点都是实数。因此，此时，有理 z 变换是实系数多项式的比。为验证这个事实，设 $z=a_i\pm \text{j}b_i$ 是有理 z 变换 $H(z)$ 的一对共轭复数极点，其中 a_i 和 b_i 是实数。则 $H(z)$ 的分母中就含有 $(z-a_i-\text{j}b_i)$ 和 $(z-a_i+\text{j}b_i)$ 这两个因式，这两个一阶因式的乘积是一个二阶因式为

$$(z-a_i-\text{j}b_i)(z-a_i+\text{j}b_i)=(z-a_i)^2+b_i^2=z^2-2a_iz+(a_i^2+b_i^2)$$

式中的系数都是实数。

---

① 有些情况下，z 变换 $H(z)$ 的分子 $P(z)$ 和分母 $D(z)$ 会有公因式，由于零极点抵消，使得零点数目少于 M，极点数目少于 N。

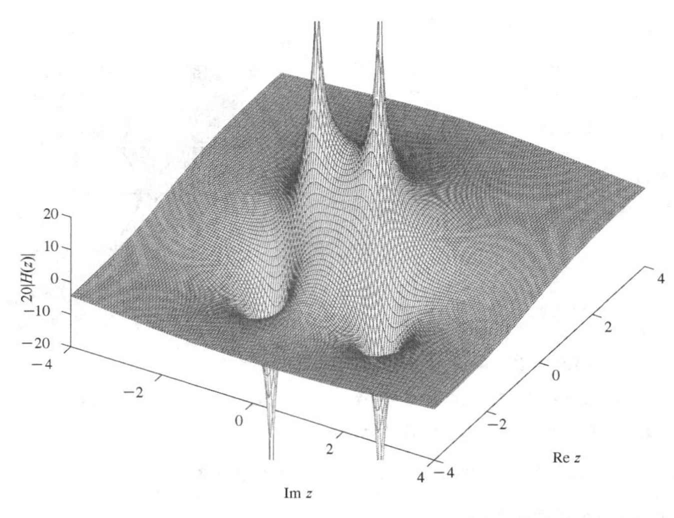

图 6.2　20 lg|$H(z)$|作为 Re(z)和 Im(z)函数的三维图形

6.3　有理 z 变换的收敛域

由于很多原因，z 变换的收敛域是一个重要的概念。正如我们在前面的例 6.1 和例 6.2 中看到的那样，若不知道收敛域，则无法建立序列及其 z 变换之间的唯一对应关系。因此，z 变换通常必须和它的收敛域一起给出。另外，若序列的 z 变换的收敛域包括单位圆，则该序列的傅里叶变换可以通过求它在单位圆上的 z 变换很容易得到。在本章后面，我们将要指出因果 LTI 系统的冲激响应的 z 变换的收敛域和它的 BIBO 稳定之间的关系。因此，有必要透彻地研究收敛域。

现在，有理 z 变换的收敛域是以它的极点的位置为界的。为了理解极点和收敛域之间的这种关系，研究 z 变换的极点及零点的图非常有用。图 6.3 显示了式(6.17)的 z 变换 $\mu(z)$ 的零极点图，这里用叉"×"标明极点的位置，用圆"o"给出零点的位置。在该图中，以阴影区域所表示的收敛域是 z 平面上的一个区域，该区域恰好是以原点为圆心并经过极点 $z=1$ 的圆的外部，并以各个方向扩展到 $|z|=\infty$。

例 6.4 说明了确定一个因果序列的有理 z 变换的收敛域。

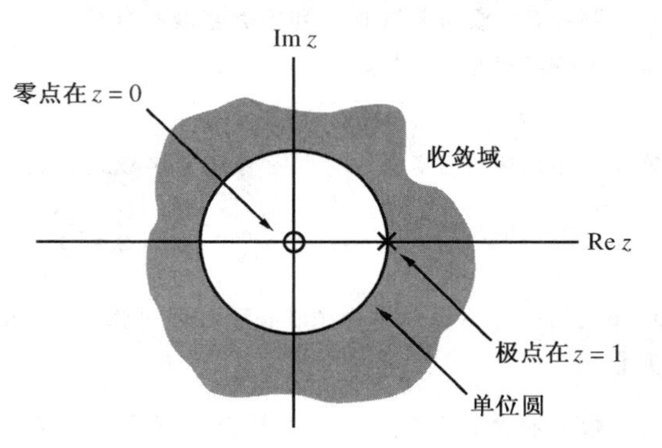

图 6.3　$\mathcal{Z}\{\mu[n]\}$的收敛域的零极点图

例 6.4　指数序列的 z 变换的收敛域

求序列 $h[n]=(-0.6)^n\mu[n]$ 的 z 变换 $H(z)$ 的收敛域。由式(6.8)可得

$$H(z)=\frac{1}{1+0.6z^{-1}}=\frac{z}{z+0.6},\qquad |z|>0.6 \tag{6.18}$$

这表示收敛域恰好在通过点 $z=-0.6$ 的圆的外部并向各个方向扩展到 $z=\infty$，如图 6.4 所示。注意，$H(z)$ 在 $z=0$ 处有一个零点，在 $z=-0.6$ 处有一个极点。

通常，收敛域与 2.1 节中定义的有意义的序列的类型有关。在例 6.5 至例 6.8 中我们将研究几个不同类型序列的 z 变换的收敛域。

例 6.5　双边有限长序列的 z 变换的收敛域

考虑定义在区间 $-M\le n\le N$ 上的有限长序列 $g[n]$，其中 M 和 N 是非负整数且$|g[n]|<\infty$。其 z 变换为

$$G(z)=\sum_{n=-M}^{N}g[n]z^{-n}=\frac{\sum_{n=0}^{N+M}g[n-M]z^{N+M-n}}{z^N} \tag{6.19}$$

注意到式(6.19)中$G(z)$在$z=\infty$处有M个零点，且在$z=0$处有N个零点。从上面可以看出，通常一个有限长的有界序列的z变换除了可能在$z=0$或$z=\infty$处不收敛外，在z平面的任何地方均收敛。

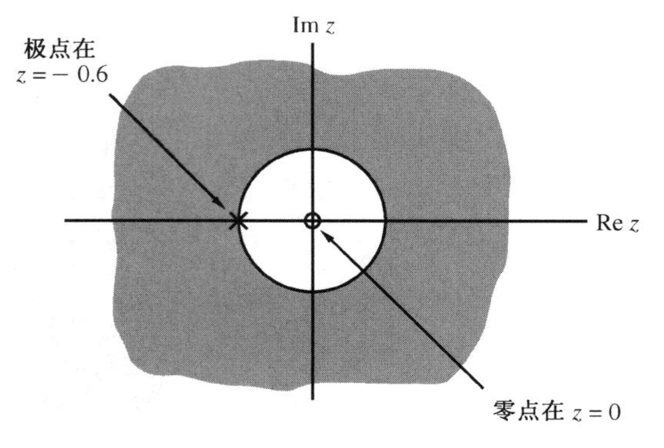

图6.4 $\mathcal{Z}\{(-0.6)^n\mu[n]\}$的零极点图

例6.6 右边无限长序列的z变换的收敛域

仅在$n\geqslant 0$时有非零样本值的右边序列$u_1[n]$称为**因果序列**，其z变换为

$$U_1(z)=\sum_{n=0}^{\infty}u_1[n]z^{-n} \tag{6.20}$$

可以看出，序列$U_1(z)$收敛于圆$|z|=\mathcal{R}_1$的外部，收敛域包括点$z=\infty$。另外，仅当$n\geqslant -M$时有非零样本值的右边序列$u_2[n]$的z变换$U_2(z)$在$z=\infty$处有M个极点，其中M非负，因此它的收敛域在$|z|=\mathcal{R}_2$以外，但不包括点$z=\infty$。

例6.7 左边无限长序列的z变换的收敛域

仅在$n\leqslant 0$时有非零样本值的左边序列$v_1[n]$称为**反因果序列**，其z变换为

$$V_1(z)=\sum_{n=-\infty}^{0}v_1[n]z^{-n} \tag{6.21}$$

它收敛于圆$|z|=\mathcal{R}_3$的内部，包括点$z=0$。然而，仅当$n\leqslant N$时有非零样本值左边序列$v_2[n]$的z变换$V_2(z)$在$z=0$处有N个极点，其中N非负。因此，$V_2(z)$的收敛域在圆$|z|=\mathcal{R}_4$的内部，但不包括点$z=0$。

双边序列$w[n]$的z变换可以表示为

$$W(z)=\sum_{n=-\infty}^{\infty}w[n]z^{-n}=\sum_{n=0}^{\infty}w[n]z^{-n}+\sum_{n=-\infty}^{-1}w[n]z^{-n} \tag{6.22}$$

式(6.22)中等号右边的第一项可以被解释为一个右边序列的z变换，它收敛于圆$|z|=\mathcal{R}_5$的外部。第二项是左边序列的z变换，它收敛于圆$|z|=\mathcal{R}_6$的内部。因此，若$\mathcal{R}_5<\mathcal{R}_6$，则存在重叠的收敛域$\mathcal{R}_5<|z|<\mathcal{R}_6$。若$\mathcal{R}_6<\mathcal{R}_5$，则$z$变换不存在，如下例所示。

例6.8 双边无限长序列的z变换不存在

无论绝对值$|\alpha|$为多少，定义为

$$u[n]=\alpha^n$$

的双边序列没有z变换，其中α可能是实数或复数。接下来注意到z变换表示可以重写为

$$U(z)=\sum_{n=0}^{\infty}\alpha^n z^{-n}+\sum_{n=-\infty}^{-1}\alpha^n z^{-n} \tag{6.23}$$

式(6.23)等号右边的第一项在$|z|>|\alpha|$时收敛，而第二项在$|z|<|\alpha|$时收敛，因此，在两个收敛域之间没有重叠。

极点在无限处的有理z变换按定义不会收敛。因此，一个有理z变换的收敛域不能包含任何极点，另外，有理z变换的收敛域以极点位置为界。z变换的这两个性质可以从式(6.17)给出的单位阶跃序列的z变换看出来，并用图6.3的零极点图来说明。另一个例子是定义在例6.4中的序列，其z变换由式(6.18)给出，相应的零极点图如图6.4所示。

为了表明收敛域以极点位置为界，假定z变换$X(z)$有两个单极点α和β，其中$|\alpha|<|\beta|$。若也假定序列为右边序列，则它形如

$$x[n]=(r_1(\alpha)^n+r_2(\beta)^n)\mu[n-N_o] \tag{6.24}$$

其中N_o是正或负整数。若对于某些z

$$\sum_{n=N_o}^{\infty} \left|(\gamma)^n z^{-n}\right| < \infty$$

则右边序列$(\gamma)^n\mu[n-N_o]$的 z 变换存在。可以看出上式在$|z|>|\gamma|$时成立，但在$|z|\leqslant|\gamma|$时不成立。因此，式(6.24)的右边序列的收敛域为$|\beta|<|z|<\infty$。类似地，若 $X(z)$是形如

$$x[n] = (r_1(\alpha)^n + r_2(\beta)^n)\,\mu[-n-N_o] \tag{6.25}$$

的左边序列的 z 变换，则其收敛域定义为$0\leqslant|z|<|\alpha|$。

对于双边序列，某些极点产生了 $n<0$ 的项，而某些其他的极点则会产生 $n\geqslant0$ 的项。因此收敛域在生成 $n<0$ 的极点最小幅度值之外，在生成 $n\geqslant0$ 的极点的最大幅度值之内。

图6.5 显示了极点在 $z=\alpha$ 和 $z=\beta$ 的有理 z 变换的三种可能收敛域，每个收敛域与唯一序列相关联。通常，若有理 z 变换具有 N 个极点，且这 N 个极点有 R 个不同幅度，则它就会有 $R+1$ 个收敛域，因此，$R+1$ 个不同序列有相同的有理 z 变换。所以，具有特定收敛域的一个有理 z 变换才有一个唯一序列作为它的逆 z 变换，而没有收敛域的有理 z 变换是没有意义的。

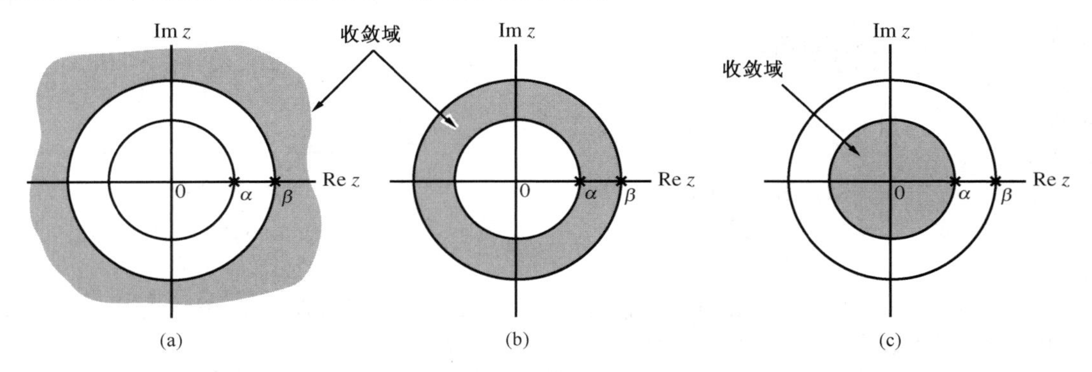

图6.5　有理 z 变换的零极点图，三个可能的收敛域对应着三种不同的序列：(a)右边序列；(b)双边序列；(c)左边序列

对上面的讨论进行总结，可以得出对有理 z 变换的收敛域的如下观察结果：

(a)定义在 $M\leqslant n\leqslant N$ 上的有限长序列的 z 变换的收敛域覆盖在整个 z 平面，但可能要去除 $z=0$ 或 $z=\infty$ 这两个点。

(b)定义在 $M\leqslant n<\infty$ 上的右边序列的 z 变换的收敛域在 z 平面上通过离原点 $z=0$ 最远的极点的圆的外部。

(c)定义在 $-\infty<n\leqslant N$ 上的左边序列的 z 变换的收敛域在 z 平面上通过离原点 $z=0$ 最近的极点的圆的内部。

(d)无限长双边序列的 z 变换的收敛域是以通过极点的两个同心圆为界的环，且环内没有极点。

M 文件 factorize 可以用来对有理 z 变换的分母多项式进行因式分解，从而确定其可能的收敛域。有理 z 变换的零极点图可以用 M 文件 zplane 来显示。z 变换可以用向量 zeros 和 poles 给出的其零极点或者用以 z 的降幂形式排列的分子和分母多项式的系数向量 num 和 den 来描述：

actorize. m

```
zplane(zeros,poles),    zplane(num,den)
```

注意，变量 zeros 和 poles 必须以列向量的形式输入，而变量 num 和 den 需要以行向量的形式输入。函数 zplane 在当前的图形窗口中画出零点和极点，零点以符号“o”表示，极点用符号“×”表示。为了参照，图中会给出单位圆。若需要，函数中的自动尺度可以重写。

例6.9 说明了上面函数的应用。

例6.9　求有理 z 变换的可能收敛域

用因式形式表示下面的 z 变换，画出零点和极点，并确定收敛域。

$$G(z)=\frac{2z^4+16z^3+44z^2+56z+32}{3z^4+3z^3-15z^2+18z-12} \tag{6.26}$$

我们用程序 6_1 进行因式分解。由该程序生成的分子和分母多项式的一阶和二阶因式的系数如下所示:

```
Numerator factors
1.0     4.0     0
1.0     2.0     0
1.0     2.0     2.0

Denominator factors
1.0    3.236    0
1.0   -1.236    0
1.0   -1.0      1.0

Gain constant
0.6667
```

因此,式(6.26)的 z 变换的因式形式为

$$G(z)=0.6667\frac{(1+4z^{-1})(1+2z^{-1})(1+2z^{-1}+2z^{-2})}{(1+3.236z^{-1})(1-1.236z^{-1})(1-z^{-1}+z^{-2})} \tag{6.27}$$

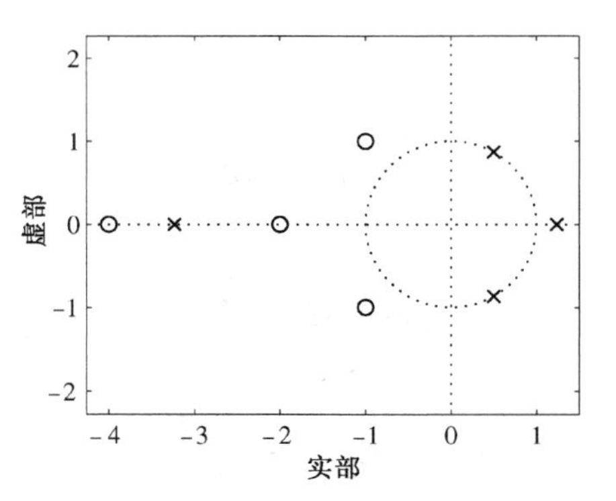

图 6.6 式(6.26)的 z 变换的零极点图

该程序生成的零极点图如图 6.6 所示。由式(6.27)可以看出 4 个收敛域为

$$\mathcal{R}_1:\infty\geqslant|z|>3.2361$$
$$\mathcal{R}_2:3.236>|z|>1.236$$
$$\mathcal{R}_3:1.236>|z|>1$$
$$\mathcal{R}_4:1>|z|\geqslant 0$$

语句[num, den] = zp2tf(z, p, k)可用于根据 z 变换的因式来确定其有理形式。输入变量为包含有理 z 变换中零点$\{\xi_\ell\}$和极点$\{\lambda_\ell\}$的列向量 z 和 p,以及增益常数 $k=p_0/d_0$[参见式(6.16)]。输出的是按 z 的降幂排列的分子和分母多项式的系数的两个行向量 num 和 den。程序 6_2 使用了函数 zp2tf,其具体应用在例 6.10 中给出。

例 6.10 通过零极点位置得到 z 变换的有理形式

程序 6_2. m

现在通过零点和极点的位置来确定有理形式的 z 变换。零点位置为 $\xi_1=0.21$、$\xi_2=3.14$、$\xi_3=-0.3+\mathrm{j}0.5$、$\xi_4=-0.3-\mathrm{j}0.5$;极点位置为 $\lambda_1=-0.45$、$\lambda_2=0.67$、$\lambda_3=0.81+\mathrm{j}0.72$、$\lambda_4=0.81-\mathrm{j}0.72$;增益常数 k 为 2.2。

程序 6_2 在执行时需要输入数据,有零点的位置、极点的位置以及增益常数。程序以 z 的降幂形式显示了分母和分之多项式的系数,如下所示:

```
Numerator polynomial coefficients
  Columns 1 through 5
   2.2  -6.05  -2.22332  -1.63592   -0.4932312

Denominator polynomial coefficients
  Columns 1 through 5
   1.0  -1.840  1.22940   0.23004   -0.35411175
```

从上面可得所求的表达式为

$$G(z)=\frac{2.2z^4-6.05z^3-2.223\,32z^2-1.635\,92z+0.493\,231\,2}{z^4-1.84z^3+1.2294z^2+0.230\,04z-0.354\,111\,75}$$

6.4 逆 z 变换

在 6.5 节中,可以看到两个序列的卷积序列的 z 变换可以通过这两个序列的 z 变换相乘得到。所以,存在另一种方法来实现卷积和,即首先将两个序列的 z 变换相乘,然后求逆 z 变换。由于这种方法可以得到闭式解,因而在许多应用中非常方便。因此,建立 z 变换的逆变换是很重要的。下面给出逆 z 变换的一般表达式并给出两种计算方法。

6.4.1 一般表达式

式(6.1)两边同时乘以z^{n-1}并且进行闭合曲线C的逆时针积分，该曲线在z变换$G(z)$的收敛域内，而且包含$z=0$，得到

$$\oint_C G(z)z^{n-1}\,\mathrm{d}z=\oint_C \sum_{\ell=-\infty}^{\infty} g[\ell]\,z^{-\ell}z^{n-1}\,\mathrm{d}z \tag{6.28}$$

按$G(z)$交换式(6.28)等号右边的求和与积分的次序后，因此$\sum_{\ell=-\infty}^{\infty} g[\ell]z^{-\ell}z^{n-1}\mathrm{d}z$在曲线$C$上收敛。从而在两边同乘以$\frac{1}{2\pi \mathrm{j}}$后，式(6.28)可以重写为

$$\frac{1}{2\pi \mathrm{j}}\oint_C G(z)z^{n-1}\,\mathrm{d}z=\frac{1}{2\pi \mathrm{j}}\sum_{\ell=-\infty}^{\infty} g[\ell]\oint_C z^{n-1-\ell}\,\mathrm{d}z \tag{6.29}$$

根据柯西积分定理[Chu90]，式(6.29)的等号右边简化为$g[n]$

$$\frac{1}{2\pi \mathrm{j}}\oint_C z^{n-1-\ell}\,\mathrm{d}z=\delta(n-\ell)$$

因此，逆z变换的一般形式为

$$g[n]=\frac{1}{2\pi \mathrm{j}}\oint_C G(z)z^{n-1}\,\mathrm{d}z \tag{6.30}$$

通常，由于式(6.30)的曲线积分必须对范围$-\infty<n<\infty$的所有n值进行，因此很难计算。然而，在本书中，我们将讨论其逆变换可以用如下所述的简单方法求取的那些z变换。

对于有理z变换，式(6.30)中的曲线积分可以用柯西留数定理[Chu90]来计算，得到

$$g[n]=\sum\left[G(z)z^{n-1}\text{在}C\text{内的极点的留数}\right] \tag{6.31}$$

若$G(z)z^{n-1}$在$z=\lambda_o$处有m重极点，则可将函数表示为

$$G(z)z^{n-1}=\frac{\Gamma(z)}{(z-\lambda_o)^m}$$

从而$G(z)z^{n-1}$在极点$z=\lambda_o$处的留数为

$$\begin{aligned}\text{留数}[G(z)z^{n-1}\text{在}z=\lambda_o]&=\frac{1}{(m-1)!}\left[\frac{d^{m-1}(z-\lambda_o)^m G(z)z^{n-1}}{d\,z^{m-1}}\right]_{z=\lambda_o}\\&=\frac{1}{(m-1)!}\left[\frac{d^{m-1}\Gamma(z)}{d\,z^{m-1}}\right]_{z=\lambda_o}.\end{aligned} \tag{6.32}$$

我们将在例6.11给出用式(6.31)计算逆z变换的示例。

例6.11　使用柯西留数定理计算逆z变换

考虑

$$X(z)=\frac{z}{(z-1)^2},\qquad |z|>1 \tag{6.33}$$

$X(z)z^{n-1}=z^n/(z-1)^2$的极点的数目和位置与n的值有关。当$n\geqslant 0$时，在$z=1$处有两个极点；而当$n<0$时，函数在$z=0$处有n个极点，在$z=1$处有两个极点。在上面的两种情况中，极点都在$X(z)$的收敛域外。

首先，计算在极点$z=1$处函数$X(z)z^{n-1}$的留数ρ_1。

$$\begin{aligned}\rho_1&=\frac{\mathrm{d}}{\mathrm{d}z}\left[(z-1)^2X(z)z^{n-1}\right]_{z=1}\\&=\left.\frac{\mathrm{d}z^n}{\mathrm{d}z}\right|_{z=1}=\left.nz^{n-1}\right|_{z=1}=n,\qquad -\infty<n<\infty\end{aligned} \tag{6.34}$$

接下来，我们计算$n<0$时$X(z)z^{n-1}$在极点$z=0$处的留数ρ_0。为此，令$r=-n$，并计算当$r>0$时$X(z)z^{-r-1}$的留数ρ_0：

$$\rho_0 = \frac{1}{(r-1)!}\left[\frac{\mathrm{d}^{r-1}}{\mathrm{d}z^{r-1}}\left(z^r X(z) z^{-r-1}\right)\right]_{z=0}$$

$$= \frac{1}{(r-1)!}\left[\frac{\mathrm{d}^{r-1}}{\mathrm{d}z^{r-1}}\left(\frac{1}{(z-1)^2}\right)\right]_{z=0} = \frac{r!}{(r-1)!} = r, \qquad r > 0$$

因此

$$\rho_0 = -n, \qquad n < 0 \tag{6.35}$$

合并式(6.34)和式(6.35)，可得

$$x[n] = \begin{cases} n, & n \geqslant 0 \\ 0, & n < 0 \end{cases} \tag{6.36}$$

由于式(6.31)必须求当 n 取不同值时的情况，在大多数情况下很难得到闭式解，在此再对其做进一步的研究。在许多实际情况中，下述简单方法中的任何一个都可以用来计算逆变换。

6.4.2 通过查表法计算逆 z 变换

常通过查找 z 变换表的方法来计算逆 z 变换，该表在很多书中都可找到[Jur73]。例6.12说明了这种直接目测法。

例6.12 用查表法求逆 z 变换

求

$$H(z) = \frac{0.5\,z}{z^2 - z + 0.25}, \qquad |z| > 0.5$$

的逆变换 $h[n]$。为此，将 $H(z)$ 重写为

$$H(z) = \frac{0.5\,z}{(z-0.5)^2} = \frac{0.5\,z^{-1}}{(1-0.5\,z^{-1})^2} \tag{6.37}$$

现在，通过表6.1，观察到

$$n\,\alpha^n \mu[n] \stackrel{\mathcal{Z}}{\longleftrightarrow} \frac{\alpha\,z^{-1}}{(1-\alpha\,z^{-1})^2}, \qquad |z| > |\alpha|$$

将上式与式(6.37)相比较，可得

$$h[n] = n\,(0.5)^n \mu[n]$$

6.4.3 使用部分分式展开法求逆 z 变换

计算式(6.30)的方法有多种。具有因果逆变换 $g[n]$ 的有理 z 变换 $G(z)$ 的收敛域是某个圆的外部。此时，用部分分式展开形式表示 $G(z)$，然后对展开式中每个简单项的逆变换求和来求 $g[n]$，这样做相当方便。有理 $G(z)$ 可以表示为

$$G(z) = \frac{P(z)}{D(z)} \tag{6.38}$$

式中 $P(z)$ 和 $D(z)$ 是如式(6.13)所示的 z^{-1} 的多项式。若分子多项式 $P(z)$ 的次数 M 大于或等于分母多项式 $D(z)$ 的次数 N，则有理函数 $P(z)/D(z)$ 称为**假分式**。这时，可以把 $P(z)$ 除以 $D(z)$ 并将 $G(z)$ 重写为

$$G(z) = \sum_{\ell=0}^{M-N} \eta_\ell z^{-\ell} + \frac{P_1(z)}{D(z)} \tag{6.39}$$

式中多项式 $P_1(z)$ 的次数小于 $D(z)$ 的次数。有理函数 $P_1(z)/D(z)$ 称为**真分式**。例6.13讨论真分式的求取。

例6.13 确定有理 z 变换中的真分式

考虑有理 z 变换

$$\frac{2 + 0.8z^{-1} + 0.5z^{-2} + 0.3z^{-3}}{1 + 0.8z^{-1} + 0.2z^{-2}}$$

可以看出分子多项式的次数是3，而分母多项式的次数是2。既然分子多项式的次数大于分母多项式的次数，上面的有理 z 变换就不是真分式。将分子除以分母使得余数的分子是一次多项式，可以把它表示为一个 z^{-1} 的多项式同一个形如式(6.39)的真分式之和。为此，应用长除法，其中两个多项式都是以反序表示，得到

$$-3.5+1.5z^{-1}+\frac{5.5+2.1z^{-1}}{1+0.8z^{-1}+0.2z^{-2}}$$

有理函数 $\frac{5.5+2.1z^{-1}}{1+0.8z^{-1}+0.2z^{-2}}$ 是一个真分式。

单极点

在大多数的实际情况中，$G(z)$ 是具有单极点的真分式。设 $G(z)$ 的极点在 $z=\lambda_k$ 处，$1\leqslant k\leqslant N$，其中 λ_k 是不同的。则 $G(z)$ 的部分分式展开形如

$$G(z)=\sum_{\ell=1}^{N}\frac{\rho_\ell}{1-\lambda_\ell z^{-1}} \tag{6.40}$$

上式中的常量 ρ_ℓ 称为**留数**，为

$$\rho_\ell=(1-\lambda_\ell z^{-1})G(z)\Big|_{z=\lambda_\ell} \tag{6.41}$$

式(6.40)等号右边的和式中的每一项的收敛域为 $|z|>|\lambda_\ell|$，因而是形如 $\rho_\ell(\lambda_\ell)^n\mu[n]$ 的逆变换。因此，$G(z)$ 的逆变换 $g[n]$ 为

$$g[n]=\sum_{\ell=1}^{N}\rho_\ell(\lambda_\ell)^n\mu[n] \tag{6.42}$$

注意到，上述方法经过稍许修改后就可以用来求具有有理 z 变换的非因果序列的逆 z 变换。

例 6.14 将用部分分式展开法来计算有着单极点的有理 z 变换的逆变换。

例 6.14　使用部分分式展开法计算逆 z 变换

设因果序列 $h[n]$ 的 z 变换为

$$H(z)=\frac{z(z+2.0)}{(z-0.2)(z+0.6)}=\frac{1+2.0z^{-1}}{(1-0.2z^{-1})(1+0.6z^{-1})} \tag{6.43}$$

因而 $H(z)$ 的部分分式展开形如：

$$H(z)=\frac{\rho_1}{1-0.2z^{-1}}+\frac{\rho_2}{1+0.6z^{-1}} \tag{6.44}$$

利用式(6.41)可得

$$\rho_1=(1-0.2z^{-1})H(z)\big|_{z=0.2}=\frac{1+2.0z^{-1}}{1+0.6z^{-1}}\Big|_{z=0.2}=2.75$$

及

$$\rho_2=(1+0.6z^{-1})H(z)\big|_{z=-0.6}=\frac{1+2.0z^{-1}}{1-0.2z^{-1}}\Big|_{z=-0.6}=-1.75$$

将上式代入式(6.44)，得到

$$H(z)=\frac{2.75}{1-0.2z^{-1}}-\frac{1.75}{1+0.6z^{-1}}$$

因此上式的逆变换为

$$h[n]=2.75(0.2)^n\mu[n]-1.75(-0.6)^n\mu[n] \tag{6.45}$$

求部分分式展开的另外一种方法是通过交叉相乘项从式(6.40)给出的分式展开式来得到 z 变换的有理形式。该方法建立分子系数与特定数的表达式方程，接下来求留数。例 6.15 说明了该方法。

例 6.15　用系数匹配法计算留数

重做例 6.14。由式(6.44)可得

$$H(z) = \frac{(\rho_1 + \rho_2) + (0.6\rho_1 - 0.2\rho_2)z^{-1}}{(1 - 0.2z^{-1})(1 + 0.6z^{-1})}$$

将上式中分子的系数和式(6.43)中的相应系数进行比较，可得下面两个方程：

$$\rho_1 + \rho_2 = 1, \qquad 0.6\rho_1 - 0.2\rho_2 = 2$$

解得

$$\rho_1 = 2.75, \qquad \rho_2 = -1.75$$

可以看出上面的值与例 6.14 中的结果一致。

在有理 z 变换中，复极点以复共轭对的形式出现。这里，若在极点 $z = \lambda_\ell$处的留数是 ρ_ℓ，则在极点 $z = \lambda_\ell^*$ 处的留数是ρ_ℓ^*。因此，部分分式展开中与复共轭极点对相应的项可以联合起来形成实系数展开式的二阶因式。

多重极点

若 $G(z)$是有多重极点的真分式，则部分分式展开的形式稍微有些不同。例如，若在 $z = \nu$ 处有 L 重极点，而其他 $N-L$ 个极点是在 $z = \lambda_\ell$的单极点，$1 \leqslant \ell \leqslant N-L$，则 $G(z)$的部分分式展开形如

$$G(z) = \sum_{\ell=1}^{N-L} \frac{\rho_\ell}{1 - \lambda_\ell z^{-1}} + \sum_{i=1}^{L} \frac{\gamma_i}{(1 - \nu z^{-1})^i} \tag{6.46}$$

式中常数 γ_i(当 $i \neq 1$ 时它不再称为留数)用下面的方程计算：

$$\gamma_i = \frac{1}{(L-i)!(-\nu)^{L-i}} \frac{d^{L-i}}{d(z^{-1})^{L-i}} \left[(1 - \nu z^{-1})^L G(z)\right]\bigg|_{z=\nu}, \qquad 1 \leqslant i \leqslant L \tag{6.47}$$

而留数 ρ_ℓ 用式(6.41)计算。求类似 $\gamma_i/(1 - \nu z^{-1})^i$的项的逆 z 变换技术将在例 6.27 中描述。

6.4.4 使用 MATLAB 进行部分分式展开

M 文件 `residuez` 可以生成有理 z 变换的部分分式展开式，并可将以部分分式形式表示的 z 变换转换成其有理形式。对于前一种情况，语句是`[r, p, k] = residuez (num, den)`，其中输入数据是分别包含分子和分母多项式的系数向量 `num` 和 `den`，它们以 z 的降幂形式给出，输出文件是留数向量 `r` 和分子常数、对应极点向量 `p` 和包含常数 η_ℓ 的向量 `k`。语句`[num, den] = residuez(r, p, k)`用来实现逆运算。例 6.16 和例 6.17 将介绍此函数的具体应用。

程序
6_3. m

例 6.16 用 MATLAB 进行部分分式展开

用 MATLAB 求 z 变换 $G(z)$

$$G(z) = \frac{18z^3}{18z^3 + 3z^2 - 4z - 1} \tag{6.48}$$

的部分分式展开。为此，使用程序 6_3。运行时，程序所要求的输入数据分别是分子和分母多项式的系数向量 `num` 和 `den`(以 z 的降幂形式给出)。将这些数据以方括号输入如下：

```
num = [18]
den = [18  3  -4  -1]
```

输出数据是留数和常数，以及形如式(6.46)的 $G(z)$的展开式的极点。对本例，它们为

```
Residues
    0.3600    0.2400    0.4000

Poles
   0.5000   -0.3333   -0.3333

Constants
```

注意到式(6.48)的 z 变换在 $z = -1/3 = -0.3333$ 处有两个极点。上面给出的留数和极点的第一项与部分分式表达式中单极点因式$(1 - 0.5z^{-1})$对应，第二项对应于单极点因式 $(1 + 0.3333z^{-1})$，而第三项对应于因式$(1 + 0.3333z^{-1})^2$。因此，所求的表达式为

$$G(z)=\frac{0.36}{1-0.5z^{-1}}+\frac{0.24}{1+0.3333z^{-1}}+\frac{0.4}{(1+0.3333z^{-1})^2} \qquad (6.49)$$

例 6.17　由部分分式展开得到 z 变换的有理形式

程序 6_4.m

现在考虑以式(6.49)给出的部分分式展开表示来求 z 变换的有理形式。程序 6_4 可以用来得到有理形式。在运行时，程序要求输入的数据为留数向量 r、极点位置向量 p 以及常数向量 k，每个都用方括号输入如下：

```
r = [0.36 0.24 0.4]
p = [0.5  -0.3333  -0.3333]
k = [0]
```

然后该程序分别显示出分子和分母多项式的系数，它们均以 z 的降幂形式排列，如下所示。可以看到，若将每个系数乘以 18，则这些系数和式(6.48)中的恰好一样。

```
Numerator polynomial coefficients
    1.0000    -0.0000          0          0

Denominator polynomial coefficients
    1.0000     0.1667    -0.2222    -0.0556
```

6.4.5　用长除法计算逆 z 变换

对于因果序列，z 变换 $G(z)$ 可以展开成 z^{-1} 的幂级数。在该级数展开式中，乘以项 z^{-n} 的系数就是第 n 个样本 $g[n]$。我们通过例 6.18 和例 6.19 说明这种方法。

对于因果有理 $G(z)$，将分子和分母表示为 z^{-1} 的多项式，然后通过长除法得到幂级数的展开来求幂级数将会很方便。然而注意，该方法用于求从样本 $n=0$ 开始的逆 z 变换 $\{g[n]\}$ 的有限数量个系数。

例 6.18　使用长除法计算逆 z 变换

对例 6.14 中式(6.43)给出的因果 $H(z)$ 乘上分母因式，可得

$$H(z)=\frac{1+2.0z^{-1}}{1+0.4z^{-1}-0.12z^{-2}} \qquad (6.50)$$

用分子对分母进行长除，得到

$$\begin{array}{r|llllll}
 & 1 & +1.6z^{-1} & -0.52z^{-2} & +0.4z^{-3} & -0.2224z^{-4} & +\cdots \\
\hline
1+0.4z^{-1}-0.12z^{-2} & 1 & +2.0z^{-1} & & & & \\
 & 1 & +0.4z^{-1} & -0.12z^{-2} & & & \\
\hline
 & & 1.6z^{-1} & +0.12z^{-2} & & & \\
 & & 1.6z^{-1} & +0.64z^{-2} & -0.192z^{-3} & & \\
\hline
 & & & -0.52z^{-2} & +0.192z^{-3} & & \\
 & & & -0.52z^{-2} & -0.208z^{-3} & +0.0624z^{-4} & \\
\hline
 & & & & 0.400z^{-3} & -0.0624z^{-4} & \\
 & & & & 0.400z^{-3} & +0.1600z^{-4} & -0.0480z^{-5} \\
\hline
 & & & & & -0.2224z^{-4} & +0.0480z^{-5} \\
 & & & & & & \cdots\cdots \\
 & & & & & & \cdots\cdots
\end{array}$$

因此，$H(z)$ 可以表示为

$$H(z)=1.0+1.6z^{-1}-0.52z^{-2}+0.4z^{-3}-0.2224z^{-4}+\cdots$$

从而有

$$\{h[n]\}=\{\underset{\uparrow}{1.0},\quad 1.6,\quad -0.52,\quad 0.4,\quad -0.2224,\cdots\},\qquad n\geqslant 0$$

计算式(6.45)中 $h[n]$ 在 $n=0, 1, 2, 3, 4$ 时的值，可以很容易验证长除法的正确性。

例 6.19 使用幂级数展开计算逆 z 变换

用幂级数展开法来计算例 6.11 中的 z 变换 $X(z)$ 的逆变换 $x[n]$。由于 $X(z)$ 的收敛域为 $|z|>1$，因此，$x[n]$ 是因果序列，所以可将 $X(z)$ 展开为 z^{-1} 的幂级数。

现在，这个特定的 z 变换可以写为

$$X(z)=\frac{z^{-1}}{(1-z^{-1})^2}$$

$1/(1-z^{-1})^2$ 的二项级数展开为

$$\frac{1}{(1-z^{-1})^2}=1+2z^{-1}+3z^{-2}+4z^{-3}+\cdots$$

因此

$$\frac{z^{-1}}{(1-z^{-1})^2}=z^{-1}+2z^{-2}+3z^{-3}+4z^{-4}+\cdots$$

从而有

$$\{x[n]\}=\{\underset{\uparrow}{0},\quad 1,\quad 2,\quad 3,\quad 4,\cdots\},\qquad n\geqslant 0$$

因此可以推出

$$x[n]=\begin{cases}n, & n\geqslant 0\\ 0, & n<0\end{cases}$$

6.4.6 用 MATLAB 计算逆 z 变换

使用 MATLAB 可以很容易地计算因果序列有理 z 变换的逆。为此，可用到函数 `impz` 和函数 `filter`。我们给出例 6.20 和例 6.21 来示例它们的用法。

程序 6_5.m

例 6.20 用 MATLAB 实现逆 z 变换：方法一

首先说明用函数 `impz` 求式(6.50)给出的逆 z 变换的前 11 个系数。为此，使用程序 6_5。程序所调用的输入数据为所求系数的个数以及在方括号内输入的有理 z 变换的分子和分母的系数向量。输出数据是所求的逆 z 变换系数，如下所示：

```
Coefficients of the power series expansion

  Columns 1 through 7
   1.0000  1.6000  -0.5200  0.4000  -0.2224  0.1370  -0.0815

  Columns 8 through 11
   0.0490  -0.0294  0.0176  -0.0106
```

可以看出它的前 5 个系数与例 6.18 中用长除法得到的系数一致。

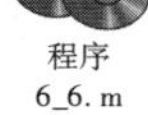
程序 6_6.m

例 6.21 用 MATLAB 实现逆 z 变换：方法二

程序 6_6 用来求有理 z 变换的逆变换。程序运行时，它要求得到输出向量 `y` 的长度，以及以 `z` 的降幂形式在方括号中输入的分子和分母系数的向量。计算输出向量以后，程序显示出有理 z 变换的幂级数展开式的系数。

对式(6.50)中的 z 变换应用程序 6_6，可得到与例 6.20 中用函数 `impz` 计算出的相同结果。

6.5 z 变换定理

和离散时间傅里叶变换一样，z 变换也满足一些重要的定理。表 6.2 中总结了这些定理。为了简洁，用式(6.6)中引入的算子记号，并用下面的 z 变换对来描述这些定理。

$$g[n]\overset{z}{\longleftrightarrow}G(z),\qquad \text{ROC}:\mathcal{R}_g \tag{6.51}$$

$$h[n]\overset{z}{\longleftrightarrow}H(z),\qquad \text{ROC}:\mathcal{R}_h \tag{6.52}$$

其中$\mathcal{R}_g$为$R_{g-}<|z|<R_{g+}$，$\mathcal{R}_h$为$R_{h-}<|z|<R_{h+}$。对这些定理的理解使得将z变换技术用于分析设计数字滤波器变得容易和有趣。我们在此证明几个定理，并鼓励读者验证剩下的定理。

表6.2　z变换定理

定理	序列	z变换	收敛域
	$g[n]$	$G(z)$	$\mathcal{R}_g$
	$h[n]$	$H(z)$	$\mathcal{R}_h$
共轭	$g^*[n]$	$G^*(z^*)$	$\mathcal{R}_g$
时间反转	$g[-n]$	$G(1/z)$	$1/\mathcal{R}_g$
线性	$\alpha g[n]+\beta h[n]$	$\alpha G(z)+\beta H(z)$	包括$\mathcal{R}_g\cap\mathcal{R}_h$
时移	$g[n-n_o]$	$z^{-n_o}G(z)$	$\mathcal{R}_g$，可能除了点$z=0$或$z=\infty$
与指数序列相乘	$\alpha^n g[n]$	$G(z/\alpha)$	$\|\alpha\|\mathcal{R}_g$
$G(z)$的差分	$ng[n]$	$-z\dfrac{\mathrm{d}G(z)}{\mathrm{d}z}$	$\mathcal{R}_g$，可能除了点$z=0$或$z=\infty$
卷积	$g[n]\circledast h[n]$	$G(z)H(z)$	包括$\mathcal{R}_g\cap\mathcal{R}_h$
调制	$g[n]h[n]$	$\dfrac{1}{2\pi\mathrm{j}}\oint_C G(v)H(z/v)v^{-1}\mathrm{d}v$	包括$\mathcal{R}_g\mathcal{R}_h$
帕塞瓦尔定理	$\sum_{n=-\infty}^{\infty}g[n]h^*[n]=\dfrac{1}{2\pi\mathrm{j}}\oint_C G(v)H^*(1/v^*)v^{-1}\mathrm{d}v$		

注意：若$\mathcal{R}_g$表示区域$R_{g-}<|z|<R_{g+}$，$\mathcal{R}_h$表示区域$R_{h-}<|z|<R_{h+}$，则$1/\mathcal{R}_g$表示区域$1/R_{g+}<|z|<1/R_{g-}$，且$\mathcal{R}_g\mathcal{R}_h$表示区域$R_{g-}R_{h-}<|z|<R_{g+}R_{h+}$。

共轭定理

通过对序列$g[n]$求共轭得到的序列$g^*[n]$的z变换为$G^*(z^*)$，其收敛域为$\mathcal{R}_g$，即

$$g^*[n]\stackrel{\mathcal{Z}}{\longleftrightarrow}G^*(z^*),\qquad \mathrm{ROC}:\mathcal{R}_g \tag{6.53}$$

共轭定理的证明比较直接，留做习题（参见习题6.35）。

时间反转定理

时间反转序列$g[-n]$的z变换是收敛域为$1/\mathcal{R}_g$的$G(1/z)$，即

$$g[-n]\stackrel{\mathcal{Z}}{\longleftrightarrow}G(1/z),\qquad \mathrm{ROC}:1/\mathcal{R}_g \tag{6.54}$$

注意，收敛域记号$1/\mathcal{R}_g$表示区域$1/R_{g+}<|z|<1/R_{g-}$。时间反转性质的证明也比较直接，留做习题（参见习题6.35）。

线性定理

两个序列$g[n]$和$h[n]$的线性组合序列$\alpha g[n]+\beta h[n]$的z变换为$\alpha G(z)+\beta H(z)$，与之相联系的收敛域是收敛域$\mathcal{R}_g$和$\mathcal{R}_h$的交集，即

$$\alpha g[n]+\beta h[n]\stackrel{\mathcal{Z}}{\longleftrightarrow}\alpha G(z)+\beta H(z),\qquad \mathrm{ROC}\text{包含}\,\mathcal{R}_g\cap\mathcal{R}_h \tag{6.55}$$

线性性质的证明比较简单，留做习题（参见习题6.35）。

例6.22和例6.23说明了上面两个定理的应用。

例6.22　因果正弦序列的z变换

验证表6.1给出的因果实序列$x[n]=r^n\cos(\omega_o n)\mu[n]$的z变换$X(z)$及其收敛域。将序列$x[n]$表示成两个因果指数序列的和：

$$x[n]=\tfrac{1}{2}r^n\mathrm{e}^{\mathrm{j}\omega_o n}\mu[n]+\tfrac{1}{2}r^n\mathrm{e}^{-\mathrm{j}\omega_o n}\mu[n]$$

我们可把上式写为$x[n]=v[n]+v^*[n]$，其中

$$v[n] = \tfrac{1}{2}\alpha^n \mu[n]$$

且 $\alpha = re^{j\omega_o}$。由表6.1可知 $v[n]$ 的 z 变换 $V(z)$ 为

$$V(z) = \frac{1}{2}\cdot\frac{1}{1-\alpha z^{-1}} = \frac{1}{2}\cdot\frac{1}{1-re^{j\omega_o}z^{-1}}, \qquad |z| > |\alpha| = r$$

使用共轭定理，可得 $v^*[n]$ 的 z 变换 $V^*(z^*)$ 为

$$V^*(z^*) = \frac{1}{2}\cdot\frac{1}{1-\alpha^* z^{-1}} = \frac{1}{2}\cdot\frac{1}{1-re^{-j\omega_o}z^{-1}}, \qquad |z| > |\alpha| = r$$

因此，由 z 变换的线性定理可得

$$\begin{aligned} X(z) &= V(z) + V^*(z^*) \\ &= \frac{1}{2}\left(\frac{1}{1-re^{j\omega_o}z^{-1}} + \frac{1}{1-re^{-j\omega_o}z^{-1}}\right) \\ &= \frac{1-(r\cos\omega_o)z^{-1}}{1-(2r\cos\omega_o)z^{-1}+r^2z^{-2}}, \qquad |z| > r \end{aligned}$$

例6.23 两个因果指数序列之和的 z 变换

求右边序列

$$w[n] = \left((-0.5)^{n-2} + (0.2)^{n-1}\right)\mu[n] \tag{6.56}$$

的 z 变换。$w[n]$ 可重写为

$$w[n] = 4(-0.5)^n\mu[n] + 5(0.2)^n\mu[n]$$

利用表6.1，有

$$(-0.5)^n\mu[n] \overset{\mathcal{Z}}{\longleftrightarrow} \frac{1}{1+0.5z^{-1}}, \qquad |z| > 0.5$$

$$(0.2)^n\mu[n] \overset{\mathcal{Z}}{\longleftrightarrow} \frac{1}{1-0.2z^{-1}}, \qquad |z| > 0.2$$

序列 $(-0.5)^n\mu[n]$ 和 $(0.2)^n\mu[n]$ 的线性组合的收敛域至少是两个收敛域 $|z|>0.5$ 和 $|z|>0.2$ 的重叠部分，即区域 $|z|>0.5$。应用线性定理，可得序列 $w[n]$ 的 z 变换为

$$4\left(\frac{1}{1+0.5z^{-1}}\right) + 5\left(\frac{1}{1-0.2z^{-1}}\right) = \frac{9+1.7z^{-1}}{(1+0.5z^{-1})(1-0.2z^{-1})}$$

因此，有

$$\left((-0.5)^{n-2} + (0.2)^{n-1}\right)\mu[n] \overset{\mathcal{Z}}{\longleftrightarrow} \frac{9+1.7z^{-1}}{(1+0.5z^{-1})(1-0.2z^{-1})}, \qquad |z| > 0.5 \tag{6.57}$$

在某些情况下，尽管每个序列的 z 变换存在，但其和的 z 变换可能不存在，如例6.24所示。

例6.24 具有不重叠收敛域的 z 变换的序列的和

考虑双边序列

$$v[n] = \alpha^n\mu[n] - \beta^n\mu[-n-1]$$

记 $x_1[n] = \alpha^n\mu[n]$ 以及 $x_2[n] = -\beta^n\mu[-n-1]$。由 z 变换的线性定理，序列 $v[n]$ 的 z 变换 $V(z)$ 为 $X_1(z) + X_2(z)$，其中 $X_1(z)$ 和 $X_2(z)$ 分别是 $x_1[n]$ 和 $x_2[n]$ 的 z 变换。

现在，由式(6.8)有

$$X_1(z) = \frac{1}{1-\alpha z^{-1}}, \qquad |z| > |\alpha|$$

且由式(6.10)有

$$X_2(z) = \frac{1}{1-\beta z^{-1}}, \qquad |z| < |\beta|$$

因此，利用线性定理可得

$$V(z) = \frac{1}{1-\alpha z^{-1}} + \frac{1}{1-\beta z^{-1}}$$

$V(z)$的收敛域是$X_1(z)$的收敛域和$X_2(z)$的收敛域的重叠部分。若$|\beta|>|\alpha|$，则$X_1(z)$和$X_2(z)$的收敛域存在重叠，那么$V(z)$的收敛域就是环域$|\alpha|<|z|<|\beta|$。然而，若$|\beta|<|\alpha|$，则不存在重叠，结果则是$V(z)$不存在。

在例6.23中，由于线性组合后不存在零极点抵消，所以线性组合后的序列$w[n]$的z变换的收敛域取其中较小的一个。然而，在某些情况下，由于零极点抵消，线性组合后的序列的z变换的收敛域有时反而会变大(参见例6.28)。

时移定理

延迟序列$x[n]=g[n-n_o]$(其中n_o是整数)的z变换为$X(z)=z^{-n_o}G(z)$，其收敛域为$\mathcal{R}_g$，但可能不包括点$z=0$或$z=\infty$，即

$$g[n-n_o] \stackrel{\mathcal{Z}}{\longleftrightarrow} z^{-n_o}G(z), \qquad \text{ROC}: \mathcal{R}_g, \textbf{可能要除去点}\ z=0\ \textbf{或}\ z=\infty \tag{6.58}$$

注意，当$n_o>0$时，因式z^{-n_o}在$z=0$处增加了n_o个极点，所以函数$z^{-n_o}G(z)$在$z=0$处就有一个以上的极点，使得收敛域$\mathcal{R}_g$不包括该点。类似地，当$n_o<0$时，因式z^{-n_o}在$z=\infty$处增加了n_o个极点，所以函数$z^{-n_o}G(z)$在$z=\infty$处就有一个以上的极点，使得收敛域$\mathcal{R}_g$中不包括该点。用式(6.1)直接计算$x[n]=g[n-n_o]$的z变换可得到时移定理的证明，这留做习题(参见习题6.35)。例6.25说明了时移定理的应用。

例6.25　一阶线性差分方程的 z 变换

求由式(3.44)给出的序列$v[n]$的z变换$V(z)$，为方便起见，重写如下：

$$d_0v[n]+d_1v[n-1]=p_0\delta[n]+p_1\delta[n-1], \qquad |d_1/d_0|<1 \tag{6.59}$$

由表6.1，可知$\delta[n]$的z变换为1。根据z变换的时移定理，可得$\delta[n-1]$的z变换为z^{-1}，序列$v[n-1]$的z变换为$z^{-1}V(z)$。在式(6.59)两边进行z变换并利用线性定理，最后得到

$$d_0V(z)+d_1z^{-1}V(z)=p_0+p_1z^{-1}$$

解得

$$V(z)=\frac{p_0+p_1z^{-1}}{d_0+d_1z^{-1}}$$

注意到，$V(z)$在$z=-d_1/d_0$处有一个极点。因此，若$v[n]$是一个右边序列，则$V(z)$的收敛域在通过点$z=-d_1/d_0$的圆的外部；另一方面，若$v[n]$是一个左边序列，则$V(z)$的收敛域在通过点$z=-d_1/d_0$的圆的内部。

与指数序列相乘的定理

尺度缩放后的序列$x[n]=\alpha^ng[n]$的z变换为$X(z)=G(z/\alpha)$，其收敛域为$|\alpha|\mathcal{R}_g$，其中α是一个实数或复数，即

$$\alpha^n g[n] \stackrel{\mathcal{Z}}{\longleftrightarrow} G(z/\alpha), \qquad \text{ROC}: |\alpha|\mathcal{R}_g \tag{6.60}$$

注意，若收敛域$\mathcal{R}_g$为区域$\mathcal{R}_{g-}<|z|<\mathcal{R}_{g+}$，则收敛域$|\alpha|\mathcal{R}_g$表示尺度缩放后的区域$|\alpha|\mathcal{R}_{g-}<|z|<|\alpha|\mathcal{R}_{g+}$。使用式(6.1)通过计算序列$\alpha^ng[n]$的$z$变换可以很容易地证明式(6.60)(参见习题6.35)。

微分定理

序列$x[n]=n\,g[n]$的z变换为$X(z)=-z\dfrac{\mathrm{d}G(z)}{\mathrm{d}z}$，其收敛域为$\mathcal{R}_g$，但可能不包括点$z=0$或$z=\infty$；即

$$n\,g[n] \stackrel{\mathcal{Z}}{\longleftrightarrow} -z\frac{dG(z)}{dz}, \qquad \text{ROC}: \mathcal{R}_g, \textbf{可能要除去点}\ z=0\ \textbf{或}\ z=\infty \tag{6.61}$$

上面的定理可通过求序列$n\,g[n]$的z变换并将其与$G(z)$关于z的导数相比较来证明(参见习题6.35)。下面的例子介绍此定理的应用。

例6.26　用微分定理求 z 变换

验证表6.1中给出的序列$y[n]=(n+1)\alpha^n\mu[n]$的z变换$Y(z)$和收敛域。设$x[n]=\alpha^n\mu[n]$，则可以将

$y[n]$写成$y[n]=n\,x[n]+x[n]$。由式(6.8)，$x[n]$的z变换为

$$X(z)=\frac{1}{1-\alpha z^{-1}},\qquad |z|>|\alpha|$$

接下来，利用微分定理，得到$n\,x[n]$的z变换为

$$-z\,\frac{\mathrm{d}X(z)}{\mathrm{d}z}=\frac{\alpha z^{-1}}{(1-\alpha z^{-1})^2},\qquad |z|>|\alpha|$$

利用z变换的线性定理，得到

$$Y(z)=\frac{1}{1-\alpha z^{-1}}+\frac{\alpha z^{-1}}{(1-\alpha z^{-1})^2}=\frac{1}{(1-\alpha z^{-1})^2},\qquad |z|>|\alpha|$$

例6.27介绍这些定理应用于求逆z变换。

例6.27　具有多重极点有理变换的逆z变换

求

$$G(z)=\frac{z^3}{\left(z-\frac{1}{2}\right)\left(z+\frac{1}{3}\right)^2},\qquad |z|>\tfrac{1}{2}\tag{6.62}$$

的逆z变换$g[n]$。由于收敛域在半径为1/2的圆的外部，所以逆变换是一个右边序列。$G(z)$的部分分式展开在例6.15中求得并由式(6.49)给出，为方便起见，重写如下：

$$G(z)=\frac{0.36}{1-\frac{1}{2}z^{-1}}+\frac{0.24}{1+\frac{1}{3}z^{-1}}+\frac{0.4}{(1+\frac{1}{3}z^{-1})^2}$$

由表6.1，可得$1/\left(1-\frac{1}{2}z^{-1}\right)$的逆$z$变换是$\left(\frac{1}{2}\right)^n\mu[n]$，而$1/\left(1+\frac{1}{3}z^{-1}\right)$的逆$z$变换是$\left(-\frac{1}{3}\right)^n\mu[n]$。

由例6.26，可得$1/\left(1+\frac{1}{3}z^{-1}\right)^2$的逆$z$变换为$(n+1)\left(-\frac{1}{3}\right)^n\mu[n]$。因此，式(6.62)给出的$G(z)$的逆$z$变换是

$$g[n]=\left[0.24\left(-\tfrac{1}{3}\right)^n+0.4(n+1)\left(-\tfrac{1}{3}\right)^n+0.36\left(\tfrac{1}{2}\right)^n\right]\mu[n]$$

用MATLAB计算得到上述序列的前10个样本为

```
Columns 1 through 7
1.0000   -0.1667    0.2500   -0.0231    0.0502    0.0004    0.0098

Columns 8 through 10
0.0012    0.0020    0.0005
```

通过使用M文件 `impz` 来计算$G(z)$的逆z变换的前10个样本，可以验证上面的结果。

卷积定理

序列$g[n]$和$h[n]$的卷积和的z变换为$G(z)H(z)$，其收敛域为收敛域$\mathcal{R}_g$和$\mathcal{R}_h$的交集，即

$$g[n]\circledast h[n]\overset{\mathcal{Z}}{\longleftrightarrow}G(z)H(z),\qquad \text{ROC 包含 } \mathcal{R}_g\cap\mathcal{R}_h\tag{6.63}$$

证明：由式(2.20a)回忆到序列$g[n]$和$h[n]$的卷积和为

$$x[n]=g[n]\circledast h[n]=\sum_{k=-\infty}^{\infty}g[k]h[n-k]$$

应用式(6.1)，可得

$$X(z)=\sum_{n=-\infty}^{\infty}x[n]z^{-n}=\sum_{n=-\infty}^{\infty}\left(\sum_{k=-\infty}^{\infty}g[k]h[n-k]\right)z^{-n}$$

交换上式右边的求和次序，得到

$$X(z)=\sum_{k=-\infty}^{\infty}g[k]\left(\sum_{n=-\infty}^{\infty}h[n-k]z^{-n}\right)$$

将 $\ell=n-k$ 代入上式并重新排列，可得

$$X(z)=\sum_{k=-\infty}^{\infty} g[k]\left(\sum_{\ell=-\infty}^{\infty} h[\ell]z^{-k-\ell}\right)=\sum_{k=-\infty}^{\infty} g[k]\left(\sum_{\ell=-\infty}^{\infty} h[\ell]z^{-\ell}\right)z^{-k}$$
$$=\left(\sum_{k=-\infty}^{\infty} g[k]z^{-k}\right)H(z)=G(z)H(z)$$

$X(z)$ 的收敛域是 $G(z)$ 和 $H(z)$ 的收敛域的交集。然而，在有些情况下，由于 $G(z)H(z)$ 的零点和极点互相抵消，因此收敛域有可能大于 $\mathcal{R}_g\cap\mathcal{R}_h$，如例 6.28 所示。

例 6.28　由于零极点抵消扩大收敛域

考虑两个因果序列 $g[n]$ 和 $h[n]$，其 z 变换分别为 $G(z)$ 和 $H(z)$，如下所示：

$$G(z)=\frac{2+1.2z^{-1}}{1-0.2z^{-1}},\qquad |z|>0.2$$
$$H(z)=\frac{3}{1+0.6z^{-1}}\qquad |z|>0.6$$

这两个收敛域的交集为 $|z|>0.6$。上述两个 z 变换的乘积为

$$G(z)H(z)=\left(\frac{2+1.2z^{-1}}{1-0.2z^{-1}}\right)\left(\frac{3}{1+0.6z^{-1}}\right)=\frac{6}{1-0.2z^{-1}}$$

该函数的收敛域为 $|z|>0.2$，它大于区域 $|z|>0.6$。

卷积定理可以用来通过形成两个序列的 z 变换的乘积，然后对乘积结果进行逆 z 变换来计算出时域卷积。在许多涉及有理 z 变换的应用中，该方法很简单，而且可得到闭式的解。6.7.1 节中将讨论的卷积定理的一个重要信号处理应用是 LTI 离散时间系统在 z 域中的输入–输出关系描述。卷积定理的另一个重要应用是用计算两个序列 $g[n]$ 和 $h[n]$ 各自的 z 变换得到其互相关序列 $r_{gh}[\ell]$ 的 z 变换的表达式。回忆式(2.70)，互相关序列 $r_{gh}[\ell]$ 可用卷积表示为

$$r_{gh}[\ell]=g[\ell]\circledast h[-\ell]$$

使用时间反转定理可观察到 $h[-\ell]$ 的 z 变换为 $H(z^{-1})$。因此，使用卷积定理，由上式可得

$$\mathcal{Z}\{r_{gh}[\ell]\}=G(z)H(z^{-1})\tag{6.64}$$

其收敛域至少为 $\mathcal{R}_g\cap(1/\mathcal{R}_h)$。

调制定理

乘积序列 $g[n]h^*[n]$ 的 z 变换为 $\frac{1}{2\pi j}\oint_C G(v)H^*(z^*/v^*)v^{-1}dv$，其收敛域包括 $\mathcal{R}_g\mathcal{R}_h$，即

$$g[n]h^*[n]\overset{\mathcal{Z}}{\longleftrightarrow}\frac{1}{2\pi j}\oint_C G(v)H^*(z^*/v^*)v^{-1}\,dv,\qquad \text{ROC 包含 } \mathcal{R}_g\mathcal{R}_h\tag{6.65}$$

其中 C 是在收敛域 $\mathcal{R}_g$ 和 $\mathcal{R}_h$ 的共同区域中环绕原点的闭合逆时针曲线。注意到若 $\mathcal{R}_g$ 表示区域 $\mathcal{R}_{g-}<|z|<\mathcal{R}_{g+}$，$\mathcal{R}_h$ 表示区域 $\mathcal{R}_{h-}<|z|<\mathcal{R}_{h+}$，则 $\mathcal{R}_g\mathcal{R}_h$ 表示区域 $\mathcal{R}_{g-}\mathcal{R}_{h-}<|z|<\mathcal{R}_{g+}\mathcal{R}_{h+}$。调制定理也称为**复卷积定理**。

证明：由式(6.1)，序列 $x[n]=g[n]h^*[n]$ 的 z 变换为

$$X(z)=\sum_{n=-\infty}^{\infty} g[n]h^*[n]z^{-n}\tag{6.66}$$

将式(6.30)给出的 $g[n]$ 表达式代入式(6.66)，可得

$$X(z)=\frac{1}{2\pi j}\sum_{n=-\infty}^{\infty}\left(\oint_C G(v)v^{n-1}\,dv\right)h^*[n]z^{-n}$$

交换求和与积分的顺序，并应用共轭定理，可得

$$X(z)=\frac{1}{2\pi j}\oint_C G(v)\left(\sum_{n=-\infty}^{\infty}h^*[n]\left(\frac{z^*}{v^*}\right)^{-n}\right)v^{-1}dv$$
$$=\frac{1}{2\pi j}\oint_C G(v)H^*\left(\frac{z^*}{v^*}\right)v^{-1}dv$$

帕塞瓦尔定理

若 $g[h]$ 和 $h[n]$ 是两个复值序列，则乘积序列 $g[n]h^*[n]$ 的样本之和可以通过如下曲线积分计算：

$$\sum_{n=-\infty}^{\infty}g[n]h^*[n]=\frac{1}{2\pi j}\oint_C G(v)H^*\left(\frac{1}{v^*}\right)v^{-1}dv \tag{6.67}$$

其中 C 是在复 v 平面内 $G(v)$ 和 $H^*(1/v^*)$ 的收敛域的公共区域中环绕原点的一条逆时针方向的闭合曲线。

证明：由式(6.65)可得

$$\sum_{n=-\infty}^{\infty}g[n]h^*[n]z^{-n}=\frac{1}{2\pi j}\oint_C G(v)H^*(z^*/v^*)v^{-1}\,dv$$

在上式中令 $z=1$，可得

$$\sum_{n=-\infty}^{\infty}g[n]h^*[n]=\frac{1}{2\pi j}\oint_C G(v)H^*(1/v^*)v^{-1}\,dv$$

若 $G(z)$ 和 $H(z)$ 的收敛域均包括单位圆，则可在式(6.67)中令 $v=e^{j\omega}$，从而得到

$$\sum_{n=-\infty}^{\infty}g[n]h^*[n]=\frac{1}{2\pi}\int_{-\pi}^{\pi}G(e^{j\omega})H^*(e^{j\omega})d\omega$$

可以看出，该结果与式(3.51)给出的频域中的帕塞瓦尔定理一致。

和离散时间傅里叶变换一样，利用帕塞瓦尔关系可以在 z 域计算序列的能量。为了建立所需方程，在式(6.67)中令 $g[n]=h[n]$，得到

$$\mathcal{E}_g=\sum_{n=-\infty}^{\infty}|g[n]|^2=\frac{1}{2\pi j}\oint_C G(z)G^*(1/z^*)z^{-1}\,dz \tag{6.68}$$

其中 C 是在 $G(z)$ 和 $G^*(1/z^*)$ 的公共收敛区域中环绕原点的一条逆时针方向的闭合曲线。注意到若 $G(z)$ 的收敛域包含单位圆，则 $G(1/z^*)$ 的收敛域也包含单位圆。事实上，对于绝对可和的序列 $g[n]$，其 z 变换序列 $G(z)$ 的收敛域是包含单位圆的。此时，在式(6.68)中令 $z=e^{j\omega}$，得到

$$\sum_{n=-\infty}^{\infty}|g[n]|^2=\frac{1}{2\pi}\int_{-\pi}^{\pi}G(e^{j\omega})G^*(e^{j\omega})d\omega$$

对于实值序列 $g[n]$，帕塞瓦尔定理可以简化为

$$\sum_{n=-\infty}^{\infty}|g[n]|^2=\frac{1}{2\pi j}\oint_C G(z)G(z^{-1})z^{-1}\,dz=\frac{1}{2\pi}\int_{-\pi}^{\pi}|G(e^{j\omega})|^2d\omega \tag{6.69}$$

例6.29讨论了帕塞瓦尔定理的一个应用。

例6.29 使用帕塞瓦尔定理计算序列的能量

用帕塞瓦尔定理计算序列 $x[n]=\alpha^n\mu[n]$，$0<\alpha<1$ 的能量。使用式(6.69)，有

$$\mathcal{E}_x=\frac{1}{2\pi j}\oint_C X(z)X(z^{-1})z^{-1}\,dz$$

其中，$X(z)$ 是 $x[n]$ 的 z 变换。利用柯西留数定理计算上式等号右边的曲线积分，得到

$$\frac{1}{2\pi j}\oint_C X(z)X(z^{-1})z^{-1}\,dz=\left[X(z)X(z^{-1})z^{-1}\text{在}C\text{内的留数的和}\right]$$

由式(6.8)可观察到

$$X(z)=\frac{1}{1-\alpha z^{-1}},\quad |z|>\alpha$$

由于 $\alpha<1$，所以 $X(z)$ 和 $X(z^{-1})$ 的收敛域包含单位圆，且可以被选为曲线 C。函数

$$X(z)X(z^{-1})z^{-1} = \frac{z^{-1}}{(1-\alpha z^{-1})(1-\alpha z)} = \frac{1}{(z-\alpha)(1-\alpha z)}$$

在单位圆内有一个极点在 $z=\alpha$ 处，留数为

$$\text{留数} = \frac{1}{1-\alpha z}\Big|_{z=\alpha} = \frac{1}{1-\alpha^2}$$

因此

$$\mathcal{E}_x = \frac{1}{1-\alpha^2}$$

6.6　有限长序列卷积的计算

在4.4.2节和5.4节中，我们分别给出了用列表方法计算两个有限长序列的线性卷积及计算两个相同长度有限长序列的圆周卷积。在本节中，我们介绍基于多项式相乘来计算序列的线性卷积和圆周卷积的另一种方法。

6.6.1　用多项式相乘实现线性卷积

序列 $x[n]$ 和 $h[n]$ 是长度分别为 $L+1$ 和 $M+1$ 的两个因果序列。它们的 z 变换 $X(z)$ 和 $H(z)$ 分别是 z^{-1} 的多项式，次数分别为 L 和 M，即

$$\begin{aligned} X(z) &= x[0] + x[1]z^{-1} + x[2]z^{-2} + \cdots + x[L]z^{-L} \\ H(z) &= h[0] + h[1]z^{-1} + h[2]z^{-2} + \cdots + h[M]z^{-M} \end{aligned} \tag{6.70}$$

由式(6.63)给出的卷积定理，可知 $x[n]$ 和 $h[n]$ 的卷积和得到的序列 $y[n]$ 的 z 变换 $Y(z)$ 为 $x[n]$ 和 $h[n]$ 的 z 变换的乘积，即 $Y(z)=H(z)X(z)$，它是次数为 $L+M$ 的 z^{-1} 的多项式：

$$Y(z) = y[0] + y[1]z^{-1} + y[2]z^{-2} + \cdots + y[L+M]z^{-(L+M)} \tag{6.71}$$

其中，$Y(z)$ 的第 n 个系数为

$$y[n] = \sum_{k=0}^{L+M} x[k]h[n-k], \qquad 0 \leqslant n \leqslant L+M$$

为了实现上面的求和，假设当 $n>L$ 时 $x[n]=0$，且当 $n>M$ 时 $h[n]=0$。我们在例6.30中说明这种方法。

例6.30　使用多项式相乘法计算单边序列的卷积

使用多项式相乘法计算例4.14中的两个序列的卷积和。其中

$$X(z) = -2 + z^{-2} - z^{-3} + 3z^{-4}, \qquad H(z) = 1 + 2z^{-1} - z^{3}$$

它们的乘积为

$$\begin{aligned} Y(z) = X(z)H(z) &= (-2 + z^{-2} - z^{-3} + 3z^{-4})(1 + 2z^{-1} - z^{-3}) \\ &= -2 - 4z^{-1} + z^{-2} + 3z^{-3} + z^{-4} + 5z^{-5} + z^{-6} - 3z^{-7} \end{aligned}$$

注意到多项式 $Y(z)$ 的系数与例4.14中使用列表法得到的序列 $y[n]$ 的样本是完全相同的。

多项式相乘也可以用来求两个非因果有限长序列的卷积，如例6.31所示。

例6.31　使用多项式相乘法计算两个双边序列的线性卷积

考虑计算例4.15中的两个序列的卷积和。现在我们有多项式

$$X(z) = 3z - 2 + 4z^{-1}, \qquad H(z) = 4 + 2z^{-1} - z^{-2}$$

因此

$$\begin{aligned} Y(z) = X(z)H(z) &= (3z - 2 + 4z^{-1})(4 + 2z^{-1} - z^{-2}) \\ &= 12z - 2 + 9z^{-1} + 10z^{-2} - 4z^{-3} \end{aligned}$$

可以看到 $Y(z)$ 的系数就是例4.15中得到的序列 $y[n]$ 的样本。

6.6.2　圆周卷积

和线性卷积一样，圆周卷积也可以与多项式相乘相联系，不过在相乘后需要引入取模运算。考虑两个次数为 $N-1$ 的 z^{-1} 的多项式 $X(z)$ 和 $H(z)$，即

$$\begin{aligned}X(z)&=x[0]+x[1]z^{-1}+x[2]z^{-2}+\cdots+x[N-1]z^{-(N-1)}\\H(z)&=h[0]+h[1]z^{-1}+h[2]z^{-2}+\cdots+h[N-1]z^{-(N-1)}\end{aligned}\tag{6.72}$$

它们的乘积 $Y_L(z)=H(z)X(z)$ 是 z^{-1} 的次数为 $2N-2$ 的多项式

$$Y_L(z)=y_L[0]+y_L[1]z^{-1}+y_L[2]z^{-2}+\cdots+y_L[2N-2]z^{-(2N-2)}\tag{6.73}$$

就像在5.4节中指出的那样，系数 $y_L[n]$，即 $Y_L(z)$ 的逆 z 变换，是序列 $x[n]$ 和 $h[n]$ 的线性卷积，即 $y_L[n]=x[n]\circledast h[n]$。令 $Y_C(z)$ 表示次数为 $N-1$ 的多项式，其系数 $y_C[n]$ 为 $x[n]$ 和 $h[n]$ 的 N 点圆周卷积，即 $y_C[n]=x[n]\,Ⓝ\,h[n]$。设 $Y_C(z)$ 表示 $y_C[n]$ 的 z 变换，$0\leqslant n\leqslant N-1$。可以证明(参见习题6.37)

$$Y_C(z)=\langle Y_L(z)\rangle_{(z^{-N}-1)}\tag{6.74}$$

关于 $z^{-N}-1$ 的模运算可通过在式(6.73)中令 $z^{-N}=1$ 来得到。因此，$\langle z^{-N-1}\rangle_{\langle z^{-N}-1\rangle}=z^{-1}$、$\langle z^{-N-2}\rangle_{\langle z^{-N}-1\rangle}=z^{-2}$，等等。例6.32说明了该过程。

例6.32　使用多项式相乘法计算因果序列的圆周卷积

考虑定义在 $0\leqslant n\leqslant 3$ 长度为4的两个序列 $g[n]$ 和 $h[n]$。我们定义

$$\begin{aligned}G(z)&=g[0]+g[1]z^{-1}+g[2]z^{-2}+g[3]z^{-3}\\H(z)&=h[0]+h[1]z^{-1}+h[2]z^{-2}+h[3]z^{-3}\end{aligned}$$

它们的乘积 $Y_L(z)=G(z)H(z)$ 为

$$Y_L(z)=y_L[0]+y_L[1]z^{-1}+y_L[2]z^{-2}+y_L[3]z^{-3}+y_L[4]z^{-4}+y_L[5]z^{-5}+y_L[6]z^{-6}$$

其中

$$\begin{aligned}y_L[0]&=g[0]h[0]\\y_L[1]&=g[0]h[1]+g[1]h[0]\\y_L[2]&=g[0]h[2]+g[1]h[1]+g[2]h[0]\\y_L[3]&=g[0]h[3]+g[1]h[2]+g[2]h[1]+g[3]h[0]\\y_L[4]&=g[1]h[3]+g[2]h[2]+g[3]h[1]\\y_L[5]&=g[2]h[3]+g[3]h[2]\\y_L[6]&=g[3]h[3]\end{aligned}$$

接下来形成

$$\begin{aligned}Y_C(z)&=\langle Y_L(z)\rangle_{(z^{-4}-1)}\\&=y_L[0]+y_L[1]z^{-1}+y_L[2]z^{-2}+y_L[3]z^{-3}+y_L[4]+y_L[5]z^{-1}+y_L[6]z^{-2}\\&=(y_L[0]+y_L[4])+(y_L[1]+y_L[5])z^{-1}+(y_L[2]+y_L[6])z^{-2}+y_L[3]z^{-3}\\&=y_C[0]+y_C[1]z^{-1}+y_C[2]z^{-2}+y_C[3]z^{-3}\end{aligned}$$

其中

$$\begin{aligned}y_C[0]&=y_L[0]+y_L[4]=g[0]h[0]+g[1]h[3]+g[2]h[2]+g[3]h[1]\\y_C[1]&=y_L[1]+y_L[5]=g[0]h[1]+g[1]h[0]+g[2]h[3]+g[3]h[2]\\y_C[2]&=y_L[2]+y_L[6]=g[0]h[2]+g[1]h[1]+g[2]h[0]+g[3]h[3]\\y_C[3]&=y_L[3]=g[0]h[3]+g[1]h[2]+g[2]h[1]+g[3]h[0]\end{aligned}$$

由上注意到，系数 $y_C[n]$，$0\leqslant n\leqslant 3$ 与例5.7中得到的系数相同。

6.7　传输函数

4.8.1节中介绍的LTI离散时间系统的频率响应函数 $H(e^{j\omega})$ 是系统冲激响应的离散傅里叶变换。正如所见，频率响应函数对LTI数字滤波器在频域中的行为并不提供有价值信息。由于该函数是频率变量

ω 的复函数，很难利用它实现数字滤波器。另一方面，LTI 系统的冲激响应的 z 变换（称为传输函数）是 z^{-1} 的多项式，而且对于实冲激响应系统，该函数的系数是实数。此外，在很多实际场合，感兴趣的 LTI 数字滤波器通常是用有着常数和实系数的线性差分方程来描述的。所以这类滤波器的传输函数是变量 z^{-1} 的实有理函数，即两个 z^{-1} 的实数多项式之比，因而更易于综合。

我们首先通过系统的各种时域描述建立 LTI 系统在 z 域中的输入-输出关系并得到系统传输函数表示的不同形式，然后研究其性质，并重点推导因果 LTI 系统的 BIBO 稳定条件。

6.7.1 定义

考虑图 6.7 所示的 LTI 数字离散时间系统，其冲激响应为 $h[n]$。该系统的输入-输出关系为

$$y[n]=\sum_{k=-\infty}^{\infty}h[k]x[n-k] \tag{6.75}$$

其中，$x[n]$ 和 $y[n]$ 分别是系统的输入和输出。设 $Y(z)$、$X(z)$ 和 $H(z)$ 分别代表序列 $y[n]$、$x[n]$ 和 $h[n]$ 的 z 变换。应用表 6.2 中的卷积定理，可得 z 域中 LTI 离散时间系统的输入-输出关系为

$$Y(z)=H(z)X(z) \tag{6.76}$$

其中

$$H(z)=\sum_{n=-\infty}^{\infty}h[n]z^{-n} \tag{6.77}$$

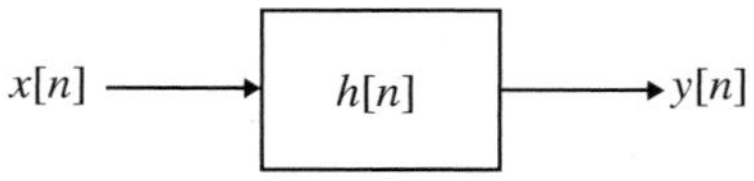

$x[n]$ → $h[n]$ → $y[n]$

图 6.7　LTI 离散时间系统

$H(z)$ 通常称为**传输函数**或**系统函数**。由式(6.76)可得

$$H(z)=\frac{Y(z)}{X(z)} \tag{6.78}$$

因此，LTI 离散时间系统的传输函数 $H(z)$ 是输出序列 $y[n]$ 的 z 变换 $Y[z]$ 与输入序列 $x(n)$ 的 z 变换 $X(z)$ 之比。

将传输函数 $H(z)$ 进行逆 z 变换得到冲激响应 $h[n]$。对于一个收敛域为 $|z|>1$ 的因果有理传输函数，可用 6.4 节中列出的方法计算出其冲激响应。例如，可以通过程序 6_3 中的部分分式展开法计算出冲激响应的解析形式。另一方面，可以用程序 6_5 或者程序 6_6 计算从 $n=0$ 开始的固定数目的冲激响应样本。

程序 6_3.m　程序 6_5.m　程序 6_6.m

6.7.2 传输函数的表达式

现在建立线性时不变 FIR 和 IIR 数字滤波器的传输函数的表达式。

FIR 数字滤波器

对 LTI FIR 数字滤波器，时域的输入-输出关系参见式(4.60)。冲激响应 $h[n]$ 定义在区间 $N_1\leqslant n\leqslant N_2$ 上，那么在 $n<N_1$ 或 $n>N_2$ 时 $h[n]=0$。因此传输函数为

$$H(z)=\sum_{n=N_1}^{N_2}h[n]z^{-n} \tag{6.79}$$

对于因果 FIR 滤波器，$0\leqslant N_1\leqslant N_2$。注意，因果 FIR 滤波器的 $H(z)$ 的所有极点均在 z 平面的原点处，因此 $H(z)$ 的收敛域在除点 $z=0$ 之外的整个 z 平面上。

例 6.33 讨论了确定 FIR 滤波器的传输函数。

例 6.33　滑动平均滤波器的传输函数

考虑例 4.31 中的滑动平均滤波器，该滤波器的冲激响应 $h[n]$ 由式(4.81)给出。因此，滑动平均 FIR 滤波器的传输函数为

$$H(z)=\frac{1}{M}\sum_{n=0}^{M-1}z^{-n} \tag{6.80}$$

$$= \frac{1 - z^{-M}}{M(1 - z^{-1})} = \frac{z^M - 1}{M[z^{M-1}(z-1)]} \tag{6.81}$$

由式(6.81)可知传输函数在单位圆上有 M 个零点，其位置为 $z = e^{j2\pi k/M}$，$k = 0, 1, 2, \cdots, M-1$。在原点($z = 0$)处有一个($M-1$)阶极点，在 $z = 1$ 处有一个单极点。但在 $z = 1$ 处的极点恰好抵消相同位置的一个零点，得到所有极点均在原点处的一个传输函数。这通常是因果 FIR 滤波器的特征，该滤波器的收敛域是除了原点以外的整个 z 平面。

有限维 LTI IIR 离散时间系统

对于由式(4.32)描述的 LTI IIR 滤波器，其传输函数可以很容易得到。这里，通过对式(4.32)的两边应用 z 变换并使用 z 变换的线性和时移性质，可得 LTI 系统在 z 域中的输入–输出关系为

$$\sum_{k=0}^{N} d_k z^{-k} Y(z) = \sum_{k=0}^{M} p_k z^{-k} X(z) \tag{6.82}$$

其中，$Y(z)$ 和 $X(z)$ 分别表示序列 $y[n]$ 和 $x[n]$ 具有相关收敛域的 z 变换。式(6.82)的另一种更简便的形式为

$$\left(\sum_{k=0}^{N} d_k z^{-k}\right) Y(z) = \left(\sum_{k=0}^{M} p_k z^{-k}\right) X(z) \tag{6.83}$$

由式(6.83)可得传输函数 $H(z) = Y(z)/X(z)$ 的表达式就是式(6.13)，它是 z^{-1} 的有理函数；也就是两个 z^{-1} 多项式之比。分子分母分别乘以 z^M 和 z^N 后，传输函数就可以表示为 z 的一个有理函数，如式(6.14)所示。表示式(6.13)传输函数 $H(z)$ 的另一种方法是对分子和分母多项式进行因式分解，如式(6.16)所示，其中 $\xi_1, \xi_2, \cdots, \xi_M$ 是 $H(z)$ 的有限个零点，$\lambda_1, \lambda_2, \cdots, \lambda_N$ 是 $H(z)$ 的有限个极点。对一个因果 IIR 滤波器，冲激响应是因果序列。因果 IIR 传输函数 $H(z)$ 的收敛域在通过离原点最远的极点的圆的外部，即收敛域为

$$|z| > \max_k |\lambda_k|$$

例 6.34 考虑运用一个 IIR 传输函数生成声门脉冲模型。

例 6.34 声门脉冲模型

在图 6.8 中显示了一个生成浊音语音激励信号的示意图[Rab78]。这里，脉冲串源产生一个单位脉冲周期序列，其周期由所需浊音的基本周期确定。这些冲激接下来会激励冲激响应为 $g[n]$ 的 LTI 离散时间系统 $G(z)$，该系统模拟所需声门波形的形状。声门脉冲模型的一个相当好的逼近为因果二阶 IIR 传输函数[Ros71]。

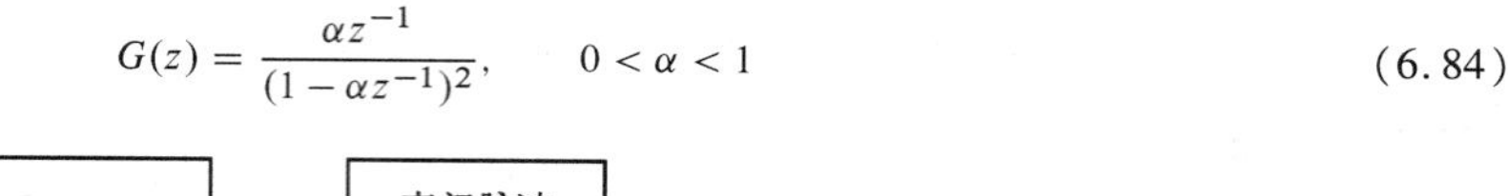

$$G(z) = \frac{\alpha z^{-1}}{(1 - \alpha z^{-1})^2}, \qquad 0 < \alpha < 1 \tag{6.84}$$

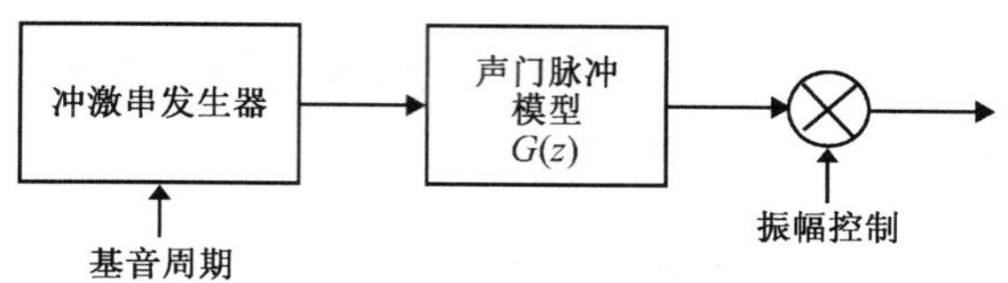

图 6.8 生成浊音语音声门波的示意图

由表 6.1，上面传输函数的逆 z 变换 $g[n]$ 为

$$g[n] = n\alpha^n \mu[n] \tag{6.85}$$

这是声门脉冲模型的脉冲响应。当 $\alpha = 0.9$ 时的上面冲激响应的图在图 6.9(a)中给出。该声门模型对应的幅度响应在图 6.9(b)中画出。为考虑唇辐射效应，在 $z = 1$ 处的一个单零点被加到式(6.84)的传输函数的分子中，得到修改后的传输函数为[Rab78]

$$G(z) = \frac{\alpha z^{-1}(1 - z^{-1})}{(1 - \alpha z^{-1})^2}, \qquad 0 < \alpha < 1 \tag{6.86}$$

上面传输函数的幅度响应如图 6.9(c)所示。

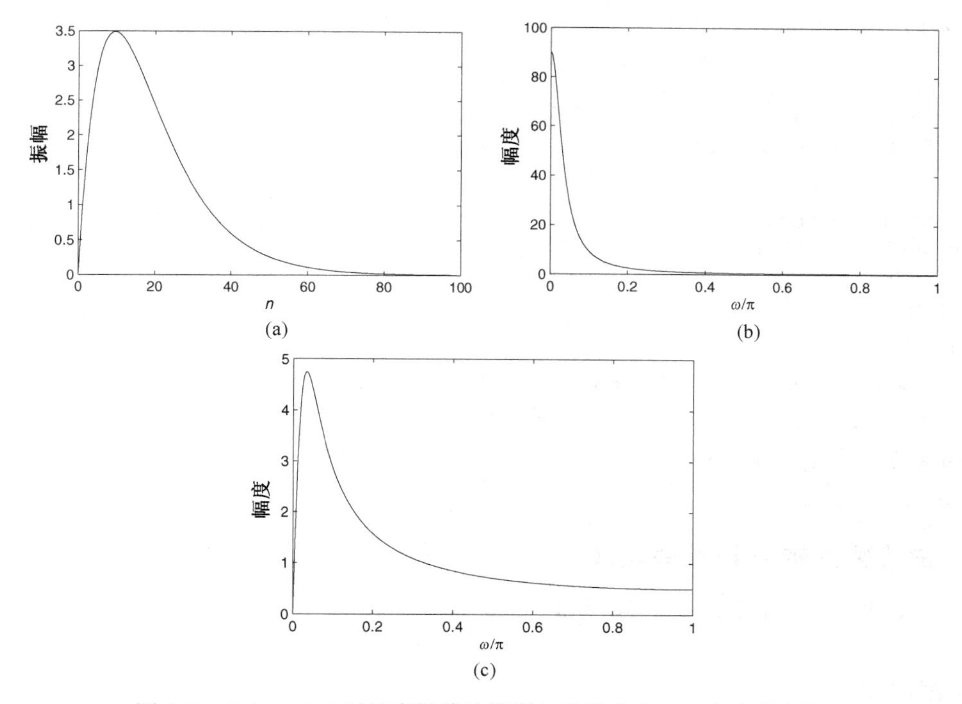

图6.9 (a)$\alpha=0.9$时的声门脉冲模型的冲激响应;(b)相应的幅度响应;(c)考虑了唇辐射效应的声门脉冲模型的幅度响应

在例6.35中,我们示例如何求用常系数微分方程所描述的一个3阶因果LTI离散时间系统的传输函数。

例6.35 有限维LTI IIR数字滤波器的传输函数

一个因果有限维线性时不变IIR数字滤波器由常系数差分方程

$$y[n]=x[n-1]-1.2x[n-2]+x[n-3]+1.3y[n-1]-1.04y[n-2]+0.222y[n-3] \tag{6.87}$$

程序6_1.m

描述。由式(6.83)和式(6.13),可直接得到以z^{-1}的有理函数表示出的传输函数$H(z)$:

$$H(z)=\frac{Y(z)}{X(z)}=\frac{z^{-1}-1.2z^{-2}+z^{-3}}{1-1.3z^{-1}+1.04z^{-2}-0.222z^{-3}} \tag{6.88}$$

对上式右边的分子和分母项同乘以z^3,可将传输函数表示为z的有理函数:

$$H(z)=\frac{z^2-1.2z+1}{z^3-1.3z^2+1.04z-0.222} \tag{6.89}$$

上面的传输函数也可表示为因式形式。为此,使用例6.9中的MATLAB程序6_1,分子和分母的系数以向量形式输入,程序的输出数据为

```
 Numerator factors
1.00000000000000  -1.20000000000000   1.00000000000000

 Denominator factors
1.00000000000000  -1.00000000000000   0.74000000000000
1.00000000000000  -0.30000000000000                  0

 Gain constant
  1
```

因此,因式形式的传输函数为

$$H(z)=\frac{(z^2-1.2z+1)}{(z-0.3)(z^2-z+0.74)} \tag{6.90}$$

式(6.89)中的零点、极点和增益常数可以通过下面的代码段得到:

```
[z,p,k] = tf2zp(num,den)
```

结果为

```
z =
0.6000 + 0.8000i
0.6000 - 0.8000i

p =
0.5000 + 0.7000i
0.5000 - 0.7000i
0.3000

k =
1
```

使用函数 zplane 得到的上述传输函数的零极点图显示在图 6.10 中。由式(6.90)和图 6.10 可知，离原点最远的两个极点的幅度为 $\sqrt{0.74}$。因此，式(6.89)所示的传输函数的收敛域为 $|z| > \sqrt{0.74}$。

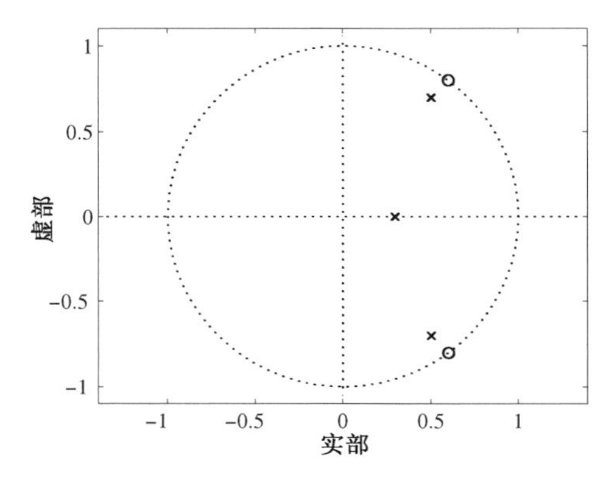

图 6.10 式(6.89)的 IIR 传输函数的零极点图

6.7.3 由传输函数得到频率响应

LTI 数字滤波器的传输函数 $H(z)$ 可以写成直角坐标形式为

$$H(z) = H_{\rm re}(z) + {\rm j}H_{\rm im}(z) \tag{6.91}$$

或写为极坐标形式

$$H(z) = |H(z)|{\rm e}^{{\rm j}\arg H(z)} \tag{6.92}$$

其中

$$\arg H(z) = \arctan\left[\frac{H_{\rm im}(z)}{H_{\rm re}(z)}\right] \tag{6.93}$$

若 $H(z)$ 的收敛域包括单位圆，则可以简单地在单位圆上计算 LTI 数字滤波器的传输函数 $H(z)$ 来得到其频率响应 $H({\rm e}^{{\rm j}\omega})$，即

$$H({\rm e}^{{\rm j}\omega}) = H(z)|_{z={\rm e}^{{\rm j}\omega}} \tag{6.94}$$

序列 $h[n]$ 的 z 变换 $H(z)$ 可以从其傅里叶变换 $H({\rm e}^{{\rm j}\omega})$ 通过解析开拓得到[Chu90]：

$$H(z) = H({\rm e}^{{\rm j}\omega})\Big|_{\omega=\frac{1}{\rm j}\ln z} \tag{6.95}$$

如式(4.71)所示，频率响应 $H({\rm e}^{{\rm j}\omega})$ 可以写成实部 $H_{\rm re}({\rm e}^{{\rm j}\omega})$ 和虚部 $H_{\rm im}({\rm e}^{{\rm j}\omega})$ 的形式，或按照其幅度函数 $|H({\rm e}^{{\rm j}\omega})|$ 和相位函数 $\arg[H({\rm e}^{{\rm j}\omega})]$ 来表示。

对于形如式(6.13)的一个稳定有理传输函数 $H(z)$，可以在式(6.16)中通过代换 $z={\rm e}^{{\rm j}\omega}$ 得到频率响应 $H({\rm e}^{{\rm j}\omega})$ 的因式形式：

$$H({\rm e}^{{\rm j}\omega}) = \frac{p_0}{d_0}{\rm e}^{{\rm j}\omega(N-M)}\frac{\prod_{k=1}^{M}({\rm e}^{{\rm j}\omega}-\xi_k)}{\prod_{k=1}^{N}({\rm e}^{{\rm j}\omega}-\lambda_k)} \tag{6.96}$$

上面的形式可方便地看出传输函数 $H(z)$ 的零点因式 $(z-\xi_k)$ 和极点因式 $(z-\lambda_k)$ 对整个频率响应所起的作用。由式(6.96)可知幅度函数的表达式为

$$\begin{aligned}|H({\rm e}^{{\rm j}\omega})| &= \left|\frac{p_0}{d_0}\right|\left|{\rm e}^{{\rm j}\omega(N-M)}\right|\frac{\prod_{k=1}^{M}|{\rm e}^{{\rm j}\omega}-\xi_k|}{\prod_{k=1}^{N}|{\rm e}^{{\rm j}\omega}-\lambda_k|}\\ &= \left|\frac{p_0}{d_0}\right|\frac{\prod_{k=1}^{M}|{\rm e}^{{\rm j}\omega}-\xi_k|}{\prod_{k=1}^{N}|{\rm e}^{{\rm j}\omega}-\lambda_k|}\end{aligned} \tag{6.97}$$

同样，由式(6.96)可知有理传输函数的相位响应 $\theta(\omega)$ 形如

$$\theta(\omega)=\arg H(\mathrm{e}^{\mathrm{j}\omega})=\arg(p_0/d_0)+\omega(N-M)+\sum_{k=1}^{M}\arg(\mathrm{e}^{\mathrm{j}\omega}-\xi_k)-\sum_{k=1}^{N}\arg(\mathrm{e}^{\mathrm{j}\omega}-\lambda_k) \tag{6.98}$$

对于实系数传输函数 $H(z)$，可以证明

$$|H(\mathrm{e}^{\mathrm{j}\omega})|^2=H(\mathrm{e}^{\mathrm{j}\omega})H^*(\mathrm{e}^{\mathrm{j}\omega})=H(\mathrm{e}^{\mathrm{j}\omega})H(\mathrm{e}^{-\mathrm{j}\omega})=H(z)H(z^{-1})|_{z=\mathrm{e}^{\mathrm{j}\omega}} \tag{6.99}$$

实系数有理传输函数的幅度平方函数可用式(6.97)计算得到：

$$|H(\mathrm{e}^{\mathrm{j}\omega})|^2=H(\mathrm{e}^{\mathrm{j}\omega})H(\mathrm{e}^{-\mathrm{j}\omega})=\left|\frac{p_0}{d_0}\right|^2\frac{\prod_{k=1}^{M}(\mathrm{e}^{\mathrm{j}\omega}-\xi_k)(\mathrm{e}^{-\mathrm{j}\omega}-\xi_k^*)}{\prod_{k=1}^{N}(\mathrm{e}^{\mathrm{j}\omega}-\lambda_k)(\mathrm{e}^{-\mathrm{j}\omega}-\lambda_k^*)} \tag{6.100}$$

LTI 离散时间系统的实系数有理传输函数的相位响应 $\theta(\omega)$ 为

$$\theta(\omega)=\arctan\left[\frac{H_{\mathrm{im}}(z)}{H_{\mathrm{re}}(z)}\right]_{z=\mathrm{e}^{\mathrm{j}\omega}}=\frac{1}{2\mathrm{j}}\ln\left[\frac{H(z)}{H(z^{-1})}\right]_{z=\mathrm{e}^{\mathrm{j}\omega}} \tag{6.101}$$

LTI 离散时间系统的实系数有理传输函数的群延迟 $\tau_g(\omega)$ 为

$$\tau_g^H(\omega)=-\frac{\mathrm{d}\theta(\omega)}{\mathrm{d}\omega}=-\mathrm{Re}\left(z\frac{\mathrm{d}[\ln H(z)]}{\mathrm{d}z}\right)\bigg|_{z=\mathrm{e}^{\mathrm{j}\omega}} \tag{6.102}$$

可以证明有理传输函数 $H(z)$ 的群延迟 $\tau_g(\omega)$ 可以用式(6.15)中的因式形式表达成下面的形式(参见习题6.68)

$$\begin{aligned}\tau_g^H(\omega)=&-\sum_{\ell=1}^{M/2}\frac{1-p_{2\ell}^2+p_{1\ell}(1-p_{2\ell})\cos\omega}{p_{2\ell}^2+p_{1\ell}^2+1+2p_{2\ell}(2\cos^2\omega-1)+2p_{1\ell}(1+p_{2\ell})\cos\omega}\\&+\sum_{\ell=1}^{N/2}\frac{1-d_{2\ell}^2+d_{1\ell}(1-d_{2\ell})\cos\omega}{d_{2\ell}^2+d_{1\ell}^2+1+2d_{2\ell}(2\cos^2\omega-1)+2d_{1\ell}(1+d_{2\ell})\cos\omega}\end{aligned} \tag{6.103}$$

6.7.4　频率响应计算的几何解释

对于具有有理传输函数 $H(z)$ 的 LTI 数字滤波器，式(6.96)给出的频率响应表达式的因式形式便于从传输函数的零极点图随着 ω 在 z 平面的单位圆上从 0 变到 2π，来生成频率响应计算的几何解释。几何解释可用于得到该响应作为频率函数的图。

若考察式(6.96)给出的频率响应表达式，可观察到典型因式形如：

$$(\mathrm{e}^{\mathrm{j}\omega}-\rho\mathrm{e}^{\mathrm{j}\phi})$$

式中，若因式来自分子，则 $\rho\mathrm{e}^{\mathrm{j}\phi}$ 是零点，即一个零点因式；若来自分母，则它是极点，即一个极点因式。在 z 平面，因式 $(\mathrm{e}^{\mathrm{j}\omega}-\rho\mathrm{e}^{\mathrm{j}\phi})$ 表示始于点 $z=\rho\mathrm{e}^{\mathrm{j}\phi}$ 终于单位圆上 $z=\mathrm{e}^{\mathrm{j}\omega}$ 的一个向量，如图6.11所示。随着 ω 从 0 变化到 2π，向量的顶点从点 $z=1$ 沿着单位圆逆时针运动回到点 $z=1$。

如式(6.97)所示，在特定 ω 值的幅度响应 $|H(\mathrm{e}^{\mathrm{j}\omega})|$ 是所有零点向量幅度的乘积除以所有极点向量幅度的乘积。同样，由式(6.98)可观察到，在特定 ω 值的相位响应 $\arg H(\mathrm{e}^{\mathrm{j}\omega})$ 是通过把项 p_0/d_0 的相位以及线性相位项 $\omega(N-M)$ 加上所有零点向量的角度，再减去所有极点向量的角度得到的。因此，通过研究其极点和零点位置可得 LTI 数字滤波器传输函数的幅度和相位响应的近似图。

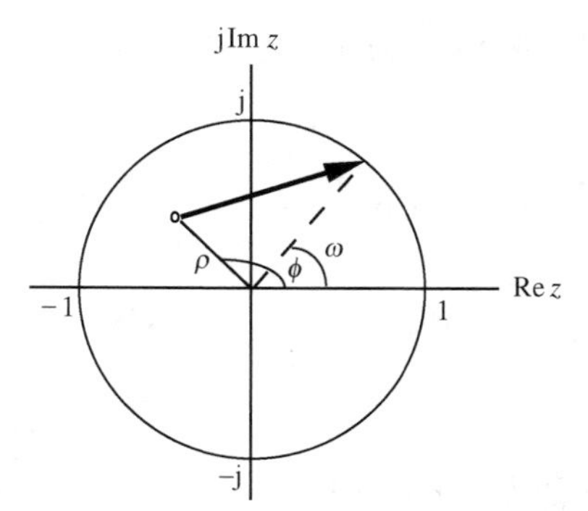

图6.11　有理传输函数频率响应的几何解释

当 $\omega=\phi$ 时，零点(极点)向量有最小幅度。若所设计的数字滤波器需要在特定频率范围内很大程度地衰减信号分量，那就需要在该范围内将传输函数的零点放到距单位圆非常接近的位置，或直接放在单位圆上。类似地，若需要在某个特定频率范围内很大程度地增强信号，就需要在该范围内将传输函数的极点放到非常接近单位圆的位置。

6.7.5 用极点位置表示稳定条件

我们在本书将描述如何确定满足指定频域指标的因果 FIR 或 IIR 滤波器的传输函数的几种方法。但在实现数字滤波器之前，需要保证求出的传输函数会得到稳定的结构。

在4.4.3节中曾经证明当且仅当 LTI 数字滤波器的冲激序列 $h[n]$ 绝对可和，即

$$\mathcal{S}=\sum_{n=-\infty}^{\infty}|h[n]|<\infty \tag{6.104}$$

该滤波器是 BIBO 稳定的。对于无限冲激响应系统，很难检验上面用冲激响应样本表示的稳定条件。在本节中推导用传输函数 $H(z)$ 的极点位置表示的稳定条件，若极点的位置是已知的，判断将非常简单。

例6.36和例6.37分别研究一阶和二阶 LTI IIR 数字滤波器的稳定性。

例6.36　一阶 LTI IIR 数字滤波器的稳定条件

首先研究一阶 LTI IIR 数字滤波器的稳定性。当 $|\alpha|<1$ 时，由于 $h_1[n]$ 满足式(6.104)给出的稳定条件，例4.16给出的具有因果冲激响应 $h_1[n]=\alpha^n\mu[n]$ 的 LTI IIR 数字滤波器是 BIBO 稳定的。该因果系统的传输函数是 $H_1(z)=1/(1-\alpha z^{-1})$，其收敛域为 $|z|>|\alpha|$。传输函数 $H_1(z)$ 在 $z=\alpha$ 处有一个极点，若 $|\alpha|<1$，它在单位圆内，因此，单位圆包含在传输函数的收敛域内。

在例4.17中，我们已证明具有反因果冲激响应 $h_2[n]=-\beta^n\mu[-n-1]$ 的一阶 LTI 数字滤波器在 $|\beta|>1$ 时是 BIBO 稳定的，这里 $h_2[n]$ 也满足式(6.104)给出的稳定条件。该反因果系统的传输函数为 $H_2(z)=1/(1-\beta z^{-1})$，其收敛域为 $|z|<|\beta|$。传输函数 $H_2(z)$ 在 $z=\beta$ 处有一个极点，若 $|\beta|>1$，它在单位圆外，因此，单位圆也包含在该传输函数的收敛域内。

由于上面两个一阶 LTI 系统均有绝对可和的冲激响应，所以冲激响应的傅里叶变换是存在的，因此，两个系统都是 BIBO 稳定的。

例6.37　二阶 LTI IIR 数字滤波器的稳定条件

考虑一个二阶 LTI IIR 数字滤波器的传输函数为

$$H(z)=\frac{(\alpha-\beta)z^{-1}}{(1-\alpha z^{-1})(1-\beta z^{-1})},\qquad |\alpha|<1<|\beta|$$

该传输函数在单位圆内的 $z=\alpha$ 处有一个极点，在单位圆 $z=\beta$ 处有一个零点。如图6.5所示，上面的传输函数有三种可能的收敛域。我们研究与每个收敛域相关的冲激响应，并研究上面这个传输函数在每种情况下的稳定性。

为了求冲激响应 $h[n]$，首先将 $H(z)$ 重写为

$$H(z)=\frac{1}{1-\alpha z^{-1}}-\frac{1}{1-\beta z^{-1}}$$

然后对于每个给定的收敛域，确定等式右边的一阶项的逆 z 变换。对于定义为 $|z|>|\beta|$ 的收敛域，冲激响应是由两个因果序列按

$$h[n]=\alpha^n\mu[n]-\beta^n\mu[n]$$

求和而成的一个右边序列。由于 $|\beta|>1$，上式等号右边第二个序列不是绝对可和序列，因此 LTI 系统是不稳定的。

对定义为 $|\alpha|<|z|<|\beta|$ 的收敛域，其冲激响应是一个双边序列，它由一个因果序列和一个反因果序列的和组成：

$$h[n]=\alpha^n\mu[n]+\beta^n\mu[-n-1]$$

如例4.16和例4.17所示，上式中的两个序列都是绝对可和的，因此该 LTI 系统是稳定的。注意，由于 $|\beta|>1$，所以给出的收敛域包括单位圆。

最后，对定义为 $|z|<|\alpha|$ 的收敛域，冲激响应是由两个反因果序列按

$$h[n]=-\alpha^n\mu[-n-1]+\beta^n\mu[-n-1]$$

求和而成的一个左边序列。上式等号右边的第一个序列不是绝对可和的，因此该 LTI 系统是不稳定的。

现在，我们将说明冲激响应 $h[n]$ 绝对可和性保证了其傅里叶变换 $H(e^{j\omega})$ 是存在的。由式(6.77)可得

$$|H(z)| = \left|\sum_{n=-\infty}^{\infty} h[n]\,z^{-n}\right| \leqslant \sum_{n=-\infty}^{\infty} |h[n]\,z^{-n}| = \sum_{n=-\infty}^{\infty} |h[n]|\,|z^{-n}|$$

因此，在单位圆上，上式可以简化为

$$|H(z)|_{z=e^{j\omega}} = |H(e^{j\omega})| \leqslant \sum_{n=-\infty}^{\infty} |h[n]|$$

若 $h[n]$ 满足式(6.104)给出的 BIBO 稳定条件，则 $\sum_{n=-\infty}^{\infty} |h[n]| < \infty$，因此，对一个 BIBO 稳定的 LTI 数字滤波器来说，$|H(e^{j\omega})| < \infty$，该式表明此冲激响应存在傅里叶变换。所以，BIBO 稳定的 LTI 数字滤波器的传输函数 $H(z)$ 的收敛域一定包含单位圆。相反，若一个 LTI 数字滤波器的传输函数的收敛域包含单位圆，则该滤波器就是 BIBO 稳定的。

如前所述，具有有界冲激响应系数的因果 LTI FIR 数字滤波器总是稳定的，因为其传输函数在 z 平面上的所有极点均在原点处。另一方面，一个因果 LTI IIR 滤波器若设计不当，则可能是不稳定的。而且，用无限精度系数描述的原本稳定的 IIR 滤波器，因为系数不可避免地会被量化，原来在单位圆内的极点有可能被移到单位圆外，在实现以后可能会变得不稳定，如例 6.38 所示。

例 6.38　系数量化对一个 LTI IIR 数字滤波器稳定性的影响

考虑因果二阶 IIR 传输函数

$$H(z) = \frac{1}{1 - 1.845z^{-1} + 0.850\,586z^{-2}} \tag{6.105}$$

用略加修改过的程序 6_5，可得到上述传输函数的冲激响应系数图，如图 6.12(a)所示。从图中可以看出，随着 n 的增加，冲激响应系数 $h[n]$ 迅速衰减到零值，表明式(6.104)的绝对可和条件是满足的。因此，$H(z)$ 是一个稳定传输函数。

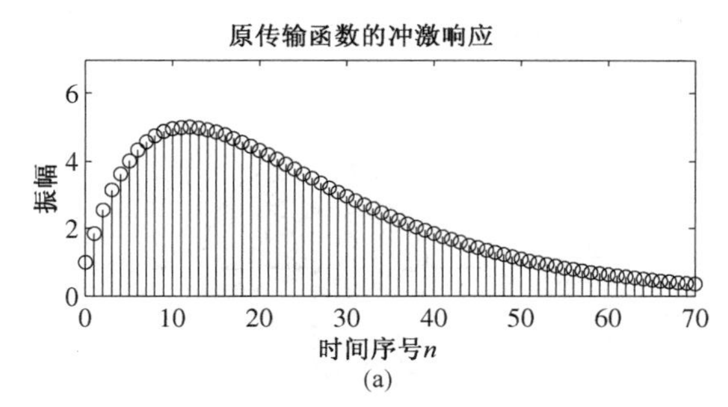

(a)

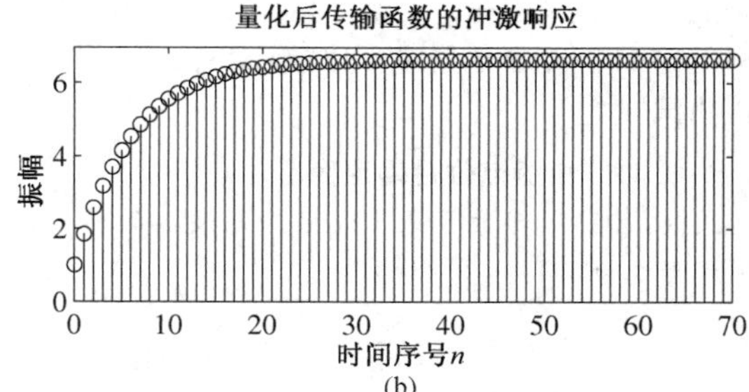

(b)

图 6.12　(a)式(6.105)中原传输函数的冲激响应；(b)式(6.106)中传输函数的冲激响应

现在考虑传输函数系数四舍五入到小数点后两位时的情况。式(6.105)所示的传输函数具有如下形式：

$$\hat{H}(z) = \frac{1}{1 - 1.85z^{-1} + 0.85z^{-2}} \tag{6.106}$$

图 6.12(b)显示了其冲激响应系数图。此时，随着 n 的增加，冲激响应系数 $h[n]$ 会迅速增加至某一常数值，因而破坏了式(6.104)的绝对可和条件，这表明 $\hat{H}(z)$ 是一个不稳定的传输函数。

因此，检验 IIR 传输函数的稳定性很重要。大多数情况下，很难解析地计算式(6.104)的和 $\mathcal{S}$。对于一个因果 IIR 传输函数，可用有限和

$$\mathcal{S}_K = \sum_{n=0}^{K-1} |h[n]| \tag{6.107}$$

代替式(6.104)的等号右边，并迭代地计算式(6.107)，直到一组 $\mathcal{S}_K$ 的相邻值的差小于某个任意选择的较小的数来近似地计算。然而，需要注意，严格来说，通过计算式(6.107)给出的有限和是无法证明一个如

式(6.104)的有限级数的收敛的。实际上，如果当 $n \to \infty$，级数中单独项是已知的，那么可以得到部分和的界并可以证明其收敛性。

程序 6_7 可以用式(6.107)的数值计算来检查一个有理传输函数的稳定性，如下面的例子所示。

例 6.39 用 MATLAB 测试稳定性

程序 6_7.m

用程序 6_7 检验式(6.105)给出的传输函数的稳定性。运行该程序后生成的输出数据为

```
Stable Transfer Function
```

表明该传输函数是稳定的。另一方面，用式(6.106)所给的传输函数系数运行程序，可得输出显示为

```
Unstable Transfer Function
```

这表明该传输函数是不稳定的。

需要注意，在某些情况下，上述方法并不能保证冲激序列是绝对可和的，从而不能保证 LTI 离散时间系统是稳定的，如例 6.40 所示。

例 6.40 具有衰减冲激响应的不稳定因果 LTI IIR 系统

考虑一个因果 LTI 离散时间系统，其冲激响应为

$$h[n] = \begin{cases} \frac{1}{n}, & n \geqslant 1 \\ 0, & n \leqslant 0 \end{cases} \tag{6.108}$$

虽然该冲激序列随着 n 的增加而衰减，但它不是绝对可和的，因为 $\sum_{n=1}^{\infty} 1/|n|$ 不收敛。

现在，我们基于传输函数的极点位置来建立另一个稳定条件。首先考虑因果传输函数。考虑式(6.13)所示有理传输函数 $H(z)$ 描述的 IIR 数字滤波器。若假定该数字滤波器是因果的，即冲激响应序列 $\{h[n]\}$ 是右边序列，则 $H(z)$ 的收敛域在通过离原点最远的极点的圆的外面。但稳定性需要 $\{h[n]\}$ 是绝对可和的，它表明 $\{h[n]\}$ 的离散时间傅里叶变换 $H(e^{j\omega})$ 存在。现在，若单位圆在传输函数的收敛域之内，通过令 $z = e^{j\omega}$，$\{h[n]\}$ 的 z 变换 $H(z)$ 退化为傅里叶变换 $H(e^{j\omega})$。因此可得出结论，一个稳定因果传输函数 $H(z)$ 的所有极点必须严格地在单位圆之中，如图 6.13 所示。

例 6.41 讨论了通过极点位置对因果二阶传输函数进行稳定性测试。

例 6.41 由极点位置确定稳定性

式(6.105)所示的因果 LTI 数字滤波器的传输函数 $H(z)$，其因式形式为

$$H(z) = \frac{1}{(1 - 0.902z^{-1})(1 - 0.943z^{-1})}$$

它在 $z = 0.902$ 和 $z = 0.943$ 处各有一个实极点。因为 $H(z)$ 的每个极点的幅度都小于 1，所以所有极点都在 z 平面的单位圆以内，因此传输函数是稳定的。

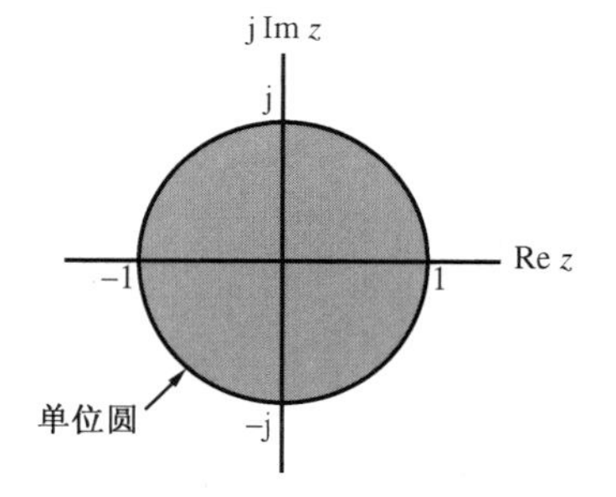

图 6.13 稳定因果传输函数的极点位置在 z 平面中的稳定区域(阴影区)

另一方面，式(6.106)所示的传输函数 $\hat{H}(z)$ 的因式形式为

$$\hat{H}(z) = \frac{1}{(1 - z^{-1})(1 - 0.85z^{-1})}$$

它现在有一个极点在单位圆内部的 $z = 0.85$ 处，而另一个极点在单位圆上的 $z = 1$ 处，表明它是不稳定的。

例 6.42 通过系统的传输函数的极点位置重新检验了例 6.40 中式(6.108)给出的因果 LTI 系统的稳定性。

例 6.42 在单位圆上有无限个极点的因果 LTI IIR 系统

例 6.40 中的因果 LTI 离散时间系统的传输函数 $H(z)$ 由式(6.108)的冲激响应的 z 变换给出，如下所示：

$$H(z) = \sum_{n=1}^{\infty} \frac{z^{-n}}{n} = \log_e\left(\frac{1}{1 - z^{-1}}\right), \qquad |z| > 1 \tag{6.109}$$

该传输函数在单位圆 $z = 1$ 处有无穷个极点，因此它是不稳定的。

另一方面，反因果数字滤波器的冲激响应$\{h[n]\}$是左边序列，因此传输函数$H(z)$的收敛域是经过离原点最近的极点的圆的内部区域。然而，当 BIBO 稳定时，序列$\{h[n]\}$的傅里叶变换$H(e^{j\omega})$必须存在，这意味着$H(z)$的单位圆必须位于其收敛域中。因此，在这种情况下，稳定反因果传输函数$H(z)$的所有极点就应该严格地位于单位圆外。随着时间反向运行，这类滤波器会有稳定的响应。在实际中，这样一个反因果传输函数可以通过在缓存中存储有限长的输出数据，然后以反序读取来实现。

6.8 小结

本章介绍了非周期序列的 z 变换及其性质。和第 3 章中讨论的离散时间傅里叶变换、第 5 章中讨论的 DFT、离散余弦变换、Haar 变换一样，本章中给出这种表示也由一对表达式组成：分析式和综合式。分析式用来将时域表示转化为变换域表示，而综合式用于相反的过程。

LTI 离散时间系统的一种重要且有用的描述就是系统的传输函数，由系统冲激响应的 z 变换给出。我们研究了传输函数的性质，并推导了传输函数的极点位置和 LTI 系统的稳定条件的关系。

6.9 习题

6.1　求下面因果序列的 z 变换及对应的收敛域：

(a) $g[n]=nr^n\cos(\omega_o n)\mu[n]$

(b) $g[n]=nr^n\sin(\omega_o n)\mu[n]$

6.2　求下面因果序列的 z 变换及对应的收敛域：

(a) $x_a[n]=-\alpha\mu[-n-1]$

(b) $x_b[n]=-\alpha^n\mu[-n-1]$

(c) $x_c[n]=\alpha^n\cos(\omega_o n)\mu[n]$

(d) $x_d[n]=\alpha^n\sin(\omega_o n)\mu[n]$

6.3　求序列 $x[n]=\dfrac{1}{n!}\mu(z)$ 的 z 变换。$X(z)$的收敛域是什么？

6.4　设 $X(z)=A(z^2)-z^{-1}B(z^2)$ 是一个因果序列的 z 变换且其收敛域包括单位圆。定义 $Y(z)=A(z^2)+z^{-1}B(z^2)$，且 $y[n]$ 表示其逆 z 变换。$y[n]$ 是因果的吗？$Y(z)$ 的收敛域是什么？若 $x[n]$ 的 DTFT $X(e^{j\omega})$ 的幅度如图 P6.1 所示，画出 $y[n]$ 的 DTFT $Y(e^{j\omega})$ 的幅度。

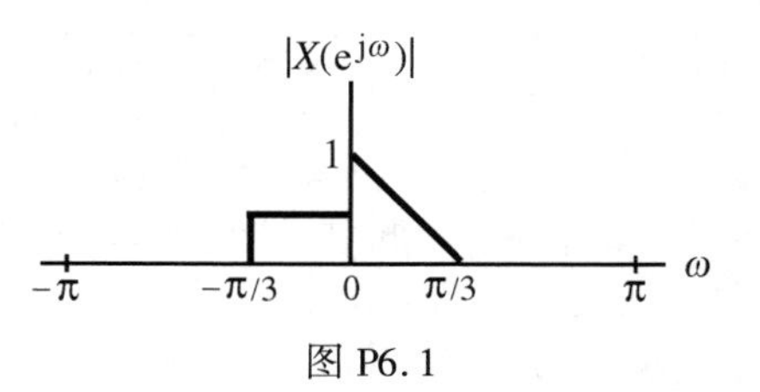

图 P6.1

6.5　推导表 6.1 中如下序列的 z 变换及其对应的收敛域：

(a) $\delta[n]$，　(b) $n\alpha^n\mu[n]$，　(c) $(r^n\sin\omega_0 n)\mu[n]$

6.6　求下面因果序列的 z 变换及对应的收敛域：

(a) $x_1[n]=\alpha^n\mu[n-4]$，　(b) $x_2[n]=\alpha^n\mu[-n]$，　(c) $x_3[n]=-\alpha^n\mu[-n-2]$

6.7　确定如下 4 个序列中的哪些具有相同的 z 变换：

(a) $x_1[n]=(0.6)^n\mu[n]+(-0.8)^n\mu[n]$

(b) $x_2[n]=(0.6)^n\mu[n]-(-0.8)^n\mu[-n-1]$

(c) $x_3[n]=-(0.6)^n\mu[-n-1]-(-0.8)^n\mu[-n-1]$

(d) $x_4[n]=-(0.6)^n\mu[-n-1]+(-0.8)^n\mu[n]$

6.8　(a) 求下述每个序列的 z 变换的收敛域：

(i) $x_1[n]=(0.2)^n\mu[n+1]$

(ii) $x_2[n]=(0.6)^n\mu[n-2]$

(iii) $x_3[n]=(0.5)^n\mu[n-6]$

(iv) $x_4[n]=(-0.5)^n\mu[-n-3]$

(b) 根据(a)部分求得的收敛域，求如下序列的收敛域：

(i) $y_1[n]=x_1[n]+x_2[n]$

(ii) $y_2[n]=x_1[n]+x_3[n]$

(iii) $y_3[n]=x_1[n]+x_4[n]$

(iv) $y_4[n]=x_2[n]+x_3[n]$

(v) $y_5[n]=x_2[n]+x_4[n]$

(vi) $y_6[n]=x_3[n]+x_4[n]$

6.9 求双边序列 $v[n]=\alpha^{|n|}$ 的 z 变换，$|\alpha|<1$。其收敛域是什么？

6.10 求下面因果序列的 z 变换及对应的收敛域。假设 $|\beta|>|\alpha|>0$，给出它们的零极点图并在图中清楚地标明收敛域。

(a) $x_1[n]=\alpha^n\mu[n+1]+\beta^n\mu[n+2]$

(b) $x_2[n]=\alpha^n\mu[n-2]+\beta^n\mu[-n-1]$

(c) $x_3[n]=\alpha^n\mu[n+2]+\beta^n\mu[-n-1]$

6.11 求下面因果序列的 z 变换及对应的收敛域：

(a) $y_1[n]=n^2\alpha^n\mu[n]$

(b) $y_2[n]=n^3\alpha^n\mu[n]$

(c) $y_3[n]=\dfrac{(n+1)(n+2)}{2}\alpha^n\mu[n]$

(d) $y_4[n]=\dfrac{(n+1)(n+2)(n+3)}{6}\alpha^n\mu[n]$

6.12 设 $X(z)$ 表示序列 $x[n]$ 的 z 变换，其收敛域为 $\mathcal{R}$。求如下每个 $x[n]$ 函数的 z 变换和收敛域：(a) $y_1[n]=nx[n]$，(b) $y_2[n]=n^2x[n]$，(c) $y_3[n]=n^3x[n]$，(d) $y_4[n]=(n+1)^2x[n]$，(e) $y_5[n]=(n+1)^3x[n]$。

6.13 求下面 z 变换的可能收敛域及与其对应的逆 z 变换：

(a) $X_a(z)=\dfrac{7+3.6z^{-1}}{1+0.9z^{-1}+0.18z^{-2}}$

(b) $X_b(z)=\dfrac{3-2z^{-1}}{1-0.6z^{-1}+0.08z^{-2}}$

(c) $X_c(z)=\dfrac{4-1.6z^{-1}-0.4z^{-2}}{(1+0.6z^{-1})(1-0.4z^{-1})^2}$

6.14 设序列 $x[n]$ 和 $y[n]$ 的 z 变换分别记为 $X(z)$ 和 $Y(z)$，$\mathcal{R}_x$ 和 $\mathcal{R}_y$ 分别表示各自的收敛域。确定以 $X(z)$ 和 $Y(z)$ 表示的互相关序列 $r_{xy}[\ell]$ 的 z 变换，以及用 $\mathcal{R}_x$ 和 $\mathcal{R}_y$ 表示的收敛域。利用此结果求因果序列 $x[n]=\alpha^n\mu[n]$，$0<|\alpha|<1$ 的自相关序列 $r_{xx}[\ell]$ 的 z 变换 $R_{xx}(z)$，并且通过对 $R_{xx}(z)$ 应用逆 z 变换求自相关序列 $r_{xx}[\ell]$ 的表达式。

6.15 设序列 $x[n]$ 的 z 变换为 $X(z)$，且 $\mathcal{R}_x$ 为其收敛域。用 $X(z)$ 来表示序列 $x[n]$ 的实部和虚部的 z 变换，并分别给出其各自的收敛域。

6.16 求习题 3.17 中序列的 z 变换及其收敛域。证明对每个 z 变换收敛域都包括单位圆。对每个序列在单位圆上计算 z 变换并证明它就是习题 3.17 中计算出的每个序列的 DTFT。

6.17 求习题 3.18 中序列的 z 变换及其收敛域。证明对每个 z 变换收敛域都包括单位圆。对每个序列在单位圆上计算 z 变换并证明它就是习题 3.18 中计算出的每个序列的 DTFT。

6.18 习题 3.48 中的长度为 9 的序列的 z 变换 $X(z)$ 在单位圆上的 6 个点 $\omega_k=2\pi k/6$，$0\leqslant k\leqslant 5$ 处抽样，得到的频率样本为

$$\tilde{X}[k]=X(z)|_{z=e^{j2\pi k/6}},\qquad 0\leqslant k\leqslant 5$$

不求 $\tilde{X}[k]$，确定周期序列 $\tilde{x}[n]$，其离散傅里叶级数系数为 $\tilde{X}[k]$。序列 $\tilde{x}[n]$ 的周期是多少？

6.19 对习题 3.49 中给出的长度为 9 的序列，重做习题 6.18。

6.20 设 $X(z)$ 表示习题 5.60 中的长度为 10 的序列 $x[n]$ 的 z 变换。设 $X_0[k]$ 表示 $X(z)$ 在单位圆上以 8 个等间隔点 $z=e^{j(2\pi k/8)}$，$0\leq k\leq 7$，抽样得到的样本，即

$$X_0[k]=X(z)|_{z=e^{j(2\pi k/8)}},\qquad 0\leq k\leq 7$$

不计算后一个函数，求 $X_0[k]$ 的 8 点离散傅里叶逆变换 $x_0[n]$。

6.21 设 $x[n]$ 是满足条件 $x[n]=\pm x[-n]$ 的序列，且其有理 z 变换 $X(z)$ 在单位圆上没有极点。证明，若 $z=\xi_k$ 是 $X(z)$ 的极点（零点），则 $z=1/\xi_k$ 也是 $X(z)$ 的极点（零点）。$x[n]$ 的 DTFT $X(e^{j\omega})$ 存在吗？如果存在，怎样计算 DTFT？证明你的答案。

6.22 考虑因果序列 $x[n]=(-0.7)^n\mu[n]$，其 z 变换为 $X(z)$。

(a) 不计算 $X(z)$，求 $X(z^4)$ 的逆 z 变换。

(b) 不计算 $X(z)$，求 $(1+z^{-2})X(z^4)$ 的逆 z 变换。

6.23 求习题 4.39 中的斐波纳契数列 $\{f[n]\}$ 的 z 变换 $F(z)$。计算 $F(z)$ 的逆 z 变换。

6.24 设

$$X(z)=\frac{3-7.8z^{-1}}{(1-0.7z^{-1})(1+1.6z^{-1})}$$

是序列 $x[n]$ 的 z 变换。$X(z)$ 可能的收敛域是什么？$x[n]$ 的 DTFT $X(e^{j\omega})$ 存在吗？

6.25 考虑 z 变换

$$G(z)=\frac{(2z^2-0.8z+0.5)(3z^2+2z+3)}{(z^2-0.8z+0.38)(z^2+4z+5)}\tag{6.110}$$

这个 z 变换可能有三个不重叠的收敛域（ROC）。讨论与这三个的收敛域相关的逆 z 变换的类型（左边，右边，还是双边）。无须精确地计算逆变换。

6.26 考虑有理 z 变换 $G(z)=P(z)/D(z)$，其中 $P(z)$ 和 $D(z)$ 是 z^{-1} 的多项式。设 ρ_ℓ 表示 $G(z)$ 在单极点 $z=\lambda_\ell$ 处的留数。证明

$$\rho_\ell=-\lambda_\ell\frac{P(z)}{D'(z)}\bigg|_{z=\lambda_\ell}$$

其中 $D'(z)=\dfrac{dD(z)}{dz^{-1}}$。

6.27 下面每个 z 变换

(a) $X_a(z)=\dfrac{7}{1+0.3z^{-1}-0.1z^{-2}}$

(b) $X_b(z)=\dfrac{3z^2+1.8z+1.28}{(z-0.5)(z+0.4)^2}$

均有三个收敛域。根据不同的收敛域计算它们相应的逆 z 变换。

6.28 证明有理 z 变换

$$H(z)=\frac{1}{1-2r(\cos\theta)z^{-1}+r^2z^{-2}},\qquad |z|>r>0$$

的逆 z 变换 $h[n]$ 是

$$h[n]=\frac{r^n\sin(n+1)\theta}{\sin\theta}\cdot\mu[n]$$

6.29 通过将如下每个有理 z 变换展开成幂级数并计算幂级数中每一项的逆 z 变换，求逆 z 变换 $x_1[n]$ 和 $x_2[n]$。

(a) $X_1(z)=\dfrac{1}{1-z^{-3}},\qquad |z|>1$

(b) $X_2(z)=\dfrac{1}{1-z^{-4}},\qquad |z|>1$

将结果与用部分分式法得到的结果进行比较。

6.30 求如下 z 变换的逆 z 变换：

(a) $X_1(z)=\log(1-\alpha z^{-1})$, $|z|>|\alpha|$

(b) $X_2(z) = \log\left(\dfrac{\alpha - z^{-1}}{\alpha}\right)$, $|z| > 1/|\alpha|$

(c) $X_3(z) = \log\left(\dfrac{1}{1-\alpha z^{-1}}\right)$, $|z|>|\alpha|$

(d) $X_4(z) = \log\left(\dfrac{\alpha}{\alpha - z^{-1}}\right)$, $|z| > 1/|\alpha|$

6.31 考虑式(6.13)的 z 变换 $G(z)$, $M<N$。若 $G(z)$ 仅有单极点，证明 p_0/d_0 等于 $G(z)$ 的部分分式展开的留数之和[Mit98]。

6.32 求如下 z 变换的逆 z 变换：

(a) $X_1(z)=\sin(z^{-1})$, $z\neq 0$

(b) $X_2(z)=\cos(z^{-1})$, $z\neq 0$

(c) $X_3(z)=\log_e(1+z^{-1})$, $|z|>1$

(d) $X_4(z) = e^{z^{-1}}$, $z\neq 0$

6.33 设 $x[n]$、$u[n]$ 和 $v[n]$ 是因果序列，$X(z)$、$U(z)$ 和 $V(z)$ 分别表示它们各自的 z 变换，其收敛域为 $|z|>\mathcal{R}_x$、$|z|>\mathcal{R}_u$ 和 $|z|>\mathcal{R}_v$。证明

$$\frac{1}{2\pi j}\oint_C X(z)U(z)V(z)z^{-1}\,dz = \left[\frac{1}{2\pi j}\oint_C X(z)z^{-1}\,dz\right]\left[\frac{1}{2\pi j}\oint_C U(z)z^{-1}\,dz\right]\left[\frac{1}{2\pi j}\oint_C V(z)z^{-1}\,dz\right]$$

6.34 右边序列 $h[n]$ 的 z 变换为

$$H(z) = \frac{z+1.7}{(z+0.3)(z-0.5)}$$

使用部分分式法求其逆 z 变换 $h[n]$。用 MATLAB 验证部分分式展开。

6.35 证明表 6.2 中列出的 z 变换的如下定理：(a)共轭，(b)时间反转，(c)线性，(d)时移，(e)与指数序列相乘，(f)微分。

6.36 用多项式相乘法计算习题 2.9 中的线性卷积。

6.37 证明式(6.74)。

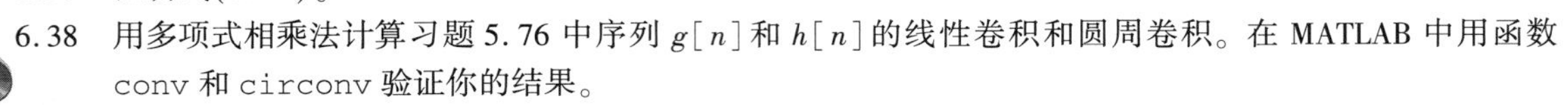

6.38 用多项式相乘法计算习题 5.76 中序列 $g[n]$ 和 $h[n]$ 的线性卷积和圆周卷积。在 MATLAB 中用函数 conv 和 circonv 验证你的结果。

circonv.m

6.39 证明对定义 $n\geq 0$ 的因果序列 $x[n]$，若其 z 变换为 $X(z)$，有

$$x[0] = \lim_{z\to\infty} X(z)$$

上面的结果称为**初值定理**。

6.40 具有实系数传输函数 $H(z)$ 的数字滤波器的幅度响应如图 P6.2 所示。画出滤波器 $H(z^6)$ 的幅度响应。

6.41 设 $H(z)$ 是一个因果稳定 LTI 离散时间系统的传输函数。设 $G(z)$ 是将 $H(z)$ 中的 z^{-1} 替换为稳定全通函数 $\mathcal{A}(z)$ 得到的传输函数；即 $G(z) = H(z)_{z^{-1}=\mathcal{A}(z)}$。证明 $G(1)=H(1)$ 和 $G(-1)=H(-1)$。

6.42 考虑图 P6.3 所示的数字滤波器结构，其中

$$H_1(z) = 2.1+3.3z^{-1}+0.7z^{-2},\quad H_2(z) = 1.4-5.2z^{-1}+0.8z^{-2},\quad H_3(z) = 3.2+4.5z^{-1}+0.9z^{-2}$$

求混合滤波器的传输函数 $H(z)$。

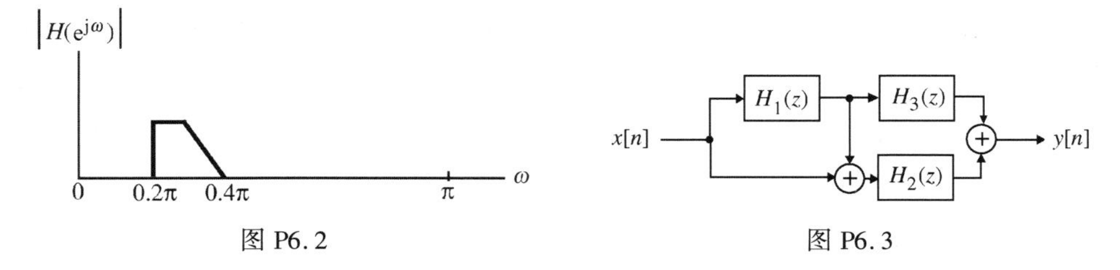

图 P6.2　　图 P6.3

6.43 求如下因果 IIR 传输函数的冲激响应 $\{h[n]\}$ 的表达式：

$$H(z)=\frac{4.5-1.3z^{-1}+1.4z^{-2}}{(1+0.5z^{-1}+0.9z^{-2})(1-0.3z^{-1})}$$

6.44　因果 LTI 离散时间系统的传输函数是

$$H(z)=\frac{-1.5z^{-1}+0.3z^{-2}}{1+0.25z^{-1}-0.06z^{-2}}$$

(a)求上面系统的冲激响应 $h[n]$。

(b)求上面系统对所有 n 值当输入为

$$x[n]=2.1(0.4)^n\mu[n]+0.3(-0.3)^n\mu[n]$$

时的输出 $y[n]$。

6.45　用 z 变换方法，求具有如下冲激响应和输入序列 $y[n]$ 的每一个因果 LTI 离散时间系统的输出的确切表达式：

(a) $h[n]=(-0.2)^n\mu[n]$，$x[n]=(0.3)^n\mu[n]$

(b) $h[n]=(-0.7)^n\mu[n]$，$x[n]=(-0.3)^n\mu[n]$

6.46　用 z 变换方法，求对于输入 $x[n]=3(0.5)^n\mu[n]$ 生成输出 $y[n]=2(-0.2)^n\mu[n]$ 的一个因果 LTI 离散时间系统的冲激响应 $h[n]$ 的确切表达式。

6.47　一个因果 LTI 离散时间系统由差分方程

$$y[n]=0.4y[n-1]+0.05y[n-2]+3x[n]$$

描述，其中 $x[n]$ 和 $y[n]$ 分别是系统的输入和输出序列。

(a)求该系统的传输函数 $H(z)$

(b)求该系统的冲激响应 $h[n]$

(c)求该系统的阶跃响应 $s[n]$

6.48　图 P6.4(a)和图 P6.4(b)分别表示通常用于数字信号压缩的 DPCM(**差分脉冲编码调制**)编码和解码器[Jay84]。编码器中的线性预测器 $P(z)$ 生成输入信号 $x[n]$ 的预测信号 $\hat{x}[n]$，量化器 $\mathcal{Q}$ 对差信号 $d[n]=x[n]-\hat{x}[n]$ 量化得到量化输出 $u[n]$，比起 $x[n]$，表示它所用的比特数较少。编码器的输出通过信道传输到解码器。忽略传输和量化的误差，解码器的输入 $v[n]$ 等于 $u[n]$，且解码器产生的输出 $y[n]$ 等于输入 $x[n]$。在没有任何量化时，求编码器的传输函数 $H(z)=U(z)/X(z)$，并对下面的每个预测器求解码器的传输函数 $G(z)=Y(z)/V(z)$，并证明 $G(z)$ 和 $H(z)$ 互逆。

(a) $P(z)=h_1z^{-1}$　(b) $P(z)=h_1z^{-1}+h_2z^{-2}$

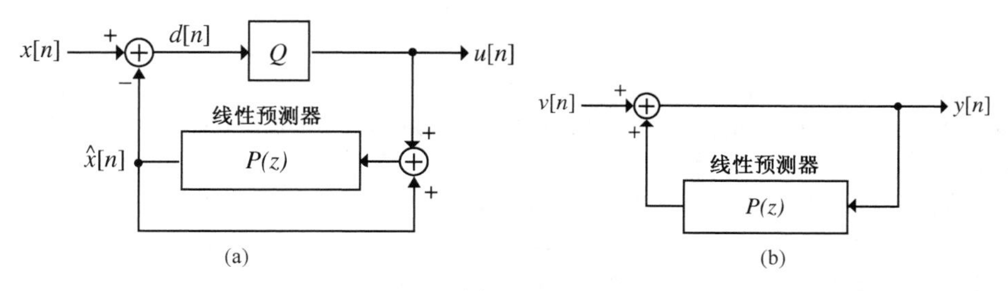

图 P6.4

6.49　考虑图 P6.5 所示的离散时间系统。当 $H_0(z)=1+\alpha z^{-1}$ 时，找到一个合适的 $F_0(z)$，使得输出 $y[n]$ 仅仅是输入的延迟和尺度缩放后的副本。

6.50　DFT 概念的一个推广得到**非均匀离散傅里叶变换**(NDFT) $X_{\text{NDFT}}[k]$，定义为[Bag98]

$$X_{\text{NDFT}}[k]=X(z_k)=\sum_{n=0}^{N-1}x[n]z_k^{-n},\qquad 0\leqslant k\leqslant N-1 \tag{6.111}$$

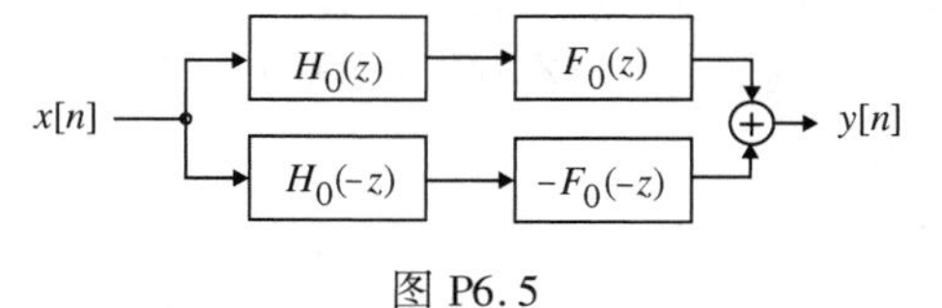

图 P6.5

其中 $z_0, z_1, \cdots, z_{N-1}$是在 z 平面上任意位置的 N 个不同点。NDFT 被用于数字滤波器的有效设计、天线阵列设计及双音多频检测[Bag98]。NDFT 可以用矩阵的形式表示为

$$\begin{bmatrix} X_{\text{NDFT}}[0] \\ X_{\text{NDFT}}[1] \\ \vdots \\ X_{\text{NDFT}}[N-1] \end{bmatrix} = \boldsymbol{D}_N \begin{bmatrix} x[0] \\ x[1] \\ \vdots \\ x[N-1] \end{bmatrix} \tag{6.112}$$

其中

$$\boldsymbol{D}_N = \begin{bmatrix} 1 & z_0^{-1} & z_0^{-2} & \cdots & z_0^{-(N-1)} \\ 1 & z_1^{-1} & z_1^{-2} & \cdots & z_1^{-(N-1)} \\ 1 & z_2^{-1} & z_2^{-2} & \cdots & z_2^{-(N-1)} \\ \vdots & \vdots & \vdots & \ddots & \vdots \\ 1 & z_{N-1}^{-1} & z_{N-1}^{-2} & \cdots & z_{N-1}^{-(N-1)} \end{bmatrix} \tag{6.113}$$

是 $N \times N$ NDFT 矩阵。矩阵 $\boldsymbol{D}_N$称为**范德蒙德矩阵**。证明若 N 个抽样点 z_k是不同的，则该矩阵是非奇异的。此时，逆 NDFT 为

$$\begin{bmatrix} x[0] \\ x[1] \\ \vdots \\ x[N-1] \end{bmatrix} = \boldsymbol{D}_N^{-1} \begin{bmatrix} X_{\text{NDFT}}[0] \\ X_{\text{NDFT}}[1] \\ \vdots \\ X_{\text{NDFT}}[N-1] \end{bmatrix} \tag{6.114}$$

6.51 通常，对于较大的 N，范德蒙德矩阵一般是病态矩阵(除了当 NDFT 退化为传统的 DFT 时)，因此直接求逆不可取。一种有效的方法是从给定的 N 点 NDFT $X_{\text{NDFT}}[k]$通过某类多项式内插法直接求 z 变换 $X(z)$

$$X(z) = \sum_{n=0}^{N-1} x[n] z^{-n} \tag{6.115}$$

和序列 $x[n]$[Bag98]。一种常用的方法是拉格朗日内插方程，用它可将 $X(z)$表示为

$$X(z) = \sum_{k=0}^{N-1} \frac{I_k(z)}{I_k(z_k)} X_{\text{NDFT}}[k] \tag{6.116}$$

其中

$$I_k(z) = \prod_{\substack{i=0 \\ i \neq k}}^{N-1} (1 - z_i z^{-1}) \tag{6.117}$$

考虑长度为 4 的序列 $x[n]$的 z 变换 $X(z) = 1 - 2z^{-1} + 3z^{-2} - 4z^{-3}$。通过在 $z_0 = -1/2$，$z_1 = 1$，$z_2 = 1/2$ 和 $z_3 = 1/3$ 处计算 $X(z)$，求 $x[n]$的 4 点 NDFT，然后用拉格朗日内插法来证明 $X(z)$可以由这些 NDFT 样本唯一确定。

6.52 考虑 z 变换为 $X(z)$的序列 $x[n]$。定义一个新的 z 变换 $\hat{X}(z)$ 为 $X(z)$的复自然对数，即 $\hat{X}(z) = \ln X(z)$。用 $\hat{x}[n]$ 表示的 $\hat{X}(z)$ 的逆 z 变换称为 $x[n]$的**复倒谱**[Tri79]。假设 $X(z)$和 $\hat{X}(z)$ 的收敛域包括单位圆。

(a) 建立 $x[n]$的 DTFT $X(e^{j\omega})$及其复倒谱 $\hat{x}[n]$ 的 DTFT $\hat{X}(e^{j\omega})$ 之间的关系。

(b) 证明一个实序列的复倒谱是一个实值序列。

(c) 设 $\hat{x}_{\text{ev}}[n]$ 和 $\hat{x}_{\text{od}}[n]$ 分别表示实值复倒谱 $\hat{x}[n]$ 的偶部和奇部。用 $x[n]$的 DTFT $X(e^{j\omega})$表示 $\hat{x}_{\text{ev}}[n]$ 和 $\hat{x}_{\text{od}}[n]$。

6.53 求序列 $x[n] = a\delta[n] + b\delta[n-1]$的复倒谱 $\hat{x}[n]$，其中$|b/a| < 1$。评价你的结果。

6.54 设 $x[n]$是具有有理 z 变换 $X(z)$为

$$X(z) = K \frac{\prod_{k=1}^{N_\alpha}(1 - \alpha_k z^{-1}) \prod_{k=1}^{N_\gamma}(1 - \gamma_k z)}{\prod_{k=1}^{N_\beta}(1 - \beta_k z^{-1}) \prod_{k=1}^{N_\delta}(1 - \delta_k z)}$$

的序列。其中 α_k和 β_k是 $X(z)$的零点和极点，它们严格地位于单位圆内，而 $1/\gamma_k$和 $1/\delta_k$是 $X(z)$的零点和极点，它们严格地位于单位圆外[Rab78]。

(a)求 $x[n]$ 的复倒谱 $\hat{x}[n]$ 的确切表达式。

(b)证明随着 $|n| \to \infty$，$\hat{x}[n]$ 是衰减的有界序列。

(c)若 $\alpha_k = \beta_k = 0$，证明 $\hat{x}[n]$ 是反因果序列。

(d)若 $\gamma_k = \delta_k = 0$，证明 $\hat{x}[n]$ 是因果序列。

6.55　设 $x[n]$ 是一个序列，其有理 z 变换为 $X(z)$，零点和极点严格地位于单位圆内。证明 $x[n]$ 的复倒谱 $\hat{x}[n]$ 可以用递归关系

$$\hat{x}[n] = \begin{cases} 0, & n < 0 \\ \log(x[0]), & n = 0 \\ \frac{x[n]}{x[0]} - \sum_{k=0}^{n-1} \frac{k}{n} \cdot \hat{x}[k] \cdot \frac{x[n-k]}{x[0]}, & n > 0 \end{cases}$$

来计算[Rab78]。

6.56　令 $x[n]$ 和 $y[n]$ 表示因子为 2 的下抽样器的输入和输出序列。为了重建输入序列 $x[n]$ 的一个逼近副本 $x_{eq}[n]$，$y[n]$ 被因子为 2 的上抽样器处理，在 $y[n]$ 的连续两个样本之间插入零值样本，得到序列 $y_u[n]$。该序列接下来被称为**数字零阶保持**的一个 LTI 数字滤波器处理，用之前一个样本的副本替换被上抽样器插入的零值样本。求 LTI 数字滤波器的传输函数。

6.57　具有实冲激响应的长度为 4 的 FIR 滤波器的频率响应 $H(e^{j\omega})$ 有如下特定的值：$H(e^{j0}) = 13$，$H(e^{j3\pi/2}) = -3 - j4$ 及 $H(e^{j\pi}) = -3$。求 $H(z)$。

6.58　具有实且反对称冲激响应的长度为 4 的 FIR 滤波器的频率响应 $H(e^{j\omega})$ 有如下特定的值：$H(e^{j\pi}) = 2$ 及 $H(e^{j\pi/2}) = -5 - j5$。求 $H(z)$。

6.59　具有实冲激响应的长度为 4 的 FIR 滤波器的频率响应 $H(e^{j\omega})$ 有如下特定的值：$H(e^{j0}) = 2$，$H(e^{j\pi/2}) = 7 - j3$ 及 $H(e^{j\pi}) = 0$。求 $H(z)$。

6.60　具有实且反对称冲激响应的长度为 4 的 FIR 滤波器的频率响应 $H(e^{j\omega})$ 有如下特定的值：$H(e^{j\pi}) = 8$ 及 $H(e^{j\pi/2}) = -2 + j2$。求 $H(z)$。

6.61　在本题中，我们考虑从其频率响应[Dut83]

$$H_{\mathrm{re}}(e^{j\omega}) = \frac{\sum_{i=0}^{N} a_i \cos(i\omega)}{\sum_{i=0}^{N} b_i \cos(i\omega)} = \frac{A(e^{j\omega})}{B(e^{j\omega})} \tag{6.118}$$

的特定实部来求一个实有理、因果、稳定的离散时间传输函数

$$H(z) = \frac{P(z)}{D(z)} = \frac{\sum_{i=0}^{N} p_i z^{-i}}{\sum_{i=0}^{N} d_i z^{-i}}$$

(a)证明

$$H_{\mathrm{re}}(e^{j\omega}) = \frac{1}{2}\left[H(z) + H(z^{-1})\right]\Big|_{z=e^{j\omega}} = \frac{1}{2}\left[\frac{P(z)D(z^{-1}) + P(z^{-1})D(z)}{D(z)D(z^{-1})}\right]\Big|_{z=e^{j\omega}} \tag{6.119}$$

(b)比较式(6.118)和式(6.119)可得

$$\begin{aligned} B(e^{j\omega}) &= D(z)D(z^{-1})\Big|_{z=e^{j\omega}} \\ A(e^{j\omega}) &= \frac{1}{2}\left[P(z)D(z^{-1}) + P(z^{-1})D(z)\right]\Big|_{z=e^{j\omega}} \end{aligned} \tag{6.120}$$

除了尺度缩放因子 K 外，谱因子 $D(z)$ 可以由 $B(z) = B(e^{j\omega})\Big|_{z=e^{j\omega}}$ 在单位圆内的根求得。证明

$$K = \sqrt{B(1)} \Big/ \prod_{i=1}^{N} (1 - z_i)$$

(c)为了求 $P(z)$，式(6.120)通过解析开拓可以重新写为

$$A(z) = \frac{1}{2}\left[P(z)D(z^{-1}) + P(z^{-1})D(z)\right]$$

代入 $P(z)$ 和 $D(z)$ 的多项式形式，并联立上式两边的 $(z^i + z^{-i})/2$ 的系数，可得一组 $N+1$ 个方程，由它们可以解得分子系数 $\{p_i\}$。用上面的方法对

$$H_{\mathrm{re}}(e^{j\omega}) = \frac{1 + \cos\omega + \cos 2\omega}{17 - 8\cos 2\omega}$$

求 $H(z)$。

6.62 求传输函数

$$H(z)=\frac{1-z^{-2}}{1-(1+\alpha)\cos(\omega_c)z^{-1}+\alpha z^{-2}}$$

的频率响应 $H(e^{j\omega})$。证明幅度响应 $|H(e^{j\omega})|$ 在 $\omega=\omega_c$ 时取最大值 $2/(1-\alpha)$。

6.63 求由冲激响应

$$h[n]=\delta[n]-\alpha\delta[n-R] \tag{6.121}$$

所描述的 LTI 离散时间系统的频率响应 $H(e^{j\omega})$ 的闭式表达式，其中 $|\alpha|<1$。其幅度响应的最大值和最小值是什么？在范围 $0\leqslant\omega<2\pi$ 内，幅度响应有多少个峰和谷？这些峰和谷的位置在何处？画出 $R=5$ 时的幅度和相位响应。

6.64 求由冲激响应

$$g[n]=h[n]\circledast h[n]\circledast h[n]\circledast h[n] \tag{6.122}$$

所描述的 LTI 离散时间系统的频率响应 $G(e^{j\omega})$ 的闭式表达式，其中 $h[n]$ 由式(6.121)给出。

6.65 求冲激响应为

$$g[n]=\begin{cases}\alpha^n, & 0\leqslant n\leqslant M-1\\ 0, & \text{其他}\end{cases}$$

的 LTI 离散时间系统的频率响应 $G(e^{j\omega})$ 的闭式表达式，其中 $|\alpha|<1$。式(4.82)中的 $G(e^{j\omega})$ 和 $H(e^{j\omega})$ 的关系是什么？乘以一个适当的常数来对冲激响应缩放，以使幅度响应的直流值为 1。

6.66 求用输入-输出关系

$$y[n]=x[n]+\alpha y[n-R],\qquad |\alpha|<1$$

描述的因果 IIR LTI 离散时间系统的频率响应 $H(e^{j\omega})$ 的表达式，其中，$y[n]$ 和 $x[n]$ 分别表示输出和输入序列。求其幅度响应的最大值和最小值。在范围 $0\leqslant\omega<2\pi$ 有多少个幅度响应的峰和谷？这些峰和谷的位置在何处？画出 $R=5$ 时的幅度和相位响应。

6.67 一个 IIR LTI 离散时间系统用差分方程

$$y[n]+a_1y[n-1]+a_2y[n-2]=b_0x[n]+b_1x[n-1]+b_2x[n-2]$$

描述，其中，$y[n]$ 和 $x[n]$ 分别表示输出和输入序列。求其频率响应的表达式。当常数 b_0、b_1 和 b_2 取何值时，幅度响应对于所有 ω 值都是一个常数？

6.68 推导式(6.103)。

6.69 求因子为 2 的上抽样器在频域中的输入-输出关系。因子为 L 的上抽样器的输入-输出在时域的关系由式(4.8)给出。

6.70 考虑具有冲激响应 $h[n]=(0.4)^n\mu[n]$ 的一个 LTI 离散时间系统。确定系统的频率响应 $H(e^{j\omega})$，并求出它在 $\omega=\pm\pi/5$ 时的值。当输入为 $x[n]=\cos(\pi n/5)\mu[n]$，系统的稳态输出 $y[n]$ 是什么？

6.71 冲激响应为 $h[n]$ 的 LTI 稳定因果离散时间系统的**时间常数** K 为冲激响应的部分能量在全部能量的 95% 以内所在的总时间间隔 n 的值，即

$$\sum_{n=0}^{K}|h[n]|^2=0.95\sum_{n=0}^{\infty}|h[n]|^2$$

求一阶因果传输函数 $H(z)=1/(1-\beta z^{-1})$，$|\beta|<1$ 的时间常数 K。

6.72 一个因果稳定 LTI 离散时间系统由冲激响应

$$h_1[n]=1.9\delta[n]+0.5(-0.2)^n\mu[n]-0.6(0.7)^n\mu[n]$$

描述。求其逆系统的冲激响应 $h_2[n]$，该逆系统是因果且稳定的。

6.73 考虑以差分方程 $y[n]=x[n]+\alpha x[n-M]$ 描述的 FIR 离散时间系统。

(a)求冲激响应 $h[n]$。

(b)求其因果逆系统的冲激响应 $g[n]$。

(c)检查逆系统的稳定性。

6.74 证明 LTI 传输函数 $H(z)$ 的群延迟 $\tau_g(\omega)$ 可以表示为[Fot2001]

$$\tau_g(\omega) = \left.\frac{T(z) + T(z^{-1})}{2}\right|_{z=e^{j\omega}} \qquad (6.123)$$

其中 $T(z) = z\dfrac{dH(z)/dz}{H(z)}$。

6.75　设

$$H(z) = \frac{3 + 5.9z^{-1}}{(1 - 3.5z^{-1})(1 + 0.6z^{-1})}$$

表示 LTI 离散时间系统的传输函数。有多少个收敛域与 $H(z)$ 相关联？求对应于使得系统 BIBO 稳定的收敛域的离散时间系统的冲激响应 $h[n]$。$h[n]$ 是哪一类序列？

6.76　设 $G(z)$ 是收敛域为 $|z| \geqslant \beta$ 的一个因果稳定有理传输函数。当常数 α 为何值时，$H(z) = G(z/\alpha)$ 保持稳定？$H(z)$ 的收敛域是什么？

6.77　考虑因果传输函数

$$G(z) = \frac{1 - 0.5z^{-1} + 2z^{-2}}{(1 + 0.9z^{-1})(1 + 0.4z^{-1})}$$

通过以常数 α 对复变量 z 缩放，即 $H(z) = G(z/\alpha)$，生成传输函数 $H(z)$。求使 $H(z)$ 保持稳定的 α 值范围。

6.78　因果一阶传输函数为

$$H(z) = \frac{1 + \beta z^{-1}}{1 + \alpha z^{-1}}$$

其中 $-1 < -\alpha < 0$ 且 $1 < \beta < 2$。求 $G(z) = H(z^M)$ 的极点和零点的位置，其中 M 是一个正整数。检查 $H(z)$ 和 $G(z)$ 的稳定性。这两个传输函数的频率响应有什么关系？

6.79　LTI 离散时间系统的传输函数

$$H(z) = \frac{5 + 5z^{-1}}{1 + 1.5z^{-1} - z^{-2}}$$

可能有 3 个收敛域。对每一种情况，求对应的冲激响应并指出此时系统是否是稳定和因果的。

6.80　设 $H(z)$ 是一个因果、稳定 LTI 离散时间系统的传输函数。考虑传输函数 $G(z) = H(z)|_{z=F(z)}$。要使 $G(z)$ 保持稳定，变换 $F(z)$ 需要满足的条件是什么？

6.81　LTI 离散时间系统的传输函数为

$$H(z) = \frac{3(z + 1.8)(z - 4)}{(z + 0.3)(z - 0.6)(z + 5)}$$

(a) 系统的频率响应 $H(e^{j\omega})$ 存在吗？证实你的结论。

(b) 系统可能稳定吗？若系统稳定，可能是因果的吗？

(c) 不计算 $H(z)$ 的逆 z 变换，确定其冲激响应 $h[n]$ 的形式。

6.82　求下列因果序列的能量谱密度并用 MATLAB 画出

(a) $g[n] = \alpha^n \mu[n]$，$0 < |\alpha| < 1$

(b) $h[n] = \begin{cases} 1, & 0 \leqslant n \leqslant N-1 \\ 0, & \text{其他} \end{cases}$

6.83　考虑序列 $x[n] = \alpha^n \mu[n]$，其中 $X(z)$ 表示其 z 变换。设 $X(k)$ 表示其 N 点 DFT，其样本通过在 $z = z_k = e^{j2\pi k/N}$，$0 \leqslant k \leqslant N-1$，计算 $X(z)$ 得到。对 $x[n]$ 进行 N 点周期延拓形成周期序列 $\tilde{x}[n]$，即 $\tilde{x}[n] = \sum_{\ell=-\infty}^{\infty} x[\ell N + n]$，$-\infty < n < \infty$。设 $\tilde{X}[k]$ 表示对 $0 \leqslant n \leqslant N-1$ 时 $\tilde{x}[n]$ 的一个周期的 DFT。$X[k]$ 和 $\tilde{X}[k]$ 的关系是什么？

6.84　考虑传输函数为 $H(z) = a + bz^{-1} + cz^{-2}$ 的二阶 FIR 滤波器。在频率点 $\omega = 3\pi/2$、$\omega = 3\pi$ 和 $\omega = 6\pi$，其频率响应 $H(e^{j\omega})$ 的值分别为 $3 - j$、0 和 2。求传输函数的系数。

6.85　一个 LTI 离散时间系统的传输函数 $H(z)$ 有零点在 $z = 0.4$ 和 $z = -0.8$，极点在 $z = -0.3$ 和 $z = -3.0$。求传输函数的表达式使得它在直流处有 0 dB 的增益。该系统可能同时因果且稳定吗？证实你的结论。

6.10 MATLAB 练习

程序 6_1.m

M6.1 使用程序 6_1 求如下 z 变换的因式形式：

(a) $G_1(z) = \dfrac{3z^4 - 2.4z^3 + 15.36z^2 + 3.84z + 9}{5z^4 - 8.5z^3 + 17.6z^2 + 4.7z - 6}$

(b) $G_1(z) = \dfrac{2z^4 + 0.2z^3 + 6.4z^2 + 4.6z + 2.4}{5z^4 + z^3 + 6.6z^2 + 0.42z + 24}$

并且画出它们的零极点图。对上面的每一个 z 变换，求所有可能的收敛域，并描述同每一个收敛域相关联的逆 z 变换的类型(左边序列、右边序列、双边序列)。

程序 6_3.m

M6.2 使用程序 6_3，求习题 6.27 列出的 z 变换的部分分式展开式，并求出它们的逆 z 变换。

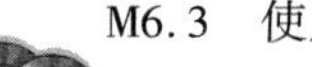
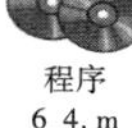
程序 6_4.m

M6.3 使用程序 6_4，求下列部分分式展开的两个 z^{-1} 的多项式之比的 z 变换：

(a) $X_1(z) = 2 + \dfrac{6}{2 + z^{-1}} - \dfrac{12.5}{2.5 - z^{-1}}, \quad |z| > 0.5$

(b) $X_2(z) = 4 - \dfrac{10}{5 + 2z^{-1}} + \dfrac{1 - 0.48z^{-1}}{1 + 0.36z^{-2}}, \quad |z| > 1$

(c) $X_3(z) = \dfrac{-6}{(6 + 3z^{-1})^2} + \dfrac{9}{6 + 3z^{-1}} + \dfrac{4}{1 + 0.25z^{-2}}, \quad |z| > 1$

(d) $X_4(z) = -4 + \dfrac{6}{6 + 2z^{-1}} + \dfrac{z^{-1}}{6 + 3z^{-1} + 0.8z^{-2}}, \quad |z| > 0.3651$

程序 6_5.m

M6.4 使用程序 6_5，求习题 M6.3 中求得的有理 z 变换的逆 z 变换的前 30 个样本。证明这些样本与通过准确求逆 z 变换而得到的样本一致。

M6.5 用 MATLAB 重做习题 6.72。

M6.6 编写一个 MATLAB 程序用拉格朗日插值法来计算 NDFT 和逆 NDFT。通过计算一个长为 20 的序列的 NDFT，并由其计算得到的 NDFT 重构该序列来验证你的程序。

第7章　变换域中的LTI离散时间系统

根据冲激响应序列的长度，数字传输函数在时域上可以分为**有限冲激响应**(FIR)传输函数和**无限冲激响应**(IIR)传输函数。这里，我们将介绍基于传输函数的幅度响应和相位响应行为的其他几种分类。

传输函数按其幅度特征有多种分类。对具有频率选择频率响应的数字传输函数，根据幅度函数 $|H(e^{j\omega})|$ 的形状，可定义四类理想的滤波器。这些理想滤波器具有双向无限冲激响应，因此都是非因果系统，从而也是不可实现的。在实际中，可以对理想滤波器采用可实现的逼近。另外一种分类方法基于幅度函数的单位最大值。

同样，传输函数也有几种基于其相位特征的分类。一种重要的分类基于相位函数的线性。由于通常有一些传输函数具有相同的幅度函数，它们可通过其相关的相位响应进行分类。

接下来描述几个非常简单的FIR和IIR数字滤波器，在许多应用中，它们已完全足够并能提供令人满意的性能。这些滤波器包括低通、高通、带通和带阻滤波器、积分器、微分器、直流阻断器和梳状滤波器。我们将指出具有线性相位传输函数的重要性，并且将讨论用FIR滤波器实现这些传输函数的可能方式。然后，将讨论具有互补特性的传输函数。

本章将介绍数字二端口网络，它具有双输入、双输出的结构，并由一组4个传输函数来描述。在第8章中讨论的很多滤波器的实现均基于二端口网络提取方法。

最后，推导因果IIR传输函数的代数稳定性测试。

7.1　基于幅度特征的传输函数分类

LTI离散时间系统的传输函数通常可以根据其相位响应特征或幅度响应来进行分类。本节根据幅度响应特性讨论几类传输函数。稍后，我们将研究按照相位响应特征进行分类的传输函数。

7.1.1　具有理想幅度响应的数字滤波器

传输函数常用的一种分类是基于理想幅度响应。尽管这样的传输函数是不可实现的，但在实际应用中它们还是能以一定的容限被近似地实现。正如例4.33中所指出的，为设计一个数字滤波器，使其能无失真地传输某些频率上的信号分量，该滤波器在这些频率上的频率响应应该等于1，而在其他频率上的频率响应则应该等于零，以便完全地阻止这些频率上的信号分量。将频率响应等于1的频率范围称为滤波器的**通带**，而将频率响应等于零的频率范围称为滤波器的**阻带**。

图7.1显示了四类常见的、具有实冲激响应系数的理想数字滤波器的频率响应。对于图7.1(a)所示的**低通滤波器**，其通带和阻带分别为 $0\leqslant\omega\leqslant\omega_c$ 和 $\omega_c<\omega\leqslant\pi$。对于图7.1(b)所示的**高通滤波器**，其阻带为 $0\leqslant\omega<\omega_c$，而其通带为 $\omega_c\leqslant\omega\leqslant\pi$。图7.1(c)中的**带通滤波器**的通带区间为 $\omega_{c1}\leqslant\omega\leqslant\omega_{c2}$，而其阻带区间为 $0\leqslant\omega<\omega_{c1}$ 和 $\omega_{c2}<\omega<\pi$。最后，对于图7.1(d)所示的**带阻滤波器**，其通带区间为 $0\leqslant\omega\leqslant\omega_{c1}$ 和 $\omega_{c2}\leqslant\omega\leqslant\pi$，而其阻带区间为 $\omega_{c1}<\omega<\omega_{c2}$。其中，频率 ω_c、ω_{c1} 和 ω_{c2} 分别是其对应滤波器的**截止频率**。由该图可以看出，理想滤波器在通带内的幅度响应为1，在阻带内的幅度响应为零，而其相位响应处处为零。

我们已在例3.8中见过了图7.1(a)所示的理想低通滤波器的频率响应函数 $H_{\mathrm{LP}}(e^{j\omega})$，在那里我们计算了其冲激响应，如式(3.31)所示。为方便起见，这里再次给出如下：

$$h_{\mathrm{LP}}[n]=\frac{\sin\omega_c n}{\pi n},\quad -\infty<n<\infty \tag{7.1}$$

在该例中，我们已经证明如上冲激响应并不是绝对可和的，因此，对应的传输函数不是BIBO稳定的。注意到上面的冲激响应不是因果的，并具有双向无限长度。图7.1中剩下的三个频率响应也具有双向无限长度、非因果冲激响应，同时也不是绝对可和的。由此，图 7.1 中具有理想“理想矩形”频率特征的理想滤波器是不能用一个具有有限阶数的传输函数的 LTI 滤波器来实现的。

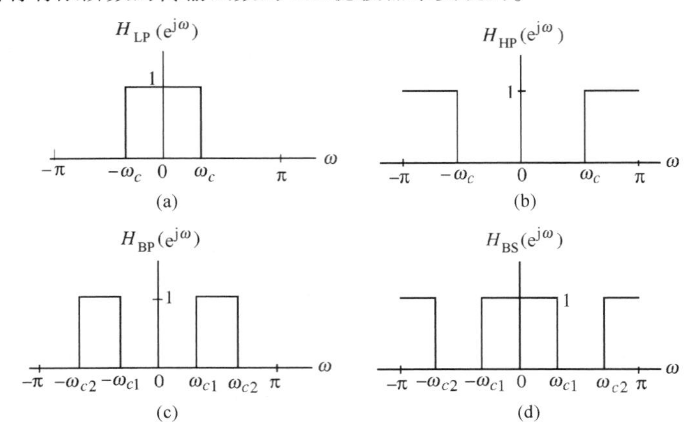

图 7.1 四类理想滤波器：(a)理想低通滤波器；(b)理想高通滤波器；(c)理想带通滤波器；(d)理想带阻滤波器

为了生成稳定的、可实现的传输函数，通过在通带和阻带之间引入一个**过渡带**可以对图 7.1 中的理想频率响应的指标加以放宽，从而允许冲激响应的幅度从通带中的最大值逐渐衰减到阻带中的零值。而且，允许幅度响应在通带和阻带上有一定数量的波动。用于低通滤波器设计的典型幅度指标如图 9.1 所示。通带和阻带中所允许变化的极限称为**波纹**。滤波器指标由通带边界频率、阻带边界频率、峰值通带波纹和峰值阻带波纹给出，如图 9.1 所示。第 9 章和第 10 章将专门讨论得到满足这种放宽后的指标的稳定、可实现传输函数的各种滤波器的设计方法。在 7.4 节中，我们将描述几种非常简单的低阶 FIR 和 IIR 滤波器，其表现出选择性频率响应特性，以提供图 7.1 所示的理想特性的一阶逼近。通过级联一个或多个这样的简单滤波器常常能得到具有更尖锐特性的频率响应，它们在许多应用中非常令人满意。

7.1.2 有界实传输函数

若

$$|H(e^{j\omega})| \leqslant 1, \qquad \text{对}\omega\text{的所有值} \tag{7.2}$$

那么因果稳定实系数传输函数 $H(z)$ 可以定义为**有界实(BR)传输函数**[Vai84]。

注意，通过适当的缩放可将任意一个稳定的实系数传输函数变成一个 BR 函数。

例 7.1 构造有界实函数

设一个因果稳定滤波器的传输函数为

$$H(z) = \frac{K}{1-\alpha z^{-1}}, \qquad 0 < |\alpha| < 1 \tag{7.3}$$

其中 K 是一个实常数。该函数的幅度平方函数为

$$|H(e^{j\omega})|^2 = H(z)H(z^{-1})\Big|_{z=e^{j\omega}} = \frac{K^2}{(1+\alpha^2)-2\alpha\cos\omega} \tag{7.4}$$

当上式分母中的因子 $2\alpha\cos\omega$ 最大时，$|H(e^{j\omega})|^2$ 取最大值，而当因子 $2\alpha\cos\omega$ 最小时，$|H(e^{j\omega})|^2$ 取最小值。当 $\alpha>0$ 时，$2\alpha\cos\omega$ 在 $\omega=0$ 时取最大值 2α，在 $\omega=\pi$ 时取最小值 -2α。因此，$|H(e^{j\omega})|^2$ 在 $\omega=0$ 时取最大值 $K^2/(1-\alpha)^2$，在 $\omega=\pi$ 时取最小值 $K^2/(1+\alpha)^2$。另一方面，当 $\alpha<0$ 时，$2\alpha\cos\omega$ 在 $\omega=\pi$ 时取最大值 -2α，在 $\omega=0$ 时取最小值 2α。因此，此时，$|H(e^{j\omega})|^2$ 在 $\omega=\pi$ 时取最大值 $K^2/(1-\alpha)^2$，在 $\omega=0$ 时取最小值 $K^2/(1+\alpha)^2$。

通过选择 $K=\pm(1-\alpha)$ 可以使得最大值等于 1，此时最小值为 $(1-\alpha)^2/(1+\alpha)^2$。因此，当 $K=\pm(1-\alpha)$ 时，式(7.3)给出的传输函数 $H(z)$ 是一个 BR 函数。图 7.2 显示了该情况下 $\alpha=0.5$ 和 $\alpha=-0.5$ 的幅度函数图，并选择常数 K 使得最大值为 1。

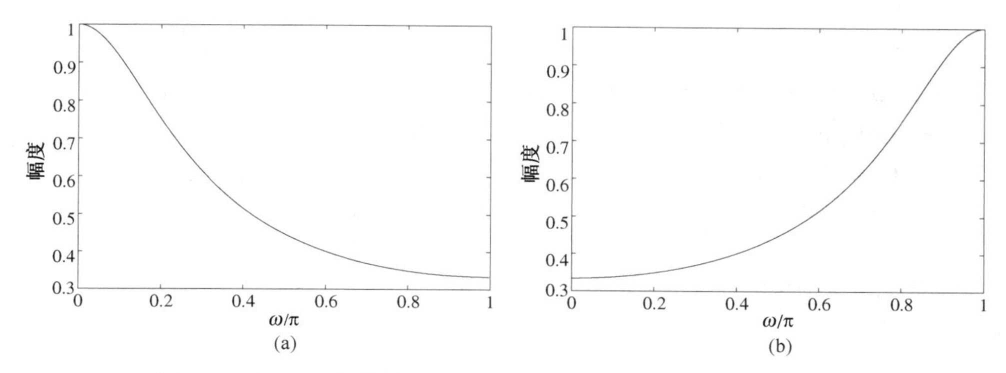

图 7.2　式(7.3)的传输函数的幅度响应:(a)$\alpha=0.5$;(b)$\alpha=-0.5$

由图 4.13(a)可以看出, 在 $M=5$ 和 $M=14$ 时式(4.81)给出的滑动平均低通滤波器的传输函数是一个 BR 函数。实际上, 可以证明, 对于任意 M 值, 该滑动平均滤波器的传输函数都满足 BR 特性(参见习题 7.11)。

若用 BR 传输函数 $H(z)$ 描述的一个数字滤波器的输入和输出分别是 $x[n]$ 和 $y[n]$, 且 $X(e^{j\omega})$ 和 $Y(e^{j\omega})$ 分别表示它们各自的离散时间傅里叶变换, 则式(7.2)表明

$$|Y(e^{j\omega})|^2 \leqslant |X(e^{j\omega})|^2 \tag{7.5}$$

对式(7.5)从 $-\pi$ 到 π 进行积分, 并应用帕塞瓦尔关系(参见表 3.4), 可得

$$\sum_{n=-\infty}^{\infty} y^2[n] \leqslant \sum_{n=-\infty}^{\infty} x^2[n] \tag{7.6}$$

换言之, 对所有有限能量的输入, 其输出的能量都不会大于输入的能量, 这也表明用 BR 传输函数的数字滤波器可被看成**无源**结构。

若式(7.2)取等号, 则由式(7.6)可知滤波器的输出信号的能量等于输入信号的能量, 因此该数字滤波器是一个**无损**系统。具有单位幅度的频率响应 $H(e^{j\omega})$ 的因果、稳定实系数传输函数 $H(z)$ 称为**无损有界实(LBR)传输函数**[Vai84]。

BR 和 LBR 传输函数对于那些对系数敏感性较低的数字滤波器的实现是非常关键的(参见 12.9 节)。

7.1.3　全通传输函数

一类非常特殊的 IIR 传输函数, 对任何频率其幅度都为 1, 这类传输函数, 称之为**全通传输函数**, 它们在数字信号处理中具有许多非常有用的应用[Reg88]。我们将定义全通传输函数, 研究其一些关键的特性, 并给出其一种常见应用。在本章的后续部分以及书中的其他位置, 还将讨论其他一些应用。本章后面所要讨论的一个重要应用是推导一个因果 IIR 传输函数的 BIBO 稳定性的代数测试。

定义

在所有频率上具有单位幅度响应的 IIR 传输函数 $\mathcal{A}(z)$, 即

$$|\mathcal{A}(e^{j\omega})|^2 = 1 \quad \text{对 } \omega \text{ 的所有值} \tag{7.7}$$

称为**全通传输函数**。现在, M 阶因果实系数全通传输函数形如

$$\mathcal{A}_M(z) = \pm\frac{d_M + d_{M-1}z^{-1} + \cdots + d_1 z^{-M+1} + z^{-M}}{1 + d_1 z^{-1} + \cdots + d_{M-1}z^{-M+1} + d_M z^{-M}} \tag{7.8}$$

若将全通传输函数 $\mathcal{A}_M(z)$ 的分母多项式记为 $D_M(z)$

$$D_M(z) = 1 + d_1 z^{-1} + \cdots + d_{M-1}z^{-M+1} + d_M z^{-M} \tag{7.9}$$

则可知 $\mathcal{A}_M(z)$ 可以写为

$$\mathcal{A}_M(z) = \pm\frac{z^{-M} D_M(z^{-1})}{D_M(z)} \tag{7.10}$$

由上面可以注意到，若 $z = re^{j\phi}$ 是一个实系数全通传输函数的一个极点，则它有一个零点在 $z = \frac{1}{r}e^{-j\phi}$ 处。一个全通传输函数的分子可以称为分母的**镜像多项式**，反之亦然。我们将用记号 $\tilde{D}_M(z)$ 来表示一个 M 阶多项式的镜像多项式，即 $\tilde{D}_M(z) = z^{-M}D_M(z^{-1})$。式(7.10)表明，一个实系数全通函数的零点和极点在 z 平面表现出**镜像对称性**，如图7.3画出的下面三阶全通函数的情况所示：

$$\mathcal{A}_3(z) = \frac{-0.2 + 0.18z^{-1} + 0.4z^{-2} + z^{-3}}{1 + 0.4z^{-1} + 0.18z^{-2} - 0.2z^{-3}} \tag{7.11}$$

M 阶因果实系数全通传输函数也可以表示为因式乘积的形式，即

$$\mathcal{A}_M(z) = \pm\prod_{i=1}^{M}\left(\frac{-\lambda_i^* + z^{-1}}{1 - \lambda_i z^{-1}}\right) \tag{7.12}$$

其中，λ_i是$\mathcal{A}_M(z)$的极点。如6.7.5节所示，因果稳定传输函数的极点必须在单位圆内。因此，为使得$\mathcal{A}_M(z)$稳定，必有$|\lambda_i| < 1$，$1 \leq i \leq M$。这表明因果稳定全通传输函数的所有零点都必须在单位圆外，而其极点则必须位于单位圆内，并且处在与零点形成镜像对称的位置。

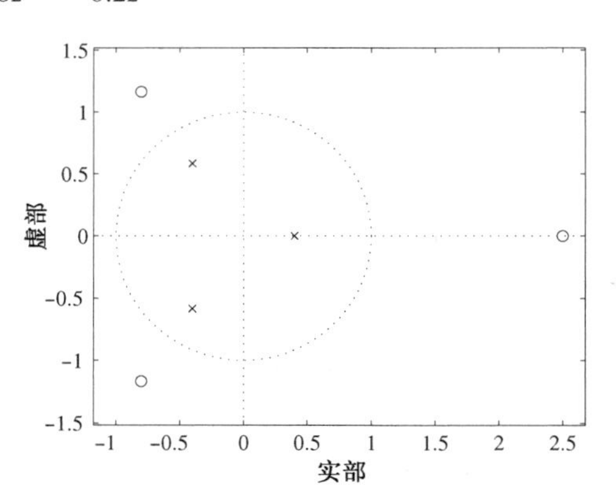

图7.3 式(7.11)的实系数全通传输函数的零极点图

为了证明$\mathcal{A}_M(e^{j\omega})$的幅度实际上对于所有 ω 等于1，由式(7.10)可知

$$\mathcal{A}_M(z^{-1}) = \pm\frac{z^M D_M(z)}{D_M(z^{-1})}$$

因此

$$\mathcal{A}_M(z)\mathcal{A}_M(z^{-1}) = \frac{z^{-M}D_M(z^{-1})}{D_M(z)}\frac{z^M D_M(z)}{D_M(z^{-1})} = 1$$

从而有

$$|\mathcal{A}_M(e^{j\omega})|^2 = \mathcal{A}_M(z)\mathcal{A}_M(z^{-1})|_{z=e^{j\omega}} = 1 \tag{7.13}$$

通常将高阶实系数全通传输函数表示成如下所示的因式形式将非常方便：

$$\mathcal{A}_M(z) = \prod_{\ell=1}^{M/2}\left(\frac{d_{2\ell} + d_{1\ell}z^{-1} + z^{-2}}{1 + d_{1\ell}z^{-1} + d_{2\ell}z^{-2}}\right) \tag{7.14}$$

其中不失一般性假定全通函数$\mathcal{A}_M(z)$的阶数 M 是偶数。

由式(6.103)可知，式(7.14)给出的$\mathcal{A}_M(z)$的群延迟 $\tau_g^{\mathcal{A}}(\omega)$ 形如

$$\tau_g^{\mathcal{A}}(\omega) = \sum_{\ell=1}^{M/2}\frac{1 - d_{2\ell}^2 + d_{1\ell}(1 - d_{2\ell})\cos\omega}{1 + d_{1\ell}^2 + d_{2\ell}^2 + 2d_{2\ell}(2\cos^2\omega - 1) + 2d_{1\ell}(1 + d_{2\ell})\cos\omega} \tag{7.15}$$

特性

研究全通传输函数的相位函数的行为是有意义的。图7.4显示了式(7.11)的全通传输函数$\mathcal{A}_3(z)$以及$-\mathcal{A}_3(z)$的相位函数的主值。注意到由于负号，$-\mathcal{A}_3(z)$的相位可以通过在$\mathcal{A}_3(z)$的相位上加π弧度而得到。两个全通函数在各自的相位函数 $\theta(\omega)$ 的 2π 处都不连续。若我们展开相位消除不连续性，则会得到图7.5中显示的展开后的相位函数 $\theta_c(\omega)$。由图可见，两种情况下展开的相位函数都是在范围 $0 \leq \omega \leq \pi$ 内 ω 的单调递减函数。为了去掉由负号造成的模糊性，这里仅讨论形如式(7.8)的带正号的全通函数。此时，可以看到，展开后的相位函数是 ω 的一个非正函数。

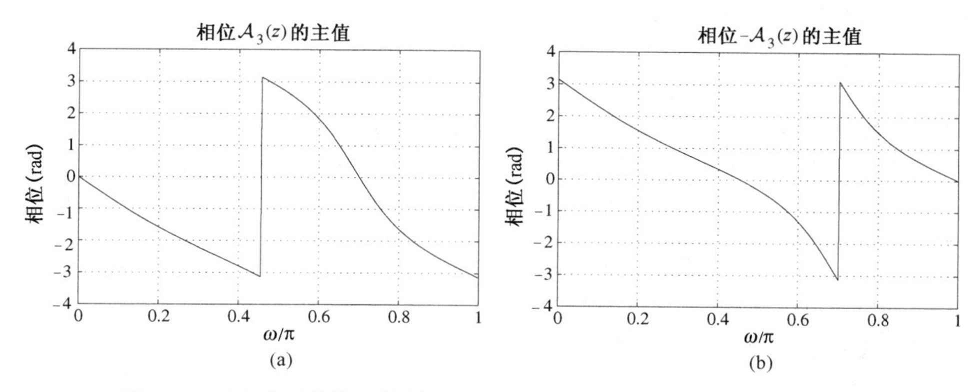

图 7.4　两个全通传输函数的相位函数的主值：(a) $\mathcal{A}_3(z)$；(b) $-\mathcal{A}_3(z)$

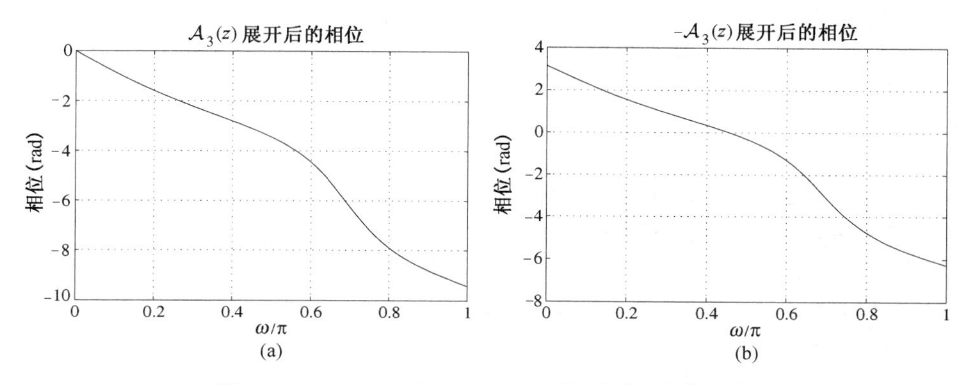

图 7.5　(a) $\mathcal{A}_3(z)$和(b) $-\mathcal{A}_3(z)$展开后的相位函数

展开后的相位函数的这种相对于角频率的单调递减特性，对于任意因果稳定全通函数都是成立的。为了证明这一点，考虑一个一阶因果稳定实系数全通函数为

$$\mathcal{A}(z) = \frac{-\lambda^* + z^{-1}}{1 - \lambda z^{-1}} \tag{7.16}$$

其频率响应为

$$\mathcal{A}(\mathrm{e}^{\mathrm{j}\omega}) = \frac{-\lambda^* + \mathrm{e}^{-\mathrm{j}\omega}}{1 - \lambda \mathrm{e}^{-\mathrm{j}\omega}} \tag{7.17}$$

令$\lambda = r\mathrm{e}^{\mathrm{j}\phi}$，则上式可重写为

$$\mathcal{A}(\mathrm{e}^{\mathrm{j}\omega}) = \frac{-r\mathrm{e}^{-\mathrm{j}\phi} + \mathrm{e}^{-\mathrm{j}\omega}}{1 - r\mathrm{e}^{\mathrm{j}\phi}\mathrm{e}^{-\mathrm{j}\omega}} = \mathrm{e}^{-\mathrm{j}\omega}\left[\frac{1 - r\mathrm{e}^{\mathrm{j}(\omega-\phi)}}{1 - r\mathrm{e}^{-\mathrm{j}(\omega-\phi)}}\right]$$

由式(7.17)，可以得到展开后的相位函数的表达式为

$$\theta_c(\omega) = -\omega - 2\arctan\left[\frac{r\sin(\omega-\phi)}{1 - r\cos(\omega-\phi)}\right] \tag{7.18}$$

经过一些代数演算，可证明

$$\frac{\mathrm{d}\theta_c(\omega)}{\mathrm{d}\omega} = -\frac{(1-r^2)}{|1 + r\mathrm{e}^{-\mathrm{j}(\omega-\phi)}|^2} \tag{7.19}$$

因此，式(7.16)的一阶全通函数的群延迟为

$$\tau_g(\omega) = -\frac{\mathrm{d}\theta_c(\omega)}{\mathrm{d}\omega} = \frac{(1-r^2)}{|1 + r\mathrm{e}^{-\mathrm{j}(\omega-\phi)}|^2} \tag{7.20}$$

为了稳定性，需要$|r|<1$，由上式可以推导出

$$\frac{\mathrm{d}\theta_c(\omega)}{\mathrm{d}\omega}<0,\qquad 0\leqslant\omega\leqslant\pi$$

该式表明相位函数$\theta_c(\omega)$是ω的单调递减函数。由于高阶实系数因果稳定全通函数可以表示为多个一阶因果稳定全通节的乘积，因此整个全通节的(展开后的)相位函数就是每一个节的相位函数的和，从而也是ω的单调递减函数。相应地，实系数因果稳定全通传输函数的群延迟函数总是正的。图7.6显示了式(7.11)所示全通传输函数$\mathcal{A}_3(z)$的群延迟。

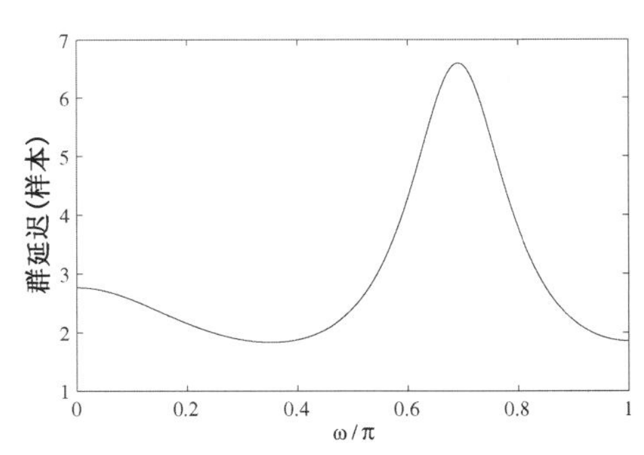

图7.6　式(7.11)所示全通传输函数的群延迟函数

我们接下来将证明式(7.16)给出的一阶全通传输函数的(展开后的)相位函数是一个非正函数。为此，对式(7.20)的群延迟函数进行积分，得到

$$\theta_c(\omega)=-\int_0^{\omega}\tau_g(\varphi)\mathrm{d}\varphi+\theta_c(0)\tag{7.21}$$

由式(7.16)可知$\mathcal{A}(\mathrm{e}^{\mathrm{j}0})=1$，因此$\theta_c(0)=0$。既然对于所有的$\omega$值有$\tau_g(\omega)>0$，则根据式(7.21)可知，对于所有的$\omega$值都有$\theta_c(\omega)<0$。因此，式(7.12)中前面带正号的$M$阶稳定实系数全通函数的(展开后的)相位函数是$\omega$的负函数。

我们现在不用证明来给出因果稳定全通函数的三个非常实用且十分重要的性质[Reg88]。

性质1。从7.1.2节的讨论可以推出，因果稳定实系数全通传输函数是无损有界实(LBR)传输函数，或等效地，因果稳定全通滤波器是一个无损结构。

性质2。第二个性质涉及稳定全通函数$\mathcal{A}_M(z)$的幅度。很容易证明(参见习题7.16)

$$|\mathcal{A}_M(z)|\begin{cases}<1, & |z|>1\\ =1, & |z|=1\\ >1, & |z|<1\end{cases}\tag{7.22}$$

性质3。最后一个有意义的性质是关于实稳定全通函数在频率范围从$\omega=0$到$\omega=\pi$之间的相位变化。在前面已经证明了因果稳定实系数全通传输函数$\mathcal{A}_M(z)$的群延迟函数$\tau_g(\omega)$在区间$0\leqslant\omega\leqslant\pi$上处处为正。可以证明，一个$M$阶稳定实全通传输函数满足性质(参见习题7.17)

$$\int_0^{\pi}\tau_g(\omega)\,\mathrm{d}\omega=M\pi\tag{7.23}$$

换言之，随着ω从0变化到π，M阶全通函数的相位的变化了$M\pi$弧度。

一个简单应用

全通滤波器一个简单而常见的应用是**延迟均衡器**。设$G(z)$是被设计用来满足给定幅度响应的一个数字滤波器的传输函数。该滤波器的非线性相位响应可以通过将它与一个全通滤波器节$\mathcal{A}(z)$进行级联来校正，使得级联结构的整体传输函数$H(z)=G(z)\mathcal{A}(z)$在所研究的频域上(参见图7.7)就有一个常数群延迟。

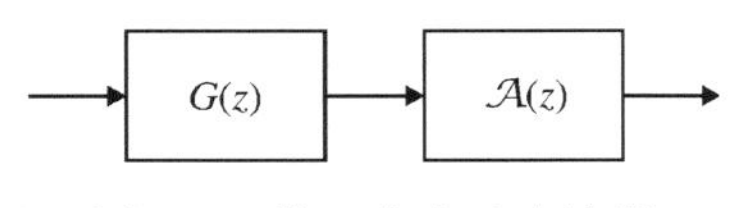

图7.7　将一个全通滤波器用做延迟均衡器

现在，由于全通滤波器有单位幅度响应，级联的幅度响应$|H(\mathrm{e}^{\mathrm{j}\omega})|$为

$$|H(\mathrm{e}^{\mathrm{j}\omega})|=|G(\mathrm{e}^{\mathrm{j}\omega})||\mathcal{A}(\mathrm{e}^{\mathrm{j}\omega})|=|G(\mathrm{e}^{\mathrm{j}\omega})|$$

数字滤波器的群延迟和全通均衡器分别为

$$\tau_G(\omega)=-\frac{\mathrm{d}\theta_G(\omega)}{\mathrm{d}\omega},\quad \tau_{\mathcal{A}}(\omega)=-\frac{\mathrm{d}\theta_{\mathcal{A}}(\omega)}{\mathrm{d}\omega}$$

其中

$$\theta_G(\omega)=\arg\{G(\mathrm{e}^{\mathrm{j}\omega})\},\quad \theta_{\mathcal{A}}(\omega)=\arg\{\mathcal{A}(\mathrm{e}^{\mathrm{j}\omega})\}$$

滤波器全通级联结构的整体相位响应 $\theta_H(\omega)$ 为它们的相位响应之和

$$\theta_H(\omega) = \theta_G(\omega) + \theta_{\mathcal{A}}(\omega)$$

且整体群延迟 $\tau_H(\omega)$ 是它们的群延迟的和

$$\tau_H(\omega) = \tau_G(\omega) + \tau_{\mathcal{A}}(\omega)$$

全通滤波器 $\mathcal{A}(z)$ 用基于计算机的优化方法设计，使得整体群延迟 $\tau_H(\omega)$ 在 $G(z)$ 的通带近似为一个常数同时保证其稳定。

图 7.8(a) 显示了一个 4 阶椭圆滤波器的群延迟，该滤波器的通带边缘在 0.3π处，通带波纹为 1 dB，而且最小阻带衰减为 35 dB。图 7.8(b) 显示了设计用来对通带内的群延迟进行均衡的原滤波器与一个 8 阶全通节级联的群延迟。该全通滤波器用 M 文件 iirgrpdelay 设计(参见例 9.17)。

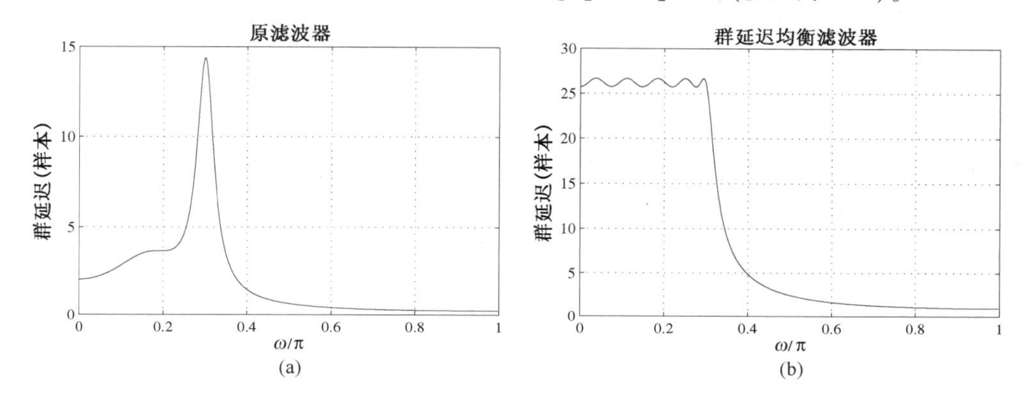

图 7.8　(a) 椭圆滤波器的群延迟；(b) 原滤波器和全通部分的级联的群延迟

全通滤波器的其他应用将在本书的后面描述。

7.2　基于相位描述的传输函数分类

我们现在研究基于其相位响应描述的传输函数分类。以下将讨论三类传输函数。

7.2.1　零相移传输函数

在许多应用中，需要保证所设计的数字滤波器在通带内不会使输入信号分量的相位产生失真。避免任何相位失真的一种方法是，使该滤波器的频率响应是实数且非负，即设计一个具有**零相移**特性的滤波器。令 $H(z)$ 是在单位圆上没有极点的一个实系数有理 z 变换，则函数

$$\breve{F}(z) = H(z)H(z^{-1}) \tag{7.24}$$

在单位圆上就有一个零相移，从而有

$$\begin{aligned}\breve{F}(e^{j\omega}) = \breve{F}(z)|_{z=e^{j\omega}} &= H(z)H(z^{-1})|_{z=e^{j\omega}} \\ &= H(e^{j\omega})H(e^{-j\omega}) = |H(e^{j\omega})|^2\end{aligned} \tag{7.25}$$

注意，若 $z=\nu$ 是 $\breve{F}(z)$ 的极(零)点，则 $\breve{F}(z)$ 在 $z=1/\nu$ 处也应有一个极(零)点。因此，函数 $\breve{F}(z)$ 的零点和极点在 z 平面上形成了镜像对称分布。根在 z 平面上呈镜像分布的 L 次多项式 $A(z)=\sum_{i=0}^{L} a_i z^{-i}$ 由于其系数满足特性 $a_i = a_{L-1}$，因此称其为**对称多项式**。**零相移多项式** $\breve{B}(z)$ 因此也必须具有如下形式：

$$\breve{B}(z) = \sum_{\ell=0}^{N} b_\ell (z^\ell + z^{-\ell})$$

实际中不可能实现一个零相移因果数字滤波器。但对有限长输入信号进行非实时处理时，若放宽因果要求，则可以非常容易地实现零相移滤波器的方法。为此，可采用两种可行方案。第一个方案是将有

限长输入数据通过一个因果实系数滤波器 $H(z)$ 处理，其输出接下来被时间反转并被同样的滤波器处理，如图 7.9 所示。

为了验证上面的方案，令 $v[-n]=u[n]$。同样，令 $X(e^{j\omega})$、$V(e^{j\omega})$、$U(e^{j\omega})$、$W(e^{j\omega})$ 和 $Y(e^{j\omega})$ 分别表示 $x[n]$、$v[n]$、$u[n]$、$w[n]$ 和 $y[n]$ 的离散时间傅里叶变换。现在，由图 7.9 并使用表 3.1 和表 3.2 给出的对称关系，我们得到各个傅里叶变换之间的关系为

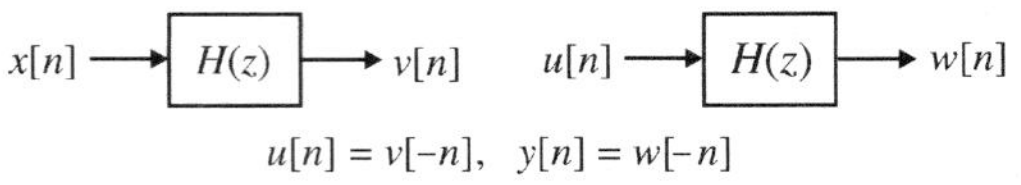

$x[n] \rightarrow \boxed{H(z)} \rightarrow v[n] \qquad u[n] \rightarrow \boxed{H(z)} \rightarrow w[n]$

$u[n]=v[-n],\ y[n]=w[-n]$

图 7.9 一种零相移滤波方案的实现

$$V(e^{j\omega}) = H(e^{j\omega})X(e^{j\omega}), \quad W(e^{j\omega}) = H(e^{j\omega})U(e^{j\omega})$$
$$U(e^{j\omega}) = V^*(e^{j\omega}), \quad Y(e^{j\omega}) = W^*(e^{j\omega})$$

联立上面的方程可得

$$\begin{aligned} Y(e^{j\omega}) &= W^*(e^{j\omega}) = H^*(e^{j\omega})U^*(e^{j\omega}) = H^*(e^{j\omega})V(e^{j\omega}) \\ &= H^*(e^{j\omega})H(e^{j\omega})X(e^{j\omega}) = |H(e^{j\omega})|^2 X(e^{j\omega}) \end{aligned}$$

因此，图 7.9 的整个排列实现频率响应为 $|H(e^{j\omega})|^2$ 的**零相移滤波器**。

函数 `filtfilt` 可实现上述方案。实现零相移滤波的第二种方案将在习题 7.25 中给出。

在大量的数字滤波器的设计方法中，根据给定滤波器的指标，首先生成具有 $\cos\omega$ 的多项式比值形式的幅度平方函数 $|H(e^{j\omega})|^2$。然后用 $\frac{1}{j}\ln z$ 代替 ω，即用 $(z+z^{-1})/2$ 代替 $\cos\omega$，从 $|H(e^{j\omega})|^2$ 得到零相移函数 $H(z)H(z^{-1})$：

$$H(z)H(z^{-1}) = |H(e^{j\omega})|^2\Big|_{\omega=\frac{1}{j}\ln z}$$

上面的等式在 z 平面上处处成立，其中 z 变换 $H(z)$ 为解析函数，即 $H(z)$ 没有极点①。接下来将 $H(z)H(z^{-1})$ 的一半极点和零点分配给 $H(z)$，而另一半与之呈镜像对称的极点和零点则分配给 $H(z^{-1})$，就可以确定函数 $H(z)$。对 IIR 传输函数 $H(z)$，为了稳定，分配给 $H(z)$ 的 $H(z)H(z^{-1})$ 的极点必须在单位圆内。然而，在大多数情况下，对于零点的分配并没有这种限制，如例 7.2 所述。

例 7.2 由特定的幅度平方函数确定传输函数

考虑幅度平方函数

$$|H(e^{j\omega})|^2 = \frac{4(1.09+0.6\cos\omega)(1.16-0.8\cos\omega)}{(1.04-0.2\cos\omega)(1.25+\cos\omega)} \tag{7.26}$$

用 $(z+z^{-1})/2$ 替代上式等号右边中的 $\cos\omega$，可得

$$\begin{aligned} H(z)H(z^{-1}) &= \frac{4[1.09+0.3(z+z^{-1})][1.16-0.4(z+z^{-1})]}{[1.04-0.4(z+z^{-1})][1.25+0.5(z+z^{-1})]} \\ &= \frac{4(1+0.3z^{-1})(1+0.3z)(1-0.4z^{-1})(1-0.4z)}{(1-0.2z^{-1})(1-0.2z)(1+0.5z^{-1})(1+0.5z)} \\ &= \frac{4(1+0.3z^{-1})(0.3+z^{-1})(1-0.4z^{-1})(0.4-z^{-1})}{(1-0.2z^{-1})(0.2-z^{-1})(1+0.5z^{-1})(0.5+z^{-1})} \end{aligned}$$

显然，这里有 4 种选择可以产生稳定的传输函数 $H(z)$，它们都具有相同的平方－幅度函数，如式(7.26)所示。

$$H(z) = \frac{2(1+0.3z^{-1})(1-0.4z^{-1})}{(1-0.2z^{-1})(1+0.5z^{-1})} \tag{7.27a}$$

或

$$H(z) = \frac{2(1+0.3z^{-1})(0.4-z^{-1})}{(1-0.2z^{-1})(1+0.5z^{-1})} \tag{7.27b}$$

或

$$H(z) = \frac{2(0.3+z^{-1})(1-0.4z^{-1})}{(1-0.2z^{-1})(1+0.5z^{-1})} \tag{7.27c}$$

① 该转换过程在复变量理论中称为**解析开拓**[Chu90]。

或

$$H(z)=\frac{2(0.3+z^{-1})(0.4-z^{-1})}{(1-0.2z^{-1})(1+0.5z^{-1})} \tag{7.27d}$$

7.2.2 线性相位传输函数

对于一个具有非零相移响应的因果 LTI 系统，相位失真可以通过允许输出是输入的一个延迟形式

$$y[n]=x[n-D]$$

来加以避免。对上述方程的两边分别进行傅里叶变换，并且利用傅里叶变换的时移性质①，可得

$$Y(\mathrm{e}^{\mathrm{j}\omega})=\mathrm{e}^{-\mathrm{j}\omega D}X(\mathrm{e}^{\mathrm{j}\omega})$$

因此，由式(4.74)，该 LTI 系统的频率响应为

$$H(\mathrm{e}^{\mathrm{j}\omega})=\frac{Y(\mathrm{e}^{\mathrm{j}\omega})}{X(\mathrm{e}^{\mathrm{j}\omega})}=\mathrm{e}^{-\mathrm{j}\omega D} \tag{7.28}$$

注意，式(7.28)给出的频率响应具有单位幅度响应，且对所有频率有数量为 D 的群延迟的线性相位，即

$$|H(\mathrm{e}^{\mathrm{j}\omega})|=1,\qquad \tau(\omega)=D \tag{7.29}$$

当输入为 $x[n]=A\mathrm{e}^{\mathrm{j}\omega n}$ 时，该滤波器的输出为

$$y[n]=A\mathrm{e}^{-\mathrm{j}\omega D}\mathrm{e}^{\mathrm{j}\omega n}=A\mathrm{e}^{\mathrm{j}\omega(n-D)}$$

若 $x_a(t)$ 和 $y_a(t)$ 表示连续时间信号，该信号在 $t=nT$ 时刻的抽样形式是上面给出的 $x[n]$ 和 $y[n]$，则在 $x_a(t)$ 和 $y_a(t)$ 之间的延迟正好是数量为 D 的群延迟。注意，若 D 是一个整数，则输出序列 $y[n]$ 等于输入序列 $x[n]$，但是延迟 D 个样本。若 D 不是整数，则 $y[n]$ 被延迟一个小数部分，因而不等于 $x[n]$。但在后一种情况下，连续时间输出的波形等于连续时间输入的波形并延迟 D 个单位时间。

若我们需要在某个频率范围内使幅度和相位不失真地通过输入信号分量，则传输函数应该在所研究的频带内表现出单位幅度响应和线性相位响应。图 7.10 显示了在通带具有线性相位特性的一个低通传输函数的频率响应。由于阻带中的信号分量被阻断，阻带的相位响应可以具有任意形状。

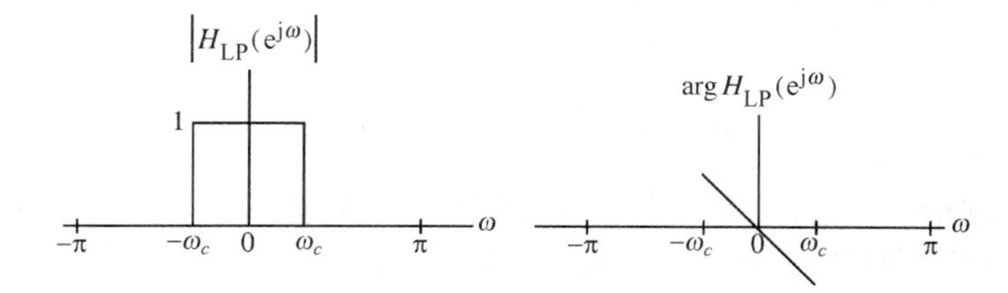

图 7.10　理想低通滤波器的频率响应，其阻带中有线性相位响应

例 7.3　一个理想线性相位低通滤波器的冲激响应

求一个具有线性相位响应的理想低通滤波器的冲激响应。所求的频率响应现在为

$$H_{\mathrm{LP}}(\mathrm{e}^{\mathrm{j}\omega})=\begin{cases}\mathrm{e}^{-\mathrm{j}\omega n_o}, & 0<|\omega|<\omega_c\\ 0, & \omega_c\leqslant|\omega|\leqslant\pi\end{cases} \tag{7.30}$$

对式(3.31)运用表 3.4 给出的傅里叶变换的频移性质，可以得到式(7.30)给出的线性相位低通滤波器的冲激响应为

$$h_{\mathrm{LP}}[n]=\frac{\sin\omega_c(n-n_o)}{\pi(n-n_o)},\qquad -\infty<n<\infty \tag{7.31}$$

和前面一样，上面的滤波器是非因果的，而且具有双向无限长冲激响应序列，因此，它是无法实现的。但是，通过将无限长冲激响应截短成有限项，可以生成一个可实现的 FIR 滤波器来逼近理想的线性相位低通滤波器。若选择 $n_o=N/2$，其中 N 是正整数，则截短并平移后的逼近

① 参见表 3.4。

$$\hat{h}_{\mathrm{LP}}[n]=\frac{\sin \omega_c(n-N/2)}{\pi(n-N/2)}, \qquad 0 \leqslant n \leqslant N \tag{7.32}$$

将是长度为 $N+1$ 的因果线性相位 FIR 滤波器。图 7.11 显示了用 M 文件 `sinc` 对两个不同 N 值得到的该滤波器的系数。因为如图所示的冲激响应系数的对称性，截短逼近的频率响应可以表示为

$$\hat{H}_{\mathrm{LP}}(\mathrm{e}^{\mathrm{j}\omega})=\sum_{n=0}^{N}\hat{h}_{\mathrm{LP}}[n]\mathrm{e}^{-\mathrm{j}\omega n}=\mathrm{e}^{-\mathrm{j}\omega N/2}\breve{H}_{\mathrm{LP}}(\omega) \tag{7.33}$$

其中，$\breve{H}_{\mathrm{LP}}(\omega)$ 称为**零相移响应**或**振幅响应**，是 ω 的实函数。

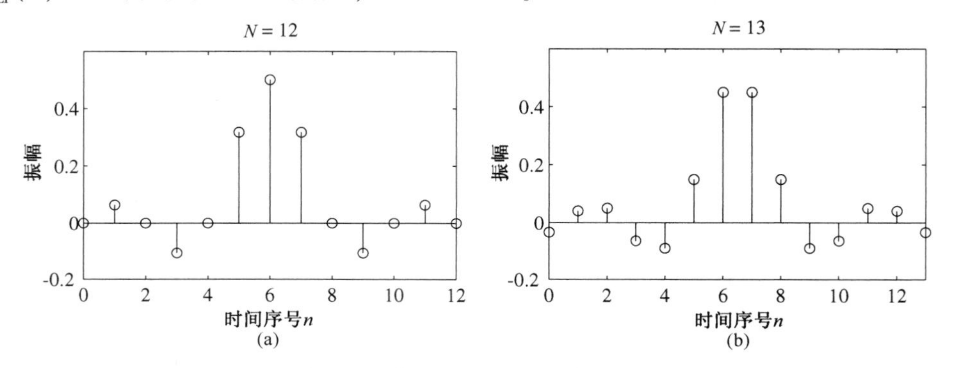

图 7.11 理想线性相位低通滤波器的 FIR 逼近

7.2.3 最小相位与最大相位传输函数

传输函数的另一种很有用的分类是基于其零点的位置，它也影响其相位响应。

定义

考虑两个一阶 IIR 传输函数 $H_1(z)$ 和 $H_2(z)$：

$$H_1(z)=\frac{z+b}{z+a}, \quad 0<|a|<1 \tag{7.34a}$$

$$H_2(z)=\frac{bz+1}{z+a}, \quad 0<|b|<1 \tag{7.34b}$$

从图 7.12 给出的零极点图可以看出，两个传输函数均在单位圆内的 $z=-a$ 处有极点，因此是稳定的。另一方面，$H_1(z)$ 的零点在单位圆内的 $z=-b$ 处，而 $H_2(z)$ 的零点在单位圆外 $H_1(z)$ 的零点的镜像对称点，即 $z=-1/b$ 处。因为 $H_1(z)H_1(z^{-1})=H_2(z)H_2(z^{-1})$，这两个传输函数具有完全相同的幅度函数。

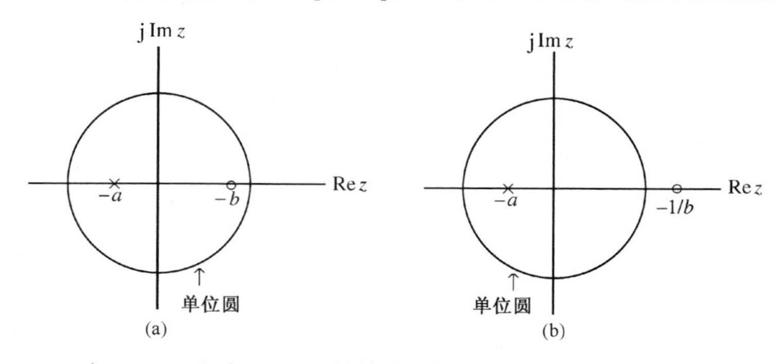

图 7.12 式(7.34a)和式(7.34b)的传输函数的零极点图：(a) $H_1(z)$；(b) $H_2(z)$

由式(7.34a)和式(7.34b)有

$$\arg[H_1(\mathrm{e}^{\mathrm{j}\omega})]=\theta_1(\omega)=\arctan\frac{\sin\omega}{b+\cos\omega}-\arctan\frac{\sin\omega}{a+\cos\omega} \tag{7.35a}$$

$$\arg[H_2(e^{j\omega})] = \theta_2(\omega) = \arctan\frac{b\sin\omega}{1+b\cos\omega} - \arctan\frac{\sin\omega}{a+\cos\omega} \tag{7.35b}$$

图 7.13 显示了两个传输函数展开后的相位响应。从该图中可以看出 $H_2(z)$ 相对于 $H_1(z)$ 有相当大的相位滞后。

$H_2(z)$ 相对于 $H_1(z)$ 相当大的相位滞后特性可以解释如下：按照 $H_1(z)$，可将 $H_2(z)$ 的传输函数写为

$$H_2(z) = \frac{bz+1}{z+a} = \left(\frac{z+b}{z+a}\right)\left(\frac{bz+1}{z+b}\right) = H_1(z)\mathcal{A}(z)$$

其中

$$\mathcal{A}(z) = \frac{bz+1}{z+b}$$

是一个稳定的全通函数。因此，$H_2(z)$ 和 $H_1(z)$ 的相位函数的关系为

$$\arg[H_2(e^{j\omega})] = \arg[H_1(e^{j\omega})] + \arg[\mathcal{A}(e^{j\omega})] \tag{7.36}$$

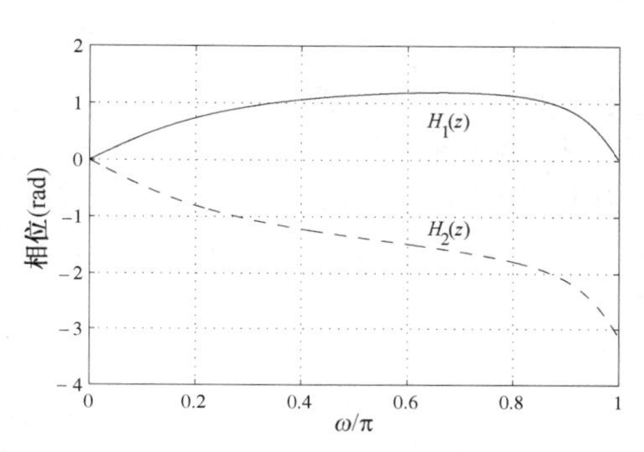

图 7.13　式(7.34a)和式(7.34b)的传输函数的展开后的相位响应，$a=0.2$，$b=-0.8$

我们已经在 7.1.3 节中证明，一个稳定的一阶全通函数的(展开后的)相位函数是 ω 的负函数。因此，由式(7.36)可知 $H_2(z)$ 相对于 $H_1(z)$ 会存在相当大的相位滞后。

对上面的结果推广，令 $H_m(z)$ 是所有零点都在单位圆内的因果稳定传输函数，而 $H(z)$ 是另外一个因果稳定传输函数，并和 $H_m(z)$ 具有相同的幅度函数，即 $|H(e^{j\omega})| = |H_m(e^{j\omega})|$。这两个传输函数可以表示为

$$H(z) = H_m(z)\mathcal{A}(z) \tag{7.37}$$

其中，$\mathcal{A}(z)$ 是稳定的全通传输函数。这些传输函数的展开后的相位函数的关系为

$$\arg[H(e^{j\omega})] = \arg[H_m(e^{j\omega})] + \arg[\mathcal{A}(e^{j\omega})]$$

可知，$H(z)$ 相对于 $H_m(z)$ 有相当大的相位滞后。因此，所有零点都在单位圆内的因果稳定传输函数称为**最小相位传输函数**，而所有零点都在单位圆外的因果稳定传输函数称为**最大相位传输函数**。例如，式(7.27a)给出的传输函数是最小相位函数，而式(7.27d)给出的传输函数则是最大相位函数。在单位圆内和单位圆外都有零点的传输函数称为**混合相位传输函数**。式(7.27b)和式(7.27c)的两个传输函数都是混合相位函数。

例 7.4　混合相位、最小相位和最大相位传输函数之间的关系

考虑例 7.2 中式(7.27b)中的混合相位传输函数。将其重写为

$$\begin{aligned}H(z) &= \frac{2(1+0.3z^{-1})(0.4-z^{-1})}{(1-0.2z^{-1})(1+0.5z^{-1})}\\ &= \frac{2(1+0.3z^{-1})(1-0.4z^{-1})(0.4-z^{-1})}{(1-0.2z^{-1})(1+0.5z^{-1})(1-0.4z^{-1})}\\ &= \left[\frac{2(1+0.3z^{-1})(1-0.4z^{-1})}{(1-0.2z^{-1})(1+0.5z^{-1})}\right]\left[\frac{0.4-z^{-1}}{1-0.4z^{-1}}\right]\end{aligned}$$

该式可以看做式(7.27a)中的最小相位传输函数和一个稳定全通传输函数

$$\mathcal{A}_1(z) = \frac{0.4-z^{-1}}{1-0.4z^{-1}}$$

的乘积。同样，式(7.27d)给出的最大相位传输函数也可以表示为式(7.27a)给出的最小相位传输函数和一个稳定全通传输函数

$$\mathcal{A}_2(z) = \frac{(0.3+z^{-1})(0.4-z^{-1})}{(1+0.3z^{-1})(1-0.4z^{-1})}$$

的乘积。

性质

最小相位、因果稳定传输函数 $H_m(z)$ 的群延迟 $\tau_g^{(H_m)}(\omega)$ 也比与其具有相同的幅度响应函数的非最小相位、因果传输函数 $H(z)$ 的群延迟 $\tau_g^{(H)}(\omega)$ 要小。为了证明这一性质，我们由式(7.37)注意到

$$\tau_g^{(H)}(\omega)=\tau_g^{(H_m)}(\omega)+\tau_g^{(\mathcal{A})}(\omega)$$

其中，$\tau_g^{(\mathcal{A})}(\omega)$ 是全通函数$\mathcal{A}(z)$的群延迟。既然群延迟函数总是 ω 的非负函数，因此 $\tau_g^{(H)}(\omega)>\tau_g^{(H_m)}(\omega)$。

因果最小相位传输函数 $H_m(z)$ 的另一个有趣的性质是其冲激响应幅度与具有理想幅度响应函数的一个因果非最小相位传输函数 $H(z)$ 的冲激响应幅度的关系，即 $|H(e^{j\omega})|=s|H_m(e^{j\omega})|$。令 $h_m[n]$ 和 $h[n]$ 分别表示 $H_m(z)$ 和 $H(z)$ 的冲激响应，可以证明(参见习题7.35)

$$|h_m[0]|\geqslant|h[0]| \tag{7.38}$$

及

$$\sum_{\ell=1}^{n}|h_m[\ell]|^2\geqslant\sum_{\ell=1}^{n}|h[\ell]|^2,\quad n>0 \tag{7.39}$$

量 $\sum_{\ell=0}^{n}|h[\ell]|^2$ 通常称为 $H(z)$ 的**部分能量**。注意，$h[n]$ 的全部能量应该同 $h_m[n]$ 的全部能量相同，即

$$\sum_{\ell=0}^{\infty}|h_m[\ell]|^2=\sum_{\ell=0}^{\infty}|h[\ell]|^2 \tag{7.40}$$

上面的结果可由帕塞瓦尔定理推得。

在7.6节中，我们将证明，仅当一个因果离散时间系统具有最小相位传输函数时，可以设计出该因果离散时间系统的一个稳定逆系统。因此，若因果离散时间系统具有非最小相位传输函数，则必须首先将该系统与一个适当的全通节相级联，使得整个系统的传输函数具有最小相位传输函数，然后才能用来设计因果稳定的逆系统。

7.3 线性相位 FIR 传输函数的类型

如前一节所指，在许多应用中，具有线性相位性质的传输函数很重要。后面将看到，总可以设计出一个具有精确线性相位的 FIR 传输函数，但不可能设计一个具有精确线性相位稳定因果 IIR 传输函数。在本节中，我们将推导具有实冲激响应 $h[n]$ 的线性相位 FIR 传输函数 $H(z)$ 的形式[Cav2000]①：

$$H(z)=\sum_{n=0}^{N}h[n]z^{-n}$$

若要求 $H(z)$ 具有线性相位，则其频率响应必须具有如下形式：

$$\theta(\omega)=c\omega+\beta \tag{7.41}$$

其中，c 和 β 是常数，因此，频率响应形如式

$$H(e^{j\omega})=e^{j(c\omega+\beta)}\breve{H}(\omega) \tag{7.42}$$

在上式中，$\breve{H}(\omega)$ 称为**振幅响应**或**零相移响应**，它是 ω 的实函数。在特定频率点上的零相移响应可以在 MATLAB 中用 M 文件 `zerophase` 来计算，它有多种形式。

由式(7.41)可知，群延迟

$$\tau_g(\omega)=-\frac{d\theta(\omega)}{d\omega}=-c \tag{7.43}$$

即一个线性相位传输函数的群延迟是一个常数。

---

① 注意，在第5章中，N 表示有限长序列的长度，而在本章及随后的章节中，按通常的习惯，N 则用于表示 FIR 传输函数的阶。

对于实冲激响应，幅度响应 $|H(e^{j\omega})|$ 是 ω 的偶函数，即 $|H(e^{j\omega})| = |H(e^{-j\omega})|$。由于 $|H(e^{j\omega})| = |\breve{H}(\omega)|$，则振幅响应既可以是 ω 的偶函数，也可以是 ω 的奇函数，即 $\breve{H}(-\omega) = \pm\breve{H}(\omega)$，并且频率响应满足关系：

$$H(e^{j\omega}) = H^*(e^{-j\omega})$$

或等效为满足关系：

$$e^{j(c\omega+\beta)}\breve{H}(\omega) = e^{-j(c(-\omega)+\beta)}\breve{H}(-\omega) \tag{7.44}$$

若 $\breve{H}(\omega)$ 是偶函数，则由式(7.44)可得

$$e^{j\beta} = e^{-j\beta}$$

该结果表明 $\beta = 0$ 或 $\beta = \pi$。因此，由式(7.44)有

$$\breve{H}(\omega) = \pm e^{-jc\omega}H(e^{j\omega}) = \pm\sum_{n=0}^{N} h[n]\,e^{-j\omega(c+n)} \tag{7.45}$$

由上式，也有

$$\breve{H}(-\omega) = \pm\sum_{\ell=0}^{N} h[\ell]\,e^{j\omega(c+\ell)} \tag{7.46}$$

使用变量代换 $\ell = N - n$，重写上式可得

$$\breve{H}(-\omega) = \pm\sum_{n=0}^{N} h[N-n]\,e^{j\omega(c+N-n)} \tag{7.47}$$

联立式(7.45)和式(7.47)，并利用关系 $\breve{H}(-\omega) = \breve{H}(\omega)$，可得到条件：

$$h[n] = h[N-n], \qquad 0 \leqslant n \leqslant N \tag{7.48}$$

其中

$$c = -\frac{N}{2}$$

因此，若具有偶振幅响应的 FIR 滤波器有一个对称的冲激响应，则它具有线性相位响应。

另一方面，若 $\breve{H}(\omega)$ 是一个奇函数，则由式(7.44)可得

$$e^{j\beta} = -e^{-j\beta}$$

该式在 $\beta = \pi/2$ 或 $\beta = -\pi/2$ 时成立。因此，式(7.42)可简化为

$$H(e^{j\omega}) = je^{-jc\omega}\breve{H}(\omega)$$

由此可得

$$\breve{H}(\omega) = -je^{-jc\omega}H(e^{j\omega}) = -j\sum_{n=0}^{N} h[n]\,e^{-j\omega(c+n)} \tag{7.49}$$

由于这里 $\breve{H}(-\omega) = -\breve{H}(\omega)$，我们也有

$$\breve{H}(-\omega) = j\sum_{\ell=0}^{N} h[\ell]\,e^{j\omega(c+\ell)} \tag{7.50}$$

使用变量代换 $\ell = N - n$，重写上式为

$$\breve{H}(-\omega) = j\sum_{n=0}^{N} h[N-n]\,e^{j\omega(c+N-n)} \tag{7.51}$$

最后，联立式(7.49)和式(7.51)，可得到条件

$$h[n] = -h[N-n], \qquad 0 \leqslant n \leqslant N \tag{7.52}$$

其中

$$c = -\tfrac{N}{2}$$

因此，若具有奇振幅响应的 FIR 滤波器有一个反对称的冲激响应，则它将有线性相位响应。

由于滤波器的长度可以是偶数也可以是奇数，且对称冲激响应具有两种形式，所以就有4种如下所述的线性相位FIR滤波器。

1型FIR传输函数

1型FIR传输函数的冲激响应具有奇数长度，即滤波器的次数N为偶数，并且满足式(7.48)的对称条件。其振幅响应$\breve{H}(\omega)$为

$$\breve{H}(\omega)=h\left[\frac{N}{2}\right]+2\sum_{n=1}^{N/2}h\left[\frac{N}{2}-n\right]\cos(\omega n) \tag{7.53}$$

注意，例4.33中的FIR传输函数具有形如$h[0]=h[2]$的对称的冲激响应函数，该传输函数具有如式(4.95)所示的线性相位响应。该滤波器就是1型FIR滤波器的一个例子。

有用的性质。由给定的1型FIR传输函数$H(z)$，可以产生三种具有不同频率响应的1型FIR传输函数，如下所示：

$$E(z)=z^{-N/2}-H(z) \tag{7.54a}$$

$$F(z)=(-1)^{N/2}H(-z) \tag{7.54b}$$

$$G(z)=z^{-N/2}-(-1)^{N/2}H(-z) \tag{7.54c}$$

由式(7.54a)可得，若$h[n]$和$e[n]$分别表示$H(z)$和$E(z)$的冲激响应系数，则当$0\leqslant\frac{N}{2}-1$时，有$e[N/2]=1-h[N/2]$及$e[n]=-h[n]$。由式(7.54a)注意到

$$H(z)+E(z)=z^{-N/2}$$

因此，滤波器$H(z)$和$E(z)$就称为**延迟互补滤波器**①。同样，滤波器$F(z)$和$G(z)$也是延迟互补滤波器。

传输函数$E(z)$和$G(z)$的振幅响应是按

$$\breve{E}(\omega)=1-\breve{H}(\omega) \tag{7.55a}$$

$$\breve{F}(\omega)=\breve{H}(\pi-\omega) \tag{7.55b}$$

$$\breve{G}(\omega)=1-\breve{H}(\pi-\omega) \tag{7.55c}$$

与$H(z)$的传输函数相联系的。

式(7.54a)给出的变换适用于任意的1型FIR传输函数$H(z)$上。而且，若$H(z)$是一个窄带(宽带)低通传输函数，式(7.54a)定义的传输函数$E(z)$将是一个宽带(窄带)高通传输函数，反之亦然。类似地，若$H(z)$是带通传输函数，$E(z)$将是带阻传输函数，反之亦然。另外，式(7.54b)和式(7.54c)所给出的变换仅能应用于有界实1型FIR传输函数。

对式(7.54b)给出的变换，若$H(z)$是一个低通滤波器，则传输函数$F(z)$是一个高通滤波器，反之亦然。$F(z)$的通带和阻带的宽度和$H(z)$的相同。最后，如果$H(z)$是一个窄带(宽带)低通传输函数，则用式(7.54c)的变换产生$G(z)$，是一个宽带(窄带)低通传输函数。

$E(z)$、$F(z)$和$G(z)$的频带边界和波纹分别与$H(z)$的这两者之间的关系将在习题7.38中研究。

可以用M文件`firlp2hp`，根据一个给定的1型FIR传输函数$H(z)$来生成传输函数$F(z)$，而传输函数$G(z)$则可以用M文件`firlp2lp`来生成。例7.5说明了其用法。

例7.5 1型FIR传输函数性质的示例

图7.14(a)、(b)和(c)画出了用M文件`firpm`设计的一个30阶1型窄带低通FIR传输函数$H(z)$的零相移响应$\breve{H}(\omega)$②。图7.14(a)显示了$H(z)$的延迟互补滤波器$E(z)$的零相移响应$\breve{E}(\omega)=1-\breve{H}(\omega)$。注意，$H(z)$的通带(阻带)波纹与$E(z)$的阻带(通带)波纹相同。

图7.14(b)展示了由$H(z)$通过M文件`firlp2hp`生成的滤波器$F(z)$的零相移响应$\breve{F}(\omega)=\breve{H}(\pi-\omega)$。此时$H(z)$的通带(阻带)波纹和$E(z)$的通带(阻带)波纹相同。

---

① 参见7.5.1节。

② 参见10.5.2节。

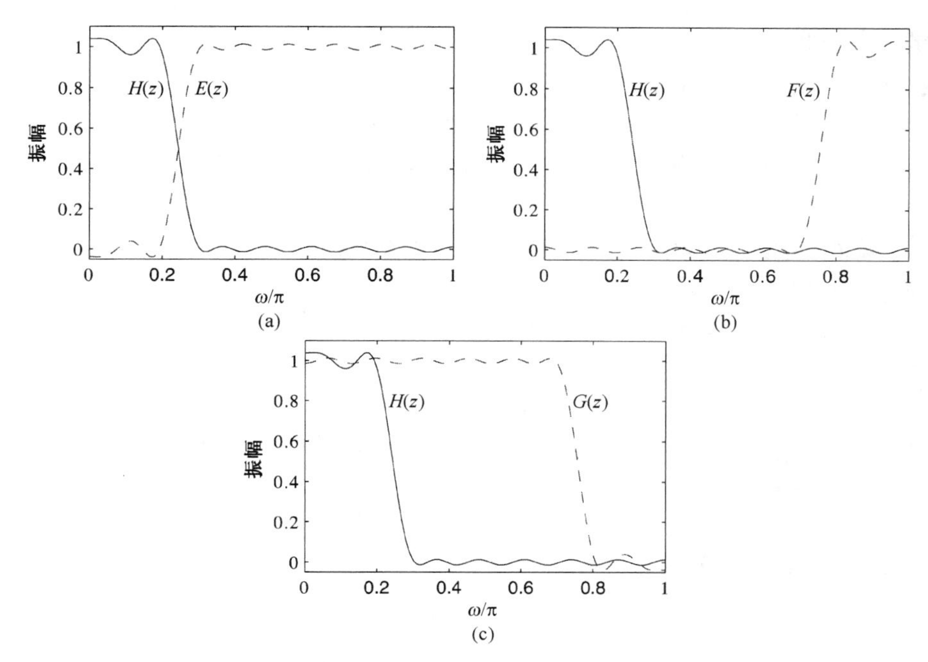

图7.14　(a)原1型FIR窄带低通传输函数$H(z)$的零相移响应和由式(7.54a)产生的变换后宽带高通传输函数$E(z)$的零相移响应；(b)原1型FIR窄带低通传输函数$H(z)$的零相移响应(实线)和由式(7.54b)产生的变换后的窄带高通传输函数$F(z)$的零相移响应；(c)原1型FIR窄带低通传输函数$H(z)$的零相移响应和由式(7.54c)产生的变换后的宽带低通传输函数$F(z)$的零相移响应

最后，图7.14(c)给出了由$H(z)$使用M文件`firlp2lp`生成的宽带低通滤波器$F(z)$的零相移响应$\breve{G}(\omega)=\breve{H}(\pi-\omega)$。此时$H(z)$的通带(阻带)波纹和$E(z)$的通带(阻带)波纹相同。这里，$H(z)$的通带(阻带)和$G(z)$的阻带(通带)波纹相同。

2型FIR传输函数

2型FIR滤波器的冲激响应具有偶数长度，即次数N为奇数并满足式(7.48)的对称条件。其振幅响应$\breve{H}(\omega)$为

$$\breve{H}(\omega)=2\sum_{n=1}^{(N+1)/2}h\left[\frac{N+1}{2}-n\right]\cos\left(\omega(n-\frac{1}{2})\right) \tag{7.56}$$

3型FIR传输函数

3型FIR滤波的冲激响应具有奇数长度，即次数N为偶数并满足式(7.52)的反对称条件。这里，振幅响应$\breve{H}(\omega)$形如

$$\breve{H}(\omega)=2\sum_{n=1}^{N/2}h\left[\frac{N}{2}-n\right]\sin(\omega n) \tag{7.57}$$

4型FIR传输函数

4型FIR滤波器的冲激响应具有偶数长度，即次数N为奇数并满足式(7.52)的反对称条件。此时，振幅响应形如

$$\breve{H}(\omega)=2\sum_{n=1}^{(N+1)/2}h\left[\tfrac{N+1}{2}-n\right]\sin\left(\omega(n-\tfrac{1}{2})\right) \tag{7.58}$$

频率响应的一般形式

对于这 4 种因果线性相位 FIR 滤波器，其频率响应 $H(e^{j\omega})$ 都具有如下形式：

$$H(e^{j\omega}) = e^{-jN\omega/2} e^{j\beta} \breve{H}(\omega) \tag{7.59}$$

其中，对于对称的冲激响应，β 等于 0 或者π；而对于反对称冲激响应，β 等于 $\pm\pi/2$。例 7.6 和例 7.7 说明了上面的一般形式。

例 7.6　具有相同幅度响应、不同相位响应的 1 型 FIR 传输函数

考虑因果 1 型 FIR 传输函数

$$H_1(z) = -1 + 2z^{-1} - 3z^{-2} + 6z^{-3} - 3z^{-4} + 2z^{-5} - z^{-6} \tag{7.60}$$

其振幅响应为

$$\breve{H}_1(\omega) = 6 - 6\cos(\omega) + 4\cos(2\omega) - 2\cos(3\omega)$$

图 7.15(a) 显示了振幅响应图。$H_1(z)$ 的相位响应为 $\theta_1(\omega) = -3\omega$，并在图 7.15(b) 中显示。另一方面，1 型 FIR 传输函数

$$H_2(z) = 1 - 2z^{-1} + 3z^{-2} - 6z^{-3} + 3z^{-4} - 2z^{-5} + z^{-6}$$

的振幅响应函数为 $\breve{H}_2(\omega) = -\breve{H}_1(\omega)$。其相位响应因此为 $\theta_2(\omega) = -3\omega + \pi$，如图 7.15(c) 所示。

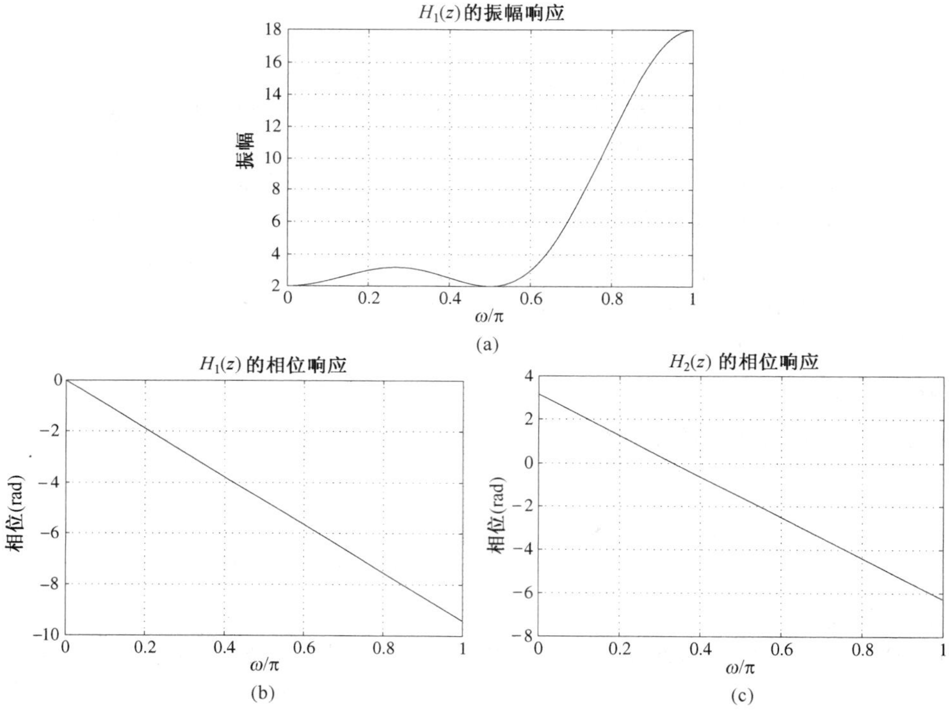

图 7.15　例 7.6：(a) $H_1(z)$ 的振幅响应；(b) $H_1(z)$ 的展开后的相位响应；(c) $H_2(z)$ 的展开后的相位响应

例 7.7　具有相同幅度响应、不同相位响应的 3 型 FIR 传输函数

因果 3 型 FIR 传输函数

$$H_3(z) = 1 - 2z^{-1} + 3z^{-2} - 3z^{-4} + 2z^{-5} - z^{-6} \tag{7.61}$$

的振幅响应为

$$\breve{H}_3(\omega) = 6\sin(\omega) - 4\sin(2\omega) + 2\sin(3\omega)$$

图 7.16(a) 画出了其振幅响应图。$H_3(z)$ 的相位响应为

$$\theta_3(\omega) = -3\omega + \frac{\pi}{2}$$

其中，因子 $\frac{\pi}{2}$ 是由于式(7.49)中频率响应表达式中出现了 j 的缘故。该相位响应如图 7.16(b)所示。另一方面，3 型 FIR 传输函数

$$H_4(z) = -1 + 2z^{-1} - 3z^{-2} + 3z^{-4} - 2z^{-5} + z^{-6}$$

的振幅响应函数为 $\breve{H}_4(\omega) = -\breve{H}_3(\omega)$，其相位响应因此为 $\theta_4(\omega) = -3\omega - \frac{\pi}{2}$，如图 7.16(c)所示。

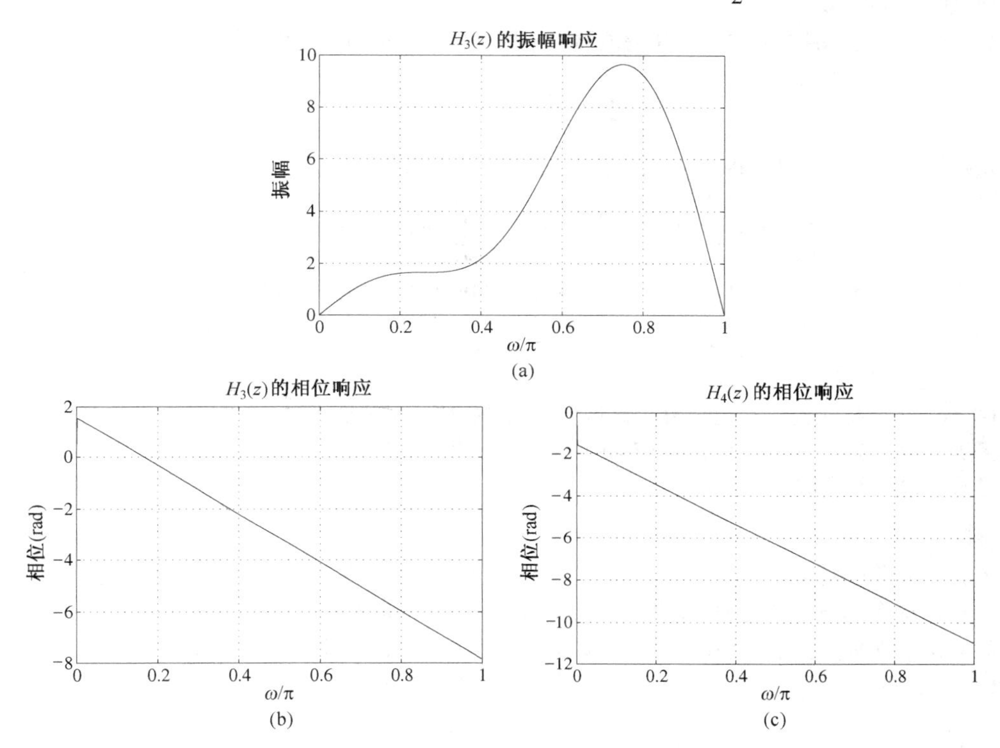

图 7.16　例 7.7：(a) $H_3(z)$ 的振幅响应；(b) $H_3(z)$ 的展开后的相位响应；(c) $H_4(z)$ 的展开后的相位响应

通常，任意线性相位 N 阶 FIR 滤波器的相位响应都可以写为

$$\theta(\omega) = -\frac{N\omega}{2} + \beta \tag{7.62}$$

其中，对于 1 型或 2 型滤波器，β 等于 0 或 π，而对于 3 型或 4 型滤波器，β 等于 $\pi/2$ 或 $3\pi/2$。

所有 4 种线性相位 FIR 滤波器的幅度响应为

$$|H(e^{j\omega})| = |\breve{H}(\omega)| \tag{7.63}$$

而群延迟为

$$\tau_g(\omega) = \frac{N}{2} \tag{7.64}$$

注意，即使群延迟是一个常数，通常 $|H(e^{j\omega})|$ 并不是一个常数，输出波形也不是输入波形的副本。

零相移 FIR 滤波器

若一个滤波器的频率响应是 ω 的实函数，则称其为**零相移滤波器**。这样的滤波器必须要有一个非因果的冲激响应。通过将 $\{h[n]\}$ 平移 $N/2$ 个样本，可将长度为 $N+1$ 的冲激响应 $\{h[n]\}$ 的 1 型或 3 型线性相位因果 FIR 滤波器转化为冲激响应为 $\{h_{zp}[n]\}$ 的零相移 FIR 滤波器，即

$$h_{zp}[n] = h[n + \tfrac{N}{2}], \qquad -\tfrac{N}{2} \le n \le \tfrac{N}{2}$$

7.3.1 线性相位 FIR 传输函数的零点位置

线性相位 FIR 传输函数的冲激响应的对称性或者反对称性都会对传输函数的零点位置施加一些约束，而该约束又将确定这些传输函数所能实现的滤波器的种类。因此，研究这些施加在线性相位 FIR 传输函数的零点位置上的约束将非常有意义。

镜像和反镜像多项式

首先考虑具有对称冲激响应的 FIR 滤波器。使用式(7.48)的对称条件，其传输函数 $H(z)$ 可以写为

$$H(z)=\sum_{n=0}^{N}h[n]z^{-n}=\sum_{n=0}^{N}h[N-n]z^{-n} \tag{7.65}$$

通过变量代换 $m=N-n$，可以将式(7.65)中最右边的表达式重写为

$$H(z)=\sum_{m=0}^{N}h[m]z^{-N+m}=z^{-N}\sum_{m=0}^{N}h[m]z^{m}=z^{-N}H(z^{-1}) \tag{7.66}$$

类似地，满足式(7.52)条件的具有反对称冲激响应的 FIR 滤波器的传输函数 $H(z)$ 可以表示为

$$H(z)=\sum_{n=0}^{N}h[n]z^{-n}=-\sum_{n=0}^{N}h[N-n]z^{-n}=-z^{-N}H(z^{-1}) \tag{7.67}$$

满足式(7.66)的实系数多项式 $H(z)$ 称为**镜像多项式**(MIP)。而满足式(7.67)的实系数多项式 $H(z)$ 称为**反镜像多项式**(AIP)。式(7.60)给出的传输函数 $H_1(z)$ 就是一个镜像多项式。同样，反镜像多项式的一个例子是式(7.61)给出的传输函数 $H_3(z)$。

零点位置

对于具有镜像对称多项式或者反镜像对称多项式传输函数的线性相位 FIR 滤波器，由式(7.66)和式(7.67)可以推知，若 $z=\xi_0$ 是 $H(z)$ 的一个零点，则 $z=1/\xi_0$ 也是 $H(z)$ 的零点。并且，对于一个具有实冲激响应的 FIR 滤波器，零点以复共轭对的方式出现。因此，在 $z=\xi_0$ 处的零点与在 $z=\xi_0^*$ 处的零点相关联。所以，不在单位圆上的一个复数零点与下面给出的 4 个零点集相关联：

$$z=re^{\pm j\phi},\qquad z=\tfrac{1}{r}e^{\pm j\phi}$$

因此，对所有四类线性相位 FIR 传输函数 $H(z)$，产生复零点的因式形如

$$(1-re^{j\phi})(1-re^{-j\phi})(1-\tfrac{1}{r}e^{j\phi})(1-\tfrac{1}{r}e^{-j\phi})$$

它是形如

$$1+az^{-1}+bz^{-2}+az^{-3}+z^{-4}$$

的 4 阶镜像多项式。

对于在单位圆上的一个零点，它的倒数也就是它的复共轭。因此，此时，零点是以复共轭对：

$$z=e^{\pm j\phi}$$

的形式出现。对所有四类线性相位 FIR 传输函数 $H(z)$，在单位圆上产生复零点的因式形如

$$(1-e^{j\phi})(1-e^{-j\phi})$$

它是形如

$$1+cz^{-1}+z^{-2}$$

的 2 阶镜像多项式。

最后，一个实零点与它的倒数零点成对出现在

$$z=\rho,\qquad z=\tfrac{1}{\rho}$$

此时，产生复零点的因式也形如

$$(1-\rho z^{-1})(1-\tfrac{1}{\rho}z^{-1})$$

它也是形如

$$1 + dz^{-1} + z^{-2}$$

的 2 阶镜像多项式。

因此，一个线性相位 FIR 滤波器的零点将对单位圆表现出**镜像对称**。4 种线性相位 FIR 滤波器的主要差别是在 $z=1$ 和 $z=-1$ 处零点的数目。

1 型 FIR 传输函数 $H(z)$ 是一个偶次的镜像多项式，并且因此，它可以有形如 $(1+az^{-1}+bz^{-2}+az^{-3}+z^{-4})$ 和 $(1+cz^{-1}+z^{-2})$ 的因式。由于在 $z=\pm1$ 的零点与形如 $(1\pm z^{-1})$ 的一次多项式相联系，1 型 FIR 滤波器在 $z=z^{-1}$ 或 $z=-z^{-1}$ 有偶数个零点，或者没有零点。

2 型 FIR 传输函数 $H(z)$ 是奇次镜像多项式，并可以有形如 $(1+az^{-1}+bz^{-2}+az^{-3}+z^{-4})$ 和 $(1+cz^{-1}+z^{-2})$ 的因式。2 型 FIR 滤波器在 $z=-1$ 必有 1 个零点。为了证明这一点，由式(7.66)观察到

$$H(-1)=(-1)^N H(-1)=-H(-1)$$

由于 N 是奇数，上式表明 $H(-1)=0$。在 $z=-1$ 的零点与形如 $(z+1)$ 的因式相联系，这是一个镜像多项式。因为 2 型 FIR 传输函数的次数是奇数，它只可能有 $(z+1)$ 的奇次幂。因此，这样一个传输函数在 $z=-1$ 仅有奇数个零点。在 $z=1$ 的零点与形如 $(z-1)$ 的因式相联系，它是一个反镜像多项式。$(z-1)$ 的奇次幂是一个反镜像多项式，而偶次幂则为镜像多项式。因此，2 型 FIR 滤波器在 $z=1$ 可以有偶数个零点或者没有零点。

3 型 FIR 传输函数 $H(z)$ 是一个偶次反镜像多项式，并可以有形如 $(1+az^{-1}+bz^{-2}+az^{-3}+z^{-4})$ 和 $(1+cz^{-1}+z^{-2})$ 的因式。N 次 3 型传输函数 $H(z)$ 满足条件 $H(z)=-z^{-N}H(z^{-1})$。因此，$H(1)=-(1)^{-N}H(1)=-H(1)$，表明 $H(z)$ 在 $z=1$ 必有一个零点。同样，$H(-1)=-(1)^{-N}H(-1)=-H(-1)$，表明 $H(z)$ 在 $z=-1$ 也必有零点。产生在 $z=\pm1$ 处零点的因式形如 (z^2-1)。现在，$(1+az^{-1}+bz^{-2}+az^{-3}+z^{-4})(z^2-1)$ 是一个偶次反镜像多项式。另一方面，$(1+az^{-1}+bz^{-2}+az^{-3}+z^{-4})(z^2-1)^2$ 并不是一个反镜像多项式。概括地说，3 型 FIR 滤波器在 $z=\pm1$ 仅有奇数个零点。

最后，4 型传输函数 $H(z)$ 是一个奇次反镜像多项式，并可以有形如 $(1+az^{-1}+bz^{-2}+az^{-3}+z^{-4})$ 和 $(1+cz^{-1}+z^{-2})$ 的因式。传输函数满足条件 $H(z)=-z^{-N}H(z^{-1})$。因此，$H(1)=-(1)^{-N}H(1)=-H(1)$ 表明了 $H(z)$ 在 $z=1$ 必有零点。在 $z=1$ 的零点来自形如 $(z-1)$ 的因式。现在，$(z-1)$ 的偶次幂是镜像多项式，而其奇次幂则为反镜像多项式。因此，4 型 FIR 滤波器在 $z=1$ 仅有奇数个零点。

图 7.17 给出了四类 FIR 滤波器的零点位置的一些例子。

总结以上分析，可观察到

(a) 1 型 FIR 滤波器：在 $z=1$ 和 $z=-1$ 处有偶数个零点或者没有零点。

(b) 2 型 FIR 滤波器：在 $z=1$ 处有偶数个零点或者没有零点，在 $z=-1$ 处有奇数个零点。

(c) 3 型 FIR 滤波器：在 $z=1$ 和 $z=-1$ 处有奇数个零点。

(d) 4 型 FIR 滤波器：在 $z=1$ 处有奇数个零点，在 $z=-1$ 处有偶数个零点或者没有零点。

零点在 $z=\pm1$ 处存在会导致在使用这些线性相位 FIR 滤波器设计滤波器时存在下面所示的限制。例如，由于 2 型 FIR 滤波器总有一个零点在 $z=-1$ 处，所以它不能被用来设计高通滤波器。同样，由于 3 型FIR 滤波器在 $z=1$ 处和 $z=-1$ 处都有零点，所以它不能被用来设计低通、高通或带阻滤波器。类似地，由于在 $z=1$ 处存在一个零点，所以 4 型 FIR 滤波器不适合用来设计低通滤波器。最后，1 型 FIR 滤波器没有这样的限制，因而可以用来设计几乎任何类型的滤波器。

例 7.8　由滤波器的零点位置确定一个线性相位 FIR 传输函数

一个长度为 9 的 1 型实系数 FIR 滤波器具有如下零点：$z_1=-0.5$，$z_2=0.3+\mathrm{j}0.5$，$z_3=-\dfrac{1}{2}+\mathrm{j}\dfrac{\sqrt{3}}{2}$。我们确定其剩余零点的位置和该 FIR 滤波器的传输函数 $H(z)$ 的表达式。

既然传输函数的阶数等于 8，因此就有 8 个零点。实零点 z_1 与其倒数零点 $z_4=\dfrac{1}{z_1}=-2$ 成对出现。复零

点 z_2 与其复共轭零点 $z_5 = z_2^* = 0.3 - \mathrm{j}0.5$ 成对出现；它也和其倒数零点 $z_6 = \frac{1}{z_2} = 0.12 - \mathrm{j}0.1993$ 和 $z_7 = z_6^* = 0.12 + \mathrm{j}0.1993$ 成对出现。最后，复零点 z_3 在单位圆上，它将和其复共轭零点

$$z_8 = z_3^* = -\frac{1}{2} - \mathrm{j}\,\frac{\sqrt{3}}{2}$$

成对出现。因此，相关的传输函数为：$H(z) = \prod_{i=1}^{8}(1 - z_i z^{-1}) = 1 - 1.1353z^{-1} + 0.5635z^{-2} + 5.6841z^{-3} + 4.9771z^{-4} + 5.6841z^{-5} + 0.5635z^{-6} - 1.1353z^{-7} + z^{-8}$。

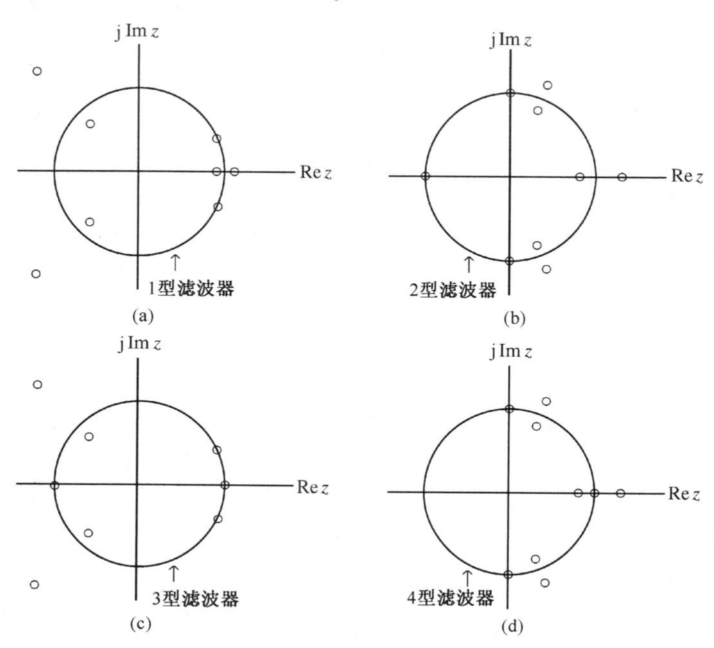

图 7.17　线性相位 FIR 传输函数的零点位置举例：(a) 1 型滤波器；(b) 2 型滤波器；(c) 3 型滤波器；(d) 4 型滤波器

7.4　简单数字滤波器

7.1.1 节描述了四类常见理想数字滤波器的频率响应。如图 7.1 所示，这些理想滤波器具有理想矩形类型的频率响应及双向无限冲激响应。因此，冲激响应不是绝对可和的，使得它们不稳定也不能实现。第 9 章和第 10 章中，我们将介绍几种方法来设计频率选择性滤波器，并以一定容限逼近滤波器指标。本节将讨论几个具有合理选择性频率响应的低阶 FIR 和 IIR 数字滤波器，它们通常能满足许多应用的要求。

7.4.1　简单的 FIR 数字滤波器

这里所考虑的 FIR 数字滤波器具有非常简单的冲激响应系数。这些滤波器被用于一些实际应用中，因为它们的原理简单，这使得其容易采用不昂贵的硬件来实现。

低通 FIR 数字滤波器

最简单的低通 FIR 滤波器是式(4.81)给出的 $M = 2$ 的滑动平均滤波器，其传输函数为

$$H_0(z) = \tfrac{1}{2}(1 + z^{-1}) = \frac{z+1}{2z} \tag{7.68}$$

上面的传输函数在 $z = -1$ 处有一个零点，在 $z = 0$ 处有一个极点。从我们在 6.7.4 节的讨论可以推出极点向量对于所有 ω 值都有单位幅度，即单位圆半径。另一方面，随着 ω 从 0 增加到π，零点向量的幅度从单位圆的直径值 2 下降到零。因此，幅度响应 $|H_0(e^{j\omega})|$ 是一个从 $\omega = 0$ 到 $\omega = \pi$ 的 ω 的单调递减函数。幅度

函数的最大值在 $\omega=0$ 处为 1，而最小值在 $\omega=\pi$ 处为零，即

$$|H_0(e^{j0})|=1,\qquad |H_0(e^{j\pi})|=0$$

由式(7.68)可以推得上面的滤波器的频率响应是

$$H_0(e^{j\omega})=e^{-j\omega/2}\cos\left(\frac{\omega}{2}\right) \tag{7.69}$$

其幅度响应为 $\cos(\omega/2)$，可以看出它是 ω 的单调递减函数[参见图 7.18(a)]。使得 $|H_0(e^{j\omega_c})|=\frac{1}{\sqrt{2}}|H_0(e^{j0})|$ 的频率 $\omega=\omega_c$ 具有实际意义，此时的增益 $\mathscr{G}(\omega_c)$ 以分贝(dB)为单位表示为

$$\begin{aligned}\mathscr{G}(\omega_c)&=20\lg|H_0(e^{j\omega_c})|=20\lg|H_0(e^{j0})|-20\lg\sqrt{2}\\&=0-3.0103\approx-3.0\,\text{dB}\end{aligned}$$

因为直流增益 $\mathscr{G}(0)=20\lg|H_0(e^{j0})|=0$。因此，在 $\omega=\omega_c$ 处的增益 $\mathscr{G}(\omega)$ 大约比在零频率的增益小 3 dB。因此，ω_c 称为 3 dB **截止频率**。为了确定 ω_c 的表达式，令 $|H_0(e^{j\omega_c})|^2=\cos^2(\omega_c/2)=1/2$，得到 $\omega_c=\pi/2$。这个结果与图 7.18(a)中给出的相符。3 dB 截止频率 ω_c 可看成是通带边界频率，因此，对该滤波器，通带宽度大约是 $\pi/2$。这里的阻带是从 $\pi/2$ 到 π。由式(7.68)可知，传输函数 $H_0(z)$ 有一个零点在 $z=-1$ 或 $\omega=\pi$ 处，它位于该滤波器的阻带中。

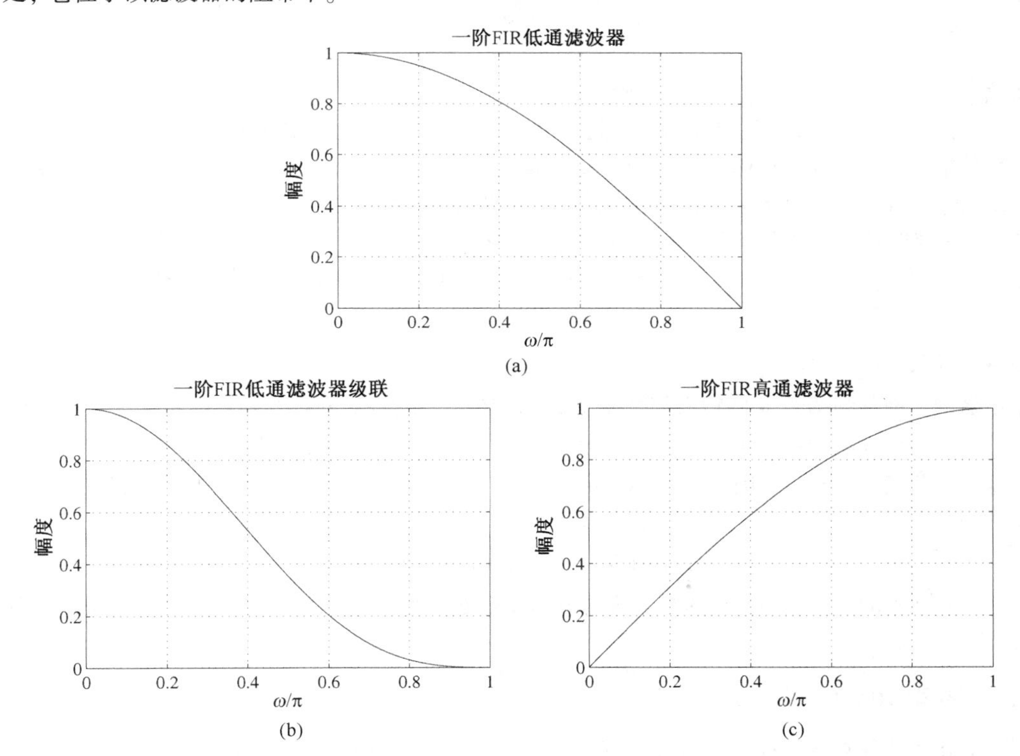

图 7.18　简单 FIR 滤波器的幅度响应：(a)式(7.68)给出的一阶低通 FIR 滤波器 $H_0(z)$；(b)3个一阶低通FIR滤波器的级联；(c)式(7.71)给出的一阶高通滤波器 $H_1(z)$

式(7.68)中的简单 FIR 滤波器的级联可得到一个改进的低通频率响应，图 7.18(b)显示了一种三个节的级联。可以看出式(7.68)给出的低通滤波器的 M 个节的级联的 3 dB 截止频率为(参见习题 7.55)

$$\omega_c=2\arccos(2^{-1/2M}) \tag{7.70}$$

当 $M=3$ 时，由上面的表达式得到 $\omega_c=0.3002\pi$，它也与图 7.18(b)显示的图形相符。因此，一阶节的级联会产生一个更尖锐的幅度响应，但这是以减少通带宽度为代价的。

理想低通滤波器的一种更好的逼近，可通过式(4.81)的更高阶滑动平均滤波器给出。样本值快速波

动的信号通常与高频分量相关，它们本质上可通过一个式(4.81)所示类型的滑动平均滤波器来消除，从而产生一个较平滑的输出波形，如例4.1所示。

滑动平均滤波器通常在设计用于抽样率改变的低通滤波器中作为基本结构单元[Hog81]。

高通 FIR 数字滤波器

最简单的高通FIR滤波器可通过在式(7.68)中用 $-z$ 替换 z 得到，结果是传输函数

$$H_1(z) = \tfrac{1}{2}(1 - z^{-1}) \tag{7.71}$$

相应的频率响应为

$$H_1(e^{j\omega}) = je^{-j\omega/2}\sin(\tfrac{\omega}{2}) \tag{7.72}$$

其幅度响应如图7.18(c)所示。通过研究传输函数的零极点模式可再次看到幅度函数的单调递增行为。该高通滤波器的3 dB截止频率也在$\pi/2$处。传输函数 $H_1(z)$ 在 $z=1$ 处或 $\omega=0$ 有一个零点，它在滤波器的阻带中。

改进的高通频率响应可以通过对式(7.71)中的几个简单高通滤波器级联得到。另外，通过在滑动平均低通滤波器的传输函数表达式中用 $-z$ 替换 z 得到形如

$$H_1(z) = \tfrac{1}{M}\sum_{n=0}^{M-1}(-1)^n z^{-n} \tag{7.73}$$

的高阶高通滤波器产生更为尖锐的幅度响应。

FIR高通滤波器的一个应用是在动目标显示(MTI)雷达中。在这些雷达中，称为**杂波**的干扰信号由雷达波束传播路径中的固定目标产生[Sko62]，杂波主要由地表反射和大气反射产生，有主要接近零频率的(直流)频率分量，并可以将雷达返回信号通过一个**双脉冲对消器**滤除，它是式(7.71)的一阶高通滤波器。通常，杂波的频率分量占据直流附近一个小的频段，并且为了更有效地滤除，有必要使用一个具有更尖锐幅度响应和一个略微宽一些阻带的高通滤波器。为此，两个双脉冲对消器的级联(称为**三脉冲对消器**)可用来提高性能。

FIR 数字陷波器

陷波器用来抑制频率为 ω_o 的输入信号 $x[n]$ 的特定的正弦分量，其传输函数的零点在 $z = e^{\pm j\omega_o}$。一个理想的陷波器的幅度响应在角频率范围 $0\leq\omega\leq\pi$ 上除了在 $\omega=\omega_o$ 等于0，在其他所有值均为1。因此，数字陷波器的传输函数必有一个因式 $1+2\cos(\omega_o)z^{-1}+z^{-2}$ 在其分子中。从而，最简单形式的FIR陷波器的传输函数为

$$H_{\text{notch}}(z) = 1 + 2\cos(\omega_o)z^{-1} + z^{-2} \tag{7.74}$$

上述类型的陷波器的一个应用是用**内插 FIR 滤波器**设计方法来设计计算高效的FIR数字滤波器，这将在10.6.2节中讨论。

7.4.2 简单 IIR 数字滤波器

因果FIR滤波器在原点有极点，因此，它们的频率响应的形状仅仅只由其零点位置来决定。另一方面，IIR滤波器允许极点移到单位圆内，使得极点对滤波器频率响应的形状具有更大的影响。我们现在描述几个具有一阶和二阶传输函数的简单IIR数字滤波器，并画出它们的相应频率响应。在许多应用中，使用这样的滤波器得到了令人满意的结果。更复杂的频率响应通常可以通过这些简单传输函数的级联实现。

低通 IIR 数字滤波器

如例7.1所示，式(7.3)给出的一阶IIR传输函数在 $\alpha>0$ 时具有低通幅度响应，如图7.2(a)所示。在传输函数的分子上增加一个因式 $(1+z^{-1})$，可以得到一个略为改进的幅度响应，该改动会强制幅度函数在滤波器阻带的 $\omega=\pi$ 处有一个零点。另一方面，式(7.3)给出的一阶IIR传输函数在 $\alpha<0$ 时具有一个

高通幅度响应，如图 7.2(b)所示。但是，对传输函数的分子上增加一个因式$(1+z^{-1})$所得到的修改的传输函数也表现出低通幅度响应。

当 α 为正值和负值时，修改的低通传输函数为

$$H_{\mathrm{LP}}(z)=\frac{K(1+z^{-1})}{1-\alpha z^{-1}} \tag{7.75}$$

随着 ω 从 0 增加到π，零点向量的幅度将从 2 减小到 0，但是极点向量的幅度将从 $1-\alpha$ 增加到 $1+\alpha$。幅度函数的最大值 $2K/(1-\alpha)$ 出现在 $\omega=0$ 时。最小值零出现在 $\omega=\pi$时，即

$$|H_{\mathrm{LP}}(\mathrm{e}^{\mathrm{j}0})|=\frac{2K}{1-\alpha},\qquad |H_{\mathrm{LP}}(\mathrm{e}^{\mathrm{j}\pi})|=0$$

因此，$|H_{\mathrm{LP}}(\mathrm{e}^{\mathrm{j}\omega})|$是一个从 $\omega=0$ 到 $\omega=\pi$区间上的单调递减函数(参见图 7.19)。

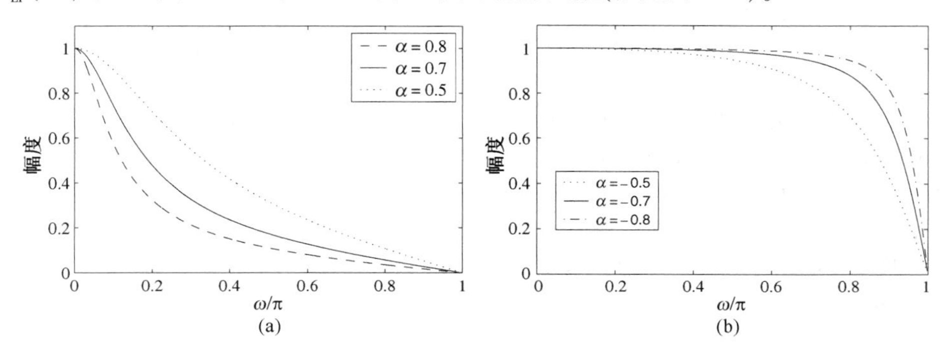

图 7.19　式(7.76)所示一阶低通滤波器的幅度响应:(a)当 α 为三个正值;(b)当 α 为三个负值

对于大多数应用，通常有一个 0 dB 的直流增益，即有一个最大值为 1 的幅度。为此，可以选择 $K=(1-\alpha)/2$，得到一个尺度缩放后的传输函数

$$H_{\mathrm{LP}}(z)=\frac{1-\alpha}{2}\cdot\frac{1+z^{-1}}{1-\alpha z^{-1}} \tag{7.76}$$

其中，为了稳定，有 $0<|\alpha|<1$。

图 7.19 画出了以上低通传输函数在 α 为 -1 到 $+1$ 之间几个正值和负值情况下的幅度响应。当 $0<\alpha<1$时，$H_{\mathrm{LP}}(z)$在正实轴上有一个极点，而在 $z=-1$ 处有一个零点。因此，这里幅度函数应该有一个窄的通带，如图 7.19(a)所示。另一方面，当 $-1<\alpha<0$ 时，$H_{\mathrm{LP}}(z)$在负实轴上有一个极点，而在 $z=-1$ 处有一个零点。因此，此时，幅度函数应该有一个宽的通带，如图 7.19(b)所示。

由式(7.76)易得幅度平方函数为

$$|H_{\mathrm{LP}}(\mathrm{e}^{\mathrm{j}\omega})|^2=\frac{(1-\alpha)^2(1+\cos\omega)}{2(1+\alpha^2-2\alpha\cos\omega)} \tag{7.77}$$

$|H_{\mathrm{LP}}(\mathrm{e}^{\mathrm{j}\omega})|^2$关于 ω 的微分为

$$\frac{\mathrm{d}|H_{\mathrm{LP}}(\mathrm{e}^{\mathrm{j}\omega})|^2}{\mathrm{d}\omega}=\frac{-(1-\alpha)^2(1+2\alpha+\alpha^2)\sin\omega}{2(1+\alpha^2-2\alpha\cos\omega)^2}$$

它在范围$0\leqslant\omega\leqslant\pi$内总是非正的，这也再一次验证了幅度函数的单调递减行为。称在其增益比 $\omega=0$ 处的增益低 3 dB 的频率 ω_c为 3 dB **截止频率**，通常将 $\omega=0$ 到 ω_c的频率范围定义为低通滤波器的通带。为了求 ω_c，在式(7.77)中令$|H_{\mathrm{LP}}(\mathrm{e}^{\mathrm{j}\omega_c})|^2=1/2$，得到式

$$\frac{(1-\alpha)^2(1+\cos\omega_c)}{2(1+\alpha^2-2\alpha\cos\omega_c)}=\frac{1}{2}\quad \textbf{或}\quad (1-\alpha)^2(1+\cos\omega_c)=1+\alpha^2-2\alpha\cos\omega_c$$

求解它得到

$$\cos\omega_c=\frac{2\alpha}{1+\alpha^2} \tag{7.78a}$$

解式(7.78a)可得 α 的两个解。得到一个稳定传输函数 $H_{LP}(z)$ 的解为

$$\alpha = \frac{1-\sin\omega_c}{\cos\omega_c} \tag{7.78b}$$

由式(7.77)可知，当 $|\alpha| < 1$ 时，式(7.76)给出的一阶低通传输函数 $H_{LP}(z)$ 是一个有界实(BR)函数。

高通 IIR 数字滤波器

当 $\alpha < 0$ 时，例 7.1 中式(7.3)给出的一阶 IIR 传输函数具有高通幅度响应，如图 7.2(b)所示。在传输函数的分子上增加一个因式 $(1-z^{-1})$，可以得到一个略为改进的幅度响应，强制使得幅度函数在滤波器阻带的 $\omega=0$ 处有一个零点。在分子上增加一个因式 $(1-z^{-1})$ 得到的修改后的传输函数的幅度响应在 $\alpha > 0$ 时表现出高通特性。为了使得在 $\omega=\pi$ 处有一个 0 dB 的增益，选择 $K=(1+\alpha)/2$，得到一个修改的一阶高通传输函数 $H_{HP}(z)$ 为

$$H_{HP}(z) = \frac{1+\alpha}{2}\cdot\frac{1-z^{-1}}{1-\alpha z^{-1}} \tag{7.79}$$

其中，为了稳定，有 $|\alpha| < 1$。传输函数的 3 dB 截止频率 ω_c 也由式(7.78a)给出。

图 7.20 显示了在 α 为几个正值和为负值时，上述高通传输函数的幅度响应。当 $0 < \alpha < 1$ 时，$H_{HP}(z)$ 在正实轴上有一个极点，而在 $z=1$ 处有一个零点。因此，这里幅度函数应该有一个宽的通带，如图 7.20(a)所示。另一方面，当 $-1 < \alpha < 0$ 时，$H_{HP}(z)$ 在负实轴上有一个极点，而在 $z=1$ 处有一个零点。因此，在后一种情况，幅度函数应该有一个窄的通带，如图 7.20(b)所示。

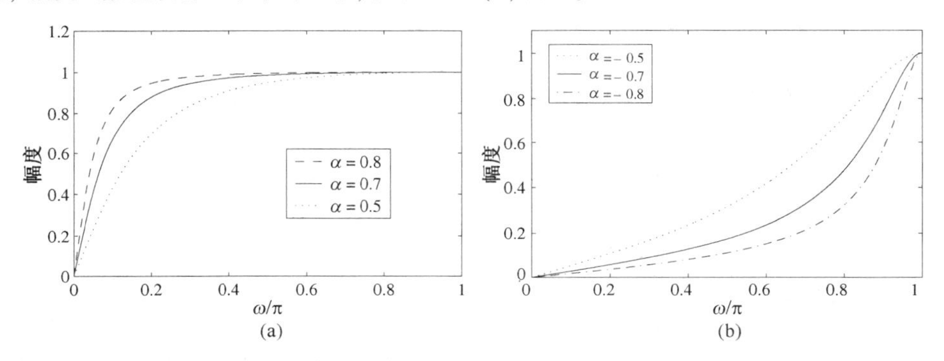

图 7.20 式(7.79)所示一阶 IIR 高通滤波器的幅度响应：(a)当 α 为三个正值；(b)当 α 为三个负值

可以证明，当 $|\alpha| < 1$ 时，式(7.79)的一阶高通传输函数是一个有界实(BR)函数。

例 7.9 一阶高通数字滤波器的设计

设计一个 3 dB 截止频率为 0.8π 的一阶高通数字滤波器。现在，$\sin(\omega_c) = \sin(0.8\pi) = 0.587\,785\,25$ 和 $\cos(\omega_c) = \cos(0.8\pi) = -0.809\,02$，把它们代入式(7.78b)得到 $\alpha = -0.509\,524\,49$。因此，由式(7.79)，所求的一阶高通滤波器的传输函数为

$$H_{HP}(z) = 0.245\,237\,755\left(\frac{1-z^{-1}}{1+0.509\,524\,49z^{-1}}\right)$$

带通 IIR 数字滤波器

如图 7.1(c)所示，带通滤波器的通带在频率范围的中间部分。这样的响应不可能由一阶实系数传输函数产生。最低阶数带通传输函数因此必须有一对复共轭极点。而且，改进的幅度响应可以通过保证传输函数在 $z=1$ 和 $z=-1$ 处分别有一个零点而获得，这样就可以强制幅度函数在 $\omega=0$ 和 $\omega=\pi$ 处等于零。二阶带通数字滤波器因此可以由传输函数

$$H_{BP}(z) = \frac{K(1-z^{-2})}{1-\beta(1+\alpha)z^{-1}+\alpha z^{-2}}$$

来描述。上面的传输函数在 $z=re^{\pm j\phi}$ 处有一对复共轭极点，其中 $r=\sqrt{\alpha}$ 且 $\phi=\arccos(\beta(1+\alpha)/2\sqrt{\alpha})$。现在，为了稳定，有 $r<1$，表明 $|\alpha|<1$。我们在 7.9.1 节将证明当滤波器稳定时有 $|\alpha|<1$ 和 $|\beta|<1$。

其幅度平方函数为

$$|H_{\mathrm{BP}}(e^{j\omega})|^2=\frac{4K^2(1-\cos 2\omega)}{[1+\beta^2(1+\alpha)^2+\alpha^2-2\beta(1+\alpha)^2\cos\omega+2\alpha\cos 2\omega]}=\frac{4K^2\sin^2\omega}{(1+\alpha)^2(\beta-\cos\omega)^2+(1-\alpha)^2\sin^2\omega}\tag{7.80}$$

在 $\omega=0$ 和 $\omega=\pi$ 处，该函数等于零。它在 $\omega=\omega_o$ 处取最大值 $2K/(1-\alpha)$，此时，$\beta=\cos\omega_o$ 或

$$\omega_o=\arccos(\beta)\tag{7.81}$$

ω_o 称为带通滤波器的**中心频率**。

为了使得幅度函数的最大值等于 1，选择 $K=(1-\alpha)/2$，由此得到传输函数

$$H_{\mathrm{BP}}(z)=\frac{1-\alpha}{2}\cdot\frac{1-z^{-2}}{1-\beta(1+\alpha)z^{-1}+\alpha z^{-2}}\tag{7.82}$$

在频率 ω_{c1} 和 ω_{c2} 上，平方幅度响应将变成 1/2，它们称为 3 dB 截止频率，而若假定 $\omega_{c2}>\omega_{c1}$，则它们之间的差 B_w 就称为 3 dB **带宽**，即

$$B_w=\omega_{c2}-\omega_{c1}=\arccos\left(\frac{2\alpha}{1+\alpha^2}\right)\tag{7.83}$$

带通滤波器增益响应的**品质因数** Q 为

$$Q=\frac{\omega_o}{B_w}$$

图 7.21 画出了式(7.82)给出的带通滤波器在不同 α 和 β 值下的幅度响应。由图 7.21(a)可以看出，对于一个给定的中心频率 ω_o，3 dB 带宽将随着 α 的增加而减小，从而使极点更靠近单位圆。

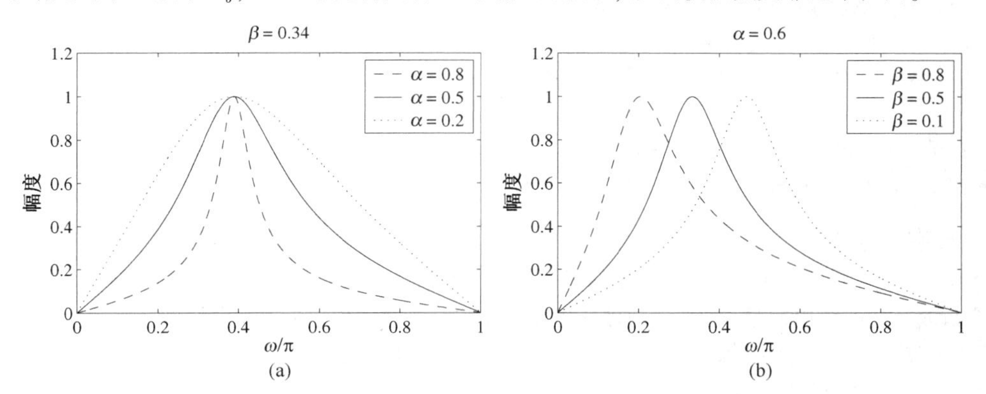

图 7.21　式(7.82)所示二阶 IIR 带通滤波器的幅度响应：(a) α 为三个指定值且 $\beta=0.34$；(b) β 为三个指定值且 $\alpha=0.6$

可以证明式(7.82)给出的带通传输函数在 $|\alpha|<1$ 和 $|\beta|<1$ 时是一个 BR 函数。

例 7.10　设计一个二阶带通数字滤波器

设计一个中心频率为 0.4π 且 3 dB 带宽为 0.1π 的二阶带通数字滤波器。由式(7.81)有

$$\beta=\cos(\omega_o)=\cos(0.4\pi)=0.309\,016\,994$$

而由式(7.83)有

$$\frac{2\alpha}{1+\alpha^2}=\cos(B_w)=\cos(0.1\pi)=0.951\,056\,516$$

解上面的二次方程得到两个 α 值：1.376 381 92 和 0.726 542 528。当 $\alpha=0.726\,542\,528$ 时，得到的稳定二阶带

通传输函数为

$$H_{\rm BP}(z) = 0.136\,728\,736 \times \frac{1-z^{-2}}{1-0.533\,530\,98z^{-1}+0.726\,542\,528z^{-2}} \tag{7.84}$$

其中，α 和 β 的幅度都小于1，表明上面的传输函数是稳定的。

图7.22显示了 $H_{\rm BP}(z)$ 的幅度函数和群延迟图。群延迟用M文件 grpdelay 计算。

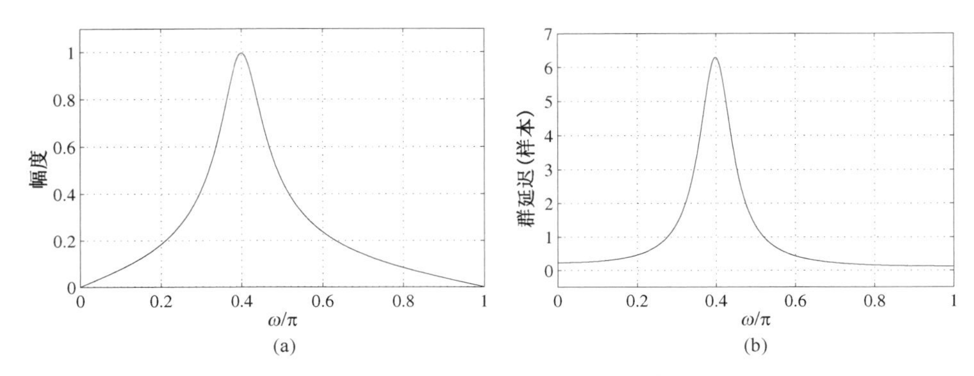

图7.22　式(7.84)所示IIR带通传输函数的幅度响应和群延迟

式(7.82)给出的二阶IIR带通滤波器可以用MATLAB中的M文件 iirpeak 来设计。我们将在例7.11中予以说明。

例7.11　用MATLAB直接设计二阶IIR带通滤波器

重新设计例7.10中的滤波器。所使用的代码段为

```
[b,a] = iirpeak(0.4,0.1);
```

运行如上程序可以得到如下的分子和分母系数向量：

```
b =
0.13672873599732     0  -0.13672873599732

a =
1.00000000000000  -0.53353098266474    0.72654252800536
```

其结果和例7.10中推导的结果是一样的。

带阻IIR数字滤波器

观察图7.1(d)可以发现，带阻滤波器的阻带在频率范围的中间部分。这样的响应也不可能由一阶实系数传输函数产生。可以通过选择一个形如 $(1-2\cos\omega_o z^{-1}+z^{-2})$ 的二阶多项式作为分子的一个因式，从而在中间频率范围的 ω_o 处为传输函数设置一个零点，这将强迫幅度函数在 ω_o 处为零。频率 ω_o 称为**陷波频率**。因此，二阶带阻传输函数形如：

$$H_{\rm BS}(z) = \frac{K(1-2\beta z^{-1}+z^{-2})}{1-\beta(1+\alpha)z^{-1}+\alpha z^{-2}}$$

其中，$\beta=\cos\omega_o$。在 $\omega=0$ 和 $\omega=\pi$ 处，上面传输函数的幅度函数的最大值等于 $2K/(1+\alpha)$。选择 $K=(1+\alpha)/2$ 可以使得幅度函数的最大值等于1，得到传输函数：

$$H_{\rm BS}(z) = \frac{1+\alpha}{2}\cdot\frac{1-2\beta z^{-1}+z^{-2}}{1-\beta(1+\alpha)z^{-1}+\alpha z^{-2}} \tag{7.85}$$

这里，同样为了稳定，有 $|\alpha|<1$ 和 $|\beta|<1$。图7.23画出了该带阻滤波器在不同 α 和 β 值下的幅度响应。具有式(7.85)给出的传输函数的数字滤波器通常称为**陷波器**[Con69]。3 dB **陷波带宽** B_w 由式(7.83)给出。

带阻滤波器增益响应的**品质因数 Q** 为

$$Q = \frac{\omega_o}{B_w}$$

式(7.85)的带阻传输函数在 $|\alpha| < 1$ 和 $|\beta| < 1$ 时又是一个 BR 函数。

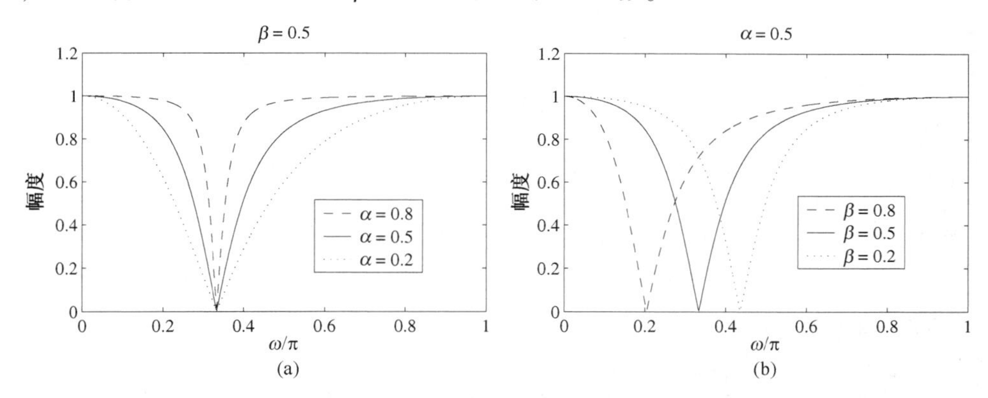

图 7.23　式(7.85)所示二阶 IIR 带阻滤波器的频率响应：(a) α 为三个指定值且 $\beta = 0.5$；(b) β 为三个指定值且 $\alpha = 0.5$

式(7.85)的二阶带阻滤波器可以直接用 M 文件 `iirnotch` 进行设计。

高阶 IIR 数字滤波器

通过对上面提到的简单数字滤波器级联，可以实现具有更尖锐幅度响应的数字滤波器。例如，级联 K 个由式(7.76)描述的一阶低通节，整个结构的传输函数 $G_{\mathrm{LP}}(z)$ 为

$$G_{\mathrm{LP}}(z) = \left(\frac{1-\alpha}{2} \cdot \frac{1+z^{-1}}{1-\alpha z^{-1}}\right)^K \tag{7.86}$$

利用式(7.77)，可得级联滤波器相应的幅度平方函数为

$$|G_{\mathrm{LP}}(\mathrm{e}^{\mathrm{j}\omega})|^2 = \left[\frac{(1-\alpha)^2(1+\cos\omega)}{2(1+\alpha^2-2\alpha\cos\omega)}\right]^K \tag{7.87}$$

为了确定其 3 dB 截止频率 ω_c 和参数 α 之间的关系，令

$$\left[\frac{(1-\alpha)^2(1+\cos\omega_c)}{2(1+\alpha^2-2\alpha\cos\omega_c)}\right]^K = \frac{1}{2} \tag{7.88}$$

对于一个稳定的 $G_{\mathrm{LP}}(z)$，对上式求解 α 得到

$$\alpha = \frac{1+(1-C)\cos\omega_c - (\sqrt{2C-C^2})\sin\omega_c}{1-C+\cos\omega_c} \tag{7.89}$$

其中

$$C = 2^{(K-1)/K} \tag{7.90}$$

注意，当 $K=1$ 时，式(7.89)将简化为式(7.78b)。

例 7.12　利用单级和多级的级联结构来设计低通滤波器

分别用一个单级和以 4 个一阶低通节的级联实现，设计一个 3 dB 截止频率 $\omega_c = 0.4\pi$ 的低通滤波器，并比较它们的增益响应。

由式(7.78b)，或等效地当 $K=1$ 时由式(7.89)，即 $C=1$ 时，以及条件 $\omega_c = 0.4\pi$，可得：对于单级设计，$\alpha = 0.1584$。同样，由式(7.90)，当 $K=4$ 时，$C=1.6818$，当把它和 $\omega_c = 0.4\pi$ 一起代入到式(7.89)中时，得到 $\alpha = -0.251$。图 7.24 显示了单个一阶低通滤波器(图中标为 $K=1$)和 4 个同样的一阶低通滤波器的级联(图中标为 $K=4$)的增益响应。从该图可以看出，和预想的一样，级联的结果是产生了更尖锐的增益响应的滚降。

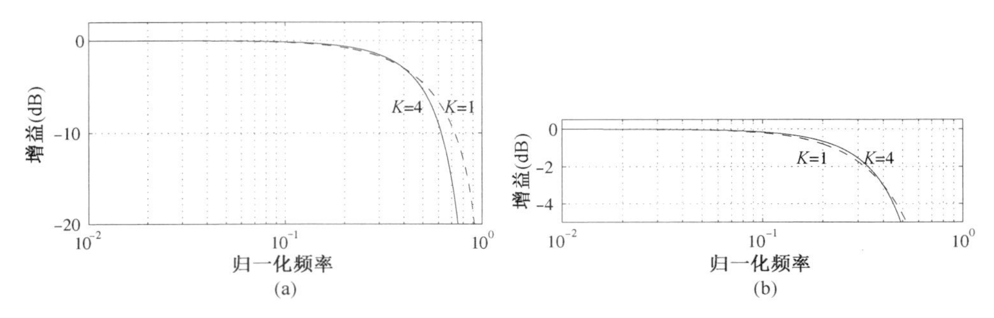

图 7.24 (a)单个一阶 IIR 低通滤波器($K=1$)的增益响应和 4 个相同一阶 IIR 低通滤波器($K=4$)的级联的增益响应,后者的3 dB截止频率为$\omega_c=0.4\pi$;(b)通带细节

同样,一阶高通节的级联结果是在增益响应中具有更尖锐滚降的高通滤波器。

图 7.25 画出了单个二阶带通滤波器的幅度响应(图中标记为 1)、两个相同二阶带通滤波器的级联的幅度响应(图中标记为 2)以及三个相同二阶带通滤波器的一个级联的幅度响应(图中标记为 3)。所有带通部分用 $\alpha=0.2$ 和 $\beta=0.34$ 描述。由于所有二阶节的参数 β 是相同的,所以级联结构的中心频率和单个节的中心频率相同。然而,3 dB 带宽随着节数的增加而下降。类似地,相同的二阶带阻滤波器的级联结果是具有相同中心频率,但 3 dB 带宽较窄的一个更高阶带阻滤波器。

如前所指,可以通过增加 α 来使得二阶带通滤波器的3 dB 带宽变得更小,这又将使得滤波器的极点更加靠近单位圆。在第 11 章中,我们将显示随着极点更靠近单位圆时,利用有限精度实现的数字滤波器的性能将显著降低。在这些情况下,通过级联一定数量极点远离单位圆的相同的节来设计数字滤波器将更具有吸引力。

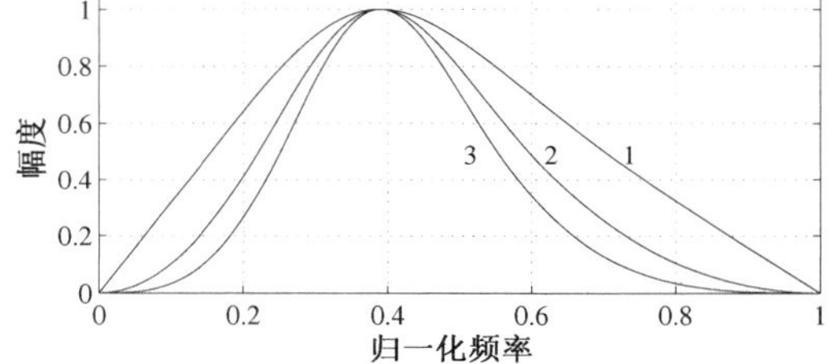

图 7.25 单个二阶 IIR 带通滤波器、两个相同二阶IIR带通滤波器以及三个相同二阶IIR带通滤波器的增益响应,所有节的参数均为$\alpha=0.2$和$\beta=0.34$

7.4.3 数字积分器

数字积分器在许多应用中是一种重要的成分,这些应用包括抽样数据控制系统、生物医学系统和其他系统等。一个理想数字积分器的频率响应为

$$H_{\mathrm{INT}}(e^{j\omega})=\frac{1}{j\omega} \tag{7.91}$$

实际中的数字积分器被设计成使其频率响应逼近上面的表达式。在许多应用中,简单的数字积分器就已经够用了。在本节中,我们描述通过推导著名的数值积分公式的离散时间等值而得到的设备。这些数字积分器是 IIR 离散时间系统。

一阶 IIR 积分器

基于数值积分方法有三类简单的一阶 IIR 数字积分器。**前向矩形积分器**基于数值积分的前向矩形法,并且是一种在时域输入 - 输出关系为

$$y[n]=y[n-1]+T\cdot x[n-1] \tag{7.92}$$

的一阶 IIR 离散时间系统。其中 T 是抽样周期。其传输函数为

$$H_{\mathrm{FR}}(z)=T\left(\frac{z^{-1}}{1-z^{-1}}\right) \tag{7.93}$$

后向矩形积分器基于数值积分的后向矩形法,并且是一个在时域输入-输出关系为

$$y[n]=y[n-1]+T\cdot x[n] \tag{7.94}$$

的一阶 IIR 离散时间系统。其中 T 是抽样周期。其传输函数为

$$H_{\mathrm{BR}}(z)=T\left(\frac{1}{1-z^{-1}}\right) \tag{7.95}$$

注意，两种矩形积分器的幅度响应是相同的。

梯形积分器基于在例4.28 中推得的梯形法。它也是一个一阶离散时间系统，其时域中的输入 - 输出关系为式(4.62)，为了方便重写如下：

$$y[n]=y[n-1]+\tfrac{T}{2}(x[n]+x[n-1]) \tag{7.96}$$

对应的传输函数为

$$H_{\mathrm{TR}}(z)=\frac{T}{2}\left(\frac{1+z^{-1}}{1-z^{-1}}\right) \tag{7.97}$$

$T=1$ 时的理想积分器以及矩形和梯形数字积分器的幅度响应在图 7.26 中给出。

从图中可以看出，理想积分器的幅度响应在前向矩形积分器和梯形积分器之间。因此可以通过前向矩形和梯形积分器的加权和得到一个改进的 IIR 数字积分器[Ala93]（参见习题 7.72）。

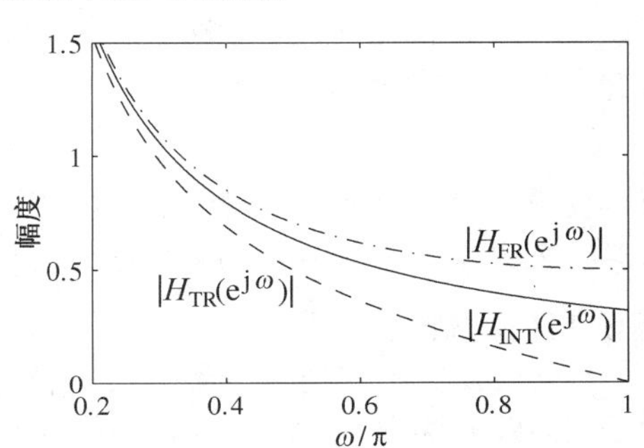

图 7.26　理想积分器的幅度响应（实线），前向矩形积分器的幅度响应（点画线）及梯形积分器的幅度响应（虚线）

二阶 IIR 积分器

辛普森（Simpson）积分器基于辛普森积分方法，并且给出改进的数值结果。它在时域的输入 - 输出关系为

$$y[n]=y[n-2]+\tfrac{T}{3}(x[n]+4x[n-1]+x[n-2]) \tag{7.98}$$

并用一个二阶传输函数

$$H_{\mathrm{SI}}(z)=\frac{T}{3}\left(\frac{1+4z^{-1}+z^{-2}}{1-z^{-2}}\right) \tag{7.99}$$

描述。

7.4.4　数字微分器

有时候会用离散时间微分器来对一个连续时间信号的离散时间形式进行微分运算。一个理想离散信号微分器的频率响应为

$$H_{\mathrm{DIF}}(e^{j\omega})=j\omega,\quad 0\leqslant|\omega|\leqslant\pi \tag{7.100}$$

其在从直流到 $\omega=\pi$ 的频率范围有一个线性幅度响应，如图 7.27 中点画线所示。实际的离散时间微分器被用于在低频范围进行微分运算，也因此被设计成在直流到小于 π 的频率范围有线性的幅度响应。下面我们描述几个这类系统，它们可以被用于一些应用中[Lyo2007a]。

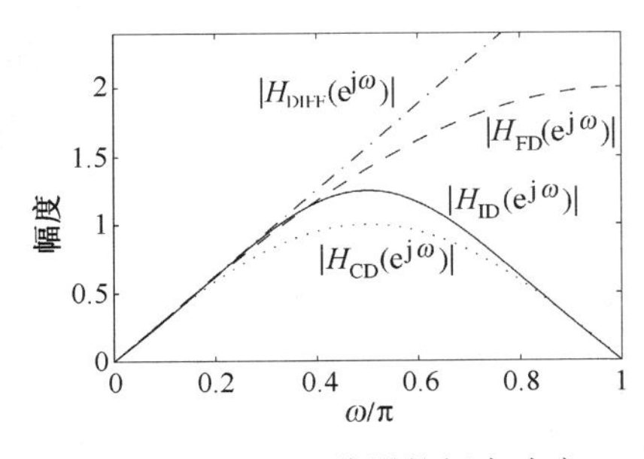

图 7.27　FIR 差分器的幅度响应

简单 FIR 微分器

一阶差分微分器是一个在时域输入 - 输出关系为

$$y[n]=x[n]-x[n-1] \tag{7.101}$$

的一阶 FIR 离散时间系统。其传输函数就是

$$H_{\mathrm{FD}}(z)=1-z^{-1} \tag{7.102}$$

除去尺度缩放因子 $\frac{1}{2}$，这看起来与式(7.71)的一阶高通滤波器的传输函数相同。因此，上面数字微分器的幅度响应也因此与图 7.18(c)所示的相同，区别仅是放大了两倍，如图 7.27 中的虚线所示。上述简单微分器的主要缺点是也放大了在实际中存在于许多离散时间信号中的高频噪声。

为了解决上面的问题，经常用到在时域输入 - 输出关系为

$$y[n] = \frac{1}{2}(x[n] - x[n-2]) \tag{7.103}$$

的**中心差分微分器**。上面微分器的传输函数为

$$H_{\mathrm{CD}}(z) = \frac{1}{2}(1 - z^{-2}) \tag{7.104}$$

其幅度响应如图 7.27 中的点画线所示。从图中可以看出，中心差分微分器在从直流到大约 $\omega = 0.16\pi$ 非常小的低频范围内有一个线性幅度响应。

高阶 FIR 微分器

线性运算的频率范围可以通过稍微增加 FIR 微分器的阶数来扩展。这样的一个系统通过输入 - 输出关系[Lyo2007a]：

$$y[n] = -\frac{1}{16}x[n] + x[n-2] - x[n-4] + \frac{1}{16}x[n-6] \tag{7.105}$$

描述。它有一个线性相位传输函数为

$$H_{\mathrm{ID}}(z) = -\frac{1}{16} + z^{-2} - z^{-4} + \frac{1}{16}z^{-6} \tag{7.106}$$

其幅度响应，以因子 0.6 缩放后如图 7.27 中的实线所示。这种结构的线性运算的频率范围从直流到 $\omega = 0.34\pi$，这几乎是式(7.104)的中心差分微分器的两倍。

高阶 IIR 微分器

数字微分器也可以通过对数字积分器的传输函数取逆来设计。然而，相应的传输函数并不稳定。一个稳定的微分器可以通过对逆传输函数的那些在单位圆外的极点用其镜像极点来替代从而得到。由辛普森积分器得到的微分器设计在习题 7.74 中讨论。

7.4.5　直流阻断器

在许多应用中，在应用其他信号处理算法前，需要消除存在于信号中的直流偏置。理想的直流阻断器在直流($\omega = 0$)有一个无限衰减，且在非零频率通过所有输入信号。因此，它是传输函数在 $z = 1$ 至少有一个零点并且在 $\omega \neq 0$ 处有单位幅度响应的高通滤波器。在本节中，我们描述了几个可以用做直流阻断器的非常简单的 FIR 和 IIR 滤波器。

简单 FIR 直流阻断器

式(7.102)中的简单一阶 FIR 微分器 $H_{\mathrm{FD}}(z)$ 在 $z = 1$ 有一个零点，所以把信号的直流分量阻断得非常好。然而，接近 $\omega = 0$ 的非常低的频谱分量也会衰减，从图 7.18(c)中所给出的其幅度响应中可以看出。下面描述利用一个 IIR 滤波器的改进的直流阻断算法。

简单 IIR 直流阻断器

为了提高式(7.102)中接近直流的 FIR 直流阻断器下降中的幅度，一种解决方法是用传输函数为

$$G(z) = \frac{1}{1 - \alpha z^{-1}} \tag{7.107}$$

的具有全零点的一阶 IIR 滤波器和 FIR 阻断器 $H_{\mathrm{FD}}(z)$ 级联。其中 α 是实数，且 $0 < \alpha < 1$。上面的 IIR 滤波器通常称为**泄漏积分器**。α 为不同值时的非线性相位级联微分器/积分器的幅度响应

$$H(z) = G(z)H_{\mathrm{FD}}(z) = \frac{1 - z^{-1}}{1 - \alpha z^{-1}} \tag{7.108}$$

如图 7.28 所示。注意，上述传输函数除了尺度缩放因子 $(1+\alpha)/2$ 外，与式(7.79)中的一阶 IIR 高通滤波器的相同。式(7.108)中 α 的正值接近 1 的 IIR 直流阻断器是一

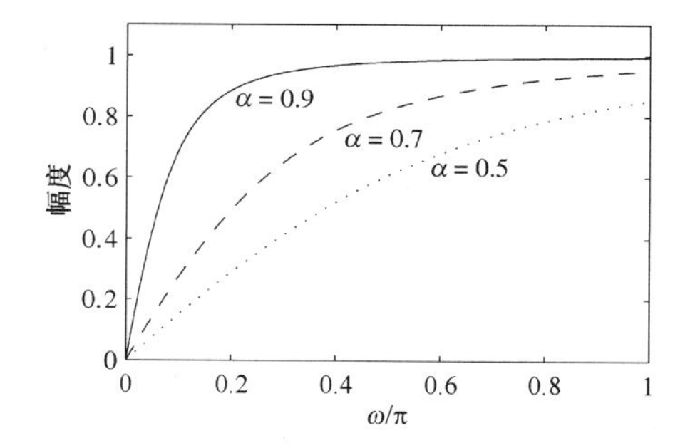

图 7.28　对三个 α 值式(7.108)中的直流阻断器的幅度响应

种在音乐声合成中基于数字波导建模的方法的重要结构。它被用于阻断在延迟线中循环的信号的直流分量。它还被应用在多轨录音中，以消除各种轨道中直流分量相加引起的混音的溢出。

式(7.108)中的 IIR 传输函数已经被建议用于 MTI 雷达的杂波去除[Urk58]。练习 M7.3 描述了用做杂波抑制的另一种简单 IIR 高通滤波器。

高阶 FIR 直流阻断器

一个线性相位直流阻断器可以用延迟互补①1 型滑动平均滤波器实现[Yat2008]。M 点滑动平均滤波器的传输函数的递归形式在式(6.81)中给出，并为方便重写如下：

$$H_{\text{MA}}(z)=\frac{1}{M}\left(\frac{1-z^{-M}}{1-z^{-1}}\right) \tag{7.109}$$

其中 M 是一个奇整数。在上式中，括号内的函数通常被称为**递归动求和**，它由一个 M 阶 FIR 梳状滤波器与一个数字积分器级联而成。线性相位直流阻断器的传输函数为

$$F(z)=z^{-(M-1)/2}-H_{\text{MA}}(z) \tag{7.110}$$

其示意图在图 7.29(a)给出。如果 M 是 2 的整数次幂，那么尺度缩放因子 $\frac{1}{M}$ 可以用二进制平移运算来实现，避免了乘法运算。然而，此时，延迟单元 $z^{-(M-1)/2}$ 产生了一个分数延迟，使得在输出加法器的输出对两个输入序列进行同步较为困难。为了避免此问题，已经提出，通过形成两个滑动平均滤波器级联的延迟互补来实现线性相位直流阻断器，如图 7.29(b)所示。该结构现在需要一个延迟单元 $z^{-(M-1)}$，并且提供一个整数值延迟。图 7.30 画出了 $M=32$ 时图 7.29(b)中的线性相位直流阻断器的增益响应。直流阻断器在直流($\omega=0$)有无限大衰减和大约 0.42 dB 的峰值通带波纹。

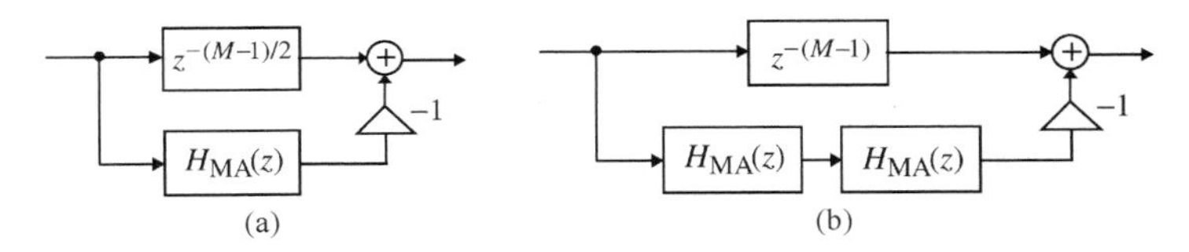

图 7.29　线性相位直流阻断器的示意图表示

7.4.6　梳状滤波器

7.4.1 节和 7.4.2 节中的简单滤波器用单个通带或单个阻带描述，但很多应用需要多通带和多阻带的滤波器，**梳状滤波器**就是后者的一个典型例子。在其最一般的形式中，梳状滤波器的频率响应是 ω 的周期为 $2\pi/L$ 的周期函数，其中 L 是一个正整数。若 $H(z)$ 是在区间$[0,\pi]$有单调递减或递增幅度响应的滤波器，则梳状滤波器可以在其实现中用 L 个延迟单元代替它的每个延迟而简单地产生，得到传输函数为 $G(z)=H(z^L)$ 的结构。若幅度函数 $|H(e^{j\omega})|$ 在 ω_o 处表现出峰(陷波)，则 $|G(e^{j\omega})|$ 的幅度响应将在 $(\omega_o+2\pi k)/L$，$0\leqslant k\leqslant L-1$ 处产生 L 个峰(陷波)。注意，梳状滤波器可以由 FIR 或 IIR 原型滤波器产生。

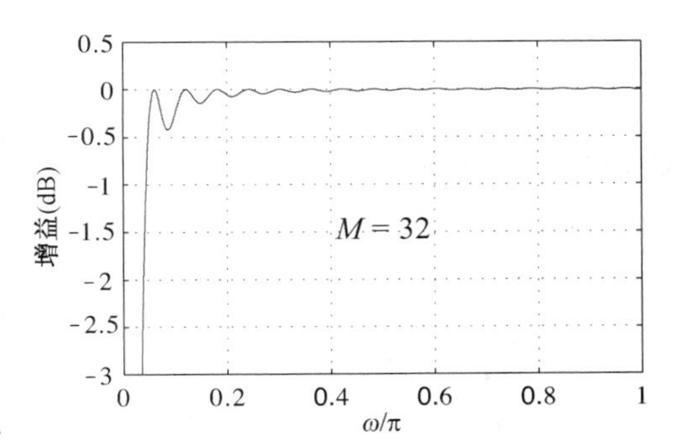

图 7.30　$M=32$ 时，图 7.29(b)中线性相位直流阻断器的增益响应

FIR 梳状滤波器

为了说明梳状滤波器的产生，考虑式(7.68)给出的原型低通 FIR 滤波器，它具有如图 7.18(a)所示

① 延迟互补滤波器的定义参见 7.5.1 节。

的低通幅度响应。从图中可以看出，低通 FIR 滤波器在 $\omega=0$ 有一个峰，在 $\omega=\pi$ 有一个陷波。由 $H_0(z)$ 生成的梳状滤波器的传输函数为

$$G_0(z)=H_0(z^L)=\tfrac{1}{2}(1+z^{-L}) \tag{7.111}$$

$L=5$ 时的其幅度响应在图 7.31(a) 画出。新滤波器本质上是一个在范围 $0\leqslant\omega<2\pi$ 内分别在 $\pi/5$、$3\pi/5$、$5\pi/5$、$7\pi/5$ 和 $9\pi/5$ 处有 L 个陷波频率的陷波梳状滤波器，在 0、$2\pi/5$、$4\pi/5$、$6\pi/5$ 及 $8\pi/5$ 处其幅度响应也有 L 个峰。

由式(7.71)的原型高通滤波器产生的梳状滤波器 $G_1(z)$ 的传输函数为

$$G_1(z)=H_1(z^L)=\tfrac{1}{2}(1-z^{-L}) \tag{7.112}$$

$L=5$ 时，其幅度响应如图 7.31(b) 所示，可以看出它与图 7.31(a) 所示的互补。该梳状滤波器在范围 $0\leqslant\omega<2\pi$ 内也有 L 个陷波频率，它们恰好在式(7.111)给出的梳状滤波器 $G_0(z)$ 的峰值处。同样，其幅度响应恰好在 $G_0(z)$ 的陷波频率的位置有 L 个峰。

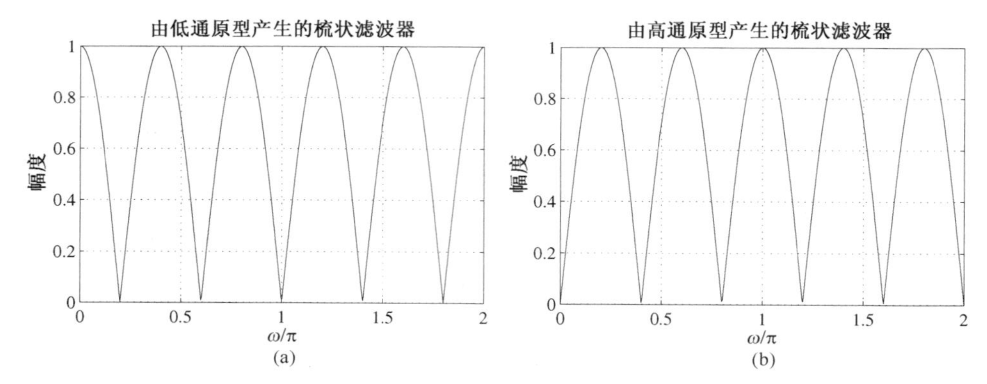

图 7.31 FIR 梳状滤波器的幅度响应：(a) 由式(7.68)的原型低通滤波器产生，且 $L=5$；(b) 由式(7.71)的原型高通滤波器产生，且 $L=5$

根据具体应用，具有其他类型周期幅度响应的梳状滤波器，可以很容易地通过适当地选择原型滤波器来实现。例如，式(6.81)给出的滑动平均滤波器

$$H(z)=\frac{1-z^{-M}}{M(1-z^{-1})}$$

被用做原型。这种滤波器在 $\omega=0$ 处有一个峰值幅度，并且在 $\omega=2\pi\ell/M$，$1\leqslant\ell\leqslant M-1$ 处有 $M-1$ 个陷波。由该原型产生的梳状滤波器的传输函数为

$$G(z)=H(z^L)=\frac{1-z^{-LM}}{M(1-z^{-L})}$$

其幅度响应有 L 个峰值在 $\omega=2\pi k/L$ 处，$0\leqslant k\leqslant L-1$，并有 $L(M-1)$ 个陷波在 $\omega=2\pi k/LM$ 处，$1\leqslant k\leqslant L(M-1)$。通过适当地选择 L 和 M，峰值和陷波可以在所期望的位置产生。在电离层电子密度测量中，微弱的月亮谱分量通常被强的太阳谱分量掩盖，用两个这样的梳状滤波器可以将这两个谱分量分开[Ber76]。

随书光盘中包含了梳状滤波器的另一个应用，是在音乐声处理时制造特殊的音效，这里 FIR 和 IIR 原型都要用到。在周期干扰抑制中也用到了有多个陷波频率的梳状滤波器。梳状滤波器也用在 LORAN 导航系统中，以便抑制交叉干涉[Jac96]。

式(7.111)和式(7.112)分别给出的梳状滤波器 $G_0(z)$ 和 $G_1(z)$ 的一个有趣应用，是在数字彩色电视接收器中用于从混合视频信号中分离包含强度信息的亮度分量以及包含色彩信息的色度分量[Orf96]。用于此目的的基本结构在图 7.32 中显示，其中延迟线用以提供一个线延迟，即扫描一条水平线的时间。然而，用该结构不可能实现这两条分量的完全分离。进一步，滤波器 $G_0(z)$ 的功能像一个低通滤波器，它

的平均视频信号的两条相邻的水平线从而模糊亮度分量。另一方面，当选择延迟线来给出一个帧的延迟时，这两个分量所改进的分离就可以通过图 7.32 所示的结构实现。遗憾的是，若存在帧间运动，则分离会失败。

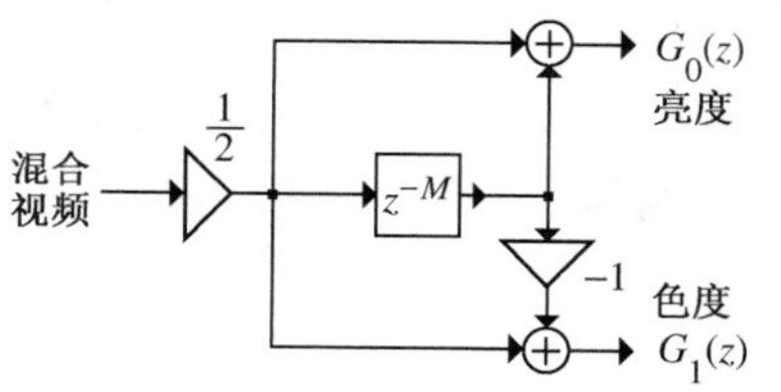

图 7.32　用于分离混合视频信号中亮度分量和色度分量的滤波器结构

IIR 梳状滤波器

原型 IIR 滤波器的最简单形式的传输函数为

$$H_0(z) = K\frac{1-z^{-1}}{1-\alpha z^{-1}} \tag{7.113a}$$

$$H_1(z) = K\frac{1+z^{-1}}{1-\alpha z^{-1}} \tag{7.113b}$$

其中，为了稳定，$|\alpha|<1$。注意，$H_0(z)$是在 $z=1$ 处有一个零点的一阶高通滤波器。同样，$H_1(z)$是在 $z=-1$ 处有一个零点的一阶低通滤波器。为使得最大增益为 0 dB，$H_0(z)$的缩放因子 K 应该设为$(1+\alpha)/2$，而 $H_1(z)$的缩放因子 K 应该设为$(1-\alpha)/2$。因此，由式(7.113a)和式(7.113b)中的原型传输函数生成的 L 阶梳状滤波器的传输函数为

$$G_0(z) = H_0(z^L) = K\frac{1-z^{-L}}{1-\alpha z^{-L}} \tag{7.114a}$$

$$G_1(z) = H_1(z^L) = K\frac{1+z^{-L}}{1-\alpha z^{-L}} \tag{7.114b}$$

式(7.114a)和式(7.114b)给出的 IIR 梳状滤波器可以利用 M 文件 `iircomb` 设计，该文件有几个形式可供使用。例 7.13 中举例说明了该 M 文件的应用。

例 7.13　设计 IIR 梳状滤波器

从一个原型 IIR 低通滤波器和一个 IIR 高通滤波器来设计 3 dB 带宽为 0.2π的一个 8 阶 IIR 梳状滤波器。所使用的代码段为

```
[b,a] = iircomb(8, 0.2,'type');
```

其中，对低通原型，'type'取值为'notch'，对高通原型，取值为'peak'。图 7.33 显示了所设计的梳状滤波器的增益响应。

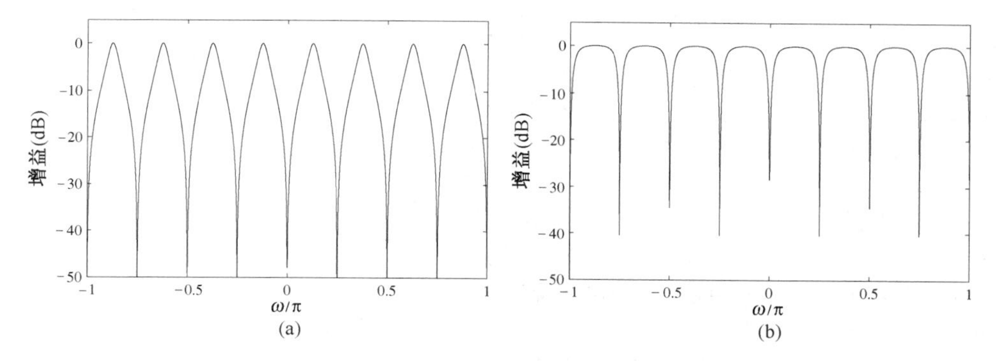

图 7.33　IIR 梳状滤波器的增益响应：(a)由式(7.114a)的原型高通 IIR 滤波器产生，且$L=8$；(b)由式(7.114b)的原型低通IIR滤波器产生，且$L=8$

7.5　互补传输函数

具有互补特性的数字传输函数集在实际中通常很有用，如在传输函数的有效实现、低灵敏度实现以及滤波器组的设计和实现中等。我们接下来将描述 4 个有用的互补关系并给出它们的应用。

7.5.1 延迟互补传输函数

若一组 L 个传输函数构成的集合 $\{H_0(z), H_1(z), \cdots, H_{L-1}(z)\}$，各传输函数的和等于单位延迟的整数倍，则称它们相互**延迟互补**[Vai93]，即

$$\sum_{k=0}^{L-1} H_k(z) = \gamma z^{-n_0}, \quad \gamma \neq 0 \tag{7.115}$$

式中，n_0是一个非负整数。

考虑一个阶为偶数 N 的 1 型线性相位 FIR 传输函数 $H_0(z)$。由式(7.59)，其频率响应形如

$$H_0(e^{j\omega}) = e^{-j((\omega N/2)-\beta)}\breve{H}_0(\omega) \tag{7.116}$$

式中，$\breve{H}_0(\omega)$ 是**振幅响应**。假设在通带中有 $1-\delta_p \leqslant \breve{H}_0(\omega) \leqslant 1+\delta_p$，而在阻带中有 $-\delta_s \leqslant \breve{H}_0(\omega) \leqslant \delta_s$。$H_0(z)$的延迟互补传输函数 $H_1(z)$为

$$H_1(z) = z^{-N/2} - H_0(z) \tag{7.117}$$

注意，在 $\gamma=1$ 和 $n_0=N/2$ 时，式(7.117)满足式(7.115)。现在，$H_1(z)$的频率响应为

$$H_1(e^{j\omega}) = e^{-j(n_0\omega-\beta)}\breve{H}_1(\omega) = e^{-j(n_0\omega-\beta)}[1-\breve{H}_0(\omega)] \tag{7.118}$$

因此，由式(7.118)可知，在 $H_1(z)$的阻带内有 $-\delta_p \leqslant \breve{H}_1(\omega) \leqslant \delta_p$，而在 $H_1(z)$的通带内有 $1-\delta_s \leqslant \breve{H}_1(\omega) \leqslant 1+\delta_s$。因此，$H_1(z)$具有与 $H_0(z)$互补的幅度响应特性，即 $H_1(z)$的阻带恰好是 $H_0(z)$的通带而其通带恰好是 $H_0(z)$的阻带。例如，若 $H_0(z)$是一个低通滤波器，则 $H_1(z)$将是一个高通滤波器，反之亦然。同样，若 $H_0(z)$是一个带通滤波器，则 $H_1(z)$将是一个带阻滤波器，反之亦然。在频率 ω_o处，$\breve{H}_0(\omega_o) = \breve{H}_1(\omega_o) = 0.5$，两个滤波器的增益响应低于它们的最大值 6 dB。因此，ω_o称为 6 dB **分频频率**。

例 7.14 一个延迟互补 FIR 滤波器对的例子

考虑由下式给出的 1 型带阻传输函数 $H_{BS}(z)$[Aca83]：

$$H_{BS}(z) = \tfrac{1}{64}(1+z^{-2})^4(1-4z^{-2}+5z^{-4}+5z^{-8}-4z^{-10}+z^{-12}) \tag{7.119a}$$

其延迟互补带通传输函数为

$$H_{BP}(z) = z^{-10} - H_{BS}(z) = -\tfrac{1}{64}(1-z^{-2})^4(1+4z^{-2}+5z^{-4}+5z^{-8}+4z^{-10}+z^{-12}) \tag{7.119b}$$

图 7.34 显示了 $H_{BS}(z)$和 $H_{BP}(z)$的幅度响应图形。

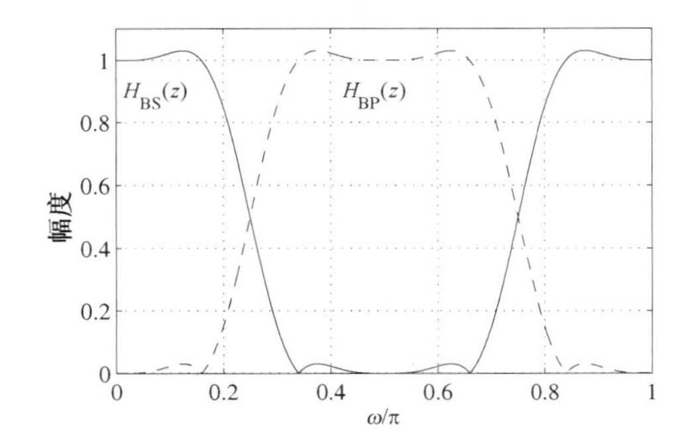

图 7.34 式(7.119a)和式(7.119b)的延迟互补线性相位带阻 FIR 滤波器和带通 FIR 滤波器的幅度响应

延迟互补传输函数可以用 MATLAB 代码段 `d = firlp2hp(b,'wide')`来确定，其中，d 和 b 分别是延迟互补传输函数的系数向量和 1 型 FIR 原传输函数的系数向量。

延迟互补 FIR 传输函数对的一种有趣应用是在数字电视接收器中[Orf96]。前文已经指出，图 7.32 中用来分离混合视频信号的亮度和色度分量的结构容易模糊亮度输出，从而丢失了垂直方向的细节。从图 7.27 中的梳状滤波器 $G_1(z)$的输出通过一个低通滤波器并将输出加到梳状滤波器 $G_0(z)$来恢复低频垂直细节。垂直方向的细节可以将 $G_1(z)$的输出通过一个与该低通滤波器的延迟互补的滤波器进行滤波来消除。实际中用到的低通滤波器 $H_{LP}(z)$是一个带阻滤波器，其低频通带与所需的垂直细节的频率范围一致，而它的延迟互补滤波器 $H_{HP}(z)$是一个带通传输函数。整个结构如图 7.35 所示，其顶部路径中长度为 K 的延迟线被选用来对顶部和底部路径的全部延迟进行均衡。

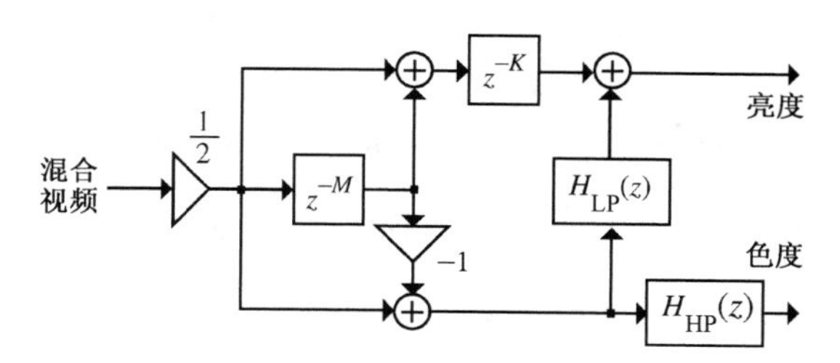

图 7.35　带有增强垂直细节的亮度和色度分量分离滤波器结构

用于图 7.35 中的一组延迟互补线性相位带通/带阻滤波器是当 $K = 10$ 时的式(7.119a)和式(7.119b)。适用于垂直方向细节恢复的其他线性相位带阻 FIR 传输函数将在习题 7.76 中给出。

延迟互补滤波器组也可以用做分频滤波器，以便将数字音频输入信号分离成两个或三个占有不同频段的子信号，接下来这些信号被用来驱动适当的扬声器或扬声器系统[Orf96]。这类延迟互补滤波器的设计放在练习 M10.20 和练习 M10.21 中。延迟互补特性的另一个重要应用是在 12.9.3 节中讨论的低灵敏度 FIR 数字滤波器的实现。

7.5.2　全通互补传输函数

对一组 M 个稳定数字传输函数$\{H_i(z)\}$，$0 \leqslant i \leqslant M-1$，若各传输函数的和等于一个全通函数$\mathcal{A}(z)$[Neu84a]，即

$$\sum_{i=0}^{M-1} H_i(z) = \mathcal{A}(z) \tag{7.120}$$

则它们被定义为互为**全通互补**。

例 7.15　全通互补 IIR 滤波器对

考虑式(7.76)给出的一阶低通传输函数和式(7.79)给出的一阶高通传输函数。将这两个传输函数相加，可得

$$\begin{aligned} H_{\mathrm{LP}}(z)+H_{\mathrm{HP}}(z) &= \frac{1-\alpha}{2}\cdot\frac{1+z^{-1}}{1-\alpha z^{-1}}+\frac{1+\alpha}{2}\cdot\frac{1-z^{-1}}{1-\alpha z^{-1}} \\ &= \frac{(1-\alpha)(1+z^{-1})+(1+\alpha)(1-z^{-1})}{2(1-\alpha z^{-1})}=\frac{2(1-\alpha z^{-1})}{2(1-\alpha z^{-1})}=1 \end{aligned}$$

这是一个零阶全通传输函数。因此，$H_{\mathrm{LP}}(z)$和$H_{\mathrm{HP}}(z)$是一个全通互补对。

可以证明，对于零阶全通函数，式(7.82)给出的二阶带通传输函数$H_{\mathrm{BP}}(z)$和式(7.85)给出的二阶带阻传输函数$H_{\mathrm{BS}}(z)$也是全通互补对。

7.5.3　功率互补传输函数

对一组 M 个稳定的数字传输函数$\{H_i(z)\}$，$0 \leqslant i \leqslant M-1$，若这些传输函数的幅度响应的平方和对于所有的 ω 都为一个常数 K[Neu84a]，[Vai93]，即

$$\sum_{i=0}^{M-1} |H_i(e^{j\omega})|^2 = K, \quad \text{对}\,\omega\,\text{的所有值} \tag{7.121a}$$

则它们被称为互为**功率互补**，式中常数 $K>0$。通过解析开拓①，对于实系数传输函数 $H_i(z)$，上面的性质等价于

① 参见 7.2.1 节。

$$\sum_{i=0}^{M-1} H_i(z^{-1})H_i(z) = K, \quad \text{对}z\text{的所有值} \tag{7.121b}$$

通常，通过对传输函数进行尺度缩放，在 $K=1$ 时定义功率互补性质。对于一对功率互补传输函数 $H_0(z)$ 和 $H_1(z)$，使得 $|H_0(e^{j\omega_o})|^2 = |H_1(e^{j\omega_o})|^2 = \frac{1}{2}$ 的频率 ω_o 称为分频频率。在该频率，两个滤波器的增益响应都在它们的最大值以下 3 dB，故 ω_o 也称为这两个滤波器的 3 dB 截止频率。

考虑由

$$H_0(z) = \tfrac{1}{2}[\mathcal{A}_0(z) + \mathcal{A}_1(z)] \tag{7.122a}$$

$$H_1(z) = \tfrac{1}{2}[\mathcal{A}_0(z) - \mathcal{A}_1(z)] \tag{7.122b}$$

描述的两个传输函数 $H_0(z)$ 和 $H_1(z)$。式中，$\mathcal{A}_0(z)$ 和 $\mathcal{A}_1(z)$ 是稳定全通传输函数。由上可知，这两个传输函数的和是一个全通函数 $\mathcal{A}_0(z)$，因此，式(7.122a)和式(7.122b)给出的 $H_0(z)$ 和 $H_1(z)$ 是**全通互补**对。容易证明，式(7.122a)和式(7.122b)描述的这两个滤波器也构成了**功率互补**对(参见习题 7.77)。同样易证，式(7.122a)和式(7.122b)的传输函数 $H_0(z)$ 和 $H_1(z)$ 也是有界实传输函数(参见习题 7.78)。

一个特定 IIR 传输函数的 IIR 功率互补传输函数可以用 M 文件 `iirpowcomp` 来确定，该文件的用法在例 7.16 中说明。

例 7.16 用 MATLAB 求功率互补传输函数

考虑一个 5 阶 2 型切比雪夫低通传输函数，其在 $\omega_s=0.6\pi$ 处具有 50 dB 的最小阻带衰减[①]：

$$H_0(z) = \frac{0.045\,584\,6(1 + 3.090\,382\,z^{-1} + 5.068\,672\,z^{-2} + 5.068\,672\,z^{-3} + 3.090\,382\,z^{-4} + z^{-5})}{1 - 0.906\,343\,z^{-1} + 0.974\,18\,z^{-2} - 0.337\,845\,z^{-3} + 0.113\,856\,5\,z^{-4} - 0.008\,823\,z^{-5}}$$

用 `iirpowcomp` 函数得到其功率互补传输函数为

$$H_1(z) = \frac{0.104\,407\,7(1 - 5\,z^{-1} + 10\,z^{-2} - 10\,z^{-3} + 5\,z^{-4} - z^{-5})}{1 - 0.906\,343\,z^{-1} + 0.974\,18\,z^{-2} - 0.337\,845\,z^{-3} + 0.113\,856\,5\,z^{-4} - 0.008\,823\,z^{-5}}$$

图 7.36 显示了这两个滤波器的增益响应图。

7.5.4 双互补传输函数

既满足式(7.120)的全通互补特性又满足式(7.121a)的功率互补特性的一组 M 个稳定的数字传输函数 $\{H_i(z)\}$，$0\leqslant i\leqslant M-1$，称为**双互补集**[Neu84a]。

很容易证明，式(7.82)的带通传输函数 $H_{BP}(z)$ 和式(7.85)的带阻传输函数 $H_{BS}(z)$ 构成双互补对(参见习题 7.79)。

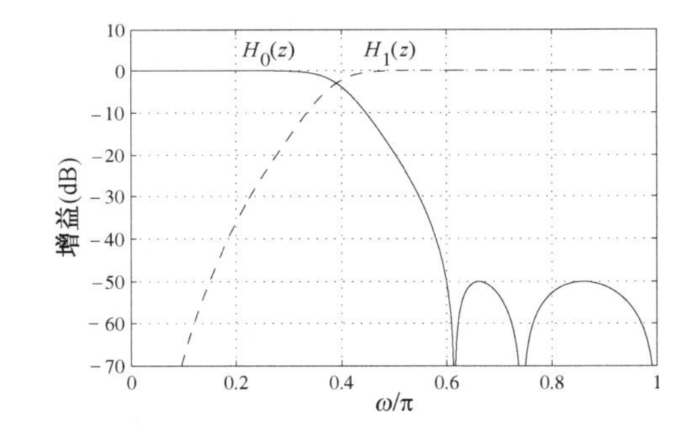

图 7.36 例 7.16 的功率互补 IIR 传输函数的增益响应

具有形如式(7.122a)和式(7.122b)的全通分解的和的一对双互补 IIR 传输函数 $H_0(z)$ 和 $H_1(z)$，可以通过组成的全通滤波器的并联简单实现，如图 7.37 所示。我们将在 12.9.2 节说明这样一种实现方式可保证在通带中关于乘法器系数的低灵敏度。

例 7.17 双互补滤波器对举例

式(7.76)给出的一阶低通传输函数可以表示为

$$\begin{aligned} H_{LP}(z) &= \frac{1}{2}\left[\frac{1-\alpha+z^{-1}-\alpha z^{-1}}{1-\alpha z^{-1}}\right] \\ &= \frac{1}{2}\left[1+\frac{-\alpha+z^{-1}}{1-\alpha z^{-1}}\right] = \frac{1}{2}[\mathcal{A}_0(z)+\mathcal{A}_1(z)] \end{aligned} \tag{7.123}$$

① 该传输函数已使用 MATLAB 得到，细节请参阅 9.6 节。

式中

$$\mathcal{A}_0(z)=1,\qquad \mathcal{A}_1(z)=\frac{-\alpha+z^{-1}}{1-\alpha z^{-1}} \tag{7.124}$$

由式(7.122b)可知其功率互补高通传输函数为

$$H_{\mathrm{HP}}(z)=\frac{1}{2}[\mathcal{A}_0(z)-\mathcal{A}_1(z)]=\frac{1}{2}\left[1-\frac{-\alpha+z^{-1}}{1-\alpha z^{-1}}\right]=\frac{1+\alpha}{2}\cdot\frac{1-z^{-1}}{1-\alpha z^{-1}} \tag{7.125}$$

它恰好是式(7.79)给出的一阶高通传输函数。

7.5.5　功率对称滤波器和共轭正交滤波器

传输函数为 $H(z)$ 的实系数因果数字滤波器若满足条件[Vai93]

$$H(z)H(z^{-1})+H(-z)H(-z^{-1})=K \tag{7.126}$$

则称它为**功率对称滤波器**，其中，常数 $K>0$。可以证明，功率对称传输函数在 $\omega=\pi/2$ 时的增益函数 $\mathcal{G}(\omega)$ 为 $10\lg K-3$ dB(参见习题 7.80)。

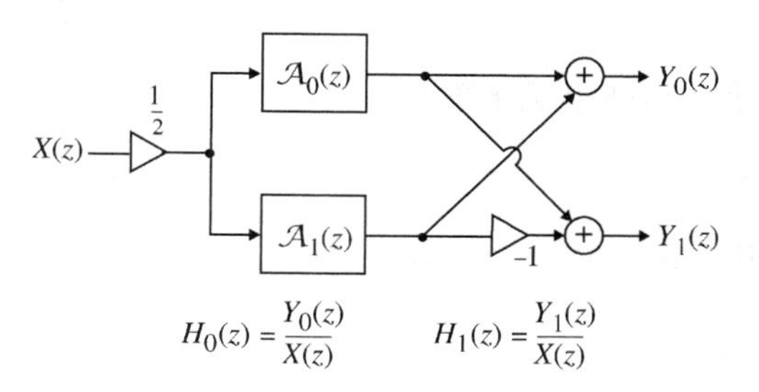

图 7.37　双互补 IIR 传输函数的并联全通实现

若定义 $G(z)=H(-z)$，因为

$$H(z)H(z^{-1})+G(z)G(z^{-1})=\text{常数} \tag{7.127}$$

则由式(7.126)可以推得 $H(z)$ 和 $G(z)$ 功率互补。

若式(7.126)中的 $H(z)$ 是一个 N 阶 FIR 数字滤波器的传输函数，则传输函数为

$$F(z)=z^{-N}H(-z^{-1}) \tag{7.128}$$

的 FIR 数字滤波器称为 $H(z)$ 的**共轭正交滤波器**，反之亦然[Vai88a]。注意，根据定义，$F(z)$ 也是一个功率对称因果滤波器。由式(7.126)和式(7.128)可以推得，若一对具有实系数的共轭正交 FIR 滤波器 $H(z)$ 和 $G(z)$ 满足式(7.127)，则它们也是功率互补的。

例 7.18　功率对称 FIR 传输函数举例

考虑 $H(z)=1-2z^{-1}+6z^{-2}+3z^{-3}$。可以得到

$$\begin{aligned}H(z)H(z^{-1})+H(-z)H(-z^{-1})&=(1-2z^{-1}+6z^{-2}+3z^{-3})(1-2z+6z^2+3z^3)\\&\quad+(1+2z^{-1}+6z^{-2}-3z^{-3})(1+2z+6z^2-3z^3)\\&=(3z^3+4z+50+4z^{-1}+3z^{-3})\\&\quad+(-3z^3-4z+50-4z^{-1}-3z^{-3})=100\end{aligned}$$

因此，$H(z)$ 是一个功率对称传输函数。

7.6　逆系统

由 4.5.1 节可知，若两个因果 LTI 离散时间系统的冲激响应函数 $h_1[n]$ 和 $h_2[n]$ 满足

$$h_1[n]\circledast h_2[n]=\delta[n] \tag{7.129}$$

则称这两个系统互逆。如前所述，逆系统设计的一个应用是恢复通过不理想信道传输的信号 $x[n]$。通常，接收到的信号 $y[n]$ 由于受到信道的冲激响应函数 $h_1[n]$ 的影响而与 $x[n]$ 有所不同，为了恢复原信号 $x[n]$，需要将 $y[n]$ 通过冲激响应为 $h_2[n]$(它是信道冲激响应的逆)的系统(参见图 7.38)。该逆系统的输出 $v[n]$ 将等于原所求输入信号 $x[n]$。

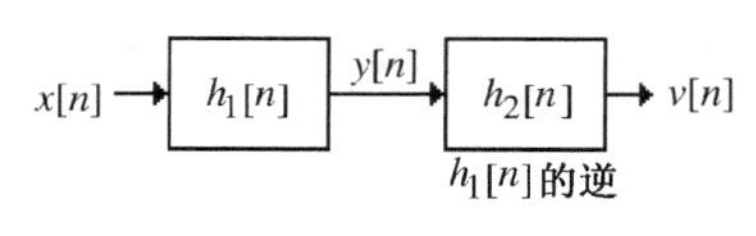

图 7.38　离散时间系统 $h_1[n]$ 与其逆系统 $h_2[n]$ 的级联

7.6.1 z 域表示

可以很容易地在 z 域中描述逆系统。对式(7.129)的两边进行 z 变换，可得

$$H_1(z)\,H_2(z)=1 \tag{7.130}$$

式中，$H_1(z)$ 和 $H_2(z)$ 分别是 $h_1[n]$ 和 $h_2[n]$ 的 z 变换。由式(7.130)可以推出逆系统的传输函数 $H_2(z)$ 就是 $H_1(z)$ 的倒数，即

$$H_2(z)=\frac{1}{H_1(z)} \tag{7.131}$$

对一个有理传输函数 $H_1(z)$

$$H_1(z)=\frac{P(z)}{D(z)} \tag{7.132}$$

其逆系统的传输函数 $H_2(z)$ 为

$$H_2(z)=\frac{D(z)}{P(z)} \tag{7.133}$$

由式(7.132)和式(7.133)可知逆系统 $H_2(z)$ 的极点(零点)就是系统 $H_1(z)$ 的零点(极点)。

例 7.19　确定一个因果稳定最小相位 LTI IIR 滤波器的逆系统

试确定由传输函数

$$H_1(z)=\frac{(z+0.2)(z-0.6)}{(z-0.3)(z+0.5)},\qquad |z|>0.5$$

描述的因果稳定 LTI 系统的逆系统。注意，$H_1(z)$ 是一个稳定系统。由式(7.131)可得其逆系统的传输函数为

$$H_2(z)=\frac{(z-0.3)(z+0.5)}{(z+0.2)(z-0.6)}$$

上面逆系统有三个可能的收敛域

$$\mathcal{R}_1:\ |z|>0.6$$

$$\mathcal{R}_2:\ 0.2<|z|<0.6$$

$$\mathcal{R}_3:\ |z|<0.2$$

若取 $\mathcal{R}_1$ 作为收敛域，则逆系统也是因果稳定系统。若改取 $\mathcal{R}_3$ 作为收敛域，则逆系统是一个具有反因果冲激响应的不稳定系统。另一方面，若 $\mathcal{R}_2$ 被选做收敛域，则逆系统是一个具有双边序列冲激响应的不稳定系统。

由例 7.19 可知，为了获得唯一的逆系统，需要事先知道收敛域。为此，对于一个因果系统，通常是寻找一个与其对应的因果逆系统。具有最小相位传输函数的原因果系统的因果逆系统总是稳定的。但若加入因果性，则非最小相位系统的逆系统是不稳定的。

7.6.2 非最小相位信道的均衡

在对一个通信信道的频率响应进行均衡时，通常需要用到逆系统，使得加入信道的输入信号能够在通过信道后被无失真地恢复。若信道能够表示为一个最小相位传输函数，则恢复算法更为简单，此时，该信道可以用一个具有因果稳定传输函数的逆系统来级联，而该逆系统就是信道传输函数的倒数。但是，当信道被建模成一个因果稳定的非最小相位传输函数时，恢复输入信号则需要一个相当复杂的算法。为了能在后一种情况下解决该问题，一种解决方法是通过级联一个离散时间系统，从而使得整个系统具有最小相位来均衡该信道。例 7.20 说明了此方法。

例 7.20　一个非最小相位信道的频率响应均衡

假设传输信道可被建模为一个因果稳定的非最小相位传输函数

$$H_1(z)=\frac{(z-4)(z+5)}{(z+0.5)(z-0.3)},\qquad |z|>0.5$$

上面的传输函数可以表示为下面的形式

$$H_1(z) = H_{\min}(z)\mathcal{A}_1(z)$$

其中

$$H_{\min}(z) = \frac{(4z-1)(5z+1)}{(z+0.5)(z-0.3)}, \qquad |z| > 0.5$$

是一个因果稳定的最小相位传输函数，且

$$\mathcal{A}_1(z) = \frac{(z-4)(z+5)}{(4z-1)(5z+1)}, \qquad |z| > 0.25$$

是一个因果稳定的全通传输函数。

为了补偿信道的幅度响应，可以用一个因果稳定滤波器与之相级联，而该滤波器的传输函数就是 $H_{\min}(z)$ 的倒数，即

$$H_2(z) = \frac{(z+0.5)(z-0.3)}{(4z-1)(5z+1)}, \qquad |z| > 0.25$$

级联系统的传输函数为

$$H_{\text{overall}}(z) = H_1(z)H_2(z) = \mathcal{A}_1(z)$$

它对所有的 ω 值都有单位幅度响应。另一方面，为了完全无失真地恢复输入信号，信道必须与其精确的逆系统级联，该逆系统的传输函数为

$$H_3(z) = \frac{(z+0.5)(z-0.3)}{(z-4)(z+5)}$$

若考虑因果性，则该传输函数是不稳定的，这表明收敛域为 $|z|>5$。但是，若选择收敛域为 $|z|<4$，则上面的全通节 $\mathcal{A}_2(z)$ 有一个稳定的非因果冲激响应。因此，若以相反的时间运行非因果的全通节 $H_3(z)$，则级联系统将有一个最小相位的冲激响应[Abr97]。

7.6.3　解卷积

若原因果系统有一个已知的冲激响应 $h[n]$，并受到一个因果输入信号 $x[n]$ 的激励，则在知道输出信号 $y[n]$，$n\geqslant 0$ 的情况下，可以不需要求逆系统而用一个递归关系来求输入信号的样本。为了推导此关系，回顾时域中的输入-输出关系为

$$y[n] = x[n] \circledast h[n] = \sum_{k=0}^{n} x[k]\,h[n-k], \qquad n \geqslant 0 \tag{7.134}$$

由式(7.134)，当 $n=0$ 时有

$$y[0] = x[0]\,h[0]$$

这将导致

$$x[0] = \frac{y[0]}{h[0]} \tag{7.135}$$

为了求 $n\geqslant 1$ 时的 $x[n]$，重写式(7.134)为

$$y[n] = x[n]\,h[0] + \sum_{k=0}^{n-1} x[k]\,h[n-k]$$

假设 $h[0]\neq 0$，则可得

$$x[n] = \frac{y[n] - \sum_{k=0}^{n-1} x[k]\,h[n-k]}{h[0]}, \qquad n \geqslant 1 \tag{7.136}$$

利用式(7.135)和式(7.136)，由式(7.134)给出的卷积和来求序列 $x[n]$ 的过程就称为**解卷积**。MATLAB 中的 M 文件 deconv 可用来对有限长序列进行解卷积算法，如例 7.21 所述。

例 7.21　用 MATLAB 解卷积

程序 7_1.m

令序列 $\{y[n]\}$ 和 $\{h[n]\}$ 是因果有限长序列：

$$y[n]=\{-2,\ \ -4,\ \ 1,\ \ 3,\ \ 1,\ \ 5,\ \ 1,\ \ -3\}$$

$$h[n]=\{1,\ \ 2,\ \ 0,\ \ -1\}$$

使用 MATLAB，可以用序列$\{h[n]\}$对序列$\{y[n]\}$解卷积来求序列$\{x[n]\}$。为此，可用程序 7_1。当程序运行时，序列$\{y[n]\}$和$\{h[n]\}$将以向量输入，其中，在时间序号 $n=0$ 处的样本将是第一个样本。运行上面的程序得到的输出数据为

```
Sequence x[n]
-2      0      1     -1      3

Remainder Sequence r[n]
 0      0      0      0      0      0      0      0
```

为了验证上述结果的正确性，用 M 文件 conv 将序列$\{x[n]\}$和序列$\{h[n]\}$卷积，得到输出结果为

```
2     -4      1      3      1      5      1     -3
```

这和前面给定的序列$\{y[n]\}$是相同的。

这两个方程表示的解卷积算法的另一种等效解释是，将卷积和看做 z 域的多项式乘积。若 $Y(z)$、$X(z)$和$H(z)$分别代表因果序列 $y[n]$、$x[n]$和 $h[n]$的 z 变换，则在 z 域，式(7.134)的卷积和可以写为

$$Y(z)=X(z)H(z) \tag{7.137}$$

因此，$X(z)$可以通过用多项式 $Y(z)$除以多项式 $H(z)$而得到，即

$$X(z)=\frac{Y(z)}{H(z)} \tag{7.138}$$

现在，z 变换 $Y(z)$、$X(z)$和 $H(z)$是 z^{-1}的多项式。因此，$X(z)$可以用 $Y(z)$对 $H(z)$长除求得，如例 6.18 中所采用的纵向不借位的逆 z 变换计算[Pie96]。例 7.22 中说明了该方法。

例 7.22　利用多项式除法解卷积

我们用序列$\{h[n]\}=\{2, 4, 1, -3\}$，$0\leqslant n\leqslant 3$ 来对序列$\{y[n]\}=\{6, 10, 3, -2, 5, -6\}$，$0\leqslant n\leqslant 5$ 解卷积。为此，我们以一种类似纵向不借位的长除法算法的形式来用$\{y[n]\}$除以$\{h[n]\}$。过程如下所述：

		0	1	2	3	4	5
	n:	0	1	2	3	4	5
	$x[n]$:	3	−1	2			
2　4　1　−3	|	6	10	3	−2	5	−6
	|	6	12	3	−9		
			−2	0	7	5	−6
			−2	−4	−1	3	
				4	8	2	−6
				4	8	2	−6
							0

因此得到的序列$\{x[n]\}$为 $x[n]=\{3, -1, 2\}$。为验证上述结果，我们使用 M 文件 conv 对序列$\{x[n]\}$和$\{h[n]\}$做卷积，其得到的序列如下：

```
6     10      3     -2      5     -6
```

该结果和前面给出的序列$\{y[n]\}$相等。

7.7　系统识别

在许多应用中，需要根据观测输出信号 $y[n]$以及激励该系统的已知的输入序列 $x[n]$来确定一个被该输入激励的未知且初始状态松弛的因果 LTI 系统的冲激响应 $h[n]$或者传输函数 $H(z)$。因此，系统识别与在上一节介绍的用已知冲激响应函数 $h[n]$和输出序列 $y[n]$来确定输入序列 $x[n]$的问题是对偶的。在时域，系统识别问题可以通过在上述方法中交换的输入信号和冲激响应函数的角色来求解。

假设 $x[0]\neq 0$，则根据指定因果输入序列 $x[n]$和观测到的输出序列 $y[n]$来计算一个因果 LTI 系统的冲激响应样本 $h[n]$的递归关系式为

$$h[0]=\frac{y[0]}{x[0]},\qquad h[n]=\frac{y[n]-\sum_{k=0}^{n-1}h[k]x[n-k]}{x[0]},\qquad n\geqslant 1$$

上面的过程可以在 MATLAB 中通过对程序 7_1 进行简单的修改来实现。

等效地，$h[n]$也可以在 z 域中通过用 $y[n]$的 z 变换 $Y(z)$除以 $x[n]$的 z 变换 $X(z)$来求得。为此，可以再次使用函数 `deconv`。

若因果 LTI 系统有一个已知阶数 M 的有理传输函数 $H(z)$，则传输函数的分子和分母的系数可以由前 $2M+1$ 个冲激响应系数确定。确定 $H(z)$的方法将在 11.1.4 节中描述。

系统识别的第二种方法是基于计算输入信号 $x[n]$的能量密度谱 $S_{xx}(e^{j\omega})$，以及输入信号 $x[n]$和输出信号 $y[n]$的互能量密度谱 $S_{yx}(e^{j\omega})$。这两个谱函数可以通过对 $x[n]$的自相关序列 $r_{xx}[\ell]$以及 $x[n]$和 $y[n]$的互相关序列 $r_{yx}[\ell]$求 DTFT 得到。考虑一个冲激响应函数为 $h[n]$的稳定 LTI 离散时间系统。该系统的输入-输出关系为

$$y[n]=\sum_{k=-\infty}^{\infty}h[k]x[n-k]\tag{7.139}$$

假定输入信号的自相关序列 $r_{xx}[\ell]$是已知的。互相关序列 $r_{yx}[\ell]$定义为

$$r_{yx}[\ell]=\sum_{n=-\infty}^{\infty}y[n]x[n-\ell]\tag{7.140}$$

将式(7.139)代入式(7.140)，可得

$$\begin{aligned}r_{yx}[\ell]&=\sum_{n=-\infty}^{\infty}\left(\sum_{k=-\infty}^{\infty}h[k]x[n-k]\right)x[n-\ell]\\&=\sum_{k=-\infty}^{\infty}h[k]\left(\sum_{n=-\infty}^{\infty}x[n-k]x[n-\ell]\right)=\sum_{k=-\infty}^{\infty}h[k]r_{xx}[\ell-k]\end{aligned}\tag{7.141}$$

若假设系统有一个长度为 N 的因果有限长冲激响应，则式(7.141)可以简化为

$$r_{yx}[\ell]=\sum_{k=0}^{N-1}h[k]r_{xx}[\ell-k]\tag{7.142}$$

在 z 域中，式(7.141)等价于 $S_{yx}(z)=H(z)S_{xx}(z)$，其中 $S_{xx}(z)$和 $S_{yx}(z)$分别是 $r_{xx}[\ell]$和 $r_{yx}[\ell]$的 z 变换，$H(z)$是该 LTI 系统的传输函数。在单位圆上，利用式(3.53)，式(7.142)可以简化为

$$S_{yx}(e^{j\omega})=H(e^{j\omega})S_{xx}(e^{j\omega})=H(e^{j\omega})|X(e^{j\omega})|^2\tag{7.143}$$

由式(7.143)可推出该 LTI 系统的频率响应函数可表示为

$$H(e^{j\omega})=\frac{S_{yx}(e^{j\omega})}{S_{xx}(e^{j\omega})}\tag{7.144}$$

若选择 $x[n]$使得对所有 ω 值它都有一个常数能量谱，即 $S_{xx}(e^{j\omega})=1/K$，$0\leqslant|\omega|\leqslant\pi$，则式(7.144)可简化为

$$H(e^{j\omega})=KS_{yx}(e^{j\omega})$$

由式(7.144)可知，一个 LTI 离散时间系统的频率响应函数 $H(e^{j\omega})$可以通过求输出和输入序列的互能量谱函数与输入序列的能量谱函数的比值来确定。若输入能量谱为常数，则频率响应函数正比于互能量谱函数。

在一些应用中，输入信号 $x[n]$是未知的，因此系统可以通过计算输出序列 $y[n]$的自相关函数来识别，$y[n]$的自相关函数定义为

$$r_{yy}[\ell]=\sum_{n=-\infty}^{\infty}y[n]y[n-\ell]\tag{7.145}$$

将式(7.139)代入式(7.145)，可得

$$
\begin{aligned}
r_{yy}[\ell] &= \sum_{n=-\infty}^{\infty}\left(\sum_{k=-\infty}^{\infty} h[k]x[n-k]\right)\left(\sum_{m=-\infty}^{\infty} h[m-\ell]x[n-m+\ell]\right) \\
&= \sum_{k=-\infty}^{\infty} h[k] \sum_{m=-\infty}^{\infty} h[m-\ell]\left(\sum_{n=-\infty}^{\infty} x[n-k]x[n-m+\ell]\right) \\
&= \sum_{k=-\infty}^{\infty} h[k] \sum_{m=-\infty}^{\infty} h[m-\ell]r_{xx}[m-\ell-k] = h[\ell] \circledast h[-\ell] \circledast r_{xx}[\ell]
\end{aligned}
\tag{7.146}
$$

在 z 域中，式(7.146)变为

$$S_{yy}(z) = H(z)H(z^{-1})S_{xx}(z)$$

式中，$S_{yy}(z)$ 是 $r_{yy}[\ell]$ 的 z 变换。在单位圆上，上式简化为

$$S_{yy}(e^{j\omega}) = |H(e^{j\omega})|^2 S_{xx}(e^{j\omega})$$

对于一个具有平坦能量密度谱的输入信号，有

$$S_{yy}(e^{j\omega}) = K|H(e^{j\omega})|^2$$

或等效地在 z 域中，当 $K=1$ 时，变为

$$S_{yy}(z) = H(z)H(z^{-1}) \tag{7.147}$$

若系统由一个有理传输函数 $H(z)=P(z)/D(z)$ 描述，则

$$S_{yy}(z) = \frac{A(z)}{B(z)} = \frac{P(z)P(z^{-1})}{D(z)D(z^{-1})}$$

表明 $S_{yy}(z)$ 的分子和分母的多项式呈现出镜像对称的特性。为了求 $H(z)$，我们可以求多项式 $A(z)$ 和 $B(z)$ 的根，并将这些多项式的一些适当的因子与 $H(z)$ 的分子和分母相关联。

注意，由上面的讨论可知，输出信号的自相关函数仅能提供系统的幅度响应而不能提供其相位响应。因此，式(7.147)可能就会有多个解。然而，若对系统的相位特性附加一些其他的约束条件，则可以得到单一的解。

例 7.23　由其能量密度谱求传输函数

假设一个因果稳定的 LTI 离散时间系统被一个具有单位能量谱函数的输入序列激励，其输出信号的能量密度谱函数 $S_{yy}(e^{j\omega})$ 为

$$S_{yy}(e^{j\omega}) = \frac{1.04 + 0.4\cos\omega}{1.25 - \cos\omega}$$

使用三角恒等式，重写上式为

$$S_{yy}(e^{j\omega}) = \frac{1.04 + 0.2(e^{j\omega} + e^{-j\omega})}{1.25 - 0.5(e^{j\omega} + e^{-j\omega})}$$

在上式中进行代换 $z=e^{j\omega}$，并利用式(7.147)，可得

$$
\begin{aligned}
H(z)H(z^{-1}) &= \frac{1.04 + 0.2(z + z^{-1})}{1.25 - 0.5(z + z^{-1})} = -0.4\left(\frac{z^2 + 5.2z + 1}{z^2 - 2.5z + 1}\right) \\
&= -0.4\frac{(z+5)(z+0.2)}{(z-2)(z-0.5)} = \frac{(z^{-1}+0.2)(1+0.2z^{-1})}{(z^{-1}-0.5)(1-0.5z^{-1})}
\end{aligned}
$$

因此，一个最小相位稳定系统的传输函数为

$$H(z) = \frac{1 + 0.2z^{-1}}{1 - 0.5z^{-1}}$$

但对于一个非最小相位系统，其传输函数为

$$H(z) = \frac{z^{-1} + 0.2}{1 - 0.5z^{-1}}$$

7.8 数字二端口网络

迄今为止，我们考虑的 LTI 离散时间系统都是通过传输函数描述的单输入、单输出结构。通常，这种系统可通过互连双输入、双输出结构来有效地实现，这种结构经常称为**二端口网络**[Mit73a]。图 7.39 显示了一个二端口网络的两种最常用的框图，其中，Y_1 和 Y_2 分别表示两个输出，而 X_1 和 X_2 则分别表示两个输入，为简单起见，这里忽略了与变量 z 的依赖关系。这里，我们考虑该数字滤波器结构的变换域特性，并讨论几种二端口网络的互连方案，以便生成更为复杂的结构。然后，我们给出基于二端口表示的全通传输函数最小乘法器的实现。

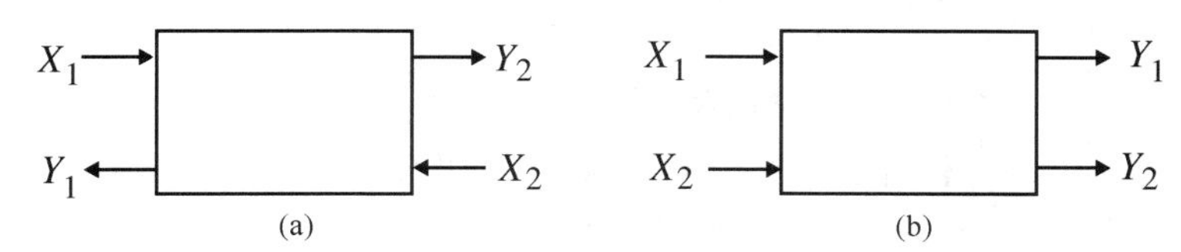

图 7.39　数字二端口网络的两种不同表示

7.8.1 描述

一个数字二端口网络的输入-输出关系为

$$\begin{bmatrix} Y_1 \\ Y_2 \end{bmatrix} = \begin{bmatrix} t_{11} & t_{12} \\ t_{21} & t_{22} \end{bmatrix} \begin{bmatrix} X_1 \\ X_2 \end{bmatrix} \tag{7.148}$$

在上面的关系中，矩阵 $\boldsymbol{\tau}$ 为

$$\boldsymbol{\tau} = \begin{bmatrix} t_{11} & t_{12} \\ t_{21} & t_{22} \end{bmatrix} \tag{7.149}$$

称为二端口网络的**传输矩阵**。由式(7.148)可以推出传输参数为

$$t_{11} = \left.\frac{Y_1}{X_1}\right|_{X_2=0}, \quad t_{12} = \left.\frac{Y_1}{X_2}\right|_{X_1=0}, \quad t_{21} = \left.\frac{Y_2}{X_1}\right|_{X_2=0}, \quad t_{22} = \left.\frac{Y_2}{X_2}\right|_{X_1=0} \tag{7.150}$$

二端口网络的另一种描述可以根据其链参数表述为

$$\begin{bmatrix} X_1 \\ Y_1 \end{bmatrix} = \begin{bmatrix} A & B \\ C & D \end{bmatrix} \begin{bmatrix} Y_2 \\ X_2 \end{bmatrix} \tag{7.151}$$

式中，矩阵 $\boldsymbol{\Gamma}$

$$\boldsymbol{\Gamma} = \begin{bmatrix} A & B \\ C & D \end{bmatrix} \tag{7.152}$$

称为二端口网络的**链矩阵**。

传输参数和链参数之间的关系可以较为容易地推导如下

$$t_{11} = \frac{C}{A}, \quad t_{12} = \frac{AD - BC}{A}, \quad t_{21} = \frac{1}{A}, \quad t_{22} = -\frac{B}{A} \tag{7.153a}$$

$$A = \frac{1}{t_{21}}, \quad B = -\frac{t_{22}}{t_{21}}, \quad C = \frac{t_{11}}{t_{21}}, \quad D = \frac{t_{12}t_{21} - t_{11}t_{22}}{t_{21}} \tag{7.153b}$$

7.8.2 二端口网络互连方案

两个或多个二端口网络可以用两种不同的方式级联。图 7.40 所示的二端口网络的级联称为 **$\boldsymbol{\Gamma}$ 级联**。我们现在来确定整个二端口网络的描述。假设单个二端口网络的链参数为

$$\begin{bmatrix} X_1' \\ Y_1' \end{bmatrix} = \begin{bmatrix} A' & B' \\ C' & D' \end{bmatrix} \begin{bmatrix} Y_2' \\ X_2' \end{bmatrix}, \quad \begin{bmatrix} X_1'' \\ Y_1'' \end{bmatrix} = \begin{bmatrix} A'' & B'' \\ C'' & D'' \end{bmatrix} \begin{bmatrix} Y_2'' \\ X_2'' \end{bmatrix} \tag{7.154}$$

但由图 7.40 可知，$X_1''=Y_2'$ 和 $Y_1''=X_2'$。将这两个关系代入式(7.154)的第一个方程中，并将两个方程合并，可得

$$\begin{bmatrix} X_1' \\ Y_1' \end{bmatrix} = \begin{bmatrix} A' & B' \\ C' & D' \end{bmatrix} \begin{bmatrix} A'' & B'' \\ C'' & D'' \end{bmatrix} \begin{bmatrix} Y_2'' \\ X_2'' \end{bmatrix} \tag{7.155}$$

因此，整个级联网络的链矩阵可以用单个链矩阵的乘积来表示，即

$$\begin{bmatrix} A & B \\ C & D \end{bmatrix} = \begin{bmatrix} A' & B' \\ C' & D' \end{bmatrix} \begin{bmatrix} A'' & B'' \\ C'' & D'' \end{bmatrix} \tag{7.156}$$

第二类级联连接称为**τ 级联**，如图 7.41 所示。若单个二端口网络用其传输矩阵描述为

$$\begin{bmatrix} Y_1' \\ Y_2' \end{bmatrix} = \begin{bmatrix} t_{11}' & t_{12}' \\ t_{21}' & t_{22}' \end{bmatrix} \begin{bmatrix} X_1' \\ X_2' \end{bmatrix}, \qquad \begin{bmatrix} Y_1'' \\ Y_2'' \end{bmatrix} = \begin{bmatrix} t_{11}'' & t_{12}'' \\ t_{21}'' & t_{22}'' \end{bmatrix} \begin{bmatrix} X_1'' \\ X_2'' \end{bmatrix} \tag{7.157}$$

则图 7.41 中的级联二端口网络的输入和输出关系为

$$\begin{bmatrix} Y_1'' \\ Y_2'' \end{bmatrix} = \begin{bmatrix} t_{11}'' & t_{12}'' \\ t_{21}'' & t_{22}'' \end{bmatrix} \begin{bmatrix} t_{11}' & t_{12}' \\ t_{21}' & t_{22}' \end{bmatrix} \begin{bmatrix} X_1' \\ X_2' \end{bmatrix} \tag{7.158}$$

因此，整个级联网络就可以用一个传输函数来描述，该传输函数是所有组成二端口网络的传输矩阵的乘积，即

$$\begin{bmatrix} t_{11} & t_{12} \\ t_{21} & t_{22} \end{bmatrix} = \begin{bmatrix} t_{11}'' & t_{12}'' \\ t_{21}'' & t_{22}'' \end{bmatrix} \begin{bmatrix} t_{11}' & t_{12}' \\ t_{21}' & t_{22}' \end{bmatrix} \tag{7.159}$$

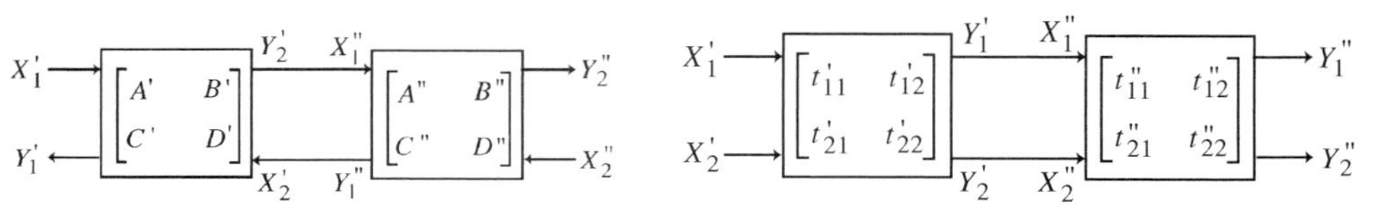

图 7.40 二端口网络的 **Γ** 级联　　　图 7.41 二端口的网络的 **τ** 级联

另外一种有用的互连是图 7.42 所示的受限二端口网络。若用 $H(z)$ 表示传输函数 Y_1/X_1，则证明 $H(z)$ 可以用两个参数和受限的传输函数 $G(z)$ 来表示为

$$H(z) = \frac{Y_1}{X_1} = \frac{C + D\cdot G(z)}{A + B\cdot G(z)} \tag{7.160a}$$

$$= t_{11} + \frac{t_{12}t_{21}G(z)}{1 - t_{22}G(z)} \tag{7.160b}$$

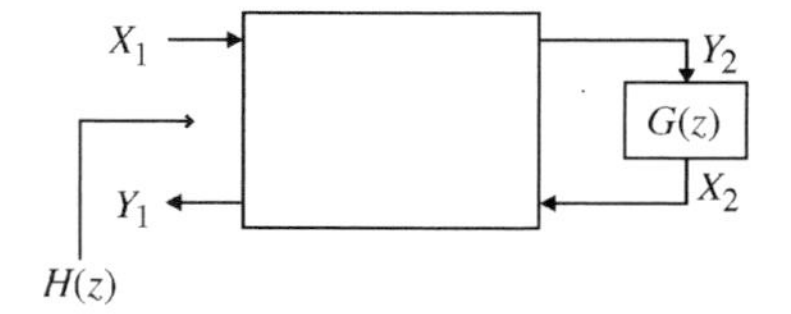

图 7.42 一个受限二端口网络

7.9 代数稳定性测试

在 6.7.5 节中，我们已经证明了一个因果有理传输函数的 BIBO 稳定性，要求该系统的所有极点都要在单位圆内。对于阶数非常高的传输函数，很难用解析的形式确定极点的位置，因此，有必要使用一些求根的计算机程序。这里给出一种简单的代数稳定性测试过程，该过程并不需要确定极点的位置。该算法基于实现一个与所研究的传输函数具有相同分母的全通传输函数。

7.9.1 稳定三角形

对一个二阶传输函数，可以通过考察其分母系数来很容易地判断其稳定性。设

$$D(z) = 1 + d_1z^{-1} + d_2z^{-2} \tag{7.161}$$

表示传输函数的分母。按照它的极点，$D(z)$ 可以表示为

$$D(z) = (1-\lambda_1z^{-1})(1-\lambda_2z^{-1}) = 1 - (\lambda_1+\lambda_2)z^{-1} + \lambda_1\lambda_2z^{-2} \tag{7.162}$$

比较式(7.161)和式(7.162)，可得

$$d_1 = -(\lambda_1 + \lambda_2), \quad d_2 = \lambda_1 \lambda_2 \tag{7.163}$$

现在，为了传输函数的稳定性，它的极点必须要在单位圆内，即

$$|\lambda_1| < 1, \qquad |\lambda_2| < 1$$

由式(7.161)，系数 d_2 就是极点的乘积，因此必有

$$|d_2| < 1 \tag{7.164}$$

现在多项式 $D(z)$ 的根为

$$\lambda_1 = -\frac{d_1 + \sqrt{d_1^2 - 4d_2}}{2}$$

$$\lambda_2 = -\frac{d_1 - \sqrt{d_1^2 - 4d_2}}{2} \tag{7.165}$$

可以证明(参见习题 7.102)，由式(7.165)得到的第二个系数条件为

$$|d_1| < 1 + d_2 \tag{7.166}$$

例 7.24　一个因果二阶 IIR 传输函数的稳定性测试示例

对于式(7.84)给出的二阶带通传输函数 $H_{BP}(z)$，当 $\alpha = 0.726\ 542\ 528$ 时，我们观测到 $d_1 = -0.533\ 530\ 98$ 和 $d_2 = 0.726\ 542\ 528$。此时，$|d_2| < 1$，满足式(7.164)的条件，并且 $|d_1| < 1 + d_2$，满足式(7.166)的条件，表明 $H_{BP}(z)$ 是一个稳定的传输函数。

另一方面，当 $\alpha = 1.376\ 819\ 2$ 时，该二阶带通传输函数为

$$H'_{BP}(z) = -0.188\ 190\ 96\left(\frac{1 - z^{-2}}{1 - 0.734\ 342\ 398\ 6z^{-1} + 1.376\ 381\ 92z^{-2}}\right)$$

其中我们有 $d_1 = -0.734\ 342\ 398\ 6$ 和 $d_2 = 1.376\ 381\ 92$。注意，此时满足式(7.166)的条件。但是，因为 $|d_2| > 1$，式(7.164)的条件并不满足，因此，这个传输函数并不稳定。

在(d_1, d_2)平面上满足式(7.164)和式(7.166)的两个系数条件的区域是一个三角形，如图 7.43 所示。该三角形称为二阶数字传输函数的**稳定三角形**[Jac96]。

7.9.2　一般稳定性测试过程

对于高阶传输函数的分母多项式系数不可能生成如 7.9.1 节给出的对二阶多项式生成的简单条件。然而，也有一些方法可以无须对分母多项式 $D_M(z)$ 的根做因式分解而确定一个 M 阶传输函数 $H(z)$ 的稳定性。下面给出 **Schur-Cohn 稳定测试方法**的另一种推导[Sch18]，[Coh22]，该方法是以一个全通函数的代数阶约简为基础的[Vai87e]。

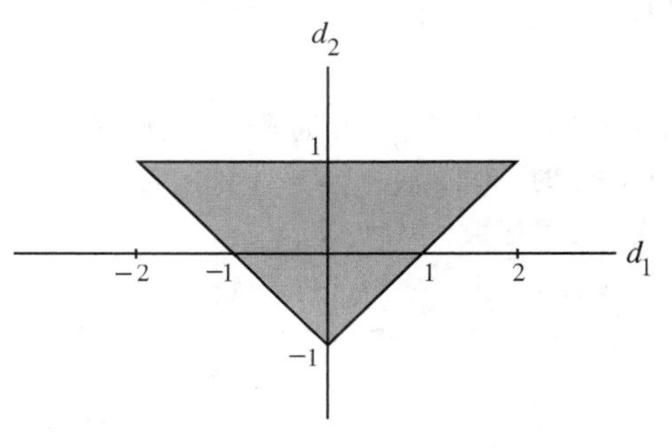

图 7.43　二阶数字传输函数的稳定三角形。稳定区域为阴影区域

设

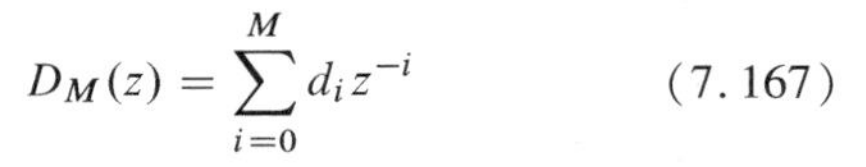

$$D_M(z) = \sum_{i=0}^{M} d_i z^{-i} \tag{7.167}$$

为简便起见，假定在上式中 $d_0 = 1$。首先由 $D_M(z)$ 构成一个 M 阶全通传输函数为

$$\mathcal{A}_M(z) = \frac{\tilde{D}_M(z)}{D_M(z)} = \frac{d_M + d_{M-1}z^{-1} + d_{M-2}z^{-2} + \cdots + d_1 z^{-(M-1)} + z^{-M}}{1 + d_1 z^{-1} + d_2 z^{-2} + \cdots + d_{M-1}z^{-(M-1)} + d_M z^{-M}} \tag{7.168}$$

若我们表示

$$D_M(z) = \prod_{i=1}^{M}(1 - \lambda_i z^{-1})$$

则可推导出系数 d_M就是所有根的乘积，即

$$d_M = (-1)^M \prod_{i=1}^{M} \lambda_i$$

现在，为了稳定性，必须有$|\lambda_i|<1$，它表明了条件$|d_M|<1$。若定义

$$k_M = \mathcal{A}_M(\infty) = d_M$$

则$\mathcal{A}_M(z)$的稳定性，也就是原传输函数 $H(z)$的稳定性的一个必要条件为

$$k_M^2 < 1 \tag{7.169}$$

假定满足上面的条件成立。接下来，按照

$$\mathcal{A}_{M-1}(z) = z\left[\frac{\mathcal{A}_M(z)-k_M}{1-k_M\mathcal{A}_M(z)}\right] = z\left[\frac{\mathcal{A}_M(z)-d_M}{1-d_M\mathcal{A}_M(z)}\right] \tag{7.170}$$

构造一个新函数$\mathcal{A}_{M-1}(z)$。将式(7.168)中的$\mathcal{A}_M(z)$表达式代入式(7.170)，可得

$$\mathcal{A}_{M-1}(z) = \frac{\begin{matrix}(d_{M-1}-d_Md_1)+(d_{M-2}-d_Md_2)z^{-1}+\cdots \\ +(d_1-d_Md_{M-1})z^{-(M-2)}+(1-d_M^2)z^{-(M-1)}\end{matrix}}{\begin{matrix}(1-d_M^2)+(d_1-d_Md_{M-1})z^{-1}+\cdots \\ +(d_{M-2}-d_Md_2)z^{-(M-2)}+(d_{M-1}-d_Md_1)z^{-(M-1)}\end{matrix}} \tag{7.171}$$

显然，它是一个$(M-1)$阶全通函数。$\mathcal{A}_{M-1}(z)$可重写为如下形式

$$\mathcal{A}_{M-1}(z) = \frac{d'_{M-1}+d'_{M-2}z^{-1}+\cdots+d'_1z^{-(M-2)}+z^{-(M-1)}}{1+d'_1z^{-1}+\cdots+d'_{M-2}z^{-(M-2)}+d'_{M-1}z^{-(M-1)}} \tag{7.172}$$

其中

$$d'_i = \frac{d_i - d_M d_{M-i}}{1-d_M^2}, \qquad i=1,2,\cdots,M-1 \tag{7.173}$$

现在，由式(7.170)可知$\mathcal{A}_{M-1}(z)$的极点λ_0就是方程

$$\mathcal{A}_M(\lambda_0) = \frac{1}{k_M} \tag{7.174}$$

的根。假定式(7.169)成立，则式(7.174)表明

$$|\mathcal{A}_M(\lambda_0)| > 1 \tag{7.175}$$

若$\mathcal{A}_M(z)$是一个稳定的全通函数，则根据式(7.22)，当$|z|>1$时，$|\mathcal{A}_M(z)|<1$；当$|z|=1$时，$|\mathcal{A}_M(z)|=1$；当$|z|<1$时，有$|\mathcal{A}_M(z)|>1$。因此，若$\mathcal{A}_M(z)$是一个稳定的全通函数，则$|\lambda_0|<1$，或换言之，$\mathcal{A}_{M-1}(z)$是一个稳定的全通函数。因此，若$\mathcal{A}_M(z)$是一个稳定的全通函数且$k_M^2<1$，则$\mathcal{A}_{M-1}(z)$也是一个稳定的全通函数。

现在来证明其逆命题：若$\mathcal{A}_{M-1}(z)$是一个稳定的全通函数且$k_M^2<1$，则$\mathcal{A}_M(z)$也是一个稳定的全通函数。为此，将式(7.170)的关系倒过来得到

$$\mathcal{A}_M(z) = \frac{k_M + z^{-1}\mathcal{A}_{M-1}(z)}{1+k_Mz^{-1}\mathcal{A}_{M-1}(z)} \tag{7.176}$$

若ζ_0是$\mathcal{A}_M(z)$的一个极点，则有

$$\zeta_0^{-1}\mathcal{A}_{M-1}(\zeta_0) = -\frac{1}{k_M} \tag{7.177}$$

假设式(7.169)成立，则$|\zeta_0^{-1}\mathcal{A}_{M-1}(\zeta_0)|>1$，即

$$|\mathcal{A}_{M-1}(\zeta_0)| > |\zeta_0| \tag{7.178}$$

假定$\mathcal{A}_{M-1}(z)$是一个稳定的全通函数，则根据式(7.22)，当$|z|\geqslant 1$时有$|\mathcal{A}_{M-1}(z)|\leqslant 1$。现在，若$|\zeta_0|\geqslant 1$，则由式(7.22)可知$|\mathcal{A}_{M-1}(\zeta_0)|\leqslant 1$，它同式(7.178)矛盾。另一方面，若$|\zeta_0|<1$，则由式(7.22)可知$|\mathcal{A}_{M-1}(\zeta_0)|>1$，它满足式(7.178)的条件。因此，若式(7.169)成立，且若$\mathcal{A}_{M-1}(z)$是一个稳定的全通函数，则$\mathcal{A}_M(z)$也是一个稳定的全通函数。

总之，全通函数$\mathcal{A}_M(z)$稳定的一组充要条件是：

(a) $k_M^2 <1$ 且

(b) 全通函数$\mathcal{A}_{M-1}(z)$是稳定的

因此，一旦条件 $k_M^2 <1$ 得到满足，则我们就只需检查低阶全通函数$\mathcal{A}_{M-1}(z)$的稳定性。现在，重复该过程，得到一组系数

$$k_M, k_{M-1}, \cdots, k_2, k_1$$

和一组阶数递减的全通函数序列

$$\mathcal{A}_M(z), \mathcal{A}_{M-1}(z), \cdots, \mathcal{A}_2(z), \mathcal{A}_1(z), \mathcal{A}_0(z)=1$$

对于所有 i，当且仅当 $k_i^2 <1$ 时，该全通函数$\mathcal{A}_M(z)$是稳定的。

例 7.25　代数稳定性测试方法示例

测试传输函数

$$H(z)=\frac{1}{4z^4+3z^3+2z^2+z+1} \tag{7.179}$$

的稳定性。由上面分析可知，我们可以得到一个四阶全通函数，其分母和上面给出的 $H(z)$ 的分母相同，而分子为其镜像多项式：

$$\mathcal{A}_4(z)=\frac{\frac{1}{4}z^4+\frac{1}{4}z^3+\frac{1}{2}z^2+\frac{3}{4}z+1}{z^4+\frac{3}{4}z^3+\frac{1}{2}z^2+\frac{1}{4}z+\frac{1}{4}}=\frac{d_4z^4+d_3z^3+d_2z^2+d_1z+1}{z^4+d_1z^3+d_2z^2+d_3z+d_4} \tag{7.180}$$

注意到 $k_4=\mathcal{A}_4(\infty)=d_4=1/4$。因此，$|k_4|<1$。

利用式(7.173)，接下来从$\mathcal{A}_4(z)$求三阶全通传输函数$\mathcal{A}_3(z)$的系数 $\{d_i'\}$：

$$d_i'=\frac{d_i-d_4d_{4-i}}{1-d_4^2}, \qquad i=1,2,3 \tag{7.181}$$

将式(7.180)中的 d_i 的适当值代入上式，可得

$$\mathcal{A}_3(z)=\frac{d_3'z^3+d_2'z^2+d_1'z+1}{z^3+d_1'z^2+d_2'z+d_3'}=\frac{\frac{1}{15}z^3+\frac{2}{5}z^2+\frac{11}{15}z+1}{z^3+\frac{11}{15}z^2+\frac{2}{5}z+\frac{1}{15}}$$

可以看到 $k_3=\mathcal{A}_3(\infty)=d_3'=1/15$。因此，$|k_3|<1$。

按照上面的过程，接着可得如下两个低阶全通函数：

$$\mathcal{A}_2(z)=\frac{\frac{79}{224}z^2+\frac{159}{224}z+1}{z^2+\frac{159}{224}z+\frac{79}{224}}$$

$$\mathcal{A}_1(z)=\frac{\frac{53}{101}z+1}{z+\frac{53}{101}}$$

注意，上面的两个式子中，$k_2=\mathcal{A}_2(\infty)=79/224$、$k_1=\mathcal{A}_1(\infty)=53/101$，表明$|k_2|<1$ 和$|k_1|<1$。

需要注意，由于$\mathcal{A}_2(z)$可以用式(7.164)和式(7.166)的条件来测试其稳定性，因此无须求出$\mathcal{A}_1(z)$。对于上面给出的$\mathcal{A}_2(z)$，这两个条件明显满足。

由于所有的稳定性测试条件都是满足的，因此，$\mathcal{A}_4(z)$和式(7.179)的传输函数 $H(z)$是稳定的传输函数。

例 7.26　多项式根位置测试示例

试确定因果传输函数

$$D_4(z)=z^4+3.25z^3+3.75z^2+2.75z+0.5$$

的分母多项式的所有零点是否都在单位圆内。

我们构造全通函数

$$\mathcal{A}_4(z)=\frac{\tilde{D}_4(z)}{D_4(z)}=\frac{0.5z^4+2.75z^3+3.75z^2+3.25z+1}{z^4+3.25z^3+3.75z^2+2.75z+0.5}$$

由上式可知 $k_4=\mathcal{A}_4(\infty)=0.5$，表明$|k_3|<1$。接下来，利用式(7.173)可以得到下面的三阶全通函数$\mathcal{A}_3(z)$，可以看出，它等于

$$\mathcal{A}_3(z)=\frac{1.5z^3+2.5z^2+2.5z+1}{z^3+2.5z^2+2.5z+1.5}$$

由上式可知 $k_3=\mathcal{A}_3(\infty)=1.5$，表明 $|k_3|>1$。因此，全通函数 $\mathcal{A}_4(z)$ 不稳定，或等效地表明并不是 $D_4(z)$ 的全部零点都在单位圆内。

M 文件 poly2rc 可以用来确定稳定性测试参数 $\{k_i\}$。我们将在例 7.27 中描述其应用。

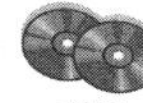
程序 7_2.m

例 7.27　使用 MATLAB 测试稳定性

用 MATLAB 测试式(7.179)给出的传输函数的稳定性。为此，我们使用程序 7_2。输入数据是在一个方括号中以 z 的降幂输入的分母多项式的系数向量 den 如下：

```
den = [4   3   2   1   1]
```

输出数据是稳定性测试参数 $\{k_i\}$。程序也有一个逻辑输出，若传输函数是稳定的，输出参数 stable = 1；否则，stable = 0。

式(7.179)给出的传输函数产生的输出数据如下：

```
The stability test parameters are
     0.2500     0.0667     0.3527     0.5248

stable = 1
```

可以看出，稳定性测试参数与例 7.25 中的计算结果一致。

7.10　小结

本章引入了滤波的概念并定义了几种理想的滤波器。接下来介绍了这些理想滤波器的几种简单的近似情况。另外，介绍了在实际应用中经常会遇到的不同特殊类型的传输函数。讨论了关联一组传输函数的互补传输函数的概念，并介绍了几类互补的条件。

在由一个离散时间系统的已知输出来估计它的未知输入的过程中，要涉及逆系统的设计。本章概述了如何确定一个具有有理传输函数的因果 LTI 离散时间系统的逆传输函数。介绍了如何根据一个因果 LTI 系统的冲激响应及其已知输出信号递归地计算未知的因果输入信号。接下来，概述了系统识别问题的两种方法。在第一种方法中，描述的递归算法根据已知的输入和输出序列来确定一个初始状态松弛的因果系统的冲激响应。在第二种方法中，讨论了根据输出和输入信号的互能量谱以及输入的能量谱来确定系统的频率响应。另外，系统的幅度平方函数可以由输出和输入信号的能量谱确定。

在单输入、单输出 LTI 离散时间系统的设计中，一个重要的结构是数字二端口网络，它是一个双输入、双输出的 LTI 离散时间系统。本章讨论了数字二端口网络的描述及其互连。接下来介绍了用于测试因果 LTI 传输函数稳定性的一个简单代数过程。

7.11　习题

7.1　设 $G_L(z)$ 和 $G_H(z)$ 表示幅度响应如图 P7.1(a)所画的理想低通和高通滤波器。求图 P7.1(b)所示离散时间系统的传输函数 $H_k(z)=Y_k(z)/X(z)$，$k=0, 1, 2, 3$，并画出它们的幅度响应。

7.2　设 $H_{\rm LP}(z)$ 表示一个具有通常边界频率 ω_p，阻带边界 ω_s，通带波纹 δ_p，阻带波纹 δ_s 的实系数理想低通滤波器的传输函数。画出 $-\pi\leq\omega\leq\pi$ 时的 $G_1(z)=H_{\rm LP}(-z)$ 的幅度响应并证明它是一个高通滤波器。$G_1(z)$ 是哪一类滤波器？用 $H_{\rm LP}(z)$ 的冲激响应 $h_{\rm LP}(z)$ 确定其冲激响应 $g_1[n]$。用 $h_{\rm LP}(z)$ 的频带边界和波纹确定 $G_1(z)$ 的频带边界和波纹。

7.3　设 $H_{\rm LP}(z)$ 表示一个截止频率为 ω_p 的理想实系数低通滤波器的传输函数，$\omega_p<\pi/2$。考虑复系数传输函数 $H_{\rm LP}(e^{j\omega_o}z)$，其中 $\omega_p<\omega_o<\pi-\omega_p$。画出当 $-\pi\leq\omega\leq\pi$ 时的幅度响应。它表示什么类型的滤波器？现在考虑传输函数 $G(z)=H_{\rm LP}(e^{j\omega_o}z)+H_{\rm LP}(e^{-j\omega_o}z)$。画出它在 $-\pi\leq\omega\leq\pi$ 时的幅度响应。证明 $G(z)$ 是一个通带中心在 ω_o 的实系数带通滤波器。求以 ω_p 表示的其通带带宽和以原低通滤波器的冲激响应 $h_{\rm LP}[n]$ 表示的冲激响应 $g[n]$。

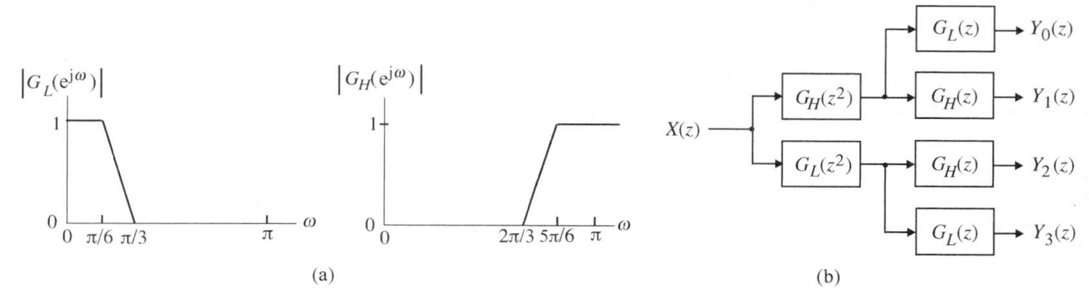

图 P7.1

7.4　设 $H_{LP}(z)$ 是一个截止频率为 ω_p 的理想实系数低通滤波器的传输函数，$0<\omega_p<\pi/3$。证明传输函数 $F(z)=H_{LP}(e^{j\omega_o}z)+H_{LP}(e^{-j\omega_o}z)+H_{LP}(z)$ 是一个阻带中心在 $\omega_o/2$ 的实系数带阻滤波器，其中 $\omega_o=\pi-\omega_p$。求用 ω_p 表示的其阻带带宽和以原低通滤波器的冲激响应 $h_{LP}[n]$ 表示的冲激响应 $f[n]$。

7.5　证明图 P7.2 所示的结构实现了习题 7.2 中的滤波器 $G_1(z)$。

7.6　证明图 P7.3 所示的结构实现了习题 7.3 中的带通滤波器。

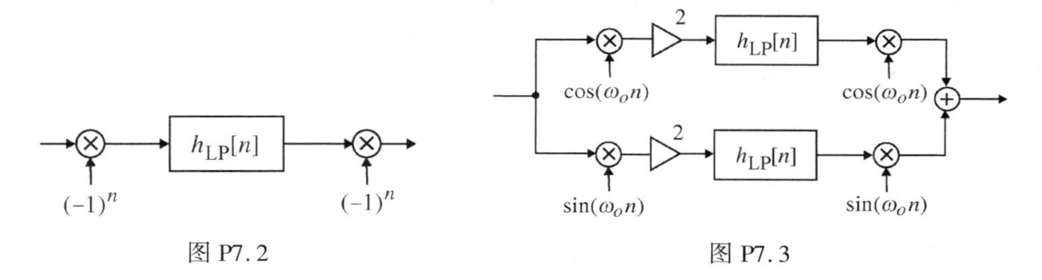

图 P7.2　　　　图 P7.3

7.7　若 $H(z)$ 是一个带通滤波器，其通带边界为 ω_{p1} 和 ω_{p2}，阻带边界为 ω_{s1} 和 ω_{s2}，且有 $\omega_{s1}<\omega_{p1}<\omega_{p2}<\omega_{s2}$，$H(-z)$ 是什么类型的滤波器？用 $H(z)$ 的通带边界确定 $H(-z)$ 的通带边界的位置。

7.8　设 $H(z)$ 是截止频率为 ω_c 的一个理想实系数低通滤波器，$\omega_c=\pi/M$。图 P7.4 给出了一个单输入、M 输出滤波器结构，它称为 M 频带分析滤波器组，其中 $H_k(z)=H(ze^{-j2\pi k/M})$，$k=0,1,\cdots,M-1$。画出每个滤波器的幅度响应并描述滤波器组的运算。

7.9　设 $H(z)$ 是具有单位通带幅度的一个低通滤波器，一个通带边界在 ω_p，一个阻带边界在 ω_s，如图 P7.5 所示。

(a) 画出数字滤波器 $G_1(z)=H(z^M)F_1(z)$ 的幅度响应，其中 $F_1(z)$ 是具有单位通带幅度的一个低通滤波器，通带边界在 ω_p/M，阻带边界在 $(2\pi-\omega_s)/M$。$G_1(z)$ 的频带边界是什么？

(b) 画出数字滤波器 $G_2(z)=H(z^M)F_2(z)$ 的幅度响应，其中 $F_2(z)$ 是具有单位通带幅度带通滤波器，且通带边界分别是 $(2\pi-\omega_p)/M$ 和 $(2\pi+\omega_p)/M$，阻带边界分别是 $(2\pi-\omega_s)/M$ 和 $(2\pi+\omega_s)/M$。$G_2(z)$ 的频带边界是什么？

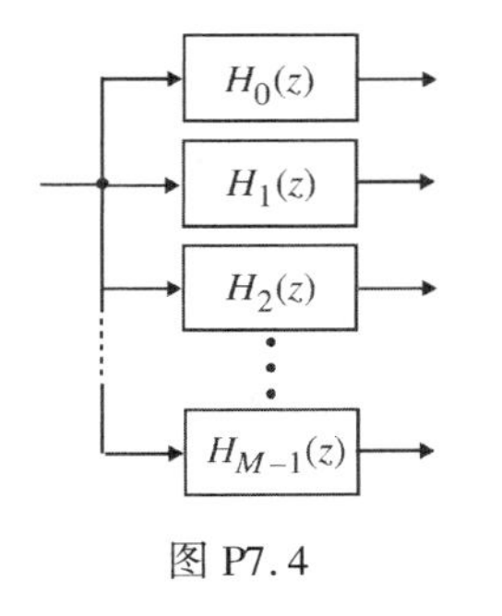

图 P7.4

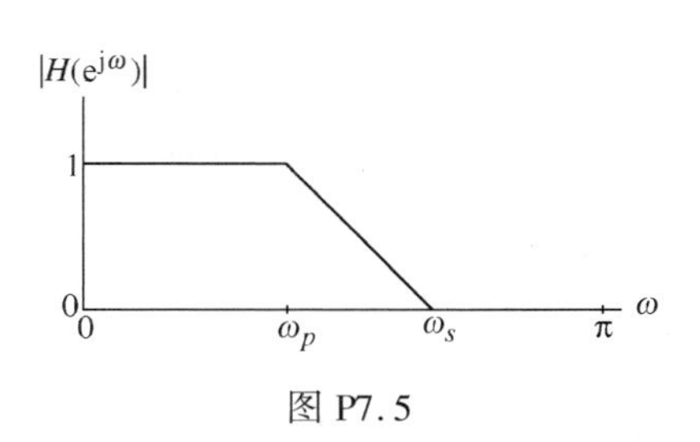

图 P7.5

7.10 设$H(z)$是一个截止频率在$\pi/4$处的理想低通滤波器。画出如下系统的幅度响应:(a)$H(z^4)$,(b)$H(z)H(z^4)$,(c)$H(-z)H(z^4)$和(d)$H(z)H(-z^4)$。

7.11 证明式(4.4)给出的M点滑动平均滤波器的传输函数是一个BR函数。

7.12 解析地证明下面的因果FIR传输函数是BR函数:

(a) $H_1(z)=\frac{1}{5}(1+4z^{-1})$

(b) $H_2(z)=\frac{1}{2}(1-3z^{-1})$

(c) $H_3(z)=\frac{(1+\alpha z^{-1})(1-\beta z^{-1})}{(1+\alpha)(1+\beta)},\quad \alpha>0,\quad \beta>0$

(d) $H_4(z)=\frac{1}{2.34}(1-0.3z^{-1})(1+0.2z^{-1})(1-0.5z^{-1})$

7.13 若$\mathcal{A}_1(z)$和$\mathcal{A}_2(z)$是两个LBR函数,证明$\mathcal{A}_1(1/\mathcal{A}_2(z))$也是一个LBR函数。

7.14 设$G(z)$是一个N阶LBR函数。定义

$$F(z)=z\left(\frac{G(z)+\alpha}{1+\alpha G(z)}\right)$$

其中$|\alpha|<1$。证明$F(z)$也是LBR函数。$F(z)$的阶数是多少?用$F(z)$生成$G(z)$的一个实现。

7.15 若$G(z)$和$\mathcal{A}(z)$分别是一个BR函数和一个LBR函数,证明$G(1/\mathcal{A}(z))$是一个BR函数。

7.16 考虑一阶因果和稳定全通传输函数为

$$\mathcal{A}_1(z)=\frac{1-d_1^*z}{z-d_1}$$

求$(1-|\mathcal{A}_1(z)|^2)$的表达式,然后证明

$$\left(1-|\mathcal{A}_1(z)|^2\right)\begin{cases}<0, & |z|^2<1\\ =0, & |z|^2=1\\ >0, & |z|^2>1\end{cases}$$

现在,用上面的方法,证明式(7.22)给出的性质2对任何一个因果稳定全通传输函数都成立。

7.17 推导式(7.23)给出的稳定全通传输函数的性质3。

7.18 证明一个M阶因果复系数的全通传输函数形如

$$\mathcal{A}_M(z)=\pm\frac{d_M^*+d_{M-1}^*z^{-1}+\cdots+d_1^*z^{-M+1}+z^{-M}}{1+d_1z^{-1}+\cdots+d_{M-1}z^{-M+1}+d_Mz^{-M}}$$

7.19 (a)证明一阶全通传输函数

$$\mathcal{A}_1(z)=\frac{d_1+z^{-1}}{1+d_1z^{-1}}$$

的相延迟$\tau_p(\omega)$为$\tau_p(\omega)\approx(1-d_1)/(1+d_1)=\delta$[Ste96]。

(b)设计一个相延迟为$\delta=0.5$个样本且工作在20 kHz抽样率的一阶全通滤波器。求1 kHz的样本的相延迟离设计值0.5个样本的误差。

7.20 考虑二阶全通传输函数

$$\mathcal{A}_2(z)=\frac{d_2+d_1z^{-1}+z^{-2}}{1+d_1z^{-1}+d_2z^{-2}}$$

若δ表示相延迟$\tau_p(\omega)=-\theta(\omega)/\omega$所期望的低频逼近值,证明[Fet72]

$$d_1=2\left(\frac{2-\delta}{1+\delta}\right),\qquad d_2=\frac{(2-\delta)(1-\delta)}{(2+\delta)(1+\delta)}$$

7.21 考虑传输函数$H(z)$为

$$H(z)=\frac{1}{M}\sum_{k=0}^{M-1}\mathcal{A}_k(z)$$

其中$\{\mathcal{A}_k(z)\}$是稳定实系数全通函数。证明$H(z)$是BR函数。

7.22　考虑两个因果 LTI 系统 $h_1[n]=\alpha\delta[n]+\beta\delta[n-1]$ 和 $h_2[n]=\gamma^n\mu[n]$，$|\beta|<1$ 的级联。求整个系统的频率响应 $H(e^{j\omega})$。当 α, β 和 γ 取什么值时，有 $|H(e^{j\omega})|=K$? 其中 K 是一个常数。

7.23　一个非因果 LTI FIR 离散时间系统由冲激响应 $h[n]=a_1\delta[n-2]-a_2\delta[n-1]-a_3\delta[n]+a_4\delta[n+1]-a_5\delta[n+2]$ 描述。什么冲激响应样本值可使它的频率响应 $H(e^{j\omega})$ 具有零相移?

7.24　一个 FIR LTI 离散时间系统用差分方程

$$y[n]=a_1x[n+k+1]+a_2x[n+k]+a_2x[n+k-1]+a_1x[n+k-2]$$

描述，其中 $y[n]$ 和 $x[n]$ 分别表示输出和输入序列。求其频率响应 $H(e^{j\omega})$ 的表达式。常数 k 为何值时，系统的频率响应 $H(e^{j\omega})$ 为 ω 的实函数?

7.25　设一个因果 LTI 离散时间系统以 DTFT 为 $H(e^{j\omega})$ 的实冲激响应 $h[n]$ 描述。考虑图 P7.6 所示的系统，其中 $x[n]$ 是一个有限长序列。求以 $H(e^{j\omega})$ 表示的整个系统 $G(e^{j\omega})$ 的频率响应，并证明它具有零相移响应。

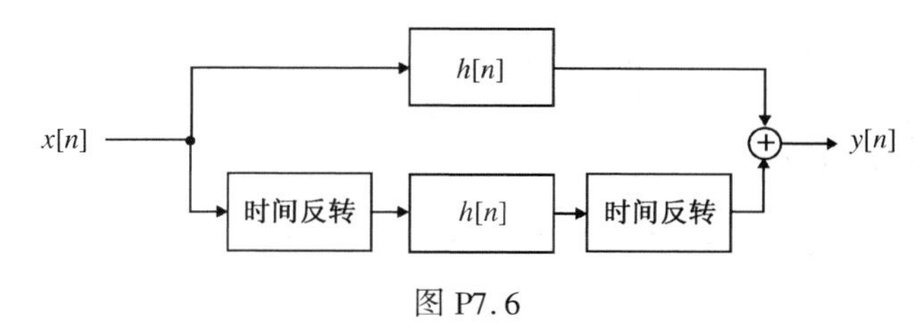

图 P7.6

7.26　测试如下因果 IIR 传输函数的稳定性。若它不稳定，请找一个和它具有相同幅度响应的稳定传输函数。还有和下面这些传输函数具有相同幅度响应的其他传输函数吗?

(a) $H_1(z)=\dfrac{z^3+3z^2+2z+7}{(3z-4)(z^2-0.25)}$

(b) $H_1(z)=\dfrac{4z^3-2z^2+5z-6}{(z^2-1.7z-4.34)(z^2+0.5z+0.8)}$

7.27　求具有如下幅度平方函数的所有可能的因果稳定传输函数 $H(z)$：

$$|H(e^{j\omega})|^2=\frac{4(1.25+\cos\omega)(1.36-1.2\cos\omega)}{(1.36+1.2\cos\omega)(1.64+1.6\cos\omega)}$$

7.28　考虑下面 5 个 FIR 传输函数：

(i) $H_1(z)=1-0.52z^{-1}+0.92z^{-2}+0.87z^{-3}+0.92z^{-4}-0.52z^{-5}+z^{-6}$

(ii) $H_2(z)=0.36+0.384z^{-1}+0.1608z^{-2}+0.9712z^{-3}+0.352z^{-4}+0.18z^{-5}-0.2z^{-6}$

(iii) $H_3(z)=0.6+0.652z^{-2}+0.6928z^{-3}+0.4032z^{-4}-0.2z^{-5}-0.12z^{-6}$

(iv) $H_4(z)=1-4.2z^{-1}+5.29z^{-2}+1.508z^{-3}-9.57z^{-4}+6.683z^{-5}$

(v) $H_5(z)=3.12-2.5z^{-1}+0.6z^{-2}+0.5z^{-3}+0.06z^{-4}+z^{-5}$

用 M 文件 `zplane` 求每个零点的位置，然后回答下面的问题：

(a) 上面的哪一个 FIR 滤波器有线性相位响应?

(b) 上面的哪一个 FIR 滤波器有最小相位响应?

(c) 上面的哪一个 FIR 滤波器有最大相位响应?

7.29　三阶 FIR 滤波器的传输函数为

$$G_1(z)=(2+3.2z^{-1}-3z^{-2})(1-0.5z^{-1})$$

(a) 求所有幅度响应与 $G_1(z)$ 相同的其他 FIR 滤波器的传输函数。

(b) 这些滤波器中哪一个有最小相位传输函数? 哪一个有最大相位传输函数?

(c) 若 $g_k[n]$ 表示在(a)中求出的第 k 个 FIR 滤波器的冲激响应，对于所有 k 值，计算冲激响应的部分能量为

$$\mathcal{E}_k[n]=\sum_{m=0}^{n}g_k[m]^2,\qquad 0\leqslant n\leqslant 3$$

并证明对于所有 k 值

$$\sum_{m=0}^{n} |g_k[m]|^2 \leqslant \sum_{m=0}^{n} |g_{\min}[m]|^2$$

及

$$\sum_{m=0}^{\infty} |g_k[m]|^2 = \sum_{m=0}^{\infty} |g_{\min}[m]|^2$$

其中 $g_{\min}[n]$ 是在(a)中求出的最小相位的 FIR 滤波器的冲激响应。

7.30 2 型线性相位 FIR 滤波器的传输函数为

$$H_1(z) = 2.5 + 0.5z^{-1} + 0.35z^{-2} + 5.47z^{-3} + 5.47z^{-4} + 0.35z^{-5} + 0.5z^{-6} + 2.5z^{-7}$$

(a)求和 $H_1(z)$ 具有相同幅度的最小相位 FIR 滤波器 $H_2(z)$ 的传输函数。

(b)求和 $H_1(z)$ 具有相同幅度的最大相位 FIR 滤波器 $H_3(z)$ 的传输函数。

(c)求和 $H_1(z)$ 具有相同幅度的混合相位 FIR 滤波器 $H_4(z)$ 的传输函数。

(d)有多少个和 $H_1(z)$ 具有相同幅度的长为 8 的 FIR 滤波器存在?

7.31 考虑一个因果 FIR 传输函数为

$$H(z) = K\left(1 + h[1]z^{-1} + h[2]z^{-2} + \cdots + h[N]z^{-N}\right) = K\prod_{i=1}^{N}(1 - \lambda_i z^{-1}) \tag{7.182}$$

其中 K 是一个常数。$H(z)$ 的**根矩**定义为[Fot2001]

$$S_m = \sum_{i=0}^{N} \lambda_i^m, \qquad 1 \leqslant m \leqslant N \tag{7.183}$$

其中 m 是矩的次数。证明**牛顿恒等式**:

$$S_m + h[1]S_{m-1} + h[2]S_{m-2} + \cdots + mh[m] = 0, \qquad 1 \leqslant m \leqslant N \tag{7.184}$$

注意,可用上面的恒等式迭代地求解出所有的 N 个根矩。

7.32 假设式(7.182)的因果 FIR 传输函数 $H(z)$ 有 M_α 个根 $\{\alpha_i\}$ 在单位圆内,有 M_β 个根 $\{\beta_i\}$ 在单位圆外,其中 $M_\alpha + M_\beta = N$。因此可将 $H(z)$ 重写为

$$H(z) = K\prod_{i=1}^{M_\alpha}(1 - \alpha_i z^{-1})\prod_{i=1}^{M_\beta}(1 - \beta_i z^{-1}) = KG_\alpha(z)G_\beta(z) \tag{7.185}$$

其中 $G_\alpha(z) = \prod_{i=1}^{M_\alpha}(1 - \alpha_i z^{-1})$ 是 $H(z)$ 的最小相位因子,而 $G_\beta(z) = \prod_{i=1}^{M_\beta}(1 - \beta_i z^{-1})$ 是 $H(z)$ 的最大相位因子。

(a)证明实系数 $H(z)$ 的根矩也是实的。

(b)证明最小相位 $H(z)$ 的根矩随着 m 的增加而指数递减。

(c)若 $\breve{H}(\omega)$ 和 $\theta(\omega)$ 分别表示 $H(z)$ 的振幅和相位,证明[Fot2001]

$$\ln \breve{H}(\omega) = \ln(K_1) - \sum_{m=1}^{\infty} \frac{S_m^\alpha - S_{-m}^\beta}{m}\cos(m\omega) \tag{7.186a}$$

$$\theta(\omega) = -\omega M_\beta + \sum_{m=1}^{\infty} \frac{S_m^\alpha - S_{-m}^\beta}{m}\sin(m\omega) \tag{7.186b}$$

其中 K_1 是一个适当的实常数,$\{S_m^\alpha\}$ 是最小相位因子 $G_\alpha(z)$ 的根矩,$\{S_{-m}^\beta\}$ 是最大相位因子 $G_\beta(z)$ 的逆根矩。

(d)证明若要传输函数 $H(z)$ 有一个线性相位,则它必有在单位圆外的零点,并根据在单位圆内的零点数目来求单位圆外零点的数目。

7.33 考虑如下 4 个 IIR 因果数字滤波器的传输函数:

(i) $H_1(z) = \dfrac{6 - 5z^{-1} + z^{-2}}{1 + 0.1z^{-1} - 0.56z^{-2}}$

(ii) $H_2(z) = \dfrac{3 - 7z^{-1} + 2z^{-2}}{1 + 0.1z^{-1} - 0.56z^{-2}}$

(iii) $H_3(z) = \dfrac{2 - 7z^{-1} + 3z^{-2}}{1 + 0.1z^{-1} - 0.56z^{-2}}$

(iv) $H_4(z) = \dfrac{1 - 5z^{-1} + 6z^{-2}}{1 + 0.1z^{-1} - 0.56z^{-2}}$

(a)这些传输函数是 BIBO 稳定的吗？

(b)它们的幅度函数有何关系？

(c)它们的相位函数有何关系？

7.34　传输函数

$$H(z) = \frac{(3z+4)(z-5)}{(z-0.5)(z+0.8)}$$

是最小相位的吗？若它不是最小相位的，构造一个最小相位的传输函数 $G(z)$，使得 $|G(e^{j\omega})| = |H(e^{j\omega})|$。当 $n=0, 1, 2, 3, 4$ 时，求它们相应的单位样本响应 $g[n]$ 和 $h[n]$。当 m 为何值时 $\sum_{n=0}^{m} |g[n]|^2$ 比 $\sum_{n=0}^{m} |h[n]|^2$ 大？

7.35　证明式(7.38)和式(7.39)的因果最小相位传输函数的冲激响应系数。

7.36　一个因果 LTI FIR 离散时间系统由冲激响应 $h[n] = a_1\delta[n] + a_2\delta[n-1] + a_3\delta[n-2] + a_4\delta[n-3] + a_5\delta[n-4] + a_6\delta[n-5]$ 描述。什么样的冲激响应样本值可使它的频率响应 $H(e^{j\omega})$ 的群延迟是一个常数？

7.37　证明 1 型和 3 型线性相位 FIR 传输函数的振幅响应 $\breve{H}(\omega)$ 是一个以 2π 为周期的 ω 的周期函数，而 2 型和 4 型线性相位 FIR 传输函数的振幅响应 $\breve{H}(\omega)$ 是一个以 4π 为周期的 ω 的周期函数。

7.38　设 ω_p 和 ω_s 表示 1 型 FIR 传输函数 $H(z)$ 的通带和阻带边界，而 δ_p 和 δ_s 表示其通带和阻带波纹。(a)用 $H(z)$ 的频带边界表示出按式(7.55a)与 $H(z)$ 相关联的滤波器 $E(z)$ 的频带边界和波纹。(b)对和 $H(z)$ 按式(7.55b)相关联的滤波器 $F(z)$ 重做(a)。(c)对与 $H(z)$ 按式(7.55c)相关联的滤波器 $G(z)$ 重做(a)。

7.39　传输函数为 $H_1(z)$ 的一个 1 型实系数 FIR 滤波器有如下零点：$z_1 = 1$，$z_2 = -0.6$，$z_3 = -1 + j$。

(a)求出具有最低阶的 $H_1(z)$ 剩余的零点的位置。

(b)求滤波器的传输函数 $H_1(z)$。

7.40　传输函数为 $H_2(z)$ 的一个 2 型实系数 FIR 滤波器有如下零点：$z_1 = 1$，$z_2 = -1$，$z_3 = 0.5$，$z_4 = 0.8 + j$。(a)求出具有最低阶的 $H_2(z)$ 剩余的零点的位置。(b)求滤波器的传输函数 $H_2(z)$。

7.41　传输函数为 $H_3(z)$ 的一个 3 型实系数 FIR 滤波器有如下零点：$z_1 = 0.1 - j0.599$，$z_2 = -0.3 + j0.4$，$z_3 = 2$。

(a)求出具有最低阶的 $H_3(z)$ 剩余的零点的位置。

(b)求滤波器的传输函数 $H_3(z)$。

7.42　传输函数为 $H_4(z)$ 的一个 4 型实系数 FIR 滤波器有如下零点：$z_1 = 1$，$z_2 = -1$，$z_3 = j$，$z_4 = 0.4 - j0.6$。

(a)求出具有最低阶的 $H_4(z)$ 剩下的零点的位置。

(b)求滤波器的传输函数 $H_4(z)$。

7.43　我们已经证明了具有对称冲激响应的实系数 FIR 传输函数 $H(z)$ 有线性相位响应。因此，全极点的 IIR 传输函数 $G(z) = 1/H(z)$ 也将有线性相位响应。在实现 $G(z)$ 中的实际困难是什么？用数学方法证实你的答案。

7.44　一个因果线性相位 FIR 滤波器的前 5 个冲激响应样本是 $\{a, b, c, d, e\}$。对每一类线性相位 FIR 滤波器，求具有最低阶的传输函数的剩下的冲激响应样本 。

7.45　一个 FIR 滤波器 $H(z)$ 的前 5 个冲激响应样本为 $h[0] = 2$，$h[1] = 1.5$，$h[2] = -3.2$，$h[3] = -5.2$ 和 $h[4] = 6.4$。对每一类线性相位滤波器求具有最低阶的传输函数的 $H(z)$ 的剩下的冲激响应样本。用 `zplane` 求每个线性相位滤波器的 $H(z)$ 的零点的位置。$H(z)$ 在 $z = 1$ 和/或 $z = -1$ 处是否有零点？单位圆上的零点是否以复共轭对出现？不在单位圆上的零点是否是镜像对称的？证实你的答案。

7.46 设$H_1(z)$、$H_2(z)$、$H_3(z)$和$H_4(z)$分别是1型、2型、3型和4型线性相位FIR滤波器。由上述滤波器的级联组成的滤波器是否仍具有线性相位？若有，它们是哪一类的滤波器？

(a) $G_a(z)=H_1(z)H_1(z)$，(b) $G_b(z)=H_1(z)H_2(z)$，(c) $G_c(z)=H_1(z)H_3(z)$

(d) $G_d(z)=H_1(z)H_4(z)$，(e) $G_e(z)=H_2(z)H_2(z)$，(f) $G_f(z)=H_3(z)H_3(z)$

(g) $G_g(z)=H_4(z)H_4(z)$，(h) $G_h(z)=H_2(z)H_3(z)$，(i) $G_i(z)=H_3(z)H_4(z)$

7.47 考虑线性相位FIR传输函数$H(z)=F_1(z)F_2(z)$。求如下每一种$F_1(z)$的具有最低阶的因式$F_2(z)$：

(a) $F_1(z)=2-2.8z^{-1}+1.16z^{-2}$

(b) $F_1(z)=3+7.8z^{-1}-3.45z^{-2}+0.45z^{-3}$

7.48 考虑具有复冲激响应系数$h[n]$的传输函数$H(z)=\sum_{n=0}^{N}h[n]z^{-n}$。求使得$H(z)$具有线性相位$h[n]$所要满足的条件。

7.49 线性相位FIR传输函数$H(z)$的一个因式为$(1+0.8z^{-1}+0.25z^{-2})$。对每一类线性相位FIR传输函数求$H(z)$具有最低阶的剩下的因式。

7.50 具有实值冲激响应的线性相位FIR滤波器的传输函数$H(z)$的一般形式为

$$H(z)=(1+z^{-1})^{N_1}(1-z^{-1})^{N_2}\prod_{i=1}^{N_3}(1+\alpha_i z^{-1}+z^{-2})\prod_{i=1}^{N_4}(1+\beta_i z^{-1}+\gamma z^{-2}+\beta_i z^{-3}+z^{-4})$$

对1型、2型、3型和4型线性相位FIR滤波器，常数N_1、N_2、N_3和N_4分别为何值？

7.51 线性相位FIR滤波器的相位响应$\theta(\omega)$为

$$\theta(\omega)=\begin{cases}-2\omega-\pi, & -\pi<\omega\leqslant 0\\ \pi-2\omega, & 0<\omega\leqslant\pi\end{cases}\tag{7.187}$$

滤波器的冲激响应长度是多少，它是对称的还是反对称的？滤波器幅度响应在直流和$\omega=\pi$的值是多少？证实你的答案。

7.52 设$\mathcal{A}_0(z)$和$\mathcal{A}_1(z)$是两个因果稳定全通传输函数。定义两个因果稳定IIR传输函数如下：

$$H_0(z)=\mathcal{A}_0(z)+\mathcal{A}_1(z),\qquad H_1(z)=\mathcal{A}_0(z)-\mathcal{A}_1(z)$$

证明$H_0(z)$和$H_1(z)$的分子分别是一个对称多项式和一个反对称多项式。

7.53 设$P(z)$和$Q(z)$分别是次数为N和M的两个镜像多项式，且$M=N-2R$。证明$X(z)=P(z)+z^{-R}Q(z)$是一个次数为N的镜像多项式。

7.54 设$P(z)$和$Q(z)$分别是次数为N和M的两个反镜像多项式，且$M=N-2R$。证明$X(z)=P(z)+z^{-R}Q(z)$是一个次数为N的反镜像多项式。

7.55 考虑式(7.68)给出的M个一阶FIR低通滤波器节的级联。证明它的3 dB截止频率为式(7.70)。

7.56 考虑式(7.71)给出的M个一阶FIR高通滤波器节的级联。求它的3 dB截止频率的表达式。

7.57 对于下面给出的每一个滤波器，(i)求陷波频率ω_o，(ii)给出相应的被抑制的正弦序列的形式，(iii)通过卷积计算输出$y[n]$来验证在稳态当正弦序列被应用到滤波器的输入时，$y[n]=0$。

(a) $H_1(z)=1-z^{-1}+z^{-2}$

(b) $H_2(z)=1-0.8z^{-1}+z^{-2}$

(c) $H_3(z)=1-1.6z^{-1}+z^{-2}$

7.58 验证式(7.78b)给出的α的值保证式(7.76)给出的传输函数$H_{\mathrm{LP}}(z)$是稳定的。

7.59 证明式(7.78a)的三角变换可以另外表示成

$$\tan\left(\frac{\omega_c}{2}\right)=\frac{1-\alpha}{1+\alpha}\tag{7.188}$$

接着证明式(7.76)给出的传输函数$H_{\mathrm{LP}}(z)$对于α值

$$\alpha=\frac{1-\tan(\omega_c/2)}{1+\tan(\omega_c/2)}\tag{7.189}$$

是稳定的。

7.60　对于下面的每一个归一化 3 dB 截止频率，设计一个一阶 IIR 低通数字滤波器：(a) 0.42 弧度/样本，(b) 0.65π。

7.61　证明式(7.79)给出的一阶 IIR 高通数字滤波器的 3 dB 的截止频率 ω_c 为式(7.78a)。

7.62　对于下面的每一个归一化 3 dB 截止频率，设计一个一阶 IIR 高通数字滤波器：(a) 0.5 弧度/样本，(b) 0.45π。

7.63　证明式(7.82)给出的二阶 IIR 带通滤波器的中心频率 ω_o 和 3 dB 带宽 B_w 分别由式(7.81)和式(7.83)给出。

7.64　设计满足下面指标的一个二阶带通 IIR 数字滤波器：(a) $\omega_o = 0.35\pi$，$B_w = 0.15\pi$，(b) $\omega_o = 0.4\pi$，$B_w = 0.4\pi$。

7.65　证明式(7.85)给出的二阶 IIR 带通滤波器的陷波频率 ω_o 和 3 dB 带宽 B_w 分别由式(7.81)和式(7.83)给出。

7.66　设计满足下面指标的一个二阶带阻 IIR 数字滤波器：(a) $\omega_o = 0.35\pi$，$B_w = 0.15\pi$，(b) $\omega_o = 0.5\pi$，$B_w = 0.5\pi$。

7.67　考虑传输函数由式(7.76)给出的 K 个相同的一阶低通数字滤波器的级联。证明一阶节的系数 α 与按照式(7.89)级联的 3 dB 的截止频率 ω_c 相关，其中参数 C 由式(7.90)给出。

7.68　考虑传输函数由式(7.79)给出的 K 个一阶高通数字滤波器的级联。用级联的 3 dB 的截止频率 ω_c 表示一阶节的系数 α。

7.69　滤波器结构如图 P7.7 所示，其中 $\mathcal{A}_1(z)$ 是一个稳定的一阶全通滤波器，可以在数字音频均衡中用做低频倾斜式滤波器[Zöl97]（参见随书光盘）。求每个结构的传输函数。

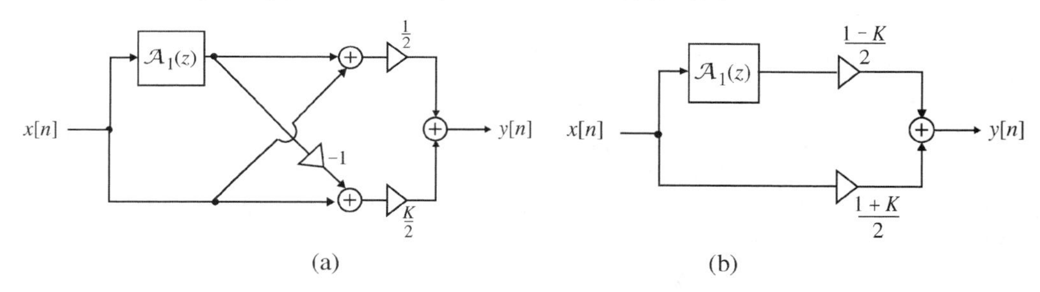

图 P7.7

7.70　滤波器结构如图 P7.8(a)所示，其中 $\mathcal{A}_1(z)$ 是一个稳定的一阶全通滤波器，可以在数字音频均衡中用做低频倾斜式滤波器[Zöl97]（参见随书光盘）。同样，如图 P7.8(b)所示的滤波器结构，其中 $\mathcal{A}_1(z)$ 是一个稳定的一阶全通滤波器，可以在数字音频均衡中用做高频率倾斜式滤波器[Zöl97]。求每个结构的传输函数。

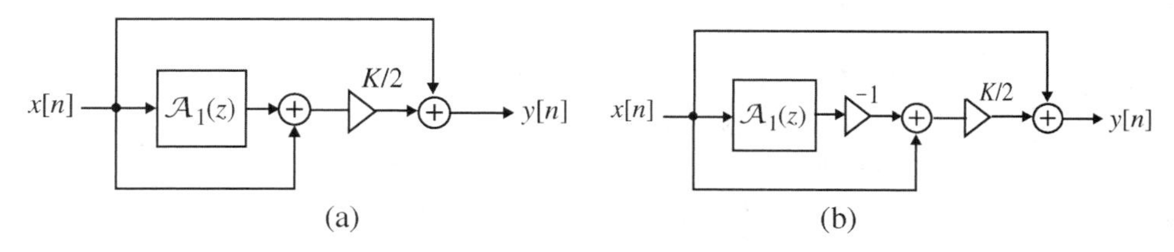

图 P7.8

7.71　用习题 7.2 的方法，由式(7.76)给出的一阶 IIR 低通滤波器的传输函数 $H_{LP}(z)$ 推导一阶 IIR 高通滤波器的传输函数 $G_{HP}(z)$。它是否与式(7.79)中的高通传输函数一样？若不一样，将 3 dB 截止频率的位置表示成参数 α 的函数。

7.72　改进的 IIR 数字积分器可以通过前向矩形和梯形积分器的加权和得到，如下所示[Ala93]

$$H_N(z) = \frac{3}{4}H_{FR}(z) + \frac{1}{4}H_{TR}(z)$$

其中 $H_{FR}(z)$ 由式(7.93)给出而 $H_{TR}(z)$ 由式(7.97)给出。用 MATLAB 画出当 $T = 1$ 时，$H_N(z)$，$H_{FR}(z)$ 和 $H_{TR}(z)$ 的幅度响应。评论你的结果。

7.73 通过对习题7.72的IIR数字积分器求逆来生成IIR差分器[Ala93]。这是一个稳定的传输函数吗？若不是，生成其稳定等效。用MATLAB画出理想差分器和这里设计的数字差分器的幅度响应。评论你的结果。

7.74 通过对式(7.99)的辛普森积分器求逆生成IIR数字差分器[Ala94]。这是一个稳定的传输函数吗？若不是，生成其稳定的等效。用MATLAB画出理想差分器、习题7.73的差分器和这里设计的数字差分器的幅度响应。评论你的结果。

7.75 通过对式(7.97)的梯形积分器的传输函数和式(7.93)中的前向矩形积分器的传输函数或式(7.95)的后向矩形积分器的传输函数按照

$$H_{\mathrm{AI}}(z) = 0.75H_I(z) + 0.25H_{\mathrm{TR}}(z)$$

组合，实现Al-Alaoui积分器，其中$H_I(z)$是$H_{\mathrm{FR}}(z)$或$H_{\mathrm{BR}}(z)$[Ala2007]。
(a)哪一个Al-Alaoui积分器具有最小相位，而哪一个具有最大相位？(b)证明两个Al-Alaoui积分器的逆都是最小相位数字差分器。

7.76 下列带阻FIR传输函数$H_{\mathrm{BS}}(z)$也被用于对图7.35所示结构的垂直细节的恢复，该结构应用在亮度和色度分量的分离中[Aca83]，[Pri80]，[Ros75]：

(a) $H_{\mathrm{BS}}(z) = \frac{1}{4}(1+z^{-2})^2$

(b) $H_{\mathrm{BS}}(z) = \frac{1}{16}(1+z^{-2})^2(-1+6z^{-2}-z^{-4})$

(c) $H_{\mathrm{BS}}(z) = \frac{1}{32}(1+z^{-2})^2(-3+14z^{-2}-3z^{-4})$

推导它们的延迟互补传输函数$H_{\mathrm{BP}}(z)$。

7.77 证明式(7.122a)和式(7.122b)给出的两个传输函数是功率互补对。

7.78 证明式(7.122a)和式(7.122b)给出的两个传输函数都是BR函数。

7.79 证明式(7.82)给出的带通传输函数$H_{\mathrm{BP}}(z)$和式(7.85)给出的带阻传输函数$H_{\mathrm{BS}}(z)$形成双互补对。

7.80 证明式(7.126)定义的功率对称传输函数的增益函数$\mathcal{G}(\omega)$在$\omega=\pi/2$处的值是$10\lg K-3$ dB。

7.81 考虑一个实系数稳定IIR传输函数$H(z)=\mathcal{A}_0(z^2)+z^{-1}\mathcal{A}_1(z^2)$，其中$\mathcal{A}_0(z)$和$\mathcal{A}_1(z)$是稳定全通传输函数。证明$H(z)$是一个功率对称传输函数。

7.82 证明

$$H(z) = \frac{0.3+0.5z^{-1}+0.25z^{-2}+0.25z^{-3}+0.5z^{-4}+0.3z^{-5}}{1+0.5z^{-2}+0.6z^{-4}}$$

是一个功率对称IIR传输函数。

7.83 证明下面的因果FIR传输函数满足功率对称条件：
(a) $H_a(z)=1-0.4z^{-1}-0.8z^{-2}+0.9z^{-3}+0.8z^{-4}+2z^{-5}$
(b) $H_b(z)=1+0.8z^{-1}-3.3z^{-2}-5.1z^{-3}+2.4z^{-4}-3z^{-5}$

7.84 令$H(z)=a(1+bz^{-1})$，其中a和b是常数，则$H(z)H(z^{-1})$形如$cz+d+cz^{-1}$。求c和d的条件，使得$H(z)$是一个的功率对称FIR传输函数，其中$K=1$。证明$a=1/2$和$b=1$满足功率对称条件。求保证功率对称条件成立的a和b的两个其他可能值。用MATLAB证明当取上面的常数a和b的值时，$H(z)$和$G(z)=-z^{-1}H(-z^{-1})$是功率互补的。

7.85 令$H(z)=a(1+bz^{-1})(1+d_1z^{-1}+d_2z^{-2})$，其中$a$，$b$，$d_1$和$d_2$是常数，则$H(z)H(z^{-1})$形如$(cz+d+cz^{-1})[d_2z^2+d_1(1+d_2)z+(1+d_1^2+d_2^2)+d_1(1+d_2)z^{-1}+d_2z^{-2}]$。求用$d_1$和$d_2$表示的$c$和$d$的条件，使得$H(z)$是一个功率对称的FIR传输函数，其中$K=1$。当$d_1=d_2=1$时，计算对$c$和$d$的限制，并用它确定$a$和$b$的值的一个可实现集。用MATLAB证明对常数$a$和$b$的这些值，$H(z)$和$G(z)=-z^{-3}H(-z^{-1})$是功率互补的。

7.86 若M个数字滤波器$\{G_i(z)\}$，$i=0, 1, \cdots, M-1$的幅度响应之和等于一个常数[Reg87b]，即

$$\sum_{i=0}^{M-1}|G_i(e^{j\omega})| = \beta, \quad \text{对}\ \omega\ \text{的所有值} \tag{7.190}$$

则它们被定义为相互**幅度互补**的，其中 β 是一个正的非零常数。考虑两个实系数双互补传输函数 $H_0(z)$ 和 $H_1(z)$，它们之间的关系如式(7.122a)和式(7.122b)所示。定义 $G_0(z)=H_0^2(z)$ 和 $G_1(z)=-H_1^2(z)$。证明 $G_0(z)$ 和 $G_1(z)$ 是一对幅度互补传输函数。

7.87 解析地证明下面的 IIR 传输函数是 BR 函数：

(a) $H_1(z)=\dfrac{2.2+2.2z^{-1}}{3.4+z^{-1}}$

(b) $H_2(z)=\dfrac{3.3-3.3z^{-1}}{5.6-z^{-1}}$

(c) $H_3(z)=\dfrac{0.25(1-z^{-2})}{1+0.9z^{-1}+0.5z^{-2}}$

(d) $H_4(z)=\dfrac{1.9+1.2z^{-1}+1.9z^{-2}}{2+1.2z^{-1}+1.8z^{-2}}$

7.88 解析地证明下面每对传输函数是双互补的：

(a) $H(z)=\dfrac{2.4(1+z^{-1})}{3.8+z^{-1}},\quad G(z)=\dfrac{1.4(1-z^{-1})}{3.8+z^{-1}},$

(b) $H(z)=\dfrac{0.2(1-z^{-2})}{1+1.5z^{-1}+0.6z^{-2}},\quad G(z)=\dfrac{0.8+1.5z^{-1}+0.8z^{-2}}{1+1.5z^{-1}+0.6z^{-2}}$

7.89 解析地求下面每个 BR 传输函数的功率互补传输函数：

(a) $H_a(z)=\dfrac{4.15+3.5z^{-1}+4.15z^{-2}}{6.2+3.5z^{-1}+2.1z^{-2}}$

(b) $H_b(z)=\dfrac{7.96+3.48z^{-1}+3.48z^{-2}+7.96z^{-3}}{(4.2+z^{-1})(5-3.2z^{-1}+2.6z^{-2})}$

7.90 一个典型的传输信道用因果传输函数

$$H(z)=\frac{(2.2+5z^{-1})(1-3.1z^{-1})}{(1+0.81z^{-1})(1-0.62z^{-1})}$$

描述。为了校正信号通过该信道所引入的幅度失真，我们希望在接收端连上一个传输函数为 $G(z)$ 的因果稳定数字滤波器。求 $G(z)$。

7.91 4 个 FIR 滤波器的冲激响应 $\{h_i[n]\}$，$0\le n\le 2$，如下：

(a) $\{h_1[n]\}=\{2,\ -3,\ 4\}$，(b) $\{h_2[n]\}=\{1,\ -2,\ 3\}$，(c) $\{h_3[n]\}=\{2,\ 1,\ -3\}$，(d) $\{h_4[n]\}=\{1,\ -2,\ 2\}$

下面 4 个输入序列之一作用到上面 FIR 数字滤波器之一，产生如下所示的 4 个输出序列之一：

输入序列—(a) $\{x_a[n]\}=\{1,\ 3,\ 2,\ -1\}$，(b) $\{x_b[n]\}=\{2,\ 1,\ 0,\ 2\}$，(c) $\{x_c[n]\}=\{2,\ -1,\ 3,\ -2\}$，(d) $\{x_d[n]\}=\{4,\ 1,\ -3,\ 2\}$

输出序列—(a) $\{y_A[n]\}=\{4,\ 0,\ -1,\ 2,\ -11,\ 6\}$，(b) $\{y_B[n]\}=\{4,\ -7,\ 3,\ 10,\ -10,\ 4\}$，(c) $\{y_C[n]\}=\{2,\ -3,\ 4,\ 5,\ -4,\ 6\}$，(d) $\{y_D[n]\}=\{2,\ 3,\ -1,\ 4,\ 11,\ -4\}$

不用将每一个输入序列同所有 4 个冲激响应相卷积，将每个输出序列与正确的输入序列及冲激响应配对。

7.92 下列输入－输出序列对由 FIR 数字滤波器产生。通过解析地卷积求每个 FIR 数字滤波器的冲激响应。用 MATLAB 验证你的答案。

(a) $\{x_1[n]\}=\{2,\ -1,\ 3,\ 1\}$，$\{y_1[n]\}=\{4,\ -6,\ 14,\ -7,\ 7,\ 3\}$

(b) $\{x_2[n]\}=\{3,\ 2,\ -1\}$，$\{y_2[n]\}=\{6,\ -5,\ -5,\ -1,\ -5,\ 2\}$

(c) $\{x_3[n]\}=\{4,\ 1,\ -3,\ 2\}$，$\{y_3[n]\}=\{12,\ -13,\ -5,\ 20,\ -14,\ 4\}$

7.93 LTI FIR 数字滤波器的输入和输出序列为 $\{x[n]\}=\{3,\ 6,\ -4,\ 5\}$ 且 $\{y[n]\}=\{12,\ 9,\ -55,\ 28,\ -1,\ -23,\ 10\}$。FIR 数字滤波器的冲激响应序列是下列序列之一：(a) $\{h_1[n]\}=\{2,\ 4,\ -3,\ -5\}$，(b) $\{h_2[n]\}=\{2,\ -3,\ 4,\ -5\}$，(c) $\{h_3[n]\}=\{4,\ -5,\ -3,\ 2\}$，(d) $\{h_4[n]\}=\{2,\ -5,\ 4,\ -3\}$

不用将输入序列与 4 个冲激响应的每一个卷积或解卷积，求从给定输入序列生成上面输出序列的正确的冲激响应。

7.94 验证式(7.153a)和式(7.153b)中一个二端口网络的传输参数和链参数之间的关系。

7.95 求图 P7.9 所示数字二端口网络的传输参数和链参数。

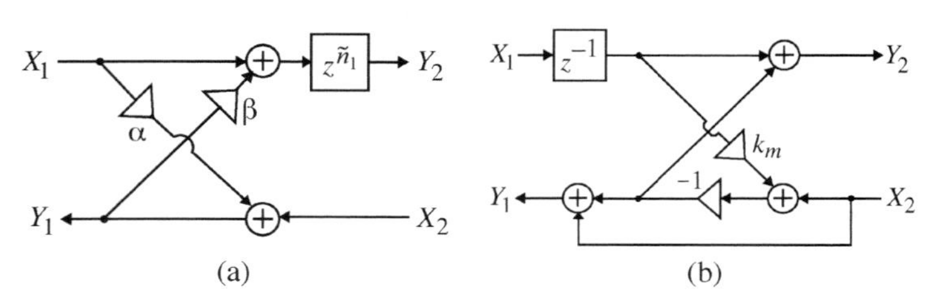

图 P7.9

7.96 若 $t_{12}=t_{21}$，则一个二端口网络是**互反**的[Mit73b]。证明对于一个互反的二端口网络有 $AD-BC=1$。

7.97 考虑图 P7.10(a)所示的 Γ 级联，其中两个二端口网络用传输矩阵

$$\boldsymbol{\tau}_1=\begin{bmatrix} k_1 & (1-k_1^2)z^{-1} \\ 1 & -k_1z^{-1} \end{bmatrix},\qquad \boldsymbol{\tau}_2=\begin{bmatrix} k_2 & (1-k_2^2)z^{-1} \\ 1 & -k_2z^{-1} \end{bmatrix}$$

描述。求级联的传输矩阵。

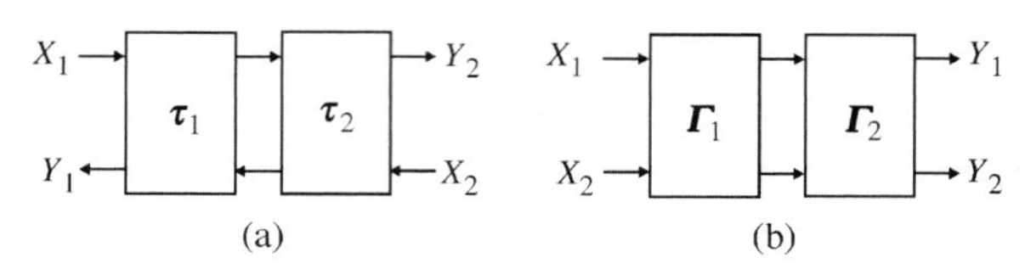

图 P7.10

7.98 考虑图 P7.10(b)所示的τ级联，其中两个二端口网络由链矩阵

$$\boldsymbol{\Gamma}_1=\begin{bmatrix} 1 & k_1z^{-1} \\ k_1 & z^{-1} \end{bmatrix},\qquad \boldsymbol{\Gamma}_2=\begin{bmatrix} 1 & k_2z^{-1} \\ k_2 & z^{-1} \end{bmatrix}$$

描述。求级联的链矩阵。

7.99 传输函数 $H(z)$ 以图 7.42 所示的形式实现，其中受限传输函数为 $G(z)$。若 $H(z)$ 和 $G(z)$ 的关系为

$$G(z)=\frac{H(z)-k_m}{z^{-1}[1-k_mH(z)]}$$

求图 7.42 所示二端口网络的传输矩阵和链矩阵参数。

7.100 传输函数 $H(z)$ 以图 7.42 所示的形式实现，其中受限传输函数为 $G(z)$。若 $H(z)$ 和 $G(z)$ 的关系为

$$H(z)=\frac{\alpha+z^{-1}G(z)}{1+\alpha z^{-1}G(z)}$$

其中 α 是实数并且 $|\alpha|<1$。

(a)求图 7.42 所示二端口网络的链参数。

(b)若 $|G(z)|<1$，$|z|=1$，证明 $|H(z)|$ 的最大值不能大于 1。

7.101 求如图 P7.11 所示的三个格型二端口网络级联的链参数，并用这些链参数来求传输函数 $A_3(z)$ 的表达式。

7.102 推导式(7.166)的不等式。

7.103 通过观察确定下面的哪个二阶多项式的两个根都在单位圆内：

(a) $D_a(z)=2+3z^{-1}+4z^{-2}$

(b) $D_b(z)=2+2z^{-1}+z^{-2}$

(c) $D_c(z)=-4+4z^{-1}+3z^{-2}$

(d) $D_d(z)=-1-0.5z^{-1}+3z^{-2}$

7.104 解析地测试如下因果 IIR 传输函数的 BIBO 稳定性：

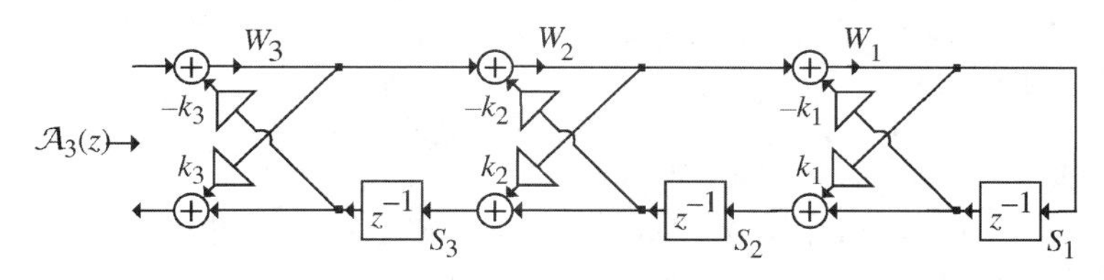

图 P7.11

(a) $H_a(z) = \dfrac{3.25z^3 + 3.06z^2 - 8.06z + 4}{z^3 - 1.14z^2 - 0.12z + 0.5}$

(b) $H_b(z) = \dfrac{2.2z^3 - 1.104z^2 - 2.04z + 4}{z^3 + 0.24z^2 - 0.436z - 0.3}$

(c) $H_c(z) = \dfrac{2.25z^4 + 5.45z^3 - 8.24z^2 + 0.65z + 2.5}{z^4 - 1.34z^3 - 0.072z^2 + 0.956z - 0.4}$

(d) $H_d(z) = \dfrac{1}{1 + 0.14z^{-1} + 1.82z^{-2} - 0.14z^{-3} + 0.3z^{-4}}$

(e) $H_e(z) = \dfrac{1}{1 + 0.21z^{-1} - 0.138z^{-2} + 0.084z^{-3} - 0.4z^{-4}}$

7.105　解析地确定如下多项式的所有根是否都在单位圆内：

(a) $D_a(z) = 1 + 0.25z^{-1} - 2z^{-2} - 0.5z^{-3} + 0.4z^{-4} + 0.2z^{-5}$

(b) $D_b(z) = z^5 + 0.2z^4 - 0.8z^2 + 0.256z^2 + 0.52z + 0.2$

7.106　考虑多项式 $D(z) = 1 + \sum_{i=1}^{N} d_i z^{-i}$，其中 d_i 是实数。若 $D(z)$ 的全部零点都在单位圆内，证明 $D(1) > 0$ 及 $D(-1) > 0$。

7.12　MATLAB 练习

M7.1　编写一个 MATLAB 程序对习题 4.69 所设计的滤波器进行仿真并验证其滤波运算。

M7.2　编写一个 MATLAB 程序对习题 4.72 所设计的滤波器进行仿真并验证其滤波运算。

M7.3　下面的三阶 IIR 传输函数被用于在 MTI 雷达中消除杂波[Whi58]：

$$H(z) = \frac{z^{-1}(1 - z^{-1})^2}{(1 - 0.4z^{-1})(1 - 0.88z^{-1} + 0.61z^{-2})}$$

用 MATLAB 求解并画出它的增益响应，同时证明它是一个高通滤波器。

M7.4　证明对于下面列出的每种情况，$H(z)$ 和 $H(-z)$ 都是功率互补的：

(a) $H(z) = \dfrac{2.5 - 1.5z^{-1} + 7z^{-2} + 7z^{-3} - 1.5z^{-4} + 2.5z^{-5}}{15 + 2z^{-2} - z^{-4}}$

(b) $H(z) = \dfrac{1.5 + z^{-1} + 3.5z^{-2} + 3.5z^{-3} + z^{-4} + 1.5z^{-5}}{6 + 5z^{-2} + z^{-4}}$

编写一个 MATLAB 程序来计算 $H(z)H(z^{-1}) + H(-z)H(-z^{-1})$，并证明这个表达式对于上面给出的每个传输函数均等于 1，从而验证功率互补特性。

M7.5　画出如下因果 IIR 数字传输函数的幅度和相位响应：

$$H(z) = \frac{0.19(1 + z^{-1})(1 + 1.1053z^{-1} + z^{-2})}{(1 - 0.286z^{-1})(1 + 0.015z^{-1} + 0.6643z^{-2})}$$

这个传输函数表示什么类型的滤波器？求上面的传输函数的差分方程表示。

M7.6　画出如下因果 IIR 数字传输函数的幅度和相位响应：

$$H(z) = \frac{0.0979(1 - 1.163z^{-1} + z^{-2})(1 + 0.096z^{-1} + z^{-2})}{(1 + 0.569z^{-1} + 0.854z^{-2})(1 + 0.8633z^{-1} + 0.378z^{-2})}$$

这个传输函数表示什么类型的滤波器？求上面的传输函数的差分方程表示。

M7.7 用5个式(7.76)所示的一阶低通滤波器的级联设计一个3 dB截止频率在0.3π的FIR低通滤波器。画出它的增益响应。

M7.8 利用习题7.68的结果，用6个式(7.79)所示的一阶高通滤波器的级联设计一个3 dB截止频率在0.3π的FIR高通滤波器。画出它的增益响应。

M7.9 设计3 dB截止频率在0.2π的一阶IIR低通和一阶IIR高通滤波器。用MATLAB在同一幅图上画出它们的幅度响应。用MATLAB说明这些滤波器都是全通互补的和功率互补的。

M7.10 设计中心(陷波)频率为$\omega_o=0.5\pi$且3 dB带宽B_w(陷波带宽)为0.25π的一个二阶IIR带通和一个二阶IIR陷波滤波器。用MATLAB在同一幅图上画出它们的幅度响应。用MATLAB说明这些滤波器都是全通互补的和功率互补的。

M7.11 设计一个中心频率为0.4π且3 dB带宽为0.2π的稳定二阶IIR带通滤波器。画出它的增益响应。

M7.12 设计一个中心频率在0.4π且3 dB带宽为0.2π的稳定二阶IIR陷波滤波器。画出它的增益响应。

M7.13 用MATLAB证明练习M7.11和练习M7.12中的传输函数对都是全通互补的和功率互补的。

M7.14 用MATLAB证明习题7.88中的传输函数对是双互补的。

M7.15 用MATLAB函数`zplane`生成习题7.89中的传输函数的零极点图，并证明它们是稳定的。然后，用MATLAB画出每个传输函数的幅度响应并证明它满足带限实特性。

M7.16 用MATLAB求习题7.89中的每个传输函数的功率互补传输函数。

M7.17 用MATLAB函数`zplane`生成习题7.104中的传输函数的零极点图，并测试它们的稳定性。

M7.18 用程序7_2来测试习题7.104中的传输函数的稳定性。

M7.19 用程序7_2来确定习题7.105中的多项式的根是否在单位圆内。

M7.20 图P7.12所示的FIR数字滤波器结构被用于电视的孔径校正中，以便补偿高频损失[Dre90]。其中用到了一个校正垂直孔径和另一个校正水平孔径这样两个电路的级联。对于前者，延迟z^{-1}是一个线延迟，而对于后者，就CCIR标准而言它为70 ns并且权因子k提供了一个可调的校正量。求这个电路的传输函数并用MATLAB对两个不同k值画出它的幅度响应。

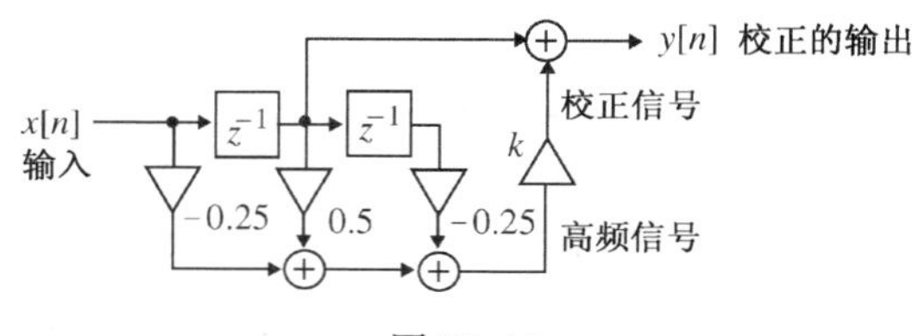

图P7.12

M7.21 用于数字电视的改进的孔径校正具有图P7.13所示的FIR数字滤波器结构，其中延迟z^{-1}就CCIR标准而言是70 ns，而两个权因子k_1和k_2提供了一个可调的校正量，其中$k_1>0$且$k_2<0$[Dre90]。求这个电路的传输函数并用MATLAB对不同的两个k_1和k_2值画出它的幅度响应。

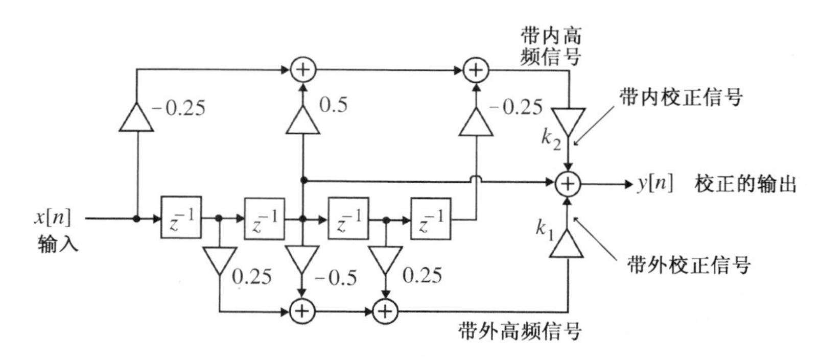

图P7.13

第 8 章　数字滤波器结构

用式(4.16a)或式(4.16b)描述离散时间系统表明，第 n 个输出样本 $y[n]$ 可以用输入 $x[n]$ 与系统的冲激响应 $h[n]$ 的卷积和来表示；在某种程度上，这个结论是 LTI 系统最基本的特性。原则上，可以用卷积和来实现已知冲激响应的数字滤波器，而且在实现过程中涉及的加、乘、延迟等都是相当简单的运算。不过这种方法并不适用于具有无限长冲激响应的 LTI 系统。但对于用形如式(4.33)的常系数差分方程描述的无限冲激响应(IIR)LTI 数字滤波器，以及用式(4.60)描述的有限冲激响应(FIR)LTI 数字滤波器，其输入-输出关系仅涉及乘积的有限和，而且基于这些方程的直接实现非常实用。在本书中只讨论这两种类型的 LTI 数字滤波器。

数字滤波器可以用软件或硬件实际实现，究竟采取哪种实现方式完全取决于其应用。在这两种实现方式中，信号变量和滤波器的系数都不可能表示为无限精度的。由于使用有限精度算术，采用基于式(4.33)或式(4.60)的直接实现都可能无法提供令人满意的性能。因此，有必要构造另外一种基于其他类型时域表达式的另一种实现，使其输入-输出关系等效于式(4.33)或式(4.60)。这种时域表示的具体形式取决于需要实现的数字滤波器的类型，并选择在有限精度运算的条件下提供令人满意的性能的实现方法。

在本章中，我们将考虑因果 IIR 和 FIR 传输函数的实现问题，并列举基于时域表示和变换域表示的实现方法。在第 12 章中，我们将推导这种实现结构在有限精度运算情况下的分析方法并给出另外一些可以降低有限字长效应的其他实现方法。

基本结构单元互连所构成的结构表示，是以硬件或软件实现 LTI 数字滤波器的第一步。结构表示提供了相关中间变量与输入-输出信号的关系，而这种关系是实现的关键。一个数字滤波器可以有很多种不同形式的结构表示。本章首先概述两种经典表示，然后介绍一些常用的因果 IIR 和 FIR 数字滤波器的实现方案。

8.1　框图表示

如前所述，LTI 数字滤波器的输入-输出关系可以采用多种方法来表示。在时域中，可以用卷积和

$$y[n] = \sum_{k=-\infty}^{\infty} h[k]x[n-k] \tag{8.1}$$

的形式给出。或者用线性常系数差分方程

$$y[n] = -\sum_{k=1}^{N} d_k y[n-k] + \sum_{k=0}^{M} p_k x[n-k] \tag{8.2}$$

给出。

数字滤波器可以在通用数字计算机上以软件的形式或者采用专用硬件来实现。为此，有必要用可计算算法来描述输入-输出关系。下面举例说明可计算算法的含义。考虑下式描述的一阶因果 LTI IIR 数字滤波器：

$$y[n] = -d_1 y[n-1] + p_0 x[n] + p_1 x[n-1] \tag{8.3}$$

若知道初始条件 $y[-1]$ 和输入 $x[n]$ 在 $n = -1, 0, 1, 2, \cdots,$ 处的值，就可以利用式(8.3)计算出 $y[n]$ 在 $n = 0, 1, 2, \cdots,$ 处的值：

$$\begin{aligned}
y[0] &= -d_1 y[-1] + p_0 x[0] + p_1 x[-1] \\
y[1] &= -d_1 y[0] + p_0 x[1] + p_1 x[0] \\
y[2] &= -d_1 y[1] + p_0 x[2] + p_1 x[1] \\
&\vdots
\end{aligned}$$

可以对任意所需 n 值继续该运算。在计算过程的每一步，都需要知道前一步计算的输出样本值(输出的延迟值)、当前的输入样本值和前一个输入样本值(输入的延迟值)。知道了这些数据值，分别乘上适当的系数 $-d_1$、p_0 和 p_1，然后将积累加，就得到了当前的输出值。所以，式(8.3)所描述的差分方程是一种有效的可计算算法。

8.1.1　基本结构单元

LTI 数字滤波器的可计算算法可以用表示单位延迟、乘法器、加法器和节点这些基本结构单元构成的框图方便地表示，如图 2.5 所示。式(8.3)描述的一阶数字滤波器的框图如图 8.1 所示。图中的加法器是一个三输入加法器，注意其输入-输出的节点。

用框图法来表示数字滤波器有这样几个好处：(1)通过观察法可以很容易地写出计算算法；(2)通过分析框图可以很容易地确定输出和输入之间的关系；(3)可以很容易地通过调整某个框图得到产生不同可计算算法的"等效"框图；(4)很容易确定硬件的需求；(5)利于从传输函数所生成的框图表示来直接得到多种"等效"表示。

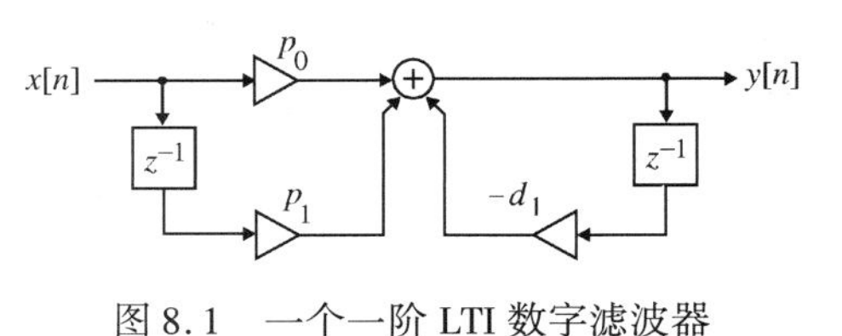

图 8.1　一个一阶 LTI 数字滤波器

8.1.2　框图的分析

对于用框图的形式来表示的数字滤波器结构，通常分析如下：以输入信号的和的形式写出每个加法器的输出信号表达式，从而生成一组方程，该方程组以所有内部信号来关联滤波器的输入和输出信号。消去不需要的内部变量后，就得到了用输入信号和滤波器参数(乘法器系数)表示的输出信号表达式。

例 8.1 示例了这种分析方法。

例 8.1　级联格型数字滤波器结构的分析

分析如图 8.2 所示的级联格型数字滤波器结构，首先写出 4 个加法器的输出信号表达式：

$$W_1 = X - \alpha S_2 \tag{8.4a}$$

$$W_2 = W_1 - \delta S_1 \tag{8.4b}$$

$$W_3 = S_1 + \varepsilon W_2 \tag{8.4c}$$

$$Y = \beta W_1 + \gamma S_2 \tag{8.4d}$$

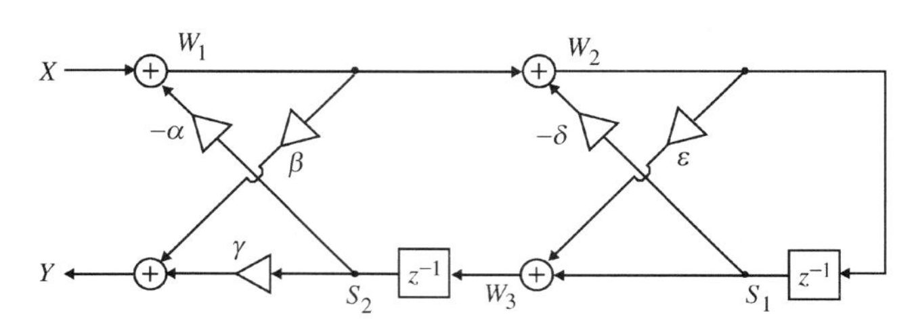

图 8.2　一个级联格型数字滤波器结构

由图可知，$S_2 = z^{-1}W_3$ 且 $S_1 = z^{-1}W_2$。将这两个关系代入式(8.4a)到式(8.4d)可得

$$W_1 = X - \alpha z^{-1} W_3 \tag{8.5a}$$

$$W_2 = W_1 - \delta z^{-1} W_2 \tag{8.5b}$$

$$W_3 = z^{-1} W_2 + \varepsilon W_2 \tag{8.5c}$$

$$Y = \beta W_1 + \gamma z^{-1} W_3 \tag{8.5d}$$

由式(8.5b)，$W_2 = W_1/(1+\delta z^{-1})$，且由式(8.5c)，$W_3 = (\varepsilon + z^{-1})W_2$。联立这两个式子，可得

$$W_3 = \frac{\varepsilon + z^{-1}}{1 + \delta z^{-1}} W_1 \tag{8.6}$$

将式(8.6)代回到式(8.5a)和式(8.5d)中，经过一些代数运算，最后得到该数字滤波器结构的传输函数 $H(z)$ 为

$$H(z)=\frac{Y}{X}=\frac{\beta+(\beta\delta+\gamma\varepsilon)z^{-1}+\gamma z^{-2}}{1+(\delta+\alpha\varepsilon)z^{-1}+\alpha z^{-2}} \tag{8.7}$$

8.1.3　无延迟回路问题

对于数字滤波器结构的物理实现来说，框图表示中必须排除无延迟回路，即没有任何延迟元素的反馈回路。图 8.3(a)给出了一个典型的无延迟回路，它可能不经意出现在一些特殊结构中。分析此结构可得

$$y[n]=B\left(A\left(w[n]+y[n]\right)+v[n]\right)$$

上式表明要确定 $y[n]$ 的当前值，就需要知道此时的 $y[n]$ 值。由于在数字机器中进行所有算术运算需要有限时间，这实际上是不可实现的。

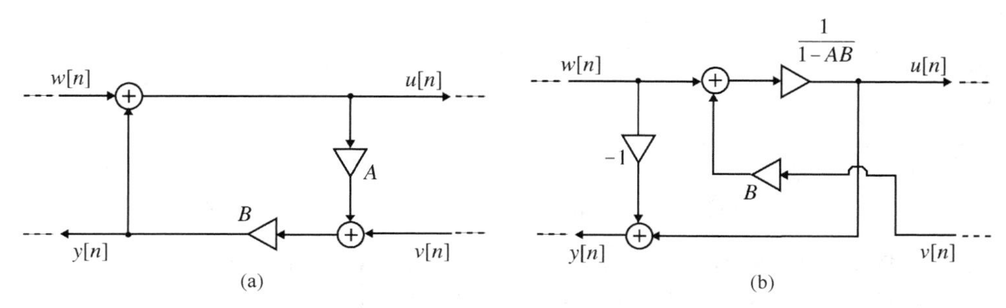

图 8.3　(a)一个无延迟回路示例；(b)没有无延迟回路的其等效实现

已提出一种简单的基于图论的方法可以检测出在一个任意的数字滤波器结构中是否存在无延迟回路，也有方法可以在不改变整体输入和输出之间关系的情况下，找到并消除这些回路[Szc75b]。这种消除可通过用不含无延迟回路的等效实现来代替原来的无延迟回路的结构部分而实现。例如，图 8.3(b)显示了一个与图 8.3(a)等效但没有无延迟回路的框图，此处假设 $AB\neq 1$。

8.1.4　典范和非典范结构

若在框图表示中延迟的数量等于差分方程的阶数(即传输函数的阶数)，就称这种数字滤波器结构为**典范**结构。否则，称为**非典范**结构。例如，图 8.1 的结构是一个非典范实现，因为它用了两个延迟来实现式(8.3)的一阶差分方程。

8.2　等效结构

本章的主要目的是生成特定传输函数的不同实现方法。若两个滤波器有着相同的传输函数，则定义它们的结构是**等效**的。我们将在本章和第 12 章中给出一些生成等效结构的方法。然而，有一种相当简单的方法通过**转置运算**从一个给定的实现产生出相应的等效结构如下[Jac70a]：

(i) 倒转所有路径。

(ii) 把节点换成加法器，把加法器换成节点。

(iii) 交换输入节点和输出节点。

例 8.2 说明了转置运算的应用。

例 8.2　用转置运算生成等效结构

考虑图 8.4(a)描述的数字滤波器结构，用转置运算得到的等效结构如图 8.4(b)所示。图 8.4(c)显示了重绘的转置后的结构。

生成等效结构的所有其他方法都是基于各自结构的特定算法。几乎有着无数的等效结构来实现同一个传输函数，但不可能生成所有这些实现。另外，许多作者提出了多种不同的算法，由于篇幅所限，不可能在本书讨论。这里仅限于讨论一些常用的结构。

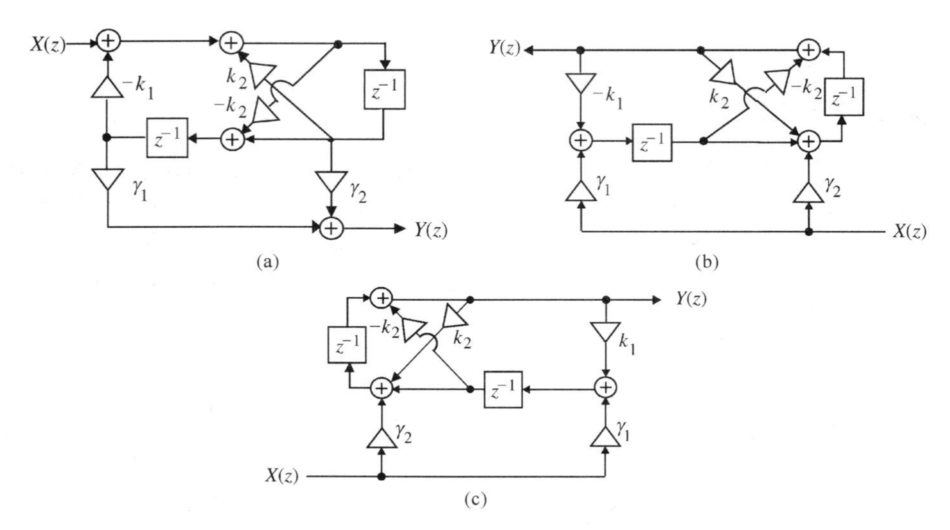

图 8.4　(a)原数字滤波器结构;(b)其转置形式;(c)重绘的转置结构

注意，在无限精度运算的条件下，数字滤波器任意给定的实现和其他等效结构表现完全相同。然而，实际中，由于有限字长的限制，某种特定的实现与其他等效实现可能表现不同。因此，在有限字长条件下，选择具有良好量化特性的实现结构非常重要。得到这样结构的一种方法是先确定多种等效结构，分析每一种结构的有限字长效应，最后选出具有最小灵敏度的那一个。在某些情况下，有可能生成在构造上具有良好量化特性的结构。这种量化效应的分析将是第 12 章中的主题，届时将给出一些专门生成用来降低某种量化效应的特殊结构。在本章中，我们只讨论一些简单实现，它们对于很多应用已经足够了。同时，我们用计算复杂度比较这里讨论的每一种实现，计算复杂度用实现这些系统所需的乘法器和加法器的总数决定。而在实现成本很关键时，复杂度问题非常重要。

8.3　基本 FIR 数字滤波器结构

首先考虑 FIR 数字滤波器的实现。回顾 N 阶因果 FIR 滤波器，它可以用传输函数 $H(z)$

$$H(z) = \sum_{k=0}^{N} h[k]z^{-k} \tag{8.8}$$

来描述。这是一个 z^{-1} 的 N 次多项式。在时域中，上述 FIR 滤波器的输入-输出关系如下：

$$y[n] = \sum_{k=0}^{N} h[k]x[n-k] \tag{8.9}$$

其中，$y[n]$ 和 $x[n]$ 分别表示输出和输入序列。由于 FIR 滤波器可以设计成在整个频率范围内均可提供精确的线性相位，而且总是可以与滤波器系数保持 BIBO 稳定无关，因此在很多应用中，这样的滤波器是首选。下面将给出这种滤波器的几种实现方法。

8.3.1　直接型结构

N 阶 FIR 滤波器要用 $N+1$ 个系数描述，通常需要用 $N+1$ 个乘法器和 N 个两输入加法器来实现。在结构中，乘法器的系数正好是传输函数的系数，因此此结构称为**直接型**结构。直接型 FIR 滤波器可以很容易地通过式(8.9)来生成，图 8.5(a)画出了 $N=4$ 时的情况。分析这种结构，可得

$$y[n] = h[0]x[n] + h[1]x[n-1] + h[2]x[n-2] + h[3]x[n-3] + h[4]x[n-4]$$

这正具有式(8.9)的形式。

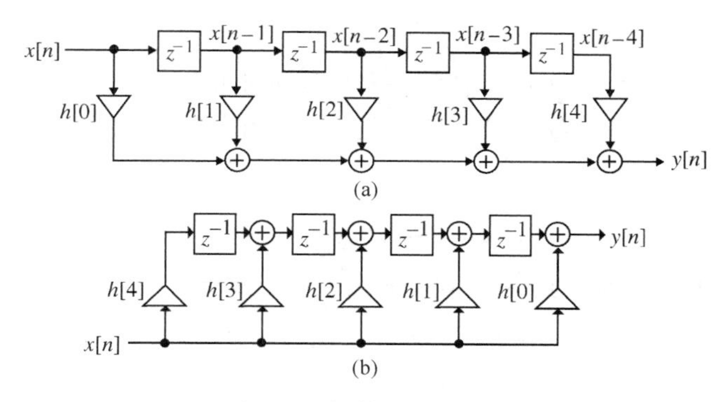

图 8.5　直接型 FIR 结构

图 8.5(a)的转置结构如图 8.5(b)所示，这是第二种直接型结构。这两种直接型结构相对于延迟来说都是典范型的。

8.3.2　级联型结构

高阶 FIR 传输函数也可以实现为用一阶或二阶传输函数所描述的 FIR 节的级联实现。为此，将式(8.8)给出的 FIR 传输函数 $H(z)$ 因式分解写成如下形式：

$$H(z) = h[0]\prod_{k=1}^{K}\left(1 + \beta_{1k}z^{-1} + \beta_{2k}z^{-2}\right) \tag{8.10}$$

其中，若 N 是偶数，$K = N/2$；若 N 是奇数，$K = (N+1)/2$，并且 $\beta_{2K} = 0$。图 8.6 显示的是当 $N = 6$ 时式(8.10)中由三个二阶 FIR 节组成的级联实现。图 8.6 中每个二阶节也可以用转置后的直接型结构来实现。注意到级联形式是典范型的，对一个 N 阶 FIR 传输函数，也需要用 N 个两输入的加法器和 $N+1$ 个乘法器来实现。

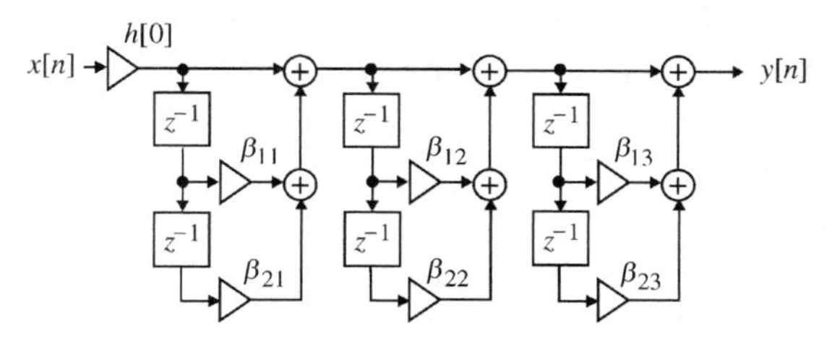

图 8.6　六阶 FIR 滤波器的级联型 FIR 结构

8.3.3　多相实现

另一种让人感兴趣的 FIR 滤波器的实现是基于传输函数的多相分解所得到的并联结构［Bel76］。为了说明这种方法，先简单考虑一个长度为 9 的因果 FIR 传输函数 $H(z)$：

$$\begin{aligned} H(z) = {} & h[0] + h[1]z^{-1} + h[2]z^{-2} + h[3]z^{-3} + h[4]z^{-4} \\ & + h[5]z^{-5} + h[6]z^{-6} + h[7]z^{-7} + h[8]z^{-8} \end{aligned} \tag{8.11}$$

上面的传输函数可以表示为两项之和，第一项包含了所有的偶序号系数，第二项包含了所有的奇序号系数，如下所示：

$$\begin{aligned} H(z) &= \left(h[0] + h[2]z^{-2} + h[4]z^{-4} + h[6]z^{-6} + h[8]z^{-8}\right) \\ &\quad + \left(h[1]z^{-1} + h[3]z^{-3} + h[5]z^{-5} + h[7]z^{-7}\right) \\ &= \left(h[0] + h[2]z^{-2} + h[4]z^{-4} + h[6]z^{-6} + h[8]z^{-8}\right) \\ &\quad + z^{-1}\left(h[1] + h[3]z^{-2} + h[5]z^{-4} + h[7]z^{-6}\right) \end{aligned} \tag{8.12}$$

使用记号

$$E_0(z) = h[0] + h[2]z^{-1} + h[4]z^{-2} + h[6]z^{-3} + h[8]z^{-4}$$
$$E_1(z) = h[1] + h[3]z^{-1} + h[5]z^{-2} + h[7]z^{-3} \tag{8.13}$$

可以把式(8.12)重写为

$$H(z) = E_0(z^2) + z^{-1}E_1(z^2) \tag{8.14}$$

用类似的方式，对式(8.11)中的项进行不同分组，可将该式重写为以下形式

$$H(z) = E_0(z^3) + z^{-1}E_1(z^3) + z^{-2}E_2(z^3) \tag{8.15}$$

此时

$$E_0(z) = h[0] + h[3]z^{-1} + h[6]z^{-2}$$
$$E_1(z) = h[1] + h[4]z^{-1} + h[7]z^{-2} \tag{8.16}$$
$$E_2(z) = h[2] + h[5]z^{-1} + h[8]z^{-2}$$

对 $H(z)$ 形如式(8.14)和式(8.15)的分解就是通常所说的**多相分解**。在一般情况下，式(8.8)中 N 阶传输函数的 L 支多相分解形如

$$H(z) = \sum_{m=0}^{L-1} z^{-m}E_m(z^L) \tag{8.17}$$

其中①

$$E_m(z) = \sum_{n=0}^{\lfloor (N+1)/L \rfloor} h[Ln+m]z^{-n}, \qquad 0 \leqslant m \leqslant L-1 \tag{8.18}$$

当 $n > N$ 时，$h[n]=0$。$H(z)$ 的基于式(8.17)的分解实现称为**多相实现**。图 8.7 给出了一个传输函数的四分支、三分支、两分支的多相实现。如式(8.13)和式(8.16)所示，不同结构的传输函数 $E_0(z)$ 的表达式是不同的，同样 $E_1(z)$ 的表达式也互不相同，可以此类推。

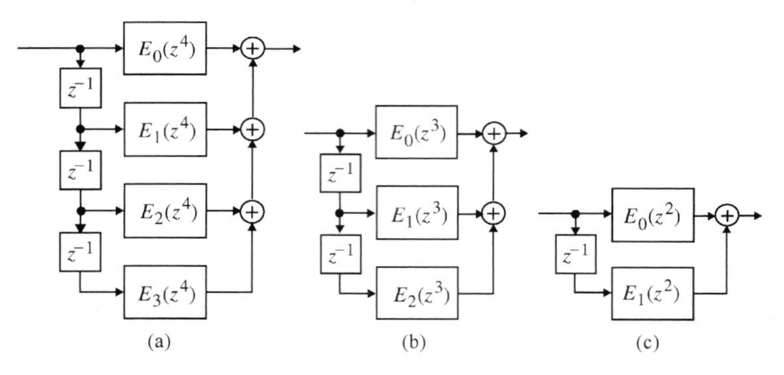

图 8.7 一个 FIR 传输函数的多相实现

在 FIR 传输函数的多相实现中，各个子滤波器 $E_m(z^L)$ 也是 FIR 滤波器，可以用前述任何一种方法实现。然而，为了得到整个结构的典范实现，所有子滤波器必须共用延迟器。图 8.8 说明了通过共用延迟器得到的长度为 9 的 FIR 传输函数的典范型多相实现。注意，为了得到这种实现，我们用的是图 8.7(b)所示的转置结构形式。其他典范型多相实现可以用类似的方法得到。

在多抽样率数字信号处理中，多相结构能够有效地用于计算实现(参见 13.4 节)。

① $\lfloor x \rfloor$ 是 x 的整数部分。

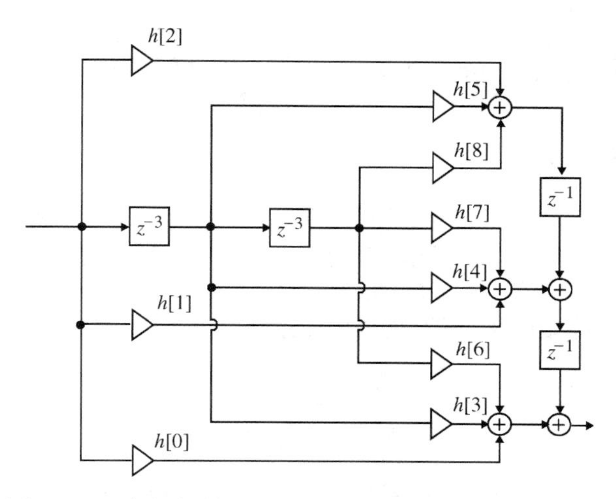

图 8.8　一个长度为 9 的 FIR 滤波器的典范三支多相实现

8.3.4　线性相位 FIR 结构

我们在 7.3 节中已经看过 N 阶线性相位 FIR 滤波器可以用对称冲激响应

$$h[n] = h[N-n] \tag{8.19}$$

或反对称冲激响应

$$h[n] = -h[N-n] \tag{8.20}$$

来描述。

在传输函数的直接型实现中，利用线性相位 FIR 滤波器的对称(或反对称)性质可以减少近一半数量的乘法器。为此，考虑一个具有对称冲激响应

$$H(z) = h[0] + h[1]z^{-1} + h[2]z^{-2} + h[3]z^{-3} + h[2]z^{-4} + h[1]z^{-5} + h[0]z^{-6}$$

的长度为 7 的 1 型 FIR 传输函数。它可重写为如下形式

$$\begin{aligned} H(z) = h[0]\left(1+z^{-6}\right) + h[1]\left(z^{-1}+z^{-5}\right) \\ + h[2]\left(z^{-2}+z^{-4}\right) + h[3]z^{-3} \end{aligned} \tag{8.21}$$

图 8.9(a)显示了基于式(8.21)分解的 $H(z)$的实现。可以用类似的分解实现一个 2 型 FIR 传输函数。例如，对一个长度为 8 的 2 型 FIR 传输函数，相关分解为

$$\begin{aligned} H(z) = h[0]\left(1+z^{-7}\right) + h[1]\left(z^{-1}+z^{-6}\right) \\ + h[2]\left(z^{-2}+z^{-5}\right) + h[3]\left(z^{-3}+z^{-4}\right) \end{aligned} \tag{8.22}$$

得到如图 8.9(b)所示的实现。

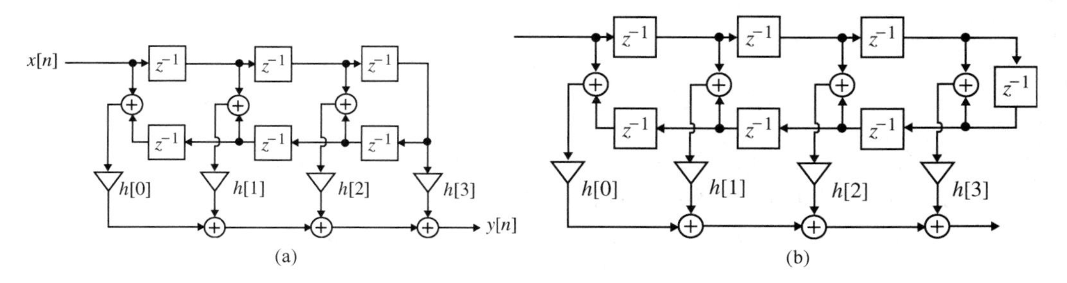

图 8.9　线性相位 FIR 结构：(a)1 型；(b)2 型

注意，图 8.9(a)中的结构需要 4 个乘法器，而用长度为 7 的原 FIR 滤波器的直接型实现需要 7 个乘法器。同样，图 8.9(b)中的结构需要 4 个乘法器，而用直接型来实现长度为 8 的原 FIR 滤波器却需要 8 个乘法器。这种节省也可以在具有反对称冲激响应的 FIR 滤波器中获得。

8.3.5 抽头延迟线

在一些应用中(例如乐声处理)，需要采用形如图 8.10 所示的 FIR 滤波器结构。该结构由具有 $M_1 + M_2 + M_3$ 个单位延迟的链组成，抽头分别位于输入、前 M_1 个延迟之后、接下来 M_2 个延迟之后以及输出。在这些抽头上，信号分别乘以常数 α_0、α_1、α_2 和 α_3，然后叠加起来形成输出。这种结构通常称为**抽头延迟线**。图 8.5 所示的直接型 FIR 结构可以视为一类特殊的抽头延迟线，它在每个单位延迟后都有一个抽头。

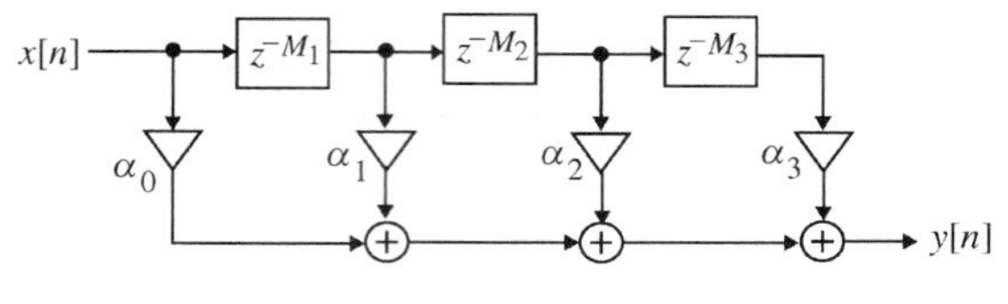

图 8.10 抽头延迟线

8.4 基本 IIR 数字滤波器结构

本书涉及的因果 IIR 数字滤波器可以用形如式(6.13)的实有理传输函数来描述，或者等效地用形如式(4.33)的常系数差分方程来描述。从差分方程的表达式可以看出，要计算第 n 个输出样本值，需要知道输出序列前面的几个样本值。换言之，要实现一个因果 IIR 数字滤波器，需要一定形式的反馈。在此，我们给出一些 IIR 滤波器的简单且直接的实现。

8.4.1 直接型结构

N 阶 IIR 数字滤波器的传输函数是用 $2N+1$ 个不同的系数描述的，并且通常需要 $2N+1$ 个乘法器和 $2N$ 个两输入加法器来实现。同 FIR 滤波器的实现一样，若乘法器的系数等于传输函数的系数，则这种 IIR 滤波器结构就称为**直接型**结构。我们现在具体描述如何生成这些结构。

为简化起见，考虑传输函数为

$$H(z) = \frac{P(z)}{D(z)} = \frac{p_0 + p_1 z^{-1} + p_2 z^{-2} + p_3 z^{-3}}{1 + d_1 z^{-1} + d_2 z^{-2} + d_3 z^{-3}} \tag{8.23}$$

的一个三阶 IIR 滤波器。它可以用如图 8.11 所示的两个滤波器节来级联实现，其中

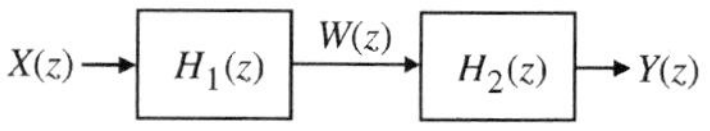

X(z) → $H_1(z)$ → W(z) → $H_2(z)$ → Y(z)

图 8.11 一种可能的 IIR 滤波器实现方案

$$H_1(z) = \frac{W(z)}{X(z)} = P(z) = p_0 + p_1 z^{-1} + p_2 z^{-2} + p_3 z^{-3} \tag{8.24a}$$

且

$$H_2(z) = \frac{Y(z)}{W(z)} = \frac{1}{D(z)} = \frac{1}{1 + d_1 z^{-1} + d_2 z^{-2} + d_3 z^{-3}} \tag{8.24b}$$

式(8.24a)的滤波器节 $H_1(z)$ 可以看做一个 FIR 滤波器，并可以如图 8.12(a)一样实现。下面考虑式(8.24b)给出的 $H_2(z)$ 的实现，注意到该传输函数的时域表达式为

$$y[n] = w[n] - d_1 y[n-1] - d_2 y[n-2] - d_3 y[n-3] \tag{8.25}$$

得到如图 8.12(b)所示的结构实现。

将图 8.12(a)和图 8.12(b)所示的结构按照图 8.11 所示的方法进行级联，就得到了式(8.23)定义的原 IIR 传输函数 $H(z)$ 的实现。得到的结构如图 8.13(a)所示，这就是通常所说的**直接 I 型**结构。注意到因为

用了 6 个延迟器来实现一个三阶的传输函数，整个实现都是非典范型的。该结构的转置在图 8.13(b)中给出。其他一些非典范的直接型结构可以通过简单的框图变换得到，图 8.13(c)和图 8.13(d)中给出了两个这样的实现。

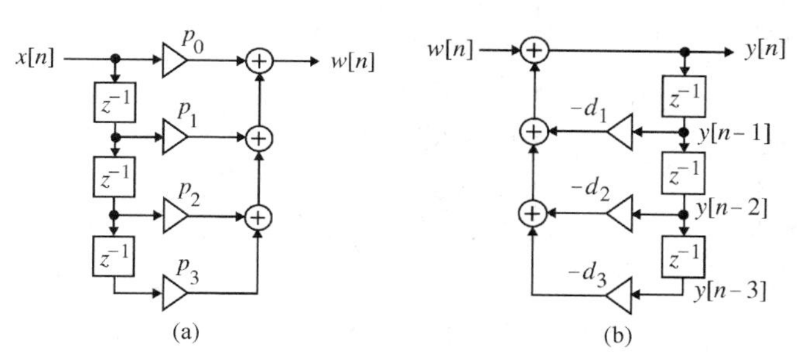

图 8.12　(a)传输函数 $H_1(z)=W(z)/X(z)$ 的实现；(b)传输函数 $H_2(z)=Y(z)/W(z)$ 的实现

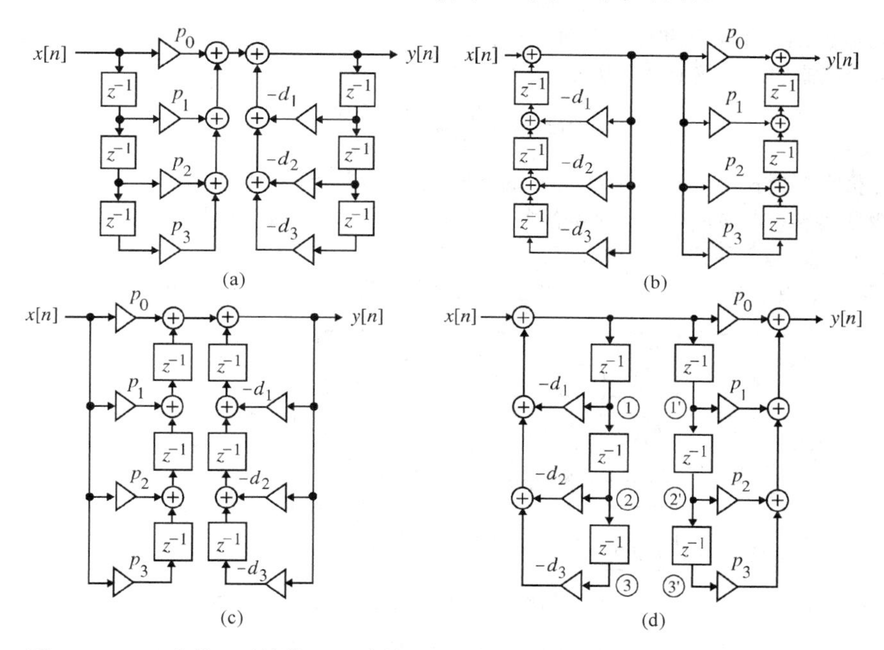

图 8.13　(a)直接 I 型结构；(b)直接 I_t 型结构；(c)和(d)其他非典范直接型结构

为了得到典范型实现，注意到在图 8.13(d)中，在节点①和节点①'的信号变量是相同的，因此顶部的两个延迟可以共享。同样，在节点②和节点②'的信号变量是一样的，可以共享中间的两个延迟。以此类推，我们可以共享底部的两个延迟，这样就可以得到图 8.14(a)中所示的最终典范型结构。称为**直接 II 型**实现，其转置由图 8.14(b)给出。

从图 8.13 和图 8.14 的三阶结构中可以很明显看出 N 阶 IIR 传输函数的直接 I 型和直接 II 型实现的结构。

例 8.3　直接型实现举例

考虑三阶 IIR 传输函数

$$H(z)=\frac{0.44z^2+0.362z+0.02}{z^3+0.4z^2+0.18z-0.2}=\frac{0.44z^{-1}+0.362z^{-2}+0.02z^{-3}}{1+0.4z^{-1}+0.18z^{-2}-0.2z^{-3}} \tag{8.26}$$

其直接 II 型实现方式如图 8.15 所示。

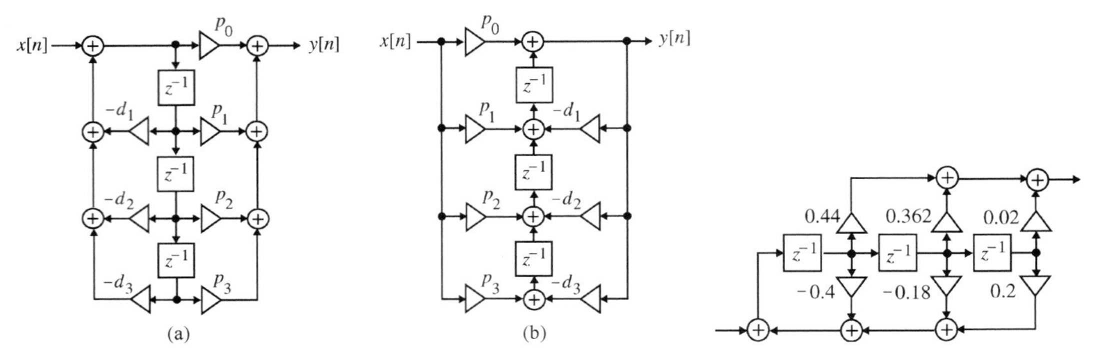

图 8.14 直接 II 型和 II_t 型结构

图 8.15 式(8.26)所示 IIR 传输函数的直接II型实现

8.4.2 级联实现

若将传输函数 $H(z)$ 的分子和分母多项式表示为若干个低次多项式的积，则数字滤波器通常可以用低阶滤波器节的级联来实现。例如，将 $H(z)=P(z)/D(z)$ 表示为

$$H(z)=\frac{P_1(z)P_2(z)P_3(z)}{D_1(z)D_2(z)D_3(z)} \tag{8.27}$$

通过不同的零极点多项式配对可以得到 $H(z)$ 的不同级联实现，图 8.16 中给出了这类实现的一些例子。其他形式的级联实现可以简单地通过交换各个节的顺序得到。图 8.17 说明了改变各个节的次序所得到的不同结构的例子。基于零极点对和次序，式(8.27)表示的因式形式总共有 36 种级联实现(参见习题 8.21)。实际上，由于有限字长效应，每种这样的级联实现的表现是不相同的。

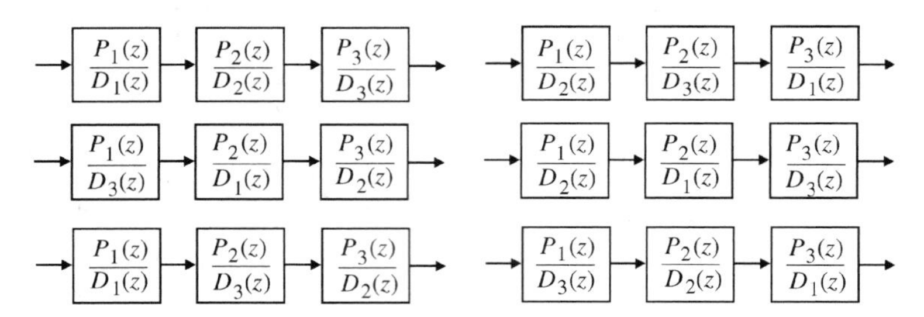

图 8.16 由不同零极点对得到的不同等效级联实现举例

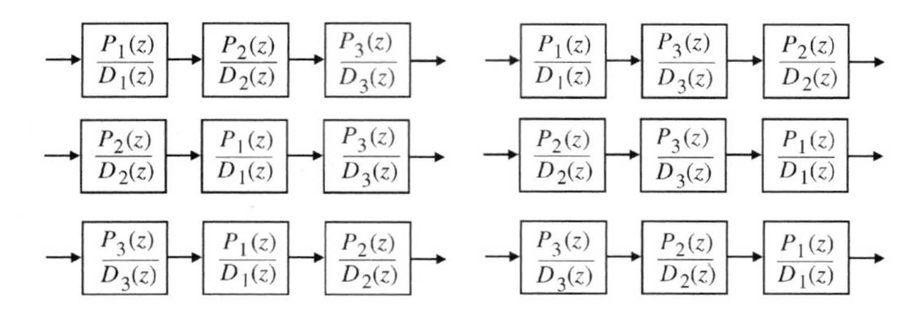

图 8.17 通过改变各节的次序得到的不同级联实现

通常，多项式可以通过因式分解为一阶多项式和二阶多项式的积。此时，$H(z)$ 可以表示为

$$H(z)=p_0\prod_k\left(\frac{1+\beta_{1k}z^{-1}+\beta_{2k}z^{-2}}{1+\alpha_{1k}z^{-1}+\alpha_{2k}z^{-2}}\right) \tag{8.28}$$

上式中，对于一阶因式，$\alpha_{2k}=\beta_{2k}=0$。三阶传输函数

$$H(z)=p_0\left(\frac{1+\beta_{11}z^{-1}}{1+\alpha_{11}z^{-1}}\right)\left(\frac{1+\beta_{12}z^{-1}+\beta_{22}z^{-2}}{1+\alpha_{12}z^{-1}+\alpha_{22}z^{-2}}\right)$$

的一种可能实现如图 8.18 所示。

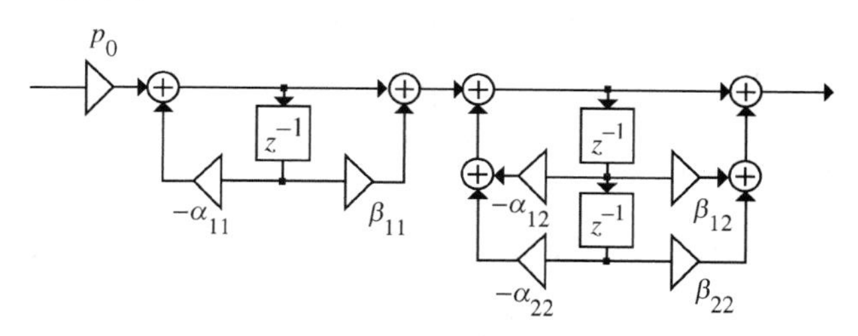

图 8.18　一个三阶 IIR 传输函数的级联实现

例 8.4　级联型实现举例

我们生成式(8.26)的三阶 IIR 传输函数的级联实现。对 $H(z)$ 的分子和分母进行式(8.28)形式的因式分解，得到

$$H(z)=\frac{0.44z^2+0.362z+0.02}{(z^2+0.8z+0.5)(z-0.4)}$$
$$=\left(\frac{0.44+0.362z^{-1}+0.02z^{-2}}{1+0.8z^{-1}+0.5z^{-2}}\right)\left(\frac{z^{-1}}{1-0.4z^{-1}}\right)$$

由上式可以得到 $H(z)$ 的级联实现，如图 8.19 所示。通过用不同的零极点配对，可以得到另外一种级联型实现形式：

$$H(z)=\left(\frac{z^{-1}}{1+0.8z^{-1}+0.5z^{-2}}\right)\left(\frac{0.44+0.362z^{-1}+0.02z^{-2}}{1-0.4z^{-1}}\right) \tag{8.29}$$

其实现结构留做习题(参见习题 8.29)。然而，应当注意，因为基于上述因式形式的实现需要 4 个延迟器，而不是图 8.19 所示的 3 个，因此是非典范型的。而这两种方式中，乘法器的总数是相同的。

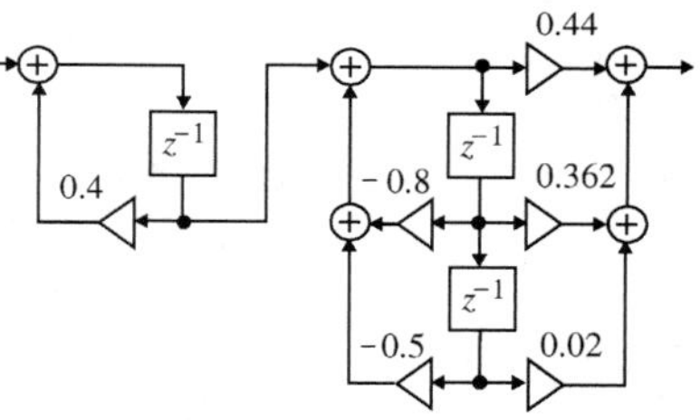

图 8.19　基于每个节的直接 II 型实现的式(8.26)给出的 IIR传输函数的级联实现

8.4.3　并联实现

IIR 传输函数可以通过对传输函数进行部分分式展开以并联的形式来实现。式(6.40)给出的传输函数的部分分式展开称为**并联 I 型**。假设有单极点，则 $H(z)$ 可表示成

$$H(z)=\gamma_0+\sum_k\left(\frac{\gamma_{0k}+\gamma_{1k}z^{-1}}{1+\alpha_{1k}z^{-1}+\alpha_{2k}z^{-2}}\right) \tag{8.30}$$

在上式中，对于实极点，有 $\alpha_{2k}=\gamma_{1k}=0$。

以 z 的多项式的比值的形式将传输函数 $H(z)$ 直接进行部分分式展开，可得到并联结构的第二个基本形式，称为**并联 II 型**[Mit77c]。假设极点为单极点，可得

$$H(z)=\delta_0+\sum_k\left(\frac{\delta_{1k}z^{-1}+\delta_{2k}z^{-2}}{1+\alpha_{1k}z^{-1}+\alpha_{2k}z^{-2}}\right) \tag{8.31}$$

其中，对于实极点，有 $\alpha_{2k}=\delta_{2k}=0$。

图 8.20 画出了三阶 IIR 传输函数的两种基本并联实现。

例 8.5　并联型实现举例

我们生成式(8.26)的三阶 IIR 传输函数的两种不同的并联实现。为此我们按照式(6.40)中表示为 z^{-1} 的多项式比值的形式对 $H(z)$ 进行部分分式展开，形成

$$H(z) = -0.1 + \frac{0.6}{1-0.4z^{-1}} + \frac{-0.5-0.2z^{-1}}{1+0.8z^{-1}+0.5z^{-2}}$$

得到并联 I 型实现，如图 8.21(a)所示。

最后，将 $H(z)$ 表示为 z 的多项式的比值的直接部分分式展开为

$$H(z) = \frac{0.24}{z-0.4} + \frac{0.2z+0.25}{z^2+0.8z+0.5} = \frac{0.24z^{-1}}{1-0.4z^{-1}} + \frac{0.2z^{-1}+0.25z^{-2}}{1+0.8z^{-1}+0.5z^{-2}}$$

得到并联 II 型实现方式，如图 8.21(b)所示。

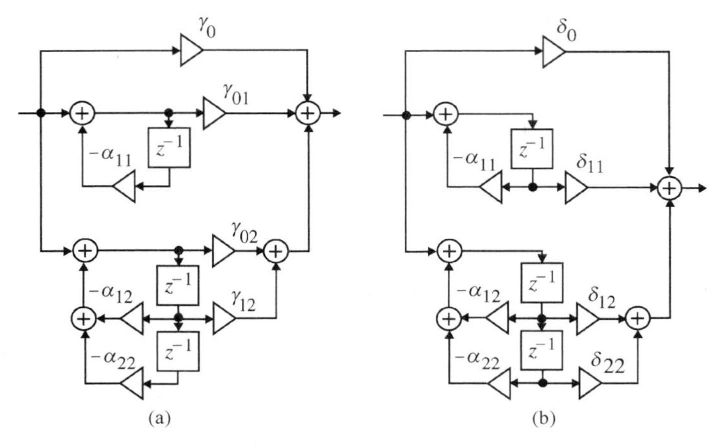

图 8.20 一个三阶 IIR 传输函数的并联实现：(a)并联 I 型；(b)并联 II 型

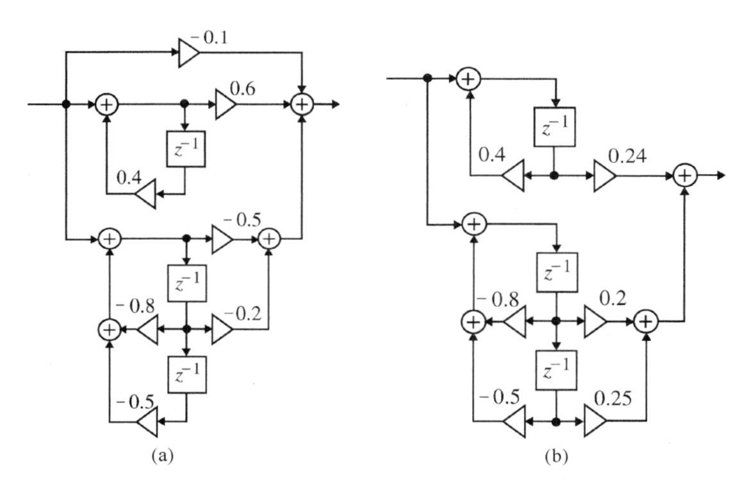

图 8.21 例 8.5：(a)并联 I 型实现；(b)并联 II 型实现

8.5 用 MATLAB 实现基本结构

8.3 节和 8.4 节所讨论的基本 IIR 和 FIR 结构都可以很容易地用 MATLAB 实现。本节描述该方法。

8.5.1 级联实现

FIR 传输函数 $H(z)$ 的级联实现涉及形如式(8.10)的因式分解。同样，IIR 传输函数 $H(z)$ 的级联实现也涉及了形如式(8.28)的因式分解。在 MATLAB 中，我们可以用函数 `factorize` 来实现多项式的因式分解，它能对传输函数 $H(z)$ 直接求二次因式项。例 8.6 和例 8.7 说明了该方法。

factorize. m

例 8.6　用 MATLAB 进行 FIR 传输函数的因式分解

程序 8_1.m

生成六阶 FIR 传输函数

$$H(z) = 50.4 + 28.02z^{-1} + 13.89z^{-2} + 7.42z^{-3} + 6.09z^{-4} + 3z^{-5} + z^{-6}$$

的二阶因式。为此，可使用程序 8_1。运行此程序所产生的输出数据如下：

```
Factors
1.00000000000000  -0.70000000000000   0.33333333333333
1.00000000000000   0.38095238095238   0.23809523809524
1.00000000000000   0.87500000000000   0.25000000000000
```

因此 $H(z)$ 的因式形式为

$$H(z) = 50.4(1 - 0.7z^{-1} + 0.333\,33z^{-2})(1 + 0.380\,95z^{-1} + 0.2381z^{-2})(1 + 0.875z^{-1} + 0.25z^{-2})$$

例 8.7　用 MATLAB 进行 IIR 传输函数的因式分解

程序 8_2.m

考虑六阶 IIR 传输函数

$$\frac{6 + 17.1z^{-1} + 33.03z^{-2} + 24.72z^{-3} + 19.908z^{-4} - 5.292z^{-5} + 18.144z^{-6}}{1 + 2.2z^{-1} + 2.56z^{-2} + 1.372z^{-3} + 0.118z^{-4} - 0.332z^{-5} - 0.168z^{-6}}$$

可以用程序 8_2 得到其因式，程序的输出数据为

```
Numerator Factors
1.00000000000000   2.55474649598276   3.05353099104732
1.00000000000000   1.08357385033545   2.07384073616306
1.00000000000000  -0.78832034631821   0.47753373093274

Denominator Factors
1.00000000000000  -0.45677643628300                  0
1.00000000000000   0.79999999999998   0.69999999999999
1.00000000000000   1.20000000000001   0.80000000000002
1.00000000000000   0.65677643628301                  0
```

由上面的结果，通过从第一个分子因式中提出了常数 6，可以得到 IIR 的因式形式为

$$H(z) = \frac{6(1 + 2.555z^{-1} + 3.0535z^{-2})(1 + 1.0836z^{-1} + 2.0738z^{-2})(1 - 0.788z^{-1} + 0.4775z^{-2})}{(1 - 0.4568z^{-1})(1 + 0.8z^{-1} + 0.7z^{-2})(1 + 1.2z^{-1} + 0.8z^{-2})(1 + 0.6568z^{-1})}$$

8.5.2　并联实现

上述两个并联实现可以很容易地在 MATLAB 中用函数 `residue` 和 `residuez` 实现，我们将在下面的例 8.8中具体说明。

例 8.8　用 MATLAB 实现 IIR 传输函数的并联实现

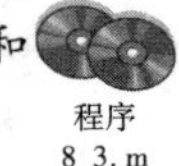
程序 8_3.m

我们用程序 8_3 重新求例 8.5 的并联实现。程序所需的输入数据为包含分子和分母的系数向量 `num` 和 `den`。运行此程序得到的输出结果为

```
Parallel Form I
Residues are
  -0.2500 - 0.0000i
  -0.2500 + 0.0000i
   0.6000

Poles are at
  -0.4000 + 0.5831i
  -0.4000 - 0.5831i
   0.4000

Constant value
  -0.1000

Parallel Form II
Residues are
   0.1000 - 0.1458i
```

```
      0.1000 + 0.1458i
      0.2400

Poles are at
  -0.4000 + 0.5831i
  -0.4000 - 0.5831i
   0.4000

Constant value
```

并联I型的部分分式展开的复共轭对可以在MATLAB中用语句[b1, a1] = residuez(R1, P1, 0)来组合,其中R1是复共轭留数的二元向量,而P1是复共轭极点的二元向量。对本例而言,令R1 = [r1(1)r1(2)]及P1 = [p1(1)p1(2)],得到

```
b1 =
    -0.5000   -0.2000         0

a1 =
     1.0000    0.8000    0.5000
```

从而验证了例8.5中结果的正确性。

同样,对于并联II型的部分分式展开的复共轭对,可以在MATLAB中用语句[b2, a2] = residue(R2, P2, 0)来组合,其中R2是复共轭留数的二元向量,而P2是复共轭极点的二元向量。在本例中,令R2 = [r2(1)r2(2)]及P2 = [p2(1)p2(2)],得到

```
b2 =
     0.2000    0.2500

a2 =
     1.0000    0.8000    0.5000
```

上面的结果与例8.5中得到的一致。

8.6 全通滤波器

我们现在把注意力转到实现一种特殊类型的IIR传输函数,即全通函数,它已在7.1.3节中介绍过。由式(7.7)的定义可以知道IIR全通传输函数$\mathcal{A}(z)$在全部频率上都有单位幅度响应,即对于所有ω值,有$|\mathcal{A}(e^{j\omega})|=1$。数字全通滤波器对于信号处理应用来说是一个通用的结构块,它的某些可能应用在前面已经提到过。例如在7.1.3节中,它常常用做延迟均衡器,此时,当与另一个离散时间系统级联时,可以使整个级联系统在所研究频带内有一个常数群延迟。在7.5.4节中提到它的另一个应用是,可以用来有效实现某些具有互补特性的传输函数组。例如,可以仅用一个一阶全通滤波器来同时实现一对功率互补的一阶低通和高通传输函数。同样,一对功率互补的二阶带通和带阻传输函数也可仅用一个二阶全通滤波器来同时实现。事实上,我们将在8.10节中具体说明,可以用两个全通滤波器并联实现一大类功率互补的传输函数对。因此,研究全通传输函数的高效计算实现技术是很有意义的,这也是本节的重点。

M阶实系数全通传输函数具有式(7.8)给出的形式,其分子多项式和分母多项式互为镜像。M阶全通传输函数的直接实现需要$2M$个乘法器。由于M阶全通传输函数是用M个不同系数来描述的,所以我们这里的目标是生成仅需M个乘法器的实现方法。下面我们将给出两种不同的方法用最少数量的乘法器来实现全通传输函数。

8.6.1 基于乘法器提取法的实现

由于任意全通传输函数都能够表示为二阶或一阶全通传输函数的乘积的形式,所以这里我们仅考虑这些低阶传输函数的实现。尽管全通传输函数可以用本章讨论的任何一种方法来实现,但我们的目标是生成某些结构,使得即使乘法器的系数由于系数量化有所改变,仍可保持全通[Mit74a]。

首先考虑一阶全通传输函数

$$\mathcal{A}_1(z)=\frac{d_1+z^{-1}}{1+d_1z^{-1}} \tag{8.32}$$

的实现。由于上面的传输函数由一个常数 d_1 唯一确定，因此可以用如图 8.22 所示的具有单个乘法器 d_1 的结构来实现。将 $G(z)=d_1$ 代入式(7.160b)，用二端口网络的传输参数来表示输入传输函数$\mathcal{A}_1(z)=Y_1/X_1$，为

$$\mathcal{A}_1(z)=t_{11}+\frac{t_{12}t_{21}d_1}{1-d_1t_{22}}=\frac{t_{11}-d_1(t_{11}t_{22}-t_{12}t_{21})}{1-d_1t_{22}} \tag{8.33}$$

比较式(8.32)和式(8.33)可得

$$t_{11}=z^{-1},\qquad t_{22}=-z^{-1} \tag{8.34}$$

$$t_{11}t_{22}-t_{12}t_{21}=-1 \tag{8.35}$$

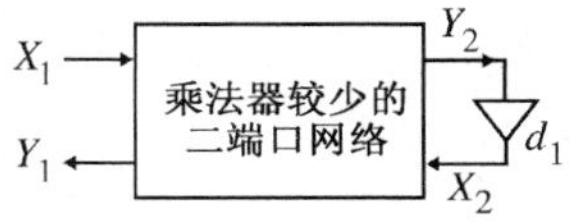

将式(8.34)代入式(8.35)可得

$$t_{12}t_{21}=1-z^{-2}$$

乘法器较少的二端口网络

图 8.22　由单乘法器约束得到的乘法器较少的二端口网络

由上式可以得到如下 4 个可能的解

1A 型：$$t_{11}=z^{-1},\ t_{22}=-z^{-1},\ t_{12}=1-z^{-2},\ t_{21}=1 \tag{8.36a}$$

1B 型：$$t_{11}=z^{-1},\ t_{22}=-z^{-1},\ t_{12}=1+z^{-1},\ t_{21}=1-z^{-1} \tag{8.36b}$$

1A_t 型：$$t_{11}=z^{-1},\ t_{22}=-z^{-1},\ t_{12}=1,\ t_{21}=1-z^{-2} \tag{8.36c}$$

1B_t 型：$$t_{11}=z^{-1},\ t_{22}=-z^{-1},\ t_{12}=1-z^{-1},\ t_{21}=1+z^{-1} \tag{8.36d}$$

下面给出实现式(8.36a)中传输参数的二端口结构的生成过程。由这些式子可得到

$$Y_2=X_1-z^{-1}X_2$$
$$Y_1=z^{-1}X_1+(1-z^{-2})X_2=z^{-1}Y_2+X_2$$

上面的一个实现如图 8.23 所示。用乘法器 d_1 约束 X_2 和 Y_2终端对，就得到了一阶全通传输函数的单乘法器实现，如图8.24(a)所示。用类似的方法，其他三个单乘法器的全通结构可以由式(8.36b)至式(8.36d)中的传输参数描述来实现(参见习题 8.41)。图 8.24(b)到图 8.24(d)给出了最终实现。这些结构称为**1 型全通网络**。注意，图 8.24(c)和图 8.24(d)的结构分别是图 8.24(a)和图 8.24(b)的转置结构。图 8.24(b)和图 8.24(d)的结构关于延迟都是典范的。

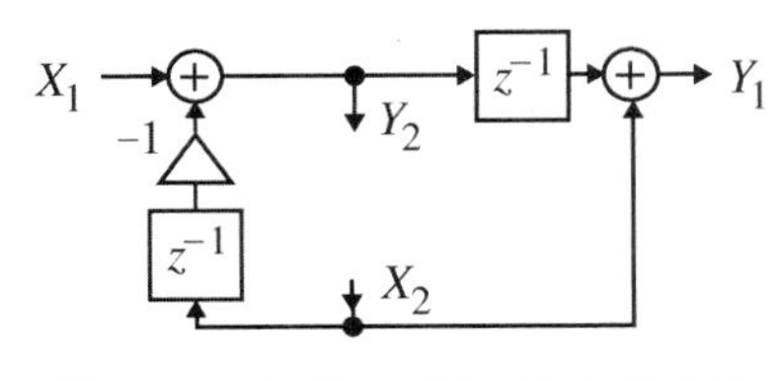

图 8.23　生成 1A 型一阶全通结构

下面考虑二阶全通传输函数的实现。这种传输函数由两个独立的系数来描述，因此可以用乘法器常量为 d_1 和 d_2 的两个乘法器结构来实现。二阶全通传输函数存在有多种不同的形式。实现形如

$$\mathcal{A}_2(z)=\frac{d_1d_2+d_1z^{-1}+z^{-2}}{1+d_1z^{-1}+d_1d_2z^{-2}} \tag{8.37}$$

的传输函数的网络称为**2 型全通网络**，如图 8.25 所示。其他的 2 型全通结构可以通过对图 8.25 的结构进行转置得到①。图 8.25(a)的结构是关于延迟的典范结构。

另一种形式的二阶全通传输函数为

$$\mathcal{A}_2(z)=\frac{d_2+d_1z^{-1}+z^{-2}}{1+d_1z^{-1}+d_2z^{-2}} \tag{8.38}$$

相应的电路称为**3 型全通网络**，如图 8.26 所示②。图 8.26(a)的结构是关于延迟的典范结构。

更高阶的全通传输函数可以由一阶和/或二阶全通节的级联实现，如例 8.9 所述。

① 此处结构的标记和[Mit74a]中给出的一样。

② 此处结构的标记和[Mit74a]中给出的一样。

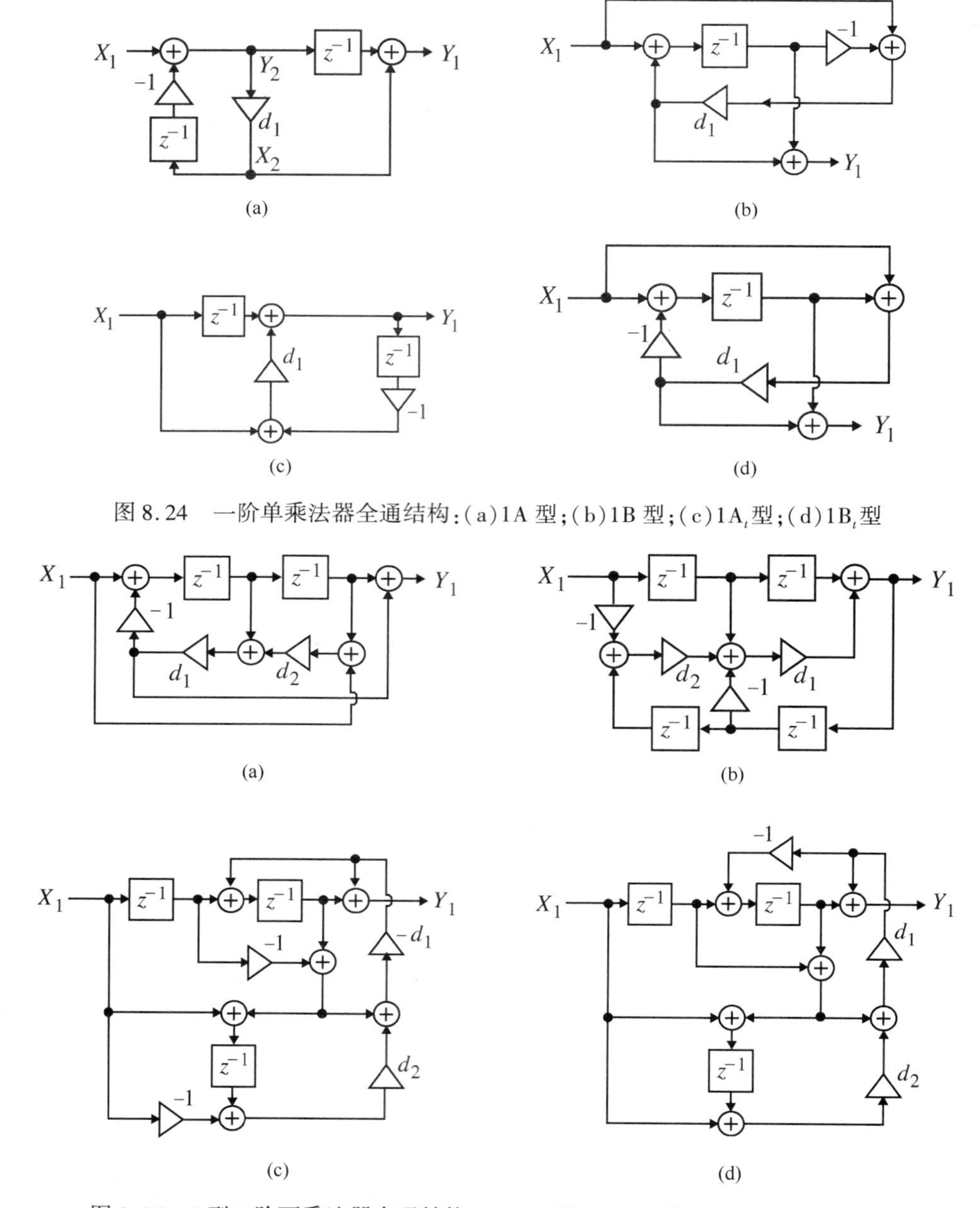

图 8.24　一阶单乘法器全通结构:(a)1A 型;(b)1B 型;(c)$1A_t$型;(d)$1B_t$型

图 8.25　2 型二阶两乘法器全通结构:(a)2A 型;(b)2D 型;(c)2B 型;(d)2C 型

例 8.9　全通传输函数的级联实现

实现三阶全通传输函数:

$$\mathcal{A}_3(z)=\frac{-0.2+0.18z^{-1}+0.4z^{-2}+z^{-3}}{1+0.4z^{-1}+0.18z^{-2}-0.2z^{-3}} \tag{8.39}$$

对分子分母做因式分解,可将上式重写为

$$\mathcal{A}_3(z)=\frac{(-0.4+z^{-1})(0.5+0.8z^{-1}+z^{-2})}{(1-0.4z^{-1})(1+0.8z^{-1}+0.5z^{-2})} \tag{8.40}$$

上面的全通传输函数的三个乘法器级联实现如图 8.27 所示。其中一阶全通节采用了图 8.24(b)中的结构实现,二阶全通节采用了图 8.26(a)中的结构实现。

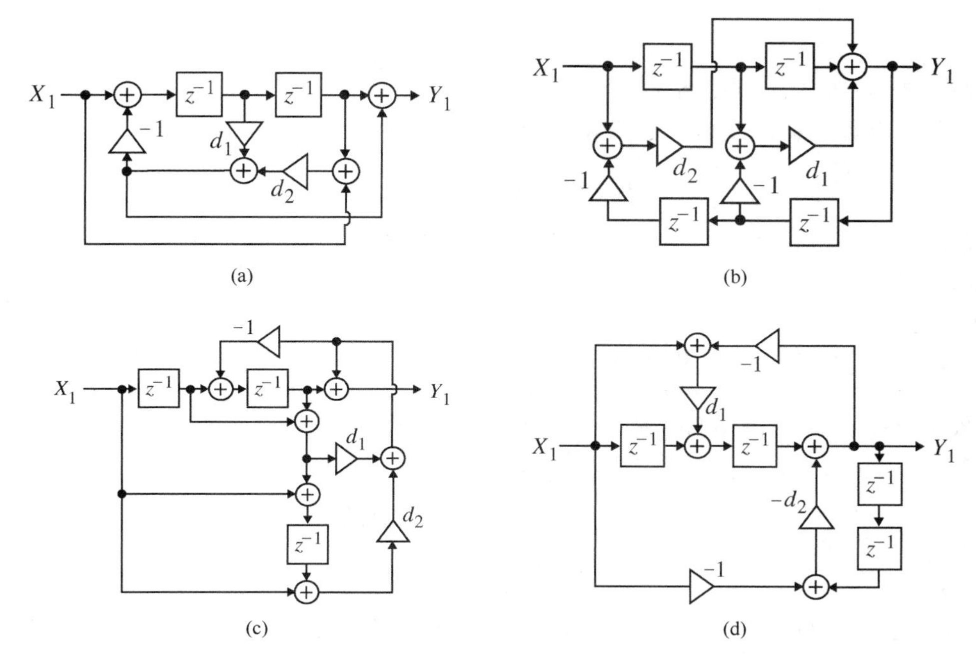

图 8.26　3 型二阶两乘法器全通结构:(a)3A 型;(b)3D 型;(c)3C 型;(d)3B 型

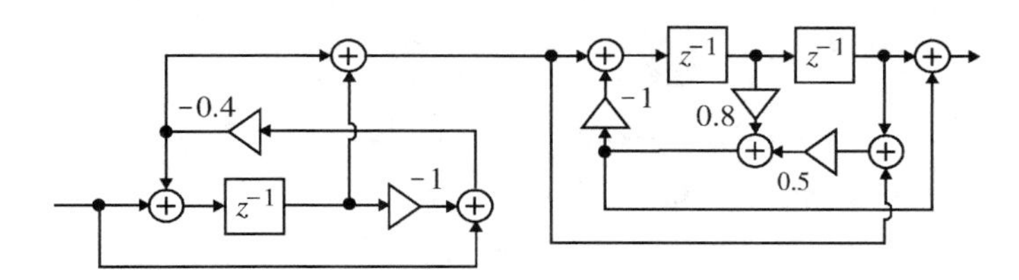

图 8.27　式(8.40)所示全通函数的一种三乘法器实现

8.6.2　基于二端口网络提取法的实现

在 7.9.2 节中讨论的稳定性测试算法也可以引出一种以级联二端口网络的形式来实现 M 阶全通传输函数$\mathcal{A}_M(z)$的很好的实现方法[Vai87e]。该算法的基本思想是由 m 阶全通传输函数$\mathcal{A}_m(z)$

$$\mathcal{A}_m(z)=\frac{d_m+d_{m-1}z^{-1}+d_{m-2}z^{-2}+\cdots+d_1z^{-(m-1)}+z^{-m}}{1+d_1z^{-1}+d_2z^{-2}+\cdots+d_{m-1}z^{-(m-1)}+d_mz^{-m}} \tag{8.41}$$

用递归

$$\mathcal{A}_{m-1}(z)=z\left[\frac{\mathcal{A}_m(z)-k_m}{1-k_m\mathcal{A}_m(z)}\right],\qquad m=M,M-1,\cdots,1 \tag{8.42}$$

生成一系列$(m-1)$阶全通传输函数$\mathcal{A}_{m-1}(z)$。其中，$k_m=\mathcal{A}_m(\infty)=d_m$。在 7.9.2 节中已经证明，当且仅当

$$k_m^2<1,\qquad m=M,M-1,\cdots,1 \tag{8.43}$$

$\mathcal{A}_M(z)$是稳定的。若将全通传输函数$\mathcal{A}_{m-1}(z)$表示为如下形式

$$\mathcal{A}_{m-1}(z)=\frac{d'_{m-1}+d'_{m-2}z^{-1}+\cdots+d'_1z^{-(m-2)}+z^{-(m-1)}}{1+d'_1z^{-1}+\cdots+d'_{m-2}z^{-(m-2)}+d'_{m-1}z^{-(m-1)}} \tag{8.44}$$

则可通过表达式

$$d_i' = \frac{d_i - d_m d_{m-i}}{1 - d_m^2}, \qquad i = 1, 2, \cdots, m-1 \tag{8.45}$$

很容易地将$\mathcal{A}_{m-1}(z)$的系数和$\mathcal{A}_m(z)$的系数相联系。

为了用上面的算法来得到$\mathcal{A}_m(z)$的实现，将式(8.42)重写为

$$\mathcal{A}_m(z) = \frac{k_m + z^{-1}\mathcal{A}_{m-1}(z)}{1 + k_m z^{-1}\mathcal{A}_{m-1}(z)} \tag{8.46}$$

并通过提取被形如图 8.28 的$\mathcal{A}_{m-1}(z)$约束的二端口网络来实现$\mathcal{A}_m(z)$。

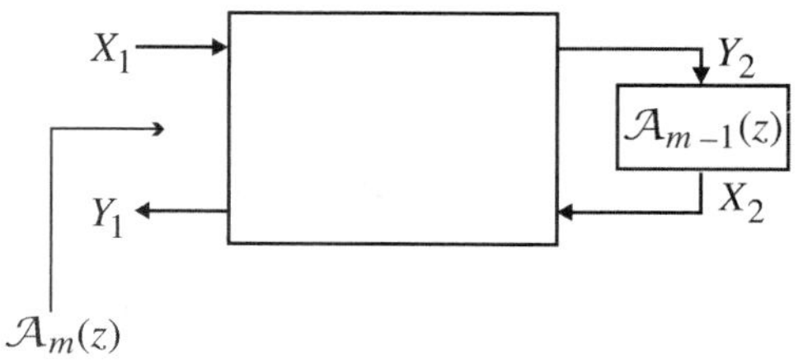

现在，由式(7.160b)，$\mathcal{A}_m(z)$可以用二端口网络的传输函数表示为

$$\mathcal{A}_m(z) = \frac{t_{11} - (t_{11}t_{22} - t_{12}t_{21})\mathcal{A}_{m-1}(z)}{1 - t_{22}\mathcal{A}_{m-1}(z)} \tag{8.47}$$

图 8.28 用二端口提取法实现$\mathcal{A}_m(z)$

比较式(8.46)和式(8.47)，很容易得到

$$t_{11} = k_m, \qquad t_{22} = -k_m z^{-1} \tag{8.48a}$$

$$t_{11}t_{22} - t_{12}t_{21} = -z^{-1} \tag{8.48b}$$

将式(8.48a)代入式(8.48b)，可得

$$t_{12}t_{21} = (1 - k_m^2)z^{-1} \tag{8.49}$$

由上可以看出，t_{12}和t_{21}有着很多解，因而可以得到多种不同的二端口网络的实现。一些可能的解如下：

$$t_{11} = k_m,\ t_{22} = -k_m z^{-1},\ t_{12} = (1 - k_m^2)z^{-1},\ t_{21} = 1 \tag{8.50a}$$

$$t_{11} = k_m,\ t_{22} = -k_m z^{-1},\ t_{12} = (1 - k_m)z^{-1},\ t_{21} = (1 + k_m) \tag{8.50b}$$

$$t_{11} = k_m,\ t_{22} = -k_m z^{-1},\ t_{12} = \sqrt{1 - k_m^2}\,z^{-1},\ t_{21} = \sqrt{1 - k_m^2} \tag{8.50c}$$

$$t_{11} = k_m,\ t_{22} = -k_m z^{-1},\ t_{12} = z^{-1},\ t_{21} = (1 - k_m^2) \tag{8.50d}$$

式(8.50a)描述的二端口网络的输入和输出关系为

$$Y_1 = k_m X_1 + (1 - k_m^2)z^{-1}X_2 \tag{8.51a}$$

$$Y_2 = X_1 - k_m z^{-1}X_2 \tag{8.51b}$$

上式的直接实现得到如图 8.29(a)所示的三个乘法器的二端口网络。类似地，基于式(8.50b)和式(8.50c)的直接实现分别得到如图 8.29(b)和图 8.29(c)所示的四乘法器结构①。式(8.50d)的直接实现得到一个三乘法器结构，这留做习题(参见习题 8.48)。

两乘法器的实现可以通过调整式(8.51a)和式(8.51b)的输入-输出关系得到。利用式(8.51b)，可将式(8.51a)重写为

$$Y_1 = k_m Y_2 + z^{-1}X_2 \tag{8.52}$$

基于式(8.51b)和式(8.52)的二端口网络的实现在图 8.30(a)给出。图 8.30(a)中的二端口网络通常称为**格型结构**。相应地，可以推导式(8.50d)描述的两乘法器的格型实现，具体过程留做习题(参见习题 8.49)[Lar99]。

式(8.50b)描述的二端口网络可以用单乘法器来实现。为此，首先由式(8.50b)写出其输入-输出关系为

$$Y_1 = k_m X_1 + (1 - k_m)z^{-1}X_2 \tag{8.53a}$$

$$Y_2 = (1 + k_m)X_1 - k_m z^{-1}X_2 \tag{8.53b}$$

定义

$$V_1 = k_m(X_1 - z^{-1}X_2) \tag{8.54}$$

① 图 8.29(b)的结构称为 Kelly-Lochbaum 形式[Kel62]。

可以将式(8.53a)和式(8.53b)重写为

$$Y_1 = V_1 + z^{-1}X_2 \tag{8.55a}$$

$$Y_2 = X_1 + V_1 \tag{8.55b}$$

基于式(8.54)、式(8.55a)和式(8.55b)的实现，可引出图8.30(b)所示的单乘法器二端口网络。注意，由于其中一个输入乘法器的系数为 -1，该两输入加法器实现减法器的功能。

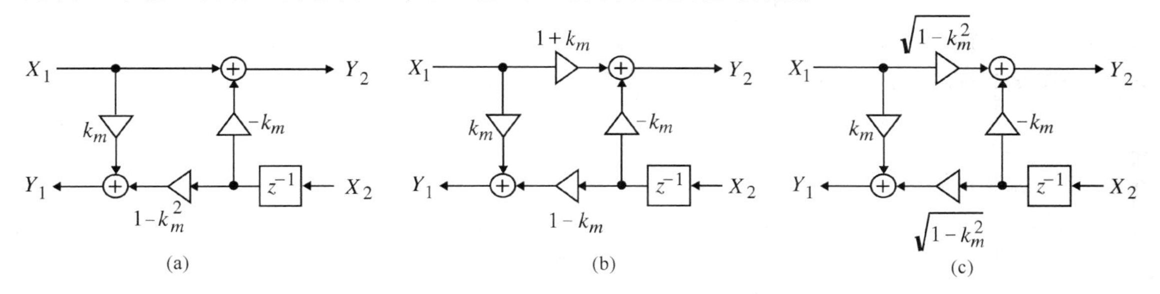

图 8.29　式(8.50a)至式(8.50c)所描述的二端口网络的直接实现：(a)式(8.50a)描述的二端口网络；(b)式(8.50b)描述的二端口网络；(c)式(8.50c)描述的二端口网络

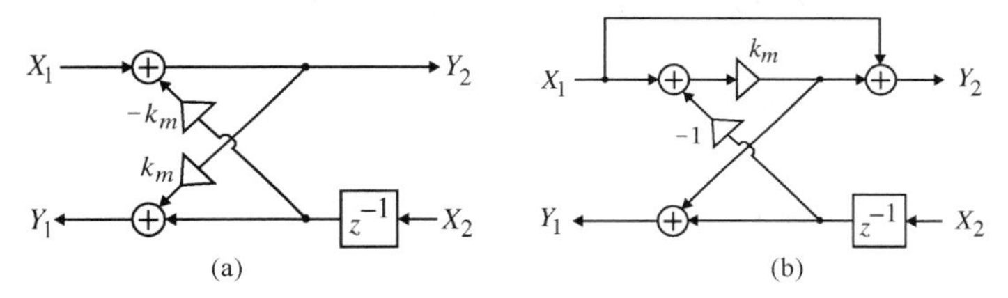

图 8.30　(a)式(8.50a)描述的二端口网络的两乘法器实现；(b)式(8.50b)描述的二端口网络的单乘法器实现

因此，可通过用$(m-1)$阶全通传输函数$\mathcal{A}_{m-1}(z)$来约束图 8.29 和图 8.30 所示的任意一个二端口网络实现 m 阶全通传输函数$\mathcal{A}_m(z)$。例如，图 8.31(a)显示了通过提取图 8.30(a)所示的格型二端口网络来实现$\mathcal{A}_m(z)$。

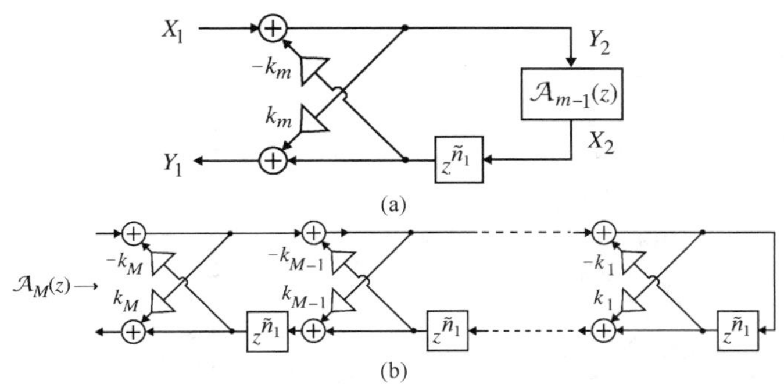

图 8.31　(a)通过提取图 8.30(a)的格型二端口网络实现的$\mathcal{A}_m(z)$；(b)$\mathcal{A}_M(z)$的级联格型实现

按照上面的算法，可以用全通传输函数$\mathcal{A}_{m-2}(z)$约束的格型二端口网络来实现$\mathcal{A}_{m-1}(z)$。重复这个过程直到约束传输函数是$\mathcal{A}_0(z)=1$为止。因此，基于图 8.30(a)所示的格型二端口网络提取的原全通传输函数$\mathcal{A}_M(z)$的完全实现如图 8.31(b)所示。从 7.9.2 节的讨论可知，在实现中若所有乘法器系数的幅值小于 1，即对于 $m=M,\ M-1,\ \cdots,\ 1$，都有$|k_m|<1$，则$\mathcal{A}_M(z)$是稳定的。

注意，上面的全通结构需要 $2M$ 个乘法器，这是 M 阶全通传输函数实现所必需的乘法器个数的两倍。但可以提取图 8.30(b)所示的二端口网络而得到有 M 个乘法器的$\mathcal{A}_M(z)$的实现。同样，若对于所有 $m=M,\ M-1,\ \cdots,\ 1$，都有$|k_m|<1$，则$\mathcal{A}_M(z)$的稳定也可以保证。

例 8.10 全通传输函数的级联格型实现

用级联格型结构实现例 8.9 中的三阶全通传输函数 $A_3(z)$。其中

$$\mathcal{A}_3(z)=\frac{d_3+d_2z^{-1}+d_1z^{-2}+z^{-3}}{1+d_1z^{-1}+d_2z^{-2}+d_3z^{-3}}=\frac{-0.2+0.18z^{-1}+0.4z^{-2}+z^{-3}}{1+0.4z^{-1}+0.18z^{-2}-0.2z^{-3}} \tag{8.56}$$

利用上面给出的方法，首先用具有乘法器系数 $k_3=d_3=-0.2$ 的格型二端口网络的形式，并以全通函数 $\mathcal{A}_2(z)$ 约束来实现 $\mathcal{A}_3(z)$，如图 8.32(a) 所示。全通函数 $\mathcal{A}_2(z)$ 的形式为

$$\mathcal{A}_2(z)=\frac{d'_2+d'_1z^{-1}+z^{-2}}{1+d'_1z^{-1}+d'_2z^{-2}} \tag{8.57}$$

其系数可以利用式(8.45)得到为

$$d'_1=\frac{d_1-d_3d_2}{1-d_3^2}=\frac{0.4-(-0.2)(0.18)}{1-(-0.2)^2}=0.454\,166\,7 \tag{8.58a}$$

$$d'_2=\frac{d_2-d_3d_1}{1-d_3^2}=\frac{0.18-(-0.2)(0.4)}{1-(-0.2)^2}=0.270\,833\,3 \tag{8.58b}$$

接着，用具有乘法器系数 $k_2=d'_2=0.270\ 833\ 3$ 的格型二端口网络的形式，并以全通函数 $\mathcal{A}_1(z)$ 约束来实现 $\mathcal{A}_2(z)$。$\mathcal{A}_1(z)$ 的形式为

$$\mathcal{A}_1(z)=\frac{d''_1+z^{-1}}{1+d''_1z^{-1}} \tag{8.59}$$

其中

$$d''_1=\frac{d'_1-d'_2d'_1}{1-(d'_2)^2}=\frac{d'_1}{1+d'_2}=\frac{0.454\,166\,7}{1.270\,833\,3}=0.357\,377\,1 \tag{8.60}$$

最后，全通 $\mathcal{A}_1(z)$ 可以实现为乘法器系数 $k_1=d''_1=0.357\ 377\ 1$ 所描述的格型结构，而得到全通 $\mathcal{A}_3(z)$ 的完整实现，如图 8.32(c) 所示。从图 8.32(c) 注意到，所有乘法器系数的幅值都小于 1，因此式(8.56)给出的全通传输函数是稳定的。

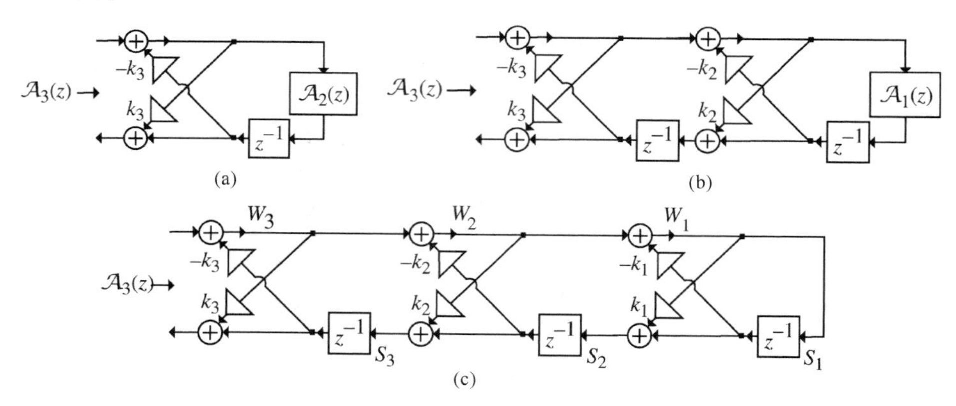

图 8.32 式(8.56)的三阶全通传输函数的级联格型实现：(a) $k_3=d_3=-0.2$；(b) $k_2=d'_2=0.270\,833\,3$；(c) $k_1=d''_1=0.357\,377\,1$

可以用 MATLAB 中的 M 文件 `poly2rc` 以级联格型实现全通传输函数。例 8.11 将具体说明。

例 8.11 用 MATLAB 实现全通传输函数的级联格型结构

现在考虑例 8.9 中式(8.39)给出的全通传输函数的级联格型实现，为此可使用程序 8_4。注意，这个程序和用于稳定性测试的程序 7_2 有相似性。在此例中程序所需的输入数据是以 z 的降幂表示的分母系数向

量。程序显示给出格型节乘法器系数如下：

```
The lattice section multipliers are
 -0.2   0.27083333   0.35737705
```

可以看到这些值与例 8.10 中的结果是一样的。

8.7　参数可调谐低通 IIR 数字滤波器对

在 7.4.2 节，我们描述了具有可调谐频率响应特性的两个一阶和两个二阶 IIR 数字传输函数。下面我们将看到，一阶低通 - 高通传输函数对可以很容易地用单个一阶全通滤波器实现。同样，带通 - 带阻传输函数对可以很容易地用单个二阶全通滤波器实现。得到的实现能提供诸如截止频率和带宽等滤波器参数的独立调谐[Mit90a]。

8.7.1　可调谐一阶低通和高通滤波器

在例 7.17 中我们证明，式(7.76)给出的一阶低通传输函数 $H_{LP}(z)$ 和式(7.79)给出的一阶高通传输函数 $H_{HP}(z)$ 是双互补对，并且可以表示为

$$\begin{aligned} H_{LP}(z) &= \frac{1}{2}\left[\frac{1-\alpha+z^{-1}-\alpha z^{-1}}{1-\alpha z^{-1}}\right] = \frac{1}{2}\left[1+\frac{-\alpha+z^{-1}}{1-\alpha z^{-1}}\right] \\ &= \tfrac{1}{2}\left[1+\mathcal{A}_1(z)\right] \end{aligned} \tag{8.61}$$

$$\begin{aligned} H_{HP}(z) &= \frac{1}{2}\left[\frac{1+\alpha-z^{-1}-\alpha z^{-1}}{1-\alpha z^{-1}}\right] = \frac{1}{2}\left[1-\frac{-\alpha+z^{-1}}{1-\alpha z^{-1}}\right] \\ &= \tfrac{1}{2}\left[1-\mathcal{A}_1(z)\right] \end{aligned} \tag{8.62}$$

其中

$$\mathcal{A}_1(z) = \frac{-\alpha+z^{-1}}{1-\alpha z^{-1}} \tag{8.63}$$

是一阶全通传输函数。基于式(8.61)和式(8.62)中分解的 $H_{LP}(z)$ 和 $H_{HP}(z)$ 的组合实现如图 8.33 所示。其中由式(8.63)给出的全通滤波器可用图 8.24 中 4 个单乘法器全通结构的任何一个实现。图 8.34 显示了两个滤波器的 3 dB 截止频率都可以通过改变乘法器的参数 α 来同时进行调整的这样一种实现。图 8.35 显示了 α 取两个不同值时，这两个滤波器的混合幅度响应。

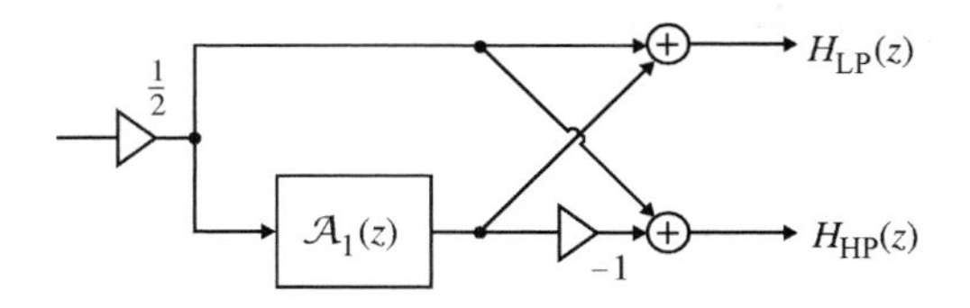

图 8.33　双互补一阶低通和高通滤波器基于全通的实现

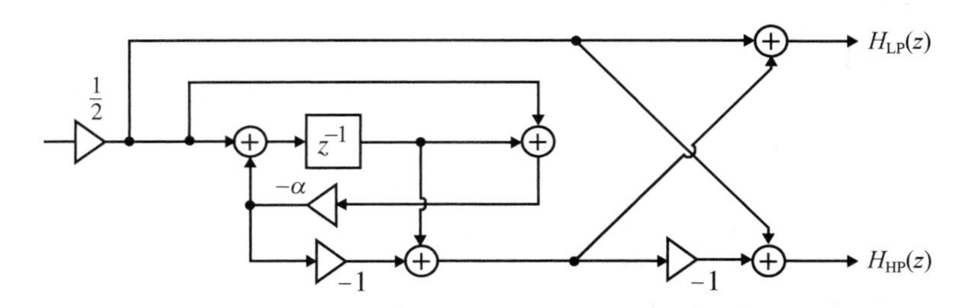

图 8.34　可调谐一阶低通/高通滤波器结构

8.7.2 可调谐二阶带通和带阻滤波器

式(7.82)给出的二阶带通传输函数 $H_{BP}(z)$ 和式(7.85)给出的二阶带阻传输函数 $H_{BS}(z)$ 也构成了一对互补对，可以表示为

$$H_{BP}(z) = \frac{1}{2}[1 - \mathcal{A}_2(z)] \tag{8.64}$$

$$H_{BS}(z) = \frac{1}{2}[1 + \mathcal{A}_2(z)] \tag{8.65}$$

其中$\mathcal{A}_2(z)$是二阶全通传输函数为

$$\mathcal{A}_2(z) = \frac{\alpha - \beta(1+\alpha)z^{-1} + z^{-2}}{1 - \beta(1+\alpha)z^{-1} + \alpha z^{-2}} \tag{8.66}$$

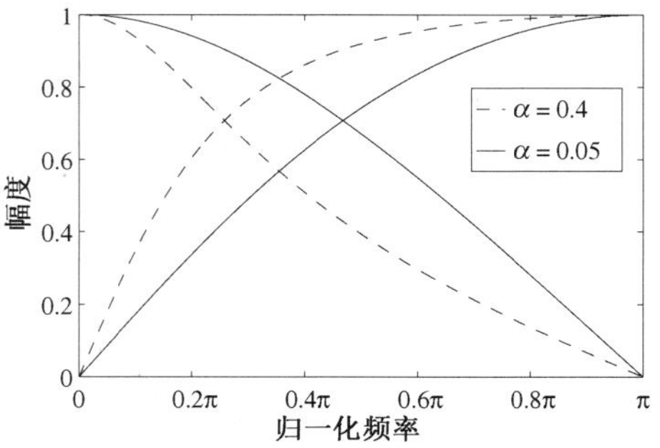

图 8.35　对于参数 α 的两个不同值，图 8.34 所示低通/高通滤波器结构的幅度响应

因此，式(7.82)给出的带通传输函数 $H_{BP}(z)$ 和式(7.85)给出的带阻传输函数 $H_{BS}(z)$，可以一起实现，如图 8.36 所示。其中，全通滤波器$\mathcal{A}_2(z)$由式(8.66)给出。接下来，我们用 8.6.2 节描述的级联格型结构实现全通$\mathcal{A}_2(z)$，就可以得到一个可调谐的带通/带阻滤波器结构，其中采用图 8.30(a)中的其单乘法器等效实现格型二端口网络。最终的结构如图 8.37 所示。注意，在图 8.37 的结构中，乘法器 β 控制中心频率，乘法器 α 控制 3 dB 带宽。图 8.38 说明了图 8.37 所示带通/带阻滤波器结构的参数可调谐特性。

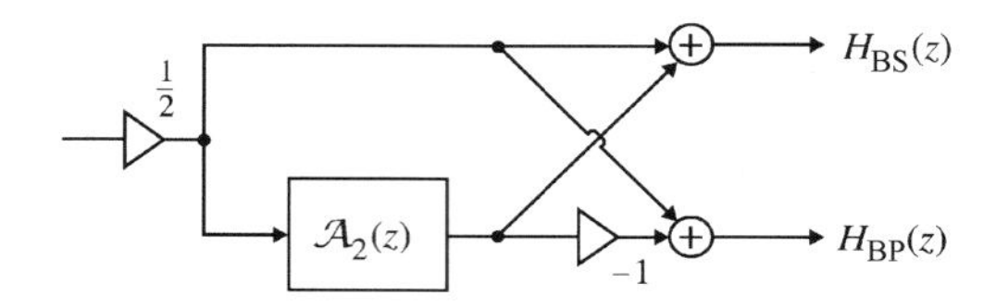

图 8.36　双互补二阶带通/带阻滤波器基于全通的实现

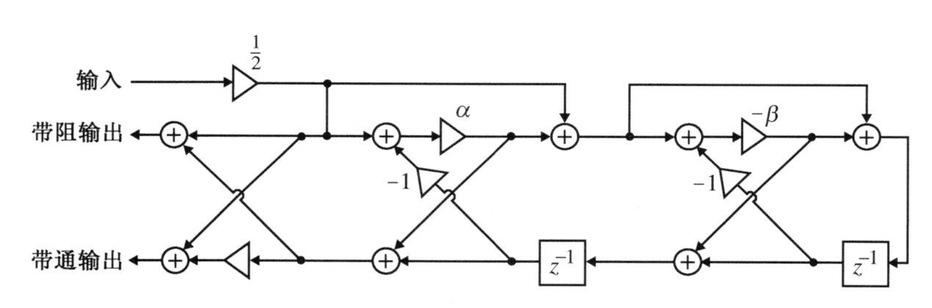

图 8.37　可调谐二阶带通/带阻滤波器结构

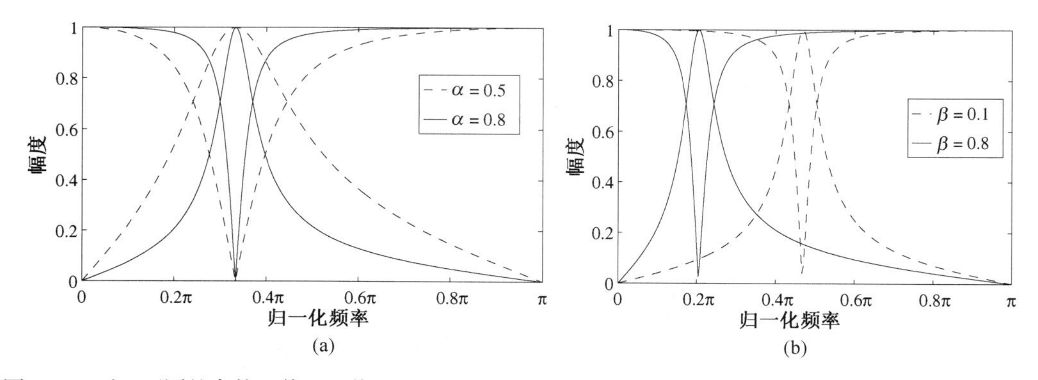

图 8.38　对于不同的参数 α 值和 β 值，图 8.37 所示带通/带阻滤波器的幅度响应：(a)$\beta = 0.5$；(b)$\alpha = 0.8$

8.8 IIR 抽头级联格型结构

8.3 节和 8.4 节分别给出了 FIR 和 IIR 传输函数的几个简单的直接实现。在大多数应用中，这些实现甚至可以在有限字长的约束下相当好地工作。但在某些情况下，需要具有更强鲁棒性的数字滤波器才能提供令人满意的性能。本节将具体介绍两种这类实现方法。

图 8.31(b)所示的级联格型结构也可以实现全极点 IIR 数字滤波器，它应用在随机信号的功率谱估计中并在随书光盘中描述。这种结构也形成了由 Gray 和 Markel 首先提出的常用的实现任意 M 阶传输函数 $H(z)$ 的基础[Gra73]。下面将首先介绍全极点 IIR 传输函数的实现结构，然后给出 Gray 和 Markel 的实现方法，并给出实现这两种 IIR 结构的 MATLAB 程序。

8.8.1 全极点 IIR 传输函数的实现

现在证明图 8.32(c)所示的级联格型结构传输函数 $W_1(z)/X_1(z)$ 是一个全极点传输函数，它与式(8.56)的全通传输函数 $\mathcal{A}_3(z)$ 有着相同的分母。首先观察到典型的格型二端口网络可以描述为

$$W_i(z) = W_{i+1}(z) - k_i z^{-1} S_i(z)$$
$$S_{i+1}(z) = k_i W_i(z) + z^{-1} S_i(z)$$

从上面可得到该二端口网络的链矩阵描述为

$$\begin{bmatrix} W_{i+1}(z) \\ S_{i+1}(z) \end{bmatrix} = \begin{bmatrix} 1 & k_i z^{-1} \\ k_i & z^{-1} \end{bmatrix} \begin{bmatrix} W_i(z) \\ S_i(z) \end{bmatrix} \tag{8.67}$$

因此，可以将图 8.32(b)的级联格型结构表示为链矩阵的形式为

$$\begin{aligned} \begin{bmatrix} X_1(z) \\ Y_1(z) \end{bmatrix} &= \begin{bmatrix} 1 & k_3 z^{-1} \\ k_3 & z^{-1} \end{bmatrix} \begin{bmatrix} 1 & k_2 z^{-1} \\ k_2 & z^{-1} \end{bmatrix} \begin{bmatrix} 1 & k_1 z^{-1} \\ k_1 & z^{-1} \end{bmatrix} \begin{bmatrix} W_1(z) \\ S_1(z) \end{bmatrix} \\ &= \begin{bmatrix} 1 + k_2(k_1 + k_3)z^{-1} + k_3 k_1 z^{-2} & k_1 z^{-1} + k_2(1 + k_1 k_3)z^{-2} + k_3 z^{-3} \\ k_3 + k_2(1 + k_1 k_3)z^{-1} + k_1 z^{-2} & k_1 k_3 z^{-1} + k_2(k_1 + k_3)z^{-2} + z^{-3} \end{bmatrix} \begin{bmatrix} W_1(z) \\ S_1(z) \end{bmatrix} \end{aligned} \tag{8.68}$$

根据式(8.68)最终得到

$$X_1(z) = \left(1 + [k_1(1 + k_2) + k_2 k_3]z^{-1} + [k_2 + k_1 k_3(1 + k_2)]z^{-2} + k_3 z^{-3}\right) W_1(z)$$

其中用到了关系式 $S_1(z) = W_1(z)$。因此，$W_1(z)/X_1(z)$ 是一个同式(8.56)给出的三阶全通传输函数有着相同分母多项式的全极点传输函数，即

$$\frac{W_1(z)}{X_1(z)} = \frac{1}{1 + [k_1(1 + k_2) + k_2 k_3]z^{-1} + [k_2 + k_1 k_3(1 + k_2)]z^{-2} + k_3 z^{-3}} \tag{8.69}$$

$$= \frac{1}{1 + d_1 z^{-1} + d_2 z^{-2} + d_3 z^{-3}} \tag{8.70}$$

其中，我们用到了 $k_1 = d_1''$、$k_2 = d_2'$ 和 $k_3 = d_3$ 及式(8.58a)、式(8.58b)和式(8.60)。

由上面的讨论可知，一般情况下，若把最右边延迟的输入作为输出，则图 8.31(b)的级联格型结构就实现了与 $A_M(z)$ 有相同分母的 M 阶全极点传输函数。这样的全极点 IIR 结构来自对自回归过程的建模，如随书光盘所述。级联格型结构的乘法器系数 $\{k_i\}$ 称为**反射系数**。

8.8.2 Gray-Markel 方法

实现 IIR 传输函数 $H(z) = P_M(z)/D_M(z)$ 的方法由两步组成。第一步，以级联格型结构实现中间的全通传输函数 $\mathcal{A}_M(z) = z^{-M}D_M(z^{-1})/D_M(z) = \tilde{D}_M(z)/D_M(z)$ ①。在第二步中，将此结构中的一组自变量以合适的权值求和，产生所求的分子 $P_M(z)$。

---

① $\tilde{D}_M(z)$ 表示 M 阶多项式 $D_M(z)$ 的镜像多项式，即 $\tilde{D}_M(z) = z^{-M}D_M(z^{-1})$。

为了说明实现分子的方法，简化起见，我们考虑一个三阶 IIR 传输函数

$$H(z)=\frac{P_3(z)}{D_3(z)}=\frac{p_0+p_1z^{-1}+p_2z^{-2}+p_3z^{-3}}{1+d_1z^{-1}+d_2z^{-2}+d_3z^{-3}} \tag{8.71}$$

的实现。在第一步中，产生中间的全通传输函数$\mathcal{A}_3(z)=Y_1(z)/X_1(z)=\tilde{D}_3(z)/D_3(z)$。例 8.10 说明了$\mathcal{A}_3(z)$的实现，得到图 8.32(c)的结构。我们的目标是将图 8.39 中的线性信号自变量 Y_1、S_1、S_2 和 S_3 以权值$\{\alpha_i\}$进行加权求和，得到所求的分子 $P_3(z)$。为此，需要分析图 8.32(c)中数字滤波器的结构并确定传输函数 $S_1(z)/X_1(z)$、$S_2(z)/X_1(z)$和 $S_3(z)/X_1(z)$。

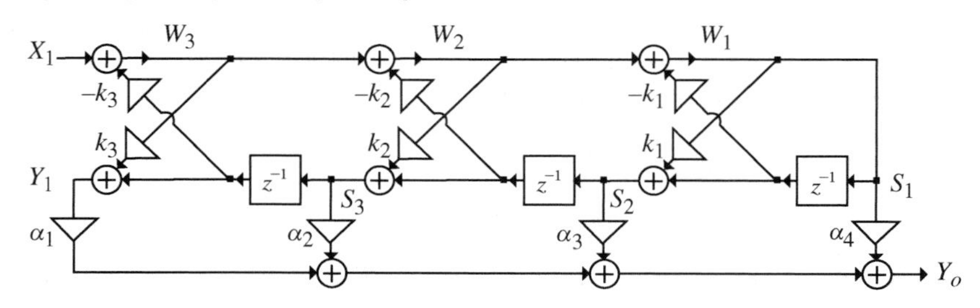

图 8.39 一个三阶传输函数的 Gray-Markel 结构

由式(8.69)有

$$\frac{S_1(z)}{X_1(z)}=\frac{1}{D_3(z)} \tag{8.72}$$

接下来，从图 8.39 观察到 $S_2(z)=(d_1''+z^{-1})S_1(z)$，因此由上式有

$$\frac{S_2(z)}{X_1(z)}=\frac{d_1''+z^{-1}}{D_3(z)} \tag{8.73}$$

最后，由图 8.39 我们有 $S_3(z)=d_2'W_2(z)+z^{-1}S_2(z)$ 和 $S_1(z)=W_2(z)-d_1''z^{-1}S_1(z)$。通过这些式子、关系 $S_2(z)=(d_1''+z^{-1})S_1(z)$ 以及式(8.58a)、式(8.58b)和式(8.60)，得到 $S_3(z)=(d_2'+d_1'z^{-1}+z^{-2})S_1(z)$，从而有

$$\frac{S_3(z)}{X_1(z)}=\frac{d_2'+d_1'z^{-1}+z^{-2}}{D_3(z)} \tag{8.74}$$

注意，传输函数 $S_i(z)/X_1(z)$的分子恰好是全通传输函数 $S_i(z)/W_i(z)$的分子。

现在，可以得到

$$\frac{Y_o(z)}{X_1(z)}=\alpha_1\frac{Y_1(z)}{X_1(z)}+\alpha_2\frac{S_3(z)}{X_1(z)}+\alpha_3\frac{S_2(z)}{X_1(z)}+\alpha_4\frac{S_1(z)}{X_1(z)} \tag{8.75}$$

将式(8.72)代入式(8.74)，并将式(8.56)给出的 $Y_1(z)/X_1(z)=\mathcal{A}_3(z)$表达式代入式(8.75)，得到

$$\frac{Y_o(z)}{X_1(z)}=\frac{\begin{array}{c}\alpha_1(d_3+d_2z^{-1}+d_1z^{-2}+z^{-3})\\+\alpha_2(d_2'+d_1'z^{-1}+z^{-2})+\alpha_3(d_1''+z^{-1})+\alpha_4\end{array}}{D_3(z)} \tag{8.76}$$

比较式(8.71)和式(8.76)等号右边的分子，且将 z^{-1}的相同幂的系数联立，可得

$$\begin{aligned}\alpha_1d_3+\alpha_2d_2'+\alpha_3d_1''+\alpha_4&=p_0\\ \alpha_1d_2+\alpha_2d_1'+\alpha_3&=p_1\\ \alpha_1d_1+\alpha_2&=p_2\\ \alpha_1&=p_3\end{aligned}$$

求解上式得

$$\begin{aligned}\alpha_1&=p_3\\ \alpha_2&=p_2-\alpha_1d_1\\ \alpha_3&=p_1-\alpha_1d_2-\alpha_2d_1'\\ \alpha_4&=p_0-\alpha_1d_3-\alpha_2d_2'-\alpha_3d_1''\end{aligned} \tag{8.77}$$

该式具有前馈抽头系数 α_i并适合进行逐步计算的形式。例 8.12 中将进一步说明上述方法。

例 8.12　Gray-Markel 方法的实现示例

在此讨论用 Gray-Markel 方法实现例 8.3 中式(8.26)描述的传输函数。为方便起见，将该式重写如下：

$$H(z)=\frac{P_3(z)}{D_3(z)}=\frac{0.44z^{-1}+0.362z^{-2}+0.02z^{-3}}{1+0.4z^{-1}+0.18z^{-2}-0.2z^{-3}} \tag{8.78}$$

构造与式(8.78)中 $H(z)$ 的分母相同的中间全通传输函数 $\mathcal{A}_3(z)$，其实现在例 8.10 进行并在图 8.32(c)中给出，其中

$$d_3=-0.2,\quad d_2'=0.2708333\quad 和\quad d_1''=0.3573771$$

为了实现分子，用式(8.77)来计算抽头系数 $\{\alpha_i\}$。将值

$$d_1=0.4,\quad d_2=0.18,\quad d_3=-0.2,\quad d_1'=0.4541667,\quad d_1''=0.3573771,\quad d_2'=0.2708333$$

以及分子系数值

$$p_0=0,\quad p_1=0.44,\quad p_2=0.36,\quad p_3=0.02$$

代入到式(8.77)中，我们得到

$$\alpha_1=0.02,\quad \alpha_2=0.352,\quad \alpha_3=0.2765333,\quad \alpha_4=-0.19016$$

最后的实现如图 8.39 所示，其乘法器值如上。

8.8.3　用 MATLAB 实现

零极点和全极点的 IIR 级联格型结构都可以根据其特定传输函数，在 MATLAB 中用 M 文件 `tf2latc` 生成。函数 `latc2tf` 实现相反的过程，并可以用来验证实现的正确性。

下面的例 8.13 和例 8.14 说明了函数 `tf2latc` 的用法。

例 8.13　Gray-Markel 方法的 MATLAB 实现

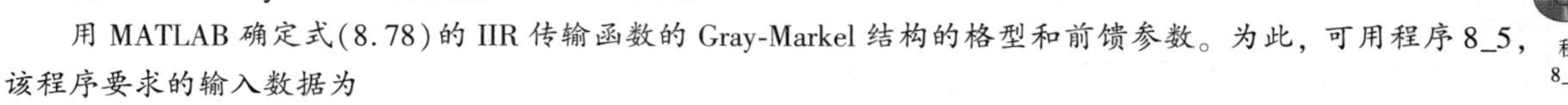

用 MATLAB 确定式(8.78)的 IIR 传输函数的 Gray-Markel 结构的格型和前馈参数。为此，可用程序 8_5，该程序要求的输入数据为

```
num = [0  0.44  0.36  0.02]
den = [1  0.4   0.18  -0.2]
```

程序得到的输出数据为

```
Lattice parameters are
   0.35737704918033   0.27083333333333  -0.2

Feedforward multipliers are
   0.02   0.352   0.27653333333333  -0.19016
```

可以看出，这个结果与例 8.12 中的结果是一样的。

程序 8_5 也可以用来实现全极点 IIR 传输函数的级联格型实现，如例 8.14 所示。

例 8.14　用 MATLAB 的全极点 IIR 传输函数级联格型实现

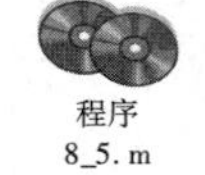

现在实现全极点传输函数

$$H(z)=\frac{1}{1+0.5z^{-1}+0.4z^{-2}+0.3z^{-3}+0.2z^{-4}}$$

对上面的传输函数运行程序 8_5 生成的输出数据为

```
Lattice parameters are
    0.325581395   0.24863884   0.20833333   0.20000000

Feedforward multipliers are
    0      0      0      0      1
```

因为所有的格型参数的绝对值小于 1，所以可以保证 $H(z)$ 是稳定的。

程序 8_6 可以用来验证用程序 8_5 得到的级联格型结构，如例 8.15 所示。

例 8.15　用 MATLAB 确定 Gray-Markel 结构的传输函数

程序 8_6.m

验证例 8.13 得到的级联格型结构。程序 8_6 要求的输入数据是

```
k1 = [0.35737704918033   0.27083333333333  -0.2]
alpha = [0.02   0.352   0.27653333333333  -0.19016]
```

程序接着生成下面的输出数据:

```
Numerator coefficients are
   -0.00   0.44   0.36   0.02

Denominator coefficients are
    1.00   0.40   0.180  -0.20
```

可以看出,它们和式(8.78)给出的结果是一样的。

8.9　FIR 级联格型结构

有几种类型的级联格型结构可以用来实现 FIR 实系数传输函数。本节描述两种实现方法。我们在这里描述一种用于一对任意 FIR 传输函数的典范型实现方法,然后说明如何通过修改该方法用于单个传输函数的实现。接着,我们给出一个满足式(7.126)中的功率对称条件的 FIR 传输函数级联实现。

8.9.1　一对任意 FIR 传输函数的实现

图 8.40 给出了一种实现任意 FIR 传输函数的级联格型滤波器结构[Dut2007]。描述此结构的不同的传输函数对为

$$H_i(z)=\frac{X_i(z)}{X_{\text{in}}(z)}=a_0^{(i)}+a_1^{(i)}z^{-1}+a_2^{(i)}z^{-2}+\cdots+a_i^{(i)}z^{-i},\quad 0\leqslant i\leqslant N \tag{8.79a}$$

$$G_i(z)=\frac{Y_i(z)}{X_{\text{in}}(z)}=b_0^{(i)}+b_1^{(i)}z^{-1}+b_2^{(i)}z^{-2}+\cdots+b_i^{(i)}z^{-i},\quad 0\leqslant i\leqslant N \tag{8.79b}$$

其中 $H_N(z)$ 和 $G_N(z)$ 是指定的一对 FIR 传输函数。从图 8.40 中可以看出,该结构只需要 N 个延迟,并且在一般情况下,只需 $2(N+1)$ 个乘法器去实现两个长度为 $(N+1)$ 的 FIR 传输函数。因此,与其他任何方法相比所提出的实现计算上非常有效。

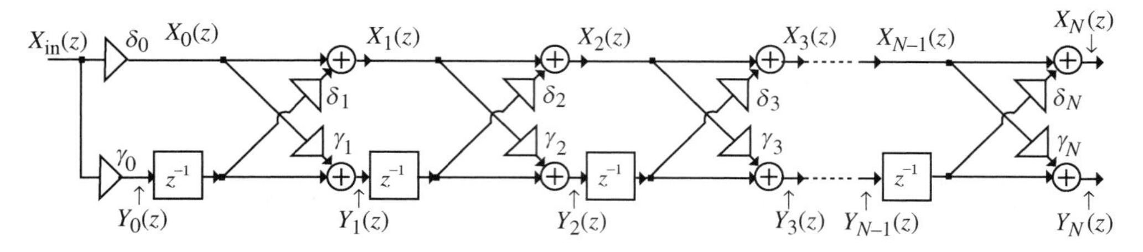

图 8.40　FIR 级联格型结构

给定 i 阶 FIR 传输函数 $H_i(z)$ 和 $G_i(z)$,其中 $N\geqslant i\geqslant 1$,其目标是选出合适的第 i 级格型参数值 δ_i 和 γ_i,使得 FIR 传输函数 $H_{i-1}(z)$ 和 $G_{i-1}(z)$ 是低一阶的。我们先描述实现一对 FIR 传输函数的一般算法,并通过一个例子的帮助来说明。然后,我们指出一般的算法会出错的一些情况,并提出修正来解决这些问题。最后讨论实现算法的 MATLAB 实现。

实现方法

从图 8.40 可以看出,传输函数对 $\{H_i(z),\ G_i(z)\}$ 与传输函数对 $\{H_{i-1}(z),\ G_{i-1}(z)\}$ 建立如下关系

$$H_i(z)=H_{i-1}(z)+z^{-1}\delta_i G_{i-1}(z) \tag{8.80a}$$

$$G_i(z)=\gamma_i H_{i-1}(z)+z^{-1}G_{i-1}(z) \tag{8.80b}$$

解上面一对方程,得到

$$H_{i-1}(z) = K_i\,[H_i(z) - \delta_i G_i(z)] \tag{8.81a}$$

$$G_{i-1}(z) = K_i z\,[G_i(z) - \gamma_i H_i(z)] \tag{8.81b}$$

其中

$$K_i = \frac{1}{1-\delta_i\gamma_i} \tag{8.82}$$

将式(8.79a)和式(8.79b)中给出的 $H_i(z)$ 和 $G_i(z)$ 的表达式代入到式(8.81a)和式(8.81b)中，得到

$$H_{i-1}(z) = K_i\left[(a_0^{(i)} - \delta_i b_0^{(i)}) + (a_1^{(i)} - \delta_i b_1^{(i)})z^{-1} + \cdots + (a_i^{(i)} - \delta_i b_i^{(i)})z^{-i}\right] \tag{8.83a}$$

$$G_{i-1}(z) = K_i z\left[(b_0^{(i)} - \gamma_i a_0^{(i)}) + (b_1^{(i)} - \gamma_i a_1^{(i)})z^{-1} + \cdots + (b_i^{(i)} - \gamma_i a_i^{(i)})z^{-i}\right] \tag{8.83b}$$

由上式可知，若选择

$$\delta_i = a_i^{(i)}/b_i^{(i)},\ \ \gamma_i = b_0^{(i)}/a_0^{(i)} \tag{8.84}$$

则 $H_{i-1}(z)$ 和 $G_{i-1}(z)$ 均为 $i-1$ 阶的 FIR 传输函数。

实现方法从 $i=N$ 开始，然后对 $i=N-1,\ N-2,\ \cdots,\ 1$ 重复，产生一系列 $N-1$ 低阶传输函数对 $\{H_i(z),\ G_i(z)\}$，其系数为

$$a_r^{(i)} = K_{i+1}\left[a_r^{(i+1)} - \delta_{i+1}b_r^{(i+1)}\right],\ \ 0 \leqslant r \leqslant i \tag{8.85a}$$

$$b_r^{(i)} = K_{i+1}\left[b_{r+1}^{(i+1)} - \gamma_{i+1}a_{r+1}^{(i+1)}\right],\ \ 0 \leqslant r \leqslant i \tag{8.85b}$$

在得到一阶 FIR 传输函数对 $H_1(z)$ 和 $G_1(z)$ 后，该过程停止。

最后，在输入端的两个尺度缩放乘法器为

$$\delta_0 = H_0(z) = K_1\left(a_0^{(1)} - \delta_1 b_0^{(1)}\right) \tag{8.86a}$$

$$\gamma_0 = G_0(z) = K_1\left(b_1^{(1)} - \gamma_1 a_1^{(1)}\right) \tag{8.86b}$$

其中 $K_1=1/(1-\delta_1\gamma_1)$。把 K_1、δ_1 和 γ_1 的值代入上式，得到

$$\delta_0 = a_0^{(1)},\ \ \gamma_0 = b_1^{(1)} \tag{8.87}$$

我们在例 8.16 中说明上面的实现方法。

例 8.16　一对 FIR 传输函数的级联格型实现

考虑 4 阶 FIR 传输函数

$$H_4(z) = 2 + 20z^{-1} - 83z^{-2} - 10z^{-3} + 2z^{-4} \tag{8.88a}$$

$$G_4(z) = 10 + 34z^{-1} - 107z^{-2} - 17z^{-3} - z^{-4} \tag{8.88b}$$

的实现。用式(8.84)，得到第 4 级的格型参数为

$$\delta_4 = \frac{a_4^{(4)}}{b_4^{(4)}} = \frac{2}{-1} = -2;\ \ \gamma_4 = \frac{b_0^{(4)}}{a_0^{(4)}} = \frac{10}{2} = 5$$

把上面的格型参数的值以及 $H_4(z)$ 和 $G_4(z)$ 的表达式代入式(8.81a)和(8.81b)中，得到

$$H_3(z) = 2 + 8z^{-1} - 27z^{-2} - 4z^{-3},\ \ G_3(z) = -6 + 28z^{-1} + 3z^{-2} - z^{-3}$$

由上式中我们接下来得到第 3 级的格型参数为

$$\delta_3 = \frac{a_3^{(3)}}{b_3^{(3)}} = \frac{-4}{-1} = 4;\ \ \gamma_3 = \frac{b_0^{(3)}}{a_0^{(3)}} = \frac{-6}{2} = -3$$

继续该实现过程，我们得到剩下的中间传输函数对及其相应的格型参数，如下给出

$$H_2(z) = 2 - 8z^{-1} - 3z^{-2},\ \ G_2(z) = 4 - 6z^{-1} - z^{-2}$$

$$\delta_2 = \frac{a_2^{(2)}}{b_2^{(2)}} = \frac{-3}{-1} = 3;\ \ \gamma_2 = \frac{b_0^{(2)}}{a_0^{(2)}} = \frac{4}{2} = 2$$

$$H_1(z) = 2 - 2z^{-1},\ G_1(z) = -2 - z^{-1}$$

$$\delta_1 = \frac{a_1^{(1)}}{b_1^{(1)}} = \frac{-2}{-1} = 2;\ \gamma_1 = \frac{b_0^{(1)}}{a_0^{(1)}} = \frac{-2}{2} = -1$$

及

$$H_0(z) = \delta_0 = a_0^{(1)} = 2,\ G_0(z) = \gamma_0 = b_1^{(1)} = -1$$

式(8.88a)和式(8.88b)中 FIR 传输函数对的最终实现如图 8.41 所示。

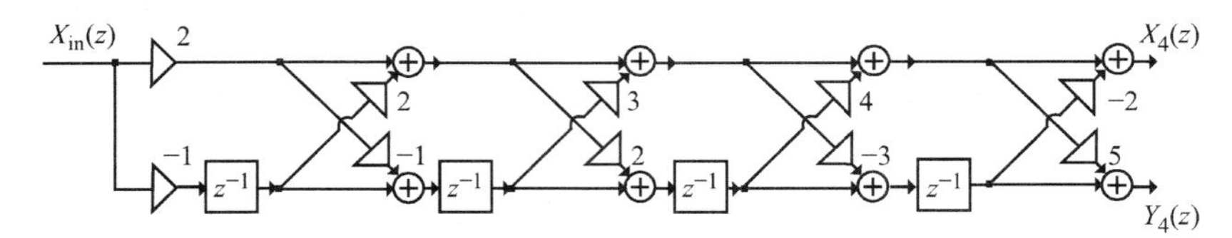

图 8.41　式(8.88a)和式(8.88b)的 FIR 传输函数对的级联格型实现

特殊情况

上述的方法在某些传输函数参数值中会出错。我们接下来研究这些情况，并给出可能的解决方法[Dut2008]。在实现方法中，传输函数对出错的例子在习题 8.54 中给出。

情况 1。从式(8.84)可以看出，如果 $b_i^{(i)}=0$，则 $\delta_i \to \infty$ 引起提前终止。为了解决此问题，分别重新将 $H_i(z)$ 和 $G_i(z)$ 标示为 $G_i'(z)$ 和 $H_i'(z)$：

$$H_i'(z) = G_i(z) = b_0^{(i)} + b_1^{(i)}z^{-1} + b_2^{(i)}z^{-2} + \cdots + b_{i-1}^{(i)}z^{-(i-1)} \tag{8.89a}$$

$$G_i'(z) = H_i(z) = a_0^{(i)} + a_1^{(i)}z^{-1} + a_2^{(i)}z^{-2} + \cdots + a_i^{(i)}z^{-i} \tag{8.89b}$$

得到格型参数为

$$\delta_i = 0,\ \gamma_i = a_0^{(i)}/b_0^{(i)} \tag{8.90}$$

然后用初始传输函数继续实现过程。

情况 2。从式(8.84)可以很明显看出，若 $a_0^{(i)}=0$，因此由于 $\gamma_i \to \infty$，该方法失败。此时，分别重新将 $H_i(z)$ 和 $G_i(z)$ 标示为 $G_i'(z)$ 和 $H_i'(z)$，如下所示：

$$H_i'(z) = G_i(z) = b_0^{(i)} + b_1^{(i)}z^{-1} + b_2^{(i)}z^{-2} + \cdots + b_i^{(i)}z^{-i} \tag{8.91a}$$

$$G_i'(z) = H_i(z) = a_1^{(i)}z^{-1} + a_2^{(i)}z^{-2} + \cdots + a_i^{(i)}z^{-i} \tag{8.91b}$$

得到格型参数

$$\delta_i = b_i^{(i)}/a_i^{(i)},\ \gamma_i = 0 \tag{8.92}$$

然后用初始传输函数继续该实现方法。

情况 3。若 $a_0^{(i)}=0$ 且 $b_i^{(i)}=0$，实现方法也会出错。为了避免出错，重新将 $H_i(z)$ 和 $G_i(z)$ 标示为

$$H_i(z) = z^{-1}\left(a_1^{(i)} + a_2^{(i)}z^{-1} + \cdots + a_i^{(i)}z^{-(i-1)}\right) = z^{-1}H_{i-1}(z) \tag{8.93a}$$

$$G_i(z) = b_0^{(i)} + b_1^{(i)}z^{-1} + b_2^{(i)}z^{-2} + \cdots + b_{i-1}^{(i)}z^{-(i-1)} = G_{i-1}(z) \tag{8.93b}$$

按通常的方法来实现传输函数对 $H_{i-1}(z)$ 和 $G_{i-1}(z)$，然后在顶层乘法器 δ_0 之前插入一个单位延迟。

情况 4。若 $a_i^{(i)}b_0^{(i)} = b_i^{(i)}a_0^{(i)}$，从式(8.84)中可以看出 $\delta_i\gamma_i = 1$，引起实现方法失败。为了防止出错，我们先实现传输函数对 $H_i'(z) = H_i(z) + 1$ 和 $G_i(z)$，然后通过形成 $H_i'(z) - 1$ 来恢复 $H_i(z)$。

实现一对镜像 FIR 传输函数

若 $G_N(z) = z^{-N}H_N(z^{-1})$，即 $G_N(z)$ 是 $H_N(z)$ 的镜像，其系数为 $b_r^{(N)} = a_{N-r}^{(N)}$，由式(8.84)可以得到 $\delta_N = \gamma_N = a_N^{(N)}/a_0^{(N)}$，且 $K_N = 1/(1-\delta_N^2)$。将这些值代入到式(8.83a)和式(8.83b)中，可以证明 $G_{N-1}(z)$ 也是 $H_{N-1}(z)$ 的镜像。此时，格型参数被称为**反射系数**或者**偏相关系数**。

可以证明，这里所有的相关传输函数为

$$H_{i-1}(z)=z^{-(i-1)}G_{i-1}(z^{-1})=\frac{1}{1-\delta_i^2}\left[\sum_{r=0}^{i-1}\left(a_r^{(i)}-\delta_i a_{N-r}^{(i)}\right)z^{-r}\right],1\leqslant i\leqslant N \tag{8.94}$$

其中 $\delta_i=a_i^{(i)}/a_0^{(i)}$。因此，一般实现方法简化为 Makhoul 提出的方法[Mak75]，他提出了该方法在线性预测和维纳滤波中的应用。级联格型 FIR 滤波器结构最初被用于语音分析[Ita72]。可以证明，当且仅当(参见习题 8.55)

$$-1<\delta_i<1,\ 1\leqslant i\leqslant N$$

时，传输函数 $H_N(z)$ 和 $G_N(z)$ 分别具有最小相位和最大相位。

注意，由于每个格型级需要两个乘法器，相对于乘法器数量，产生的结构已不再是计算高效的。然而，每一级的一些单乘法器实现可以通过对输入尺度缩放来得到[Mak78]。

由式(8.94)可得，在第 i 级时，若格型参数 $\delta_i=\pm 1$，则实现方法会出错。

实现一对功率互补 FIR 传输函数

另一种有意义的情况是，当 $H_i(z)$ 和 $G_i(z)$ 是功率互补滤波器对时；即 $G_i(z)=z^{-i}H(-z^{-1})$。此时，可以证明第 i 级格型乘法器满足关系 $\delta_i=(-1)^i\gamma_i$。功率互补滤波器对在数字立体声中和多抽样率数字信号处理中用做分频网络。这种情况下一般算法的改进留做练习(参见习题 8.56)。若在第 i 级 $(-1)^i\delta_i\gamma_i=1$，则该方法也会提前终止。

实现单 FIR 传输函数

可以通过把一个典范型单 FIR 传输函数 $H_N(z)$ 分解为两个较低阶的传输函数之和来得到它的级联格型实现[Dut2007]。所用的分解类型取决于次数 N 值。

***N* 为奇数**。此时，将 $H_N(z)$ 表示为

$$H_N(z)=H_{(N-1)/2}(z)+z^{-(N+1)/2}G_{(N-1)/2}(z) \tag{8.95}$$

其中

$$H_{(N-1)/2}(z)=a_0^{(N)}+a_1^{(N)}z^{-1}+\cdots+a_{(N-1)/2}^{(N)}z^{-(N-1)/2} \tag{8.96a}$$

$$G_{(N-1)/2}(z)=a_{(N+1)/2}^{(N)}+a_{(N+3)/2}^{(N)}z^{-1}+\cdots+a_N^{(N)}z^{-(N-1)/2} \tag{8.96b}$$

传输函数对 $H_{(N-1)/2}(z)$ 和 $G_{(N-1)/2}(z)$ 会按照前面提出的过程实现，然后按式(8.95)来合并。

***N* 为偶数**。此时，把 $H_N(z)$ 分解为

$$H_N(z)=H_{(N-2)/2}(z)+z^{-N/2}G_{N/2}(z) \tag{8.97}$$

其中

$$H_{(N-2)/2}(z)=a_0^{(N)}+a_1^{(N)}z^{-1}+\cdots+a_{(N-2)/2}^{(N)}z^{-(N-2)/2} \tag{8.98a}$$

$$G_{N/2}(z)=a_{N/2}^{(N)}+a_{(N+2)/2}^{(N)}z^{-1}+\cdots+a_N^{(N)}z^{-N/2} \tag{8.98b}$$

接下来，传输函数对 $H_{(N-2)/2}(z)$ 和 $G_{N/2}(z)$ 如式(8.97)所示的那样进行实现与合并。

注意，上述把一个单 FIR 传输函数分解为两个较低阶 FIR 传输函数的方法并非唯一的，许多其他类型的分解也是可行的[Dut2007]。

用 MATLAB 实现

函数 `tfpair2latc` 可以用来计算图 8.40 中级联格型结构的格型参数。为此，我们可以用程序 8_7。程序调用的输入数据是以 z^{-1} 的升幂形式表示的 $H_4(z)$ 和 $G_4(z)$ 的系数向量。

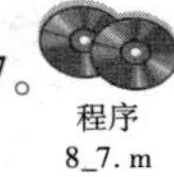
程序 8_7.m

我们在例 8.17 中说明它的应用。

例 8.17　用 MATLAB 实现 FIR 传输函数的级联格型结构

我们用程序 8_7 来实现例 8.16 中的 FIR 传输函数对。得到的输出数据是格型参数 δ_i 和 γ_i 的向量，给出如下：

```
Lattice parameters delta are
2      2      3      4      -2
Lattice parameters gamma are
-1     -1     2      -3     5
```

可以看出，这个结果与例8.16中的计算结果一致。

程序8_7也可以用来计算一对镜像FIR传输函数和一对功率互补FIR传输函数的格型参数。MATLAB中的M文件`tf2latc`和`poly2rc`均可以用来确定镜像FIR传输函数的格型参数。

程序8_7产生的FIR级联格型结构也可以用函数`latc2tfpair`来验证。同样，用函数`tf2latc`产生的FIR级联格型结构也可以用`latc2tf`来验证。

8.9.2 功率对称FIR级联格型结构

图8.42画出了实现N阶实系数FIR传输函数$H_N(z)$的另一种级联格型结构[Vai86b]。然而，为了保证可实现性，传输函数必须满足式(7.126)给出的**功率对称条件**。为方便重写如下：

$$H_N(z)H_N(z^{-1}) + H_N(-z)H_N(-z^{-1}) = K_N \tag{8.99}$$

其中K_N是常数。这里，我们首先分析图8.42的结构，然后推导具体的合成过程。

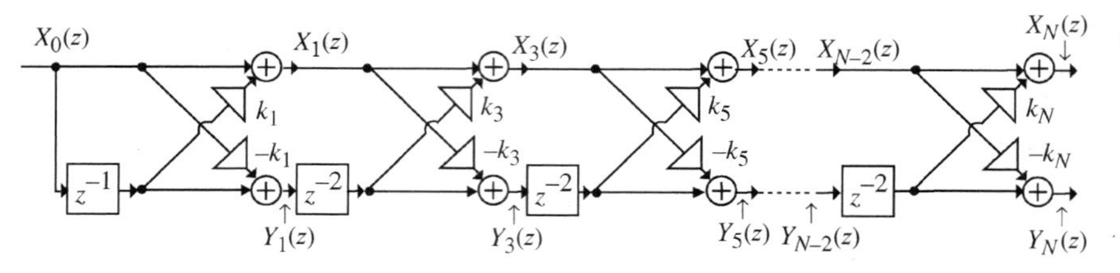

图8.42 功率对称FIR级联格型结构

定义$H_i(z)=X_i(z)/X_0(z)$和$G_i(z)=Y_i(z)/X_0(z)$。由图8.42可观察到

$$\begin{aligned} X_1(z) &= X_0(z) + k_1 z^{-1} X_0(z) \\ Y_1(z) &= -k_1 X_0(z) + z^{-1} X_0(z) \end{aligned} \tag{8.100}$$

因此

$$\begin{aligned} H_1(z) &= 1 + k_1 z^{-1} \\ G_1(z) &= -k_1 + z^{-1} \end{aligned} \tag{8.101}$$

很容易验证

$$G_1(z) = z^{-1} H_1(-z^{-1}) \tag{8.102}$$

接着，根据图8.42，可以推出，传输函数$H_i(z)$和$G_i(z)$可用$H_{i-2}(z)$和$G_{i-2}(z)$表示为

$$\begin{aligned} H_i(z) &= H_{i-2}(z) + k_i z^{-2} G_{i-2}(z) \\ G_i(z) &= -k_i H_{i-2}(z) + z^{-2} G_{i-2}(z) \end{aligned} \tag{8.103}$$

若

$$G_{i-2}(z) = z^{-(i-2)} H_{i-2}(-z^{-1})$$

容易证明

$$G_i(z) = z^{-i} H_i(-z^{-1}) \tag{8.104}$$

然而，由式(8.102)可以看出，式(8.104)对$i=1$成立。因此，式(8.104)对所有奇数值i均成立。该结果也表明了N必须是奇数。

很容易证明$H_i(z)$和$G_i(z)$满足式(8.99)的功率对称条件。另外，$H_i(z)$和$G_i(z)$是功率互补的，即

$$\left|H_i(e^{j\omega})\right|^2 + \left|G_i(e^{j\omega})\right|^2 = C_i \tag{8.105}$$

其中C_i是一个常量。

为了得到综合式，将式(8.103)反转，得到

$$\begin{aligned} (1+k_i^2)H_{i-2}(z) &= H_i(z) - k_i G_i(z) \\ (1+k_i^2)z^{-2}G_{i-2}(z) &= k_i H_i(z) + G_i(z) \end{aligned} \tag{8.106}$$

注意到在第 i 步，可以选择乘法器系数 k_i 来消去 $H_i(z)-k_iG_i(z)$ 中 z^{-1} 的最高阶 z^{-i} 的系数。对系数 k_i 的该选择也能消去 z^{-i+1} 阶的系数，使得 $H_{i-2}(z)$ 成为 $i-2$ 次的多项式。

通过令 $i=N$ 开始处理，并且用式(8.104)计算 $G_N(z)$。接着，由上面的递归关系可以求得传输函数 $H_{N-2}(z)$ 和 $G_{N-2}(z)$。一直重复这个过程，直到所有的格型系数都求出为止。

例 8.18 将说明上述综合方法。

例 8.18　功率对称 FIR 传输函数的级联格型实现

用图 8.42 所示的级联格型结构的形式来实现 FIR 传输函数

$$H_5(z)=1+0.3z^{-1}+0.2z^{-2}-0.376z^{-3}-0.06z^{-4}+0.2z^{-5}$$

容易证明上面的传输函数满足式(8.99)的功率对称条件。接下来形成

$$G_5(z)=z^{-5}H_5(-z^{-1})=-0.2-0.06z^{-1}+0.376z^{-2}+0.2z^{-3}-0.3z^{-4}+z^{-5}$$

为了求 $H_3(z)$，首先得到

$$\begin{aligned}H_5(z)-k_5G_5(z)=&(1+0.2k_5)+(0.3+0.06k_5)z^{-1}+(0.2-0.376k_5)z^{-2}\\&+(-0.376-0.2k_5)z^{-3}+(-0.06+0.3k_5)z^{-4}+(0.2-k_5)z^{-5}\end{aligned}$$

为了消去上面表达式中 z^{-5} 的系数，选择

$$k_5=0.2$$

然后，由式(8.106)和上式，有

$$\begin{aligned}H_3(z)&=\tfrac{1}{1.04}(1.04+0.312z^{-1}+0.1248z^{-2}-0.416z^{-3})\\&=1+0.3z^{-1}+0.12z^{-2}-0.4z^{-3}\end{aligned}$$

现在可以计算出

$$\begin{aligned}0.2H_5(z)+G_5(z)=&(0.2-0.2)+(0.06-0.06)z^{-1}+(0.04+0.376)z^{-2}\\&+(-0.0752+0.2)z^{-3}+(-0.012-0.3)z^{-4}+1.04z^{-5}\end{aligned}$$

因此，由式(8.106)和上式，有

$$\begin{aligned}G_3(z)&=\tfrac{1}{1.04}(0.416+0.1248z^{-1}-0.312z^{-2}+1.04z^{-3})\\&=0.4+0.12z^{-1}-0.3z^{-2}+z^{-3}\end{aligned}$$

继续上面的过程，可以得出剩下的两个乘法器系数：

$$k_3=-0.4,\qquad k_1=0.3$$

8.10　IIR 传输函数的并联全通实现

在 8.7.1 节中，我们已经说明了一对双互补一阶低通和高通传输函数可以如图 8.33 中所示来实现。同样，在 8.7.2 节中，我们证明了一对双互补二阶带通和带阻传输函数的结构也是可以如图 8.36 所示来实现的。这两个结构可以看成是形如图 8.43 所示的两个稳定的全通滤波器并联组成的结构的特殊情况，其中全通节是零阶传输函数。本节考虑形如图 8.43 的 N 阶传输函数 $G(z)$ 和其功率互补传输函数 $H(z)$ 的实现[Vai86a]。正如后面将要指出的，从实现的角度，这种结构有很多非常吸引人的性质。

由图 8.43 可知

$$G(z)=\tfrac{1}{2}\{\mathcal{A}_0(z)+\mathcal{A}_1(z)\}\qquad(8.107\text{a})$$

$$H(z)=\tfrac{1}{2}\{\mathcal{A}_0(z)-\mathcal{A}_1(z)\}\qquad(8.107\text{b})$$

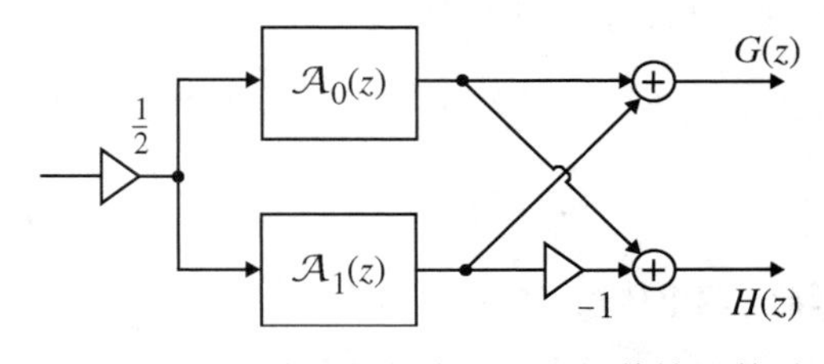

图 8.43　用并联全通结构实现双互补传输函数对

很容易证明 $G(z)$ 和 $H(z)$ 有形如式(8.107a)和式(8.107b)的全通分解的和的必要条件是它们均为有界实(BR) IIR 传输函数(参见习题 7.78)①。通过简单的尺度缩放，任意稳定的传输函数容易满足 BR 条件。令

① 有界实传输函数的定义参见 7.1.2 节。

$$G(z)=\frac{P(z)}{D(z)}=\frac{p_0+p_1z^{-1}+\cdots+p_Nz^{-N}}{1+d_1z^{-1}+\cdots+d_Nz^{-N}} \tag{8.108}$$

是 N 阶实系数 BR 传输函数，其功率互补传输函数为

$$H(z)=\frac{Q(z)}{D(z)}=\frac{q_0+q_1z^{-1}+\cdots+q_Nz^{-N}}{1+d_1z^{-1}+\cdots+d_Nz^{-N}} \tag{8.109}$$

功率互补性质表明

$$\left|G(\mathrm{e}^{\mathrm{j}\omega})\right|^2+\left|H(\mathrm{e}^{\mathrm{j}\omega})\right|^2=1 \tag{8.110}$$

由式(8.107a)可知 $G(z)$ 必有一个对称分子，即

$$p_n=p_{N-n} \tag{8.111}$$

由式(8.107b)可知 $H(z)$ 必有一个反对称分子，即

$$q_n=-q_{N-n} \tag{8.112}$$

接下来我们推出从特定的传输函数 $G(z)$ 识别两个全通传输函数的过程。式(8.111)给出的 $G(z)$ 的分子的对称性质表明

$$P(z^{-1})=z^NP(z) \tag{8.113}$$

同样，式(8.112)给出的 $H(z)$ 的分子的反对称性质表明

$$Q(z^{-1})=-z^NQ(z) \tag{8.114}$$

通过解析开拓，可将式(8.110)重写为

$$G(z^{-1})G(z)+H(z)H(z^{-1})=1 \tag{8.115}$$

将 $G(z)=P(z)/D(z)$ 和 $H(z)=Q(z)/D(z)$ 代入式(8.115)，并利用式(8.113)和式(8.114)，可得

$$[P(z)+Q(z)][P(z)-Q(z)]=z^{-N}D(z^{-1})D(z) \tag{8.116}$$

由式(8.113)和式(8.114)的关系，可以写出

$$P(z)-Q(z)=z^{-N}[P(z^{-1})+Q(z^{-1})] \tag{8.117}$$

若将 $[P(z)+Q(z)]$ 的零点表示为 $z=\xi_k$，$1\leqslant k\leqslant N$，则由式(8.116)可知 $z=1/\xi_k$，$1\leqslant k\leqslant N$，是 $[P(z)-Q(z)]$ 的零点，即 $[P(z)-Q(z)]$ 是 $[P(z)+Q(z)]$ 的镜像多项式。由于 $G(z)$ 和 $H(z)$ 被假定为稳定的传输函数，由式(8.117)也可以推得 $[P(z)+Q(z)]$ 在单位圆内的零点就是 $D(z)$ 的零点，而 $[P(z)+Q(z)]$ 在单位圆外的零点就是 $D(z^{-1})$ 的零点。令 $z=\xi_k$，$1\leqslant k\leqslant r$，是 $[P(z)+Q(z)]$ 在单位圆内的 r 个零点，而且剩下的 $N-r$ 个零点，$z=\xi_k$，$r+1\leqslant k\leqslant N$，在单位圆外。因此，由式(8.117)可以看出 $D(z)$ 的 N 个零点为

$$z=\begin{cases}\xi_k, & 1\leqslant k\leqslant r\\ \frac{1}{\xi_k}, & r+1\leqslant k\leqslant N\end{cases}$$

现在要做的是用合适的全通传输函数 $\mathcal{A}_0(z)$ 和 $\mathcal{A}_1(z)$ 来识别上面的零点。为此，由式(8.107a)和式(8.107b)得到

$$\mathcal{A}_0(z)=G(z)+H(z)=\frac{P(z)+Q(z)}{D(z)} \tag{8.118a}$$

$$\mathcal{A}_1(z)=G(z)-H(z)=\frac{P(z)-Q(z)}{D(z)} \tag{8.118b}$$

因此，两个传输函数可以表示为

$$\mathcal{A}_0(z)=\prod_{k=r+1}^{N}\frac{z^{-1}-(\xi_k^*)^{-1}}{1-\xi_k^{-1}z^{-1}} \tag{8.119a}$$

$$\mathcal{A}_1(z)=\prod_{k=1}^{r}\frac{z^{-1}-\xi_k^*}{1-\xi_kz^{-1}} \tag{8.119b}$$

为了得到上面两个全通传输函数的表达式，有必要求与 $G(z)$ 的功率互补的传输函数 $H(z)$。将 $2N$ 次多项式 $Q^2(z)=P^2(z)-z^{-N}D(z^{-1})D(z)$ 记为 $U(z)$，式(8.116)重写为

$$Q^2(z)=U(z)=\sum_{n=0}^{2N}u_nz^{-n} \tag{8.120}$$

对上式求解 $Q(z)$ 的系数 q_k 得

$$q_0=\sqrt{u_0},\quad q_1=\frac{u_1}{2q_0} \tag{8.121a}$$

$$q_k=-q_{N-k}=\frac{u_k-\sum_{\ell=1}^{k-1}q_\ell q_{n-\ell}}{2q_0},\quad k\geqslant 2 \tag{8.121b}$$

其中用到了系数的反对称性质。确定 $Q(z)$ 之后，形成多项式 $[P(z)+Q(z)]$，找到它的零点 $z=\xi_k$，并用式(8.119a)和式(8.119 b)来确定两个全通传输函数。

可以证明，通过 9.2.1 节讨论的双线性变换法，从模拟巴特沃思、切比雪夫和椭圆滤波器①得到的 IIR 数字滤波器可以分解成式(8.107a)和式(8.107b)的形式[Vai86a]。而且，对于低通高通滤波器对，传输函数的阶数 N 必须是奇数，其中 $\mathcal{A}_0(z)$ 和 $\mathcal{A}_1(z)$ 的阶数相差 1。同样，对于带通带阻滤波器对，传输函数的阶数 N 必须是偶数，其中 $\mathcal{A}_0(z)$ 和 $\mathcal{A}_1(z)$ 的阶数相差 2[Vai86a]。

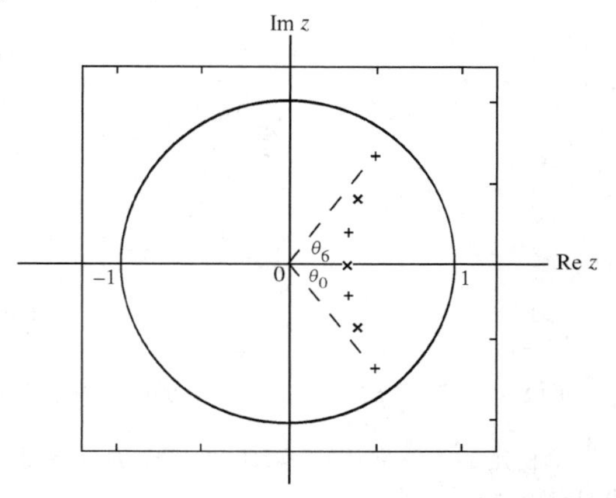

图 8.44　七阶数字巴特沃思低通滤波器的极点交错特性。标记为“+”的极点属于全通函数 $\mathcal{A}_0(z)$，标记为“×”的极点属于全通函数 $\mathcal{A}_1(z)$

对奇数阶的数字巴特沃思、切比雪夫和椭圆低通或高通传输函数而言，有一种简单的方法可以从原低通传输函数 $G(z)$ 或 $H(z)$ 的极点 λ_k，$0\leqslant k\leqslant N-1$，得出全通传输函数 $\mathcal{A}_0(z)$ 和 $\mathcal{A}_1(z)$ 的极点。令 θ_k 表示极点 λ_k 的相角。若假设极点按 $\theta_k<\theta_k+1$ 编号，则 $\mathcal{A}_0(z)$ 的极点为 λ_{2k}，而 $\mathcal{A}_1(z)$ 的极点为 λ_{2k+1} [Gaz85]。图 8.44 说明了两个全通传输函数的**极点交错性质**。

例 8.19　低通传输函数的并联全通实现

考虑 3 dB 截止频率为 0.3π的七阶巴特沃思低通数字滤波器的传输函数②

$$G(z)=\frac{0.000\,963(1+7z^{-1}+21z^{-2}+35z^{-3}+35z^{-4}+21z^{-5}+7z^{-6}+z^{-7})}{1-2.7825z^{-1}+3.9668z^{-2}-3.4051z^{-3}+1.8757z^{-4}-0.6509z^{-5}+0.1308z^{-6}-0.011\,66z^{-7}} \tag{8.122}$$

它的 7 个极点位于(以相角增加的排序排列)

$$\xi_0=0.498\,113\,3-\mathrm{j}0.668\,405,\quad \xi_1=0.390\,707\,1-\mathrm{j}0.420\,439\,5,\quad \xi_2=0.339\,976\,6-\mathrm{j}0.203\,030\,5$$
$$\xi_3=0.324\,919\,696\,232\,91,\quad \xi_4=0.339\,976\,6+\mathrm{j}0.203\,030\,5,\quad \xi_5=0.390\,707\,1+\mathrm{j}0.420\,439\,5$$
$$\xi_6=0.498\,113\,3+\mathrm{j}0.668\,405$$

相应的 z 平面极点图如图 8.44 所示。利用极点交错性质，可以识别出两个全通传输函数为

$$\begin{aligned}\mathcal{A}_0(z)&=\frac{(z^{-1}-\xi_0)(z^{-1}-\xi_2)(z^{-1}-\xi_4)(z^{-1}-\xi_6)}{(1-\xi_0z^{-1})(1-\xi_2z^{-1})(1-\xi_4z^{-1})(1-\xi_6z^{-1})}\\&=\frac{(0.694\,88-0.996\,23z^{-1}+z^{-2})(0.156\,81-0.679\,95z^{-1}+z^{-2})}{(1-0.996\,23z^{-1}+0.694\,88z^{-2})(1-0.679\,95z^{-1}+0.156\,81z^{-2})}\end{aligned} \tag{8.123a}$$

① 这些模拟滤波器逼近技术的回顾，参见附录 A。

② 这个传输函数用 MATLAB 得到，细节参见 9.6 节。

$$\mathcal{A}_1(z) = \frac{(z^{-1}-\xi_1)(z^{-1}-\xi_3)(z^{-1}-\xi_5)}{(1-\xi_1 z^{-1})(1-\xi_3 z^{-1})(1-\xi_5 z^{-1})} = \frac{(-0.32492+z^{-1})(0.32942-0.781414z^{-1}+z^{-2})}{(1-0.32492z^{-1})(1-0.781414z^{-1}+0.32942z^{-2})} \tag{8.123b}$$

通过把上面两个全通传输函数代入式(8.107a)，很容易验证，我们确实可以得到式(8.122)的传输函数 $G(z)$。此外，将这些用于式(8.107b)，也可以得到其功率互补高通传输函数 $H(z)$ 为

$$H(z) = \frac{0.108(1-7z^{-1}+21z^{-2}-35z^{-4}-21z^{-5}+7z^{-6}-z^{-7})}{1-2.7825z^{-1}+3.9668z^{-2}-3.4051z^{-3}+1.8757z^{-4}-0.6509z^{-5}+0.1308z^{-6}-0.01166z^{-7}} \tag{8.124}$$

图 8.45 显示了式(8.122)中 $G(z)$ 和式(8.124)中 $H(z)$ 的幅度响应，并说明了它们的功率互补性质。

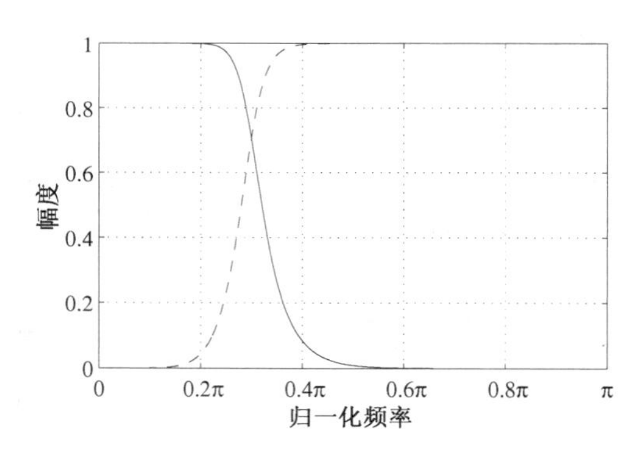

图 8.45 3 dB 截止频率在 0.3π处的一对七阶功率互补巴特沃思低通和高通滤波器的幅度响应

一个稳定的实系数传输函数的并联全通分解可以在 MATLAB 中用 M 文件 tf2ca 得到。该函数的用法参见例 8.20。

例 8.20 用 MATLAB 实现直接并联全通

在这里重做例 8.19。代码段为

```
num = 0.000962*[1 7 21 35 35 21 7 1];
den = [1.0 -2.7825  3.9668  -3.4051  1.8758  -0.6509  0.1308  -0.01166];
[d0,d1] = tf2ca(num,den);
```

两个全通传输函数的分母系数向量为

```
d0 =
Columns 1 through 5
1.0  -1.6761797957   1.5290748603  -0.6287009790    0.10896129785

d1 =
1.0  -1.1063340046   0.5833183258  -0.1070355097
```

这分别与式(8.123a)和式(8.123b)给出的结果是一致的。

M 文件 ca2tf 可用来由式(8.107a)和式(8.107b)的并联全通分解形式分别得到传输函数 $G(z)$ 和 $H(z)$，该函数的用法参见例 8.21。

例 8.21 从全通分解形式重构传输函数

从例 8.20 中的全通分解形式重构传输函数 $G(z)$ 和其功率互补传输函数 $H(z)$。其代码段为

```
d0 = [1.0  -1.6761797957   1.5290748603  -0.6287009790 ...
0.10896129785];
d1 = [1.0  -1.1063340046   0.5833183258  -0.1070355097];
[num,den,pcnum] = ca2tf(d0,d1);
```

$G(z)$ 的分子和分母为

```
num =
Columns 1 through 4
0.0009628940   0.0067402583   0.0202207750    0.0337012917
Columns 5 through 8
0.0337012917   0.0202207750   0.0067402583     0.0009628940

den =
Columns 1 through 4
1.0            -2.7825138003   3.9668078919    -3.4051503945
Columns 5 through 8
1.8758627160  -0.6509456985   0.13085245168   -0.0116627280
```

可以看出，这和式(8.122)给出的结果是一致的。$H(z)$的分子为

```
pcnum =
Columns 1 through 4
0.1079984037  -0.7559888263   2.2679664789  -3.7799441315
Columns 5 through 8
3.7799441315  -2.2679664789   0.7559888263  -0.1079984037
```

可以证明，这和式(8.124)给出的分子系数是一致的。

若两个全通节都由图 8.31 所示的级联格型来实现，则可以用 M 文件 `tf2cl` 来求全通节的格型参数 k_i。

并联全通函数有两个非常吸引人的性质。如 8.6 节所述，M 阶全通传输函数可以只用 M 个乘法器来实现。因此，基于式(8.107a)的全通分解的 N 阶 IIR 传输函数 $G(z)$ 的实现仅需要 $r+(N-r)=N$ 个乘法器。另一方面，N 阶 IIR 传输函数通常可以用 $2N+1$ 个乘法器来直接实现。而且，仅增加一个加法器而不用增加乘法器，就可以很容易地实现它的功率互补传输函数 $H(z)$，这个函数也是 N 阶的，如图 8.43 所示。若一个 IIR 传输函数的并联全通实现存在，则它在计算上就具有很高的效率。我们将在后面的 12.9.2 节中证明，若全通节能够以结构无损的形式实现，则并联全通的实现对于乘法器系数也有低通带灵敏度。

8.11　可调谐数字滤波器

在许多应用都需要用到具有容易调整特性的数字滤波器。在 8.7 节中，我们给出了可调谐一阶和二阶数字滤波器的设计，它们足以应付一些应用。但在另外一些应用中，需要使用更高阶的可调谐数字滤波器，这种更高阶的可调谐滤波器的设计是本节的主题。

8.11.1　可调谐 IIR 数字滤波器

设计可调谐数字滤波器的基础是在 9.5 节讨论的谱变换，这种变换可用来将一个具有给定截止频率的数字滤波器实现调谐为具有不同截止频率的另一个实现。因此，若 $G_{\text{old}}(z)$ 是原实现的传输函数，则新结构的传输函数是 $G_{\text{new}}(z)$，其中

$$G_{\text{new}}(z)=G_{\text{old}}(z)|_{z^{-1}=F^{-1}(z)} \tag{8.125}$$

式中，$F^{-1}(z)$ 是具有表 9.1 给出形式的一个稳定全通函数，其中的变换参数就是调谐参数。直接实现该变换的方式是用实现 $F^{-1}(z)$ 的全通结构替换 $G_{\text{old}}(z)$ 实现中的每一个延迟块。然而，这种方法通常会导致产生一种无延迟回路 $G_{\text{new}}(z)$ 的结构，如 8.1.3 节中所解释的，这种结构是不可实现的。

我们现在对上述方法进行一个非常简单实用的修改，使它不会得到无延迟回路结构[Mit90b]。在 8.10 节中，我们给出形如

$$G(z)=\tfrac{1}{2}\{\mathcal{A}_0(z)+\mathcal{A}_1(z)\} \tag{8.126}$$

的一大类稳定的 IIR 传输函数 $G(z)$ 的实现方法[Vai86a]。其中，$\mathcal{A}_0(z)$ 和 $\mathcal{A}_1(z)$ 是稳定的全通滤波器。用两个全通滤波器并联实现 $G(z)$ 的条件是，$G(z)$ 为具有对称分子的有限实传输函数，并且它有一个具有反对称分子的功率互补传输函数 $H(z)$。所有奇数阶的低通巴特沃思、切比雪夫和椭圆滤波器的传输函数，都满足该条件。

全通滤波器$\mathcal{A}_0(z)$和$\mathcal{A}_1(z)$可用8.6节中论述的任何一种方法实现。在此考虑采用一阶和二阶的级联的方式来实现。8.6节中介绍了大量实现一阶和二阶全通传输函数的无损典范结构[Mit74a]，[Szc88]。这些结构在实现一个一阶全通函数时仅用一个乘法器和一个延迟，而对于一个二阶全通函数的实现，仅用两个乘法器和两个延迟。

首先我们考虑调整用并联全通结构实现的一个低通 IIR 滤波器的截止频率。由9.5节可知，低通到低通的变换为

$$z^{-1} \to F^{-1}(z^{-1}) = \frac{z^{-1} - \alpha}{1 - \alpha z^{-1}} \tag{8.127}$$

其中，参数 α 通过

$$\alpha = \frac{\sin[(\omega_c - \hat{\omega}_c)/2]}{\sin[(\omega_c + \hat{\omega}_c)/2]} \tag{8.128}$$

分别与旧截止频率 ω_c 和新截止频率 $\hat{\omega}_c$ 相关联。

将式(8.127)代入1型一阶全通传输函数

$$a_1(z) = \frac{d_1 + z^{-1}}{1 + d_1 z^{-1}} \tag{8.129}$$

中，可得新的一阶全通传输函数为

$$\begin{aligned}\hat{a}_1(z) = a_1(z)|_{z^{-1}=(z^{-1}-\alpha)/(1-\alpha z^{-1})} &= \frac{d_1 + \left(\frac{z^{-1}-\alpha}{1-\alpha z^{-1}}\right)}{1 + d_1\left(\frac{z^{-1}-\alpha}{1-\alpha z^{-1}}\right)} \\ &= \frac{(d_1 - \alpha) + (1 - \alpha d_1)z^{-1}}{(1 - \alpha d_1) + (d_1 - \alpha)z^{-1}} = \frac{\left(\frac{d_1-\alpha}{1-\alpha d_1}\right) + z^{-1}}{1 + \left(\frac{d_1-\alpha}{1-\alpha d_1}\right)z^{-1}}\end{aligned} \tag{8.130}$$

若 α 非常小，则我们可以对式(8.130)的全通函数 $\hat{a}_1(z)$ 的系数 $(d_1 - \alpha)/(1 - \alpha d_1)$ 进行泰勒级数展开，并得到一个逼近

$$\hat{a}_1(z) \approx \frac{\left[d_1 + \alpha(d_1^2 - 1)\right] + z^{-1}}{1 + \left[d_1 + \alpha(d_1^2 - 1)\right]z^{-1}} \tag{8.131}$$

可以看出，上式是一个1型一阶全通传输函数，其系数是 α 的一个线性函数。逼近的全通节 $\hat{a}_1(z)$ 可通过用两个并联的乘法器替换图8.24中的每一个乘法器 d_1 来简单实现，如图8.46(a)所示。注意，当 $\alpha = 0$ 时，与预料的一样，式(8.131)中的 $\hat{a}_1(z)$ 简化为式(8.129)中的 $a_1(z)$。

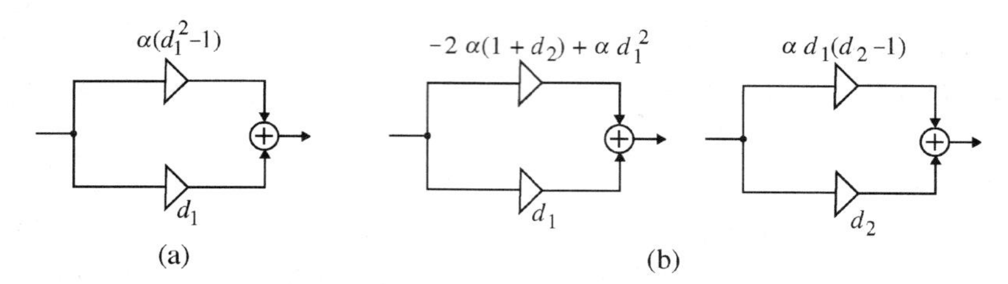

图8.46 用于设计可调谐 IIR 滤波器的全通节的乘法器替换方案：(a)1型全通网络；(b)3型全通网络

对于3型二阶全通传输函数，可应用类似的过程：

$$a_2(z) = \frac{d_2 + d_1 z^{-1} + z^{-2}}{1 + d_1 z^{-1} + d_2 z^{-2}} \tag{8.132}$$

我们得到

$$\hat{a}_2(z) = a_2(z)|_{z^{-1}=(z^{-1}-\alpha)/(1-\alpha z^{-1})} = \frac{d_2 + d_1\left(\frac{z^{-1}-\alpha}{1-\alpha z^{-1}}\right) + \left(\frac{z^{-1}-\alpha}{1-\alpha z^{-1}}\right)^2}{1 + d_1\left(\frac{z^{-1}-\alpha}{1-\alpha z^{-1}}\right) + d_2\left(\frac{z^{-1}-\alpha}{1-\alpha z^{-1}}\right)^2} \tag{8.133}$$

同样，若假定 α 非常小，且忽略包含 α^2 的系数，则可将上式重写为

$$\hat{a}_2(z) \approx \frac{(d_2-\alpha d_1)+(d_1-2\alpha[1+d_2])z^{-1}+(1-\alpha d_1)z^{-2}}{(1-\alpha d_1)+(d_1-2\alpha[1+d_2])z^{-1}+(d_2-\alpha d_1)z^{-2}}$$
$$= \frac{\left(\frac{d_2-\alpha d_1}{1-\alpha d_1}\right)+\left(\frac{d_1-2\alpha[1+d_2]}{1-\alpha d_1}\right)z^{-1}+z^{-2}}{1+\left(\frac{d_1-2\alpha[1+d_2]}{1-\alpha d_1}\right)z^{-1}+\left(\frac{d_2-\alpha d_1}{1-\alpha d_1}\right)z^{-2}} \tag{8.134}$$

接下来，对式(8.134)中的最后一项的泰勒级数展开，得到

$$\hat{a}_2(z) \approx \frac{[d_2+\alpha d_1(d_2-1)]+\left[d_1-2\alpha(1+d_2)+\alpha d_1^2\right]z^{-1}+z^{-2}}{1+\left[d_1-2\alpha(1+d_2)+\alpha d_1^2\right]z^{-1}+[d_2+\alpha d_1(d_2-1)]z^{-2}} \tag{8.135}$$

可以看出，上式是一个 3 型一阶全通传输函数，其系数为 α 的一个线性函数。逼近的全通节 $\hat{a}_2(z)$ 可通过用两个并联的乘法器替换图 8.25 中的乘法器 d_1 和 d_2 来简单实现，如图 8.46(b)所示。注意，当 $\alpha=0$ 时，与预料的一样，式(8.135)中的 $\hat{a}_2(z)$ 可简化为式(8.132)中的 $a_2(z)$。

注意，对一阶和二阶两种全通滤波器，调谐规则是 α 的一个线性函数。尽管该调谐算法是近似的，并在较小的 α 值推导出，但实际上，对窄带低通椭圆滤波器，经观察，几个倍频程的调谐范围也是有效的[Mit90b]。图 8.47 显出了在调谐参数 α 三个值下的五阶可调谐椭圆低通滤波器的增益响应。原型滤波器($\alpha=0$)通带边界在 $\omega_p=0.4\pi$，通带波纹为 0.5 dB，最小阻带衰减为 40 dB。

对一个可调谐低通 IIR 滤波器，应用低通到带通的变换：

$$z^{-1} \to F^{-1}(z^{-1}) = -z^{-1}\frac{z^{-1}+\beta}{1+\beta z^{-1}} \tag{8.136}$$

可设计一个可调谐带通滤波器，其中心频率 ω_0 可通过调节参数 $\beta=\cos\omega_0$ 来调谐，而通过改变 α 来调谐其带宽[Mit90b]。不同于式(8.127)的低通到低通变换，式(8.136)的变换作用于实现可调谐低通滤波器结构上，用如图 8.48 所示的结构替换每个延迟，来得到一个可调谐带通滤波器结构。

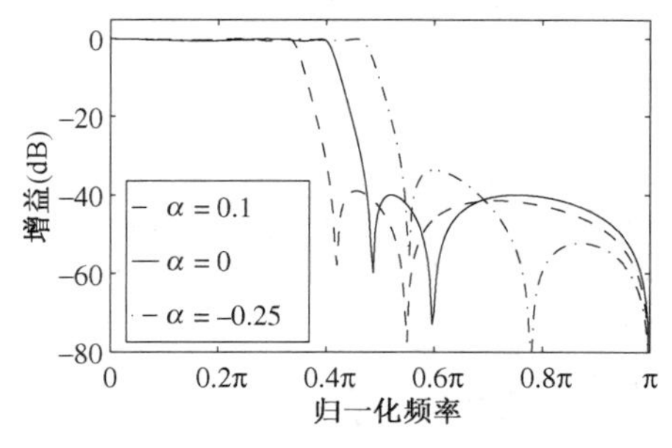

图 8.47　一个五阶可调谐椭圆低通滤波器对于三个 α 值的增益响应

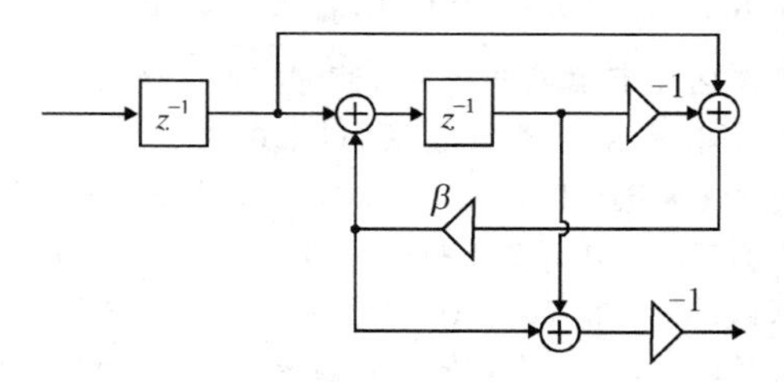

图 8.48　低通到带通的变换

8.11.2　可调谐 FIR 数字滤波器

9.5 节中的谱变换方法也可以用来生成一个具有可调谐特性的 FIR 滤波器。然而，由于原型 FIR 滤波器中的延迟单元由实现谱变换的全通节代替，因此使得产生的结构不再是 FIR 滤波器，而是一个 IIR 滤波器。下面列出了一种直接设计可调谐线性相位低通 FIR 滤波器的方法，在后面我们将描述怎样修改这种方法来设计其他类型的可调谐 FIR 滤波器[Jar88]。所讨论的方法保持了 FIR 的结构，并且滤波器的截止频率容易调谐。

调谐过程的基本思想如下：对一个具有零相移响应为

$$H_d(e^{j\omega}) = \begin{cases} 1, & 0 \leqslant |\omega| \leqslant \omega_c \\ 0, & \omega_c < |\omega| \leqslant \pi \end{cases} \tag{8.137}$$

的 FIR 理想低通滤波器。如例 3.8 中所得，冲激响应系数为

$$h_d[n]=\frac{\sin(\omega_c n)}{\pi n},\quad 0\leqslant|n|<\infty \tag{8.138}$$

可以将上式截短，得到一个可实现的逼近为

$$h_{\mathrm{LP}}[n]=\begin{cases}c[n]\omega_c, & n=0\\ c[n]\sin(\omega_c n), & 1\leqslant|n|\leqslant N\\ 0, & \text{其他}\end{cases} \tag{8.139}$$

其中，ω_c是6 dB截止频率，且

$$c[n]=\begin{cases}1/\pi, & n=0,\\ 1/\pi n, & 1\leqslant|n|\leqslant N\end{cases} \tag{8.140}$$

由上面可知，对给定的截止频率，一旦设计好FIR低通滤波器，就可以根据上式改变ω_c的值来重新计算滤波器的系数，从而可以很容易地对该滤波器进行调谐。可以证明，通过用第7章中列出的任意一种FIR滤波器的设计方法得到的原型滤波器的系数和式(8.139)的滤波器系数建立方程，并求解$c[n]$，可调谐FIR低通滤波器可以用式(8.139)来设计[Jar88]。因此，若$h_{\mathrm{LP}}[n]$表示截止频率为ω_c的原型低通滤波器的系数，则由式(8.139)可知常数$c[n]$为

$$c[0]=\frac{h_{\mathrm{LP}}[0]}{\omega_c} \tag{8.141a}$$

$$c[n]=\frac{h_{\mathrm{LP}}[n]}{\sin(\omega_c n)},\quad 1\leqslant|n|\leqslant N \tag{8.141b}$$

因此，截止频率为$\hat{\omega}_c$的变换后的FIR滤波器的系数$\hat{h}_{\mathrm{LP}}[n]$为

$$\hat{h}_{\mathrm{LP}}[0]=c[0]\hat{\omega}_c=\left(\frac{\hat{\omega}_c}{\omega_c}\right)h_{\mathrm{LP}}[0] \tag{8.142a}$$

$$\hat{h}_{\mathrm{LP}}[n]=c[n]\sin(\hat{\omega}_c n)=\left(\frac{\sin(\hat{\omega}_c n)}{\sin(\omega_c n)}\right)h_{\mathrm{LP}}[n],\quad 1\leqslant|n|\leqslant N \tag{8.142b}$$

该调谐过程常用于设计具有等通带和等阻带波纹的滤波器。通常建议所设计的原型滤波器系数值不要太接近于零。

例8.22将说明可调谐FIR滤波器的设计。

例8.22　可调谐低通FIR滤波器的设计

原型滤波器是通带边界ω_p在0.36π、阻带边界ω_s在0.46π、过渡带宽为0.1π、长度为51的线性相位FIR低通滤波器。我们可以计算出截止频率ω_c在0.41π处。假定通带和阻带等权值，我们用MATLAB中的函数`firpm`来设计它①。使用上面讨论的方法，来计算截止频率在0.31π和0.51π处的滤波器系数。图8.49显示了这三个FIR滤波器的增益响应。

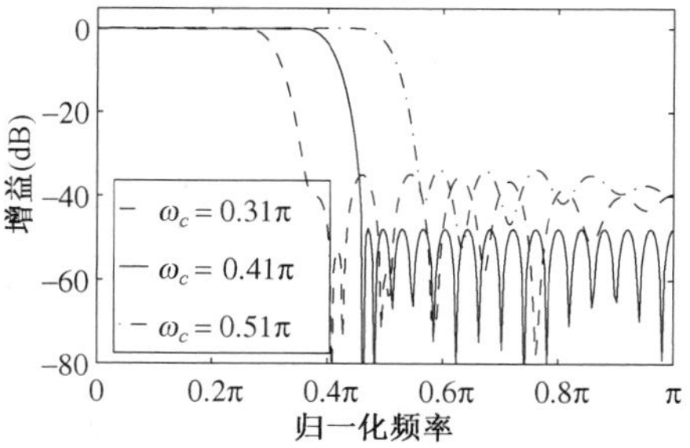

图8.49　长度为51的可调谐低通FIR滤波器

下面的方法将用于设计具有不相等通带和阻带波纹的可调谐FIR滤波器。奇数长度的可调谐滤波器的冲激响应系数为

$$h_{\mathrm{LP}}[n]=\begin{cases}c[n]\omega_c+d[n], & n=0\\ c[n]\sin(\omega_c n)+d[n]\cos(\omega_c n), & 1\leqslant|n|\leqslant N\end{cases} \tag{8.143}$$

我们采用两个不同的最优原型滤波器来确定常数$c[n]$和$d[n]$。把两个滤波器代入式(8.143)，接下来求出这两个常数。例如，若通带权重W_p大于阻带权重W_s，则两个滤波器的截止频率ω_{ca}和ω_{cb}分别选为

$$\omega_{\mathrm{ca}}=0.8-\frac{0.25}{N},\quad \omega_{\mathrm{cb}}=0.8+\frac{0.25}{N}$$

① 参见10.5.2节。

另外，若通带权重 W_p 小于阻带权重 W_s，则两个最优原型滤波器的截止频率 ω_{ca} 和 ω_{cb} 选为

$$\omega_{ca} = 0.2 - \frac{0.25}{N}, \quad \omega_{cb} = 0.2 + \frac{0.25}{N}$$

然后采用 Parks-McClellan 算法设计出这两个最优滤波器 $h_a[n]$ 和 $h_b[n]$①。同前面的一样，原型滤波器应该设计为具有非零系数。

上面的修正不推荐用于设计可调宽带或非常窄带的滤波器。图 8.50 显示了一个长度为 41、过渡带宽为 0.1π的低通 FIR 滤波器的增益响应，该滤波器对不同通带和阻带权重具有可变的 6 dB 截止频率。如图 8.50 所示，该滤波器的截止频率在 0.2 ~ 0.9 之间变化。

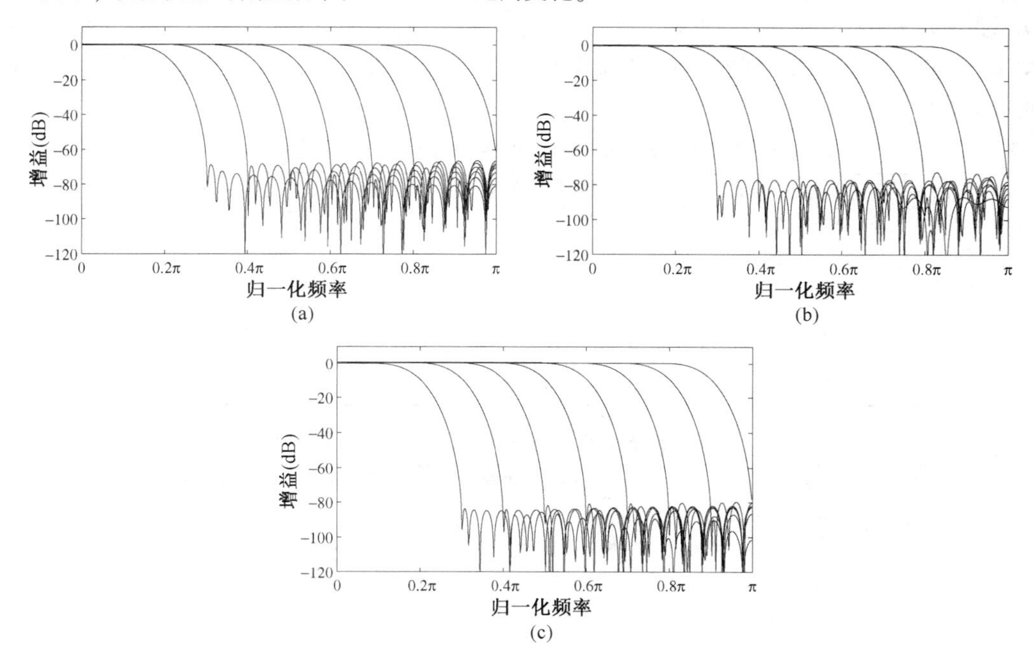

图 8.50　长度为 41、过渡带宽为 0.1π、通带/阻带权重为(a)1/1，(b)1/10，(c)1/50

可以直接应用可调低通 FIR 滤波器设计方法从高通 FIR 原型滤波器设计可调谐高通 FIR 滤波器。另外，后者可以设计成一个延迟互补可调谐 1 型 FIR 低通滤波器②。

为生成设计可调谐带通 FIR 滤波器的方法，我们观察到，通过对其频率响应进行频率迁移，可以从低通原型滤波器 $H_{LP}(z)$ 得到具有对称带通幅度响应的滤波器 $H_{BP}(z)$。该过程得到

$$H_{BP}(e^{j\omega}) = H_{LP}(e^{j(\omega+\omega_0)}) + H_{LP}(e^{j(\omega-\omega_0)}) \tag{8.144}$$

其中，ω_0 是所求带通滤波器的中心频率。带通和原型低通滤波器的冲激响应关系为

$$h_{BP}[n] = \left(e^{-j\omega_0 n} + e^{j\omega_0 n}\right) h_{LP}[n] = 2\cos(\omega_0 n) h_{LP}[n] \tag{8.145}$$

若 δ_p 和 δ_s 表示原型低通滤波器的通带和阻带波纹，则对通带而言，带通滤波器的相应波纹为 $\delta_p + \delta_s$，对阻带则为 $2\delta_s$。式(8.145)形成了设计一个具有可调谐中心频率的带通 FIR 滤波器的基础。另外，采用类似方法，也可以用高通 FIR 滤波器来设计可调谐带阻 FIR 滤波器。

注意，采用上述方法设计的可调 FIR 滤波器，有和其原型滤波器一样的硬件要求。若原滤波器具有线性相位，则它们也具有线性相位。

① 参见 10.3 节。

② 参见 7.5.1 节。

8.12　数字滤波器结构的计算复杂度

数字滤波器结构的计算复杂度取决于实现该结构的乘法器和两输入加法器的总数，这粗略表明了其实现成本。我们在这里总结一下本章所讨论的各种实现方法的计算复杂度。需要强调的是，计算复杂度的度量并不是选择实现一个给定的传输函数的特定结构的唯一标准。在选择一个结构时，在有限字长的约束下所有等效实现的性能也应该同实现的成本一起考虑。

表 8.1 和表 8.2 给出了本章所讨论的所有实现的计算复杂度。从表中可以看出，FIR 和 IIR 传输函数的直接实现通常都只需最少的乘法器和两输入加法器。然而，对于 IIR 传输函数，若存在并联全通实现，则它就是最有效的实现方法。同样，也可以用少于表 8.1 中提到的乘法器和加法器数量来实现某些特殊的 FIR 传输函数。

表 8.1　N 阶 FIR 滤波器的各种实现方法的计算复杂度比较

结构	乘法器的数量	两输入加法器的数量
直接型	$N+1$	N
级联型	$N+1$	N
多相	$N+1$	N
级联格型	$2(N+1)$	$2N+1$
线性相位	$\left\lfloor\frac{N+2}{2}\right\rfloor$	N

表 8.2　N 阶 IIR 滤波器的各种实现方法的计算复杂度比较

结构	乘法器的数量	两输入加法器的数量
直接 II 型和 II_t 型	$2N+1$	$2N$
级联型	$2N+1$	$2N$
并联型	$2N+1$	$2N$
Gray-Markel 1	$3N+1$	$3N$
Gray-Markel 2	$2N+1$	$4N$
并联全通	$N+1$	$3N+2$

注：Gray-Markel 1 基于用图 8.30(a)所示的两个乘法器的二端口网络实现，而 Gray-Markel 2 基于用图 8.30(b)所示的单乘法器的二端口网络实现。并联全通结构的每个全通节已假设使用图 8.30(b)所示的单乘法器二端口网络实现。

8.13　小结

本章考虑了因果数字传输函数的实现。该实现，也称为结构，通常用由加法器、乘法器和单位延迟互联的框图来表示。可以分析用框图形式表示的数字滤波器结构来生成在时域上或变换域上的输入-输出关系。通常，为了分析方便，用信号流图来表示数字滤波器的结构。

接着我们介绍了几个基本的 FIR 和 IIR 数字滤波器结构。大多数情况下，只通过观察就可以从数字滤波器的传输函数得到这些滤波器。

数字全通滤波器是一个通用的结构单元，它在数字信号处理方面有很多吸引人的应用。由于数字传输函数的分子和分母多项式呈镜像对称，所以 M 阶数字全通滤波器可以只用 M 个不同的乘法器来实现。本章描述了数字全通滤波器的最少乘法器实现的两种方法。一种方法是基于一阶和二阶全通滤波器的级联形式的实现；另一种方法得到级联格型滤波器实现。这两种情况的最终实现都保持了独立于真实的乘法器系数值的全通特性，而且对乘法器的量化不太敏感。在这里讨论一阶和二阶最少乘法器全通结构在实现参数可调谐性的某些简单传输函数中的灵活应用。

本章列出了用全通结构的级联格型实现任意传输函数的 Gray-Markel 方法。描述了用两个全通滤波器的并联实现一大类任意 N 阶传输函数，并证明了最终的结构只需 N 个乘法器。在 12.9.2 节中我们将会说明这些结构对乘法器系数有很小的变化时的低通带低灵敏度。

接着考虑了 FIR 传输函数的级联格型实现。然后描述了具有可调谐特性的 IIR 和 FIR 数字滤波器的设计方法。最后，本章对 FIR 和 IIR 数字滤波器结构的计算复杂度进行了比较。

本章中所提到的数字滤波器的实现方法均假定其传输函数存在。第 9 章和第 10 章考虑生成满足指定频率响应指标的传输函数。第 12 章分析有限字长对数字滤波器结构的性能影响。

8.14　习题

8.1　图 P8.1 显示了一个典型的闭环离散时间反馈控制系统，其中 $G(z)$ 是控制对象，$C(z)$ 是补偿器。若 $G(z)=\dfrac{z^{-2}}{1+1.5z^{-1}+0.5z^{-2}}$ 且 $C(z)=K$，求使整个结构稳定的 K 值范围。

8.2　对 $G(z)=\dfrac{z^{-1}}{1+1.5z^{-1}+0.5z^{-2}}$ 重做习题 8.1。

8.3　在图 P8.1 给出的闭环离散时间反馈控制系统中，控制对象的传输函数为

$$G(z)=\frac{1.2+1.8z^{-1}}{1+0.7z^{-1}+0.8z^{-2}}$$

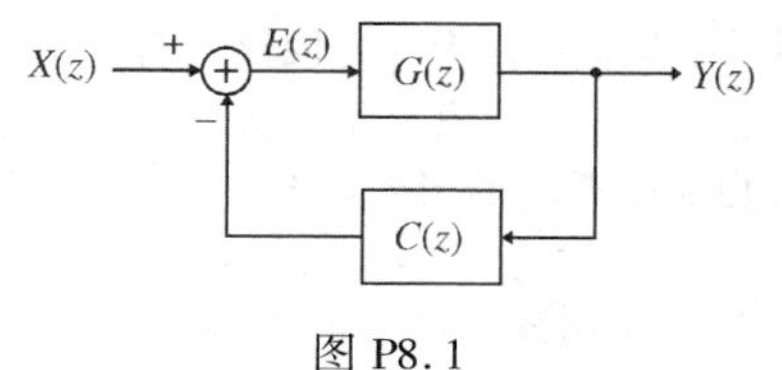

图 P8.1

确定补偿器的传输函数 $C(z)$，使得反馈系统的整个闭环传输函数为

$$H(z)=\frac{z^{-1}+1.35z^{-2}+0.9z^{-3}+0.3375z^{-4}}{0.3+0.5z^{-1}+0.505z^{-2}+0.375z^{-3}+0.21z^{-4}}$$

用 M 文件 `zplane` 检查 $G(z)$、$C(z)$ 和 $H(z)$ 的稳定性。

8.4　分析图 P8.2 所示的数字滤波器结构并求出它的传输函数 $H(z)=Y(z)/X(z)$。(a) 这是一个典范结构吗？(b) 要使 $H(z)$ 在 $\omega=0$ 处有单位增益，乘法器系数 K 的值应该是什么？(c) 要使 $H(z)$ 在 $\omega=\pi$ 处有单位增益，乘法器系数 K 的值应该是什么？(d) 这两个 K 值有区别吗？若没有，为什么？

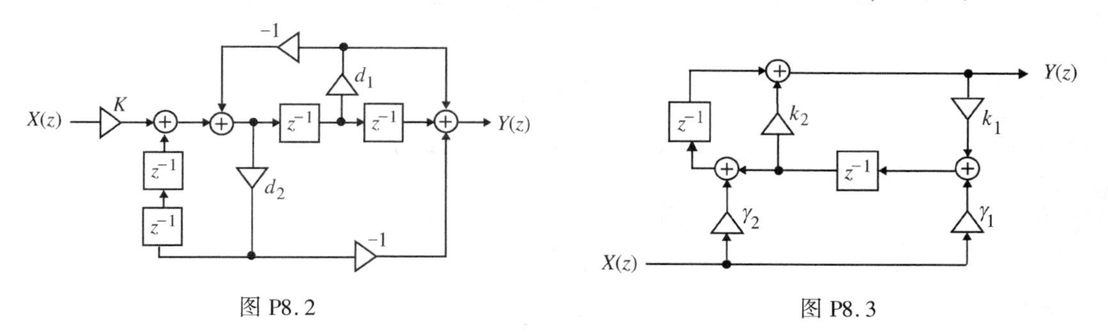

图 P8.2　　图 P8.3

8.5　分析图 P8.3 的数字滤波器结构，其中所有乘法器的系数均是实数，并求传输函数 $H(z)=Y(z)/X(z)$。若滤波器是 BIBO 稳定的，乘法器系数值的范围是什么？

8.6　求图 P8.4 所示的数字滤波器结构的传输函数 $H(z)=Y(z)/X(z)$。

8.7　求图 P8.5 所示的数字滤波器结构的传输函数 $H(z)=Y(z)/X(z)$。

8.8　求图 P8.6 所示的数字滤波器结构的传输函数[Kin72]。

8.9　生成图 P8.6 所示的数字滤波器结构的转置形式。

8.10　多源或多传感器产生的信号称为**多通道信号**，它们通常用相互邻近的独立信道来传输。因此，每个多通道信号常常在传输中受到邻近信道信号的干扰，从而导致**串话**。所以，在接收机处多通道信号的分离就具有实际意义。图 P8.7(a) 中给出了双通道信号在一对信道中串话的离散时间模型，而图 P8.7(b) 中给出了用于信道分离的相应的离散时间系统[Yel96]。确定使信道完全分离的两组可能的条件。

8.11　图 P8.8 所示的数字滤波器有一个无延迟回路，因此不可实现。求出具有相同输入和输出关系但没有任何无延迟回路的可实现等效结构(提示：仅仅用输入变量 $x[n]$ 和 $u[n]$ 表示输出变量 $y[n]$ 和 $w[n]$，并且由这些输入和输出关系生成相应的框图表示)。

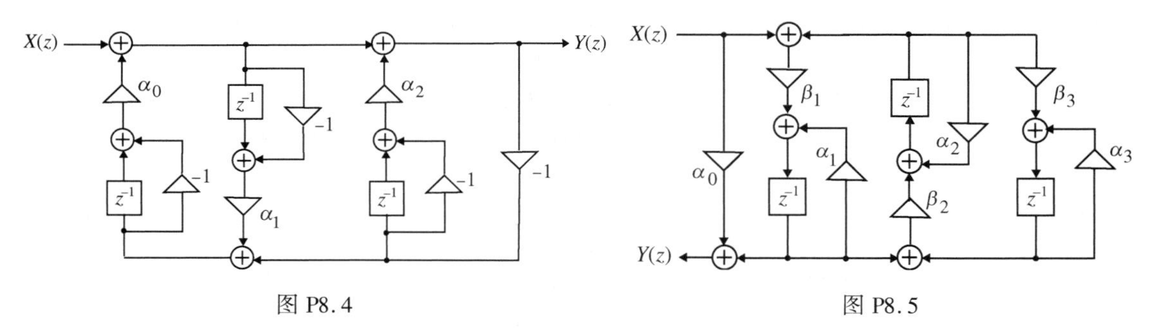

图 P8.4　　　　图 P8.5

8.12　通过观察，判断图 P8.9 所示的数字滤波器结构是否存在无延迟回路。若存在，指出这些回路，并设计出没有无延迟回路的等效结构。

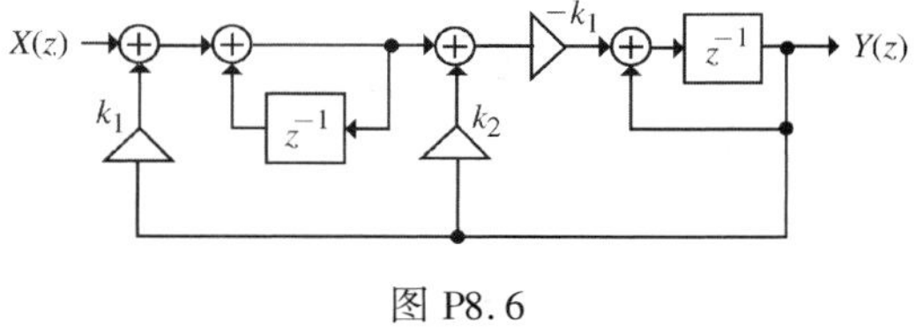

图 P8.6

8.13　用下面的形式实现 FIR 传输函数 $H(z)=(1+0.4z^{-1})^4(1-0.2z^{-1})^2$：(a)两个不同的直接型，(b)6 个一阶节的级联，(c)三个二阶节的级联，(d)两个三阶节的级联，(e)两个二阶节和两个一阶节的级联。比较上面每种实现的计算复杂度。

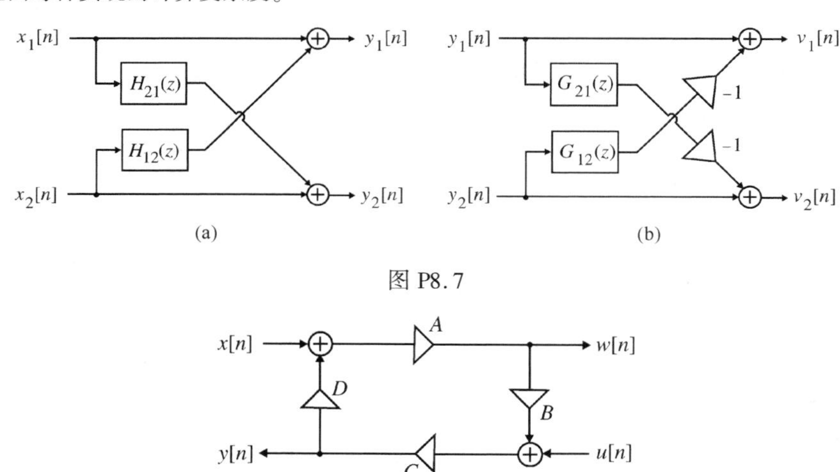

图 P8.7

图 P8.8

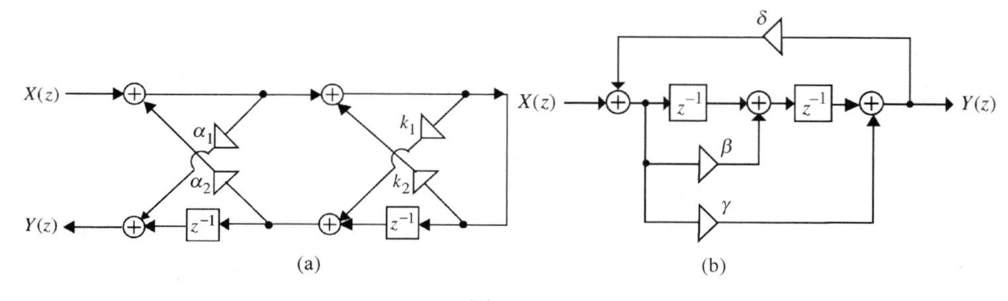

图 P8.9

8.14　考虑一个长度为 8 的 FIR 传输函数

$$H(z) = a + bz^{-1} + cz^{-2} + dz^{-3} + ez^{-4} + fz^{-5} + gz^{-6} + hz^{-7}$$

(a)生成形如图 8.7(a)的 $H(z)$ 的四分支多相实现，并求出多相传输函数 $E_0(z)$、$E_1(z)$、$E_2(z)$ 和 $E_3(z)$ 的表达式。

(b)从这个实现中，生成与在四分支多相实现中用到的延迟相比具有最少数量延迟的一种实现。

8.15　(a)生成形如图 8.7(b)的习题 8.14 中的 $H(z)$ 的三分支多相结构，并求出多相传输函数 $E_0(z)$、$E_1(z)$ 和 $E_2(z)$ 的表达式。

(b)从这个实现中，生成与在上面那个实现相比具有最少数量延迟的一种实现。

8.16　(a)生成形如图 8.7(c)的习题 8.14 中的 $H(z)$ 的两分支多相结构，并求出多相传输函数 $E_0(z)$ 和 $E_1(z)$ 的表达式。

(b)由这个实现得出 $H(z)$ 的典范两分支多相结构。

8.17　生成长度为 9 的 3 型 FIR 传输函数的最小乘法器实现。

8.18　生成长度为 10 的 4 型 FIR 传输函数的最小乘法器实现。

8.19　令 $H(z)$ 是 1 型 N 阶线性相位 FIR 滤波器，$G(z)$ 表示其延迟互补滤波器。只用 N 个延迟和 $(N+2)/2$ 个乘法器设计这两个滤波器的实现。

8.20　证明长为 $2M+1$ 的 1 型线性相位 FIR 滤波器 $H(z)$ 可以表示为

$$H(z) = z^{-M}\left[h[M] + \sum_{n=1}^{M} h[M-n]\left(z^{n} + z^{-n}\right)\right] \tag{8.146}$$

通过利用关系式

$$z^{\ell} + z^{-\ell} = 2T_{\ell}\left(\frac{z + z^{-1}}{2}\right)$$

其中 $T_{\ell}(x)$ 是用 x 表示的 ℓ 阶切比雪夫多项式①，将 $H(z)$ 表示为如下形式

$$H(z) = z^{-M}\sum_{n=0}^{M} a[n]\left(\frac{z + z^{-1}}{2}\right)^{n} \tag{8.147}$$

确定 $a[n]$ 和 $h[n]$ 之间的关系。基于式(8.147)生成一个形如图 P8.10 的 $H(z)$ 的实现，其中 $F_1(z^{-1})$ 和 $F_2(z^{-1})$ 是因果结构。确定 $F_1(z^{-1})$ 和 $F_2(z^{-1})$ 的形式。图 P8.10 所示的结构称为线性相位 FIR 滤波器的**泰勒结构**[Sch72]。

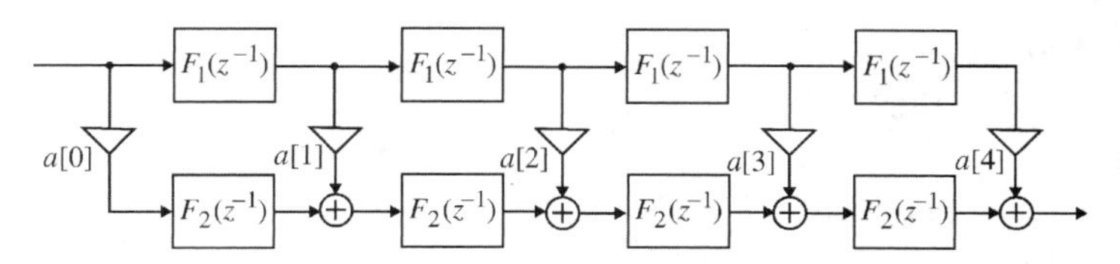

图 P8.10　$M=4$ 时的泰勒结构

8.21　证明式(8.27)给出的传输函数 $H(z)$ 有 36 种不同的级联实现，它们可以通过不同的零极点对和各个节不同的顺序来得到。

8.22　考虑其分子和分母多项式表示成多项式乘积的一个实系数 IIR 传输函数 $H(z)$

$$H(z) = \prod_{i=1}^{K}\frac{P_i(z)}{D_i(z)}$$

其中 $P_i(z)$ 和 $D_i(z)$ 是一阶或二阶实系数多项式。求用不同的零极点对和各个节不同的顺序得到的不同级联实现的总数。

---

① 切比雪夫多项式的定义及生成该多项式的递归方程参见 A.3 节。

8.23 生成由 $G(z) = \dfrac{z^{-D}}{1-\alpha z^{-D}}$ 给出的简单**响铃延迟**的典范型实现。画出通过用上面的每个响铃延迟替换二阶 IIR 传输函数的直接 II 型实现中的每个延迟得到的结构。

8.24 生成下面传输函数的典范型直接 II 型实现:

(a) $H_1(z) = \dfrac{2+0.6z^{-1}}{1+0.9z^{-1}+0.18z^{-2}}$

(b) $H_2(z) = \dfrac{3z^2-0.6z}{z^2-0.8z+0.15}$

8.25 设计传输函数

$$H(z) = \frac{3+4.5z^{-2}-2.9z^{-3}}{1+2.2z^{-1}-0.81z^{-3}+5.1z^{-4}}$$

的典范型直接实现,并求出其转置配置。

8.26 求下面的因果 IIR 传输函数的两种不同的级联典范实现:

(a) $H_1(z) = \dfrac{(0.3z^{-1}-z^{-2})(3+1.8z^{-1})}{(1+4z^{-1}-1.5z^{-2})(1+0.5z^{-1})}$

(b) $H_2(z) = \dfrac{(3z+1.5)(z^2+4.2z+0.6)}{(z^2+4.9)(2z^2+1.6)}$

(c) $H_3(z) = \dfrac{(4-1.9z^{-1})(3.2-0.6z^{-1}-0.2z^{-2})}{(1-0.75z^{-1})(2.4+5.5z^{-2})}$

8.27 图 P8.11 的数字滤波器结构是一个梳状滤波器和一个二阶 IIR 滤波器的级联,通过适当选择滤波器系数,可以用它实现大量有用的滤波器[Lyo2007b]。证明,通过适当选择乘法器的值可以实现下面的每个滤波器:

(a) M 点滑动平均滤波器, (b)一阶差分微分器, (c)中心差分微分器,
(d)动求和积分器, (e)泄漏积分器, (f)IIR 直流阻断器, (g)梯形积分器,
(h)一阶全通延迟网络, (i)二阶全通延迟网络, (j)辛普森积分器。

8.28 考虑如图 P8.12 所示的三个因果一阶 LTI 离散时间系统的级联:

$$H_1(z) = \frac{1-0.6z^{-1}}{1+0.25z^{-1}}, \quad H_2(z) = \frac{0.2+z^{-1}}{1+0.3z^{-1}}, \quad H_3(z) = \frac{2}{1+0.25z^{-1}}$$

(a)求用 z^{-1} 的两个多项式的比表示的整个系统的传输函数。
(b)求描述整个系统的差分方程。
(c)若每个节用直接 II 型的形式,生成整个系统的实现。
(d)生成整个系统的并联 I 型实现。
(e)以闭式的形式给出整个系统的冲激响应。

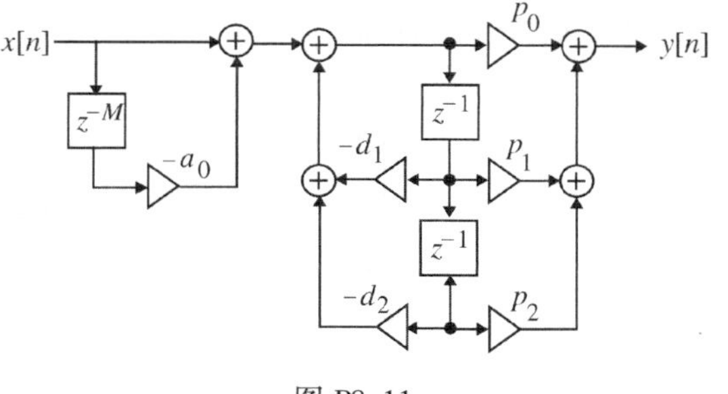

图 P8.11

8.29 用式(8.29)给出的因式分解生成式(8.26)的传输函数的一个级联实现。并比较该实现与图 8.19 所示实现的计算复杂度。

8.30 用并联 I 型和 II 型实现习题 8.26 的传输函数。

8.31 假定零初始条件,求图 P8.13 的因果数字滤波器结构的阶跃响应。

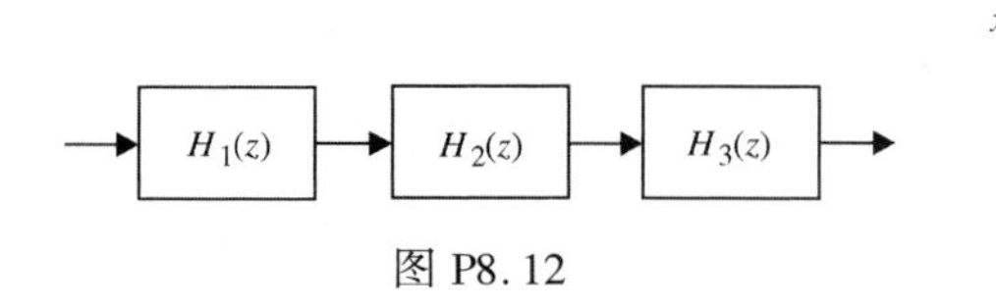

图 P8.12

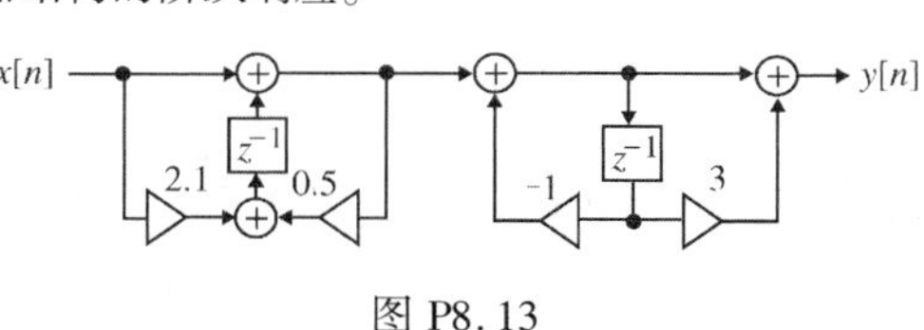

图 P8.13

8.32　图 P8.14 显示了因果传输函数 $H(z)$ 的实现。这是一个典范型结构吗？若不是，生成一个典范型实现。

8.33　因果 LTI 离散时间系统对输入 $x[n]=(0.7)^n\mu[n]$ 生成输出 $y[n]=(0.3)^n\mu[n]-0.5(0.3)^{n-1}\mu[n-1]$。

(a) 求这个系统的传输函数。

(b) 求描述这个系统的差分方程。

(c) 用不多于三个乘法器来生成该系统的一个典范直接型实现。

(d) 生成系统的并联 I 型实现。

(e) 用闭式给出该系统的冲激响应。

(f) 求系统在输入为 $x[n]=(0.2)^n\mu[n]-0.4(0.2)^{n-1}\mu[n-1]$ 时的输出 $y[n]$。

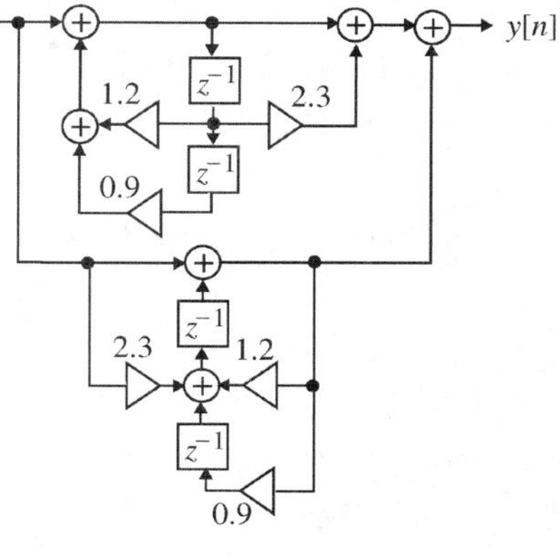

图 P8.14

8.34　图 P8.15 所示的结构在实现 IIR 数字传输函数

$$H(z)=\frac{6z^2+5z+1}{z^3+0.4z^2+0.28z-0.08}$$

期间生成。然而，由于标记错误，该结构中的三个乘法器系数具有不正确的值。找到这三个乘法器并求出它们的正确值。

8.35　图 P8.16 给出了如下因果 IIR 传输函数

$$H(z)=\frac{6z^3-0.6z^2+4.6z}{z^3-0.3z^2+0.16z+0.42}$$

的一个不完整实现。求乘法器系数 A、B 和 C 的值。

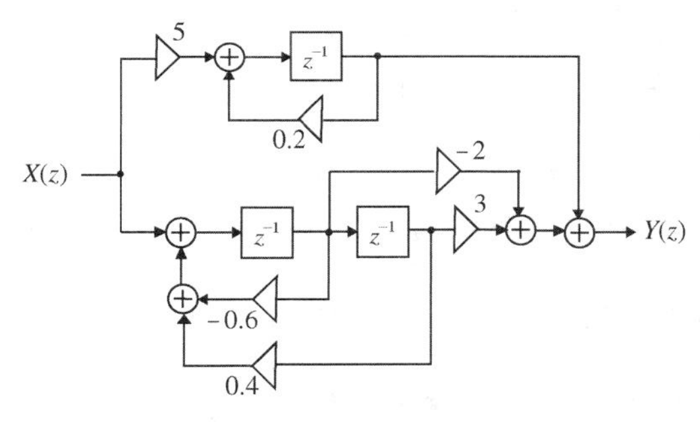

图 P8.15

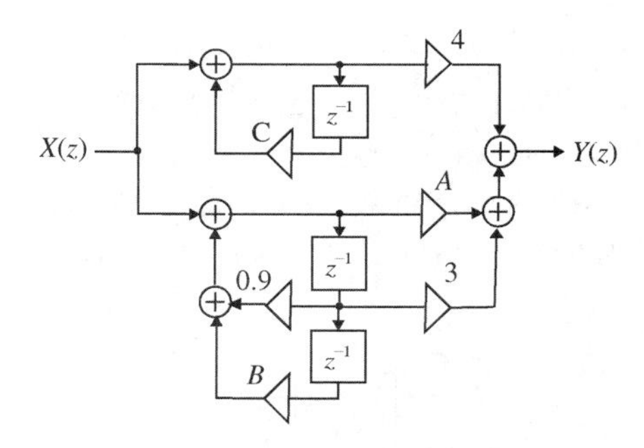

图 P8.16

8.36　给出下面每个二阶传输函数的一个两乘法器典范型实现，其中乘法器系数分别是 α_1 和 $-\alpha_2$[Hir73]：

(a) $H_1(z)=\dfrac{(1-\alpha_1+\alpha_2)(1+z^{-1})^2}{1-\alpha_1z^{-1}+\alpha_2z^{-2}}$

(b) $H_2(z)=\dfrac{(1-\alpha_2)(1-z^{-2})}{1-\alpha_1z^{-1}+\alpha_2z^{-2}}$

8.37　给出下面每个二阶传输函数的一个 4 乘法器典范型实现，其中乘法器系数分别是 α_1、α_2、α_3 和 α_4[Szc75a]：

(a) $H_a(z)=\dfrac{1-\alpha_3z^{-1}+(\alpha_2-\alpha_4)z^{-2}}{1-(\alpha_1+\alpha_3)z^{-1}-\alpha_4z^{-2}}$

(b) $H_b(z)=\dfrac{1-\alpha_3z^{-1}+\alpha_2z^{-2}}{1-(\alpha_1+\alpha_3)z^{-1}-\alpha_4z^{-2}}$

8.38　在本题中，我们给出一个 N 阶 IIR 传输函数

$$H_N(z)=\frac{p_0+p_1z^{-1}+\cdots+p_{N-1}z^{-N+1}+p_Nz^{-N}}{1+d_1z^{-1}+\cdots+d_{N-1}z^{-N+1}+d_Nz^{-N}} \tag{8.148}$$

的另一种级联格型实现[Mit77b]。图 P8.17 显示了这个实现过程的第一阶段。

(a)证明若二端口网络的链参数选为

$$A=1,\qquad B=d_N z^{-1},\qquad C=p_0,\qquad D=p_N z^{-1} \tag{8.149}$$

则 $H_{N-1}(z)$ 是一个形如

$$H_{N-1}(z)=\frac{p'_0+p'_1z^{-1}+\cdots+p'_{N-1}z^{-N+1}}{1+d'_1z^{-1}+\cdots+d'_{N-1}z^{-N+1}} \tag{8.150}$$

的$(N-1)$阶 IIR 传输函数，其系数为

$$p'_k=\frac{p_0d_{k+1}-p_{k+1}}{p_0d_N-p_N},\qquad k=0,1,\cdots,N-1 \tag{8.151a}$$

$$d'_k=\frac{p_kd_N-p_Nd_k}{p_0d_N-p_N},\qquad k=1,2,\cdots,N-1 \tag{8.151b}$$

(b)生成二端口网络的格型实现。

(c)继续上面的过程，我们就将 $H_N(z)$ 实现为被传输函数 $H_0(z)=1$ 约束的 N 个格型节的级联。在 $H_N(z)$ 的最终实现中，乘法器和两输入加法器的总数是多少？

8.39 用习题 8.38 中的级联格型实现方法来实现习题 8.26 的传输函数。

8.40 证明当 $H_N(z)$ 是全通传输函数时，习题 8.38 的级联格型实现方法可得到在 8.6.2 节描述的级联格型结构。

8.41 由式(8.36b)、式(8.36c)和式(8.36d)分别生成图 8.24(b)、(c)和(d)所示的 1B 型、1A_t型和 1B_t型一阶全通传输函数的结构。

8.42 (a)生成 3 阶全通传输函数

$$\mathcal{A}(z)=\left(\frac{a+z^{-1}}{1+az^{-1}}\right)\left(\frac{b+z^{-1}}{1+bz^{-1}}\right)\left(\frac{c+z^{-1}}{1+cz^{-1}}\right)$$

的级联形式，其中每个全通节用 1A 型实现。在相邻的全通节共用延迟，证明整个结构的延迟总数可以从 6 减少到 4[Mit74a]。

(b)重做(a)用 1A_t型来实现每个全通节。

8.43 分析图 P8.18 所示的数字滤波器结构，并证明它是一个一阶全通滤波器[Sto94]。

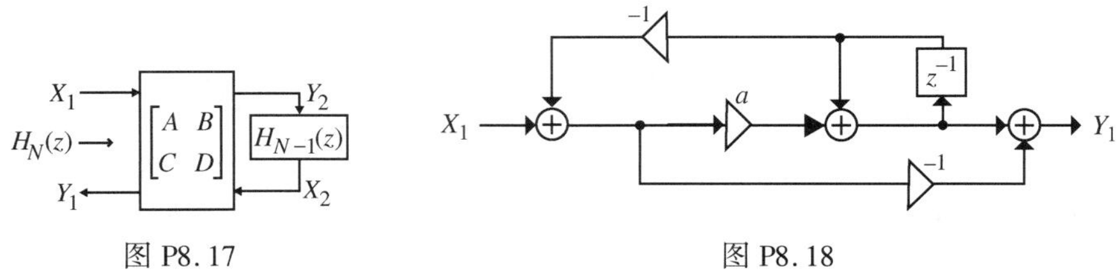

图 P8.17　　　　图 P8.18

8.44 用乘法器提取法生成如图 8.25 所示的式(8.37)的二阶 2 型全通传输函数的实现。还有其他的 2 型全通结构吗？

8.45 证明若在相邻的节共用延迟，可以用 6 个延迟实现两个二维型二阶全通结构的级联。最少需要多少个乘法器来实现 M 个二维型二阶全通结构的级联？

8.46 用乘法器提取法实现图 8.26 中所示的式(8.38)给出的二阶 3 型全通传输函数。有其他的 3 型全通结构吗？

8.47 证明若在相邻的节共用延迟，可以用 7 个延迟实现两个 3B 型二阶全通结构的级联。最少需要多少个乘法器才能实现 M 个 3B 型二阶全通结构？

8.48 生成式(8.50d)描述的二端口网络的三乘法器实现。

8.49 生成式(8.50d)给出的二端口网络的格型实现。确定用这个格型结构实现的全极点二阶级联格型滤波器的传输函数和用图 8.30(a)给出的格型结构实现的全极点二阶级联格型滤波器的传输函数。计算当极点靠近单位圆时，这两个二阶滤波器在谐振时的增益近似表达式。证明第一个全极点滤波器的增益基本上与极点的半径无关，而第二个滤波器则不这样[Lar99]。

8.50　用 Gray-Markel 形式实现如下 IIR 传输函数并且检查每个传输函数的 BIBO 稳定性:

(a) $H_1(z) = \dfrac{2.2 + 3z^{-1} + z^{-2}}{1 + 0.2z^{-1} + 0.6z^{-2}}$

(b) $H_2(z) = \dfrac{-4 - 1.2z^{-1} + 0.75z^{-2}}{1 - 0.3z^{-1} + 0.5z^{-2}}$

(c) $H_3(z) = \dfrac{(1 - 0.7z^{-1})(2 - 0.5z^{-1} - 0.4z^{-2})}{(1 + 0.3z^{-1})(3 - 1.05z^{-1} + 0.3z^{-2})}$

(d) $H_4(z) = \dfrac{2z(z + 0.7)(z + 0.2)}{(z^2 + 0.2z - 0.3)(z + 0.45)}$

(e) $H_5(z) = \dfrac{z(z + 0.7)(z^2 + 1.2z + 0.88)}{(z + 0.4)(z - 0.25)(z - 0.3)(z - 0.1)}$

8.51　用 Gray-Markel 形式实现习题 8.26 中的每个 IIR 传输函数并检查它们的 BIBO 稳定性。

8.52　用下面的形式实现 IIR 传输函数

$$H(z) = \frac{0.45(1 + z^{-1})(1 - 0.56z^{-1} - 0.2z^{-2})}{(1 + 0.6z^{-1} + z^{-2})(1 + 0.3z^{-1})}$$

(a)直接典范形式, (b)级联形式, (c)Gray-Markel 形式, (d)在习题 8.38 中描述的级联格型结构。比较它们的硬件需求。

8.53　生成下面 4 阶 FIR 传输函数对的级联格型实现:

(a)$H_4(z) = 2 + 23z^{-1} + 73z^{-2} + 43z^{-3} - 15z^{-4}$, $G_4(z) = -4 - 24z^{-1} + 85z^{-2} + 2z^{-3} - 3z^{-4}$

(b)$H_4(z) = 3 - 17z^{-1} - 28z^{-2} - 37z^{-3} + 2z^{-4}$, $G_4(z) = 6 - 46z^{-1} - 111z^{-2} - 27z^{-3} + 2z^{-4}$

8.54　以级联格型结构实现下面每一对 FIR 传输函数:

(a)$H_3(z) = 1 + z^{-1} + z^{-2} + z^{-3}$, $G_3(z) = 1 + 2z^{-2} + 3z^{-3}$

(b)$H_3(z) = 2z^{-1} + 3z^{-2} + 4z^{-3}$, $G_3(z) = 1 + z^{-1} + z^{-2} + z^{-3}$

(c)$H_3(z) = z^{-1} + z^{-2} + z^{-3}$, $G_3(z) = 1 + 2z^{-1} + 3z^{-2}$

(d)$H_3(z) = 1 + z^{-1} + z^{-2} + z^{-3}$, $G_3(z) = 4 + 2z^{-1} + 3z^{-2} + 4z^{-3}$

8.55　证明在用式(8.94)给出的算法实现镜像 FIR 传输函数对 $G_N(z)$ 和 $H_N(z)$ 时, 当且仅当

$$-1 < \delta_i < 1,\ 1 \leqslant i \leqslant N$$

时, 传输函数 $H_N(z)$ 和 $G_N(z)$ 分别是最小相位和最大相位的。

8.56　修改 8.9.1 节给出的实现一对镜像 FIR 传输函数的方法来实现一对功率互补 FIR 传输函数。

8.57　在本题中, 用复数算术实现一个偶阶实系数的传输函数在[Reg87a]中说明。设 $G(z)$ 是一个单极点为复共轭对形式且分子的次数小于或等于分母的次数的 N 阶实系数传输函数。

(a)证明 $G(z)$ 可以表示为两个 $N/2$ 阶的复系数传输函数的和:

$$G(z) = H(z) + H^*(z^*) \tag{8.152}$$

其中, $H^*(z^*)$ 的系数是 $H(z)$ 的对应系数的复共轭。

(b)将上面的分解推广到当 $G(z)$ 有一个以上的单实数极点的情况。

(c)考虑 $H(z)$ 的一个实现, 该实现具有一个实输入 $x[n]$ 和一个复输出 $y[n]$。证明从这个输入到输出的实部的传输函数就是 $G(z)$[提示:用部分分式展开来得到式(8.152)的分解]。

8.58　生成一阶复系数传输函数 $H(z)$

$$H(z) = \frac{A + \mathrm{j}B}{1 + (\alpha + \mathrm{j}\beta)z^{-1}}$$

的实现, 其中 A、B、α 和 β 是实常数。分别表示出所有信号变量的实部和虚部。求从输入到输出的实部和虚部的传输函数。

8.59　生成一个 N 阶复系数全通传输函数 $\mathcal{A}_N(z)$ 的级联格型实现。

8.60　用两个全通滤波器的并联形式实现下面的传输函数:

(a) $H_1(z) = \dfrac{2(z^{-1} - 1)}{3 + 7z^{-1}}$

(b) $H_2(z) = \dfrac{5.5(1+z^{-1})}{8+3z^{-1}}$

(c) $H_3(z) = \dfrac{0.2(1+z^{-1})(1+0.875z^{-1}+z^{-2})}{(1-0.5z^{-1})(1+0.4z^{-1}+0.9z^{-2})}$

(d) $H_4(z) = \dfrac{0.15(1-z^{-1})(1+2.8z^{-1}+z^{-2})}{(1+0.9z^{-1})(1-0.8z^{-1}+0.6z^{-2})}$

8.61 考虑用差分方程

$$\sum_{k=0}^{4} d_k y[n-k] = \sum_{k=0}^{4} p_k x[n-k], \qquad n \geqslant 0$$

描述的因果 IIR 滤波器，其中 $y[n]$ 和 $x[n]$ 分别表示输出和输入序列。

(a)将输出和输入序列分块为长度为 2 的向量

$$\boldsymbol{Y}_\ell = \begin{bmatrix} y[2\ell] \\ y[2\ell+1] \end{bmatrix}, \boldsymbol{X}_\ell = \begin{bmatrix} x[2\ell] \\ x[2\ell+1] \end{bmatrix}$$

证明上面的 IIR 滤波器可以用一个块差分方程等效地描述为[Bur72]

$$\sum_{r=0}^{2} \boldsymbol{D}_r \boldsymbol{Y}_{\ell-r} = \sum_{r=0}^{2} \boldsymbol{P}_r \boldsymbol{X}_{\ell-r}$$

其中 $\boldsymbol{D}_r$ 和 $\boldsymbol{P}_r$ 分别是由差分方程系数 $\{d_k\}$ 和 $\{p_k\}$ 组成的 2×2 矩阵。求块差分方程矩阵 $\boldsymbol{D}_r$ 和 $\boldsymbol{P}_r$。基于上面的块差分方程的 IIR 滤波器的一个实现在图 P8.19 中显示，其中标记为“S/P”的块是串行到并行转换器，而标记为“P/S”的块是并行到串行转换器。

(b)对于长度为 3 的输入和输出块，生成上述 IIR 滤波器的块差分方程描述。

(c)对于长度为 4 的输入和输出块，生成上述 IIR 滤波器的块差分方程描述。

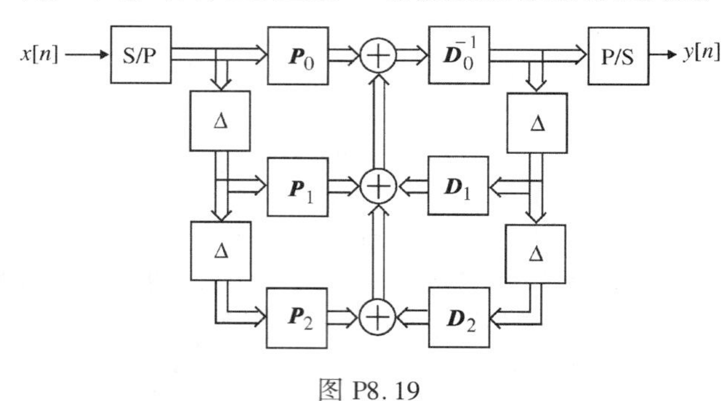

图 P8.19

8.62 只用两个块延迟生成图 P8.19 所示的块数字滤波器的一个典范实现。

8.63 设 $\{p_0, p_1, p_2, \cdots, p_{N-1}\}$ 表示一个周期序列的一个周期的样本。求一个因果周期波形发生器的传输函数，其冲激响应就是上面的周期序列，并生成其典范实现。

8.64 用于生成习题 8.20 中的 1 型线性相位 FIR 传输函数的如图 P8.20(a)所示的泰勒结构，已被用来设计可调谐 FIR 滤波器[Cro76a]，[Opp76]。由式(8.147)可观察到，长度为 $2M+1$ 的 1 型 FIR 传输函数的零相移频率响应(也称为振幅响应)为

$$\breve{H}(\omega) = \sum_{n=0}^{M} a[n](\cos\omega)^n \tag{8.153}$$

令 $\hat{\omega}$ 表示变换后的 FIR 滤波器 $\hat{H}(z)$ 的角频率变量。证明通过将

$$\cos\omega = \alpha + \beta\cos\hat{\omega} \tag{8.154}$$

替换入式(8.153)来实现低通到低通的变换。证明该变换可通过用传输函数

$$\alpha z^{-1} + \frac{\beta}{2}(1+z^{-2}) \tag{8.155}$$

替代图 P8.20(a)所示的传输函数为$(1+z^{-2})/2$的每个块来得到。

设ω_c和$\hat{\omega}_c$分别表示原型滤波器的截止频率和所求变换后的滤波器的截止频率。证明若$\hat{\omega}_c<\omega_c$，则选择$\beta=1-\alpha$将很方便，其中$0\leqslant\alpha<1$。对此情况，画出从$\cos\omega_c$到$\cos\hat{\omega}_c$的映射。另一方面，证明若$\hat{\omega}_c>\omega_c$，则选择$\beta=1+\alpha$将很方便，$-1<\alpha\leqslant 0$。对第二种情况，画出从$\cos\omega_c$到$\cos\hat{\omega}_c$的映射。

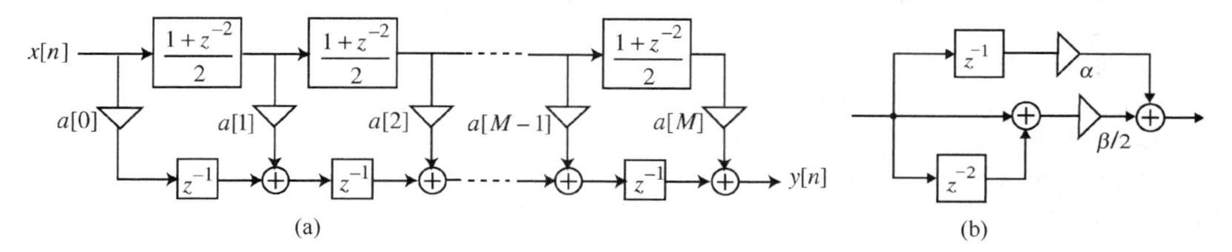

图 P8.20

8.65　通带边界频率为$\omega_p=0.45\pi$的三阶高通 1 型切比雪夫 IIR 滤波器的传输函数为

$$H(z)=\frac{0.2008(1-3z^{-1}+3z^{-2}-z^{-3})}{1-0.1894z^{-1}+0.5027^{-2}+0.0854z^{-3}}$$

由上面的原型滤波器确定具有可调谐通带边界频率的高通滤波器的传输函数。

8.66　3 dB 截止频率为0.4π的三阶低通椭圆 IIR 滤波器的传输函数为

$$H(z)=\frac{0.3035(1+1.8596z^{-1}+1.8596z^{-2}+z^{-3})}{1-0.7219z^{-1}+0.7425z^{-2}-0.2003z^{-3}}$$

由上面的原型滤波器确定求具有可调谐中心频率的带通滤波器的传输函数。

8.67　证明实现数字正弦余弦发生器且输出为[Mit75]

$$s_1[n]=\alpha\sin(\omega_o n) \tag{8.156a}$$

$$s_2[n]=\beta\cos(\omega_o n) \tag{8.156b}$$

的具有无延迟回路的最一般二阶结构用方程

$$\begin{bmatrix}s_1[n+1]\\ s_2[n+1]\end{bmatrix}=\begin{bmatrix}0 & A\\ 0 & 0\end{bmatrix}\begin{bmatrix}s_1[n+1]\\ s_2[n+1]\end{bmatrix}+\begin{bmatrix}C & D\\ E & F\end{bmatrix}\begin{bmatrix}s_1[n]\\ s_2[n]\end{bmatrix} \tag{8.157}$$

描述。用 5 个乘法器实现式(8.157)。生成乘法器系数和式(8.156a)和式(8.156b)给出的数字正弦余弦发生器的参数的关系。

8.68　通过将乘法器常量A和D表示为乘法器常量C的函数，生成式(8.157)给出的正弦余弦发生器的另一种 5 乘法器描述。通过在这另一种描述中令$C=\cos(\omega_o)$和$\beta=\pm\alpha$证明该正弦余弦发生器可以用 4 个乘法器实现。当乘法器常量C为其他什么值时，该正弦余弦发生器可以用 4 个乘法器实现[Mit75]？

8.69　证明图 P8.21 的单乘法器结构是一个正弦余弦发生器[Mit75]。

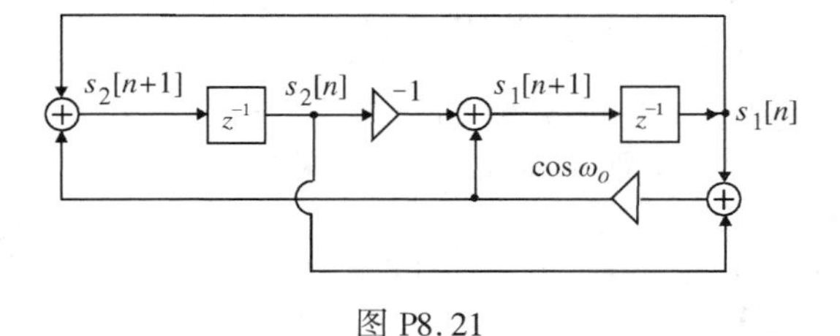

图 P8.21

8.15　MATLAB 练习

M8.1　用 MATLAB 生成下面的每个线性相位 FIR 传输函数的级联实现：

(a) $H_1(z)=-0.3+0.16z^{-1}+0.1z^{-2}+1.2z^{-3}+0.1z^{-4}+0.16z^{-5}-0.3z^{-6}$

(b) $H_2(z)=2-3.8z^{-1}+1.5z^{-2}-4.2z^{-3}+1.5z^{-4}-3.8z^{-5}+2z^{-6}$

(c) $H_3(z) = 0.3 + 0.16z^{-1} + 0.1z^{-2} - 0.1z^{-4} - 0.16z^{-5} - 0.3z^{-6}$

(d) $H_4(z) = -2 + 3.8z^{-1} - 0.15z^{-2} + 0.15z^{-4} - 3.8z^{-5} + 2z^{-6}$

M8.2 考虑四阶 IIR 传输函数

$$G(z) = \frac{0.1103 - 0.4413z^{-1} + 0.6619z^{-2} - 0.4413z^{-3} + 0.1103z^{-4}}{1 - 0.1510z^{-1} + 0.8042z^{-2} + 0.1618z^{-3} + 0.1872z^{-4}}$$

(a) 使用 MATLAB 以因式形式表示 $G(z)$。

(b) 生成 $G(z)$ 的两个不同级联实现。

(c) 生成 $G(z)$ 的两个不同的并联型实现。

用直接 II 型来实现每个二阶节。

M8.3 考虑下面给出的四阶 IIR 传输函数:

$$H(z) = \frac{0.2179 + 0.6072z^{-1} + 0.8348z^{-2} + 0.6072z^{-3} + 0.2179z^{-4}}{1 + 0.4547z^{-1} + 1.0528z^{-2} + 0.0509z^{-3} + 0.2298z^{-4}}$$

(a) 用 MATLAB 以因式形式表示 $H(z)$。

(b) 生成 $H(z)$ 的两个不同级联实现。

(c) 用并联 I 型和 II 型实现 $H(z)$。

用直接 II 型来实现每个二阶节。

程序 8_5.m

M8.4 用程序 8_5 来生成练习 M8.2 中的 IIR 传输函数 $G(z)$ 的 Gray-Markel 级联格型实现。

M8.5 用程序 8_5 来生成练习 M8.3 中的 IIR 传输函数 $H(z)$ 的 Gray-Markel 级联格型实现。

程序 8_7.m

M8.6 用程序 8_7 来生成练习 M8.1 中的每个 FIR 传输函数的级联格型实现。

M8.7 (a) 用两个全通传输函数和的形式来表示下面的 IIR 低通传输函数 $G(z)$:

$$G(z) = \frac{0.0079(1 + 5z^{-1} + 10z^{-2} + 10z^{-3} + 5z^{-4} + z^{-5})}{1 - 2.2188z^{-1} + 3.0019z^{-2} - 2.4511z^{-3} + 1.2330z^{-4} - 0.3109z^{-5}}$$

(b) 从全通分解求它的功率互补传输函数 $H(z)$。

(c) 画出原传输函数 $G(z)$ 与 (b) 部分得出的其功率互补传输函数 $H(z)$ 的幅度响应的平方, 并且验证它们的和在所有频率上都是 1。

M8.8 (a) 用两个全通传输函数和的形式来表示下面的 IIR 高通传输函数:

$$G(z) = \frac{0.0863(1 - 0.7184z^{-1} + 1.665z^{-2} - 1.665z^{-3} + 0.7184z^{-4} - z^{-5})}{1 + 1.8682z^{-1} + 2.732z^{-2} + 2.1384z^{-3} + 1.1668z^{-4} + 0.3079z^{-5}}$$

(b) 从全通分解求它的功率互补传输函数 $H(z)$。

(c) 画出原传输函数 $G(z)$ 与 (b) 部分得出的其功率互补传输函数 $H(z)$ 的幅度响应的平方, 并且验证它们的和在所有频率上都是 1。

M8.9 (a) 用两个全通传输函数和的形式来表示下面的 IIR 带通传输函数:

$$G(z) = \frac{0.0314(1 - 0.6033z^{-1} + 1.9045z^{-2} - 0.6033z^{-3} + z^{-4})}{1 - 0.616z^{-1} + 1.984z^{-2} - 0.5828z^{-3} + 0.8951z^{-4}}$$

(b) 从全通分解求它的功率互补传输函数 $H(z)$。

(c) 画出原传输函数 $G(z)$ 与 (b) 部分得出的其功率互补传输函数 $H(z)$ 的幅度响应的平方, 并且验证它们的和在所有频率上都是 1。

M8.10 用 MATLAB 仿真习题 8.69 在 $\cos\omega_o = 0.8$ 时的单乘法器的正弦余弦发生器, 并且画出它的两个输出序列的前 50 个样本。对输出缩放使得它们都有最大振幅 ± 1。变量 $s_i[n]$ 的初值有什么影响?

M8.11 编写 MATLAB 程序来验证图 8.49 给出的图。

M8.12 编写 MATLAB 程序来验证图 8.50 给出的图。

第9章　IIR数字滤波器设计

生成数字滤波器的一个重要步骤是确定一个可实现的传输函数$G(z)$来逼近指定的频率响应指标。若要得到一个IIR滤波器，则需要保证$G(z)$是稳定的。得到传输函数$G(z)$的过程称为**数字滤波器设计**。在得到$G(z)$之后，接下来要用一种合适的滤波器结构形式来实现它。第8章简要介绍了用于实现FIR和IIR传输函数的不同基本结构。本章将讨论IIR数字滤波器的设计问题。FIR数字滤波器的设计将在第10章中涉及。

首先，我们将回顾与滤波器设计相关的若干问题。其次，将对一种广泛使用的IIR滤波器设计方法，即基于将原型模拟传输函数转换成数字传输函数的方法进行讨论，并给出典型的设计例子来说明该方法。然后，我们将考虑通过将复变量z替换为z的函数来实现从一类IIR传输函数到另一类的变换。我们将归纳4种常用的变换。最后，我们将考虑IIR数字滤波器的计算机辅助设计。为此，我们将限于讨论用MATLAB来确定传输函数。

9.1　预备知识

在生成数字传输函数$G(z)$之前，有两个关键的问题需要解决。首要的问题是，根据使用该数字滤波器的整个系统的需求，得到合理的滤波器频率响应指标。第二个问题是，确定所设计的滤波器是FIR还是IIR数字滤波器。在本节中，我们将首先研究这两个问题。接着介绍设计IIR数字滤波器的基本解析方法，然后确定满足给定指标的滤波器阶数。同时，我们也将讨论传输函数的适当的尺度缩放。

9.1.1　数字滤波器指标

与设计模拟滤波器一样，在大多数应用中，要设计的数字滤波器的幅度或相位(延迟)响应是指定的。在有些情况下，可能会指定滤波器的单位样本响应或阶跃响应。在大多数实际应用中，所关注的问题是用一个可实现的传输函数去逼近给定的滤波器幅度响应指标。如7.1.3节中所指出的，所设计出的滤波器的相位响应可通过将其级联一个全通节来进行校正。在9.7.3节中，我们将介绍一种方法来设计全通相位均衡器。

在本章中，我们将仅讨论幅度逼近问题。7.1.1节已经指出有4种基本的滤波器类型，它们的幅度响应分别如图7.1所示。由于这些滤波器对应的冲激响应都是非因果和无限长的，因此这些理想滤波器都是不可实现的。生成一种可实现的逼近方法是对该滤波器的冲激响应进行截短，如式(7.32)画出了对一个低通滤波器的情况。通过截短理想低通滤波器的冲激响应得到的一个有限冲激响应的低通滤波器的幅度响应从通带到阻带并没有一个突变的过渡带，而是表现出一个缓和的“滚降”。

因此，与附录A介绍的模拟滤波器的设计问题一样，数字滤波器在通带和阻带的幅度响应指标以一定容限给出。另外，在通带和阻带间给定了一个过渡带，以使幅度平滑下降。例如，低通滤波器所求的幅度$|G(e^{j\omega})|$如图9.1(a)所示。如图所示，在定义为$0\leqslant\omega\leqslant\omega_p$的**通带**内，要求幅度响应以误差$\pm\delta_p$逼近1，即

$$1-\delta_p \leqslant \left|G(e^{j\omega})\right| \leqslant 1+\delta_p, \qquad |\omega| \leqslant \omega_p \tag{9.1}$$

在定义为$\omega_s\leqslant\omega\leqslant\pi$的**阻带**中，要求幅度响应以误差界$\delta_s$逼近零，即

$$\left|G(e^{j\omega})\right| \leqslant \delta_s, \qquad \omega_s \leqslant |\omega| \leqslant \pi \tag{9.2}$$

其中，频率ω_p和ω_s分别称为**通带边界频率**和**阻带边界频率**。通带和阻带的误差容限，即δ_p和δ_s，通常称为**波纹峰值**。回忆到数字滤波器的频率响应$G(e^{j\omega})$是ω的以2π为周期的周期函数。在大多数应用中，所

研究数字滤波器的传输函数 $G(z)$ 具有实系数，而且其幅度响应 $|G(e^{j\omega})|$ 是 ω 的偶函数。因此，仅在范围 $0\leqslant|\omega|\leqslant\pi$ 内给出数字滤波器的指标。

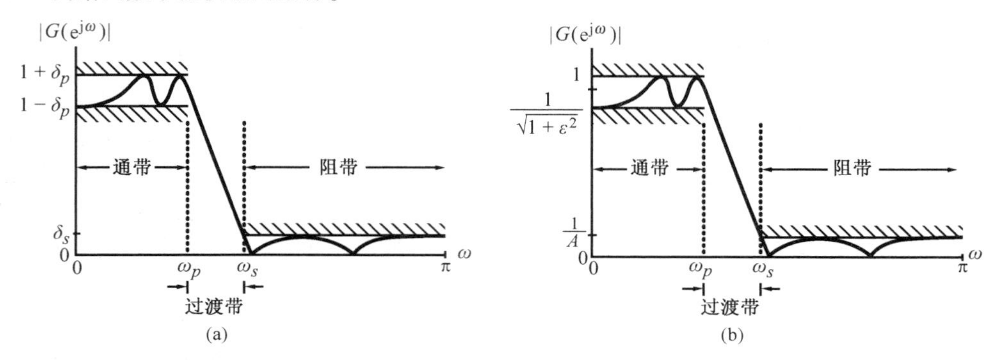

图 9.1　(a)数字低通滤波器的典型幅度指标；(b)数字低通滤波器的归一化幅度指标

数字滤波器的指标通常由单位为 dB 的损益函数给出，即 $\mathcal{A}(\omega) = -20\lg|G(e^{j\omega})|$。其中，**峰值通带波纹 α_p** 和**最小阻带衰减 α_s** 的单位为 dB，即数字滤波器的损益指标为

$$\alpha_p = -20\lg(1-\delta_p)\,\text{dB} \tag{9.3}$$

$$\alpha_s = -20\lg(\delta_s)\,\text{dB} \tag{9.4}$$

例 9.1　计算数字滤波器通带和阻带峰波纹值

一个数字滤波器的峰值通带波纹 α_p 和最小阻带衰减 α_s 分别为 0.1 dB 和 35 dB。求它们相应的峰波纹值 δ_p 和 δ_s。由式(9.3)和式(9.4)可得

$$\delta_p = 1 - 10^{-\alpha_p/20} = 1 - 10^{-0.005} = 0.011\,446\,90$$

$$\delta_s = 10^{-\alpha_s/20} = 10^{-1.75} = 0.017\,782\,79$$

与模拟低通滤波器一样，数字低通滤波器的幅度响应指标可以由一个归一化的形式给出，如图 9.1(b)所示。这里，假设幅度响应在通带中的最大值为 1，最大通带幅度偏离是通带幅度的最小值，记为 $1/\sqrt{1+\varepsilon^2}$。最大阻带幅度记为 $1/A$①。

因此，对于归一化的指标，增益函数的最大值或损益函数的最小值是 0 dB。量 $\alpha_{\max}$ 为

$$\alpha_{\max} = 20\lg\left(\sqrt{1+\varepsilon^2}\right)\,\text{dB} \tag{9.5}$$

称为**最大通带衰减**。当典型情况下，$\delta_p \ll 1$，可以证明

$$\alpha_{\max} \approx -20\lg(1-2\delta_p) \approx 2\alpha_p \tag{9.6}$$

在大多数应用中，通带和阻带边界频率以及数字滤波器的抽样率都以赫兹(Hz)为单位。由于所有的滤波器设计技术都是按归一化角频率 ω_p 和 ω_s 来生成的，因此，在应用给定的滤波器设计算法之前，需要对指定的临界频率进行归一化。设 F_T 表示单位为赫兹的抽样率，F_p 和 F_s 分别表示单位为赫兹的通带和阻带边界频率，则以弧度为单位的归一化边界角频率可以表示为

$$\omega_p = \frac{\Omega_p}{F_T} = \frac{2\pi F_p}{F_T} = 2\pi F_p T \tag{9.7}$$

$$\omega_s = \frac{\Omega_s}{F_T} = \frac{2\pi F_s}{F_T} = 2\pi F_s T \tag{9.8}$$

例 9.2　频带边界频率到其归一化数字角频率的转换

设工作在 25 kHz 抽样率的一个数字高通滤波器给定的通带和阻带边界频率分别为 7 kHz 和 3 kHz。利用式(9.7)和式(9.8)，我们能确定相应的归一化频带边界角频率为

① 最小阻带衰减因此是 $20\lg(A)$。

$$\omega_p = \frac{2\pi(7\times10^3)}{25\times10^3} = 0.56\pi$$

$$\omega_s = \frac{2\pi(3\times10^3)}{25\times10^3} = 0.24\pi$$

9.1.2　选择滤波器类型

第二个需要研究的问题是选择数字滤波器类型，即采用 IIR 还是采用 FIR 数字滤波器。设计数字滤波器的目的是生成一个满足频率响应指标的因果传输函数 $H(z)$。在设计 IIR 数字滤波器时，传输函数是 z^{-1}的实有理函数：

$$H(z) = \frac{p_0 + p_1 z^{-1} + p_2 z^{-2} + \cdots + p_M z^{-M}}{d_0 + d_1 z^{-1} + d_2 z^{-2} + \cdots + d_N z^{-N}} \tag{9.9}$$

而且，$H(z)$必须是一个稳定的传输函数，并且为了降低计算复杂度，它必须具有最低阶数 N。另一方面，在设计 FIR 数字滤波器时，传输函数是 z^{-1}的多项式：

$$H(z) = \sum_{n=0}^{N} h[n] z^{-n} \tag{9.10}$$

为了降低计算复杂度，$H(z)$的阶数 N 必须尽可能小。另外，若需要线性相位，则 FIR 滤波器的系数必须满足约束：

$$h[n] = \pm h[N-n] \tag{9.11}$$

FIR 滤波器具有很多优点，由于它可以进行精确的线性相位设计，且对于量化后的滤波器系数，其结构通常是稳定的。然而，在大多数情况下，满足相同幅度指标的 FIR 滤波器的阶数 N_{FIR}比等效 IIR 滤波器的阶数 N_{IIR}要高得多。一般来说，对于每个输出样本，用 FIR 滤波器实现大约需要 N_{FIR}次相乘，而用 IIR 滤波器实现大约需要 $2N_{\text{IIR}}+1$ 次相乘。在前一种情况下，若将 FIR 滤波器设计为具有线性相位，则对于每个输出样本，乘法的次数会减少到大约$(N_{\text{FIR}}+1)/2$。同样，大多数 IIR 滤波器设计得到的传输函数在单位圆上有零点，且所有零点在单位圆上的 N_{IIR}阶 IIR 滤波器的级联实现需要每样本$\lfloor(3N_{\text{IIR}}+3)/2\rfloor$个乘法器①。已经证明，对于大多数实际的滤波器指标，比值 $N_{\text{FIR}}/N_{\text{IIR}}$通常为几十数量级或更大，因此，IIR 滤波器通常具有更高的计算效率[Rab75a]。但若通过将其级联一个全通均衡器来对 IIR 滤波器的群延迟进行均衡，则在计算复杂度上的节省就不再明显了[Rab75a]。在很多应用中，数字滤波器的相位响应的线性并不是主要问题，使得 IIR 滤波器由于其较低的计算需求成为首选。

9.1.3　IIR 数字滤波器设计的基本方法

在设计 IIR 滤波器时，最常用的手段是将数字滤波器的设计指标转化成模拟低通原型滤波器的设计指标，从而确定满足这些指标的模拟低通滤波器的传输函数，然后再将它变换成所求的数字滤波器传输函数。这种方法之所以得到广泛使用，主要因为：

(a) 模拟逼近技术已经非常先进。

(b) 它们通常能产生闭式解。

(c) 模拟滤波器的设计有大量的表可查。

(d) 在很多应用中需要模拟滤波器的数字仿真。

接下来，将一个模拟传输函数记为

$$H_a(s) = \frac{P_a(s)}{D_a(s)} \tag{9.12}$$

式中，下标“a”特指模拟域，由 $H_a(s)$得到的数字滤波器的传输函数记为

---

① $\lfloor x \rfloor$表示 x 的整数部分。

$$G(z)=\frac{P(z)}{D(z)} \tag{9.13}$$

将模拟原型传输函数 $H_a(s)$ 变换成数字 IIR 传输函数 $G(z)$ 的基本思路就是应用一个 s 域到 z 域的映射，从而使模拟滤波器的基本特性能够保持。这表明映射函数必须使得：

(a) s 平面的虚轴($j\Omega$)被映射到 z 平面的单位圆上。

(b)稳定的模拟传输函数能转换为稳定的数字传输函数。

为此，9.2 节中介绍了目前最广泛采用的一种变换——双线性变换。

9.1.4 IIR 数字滤波器阶数估计

在滤波器设计过程中，选定滤波器的类型后，接下来便要估计满足给定滤波器指标的滤波器阶数 N。为了降低计算复杂度，滤波器阶数应大于或等于所估计值的最小整数。

当基于一个模拟低通滤波器 $H_a(s)$ 的变换来设计 IIR 数字低通滤波器 $G(z)$ 时，首先用式(A.9)、式(A.17)或式(A.27)给出的适当方程根据其指标估计 $H_a(s)$ 的阶数，方程的选择取决于所采用的逼近方法是巴特沃思、切比雪夫还是等波纹逼近。这样，$G(z)$ 的阶数将在从 $H_a(s)$ 到 $G(z)$ 的变换中自动确定。对于本书 A.6 节中讨论的一类逼近方法，MATLAB 中有一些 M 文件可用来直接估计满足滤波器指标的 IIR 数字传输函数的最小阶数。这些将在 9.6 节中讨论。

9.1.5 尺度缩放数字传输函数

按照本章所给出的任何一种方法设计出一个数字滤波器后，在使用该滤波器之前，其相应的传输函数 $G(z)$ 需要在幅度上进行尺度缩放。在幅度尺度缩放过程中，将传输函数乘以一个尺度缩放常数 K 以使得尺度缩放后的传输函数 $G_t(z)=K\,G(z)$ 在通带的最大幅度为 1，即尺度缩放后的传输函数的最大增益为 0 dB。因此，对于一个具有实系数的稳定传输函数 $G(z)$，尺度缩放后的传输函数 $K\,G(z)$ 是一个有界实(BR)函数①。

对于一个频率选择的传输函数 $G(z)$，若在频率范围 $0\leqslant\omega\leqslant\pi$ 内，$G_{\max}$ 是 $|G(e^{j\omega})|$ 的最大值，则 $K=1/G_{\max}$，它使得尺度缩放后的传输函数在通带的最大增益为 0 dB。例如，对于一个在直流处具有最大幅度的低通传输函数，通常用 $K=1/G(1)$，它表明尺度缩放后的传输函数有 0 dB 的直流增益。同样，对于一个最大幅度在 $\omega=\pi$ 的高通传输函数，K 设为 $1/G(-1)$，使得尺度缩放后的传输函数在 $\omega=\pi$ 处的增益为 0 dB。而对于一个带通传输函数，通常 K 等于 $1/|G(e^{j\omega_c})|$，其中，ω_c 为通带的中心频率。

9.2 IIR 滤波器设计的双线性变换法

已提出很多变换方法将一个模拟传输函数 $H_a(s)$ 变换成一个数字传输函数 $G(z)$，从而使 z 域中的数字传输函数保留 s 域中的模拟传输函数的基本性质。在这些变换中，常用双线性变换法来设计基于模拟原型滤波器变换的 IIR 数字滤波器。有两类双线性变换可将模拟传输函数转换为数字传输函数。两种变换都是一对一的映射，即它们将 s 平面的一个单点映射成 z 平面的一个点，反之亦然。在本节中，我们研究一类双线性变换在 s 平面和 z 平面之间的精确关系。另一类双线性变换在习题 9.18 中讨论。

9.2.1 双线性变换

从 z 平面上的一点映射到 s 平面上一点的双线性变换为[Kai66]

$$s=\frac{2}{T}\left(\frac{1-z^{-1}}{1+z^{-1}}\right) \tag{9.14}$$

因此，数字传输函数 $G(z)$ 和原模拟传输函数 $H_a(s)$ 之间的关系为

① 有界实(BR)函数的定义参见 7.1.2 节。

$$G(z) = H_a(s)\big|_{s=\frac{2}{T}\left(\frac{1-z^{-1}}{1+z^{-1}}\right)} \tag{9.15}$$

式(9.14)的双线性变换是通过对 $H_a(s)$ 的微分方程表示应用梯形数值积分方法来得到 $G(z)$ 的差分方程的一种变换(参见例4.30)。参数 T 表示数值积分的步长。

现在分析上面的变换。为此，首先重写式(9.14)来得到逆双线性变换，它将 z 表示为 s 的函数为

$$z = \frac{1+\frac{T}{2}s}{1-\frac{T}{2}s} \tag{9.16}$$

对于 s 平面上的特定的 $s=\sigma_o+\mathrm{j}\Omega_o$，上式简化为

$$z = \frac{1+\frac{T}{2}(\sigma_o+\mathrm{j}\Omega_o)}{1-\frac{T}{2}(\sigma_o+\mathrm{j}\Omega_o)} = \frac{\left(1+\frac{T}{2}\sigma_o\right)+\mathrm{j}\frac{T}{2}\Omega_o}{\left(1-\frac{T}{2}\sigma_o\right)-\mathrm{j}\frac{T}{2}\Omega_o} \tag{9.17}$$

因此

$$|z|^2 = \frac{\left(1+\frac{T}{2}\sigma_o\right)^2+\left(\frac{T}{2}\Omega_o\right)^2}{\left(1-\frac{T}{2}\sigma_o\right)^2+\left(\frac{T}{2}\Omega_o\right)^2} \tag{9.18}$$

从上式可以推出

$$|z|^2 \begin{cases} <1, & \sigma_o<0 \\ =1, & \sigma_o=0 \\ >1, & \sigma_o>0 \end{cases} \tag{9.19}$$

因而，s 平面的 $\mathrm{j}\Omega$ 轴上的点($\sigma_o=0$)映射到 z 平面中 $|z|=1$ 的单位圆上的某一点。s 左半平面上的点 $\sigma_o<0$ 映射为 z 平面单位圆内的某一点，即 $|z|<1$。同理，s 右半平面上的点 $\sigma_o>0$ 映射为 z 平面单位圆外的某一点，即 $|z|>1$。s 平面内任何一点将被映射为 z 平面内的唯一一个点，反之亦然。通过双线性变换法从 s 平面到 z 平面的映射如图 9.2 所示，可以看出它具有所需的全部属性。同时，由于是一对一的映射，因此没有混叠。

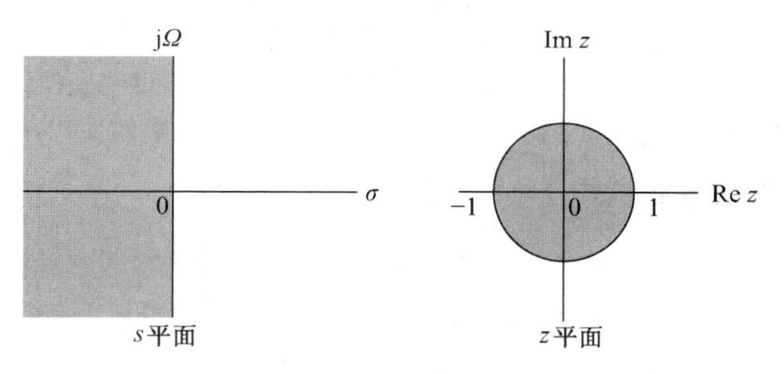

图 9.2　双线性变换映射

s 平面的虚轴($s=\mathrm{j}\Omega$)与 z 平面的单位圆($z=\mathrm{e}^{\mathrm{j}\omega}$)之间这种准确映射的关系很有意义。由式(9.14)可得

$$\mathrm{j}\Omega = \frac{2}{T}\left(\frac{1-\mathrm{e}^{-\mathrm{j}\omega}}{1+\mathrm{e}^{-\mathrm{j}\omega}}\right) = \mathrm{j}\frac{2}{T}\tan\left(\frac{\omega}{2}\right)$$

或

$$\Omega = \frac{2}{T}\tan\left(\frac{\omega}{2}\right) \tag{9.20}$$

ω 和 Ω 之间的关系可以另外写成

$$\omega = 2\arctan\left(\frac{\Omega T}{2}\right) \tag{9.21}$$

其在图 9.3 中画出。由图可以看出，s 平面的正(负)虚轴映射成 z 平面单位圆周的上(下)半部分。另外很明显，由于 s 平面的整个负虚轴从 $\Omega=-\infty$ 到 $\Omega=0$ 映射到单位圆周从 $\omega=-\pi$(即 $z=-1$)到 $\omega=0$(即 $z=+1$)的下半部分，而 s 平面的整个正虚轴从 $\Omega=0$ 到 $\Omega=+\infty$ 映射到单位圆周从 $\omega=0$(即 $z=+1$)

到 $\omega = +\pi$(即 $z = -1$)的上半部分，所以该映射的非线性程度很高。这引起了频率轴的失真，称为**频率畸变**。畸变的影响在图 9.4 中很明显，它显示了通过双线性变换法，从典型的模拟滤波器的幅度响应到数字滤波器幅度响应的变换。因此，为了生成满足特定幅度响应的数字滤波器，必须首先利用式(9.20)，对临界频带边界频率(ω_p 和 ω_s)预畸变，从而找到它们的模拟等效(Ω_p 和 Ω_s)，再利用预畸变后的临界频率设计模拟原型 $H_a(s)$，然后用式(9.14)对 $H_a(s)$ 进行双线性变换，得到所需的数字滤波器传输函数 $G(z)$。

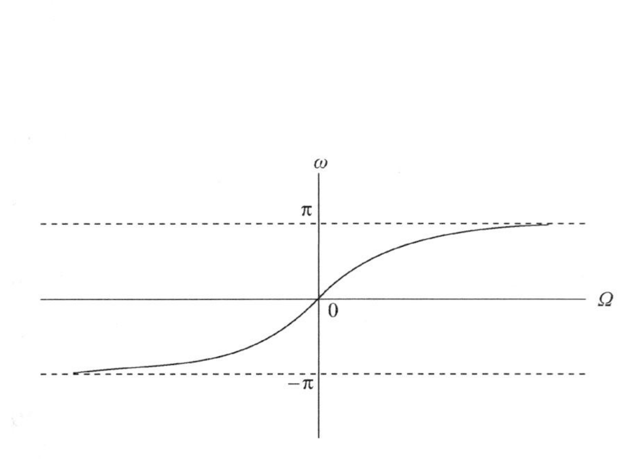

图 9.3 通过式(9.14)的双线性变换将模拟角频率Ω映射到数字角频率ω

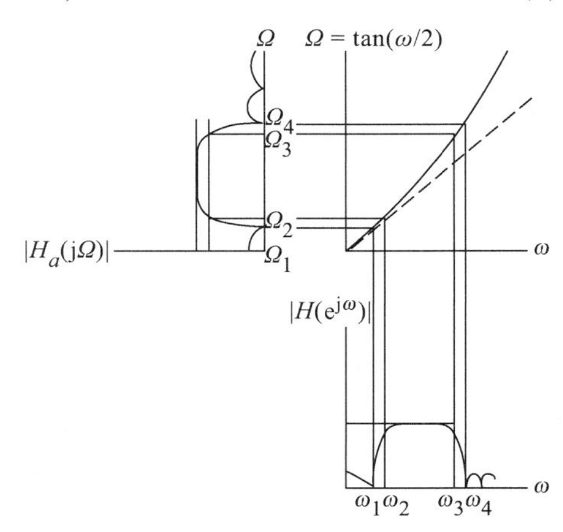

图 9.4 幅度响应的频率畸变效应的图示

注意，仅当指标要求为分段常幅度时，双线性变换才能保持模拟滤波器的幅度响应的形式。因此，低通模拟滤波器被转换成低通数字滤波器，高通模拟滤波器被转换成高通数字滤波器，带通模拟滤波器被转换成带通数字滤波器，带阻模拟滤波器被转换成带阻数字滤波器。但在变换之后，模拟滤波器的相位响应将无法保持。因此，该变换只能用于设计幅度响应为分段常数值的数字滤波器。

在 MATLAB 中用 M 文件 `bilinear` 可以对模拟传输函数进行双线性变换。该函数有三种形式，每种形式都在输入接收一个表明预畸变的附加变量。9.4 节将介绍该函数的使用。

9.2.2 设计低阶数字滤波器

现在考虑将双线性变换法应用到对应的低阶模拟滤波器来设计低阶数字滤波器，这类低阶数字滤波器可以应用于数字音频中的均衡器，随书光盘对此进行了说明。后几节讨论高阶数字滤波器的设计。

一阶巴特沃思低通数字滤波器

由式(A.10)与式(A.11)可以得到，3 dB 截止频率为 Ω_c 的一阶巴特沃思低通模拟滤波器的传输函数为

$$H_{\mathrm{LP}}(s) = \frac{\Omega_c}{s + \Omega_c} \tag{9.22}$$

对式(9.22)应用双线性变换，可得到一阶巴特沃思数字低通滤波器的传输函数 $G(z)$ 的表达式为

$$G_{\mathrm{LP}}(z) = \left.\frac{\Omega_c}{s + \Omega_c}\right|_{s=\frac{2}{T}\left(\frac{1-z^{-1}}{1+z^{-1}}\right)} = \frac{\frac{\Omega_c T}{2}(1 + z^{-1})}{(1 - z^{-1}) + \frac{\Omega_c T}{2}(1 + z^{-1})} \tag{9.23}$$

重新排列式中各项，式(9.23)重写为

$$G_{\mathrm{LP}}(z) = \frac{1-\alpha}{2}\left(\frac{1 + z^{-1}}{1 - \alpha z^{-1}}\right) \tag{9.24}$$

式中

$$\alpha = \frac{1 - \frac{\Omega_c T}{2}}{1 + \frac{\Omega_c T}{2}} \tag{9.25}$$

式(9.24)给出的数字传输函数的 3 dB 截止频率 ω_c，通过式(9.20)与模拟传输函数的 3 dB 截止频率为 Ω_c 相关联。将式(9.20)代入式(9.25)，可以将 α 表示为 ω_c 的函数，即

$$\alpha = \frac{1-\tan(\omega_c/2)}{1+\tan(\omega_c/2)} \tag{9.26}$$

注意，式(9.24)给出的一阶低通数字滤波器与没经过推导得到的式(7.76)所给出的完全相同。

一阶巴特沃思高通数字滤波器

对式(9.22)给出的低通传输函数应用式(B.1)给出的低通至高通变换，可得到 3 dB 截止频率为 Ω_c 的一阶模拟高通巴特沃思滤波器的传输函数：

$$H_{\mathrm{HP}}(s) = \frac{s}{s+\Omega_c} \tag{9.27}$$

对式(9.27)给出的高通模拟传输函数 $H_{\mathrm{HP}}(s)$ 应用式(9.14)的双线性变换，可得一阶高通数字巴特沃思滤波器的传输函数：

$$G_{\mathrm{HP}}(z) = \left.\frac{s}{s+\Omega_c}\right|_{s=\frac{2}{T}\left(\frac{1-z^{-1}}{1+z^{-1}}\right)} = \frac{1+\alpha}{2}\left(\frac{1-z^{-1}}{1-\alpha z^{-1}}\right) \tag{9.28}$$

其中 α 由式(9.26)给出。注意，式(9.28)与式(7.79)的一阶高通传输函数相同。

二阶带通数字滤波器

对式(9.22)给出的低通模拟传输函数利用式(B.3)的 s 域低通到带通变换，得到二阶模拟带通滤波器的传输函数 $H_{\mathrm{BP}}(s)$ 为

$$H_{\mathrm{BP}}(s) = \frac{Bs}{s^2+Bs+\Omega_o^2} \tag{9.29}$$

式中，Ω_o 是角频率，称为**中心频率**，滤波器在该频率点取最大的幅度响应值为 1，并且 B 是通带的 3 dB **带宽**。在 $\Omega=0$ 和 $\Omega=\infty$ 处，滤波器的幅度响应为零值，即 $|H_{\mathrm{BP}}(\mathrm{j}\Omega_o)|=1$ 和 $|H_{\mathrm{BP}}(\mathrm{j}0)|=|H_{\mathrm{BP}}(\mathrm{j}\infty)|=0$。通过代入 $B=\Omega_o/Q_o$，其中 Q_o 称为带通滤波器的**品质因数**或者简称为 ***Q* 值**，则上面的传输函数可以另外表示为如下形式

$$H_{\mathrm{BP}}(s) = \frac{\frac{\Omega_o}{Q_o}s}{s^2+\frac{\Omega_o}{Q_o}s+\Omega_o^2} \tag{9.30}$$

对式(9.29)给出的模拟带通传输函数 $H_{\mathrm{BP}}(s)$ 应用双线性变换，可以得到具有可调的中心频率和 3 dB 带宽的二阶数字带通滤波器的传输函数为

$$G_{\mathrm{BP}}(z) = \frac{1-\alpha}{2}\left(\frac{1-z^{-2}}{1-\beta(1+\alpha)z^{-1}+\alpha z^{-2}}\right) \tag{9.31}$$

式中

$$\alpha = \frac{1-\frac{BT}{2}+\frac{T^2\Omega_o^2}{4}}{1+\frac{BT}{2}+\frac{T^2\Omega_o^2}{4}} \tag{9.32a}$$

$$\beta = \frac{1-\frac{T^2\Omega_o^2}{4}}{1+\frac{T^2\Omega_o^2}{4}} \tag{9.32b}$$

参数 α 和 β 与数字带通滤波器的**中心频率 $\boldsymbol{\omega_o}$** 和 3 dB **带宽 $\boldsymbol{B_w}$** 的关系为

$$\alpha = \frac{1-\tan(B_w/2)}{1+\tan(B_w/2)} \tag{9.33a}$$

$$\beta = \cos(\omega_o) \tag{9.33b}$$

式(9.31)给出的带通数字滤波器的传输函数与没有经过任何推导得到的式(7.82)是完全相同的。

二阶带通和带阻数字滤波器

二阶模拟带阻滤波器的传输函数为

$$H_{\mathrm{BS}}(s)=\frac{s^2+\Omega_o^2}{s^2+Bs+\Omega_o^2} \tag{9.34}$$

在$\Omega=0$和$\Omega=\infty$处，它的幅度响应接近零，即增益为0 dB；在**陷波频率**$\Omega=\Omega_o$处，幅度取零值。若Ω_1和Ω_2表示增益下降-3 dB所对应的频率，其中$\Omega_2>\Omega_1$，则可以证明由$(\Omega_2-\Omega_1)$定义的3 dB**陷波带宽**等于B。

对式(9.34)中的$H_{\mathrm{BS}}(s)$应用双线性变换，可得[Hir74]

$$G_{\mathrm{BS}}(z)=\frac{1+\alpha}{2}\left(\frac{1-2\beta z^{-1}+z^{-2}}{1-\beta(1+\alpha)z^{-1}+\alpha z^{-2}}\right) \tag{9.35}$$

式中，参数α和β再次由式(9.32a)和式(9.32b)给出，它们通过式(9.33a)和式(9.33b)分别与数字带通滤波器的**中心频率**ω_o和3 dB**带宽**B_w建立关系。

注意，式(9.35)就是没有经过任何推导得到的由式(7.85)给出的二阶陷波器的传输函数。

简化的双线性变换

在之后的几节中，我们会看到数字滤波器的设计过程分为两步：首先，对数字滤波器指标进行双线性逆变换，得到其对应的模拟滤波器原型的指标；然后，对满足模拟原型滤波器指标设计出的模拟传输函数$H_a(s)$进行前向双线性变换得到所求的数字传输函数$G(z)$。因此，参数T对$G(z)$并无影响，为了简化设计过程，在两个双线性变换中一般选取$T=2$。

对$T=2$时式(9.14)的双线性变换，式(9.17)中对应的逆变换简化为

$$z=\frac{1+s}{1-s} \tag{9.36}$$

9.3 设计低通 IIR 数字滤波器

我们现在说明用双线性变换法，生成满足给定指标的低通 IIR 数字传输函数。为此，我们首先用式(9.16)的逆变换从低通数字滤波器$G(z)$的指标得到原型低通模拟滤波器$H_a(s)$的指标。然后，确定满足原型模拟滤波器指标的模拟传输函数$H_a(s)$。最后，用式(9.14)的前向双线性变换将模拟传输函数$H_a(s)$变换成数字传输函数$G(z)$。

特别考虑具有最大平坦幅度特性的低通 IIR 数字滤波器$G_{\mathrm{LP}}(z)$的设计。通带边界频率ω_p是0.25π，通带波纹不超过0.5 dB。在阻带边界频率$\omega_s=0.55\pi$处的最小阻带衰减为15 dB。因此，若$|G_{\mathrm{LP}}(e^{j0})|=1$，则要求

$$20\lg\left|G_{\mathrm{LP}}(e^{j0.25\pi})\right|\geqslant-0.5\ \mathrm{dB} \tag{9.37a}$$

$$20\lg\left|G_{\mathrm{LP}}(e^{j0.55\pi})\right|\leqslant-15\ \mathrm{dB} \tag{9.37b}$$

首先，数字频带边界频率预畸变得到相应的模拟频带边界频率。由式(9.20)可知，对应于数字频带边界频率ω_p和ω_s的相关模拟频带边界频率Ω_p和Ω_s分别为

$$\Omega_p=\tan\left(\frac{\omega_p}{2}\right)=\tan\left(\frac{0.25\pi}{2}\right)=0.414\,213\,6$$

$$\Omega_s=\tan\left(\frac{\omega_s}{2}\right)=\tan\left(\frac{0.55\pi}{2}\right)=1.170\,849\,6$$

由式(A.5)得到逆过渡比为

$$\frac{1}{k}=\frac{\Omega_s}{\Omega_p}=\frac{1.170\,849\,6}{0.414\,213\,5}=2.826\,680\,9$$

从给定的通带波纹值0.5 dB可得$\varepsilon^2=0.122\,018\,5$，从最小阻带衰减15 dB可得$A^2=31.622\,777$。因此，

由式(A.6)可得分辨率的倒数为

$$\frac{1}{k_1} = \frac{\sqrt{A^2 - 1}}{\varepsilon} = 15.841\,979$$

将这些值代入式(A.9)，得到滤波器阶数 N 为

$$N = \frac{\lg(1/k_1)}{\lg(1/k)} = \frac{\lg(15.841\,979)}{\lg(2.826\,681\,4)} = 2.658\,699\,7$$

大于 N 的最小整数是 3，因此滤波器阶数取为 3。

接下来用滤波器的阶数以及式(A.8a)或式(A.8b)来确定 3 dB 截止频率 Ω_c。若利用式(A.8b)求出滤波器的截止频率 Ω_c，则滤波器在 Ω_s 处的阻带指标恰好得到满足，但超出了在 Ω_p 处的通带指标，在 Ω_c 处提供一个安全的裕度。若利用式(A.8a)来求 Ω_c，则在 Ω_p 处的通带指标恰好得到满足，但超出了在 Ω_s 处的阻带指标。将 ε^2、Ω_p 和 N 的值代入式(A.8a)中，可以得到

$$\Omega_c = 1.419\,915(\Omega_p) = 1.419\,915 \times 0.414\,213\,5 = 0.588\,148$$

使用 MATLAB 中的函数 buttap①，可得到三阶归一化低通巴特沃思传输函数为

$$H_{\text{an}}(s) = \frac{1}{(s+1)(s^2+s+1)}$$

它的 3 dB 频率为 $\Omega = 1$，因此必须对其解归一化，以便使它的 3 dB 截止频率为 $\Omega_c = 0.588\,148$。解归一化后的传输函数为

$$H_a(s) = H_{\text{an}}\left(\frac{s}{0.588\,148}\right) = \frac{0.203\,451}{(s+0.588\,148)(s^2+0.588\,148s+0.345\,918)}$$

对上式进行双线性变换，最终可得所求的数字低通传输函数的表达式为

$$\begin{aligned} G_{\text{LP}}(z) &= H_a(s)\big|_{s=(1-z^{-1})/(1+z^{-1})} \\ &= \frac{0.066\,227\,2(1+z^{-1})^3}{(1-0.259\,328\,4z^{-1})(1-0.676\,285\,8z^{-1}+0.391\,746\,8z^{-2})} \end{aligned} \tag{9.38}$$

相应的幅度和增益响应在图 9.5 中画出。

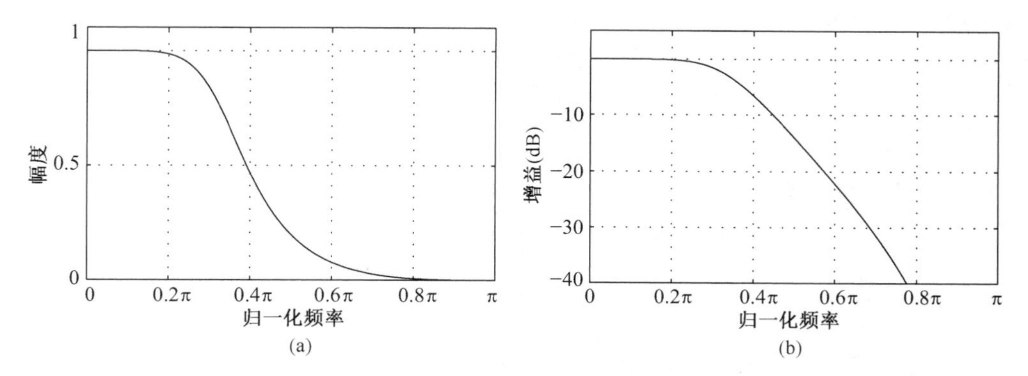

图 9.5　基于双线性变换法的低通滤波器设计的幅度响应和增益响应

以上数字低通滤波器均可在 z 域利用 M 文件 buttord 和 butter 直接设计。

9.4　高通、带通和带阻 IIR 数字滤波器设计

在前一节中简述了低通 IIR 数字滤波器的设计。我们现在介绍其他三种类型的 IIR 数字滤波器的设计。为此，可以采取如下两种通用方法。

① 参见附录 A 的 A.6 节。

第一种方法分为以下几个步骤：

第 1 步：用式(9.20)对所求数字滤波器 $G_D(z)$ 的给定的数字频率指标预畸变，得到一个同类的模拟滤波器 $H_D(s)$ 的频率指标。

第 2 步：用本书附录 B 中介绍的一种合适的频率变换，将 $H_D(s)$ 的频率指标转换成原型低通滤波器 $H_{LP}(s)$ 的频率指标。

第 3 步：用附录 A 介绍的合适方法来设计模拟低通滤波器 $H_{LP}(s)$。

第 4 步：用第 2 步中频率变换的逆变换将传输函数 $H_{LP}(s)$ 转换为 $H_D(s)$。

第 5 步：对传输函数 $H_D(s)$ 进行如式(9.14)所示的双线性变换，从而得到所求的数字 IIR 传输函数 $G_D(z)$。

第二种方法由以下几个步骤组成：

第 1 步：用式(9.20)对所求数字滤波器 $G_D(z)$ 的给定的数字频率指标预畸变，得到一个同类的模拟滤波器 $H_D(s)$ 的频率指标。

第 2 步：用附录 B 中介绍的一种合适的频率变换，将 $H_D(s)$ 的频率指标转换成原型低通滤波器 $H_{LP}(s)$ 的频率指标。

第 3 步：用附录 A 介绍的合适方法来设计模拟低通滤波器 $H_{LP}(s)$。

第 4 步：对传输函数 $H_{LP}(s)$ 进行如式(9.14)所示的双线性变换，将其转换为 IIR 数字滤波器的传输函数 $G_{LP}(z)$。

第 5 步：在 9.5 节讨论的方法中，选取一种合适的谱变换将 $G_{LP}(z)$ 转换成所求的数字传输函数 $G_D(z)$。

在本节中，我们将利用例子来说明第一种方法。

设计高通 IIR 数字滤波器

在例 9.3 中，我们将介绍切比雪夫 1 型 IIR 数字高通滤波器的设计。

例 9.3　设计高通 IIR 数字滤波器

高通滤波器的指标为：通带边界为 $F_p=700$ Hz，阻带边界为 $F_s=500$ Hz，通带波纹为 $\alpha_p=1$ dB，最小阻带衰减为 $\alpha_s=32$ dB，抽样频率为 $F_T=2$ kHz。

利用式(9.7)和式(9.8)，首先确定归一化角频带边界频率为

$$\omega_p=\frac{2\pi F_p}{F_T}=\frac{2\pi(700)}{2000}=0.7\pi$$

$$\omega_s=\frac{2\pi F_s}{F_T}=\frac{2\pi(500)}{2000}=0.5\pi$$

然后，利用式(9.20)对上面的数字边界频率预畸变，从而得到下面的模拟高通滤波器的边界角频率：

$$\hat{\Omega}_p=\tan\left(\frac{\omega_p}{2}\right)=\tan\left(\frac{0.7\pi}{2}\right)=1.9626105$$

$$\hat{\Omega}_s=\tan\left(\frac{\omega_s}{2}\right)=\tan\left(\frac{0.5\pi}{2}\right)=1.0$$

对于原型模拟低通滤波器，我们选择归一化通带边界为 $\Omega_p=1$。由式(B.2)可得低通滤波器的归一化阻带边界为 $\Omega_s=1.962\,610\,5$，因此，模拟低通滤波器的指标如下：通带边界为 1 rad/s，阻带边界为 1.962 610 5 rad/s，通带波纹为 1 dB，最小阻带衰减为 32 dB。

利用 M 文件 `cheb1ord`，我们可以首先确定低通滤波器 $H_{LP}(s)$ 的阶数 N 和通带边界 Wn。然后，利用 M 文件 `cheby1`，可以设计低通原型滤波器 $H_{LP}(s)$。接下来，利用 M 文件 `lp2hp`，可实现式(B.1)所描述的低通滤波器到高通滤波器的变换，从而利用 $H_{LP}(s)$ 设计得到模拟高通滤波器 $H_{HP}(s)$。最后，利用 M 文件 `bilinear`，对 $H_{HP}(s)$ 应用式(9.14)所示的双线性变换，设计出所求的数字 IIR 高通滤波器 $G_{HP}(z)$。用到的代码段为

```
[N,Wn] = cheb1ord(1,1.9626105, 1, 32,'s');
[B,A] = cheby1(N,1,Wn,'s');
[BT,AT] = lp2hp(B,A,1.9626105);
[num,den] = bilinear(BT,AT,0.5);
```

通过列出分子系数向量 B 和分母系数向量 A 可以得到原型模拟低通滤波器的传输函数 $H_{LP}(s)$。同样，通过列出分子系数向量 BT 和分母系数向量 AT 可以得到模拟高通滤波器的传输函数 $H_{HP}(s)$。类似地，由分子系数向量 num 和分母系数向量 den 可以得到所求的数字 IIR 高通滤波器的传输函数 $G_{HP}(z)$。所设计的 IIR 数字高通滤波器的增益响应如图 9.6 所示。

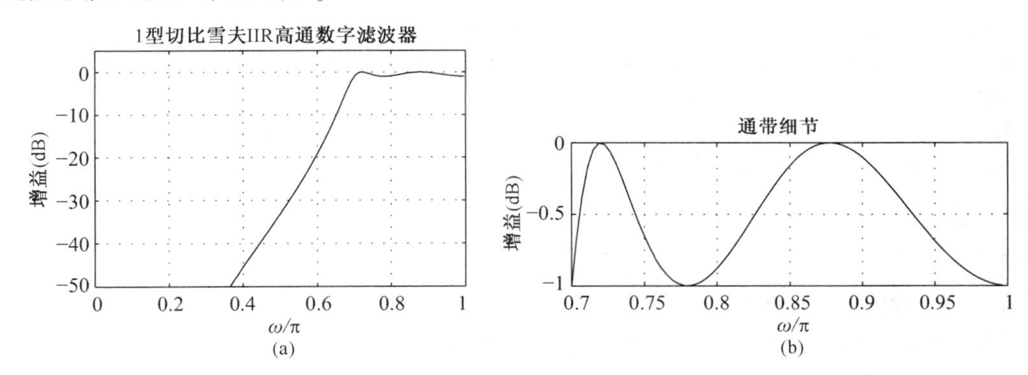

图 9.6　例 9.3 中 1 型切比雪夫 IIR 高通数字滤波器：(a) 增益响应；(b) 通带细节

仅利用 M 文件 cheb1ord 和 cheby1 就可在 z 域中直接设计出上面的 IIR 数字高通滤波器，如例 9.15 所示。

设计带通 IIR 数字滤波器

例 9.4 探讨巴特沃思带通 IIR 数字滤波器的设计。

例 9.4　设计带通 IIR 数字滤波器

数字带通滤波器的所求指标为：归一化通带边界为 $\omega_{p1}=0.45\pi$ 和 $\omega_{p2}=0.65\pi$，归一化阻带边界为 $\omega_{s1}=0.3\pi$ 和 $\omega_{s2}=0.75\pi$，通带波纹为 1 dB，最小阻带衰减为 40 dB。

首先，利用式(9.20)对数字边界频率预畸变，得到模拟带通滤波器的角边界频率为

$$\hat{\Omega}_{p1}=\tan\left(\frac{\omega_{p1}}{2}\right)=\tan\left(\frac{0.45\pi}{2}\right)=0.8540807$$

$$\hat{\Omega}_{p2}=\tan\left(\frac{\omega_{p2}}{2}\right)=\tan\left(\frac{0.65\pi}{2}\right)=1.6318517$$

$$\hat{\Omega}_{s1}=\tan\left(\frac{\omega_{s1}}{2}\right)=\tan\left(\frac{0.3\pi}{2}\right)=0.5095254$$

$$\hat{\Omega}_{s2}=\tan\left(\frac{\omega_{s2}}{2}\right)=\tan\left(\frac{0.75\pi}{2}\right)=2.41421356$$

带通滤波器的通带宽度为 $B_w=\hat{\Omega}_{p2}-\hat{\Omega}_{p1}=0.777771$。两个通带边界频率的乘积为 $\hat{\Omega}_o^2=1.393733$，两个阻带边界频率的乘积为 1.230 103 25。一般不改变给定的通带宽度 B_w，而是调整阻带边界频率中的较小的一个值，以使两个阻带边界频率关于 $\hat{\Omega}_o=1.1805647$ 对称。为此，修改较低的阻带边界频率，并令 $\hat{\Omega}_{s1}=0.577327$。

对于原型模拟低通滤波器，我们选择归一化通带边界频率 $\Omega_p=1$。由式(B.4)可得低通滤波器的阻带边界频率为

$$\Omega_s=\frac{1.393733-0.3332788}{0.5773031\times0.777771}=2.3617627$$

因此，模拟巴特沃思低通滤波器的指标为：归一化通带边界为 1 rad/s，归一化阻带边界为 2.361 762 7 rad/s，通带波纹为 1 dB，最小阻带衰减为 40 dB。

首先，利用 M 文件 buttord 来确定原型模拟低通滤波器 $H_{LP}(s)$ 的滤波器阶数 N 和通带角边界频率 Wn。然后，利用 M 文件 butter 来设计原型模拟低通滤波器 $H_{LP}(s)$。接下来，利用 M 文件 lp2bp，对 $H_{LP}(s)$ 应用式(B.4)所给出的低通到带通变换来设计模拟带通滤波器 $H_{BP}(s)$。最后，用 M 文件 bilinear，对 $H_{BP}(s)$ 应用式(9.14)所示的双线性变换，得到所求的带通 IIR 数字滤波器的传输函数 $G_{BP}(z)$。所用的代码段为

```
[N,Wn] = buttord(1,2.3617627, 1, 40,'s');
[B,A] = butter(N,Wn,'s');
[BT,AT] = lp2bp(B,A,1.1805647,0.777771);
[num,den] = bilinear(BT,AT,0.5);
```

通过列出分子系数向量B和分母系数向量A可以得到原型模拟低通滤波器的传输函数 $H_{LP}(s)$。同样，通过列出分子系数向量BT和分母系数向量AT可以得到模拟带通滤波器的传输函数 $H_{BP}(s)$。类似地，通过列出分子系数向量num和分母系数向量den可以得到所求的数字IIR带通滤波器的传输函数 $G_{BP}(z)$。所设计的IIR数字带通滤波器的增益响应如图9.7所示。

仅用M文件buttord和butter就可在 z 域中直接设计出以上IIR数字带通滤波器，如例9.16所示。

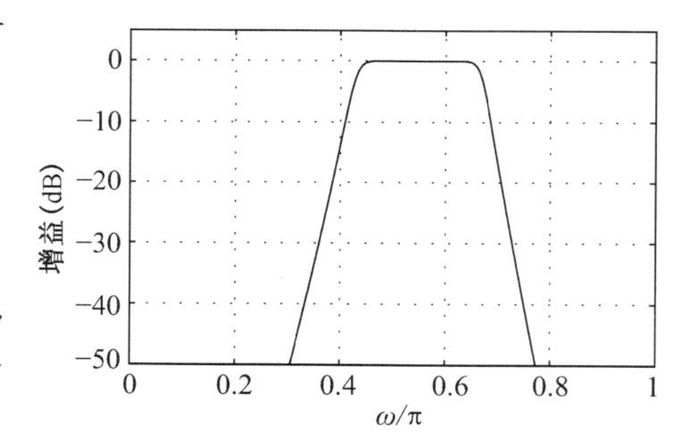

图9.7 例9.4中巴特沃思带通IIR数字滤波器的增益响应

设计带阻IIR数字滤波器

下面我们将介绍椭圆带阻IIR数字滤波器的设计。

例9.5 设计带阻IIR数字滤波器

设带阻滤波器的指标为：归一化阻带边界为 $\omega_{s1}=0.45\pi$ 和 $\omega_{s2}=0.65\pi$，归一化通带边界为 $\omega_{p1}=0.3\pi$ 和 $\omega_{p2}=0.75\pi$，通带波纹为1 dB，最小阻带衰减为40 dB。

由于上面的数字带阻滤波器的频带边界频率与例9.4中的数字带通滤波器的相同，所以模拟带阻滤波器预畸后的角边界频率可由例9.4直接得到：

$$\hat{\Omega}_{s1}=0.854\,080\,7,\quad \hat{\Omega}_{s2}=1.631\,851\,7,\quad \hat{\Omega}_{p1}=0.509\,525\,4,\quad \hat{\Omega}_{p2}=2.414\,213\,56$$

在本例中，带阻滤波器的阻带宽度为 $B_w=\hat{\Omega}_{s2}-\hat{\Omega}_{s1}=0.777771$，两个阻带截止频率的乘积为 $\hat{\Omega}_o^2=1.393\,733$，两个通带边界频率的乘积为1.230 103。此时，保持阻带宽度 B_w 与给定的一样，调整其中较小的一个通带截止频率的值，从而使两个通带截止频率关于 $\hat{\Omega}_o=1.180\,564\,7$ 对称。为此，我们改变通带截止频率中较低的一个，并令 $\hat{\Omega}_{p1}=0.577\,303$。

原型模拟低通滤波器的归一化通带边界频率设为 $\Omega_s=1$。由式(B.7)可得低通滤波器的通带截止频率为

$$\Omega_p=\frac{0.509\,525\,4\times0.777\,771}{1.393\,733-0.333\,278\,7}=0.423\,412\,6$$

因此，模拟椭圆低通滤波器的指标为：归一化通带边界为0.349 429 7 rad/s，归一化阻带边界为1 rad/s，通带波纹为1 dB，最小阻带衰减为40 dB。

设计所求数字带阻滤波器的代码段为

```
[N,Wn] = ellipord(0.4234126,1, 1, 40,'s');
[B,A] = ellip(N,1, 40,Wn,'s');
[BT,AT] = lp2bs(B,A,1.1805647,0.777771);
[num,den] = bilinear(BT,AT,0.5);
```

所设计的椭圆带阻IIR数字滤波器的增益响应如图9.8所示。通过列出分子系数向量num和分母系数向量den，可得椭圆带阻IIR数字滤波器的传输函数 $G_{BS}(z)$。

与前面的例9.3和例9.4一样，用M文件ellipord和ellip可在 z 域中直接设计得到上面的带阻滤波器。

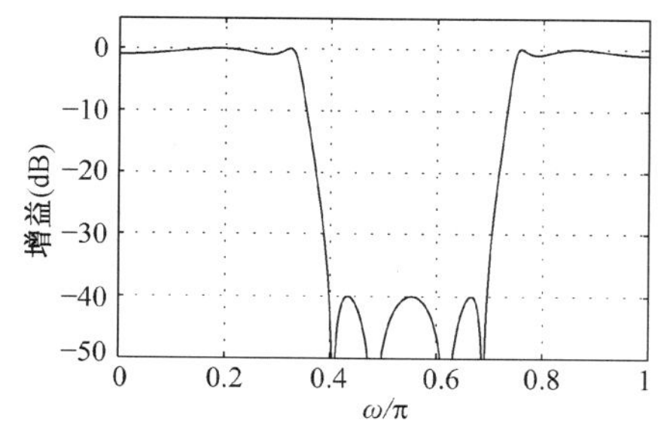

图9.8 例9.5中椭圆带阻IIR数字滤波器的增益响应

9.5 IIR滤波器的谱变换

在实际中，通常要在不重复滤波器设计过程的情况下，仅调整滤波器的特性来满足新的设计指标。例如，在设计好一个通带边界为2 kHz的低通滤波器之后，可能需要把通带边界移到2.1 kHz。同样，可能需要通过对给定的数字低通滤波器进行变换，来设计具有高通、带通或带阻特性的数字滤波器。我们

在这里将描述谱变换，它可以用来将给定的低通数字 IIR 传输函数 $G_L(z)$ 转换成另一个可能为低通、高通、带通或带阻滤波器的数字传输函数 $G_D(z)$[Con70]。图 7.1 显示了这 4 种类型的理想滤波器的幅度响应。

为了避免混淆低通传输函数 $G_L(z)$ 和所求的传输函数 $G_D(z)$ 中的复变量 z，我们将采用不同的符号。因此，将用 z^{-1} 来表示原型低通数字滤波器 $G_L(z)$ 中的单位延迟，并用 $\hat{z}^{-1}$ 来表示变换后的滤波器 $G_D(\hat{z})$ 的单位延迟。z 平面和 $\hat{z}$ 平面的单位圆定义为

$$z = \mathrm{e}^{\mathrm{j}\omega}, \qquad \hat{z} = \mathrm{e}^{\mathrm{j}\hat{\omega}}$$

将从 z 域到 $\hat{z}$ 域的变换记为

$$z = F(\hat{z}) \tag{9.39}$$

因此，通过

$$G_D(\hat{z}) = G_L\{F(\hat{z})\} \tag{9.40}$$

可将 $G_L(z)$ 变换为 $G_D(\hat{z})$。为了把有理的 $G_L(z)$ 变换成有理的 $G_D(\hat{z})$，$F(\hat{z})$ 必须为 $\hat{z}$ 的有理函数。另外，为了保证 $G_D(\hat{z})$ 的稳定性，应该将 z 平面单位圆的内部映射到 $\hat{z}$ 平面的单位圆的内部。最后，为了保证将低通幅度响应映射成四类基本幅度响应之一，z 平面单位圆上的点必须映射成 $\hat{z}$ 平面单位圆上的点。

现在，在 z 平面上，用 $|z|=1$ 表示单位圆上的点，用 $|z|<1$ 表示单位圆内的点，而用 $|z|>1$ 定义单位圆外的点。因此，由式(9.39)有 $|F(\hat{z})| = |z|$，从而可以得到

$$|F(\hat{z})| \begin{cases} > 1, & |z| > 1 \\ = 1, & |z| = 1 \\ < 1, & |z| < 1 \end{cases} \tag{9.41}$$

因此，由上式和式(7.22)可知，$1/F(\hat{z})$ 是一个稳定的全通函数。由式(7.10)可以观察到，实系数的 $F(\hat{z})$ 的最一般形式为

$$F(\hat{z}) = \pm \prod_{\ell=1}^{L} \left(\frac{\hat{z} - \lambda_\ell}{1 - \lambda_\ell^* \hat{z}} \right) \tag{9.42}$$

式中，λ_ℓ 是实数或以复共轭对的形式出现，并且为了稳定，$|\lambda_\ell|<1$。

9.5.1 低通到低通的变换

要把一个截止频率为 ω_c 的原型低通滤波器 $G_L(z)$ 变换成另一个截止频率为 $G_D(\hat{z})$ 的低通滤波器 $\hat{\omega}_c$，会用到变换

$$z^{-1} = \frac{1}{F(\hat{z})} = \frac{1 - \lambda \hat{z}}{\hat{z} - \lambda} \tag{9.43}$$

式中，λ 为实数。在单位圆上，上面的变换可简化为

$$\mathrm{e}^{-\mathrm{j}\omega} = \frac{\mathrm{e}^{-\mathrm{j}\hat{\omega}} - \lambda}{1 - \lambda \mathrm{e}^{-\mathrm{j}\hat{\omega}}}$$

由此，可得

$$\tan\left(\frac{\omega}{2}\right) = \left(\frac{1+\lambda}{1-\lambda}\right) \tan\left(\frac{\hat{\omega}}{2}\right) \tag{9.44}$$

图 9.9 给出了对三个不同的 λ 值 ω 和 $\hat{\omega}$ 之间的对应关系。注意，除了 $\lambda=0$ 之外的映射都是非线性的，这就导致了 λ 为非零值时频率尺度缩放的畸变。但是，若 $G_L(z)$ 是具有分段常数的低通幅度响应，则由于式(9.44)给出的变换的单调性，变换得到的滤波器 $G_D(\hat{z})$ 将同样具有一个类似的分段常数的低通幅度响应。由式(9.44)可知，$G_L(z)$ 的截止频率 ω_c 与 $G_D(\hat{z})$ 的截止频率 $\hat{\omega}_c$ 之间的关系为

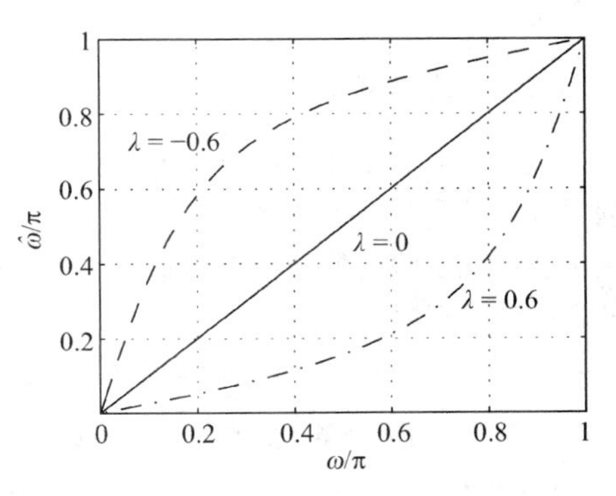

图 9.9　在低通到低通变换中，对于三个不同参数 λ 值的角频率映射

$$\tan\left(\frac{\omega_c}{2}\right) = \left(\frac{1+\lambda}{1-\lambda}\right)\tan\left(\frac{\hat{\omega}_c}{2}\right)$$

求解λ可得

$$\lambda = \frac{\tan(\omega_c/2) - \tan(\hat{\omega}_c/2)}{\tan(\omega_c/2) + \tan(\hat{\omega}_c/2)} = \frac{\sin\left(\frac{\omega_c - \hat{\omega}_c}{2}\right)}{\sin\left(\frac{\omega_c + \hat{\omega}_c}{2}\right)} \tag{9.45}$$

例 9.6　改变一个低通 IIR 数字滤波器的通带边界频率

设计如式(9.38)所示的三阶低通数字传输函数 $G(z)$，其通带从直流到 0.25π，通带波纹为 0.5 dB，阻带从 0.55π到π，阻带衰减大于 15 dB。

通过应用式(9.43)给出的低通到低通变换，可以重新设计该低通滤波器，以使其通带边界从 0.25π移到 0.35π。这样，$\omega_c = 0.25\pi$，$\hat{\omega}_c = 0.35\pi$。将这些值代入式(9.45)可得

$$\lambda = \frac{\sin\left(\frac{0.25\pi - 0.35\pi}{2}\right)}{\sin\left(\frac{0.25\pi + 0.35\pi}{2}\right)} = -\frac{\sin(0.05\pi)}{\sin(0.3\pi)} = -0.193\,363\,6$$

因此，所求的低通传输函数 $G_D(\hat{z})$ 为

$$G_D(\hat{z}) = G(z)\big|_{z^{-1} = \frac{\hat{z}^{-1} + 0.193\,363\,6}{1 + 0.193\,363\,6\hat{z}^{-1}}}$$
$$= \frac{0.134\,023\,09(1+\hat{z}^{-1})^3}{(1 - 0.069\,447\,2\hat{z}^{-1})(1 - 0.184\,805\,3\hat{z}^{-1} + 0.337\,566\hat{z}^{-2})} \tag{9.46}$$

式(9.38)给出的原低通滤波器 $G(z)$ 与式(9.46)给出的新低通滤波器 $G_D(\hat{z})$ 的增益响应如图 9.10 所示。由图 9.9 注意到，映射保证了使变换后的传输函数 $G_D(\hat{z})$ 在直流处的增益为 0 dB。

M 文件 `allpasslp2lp` 可以用来求用于低通到低通谱变换的全通函数。该函数的基本形式是

```
[AllpassNum, AllpassDen] = allpasslp2lp(wold, wnew)
```

式中，`wold` 是指定的原低通滤波器的角边界频率，`wnew` 是期望得到的变换后的低通滤波器的角边界频率。

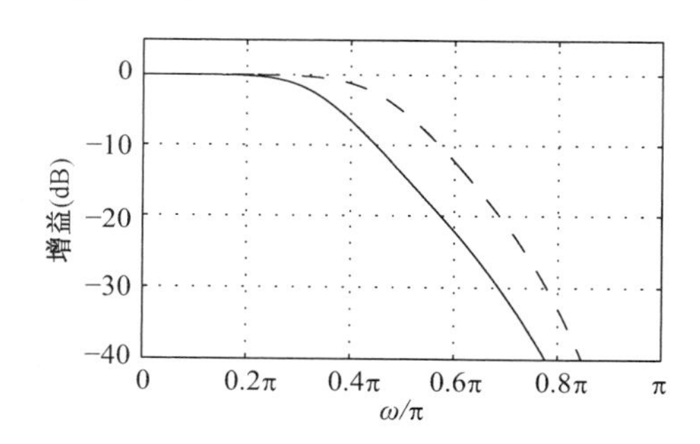

图 9.10　例 9.6 中的原型低通滤波器(实线)和变换后的低通滤波器(虚线)的增益响应

注意，利用低通到低通的变换同样可以把截止频率为 ω_c 的高通滤波器变换成截止频率为 $\hat{\omega}_c$ 的另一个高通滤波器(参见习题 9.30)，把中心频率为 ω_o 的带通滤波器变换成另一个中心频率为 $\hat{\omega}_o$ 的带通滤波器(参见习题 9.31)，以及把中心频率为 ω_o 的带阻滤波器变换成中心频率为 $\hat{\omega}_o$ 的另一个带阻滤波器(参见习题 9.32)。

9.5.2　其他变换

除了上面讨论的低通到低通变换之外，表 9.1 列出了其他各种有用的变换，如低通到高通、低通到带通以及低通到带阻等变换。注意，这些谱变换只能用来将低通原型滤波器幅度响应中的频率点 ω_c 映射到具有相同幅度响应值的变换后低通和高通滤波器的新位置 $\hat{\omega}_c$ 上，或者映射到具有相同幅度响应值的带通和带阻滤波器的两个新位置 $\hat{\omega}_{c1}$ 和 $\hat{\omega}_{c2}$ 上。因此，只能将原型低通滤波器的通带边界和阻带边界中的一个映射到所需的位置，而不能同时进行映射。

例 9.7　由低通 IIR 数字滤波器设计高通 IIR 数字滤波器

对式(9.38)给出的三阶低通数字传输函数 $G(z)$ 应用谱变换来设计一个高通滤波器。该高通滤波器所求通带边界 $\hat{\omega}_c$ 为 0.55π，而原型低通滤波器的通带边界为 $\omega_c = 0.25\pi$。将这些值代入表 9.1 中的低通到高通的变换式中，可得

$$\lambda = -\frac{\cos\left(\frac{0.55\pi + 0.25\pi}{2}\right)}{\cos\left(\frac{0.55\pi - 0.25\pi}{2}\right)} = -\frac{\cos(0.4\pi)}{\cos(0.15\pi)} = -0.346\,817\,9$$

因此，由表 9.1，低通到高通的变换为

$$z^{-1} = -\frac{\hat{z}^{-1} - 0.346\,817\,9}{1 - 0.346\,817\,9\hat{z}^{-1}}$$

利用上面的变换，由式(9.38)和式(9.40)，可得所求的高通滤波器传输函数为

$$\begin{aligned} G_D(\hat{z}) &= G(z)\big|_{z^{-1} = -\frac{\hat{z}^{-1} - 0.346\,817\,9}{1 - 0.346\,817\,9\hat{z}^{-1}}} \\ &= \frac{0.218\,791(1 - \hat{z}^{-1})^3}{(1 - 0.096\,135\,918\,872\hat{z}^{-1})(1 - 0.255\,685\,283\hat{z}^{-1} + 0.341\,493\hat{z}^{-2})} \end{aligned}$$

图 9.11 画出了上面的传输函数的增益响应。

表 9.1　截止频率为 ω_c 的低通滤波器的谱变换

滤波器类型	谱变换	设计参数
低通	$z^{-1} = \dfrac{\hat{z}^{-1} - \lambda}{1 - \lambda\hat{z}^{-1}}$	$\lambda = \dfrac{\sin\left(\frac{\omega_c - \hat{\omega}_c}{2}\right)}{\sin\left(\frac{\omega_c + \hat{\omega}_c}{2}\right)}$ $\hat{\omega}_c$ 为期望的截止频率
高通	$z^{-1} = \dfrac{\hat{z}^{-1} + \lambda}{1 + \lambda\hat{z}^{-1}}$	$\lambda = \dfrac{\cos\left(\frac{\omega_c + \hat{\omega}_c}{2}\right)}{\cos\left(\frac{\omega_c - \hat{\omega}_c}{2}\right)}$ $\hat{\omega}_c$ 为期望的截止频率
带通	$z^{-1} = -\dfrac{\hat{z}^{-2} - \frac{2\lambda_\rho}{\rho+1}\hat{z}^{-1} + \frac{1-\rho}{1+\rho}}{\frac{1-\rho}{\rho+1}\hat{z}^{-2} - \frac{2\lambda_\rho}{\rho+1}\hat{z}^{-1} + 1}$	$\lambda = \dfrac{\cos\left(\frac{\hat{\omega}_{c2} + \hat{\omega}_{c1}}{2}\right)}{\cos\left(\frac{\hat{\omega}_{c2} - \hat{\omega}_{c1}}{2}\right)}$ $\rho = \cot\left(\frac{\hat{\omega}_{c2} - \hat{\omega}_{c1}}{2}\right)\tan\left(\frac{\omega_c}{2}\right)$ $\hat{\omega}_{c2}, \hat{\omega}_{c1}$ 为期望的上下截止频率
带阻	$z^{-1} = \dfrac{\hat{z}^{-2} - \frac{2\lambda}{1+\rho}\hat{z}^{-1} + \frac{1-\rho}{1+\rho}}{\frac{1-\rho}{\rho+1}\hat{z}^{-2} - \frac{2\lambda}{\rho+1}\hat{z}^{-1} + 1}$	$\lambda = \dfrac{\cos\left(\frac{\hat{\omega}_{c2} + \hat{\omega}_{c1}}{2}\right)}{\cos\left(\frac{\hat{\omega}_{c2} - \hat{\omega}_{c1}}{2}\right)}$ $\rho = \tan\left(\frac{\hat{\omega}_{c2} - \hat{\omega}_{c1}}{2}\right)\tan\left(\frac{\omega_c}{2}\right)$ $\hat{\omega}_{c2}, \hat{\omega}_{c1}$ 为期望的上下截止频率

M 文件 allpasslp2hp 可以用来确定实现低通到高通谱变换所需的全通函数。该函数的基本形式为

```
[AllpassNum, AllpassDen] = allpasslp2hp(wold, wnew)
```

其中，wold 是指定的原低通滤波器的角频带边界频率，wnew 是所求的变换后的高通滤波器的角频带边界频率。

可分别用 M 文件 allpasslp2bp 和 allpasslp2bs 确定低通到带通和低通到带阻谱变换的全通函数。

当原型低通滤波器的通带宽度与变换后的带通滤波器的通带宽度相同时，即 $\omega_c = \hat{\omega}_{c2} - \hat{\omega}_{c1}$ 时，表 9.1 中给出的低通到带通变换可以简化。将这种约束应用到表 9.1 中的各种谱变换中，可观察到 $\rho = 1$，因此修正后的谱变换为

$$z^{-1}=-\hat{z}^{-1}\frac{\hat{z}^{-1}-\lambda}{1-\lambda\hat{z}^{-1}} \tag{9.47}$$

参数λ由式(9.47)变换得到的带通滤波器的中心频率$\hat{\omega}_o$的目标位置来确定，它将低通滤波器的零频率点，即$\omega=0$映射到$\hat{\omega}_o$。由式(9.47)可得

$$e^{-j\omega}=-e^{-j\hat{\omega}}\frac{e^{-j\hat{\omega}}-\lambda}{1-\lambda e^{-j\hat{\omega}}} \tag{9.48}$$

将$\omega=0$和$\hat{\omega}=\hat{\omega}_o$代入上式，可得

$$\lambda=\cos\hat{\omega}_o \tag{9.49}$$

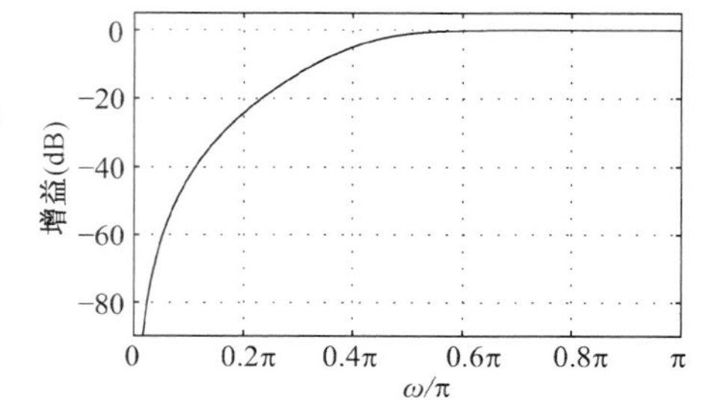

图9.11　例9.7中高通滤波器的增益响应

例9.8　由一阶低通IIR滤波器生成二阶带通IIR滤波器

对式(9.24)给出的一阶低通传输函数利用式(9.47)进行变换，可生成一个二阶带通滤波器的传输函数。所求的传输函数为

$$\begin{aligned}G_D(\hat{z})&=G(z)|_{z^{-1}=-\hat{z}^{-1}(\hat{z}^{-1}-\lambda)/(1-\lambda\hat{z}^{-1})}\\&=\frac{1-\alpha}{2}\left[\frac{1-\hat{z}^{-2}}{1-\lambda(1+\alpha)\hat{z}^{-1}+\alpha\hat{z}^{-2}}\right]\end{aligned} \tag{9.50}$$

其通带中心频率为$\lambda=\cos\hat{\omega}_o$，而3 dB通带带宽$\hat{B}_w$为$\alpha=[1-\tan(\hat{B}_w)]/[1+\tan(\hat{B}_w)]$。注意，若用$\beta$代替$\lambda$，则上面的通带传输函数与未经推导引出的式(7.82)恰好相同。传输函数的参数λ和α与通带中心频率$\hat{\omega}_o$以及3 dB带宽$\hat{B}_w$之间的关系分别与式(7.81)和式(7.83)给出的结果相同。

注意，利用低通到高通的变换，同样可以把截止频率为ω_c的高通滤波器变换成截止频率为$\hat{\omega}_c$的低通滤波器(参见习题9.33)。

9.5.3　用MATLAB进行谱变换

MATLAB的M文件 iirlp2lp、iirlp2hp、iirlp2bp 和 iirlp2bs 可用来进行所求的谱变换。下面用例9.9至例9.11来说明前三个函数的使用。

例9.9　低通到低通的变换示例

用函数 iirlp2lp 重做例9.6，可用到代码段

```
b = 0.0662272*[1 3 3 1];
a = conv([1 -0.2593284],[1 -0.6762858 0.3917468]);
[num,den,allpassnum,allpassden] = iirlp2lp(b,a,0.25,0.35)
```

可以证明，需要进行谱变换的全通传输函数与例9.6中的传输函数具有相同的分子和分母。同样，利用以上程序得到的变换后的滤波器的分子和分母系数与例9.6中得到的完全相同。

例9.10　低通到高通的变换示例

用函数 iirlp2hp 重做例9.7，可用到代码段

```
b = 0.0662272*[1 3 3 1];
a = conv([1 -0.2593284],[1 -0.6762858 0.3917468]);
[num,den,allpassnum,allpassden]=iirlp2hp(b,a,0.25,0.55)
```

可以证明，需要进行谱变换的全通传输函数与例9.7中的传输函数具有相同的分子和分母。同样，利用以上程序得到的高通滤波器的分子和分母系数与例9.7中得到的完全相同。

例9.11　低通到带通的变换示例

对式(9.38)给出的低通滤波器$G(z)$应用从低通到带通的变换，可以得到一个通带边界为0.2π和0.45π的带通滤波器。为此，用到的代码段为

```
b = 0.0662272*[1 3 3 1];
a = conv([1 -0.2593284],[1 -0.6762858 0.3917468]);
[num,den,allpassnum,allpassden]=iirlp2bp(b,a,0.25,[0.2 0.45]);
```

带通滤波器的增益响应函数的示意图如图 9.12 所示。通过显示 allpassnum 和 allpassden 可以得到谱变换的全通函数。带通滤波器传输函数的分子和分母在参数 num 和 den 中给出。

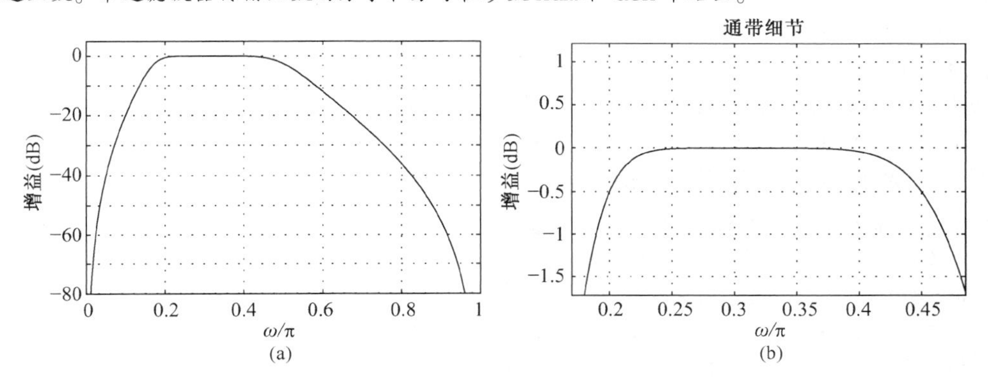

图 9.12　(a)带通滤波器的增益响应;(b)通带细节

9.6　用 MATLAB 设计 IIR 数字滤波器

MATLAB 的**信号处理工具箱**中包括许多可以用于设计 IIR 和 FIR 数字滤波器的 M 文件。在本节中将说明一些这类函数的使用。

IIR 数字滤波器设计过程包括两步。第一步，根据给定的指标，确定滤波器阶数 N 和频率尺度缩放因子 Wn。第二步，利用这些参数和给定的波纹，确定传输函数的系数。下面，我们将描述这两步的 MATLAB 实现。

阶数估计

为了估计将要用双线性变换法设计的 IIR 数字滤波器的阶数，可用到的 M 文件如下：buttord 用于巴特沃思滤波器，cheb1ord 用于切比雪夫 1 型滤波器，cheb2ord 用于切比雪夫 2 型滤波器，ellipord 用于椭圆滤波器。例 9.12 和例 9.13 将说明用于阶数估计的 M 文件的使用。

例 9.12　切比雪夫 2 型数字高通滤波器的最小阶数

求抽样率为 4 kHz 的一个切比雪夫 2 型数字高通滤波器传输函数的最小阶数，其指标如下：通带边界为 1000 Hz，阻带边界为 600 Hz，通带波纹为 1 dB，最小阻带衰减为 40 dB。

归一化通带边界 Wp 为 $2\times1000/4000=0.5$，归一化阻带边界 Ws 为 $2\times600/4000=0.3$。为了用双线性变换法进行设计，使用语句

```
[N,Wn] = cheb2ord(0.5,0.3,1,40);
```

它得到 N = 5 和 Wn = 0.3224。

例 9.13　椭圆带通 IIR 数字滤波器的最小阶数

求抽样率为 1600 Hz 的一个椭圆带通滤波器的最小阶数，其指标如下：通带边界为 200 Hz 和 280 Hz，阻带边界为 160 Hz 和 300 Hz，通带波纹为 0.1 dB，最小阻带衰减为 70 dB。

归一化通带边界为 $2\times200/1600=0.25$ 和 $2\times280/1600=0.35$。因此，Wp = [0.25 0.35]。类似地，归一化阻带边界为 $2\times160/1600=0.2$ 和 $2\times300/1600=0.375$，因此，Ws = [0.2 0.375]。利用双线性变换法进行设计，我们使用语句

```
[N,Wn] = ellipord([0.25 0.35], [0.2 0.375],0.1, 70);
```

来求滤波器的最小阶数。上述函数执行的结果为 N = 8 和 Wn = [0.25 0.35]。注意，这里阶数 N = 8 是原型低通滤波器的阶数。带通滤波器的阶数为 $2N=16$。

滤波器设计

对于基于双线性变换法的 IIR 滤波器设计，MATLAB 的**信号处理工具箱**中包括了对应于四种幅度逼近技术中每一种的函数。特别地，下面的 M 文件可供使用：`butter` 用于巴特沃思滤波器设计，`cheby1` 用于切比雪夫 1 型滤波器设计，`cheby2` 用于切比雪夫 2 型滤波器设计，`ellip` 用于椭圆滤波器设计。输出文件可以是滤波器传输函数分子和分母的系数向量，也可以是零点向量、极点向量和标量增益因子。同时，利用函数 `zp2tf` 可以由滤波器的零极点向量和标量增益因子得到传输函数分子和分母的系数向量。相应地，利用函数 `zp2sos` 可以得到传输函数分子和分母系数向量的二阶因子①。

在计算出传输函数之后，可用 M 文件 `freqz` 来计算频率响应。

例 9.14 将说明如何利用 MATLAB 来设计数字低通滤波器。

例 9.14　用 MATLAB 设计椭圆 IIR 低通滤波器

程序 9_1.m

确定一个椭圆 IIR 低通滤波器的传输函数并画出其增益响应，该滤波器的指标如下：通带边界为 F_p = 800 Hz，阻带边界为 F_s = 1 kHz，通带波纹为 0.5 dB，最小阻带衰减为 40 dB，抽样率为 F_T = 4 kHz。

由式(9.7)和式(9.8)，可以得到归一化频带边界为 $\omega_p = 2\pi F_p/F_T = 0.4\pi$ 和 $\omega_s = 2\pi F_s/F_T = 0.5\pi$。程序 9_1 可用于设计上面的滤波器。程序运行时，它要求输入滤波器的指标。它首先计算满足给定指标的滤波器的最小阶数 `N` 和截止频率 `Wn`。对椭圆滤波器，`Wn = Wp = 0.4`。生成的增益响应如图 9.13 所示。在 MATLAB 的命令窗口中输入 `b` 和 `a`，可以得到传输函数的分子和分母系数。

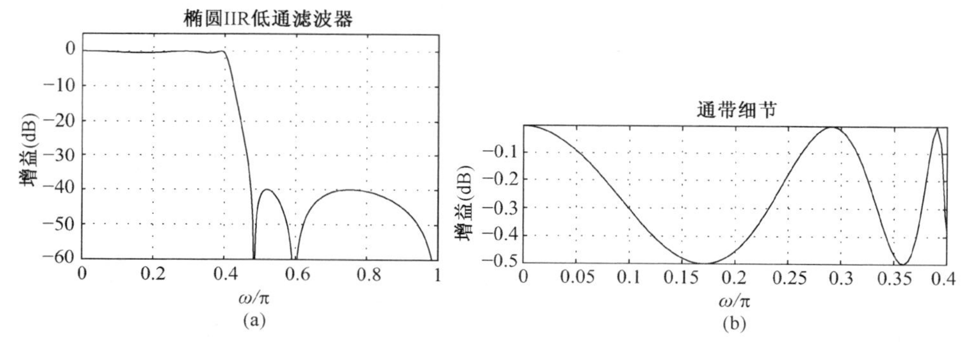

图 9.13　例 9.14 中的 IIR 椭圆低通滤波器的：(a)增益响应；(b)通带细节

通过简单地修改程序 9_1 中的函数命令，可以设计其他类型的数字滤波器。例 9.15 和例 9.16 将分别说明高通和带通数字滤波器的设计。

例 9.15　用 MATLAB 设计切比雪夫 1 型 IIR 高通滤波器

程序 9_2.m

重新设计例 9.3 中的切比雪夫 1 型 IIR 高通滤波器，程序 9_2 可用来设计这样一个滤波器。在运行过程中，程序要求输入滤波器的指标。它首先求出满足指标的高通滤波器的最小滤波器阶数 `N` 和截止频率 `Wn`。此时，`Wn = Wp = 0.7`。

此程序生成的增益响应和图 9.6 所示的一样。传输函数的分子和分母系数可以分别由向量 `b` 和向量 `a` 得到。

例 9.16　用 MATLAB 设计巴特沃思 IIR 带通滤波器

程序 9_3.m

重新设计例 9.4 中的巴特沃思 IIR 带通滤波器，程序 9_3 是设计这样一个滤波器的 MATLAB 程序。输入数据为通带边界向量 `Wp = [0.45 0.65]`、阻带边界向量 `Ws = [0.3 0.75]`、通带波纹 `Rp = 1` 和最小阻带衰减 `Rs = 40`。程序生成的增益响应和图 9.7 所示的一样。传输函数系数可以通过分子系数向量 `b` 和分母系数向量 `a` 得到。注意，这里用到的参数 `N` 是滤波器阶数的一半。上面设计的滤波器中 `N = 6`，即它是一个 12 阶的带通滤波器。

① 建议使用函数 `zp2sos`，因为该函数在形成传输函数时可避免卷积的数值问题。

对于更高阶的滤波器设计，计算传输函数的零点和极点的函数比计算传输函数系数的函数更准确。然而，利用 M 文件 `zp2sos` 可以直接由传输函数的零极点形成二阶节来提高传输函数的准确性。

9.7　IIR 数字滤波器的计算机辅助设计

在 9.2 节、9.4 节以及 9.5 节中描述的 IIR 数字滤波器的设计算法是基于原型模拟滤波器设计然后再将其变换为 IIR 数字滤波器来实现的。这些算法用于一些需要滤波器具有频率选择性幅度衰落的低通、高通、带通和带阻特性的应用中。在需要具有其他频率响应特性的 IIR 滤波器的应用中，滤波器设计算法依赖某类迭代优化技术，该技术用于使期望的频率响应与计算机生成的滤波器的频率响应之间的误差最小。本节首先介绍基于计算机迭代设计技术的基本思想，然后，给出一个特定应用，即 IIR 数字滤波器的群延迟均衡。

9.7.1　基本思想

设 $G(e^{j\omega})$ 表示要设计的数字传输函数 $G(z)$ 的频率响应，它在某种程度上逼近所求的频率响应 $D(e^{j\omega})$（该函数以 ω 的分段线性函数给出）。我们的目标是迭代地确定出传输函数的系数，使得对于闭子区间 $0\leqslant\omega\leqslant\pi$ 上所有的 ω 值，$G(e^{j\omega})$ 和 $D(e^{j\omega})$ 之间的差最小。通常，这个差为一个加权误差函数 $\mathcal{E}(\omega)$ 为

$$\mathcal{E}(\omega)=W(e^{j\omega})\left[G(e^{j\omega})-D(e^{j\omega})\right] \tag{9.51}$$

其中，$W(e^{j\omega})$ 是某些用户定义的正的权重函数。

常用的一种逼近测度称为**切比雪夫准则**或**极小化最大准则**，用来最小化加权误差函数 $\mathcal{E}(\omega)$ 绝对值的峰值：

$$\varepsilon=\max_{\omega\in R}|\mathcal{E}(\omega)| \tag{9.52}$$

式中，R 为范围 $0\leqslant\omega\leqslant\pi$ 内的一组不连续的频带，所求的频率响应定义在 R 上。在滤波应用中，R 由要设计的滤波器的通带和阻带组成。例如，对于低通滤波器设计，R 是频率范围 $[0,\ \omega_p]$ 和 $[\omega_s,\ \pi]$ 不连续的并集，其中，ω_p 和 ω_s 分别是通带边界和阻带边界。

第二种逼近测度，称为**最小 p 准则**，是在一个指定的频率范围 R 内，使加权误差函数 $\mathcal{E}(\omega)$ 的 p 次幂的积分最小化，其中 p 是一个正整数：

$$\varepsilon=\int_{\omega\in R}\left|W(e^{j\omega})\left(G(e^{j\omega})-D(e^{j\omega})\right)\right|^p d\omega \tag{9.53}$$

通常为了简化，令 $p=2$，由式(9.53)得到**最小平方准则**。若加权函数 $W(e^{j\omega})$ 在频率范围 $[0,\ \pi]$ 上为 1，则在 10.2.1 节将看到，通过简单地截短所求振幅响应 $D(e^{j\omega})$ 的傅里叶级数，得到的 FIR 滤波器具有最小积分平方误差。但是，由于吉布斯现象①，得到的 FIR 滤波器在频带边界有比较大的峰值误差。因此，通常不使用 $W(e^{j\omega})=1$。

可以看出，随着 $p\to\infty$，最小的 p 次解接近极小化最大解。实际中，式(9.53)的积分误差测度可用一个有限累加和逼近，即

$$\varepsilon=\sum_{i=1}^{K}\left|W(e^{j\omega_i})\left(G(e^{j\omega_i})-D(e^{j\omega_i})\right)\right|^p \tag{9.54}$$

式中 ω_i，$1\leqslant i\leqslant K$ 是经过恰当选择的数字角频率的密集栅格。为了简化，常常使用 $p=2$ 时由式(9.54)得到的**最小平方准则**。

9.7.2　使用优化技术进行 IIR 数字滤波器设计

对于 IIR 滤波器设计，函数 $G(e^{j\omega})$ 和 $D(e^{j\omega})$ 用它们的幅度函数来替换。让所求的传输函数 $G(z)$ 为 z 的实有理函数为

---

① 参见 10.2.3 节。

$$G(z)=C\frac{1+p_1z^{-1}+\cdots+p_{M-1}z^{-(M-1)}+p_Mz^{-M}}{1+d_1z^{-1}+\cdots+d_{N-1}z^{-(N-1)}+d_Nz^{-N}} \tag{9.55}$$

其中分子多项式的次数为 M，而分母多项式的次数为 N，系数 p_i 和 d_i 是实数，增益常数 C 是一个正数。设 $|G(\boldsymbol{x},\omega)|$ 表示 $G(z)$ 的幅度响应，其中 $\boldsymbol{x}$ 代表由滤波器的系数和增益常数所组成的可调参数的列向量，即

$$\boldsymbol{x}=[p_1\ \ p_2\ \ \cdots\ \ p_M\ \ d_1\ \ d_2\ \ \cdots\ \ d_N\ \ C]^{\mathrm{T}}$$

在给定频率 ω 上的逼近误差为 $|G(\boldsymbol{x},\omega)|$ 和所求的幅度相应 $|D(\omega)|$ 的加权差：

$$\mathcal{E}(\boldsymbol{x},\omega)=W(\omega)\left(|G(\boldsymbol{x},\omega)|-|D(\omega)|\right) \tag{9.56}$$

其中，$W(\omega)$ 表示用户指定的加权函数。可以通过在不同频率点 $\omega_1,\omega_2,\cdots,\omega_K$ 的密集栅格上计算误差 $\mathcal{E}(\boldsymbol{x},\omega)$ 得到误差向量：

$$\boldsymbol{E}(\boldsymbol{x})=[\mathcal{E}(\boldsymbol{x},\omega_1)\ \ \mathcal{E}(\boldsymbol{x},\omega_2)\ \ \cdots\ \ \mathcal{E}(\boldsymbol{x},\omega_K)]^{\mathrm{T}} \tag{9.57}$$

滤波器设计方法是基于迭代调整 $\boldsymbol{x}$ 的参数，直到对 $i=0,1,\cdots,K$ 找到 $\boldsymbol{x}=\hat{\boldsymbol{x}}$ 的一组值使得 $\mathcal{E}(\hat{x},\omega_i)\approx 0$。为此，一种常用的逼近方法是最小 p 目标函数为

$$\varepsilon(\boldsymbol{x})=\hat{\boldsymbol{E}}(\boldsymbol{x})\left\{\sum_{i=1}^{K}\left[\frac{\mathcal{E}(\boldsymbol{x},\omega_i)}{\hat{\boldsymbol{E}}(\boldsymbol{x})}\right]^p\right\}^{1/p} \tag{9.58}$$

其中

$$\hat{\boldsymbol{E}}(\boldsymbol{x})=\max_{1\leqslant i\leqslant K}|\mathcal{E}(\boldsymbol{x},\omega_i)| \tag{9.59}$$

函数 `iirlpnorm` 采用了无约束拟牛顿算法[Ant93]来最小化上面的目标函数 $\boldsymbol{\varepsilon}(\boldsymbol{x})$。如果在迭代过程中任何阶段 $G(z)$ 的一个或多个极点或零点位于单位圆外，它们会被反射回单位圆内，这将不会改变幅度函数 $|G(\mathrm{e}^{\mathrm{j}\omega})|$。

9.7.3 IIR 数字滤波器的群延迟均衡

正如7.2.2节所指出的，要想在一个给定频率范围内使输入信号经过数字滤波器而无失真传输，则这个滤波器的传输函数应该在该所研究的频带内具有单位幅度响应和线性相位响应。我们将在10.2节和10.3节中介绍具有精确线性相位响应的FIR数字滤波器的设计方法。然而，9.2节至9.5节所介绍IIR数字滤波器设计方法得到具有非线性相位响应的传输，使得滤波器通带范围内的群延迟不是一个常数，因此，为了在通带得到一个具有常数群延迟的频率选择性IIR数字滤波器，实际中，通常首先设计一个满足指定幅度响应指标的IIR数字滤波器，然后设计一个全通节，使得IIR数字滤波器与全通节的级联滤波器响应在滤波器的通带范围内具有常数的群延迟。7.1.3节给出了这类延迟均衡的例子。通常利用计算机辅助最优化方法来设计该全通延迟均衡器。

本节将给出上面所提到的后一种方法的基本思想[Ko97]。设 $H(z)$ 是用式(6.15)的因式形式表示的IIR数字滤波器的传输函数，为了方便重写如下：

$$H(z)=\frac{p_0}{d_0}\frac{\prod_{\ell=1}^{N_1/2}(1+p_{1,\ell}z^{-1}+p_{2,\ell}z^{-2})}{\prod_{\ell=1}^{N_2/2}(1+d_{1,\ell}z^{-1}+d_{2,\ell}z^{-2})} \tag{9.60}$$

其中不失一般性，我们假设分子和分母多项式的次数 N_1 和 N_2 是偶数。因此其群延迟 $\tau_g^H(\omega)$ 在式(6.103)中给出，同样重写如下：

$$\begin{aligned}\tau_g^H(\omega)=&-\sum_{\ell=1}^{(N_1)/2}\frac{1-p_{2,\ell}^2+p_{1,\ell}(1-p_{2,\ell})\cos\omega}{p_{2,\ell}^2+p_{1,\ell}^2+1+2p_{2,\ell}(2\cos^2\omega-1)+2p_{1,\ell}(1+p_{2,\ell})\cos\omega}\\&+\sum_{\ell=1}^{(N_2)/2}\frac{1-d_{2,\ell}^2+d_{1,\ell}(1-d_{2,\ell})\cos\omega}{d_{2,\ell}^2+d_{1,\ell}^2+1+2d_{2,\ell}(2\cos^2\omega-1)+2d_{1,\ell}(1+d_{2,\ell})\cos\omega}\end{aligned} \tag{9.61}$$

我们的目标是设计一个稳定的全通节，使得级联系统的总群延迟在滤波器通带 $\omega_L\leqslant\omega\leqslant\omega_H$ 中近似为常数。设全通传输函数如下

$$\mathcal{A}_M(z)=\prod_{\ell=1}^{M/2}\frac{a_{2,\ell}+a_{1,\ell}z^{-1}+z^{-2}}{1+a_{1,\ell}z^{-1}+a_{2,\ell}z^{-2}} \tag{9.62}$$

其中我们假定阶数 M 是偶数。由式(7.15)给出其群延迟 $\tau_g^{\mathcal{A}}(\omega)$ 为

$$\tau_g^{\mathcal{A}}(\omega)=\sum_{\ell=1}^{M/2}\frac{1-a_{2,\ell}^2+a_{1,\ell}(1-a_{2,\ell})\cos\omega}{1+a_{1\ell}^2+a_{2,\ell}^2+2a_{2,\ell}(2\cos^2\omega-1)+2a_{1,\ell}(1+a_{2,\ell})\cos\omega} \tag{9.63}$$

因此，$H(z)$和$\mathcal{A}_M(z)$的级联系统的总群延迟为

$$\tau_g^{H\mathcal{A}}(\omega)=\tau_g^{H}(\omega)+\tau_g^{\mathcal{A}}(\omega)$$

我们需要确定全通传输函数的系数 $\alpha_{1,\ell}$和 $\alpha_{2,\ell}$，使得 $\tau_g^{H\mathcal{A}}(\omega)$ 在 $H(z)$的通带近似为常数τ_o。此外，为了保证全通节的稳定性，需要保证全通传输函数的系数在 $1\leqslant\ell\leqslant M/2$ 内满足约束①

$$|a_{2,\ell}|<1,\qquad |a_{1,\ell}|<1+a_{2,\ell} \tag{9.64}$$

现在，在一个给定频率 ω 的逼近误差为总群延迟 $\tau_g^{\mathrm{HA}}(\omega)$ 和常数群延迟τ_o的近似值之差

$$\mathcal{E}(\boldsymbol{x},\omega)=\tau_g^{H\mathcal{A}}(\omega)-\tau_o \tag{9.65}$$

其中 $\boldsymbol{x}$ 是由均衡器传输函数系数的可调节系数和 τ_o组成的列向量；即

$$\boldsymbol{x}=[a_{1,1}\ \ a_{2,1}\ \ \cdots\ \ a_{1,M/2}\ \ a_{2,M/2}\ \ \tau_o]^{\mathrm{T}}$$

在 $H(z)$的通带内在频率 ω_1，ω_2，…，ω_K的密集栅格上计算误差$\mathcal{E}(\boldsymbol{x},\omega)$得到误差向量：

$$\boldsymbol{E}(\boldsymbol{x})=[\mathcal{E}(\boldsymbol{x},\omega_1)\ \ \mathcal{E}(\boldsymbol{x},\omega_2)\ \ \cdots\ \ \mathcal{E}(\boldsymbol{x},\omega_K)]^{\mathrm{T}} \tag{9.66}$$

全通延迟均衡器的设计问题也可以写成方程转化成极大极小值优化问题，这里我们通过调整 $\boldsymbol{x}$ 的参数使得滤波器通带范围内误差$\mathcal{E}(\boldsymbol{x},\omega_i)$的绝对值的峰值最小[Cha80]。

最终设计的一个良好性测度定义为[Ant93]

$$Q=\frac{100(\check{\tau}_g^{H\mathcal{A}}-\hat{\tau}_g^{H\mathcal{A}})}{2\tilde{\tau}_g^{H\mathcal{A}}} \tag{9.67}$$

其中

$$\check{\tau}_g^{H\mathcal{A}}=\max_{\omega_L\leqslant\omega\leqslant\omega_H}\tau_g^{H\mathcal{A}}(\omega)$$
$$\hat{\tau}_g^{H\mathcal{A}}=\min_{\omega_L\leqslant\omega\leqslant\omega_H}\tau_g^{H\mathcal{A}}(\omega)$$

且

$$\tilde{\tau}_g^{H\mathcal{A}}=\tfrac{1}{2}(\check{\tau}_g^{H\mathcal{A}}+\hat{\tau}_g^{H\mathcal{A}})$$

和在前一节给出的IIR滤波器设计一样，最优化问题可能得到一个不稳定的均衡器。由于将单位圆外的极点用其倒数来替换改变了均衡器的群延迟响应，因此该过程并不一定能得到一个稳定的均衡器。一种可能的方法是从单个二阶均衡器开始进行优化直到得到一个稳定的设计；接着加入另一个二阶节并调整其系数来得到稳定的均衡器。该过程一直继续下去直到达到所需品质因数 Q 的值。

M 文件 `iirgrpdelay` 可用来设计全通延迟均衡器，它具有几种不同的形式。下面将用例9.17来说明其应用。

例 9.17　用 MATLAB 设计延迟均衡器

对于一个通带边界为 0.3π、通带波纹为 1 dB、最小阻带衰减为 30 dB 的 4 阶椭圆低通滤波器，设计一个八阶全通节在其通带进行群延迟均衡。为此，用到程序9_4。低通滤波器和整个级联的群延迟如图 7.8 所示。全通节的分子和分母系数在 `num` 和 `den` 给出。用语句 `poly2rc(den)` 可以看到由于设计得到的全通的 8 个反射系数的幅度小于1，它是一个稳定的传输函数。

程序
9_4.m

① 参见7.9.1节。

注意，M 文件 iirgrpdelay 设计用来最小化级联的整体群延迟和所需的常数群延迟τ_o之间的误差。然而，随着全通均衡器的阶数的增加，整体群延迟接近于一个比所需值τ_o大的一个常数。

9.8 小结

数字滤波器的设计问题关心的是生成一个合适的满足频率响应指标的传输函数，在本章中，该频率响应限定为幅度(或等效的，为增益)响应指标。这些指标通常以所需的通带边界频率和阻带边界频率以及通带和阻带幅度(增益)级的偏离容限给出。本章主要介绍了因果、稳定的 IIR 数字滤波器的设计问题。

IIR 滤波器设计通常由对原型模拟传输函数进行变换而得到，该变换是一种从复频率变量 s 到复变量 z 的适当映射。本章讨论的广泛采用的双线性变换法正是基于这种方法。

接下来，本章讨论了在 MATLAB 的**信号处理工具箱**中以函数形式给出的 IIR 数字滤波器的设计算法。特别是，MATLAB 提供了用巴特沃思、切比雪夫和椭圆幅度响应设计 IIR 数字滤波器的函数。

最后，本章回顾了 IIR 数字滤波器的计算机辅助迭代设计方法的基本思想，并且介绍了该方法在群延迟均衡器设计中的特殊应用。

9.9 习题

9.1 对于下面各组峰值通带波纹 α_p 和最小阻带衰减 α_s，求相应的峰波纹值 δ_p 和 δ_s：

(a) $\alpha_p = 0.24$ dB，$\alpha_s = 49$ dB，(b) $\alpha_p = 0.14$ dB，$\alpha_s = 68$ dB

9.2 对于下面各组峰波纹值 δ_p 和 δ_s，求出相应的峰值通带波纹 α_p 和最小阻带衰减 α_s：

(a) $\delta_p = 0.04$，$\delta_s = 0.08$，(b) $\delta_p = 0.015$，$\delta_s = 0.04$

9.3 设 $H(z)$ 是一个如图 9.1 所示的低通数字滤波器的传输函数。它的通带边界为 ω_p，阻带边界为 ω_s，通带波纹为 δ_p，阻带波纹为 δ_s。若将传输函数为 $H(z)$ 的两个相同滤波器级联，则级联在 ω_p 和 ω_s 处的通带和阻带波纹分别是多少？将结果推广到 M 个相同节的级联。

9.4 设 $H_{\text{LP}}(z)$ 表示一个实系数低通数字滤波器的传输函数，其通带边界为 ω_p，阻带边界为 ω_s，通带波纹为 δ_p，阻带波纹为 δ_s，如图 9.1 所示。画出高通传输函数 $H_{\text{LP}}(-z)$ 在 $-\pi \leqslant \omega < \pi$ 内的幅度响应，并且用 ω_p 和 ω_s 确定它的通带和阻带的边界。

9.5 有传输函数 $G(z) = H_{\text{LP}}(e^{j\omega_o}z)$，其中，$H_{\text{LP}}(z)$ 是习题 9.4 中的低通传输函数。画出它在 $-\pi \leqslant \omega \leqslant \pi$ 内的幅度响应，并且用 ω_p、ω_s 和 ω_o 求它的通带和阻带边界。

9.6 冲激不变法是另一种基于对原型因果模拟传输函数 $H_a(s)$ 进行变换来设计因果 IIR 数字滤波器 $G(z)$ 的方法。若 $h_a(t)$ 是 $H_a(s)$ 的冲激响应，在冲激不变法中，我们要求 $G(z)$ 的单位样本响应 $g[n]$ 由以均匀时间间隔 T 秒对 $h_a(t)$ 抽样得到的抽样形式给出，即[Jac2000]，[Mec2000]

$$g[n] = \begin{cases} \frac{h_a(0+)}{2}, & n = 0 \\ h_a(nT), & n \geqslant 1 \end{cases}$$

(a) 证明 $G(z)$ 和 $H_a(s)$ 的关系为

$$G(z) = \mathcal{Z}\{g[n]\} = \frac{1}{T}\sum_{k=-\infty}^{\infty} H_a\left(s + \mathrm{j}\frac{2\pi k}{T}\right)\bigg|_{s=(1/T)\ln z} \tag{9.68}$$

(b) 证明变换

$$s = \frac{1}{T}\ln z \tag{9.69}$$

具有 9.1.3 节中列举的性质。

(c) 推导在什么条件下，$G(z)$ 的频率响应 $G(e^{j\omega})$ 为 $H_a(s)$ 的频率响应 $H_a(j\Omega)$ 的缩放？

(d) 证明归一化的数字角频率 ω 和模拟角频率 Ω 的关系是

$$\omega = \Omega T \tag{9.70}$$

9.7　证明通过冲激不变法从一个具有单极点的任意有理模拟传输函数 $H_a(s)$ 得到的数字传输函数 $G(z)$ 是

$$G(z)=\sum_{\substack{\text{对所有极点}\\ H_a(s)}}\text{留数}\left[\frac{H_a(s)}{1-e^{sT}z^{-1}}\right] \tag{9.71}$$

9.8　利用式(9.71)推导出因果数字传输函数 $G(z)$ 的表达式，其中 $G(z)$ 是由因果模拟传输函数 $H(s)=A/(s+\alpha)$ 通过冲激不变法得到的。

9.9　求用冲激不变法对下面的因果模拟传输函数进行变换得到的数字传输函数。假定 $T=0.25$ s。

(a) $H_a(s)=\dfrac{2(s+2)}{(s+3)(s^2+4s+5)}$，(b) $H_b(s)=\dfrac{2s^2+s-1}{(s^2+2s+10)(s+4)}$，

(c) $H_c(s)=\dfrac{-s^2+2s+11}{(s^2+2s+5)(s^2+s+4)}$

9.10　下面的因果 IIR 数字传输函数是用冲激不变法在 $T=0.5$ s 设计得到的。求出它们各自的原因果模拟传输函数。

(a) $G_a(z)=\dfrac{2z}{z-e^{-1.3}}+\dfrac{5z}{z-e^{-2.0}}$，(b) $G_b(z)=\dfrac{ze^{-1.4}\sin(1.6)}{z^2-2ze^{-1.4}\cos(1.6)+e^{-2.6}}$

9.11　下面的因果 IIR 数字传输函数是用式(9.14)的双线性变换法在 $T=0.4$ 时设计得到。求出它们各自的原因果模拟传输函数。

(a) $G_a(z)=\dfrac{4(z^2+z-2)}{10z^2+4z+6}$，(b) $G_b(z)=\dfrac{18z^3+22z^2+12z+8}{(3z+1)(12z^2-4z+8)}$

9.12　在 $T=0.25$ ms 时，通过对一个通带边界 F_p 为 0.88 kHz 的模拟低通滤波器利用冲激不变法进行变换，设计一个 IIR 数字低通滤波器。若没有混叠，数字滤波器的归一化通带角边界频率 ω_p 是什么？对于 $T=0.25$ ms，若使用双线性变换，数字滤波器的归一化通带角边界频率 ω_p 是什么？

9.13　一个 IIR 低通数字滤波器具有归一化的通带边界频率 $\omega=0.45\pi$。在 $T=0.4$ ms 时，若利用冲激不变法来设计数字滤波器，则原型模拟低通滤波器的通带边界频率是多少赫兹？在 $T=0.4$ ms 时，若利用双线性变换法来设计数字滤波器，则模拟低通原型滤波器的通带边界频率是多少赫兹？

9.14　用冲激不变法设计一个具有最大平坦幅度响应并满足式(9.37a)和式(9.37b)给出指标的 IIR 低通数字滤波器 $G(z)$，并将它和 9.3 节中用双线性变换法得到的滤波器进行比较。

9.15　在用一个线性常系数微分方程描述的线性时不变连续时间系统中，通常将微分方程中的微分算子用它们的逼近差分方程来表示，生成一个等效线性常系数差分方程，进行数值求解。在时间 $t=nT$ 时，常用的一阶微分方程的差分形式为

$$\left.\frac{d\,y(t)}{dt}\right|_{t=nT}\approx\frac{1}{T}(y[n]-y[n-1])$$

其中，T 是抽样周期且 $y[n]=y(nT)$。从 s 域到 z 域的映射是通过用**后向差分算子** $\frac{1}{T}(1-z^{-1})$ 代替 s 得到的。研究上面的映射及其性质。由一个稳定的 $H_a(s)$ 能得到一个稳定的 $H(z)$ 吗？对于数字滤波器设计而言，这种映射是否有用？

9.16　本题说明如何利用混叠来实现感兴趣的频率响应特性。一个理想的因果模拟低通滤波器的冲激响应 $h_a(t)$ 的频率响应为

$$H_a(j\Omega)=\begin{cases}1, & |\Omega|<\Omega_c\\ 0, & \text{其他}\end{cases}$$

设 $H_1(e^{j\omega})$ 和 $H_2(e^{j\omega})$ 是在 $t=nT$ 时，通过对 $h_a(t)$ 抽样得到的数字滤波器的频率响应，其中 T 分别等于 $3\pi/2\Omega_c$ 和 π/Ω_c。接下来，假设传输函数被归一化，使得 $H_1(e^{j0})=H_2(e^{j0})=1$。

(a) 画出图 P9.1 中所示的两个数字滤波器的频率响应 $G_1(e^{j\omega})$ 和 $G_2(e^{j\omega})$。

(b) $G_1(z)$ 和 $G_2(z)$ 是哪种类型的滤波器(低通、高通等)？

9.17　设 $H_a(s)$ 是一个幅度响应以单位 1 为界的实系数因果稳定模拟传输函数。证明通过 $H_a(s)$ 的双线性变换得到的数字传输函数 $G(z)$ 是一个有界实函数。

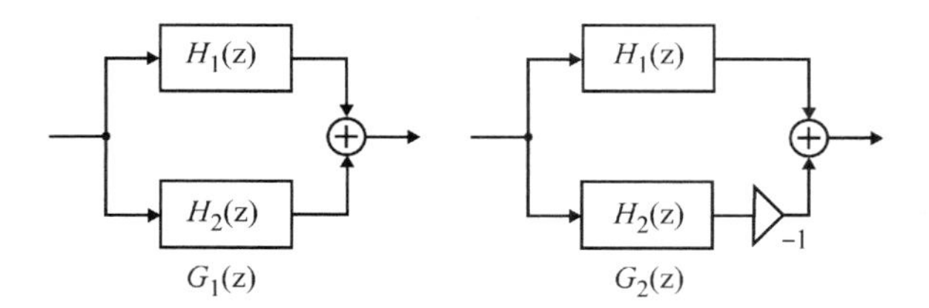

图 P9.1

9.18 可以用来从模拟滤波器设计数字滤波器的另一种双线性变换为[Opp99]

$$s = \frac{2}{T}\left(\frac{1+z^{-1}}{1-z^{-1}}\right) \tag{9.72}$$

(a)建立 s 平面上的点 $\sigma_o + j\Omega_o$ 到 z 平面上的点 $e^{j\omega}$ 之间的映射;(b)该映射是否有 9.1.3 节所给出的全部所需性质?证实你的结论;(c)上面的双线性变换同式(9.14)中的双线性变换有什么关系?(d)将归一化数字角频率 ω 表示成归一化模拟角频率 Ω 的函数,并画出该映射;(e)若 $H_a(s)$ 是一个因果模拟低通传输函数,通过上面的双线性变换得到了哪一类数字传输函数 $G(z)$?

9.19 通过对式(9.22)的一阶模拟低通传输函数 $H_{LP}(s)$ 应用式(9.72)给出的双线性变换生成数字传输函数 $G(z)$。$G(z)$ 是哪一类滤波器?$G(z)$ 同 9.2.2 节给出的数字传输函数有什么关系?

9.20 重做习题 9.19 对式(9.27)的一阶模拟高通传输函数 $H_{HP}(s)$ 进行变换。

9.21 从 s 域到 z 域的一种映射基于用后向差分算子逼近时域中的一阶求导。建立映射并研究其性质。可以用该映射从高通模拟滤波器来设计高通 IIR 数字滤波器吗?证实你的结论。

9.22 我们在 8.7.2 节中已经看到,式(9.34)给出的二阶 IIR 陷波器的传输函数 $G(z)$ 可以表示成 $G(z) = \frac{1}{2}[1 + \mathcal{A}_2(z)]$ 的形式,其中,$\mathcal{A}_2(z)$ 是一个由式(8.66)给出的二阶全通传输函数。分析陷波频率在 $\omega = \pi/2$ 的陷波器,证明若用 z^{-N} 来替代 z^{-1} 就可以得到一个有多个陷波频率的陷波器[Reg88],新的陷波频率的位置是多少?

9.23 本题讨论通过应用式(9.14)中的双线性变换将一个模拟传输函数 $H_a(s)$ 转换为数字传输函数 $G(z)$ 的直接方法[Pse2002]。

(a)设 $A_a(s) = A_0 + A_1 s + A_2 s^2 + \cdots + A_N s^N$ 表示 $H_a(s)$ 的分子(分母)多项式,而 $A(z) = a_0 + a_1 z + a_2 z^2 + \cdots + a_N z^N$ 表示应用双线性变换得到的 $G(z)$ 的分子(分母)多项式。为了简化,在式(9.14)中令 $c = 2/T$。令 $\boldsymbol{a} = [a_0, a_1, a_2, \cdots, a_N]$,且 $\hat{\boldsymbol{A}} = [A_0, A_1 c, A_2 c^2, \cdots, A_N C^N]$。证明 $\boldsymbol{a} = \boldsymbol{P}_N \cdot \hat{\boldsymbol{A}}$,其中 $\boldsymbol{P}_N = [P_{k,\ell}]$ 是一个**帕斯卡(Pascal)矩阵**,按下面的规则从**杨辉三角形**得到:(1)$\boldsymbol{P}_N$ 第一行的元素均为零,(2)用方程 $P_{\ell,N+1} = (-1)^{\ell-1}\dfrac{N!}{(N-\ell+1)!(\ell-1)!}$ 计算最后一列的元素,其中 $\ell = 1, 2, \cdots, N+1$,(3)$P_{k,\ell}$ 中的所有其他元素用方程 $P_{k,\ell} = P_{k,\ell-1} + P_{k-1,\ell=1} + P_{k-1,\ell}$ 计算,其中 $k = 2, 3, \cdots, N+1$,$\ell = 2, 3, \cdots, N+1$。

(b)用上面的方法,从 9.3 节中的原模拟低通传输函数 $H_a(s)$ 求数字低通传输函数 $G(z)$。

9.24 可以通过用 N 个二阶全通滤波器的级联来替换习题 9.22 中的全通滤波器 $\mathcal{A}_2(z)$ 而实现一个有 N 个陷波频率的陷波器[Jos99]。在本题中,我们考虑设计具有两个陷波频率 ω_1、ω_2 且相应的 3 dB 陷波带宽为 B_1 和 B_2 的陷波器,因此,可以通过级联两个二阶全通滤波器得到的一个四阶全通滤波器传输函数 $\mathcal{A}_4(z)$

$$\mathcal{A}_4(z) = \left(\frac{\alpha_1 - \beta_1(1+\alpha_1)z^{-1} + z^{-2}}{1 - \beta_1(1+\alpha_1)z^{-1} + \alpha_1 z^{-2}}\right)\left(\frac{\alpha_2 - \beta_2(1+\alpha_2)z^{-1} + z^{-2}}{1 - \beta_2(1+\alpha_2)z^{-1} + \alpha_2 z^{-2}}\right)$$

来替代 $\mathcal{A}_2(z)$。选择常数 α_1 和 α_2 为

$$\alpha_i = \frac{1 - \tan(B_i/2)}{1 + \tan(B_i/2)}, \qquad i = 1, 2$$

现在,修正结构的传输函数为 $H(z) = \frac{1}{2}[1 + \mathcal{A}_4(z)] = N(z)/D(z)$。

(a)证明 $N(z)$ 是一个形如 $a(1+b_1z^{-1}+b_2z^{-2}+b_1z^{-3}+z^{-4})$ 的镜像多项式，并用 $\mathcal{A}_4(z)$ 的系数表示常数 b_1 和 b_2。

(b)证明 $a=(1+\alpha_1\alpha_2)/2$。

(c)通过令 $N(e^{j\omega_i})=0$，$i=1,2$，用 ω_1 和 ω_2 来求解常数 b_1 和 b_2。由(a)和(b)中的式子求出系数 β_1 和 β_2 的表达式。

(d)利用上面得到的设计方程，设计一个具有如下指标的双陷波器：$\omega_1=0.2\pi$，$\omega_2=0.6\pi$，$B_1=0.2\pi$ 和 $B_2=0.25\pi$。用 MATLAB 画出所设计的陷波器的幅度响应。

9.25　设 $H_{LP}(z)$ 是一个零(极)点在 $z=z_k$ 的 IIR 低通传输函数。设 $H_D(\hat{z})$ 表示应用表 9.1 中给出的从低通到低通的变换而得到的低通传输函数，它将 $H_{LP}(z)$ 在 $z=z_k$ 处的零(极)点移到一个新位置 $\hat{z}=\hat{z}_k$。用 z_k 表示 $\hat{z}_k$。若 $H_{LP}(z)$ 在 $z=-1$ 处有一个零点，证明 $H_D(\hat{z})$ 在 $z=-1$ 处也有一个零点。

9.26　设 $H_{LP}(z)$ 是一个在 $z=z_k$ 处具有零(极)点的 IIR 低通传输函数。设 $H_D(\hat{z})$ 表示应用表 9.1 中给出的从低通到带通的变换而得到的带通传输函数，它将 $H_{LP}(z)$ 在 $z=z_k$ 处的零(极)点移到一个新位置 $\hat{z}=\hat{z}_k$。用 z_k 表示 $\hat{z}_k$。若 $H_{LP}(z)$ 在 $z=-1$ 处有一个零点，证明 $H_D(\hat{z})$ 在 $z=\pm1$ 处也有一个零点。

9.27　一个 3 dB 截止频率为 $\omega_c=0.55\pi$ 的二阶低通 IIR 数字滤波器的传输函数为

$$G_{LP}(z)=\frac{0.3404(1+z^{-1})^2}{1+0.1842z^{-1}+0.1776z^{-2}}\tag{9.73}$$

用一个低通到低通的谱变换对上面的低通传输函数进行变换，设计一个 3 dB 截止频率为 $\hat{\omega}_c=0.27\pi$ 的二阶低通滤波器 $H_{LP}(z)$。用 MATLAB 在同一幅图中画出这两个低通滤波器的增益响应。

9.28　用一个低通到高通的谱变换对式(9.73)给出的低通传输函数进行变换，设计一个 3 dB 截止频率为 $\hat{\omega}_c=0.45\pi$ 的二阶高通滤波器 $H_{HP}(z)$。请用 MATLAB 在同一幅图中画出低通和高通滤波器的增益响应。

9.29　在 $\omega_c=0.56\pi$ 处具有 20 dB 的最小衰减的一个二阶低通切比雪夫 2 型 IIR 数字滤波器 $G_{LP}(z)$ 的传输函数为

$$G_{LP}(z)=\frac{0.1944(1+0.9802z^{-1}+z^{-2})}{1-0.7016z^{-1}+0.281z^{-2}}\tag{9.74}$$

利用低通到带通的谱变换对上面的低通传输函数进行变换，设计得到一个中心频率为 $\hat{\omega}_c=0.48\pi$ 的四阶带通滤波器 $H_{BP}(z)$。用 MATLAB 在同一幅图中画出低通和带通滤波器的增益响应。

9.30　一个通带边界为 $\omega_p=0.52\pi$ 的三阶椭圆高通滤波器的传输函数为

$$G_{HP}(z)=\frac{0.2397(1-1.5858z^{-1}+1.5858z^{-2}-z^{-3})}{1+0.3272z^{-1}+0.7459z^{-2}+0.179z^{-3}}\tag{9.75}$$

用低通到低通的谱变换对上面的高通传输函数进行变换，设计得到一个通带边界率为 $\omega_p=0.48\pi$ 的高通滤波器 $H_{HP}(z)$。用 MATLAB 在同一幅图中画出这两个高通滤波器。

9.31　利用低通到低通的谱变换，对式(7.84)给出的带通传输函数进行变换，设计一个中心频率为 $\omega_o=0.6\pi$ 的二阶带通滤波器。用 MATLAB 在同一幅图中画出这两个带通滤波器。

9.32　设计一个陷波频率为 120 Hz 且 3 dB 带宽为 15 Hz 的二阶陷波器，其工作在 500 Hz 的抽样率。利用低通到低通的谱变换对该陷波器进行变换，设计得到陷波频率为 40 Hz 的陷波器。用 MATLAB 在同一幅图中画出这两个陷波器的增益响应。

9.33　利用低通到高通的频率变换，对式(9.75)给出的高通传输函数进行变换，设计一个截止在 $\omega_p=0.38\pi$ 的低通滤波器。用 MATLAB 在同一幅图中画出高通和低通滤波器的增益响应。

9.34　一个具有最平坦群延迟的 IIR 全通滤波器也可以用来设计逼近分数延迟 z^{-D}：

$$z^{-D}\approx\frac{d_N+d_{N-1}z^{-1}+\cdots+d_1z^{-(N-1)}+z^{-N}}{1+d_1z^{-1}+d_2z^{-2}+\cdots+d_{N-1}z^{-(N-1)}+d_Nz^{-N}}$$

通过将所求的正延迟表示成 $D=N+\delta$，其中 N 是一个正整数而 δ 是一个小数，可以证明全通滤波器的系数 $\{d_k\}$ 为[Fet72]

$$d_k=(-1)^kC_k^N\prod_{n=0}^{N}\frac{D-N+n}{D-N+k+n}$$

其中，$C_k^N = N!/k!(N-k)!$ 是二项式系数。设计一个具有 35/6 个延迟样本的 11 阶全通分数延迟滤波器。用 MATLAB 画出所设计的滤波器和理想分数延迟滤波器的群延迟响应，并对结果进行分析。

9.35 证明对一个理想微分器和一个半样本延迟进行级联可在不改变幅度响应的情况下使得整体的相位响应线性[Rab70]。

9.10 MATLAB 练习

M9.1 利用双线性变换法，设计一个 0.3 dB 截止频率为 15 kHz 且在 25 kHz 处有 45 dB 的最小阻带衰减的数字巴特沃思低通滤波器，其工作在 100 kHz 抽样率。利用式(A.9)给出的方程求原型模拟滤波器的阶数，并用 MATLAB 的 M 文件 `buttap` 设计模拟原型滤波器。用 M 文件 `bilinear` 将模拟滤波器传输函数变换成所求的数字传输函数。用 MATLAB 画出其增益和相位响应，并给出设计的具体步骤。

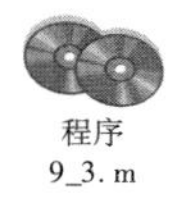
程序 9_3.m

M9.2 利用双线性变换法，对程序 9_3 进行修改，设计一个数字巴特沃思低通滤波器。修改后的程序要求输入数据是期望的通带和阻带截止频率，以及以 dB 为单位的最大通带偏移和最小阻带衰减。利用修正的程序设计练习 M9.1 中的数字巴特沃思低通滤波器。

M9.3 对应于下列抽样频率值，利用冲激不变法，由五阶模拟贝塞尔传输函数设计数字滤波器：(a) $F_T = 1$ Hz 和(b) $F_T = 2$ Hz。用 MATLAB 画出两个滤波器的增益和群延迟响应，并将它们的响应函数与原贝塞尔传输函数进行比较，评价你的结果。

M9.4 用 M 文件 `impinvar`，设计一个练习 M9.1 中的数字巴特沃思低通滤波器。用由式(A.9)给出方程求出的模拟原型滤波器的阶数。

M9.5 分别利用冲激不变法和双线性变换法，设计通带边界为 15 kHz、通带波纹为 0.3 dB 且在 25 kHz 处有一个最小阻带衰减为 45 dB 的数字切比雪夫 1 型低通滤波器，其抽样率为 100 kHz。利用式(A.17)给出的方程求原型模拟滤波器的阶数，并用 MATLAB 的 M 文件 `cheb1ap` 设计模拟低通原型滤波器。用 M 文件 `bilinear` 将模拟滤波器传输函数变换成所求的数字传输函数。用 MATLAB 画出这两个滤波器的增益和相位响应，对它们的性能进行比较，并给出设计的具体步骤。

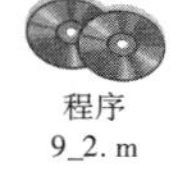
程序 9_2.m

M9.6 修改程序 9_2，用双线性变换法设计一个数字切比雪夫 1 型低通滤波器。修正程序所需的输入数据应该是通带和阻带的期望边界，以及以 dB 为单位的最大通带偏移和最小阻带衰减。用修正的程序，设计练习 M9.5 中的数字切比雪夫 1 型低通滤波器。

M9.7 基于冲激不变法，用 M 文件 `impinvar` 编写一个 MATLAB 程序，设计一个数字 1 型切比雪夫低通滤波器。修正程序所需的输入数据应该是期望的通带和阻带的边界，以及以 dB 为单位的最大通带偏移和最小阻带衰减。利用你的程序，设计练习 M9.5 中的数字切比雪夫 1 型低通滤波器。

M9.8 分别利用冲激不变法和双线性变换法，设计通带边界频率为 15 kHz、阻带边界频率为 25 kHz、通带波纹为 0.3 dB 以及阻带波纹为 45 dB 的数字椭圆低通滤波器，其抽样率为 100 kHz。利用式(A.27)给出的方程求原型模拟滤波器的阶数。接下来，利用 MATLAB 的 M 文件 `ellipap` 设计模拟低通原型滤波器。用 M 文件 `bilinear` 将模拟滤波器传输函数变换成所需的数字传输函数。用 MATLAB 画出增益和相位响应，并给出全部的设计步骤。

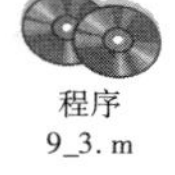
程序 9_3.m

M9.9 修改程序 9_3，利用双线性变换法设计一个数字椭圆低通滤波器。修正程序所需的输入数据应该是期望的通带和阻带边界，以及以 dB 为单位的最大通带偏移和最小阻带衰减。利用修改的程序，设计练习 M9.8 中的数字椭圆低通滤波器。

M9.10 利用式(9.14)的双线性变换法，设计一个工作在抽样率 2.0 MHz 的数字巴特沃思高通滤波器，其指标如下：通带边界为 500 kHz，阻带边界为 250 kHz，峰值通带波纹为 0.5 dB，最小阻带衰减为 50 dB。(a)模拟高通滤波器的指标是什么？(b)模拟原型低通滤波器的指标是什么？(c)给出全部相关的传输函数。画出原型模拟低通滤波器、模拟高通滤波器和期望的数字高通滤波器的增益响应，并给出全部的设计步骤。

M9.11 利用式(9.14)的双线性变换法，设计一个工作在抽样率 12 kHz 的数字切比雪夫 1 型带通滤波器，其指标如下：通带边界为 1.5 kHz 和 2.5 kHz，阻带边界为 900 Hz 和 4 kHz，峰值通带波纹为 0.7 dB，最小阻带衰减为 42 dB。(a)模拟带通滤波器的指标是什么？(b)模拟原型低通滤波器的指标是什么？(c)给出全部相关的传输函数。画出原型模拟低通滤波器、模拟带通滤波器和期望的数字带阻滤波器的增益响应，并给出全部的设计步骤。

M9.12　利用式(9.14)的双线性变换法，设计一个工作在抽样率 9 kHz 的椭圆带阻滤波器，其指标如下：通带边界为 0.2 kHz 和 4 kHz，阻带边界为 2.5 kHz 和 3.2 kHz，峰值通带波纹为 1.2 dB，最小阻带衰减 35 dB。(a)模拟带阻滤波器的指标是什么？(b)模拟原型低通滤波器的指标是什么？(c)给出全部相关的传输函数。画出原型模拟低通滤波器、模拟高通滤波器和期望的数字高通滤波器的增益，并给出设计的全部步骤。

M9.13　用 M 文件 `iirgrpdelay` 设计一个全通滤波器，对例 9.15 中的切比雪夫 1 型 IIR 高通滤波器的通带群延迟进行均衡。

M9.14　用 M 文件 `iirgrpdelay` 设计一个全通滤波器，对例 9.16 中的巴特沃思 IIR 带通滤波器的通带群延迟进行均衡。

第 10 章　FIR 数字滤波器设计

第 9 章介绍了 IIR 数字滤波器的设计，对于此类滤波器，必须保证推导出来的传输函数 $G(z)$ 是稳定的。另一方面，当设计 FIR 数字滤波器时，由于滤波器的传输函数是 z^{-1} 的多项式，因此总能保证稳定，所以稳定性不再是一个设计问题。本章将探讨 FIR 数字滤波器的设计问题。

与 IIR 数字滤波器的设计问题不同，有可能设计具有线性相位响应的 FIR 数字滤波器。首先，我们介绍一种设计线性相位 FIR 数字滤波器的常用方法。然后，分析线性相位 FIR 数字滤波器的计算机辅助设计。为此，我们限于讨论用 MATLAB 来确定传输函数。由于满足相同的频率响应指标的 FIR 数字滤波器的阶数一般都要远远高于 IIR 数字滤波器的阶数，这里将给出两种计算高效的 FIR 数字滤波器的设计方法，它们与滤波器的直接实现形式相比，需要较少的乘法器。最后，我们将给出一种最小相位 FIR 数字滤波器的设计方法，与其线性相位等效相比，最小相位 FIR 数字滤波器具有较小的群延迟。因此，在不要求具有线性相位的应用中，最小相位 FIR 数字滤波器更具有吸引力。

10.1　预备知识

本节将介绍设计 FIR 数字滤波器及确定满足给定指标的滤波器阶数的基本方法。

10.1.1　设计 FIR 数字滤波器的基本方法

与 IIR 数字滤波器的设计不同，FIR 滤波器的设计与模拟滤波器的设计没有任何联系。因此，FIR 滤波器的设计基于对给定幅度响应的直接逼近，通常还需要相位响应是线性的。回想一个长度为 $N+1$ 的因果 FIR 传输函数 $H(z)$ 是 z^{-1} 的 N 次多项式：

$$H(z)=\sum_{n=0}^{N}h[n]z^{-n} \tag{10.1}$$

其对应的频率响应函数为

$$H(e^{j\omega})=\sum_{n=0}^{N}h[n]e^{-j\omega n} \tag{10.2}$$

在 5.3.1 节已经指出，任何长度为 $N+1$ 的有限长序列 $x[n]$ 的特性可由其离散时间傅里叶变换 $X(e^{j\omega})$ 的 $N+1$ 个样本完全描述。因此，要设计一个长度为 $N+1$ 的 FIR 滤波器，可以利用冲激响应序列 $\{h[n]\}$ 或其频率响应 $H(e^{j\omega})$ 的 $N+1$ 个样本来进行。同时，为了保证线性相位设计，必须满足条件

$$h[n]=\pm h[N-n]$$

FIR 滤波器的两种直接设计方法是加窗傅里叶级数法和频率抽样法。10.2 节将介绍前一种方法，在习题 10.30 和习题 10.31 中涉及第二种方法。10.3 节将给出基于计算机的数字滤波器设计方法。

10.1.2　滤波器阶数的估计

在滤波器设计过程中，选定数字滤波器的类型之后，接下来就要估计满足给定滤波器指标所需的滤波器阶数 N。为了降低计算的复杂度，滤波器阶数应该选为大于或等于该估计值的最小整数。

FIR 数字滤波器的阶数估计

对于设计低通 FIR 数字滤波器，有一些学者提出了从下面的数字滤波器指标直接估计滤波器阶数 N 的最小值的方程：归一化通带边界角频率 ω_p，归一化阻带边界角频率 ω_s，峰值通带波纹 δ_p，以及峰值阻带波纹 δ_s。下面介绍三个这样的方程。

Kaiser 方程。Kaiser[Kai74]提出了一个非常简单的方程为

$$N \approx \frac{-20\lg\left(\sqrt{\delta_p\delta_s}\right)-13}{14.6(\omega_s-\omega_p)/2\pi} \tag{10.3}$$

例 10.1 说明了上面的方程在滤波器设计中的应用。

例 10.1　用 Kaiser 方程估计 FIR 数字滤波器的阶数

估计满足如下指标的线性相位低通 FIR 滤波器的阶数：通带边界频率为 $F_p=1.8$ kHz，阻带边界频率为 $F_s=2$ kHz，峰值通带波纹为 $\alpha_p=0.1$ dB，最小阻带衰减为 $\alpha_s=35$ dB，抽样率为 $F_T=12$ kHz。

由例 9.1 可得，$\delta_p=0.011\,446\,9$，$\delta_s=0.017\,782\,79$。将这些值和频带截止频率代入式(10.3)中可得

$$N \approx \frac{-20\lg(\sqrt{0.000\,203\,557\,96})-13}{14.6(2000-1800)/12\,000} = \frac{23.913\,119}{0.243\,333\,3} = 98.2730$$

由于阶数 N 必须为整数，对上面的值向上取整得 $N=99$。

由于阶数是奇数，因此可以设计一个 2 型 FIR 滤波器来满足给定的指标。若将阶数增加到 100，则可以设计一个 1 型 FIR 滤波器。

Bellanger 方程。Bellanger 提出了另外一种简单的方程[Bel81]，为

$$N \approx -\frac{2\lg(10\,\delta_p\delta_s)}{3\,(\omega_s-\omega_p)/2\pi}-1 \tag{10.4}$$

其应用在例 10.2 中说明。

例 10.2　用 Bellanger 方程估计 FIR 数字滤波器的阶数

利用式(10.4)，估计满足例 10.1 中的设计指标的线性相位 FIR 传输函数的阶数。

将给定的过渡带宽$(\omega_s-\omega_p)/2\pi=(F_s-F_p)/F_T=0.017$，波纹 $\delta_p=0.011\,446\,9$ 和 $\delta_s=0.017\,782\,79$ 的值代入式(10.4)可得

$$N \approx 106.6525$$

所以比它大的下一个整数 107 作为滤波器的阶数。

Hermann 方程。由 Hermann 等[Her73]提出的方程给出了略微更加准确的阶数值为

$$N \approx \frac{D_\infty(\delta_p,\delta_s)-F(\delta_p,\delta_s)\left[(\omega_s-\omega_p)/2\pi\right]^2}{(\omega_s-\omega_p)/2\pi} \tag{10.5}$$

其中

$$\begin{aligned} D_\infty(\delta_p,\delta_s) = {} & \left[a_1(\lg\delta_p)^2+a_2(\lg\delta_p)+a_3\right]\lg\delta_s \\ & -\left[a_4(\lg\delta_p)^2+a_5(\lg\delta_p)+a_6\right] \end{aligned} \tag{10.6a}$$

并且

$$F(\delta_p,\delta_s)=b_1+b_2\left[\lg\delta_p-\lg\delta_s\right] \tag{10.6b}$$

有

$$a_1=0.005\,309,\qquad a_2=0.071\,14,\qquad a_3=-0.4761 \tag{10.6c}$$

$$a_4=0.002\,66,\qquad a_5=0.5941,\qquad a_6=0.4278 \tag{10.6d}$$

$$b_1=11.012\,17,\qquad b_2=0.512\,44 \tag{10.6e}$$

当 $\delta_p \geqslant \delta_s$ 时，式(10.5)给出的方程成立。若 $\delta_p<\delta_s$，则通过互换式(10.6a)和式(10.6b)中的 δ_p 和 δ_s，可得所用的滤波器的阶数。

当 δ_p 和 δ_s 都很小时，上面各方程都能给出相当接近和准确的结果。而当 δ_p 和 δ_s 的值很大时，式(10.5)得到一个更准确的阶数值。

例 10.3 说明了式(10.5)的应用。

例 10.3　用 Hermann 方程估计 FIR 数字滤波器的阶数

利用式(10.5)，估计满足例 10.1 中的设计指标的线性相位 FIR 传输函数的阶数。

将式(10.6c)和式(10.6d)给出的参数 a_i 的值以及指定的波纹值 $\delta_p = 0.011\,446\,9$ 和 $\delta_s = 0.017\,782\,79$ 代入式(10.6a)中，可得到 $D_\infty(\delta_p, \delta_s) = 1.755\,353\,335\,8$。接下来，将式(10.6e)中的 b_1 和 b_2 以及波纹的值代入式(10.6b)中，可得 $F(\delta_p, \delta_s) = 10.914\,134\,1$。由于 $(\omega_s - \omega_p)/2\pi = (F_s - F_p)/F_T = 0.017$，因此将计算得到的 $D_\infty(\delta_p, \delta_s)$、$F(\delta_p, \delta_s)$ 和 $(\omega_s - \omega_p)/2\pi$ 代入式(10.5)可得

$$N \approx 105.139$$

我们选择比它大的下一个整数 106 作为估计出的阶数。

比较 FIR 数字滤波器阶数方程

注意到，例 10.1、例 10.2 和例 10.3 中分别用式(10.3)、式(10.4)和式(10.5)计算出的滤波器的阶数均不同。上面的三个方程都仅提供了所需滤波器阶数的一种估计，利用这些阶数估计值设计得到的 FIR 滤波器的频率响应不一定满足给定的指标。若指标不满足，则建议逐渐增加滤波器的阶数，直到满足指标为止。10.5.1 节将讨论用 MATLAB 来估计 FIR 滤波器的阶数。

由上面的三个方程可以得到一个重要的性质，即一个 FIR 滤波器的阶数 N 与过渡带宽 $(\omega_s - \omega_p)$ 成反比并且不受过渡带实际位置的影响。这表明，一个具有较窄过渡带的锐截止 FIR 滤波器将有非常高的阶数，而一个具有较宽过渡带的 FIR 滤波器将有很低的阶数。

Kaiser 方程和 Bellanger 方程的另一个有趣的性质是，滤波器的阶数与乘积 $\delta_p\delta_s$ 有关。这意味着若交换 δ_p 和 δ_s 的值，滤波器的阶数保持不变。

为了比较上述阶数估计方法的准确性，我们针对 3 个已知滤波器阶数、通带边界和波纹的线性相位低通 FIR 滤波器，利用以上每个方程进行估计。其中，这 3 个滤波器的指标为

1 号滤波器：$\omega_p = 0.106\,25\pi$，$\omega_s = 0.143\,75\pi$，$\delta_p = 0.0224$，$\delta_s = 0.000\,112$

2 号滤波器：$\omega_p = 0.2075\pi$，　$\omega_s = 0.2875\pi$，　$\delta_p = 0.017$，　$\delta_s = 0.034$

3 号滤波器：$\omega_p = 0.345\pi$，　$\omega_s = 0.575\pi$，　$\delta_p = 0.0411$，$\delta_s = 0.0137$

估计结果在表 10.1 中给出。

表 10.1　比较 FIR 滤波器的阶数

滤波器序号	实际阶数	Kaiser 方程	Bellanger 方程	Hermann 方程
1	159	158	163	151
2	38	34	37	37
3	14	12	13	12

上面给出的 3 种阶数估计方法同样可以用于估计高通、带通和带阻 FIR 滤波器的阶数。对于带通和带阻滤波器，它们具有两个过渡带宽，可以发现，滤波器阶数主要取决于具有最小宽度的过渡带。例 10.4 将利用 Kaiser 公式来估计线性相位的带通 FIR 滤波器的阶数。

例 10.4　线性相位带通 FIR 滤波器的阶数估计

估计满足如下指标且具有线性相位响应的带通 FIR 滤波器的阶数：通带边界为 $F_{p1} = 0.35$ kHz 和 $F_{p2} = 1$ kHz，阻带边界为 $F_{s1} = 0.3$ kHz 和 $F_{s2} = 1.1$ kHz，通带波纹为 $\delta_p = 0.002$，阻带波纹为 $\delta_s = 0.001$，抽样率为 $F_T = 10$ kHz。

注意到过渡带宽不相等，因此，我们利用较小的过渡带宽来计算阶数 N。将合适的值代入式(10.3)，得到

$$N \approx \frac{-20\lg(\sqrt{0.000\,04}) - 13}{14.6(350 - 300)/10\,000}$$

$$= \frac{30.9794}{0.0730} = 424.3753$$

因此 FIR 滤波器的阶数为 425，它对应于一个 2 型滤波器。与前面类似，若将阶数增加 1，则可以设计出满足指标的 1 型 FIR 滤波器。

10.2　基于加窗傅里叶级数的 FIR 滤波器设计

现在，我们将注意力转到实系数 FIR 滤波器的设计。这些滤波器用为 z^{-1} 的多项式的传输函数表示，因此我们需要采用不同的方法对它们进行设计。

已有多种 FIR 滤波器的设计方法。一种直接的方法是基于对指定的频率响应的傅里叶级数进行截短来设计，该方法将在本节中讨论。第二种方法基于如下观察：对于长度为 $(N+1)$ 的 FIR 数字滤波器，由其频率响应的 $(N+1)$ 个等间隔的不同频率样本组成了其冲激响应的 $(N+1)$ 点离散傅里叶变换，因此，通过对这些频率样本值应用离散傅里叶逆变换很容易计算冲激响应序列（参见习题 10.30 和习题 10.31）。

10.2.1　FIR 滤波器的最小积分平方误差设计

设 $H_d(e^{j\omega})$ 表示期望的频率响应函数。由于 $H_d(e^{j\omega})$ 是 ω 的周期为 2π 的周期函数，所以它可以用傅里叶级数表示为

$$H_d(e^{j\omega}) = \sum_{n=-\infty}^{\infty} h_d[n] e^{-j\omega n} \tag{10.7}$$

式中，傅里叶系数 $\{h_d[n]\}$ 恰好是相应的冲激响应样本，为

$$h_d[n] = \frac{1}{2\pi}\int_{-\pi}^{\pi} H_d(e^{j\omega}) e^{j\omega n} d\omega, \qquad -\infty < n < \infty \tag{10.8}$$

因此，给定一个频率响应指标 $H_d(e^{j\omega})$，我们就可以利用式(10.8)来计算 $h_d[n]$，从而求出传输函数 $H_d(z)$。然而，对于大多数实际应用，期望的频率响应是分段常数的，并且各个频带之间有陡峭的过渡带，此时，相应的冲激响应序列 $\{h_d[n]\}$ 将是无限长且非因果的。

我们的目的是要找到一个长度为 $2M+1$ 的有限持续冲激响应序列 $\{h_t[n]\}$，其 DTFT $H_t(e^{j\omega})$ 在某种程度上逼近于所需的 DTFT $H_d(e^{j\omega})$。一种常用的逼近准则就是最小积分平方误差

$$\Phi_R = \frac{1}{2\pi}\int_{-\pi}^{\pi} \left|H_t(e^{j\omega}) - H_d(e^{j\omega})\right|^2 d\omega \tag{10.9}$$

式中

$$H_t(e^{j\omega}) = \sum_{n=-M}^{M} h_t[n] e^{-j\omega n} \tag{10.10}$$

利用帕塞瓦尔关系（参见表 5.3），式(10.9)可重写为

$$\begin{aligned}\Phi_R &= \sum_{n=-\infty}^{\infty} |h_t[n] - h_d[n]|^2 \\ &= \sum_{n=-M}^{M} |h_t[n] - h_d[n]|^2 + \sum_{n=-\infty}^{-M-1} h_d^2[n] + \sum_{n=M+1}^{\infty} h_d^2[n]\end{aligned} \tag{10.11}$$

很明显，由式(10.11)可知，若 $-M \le n \le M$ 时，$h_t[n] = h_d[n]$，则积分平方误差最小；换言之，在均方误差准则下，对理想无限长冲激响应的最佳和最简单的有限长逼近是通过截短来得到的。

冲激响应为 $h[n]$ 的因果 FIR 滤波器可以通过将序列 $h_t[n]$ 延迟 M 个样本后得到，即

$$h[n] = h_t[n-M] \tag{10.12}$$

注意，因果滤波器 $h[n]$ 和非因果滤波器 $h_t[n]$ 具有相同的幅度响应，且相对于非因果滤波器，它的相位响应有一个 ωM 弧度的线性相移。

10.2.2 理想滤波器的冲激响应

理想频率选择滤波器用通带和阻带来描述，其中通带到阻带间具有陡峭的过渡带。4 种常用的频率选择滤波器是低通、高通、带通和带阻滤波器，其理想频率响应如图 7.1 所示。这些理想的滤波器具有单个通带或单个阻带，并有两个幅度电平。有些应用需要在不同的频率范围具有不同幅度电平的多电平滤波器。另外在特定应用中也需要其他两类滤波器，它们是理想微分器和理想希尔伯特变换器。本节列出这些理想滤波器的冲激响应，通过对它们特定的频率响应应用式(3.14)给出的逆 DTFT 可以很容易得到。

理想低通滤波器。图 7.1(a)中的理想**低通滤波器**有一个零相移频率响应

$$H_{\mathrm{LP}}(e^{j\omega}) = \begin{cases} 1, & |\omega| \leqslant \omega_c \\ 0, & \omega_c < |\omega| \leqslant \pi \end{cases} \tag{10.13}$$

对应的冲激响应系数在例 3.8 求出为

$$h_{\mathrm{LP}}[n] = \frac{\sin \omega_c n}{\pi n}, \qquad -\infty < n < \infty \tag{10.14}$$

由式(10.14)可以看出，一个理想低通滤波器的冲激响应是双边无限长的，并不是绝对可和的，因此无法实现。通过将范围 $-M \leqslant n \leqslant M$ 外的冲激响应系数全部设为零，可得一个长度为 $2M+1$ 的非因果的有限长逼近，将它右移 M 个样本可以得到长度为 $N=2M+1$ 的因果 FIR 低通滤波器的系数：

$$\hat{h}_{\mathrm{LP}}[n] = \begin{cases} \frac{\sin(\omega_c(n-M))}{\pi(n-M)}, & 0 \leqslant n \leqslant N-1 \\ 0, & \text{其他} \end{cases} \tag{10.15}$$

注意，上式对偶数长度同样成立，而此时的 M 为小数。

理想高通滤波器。图 7.1(b)中的理想**高通滤波器**的冲激响应系数 $h_{\mathrm{HP}}[n]$ 为

$$H_{\mathrm{HP}}(e^{j\omega}) = \begin{cases} 0, & |\omega| < \omega_c \\ 1, & \omega_c \leqslant |\omega| \leqslant \pi \end{cases} \tag{10.16}$$

通过计算 $H_{\mathrm{HP}}(e^{j\omega})$ 的逆 DTFT 得到的理想高通滤波器的冲激响应系数 $h_{\mathrm{HP}}[n]$ 为(参见习题 10.3)

$$h_{\mathrm{HP}}[n] = \begin{cases} 1 - \frac{\omega_c}{\pi}, & n = 0 \\ -\frac{\sin(\omega_c n)}{\pi n}, & |n| > 0 \end{cases} \tag{10.17}$$

理想带通滤波器。图 7.1(c)中截止为 ω_{c1} 和 ω_{c2} 的理想**带通滤波器**有零相移频率响应

$$H_{\mathrm{BP}}(e^{j\omega}) = \begin{cases} 0, & |\omega| < \omega_{c1} \\ 1, & \omega_{c1} \leqslant |\omega| \leqslant \omega_{c2} \\ 0, & \omega_{c2} < |\omega| \leqslant \pi \end{cases} \tag{10.18}$$

通过计算 $H_{\mathrm{BP}}(e^{j\omega})$ 的逆 DTFT，可以很容易得到理想带通滤波器的冲激响应系数 $h_{\mathrm{BP}}[n]$ 为(参见习题 10.3)

$$h_{\mathrm{BP}}[n] = \frac{\sin(\omega_{c2} n)}{\pi n} - \frac{\sin(\omega_{c1} n)}{\pi n}, \quad |n| \geqslant 0 \tag{10.19}$$

理想带阻滤波器。图 7.1(d)中截止为 ω_{c1} 和 ω_{c2} 的理想**带阻滤波器**有零相移频率响应

$$H_{\mathrm{BS}}(e^{j\omega}) = \begin{cases} 1, & |\omega| \leqslant \omega_{c1} \\ 0, & \omega_{c1} < |\omega| < \omega_{c2} \\ 1, & \omega_{c2} \leqslant |\omega| \leqslant \pi \end{cases} \tag{10.20}$$

通过对 $H_{\mathrm{BS}}(e^{j\omega})$ 应用逆 DTFT 得到的其冲激响应系数 $h_{\mathrm{BS}}[n]$ 为(参见习题 10.3)

$$h_{\mathrm{BS}}[n] = \begin{cases} 1 - \frac{(\omega_{c2} - \omega_{c1})}{\pi}, & n = 0 \\ \frac{\sin(\omega_{c1} n)}{\pi n} - \frac{\sin(\omega_{c2} n)}{\pi n}, & |n| > 0 \end{cases} \tag{10.21}$$

理想多电平滤波器。以上所有冲激响应方程都是针对具有两个幅度电平的单通带或者单阻带滤波器的。然而，可以很容易地将这些方法推广到多幅度电平 FIR 滤波器的设计中，从而得到冲激响应系数的表达式。一个理想的 L 带数字滤波器 $H_{\mathrm{ML}}(z)$ 的零相移频率响应为

$$H_{\mathrm{ML}}(\mathrm{e}^{\mathrm{j}\omega}) = A_k, \qquad \omega_{k-1} \leqslant \omega \leqslant \omega_k, \quad k = 1, 2, \cdots, L \tag{10.22}$$

其中，$\omega_0=0$ 且 $\omega_L=\pi$。图 10.1 显示了典型的多电平滤波器的零相移频率响应，为了简化，仅显示频率范围[0, π]内的情况。其冲激响应 $h_{\mathrm{ML}}[n]$为(参见习题 10.4)

$$h_{\mathrm{ML}}[n] = \sum_{\ell=1}^{L}(A_\ell - A_{\ell+1}) \cdot \frac{\sin(\omega_\ell n)}{\pi n} \tag{10.23}$$

其中，$A_{L+1}=0$。

理想希尔伯特变换器。理想**希尔伯特变换器**，也称为 90°**移相器**，用频率响应

$$H_{\mathrm{HT}}(\mathrm{e}^{\mathrm{j}\omega}) = \begin{cases} \mathrm{j}, & -\pi < \omega < 0 \\ -\mathrm{j}, & 0 < \omega < \pi \end{cases} \tag{10.24}$$

描述。希尔伯特变换器用于产生解析信号(参见随书光盘)。通过计算式(10.24)的离散时间傅里叶逆变换，可得到希尔伯特变换器的冲激响应 $h_{\mathrm{HT}}[n]$为(参见习题 10.5)

$$h_{\mathrm{HT}}[n] = \begin{cases} 0, & n\text{为偶数} \\ \frac{2}{\pi n}, & n\text{为奇数} \end{cases} \tag{10.25}$$

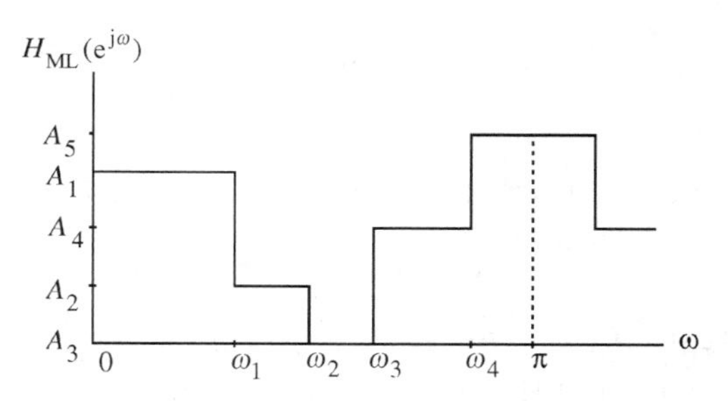

图 10.1　一个典型的零相移多电平频率响应

习题 10.7 对理想低通滤波器与理想希尔伯特变换器的关系进行了讨论。

理想微分器。如 7.4.4 节所提到的，理想离散时间**微分器**用来在离散时间上对连续时间信号的样本值进行差分运算。它用频率响应

$$H_{\mathrm{DIF}}(\mathrm{e}^{\mathrm{j}\omega}) = \mathrm{j}\omega, \quad 0 \leqslant |\omega| \leqslant \pi \tag{10.26}$$

描述。理想离散时间微分器的冲激响应 $h_{\mathrm{DIF}}[n]$由式(10.26)给出的离散时间傅里叶逆变换确定，即(参见习题 10.8)

$$h_{\mathrm{DIF}}[n] = \begin{cases} 0, & n = 0 \\ \frac{(-1)^n}{n}, & |n| > 0 \end{cases} \tag{10.27}$$

与理想低通滤波器一样，以上 5 种理想滤波器也用双边无限冲激响应描述，它们不是绝对可和的，因此它们是不可实现的。通常，可通过将它们的冲激响应序列截短为有限长度，并将截短的响应系数向右适当移位来实现。

10.2.3　吉布斯现象

在前面一节中，通过对给定的理想滤波器的冲激响应系数进行简单截短，得到的因果 FIR 滤波器的在其各自的幅度响应中呈现振荡现象，通常称为**吉布斯(Gibbs)现象**。这里，我们将通过讨论低通滤波器的设计来说明吉布斯现象。图 10.2 中显示了对两个不同的滤波器长度值，用式(10.15)的方程设计的截止频率为 $\omega_c=0.4\pi$的低通滤波器的幅度响应。在两种情况下，幅度响应在截止频率两边的振荡现象都很明显。另外，随着滤波器长度的增加，通带和阻带的波纹数也增加，而波纹的宽度相应地减小，但在截止频率的两边出现的最大波纹的高度与滤波器的长度无关，仍然保持不变，并且近似等于理想滤波器通带和阻带幅度差的 11% [Par87]。

对前一节介绍的其他类型理想滤波器冲激响应的截短形式的频率响应进行观察，同样可以看到类似的振荡现象(也可参见练习 M10.1 到练习 M10.3)。例如，图 10.3 显示了通过对式(10.27)的冲激响应进行截短，得到长度为 51 的微分器的幅度响应。

可以认为截短运算是将无限长冲激响应系数与一个有限长窗序列 $w[n]$ 相乘的结果，并在频域中研究该加窗过程来解释产生吉布斯现象的原因。因此，通过截短得到的 FIR 滤波器也可以表示为

$$h_t[n] = h_d[n] \cdot w[n] \tag{10.28}$$

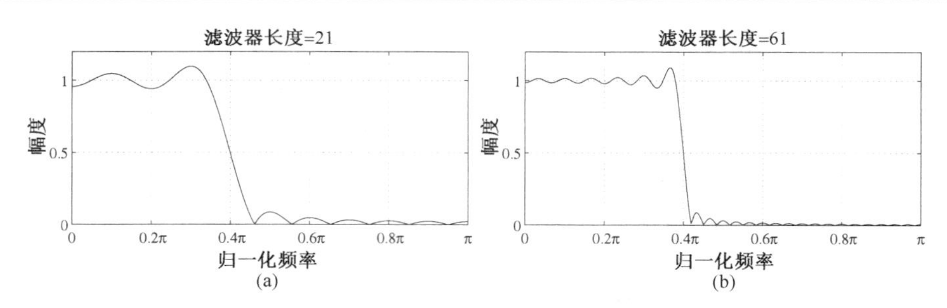

图 10.2 用式(10.15)所示的截短的冲激响应设计的低通滤波器的幅度响应:(a)长度$N=21$;(b)长度$N=61$

由表5.3中的调制定理,式(10.28)中的傅里叶变换为

$$H_t(e^{j\omega}) = \frac{1}{2\pi}\int_{-\pi}^{\pi} H_d(e^{j\varphi})\Psi(e^{j(\omega-\varphi)})\,d\varphi \qquad (10.29)$$

其中,$H_t(e^{j\omega})$和$\Psi(e^{j\omega})$分别是$h_t[n]$和$w[n]$的傅里叶变换。式(10.29)表明,$H_t(e^{j\omega})$可以通过将期望的频率响应$H_d(e^{j\omega})$与窗函数的傅里叶变换$\Psi(e^{j\omega})$进行周期连续卷积得到。该卷积过程如图10.4所示,为方便起见,这里所有的傅里叶变换用实函数表示。

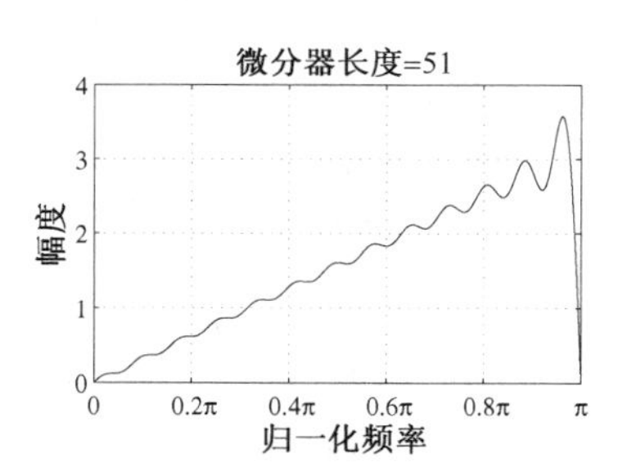

图 10.3 通过截短式(10.27)的冲激响应设计的长度为51的微分器的幅度响应

由式(10.29)可知,若相对于$H_d(e^{j\omega})$的变化,$\Psi(e^{j\omega})$是一个以$\omega=0$为中心的窄脉冲(理想情况下为一个δ函数),则$H_t(e^{j\omega})$将非常接近$H_d(e^{j\omega})$。这表明,窗函数$w[n]$的长度$2M+1$应该非常大。另一方面,$h_t[n]$的长度为$2M+1$,因此$w[n]$的长度又应该尽可能小以使得滤波过程中的计算复杂度也尽可能小。

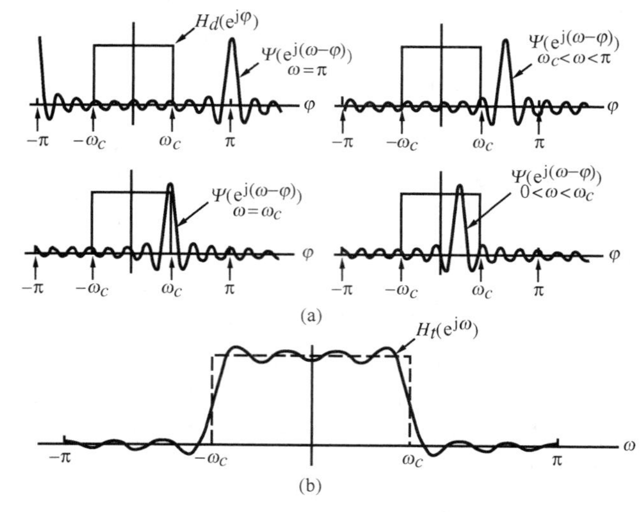

图 10.4 频域加窗效果的图解

现在,称对理想无限长冲激响应进行简单截短的窗函数为**矩形窗**,为

$$w_R[n] = \begin{cases} 1, & -M \leqslant n \leqslant M \\ 0, & \text{其他} \end{cases} \qquad (10.30)$$

在理想滤波器的截短傅里叶级数表示的傅里叶变换中存在振荡现象主要有两个原因。首先,理想滤波器的冲激响应是无限长的且不是绝对可和的,因此滤波器是不稳定的。第二,矩形窗有一个突然到零的过渡。通过研究式(10.30)中矩形窗函数的傅里叶变换$\Psi_R(e^{j\omega})$,可以很容易地对振荡行为进行解释:

$$\Psi_R(e^{j\omega}) = \sum_{n=-M}^{M} e^{-j\omega n} = \frac{\sin([2M+1]\omega/2)}{\sin(\omega/2)} \tag{10.31}$$

图 10.5 画出了当 $M=4$ 和 $M=10$ 时上式的图。频率响应 $\Psi_R(e^{j\omega})$ 有一个以 $\omega=0$ 为中心的窄“主瓣”。频率响应中所有其他的波纹都称为“旁瓣”。主瓣用其宽度 $4\pi/(2M+1)$ 描述，定义为 $\omega=0$ 两侧的第一个过零点。因此，随着 M 的增大，主瓣的宽度将如预料一样减小。然而，每个瓣下的面积都保持为常数，同时每个瓣的宽度随着 M 的增大而减小。这表明，随着 M 增加，在 $H_t(e^{j\omega})$ 的不连续点之间的波纹出现得越来越近，但是振幅没有减小。

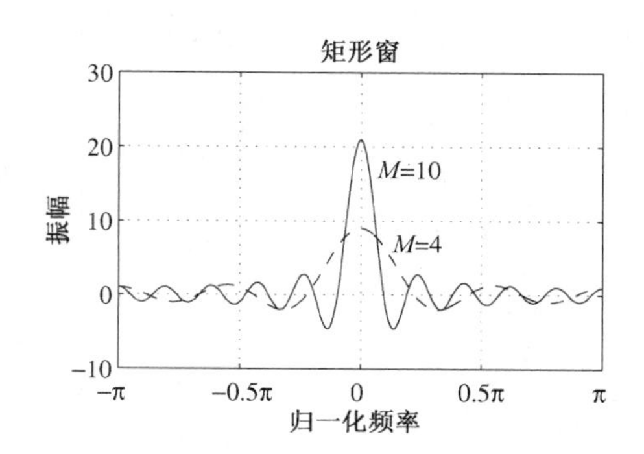

图 10.5 $M=4$ 和 $M=10$ 时矩形窗的频率响应

回忆理想情况下，窗函数的傅里叶变换应该非常接近于一个中心频率在 $\omega=0$ 的冲激响应，其长度 $2M+1$ 应尽可能小，以降低 FIR 滤波器的计算复杂度。增加矩形窗函数的长度虽然降低了主瓣的宽度，但是却增加了计算的复杂度。

矩形窗在 $-M\leqslant n\leqslant M$ 以外有一个突然到零的过渡，这是加窗理想滤波器冲激响应序列的幅度响应出现吉布斯现象的原因。利用两边都是逐渐平滑减小到零的窗函数或者在通带到阻带有平滑的过渡带，可以减弱吉布斯现象。使用渐缩的窗函数可以使旁瓣的高度减小，但会使主瓣的宽度相应地增加，结果是在不连续点间出现了更宽的过渡带。在接下来的两节中，我们将介绍这些窗函数并研究它们的特性。在 10.2.6 节讨论在滤波器的指标中引入一个平滑的变换，来消除吉布斯现象。

10.2.4 固定窗函数

很多学者提出了各种渐变窗函数。对所有这些窗函数的讨论超越了本书的范围。我们仅限讨论长度为 $N=2M+1$ 的 4 种常用的渐变窗函数，它们是[Sar93]①：

Bartlett 窗：
$$w[n] = 1 - \frac{|n|}{M+1}, \quad -M \leqslant n \leqslant M \tag{10.32}$$

Hann 窗：
$$w[n] = \frac{1}{2}\left[1+\cos\left(\frac{\pi n}{M}\right)\right], \quad -M \leqslant n \leqslant M \tag{10.33}$$

汉明(Hamming)窗：
$$w[n] = 0.54 + 0.46\cos\left(\frac{\pi n}{M}\right), \quad -M \leqslant n \leqslant M \tag{10.34}$$

布莱克曼(Blackman)窗：
$$w[n] = 0.42 + 0.5\cos\left(\frac{\pi n}{M}\right) + 0.08\cos\left(\frac{2\pi n}{M}\right), \quad -M \leqslant n \leqslant M \tag{10.35}$$

在其他文献中，Hann 窗有时又称为 **Hanning 窗**或者 **von Hann 窗**。图 10.6 画出了这些常用窗函数的示意图，为了清晰，以连续函数画出②。注意，除了矩形窗和汉明窗以外，其他三个窗函数的两端样本值都是零，即 $w[0]=w[N-1]=0$。因此，严格来讲，这些窗函数的长度均为 $N-2$。

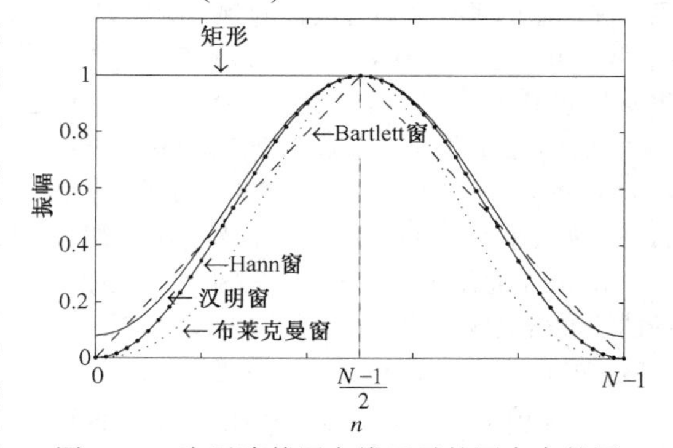

图 10.6 为了清楚用实线显示的固定窗的图

图 10.7 画出了当 $M=25$ 时上述窗的增益响应。从这些图中可以看到，每一个窗的幅度谱有一个中心在 $\omega=0$ 处的大主瓣，及一系列幅度逐渐减小的旁瓣来描述。在 FIR 滤波器设计中，一个窗函数的性能主

① 这里给出的窗函数的表达式可能和其他文献中给出的稍有不同。

② 这些窗函数用 M 文件 bartlett、hann、hamming 和 blackman 产生(参见 10.5.4 节)。

要取决于它的两个参数，即**主瓣宽度**和**相对旁瓣电平**。主瓣宽度 Δ_{ML} 是主瓣两侧最近的两过零点之间的距离，而相对旁瓣电平 $A_{s\ell}$ 是最大旁瓣与主瓣以 dB 为单位的幅度差。

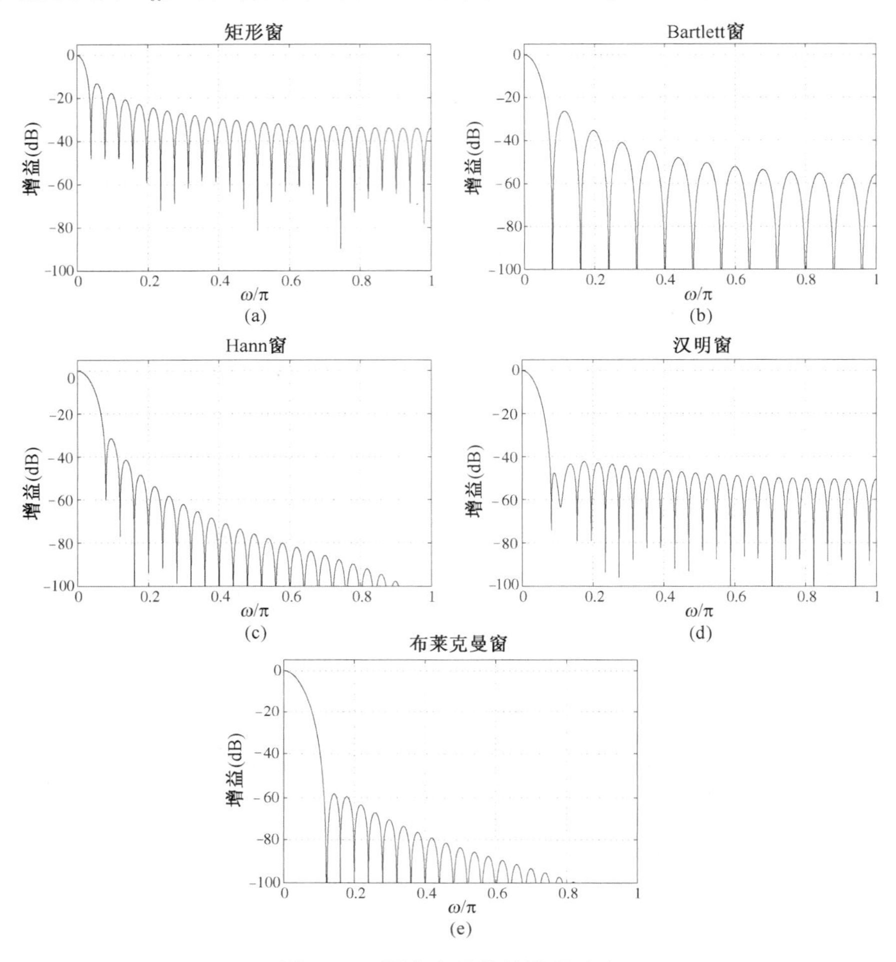

图 10.7　固定窗函数的增益响应

为了更好地理解窗函数在 FIR 滤波器设计中的效果，我们在图 10.8 中分别显示了加窗低通滤波器窗函数和期望的理想低通滤波器的频率响应 $H_t(e^{j\omega})$、$\Psi(e^{j\omega})$ 和 $H_d(e^{j\omega})$ 之间的典型关系[Sar93]。由于对应的冲激响应关于 $n=0$ 对称，因而频率响应具有零相移。从图中可观察到，对加窗后的滤波器，在截止频率 ω_c 附近有 $H_t(e^{j(\omega_c+\omega)})+H_t(e^{j(\omega_c-\omega)})\approx 1$。因此，$H_t(e^{j\omega_c})\approx 0.5$。此外，通带和阻带波纹是一样的。另外，最大通带偏移和最小阻带值位置间的距离近似等于窗的主瓣宽度 Δ_{ML}，并关于 ω_c 对称。定义为 $\Delta\omega=\omega_s-\omega_p$ 的过渡带宽小于 Δ_{ML}。因此，为了保证从通带快速过渡到阻带，窗应该有一个非常小的主瓣宽度。另外，为减小通带和阻带波纹 δ，旁瓣下的面积也应非常小。但遗憾的是，这两个要求是相互矛盾的。

表 10.2 总结了除 Bartlett 窗外以上其他窗函数的基本性质。对于 Bartlett 窗，由于利用该窗函数所设计的滤波器的频率响应在单位圆上没有零点，其阻带边界很难确定，因此无法确切地知道阻带衰减值和过渡带宽的表达式。Bartlett 窗主要用于谱估计。

对式(10.30)以及式(10.33)到式(10.34)的窗函数，波纹 δ 的值与滤波器的长度或截止频率 ω_c 无关，本质上是一个常数。另外，过渡带宽可近似为

$$\Delta\omega \approx \frac{c}{M} \tag{10.36}$$

式中，在大多数实际应用中，c 是一个常数，当选定窗函数后，它的值可以由表 10.2 来确定[Sar93]。

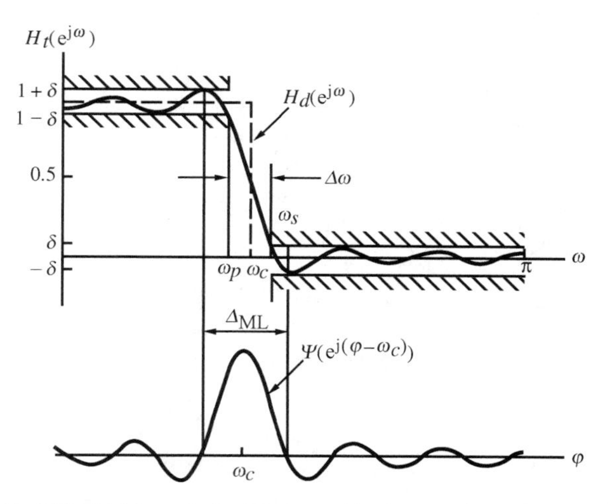

图 10.8　理想低通滤波器与一个典型的窗以及加窗后滤波器的频率响应之间的关系

表 10.2 摘自[Sar93]，表中显示的是当 $\omega_c=0.4\pi$和 $M=128$ 时得到的值。

表 10.2　一些固定窗函数的性质

窗的类型	主瓣宽度 Δ_{ML}	相对旁瓣电平 $A_{s\ell}$	最小阻带衰减	过渡带带宽 $\Delta\omega$
矩形窗	$4\pi/(2M+1)$	13.3 dB	29.9 dB	$0.92\ \pi/M$
Bartlett 窗	$4\pi/(2M+1)$	26.5 dB	见课本	见课本
Hann 窗	$8\pi/(2M+1)$	31.5 dB	43.9 dB	$3.11\ \pi/M$
汉明窗	$8\pi/(2M+1)$	42.7 dB	54.5 dB	$3.32\ \pi/M$
布莱克曼窗	$12\pi/(2M+1)$	58.1 dB	75.3 dB	$5.56\ \pi/M$

例 10.5 将介绍利用加窗傅里叶级数方法来设计 FIR 低通滤波器时，采用上面介绍的各个窗函数的效果。

例 10.5　窗函数对理想低通滤波器频率响应的影响

式(10.14)给出了理想低通滤波器的冲激响应 $h_{LP}[n]$。为了设计一个长度为 N 的有限持续零相移 FIR 滤波器，先形成 $h_t[n]=h_{LP}[n]\cdot w[n]$，其中 $M=(N-1)/2$。图 10.9 画出了当 $N=51$ 和 $\omega_c=\pi/2$ 时，冲激响应样本 $h_t[n]$。用不同的固定窗函数对上面的冲激响应样本进行加窗，得到对应的滤波器增益响应如图 10.10 所示。从图中可注意到，窗函数的主瓣宽度的增加与过渡带宽的增加有联系。同样，与预料的一样，旁瓣振幅的减小会引起阻带衰减的增加。

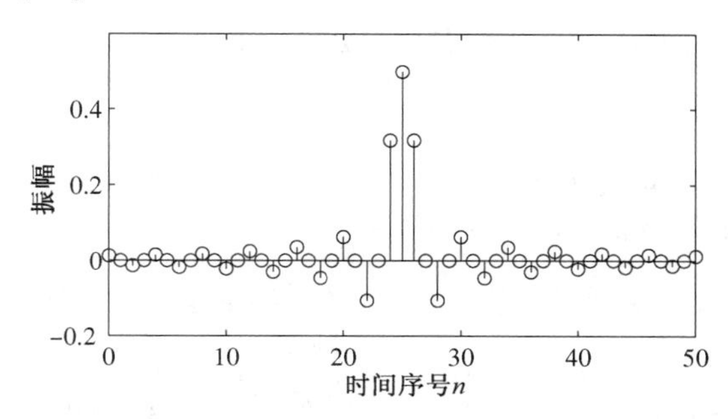

图 10.9　截止频率为$\pi/2$ 且长度为 51 的截短后的理想低通 FIR 滤波器的冲激响应

若要利用上面的某个窗来设计 FIR 滤波器，则首先要令 $\omega_c=(\omega_p+\omega_s)/2$ 来确定截止频率 ω_c，其中 ω_p和 ω_s分别为通带和阻带边界频率。然后利用式(10.36)估算出 M，其中，对于所选的窗，常数 c 的值可以从表 10.2 中得到。

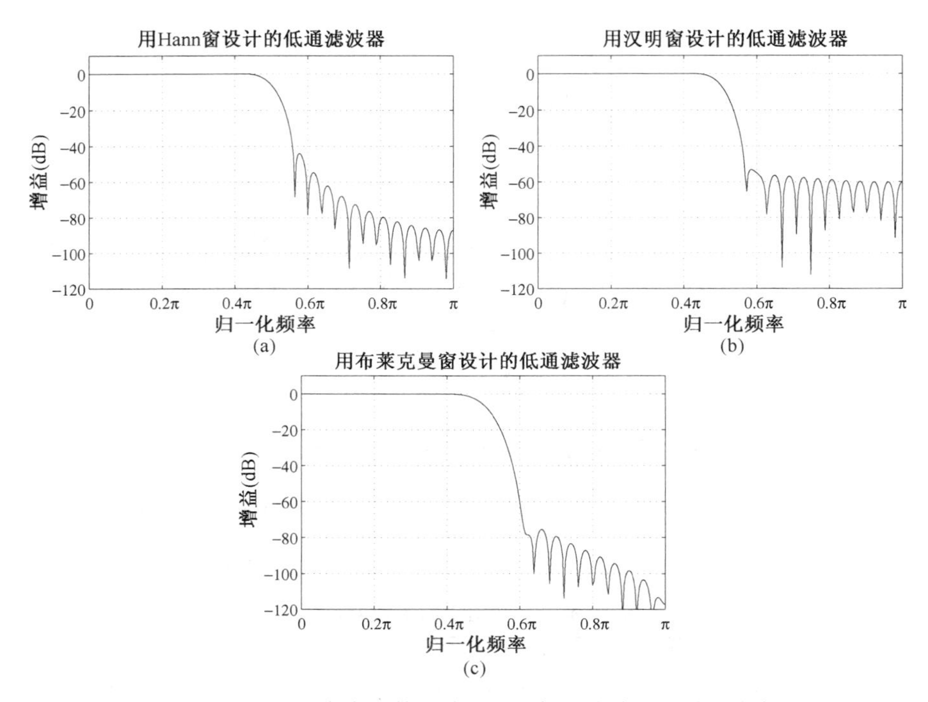

图 10.10　用固定窗函数设计的 FIR 低通滤波器的增益响应

例 10.6　基于窗函数设计方法的滤波器长度估计

低通滤波器的期望指标为：通带边界为 $\omega_p = 0.3\pi$，阻带边界为 $\omega_s = 0.5\pi$，最小阻带衰减为 $\alpha_s = 40$ dB。因此，截止频率为 $\omega_c = (\omega_p + \omega_s)/2 = 0.4\pi$，归一化的过渡带宽为 $\Delta\omega = \omega_s - \omega_p = 0.2\pi$。接下来，由表 10.2 观察发现，利用 Hann 窗、汉明窗和布莱克曼窗都可以得到期望 40 dB 的最小阻带衰减 α_s。利用式(10.36)和表 10.2，可以得到这三个窗的参数 M 值如下所示：

Hann 窗：
$$M = \frac{3.11\pi}{0.2\pi} = 15.55$$

汉明窗：
$$M = \frac{3.32\pi}{0.2\pi} = 16.6$$

布莱克曼窗：
$$M = \frac{5.56\pi}{0.2\pi} = 27.8$$

从上面的结果可以看出，利用 Hann 窗设计得到的 FIR 滤波器具有最小的滤波器长度[$2M+1$] = 32。

10.2.5　可调节窗函数

如上所示，用任何一种固定窗函数设计的滤波器的波纹 δ 都是固定的。已生成的一些窗可以通过一个描述窗的附加参数来控制 δ。这里给出两种这样的窗。

多尔夫-切比雪夫(Dolph-Chebyshev)窗。长度为 $2M+1$ 的**多尔夫-切比雪夫窗**定义为[Hel68]

$$w[n] = \frac{1}{2M+1}\left[\frac{1}{\gamma} + 2\sum_{k=1}^{M} T_{2M}\left(\beta\cos\frac{k\pi}{2M+1}\right)\cos\frac{2nk\pi}{2M+1}\right],\quad -M \leqslant n \leqslant M \tag{10.37}$$

其中，γ 是一个用分数表示的相对旁瓣振幅

$$\gamma = \frac{旁瓣振幅}{主瓣振幅} \tag{10.38}$$

$$\beta = \cosh\left(\frac{1}{2M}\operatorname{arccosh}\frac{1}{\gamma}\right) \tag{10.39}$$

且 $T_\ell(x)$ 是 x 的 ℓ 阶切比雪夫多项式，定义为

$$T_\ell(x)=\begin{cases}\cos(\ell\arccos x), & |x|\leqslant 1\\ \cosh(\ell\arccos x), & |x|>1\end{cases} \tag{10.40}$$

多尔夫-切比雪夫窗函数可以用任何指定的相对旁瓣电平来进行设计，与其他窗函数的情况一样，通过选择合适的窗长可以调整它的主瓣宽带。滤波器的阶数 $N=2M$ 可以利用公式[Sar93]

$$N=\frac{2.056\alpha_s-16.4}{2.285(\Delta\omega)} \tag{10.41}$$

来估计，其中 α_s 是以 dB 为单位的最小阻带衰减，$\Delta\omega$ 是归一化过渡带宽。对具有归一化通带和阻带边界角频率 ω_p 和 ω_s 的低通滤波器，$\Delta\omega=\omega_s-\omega_p$。

例 10.7　用多尔夫 – 切比雪夫窗设计所进行的 FIR 滤波器的阶数估计

为了设计满足例 10.6 中期望指标的 FIR 滤波器，可用多尔夫-切比雪夫窗函数来确定滤波器的阶数。利用式(10.41)，滤波器的阶数 N 为

$$N=\left\lceil\frac{2.056\times 40-16.4}{2.285\times 0.2\pi}\right\rceil=\lceil 45.8589\rceil=46$$

注意，利用汉明窗设计的滤波器阶数为 64，远远大于上面得到的阶数。

图 10.11 画出了当 $M=25$ 时，多尔夫 – 切比雪夫窗的增益响应，即窗的长度为 51 以及相对旁瓣电平为 50 dB①。从该图可以看出，所有的旁瓣是等高的，因此，用这种窗函数设计的滤波器的阻带逼近误差在本质上具有等波纹行为。该窗的另一个有趣的性质是，对于给定窗长，相对于其他的窗函数，它有最小的主瓣宽度，从而得到具有最小的过渡带的滤波器。

Kaiser 窗。使用最广泛的可调节窗是 Kaiser 窗，为[Kai74]

$$w[n]=\frac{I_0\left\{\beta\sqrt{1-(n/M)^2}\right\}}{I_0(\beta)},\qquad -M\leqslant n\leqslant M \tag{10.42}$$

式中，β 是可调参数，而 $I_0(u)$ 是修正的零阶贝塞尔函数，它可以用幂级数的形式表示为

$$I_0(u)=1+\sum_{r=1}^{\infty}\left[\frac{(u/2)^r}{r!}\right]^2 \tag{10.43}$$

可以看到，它对于 u 的所有实数值，都取正值。在实际中，仅仅保留式(10.43)中求和的前 20 项就能得到足够精确的 $I_0(u)$ 值。

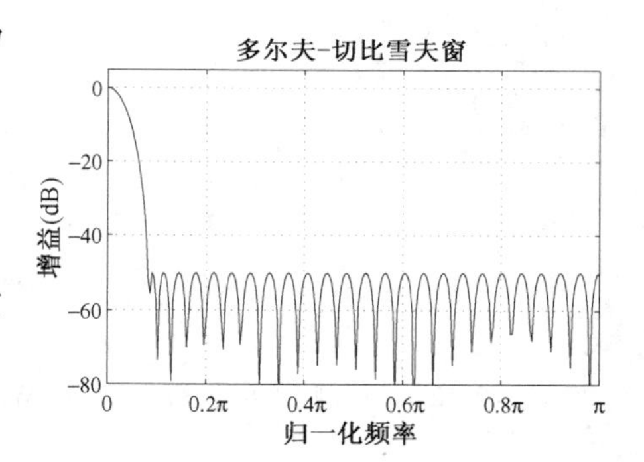

图 10.11　长度为 51 的多尔夫-切比雪夫窗的增益响应，相对旁瓣比为 50 dB

参数 β 控制加窗滤波器响应阻带上的最小衰减 $\alpha_s=-20\lg(\delta_s)$。对于给定的 α_s 和归一化过渡带宽 $\Delta\omega$，Kaiser 提出了用于估计 β 和滤波器阶数 $N=2M$ 的公式[Kai74]。参数 β 由

$$\beta=\begin{cases}0.1102(\alpha_s-8.7), & \alpha_s>50\\ 0.5842(\alpha_s-21)^{0.4}+0.07886(\alpha_s-21), & 21\leqslant\alpha_s\leqslant 50\\ 0, & \alpha_s<21\end{cases} \tag{10.44}$$

计算②。用方程

$$N=\frac{\alpha_s-8}{2.285(\Delta\omega)} \tag{10.45}$$

① 窗函数的系数用 M 文件 chebwin 计算(参见 10.5.4 节)。

② 由经验确定。

估计滤波器阶数 N，其中，$\Delta\omega$ 是归一化过渡带宽。注意，Kaiser 窗函数不提供对通带波纹 δ_p 的独立控制。然而，在实际中，δ_p 一般近似等于 δ_s。

例 10.8 中说明利用 Kaiser 窗函数进行线性相位低通滤波器的设计。

例 10.8 用 Kaiser 窗设计低通 FIR 滤波器

现在考虑例 10.6 所示的 FIR 滤波器的设计。

对于给定的最小阻带衰减，利用式(9.4)计算得到峰值阻带波纹 $\delta_s=0.01$。利用式(10.44)，计算得到参数 $\beta=3.3953$。归一化的过渡带宽 $\Delta\omega$ 为

$$\Delta\omega=\omega_s-\omega_p=0.5\pi-0.3\pi=0.2\pi$$

应用式(10.45)，确定滤波器的阶数 N 为 22.2886，对其向上取整得到整数为 23，从而有 $M=11$。由式(10.14)和式(10.42)，可得通过加窗得到的 FIR 滤波器的冲激响应系数为

$$h_t[n]=\frac{\sin\omega_c n}{\pi n}\cdot w[n],\quad -M\leqslant n\leqslant M$$

式中，$M=11$，$\omega_c=0.4\pi$，且 $w[n]$ 是长度为 23 的 Kaiser 窗的第 n 个系数。注意，上面的滤波器是非因果的，可以将滤波器的系数延迟 M 个样本得到一个因果滤波器。在本例中，由于 N 是奇数，因此延迟后的滤波器是 2 型 FIR 线性相位滤波器。

利用 MATLAB 中的 M 文件 `kaiser` 可以确定 Kaiser 窗的系数①。长为 23 的 Kaiser 窗的增益响应函数和加窗滤波器的示意图如图 10.12 所示。

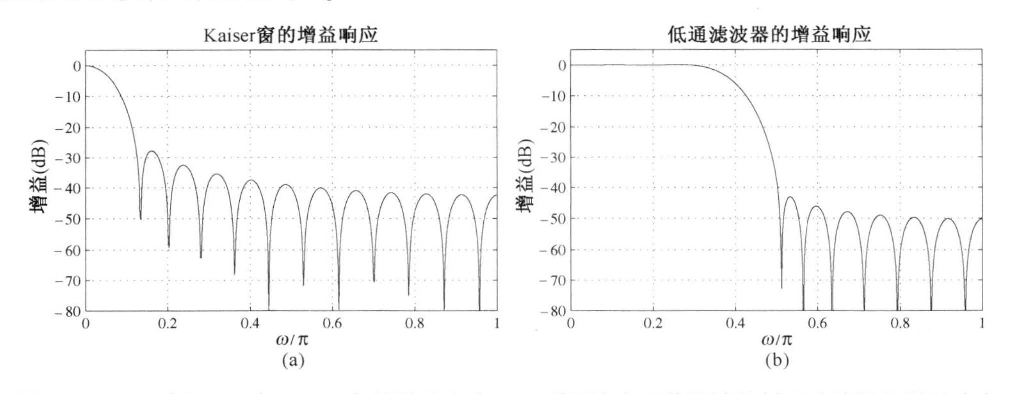

图 10.12 (a)例 10.8 中 Kaiser 窗的增益响应；(b)利用该窗函数设计的低通滤波器的增益响应

10.2.6 具有平滑过渡的 FIR 滤波器的冲激响应

前面已经看到了，通过对由具有陡然不连续的频率响应指标生成的数字滤波器的无限长冲激响应截短得到的 FIR 滤波器在频域中表现出振荡行为，称为吉布斯现象。一种将波纹高度减小到可接受的取值范围的方法是，用一个渐变窗函数来对无限长冲激响应截短。另外一种消除吉布斯现象的方法是修正数字滤波器的频率响应的指标，从而使该滤波器在通带和阻带之间有一个过渡带，以使各频带之间平滑过渡[Orm61]。我们现在讨论可用于低通滤波器设计的第二种方法。为了设计其他类型的滤波器，也可进行类似的修正。

对于零相移低通滤波器指标的最简单的修正方法是在通带和阻带响应之间提供一个过渡带，并用一个一阶样条函数(直线)将两者连接起来，如图 10.13(a)所示。修正的频率响应 $H_{LP}(e^{j\omega})$ 的离散时间傅里叶逆变换得到了与它相应的冲激响应系数 $h_{LP}[n]$ 的表达式。然而，如下所述，一种更简单的方法是从给定的频率响应 $H_{LP}(e^{j\omega})$ 的微分的傅里叶逆变换来计算 $h_{LP}[n]$。

设 $G(e^{j\omega})$ 表示 $dH_{LP}(e^{j\omega})/d\omega$，对应的傅里叶逆变换是 $g[n]$。它的指标如图 10.13(b)所示。从表 3.4

① 参见 10.5.4 节。

给出的傅里叶变换的频率微分特性可知，$h_{LP}[n]=jg[n]/n$。由图 10.13(b)中给出的 $G(e^{j\omega})$ 的离散时间傅里叶逆变换 $g[n]$，可以得到修正的低通滤波器的冲激响应为[Par87]

$$h_{LP}[n]=\begin{cases}\frac{\omega_c}{\pi}, & n=0\\ \frac{2\sin(\Delta\omega n/2)}{\Delta\omega n}\cdot\frac{\sin(\omega_c n)}{\pi n}, & |n|>0\end{cases} \tag{10.46}$$

式中

$$\Delta\omega=\omega_s-\omega_p \quad 和 \quad \omega_c=\frac{\omega_p+\omega_s}{2}$$

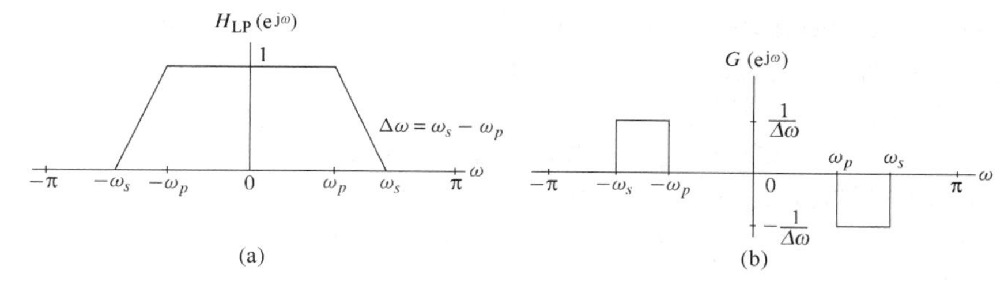

图 10.13　(a)具有一个过渡区域的低通滤波器的指标；(b)它的微分函数的指标

通过使用更高阶的样条函数作为过渡函数，可以使低通滤波器在通带和阻带之间更加平滑地过渡。作为过渡函数的对应 P 阶样条函数的冲激响应为[Bur92]，[Par87]

$$h_{LP}[n]=\begin{cases}\frac{\omega_c}{\pi}, & n=0\\ \left(\frac{\sin(\Delta\omega n/2P)}{\Delta\omega n/2P}\right)^P\cdot\frac{\sin(\omega_c n)}{\pi n}, & |n|>0\end{cases} \tag{10.47}$$

例 10.9　利用样条过渡函数设计低通 FIR 滤波器

利用一个一阶样条函数和一个二阶样条函数作为过渡函数，分别设计一个通带边界为 0.35π和阻带边界为 0.45π的低通滤波器。

利用一阶样条过渡函数($P=1$)，并对式(10.46)给出的冲激响应进行截短得到一个长度为 41 的滤波器的幅度响应如图 10.14 中的实线所示。通过使用二阶样条过渡函数($P=2$)并截短式(10.47)给出的冲激响应得到的一个长度为 61 的 FIR 滤波器的幅度响应如图 10.14 中的虚线所示。

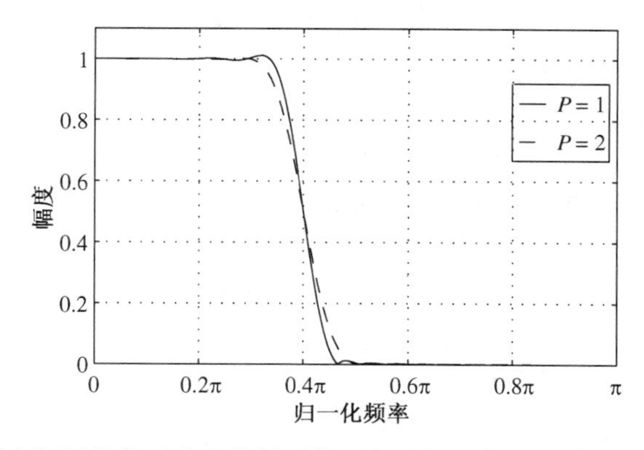

图 10.14　在频带之间用样条过渡函数得到的具有平滑过渡的 FIR 低通滤波器的幅度响应

如例 10.9 所指，P 对截短滤波器的频率响应的影响并不是十分明显。对于给定的滤波器长度 $2M$ 和过渡带宽 $\Delta\omega$，可以证明，使积分平方近似误差最小的 P 值为[Bur92]

$$P=1.248(\Delta\omega)M \tag{10.48}$$

各种其他的过渡函数被研究用来减小波纹的高度。例如，可用升余弦函数作为过渡函数(参见习题 10.13)[Par87]。这些过渡函数也可以用于设计其他类型的滤波器。到目前为止，对于给定的滤波器设计问题，还没有一种关于最佳过渡函数的选择指引。所以，需要通过试错过程来选择最佳的过渡函数。

10.3 等波纹线性相位 FIR 滤波器的计算机辅助设计

本节将介绍计算机辅助优化技术在 FIR 滤波器设计中的应用。如 9.7 节所述，基于计算机技术的基本思想是迭代地降低误差测度，该测试是期望的频率响应 $D(e^{j\omega})$ 与所设计的滤波器频率响应 $H(e^{j\omega})$ 之间的误差的函数。本节也将定义常用的误差测度。

对于线性相位 FIR 滤波器设计，$H(e^{j\omega})$ 和 $D(e^{j\omega})$ 是零相移频率响应。另一方面，对于 IIR 滤波器设计，这些函数用它们的幅度函数替换。因此，这里设计的目标是迭代调整滤波器的参数，以使式(9.52)或式(9.54)定义的 ε 最小。通过使式(9.52)给出的加权误差 ε 的峰值绝对值最小，得到的线性相位 FIR 滤波器，通常称为**等波纹 FIR 滤波器**。这是由于，在 ε 被最小化后，加权误差函数$\mathcal{E}(\omega)$在所研究的频率范围内具有等波纹行为。本节将首先简单介绍由 Parks 和 McClellan 提出的用于设计等波纹线性相位 FIR 滤波器的**加权切比雪夫逼近方法**[Par72]。这种使用广泛的算法通常称为 **Parks-McClellan 算法**。接下来，提到一种优化算法的改进方程，已发现，它能消除 Parks-McClellan 算法在实际过程中所遇到的一些问题[Shp90]。

10.3.1 Parks-McClellan 算法

7.3 节定义了线性相位 FIR 滤波器的 4 种类型。长度为 $N+1$ 的因果线性相位 FIR 滤波器的频率响应 $H(e^{j\omega})$ 的一般形式为

$$H(e^{j\omega}) = e^{-jN\omega/2}e^{j\beta}\breve{H}(\omega) \tag{10.49}$$

式中，振幅响应 $\breve{H}(\omega)$ 是 ω 的实函数。此时，加权误差函数与振幅响应有关，定义为

$$\mathcal{E}(\omega) = W(\omega)\left[\breve{H}(\omega) - D(\omega)\right] \tag{10.50}$$

其中，$D(\omega)$是期望的振幅响应，$W(\omega)$是一个正的权函数。在指定的频带内，选择 $W(\omega)$来控制峰值误差的相对大小。Parks-McClellan 算法基于迭代地调整振幅响应的系数，直到$\mathcal{E}(\omega)$的绝对值的峰值最小。

若在频带 $\omega_a \leqslant \omega \leqslant \omega_b$ 中，$\mathcal{E}(\omega)$的绝对值的峰值的最小值是 ε_o，则绝对误差满足

$$|\breve{H}(\omega) - D(\omega)| \leqslant \frac{\varepsilon_o}{|W(\omega)|}, \qquad \omega_a \leqslant \omega \leqslant \omega_b$$

在典型滤波器设计的应用中，期望的振幅响应为

$$D(\omega) = \begin{cases} 1, & \text{在通带中} \\ 0, & \text{在阻带中} \end{cases}$$

并且，需要振幅响应 $\breve{H}(\omega)$ 以通带波纹 $\pm\delta_p$ 和阻带波纹 δ_s 满足上述期望的响应。所以，由式(10.50)可以明显地看出，权函数可选择为

$$W(\omega) = \begin{cases} 1, & \text{在通带中} \\ \delta_p/\delta_s, & \text{在阻带中} \end{cases}$$

或

$$W(\omega) = \begin{cases} \delta_s/\delta_p, & \text{在通带中} \\ 1, & \text{在阻带中} \end{cases}$$

利用一种巧妙的处理，4 种类型的线性相位 FIR 滤波器的振幅响应表达式可以用统一的形式来表示，因此，可以用同一种算法来设计 4 种滤波器中的任意一种。为了得到振幅响应表达式的一般形式，我们分别讨论每一种类型的滤波器设计。

对于 1 型线性相位 FIR 滤波器，式(7.53)的振幅响应可重写为

$$\breve{H}(\omega) = \sum_{k=0}^{N/2} a[k]\cos(\omega k) \tag{10.51}$$

式中

$$a[0]=h[\tfrac{N}{2}],\qquad a[k]=2h[\tfrac{N}{2}-k],\qquad 1\leqslant k\leqslant \tfrac{N}{2} \tag{10.52}$$

对于 2 型线性相位 FIR 滤波器，式(7.56)给出的振幅响应可重写为

$$\breve{H}(\omega)=\sum_{k=1}^{(N+1)/2} b[k]\cos\left(\omega(k-\tfrac{1}{2})\right) \tag{10.53}$$

式中

$$b[k]=2h\left[\tfrac{N+1}{2}-k\right],\qquad 1\leqslant k\leqslant \tfrac{N+1}{2} \tag{10.54}$$

式(10.53)可以表示成下面的形式(参见习题 10.39)

$$\breve{H}(\omega)=\cos\left(\tfrac{\omega}{2}\right)\sum_{k=0}^{(N-1)/2} \tilde{b}[k]\cos(\omega k) \tag{10.55}$$

式中

$$\begin{aligned} b[1]&=\tfrac{1}{2}\left(\tilde{b}[1]+2\tilde{b}[0]\right)\\ b[k]&=\tfrac{1}{2}\left(\tilde{b}[k]+\tilde{b}[k-1]\right),\qquad 2\leqslant k\leqslant \tfrac{N-1}{2}\\ b[\tfrac{N+1}{2}]&=\tfrac{1}{2}\tilde{b}\left[\tfrac{N-1}{2}\right] \end{aligned} \tag{10.56}$$

式(7.57)给出的 3 型线性相位 FIR 滤波器的振幅响应可重写为

$$\breve{H}(\omega)=\sum_{k=1}^{N/2} c[k]\sin(\omega k) \tag{10.57}$$

式中

$$c[k]=2h[\tfrac{N}{2}-k],\qquad 1\leqslant k\leqslant \tfrac{N}{2} \tag{10.58}$$

式(10.57)可以表示为下面的形式(参见习题 10.40)

$$\breve{H}(\omega)=\sin(\omega)\sum_{k=0}^{(N/2)-1} \tilde{c}[k]\cos(\omega k) \tag{10.59}$$

式中

$$\begin{aligned} c[1]&=\tilde{c}[0]-\tfrac{1}{2}\tilde{c}[2]\\ c[k]&=\tfrac{1}{2}\left(\tilde{c}[k-1]-\tilde{c}[k+1]\right),\qquad 2\leqslant k\leqslant \tfrac{N}{2}-1\\ c[\tfrac{N}{2}-1]&=\tfrac{1}{2}\tilde{c}[\tfrac{N}{2}-2],\ c[\tfrac{N}{2}]=\tfrac{1}{2}\tilde{c}[\tfrac{N}{2}-1] \end{aligned} \tag{10.60}$$

同样，式(7.58)给出的 4 型线性相位 FIR 滤波器的振幅响应可重写为

$$\breve{H}(\omega)=\sum_{k=1}^{(N+1)/2} d[k]\sin\omega(k-\tfrac{1}{2}) \tag{10.61}$$

式中

$$d[k]=2h[\tfrac{N+1}{2}-k],\qquad 1\leqslant k\leqslant \tfrac{N+1}{2} \tag{10.62}$$

式(10.61)可以表示为下面的形式(参见习题 10.41)

$$\breve{H}(\omega)=\sin(\tfrac{\omega}{2})\sum_{k=0}^{(N-1)/2} \tilde{d}[k]\cos(\omega k) \tag{10.63}$$

式中

$$\begin{aligned} d[1]&=\tilde{d}[0]-\tfrac{1}{2}\tilde{d}[1]\\ d[k]&=\tfrac{1}{2}\left(\tilde{d}[k-1]-\tilde{d}[k]\right),\qquad 2\leqslant k\leqslant \tfrac{N-1}{2}\\ d[\tfrac{N+1}{2}]&=\tilde{d}[\tfrac{N-1}{2}] \end{aligned} \tag{10.64}$$

若现在研究式(10.51)、式(10.55)、式(10.59)和式(10.63),则会发现所有4种类型的线性相位FIR滤波器的振幅响应可以表示为

$$\breve{H}(\omega)=Q(\omega)A(\omega) \tag{10.65}$$

式中,第一个因子$Q(\omega)$为

$$Q(\omega)=\begin{cases}1, & 1型\\ \cos(\omega/2), & 2型\\ \sin(\omega), & 3型\\ \sin(\omega/2), & 4型\end{cases} \tag{10.66}$$

第二个因子$A(\omega)$为

$$A(\omega)=\sum_{k=0}^{L}\tilde{a}[k]\cos(\omega k) \tag{10.67}$$

式中

$$\tilde{a}[k]=\begin{cases}a[k], & 1型\\ \tilde{b}[k], & 2型\\ \tilde{c}[k], & 3型\\ \tilde{d}[k], & 4型\end{cases} \tag{10.68}$$

且

$$L=\begin{cases}\frac{N}{2}, & 1型\\ \frac{N-1}{2}, & 2型\\ \frac{N}{2}, & 3型\\ \frac{N-1}{2}, & 4型\end{cases} \tag{10.69}$$

将式(10.65)代入式(10.50),可得到加权逼近函数的修正形式为

$$\begin{aligned}\mathcal{E}(\omega)&=W(\omega)[Q(\omega)A(\omega)-D(\omega)]\\&=W(\omega)Q(\omega)\left[A(\omega)-\frac{D(\omega)}{Q(\omega)}\right]\end{aligned} \tag{10.70}$$

若使用记号$\tilde{W}(\omega)=W(\omega)Q(\omega)$和$\tilde{D}(\omega)=D(\omega)/Q(\omega)$,则上式可重写为

$$\mathcal{E}(\omega)=\tilde{W}(\omega)\left[A(\omega)-\tilde{D}(\omega)\right] \tag{10.71}$$

优化问题现在变成,在指定的频带$\omega\in R$上,求系数$\tilde{a}[k]$,$0\leqslant k\leqslant L$,以使式(10.71)的加权近似误差$\mathcal{E}(\omega)$的绝对值的峰值ε最小。在系数$\{\tilde{a}[k]\}$确定以后,计算原振幅响应对应的系数,然后由这些系数得到滤波器的系数。例如,若将滤波器设计成2型的,则由式(10.68)有$\tilde{b}[k]=\tilde{a}[k]$,由式(10.69)有$N=2L+1$。若已知$\tilde{b}[k]$和$N$,则接下来可用式(10.56)求$b[k]$,将$b[k]$代入式(10.54),最终可得到滤波器的系数$h[n]$。类似地,由$\tilde{a}[k]$可以确定其他三种类型FIR滤波器的系数。

Parks和McClellan由切比雪夫逼近理论通过应用下面的定理解决了上面的问题[Par72]。

交错定理。当且仅当在频率范围$0\leqslant\omega\leqslant\pi$的闭子集$R$内存在至少$L+2$个极值角频率$\omega_0,\omega_1,\cdots,\omega_{L+1}$且满足$\omega_0<\omega_1<\cdots<\omega_L<\omega_{L+1}$,并对于所有在$0\leqslant i\leqslant L+1$范围内的$i$有$\mathcal{E}(\omega_i)=-\mathcal{E}(\omega_{i+1})$且$|\mathcal{E}(\omega_i)|=\varepsilon$时,通过令式(10.70)的$\mathcal{E}(\omega)$的绝对值的峰值$\varepsilon$最小,式(10.67)给出的振幅函数$A(\omega)$才是所求的振幅响应的唯一最佳近似。

我们现在研究1型等波纹低通FIR滤波器的振幅响应的行为,其逼近误差$\mathcal{E}(\omega)$满足上面的定理的条件。$\mathcal{E}(\omega)$的峰值在$\omega=\omega_i$处,$0\leqslant i\leqslant L+1$,式中

$$\frac{\mathrm{d}\mathcal{E}(\omega)}{\mathrm{d}\omega}=0$$

由于在通带和阻带中,$\tilde{W}(\omega)$和$\tilde{D}(\omega)$是分段的常数,由式(10.71)可知

$$\left.\frac{\mathrm{d}\mathcal{E}(\omega)}{\mathrm{d}\omega}\right|_{\omega=\omega_i}=\left.\frac{\mathrm{d}A(\omega)}{\mathrm{d}\omega}\right|_{\omega=\omega_i}=0$$

或者换言之，振幅响应 $A(\omega)$ 在 $\omega=\omega_i$ 处同样有峰值。利用关系

$$\cos(\omega k) = T_k(\cos\omega)$$

其中，$T_k(x)$ 是 k 阶切比雪夫多项式

$$T_k(x) = \cos(k\ \cos^{-1} x)$$

式(10.67)给出的振幅响应 $A(\omega)$ 可以表示为 $\cos\omega$ 的一个幂级数，即

$$A(\omega) = \sum_{k=0}^{L} \alpha[k]\,(\cos\omega)^k$$

它可以看做 $\cos\omega$ 的一个 L 阶多项式。所以，$A(\omega)$ 在指定的通带和阻带内最多有 $L-1$ 个局部最小值和最大值。此外，在频带边界 $\omega=\omega_p$ 和 $\omega=\omega_s$ 处，$|\mathcal{E}(\omega)|$ 最大，因此 $A(\omega)$ 在这些角频率上有极值。另外，$A(\omega)$ 也可能在 $\omega=0$ 和 $\omega=\pi$ 处有极值。因此，$\mathcal{E}(\omega)$ 至多有 $L+3$ 个极值频率。类似地，对具有 K 个指定频带边界且用 Remez 算法进行设计的线性相位 FIR 滤波器，至多可以有 $L+K+1$ 个极值频率。一个具有多于 $L+2$ 个极值频率的等波纹线性相位 FIR 滤波器称为**过波纹滤波器**。

为了得到最优解，假设 $L+2$ 个极值角频率已知，需要求解一组 $L+2$ 个方程

$$\tilde{W}(\omega_i)[A(\omega_i) - \tilde{D}(\omega_i)] = (-1)^i \varepsilon, \qquad 0 \leqslant i \leqslant L+1 \tag{10.72}$$

来得到未知的 $\tilde{a}[i]$ 和 ε。为此，式(10.72)可重写成矩阵形式为

$$\begin{bmatrix} 1 & \cos(\omega_0) & \cdots & \cos(L\omega_0) & -1/\tilde{W}(\omega_0) \\ 1 & \cos(\omega_1) & \cdots & \cos(L\omega_1) & 1/\tilde{W}(\omega_1) \\ \vdots & \vdots & \ddots & \vdots & \vdots \\ 1 & \cos(\omega_L) & \cdots & \cos(L\omega_L) & (-1)^{L-1}/\tilde{W}(\omega_L) \\ 1 & \cos(\omega_{L+1}) & \cdots & \cos(L\omega_{L+1}) & (-1)^{L}/\tilde{W}(\omega_{L+1}) \end{bmatrix} \begin{bmatrix} \tilde{a}[0] \\ \tilde{a}[1] \\ \vdots \\ \tilde{a}[L] \\ \varepsilon \end{bmatrix} = \begin{bmatrix} \tilde{D}(\omega_0) \\ \tilde{D}(\omega_1) \\ \vdots \\ \tilde{D}(\omega_L) \\ \tilde{D}(\omega_{L+1}) \end{bmatrix} \tag{10.73}$$

若事先已知 $L+2$ 个极值频率的位置，则原则上是可以解出未知参数的。**Remez 交换算法**是一种高效的迭代算法，常常用来确定极值频率的位置。该算法在每个迭代阶段包括下面的步骤：

第 1 步： 要么选择，要么从前面完成的迭代中提供一组 $L+2$ 个极值频率 ω_i，$0\leqslant i\leqslant L+1$ 的初始值。

第 2 步： 通过求解式(10.73)计算出 ε 的值，得到表达式[Rab75a](参见习题 10.35)

$$\varepsilon = \frac{c_0\tilde{D}(\omega_0) + c_1\tilde{D}(\omega_1) + \cdots + c_{L+1}\tilde{D}(\omega_{L+1})}{\frac{c_0}{\tilde{W}(\omega_0)} - \frac{c_1}{\tilde{W}(\omega_1)} + \cdots + \frac{(-1)^{L+1}c_{L+1}}{\tilde{W}(\omega_{L+1})}} \tag{10.74}$$

其中，常数 c_n 为

$$c_n = \prod_{\substack{i=0\\ i\neq n}}^{L+1} \frac{1}{\cos(\omega_n) - \cos(\omega_i)} \tag{10.75}$$

第 3 步： 接下来用

$$A(\omega_i) = \frac{(-1)^i\varepsilon}{\tilde{W}(\omega_i)} + \tilde{D}(\omega_i), \qquad 0 \leqslant i \leqslant L+1$$

计算 $\omega=\omega_i$ 处的振幅响应 $A(\omega)$ 的值。

第 4 步： 从第 1 步选择的 $L+2$ 个极值频率中丢弃一个，并用拉格朗日内插方程在剩下的 $L+1$ 个极值频率中通过内插 $A(\omega)$ 的值，确定出多项式 $A(\omega)$，例如，若丢弃 ω_{L+1}，则 $A(\omega)$ 为

$$A(\omega)=\sum_{i=0}^{L}A(\omega_i)\,P_i(\cos\omega)$$

式中

$$P_i(\cos\omega)=\prod_{\substack{\ell=0,\\ \ell\neq i}}^{L}\left(\frac{\cos\omega-\cos\omega_\ell}{\cos\omega_i-\cos\omega_\ell}\right),\qquad 0\leqslant i\leqslant L$$

第5步：在频率的稠密集 $S(S\geqslant L)$ 中，计算式(10.71)给出的新加权误差函数$\mathcal{E}(\omega)$。在实际中，选择 $S=16L$ 就够了。由在频率的稠密集中求出的$\mathcal{E}(\omega)$的值，确定 $L+2$ 个新的极值频率。

第6步：若$\mathcal{E}(\omega)$的峰值在幅度上相等，则算法是收敛的。否则，回到第2步。

图10.15描述了加权误差函数是如何从一个迭代步骤变化到下一步，以及如何确定新的极值频率的。最后，当连续两步迭代计算的峰值误差 ε 之差小于某个预先设置的阈值(比如10^{-6})时，则迭代过程终止。实际中，通过很少的几次迭代就能收敛。

例10.10将说明 Remez 交换算法的基本原理[Par87]。

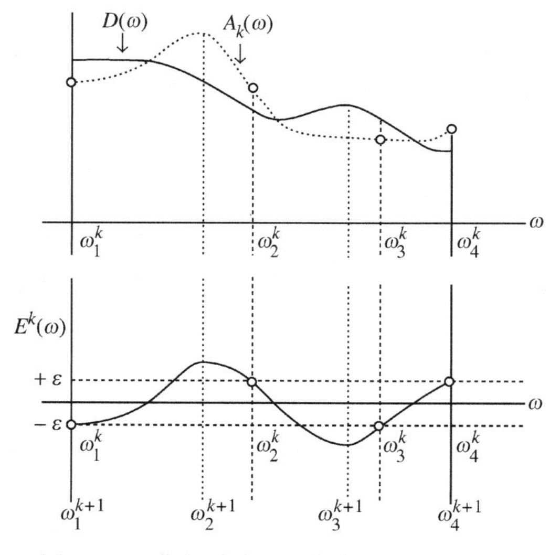

图10.15 期望响应 $D(\omega)$、第 k 步迭代的振幅响应$A_k(\omega)$以及误差$E^k(\omega)$的图。新的极值频率的位置为ω_i^{k+1}

例10.10 Remez 交换算法示例

设期望函数是一个定义在范围$0\leqslant x\leqslant 2$内的二次函数$D(x)=1.1x^2-0.1$。我们希望通过最小化绝对误差的峰值，用一个线性函数$A(x)=a_1x+a_0$来逼近$D(x)$，即最小化函数

$$\max_{x\in[0,2]}|D(x)-A(x)|=\max_{x\in[0,2]}\left|1.1x^2-0.1-a_0-a_1x\right| \tag{10.76}$$

Remez 算法首次迭代的步骤如下：

第1步：由于有三个未知数 a_0、a_1 和 ε，我们需要三个在 x 上的极值点，任意选择为 $x_1=0$、$x_2=0.5$ 和 $x_3=1.5$。

第2步：接下来用式(10.74)计算 ε 的值，得到 $\varepsilon=0.275$。

第3步：在 x 上的极值点的初始值按

$$A(x_i)=(-1)^i\varepsilon+D(x_i)=(-1)^i\varepsilon+1.1(x_i)^2-0.1,\quad 1\leqslant i\leqslant 3$$

计算多项式$A(x)$的值。得到$A(x_1)=A(0)=-0.275-0.1=-0.375$、$A(x_2)=A(0.5)=0.275+0.175=0.45$和$A(x_3)=A(1.5)=-0.275+2.375=2.1$。

第4步：删除极值点x_3(可以删除另外的两个极点中的任一个来替代)。构造多项式$P_1(x)$和$P_2(x)$：

$$P_1(x)=\left(\frac{x-x_2}{x_1-x_2}\right)=\left(\frac{x-0.5}{0-0.5}\right)=-2x+1$$

$$P_2(x)=\left(\frac{x-x_1}{x_2-x_1}\right)=\left(\frac{x-0}{0.5-0}\right)=2x$$

然后按

$$A(x)=A(x_1)P_1(x)+A(x_2)P_2(x)=-0.375(-2x+1)+0.45(2x)=1.65x-0.375$$

构造多项式$A(x)$。

第5步：图10.16(a)显示了对应的误差函数$\mathcal{E}_1(x)=D(x)-A(x)=1.1x^2-1.65x+0.275$的图以及所选极值点的误差值。正如所料，在极值点上，误差的幅度相等符号交替，误差值为$\varepsilon=0.275$。

第 6 步:因为$\mathcal{E}_1(x)$的峰值在幅度上不相等，下一组极值点是$\mathcal{E}_1(x)$取其最大绝对值的点。这些极值点为 $x_1=0$、$x_2=0.75$ 和 $x_3=2$。回到第 2 步用新的极值点值重新迭代。

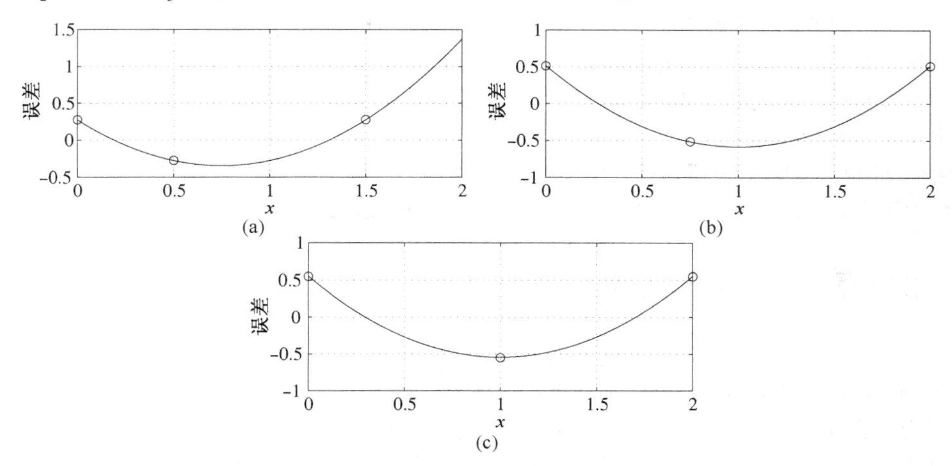

图 10.16 Remez 算法的图解:(a)$\mathcal{E}_1(x)$;(b)$\mathcal{E}_2(x)$;(c)$\mathcal{E}_3(x)$

Remez 算法第二次迭代如下:

第 2 步:用式(10.74)算出的新的 ε 值为 $\varepsilon=0.5156$。

第 3 步:多项式 $A(x)$在初次迭代的第 6 步中选出的极值点上的新值为:$A(x_1)=A(0)=-0.5156-0.1=-0.6156$、$A(x_2)=A(0.75)=0.5156+0.51875=1.03435$ 和 $A(x_3)=A(2)=-0.5156+4.3=3.7844$。

第 4 步:删除极值点 x_3 并构造多项式 $P_1(x)$和 $P_2(x)$:

$$P_1(x)=\left(\frac{x-x_2}{x_1-x_2}\right)=\left(\frac{x-0.75}{0-0.75}\right)=-\frac{4}{3}x+1$$

$$P_2(x)=\left(\frac{x-x_1}{x_2-x_1}\right)=\left(\frac{x-0}{0.75-0}\right)=\frac{4}{3}x$$

多项式 $A(x)$现在为

$$A(x)=-0.6156\left(-\frac{4}{3}x+1\right)+1.03435\left(\frac{4}{3}x\right)=2.2x-0.6156$$

第 5 步:误差函数$\mathcal{E}_2(x)=1.1x^2-2.2x+0.5156$ 的图和在这组新极值点上的误差值在图 10.16(b)中给出。如图所示，在极值点上误差幅度相等，仅符号交替，且误差值为 $\varepsilon=0.5156$。

第 6 步:正如所见，$\mathcal{E}_2(x)$的峰值在幅度上不相等。选择下一组极值点使得$\mathcal{E}_2(x)$取其最大绝对值，现在为 $x_1=0$、$x_2=1$ 和 $x_3=2$。返回第 2 步并使用新的极值点值重新迭代。

Remez 算法的第三次迭代如下:

第 2 步:用式(10.74)计算 ε 的新值为 $\varepsilon=0.55$。

第 3 步:在上一个迭代的第 6 步中选出的极值点上的 $A(x)$的值为:$A(x_1)=A(0)=-0.55-0.1=-0.65$、$A(x_2)=A(1)=0.55+1.1-0.1=1.55$ 和 $A(x_3)=A(2)=-0.55+4.3=3.75$。

第 4 步:删除极值点 x_3 并且构造多项式 $P_1(x)$和 $P_2(x)$:

$$P_1(x)=\left(\frac{x-x_2}{x_1-x_2}\right)=\left(\frac{x-1}{0-1}\right)=-x+1$$

$$P_2(x)=\left(\frac{x-x_1}{x_2-x_1}\right)=\left(\frac{x-0}{1-0}\right)=x$$

现在，多项式 $A(x)$的新值为

$$A(x)=-0.65(-x+1)+1.55x=2.2x-0.65$$

第 5 步:图 10.16(c)描述了一个新的误差函数$\mathcal{E}_3(x)=1.1x^2-2.2x+0.55$ 和在新的极值点上的误差值，其中误差值为 $\varepsilon=0.55$。

第 6 步:现在，由于 ε 也是绝对误差的最大值，算法是收敛的。

10.3.2 Shpak-Antoniou 算法

通常，当指定频带数多于两个时，Parks-McClellan 算法中所运用的加权切比雪夫方法并不十分可靠和鲁棒，其结果要么是产生一个较慢的收敛，要么是滤波器在过渡区呈现出较大的非期望的幅度响应。例 10.17 中就存在后一种现象。可以证明，这些问题由欠定逼近多项式引起[Rab74c]。Shpak 和 Antoniou 提出的一种推广方法较好地解决了这些问题[Shp90]，改进方法除了能用于设计加权切比雪夫 FIR 滤波器外，还可用于设计**最大波纹滤波器**和过波纹滤波器①。在他们的算法中所用到的逼近函数要么在最大波纹滤波器的情况下完全确定，要么在过波纹滤波器的情况下比加权切比雪夫方法所遇到的欠定要少一些。

10.4 设计最小相位 FIR 滤波器

具有较窄过渡带的线性相位 FIR 滤波器的阶数很高，因此它的群延迟较长，是滤波器阶数的一半，而且也不可能利用滤波器系数的对称性来计算输出样本。因此，在一些应用中，线性相位 FIR 滤波器并不具有吸引力。若放松线性相位的要求，就有可能设计出具有较低阶数的 FIR 滤波器，从而降低总的群延迟和计算成本。这里给出一种非常简单且直接的方法来设计最小相位 FIR 滤波器[Her70]。

为理解本方法的基本思想，考虑一个任意的 N 次 FIR 传输函数：

$$H(z) = \sum_{n=0}^{N} h[n]\, z^{-n} = h[0] \prod_{k=1}^{N} (1 - \xi_k z^{-1}) \tag{10.77}$$

$H(z)$ 的镜像多项式是传输函数

$$\begin{aligned}\hat{H}(z) &= z^{-N} H(z^{-1}) \\ &= \sum_{n=0}^{N} h[N-n]\, z^{-n} = h[N] \prod_{k=1}^{N} (1 - z^{-1}/\xi_k)\end{aligned} \tag{10.78}$$

因此，$\hat{H}(z)$ 的零点为 $z = 1/\xi_k$，即为 $H(z)$ 在零点 $z = \xi_k$ 处的倒数。所以

$$G(z) = H(z)\hat{H}(z) = z^{-N} H(z) H(z^{-1}) \tag{10.79}$$

其零点在 z 平面上镜像对称，从而是一个 $2N$ 阶 1 型线性相位传输函数。此外，若 $H(z)$ 在单位圆上有零点，则 $\hat{H}(z)$ 也将在单位圆上与该零点呈共轭倒数的位置有一个零点，表明实系数 $G(z)$ 在单位圆上的零点是成对出现的。在单位圆上，式(10.79)简化为

$$|H(e^{j\omega})|^2 = \breve{G}(\omega) \tag{10.80}$$

所以振幅响应 $\breve{G}(\omega)$ 是非负的，并且它在频率范围[0, π]内具有两个零点。因此，Herrmann 和 Schüssler 给出的最小相位的滤波器设计过程如下所示。

第 1 步：设计一个满足指标

$$1 - \delta_p^{(F)} \leqslant \breve{F}(\omega) \leqslant 1 + \delta_p^{(F)}, \qquad \omega \in [0, \omega_p] \tag{10.81a}$$

$$-\delta_s^{(F)} \leqslant \breve{F}(\omega) \leqslant \delta_s^{(F)}, \qquad \omega \in [\omega_s, \pi] \tag{10.81b}$$

的 $2N$ 次 1 型线性相位 FIR 传输函数 $F(z)$。注意，$F(z)$ 在单位圆上有一个单零点。

第 2 步：确定线性相位传输函数

$$G(z) = \delta_s^{(F)} z^{-N} + F(z)$$

其振幅响应 $\breve{G}(\omega)$ 满足

$$\begin{aligned} 1 + \delta_s^{(F)} - \delta_p^{(F)} \leqslant \breve{G}(\omega) &\leqslant 1 + \delta_s^{(F)} + \delta_p^{(F)}, \qquad \omega \in [0, \omega_p] \\ 0 \leqslant \breve{G}(\omega) &\leqslant 2\delta_s^{(F)}, \qquad \omega \in [\omega_s, \pi] \end{aligned}$$

---

① 最大波纹滤波器在其幅度响应中具有最多的波纹数。

注意，$G(z)$在阻带具有两个零点，并且所有其他的零点是镜像对称的。因此可表示为

$$G(z) = z^{-N} H_m(z) H_m(z^{-1}) \tag{10.82}$$

式中，$H_m(z)$是最小相位的 FIR 传输函数，它包括$G(z)$在单位圆内的零点，以及$G(z)$在单位圆上的两个零点之一。

第 3 步：利用**谱分解**，由$G(z)$确定$H_m(z)$①。

必须选择$F(z)$的通带波纹$\delta_p^{(F)}$和阻带波纹$\delta_s^{(F)}$，以便保证满足$H_m(z)$指定的通带波纹δ_p和阻带波纹δ_s。为此，可以证明(参见习题 10.42)

$$\delta_p^{(F)} = \sqrt{1 + \frac{\delta_p}{1+\delta_s}} - 1 \tag{10.83a}$$

$$\delta_s^{(F)} = \sqrt{\frac{2\delta_s}{1+\delta_s}} \tag{10.83b}$$

首先利用式(10.3)又或式(10.4)或式(10.5)来估计$F(z)$的阶数，然后将它除以 2 得到$H_m(z)$的阶数估计值N。若$F(z)$的阶数估计值是奇数，则将该值加 1 使之为一个偶数。

10.5　用 MATLAB 设计数字滤波器

MATLAB 的**信号处理工具箱**中包括许多可用于设计 FIR 数字滤波器的 M 文件。在本节中，将介绍其中一些函数。

10.5.1　用 MATLAB 估计 FIR 数字滤波器的阶数

与 IIR 数字滤波器设计一样，FIR 数字滤波器的设计过程也包括两个步骤。第一步根据给定的指标估计滤波器阶数。第二步，用估计出的阶数和滤波器指标确定传输函数的系数。在本节中，将考虑阶数估计问题。在接下来的两节中，将介绍 FIR 滤波器的设计问题。

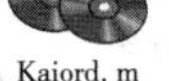
Kaiord. m

可以利用式(10.3)、式(10.4)和式(10.5)这三个方程中的任意一个来估计 FIR 滤波器的阶数。

M 文件 `kaiord` 用式(10.3)的 Kaiser 方程来求 FIR 滤波器阶数。例 10.11 说明了该函数的应用。

bellang-ord. m

例 10.11　用 Kaiser 方程估计 FIR 滤波器的阶数

用函数 `kaiord` 重新计算例 10.1 中的线性相位 FIR 滤波器的阶数。

这里，$\delta_p = 0.011\ 446\ 9$，$\delta_s = 0.017\ 782\ 79$，$F_p = 1800$，$F_s = 2000$，$F_T = 12\ 000$。所用的代码段为

```
N = kaiord(0.0114469, 0.01778279, 1800, 2000, 12000)
```

运行代码显示的数据为 `N=99`，它与例 10.1 中所得的一致。

M 文件 `bellangord` 用式(10.4)的 Bellanger 方程来求 FIR 滤波器的阶数。例 10.12 说明了该函数的应用。

例 10.12　用 Bellanger 方程估计 FIR 滤波器的阶数

重新计算例 10.2 中线性相位 FIR 滤波器的阶数。这里，$\delta_p = 0.011\ 446\ 9$，$\delta_s = 0.017\ 7827\ 9$，$F_p = 1800$，$F_s = 2000$，$F_T = 12\ 000$。所用的代码段为

```
N = bellangord(0.0114469, 0.01778279, 1800, 2000, 12000)
```

运行代码显示的数据为 `N=107`，可以看出它与例 10.2 中的结果相同。

在 MATLAB 的**信号处理工具箱**中包含 M 文件 `firpmord`，它用式(10.5)的方程求 FIR 滤波器的阶数。该函数有两种可选形式，例 10.13 说明了该函数的应用。

① 谱分解方法在 10.5.3 节描述。

例 10.13 用 Hermann 公式估计 FIR 滤波器的阶数

程序 10_1.m

用函数 firpmord 估计一个具有例 10.1 中给出指标的线性相位 FIR 传输函数的阶数。为此，用到程序 10_1，该程序的输出数据为

```
Filter order is 106
```

可以看出，它与例 10.3 中的结果一致。

若用 Kaiser 窗设计 FIR 滤波器，则应该用式(10.45)来估计窗函数的阶数。为此，可以使用 MATLAB **信号处理工具箱**中的 M 文件 kaiserord。该 M 文件具有三种可选的形式，下面将在例 10.14 中说明其应用。

例 10.14 基于 Kaiser 窗函数的滤波器阶数估计

用 MATLAB，可以求用来设计例 10.8 中的低通滤波器的阶数 N 和 Kaiser 窗函数的参数 β。使用的程序语句为

```
[N,Wn,beta,ftype] = kaiserord([0.3 0.5],[1 0],[0.01 0.01])
```

我们得到 $N=23$ 和 $\beta=3.3953$，可以看到，它与例 10.8 中得到的结果一致。

在某些情况下，由函数 kaiserord 产生的 N 值会大于或小于实际所需要的最小值。若用 N 设计的 FIR 滤波器不满足指标，则可将阶数逐渐增加或减少 1，直到满足指标。可以发现，对于一个具有很宽指标的滤波器，用式(10.45)估计的滤波器阶数 N 在实际所需阶数的 ±2 之内。

本函数产生的输出数据可以用来用本节后面将要讨论的函数 fir1 直接设计基于加窗傅里叶级数方法的 FIR 滤波器。

10.5.2 用 MATLAB 设计等波纹线性相位 FIR 滤波器

为用 Parks-McClellan 算法(参见 10.3 节)设计一个等波纹线性相位 FIR 滤波器，可以使用 MATLAB 的 M 文件 firpm，这个函数有多种不同的形式，该函数可以设计任何类型的多频带线性相位滤波器。

不正确使用函数 firpm，会产生不需要过多解释的诊断消息。接下来说明函数 firpm 在设计频率选择性滤波器、微分器和希尔伯特变换器的使用。

低通 FIR 滤波器设计举例

首先考虑用函数 firpm 来设计低通线性相位滤波器。回忆我们在 7.3.1 节中的讨论，3 型 FIR 滤波器的传输函数在 $z=1$ 和 $z=-1$ 处有零点，而 4 型 FIR 滤波器的传输函数在 $z=1$ 处有零点。这些滤波器都不能用来设计低通滤波器。另一方面，2 型 FIR 滤波器的传输函数在 $z=-1$ 处有零点，因此，它和没有任何限制的 1 型 FIR 滤波器可以用来设计低通滤波器。

例 10.15 将说明用 Parks-McClellan 算法设计低通 FIR 滤波器。

例 10.15 利用 Parks-McClellan 算法设计一个等波纹线性相位 FIR 低通滤波器

设计一个和例 9.14 指标相同的等波纹线性相位 FIR 低通滤波器，即通带边界 $F_p=800$ Hz、阻带边界 $F_s=1000$ Hz、通带波纹 $\alpha_p=0.5$ dB、最小阻带衰减 $\alpha_s=40$ dB 以及抽样频率 $F_T=4000$ Hz。由式(9.3)和式(9.4)可得 $\delta_p=0.0559$ 和 $\delta_s=0.01$。

程序 10_2.m

利用程序 10_2 可以设计该滤波器。由该程序的输出数据可以看到，滤波器系数满足对称约束 $h[k]=h[N-k]$。由于滤波器长度是 29(滤波器阶数 $N=28$)，因此它是一个 1 型 FIR 滤波器。计算出来的增益响应在图 10.17(a)画出，而通带细节如图 10.17(b)所示。

所设计的滤波器的通带波纹和最小阻带衰减分别为 0.6 dB 和 38.7 dB，它们并不满足给定的指标。接下来，把滤波器的阶数增加 1，发现对于一个阶数为 $N=30$ 的滤波器，其通带波纹和最小阻带衰减分别是 0.5 dB 和 40.02 dB，现在它们满足给定的指标。该滤波器的增益响应及其通带细节如图 10.18 所示。

带通 FIR 滤波器设计举例

此时，可以用到所有 4 种线性相位 FIR 滤波器。例 10.16 将用 Parks-McClellan 算法设计一个带通线性相位 FIR 滤波器，并研究滤波器阶数和滤波器频率响应的波纹比之间的关系。

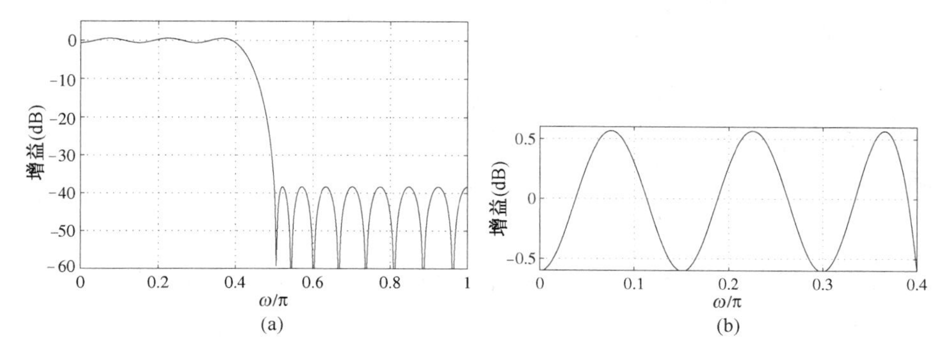

图 10.17　$N=28$ 时，例 10.15 中的 FIR 等波纹低通滤波器：(a)增益响应；(b)通带细节

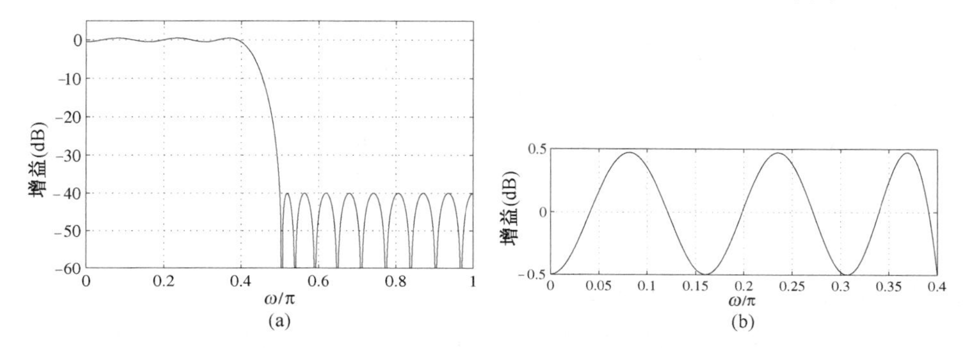

图 10.18　$N=30$ 时，例 10.15 中的 FIR 等波纹低通滤波器：(a)增益响应；(b)通带细节

例 10.16　用 Parks-McClellan 算法设计一个等波纹线性相位 FIR 带通滤波器

设计一个 26 阶的线性相位 FIR 带通滤波器，其通带范围从 0.3 到 0.5，其阻带范围为 0 到 0.25 及 0.55 到 1.0。所求的通带和阻带幅度分别是 1 和 0。假设通带和阻带的权重相同。

将程序 10_2 中 `format long` 语句下面 5 行代码改写为下列语句：

```
N = input('Filter order = ');
fpts = input('Normalized band edges = ');
mag = input('Desired magnitude values in each band = ');
wt = input('Desired weights for each band = ');
```

用修改后的程序，计算得到的增益响应如图 10.19(a)所示。所设计滤波器的通带波纹和最小阻带衰减分别大约为 1 dB 和 18.7 dB。

接下来，我们把阶数增加到 110 后再重新进行设计。所得的增益响应如图 10.19(b)所示。现在，这个新滤波器的通带波纹为 0.024 dB，它比前一个设计要小得多，并且其最小阻带衰减为 51.2 dB，比前面得到的大得多。因此，增加滤波器阶数在以增加计算复杂度为代价的情况下改进了频率响应特性。

注意，在保持阶数不变的情况下，通过减少相对权重比 $W(\omega)=\delta_p/\delta_s$，以具有更大的通带波纹为代价，可以增加最小阻带衰减。图 10.19(c)显示的是由权重向量[1, 0.1, 1]得到的阶数为 110 的带通滤波器的增益响应。相对于通带响应，权重比将更多的权重放在了阻带响应上。正如我们所预计的，这种不等的加权把通带波纹增加到 0.076 dB 的同时，把最小阻带衰减增加到了 60.86 dB。

以上三个带通滤波器设计例子的绝对误差如图 10.20 所示。正如所料，从图 10.20(a)中可看出，绝对误差在所有三个频带中有着相同的峰值。由于 $L=13$，并且有 4 个频带，因此在该设计中最多有 $L-1+6=18$ 个极值。误差图画出了 17 个极值。在图 10.20(b)中，我们再次观察到误差图在每个频带中有着相同的峰值。另一方面，可以从图 10.20(c)中看出，亦如所料，通带误差峰值的绝对值是阻带误差绝对值峰值的 10 倍。

Parks-McClellan 算法在进行多于两个频带的线性相位 FIR 滤波器的设计时，将产生一些非正常结果。我们将在例 10.17 中研究这个问题。

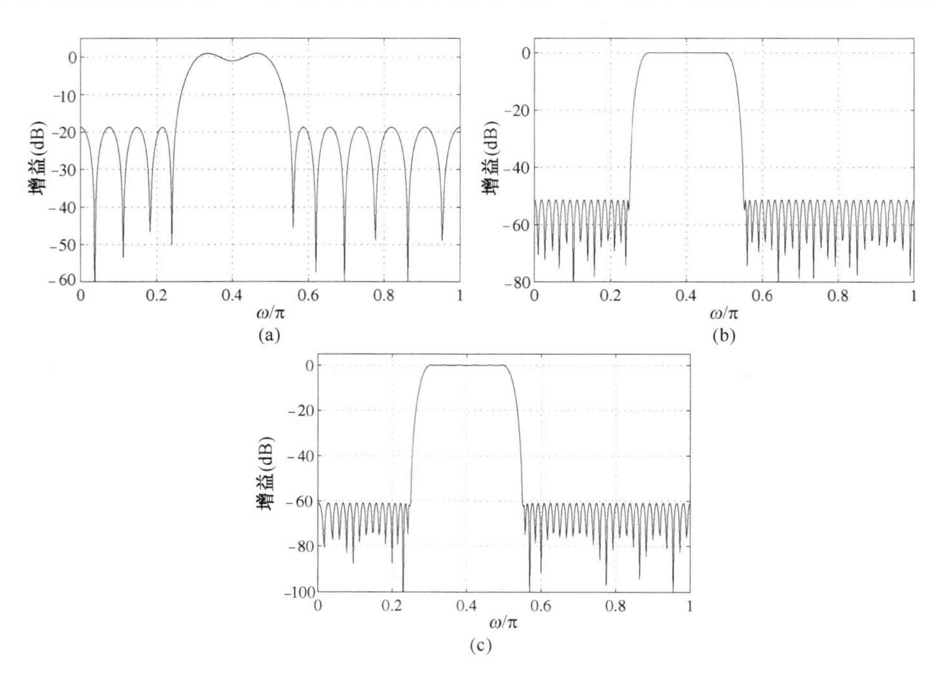

图 10.19　例 10.16 的等波纹 FIR 带通滤波器的增益响应:(a)$N=26$, 权重比 = 1;(b)$N=110$,权重比 = 1;(c)$N=110$,权重比 = 1/10

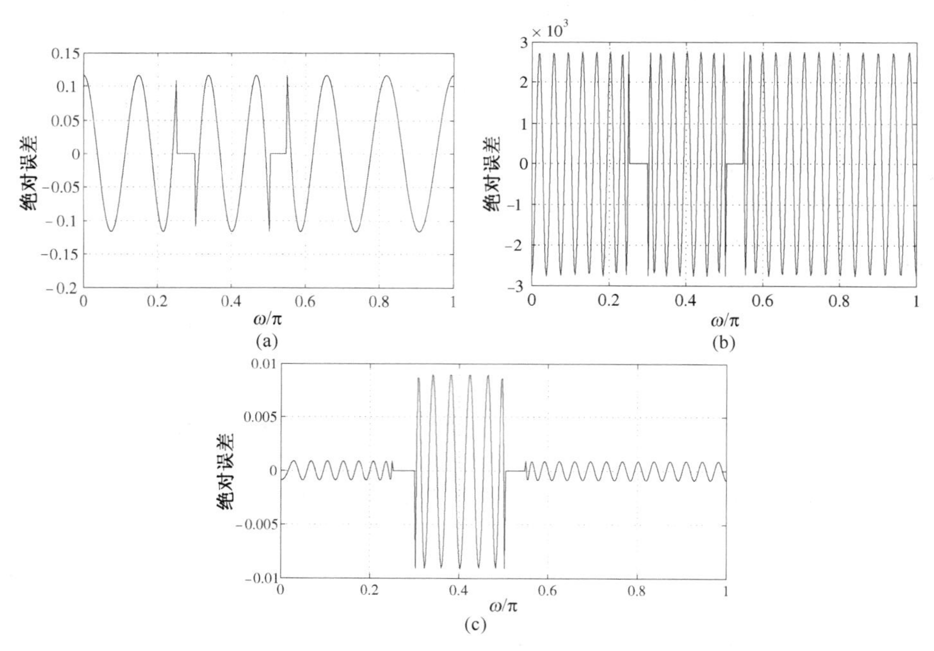

图 10.20　例 10.16 的等波纹 FIR 带通滤波器的绝对误差:(a)$N=26$, 权重比 = 1;(b)$N=110$,权重比 = 1;(c)$N=110$,权重比 = 1/10

例 10.17　使用 Parks-McClellan 算法的非正常结果

设计一个 60 阶的线性相位 FIR 滤波器, 其归一化通带范围为 0.3π到 0.5π,阻带范围为 0 到 0.25π及0.6π到π。所需的通带和阻带幅度分别为 1 和 0。假设在通带和低频阻带等权重, 而高频阻带的权重是其他两个频带的 30%。

用例 10.16 中修改后的程序计算得到的增益响应函数如图 10.21(a)所示。观察可以发现，第二个过渡带是非单调的，而且有一个比通带值更大的峰值。这表明，在第二个过渡带中存在一个极值频率。然而，这个结果与交错定理并不矛盾，该定理仅仅研究在通带和阻带中的极值频率。由于 FIR 滤波器的阶数为 60，$M=30$。因此，根据交错定理，至少必须有 $M+2=32$ 个极值频率。我们注意到，图 10.21(b)给出的绝对误差图也证明了存在 32 个极值频率。

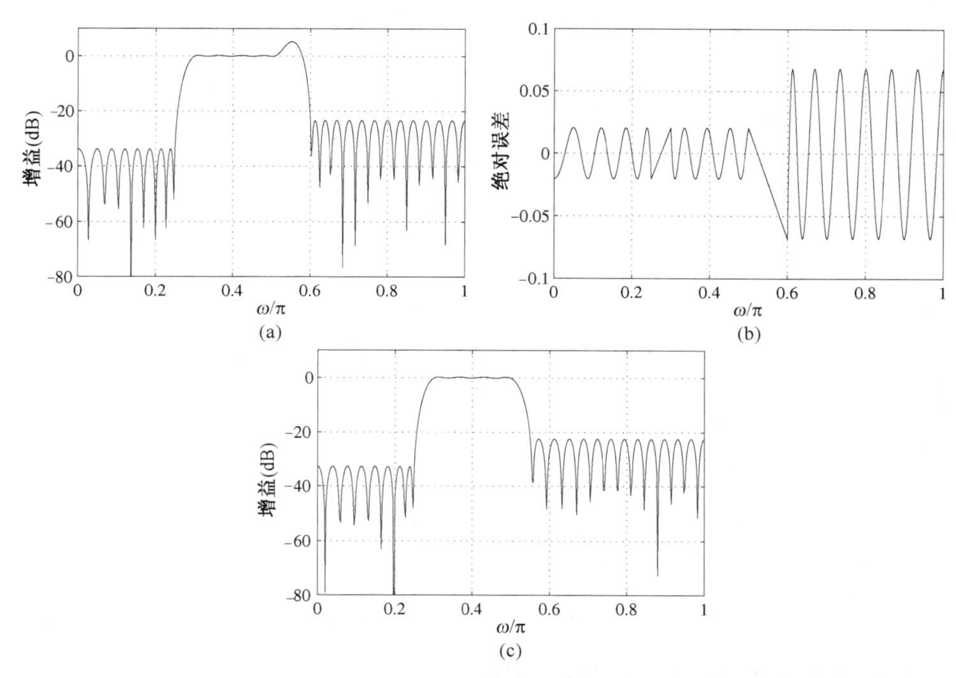

图 10.21　例 10.17 中的 FIR 等波纹带通滤波器：(a)原频带边界指标的增益响应；(b)绝对误差；(c)稍微修改阻带边界后的幅度响应

尽管 Parks-McClellan 算法能保证在指定的频带内有等波纹误差，但由于过渡带的响应没有给定，它并不能保证具有多于两个频带的滤波器的增益响应在它的通带内单调减少。若所设计的滤波器的增益响应是非单调的，则建议调整滤波器的阶数或通带边界或者权重函数，直到得到满意的结果为止。例如，若将第二个阻带截止频率从 0.6π 到 0.55π，并保持其他所有参数原来的值，则例 10.17 的带通滤波器可以得到如图 10.21(c)所示的令人满意的增益响应。

FIR 微分器设计举例

现在，由式(10.27)，我们观察到一个理想的微分器可用反对称冲激响应描述，这表明它可以用一个 3 型或 4 型 FIR 滤波器来实现。然而，由式(10.26)，对于一个理想的微分器有 $\breve{H}(\pi)=\pi$。因此，由于 3 型 FIR滤波器的传输函数在 $z=-1$ 处有一个零点，这会在 $\omega=\pi$时迫使振幅响应降为零，因而它不能用来实现微分器。由此，只有 4 型 FIR 滤波器可用于此类设计。

在大多数实际应用中，所研究的信号在频率范围 $0\leqslant\omega\leqslant\omega_p$内。因此，可以使用具有带限频率响应为

$$H_{\mathrm{DIF}}(\mathrm{e}^{\mathrm{j}\omega})=\begin{cases}\mathrm{j}\omega, & 0\leqslant|\omega|\leqslant\omega_p\\ 0, & \omega_s\leqslant|\omega|\leqslant\pi\end{cases}\tag{10.84}$$

的低通微分器。在式(10.84)中，$0\leqslant\omega\leqslant\omega_p$和 $\omega_s\leqslant\omega\leqslant\pi$分别表示微分器的通带和阻带。通常称频率 ω_p为它的带宽。因此，3 型和 4 型 FIR 滤波器都可以用来设计低通微分器。为设计相位，我们选择权重函数为

$$W(\omega)=\frac{1}{\omega},\qquad 0\leqslant\omega\leqslant\omega_p$$

期望的振幅响应为

$$D(\omega)=1,\qquad 0\leqslant\omega\leqslant\omega_p$$

由于式(10.5)中的方程是针对具有常数增益电平并且具有两个或更多个频带的常规滤波器而推导出来的，因此，函数 `firpmord` 不能用来估计 FIR 微分器的阶数。然而，如例 10.18 和例 10.19 所示，函数 `firpm` 可用来设计等波纹 FIR 微分器。

例 10.18　用 Parks-McClellan 算法设计全频带微分器

设计一个阶数为 11 的全频带微分器。由于长度为偶数，因此可以采用 4 型 FIR 滤波器。我们使用的程序语句为

```
b = firpm(11,[0 1],[0 pi],'differentiator');
```

所设计的微分器的振幅响应以及微分器的振幅响应同期望振幅响应$[A(\omega)-\omega]$之间的绝对误差如图 10.22 所示。从图 10.22(b)可以观察到，随着 ω 从 0 增加到π，绝对误差也相应地增加。正如所料，应用 Parks-McClellan 算法将会得到函数 $\left[\dfrac{A(\omega)}{\omega}-1\right]$ 的等波纹误差。可以证明，由 b 给出的滤波器系数满足反对称条件。

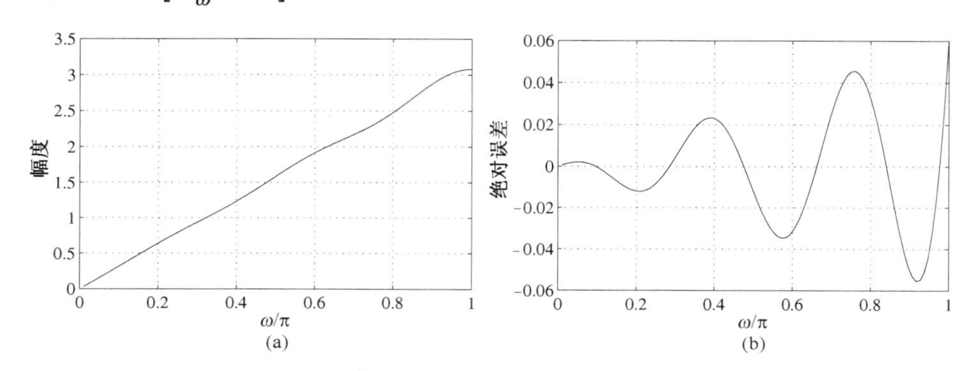

图 10.22　例 10.18 中长度为 11 的 FIR 等波纹微分器：(a)幅度响应；(b)绝对误差

例 10.19　用 Parks-McClellan 算法设计低通微分器

设计具有如下指标的低通微分器：通带边界为 $\omega_p=0.4\pi$，阻带边界为 $\omega_s=0.45\pi$。这里，可以用 3 型或 4 型 FIR 滤波器来实现。

这里考虑用一个 50 阶的 4 型 FIR 滤波器进行设计，图 10.23 显示了该 FIR 低通滤波器的幅度响应和用程序语句

```
b = firpm(50,[0 0.4 0.45 1],[0 0.4*pi 0 0],'differentiator');
```

得到的绝对误差。

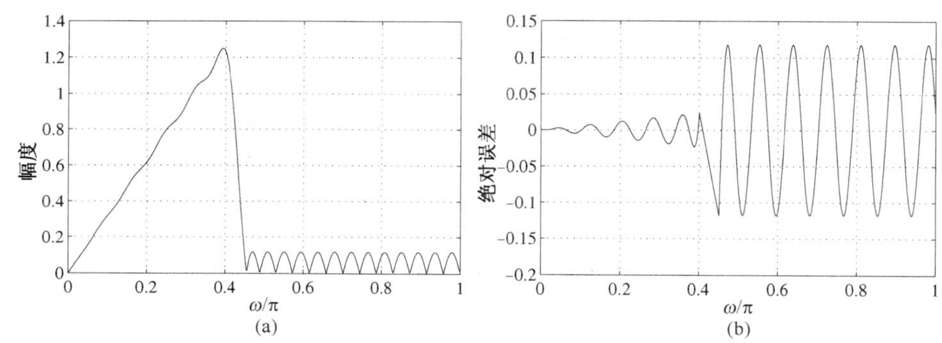

图 10.23　例 10.19 中长度为 51 的 FIR 等波纹低通微分器：(a)幅度响应；(b)绝对误差

Rabiner 和 Schafer[Rab74a]通过大量的设计研究了低通微分器的滤波器阶数 N、带宽 ω_p 和绝对误差的峰值 ε 之间的关系。他们的结果以设计表的形式给出，并可被用来对于指定的带宽和绝对误差的峰值(单位为 dB)估计滤波器的阶数。

FIR 希尔伯特变换器设计举例

由式(10.25)看出，与理想微分器一样，理想希尔伯特变换器也具有反对称冲激响应，这表明可以用 3 型或 4 型 FIR 滤波器来实现它。然而，由式(10.26)观察到，对于所有 ω，一个理想希尔伯特变换器的幅度响应均为单位 1，3 型 FIR 滤波器无法满足(其幅度响应在 $\omega=0$ 时为零)，4 型 FIR 滤波器也无法满足(其幅度响应在 $\omega=0$ 和 $\omega=\pi$ 时均为零)。在实际中，由于所研究的信号都在一个有限的范围 $\omega_L \leqslant |\omega| \leqslant \omega_H$ 内，因此，希尔伯特变换器可以由带通振幅响应

$$D(\omega)=1, \qquad \omega_L \leqslant |\omega| \leqslant \omega_H \tag{10.85}$$

来设计，其权重函数 $P(\omega)$ 在所研究的频带设为 1。

如式(10.25)所示，理想希尔伯特变换器的冲激响应样本满足条件

$$h_{\mathrm{HT}}[n]=0, \qquad n \text{ 为偶数} \tag{10.86}$$

可以看出，若期望幅度响应 $\breve{H}(\omega)$ 关于 $\pi/2$ 对称，即

$$\breve{H}(\omega)=\breve{H}(\pi-\omega)$$

则 3 型线性相位 FIR 滤波器可以保持上面的吸引人的特性。然而，有着反对称振幅响应的 4 型线性相位滤波器却无法满足式(10.86)的条件(参见习题 10.47)。

与 FIR 微分器的设计情况一样，不能用函数 firpmord 来估计 FIR 希尔伯特变换器的阶数。Rabiner 和 Schafer[Rab74b]通过大量的设计研究了带通希尔伯特变换器的阶数 N、通带波纹 δ_p 和归一化过渡带宽 ω_L 间的关系。基于他们的研究，方程

$$N \approx -\frac{3.833\ \lg\delta_p}{\omega_L}$$

被推导出用于估计希尔伯特变换器的阶数。

例 10.20 将说明用 Parks-McClellan 算法来设计一个等波纹 FIR 带通希尔伯特变换器。

例 10.20　利用 Parks-McClellan 算法设计等波纹 FIR 带通希尔伯特变换器

设计一个 20 阶的线性相位带通 FIR 希尔伯特变换器，其通带幅度为单位 1，通带边界分别为 0.1π和 0.9π。用程序语句

```
b = firpm(20,[0.1 0.9],[1 1],'Hilbert');
```

得到的 3 型 FIR 带通希尔伯特变换器的幅度响应和绝对误差如图 10.24 所示。可以看出，与预料的一样，由于对期望的振幅响应加入了对称性，冲激响应向量 b 的所有偶序号样本是零。可以看出，若期望的振幅响应不满足对称性条件，则所设计的希尔伯特变换器的冲激响应的偶序号样本将不是零值。为了确保偶序号样本为零值，Vaidyanathan 和 Nguyen[Vai87b]提出了一种很巧妙的解决方法，我们将在 13.6.3 节中介绍这种技术。

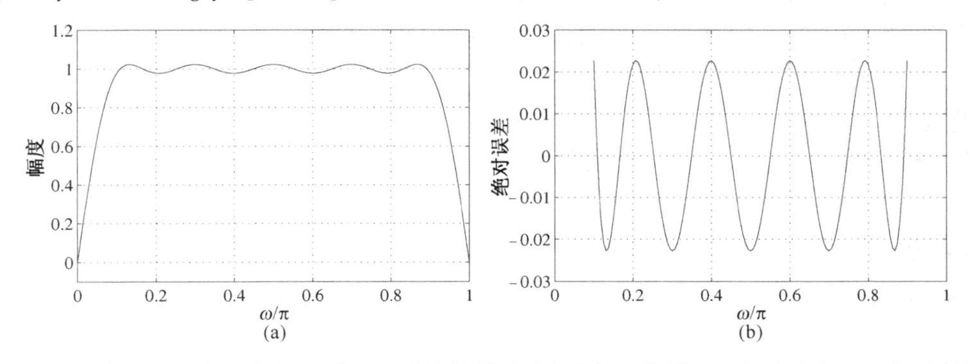

图 10.24　例 10.20 中长度为 21 的 FIR 等波纹带通希尔伯特变换器：(a)幅度响应；(b)绝对误差

推广 RemezFIR 滤波器设计

M 文件 firgr 是 M 文件 firpm 的推广形式，能用于设计一些具有等波纹误差特性的实系数 FIR 滤

波器[Shp90]。该函数具有很多种不同的形式。在其最简单的形式 b = firgr(N, fpts, mag, wt)中，它设计一个 N 阶线性相位 FIR 滤波器 b，在极小化最大准则的意义上逼近由参数 fpts、mag 和 wt 定义的期望的频率响应，这些参数向量为 M 文件 firpm 定义。通过另一个字符串'Hilbert'和'differentiator'，可以用该函数设计希尔伯特变换器或者微分器。

上面函数的一个有趣的变化形式是 b = firgr('order', fpts, mag, dev)，其中，'order'可以取字符串'minorder'或'mineven'或'minodd'。若用到的是'minorder'，则将不断设计滤波器，直到找到一个具有最低阶数且满足指标的滤波器。在其他两种情况中，根据所用的字符串，可以设计具有最低奇数阶或偶数阶的滤波器。每个频带的峰值波纹由向量 dev 指定。上面变形的另外形式是 b = firgr('order', NI, fpts, mag, dev)，其中，NI 是滤波器阶数的初始估计。该形式在设计希尔伯特变换器和微分器时非常有用，此时不能用函数 firpmord 来估计阶数。

函数 firgr 还有很多其他形式，例 10.21 示例函数 firgr 的用法。

例 10.21 设计最小阶等波纹 FIR 低通滤波器

在例 10.15 中，可以观察到函数 firpmord 估计少了低通滤波器的阶数，必须将其阶数增大 2 才能使滤波器的阻带衰减满足给定的指标。这里，我们利用带有'minorder'选项的函数 firgr 来重做此例的滤波器设计。所用的代码为

```
b = firgr('minorder',[0 0.4 0.5 1],[1 1 0 0],[0.0559 0.01]);
```

所得 FIR 滤波器的增益响应如图 10.25 所示，可以看到它满足指定的阻带衰减指标。利用语句 length(b)可以确定所设计的滤波器的长度，结果为 31。因此，满足指标的滤波器阶数为 30。

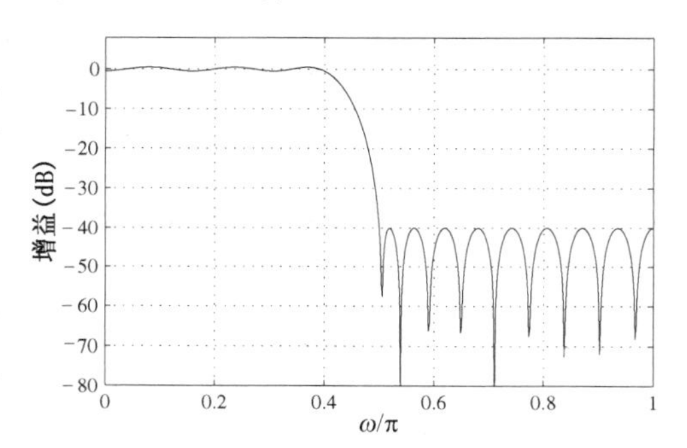

图 10.25 例 10.21 中最小相位 FIR 等波纹低通滤波器的增益响应

10.5.3 用 MATLAB 设计最小相位 FIR 滤波器

10.4 节给出了设计 N 阶最小相位 FIR 滤波器 $H_m(z)$ 所包含的几个步骤。首先，根据期望的最小相位 FIR 滤波器的指标得到 $2N$ 阶的 1 型线性相位 FIR 滤波器 $F(z)$ 的指标。然后，通过对 $H(z)$ 的振幅响应增加一个与其峰值阻带波纹相等的常数，得到具有非负振幅响应的中间线性相位 FIR 滤波器 $G(z)$。最后，对 $G(z)$ 进行谱分解，得到

$$G(z) = z^{-N} H_m(z) H_m(z^{-1})$$

式中，$H_m(z)$ 包含 $G(z)$ 在单位圆内的所有零点，以及 $G(z)$ 在单位圆上的每对零点中的一个。这里有几种方法可以在无须求 $G(z)$ 的根的情况下，确定谱分解因子 $H_m(z)$[Boi81]，[Mia82]。下面给出由 Orchard 和 Willson 提出的谱分解方法[Orc2003]。

谱分解方法

不失一般性，考虑具有非负的振幅响应的 6 阶线性相位 FIR 滤波器 $G(z)$

$$G(z) = g_3 + g_2 z^{-1} + g_1 z^{-2} + g_0 z^{-3} + g_1 z^{-4} + g_2 z^{-5} + g_3 z^{-6} \tag{10.87}$$

的最小相位谱分解。我们的目标是将上面的 $G(z)$ 表示成

$$G(z) = z^{-3} H_m(z) H_m(z^{-1}) \tag{10.88}$$

的形式。式中

$$H_m(z) = a_0 + a_1 z^{-1} + a_2 z^{-2} + a_3 z^{-3} \tag{10.89}$$

是最小相位因子。

若用 $H_m(z)$ 的系数表示 $G(z)$，则可以得到

$$G(z) = (a_0 + a_1 z^{-1} + a_2 z^{-2} + a_3 z^{-3})(a_3 + a_2 z^{-1} + a_1 z^{-2} + a_0 z^{-3}) \tag{10.90}$$

将式(10.90)中的两个多项式相乘，并将乘积中 z^{-1} 的幂级数的系数与式(10.87)中 $G(z)$ 的 z^{-1} 的幂级数的系数进行比较，可得下列一组非线性方程式：

$$
\begin{aligned}
g_0 &= a_0^2 + a_1^2 + a_2^2 + a_3^2 \\
g_1 &= a_0 a_1 + a_1 a_2 + a_2 a_3 \\
g_2 &= a_0 a_2 + a_1 a_3 \\
g_3 &= a_0 a_3
\end{aligned}
\tag{10.91}
$$

然后用牛顿-拉夫逊(Newton-Raphson)法迭代求解上面一组方程。首先，选取系数 a_i 的初值，以保证 $H_m(z)$ 的所有零点严格位于单位圆内。接下来，对系数 a_i 增加一个修正量 e_i，使得修正后的结果 a_i+e_i 能更好地满足式(10.91)。重复上述过程，直到迭代收敛，得到所求的 $H_m(z)$ 的系数值。将 a_i+e_i 代入式(10.91)，展开乘积项，在展开式中去除所有 e_i 的二次项，可以得到一组线性方程。这些式子可以用矩阵的形式表示为

$$
\boldsymbol{A}\boldsymbol{e} = \boldsymbol{b} \tag{10.92}
$$

式中

$$
\boldsymbol{A} = \begin{bmatrix} 2a_0 & 2a_1 & 2a_2 & 2a_3 \\ a_1 & a_0 + a_2 & a_3 + a_1 & a_2 \\ a_2 & a_3 & a_0 & a_1 \\ a_3 & 0 & 0 & a_0 \end{bmatrix}, \qquad \boldsymbol{e} = \begin{bmatrix} e_0 \\ e_1 \\ e_2 \\ e_3 \end{bmatrix}
$$

且

$$
\boldsymbol{b} = \begin{bmatrix} g_0 - a_0^2 - a_1^2 - a_2^2 - a_3^2 \\ g_1 - a_0 a_1 - a_1 a_2 - a_2 a_3 \\ g_2 - a_0 a_2 - a_1 a_3 \\ g_3 - a_0 a_3 \end{bmatrix}
$$

矩阵 $\boldsymbol{A}$ 可表示为两个三角矩阵之和，即

$$
\boldsymbol{A} = \begin{bmatrix} a_0 & a_1 & a_2 & a_3 \\ a_1 & a_2 & a_3 & 0 \\ a_2 & a_3 & 0 & 0 \\ a_3 & 0 & 0 & 0 \end{bmatrix} + \begin{bmatrix} a_0 & a_1 & a_2 & a_3 \\ 0 & a_0 & a_1 & a_2 \\ 0 & 0 & a_0 & a_1 \\ 0 & 0 & 0 & a_0 \end{bmatrix}
$$

minphase. m

在每一步都会通过计算误差项 $\sum_{i=0}^{3} e_i^2$ 进行迭代收敛性检查，一开始误差单调减小，当误差开始增加时，迭代终止。

M 文件 minphase① 实现 Orchard 和 Willson 的谱分解方程。

设计举例

例 10.22 演示了 Orchard 和 Willson 的谱分解方法的应用。

例 10.22　设计最小相位低通 FIR 数字滤波器

设计一个最小相位低通 FIR 滤波器，使其通带边界为 $\omega_p=0.45\pi$，阻带边界为 $\omega_s=0.6\pi$，通带波纹为 $R_p=2$ dB，最小阻带衰减为 $R_s=26$ dB。

程序 10_3 可以用来设计上面的滤波器。注意，峰值阻带波纹的真实值被加到滤波器 $H(z)$ 的中间脉冲响应系数上，以保证线性相位滤波器 $G(z)$ 具有非负的振幅响应。由以上程序得到的 $G(z)$ 和 $H_m(z)$ 的零点图分别如图 10.26(a)和图 10.26(b)所示，设计出的最小相位滤波器 $H_m(z)$ 的增益响应如图 10.26(c)所示。

程序 10_3. m

用 MATLAB 直接设计滤波器

利用 M 文件 firminphase，同样可以设计最小相位 FIR 滤波器。例 10.23 将说明该函数的应用。

例 10.23　用 MATLAB 直接设计最小相位谱分解因子

我们求例 10.22 中线性相位 FIR 滤波器 c 的最小相位谱因子。用到的代码段为

① 经作者许可[Orc2003]，进行引用。

```
h = firminphase(c)
```

最小相位因子的零点图如图 10.27 所示。注意，利用上面的程序语句得到的最小相位谱分解因子与例 10.22 所得到的结果几乎完全一样。

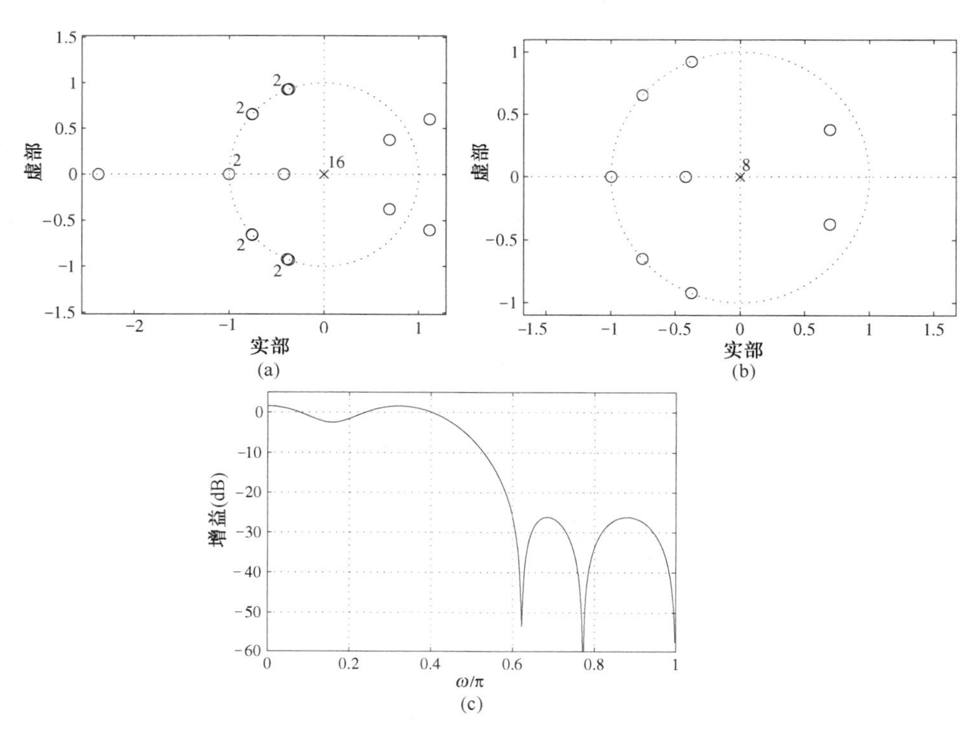

图 10.26 (a)$G(z)$的零点图;(b)$H_m(z)$的零点图;(c)$H_m(z)$的增益响应

用 FIRGR 设计最小相位 FIR 滤波器

通过增加一个变量'minphase'，也可以用 M 文件 firgr 来设计最小相位的 FIR 滤波器：

```
b = firgr(....,'minphase')
```

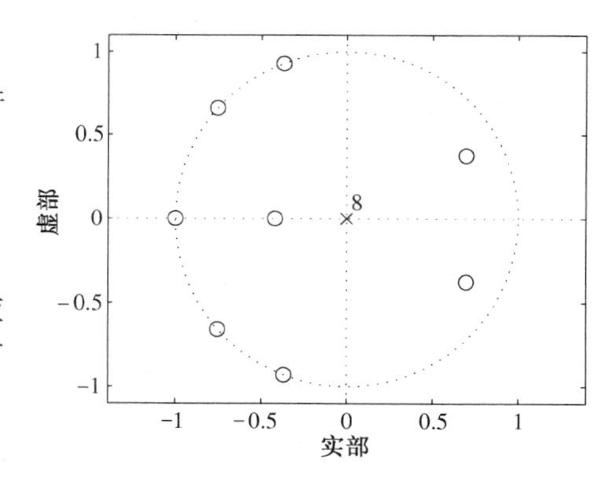

图 10.27 最小相位因子的零点图

最大相位 FIR 滤波器设计

一个线性相位 FIR 滤波器，若其具有偶数阶冲激响应 b 和非负零相移响应，则其最大相位谱因子 g 可以通过首先计算最小相位谱因子 h，然后使用语句：

```
g = fliplr{h}
```

来确定。最大相位 FIR 滤波器也可用 M 文件 firgr 直接设计。为此，在语句中加入另外一个变量如下所示：

```
b = firgr(....,'maxphase)
```

10.5.4 用 MATLAB 设计基于窗的 FIR 滤波器

基于窗的 FIR 滤波器设计过程包括三个步骤。第一步，选择窗的类型，以满足所需的阻带衰减。第二步，对于使用多尔夫－切比雪夫窗设计的 FIR 滤波器，建议利用表 10.2 给出的数据或式(10.41)来估计期望 FIR 滤波器的阶数;对于使用 Kaiser 窗设计的 FIR 滤波器，建议使用式(10.45)来估计阶数。最后，在最后一步，计算出期望的理想滤波器的冲激响应，并将它乘以第一步生成的窗的系数，得到 FIR 滤波器的系数。

10.5.1 节已介绍了用 MATLAB 估计 FIR 滤波器阶数的方法。我们现在讨论用 MATLAB 生成窗的方法。

窗的生成

MATLAB 的**信号处理工具箱**中包括了下列函数来产生 10.2 节中讨论的窗：

```
w = blackman(L),    w = hamming(L),    w = hann(L)
w = chebwin(L,Rs),  w = kaiser (L,beta)
```

上面的函数产生了一个具有奇数长度 L 的窗系数向量 w①。Kaiser 窗中的参数 β 与式(10.42)中的参数 β 相同并可以用式(10.44)来计算。

例 10.24 将说明如何生成 Kaiser 窗的系数。

例 10.24　用 MATLAB 产生 Kaiser 窗

程序 10_4. m

求用于设计一个低通 FIR 滤波器的 Kaiser 窗函数的系数。滤波器的指标为 $\omega_p=0.3\pi$、$\omega_s=0.4\pi$和 $\alpha_s=50$ dB。把α_s的值代入式(9.4)中可得峰值阻带波纹的值为 $\delta_s=0.003\ 162$。

用 MATLAB 程序 10_4 得到的窗的增益响应如图 10.28 所示。

滤波器设计

在 MATLAB 中，函数 `fir1` 和 `fir2` 用加窗傅里叶级数法设计 FIR 滤波器。函数 `fir1` 用来设计常规的低通、高通、带通、带阻和多频带 FIR 滤波器；而函数 `fir2` 用来设计具有任意幅度响应的 FIR 滤波器。

接下来说明上面两个函数在设计线性相位 FIR 滤波器中的作用。不失一般性，我们将限于用 Kaiser 窗进行滤波器设计。例 10.25 考虑设计一个低通滤波器。

例 10.25　用 Kaiser 窗函数设计低通 FIR 滤波器

程序 10_5. m

这里，我们用 Kaiser 窗函数继续例 10.24 中低通 FIR 滤波器设计的余下步骤。滤波器期望的指标为 $\omega_p=0.3\pi$、$\omega_s=0.4\pi$和 $\delta_s=0.003\ 162$。程序 10_5 是用于该滤波器设计问题的 MATLAB 程序，此程序的输入数据与例 10.24 中一样，所得的低通滤波器的增益响应如图 10.29 所示。由上面的程序计算得到的滤波器阶数为 N = 59，因而所设计的滤波器是 2 型滤波器。

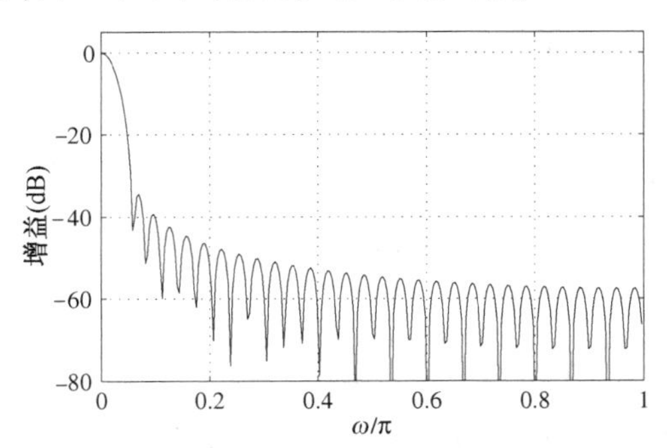

图 10.28　例 10.24 产生的 Kaiser 窗函数的增益响应

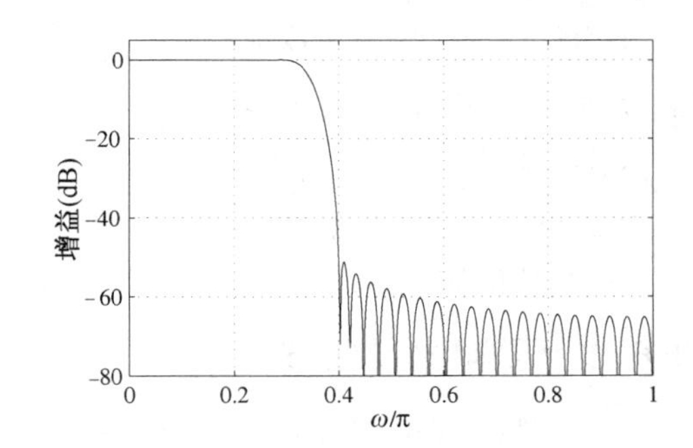

图 10.29　例 10.25 中低通滤波器的增益响应

例 10.26 考虑用 Kaiser 窗设计一个高通滤波器。注意，对于高通和带阻滤波器的设计，函数 `fir1` 要求滤波器的阶数 N 为偶数。若由函数 `kaiserord` 得到的阶数不是偶数，则在产生窗和滤波器系数之前应该将其加 1。

例 10.26　用 Kaiser 窗函数设计高通 FIR 滤波器

要设计的高通 FIR 滤波器满足下面的指标：通带边界为 $\omega_p=0.55\pi$，阻带边界为 $\omega_s=0.4\pi$，阻带波纹为

① 注意，用 MATLAB 产生的 Hann 窗和布莱克曼窗的第一个和最后一个系数是零值。因此，为了保持所有的窗长相同，产生这两个窗所用的 L 值应该比汉明窗和 Kaiser 窗所用的 L 值大 2。

$\delta_s = 0.02$。为设计高通滤波器(或带阻滤波器)，将程序 10_5 中的语句 `b = fir1(N, Wn, kw)` 替换为 `b = fir1(N, Wn, 'highpass', kw)`。利用此修正，对给定的指标，我们得到如图 10.30 所示的计算出的增益响应。

例 10.27 考虑 MATLAB 函数 `fir2` 在设计通带具有不同增益级的 FIR 滤波器的应用。

例 10.27　用汉明窗设计多频带 FIR 滤波器

程序 10_6.m

设计一个 100 阶 FIR 滤波器，它具有三个不同的常数幅度电平：在频率范围 0 到 0.28 内幅度为 0.3，在频率范围 0.3 到 0.5 内为 1.0，在频率范围 0.52 到 1.0 内为 0.7。为此，我们用程序 10_6，计算得到的幅度响应如图 10.31 所示。

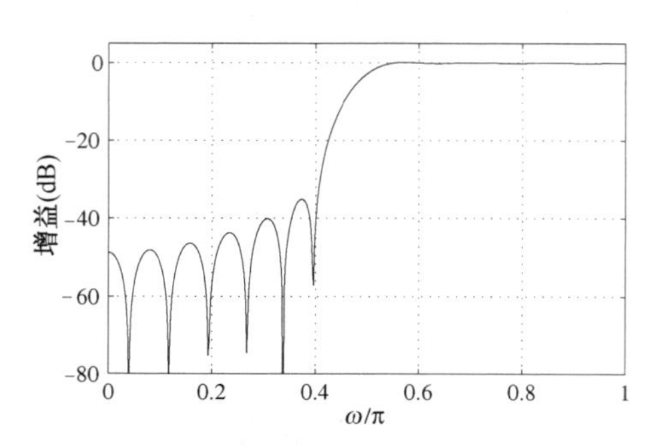

图 10.30　例 10.26 中高通滤波器的增益响应

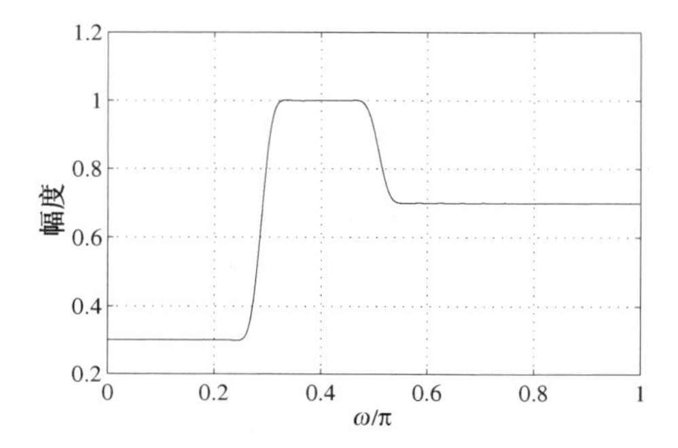

图 10.31　例 10.27 中多电平滤波器的幅度响应

10.6　计算高效的 FIR 数字滤波器的设计

9.1.2 节已经指出，通常，为了满足相同的幅度响应指标，FIR 传输函数的阶数 N 要远远大于等效的 IIR 传输函数的阶数。然而，由于 FIR 滤波器通常是稳定的，并且设计成具有线性相位，因此在很多应用中具有吸引力。另外，如式(10.3)和式(10.5)所示，FIR 滤波器的阶数与其过渡带宽 $\Delta\omega$ 成反比，因此，当 FIR 滤波器具有一个非常陡峭的过渡带时，滤波器的阶数会非常高。这在设计带宽非常窄或非常宽的 FIR 滤波器时显得尤为重要。

数字滤波器的计算复杂度主要由实现该滤波器的乘法器和加法器的总数决定。通常，一个 N 阶的线性相位 FIR 滤波器的直接型实现需要 $\left\lfloor \frac{N+1}{2} \right\rfloor$ 个乘法器和 N 个两输入加法器。因此，生成与直接型实现相比明显需要较少这类算术单元的实现技术是非常重要的。

在本节中，我们将给出两种实现计算高效线性相位 FIR 滤波器的方法。在这两种实现中，基本结构单元是一个具有周期振幅响应的 FIR 子滤波器结构。

10.6.1　周期滤波器节

为便于理解这两种设计方法的原理，我们首先介绍周期滤波器节的概念，并研究其性质。给定偶次数 N 的 1 型线性相位 FIR 滤波器 $F(z)$：

$$F(z) = \sum_{n=0}^{N} f[n]z^{-n} \tag{10.93}$$

其延迟互补滤波器 $E(z)$ 为

$$\begin{aligned} E(z) &= z^{-N/2} - F(z) = z^{-N/2} - \sum_{n=0}^{N} f[n]z^{-n} \\ &= (1 - f[N/2])z^{-N/2} - \sum_{\substack{n=0 \\ n\neq N/2}}^{N} f[n]z^{-n} \end{aligned} \tag{10.94}$$

通过用 z^{-L}代替式(10.93)中 $F(z)$的 z^{-1}，其中，L 是正整数。可得系统的传输函数 $H(z)$为

$$H(z) = F(z^L) = \sum_{n=0}^{N} f[n]z^{-nL} \tag{10.95}$$

因此，传输函数 $H(z)$的阶数为 NL。可以通过将 $F(z)$的实现形式中的每个单位延迟单元替换成 L 个单位延迟单元，同时保持系统的乘法器和加法器的数目不变而得到 $H(z)$的直接形式。传输函数 $H(z)$具有长度为 $NL+1$ 的稀疏冲激响应，通过在 $F(z)$的两个连续冲激响应样本值之间插入 $L-1$ 个零样本值而得到，其典型情况如图 10.32 所示。参数 L 称为**稀疏因子**。

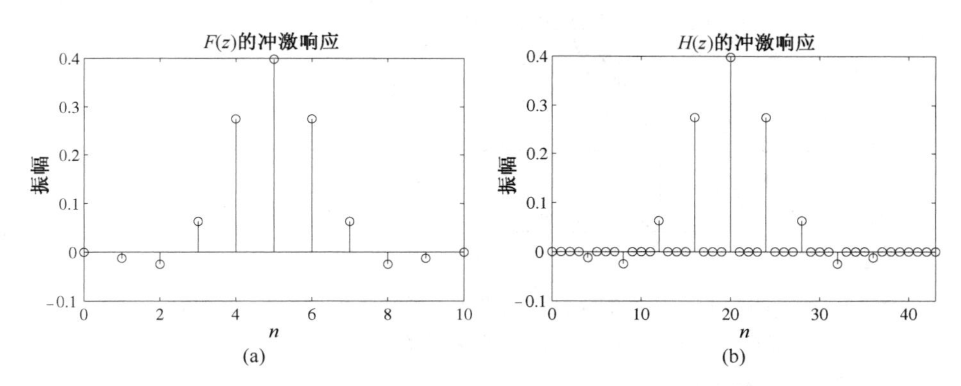

图 10.32　(a) $F(z)$的冲激响应；(b) $L=4$ 时，$H(z)=F(z^L)$的冲激响应

这两个滤波器的振幅响应之间的关系为

$$\breve{H}(\omega) = \breve{F}(L\omega) \tag{10.96}$$

从以上分析可见，$\breve{H}(\omega)$ 的振幅响应是 ω 的周期为 $2\pi/L$ 的周期函数。通过将 $\breve{F}(\omega)$ 在间隔$[0, 2\pi]$内的振幅响应压缩到间隔$[0, 2\pi/L]$，可以得到 $\breve{H}(\omega)$ 的周期①。频率响应是 ω 的周期为 $2\pi/L$ 的周期函数的传输函数 $H(z)$称为**周期滤波器**。

若 $F(z)$是具有单通带和单阻带的低通滤波器，则 $H(z)$将是具有$\left\lfloor \frac{L}{2} \right\rfloor+1$ 个通带和$\left\lceil \frac{L}{2} \right\rceil$个阻带的多频带滤波器，图 10.33 给出了 $L=4$ 的情况。若 $F(z)$是低通滤波器，其通带和阻带边界分别为 $\omega_p^{(F)}$ 和 $\omega_s^{(F)}$，其中 $\omega_s^{(F)}<\pi$，因此 $H(z)=F(z^L)$的第一个频带的通带和阻带边界分别为 $\omega_p^{(F)}/L$ 和 $\omega_s^{(F)}/L$。类似地，其第二个频带的通带和阻带边界分别为 $(2\pi\pm\omega_p^{(F)})/L$ 和 $(2\pi\pm\omega_s^{(F)})/L$，以此类推。$H(z)$的过渡带宽为 $(\omega_s^{(F)}-\omega_p^{(F)})/L$，它是 $F(z)$的过渡带宽的 $\frac{1}{L}$。

同样，通过用 z^{-L}代替式(10.94)中 $E(z)$的 z^{-1}，其中 L 是一个正整数，可以得到传输函数 $G(z)$为

$$\begin{aligned} G(z) &= E(z^L) = z^{-NL/2} - F(z^L) \\ &= z^{-NL/2} - \sum_{n=0}^{N} f[n]z^{-nL} \end{aligned} \tag{10.97}$$

可以将 $G(z)$的振幅响应与 $H(z)$和 $F(z)$的振幅响应联系起来，如下所示：

$$\breve{G}(\omega) = 1 - \breve{H}(\omega) = 1 - \breve{F}(L\omega) \tag{10.98}$$

图 10.33 也给出了延迟互补滤波器 $E(z)$和周期滤波器 $G(z)=E(z^L)$的振幅响应。

① 该方法用于设计梳状滤波器，如 7.4.6 节所述。

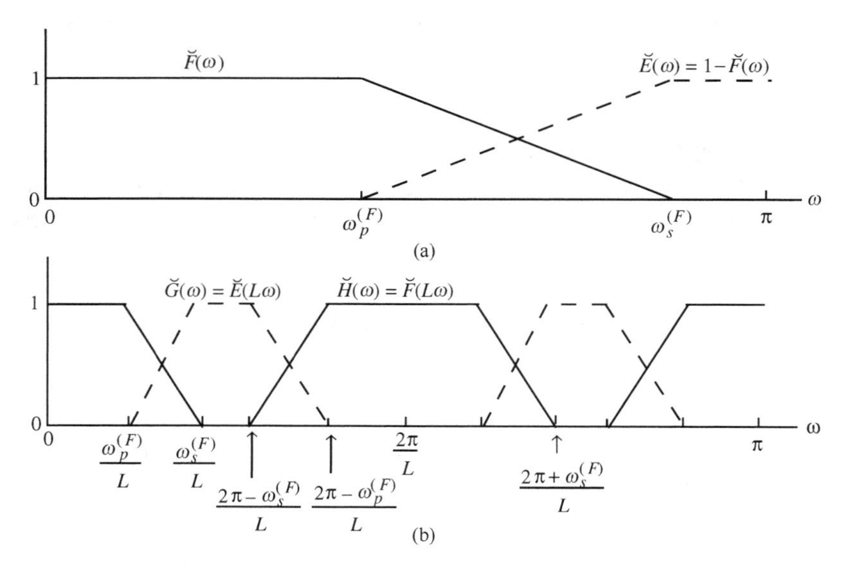

图 10.33 (a) $F(z)$ 的振幅响应(实线)和 $E(z)$ 的振幅响应(虚线);(b) $L=4$ 时,$H(z)=F(z^L)$ 的振幅响应(实线)和 $G(z)=E(z^L)$ 的振幅响应(虚线)

10.6.2 内插 FIR 滤波器

本方法的主要思想是要设计一个整体滤波器 $H_{\text{IFIR}}(z)$,它是一个具有周期振幅响应的线性相位 FIR 滤波器 $F(z^L)$ 与另一个线性相位 FIR 滤波器 $I(z)$ 的级联滤波器,其中 $I(z)$ 能抑制周期滤波器节中不需要的通带,如图 10.34 所示[Neu84b]。利用此方法可以得到一个单通带滤波器,它比其原 FIR 滤波器 $F(z)$ 具有更陡峭的过渡带宽和更窄的通带,并且整个级联滤波器的过渡带宽和通带带宽分别是 $F(z)$ 的 $1/L$。需要指出的是,滤波器 $F(z^L)$ 具有稀疏的冲激响应,即在 $F(z)$ 的两个连续冲激响应样本对之间有 $L-1$ 个零值样本。参数 L 称为**稀疏因子**,也称为**伸缩因子**。

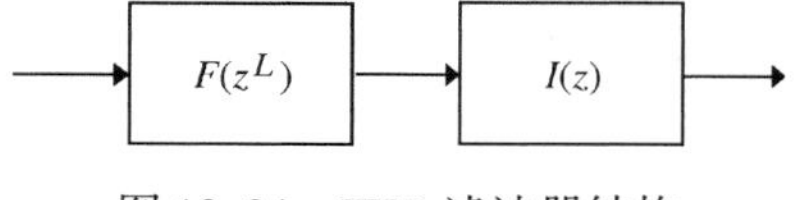

图 10.34 IFIR 滤波器结构

由于其周期滤波器节 $F(z^L)$ 的稀疏冲激响应中缺少的样本可以通过第二个称为内插滤波器的节 $I(z)$ 进行内插得到,这种级联结构称为**内插有限冲激响应**(**IFIR**)滤波器。$I(z)$ 称为**内插器**或**镜像抑制器**。由于滤波器 $F(z)$ 大致决定了 IFIR 滤波器振幅响应的形状,因此 $F(z)$ 称为**成形滤波器**或**模型滤波器**。

设计步骤

给定整体滤波器 $H_{\text{IFIR}}(z)$ 的指标,设计问题就是确定成形滤波器 $F(z)$ 和内插滤波器 $I(z)$ 的指标。为此,我们需要知道稀疏因子 L 的值。由图 10.33(a)可知,实现 $F(z^L)$ 的乘法器和加法器总数和 $F(z)$ 中的相同,这又由 $F(z)$ 的次数决定。由于 FIR 传输函数的次数与其过渡带成反比,由图 10.33(b)可知,L 应该选得尽可能大以使得期望频带的阻带边界和 $F(z^L)$ 的振幅响应中其最近的镜像的阻带边界之间没有重叠。下面给出设计低通 IFIR 滤波器的一种直接方法[Sar93]。

设 IFIR 低通滤波器 $H_{\text{IFIR}}(z)$ 的期望通带和阻带边界分别为 ω_p 和 ω_s,其指定的通带和阻带波纹分别为 δ_p 和 δ_s,则成形滤波器 $F(z)$ 的通带和阻带边界分别为 $\omega_p^{(F)}=L\omega_p$ 和 $\omega_s^{(F)}=L\omega_s$。内插器 $I(z)$ 必须设计为能保持 $F(z^L)$ 的通带在频率范围 $[0,\ \omega_p]$ 内,而在频率范围 $[\omega_s,\ \pi]$ 内(此处,周期子滤波器有不需要的通带和过渡带)对 $F(z^L)$ 的幅度响应进行掩模。由图 10.33(b)可知,后一个区域定义为

$$R_\omega=\bigcup_{k=1}^{\lfloor L/2\rfloor}\left[\frac{2\pi k}{L}-\omega_s,\min\left(\frac{2\pi k}{L}+\omega_s,\pi\right)\right] \tag{10.99}$$

内插器的过渡带为频率范围 $\left[\omega_p, \dfrac{2\pi}{L}-\omega_s\right]$。图 10.35 显示了 $H_{\text{IFIR}}(z)$ 和 $I(z)$ 的振幅响应。

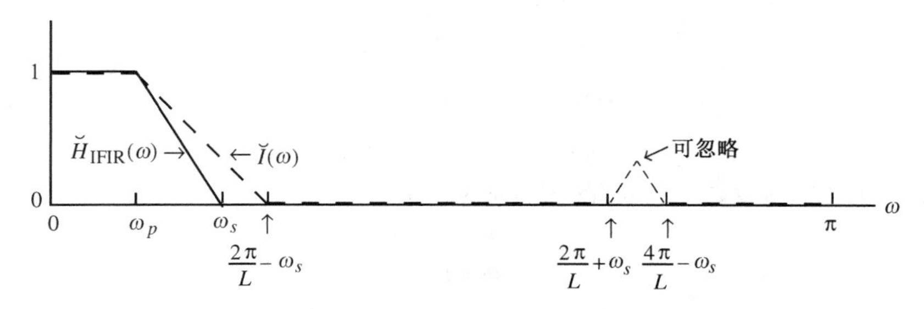

图 10.35　$H_{\text{IFIR}}(z)$ 的振幅响应(实线)和 $I(z)$ 的振幅响应(虚线)

接下来需要确定周期子滤波器和内插器的通带和阻带波纹的近似值，这样，这两个部分的级联才能满足 $H_{\text{IFIR}}(z)$ 的波纹指标。令 $\delta_p^{(F)}$ 和 $\delta_s^{(F)}$ 分别表示成形滤波器 $F(z)$ 的通带和阻带波纹。同样，令 $\delta_p^{(I)}$ 和 $\delta_s^{(I)}$ 分别表示内插器 $I(z)$ 的通带和阻带波纹。为了确保级联的通带波纹满足给定的指标，我们选择

$$\delta_p^{(F)}+\delta_p^{(I)}=\delta_p$$

对于两个滤波器节，其通带波纹值的一种简单选择为

$$\delta_p^{(F)}=\frac{\delta_p}{2},\qquad \delta_p^{(I)}=\frac{\delta_p}{2} \tag{10.100}$$

另外，选择

$$\delta_s^{(F)}=\delta_s^{(I)}=\delta_s \tag{10.101}$$

在级联的阻带比所需要的提供了更多的衰减，因此是安全的。

总之，成形滤波器 $F(z)$ 与内插器 $I(z)$ 的设计指标如下所示：

$$1-\delta_p^{(F)}\leqslant \breve{F}(\omega)\leqslant 1+\delta_p^{(F)},\qquad \omega\in[0,L\omega_p] \tag{10.102a}$$

$$-\delta_s^{(F)}\leqslant \breve{F}(\omega)\leqslant \delta_s^{(F)},\qquad \omega\in[L\omega_s,\pi] \tag{10.102b}$$

$$1-\delta_p^{(I)}\leqslant \breve{I}(\omega)\leqslant 1+\delta_p^{(I)},\qquad \omega\in[0,\omega_p] \tag{10.102c}$$

$$-\delta_s^{(I)}\leqslant \breve{I}(\omega)\leqslant \delta_s^{(I)},\qquad \omega\in R_\omega \tag{10.102d}$$

接下来，可用 Parks-McClellan 算法设计两个线性相位 FIR 滤波器 $F(z)$ 和 $I(z)$，来满足式(10.102a)至式(10.102d)所给定的设计指标，并按照式(10.100)和式(10.101)来选择通带和阻带波纹。

例 10.28 说明 IFIR 滤波器的设计算法。

例 10.28　设计线性相位低通 IFIR 数字滤波器

利用 IFIR 滤波器设计方法，设计一个形如 $F(z^L)I(z)$ 的线性相位低通 FIR 滤波器 $H_{\text{IFIR}}(z)$。滤波器 $H_{\text{IFIR}}(z)$ 的指标如下所示：$\omega_p=0.15\pi$、$\omega_s=0.2\pi$、$\delta_p=0.002$ 和 $\delta_s=0.001$。

首先确定成形滤波器 $F(z)$ 和内插滤波器 $I(z)$ 的指标。$F(z)$ 的通带和阻带边界为

$$\omega_p^{(F)}=L\omega_p=0.15\pi L$$

$$\omega_s^{(F)}=L\omega_s=0.2\pi L$$

由图 10.33 可知，为了保证滤波器 $F(z^L)$ 的相邻通带之间没有混叠，选取的稀疏因子 L 要满足条件

$$\frac{\omega_s^{(F)}}{L}<\frac{2\pi-\omega_s^{(F)}}{L}$$

或等价地

$$0.2\pi<\frac{2\pi}{L}-0.2\pi,\qquad \text{表明} L<5$$

因此，设计本滤波器所选择的稀疏因子的最大值为 $L=4$，从而产生一个需要最少数量乘法器的 IFIR 结构。因

此，成形滤波器 $F(z)$ 和内插器 $I(z)$ 的设计指标为

$$F(z):\omega_p^{(F)}=4\times0.15\pi=0.6\pi,\quad \omega_s^{(F)}=4\times0.2\pi=0.8\pi$$
$$\delta_p^{(F)}=\delta_p/2=0.001,\quad \delta_s^{(F)}=\delta_s=0.001 \tag{10.103a}$$

$$I(z):\omega_p^{(I)}=\omega_p=0.15\pi,\quad \omega_s^{(I)}=\frac{2\pi}{4}-\omega_s=0.3\pi$$
$$\delta_p^{(I)}=\delta_p/2=0.001,\quad \delta_s^{(I)}=\delta_s=0.001 \tag{10.103b}$$

利用函数 firpmord，可得滤波器 $F(z)$ 和 $I(z)$ 的阶数为

$$F(z)\text{的阶数}=32 \tag{10.104a}$$
$$I(z)\text{的阶数}=43 \tag{10.104b}$$

可以证明，若以式(10.104a)和式(10.104b)给出的滤波器阶数，用函数 firpm 来设计成形滤波器 $F(z)$ 和内插器 $I(z)$ 时，所得到的 IFIR 滤波器 $H_{\text{IFIR}}(z)$ 将无法满足指定的最小衰减为 60 dB 的阻带指标。为满足阻带指标，需要将 $F(z)$ 和 $I(z)$ 的阶数分别增加到 33 和 46。重新设计的 IFIR 滤波器的相关增益响应如图 10.36 所示。

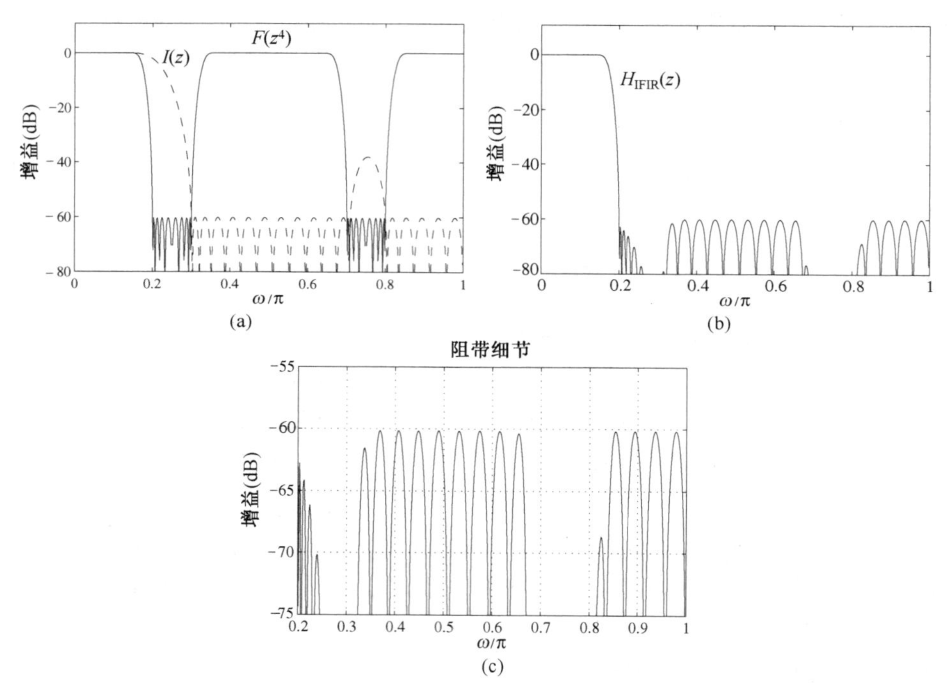

图 10.36　(a) $F(z^4)$ 和 $I(z)$ 的增益响应；(b) $H_{\text{IFIR}}(z)$ 的增益响应；(c) 阻带细节

因此，实现 $F(z)$ 和 $F(z^4)$ 所需的乘法器数目为

$$\mathcal{R}_F=\left\lceil\frac{33+1}{2}\right\rceil=17$$

同样，实现 $I(z)$ 所需的乘法器数目为

$$\mathcal{R}_I=\left\lceil\frac{46+1}{2}\right\rceil=24$$

因此，实现 $H_{\text{IFIR}}(z)=F(z^4)I(z)$ 所需的乘法器的总数为

$$\mathcal{R}_{\text{IFIR}}=17+24=41$$

另一方面，我们注意到，用函数 firpmord 得到的滤波器的直接单级实现的阶数为 122，从而需要 $\lfloor(122+1)/2\rfloor=62$ 个乘法器。因此，IFIR 实现方式节约了大约 34% 的乘法器数目。

稀疏因子的最优值

下面给出一种解析方法来求 L 的近似最优值，它引出了与满足滤波器指标的传输函数的直接型实现相比需要最少数量的乘法器和加法器的一种 IFIR 结构[Meh2004]。由式(10.3)可得，线性相位 FIR 滤波器的阶数 N 的一种估计是通带边界 ω_p、阻带边界 ω_s、通带波纹 δ_p 和阻带波纹 δ_s 的函数

$$N = \frac{D(\delta_p, \delta_s)}{\Delta\omega} \tag{10.105}$$

其中 $\Delta\omega$ 是由 $\omega_s - \omega_p$ 给出的过渡带宽。线性相位 FIR 滤波器的直接型实现中的乘法器总数为

$$\mathcal{R} = \left\lceil \frac{N+1}{2} \right\rceil \tag{10.106}$$

图 10.34 中二级 IFIR 实现形式中的乘法器总数近似为

$$\mathcal{R}_{\text{IFIR}} = \frac{D\left(\frac{\delta_p}{2}, \delta_s\right)}{\Delta\omega} + \frac{D\left(\frac{\delta_p}{2}, \delta_s\right)}{\Delta\omega_I} \tag{10.107}$$

其中 $\omega_I = \left(\frac{2\pi}{L} - \omega_s\right) - \omega_p$ 是内插器的过渡带宽度。将上式重写为

$$\mathcal{R}_{\text{IFIR}} = D\left(\frac{\delta_p}{2}, \delta_s\right) f(L) \tag{10.108}$$

其中

$$f(L) = \left[\frac{1}{L(\omega_s - \omega_p)} + \frac{1}{\left(\frac{2\pi}{L} - \omega_s\right) - \omega_p}\right] \tag{10.109}$$

L 值被限制在范围

$$1 < L < \frac{2\pi}{(\omega_p + \omega_s)} \tag{10.110}$$

之中。

使 $f(L)$ 最小的 L 值就是最优值。为此令 $\mathrm{d}f(L)/\mathrm{d}L$ 等于 0，得到

$$L_{\text{opt}} = \frac{2\pi}{\omega_p + \omega_s + \sqrt{2\pi(\omega_s - \omega_p)}} \tag{10.111}$$

然后选与其最接近的整数值来设计 IFIR 滤波器，其范围在式(10.110)给出的范围内。用来设计 IFIR 滤波器的 L 的最终值可能必须被轻微地增加或减少以保证满足滤波器指标。

例 10.29　求稀疏因子的最优值

求例 10.28 中线性相位 FIR 滤波器的稀疏因子 L 的最优值。滤波器指标为 $\omega_p = 0.15\pi$、$\omega_s = 0.2\pi$、$\delta_p = 0.002$ 和 $\delta_s = 0.001$。把这些值代入式(10.111)，得到 $L = 3.4279$。最近的整数值是 $L = 3$ 和 $L = 4$。

在例 10.28 中我们研究过 $L = 4$ 时 IFIR 滤波器的实现。当 $L = 3$ 时，我们首先求成形滤波器 $F(z)$ 和内插器 $I(z)$ 的指标，并用函数 `firpmord` 计算这两个滤波器的阶数为

$$F(z)\ \text{的阶数} = 43$$
$$I(z)\ \text{的阶数} = 19$$

实现 $F(z)$ 和 $F(z^3)$ 所需的乘法器数目为

$$\mathcal{R}_F = \left\lceil \frac{43+1}{2} \right\rceil = 22$$

同样，实现 $I(z)$ 所需的乘法器数目为

$$\mathcal{R}_I = \left\lceil \frac{19+1}{2} \right\rceil = 10$$

因此，实现 $H_{\text{IFIR}}(z) = F(z^3)I(z)$ 所需的乘法器的总数为

$$\mathcal{R}_{\text{IFIR}} = 22 + 10 = 32$$

这比 $L = 4$ 的情况下的设计所需的量要少。

一种改进的 IFIR 滤波器设计算法

一种改进算法基于用 Parks-McClellan 算法迭代设计成形滤波器 $F(z)$ 和内插器 $I(z)$，直到连续设计之间的差低于某个可接受的误差容限为止，该算法可以得到一个更低阶数的内插器 $I(z)$ 来满足指标[Sar88]：

$$1-\delta_p \leqslant \breve{F}(\omega)\breve{I}(\omega L) \leqslant 1+\delta_p, \qquad \omega \in [0, L\omega_p] \tag{10.112a}$$

$$-\delta_s \leqslant \breve{F}(\omega)\breve{I}(\omega L) \leqslant \delta_s, \qquad \omega \in [L\omega_s, \pi] \tag{10.112b}$$

$$I(0) = 1 \tag{10.112c}$$

$$-\delta_s \leqslant \breve{F}(L\omega)\breve{I}(\omega) \leqslant \delta_s, \qquad \omega \in R_\omega \tag{10.112d}$$

在很多情况下，特别是对于窄带滤波器设计，单独或者级联简单的 FIR 滤波器节可以作为内插器进行使用，从而对滤波器 $F(z^L)$ 的不需要的通带响应进行掩模，与上面给出的方法所得相比，得到的 IFIR 实现需要相当少的乘法器[Neu84b]。为了给中心频率为 $\omega=\pi$ 的通带掩模，可以用一阶低通节 $I_1(z)=\frac{1}{2}(1+z^{-1})$，它在 $z=-1$ 处有一个零点。同样，为了给中心频率为 $\omega=0$ 的通带掩模，可以用一个一阶高通节 $I_2(z)=\frac{1}{2}(1-z^{-1})$，它在 $z=1$ 处有一个零点。为了给中心频率为 ω_o 的通带掩模，可以用一个二阶节 $I_3(z)=\frac{1}{K}(1+2\cos\omega_o z^{-1}+z^{-2})$，它在单位圆上的 $\pi\pm\omega_o$ 处有一对零点。当然，为了使不需要的通带上的衰减更厉害，可以多次使用这种简单的内插器。

利用上面的方法也可以设计一个窄带高通 FIR 滤波器。同样，若要设计一个振幅响应为 $\breve{H}(\omega)$ 的宽带低通(高通)FIR 滤波器 $H(z)$，可以通过首先设计一个其振幅响应为

$$\breve{G}(\omega) = 1 - \breve{H}(\omega)$$

的窄带高通(低通)FIR 滤波器 $G(z)$，然后，再实现其延迟互补滤波器。

用 MATLAB 设计 IFIR 滤波器

M 文件 `ifir` 可以用内插 FIR 滤波器设计窄带低通或高通滤波器。该函数可以通过设计一个延迟互补窄带高通(低通)滤波器来设计宽带低通(高通)滤波器。该函数有多个形式。

其基本形式为`[H, I] = ifir(L, type, F, dev)`，其中 `L` 是稀疏因子，`F` 是指定频带边界的两元素向量。`Dev` 是指定由 `F` 定义的频带中波纹的向量，而 `type` 是一个字符串，对于低通滤波器设计为`'low'`而对于高通滤波器设计为`'high'`。对于窄带低通滤波器或宽带高通滤波器设计，向量 `F` 的第二个元素应该小于 $1/L$，而对于宽带低通滤波器或窄带高通滤波器设计，向量 `F` 的第一个元素应该小于 $1-\frac{1}{L}$。

形式`[H, I, D] = ifir(L, type, F, dev)`另外生成延迟 `D`，在用延迟互补方法设计宽带低通或高通滤波器时，该值是需要的。

在形式`[H, I, D] = ifir(L, type, F, dev, str)`中，字符串 `str` 被用于选择优化水平，这可以用来提供最终结构的设计时间和计算复杂性的折中。字符串 `str` 可以是`'simple'`、`'intermediate'`或者`'advanced'`。最后一个形式通常得到具有最少的乘法器数量的设计。

我们在例 10.30 中说明该函数的使用。

例 10.30 直接设计线性相位低通 IFIR 数字滤波器

重新考虑例 10.28 中 FIR 滤波器的设计。这里用到的代码段为

```
[F,I]=ifir(4,'low',[0.15,0.2],[0.002,0.001]);
```

图 10.37 画出了 $F(z^4)$、$I(z)$ 和 $H_{\rm IFIR}(z)$ 的增益响应函数。其中，$F(z^4)$ 和 $I(z)$ 的冲激响应长度分别为 133 和 46。因此，$F(z)$ 和 $I(z)$ 的滤波器阶数分别为 33 和 45。这样，用来实现 IFIR 滤波器所需的乘法器的总数为 78。

为得到一个计算上更加有效的实现，可用`'advanced'`选项。用到的代码段是

```
[F,I]=ifir(4,'low',[0.15,0.2],[0.002,0.001]),'advanced';
```

利用上述方法计算得到的 $F(z^4)$、$I(z)$ 和 $H_{\rm IFIR}(z)$ 的增益响应函数如图 10.38 所示。现在，$F(z)$ 和 $I(z)$ 的滤波器阶数分别为 31 和 16。因此，实现 IFIR 滤波器所需要的乘法器总数仅为 47。

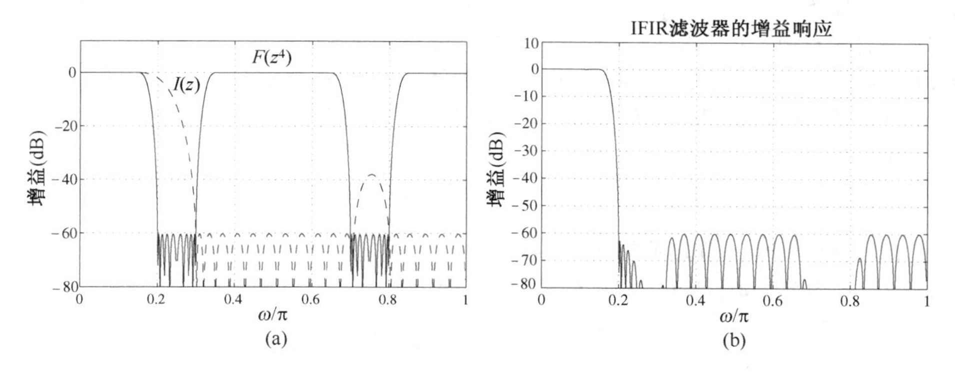

图 10.37　(a) $F(z^4)$ 和 $I(z)$ 的增益响应；(b) $H_{\rm IFIR}(z)$ 的增益响应

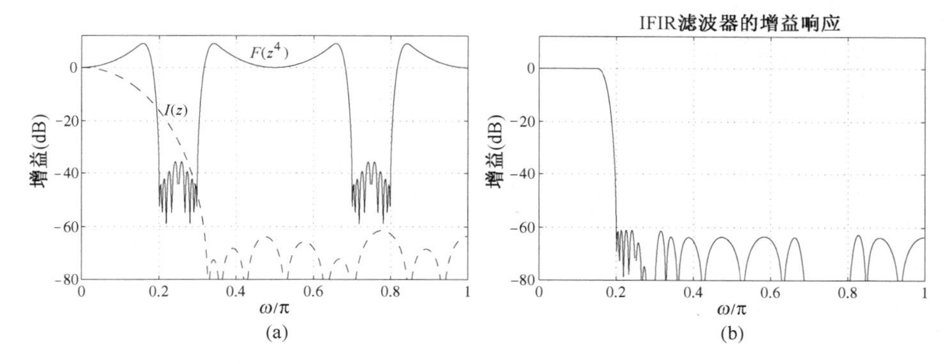

图 10.38　(a) 重新设计的 $F(z^4)$ 和 $I(z)$ 的增益响应；(b) 重新设计的 $H_{\rm IFIR}(z)$ 的增益响应

10.6.3　频率响应掩模方法

该方法利用从偶次 N 的 1 型线性相位 FIR 滤波 $F(z)$ 产生的周期滤波器 $H(z) = F(z^L)$ 以及如式(10.97)给出的其延迟互补滤波器 $G(z)$ 之间的关系。

在典型情况下，$F(z)$ 和其延迟互补滤波器 $E(z)$ 的振幅响应如图 10.33(a) 所示。在 $L = 4$ 时，周期滤波器 $H(z)$ 和其延迟互补周期滤波器 $G(z)$ 的幅度响应如图 10.33(b) 所示。通过将 $H(z)$ 和 $G(z)$ 与适当的掩模滤波器 $I_1(z)$ 和 $I_2(z)$ 级联，来选择性地掩模其不需要的通带，然后将所得的级联并联，可以设计得到一大类具有陡峭的过渡带的 FIR 滤波器[Lim86]。整个滤波器的实现如图 10.39 所示，其传输函数为

$$\begin{aligned} H_{\rm FM}(z) &= H(z)I_1(z) + G(z)I_2(z) \\ &= F(z^L)I_1(z) + [z^{-LN/2} - F(z^L)]I_2(z) \end{aligned} \tag{10.113}$$

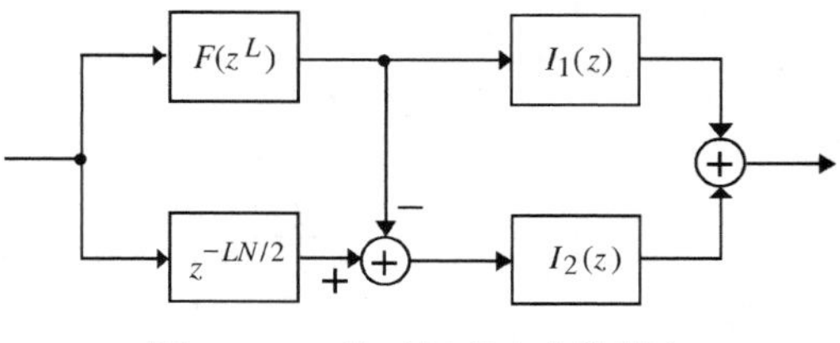

注意，可以通过对实现 $F(z^L)$ 的 FIR 结构进行抽头分接来实现延迟块 $z^{-LN/2}$。类似地，假设 $I_1(z)$ 和 $I_2(z)$ 具有相同的阶数，若它们采用图 8.6(b) 所示的转置直接型结构实现，则它们可以共享相同的延迟链。由式(10.113)可以看出整个滤波器的振幅响应形如

图 10.39　基于频率响应掩模方法的整个滤波器结构

$$\breve{H}_{\rm FM}(\omega) = \breve{F}(L\omega)\breve{I}_1(\omega) + [1 - \breve{F}(L\omega)]\breve{I}_2(\omega) \tag{10.114}$$

这里的整体计算复杂度主要由成形滤波器 $F(z)$ 和两个掩模滤波器 $I_1(z)$ 和 $I_2(z)$ 的复杂度给出。对于 IFIR 的滤波器结构，所有这三个滤波器都具有宽的过渡带，并且通常，与具有期望的陡峭过渡带的滤波器的直接设计相比，需要相对较少的乘法器和加法器。

设计步骤

给定 $H_{FM}(z)$ 的指标，这里，设计问题就是确定子滤波器 $F(z)$、$I_1(z)$ 和 $I_2(z)$ 的指标。这里，考虑一个低通滤波器的设计。然而，可以非常容易地修改设计过程来设计其他类型的滤波器。如下所示，对于低通滤波器设计，根据 $H_{FM}(z)$ 的过渡带如何生成，会出现两种不同的情况。

若过渡带来自于 $H(z)$ 的过渡带，称为情况 A，则 $H_{FM}(z)$ 的频带边界通过下式与 $F(z)$ 的频带边界相联系(参见图 10.40)：

$$\omega_p = \frac{2\ell\pi + \omega_s^{(F)}}{L}, \qquad \omega_s = \frac{2\ell\pi + \omega_p^{(F)}}{L} \tag{10.115}$$

其中，$\omega_p^{(F)}$ 和 $\omega_s^{(F)}$ 分别表示 $F(z)$ 的通带和阻带边界，且 $2 \leqslant \ell \leqslant L-1$。另一方面，若过渡带来自于 $G(z)$ 的过渡带中的一个，称为情况 B，则 $H_{FM}(z)$ 的频带边界通过下式与 $F(z)$ 的频带边界相联系(参见图 10.41)：

$$\omega_p = \frac{2\ell\pi - \omega_p^{(F)}}{L}, \qquad \omega_s = \frac{2\ell\pi - \omega_s^{(F)}}{L} \tag{10.116}$$

例 10.31 将说明用以上方法来设计 FIR 滤波器。

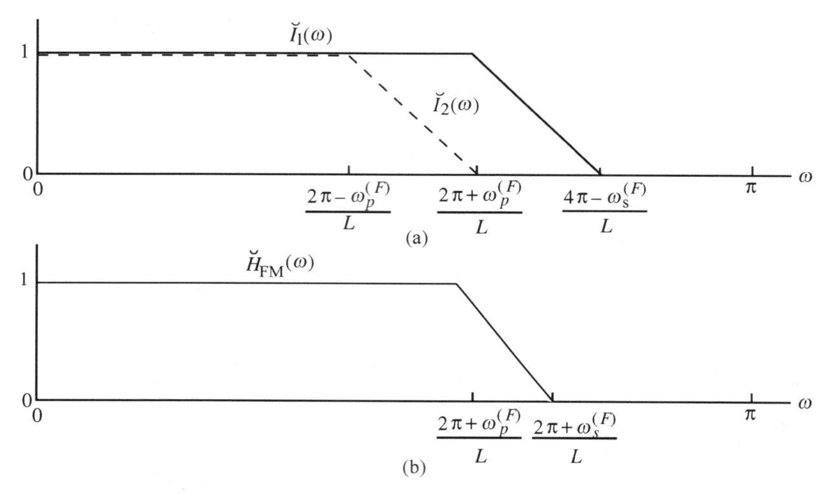

图 10.40　情况 A：(a) $I_1(z)$ 和 $I_2(z)$ 的振幅响应；(b) 整个滤波器 $H_{FM}(z)$ 的振幅响应

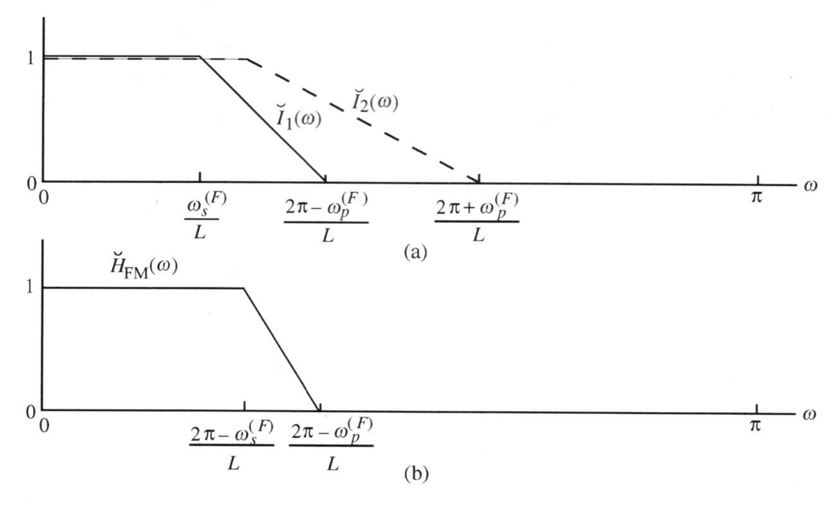

图 10.41　情况 B：(a) $I_1(z)$ 和 $I_2(z)$ 的振幅响应；(b) 整个滤波器 $H_{FM}(z)$ 的振幅响应

例 10.31　利用频率响应掩模方法设计低通 FIR 数字滤波器

我们利用频率响应掩模方法来设计线性相位低通 FIR 滤波器 $H_{FM}(z)$。滤波器 $H_{FM}(z)$ 的指标如下：$\omega_p = 0.4\pi$、$\omega_s = 0.402\pi$、$\delta_p = 0.01$ 和 $\delta_s = 0.0001$[Sar93]。

用函数 `firpmord` 得到低通滤波器的直接单级实现的阶数 N 为 3093，若利用系数对称，则需要 1548 个乘法器。若要设计 $H_{FM}(z)$，参数 L 的最优值在范围 $3 \leqslant L \leqslant 29$ 之内。为了求 L 的最优值来得到具有最少数量乘法器的结构，我们对该范围内的所有 L 值计算实现成形滤波器 $F(z)$ 及掩模滤波器 $I_1(z)$ 和 $I_2(z)$ 所需的乘法器的值。表 10.3 列出了对每一个 L 值、ℓ 的值、成形滤波器 $F(z)$ 的通带和阻带边界，用函数 `firpmord` 分别得到的滤波器 $F(z)$、$I_1(z)$ 和 $I_2(z)$ 的阶数估计值 N_F、N_{I_1} 和 N_{I_2}。该表还给出了用于实现 $H_{FM}(z)$ 所需的乘法器总数 $\mathcal{R}_M$，即

$$\mathcal{R}_M = \frac{N_F}{2} + 1 + \left\lfloor \frac{N_{I_1} + 2}{2} \right\rfloor + \left\lfloor \frac{N_{I_2} + 2}{2} \right\rfloor \tag{10.117}$$

在选择稀疏因子 L 的最优值时，成形和掩模滤波器的阶数或这些滤波器的计算复杂度之间有一个折中。增大 L 值会减少成形滤波器 $F(z)$ 中的乘法器数目，从而增加掩模滤波器 $I_1(z)$ 和 $I_2(z)$ 中乘法器数目。若有不同的 L 值对应于整体滤波器结构中相同数目的乘法器，则应该选择使得 $F(z)$ 中的乘法器数目小于 $I_1(z)$ 和 $I_2(z)$ 中的乘法器总数的那一个 L 值[Sar93]。从表 10.3 可以观察到，L 的最优值为 16，此时乘法器总数为 $\mathcal{R}_M = 229$，这大约是直接单级实现所需总数的 15%。然而，整体滤波器的阶数增加到了 3664，增加了 14%。

表 10.3　作为 L 的函数的乘法器总数

L	ℓ	情况	$\omega_p^{(F)}$	$\omega_s^{(F)}$	N_F	N_{I_1}	N_{I_2}	$\mathcal{R}_M$
3	1	B	0.794	0.800	1166	51	11	616
4	1	B	0.392	0.400	876	22	36	470
6	1	A	0.400	0.412	584	35	51	337
7	1	A	0.800	0.814	500	127	29	330
8	2	B	0.784	0.800	438	135	35	306
9	2	B	0.382	0.400	390	51	81	263
11	2	A	0.400	0.422	318	65	95	241
12	2	A	0.800	0.824	292	223	51	285
13	3	B	0.774	0.800	270	214	58	274
14	3	B	0.372	0.400	250	80	128	232
16	3	A	0.400	0.432	220	96	136	229
17	3	A	0.800	0.834	206	325	73	304
18	4	B	0.764	0.800	196	289	81	285
19	4	B	0.362	0.400	184	107	175	235
21	4	A	0.400	0.442	168	127	175	237
22	4	A	0.800	0.844	160	433	95	346
23	5	B	0.754	0.800	152	361	105	311
24	5	B	0.352	0.400	146	135	223	254
26	5	A	0.400	0.452	136	159	215	257
27	5	A	0.800	0.854	130	546	114	398
28	6	B	0.744	0.800	126	430	128	345
29	6	B	0.342	0.400	122	161	275	281

表 10.3 所列出的参数可以由函数 `firpm` 得到。由于该函数利用 Remez 交换算法，需要对权重和增益参数不断调整来保证满足滤波器设计指标[Lim86]。通过用函数 `firpm` 调整成形滤波器的长度和权重，可以得到成形滤波器和两个掩模滤波器的阶数值：$N_F = 240$、$N_{I_1} = 96$ 和 $N_{I_2} = 136$。在最终的设计中，乘法器总数增加到了 240，而成形滤波器的阶数为 3840。最终滤波器 $H_{FM}(z)$ 的增益响应如图 10.42 所示。注意，对用函数 `firpm` 的直接设计，FIR 滤波器阶数增加到了 3892。

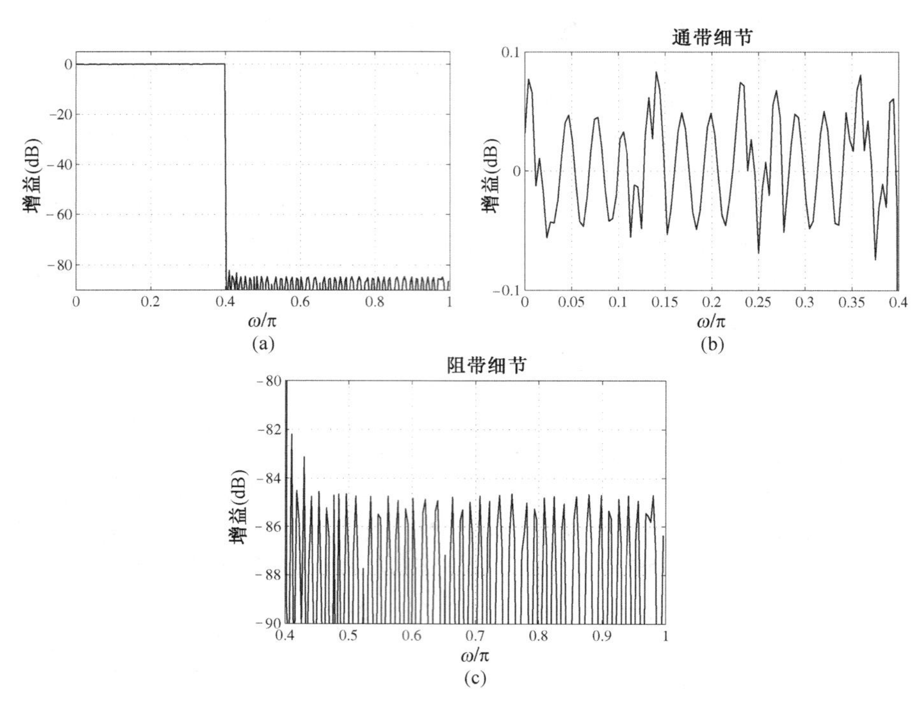

图 10.42 (a) $H_{FM}(z)$的增益响应;(b)通带细节;(c)阻带细节

10.7 小结

本章介绍了有限冲激响应(FIR)因果数字滤波器的设计，FIR 滤波器设计是根据数字滤波器的指标直接实现的。本章所给出的方法基于对期望频率响应的截短傅里叶级数展开，同时还介绍了一些满足理想频率响应指标的傅里叶级数系数的计算方程。为了降低吉布斯现象的影响，可以用合适的窗来进行截短。本章介绍了一些常用的窗及其性质。通过使通带和阻带间平滑过渡，也可以降低吉布斯现象的影响。

接下来介绍了 Parks-McClellan 算法的基本理论，该算法可以设计一个具有等波纹通带和阻带幅度响应的线性相位 FIR 传输函数，并且使用 Remez 优化算法。然后，因为与等效的线性相位 FIR 滤波器相比，最小相位 FIR 滤波器通常具有较少的滤波器阶数和较小的群延迟，因此给出了一种简单的滤波器设计方法，来设计最小相位 FIR 滤波器。

本章还讨论了在 MATLAB 的**信号处理工具箱**中以 M 文件形式给出的 FIR 数字滤波器的设计函数。除了设计最小相位 FIR 滤波器，还给出了基于加窗傅里叶级数法和 Parks-McClellan 算法的线性相位滤波器的设计函数。最后，给出了具有较少乘法器的计算高效的 FIR 滤波器的两种设计方法。

MATLAB 的**滤波器设计工具箱**中有大量的 M 文件有助于 FIR 数字滤波器的设计。该工具箱在许多实际的应用中都非常有用。

10.8 习题

10.1 用 Parks-McClellan 方法设计一个阶数为 $N=71$ 的低通 FIR 滤波器，其过渡带为 $\omega_s-\omega_p=0.04\pi$。若分别用:(a)由式(10.3)给出的 Kaiser 方程;(b)由式(10.4)给出的 Bellanger 方程及(c)由式(10.5)给出的 Hermann 方程来估计滤波器的阶数，求所设计滤波器的近似的阻带衰减 α_s(以 dB 为单位)和相对应的阻带波纹值 δ_s。假设通带和阻带波纹值相等。

10.2 用基于 Kaiser 窗的方法设计的滤波器重做习题 10.1。

10.3 推导下面理想数字滤波器的冲激响应系数：

(a) 由式(10.17)给出的高通滤波器 $h_{HP}[n]$

(b) 由式(10.19)给出的高通滤波器 $h_{BP}[n]$

(c) 由式(10.21)给出的高通滤波器 $h_{BS}[n]$

10.4 若一个零相移多频带滤波器的频率响应 $H_{ML}(e^{j\omega})$ 由式(10.22)定义并如图 10.1 所示，验证式(10.23)给出的冲激响应系数 $h_{ML}[n]$ 的表达式。

10.5 证明由式(10.24)定义的频率响应 $H_{HT}(e^{j\omega})$ 的理想希尔伯特变换器的冲激响应 $h_{HT}[n]$ 为式(10.25)。由于冲激响应是双向无限的，因此，理想的离散时间希尔伯特变换器不可实现。为了使它可实现，冲激响应必须截短到 $|n| \leq M$。截短后的冲激响应属于哪一类线性相位 FIR 滤波器？

10.6 设 $\mathcal{H}\{\cdot\}$ 表示由

$$\mathcal{H}\{x[n]\} = \sum_{\ell=-\infty}^{\infty} h_{HT}[n-\ell]x[\ell]$$

定义的希尔伯特变换理想算子，其中，$h_{HT}[n]$ 由式(10.25)给出。求下面的量：

(a) $\mathcal{H}\{\mathcal{H}\{\mathcal{H}\{\mathcal{H}\{\mathcal{H}\{\mathcal{H}\{x[n]\}\}\}\}\}\}$，(b) $\sum_{\ell=-\infty}^{\infty} x[\ell]\ \mathcal{H}\{x[\ell]\}$

10.7 设 $h_{LP}[n]$ 表示一个截止频率为 $\omega_c = \pi/2$ 的理想低通滤波器的冲激响应，证明一个理想希尔波特变换器[Che2001]的冲激响应为

$$h_{HT}[n] = (-1)^n 2h_{LP}[2n]$$

若 $h_{LP}[n]$ 为一个阶数为 N 的因果 1 型 FIR 低通滤波器的冲激响应，且 $M = N/2$ 为奇数，请证明利用上述关系式得到的希尔伯特变换器是一个 M 阶的因果 3 型 FIR 滤波器。

10.8 证明式(10.26)定义的频率响应 $H_{DIF}(e^{j\omega})$ 为理想微分器具有如式(10.27)的冲激响应 $h_{DIF}[n]$。由于冲激响应是双向无限的，理想离散时间微分器不可实现。为了使它能实现，冲激响应必须被截短到 $|n| \leq M$。截短后的冲激响应属于哪一类线性相位 FIR 滤波器呢？

10.9 通过对式(10.17)给出的理想高通滤波器的冲激响应 $h_{HP}[n]$ 进行截短和移位，得到一个长为 $N = 2M+1$ 的因果高通 FIR 滤波器，推导其冲激响应 $\hat{h}_{HP}[n]$ 的表达式。证明式(10.15)给出的因果低通 FIR 滤波器 $\hat{h}_{LP}[n]$ 和 $\hat{h}_{HP}[n]$ 是延迟互补对。

10.10 确定由如图 P10.1(a)所示的频率响应描述的零相移理想线性低通滤波器的冲激响应 $h_{LLP}[n]$。

10.11 确定由如图 P10.1(b)所示的频率响应描述的零相移理想带限微分器的冲激响应 $h_{BLDIF}[n]$。

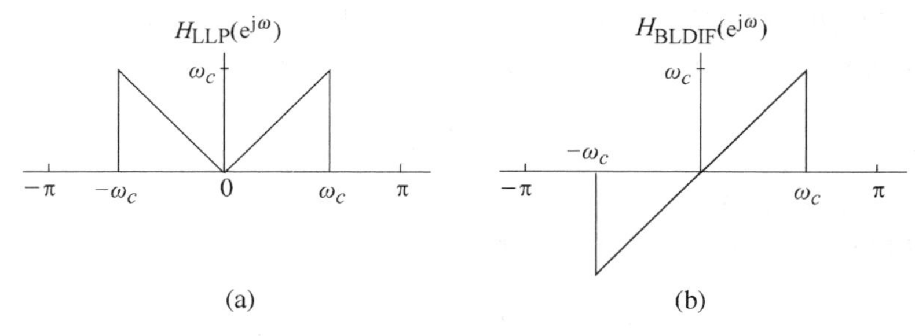

图 P10.1

10.12 理想**陷波器** $H_{notch}(z)$ 的幅度响应定义为

$$|H_{notch}(e^{j\omega})| = \begin{cases} 0, & |\omega| = \omega_o \\ 1, & \text{其他} \end{cases} \tag{10.118}$$

其中，ω_o 是**陷波频率**。求它的冲激响应 $h_{notch}[n]$[Yu90]。

10.13 通带边界为 ω_p、阻带边界为 ω_s 以及具有升余弦过渡函数的零相移低通滤波器的频率响应为[Bur92]，[Par87]

$$H_{\mathrm{LP}}(e^{j\omega}) = \begin{cases} 1, & 0 \leqslant |\omega| < \omega_p \\ \frac{1}{2}\left(1+\cos\left(\frac{\pi(\omega-\omega_p)}{\omega_s-\omega_p}\right)\right), & \omega_p \leqslant |\omega| \leqslant \omega_s \\ 0, & \omega_s < |\omega| < \pi \end{cases} \tag{10.119}$$

证明它的冲激响应形如

$$h_{\mathrm{LP}}[n] = \left[\frac{\cos(\Delta\omega n/2)}{1-(\Delta\omega/\pi)^2 n^2}\right]\cdot\frac{\sin(\omega_c n)}{\pi n} \tag{10.120}$$

其中，$\Delta\omega=\omega_s-\omega_p$且$\omega_c=(\omega_p+\omega_s)/2$。

10.14 设$h_d[n]$，$-\infty<n<\infty$表示频率响应为$H_d(e^{j\omega})$的零相移滤波器的冲激响应样本值。在10.2.1节中，我们已经证明将$h_d[n]$与矩形窗函数$w_R[n]$，$-M\leqslant n\leqslant M$相乘得到的零相移FIR滤波器$h_t[n]$，$-M\leqslant n\leqslant M$具有式(10.9)定义的最小积分平方误差Φ_R。设Φ_{Hann}表示当用长度为$2M+1$的Hann窗设计得到的FIR滤波器的积分误差函数，请确定超量误差$\Phi_{\mathrm{excess}}=\Phi_R-\Phi_{\mathrm{Hann}}$的表达式。

10.15 若用汉明窗函数代替Hann窗函数，重做习题10.14。

10.16 设$h_{\mathrm{HB}}[n]$表示截止频率在$\omega_c=\pi/2$的理想低通滤波器的冲激响应。用$h_{\mathrm{HB}}[n]$表示理想离散时间希尔伯特变换器$h_{\mathrm{HT}}[n]$的冲激响应和理想离散时间微分器$h_{\mathrm{DIF}}[n]$的冲激响应[Dut89]。

10.17 根据下面给出的低通滤波器设计的指标，设计一个具有最小滤波器长度的FIR滤波器，满足基于固定窗函数方法的设计指标，并用MATLAB画出其幅度响应。

(a) $\omega_p=0.42\pi$，$\omega_s=0.58\pi$，$\delta_p=0.002$，$\delta_s=0.008$

(b) $\omega_p=0.65\pi$，$\omega_s=0.76\pi$，$\delta_p=0.002$，$\delta_s=0.004$

10.18 用基于固定窗函数的方法设计一个满足以下设计指标的具有最小长度的带通FIR滤波器：$\omega_{p1}=0.4\pi$，$\omega_{p2}=0.55\pi$，$\omega_{s1}=0.25\pi$，$\omega_{s2}=0.75\pi$，$\delta_p=0.02$，$\delta_{s1}=0.006$，$\delta_{s2}=0.008$，其中δ_{s1}和δ_{s2}分别表示下阻带和上阻带的波纹值。用MATLAB画出该滤波器的幅度响应。

10.19 用基于固定窗函数的方法设计一个满足以下设计指标的具有最小长度的带阻FIR滤波器：$\omega_{p1}=0.33\pi$，$\omega_{p2}=0.8\pi$，$\omega_{s1}=0.5\pi$，$\omega_{s2}=0.7\pi$，$\delta_{p1}=0.008$，$\delta_{p2}=0.01$，$\delta_s=0.03$，其中δ_{p1}和δ_{p2}分别表示下通带和上通带的波纹值。用MATLAB画出该滤波器的幅度响应。

10.20 式(10.33)到式(10.35)给出的长度为$(2M+1)$的Hann窗、汉明窗和布莱克曼窗序列都具有升余弦窗的形式并且可以表示为

$$w_{\mathrm{GC}}[n] = \left[\alpha+\beta\cos\left(\frac{2\pi n}{2M+1}\right)+\gamma\cos\left(\frac{4\pi n}{2M+1}\right)\right]w_R[n] \tag{10.121}$$

其中，$w_R[n]$是一个长度为$(2M+1)$的矩形窗序列。用矩形窗$\Psi_R(e^{j\omega})$的傅里叶变换来表示上面推广的余弦窗的傅里叶变换。由该表达式，求出Hann窗、汉明窗和布莱克曼窗序列的傅里叶变换。

10.21 设计一个逼近分数延迟z^{-D}的FIR数字滤波器：

$$z^{-D} \approx \sum_{n=0}^{N} h[n]z^{-n}$$

其中，延迟D是一个正的有理实数。

(a) 证明用拉格朗日内插法①得到的滤波器系数为[Laa96]

$$h[n] = \prod_{\substack{k=0\\k\neq n}}^{N}\frac{D-k}{n-k}, \qquad 0\leqslant n\leqslant N$$

(b) 设计一个长度为21的FIR分数延迟滤波器，它延迟90/13个样本。用MATLAB画出所设计的滤波器和一个理想分数延迟滤波器的群延迟响应并分析你的结果。

10.22 一个理想零相移梳状滤波器在基频ω_o处有一个陷波，且其谐波的频率响应为

$$H_{\mathrm{comb}}(e^{j\omega}) = \begin{cases} 0, & \omega=k\omega_o,\ 0\leqslant k\leqslant M \\ 1, & \text{其他} \end{cases} \tag{10.122}$$

① 参见13.5.2节。

若梳状滤波器的输入形如 $x[n]=s[n]+r[n]$，其中，$s[n]$是期望信号而 $r[n]=\sum_{k=0}^{M}A_k\sin(k\omega_o n+\phi_k)$ 是基频为 ω_o的谐波干扰，则梳状滤波器抑制干扰并生成 $s[n]$作为其输出。设 $D=2\pi/\omega_o$表示分数样本延迟。

(a)证明 $r[n-D]=r[n]$。

(b)接下来，计算滤波器 $H(z)=1-z^{-D}$对输入 $x[n]$的输出 $y[n]$，证明 $y[n]$不包含任何谐波干扰。

(c)尽管滤波器 $H(z)=1-z^{-D}$完全消除了谐波干扰，但它在频率 $\omega\neq k\omega_o$处也没有单位幅度响应，因此，在其输出引起信号失真。按

$$H_C(z)=\frac{1-z^{-D}}{1-\rho^D z^{-D}}$$

修改滤波器可以消除 $H(z)$的通带中的失真[Pei98]。其中 $0<\rho<1$。在实际中，ρ 应该接近 1。用 MATLAB 画出当 $\omega_o=0.22\pi$和 $\rho=0.99$ 时 $H_c(z)$的幅度响应。

(d)生成改进的梳状滤波器 $H_c(z)$的有效实现。

10.23　用习题 10.22 的方法和习题 10.21 的 FIR 分数延迟滤波器设计方法，设计一个 $\omega_o=0.16\pi$和 $\rho=0.9$ 的 20 阶梳状滤波器。用 MATLAB 画出所设计的滤波器的幅度响应。

10.24　用习题 10.22 的方法和习题 9.34 的全通分数延迟滤波器设计方法，设计一个 $\omega_o=0.16\pi$和 $\rho=0.9$ 的 10 阶 IIR 梳状滤波器。用 MATLAB 画出所设计的滤波器的幅度响应。

10.25　以一阶样条作为过渡函数，对图 10.13(a)中零相移修正低通滤波器的频率响应 $H_{LP}(e^{j\omega})$进行离散时间傅里叶逆变换，证明其冲激响应表达式 $h_{LP}[n]$如式(10.46)。证明通过对图 10.13(b)的导数函数 $G(e^{j\omega})$进行离散时间傅里叶逆变换，并利用表 3.3 给出的变换后频率的微分性质，也可以得到式(10.46)给出的 $h_{LP}[n]$。

10.26　证明若零相移修正后的低通滤波器以 P 阶样条作为过渡函数，则其冲激响应 $h_{LP}[n]$由式(10.47)给出。

10.27　在很多应用中，需要用一个 N 次平滑多项式 $x_a(t)$对一组 $2L+1$ 个等间隔数据样本 $x[n]$进行拟合，其中 $N<2L$。在最小二乘拟合方法中，确定多项式系数 α_i，$i=0,1,\cdots,N$，以使得均方误差

$$\varepsilon(\alpha_i)=\sum_{k=-L}^{L}\{x[k]-x_a(k)\}^2 \tag{10.123}$$

最小[Ham89]。在利用最小二乘法对一个非常长的数据序列 $x[n]$进行平滑时，每组连续 $2L+1$ 个数据样本的中心样本用能使相应的均方误差最小的多项式系数来代替。

(a)设计当 $N=1$ 和 $L=5$ 时的平滑算法，并且证明它是一个长度为 5 的滑动平均 FIR 滤波器。

(b)设计当 $N=2$ 和 $L=5$ 时的平滑算法。该算法属于哪种类型的数字滤波器?

(c)通过比较前两个 FIR 平滑滤波器的频率响应，选择具有更好平滑特性的滤波器。

10.28　一种改进的平滑算法是 Spencer 的 15 点平滑方程，为[Ham89]

$$\begin{aligned}y[n]=\tfrac{1}{320}\{&-3x[n-7]-6x[n-6]-5x[n-5]+3x[n-4]+21x[n-3]\\&+46x[n-2]+67x[n-1]+74x[n]+67x[n+1]+46x[n+2]\\&+21x[n+3]+3x[n+4]-5x[n+5]-6x[n+6]-3x[n+7]\}\end{aligned} \tag{10.124}$$

求它的频率响应，并将它与习题 10.27 中的两个平滑滤波器进行比较，说明为什么 Spencer 的算法产生了更好的结果。

10.29　在习题 9.3 中，我们介绍了由很多相同滤波器组成的级联滤波。当级联滤波器比单滤波器具有更大的阻带衰减时，它也增加了通带波纹并因此对于一个给定的最大通带偏离，有效地减少了通带宽度。对于一个具有对称冲激响应的 FIR 滤波器 $H(z)$，通过使用**滤波器成形法**可以改善通带和阻带的性能[Kai77]，此时，整个系统 $G(z)$实现为

$$G(z)=\sum_{\ell=1}^{L}\alpha_\ell[H(z)]^\ell \tag{10.125}$$

其中$\{\alpha_\ell\}$是实常数。在本题中，对于一个给定的 L，我们将简要介绍权系数$\{\alpha_\ell\}$的选择方法。从上面

可知，$G(z)$也是一个具有对称冲激响应的FIR滤波器。设$H(z)$在给定的角频率ω处的振幅响应为特定值x。若$P(x)$表示$G(z)$在ω处的振幅响应的值，则可通过

$$P(x) = \sum_{\ell=1}^{L} \alpha_\ell x^\ell \tag{10.126}$$

将它与x联系起来。$P(x)$称为**振幅变换函数**。对于一个有界实传输函数$H(z)$，$0 \leq x \leq 1$，其中，$x=0$在阻带而$x=1$在通带。若我们进一步希望$G(z)$是一个有界实传输函数，则振幅变换函数必须满足两个基本的特性，即$P(0)=0$和$P(1)=1$。振幅变换函数的其他条件是通过在$x=0$和$x=1$处限制它的斜率的行为来得到的。为了提高$G(z)$在阻带的性能，要保证

$$\left.\frac{\mathrm{d}^k P(x)}{\mathrm{d}x^k}\right|_{x=0} = 0, \quad k = 1, 2, \cdots, n \tag{10.127}$$

为了提高$G(z)$在通带的性能，要保证

$$\left.\frac{\mathrm{d}^k P(x)}{\mathrm{d}x^k}\right|_{x=1} = 0, \quad k = 1, 2, \cdots, m \tag{10.128}$$

其中，$m+n=L-1$。分别求出$L=3$、4和5时的系数$\{\alpha_\ell\}$。

10.30　在FIR滤波器的频率抽样方法中，首先在M个等间隔点$\omega_k=2\pi k/M$，$0 \leq k \leq M-1$上对指定的频率响应$H_d(\mathrm{e}^{\mathrm{j}\omega})$进行均匀抽样，得到$M$个**频率样本**$H[k]=H_d(\mathrm{e}^{\mathrm{j}\omega_k})$。这$M$个频率样本组成了$M$点离散傅里叶变换$H[k]$，其$M$点离散傅里叶逆变换产生了长度为$M$的FIR滤波器的冲激响应系数$h[n]$[Gol69a]。这里基本假设，指定的频率响应可以由M个频率样本来唯一描述，因此，就可以根据这些样本完全恢复。

(a)证明FIR滤波器的传输函数$H(z)$可以表示为

$$H(z) = \frac{1-z^{-M}}{M} \sum_{k=0}^{M-1} \frac{H[k]}{1-W_M^{-k} z^{-1}}$$

(b)生成一个基于上式的FIR滤波器实现。

(c)证明通过频率抽样法设计出来的FIR滤波器的频率响应$H(\mathrm{e}^{\mathrm{j}\omega})$在$\omega_k=2\pi k/M$，$0 \leq k \leq M-1$处恰好有给定的频率样本$H(\mathrm{e}^{\mathrm{j}\omega_k})=H[k]$。

10.31　设$|H_d(\mathrm{e}^{\mathrm{j}\omega})|$表示长度为$M$的实线性相位FIR滤波器的幅度响应。

(a)当M是奇数时(1型FIR滤波器)，证明基于频率抽样法设计的离散傅里叶变换样本$H[k]$为

$$H[k] = \begin{cases} |H_d\left(\mathrm{e}^{\mathrm{j}2\pi k/M}\right)|\,\mathrm{e}^{-\mathrm{j}2\pi k(M-1)/2M}, & k=0,1,\cdots,\frac{M-1}{2} \\ |H_d\left(\mathrm{e}^{\mathrm{j}2\pi k/M}\right)|\,\mathrm{e}^{\mathrm{j}2\pi(M-k)(M-1)/2M}, & k=\frac{M+1}{2},\cdots,M-1 \end{cases} \tag{10.129}$$

(b)当M是偶数时(2型FIR滤波器)，证明基于频率抽样法设计的离散傅里叶变换样本$H[k]$为

$$H[k] = \begin{cases} |H_d\left(\mathrm{e}^{\mathrm{j}2\pi k/M}\right)|\,\mathrm{e}^{-\mathrm{j}2\pi k(M-1)/2M}, & k=0,1,\cdots,\frac{M}{2}-1 \\ 0, & k=\frac{M}{2} \\ |H_d\left(\mathrm{e}^{\mathrm{j}2\pi k/M}\right)|\,\mathrm{e}^{\mathrm{j}2\pi(M-k)(M-1)/2M}, & k=\frac{M}{2}+1,\cdots,M-1 \end{cases} \tag{10.130}$$

10.32　利用频率抽样法，设计一个长度为21的线性相位FIR低通滤波器，其通带边界为$\omega_p=0.6\pi$。假设期望的幅度响应具有理想的矩形特性。

(a)用式(10.129)产生所求频率样本的准确值。

(b)用MATLAB画出所求滤波器的幅度响应。

10.33　利用频率抽样法，设计一个长度为37的线性相位FIR低通滤波器，其通带边界为$\omega_p=0.45\pi$。假设期望的幅度响应具有理想的矩形特性。

(a)用式(10.129)产生所求的频率样本的准确值。

(b)用MATLAB画出所求滤波器的幅度响应。

10.34　考虑振幅响应由式(10.57)给出的3型线性相位FIR滤波器。证明若振幅响应是对称的，即$\breve{H}(\omega)=$

$\breve{H}(\pi-\omega)$，那么，有可能选择式(10.57)的参数 $c[k]$ 使得偶序号冲激响应 $h[n]$ 为零 。

10.35　通过求解式(10.73)，得到式(10.74)中的 ε 值。

10.36　确定用 Parks-McClellan 方法设计一个 1 型线性相位低通 FIR 滤波器的权函数 $W(\omega)$，来满足以下设计指标：$\omega_p=0.4\pi$，$\omega_s=0.55\pi$，$\delta_p=0.18$，$\delta_s=0.035$。

10.37　确定用 Parks-McClellan 方法设计一个 1 型线性相位高通 FIR 滤波器的权函数 $W(\omega)$，来满足以下设计指标：$\omega_p=0.8\pi$，$\omega_s=0.65\pi$，$\delta_p=0.04$，$\delta_s=0.015$。

10.38　确定用 Parks-McClellan 方法设计一个 1 型线性相位带通 FIR 滤波器的权函数 $W(\omega)$，来满足以下设计指标：$\omega_{p1}=0.5\pi$，$\omega_{p2}=0.65\pi$，$\omega_{s1}=0.4\pi$，$\omega_{s2}=0.8\pi$，$\delta_p=0.001$，$\delta_{s1}=0.006$，$\delta_{s2}=0.004$，其中 δ_{s1} 和 δ_{s2} 分别是下阻带和上阻带的波纹值。

10.39　推导式(10.55)。

10.40　推导式(10.59)。

10.41　推导式(10.63)。

10.42　证明式(10.83a)和式(10.83b)。

10.43　由式(10.67)给出的函数 $A(\omega)$ 的系数 $\tilde{a}[k]$ 如下：$\tilde{a}[k]=\{-5, 8, 6, 4, 2\}$。若这些系数从一个 1 型 FIR 传输函数的冲激响应系数 $h[n]$ 生成，传输函数的阶数是多少？求传输函数系数。

10.44　由式(10.67)给出的函数 $A(\omega)$ 的系数 $\tilde{a}[k]$ 如下：$\tilde{a}[k]=\{16, 20, 8, -8, 16\}$。若这些系数从一个 2 型 FIR 传输函数的冲激响应系数 $h[n]$ 生成，传输函数的阶数是多少？求传输函数系数。

10.45　由式(10.67)给出的函数 $A(\omega)$ 的系数 $\tilde{a}[k]$ 如下：$\tilde{a}[k]=\{2, 0, 8, -4, 0\}$。若这些系数从一个 3 型 FIR 传输函数的冲激响应系数 $h[n]$ 生成，传输函数的阶数是多少？求传输函数系数。

10.46　由式(10.67)给出的函数 $A(\omega)$ 的系数 $\tilde{a}[k]$ 如下：$\tilde{a}[k]=\{6, 0, -4, -8, -12\}$。若这些系数从一个 4 型 FIR 传输函数的冲激响应系数 $h[n]$ 生成，传输函数的阶数是多少？求传输函数系数。

10.47　证明 4 型线性相位 FIR 滤波器无法满足式(10.86)对理想的希尔伯特变换器冲激响应样本 $h_{\mathrm{HT}}[n]$ 的条件。

10.48　**弯折离散傅里叶变换**(WDFT)可以用来在单位圆的弯折频率尺度上，求长度为 N 的序列 $x[n]$ 的 z 变换 $X(z)$ 的 N 个频率样本。$x[n]$ 的 N 点 WDFT $\breve{X}[k]$ 是通过对 $X(z)$ 进行全通一阶谱变换得到修正的 z 变换 $X(\breve{z})$ 的单位圆上的 N 个等间隔频率样本[Mak2001]：

$$X(\breve{z})=X(z)\big|_{z^{-1}=\frac{-\alpha+\breve{z}^{-1}}{1-\alpha\breve{z}^{-1}}}=\frac{P(\breve{z})}{D(\breve{z})} \qquad (10.131)$$

式中 $|\alpha|<1$。因此，$x[n]$ 的 N 点 WDFT $\breve{X}[k]$ 为

$$\breve{X}[k]=X(\breve{z})\big|_{\breve{z}=\mathrm{e}^{\mathrm{j}2\pi k/N}},\quad 0\leqslant k\leqslant N-1 \qquad (10.132)$$

(a)生成 $P(\breve{z})$ 和 $D(\breve{z})$ 的表达式。

(b)若记

$$P(\breve{z})=\sum_{n=0}^{N-1}p[n]\breve{z}^{-n}\ \text{和}\ D(\breve{z})=\sum_{n=0}^{N-1}d[n]\breve{z}^{-n}$$

证明 $\breve{X}[k]=P[k]/D[k]$，其中，$P[k]$ 和 $D[k]$ 分别是序列 $p[n]$ 和 $d[n]$ 的 N 点离散傅里叶变换。

(c)若记 $\boldsymbol{P}=[p[0]\ p[1]\ \cdots\ p[N-1]]^{\mathrm{T}}$ 和 $\boldsymbol{X}=[x[0]\ x[1]\ \cdots\ x[N-1]]^{\mathrm{T}}$，证明 $\boldsymbol{P}=\boldsymbol{Q}\cdot\boldsymbol{X}$，其中，$\boldsymbol{Q}=[q_{r,s}]$ 是一个实 $N\times N$ 矩阵，它的第一行为 $q_{0,s}=\alpha^s$，第一列为 $q_{r,0}={}^{N-1}C_r\alpha^r$，且剩下的元素 $q_{r,s}$ 可以用递归关系

$$q_{r,s}=q_{r-1,s-1}-\alpha q_{r,s-1}+\alpha q_{r-1,s}$$

得到。

10.49　将要设计的线性相位两级 IFIR 滤波器满足下面的指标：$\omega_p=0.02\pi$，$\omega_s=0.09\pi$，$\delta_p=0.02$，$\delta_s=0.001$ [Meh2004]。(a)用式(10.111)求稀疏因子的最优值 L_{opt}；(b)对(a)中计算的稀疏因子的最优值 L_{opt}，求用直接型结构实现 IFIR 滤波器所需的乘法器和两输入加法器的总数，并将其与用 Parks-McClellan 算法求出并用直接型结构实现的线性相位 FIR 滤波器进行比较；(c)对下列稀疏因子的值，求用直接型结构实现 IFIR 滤波器所需的乘法器和两输入加法器的总数 $L_{\mathrm{opt}}\pm 1$ 和 $L_{\mathrm{opt}}\pm 2$。

10.9 MATLAB 练习

M10.1 画出在两个不同的 M 值时，将式(10.17)给出的理想高通滤波器的冲激响应 $h_{HP}[n]$ 截短到长度为 $N=2M+1$，得到的线性相位 FIR 高通滤波器的幅度响应并证明截短后的滤波器在截止频率的两边表现出振荡现象。

M10.2 画出在两个不同的 M 值时，将式(10.19)给出的理想带通滤波器的冲激响应 $h_{BP}[n]$ 截短到长度为 $N=2M+1$，得到的线性相位 FIR 带通滤波器的幅度响应并证明截短后的滤波器在截止频率的两边表现出振荡现象。

M10.3 画出在两个不同的 M 值时，将式(10.25)给出的理想希尔伯特变换器的冲激响应 $h_{HT}[n]$ 截短到长度为 $N=2M+1$，得到的线性相位 FIR 希尔伯特变换器的幅度响应并证明截短后的滤波器在截止频率的两边表现出振荡现象。

M10.4 将 K 个长度均为 N 的矩形窗函数相卷积得到的冲激响应逼近理想零均值 FIR 高斯滤波器。使用 M 文件 `firgauss` 产生几个这样的滤波器，并且证明随着 K 或者 N 值的增大，逼近效果会越来越好。

M10.5 编写一个 MATLAB 程序通过对习题 10.12 中的理想陷波器的冲激响应进行加窗来设计一个线性相位 FIR 陷波器。利用这个程序，设计一个陷波频率为 75 Hz 且工作在 450 Hz 抽样率的 32 阶 FIR 陷波器。

M10.6 利用 Remez 算法，通过最小化绝对误差 $|D(x)-a_0-a_1x|$ 的峰值，即

$$\max_{-2\leqslant x\leqslant 3}|D(x)-a_0-a_1x|$$

确定 $-2\leqslant x\leqslant 3$ 范围内对二次函数 $D(x)=0.96x^2-0.96x-0.76$ 的线性逼近 a_0+a_1x。画出算法收敛后的误差函数。

M10.7 利用 Remez 算法，通过最小化绝对误差 $|D(x)-a_0-a_1x-a_2x^2|$ 的峰值，即

$$\max_{0.5\leqslant x\leqslant 2.5}\left|D(x)-a_0-a_1x-a_2x^2\right|$$

确定 $0.5\leqslant x\leqslant 2.5$ 范围内对三次函数 $D(x)=0.5x^3-2.25x^2+3x+3$ 的二次逼近 $a_0+a_1x+a_2x^2$。画出算法收敛后的误差函数。

M10.8 利用加窗傅里叶级数法，设计一个具有如下指标的线性相位 FIR 低通滤波器：通带边界在 3 rad/s 处，阻带边界在 5 rad/s 处，最大通带衰减为 0.3 dB，最小阻带衰减为 40 dB，抽样频率为 15 rad/s。利用下面的各个窗函数进行设计：汉明窗、Hann 窗和布莱克曼窗。对于每种情况，给出冲激响应的系数并画出所设计滤波器的增益响应。分析你的结果。不使用 M 文件 `fir1`。

M10.9 用 Kaiser 窗重做练习 M10.8。不使用 M 文件 `fir1`。

M10.10 用加窗傅里叶级数法设计一个具有如下指标的最低阶数的线性相位 FIR 低通滤波器：通带边界为 0.3π，阻带边界为 0.4π，最小阻带衰减为 42 dB。请问哪一个窗函数适合这个设计？给出冲激响应系数并画出设计的滤波器的增益响应。分析你的结果。不使用 M 文件 `fir1`。

M10.11 用多尔夫-切比雪夫窗重做练习 M10.10。不使用 M 文件 `fir1`。将你的结果与练习 M10.10 得到的结果进行比较。

M10.12 用 M 文件 `fir1` 重做练习 M10.10。将你的结果与练习 M10.10 得到的结果进行比较。

M10.13 利用频率抽样法，设计一个通带边界为 $\omega_p=0.6\pi$、长度为 40 的线性相位高通 FIR 滤波器。用 MATLAB 显示冲激响应系数并画出设计的滤波器的幅度响应。

M10.14 利用频率抽样法，设计一个通带边界为 $\omega_{p1}=0.4\pi$ 和 $\omega_{p2}=0.55\pi$ 的 42 阶线性相位带通 FIR 滤波器。用 MATLAB 显示冲激响应的系数并画出设计的滤波器的幅度响应。

M10.15 利用频率抽样法，重新设计习题 10.33 中的线性相位低通滤波器，设该滤波器具有过渡带，且其中的一个频率样本的幅度为 1/2。用 MATLAB 画出该新滤波器的幅度响应并将它与习题 10.33 的结果相比较。

M10.16 若假设过渡带中有幅度分别为 2/3 和 1/3 的两个频率样本，重做练习 M10.15。

M10.17　分别利用汉明窗、Hann 窗、布莱克曼窗和 Kaiser 窗以及 MATLAB 的函数 `fir1` 设计线性相位 FIR 低通滤波器。对于每种情况，分别给出其冲激响应系数并画出所设计滤波器的增益响应。将你的结果与练习 M10.8 和练习 M10.9 的结果相比较。

M10.18　用 M 文件 `fir1` 设计一个具有如下指标的线性相位 FIR 高通滤波器：阻带边界为 0.3π，通带边界为 0.55π，最大通带衰减为 0.1 dB，最小阻带衰减为 42 dB。分别利用下面的窗函数来设计滤波器：汉明窗、Hann 窗、布莱克曼窗和 Kaiser 窗。对于每种情况，给出其冲激响应系数并画出设计的滤波器的增益响应。评价你的结果。

M10.19　用 M 文件 `fir1` 设计一个具有如下指标的线性相位 FIR 带通滤波器：阻带边界为 0.6π和 0.8π，通带边界为 0.65π和 0.75π，最大通带衰减为 0.2 dB，最小阻带衰减为 42 dB。分别利用下面的窗函数来设计滤波器：汉明窗、Hann 窗、布莱克曼窗和 Kaiser 窗。对于每种情况，给出其冲激响应系数并画出设计的滤波器的增益响应。评价你的结果。

M10.20　设计一个应用于数字音频的双通道分频 FIR 低通和高通滤波器对。低通和高通滤波器的长度为 29，且有 18 kHz 的分频频率并工作在 80 kHz 的抽样率上。利用函数 `fir1` 和汉明窗设计低通滤波器，同时由低通滤波器延迟互补得到高通滤波器。画出两个滤波器的增益响应，并计算实现分频网络所需的最小延迟器和乘法器的数目。

M10.21　设计一个应用于数字音频的三通道分频 FIR 滤波器系统。所有滤波器的长度都是 32，且工作在 44.1 kHz 的抽样率上。两个分频频率分别是 4.2 kHz 和 10.5 kHz。利用函数 `fir1` 和 Hann 窗来设计低通和高通滤波器，同时由低通和高通滤波器延迟互补得到带通滤波器。画出全部滤波器的增益响应，并计算实现分频网络所需的最小延迟器和乘法器的数目。

M10.22　M 文件 `fir2` 可用来设计具有任意形状幅度响应的 FIR 滤波器。用该函数设计一个 80 阶的 FIR 滤波器，它具有三个不同的常数幅度电平：在频率 0 到 0.3 范围内为 0.2，在频率 0.4 到 0.65 范围内为 0.80，在频率 0.7 到 1.0 范围内为 0.3。画出所设计滤波器的增益响应。

M10.23　用函数 `firpm` 设计习题 10.36 中的线性相位 FIR 低通滤波器。画出它的幅度响应。

M10.24　用函数 `firpm` 设计习题 10.37 中的线性相位 FIR 高通滤波器。画出它的幅度响应和绝对误差。

M10.25　用函数 `firpm` 设计习题 10.38 中的线性相位 FIR 带通滤波器。画出它的幅度响应和绝对误差。

M10.26　用函数 `firpm` 设计一个长度为 32 的离散时间 FIR 微分器。画出它的幅度响应和绝对误差。

M10.27　用函数 `firpm` 设计一个 28 阶的 FIR 希尔伯特变换器，其通带从 0.08π到 0.95π，两个阻带是从 0.02π到0.06π以及从 0.98π到π。画出它的幅度响应。

M10.28　设计一个最小相位 FIR 滤波器，使其通带边界为 $\omega_p=0.25\pi$，阻带边界率为 $\omega_s=0.5\pi$，通带波纹为 $R_p=1$ dB，最小阻带衰减为 $R_s=25$ dB。

M10.29　确定多项式

$$\begin{aligned}Q(z)=\ &0.072-0.1310z^{-1}-0.2183z^{-2}+0.5898z^{-3}+0.4576z^{-4}-0.5807z^{-5}\\&-0.1208z^{-6}+1.7018z^{-7}-0.1208z^{-8}-0.5807z^{-9}+0.4576z^{-10}\\&+0.5898z^{-11}-0.2183z^{-12}-0.1310z^{-13}+0.072z^{-14}\end{aligned}$$

的最小相位谱分解因子。

M10.30　利用内插 FIR 滤波器设计方法设计满足如下指标的线性相位窄带 FIR 低通滤波器：$\omega_p=0.2\pi$，$\omega_s=0.25\pi$，$\delta_p=0.002$，$\delta_s=0.002$。

M10.31　利用内插 FIR 滤波器设计方法设计满足如下指标的线性相位窄带 FIR 高通滤波器：$\omega_p=0.85\pi$，$\omega_s=0.8\pi$，$\delta_p=0.002$，$\delta_s=0.002$。

M10.32　另外一种计算高效的 FIR 滤波器的设计方法是**预滤波均衡器法**[Ada83]。在这种方法中，首先选择一个计算高效的 FIR 预滤波器 $H(z)$，它的频率响应非常接近期望响应。接着设计一个 FIR 均衡器 $F(z)$使预滤波器和均衡器的级联满足所需的指标。设计低通 FIR 滤波器的一种吸引人的预滤波器结构是 N 阶递归动求和(RRS)FIR 滤波器，其传输函数为

$$H(z)=\frac{1-z^{-(N+1)}}{1-z^{-1}}$$

RRS 滤波器的频率响应的第一个零点为 $\omega=2\pi/(N+1)$。因此，若所需的阻带边界在 ω_s处，则 RRS 滤波器的阶数应该为 $N\approx 2\pi/\omega_s$。若 N 是分数，则两个最接近 $2\pi/\omega_s$的整数值都是 RRS 滤波器阶数的较好选择。可以通过修改 Parks-McClellan 算法将 RRS 滤波器的频率响应和式(10.50)的误差函数 $W(\omega)$的权重函数进行合并。用预滤波器 - 均衡器法，设计一个计算高效且具有如下指标的窄带 FIR 低通滤波器：$\omega_p=0.1\pi$，$\omega_s=0.25\pi$，$\alpha_p=0.15$ dB，$\alpha_s=45$ dB。

M10.33 形如式(10.131)的一阶全通谱因子

$$z^{-1}=\frac{-\alpha+z^{-1}}{1-\alpha z^{-1}}$$

被应用于 10 点滑动平均滤波器的传输函数 $H_{\mathrm{MA}}(z)$。求修改后的滤波器的传输函数，并用 MATLAB 对下列 α 值画出其幅度响应：-0.5、0、0.5。评价你的结果。

第 11 章　DSP 算法实现

数字信号处理(DSP)的基本算法有两类：滤波算法和信号分析算法。这些算法可以基于递归或非递归的差分方程，或离散傅里叶变换(DFT)，并且可以用硬件、软件或软硬件相结合的方式实现。在硬件方法中，算法可以用数字电路(如提供延迟运算的移位寄存器、数字乘法器和数字加法器)实现。此外，也可以通过设计和制造一个专用超大规模集成电路(VLSI)芯片来实现某个特定的滤波算法。在软硬件结合的实现方法中，算法在只读存储(ROM)芯片上实现。通常，在最终的硬件或者软硬件实现中需要额外的控制电路和存储寄存器。最后，在软件方法中，算法可以用通用的计算机(如工作站、小型机、个人计算机或者可编程 DSP 芯片)上的计算机程序来实现。本章主要涉及 DSP 算法的实现问题。首先我们研究上述所有几类实现方法中涉及的两个主要问题，接下来讨论在计算机上用软件实现数字滤波和离散傅里叶算法，并用 MATLAB 来说明其要点，紧接着介绍数字机器上数字和信号变量的不同表示方案。数字表示方案是第 12 章分析有限字长效应的基础。最后，我们简要介绍已经提出的两个处理溢出的运算。硬件、软硬件结合以及 DSP 芯片的实现的详细讨论超出了本书讨论的范围。关于大量 DSP 芯片的编程信息，可以参阅由芯片制造商出版的书籍和应用手册。

11.1　基本问题

首先研究数字滤波器在真正实现前会碰到的两个特殊问题。第一个问题涉及描述滤波器结构的方程的可计算性，而第二个问题是关于生成一个预先给定的传输函数的结构验证。

11.1.1　数字滤波器结构的矩阵表示

如第 8 章所指出的，数字滤波器在时域中可由关联输出序列和输入序列，某些时候还会有一个或多个内部生成序列的一组方程来描述。在计算输出样本时，这些方程的顺序很重要，详见下面的讨论。

考虑图 11.1 所示的数字滤波器结果。可通过下面的关联信号变量 $W_k(z)$、输出 $Y(z)$ 和输入 $X(z)$ 的一组方程来描述其结构：

$$W_1(z) = X(z) - \alpha W_5(z) \tag{11.1a}$$

$$W_2(z) = W_1(z) - \delta W_3(z) \tag{11.1b}$$

$$W_3(z) = z^{-1} W_2(z) \tag{11.1c}$$

$$W_4(z) = W_3(z) + \varepsilon W_2(z) \tag{11.1d}$$

$$W_5(z) = z^{-1} W_4(z) \tag{11.1e}$$

$$Y(z) = \beta W_1(z) + \gamma W_5(z) \tag{11.1f}$$

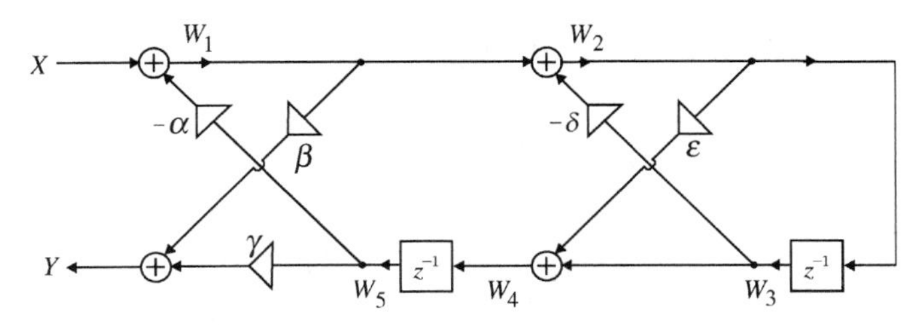

图 11.1　一个级联格型数字滤波器结构

在时域中，上面的方程组等价于

$$w_1[n] = x[n] - \alpha w_5[n] \tag{11.2a}$$
$$w_2[n] = w_1[n] - \delta w_3[n] \tag{11.2b}$$
$$w_3[n] = w_2[n-1] \tag{11.2c}$$
$$w_4[n] = w_3[n] + \varepsilon w_2[n] \tag{11.2d}$$
$$w_5[n] = w_4[n-1] \tag{11.2e}$$
$$y[n] = \beta w_1[n] + \gamma w_5[n] \tag{11.2f}$$

因为方程不能按照显示的顺序计算，即计算每个方程左边的变量需要该方程下面的变量结果，所以上面的方程组不能描述一个有效的计算算法。例如，第一步中计算 $w_1[n]$需要知道 $w_5[n]$，而它在第五步中算得。同样，第二步中计算 $w_2[n]$需要知道在下一步中才算出的 $w_3[n]$。我们称按式(11.2a)到式(11.2f)的排序方程组为**不可计算的**。

假定对上述方程重新排序并写成下面的形式：

$$w_3[n] = w_2[n-1] \tag{11.3a}$$
$$w_5[n] = w_4[n-1] \tag{11.3b}$$
$$w_1[n] = x[n] - \alpha w_5[n] \tag{11.3c}$$
$$w_2[n] = w_1[n] - \delta w_3[n] \tag{11.3d}$$
$$y[n] = \beta w_1[n] + \gamma w_5[n] \tag{11.3e}$$
$$w_4[n] = w_3[n] + \varepsilon w_2[n] \tag{11.3f}$$

可见，由于在计算其下面的变量之前，左边的每个变量都可以算出，方程可以按照显示的顺序实现，因此该排序后的方程组现在可以描述一个有效的计算算法。

在大多数的实际应用中，可以通过观察，按照可计算的顺序重新排列数字滤波器的方程。然而，更有意义的是用一种更加正式的方法来检验描述数字滤波器方程的可计算性，如下所述[Cro75]。

为此，以矩阵形式写出数字滤波器的方程。式(11.2a)到式(11.2f)的矩阵表示为

$$\begin{bmatrix} w_1[n] \\ w_2[n] \\ w_3[n] \\ w_4[n] \\ w_5[n] \\ y[n] \end{bmatrix} = \begin{bmatrix} x[n] \\ 0 \\ 0 \\ 0 \\ 0 \\ 0 \end{bmatrix} + \begin{bmatrix} 0 & 0 & 0 & 0 & -\alpha & 0 \\ 1 & 0 & -\delta & 0 & 0 & 0 \\ 0 & 0 & 0 & 0 & 0 & 0 \\ 0 & \varepsilon & 1 & 0 & 0 & 0 \\ 0 & 0 & 0 & 0 & 0 & 0 \\ \beta & 0 & 0 & 0 & \gamma & 0 \end{bmatrix} \begin{bmatrix} w_1[n] \\ w_2[n] \\ w_3[n] \\ w_4[n] \\ w_5[n] \\ y[n] \end{bmatrix}$$
$$+ \begin{bmatrix} 0 & 0 & 0 & 0 & 0 & 0 \\ 0 & 0 & 0 & 0 & 0 & 0 \\ 0 & 1 & 0 & 0 & 0 & 0 \\ 0 & 0 & 0 & 0 & 0 & 0 \\ 0 & 0 & 0 & 1 & 0 & 0 \\ 0 & 0 & 0 & 0 & 0 & 0 \end{bmatrix} \begin{bmatrix} w_1[n-1] \\ w_2[n-1] \\ w_3[n-1] \\ w_4[n-1] \\ w_5[n-1] \\ y[n-1] \end{bmatrix} \tag{11.4}$$

可以将它紧凑地写为

$$\boldsymbol{y}[n] = \boldsymbol{x}[n] + \boldsymbol{F}\boldsymbol{y}[n] + \boldsymbol{G}\boldsymbol{y}[n-1] \tag{11.5}$$

其中

$$\boldsymbol{y}[n] = \begin{bmatrix} w_1[n] \\ w_2[n] \\ w_3[n] \\ w_4[n] \\ w_5[n] \\ y[n] \end{bmatrix}, \quad \boldsymbol{x}[n] = \begin{bmatrix} x[n] \\ 0 \\ 0 \\ 0 \\ 0 \\ 0 \end{bmatrix} \tag{11.6a}$$

$$
\boldsymbol{F}=\begin{bmatrix} 0 & 0 & 0 & 0 & -\alpha & 0 \\ 1 & 0 & -\delta & 0 & 0 & 0 \\ 0 & 0 & 0 & 0 & 0 & 0 \\ 0 & \varepsilon & 1 & 0 & 0 & 0 \\ 0 & 0 & 0 & 0 & 0 & 0 \\ \beta & 0 & 0 & 0 & \gamma & 0 \end{bmatrix},\quad \boldsymbol{G}=\begin{bmatrix} 0 & 0 & 0 & 0 & 0 & 0 \\ 0 & 0 & 0 & 0 & 0 & 0 \\ 0 & 1 & 0 & 0 & 0 & 0 \\ 0 & 0 & 0 & 0 & 0 & 0 \\ 0 & 0 & 0 & 1 & 0 & 0 \\ 0 & 0 & 0 & 0 & 0 & 0 \end{bmatrix} \tag{11.6b}
$$

研究式(11.4)可以观察到，为了计算某一特定信号变量的当前值，矩阵 $\boldsymbol{F}$ 和 $\boldsymbol{G}$ 中对应行的非零项决定了需要知道其当前值和前一个值。若 $\boldsymbol{F}$ 中的对角线上的元素非零，则计算对应变量的当前值需要知道其当前值，表明存在一个无延迟环，使得该结构完全不可计算。在 $\boldsymbol{F}$ 的对角线的同一行上方存在的非零项意味着计算对应变量的当前值需要知道那些还未计算出的其他变量的当前值，由此使得这组方程不可计算。

因此，可以推出，为了使方程可计算，矩阵 $\boldsymbol{F}$ 的对角线上以及对角线上方的所有元素必须为零。

在此例的矩阵 $\boldsymbol{F}$ 中，所有对角元素都为零，表明在此结构中没有单个无延迟环。然而，在 $\boldsymbol{F}$ 的对角线上方的第一行和第二行存在非零项，这意味着式(11.2a)到式(11.2f)的方程组并不是以适合计算的顺序排列的。

另一方面，式(11.3a)到式(11.3f)的矩阵表示得到

$$
\begin{bmatrix} w_3[n] \\ w_5[n] \\ w_1[n] \\ w_2[n] \\ y[n] \\ w_4[n] \end{bmatrix}=\begin{bmatrix} 0 \\ 0 \\ x[n] \\ 0 \\ 0 \\ 0 \end{bmatrix}+\begin{bmatrix} 0 & 0 & 0 & 0 & 0 & 0 \\ 0 & 0 & 0 & 0 & 0 & 0 \\ 0 & -\alpha & 0 & 0 & 0 & 0 \\ -\delta & 0 & 1 & 0 & 0 & 0 \\ 0 & \gamma & \beta & 0 & 0 & 0 \\ 1 & 0 & 0 & \varepsilon & 0 & 0 \end{bmatrix}\begin{bmatrix} w_3[n] \\ w_5[n] \\ w_1[n] \\ w_2[n] \\ y[n] \\ w_4[n] \end{bmatrix} \\
+\begin{bmatrix} 0 & 0 & 0 & 1 & 0 & 0 \\ 0 & 0 & 0 & 0 & 0 & 1 \\ 0 & 0 & 0 & 0 & 0 & 0 \\ 0 & 0 & 0 & 0 & 0 & 0 \\ 0 & 0 & 0 & 0 & 0 & 0 \\ 0 & 0 & 0 & 0 & 0 & 0 \end{bmatrix}\begin{bmatrix} w_3[n-1] \\ w_5[n-1] \\ w_1[n-1] \\ w_2[n-1] \\ y[n-1] \\ w_4[n-1] \end{bmatrix} \tag{11.7}
$$

对其而言，矩阵 $\boldsymbol{F}$ 满足可计算条件，因此，描述滤波器的这组方程的顺序是合适的。

11.1.2　优先图

现在介绍一种简单算法用来测试一组数字滤波器的可计算性并且生成描述可计算结构的一组式子的适当排序。为此，首先形成描述数字滤波器结构的信号流图。在信号流图中[Mas53]，非独立的和独立的信号变量用**节点**表示，乘法器和延迟单元用**带方向的分支**表示。在后一种情况，带方向的分支也包括用来表示**分支增益**或**传输能力**的符号，它对于乘法器分支就是乘法器系数值，而对于延迟分支就是 z^{-1}。例如，图 11.2 显示了图 11.1 中数字滤波器结构的信号流图。

由于延迟分支的输出是在前一个时刻计算出的它们对应输入信号的延迟值，所以延迟分支的输出总可以在任意时刻计算，于是我们从数字滤波器结构的完整信号流图中移去所有的延迟分支。类似地，由于在每个时刻输入变量总存在，所以所有来自输入节点的分支也被移除。对本例而言，所得的简化信号流图如图 11.3 所示。

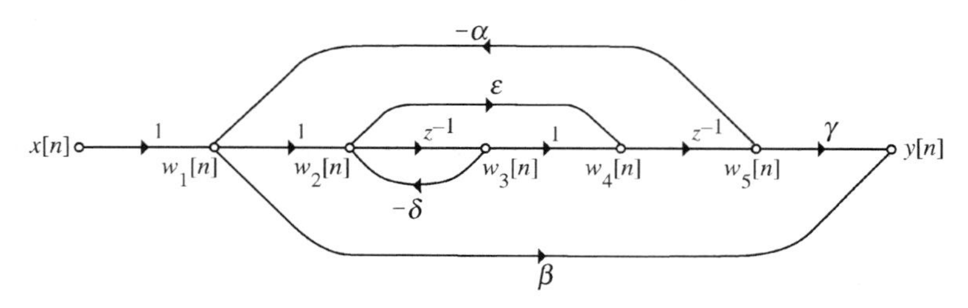

图 11.2 图 11.1 所示数字滤波器的信号流图表示

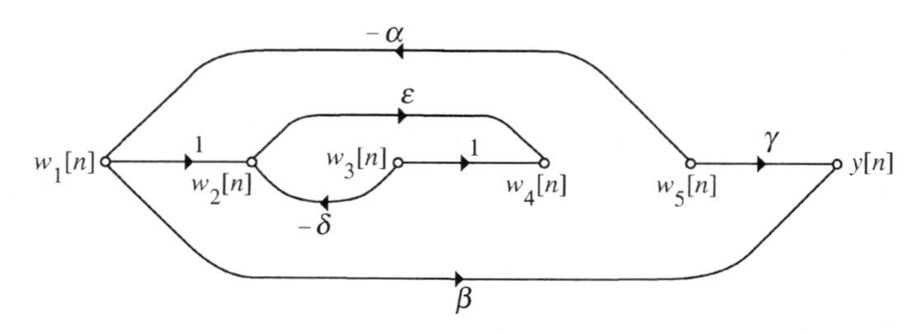

图 11.3 移除图 11.2 所示信号流图中流出输入节点的分支和延迟分支后，得到的简化流图

现在将简化的信号流图中的剩余节点分组如下：将所有仅有输出分支的节点归为一个集合，记为 $\{\mathcal{N}_1\}$。若节点的输入分支仅由来自于集合 $\{\mathcal{N}_1\}$ 中的一个或多个节点，而输出分支连接到其他节点，这组节点归为集合 $\{\mathcal{N}_2\}$。若节点的输入分支仅由来自于集合 $\{\mathcal{N}_1\}$ 和集合 $\{\mathcal{N}_2\}$ 中的一个或多个节点，而输出分支连接到其他节点，这组节点归为集合 $\{\mathcal{N}_3\}$。这个过程不断继续下去，直至得到集合 $\{\mathcal{N}_f\}$，其节点仅包含输入分支。

由于属于集合 $\{\mathcal{N}_1\}$ 的信号变量不依赖于其他信号变量的当前值，应该首先计算这些变量。接下来计算属于集合 $\{\mathcal{N}_2\}$ 的信号变量，因为它们依赖于已经被计算出来的集合 $\{\mathcal{N}_1\}$ 中信号变量的当前值。接下来计算集合 $\{\mathcal{N}_3\}$、$\{\mathcal{N}_4\}$ 中的信号变量，以此类推。在最后一步中，计算属于集合 $\{\mathcal{N}_f\}$ 的信号变量。这个有序的计算过程保证了得到一个有效可计算算法。然而，若不存在只包含输入分支的最终集合 $\{\mathcal{N}_f\}$，则信号流图是不可计算的。上面给出的不含延迟分支并且节点经过重新分组的信号流图称为**优先图**[Cro75]。

在本例中，节点变量按照其优先关系的相关分组如下：

$$\{\mathcal{N}_1\} = \{w_3[n],\ w_5[n]\}$$
$$\{\mathcal{N}_2\} = \{w_1[n]\}$$
$$\{\mathcal{N}_3\} = \{w_2[n]\}$$
$$\{\mathcal{N}_4\} = \{w_4[n],\ y[n]\}$$

按照上述分组重画的优先图如图 11.4 所示。由于最终节点集合 $\{\mathcal{N}_4\}$ 仅有输入节点，图 11.1 所示的结构没有无延迟环，因此，对本例结构，我们可以首先计算信号变量 $w_3[n]$ 和 $w_5[n]$，然后计算信号变量 $w_1[n]$，接下来计算信号变量 $w_2[n]$，最后，以任意顺序计算信号变量 $w_4[n]$ 和 $y[n]$ 来得到一个有效计算算法。

用 MATLAB 测试可计算性

P_G_A.m

M 文件 `P_G_A`① 可以用来检验数字滤波器结构的可计算性。为了应用该 M 文件来检查一个有着 D 个延迟和 M 个乘法器的数字滤波器的可计算性，乘法器的系数应该被赋予数值。输入数据是定义每个延迟的位置、每个乘法器的位置以及系数值的向量。其中延迟向量 `delay` 以一个 $2\times D$ 矩阵输入，其第 i 行元素是第 i 个延迟单元的输入和输出节点。乘法器向量 `mult` 为一个 $3\times M$ 矩阵，其第 i 行元素包含第 i 个乘法器的输入节点数、输出节点数和系数值。若一个节点与另一个节点直接相连，则可以看成是具有单位系数的乘法器。

① 由比利时 Ostende，KHBO 的 Hugo Tassignon 博士允许转载。

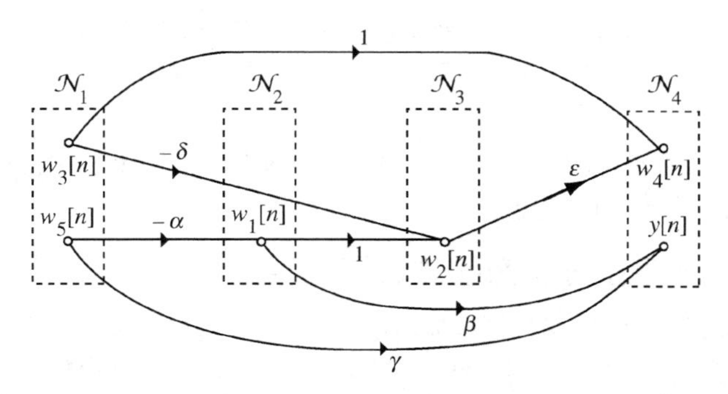

图 11.4　按照信号变量的优先关系分组将重画图 11.3 的优先图

我们在例 11.1 中说明以上 M 文件的使用。

例 11.1　用 MATLAB 测试可计算性举例

在本例中，我们检验如图 11.1 所示的数字滤波器的可计算性。图 11.2 中的信号流图给出了该结构的内部节点的标记。我们将输出节点标记为 6。对图中所示的乘法器任意赋值如下：

$$\alpha = 5,\ \beta = 4,\ \gamma = 3,\ \delta = 2,\ \epsilon = 1$$

假定节点 1 和节点 2 以及节点 3 和节点 4 之间的两个直通路径包含具有单位系数的乘法器。用来检验滤波器的代码段如下：

```
delay = [4 5; 2 3];
mult = [1 2 1; 1 6 4; 2 4 1; 3 4 1; 5 1 -5; 5 6 3; 3 2 -2];
[F,G,NN,F_new,G_new] = P_G_A(delay, mult)
```

由该程序生成的输出数据如下：

```
NN =
 3     5     1     2     4     6

F =
 0     0     0     0    -5     0
 1     0    -2     0     0     0
 0     0     0     0     0     0
 0     1     1     0     0     0
 0     0     0     0     0     0
 4     0     0     0     3     0

G =
 0     0     0     0     0     0
 0     0     0     0     0     0
 0     1     0     0     0     0
 0     0     0     0     0     0
 0     0     0     1     0     0
 0     0     0     0     0     0

F_new =
 0     0     0     0     0     0
 0     0     0     0     0     0
 0    -5     0     0     0     0
-2     0     1     0     0     0
 1     0     0     1     0     0
 0     3     4     0     0     0

G_new =
 0     0     0     1     0     0
 0     0     0     0     1     0
 0     0     0     0     0     0
 0     0     0     0     0     0
 0     0     0     0     0     0
 0     0     0     0     0     0
```

注意到，F 和 G 与式(11.6b)给出的一样。上面给出的节点的新顺序除了最后两个方程的顺序相反之外，与式(11.3a)到式(11.3f)几乎相同。由图 11.4 的优先图可知，最后的节点集合$\mathcal{N}_4$包含节点 4 和 6，此时先计算哪个节点变量已经无关紧要了。

但是应该注意，若数字滤波器的结构是不可计算的，M 文件 P_G_A 将给出出错消息

```
STRUCTURE NOT COMPUTABLE
```

11.1.3 用 MATLAB 直接分析数字滤波器的结构

在许多应用中，通常从一组描述数字滤波器结构的方程中求出该结构的传输函数的精确表达式是很有用的。这可以用两种方式来实现。在第一种方式里，在 z 域中描述的方程组用标准矩阵代数求解。在第二种方法里，首先在得到保证可计算性的方程的适当顺序之后，通过在时域中实现方程组在计算机上对数字滤波器结构进行仿真，接下来用 11.1.4 节描述的结构验证法来确定其传输函数。我们在此描述第一种方法，它基于模拟电路的符号分析法[Vla83]，第二种方法将在 11.2 节中讲述。

不失一般性，分析图 11.1 所示的结构。由式(11.1a)到式(11.1f)的矩阵表示得到

$$\boldsymbol{T}\cdot\boldsymbol{W}=\boldsymbol{X} \tag{11.8}$$

其中

$$\boldsymbol{T}=\begin{bmatrix}1 & 0 & 0 & 0 & \alpha & 0\\ -1 & 1 & \delta & 0 & 0 & 0\\ 0 & -z^{-1} & 1 & 0 & 0 & 0\\ 0 & -\epsilon & -1 & 1 & 0 & 0\\ 0 & 0 & & -z^{-1} & 1 & 0\\ -\beta & 0 & 0 & 0 & -\gamma & 1\end{bmatrix},\quad \boldsymbol{W}=\begin{bmatrix}W_1(z)\\ W_2(z)\\ W_3(z)\\ W_4(z)\\ W_5(z)\\ Y(z)\end{bmatrix},\quad \boldsymbol{X}=\begin{bmatrix}X(z)\\ 0\\ 0\\ 0\\ 0\\ 0\end{bmatrix} \tag{11.9}$$

式(11.8)的一个解得到所求的传输函数为

$$H(z)=\frac{Y(z)}{X(z)}=\frac{\Delta\boldsymbol{T}_{61}}{\Delta\boldsymbol{T}} \tag{11.10}$$

sym_di_f.m

其中 $\Delta\boldsymbol{T}$ 和 $\Delta\boldsymbol{T}_{61}$ 分别表示 $\boldsymbol{T}$ 的行列式和 $\boldsymbol{T}$ 的转置的第 6 行、第 1 列的余子式。

由于用 MATLAB **符号分析工具箱**进行符号矩阵分析只限于分析低阶矩阵，对具有较多数量元素的结构的传输矩阵 $\boldsymbol{T}$ 进行运算却变得非常快。这里我们改用 M 文件 sym_di_f①，它基于半符号分析法。为使用该方法，首先对乘法器的系数赋予数值，然后在单位圆符号上的 N_d 个等距离点来数值地求取传输函数。注意到传输函数的分子和分母多项式的系数的数目都为 N_d，其中 N_d-1 为结构中单位延迟的总数②。因此，传输函数可以在 $\omega=\mathrm{e}^{-\mathrm{j}2\pi n/N_d}$，$0\leqslant n\leqslant N_d-1$ 处求取。结果是传输矩阵 $\boldsymbol{T}$ 仅在单位圆上的点才有数值，这样其行列式 $|\Delta\boldsymbol{T}|$ 和伴随矩阵 $\Delta\boldsymbol{T}_{61}$ 可以很容易计算。最后通过对 $H(z)$ 的分子和分母多项式的频域样本进行傅里叶逆变换，很容易得到 $H(z)$ 的分子和分母多项式的系数。

例 11.2 中将示例函数 sym_di_f 的应用。

例 11.2　用 MATLAB 直接分析数字滤波器的结构

求图 11.1 所示结构的传输函数。同例 11.1 中一样，我们对节点编号并对乘法器赋值。但在本例中，结构中有两个单位延迟，所以我们在单位圆的 3 个点上求传输函数。

用来分析该结构的代码段如下所示：

```
delay = [4 5; 2 3];
mult = [1 2 1; 1 6 4; 2 4 1; 3 4 1; 5 1 -5; 5 6 3; 3 2 -2];
in_node = 1; out_node = 6;
[Num,Den] = sym_di_f(delay,mult,in_node,out_node)
```

上面程序产生的输出数据为

---

① 由比利时 Ostende，KHBO 的 Hugo Tassignon 博士允许转载。

② 这里严格假设该滤波器结构相对于延迟是典范型的。

```
Num =
4.0000    11.0000    3.0000

Den =
1.0000    7.0000    5.0000
```

因此，若用例 11.1 所给出的乘法器的值，图 11.1 的数字滤波器结构的传输函数为

$$H(z) = \frac{4 + 11z^{-1} + 3z^{-2}}{1 + 7z^{-1} + 5z^{-2}}$$

通过在图 11.1 结构的传输函数的表达式中代入乘法器的值，可以很容易验证上面的结果。

11.1.4　结构验证

在数字传输函数的硬件或软件实现中，需要考虑的一个重要步骤是，在实现过程中保证没有计算误差或其他的误差产生，并保证所得的结构的确可以用预先给出的传输函数 $H(z)$ 来描述。接下来给出验证该结构的一种简单技术[Mit77a]。

不失一般性，考虑用四阶传输函数

$$H(z) = \frac{P(z)}{D(z)} = \frac{p_0 + p_1 z^{-1} + p_2 z^{-2} + p_3 z^{-3} + p_4 z^{-4}}{1 + d_1 z^{-1} + d_2 z^{-2} + d_3 z^{-3} + d_4 z^{-4}} \tag{11.11}$$

描述的因果 LTI 数字滤波器结构。若 $\{h[n]\}$ 表示其单位样本响应，则

$$H(z) = \sum_{n=0}^{\infty} h[n] z^{-n} \tag{11.12}$$

由式(11.11)和式(11.12)可知

$$P(z) = H(z)D(z) \tag{11.13}$$

或等效地，在时域通过卷积和

$$p_n = h[n] \circledast d_n \tag{11.14}$$

上式明确表明了式(11.11)中传输函数 $H(z)$ 的分子和分母系数及其冲激响应样本之间的关系。由于传输函数系数的总数是 9，仅需要式(11.14)的任何连续的 9 个式子，就可得到传输函数系数和冲激响应样本之间的唯一关系。当 $n = 0, 1, 2, \cdots, 8$ 时，明确地写出式(11.14)可得

$$\begin{aligned}
p_0 &= h[0] \\
p_1 &= h[1] + h[0]d_1 \\
p_2 &= h[2] + h[1]d_1 + h[0]d_2 \\
p_3 &= h[3] + h[2]d_1 + h[1]d_2 + h[0]d_3 \\
p_4 &= h[4] + h[3]d_1 + h[2]d_2 + h[1]d_3 + h[0]d_4 \\
0 &= h[5] + h[4]d_1 + h[3]d_2 + h[2]d_3 + h[1]d_4 \\
0 &= h[6] + h[5]d_1 + h[4]d_2 + h[3]d_3 + h[2]d_4 \\
0 &= h[7] + h[6]d_1 + h[5]d_2 + h[4]d_3 + h[3]d_4 \\
0 &= h[8] + h[7]d_1 + h[6]d_2 + h[5]d_3 + h[4]d_4
\end{aligned}$$

上式可以用矩阵形式重写为

$$\begin{bmatrix} p_0 \\ p_1 \\ p_2 \\ p_3 \\ p_4 \\ 0 \\ 0 \\ 0 \\ 0 \end{bmatrix} = \begin{bmatrix} h[0] & & 0 & 0 & 0 & 0 \\ h[1] & & h[0] & 0 & 0 & 0 \\ h[2] & & h[1] & h[0] & 0 & 0 \\ h[3] & & h[2] & h[1] & h[0] & 0 \\ h[4] & & h[3] & h[2] & h[1] & h[0] \\ \cdots & \cdots & \cdots & \cdots & \cdots & \cdots \\ h[5] & \vdots & h[4] & h[3] & h[2] & h[1] \\ h[6] & \vdots & h[5] & h[4] & h[3] & h[2] \\ h[7] & \vdots & h[6] & h[5] & h[4] & h[3] \\ h[8] & \vdots & h[7] & h[6] & h[5] & h[4] \end{bmatrix} \begin{bmatrix} 1 \\ d_1 \\ d_2 \\ d_3 \\ d_4 \end{bmatrix} \tag{11.15}$$

用分块的形式，式(11.15)可重新表示为

$$\begin{bmatrix} \boldsymbol{p} \\ \cdots \\ \boldsymbol{0} \end{bmatrix} = \begin{bmatrix} & \boldsymbol{H}_1 & \\ \cdots & \cdots & \cdots \\ \boldsymbol{h} & \vdots & \boldsymbol{H}_2 \end{bmatrix} \begin{bmatrix} 1 \\ \cdots \\ \boldsymbol{d} \end{bmatrix} \tag{11.16}$$

其中

$$\boldsymbol{p} = \begin{bmatrix} p_0 \\ p_1 \\ p_2 \\ p_3 \\ p_4 \end{bmatrix}, \quad \boldsymbol{d} = \begin{bmatrix} d_1 \\ d_2 \\ d_3 \\ d_4 \end{bmatrix}, \quad \boldsymbol{0} = \begin{bmatrix} 0 \\ 0 \\ 0 \\ 0 \end{bmatrix} \tag{11.17a}$$

$$\boldsymbol{H}_1 = \begin{bmatrix} h[0] & 0 & 0 & 0 & 0 \\ h[1] & h[0] & 0 & 0 & 0 \\ h[2] & h[1] & h[0] & 0 & 0 \\ h[3] & h[2] & h[1] & h[0] & 0 \\ h[4] & h[3] & h[2] & h[1] & h[0] \end{bmatrix}, \quad \boldsymbol{h} = \begin{bmatrix} h[5] \\ h[6] \\ h[7] \\ h[8] \end{bmatrix}$$

$$\boldsymbol{H}_2 = \begin{bmatrix} h[4] & h[3] & h[2] & h[1] \\ h[5] & h[4] & h[3] & h[2] \\ h[6] & h[5] & h[4] & h[3] \\ h[7] & h[6] & h[5] & h[4] \end{bmatrix} \tag{11.17b}$$

因此，式(11.15)可以写成两个矩阵式：

$$\boldsymbol{p} = \boldsymbol{H}_1 \begin{bmatrix} 1 \\ \boldsymbol{d} \end{bmatrix} \tag{11.18}$$

$$\boldsymbol{0} = [\boldsymbol{h} \quad \boldsymbol{H}_2] \begin{bmatrix} 1 \\ \boldsymbol{d} \end{bmatrix} \tag{11.19}$$

求解式(11.19)，可得由分母系数组成的向量 $\boldsymbol{d}$

$$\boldsymbol{d} = -\boldsymbol{H}_2^{-1}\boldsymbol{h} \tag{11.20}$$

注意，若 $P(z)$ 和 $D(z)$ 是**互质多项式**，$\boldsymbol{H}_2^{-1}$ 存在并唯一，即 $\mathrm{GCD}(P(z), D(z)) = 1$(或其他非零数)①。将式(11.20)代入式(11.18)，可得包含有分子系数的向量 $\boldsymbol{p}$：

$$\boldsymbol{p} = \boldsymbol{H}_1 \begin{bmatrix} 1 \\ -\boldsymbol{H}_2^{-1}\boldsymbol{h} \end{bmatrix} \tag{11.21}$$

在 N 阶 IIR 传输函数的一般形式中，知道前 $2N+1$ 个冲激响应样本足以用来确定传输函数系数。向量 $\boldsymbol{p}$ 的长度是 $N+1$，向量 $\boldsymbol{d}$ 的长度是 N，向量 $\boldsymbol{h}$ 的长度是 N，矩阵 $\boldsymbol{H}_1$ 的大小为 $(N+1)\times(N+1)$，而矩阵 $\boldsymbol{H}_2$ 的大小为 $N\times N$。

我们在例 11.3 中说明上述从因果 IIR 滤波器的冲激响应系数重构其传输函数的方法。

例 11.3 从其冲激响应系数重构传输函数

考虑一个因果 IIR 数字滤波器，其传输函数为

$$H(z) = \frac{2 + 6z^{-1} + 3z^{-2}}{1 + z^{-1} + 2z^{-2}}$$

由于 $H(z)$ 是二阶的，我们仅需计算前 5 个冲激响应样本。使用长除法，可得 $H(z)$ 级数展开的前 5 项为

$$H(z) = 2 + 4z^{-1} - 5z^{-2} - 3z^{-3} + 13z^{-4} + \cdots$$

因此，这里

$$h[0] = 2, \quad h[1] = 4, \quad h[2] = -5, \quad h[3] = -3, \quad h[4] = 13$$

对应于式(11.15)的式子为

① 注意，若 $P(z)$ 和 $D(z)$ 是互质多项式，则它们没有任何共因子或等效的，$U(z)P(z) + V(z)D(z) = 1$。

$$\begin{bmatrix} p_0 \\ p_1 \\ p_2 \\ 0 \\ 0 \end{bmatrix} = \begin{bmatrix} 2 & 0 & 0 \\ 4 & 2 & 0 \\ -5 & 4 & 2 \\ -3 & -5 & 4 \\ 13 & -3 & -5 \end{bmatrix} \begin{bmatrix} 1 \\ d_1 \\ d_2 \end{bmatrix}$$

因此，由式(11.20)有

$$\begin{bmatrix} d_1 \\ d_2 \end{bmatrix} = -\begin{bmatrix} -5 & 4 \\ -3 & -5 \end{bmatrix}^{-1} \begin{bmatrix} -3 \\ 13 \end{bmatrix} = -\frac{1}{37}\begin{bmatrix} -5 & -4 \\ 3 & -5 \end{bmatrix} \begin{bmatrix} -3 \\ 13 \end{bmatrix} = \begin{bmatrix} 1 \\ 2 \end{bmatrix}$$

接下来，由式(11.21)有

$$\begin{bmatrix} p_0 \\ p_1 \\ p_2 \end{bmatrix} = \begin{bmatrix} 2 & 0 & 0 \\ 4 & 2 & 0 \\ -5 & 4 & 2 \end{bmatrix} \begin{bmatrix} 1 \\ 1 \\ 2 \end{bmatrix} = \begin{bmatrix} 2 \\ 6 \\ 3 \end{bmatrix}$$

这给出了知道$\{h[n]\}$的前$2M+1$个样本时，找到一个任意离散时间结构的传输函数的直接法，其中，M是传输函数$H(z)$的阶数。该结构的验证方法在例 11.6 和例 11.11 中说明。它也可以用于通过计算以乘法器系数量化到所需位数来实现的传输函数来确定系数量化效果。该实际的传输函数也可以用来计算频率响应，求出实际极点的位置，等等。上述方法的另一个应用是确定用来计算输出噪声功率的噪声传输函数，该输出噪声功率由 12.6 节所讨论的定点数字滤波器实现中的乘积舍入引起；上述方法也可用来确定 12.7 节中讨论的动态范围尺度缩放所需要的尺度缩放传输函数。在大多数情况下，可以假定分母的系数是已知的；因此，可以避免求解式(11.20)所需要的矩阵求逆。用式(11.21)可以从$\{h[n]\}$的前$M+1$个样本很容易地求出分子的系数。

11.2　用 MATLAB 进行结构仿真和验证

如前所述，我们在本书中只关注 DSP 算法的软件实现。本节仅考虑数字滤波算法的实现。下一节将致力于离散傅里叶变换算法的实现。

通常在数字滤波算法以硬件形式实现之前在计算机上进行该算法的软件实现，以验证所选择的该算法的确满足现有的应用目标。而且，若所考虑的应用不需要实时信号处理，则这样的实现就足够了。

对于计算机仿真，我们基本上采用一组方程的形式描述该结构。这些方程必须按照适当的顺序排列来确保可计算性。为了简化，该过程就是要把每个加法器和滤波器的输出变量用输入信号变量的形式表示。例如，对图 11.1 所示的滤波器结构，一种需要方程个数最少的有效可计算算法为

$$\begin{aligned} w_1[n] &= x[n] - \alpha w_4[n-1] \\ w_2[n] &= w_1[n] - \delta w_2[n-1] \\ w_4[n] &= w_2[n-1] + \varepsilon w_2[n] \\ y[n] &= \beta w_1[n] + \gamma w_4[n-1] \end{aligned}$$

上述方程组从$n=0$开始对逐渐增长的n进行计算。开始时，初始条件$w_2[-1]$和$w_4[-1]$可设为任意想要的值，通常取零。在计算完时刻n的最后一个式子后，在下一个$n+1$时刻计算方程组之前，计算出来的$w_2[n]$和$w_4[n]$的值会代替$w_2[n-1]$和$w_4[n-1]$的值。

第 8 章中列出了许多实现 FIR 和 IIR 数字传输函数的方法，得到了多种滤波器结构。我们仅关注某些结构来说明用 MATLAB 进行的数字滤波器仿真。通过用 11.1.4 节中描述的方法进行计算可以验证被仿真的结构。为此，可用到 M 文件 `strucver`。

strucver. m

11.2.1　直接型 IIR 滤波器的仿真

MATLAB 的**信号处理工具箱**中的 M 文件 `filter` 基本上以转置直接 II 型结构实现 IIR 数字滤波器，图 11.5 画出了三阶滤波器的情况①。假定 `d(1)`等于 1，如图所示。若 `d(1)`$\neq$`1`，则程序会自动地把 `p` 和

① 对于直接型 IIR 滤波器结构的生成，参见 8.4.1 节。

d 中的所有滤波系数归一化，以使 d(1) =1①。该函数的基本形式如下：

```
y = filter(num,den,x)
[y,sf] = filter(num,den,x,si)
```

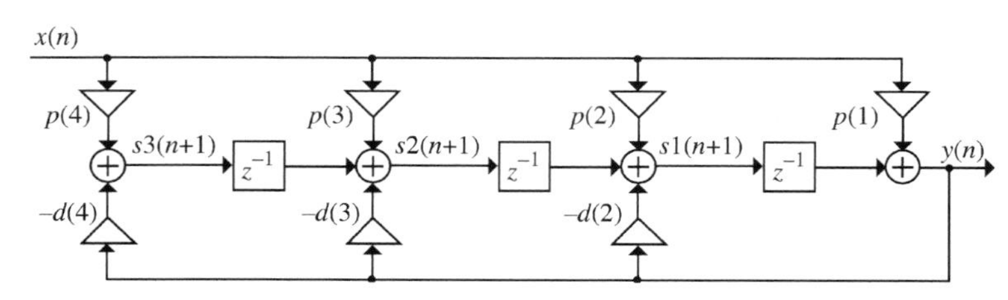

图 11.5　转置的直接 II 型 IIR 结构

分子和分母的系数分别包含在向量 num 和 den 中。这些向量的大小可以不同。输入向量为 x，而滤波算法产生的输出向量为 y。

如图 11.5 所示，函数 filter 在时域中根据数字滤波器的如下表示来对滤波运算进行仿真：

```
s3(n+1) = p(4)x(n) - d(4)y(n),
s2(n+1) = p(3)x(n) - d(3)y(n) + s3(n),
s1(n+1) = p(2)x(n) - d(2)y(n) + s2(n),
   y(n) = p(1)x(n) + s1(n).
```

在函数 filter 的第二种形式中，延迟(状态)变量 sk(n)，$k=1, 2, \cdots$，的初始条件可以通过变量 si 指定。而且，函数 filter 通过输出向量 sf 返回延迟(状态)变量最终的值。最初(最终)的条件向量 si(sf)的大小比滤波器的系数向量 num 和 den 的大小的最大值小 1。若待处理的输入变量很长，而且需要在每一级将它们分割成小数据块进行分段处理，则以向量 sf 给出的状态变量的终值是有用的。这种情况下，在处理完第 i 个输入数据块以后，最终状态向量 sf 作为第$(i+1)$个输入数据块的初始状态向量 si 送入，以此类推。

direct2. m

为了以直接 II 型结构对因果 IIR 滤波器进行仿真，可以采用函数 direct2。

例 11.4 说明了 M 文件 filter 在生成因果 IIR 数字滤波的冲激响应系数中的应用。

例 11.4　由数字滤波器仿真确定冲激响应

确定并画出式(9.38)所示传输函数描述的 IIR 低通数字滤波器的冲激响应序列的从 $n=0$ 到 $n=24$ 的前 25 个样本，在下面重写成适用于直接型实现的形式：

$$H(z)=\frac{0.0662272(1+3z^{-1}+3z^{-2}+z^{-3})}{1-0.9356142z^{-1}+0.5671269z^{-2}-0.10159107z^{-3}} \tag{11.22}$$

程序 11_1. m

程序 11_1 可以用来计算冲激响应。执行时，程序首先要求待计算的冲激响应的长度。接着，程序要求输入分子和分母向量，这些向量必须用方括号输入。执行后，它画出冲激响应，如图 11.6 对式(11.22)的 IIR 滤波器一样。

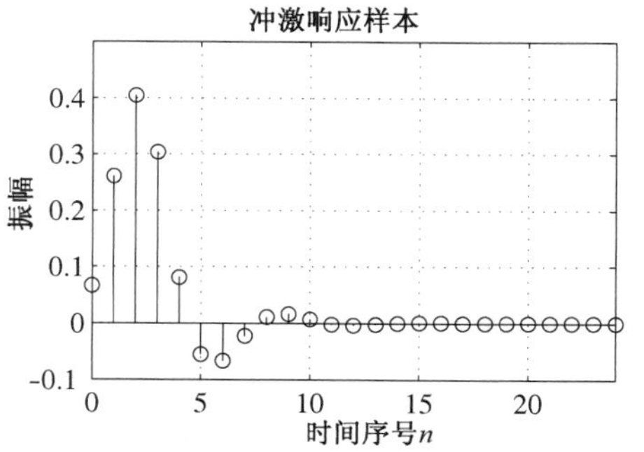

图 11.6　式(11.22)给出的 IIR 数字滤波器的冲激响应样本

例 11.5 到例 11.7 将考虑 M 文件 filter 在数字滤波中的应用。

例 11.5　低通 IIR 滤波器进行滤波的说明

程序 11_2. m

在该例中，我们用式(11.22)给出的低通 IIR 数字滤波器，来对由归一化角频率为 0.1π和 0.8π的两个正弦之和组成的信号进行滤波。程序 11_2 可用于该目的。

① 注意，在图 11.5 中，我们对于向量元素使用 MATLAB 标记，而不使用本书中其他位置表示滤波器系数和信号变量的标记。

图 11.7 显示了该程序生成的图形，验证了低通滤波器阻断了高频正弦序列。注意，在输出序列开始时由零初始条件生成了暂态。

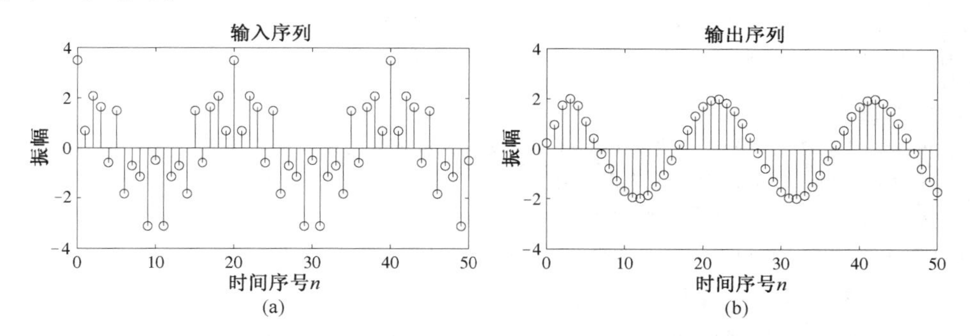

图 11.7　IIR 低通滤波器的滤波示例：(a) 输入序列；(b) 输出序列

11.2.2　级联型 IIR 滤波器的仿真

在例 11.6 中将说明 IIR 传输函数的级联型实现。我们首先用 11.1.4 节中描述的方法来验证该仿真。

例 11.6　IIR 滤波器的级联实现和结构验证

现在重做例 11.5，对式(11.22)的数字滤波器改用级联实现。由式(9.38)可得用下面给出的一阶传输函数 $H_1(z)$ 和二阶传输函数 $H_2(z)$ 的级联的一种可能实现：

$$H_1(z) = \frac{0.066\,227\,2(1+z^{-1})}{1-0.259\,328\,4z^{-1}} \tag{11.23a}$$

及

$$H_2(z) = \frac{1+2z^{-1}+z^{-2}}{1-0.676\,285\,8z^{-1}+0.391\,746\,8z^{-2}} \tag{11.23b}$$

用于对级联实现仿真的程序 11_3，计算了最初的 7 个冲激响应样本。从这些冲激响应样本，被仿真的滤波器的传输函数用函数 `strucver` 确定来验证仿真的正确性。运行该程序产生的输出数据与式(11.22)给出的一致。

程序 11_3.m

例 11.7　使用级联实现的低通滤波举例

下面修改程序 11_3，用式(11.22)中 IIR 的传输函数的级联实现来演示低通滤波。修改后的程序是 11_4。该程序产生的输出，如图 11.8 所示。

程序 11_4.m

11.2.3　重叠相加滤波法的仿真

如 5.10.3 节指出的，一个长输入序列可以使用重叠相加法滤波，在该方法中，输入序列被分成一组相连的较短的输入块，然后对每一短块分别滤波，通过适当的叠加这些输出块的重叠部分来得到长输出序列。该滤波方法可以通过 MATLAB 中的 M 文件 `fftfilt` 来实现。它也可以用 M 文件 `filter` 的第二种形式较容易地实现。这里，滤波的每一级的内部向量 `sf` 的最终值将作为初始条件向量 `si` 被送回到下一个滤波级。

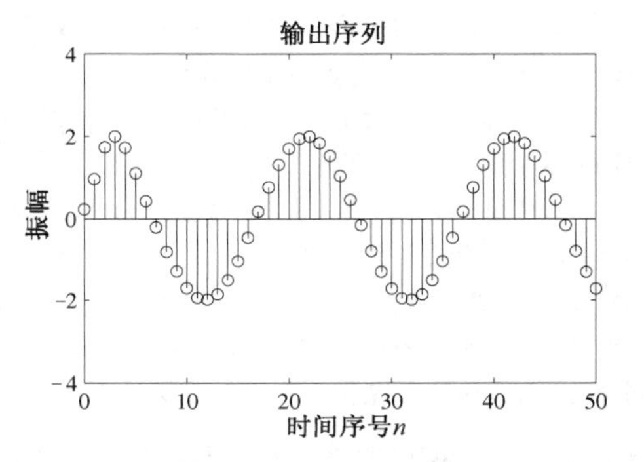

图 11.8　式(11.22)给出的低通滤波器的级联实现的输出

例 11.8　重叠相加滤波法举例

我们使用程序 11_5，重做例 11.7 中的低通滤波的例子来说明该方法。上述程序产生的输出图形与图 11.8 所示的一致。

程序 11_5.m

11.2.4 直接型 FIR 滤波器的仿真

通过令分母向量 `den` 等于 1，`filter` 和 `direct2` 也可用于对直接型的 FIR 滤波器结构进行仿真。例 11.9 说明了前一个 M 文件的用法。

程序 11_6.m

例 11.9 低通 FIR 滤波器滤波举例

在本例中，我们考虑使用一个等波纹 FIR 低通滤波器，来对由两个归一化角频率分别为 0.2π 和 0.75π 的正弦信号之和所形成的信号进行滤波。其系数由函数 `firpm` 产生。为简便起见，我们考虑设计 9 阶 1 型 FIR 滤波器。程序 11_6 可用来说明这个滤波过程。

图 11.9 显示了输入序列和由程序产生的输出序列。这些图形验证了低通滤波运算。在输出序列的开始，由零初始条件产生的暂态又一次清晰可见。

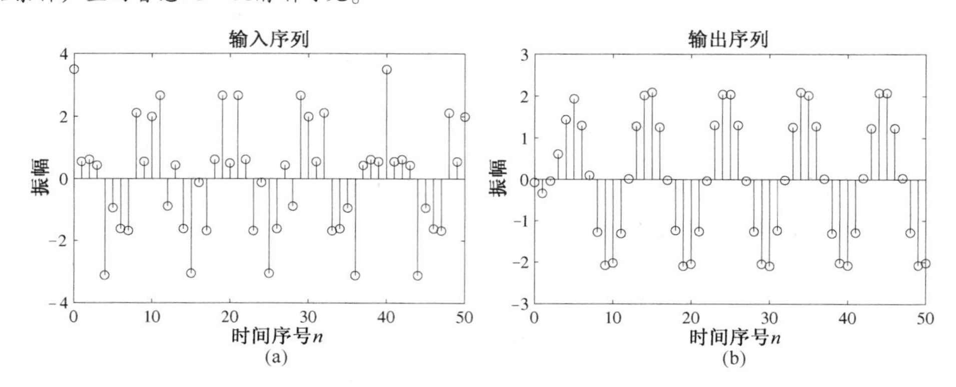

图 11.9 FIR 低通滤波器的滤波示例：(a)输入序列；(b)输出序列

11.2.5 零相移滤波

MATLAB **信号处理工具箱**中包括 M 文件 `filtfilt` 来实现 7.2.1 节讨论的零相移滤波。其基本形式 `y = filtfilt(p, d, x)` 通过执行前向和时间反转处理运算来实现零相移滤波。产生的滤波器的阶数比由系数 `p` 和 `d` 描述的原滤波器的阶数大一倍。若 $H(z)$ 表示原滤波器的传输函数，`filtfilt` 则实现一个零相移频率响应为 $|H(e^{j\omega})|^2$ 的滤波器，因此，其通带波纹和最小阻带衰减(均以 dB 为单位)是原滤波器的两倍。例 11.10 说明函数 `filtfilt` 的一个可能应用。

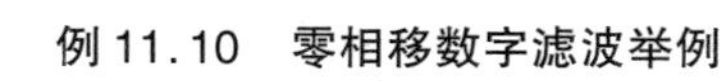

程序 11_7.m

例 11.10 零相移数字滤波举例

在 9.1.2 节我们已经指出，通常，IIR 数字滤波器比满足同样幅度指标的等效 FIR 数字滤波器计算上更有效。另一方面，IIR 滤波器不能设计成具有线性相位，而设计一个具有线性相位的 FIR 滤波器非常容易。一种实现具有线性相位的 IIR 滤波器的方法是使用 7.2.1 节讨论的前向和时间反转滤波运算。为此，我们重做例 11.5 的低通滤波问题，并通过程序 11_7 来比较函数 `filter` 和 `filtfilt` 的结果。

图 11.10 描述了输入信号的低频分量、仅前向滤波产生的输出以及通过前向滤波和时间反转滤波一起产生的输出。下面给出简单评论。两个输出都显示了暂态效应。在仅有前向滤波的情况中，如图 11.10(b)所示，只有前几个输出样本由被初始条件产生的暂态所破坏。另一方面，在如图 11.10(c)所示的同时采用前向和时间反转滤波的情况中，可以看到暂态效应在开始和结束时都有。接下来，和预计一样，除了暂态部分，两个输出几乎和输入完全相等，但在第一种情况下输出相对于输入有延迟，而在第二种情况下的输出则没有。

11.2.6 级联格型滤波器结构的仿真

信号处理工具箱中的函数 `latcfilt` 可用来分别对 8.8 节和 8.9.1 节中的 IIR 和 FIR 级联格型滤波器结构进行仿真。该函数有三种基本形式。在第一种形式中，`[f, g] = latcfilt(k, x)` 对其格型滤波器系数由向量 `k` 给出的 FIR 级联格型滤波器结构进行仿真，并对输入向量 `x` 生成前向输出向量 `f` 和后向输出向量 `g`。第二种形式 `[f, g] = latcfilt(k, alpha, x)`，对格型系数向量为 `k` 且前馈乘法器向量为 alpha 的一个带抽头的 IIR 级联格型结构进行仿真。最后一种形式[f, g] = latcfilt(k, 1, x)对一个全极点 IIR 级联格型滤波器结构进行仿真。

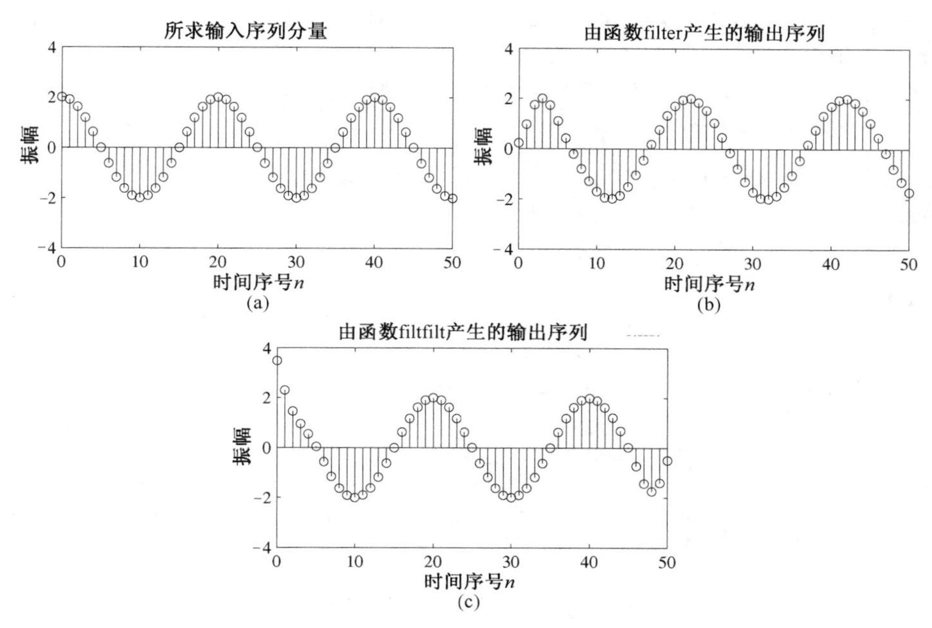

图 11.10 例 11.10:(a)输入的低频成分;(b)仅使用前向滤波产生的输出;(c)同时使用前向和时间反转滤波产生的输出

例 11.11 和例 11.12 将说明 IIR 和 FIR 级联格型滤波器的仿真。

例 11.11 IIR 级联格型滤波器结构的仿真

考虑例 8.3 中的三阶带抽头级联格型 IIR 的传输函数,为方便起见,重写如下:

$$H(z)=\frac{0.44z^{-1}+0.36z^{-2}+0.02z^{-3}}{1+0.4z^{-1}+0.18z^{-2}-0.2z^{-3}} \tag{11.24}$$

本例中得到的实现在图 11.11 画出。在例 8.10 和例 8.12 中得到的乘法器系数为

$$k_3=d_3=-0.2,\quad k_2=d_2'=0.270\,833,\quad k_1=d_1''=0.357\,377$$
$$\alpha_1=0.02,\quad \alpha_2=0.352,\quad \alpha_3=0.276\,533,\quad \alpha_4=-0.190\,16$$

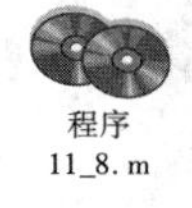

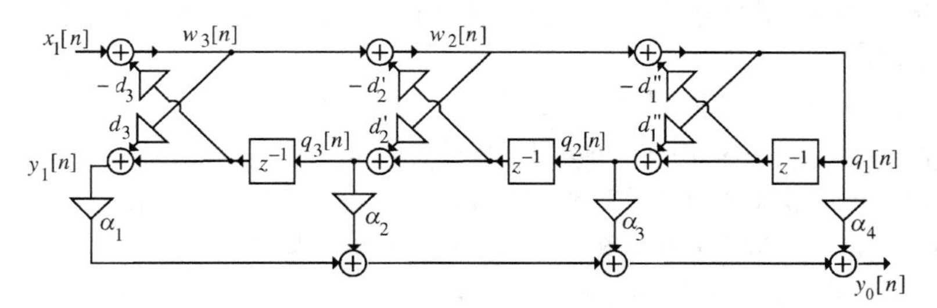

图 11.11 式(11.24)给出的 IIR 传输函数的级联格型实现

可以用程序 11_8 来对一个 IIR 级联格型结构进行仿真。键入的输入数据为

```
Lattice multiplier coefficients = [0.357377    0.270833    -0.2]
Feed-forward multipliers = [-0.19016    0.276533    0.352    0.02]
```

输入向量 x 包含单位样本序列的前 $2N+1$ 个系数,其中 N 是滤波器的阶数。输出向量 f 包括前 $2N+1$ 个冲激响应系数,接着用它来确定由 11.1.4 节描述的方法实现的实际传输函数的分子和分母系数。通过运行该程序得到的传输函数的系数与式(11.24)给出的一致,因此验证了图 11.11 所示的结构。

例 11.12 FIR 级联格型滤波器结构的仿真

程序 11_9.m

考虑用一对 N 阶传输函数实现的形如图 8.40 中 FIR 级联格型结构的仿真。程序 11_9 可用于该仿真。在程序运行的时候，它需要格型乘法器系数 δ_i 和 γ_i，它们以方括号中的向量输入。然后程序会在两个输出都产生最初的 $N+1$ 个冲激响应样本，这与传输函数 $H(z)$ 和 $G(z)$ 的系数分别相等。

在本例中，考虑图 8.41 中的 FIR 级联格型结构的仿真，为了方便重画在图 11.12 中。键入的输入数据为

```
Type in the lattice coefficients (delta) = [2 2 3 4 -2]

Type in the lattice coefficients (gamma)= [-1 -1 2 -3 5]
```

显示的输出数据是传输函数 $H_4(z)$ 和 $G_4(z)$ 的系数，如下所示：

```
Coefficients of H(z)
    2     20    -83    -10      2

Coefficients of G(z)
   10     34   -107    -17     -1
```

可以看出，上面的系数分别与式(8.88a)和式(8.88b)中给出的一致。

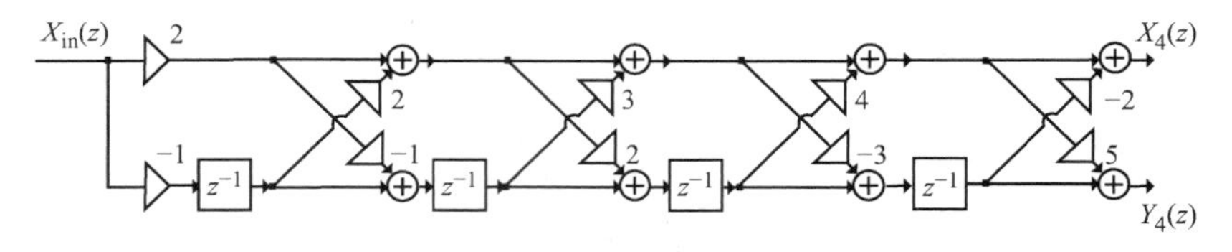

图 11.12 例 8.16 的级联格型结构

11.3 计算离散傅里叶变换

另一个广泛使用的 DSP 算法是离散傅里叶变换(DFT)。如前面所指出的，它可以被用来实现一种重要的数字滤波运算，即两个序列的线性卷积。它也可以用于信号的谱分析，这在随书光盘中讨论。由于 DFT 使用广泛，因此研究其有效实现方法是有意义的，这将在本节讨论。

在 5.2 节中引入了一个概念，即长度为 N 的序列 $x[n]$ 的 N 点 DFT $X[k]$ 是该序列的傅里叶变换 $X(e^{j\omega})$ 在 ω 轴上 $\omega_k=2\pi k/N$ 处均匀求取的 N 个样本，$0\leqslant k\leqslant N-1$：

$$X[k]=X(e^{j\omega})\big|_{\omega=2\pi k/N}=\sum_{n=0}^{N-1}x[n]e^{-j2\pi kn/N},\qquad 0\leqslant k\leqslant N-1 \tag{11.25}$$

既然一个有限长序列总是绝对可和的，因此 DFT 是有限长序列的 z 变换 $X(z)$ 在单位圆的 N 个等间隔点 $z=W_N^{-k}$ 上求取的样本：

$$X[k]=X(z)\big|_{z=e^{j2\pi k/N}},\qquad 0\leqslant k\leqslant N-1 \tag{11.26}$$

由式(11.25)可以看出，计算 DFT 序列的每个样本需要进行 N 次复数相乘和 $N-1$ 次复数相加。因此，计算 N 点 DFT 序列需要 N^2 次复数相乘和 $(N-1)N$ 次复数相加。当序列的长度为 N 时，可以证明，计算其 N 点 DFT 序列需要 $4N^2$ 次实数相乘和 $(4N-2)N$ 次实数相加(参见习题 11.12)。因此，计算一个 N 点 DFT 的计算量随着 N 的增加而急剧增加。对于较大的 N 值，复数相乘和相加的数目近似等于 N^2。因此，推导更有效的 DFT 计算快速算法是有实际意义的。

11.3.1 戈泽尔算法

计算单个样本 DFT 的一种巧妙的方法是使用递归计算方案。其中一个常用的方案是**戈泽尔(Goertzel)算法**，推导如下所述[Goe58]。该算法利用由 W_N^{-kN} 的周期性得到的恒等式

$$W_N^{-kN}=1 \tag{11.27}$$

利用式(11.27)的恒等式，可将式(11.25)重写为

$$X[k]=\sum_{\ell=0}^{N-1}x[\ell]W_N^{k\ell}=W_N^{-kN}\sum_{\ell=0}^{N-1}x[\ell]W_N^{k\ell}=\sum_{\ell=0}^{N-1}x[\ell]W_N^{-k(N-\ell)}\tag{11.28}$$

上式可表示为卷积的形式。为此，定义一个新序列

$$y_k[n]=\sum_{\ell=0}^{n-1}x_e[\ell]W_N^{-k(n-\ell)}\tag{11.29}$$

它是定义为

$$x_e[n]=\begin{cases}x[n], & 0\leqslant n\leqslant N-1\\ 0, & n<0, n\geqslant N\end{cases}\tag{11.30a}$$

的因果序列 $x_e[n]$ 与因果无限长序列

$$h_k[n]=\begin{cases}W_N^{-kn}, & n\geqslant 0\\ 0, & n<0\end{cases}\tag{11.30b}$$

的直接卷积。由式(11.28)和式(11.29)可以推得

$$X[k]=y_k[n]|_{n=N}$$

对式(11.29)的两边进行 z 变换，可得

$$Y_k(z)=\frac{X_e(z)}{1-W_N^{-k}z^{-1}}\tag{11.31}$$

其中，$1/(1-W_N^{-k}z^{-1})$ 是因果序列 $h_k[n]$ 的 z 变换，而 $X_e(z)$ 是 $x_e[n]$ 的 z 变换。式(11.31)表明，$y_k[n]$ 可以看成是传输函数为

$$H_k(z)=\frac{1}{1-W_N^{-k}z^{-1}}\tag{11.32}$$

且初始松弛的 LTI 数字滤波器当输入为 $x[n]$ 时的输出，如图 11.13 所示。当 $n=N$ 时，滤波器的输出 $y_k[N]$ 恰好等于 $X[k]$。

由图 11.13 可知，DFT 计算算法为

$$y_k[n]=x_e[n]+W_N^{-k}y_k[n-1],\quad 0\leqslant n\leqslant N\tag{11.33}$$

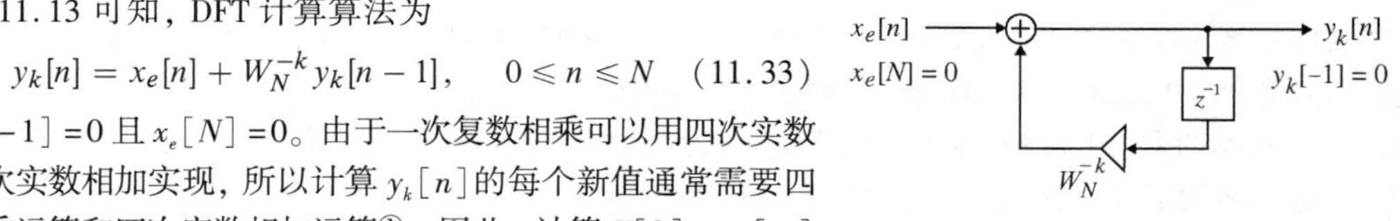

图 11.13　第 k 个 DFT 样本的递归计算

其中，$y_k[-1]=0$ 且 $x_e[N]=0$。由于一次复数相乘可以用四次实数相乘和两次实数相加实现，所以计算 $y_k[n]$ 的每个新值通常需要四次实数相乘运算和四次实数相加运算①。因此，计算 $X[k]=y_k[N]$ 需要 $4N$ 次实数相加和 $4N$ 次实数相乘，对于所有 N 个 DFT 样本的计算，则需要 $4N^2$ 次实数相乘和 $4N^2$ 次实数相加。

因此，上面的算法需要与直接 DFT 计算的同样数目的实数相乘，但有更多 $2N$ 个的实数相加。可见，它比直接方法在计算上效率稍微低些。然而，递归算法的优点是计算 $X[k]$ 需要的 N 个复数系数 W_N^{kn} 不必事先计算或存储，而是当需要时在递归算得。

通过观察，式(11.32)中的 $H_k(z)$ 可重写为

$$\begin{aligned}H_k(z)&=\frac{1}{1-W_N^{-k}z^{-1}}=\frac{1-W_N^kz^{-1}}{(1-W_N^{-k}z^{-1})(1-W_N^kz^{-1})}\\&=\frac{1-W_N^kz^{-1}}{1-2\cos\left(\frac{2\pi}{N}k\right)z^{-1}+z^{-2}}\end{aligned}\tag{11.34}$$

这使算法变得更加有效，从而得到如图 11.14 所示的新实现。

现在，DFT 计算式为

① 可以证明，简单地修改复数相乘算法，可以将实数相乘的数目减到 3，而将实数相加的数目增加到 5(参见习题 11.13)。

$$v_k[n] = x_e[n] + 2\cos\left(\frac{2\pi k}{N}\right)v_k[n-1] - v_k[n-2], \quad 0 \leqslant n \leqslant N \tag{11.35a}$$

$$X[k] = y_k[N] = v_k[N] - W_N^k v_k[N-1] \tag{11.35b}$$

注意，计算中间变量 $v_k[n]$ 的每个样本仅需要两次实数相乘和四次实数相加①。常量 W_N^k 的复数相乘只需要在 $n=N$ 时执行一次。这样，为了计算 N 点 DFT 的一个样本 $X[k]$，需要 $(2N+4)$ 次实数相乘和 $(4N+4)$ 次实数相加。因此，用来计算 N 点 DFT 的改进戈泽尔算法计算需要 $2(N+2)N$ 次实数相乘和 $4(N+1)N$ 次实数相加。

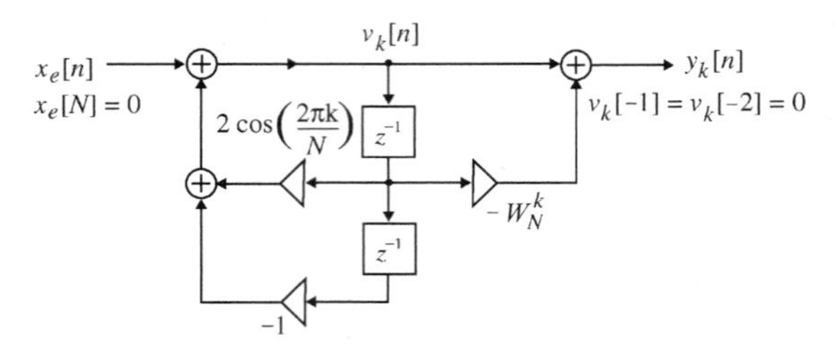

图 11.14 第 k 个 DFT 样本的递归计算的修正方法

通过将图 11.14 中的 $H_{N-k}(z)$ 和 $H_k(z)$ 的实现进行比较可以进一步节省计算。在前一种情况下，反馈通路的乘法器是 $2\cos(2\pi(N-k)/N) = 2\cos(2\pi k/N)$，这和图 11.14 是一致的。因此 $v_{N-k}[n] = v_k[n]$，表明为求 $X[k]$ 的所计算的中间变量在求 $X[N-k]$ 时不需要再次被计算。这两个结构之间唯一的区别在前馈通路，在那里，乘法器改成了 $W_N^{N-k} = W_N^{-k}$，它是图 11.14 中用到的系数 W_N^k 的复共轭。因此，计算 N 点 DFT 的两个样本 $X[k]$ 和 $X[N-k]$ 需要 $2(N+4)$ 次实数相乘和 $4(N+2)$ 次实数相加。换言之，可以用大约 N^2 次实数相乘和大约 $2N^2$ 次实数相加来确定 DFT 的所有 N 个样本。实数相乘的数目大约是直接 DFT 计算所需的四分之一，而实数相加的数目约为直接计算的二分之一。

M 文件 `goertzel` 实现改进的戈泽尔算法。

戈泽尔算法在需要计算较少的 DFT 样本的应用中很有吸引力。一个例子是随书光盘中包含的按键式电话拨号系统中的**双音多频**(DTMF)信号检测。在这样一个应用中，输入 $x[n]$ 是一个实序列，而感兴趣的是 DFT 样本的平方幅度 $|X[k]|^2$。由于 $x[n]$ 为一个实序列，在改进的戈泽尔算法中产生的中间序列 $v_k[n]$ 也是一个实序列。因此，由式(11.35b)可得

$$|X[k]|^2 = |y_k[N]|^2 = v_k^2[N] + v_k^2[N-1] - 2\cos(2\pi k/N)v_k[N]v_k[N-1] \tag{11.36}$$

上面的方案只用到实数相乘，避免了计算如式(11.35b)所给出的 $y_k[N]$ 所需的复数相乘。

接下来描述当长度 N 为一个可分解为整数乘积的数时，计算 DFT 所有样本的两种快速算法。正如我们将要说明的，当 N 为 2 的幂时，在新算法中，计算的总数与 $N\log_2(N)$ 成比例，因此，这些算法在需要计算所有 DFT 样本的应用中非常具有吸引力。

11.3.2 库利-图基 FFT 算法

用来计算离散傅里叶变换(DFT)的快速算法[通常称为**快速傅里叶变换**(FFT)算法]的基本思想是，将 N 点 DFT 的计算依次分解为尺寸较小的 DFT 计算并利用复数 W_N^{kn} 的周期性和对称性来进行。这样的分解，若恰当地进行，可以明显地降低计算的复杂性，该计算复杂度由需要来计算所有 N 点 DFT 样本的相乘的总数和相加的总数给出。FFT 算法有不同的形式。我们在这里介绍两种最基本的 FFT 算法的主要概念[Coo65]。

① 通常，$x[n]$ 和 $v_k[n]$ 是复序列。

按时间抽取 FFT 算法

考虑长度 N(假定为 2 的幂)的序列 $x[n]$。使用 $x[n]$的两频带多相分解①，可以将其 z 变换表示为

$$X(z) = X_0(z^2) + z^{-1}X_1(z^2) \tag{11.37}$$

这里

$$X_0(z) = \sum_{n=0}^{\frac{N}{2}-1} x_0[n]z^{-n} = \sum_{n=0}^{\frac{N}{2}-1} x[2n]z^{-n} \tag{11.38a}$$

$$X_1(z) = \sum_{n=0}^{\frac{N}{2}-1} x_1[n]z^{-n} = \sum_{n=0}^{\frac{N}{2}-1} x[2n+1]z^{-n} \tag{11.38b}$$

因此，$X_0(z)$是 $x[n]$中序号为偶数的样本所组成的长为$(N/2)$的序列 $x_0[n]=x[2n]$的 z 变换；而 $X_1(z)$则为 $x[n]$中序号为奇数的样本所组成的长为$(N/2)$的序列 $x_1[n]=x[2n+1]$的 z 变换。

在单位圆上的 N 个等间隔点 $z=W_N^{-k}$ 上计算 $X(z)$，由式(11.37)可得 $x[n]$的 N 点 DFT 为②

$$X[k] = X_0[\langle k\rangle_{N/2}] + W_N^k X_1[\langle k\rangle_{N/2}], \qquad 0 \leqslant k \leqslant N-1 \tag{11.39}$$

这里，$X_0[k]$和 $X_1[k]$分别是长度为$(N/2)$的序列 $x_0[n]$和 $x_1[n]$的$(N/2)$点 DFT，即

$$X_0[k] = \sum_{r=0}^{\frac{N}{2}-1} x_0[r]W_{N/2}^{rk} = \sum_{r=0}^{\frac{N}{2}-1} x[2r]W_{N/2}^{rk}, \quad 0 \leqslant k \leqslant \frac{N}{2}-1 \tag{11.40a}$$

$$X_1[k] = \sum_{r=0}^{\frac{N}{2}-1} x_1[r]W_{N/2}^{rk} = \sum_{r=0}^{\frac{N}{2}-1} x[2r+1]W_{N/2}^{rk}, \quad 0 \leqslant k \leqslant \frac{N}{2}-1 \tag{11.40b}$$

注意，在由式(11.37)推导出式(11.39)的过程中，我们利用了 $\frac{N}{2}$ 点离散傅里叶变换 $X_0[k]$和 $X_1[k]$是 k 的周期为 $\frac{N}{2}$ 的序列这一事实。

此时，研究式(11.39)所示的修正的 DFT 的计算方案的框图解释是有意义的，该方案通过形成偶序号样本 $x_0[n]=x[2n]$和奇序号样本 $x_1[n]=x[2n+1]$形成的两个长度为 $\frac{N}{2}$ 的子序列的两个 $\frac{N}{2}$ 点的 DFT 的加权和，来计算原长度为 N 的序列 $x[n]$的 N 点 DFT。为此，我们需要用 2.2.4 节介绍的**下抽样器**来从 $x[n]$生成两个子序列 $x_0[n]$和 $x_1[n]$。由式(2.24)的定义可以推出，若因子为 2 的下抽样器的输入 $x[n]$是定义在$0\leqslant n\leqslant N-1$ 上的长度为 N 的序列，则其输出 $x_0[n]$为定义在 $0\leqslant n\leqslant \frac{N}{2}-1$ 上的长度为 $\frac{N}{2}$ 的序列并由 $x[n]$的偶序号样本组成，即 $x_0[n]=x[2n]$，如图 11.15(a)所示。要产生由 $x[n]$的奇数序号的样本组成的子序列 $x_1[n]$，即 $x_1[n]=x[2n+1]$，$0\leqslant n\leqslant \frac{N}{2}-1$，需要将序列 $x[n+1]$通过因子为 2 的下抽样器。而序列 $x[n+1]$可以通过经过一个超前运算由序列 $x[n]$得到。该过程在图 11.15(b)中说明。

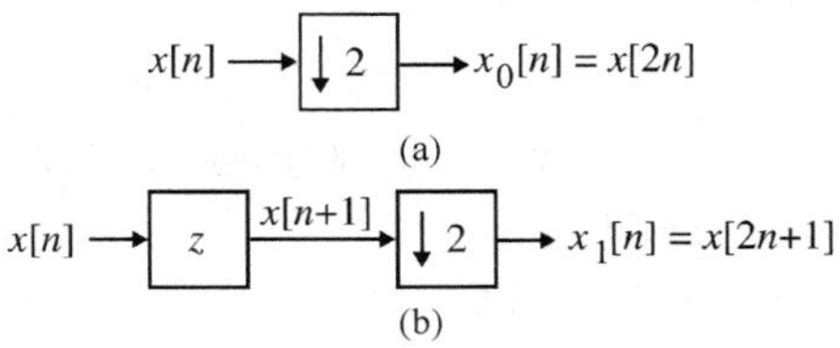

图 11.15　(a)生成包含偶序号输入样本的子序列；(b)生成包含奇序号输入样本的子序列

由上面的讨论可推出，式(11.39)的 DFT 计算方案的框图解释如图 11.16 所示。图 11.17 显示了当 $N=8$ 时的流图表示。

---

① 多相分解的讨论参见 8.3.3 节。

② $\langle k\rangle_{N/2}=k$ 模$(N/2)$。对于模运算的解释，参见 2.3.1 节。

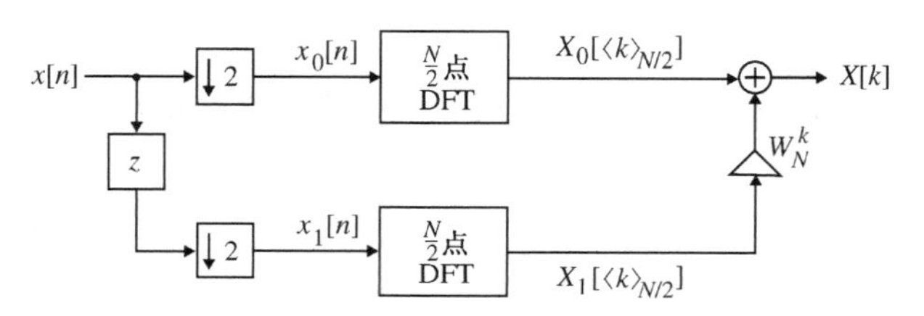

图 11.16 式(11.39)给出的 DFT 分解方案的结构解释

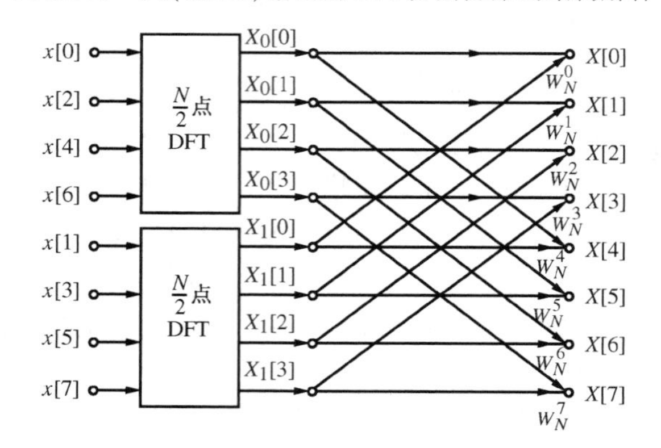

图 11.17 $N=8$ 时按时间抽取 FFT 算法的第一级流图

在进一步处理之前，我们先求基于式(11.39)的分解用两个$(N/2)$点的 DFT，计算一个 N 点 DFT 所需的计算需求。现在，一个 N 点 DFT 的直接计算需要 N^2 次复数相乘和 $N^2-N\approx N^2$ 次复数相加。另一方面，使用式(11.39)的分解来计算一个 N 点 DFT，需要计算两个$(N/2)$点 DFT，它们需要 N 次复数相乘和 N 次复数相加，结果是总共 $N+(N^2/2)$ 次复数相乘和大约 $N+(N^2/2)$ 次复数相加。不难验证，当 $N\geqslant 3$ 时，$N+(N^2/2)<N^2$。

通过假定$(N/2)$是偶数，我们可以继续上面的过程将上面的两个$(N/2)$点离散傅里叶变换 $X_0[k]$ 和 $X_1[k]$，表示成两个$(N/4)$点的 DFT 加权和。例如，可以将 $X_0[k]$ 表示为

$$X_0[k]=X_{00}[\langle k\rangle_{N/4}]+W_{N/2}^{k}X_{01}[\langle k\rangle_{N/4}],\quad 0\leqslant k\leqslant \frac{N}{2}-1 \tag{11.41}$$

其中，$X_{00}[k]$ 和 $X_{01}[k]$ 分别是由 $x_0[n]$ 的偶数和奇数序号样本产生的长为$(N/4)$的序列 $x_{00}[n]$ 和 $x_{01}[n]$ 的$(N/4)$点 DFT。同样，可以将 $X_1[k]$ 表示为

$$X_1[k]=X_{10}[\langle k\rangle_{N/4}]+W_{N/2}^{k}X_{11}[\langle k\rangle_{N/4}],\quad 0\leqslant k\leqslant \frac{N}{2}-1 \tag{11.42}$$

其中，$X_{10}[k]$ 和 $X_{11}[k]$ 分别是由 $x_1[n]$ 的偶数和奇数序号样本产生的长为$(N/4)$的序列 $x_{10}[n]$ 和 $x_{11}[n]$ 的$(N/4)$点 DFT。

将式(11.41)和式(11.42)代入式(11.39)，并利用恒等式 $W_{N/2}^{k}=W_N^{2k}$，可得到用 4 个$(N/4)$点 DFT 表示的 N 点 DFT 的两级分解，如图 11.18 的框图所示。$N=8$ 时的相应流图如图 11.19 所示。对于图 11.19 所示的 8 点 DFT 的计算，$(N/4)$点 DFT 是一个 2 点 DFT 并且不可再分解了。2 点 DFT，$X_{00}[k]$、$X_{01}[k]$、$X_{10}[k]$ 和 $X_{11}[k]$ 可以很容易计算。例如，为计算 $X_{00}[k]$，相关的表达式为

$$X_{00}[k]=\sum_{n=0}^{1}x_{00}[n]W_2^{nk}=x[0]+W_2^{k}x[4],\quad k=0,1 \tag{11.43}$$

相应的流图如图 11.20 所示，其中，我们用到了恒等式 $W_2^k=W_N^{(N/2)k}$。用它们各自的流图表示替代图 11.19 中的每一个 2 点 DFT，最终可得到如图 11.21 所示的按时间抽取 DFT 算法的流图。

若研究如图 11.21 所示的流图，会发现它包含有三级。第一级计算 4 个 2 点 DFT，第二级计算两个 4 点 DFT，而最后一级计算所求的 8 点 DFT。而且，每级进行的复数相乘和相加的次数均为 8，这就是变换的尺寸。因此，用来计算所有 8 点 DFT 样本的复数相乘和相加的总数为 $3\times 8=24$。

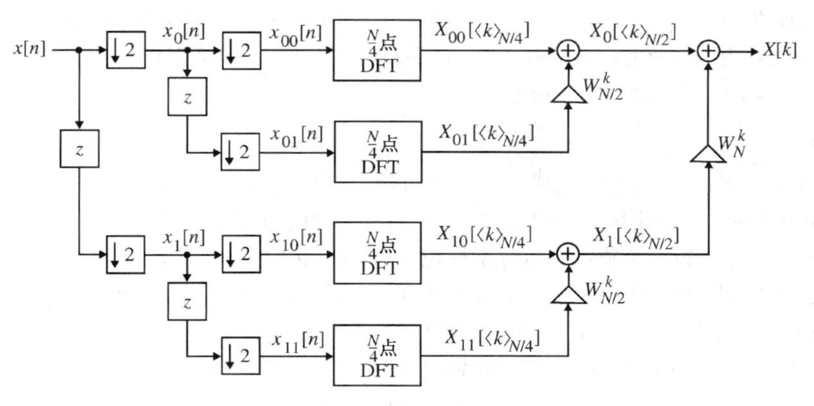

图 11.18　第二级 DFT 分解方案的结构解释

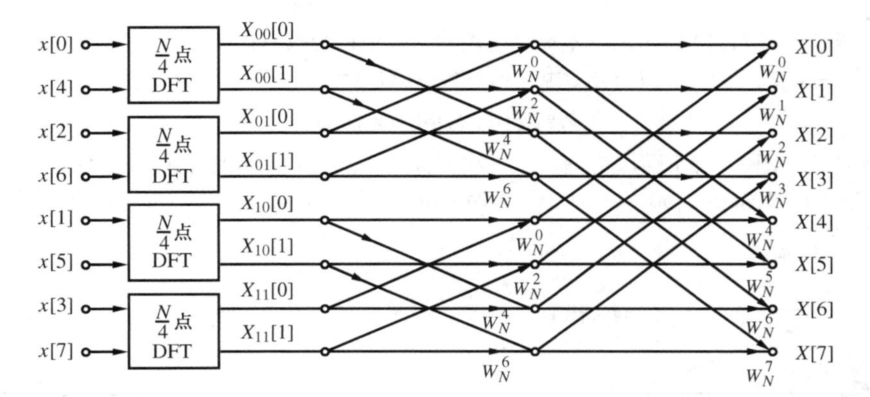

图 11.19　$N=8$ 时按时间抽取 FFT 算法的第二级流图

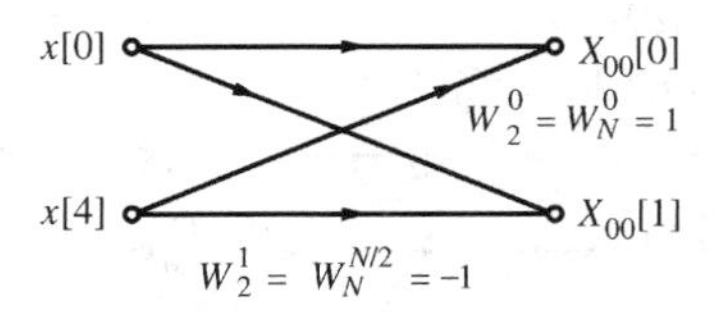

图 11.20　2 点 DFT 的流图

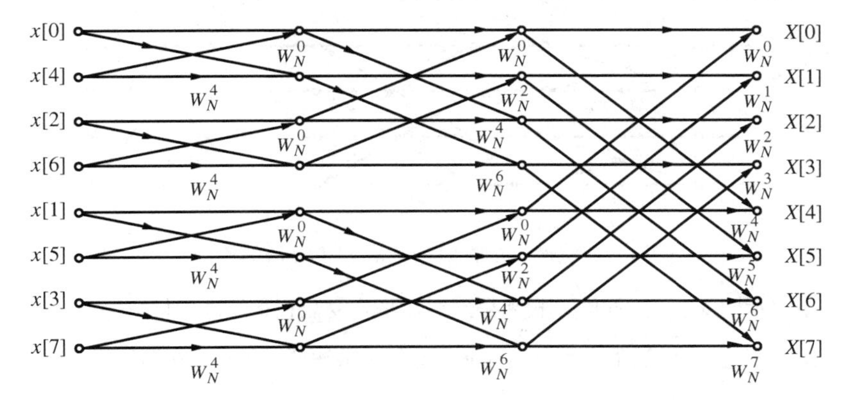

图 11.21　$N=8$ 时基本按时间抽取 FFT 算法的完整流图

通过上面的观察，可得当 $N=2^\mu$ 时，在快速算法中，(2^μ) 点 DFT 的级数为 $\mu=\log_2 N$。因此，计算所有 N 个 DFT 样本的复数相乘和相加的总数等于 $N(\log_2 N)$。在得出该总数的过程中，我们目前考虑同 $W_N^0=1$ 和 $W_N^{N/2}=-1$ 的相乘也为复数相乘。

计算上的考虑

研究如图 11.21 的流图，也可以发现 DFT 计算过程中每级的运算都用到相同的基本运算模块，在该模块中，两个输出变量是由两个输入变量的加权和产生的。为了更清楚地看到这一点，我们将 DFT 运算的第 r 级的 N 个输入变量和 N 个输出变量分别标记为 $\Psi_r[m]$ 和 $\Psi_{r+1}[m]$。其中，$r=1, 2, \cdots, \mu$ 而 $m=0, 1, \cdots, N-1$。按该标记，对如图 11.21 所示的 8 点 DFT 计算，$\Psi_1[0]=x[0]$、$\Psi_1[1]=x[4]$，等等。类似地，这里 $\Psi_4[0]=X[0]$、$\Psi_4[1]=X[1]$，等等。基于这种标记方案，可以很容易地用如图 11.22 所示的流图表示基本运算模块，并使用下面的输入-输出关系描述：

$$\Psi_{r+1}[\alpha]=\Psi_r[\alpha]+W_N^{\ell}\Psi_r[\beta] \tag{11.44a}$$

$$\Psi_{r+1}[\beta]=\Psi_r[\alpha]+W_N^{\ell+(N/2)}\Psi_r[\beta] \tag{11.44b}$$

由于其形状，所以如图 11.22 所示的基本运算模块在文献中称为**蝶形计算**。

将 $W_N^{\ell+(N/2)}=-W_N^{\ell}$ 代入式(11.44b)中，可以将该式重写为

$$\Psi_{r+1}[\beta]=\Psi_r[\alpha]-W_N^{\ell}\Psi_r[\beta] \tag{11.44c}$$

修改后的蝶形计算如图 11.23 所示，它只需要一次复数相乘。在 FFT 计算中使用这种改进的蝶形计算模块可使复数相乘的总数减少了 50%，如从图 11.24 画出的对 $N=8$ 时的新流图可以看出。因此，复数相乘的总数减少到 $\frac{N}{2}(\log_2 N)$。

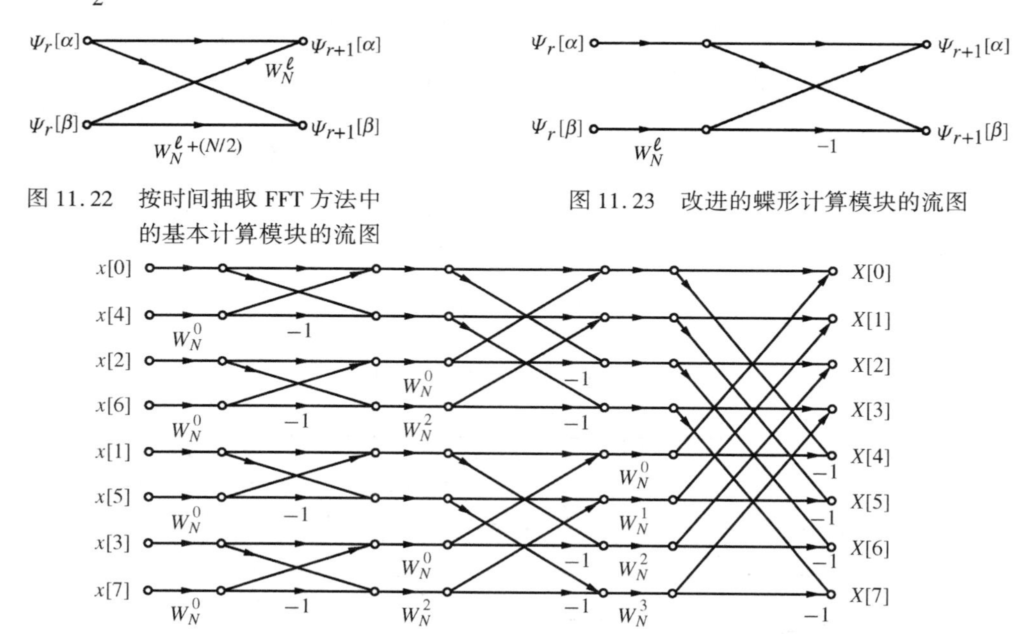

图 11.22 按时间抽取 FFT 方法中的基本计算模块的流图

图 11.23 改进的蝶形计算模块的流图

图 11.24 改进的按时间抽取 FFT 算法的流图

接下来生成不包括同 $W_N^0=1$ 和 $W_N^{N/2}$ 相乘得到的非平凡复数相乘的准确记数 [Dut2005]。在 DIT FFT 算法中的最后第 μ 级有 $\frac{N}{2}$ 个乘法器，其中只有 W_N^0 是平凡乘法器。因此，在第 μ 级上非平凡乘法器的数量为 $\left(\frac{N}{2}-1\right)$。第 $(\mu-1)$ 级有两组 $\frac{N}{4}$ 个乘法器，每组都有一个 W_N^0 平凡乘法器。因此，在第 $(\mu-1)$ 级的

非平凡乘法器的总数为 $2\left(\frac{N}{4}-1\right)$。同样，在第$(\mu-2)$级的非平凡乘法器总数为 $4\left(\frac{N}{8}-1\right)$，以此类推。接着，在第二级，有 $\frac{N}{4}$ 组乘法器，每组中有两个乘法器 W_N^0 和 W_N^2，得到 $N/4$ 个非平凡乘法器。最后，第一级有 $\frac{N}{2}$ 个非平凡乘法器，每个的值为 W_N^0。可以证明在一个 N 点 DIT FFT 算法中非平凡复数相乘的总数为$\mathcal{R}_N$，其中 $N=2^\mu$，如下所示(参见习题 11.19)

$$\mathcal{R}_N=\frac{N}{2}(\log_2 N-2)+1 \tag{11.45}$$

注意，在 DFT 计算过程中可以避免与 $W_N^{N/4}=\mathrm{j}$ 和 $W_N^{3N/4}=-\mathrm{j}$ 的相乘。另外，相乘的数目也可以通过利用对称性 $W_N^{(N/2)+k}=-W_N^k$ 来得到减少。

上述改进的 FFT 算法的另一个吸引人的特性是存储需求。由于每级采用同样的蝶形计算从输入变量 $\Psi_r[\alpha]$ 和 $\Psi_r[\beta]$ 得到两个输出变量 $\Psi_{r+1}[\alpha]$ 和 $\Psi_{r+1}[\beta]$，在 $\Psi_{r+1}[\alpha]$ 和 $\Psi_{r+1}[\beta]$ 确定以后，它们可存入 $\Psi_r[\alpha]$ 和 $\Psi_r[\beta]$ 先前存放的同一位置。因此，在每级计算的最后，输出变量 $\Psi_{r+1}[m]$ 就可以存入相应的输入变量 $\Psi_r[m]$ 先前所占用的寄存器。这类的存储位置共享特性通常称之为**同址计算**，结果明显节省了整个算法的存储需求。

然而，由图 11.24 注意到，当 DFT 样本 $X[k]$ 在输出端顺序排列时，输入时域样本 $x[n]$ 则以一个不同的顺序排列。因此，在开始用上面结构描述的 FFT 算法运算以前，$x[n]$ 必须适当重新排列。为理解该基本方案，考虑图 11.24 所示的 8 点 DFT 计算，若用二进制形式表示输入样本点 $x[n]$ 和它们顺序重新排列后的新表示 $\Psi_1[m]$，则可得 m 和 n 之间有如下关系：

m	n
000	000
001	100
010	010
011	110
100	001
101	101
110	011
111	111

由上可知，若$(b_2b_1b_0)$代表 $x[n]$ 的序号 n 的二进制形式，则在开始进行 DFT 计算开始之前，样本 $x[b_2b_1b_0]$ 在位置 $m=b_0b_1b_2$ 以 $\Psi[b_0b_1b_2]$ 出现，或换言之，$\Psi_1[m]$ 的位置是原输入阵列 $x[n]$ 的**倒位序**。

通过对计算重新排列可得 FFT 计算的其他不同形式，如正常顺序的输入和倒位序的输出(参见习题 11.17)，输入-输出均为正常顺序(参见习题 11.18)。

上面的 FFT 算法假定输入序列 $x[n]$ 的长度是 2 的幂。若不是，可以通过补零(参见 2.1.1 节)将序列 $x[n]$ 的长度延长，以使它的长度是 2 的幂①。尽管进行了补零，基于上面得到的快速算法的 DFT 计算也可能比原来较短序列的直接 DFT 计算更有效。另外，我们也可以生成利用多于两个子序列的多相分解的新算法。为了说明对基本 FFT 算法的这种修改，考虑长度是 3 的幂的序列 $x[n]$。这里，第一级 FFT 样本用 $X(z)$ 的三频带多相分解计算

$$X(z)=X_0(z^3)+z^{-1}X_1(z^3)+z^{-2}X_2(z^3) \tag{11.46}$$

得到

$$X[k]=X_0[\langle k\rangle_{N/3}]+W_N^kX_1[\langle k\rangle_{N/3}]+W_N^{2k}X_2[\langle k\rangle_{N/3}],\quad 0\leqslant k\leqslant N-1 \tag{11.47}$$

---

① 注意，补零增加了原序列的有效长度，和长度较短的 DFT 样本相比，长度更长的 DFT 样本在频率响应上是不同的频率样本，并且在单位圆上间隔更密。

其中，$X_0[k]$、$X_1[k]$和$X_2[k]$现在是$(N/3)$点 DFT。重复该过程用 3 个$(N/9)$点 DFT 来计算每个$(N/3)$点 DFT，以此类推，直到最小的计算模块为 3 点 DFT，并且不可能进一步分解。

由于在计算 DFT 之前，输入序列$x[n]$首先经过抽取，形成一组子序列，所以上面描述的 FFT 计算方案称为**按时间抽取(DIT) FFT 变换算法**。例如，输入序列$x[n]$和由如图 11.16 所示按时间抽取算法的第一级产生其偶部和奇部$x_0[n]$和$x_1[n]$的关系分别如下：

$$\begin{array}{llllllllll} x[n]: & x[0] & x[1] & x[2] & x[3] & x[4] & x[5] & x[6] & x[7] \\ x_0[n]: & x[0] & & x[2] & & x[4] & & x[6] & \\ x_1[n]: & x[1] & & x[3] & & x[5] & & x[7] & \end{array}$$

同样，输入序列$x[n]$和由图 11.19 所示按时间抽取算法二级分解产生的序列$x_{00}[n]$、$x_{01}[n]$、$x_{10}[n]$和$x_{11}[n]$之间的关系为

$$\begin{array}{lllllllll} x[n]: & x[0] & x[1] & x[2] & x[3] & x[4] & x[5] & x[6] & x[7] \\ x_{00}[n]: & x[0] & & & & x[4] & & & \\ x_{01}[n]: & x[2] & & & & x[6] & & & \\ x_{10}[n]: & x[1] & & & & x[5] & & & \\ x_{11}[n]: & x[3] & & & & x[7] & & & \end{array}$$

换言之，子序列$x_{00}[n]$、$x_{01}[n]$、$x_{10}[n]$和$x_{11}[n]$可以通过一个因子为 4 的抽取过程直接产生，从而得到图 11.25 所示的单级分解。

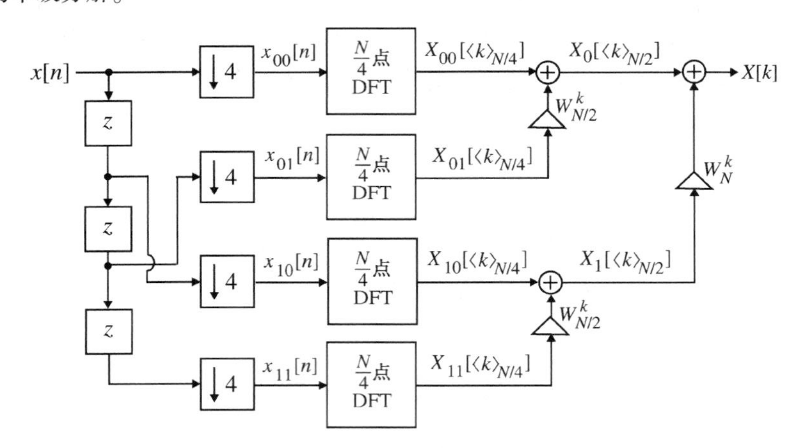

图 11.25　基 4 按时间抽取 FFT 算法的第一级

若在每一级以因子 R 进行抽取，则得到的 FFT 算法称为**基 R** 快速傅里叶变换算法。图 11.24 显示了一个基 2 按时间抽取 FFT 算法。同样，图 11.25 显示了一个基 4 按时间抽取 FFT 算法的第一级。从上面的讨论可以推出，根据 N 值的不同，$X[k]$分解后的不同组合可用来生成不同类型的按时间抽取 FFT 算法。若该方案使用了不同的因子抽取的混合，则称之为**混合基**快速傅里叶变换算法。

基于按时间抽取分解的修正戈泽尔算法

在某些应用中，在输入序列$x[n]$的第一级、第二级或者更多级在按时间抽取分解后，再应用戈泽尔算法来计算一些尺寸较小的 DFT 可能会很方便。例如，图 11.18 中的 4 个$(N/4)$点 DFT 可以用戈泽尔算法计算。这种方法减少了直接戈泽尔算法的整体计算复杂度，但同时仍允许计算少量 DFT 样本。

然而，应注意，图 11.16、图 11.18 和图 11.25 给出的按时间抽取 FFT 算法的框图解释，使用了一个在物理上不可实现的传输函数为 z 的超前块。若需要硬件实现这些结构，可以在输入端插入适当数量的延迟，然后把它们形成超前块链，从而使整个结构可物理实现。图 11.26 显示了图 11.25 所示结构的可实现形式。其中，在进行下抽样运算之前，输入序列$x[n]$应该被延迟 3 个样本周期。子序列$x_{00}[n]$、$x_{01}[n]$、$x_{10}[n]$和$x_{11}[n]$与原序列$x[n]$之间的关系为

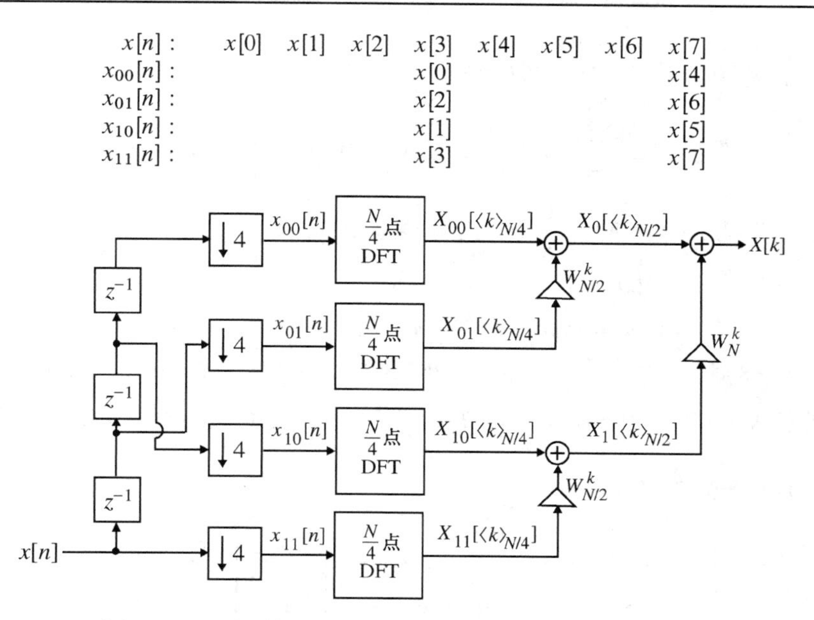

图 11.26　基 4 按时间抽取 FFT 算法的第一级的修正结构

按频率抽取 FFT 算法

按时间抽取 FFT 算法的基本思想是，依次将 N 点序列 $x[n]$ 分解为越来越小的子序列组，接下来形成这些子序列的 DFT 的加权和。同样的思想可以应用到 N 点 DFT 序列 $X[k]$，将其依次分解为越来越小的子序列组。这种方法引出了另一类 DFT 计算方案，统称为**按频率抽取(DIF)FFT 算法**。

为了说明上面两种分解方案的区别，当 N 是 2 的幂时，我们在下面生成了按频率抽取 FFT 算法的第一级。先将 $x[n]$ 的 z 变换 $X(z)$ 表示为

$$X(z) = X_0(z) + z^{-N/2}X_1(z) \tag{11.48}$$

其中

$$X_0(z) = \sum_{n=0}^{(N/2)-1} x[n]z^{-n}, \quad X_1(z) = \sum_{n=0}^{(N/2)-1} x\left[\tfrac{N}{2}+n\right]z^{-n} \tag{11.49}$$

在单位圆上的 $z = W_N^{-k}$ 处计算 $X(z)$，由式(11.48)和式(11.49)可得

$$X[k] = \sum_{n=0}^{(N/2)-1} x[n]W_N^{nk} + W_N^{(N/2)k}\sum_{n=0}^{(N/2)-1} x\left[\tfrac{N}{2}+n\right]W_N^{nk} \tag{11.50}$$

式(11.50)可重写为

$$X[k] = \sum_{n=0}^{(N/2)-1}\left(x[n] + (-1)^k x\left[\tfrac{N}{2}+n\right]\right)W_N^{nk} \tag{11.51}$$

其中，我们用到了恒等式 $W_N^{(N/2)k} = (-1)^k$。根据 k 是奇数还是偶数，得到了式(11.51)的两种不同形式：

$$\begin{aligned} X[2\ell] &= \sum_{n=0}^{(N/2)-1}\left(x[n] + x\left[\tfrac{N}{2}+n\right]\right)W_N^{2n\ell} \\ &= \sum_{n=0}^{(N/2)-1}\left(x[n] + x\left[\tfrac{N}{2}+n\right]\right)W_{N/2}^{n\ell}, \qquad 0 \leqslant \ell \leqslant \tfrac{N}{2}-1 \end{aligned} \tag{11.52a}$$

$$X[2\ell+1]=\sum_{n=0}^{(N/2)-1}\left(x[n]-x\left[\tfrac{N}{2}+n\right]\right)W_N^{n(2\ell+1)}$$
$$=\sum_{n=0}^{(N/2)-1}\left(x[n]-x\left[\tfrac{N}{2}+n\right]\right)W_N^{n}W_{N/2}^{n\ell},\qquad 0\leqslant\ell\leqslant\tfrac{N}{2}-1 \tag{11.52b}$$

上面的两个表达式分别表示如下两个 $\frac{N}{2}$ 点序列的 $\frac{N}{2}$ 点 DFT:

$$x_0[n]=\left(x[n]+x\left[\tfrac{N}{2}+n\right]\right)$$
$$x_1[n]=\left(x[n]-x\left[\tfrac{N}{2}+n\right]\right)W_N^n,\qquad 0\leqslant n\leqslant\tfrac{N}{2}-1 \tag{11.53}$$

图 11.27 画出了 $N=8$ 时, 式(11.52a)和式(11.52b)定义的 DFT 第一级的流图。从图中可以看出, 这里输入样本以顺序输入, 而输出 DFT 样本以抽取后的形式出现, 其中偶数序号样本以一个 $\frac{N}{2}$ 点 DFT 出现, 而奇数序号样本以另一个 $\frac{N}{2}$ 点 DFT 出现。

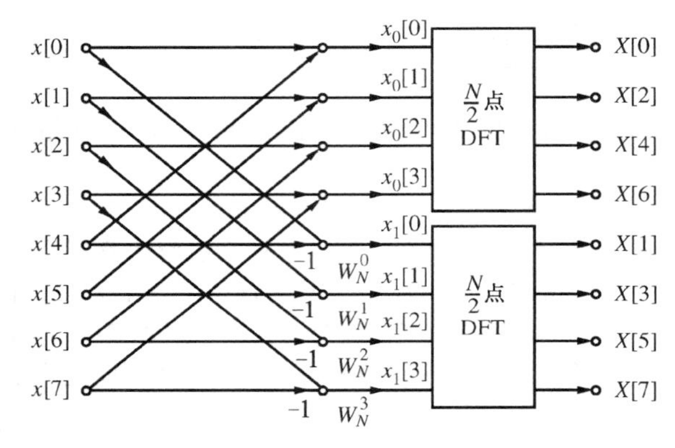

图 11.27 $N=8$ 时按频率抽取 FFT 算法的第一级的流图

我们可以继续上面的分解过程将两个 $\frac{N}{2}$ 点 DFT 中的每一个偶数和奇数序号样本分解为两个 $\frac{N}{4}$ 点 DFT 之和。继续该过程, 直到最小的 DFT 为 2 点 DFT。$N=8$ 时按频率抽取 DFT 计算方案的完整的流图如图 11.28 所示。

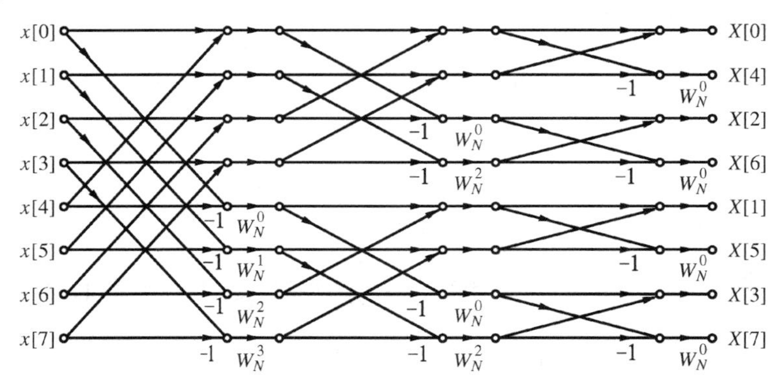

图 11.28 $N=8$ 时按频率抽取 FFT 算法的完整流图

由图 11.28 可以看出, 在按频率抽取 FFT 算法中, 输入 $x[n]$ 以正常顺序出现, 而输出 $X[k]$ 以倒位序出现。与在基 2 按时间抽取 FFT 算法的情况一样, 当 $N=2^{\mu}$ 时, 为计算 N 点 DFT 样本的复数相乘的总数 $\mathcal{R}_N$ 也由式(11.45)给出。和前面一样, 可以生成不同形式的按频率抽取 FFT 算法。

这里描述的按时间抽取 FFT 算法和按频率抽取 FFT 算法，通常也称为**库利－图基**(Cooley-Turkey)快速傅里叶变换算法。

研究如图 11.27 所示的基 2 按频率抽取 FFT 算法的第一级的流图可发现，$X[k]$的偶数和奇数样本可以彼此独立地计算。Duhamel 曾经证明[Duh86]，用基 2 按频率抽取算法来计算偶数序号 DFT 样本和用基 4 按频率抽取算法来计算奇数序号 DFT 样本可以明显地降低计算复杂性。这类计算方案称为**分裂基快速傅里叶变换算法**(参见习题 11.28)。

11.3.3　用转置运算生成 FFT 算法

通过把转置运算应用到后者的流图表示中，按频率抽取 FFT 算法也可以从按时间抽取 FFT 算法中生成，反之亦然。一个 FFT 算法的转置后的流图通过在其流图表示中简单地反转每个带方向分支来得到。很容易看到，在图 11.28 中给出的按频率抽取 FFT 算法的流图就是在图 11.24 中给出的按时间抽取 FFT 算法流图的转置，反之亦然。

11.3.4　离散傅里叶逆变换计算

计算 DFT 样本的 FFT 算法，也可以用来有效地计算离散傅里叶逆变换(IDFT)。为了说明这一点，考虑一个 N 点 DFT 为 $X[k]$的 N 点序列 $x[n]$。序列 $x[n]$与样本 $X[k]$通过

$$x[n] = \frac{1}{N}\sum_{k=0}^{N-1} X[k]W_N^{-nk} \tag{11.54}$$

建立关系。若我们将上式的两边同时乘以 N 并对其取复共轭，可得

$$Nx^*[n] = \sum_{k=0}^{N-1} X^*[k]W_N^{nk} \tag{11.55}$$

上述表达式的右边可以看做序列 $X^*[k]$的 N 点 DFT，它可以用前面讨论的任何一种 FFT 算法计算得到。得到所求的离散傅里叶逆变换 $x[n]$为

$$x[n] = \frac{1}{N}\left\{\sum_{k=0}^{N-1} X^*[k]W_N^{nk}\right\}^* \tag{11.56}$$

总之，给定 N 点离散傅里叶变换 $X[k]$，我们首先形成它的复共轭序列 $X^*[k]$，然后计算 $X^*[k]$的 N 点 DFT，形成计算出的 DFT 结果的复共轭，最后，对每个样本除以 N。逆 DFT 的计算过程如图 11.29 所示。计算离散傅里叶逆变换的另外两种方法在习题 11.35 和习题 11.36 中描述。

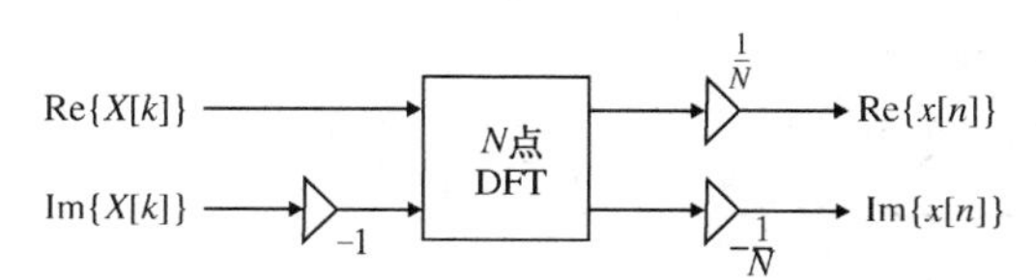

图 11.29　通过 DFT 计算逆 DFT

11.4　基于序号映射的快速 DFT 算法

上一节讲述的 DFT 适用于序列长度 N 为 2 的整数幂的情况。若序列长度 N 不等于 2 的整数幂，则我们要进行补零修正，得到长度为 2 的整数幂的修正序列。然而，补零也增加了 DFT 的长度，因此增加了计算复杂度。若序列的长度 N 可以表示成整数的乘积，则可以通过序号映射的方法生成快速计算的 DFT 计算方法，在该映射中，样本序号 n 和 k 映射为二维序号[Coo65]，[Bur77]。对应的算法也利用了一组较短长度序列的 DFT 来计算长度为 N 的序列的 DFT。本节首先将库利－图基 FFT 算法推广到 N 为可分解的情况，然后对 N 可以表示为质数乘积的情况描述一种更有效的算法。

11.4.1 库利-图基 FFT 算法的一般形式

考虑长度为 N 的序列 $x[n]$，其中 N 是两个整数 N_1 和 N_2 的乘积：

$$N = N_1 N_2 \tag{11.57}$$

时域的序号 n 可以表示成两个序号 n_1 和 n_2 的函数，如下所示：

$$n = n_1 + N_1 n_2, \quad \begin{cases} 0 \leqslant n_1 \leqslant N_1 - 1 \\ 0 \leqslant n_2 \leqslant N_2 - 1 \end{cases} \tag{11.58}$$

同样，DFT 序列 $X[k]$ 的频域序号 k 也可以表示成两个序号 k_1 和 k_2 的函数，如下所示：

$$k = N_2 k_1 + k_2, \quad \begin{cases} 0 \leqslant k_1 \leqslant N_1 - 1 \\ 0 \leqslant k_2 \leqslant N_2 - 1 \end{cases} \tag{11.59}$$

由式(11.58)可知，范围在 0 到 $N-1$ 之间序号 n 的每个值可以用唯一一对序号 n_1 和 n_2 来表示。式(11.58)的序号映射将一维长度为 N 的序列 $x[n]$ 有效地映射为大小为 $N_1 \times N_2$ 的二维序列 $X[n_1, n_2]$，它包含 N_1 行和 N_2 列。同样，由式(11.59)可知，范围在 0 到 $N-1$ 的序号 k 的每个值也可以用一对序号 k_1 和 k_2 来唯一地表示。同样，式(11.59)的序号映射将一维长度为 N 的序列 $X[k]$ 有效地映射为大小为 $N_1 \times N_2$ 的二维序列 $X[k_1, k_2]$，它包含 N_1 行和 N_2 列。

采用上面的序号映射，可以将 DFT 样本点

$$X[k] = \sum_{n=0}^{N-1} x[n] W_N^{nk}, \qquad 0 \leqslant k \leqslant N-1 \tag{11.60}$$

表示为

$$\begin{aligned} X[k] = X[N_2 k_1 + k_2] &= \sum_{n_1=0}^{N_1-1} \sum_{n_2=0}^{N_2-1} x[n_1 + N_1 n_2] W_N^{[n_1+N_1 n_2][N_2 k_1 + k_2]} \\ &= \sum_{n_1=0}^{N_1-1} \sum_{n_2=0}^{N_2-1} x[n_1 + N_1 n_2] W_N^{n_1 N_2 k_1} W_N^{n_1 k_2} W_N^{N_1 n_2 N_2 k_1} W_N^{N_1 n_2 k_2} \end{aligned} \tag{11.61}$$

其中 $0 \leqslant k_1 \leqslant N_1$ 且 $0 \leqslant k_2 \leqslant N_2$。现在

$$\begin{aligned} W_N^{n_1 N_2 k_1} &= W_{N_1 N_2}^{n_1 N_2 k_1} = W_{N_1}^{n_1 k_1} \\ W_N^{N_1 n_2 N_2 k_1} &= W_{N_1 N_2}^{N_1 n_2 N_2 k_1} = 1 \\ W_N^{N_1 n_2 k_2} &= W_{N_1 N_2}^{N_1 n_2 k_2} = W_{N_2}^{n_2 k_2} \end{aligned}$$

因此，式(11.61)可重写为

$$\begin{aligned} X[N_2 k_1 + k_2] &= \sum_{n_1=0}^{N_1-1} \sum_{n_2=0}^{N_2-1} x[n_1 + N_1 n_2] W_{N_1}^{n_1 k_1} W_N^{n_1 k_2} W_{N_2}^{n_2 k_2} \\ &= \sum_{n_1=0}^{N_1-1} \left[\left(\sum_{n_2=0}^{N_2-1} x[n_1 + N_1 n_2] W_{N_2}^{n_2 k_2} \right) W_N^{n_1 k_2} \right] W_{N_1}^{n_1 k_1}, \begin{cases} 0 \leqslant k_1 \leqslant N_1 - 1 \\ 0 \leqslant k_2 \leqslant N_2 - 1 \end{cases} \end{aligned} \tag{11.62}$$

定义

$$G[n_1, k_2] = \sum_{n_2=0}^{N_2-1} x[n_1 + N_1 n_2] W_{N_2}^{n_2 k_2}, \qquad 0 \leqslant k_2 \leqslant N_2 - 1 \tag{11.63}$$

注意，对于每一个序号值 n_1，量 $G[n_1, k_2]$ 可以看成是对定义为 $x[n_1 + N_1 n_2]$ 的二维序列的第 n_1 行中的长度为 N_2 的序列的 N_2 点的 DFT。将式(11.63)代入式(11.62)，可得

$$X[N_2 k_1 + k_2] = \sum_{n_1=0}^{N_1-1} \left(G[n_1, k_2] W_N^{n_1 k_2} \right) W_{N_1}^{n_1 k_1} = \sum_{n_1=0}^{N_1-1} \hat{G}[n_1, k_2] W_{N_1}^{n_1 k_1} \tag{11.64}$$

其中

$$\hat{G}[n_1,k_2] = G[n_1,k_2]W_N^{n_1k_2} \tag{11.65}$$

由式(11.65)可知，一组长度为 N_2 的 N_1 个序列 $\hat{G}[n_1, k_2]$ 可以通过行 DFT $G[n_1, k_2]$乘上旋转因子 $W_N^{n_1k_2}$ 得到。对于每一个序号值 k_2，式(11.64)等号的右边定义了 $\hat{G}[n_1, k_2]$ 的二维序列的第 k_2 列中长度为 N_1 的序列的 N_1 点的 DFT。还需注意，式(11.63)的行 DFT、式(11.64)的列 DFT 与式(11.65)给出的旋转因子相乘都是可以同址实现的。

例 11.13 中说明了用于 FFT 计算的序号映射。

例 11.13　用于 FFT 计算的序号映射示例

令 $N=15$。选择 $N_1=3$，$N_2=5$。此时，序号映射为

$$n = n_1 + 3n_2,\quad \begin{cases}0\leqslant n_1\leqslant 2,\\ 0\leqslant n_2\leqslant 4,\end{cases}\quad \text{和}\quad k = 5k_1 + k_2,\quad \begin{cases}0\leqslant k_1\leqslant 2\\ 0\leqslant k_2\leqslant 4\end{cases}$$

其中，式(11.62)简化为

$$X[5k_1+k_2] = \sum_{n_1=0}^{2}\left[\left(\sum_{n_2=0}^{4} x[n_1+3n_2]W_5^{n_2k_2}\right)W_{15}^{n_1k_2}\right]W_3^{n_1k_1},\ \begin{cases}0\leqslant k_1\leqslant 2\\ 0\leqslant k_2\leqslant 4\end{cases} \tag{11.66}$$

输入序号映射得到了输入序列的二维表示，如下所示：

n_1 \ n_2	0	1	2	3	4
0	$x[0]$	$x[3]$	$x[6]$	$x[9]$	$x[12]$
1	$x[1]$	$x[4]$	$x[7]$	$x[10]$	$x[13]$
2	$x[2]$	$x[5]$	$x[8]$	$x[11]$	$x[14]$

对上面给出的三行数据的每行进行 5 点 DFT 运算，得到二维阵列如下所示：

n_1 \ k_2	0	1	2	3	4
0	$G[0,0]$	$G[0,1]$	$G[0,2]$	$G[0,3]$	$G[0,4]$
1	$G[1,0]$	$G[1,1]$	$G[1,2]$	$G[1,3]$	$G[1,4]$
2	$G[2,0]$	$G[2,1]$	$G[2,2]$	$G[2,3]$	$G[2,4]$

接下来将上面的 5 点 DFT 序列 $G[n_1, k_2]$乘以旋转因子 $W_{15}^{n_1k_2}$，得到如下二维阵列：

n_1 \ k_2	0	1	2	3	4
0	$\hat{G}[0,0]$	$\hat{G}[0,1]$	$\hat{G}[0,2]$	$\hat{G}[0,3]$	$\hat{G}[0,4]$
1	$\hat{G}[1,0]$	$\hat{G}[1,1]$	$\hat{G}[1,2]$	$\hat{G}[1,3]$	$\hat{G}[1,4]$
2	$\hat{G}[2,0]$	$\hat{G}[2,1]$	$\hat{G}[2,2]$	$\hat{G}[2,3]$	$\hat{G}[2,4]$

最后，计算出阵列 $\hat{G}[n_1, k_2]$ 的每一列的 3 点 DFT，得到所求的 15 点 DFT $X[k]$为

k_1 \ k_2	0	1	2	3	4
0	$X[0]$	$X[1]$	$X[2]$	$X[3]$	$X[4]$
1	$X[5]$	$X[6]$	$X[7]$	$X[8]$	$X[9]$
2	$X[10]$	$X[11]$	$X[12]$	$X[13]$	$X[14]$

以上 15 点 FFT 算法的流图表示如图 11.30 所示。

此处，指出上面介绍的 FFT 算法与前一节描述的库利-图基 FFT 算法的关系将是有意义的。例如，若 $N_1=2$ 且 $N_2=N/2$，则式(11.58)和式(11.59)的序号映射将得出时域抽取 FFT 算法的第一级。而若 $N_1=N/2$ 且 $N_2=2$，则式(11.58)和式(11.59)的序号映射将得出频域抽取 FFT 算法的第一级。

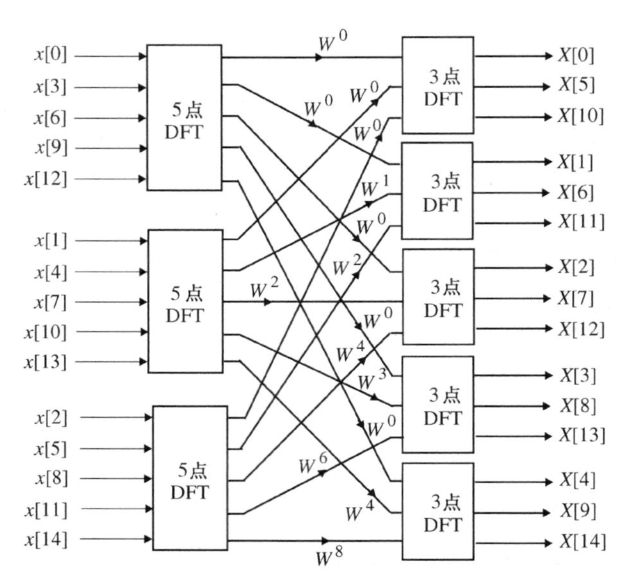

图 11.30 用库利-图基算法计算 15 点 DFT 的流图表示

可以将式(11.58)和式(11.59)的映射取逆得到另一种序号映射，如下所示：

$$n = N_2 n_1 + n_2, \quad \begin{cases} 0 \leqslant n_1 \leqslant N_1 - 1 \\ 0 \leqslant n_2 \leqslant N_2 - 1 \end{cases} \tag{11.67}$$

$$k = k_1 + N_1 k_2, \quad \begin{cases} 0 \leqslant k_1 \leqslant N_1 - 1 \\ 0 \leqslant k_2 \leqslant N_2 - 1 \end{cases} \tag{11.68}$$

此时，若 $N_1 = 2$ 且 $N_2 = N/2$，则上面的序号映射得到频域抽取 FFT 算法的第一级；而若 $N_1 = N/2$，$N_2 = 2$，则序号映射得到时域抽取 FFT 算法的第一级。

在这里描述的任何一个基于序号映射的算法中，映射过程不断将序列分解为较小尺寸的 DFT，直到长度不能分解为止。对于可以表示为整数的乘积形式的合数 N

$$N = r_1 \cdot r_2 \cdots r_\nu$$

可以证明，基于 ν 级分解的库利 - 图基 FFT 算法的复数乘法(加法)的总数为(参见习题 11.19)

$$\text{乘法(加法)运算的总数} = \left(\sum_{i=1}^{\nu} r_i - \nu \right) N \tag{11.69}$$

11.4.2 质因子算法

若通过适当地选择序号映射可以去掉如式(11.65)所示的与旋转因子的相乘，则可以提出一种计算上更有效的 DFT 算法。[Bur77]中给出了这样的一种序号映射：

$$n = \langle An_1 + Bn_2 \rangle_N, \quad \begin{cases} 0 \leqslant n_1 \leqslant N_1 - 1 \\ 0 \leqslant n_2 \leqslant N_2 - 1 \end{cases} \tag{11.70}$$

$$k = \langle Ck_1 + Dk_2 \rangle_N, \quad \begin{cases} 0 \leqslant k_1 \leqslant N_1 - 1 \\ 0 \leqslant k_2 \leqslant N_2 - 1 \end{cases} \tag{11.71}$$

其中，$\langle \ell \rangle_N$表示 ℓ 对 N 取模。当 $A = D = 1$、$B = N_1$ 且 $C = N_2$ 时，上面的序号映射可以简化为如式(11.58)和式(11.59)所示的映射。同样，当 $A = N_2$、$B = C = 1$ 且 $D = N_1$ 时，则可得如式(11.67)和式(11.68)的序号映射。对于上面的任一种选择，序号值 n 和 k 仍在区间$(0, N-1)$内，因此不需要进行取模运算。

使用上述序号映射，可将式(11.60)的 DFT 运算重写为

$$X[k] = X[\langle Ck_1 + Dk_2\rangle_N] = \sum_{n_1=0}^{N_1-1}\sum_{n_2=0}^{N_2-1} x[\langle An_1 + Bn_2\rangle_N] W_N^{[\langle An_1+Bn_2\rangle_N][\langle Ck_1+Dk_2\rangle_N]}, \quad \begin{cases}0 \leqslant k_1 \leqslant N_1 - 1\\ 0 \leqslant k_2 \leqslant N_2 - 1\end{cases} \tag{11.72}$$

现在

$$W_N^{[\langle An_1+Bn_2\rangle_N][\langle Ck_1+Dk_2\rangle_N]} = W_N^{\langle ACn_1k_1\rangle_N} W_N^{\langle ADn_1k_2\rangle_N} W_N^{\langle BCn_2k_1\rangle_N} W_N^{\langle BDn_2k_2\rangle_N} \tag{11.73}$$

仅当 N_1 和 N_2 互质[①]且适当地选择式(11.70)和式(11.71)中的常量时，才可以去掉 DFT 计算中的旋转因子。例如，若选择常量使

$$\langle AC\rangle_N = N_2, \qquad \langle BD\rangle_N = N_1, \qquad \langle AD\rangle_N = \langle BC\rangle_N = 0 \tag{11.74}$$

则式(11.73)的等号右边简化为

$$\begin{aligned}W_N^{\langle ACn_1k_1\rangle_N} &= W_{N_1N_2}^{N_2n_1k_1} = W_{N_1}^{n_1k_1}\\ W_N^{\langle ADn_1k_2\rangle_N} &= W_N^0 = 1\\ W_N^{\langle BCn_2k_1\rangle_N} &= W_N^0 = 1\\ W_N^{\langle BDn_2k_2\rangle_N} &= W_{N_1N_2}^{N_1n_2k_2} = W_{N_2}^{n_2k_2}\end{aligned}$$

结果，在去掉旋转因子后，式(11.73)简化为

$$W_N^{[\langle An_1+Bn_2\rangle_N][\langle Ck_1+Dk_2\rangle_N]} = W_{N_1}^{k_1n_1} W_{N_2}^{k_2n_2}$$

[Bur77]中给出了满足式(11.74)的常量的一种可能选择：

$$A = N_2, \qquad B = N_1 \tag{11.75a}$$

$$C = N_2\langle N_2^{-1}\rangle_{N_1}, \qquad D = N_1\langle N_1^{-1}\rangle_{N_2} \tag{11.75b}$$

其中，$\langle N_a^{-1}\rangle_{N_b}$ 表示 N_a **乘法逆运算**后再对 N_b 取模。注意，若 $\langle N_1^{-1}\rangle_{N_2} = \alpha$，则 $\langle N_1\alpha\rangle_{N_2} = 1$。或者，换言之，$N_1\alpha = N_2\beta + 1$，其中 β 为任意整数，同样，若 $\langle N_2^{-1}\rangle_{N_1} = \gamma$，则 $\langle N_2\gamma\rangle_{N_1} = 1$。因此 $N_2\gamma = N_1\delta + 1$，其中 δ 为任意整数。

例 11.14　确定两个互质因子的乘法逆

令 $N_1 = 3$ 和 $N_2 = 5$，则由于 $\langle 2 \cdot 3\rangle_5 = 1$，有 $\langle 3^{-1}\rangle_5 = 2$。同样，由于 $\langle 2 \cdot 5\rangle_3 = 1$，有 $\langle 5^{-1}\rangle_3 = 2$。

常量 A、B、C 和 D 还有很多其他选择。要确定这些常量，需要用到**中国剩余定理(孙子定理)**，对其的讨论超出了本书的范围。对于式(11.75a)和式(11.75b)给出的选择，有

$$\begin{aligned}\langle AC\rangle_N &= \langle N_2 \cdot (N_2\langle N_2^{-1}\rangle_{N_1})\rangle_N = \langle N_2(N_1\delta + 1)\rangle_N = \langle N_2N_1\delta + N_2\rangle_N = N_2\\ \langle BD\rangle_N &= \langle N_1 \cdot (N_1\langle N_1^{-1}\rangle_{N_2})\rangle_N = \langle N_1(N_2\beta + 1)\rangle_N = \langle N_1N_2\beta + N_1\rangle_N = N_1\\ \langle AD\rangle_N &= \langle N_2 \cdot (N_1\langle N_1^{-1}\rangle_{N_2})\rangle_N = \langle N\alpha\rangle_N = 0\\ \langle BC\rangle_N &= \langle N_1 \cdot (N_2\langle N_2^{-1}\rangle_{N_1})\rangle_N = \langle N\gamma\rangle_N = 0\end{aligned}$$

利用式(11.72)的结果，可得

$$\begin{aligned}X[k] &= X[\langle Ck_1 + Dk_2\rangle_N]\\ &= \sum_{n_1=0}^{N_1-1}\sum_{n_2=0}^{N_2-1} x[\langle An_1 + Bn_2\rangle_N] W_N^{N_2n_1k_1} W_N^{N_1n_2k_2}\\ &= \sum_{n_1=0}^{N_1-1}\left(\sum_{n_2=0}^{N_2-1} x[\langle An_1 + Bn_2\rangle_N] W_{N_2}^{n_2k_2}\right) W_{N_1}^{n_1k_1}, \quad \begin{cases}0 \leqslant k_1 \leqslant N_1 - 1\\ 0 \leqslant k_2 \leqslant N_2 - 1\end{cases}\end{aligned} \tag{11.76}$$

将

① 若整数 N_1 和 N_2 没有公因子，则 N_1 和 N_2 互质。

$$G[n_1,k_2]=\sum_{n_2=0}^{N_2-1}x[\langle An_1+Bn_2\rangle_N]W_{N_2}^{n_2k_2},\qquad \begin{cases}0\leqslant n_1\leqslant N_1-1\\0\leqslant k_2\leqslant N_2-1\end{cases}\tag{11.77}$$

代入式(11.76)可得

$$X[k]=\sum_{n_1=0}^{N_1-1}G[n_1,k_2]W_{N_1}^{n_1k_1},\qquad \begin{cases}0\leqslant k_2\leqslant N_2-1\\0\leqslant k\leqslant N\end{cases}\tag{11.78}$$

注意，式(11.77)定义了二维阵列$x[\langle An_1+Bn_2\rangle_N]$的第$n_1$行的$N_2$点DFT运算。同样，式(11.78)定义了二维阵列$G[n_1,k_2]$的第k_2列的N_1点DFT运算。如式(11.77)和式(11.78)所示，N点DFT $X[k]$可通过首先计算行DFT，然后计算列DFT来计算。由于未用到旋转因子，所以一维DFT $X[k]$的计算现在需要计算二维DFT。

也可将式(11.76)重写成下面的形式

$$X[k]=\sum_{n_2=0}^{N_2-1}\left(\sum_{n_1=0}^{N_1-1}x[\langle An_1+Bn_2\rangle_N]W_{N_1}^{n_1k_1}\right)W_{N_2}^{n_2k_2},\qquad \begin{cases}0\leqslant k_1\leqslant N_1-1\\0\leqslant k_2\leqslant N_2-1\end{cases}\tag{11.79}$$

式(11.79)右侧圆括号内的量$H[k_1,n_2]$表示二维阵列$x[\langle An_1+Bn_2\rangle_N]$的第$n_2$列的$N_1$点DFT：

$$H[k_1,n_2]=\sum_{n_1=0}^{N_1-1}x[\langle An_1+Bn_2\rangle_N]W_{N_1}^{n_1k_1},\qquad \begin{cases}0\leqslant k_1\leqslant N_1-1\\0\leqslant n_2\leqslant N_2-1\end{cases}$$

在式(11.79)中使用记号$H[k_1,n_2]$可得

$$X[k]=\sum_{n_2=0}^{N_2-1}H[k_1,n_2]W_{N_2}^{n_2k_2},\qquad \begin{cases}0\leqslant k_1\leqslant N_1-1\\0\leqslant k\leqslant N\end{cases}$$

上式表示二维阵列$H[k_1,n_2]$的第k_1行的N_2点DFT。因此，一维DFT $X[k]$也可以通过先计算列DFT，然后计算行DFT来得到。由于组成长度N的这些质因子是互质的[Kol77]，所以上述这种FFT方法通常称为**质因子算法**。在实际中，计算有效的短长度质数DFT算法可以用来计算行和列的短长度DFT(蝶形图)[Bur77]。

例11.15 用质因子算法计算15点DFT

令$N=15$。选择$N_1=3$和$N_2=5$，可以看出它们互质。由例11.14，我们观察到

$$\langle 3^{-1}\rangle_5=2,\qquad \langle 5^{-1}\rangle_3=2$$

采用式(11.75a)和式(11.75b)中的值，有

$$A=5,\qquad B=3,\qquad C=5\langle 5^{-1}\rangle_3=10,\qquad D=3\langle 3^{-1}\rangle_5=6$$

将这些常量的值代入式(11.70)和式(11.71)中，可得序号映射为

$$n=\langle 5n_1+3n_2\rangle_{15},\qquad \begin{cases}0\leqslant n_1\leqslant 2\\0\leqslant n_2\leqslant 4\end{cases}\tag{11.80a}$$

$$k=\langle 10k_1+6k_2\rangle_{15},\qquad \begin{cases}0\leqslant k_1\leqslant 2\\0\leqslant k_2\leqslant 4\end{cases}\tag{11.80b}$$

对应的DFT表达式现在为

$$X[\langle 10k_1+6k_2\rangle_{15}]=\sum_{n_2=0}^{4}\left(\sum_{n_1=0}^{2}x[\langle 5n_1+3n_2\rangle_5]W_3^{k_1n_1}\right)W_5^{n_2k_2},\ \begin{cases}0\leqslant k_1\leqslant 2\\0\leqslant k_2\leqslant 4\end{cases}\tag{11.81}$$

式(11.80a)的序号映射生成输入的二维阵列表示为

n_1 \ n_2	0	1	2	3	4
0	$x[0]$	$x[3]$	$x[6]$	$x[9]$	$x[12]$
1	$x[5]$	$x[8]$	$x[11]$	$x[14]$	$x[2]$
2	$x[10]$	$x[13]$	$x[1]$	$x[4]$	$x[7]$

上面给出的三行的每一个的 5 点 DFT 得到如下二维阵列：

n_1 \ k_2	0	1	2	3	4
0	$G[0,0]$	$G[0,1]$	$G[0,2]$	$G[0,3]$	$G[0,4]$
1	$G[1,0]$	$G[1,1]$	$G[1,2]$	$G[1,3]$	$G[1,4]$
2	$G[2,0]$	$G[2,1]$	$G[2,2]$	$G[2,3]$	$G[2,4]$

最后，对阵列 $G[n_1, k_2]$ 的每一列进行 3 点 DFT 运算，得到所求的 15 点 DFT $X[k]$ 为

k_1 \ k_2	0	1	2	3	4
0	$X[0]$	$X[6]$	$X[12]$	$X[3]$	$X[9]$
1	$X[10]$	$X[1]$	$X[7]$	$X[13]$	$X[4]$
2	$X[5]$	$X[11]$	$X[2]$	$X[8]$	$X[14]$

上述 15 点质因子算法的流图如图 11.31 所示。

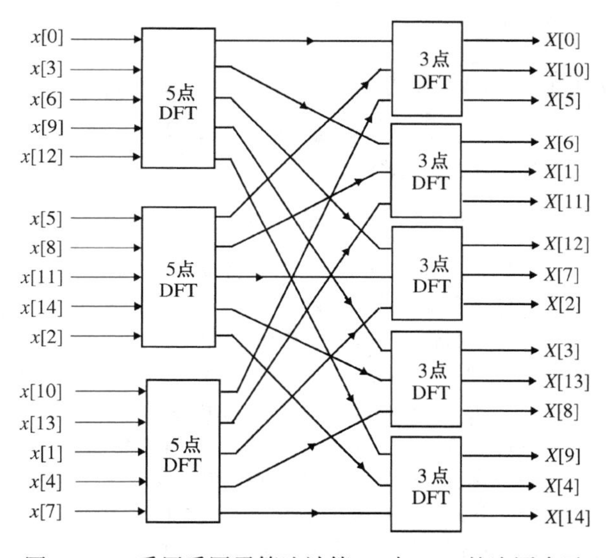

图 11.31　采用质因子算法计算 15 点 DFT 的流图表示

质因子算法和基 2 或基 4 库利–图基 FFT 算法主要有两点不同。第一，前者比后面的算法需要对输入数据更为复杂的序号映射。第二，质因子算法的蝶形结构随不同的因子而不同，因此不需要相乘的单个蝶形用于基 2 或基 4 库利 – 图基 FFT 算法。

11.5　用 MATLAB 计算 DFT 和 IDFT

M 文件 `fft` 和 `ifft` 可用于计算 DFT 和 IDFT。由于在 MATLAB 中向量的序号是从 1 到 N 而不是从 0 到 $N-1$，所以上面的 MATLAB 函数使用表达式

$$X[k] = \sum_{n=1}^{N} x[n] W_N^{(n-1)(k-1)}, \qquad 1 \leqslant k \leqslant N \tag{11.82a}$$

$$x[n] = \frac{1}{N} \sum_{k=1}^{N} X[k] W_N^{-(n-1)(k-1)}, \quad 1 \leqslant n \leqslant N \tag{11.82b}$$

来计算 DFT 和 IDFT。

例 11.16 和例 11.17 给出了 DFT 的两个不同应用。

例 11.16 有限长正弦序列的谱分析

程序 11_10. m

这里考虑计算一个有限长正弦序列的 DFT。程序 11_10 可用于此目的。

在执行过程中，程序需要如下的输入数据：DFT 的长度 N、单位为 Hz 的抽样频率 F_T、单位为 Hz 的正弦的频率。这里，我们计算抽样率为 64 Hz、频率为 10 Hz、长为 32 的正弦序列 $x[n]$ 的 32 点 DFT $X[k]$。注意，64 Hz 的抽样率比奈奎斯特频率 20 Hz 要高很多，因此，抽样后不会出现混叠失真。由该程序产生的 DFT 样本的幅度如图 11.32(a) 所示。

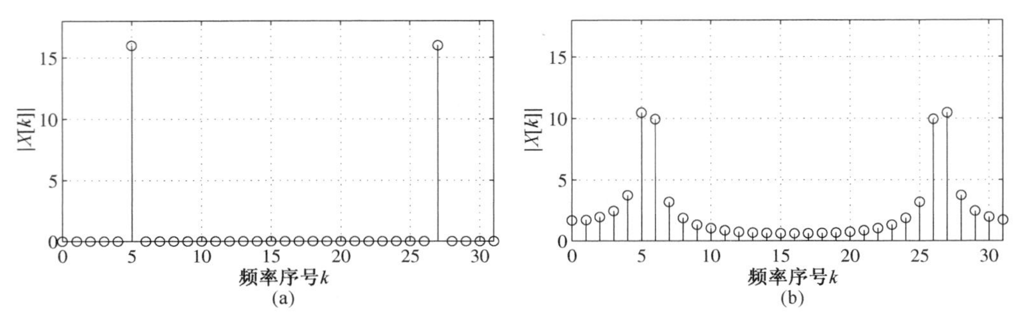

图 11.32 频率为(a)10 Hz 和(b)11 Hz 的正弦信号，以 64 Hz 频率抽样后的一个 32 点 DFT 的幅度

下面给出一些评论。由于时域序列 $x[n]$ 为一纯正弦序列，其离散时间傅里叶变换 $X(e^{j2\pi f})$ 在 $f=\pm 10$ Hz 处包含了两个冲激，而在其他位置是零。通过在

$$f=\frac{64k}{32}=2k\,\text{Hz},\qquad 0\leqslant k\leqslant 31$$

处对 $X(e^{j2\pi f})$ 抽样得到的其 32 点 DFT。因此，$f=10$ Hz 的冲激在 DFT 频率分辨单元位置 $k=5$ 处以 $X[5]$ 出现，而 $f=-10$ Hz 的冲激则以 $X[27]$ 在分辨单元 $k=32-5=27$ 处出现。因此，此时 DFT 正确地标示了正弦的频率。注意，从 $k=0$ 到 $k=(N/2)-1$ 的前一半 DFT 样本对应于从 $f=0$ 到 $f=F_T/2$ 的正频率轴，且不包括点 $F_T/2$，而从 $k=N/2$ 到 $k=N-1$ 的后一半，对应于从 $f=-F_T/2$ 到 $f=0$ 的负频率轴，且不包括点 $f=0$。

接下来计算抽样率为 64 Hz、频率为 11 Hz 的正弦序列 $x[n]$ 的 32 点离散傅里叶变换 $X[k]$。由于时域序列 $x[n]$ 为一纯正弦序列，所以其连续时间傅里叶变换 $X(e^{j2\pi f})$ 在 $f=\pm 11$ Hz 处有两个冲激，而在其他位置是零。然而，这些频率位置在分辨单元 $k=5$ 和 $k=6$ 以及 $k=26$ 和 $k=27$ 之间。由图 11.32(b) 所示的计算出的 DFT 样本的幅度可以看到，频谱包含所有分辨单元的频率成分，在 $k=5$ 和 $k=6$ 处以及 $k=26$ 和 $k=27$ 处各有两个较强的成分，这类现象称为泄漏。其在谱分析应用中的细节将在随书光盘中进一步讨论。

例 11.17 用 DFT 计算线性卷积

程序 11_11. m

在本例中，我们说明用 MATLAB 中的 `fft` 和 `ifft` 函数在计算两个有限长序列的线性卷积的应用。为此，可用到程序 11_11。我们说明它用于生成例 5.7 中的两个长为 4 的序列：$g[n]=\{1\quad 2\quad 0\quad 1\}$ 和 $h[n]=\{2\quad 2\quad 1\quad 1\}$ 的线性卷积。程序 11_11 得到的结果与例 5.13 中求出的一致。

11.6 滑动离散傅里叶变换

在某些涉及非常长的序列的应用中，确定在时刻 n 的连续值的固定长度连续样本所组成的子集的谱特性是有意义的。例如，若子集长度为 N，我们在长为 N 的滑动窗内计算有限长分段 $\{x[n], x[n-1], \cdots, x[n-N+1]\}$ 的 N 点 DFT。每次计算时将窗向前移动一个样本来对递增的每个 n 值重复计算 DFT①。这种谱测量对具有时变谱的信号尤其有意义。上述类型的 DFT 计算称为**滑动离散傅里叶变换**或**游动离散傅里叶变换**。这里给出一种求取滑动 DFT 的计算上有效的方法[Rab75a]。

① 实际中，窗口的移动大于一个样本点，如(1/4)窗长。

为了说明 DFT 样本的时间依赖性，我们用 $S_k[n]$ 表示 n 时刻第 k 个 DFT 样本点，即

$$S_k[n] = \sum_{\ell=n-N+1}^{n} x[\ell] W_N^{(\ell-n+N-1)k} \tag{11.83}$$

很容易证明 $S_k[n]$ 可以用前一时刻 $(n-1)$ 的第 k 个 DFT 样本 $S_k[n-1]$ 来表示，如

$$S_k[n] = W_N^{-k}\,(S_k[n-1] + x[n] - x[n-N]) \tag{11.84}$$

因此，一旦在任意时刻计算出了第 k 个 DFT 样本，该 DFT 样本在所有后续时刻的值都可以递归计算，对每个新样本点仅需要与 W_N^{-k} 的单个复数相乘。

图 11.33 画出了式(11.84)的框图表示。图 11.33 所示的数字滤波器结构的传输函数为

$$H_{\text{SDFT}}^{(k)}(z) = \frac{W_N^{-k}(1 - z^{-N})}{1 - W_N^{-k} z^{-1}} \tag{11.85}$$

可以看出，上式在单位圆上 $z = W_N^{-k}$ 处有一个复极点。由于不可避免的量化效应，若该极点移出单位圆外，则系统会变得不稳定。为了解决可能的不稳定问题，建议用 rW_N^{-k} 来代替式(11.85)中的系数 W_N^{-k}，其中 r 是略小于 1 的数，以便强制极点严格位于单位圆内。然而，这种对传输函数，或等效的式(11.84)中的递归的修改也在被计算的 DFT 样本中引入了一个误差。另一种稳定方法和其他实际细节可以在 [Jac2003] 中找到。

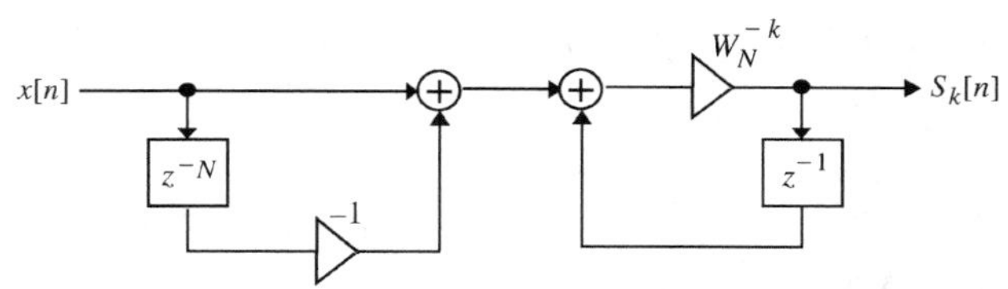

图 11.33　滑动 DFT 的递归实现

11.7　在窄频带上计算 DFT

在需要在某个特定频率范围上计算 DFT 样本的应用中，由于前面提到的 FFT 算法需要计算所有 DFT 样本，所以它在计算上并不具有吸引力，尤其是对于非常长的序列。这类应用一般出现在我们对序列进行补零操作以增加 DFT 样本的分辨率时，而对于非常长的序列，对所有样本进行 DFT 运算的代价还是相当高的。本节介绍两种计算 DFT 样本点子集的计算上有效的算法。

11.7.1　缩放 FFT

缩放 FFT 可以用来在频率序号 k，$i \leqslant k \leqslant i+K-1$ 的一个小范围内计算长度为 N 的序列 $x[n]$ 的 N 点 DFT $X[k]$，其中 $0 \leqslant i \leqslant N-K+1$ [Por97]。假定 N 是 K 的整数倍，即 $N = KR$，若需要，对 $x[n]$ 的补零总可以使之满足。

要在有限范围内得到 DFT 样本的适当表达式，我们对序列 $x[n]$ 应用 R 频段多相分解，得到每个长度都为 K 的 R 个子序列

$$x_r[m] = x[r + mR], \qquad 0 \leqslant r \leqslant R-1$$

注意，$x[r+mR]$ 基本上是对 $x[n]$ 以因子 R 下抽样得到的长度为 k 的第 r 个子序列。若 $X(z)$ 表示 $x[n]$ 的 z 变换，则利用 R 频带多相分解，可将 $X(z)$ 表示为

$$X(z) = \sum_{r=0}^{R-1} z^{-r} X_r(z^R) \tag{11.86}$$

其中

$$X_r(z) = \sum_{n=0}^{K-1} x[r + nR] z^{-n} \tag{11.87}$$

在单位圆上 K 个等间隔点 $z=W_N^{-k}$，$i\leqslant k\leqslant i+K-1$ 计算式(11.86)，可得 $x[n]$ 的 N 点 DFT $X[k]$ 的 K 个样本为

$$X[k]=\sum_{r=0}^{R-1}W_N^{kr}X_r[\langle k\rangle_K],\qquad i\leqslant k\leqslant i+K-1 \tag{11.88}$$

其中，$X_r[\ell]$ 是子序列 $x[r+mR]$ 的 K 点 DFT：

$$X_r[\ell]=\sum_{m=0}^{K-1}x[r+mR]W_K^{\ell m},\qquad 0\leqslant \ell\leqslant K-1 \tag{11.89}$$

上面的 K 点 DFT 是 ℓ 的周期函数，且周期为 K。可以看出，式(11.88)基本上表示基 R 按时间抽取库利－图基 FFT 算法的第一级。

因此，要在给定的 k 的范围计算 $X[k]$，首先计算通过对 $x[n]$ 以因子 R 下抽样得到的 R 个子序列 $x_r[m]$ 的K 点 DFT $X_r[\ell]$。然后对 K 点 DFT $X_r[\ell]$ 加权求和，得到所求的 $X[k]$，如式(11.88)所示。注意，若 K 是 2 的幂，则短长度的 K 点 DFT $X_r[\ell]$ 可用基 2 的库利－图基 FFT 算法计算。

例 11.18　缩放 FFT 算法的 MATLAB 实现

用函数 zoomfft 可以实现用缩放 FFT 计算所选择样本的 DFT。我们通过计算例 11.16 中第二个长度为 32 的正弦函数的 8 点样本 DFT 来说明该函数的用法，如图 11.32(b)所示，所处理的正弦函数的两个波峰邻域内的频率分辨率为 $2\pi/512$。频率分辨单元从 85 到 92。为此，用到程序 11_12。运行该程序产生的输出数据为

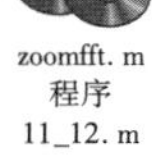
zoomfft. m
程序
11_12. m

```
DFT Samples
14.6025   15.2441   15.6965   15.9501   16.0000   15.8458
15.4919   14.9470
```

上面的结果可以通过使用命令 `XF = fft(x, 512)` 来计算正弦函数的 512 点 FFT 而得到验证；并用命令 `disp(abs(XF(85:92)))` 显示从频率序号 $k=85$ 到 $k=92$ 的 8 个样本。

11.7.2　线性调频傅里叶变换

有些应用需要计算一个有限长序列在 z 平面上螺旋曲线部分的角度的等间隔点的有限数目 z 变换样本。因此，若 $x[n]$ 是 z 变换 $X(z)$ 为

$$X(z)=\sum_{n=0}^{N-1}x[n]z^{-n} \tag{11.90}$$

的长度为 N 的序列，我们的目标是在 z 平面上的 K 个点 $z_k(K<N)$

$$z_k=r_k\mathrm{e}^{\mathrm{j}\omega_k}=AV^{-k},\qquad 0\leqslant k\leqslant K-1 \tag{11.91}$$

计算 $X(z)$。其中

$$V=V_0\mathrm{e}^{-\mathrm{j}\phi_0} \tag{11.92a}$$

$$A=A_0\mathrm{e}^{\mathrm{j}\theta_0} \tag{11.92b}$$

在上式中，常量 V_0 和 A_0 是正实数。式(11.91)定义的点 z_k 位于以 $z_0=A$ 为起点的螺旋曲线上。

因此，要计算的 z 变换 $X(z)$ 的 K 个样本

$$\begin{aligned}X(z_k)&=\sum_{n=0}^{N-1}x[n]z_k^{-n}\\&=\sum_{n=0}^{N-1}x[n]A^{-n}V^{nk},\qquad 0\leqslant k\leqslant K-1\end{aligned} \tag{11.93}$$

称为序列 $x[n]$ 的**线性调频 z 变换**(CZT)，它可以通过一个特殊算法有效计算[Rab69]。在大多数应用中，该算法比直接对样本计算更有效。

若 $V_0=A_0=1$，则曲线是单位圆的一部分，点 z_k 是单位圆上的等间隔点。将 $V_0=1$ 和 $\phi_0=\Delta\omega$ 代入式(11.92a)中，并将 $A_0=1$ 和 $\theta_0=\omega_0$ 代入式(11.92b)中，则单位圆上的 K 个点为

$$\omega_k = \omega_0 + k(\Delta\omega), \qquad 0 \leqslant k \leqslant K-1 \tag{11.94}$$

其中 ω_0是起始频率点，$\Delta\omega$ 是所需的频率分辨率。图 11.34 显示了典型情况下用于计算 CFT 样本的单位圆上频率点。此时，式(11.93)中的 $X(z_k)$就是序列 $x[n]$的傅里叶变换 $X(e^{j\omega})$的样本：

$$\begin{aligned} X(e^{j\omega_k}) &= \sum_{n=0}^{N-1} x[n]e^{-j\omega_k n} \\ &= \sum_{n=0}^{N-1} x[n]e^{-j[\omega_0+k(\Delta\omega)n]}, \qquad 0 \leqslant k \leqslant K-1 \end{aligned} \tag{11.95}$$

并被称为**线性调频傅里叶变换**(CFT)。在此，我们推导 CFT 算法。

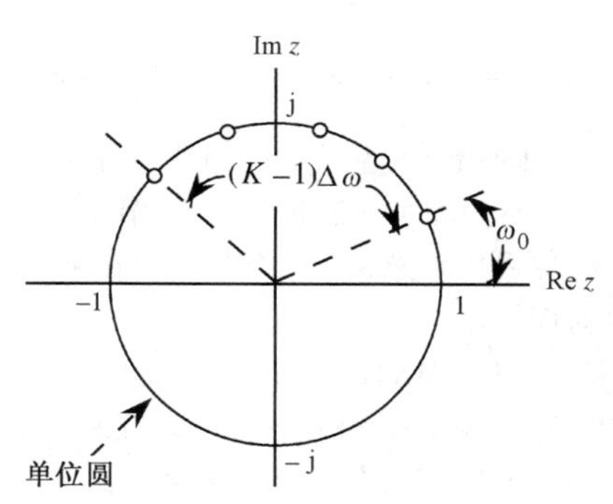

图 11.34　CFT 的频率的位置

在上式中使用式(11.92a)中的记号，可得

$$X(e^{j\omega_k}) = \sum_{n=0}^{N-1} x[n]e^{-j\omega_0 n}V^{nk} \tag{11.96}$$

用恒等式

$$nk = \tfrac{1}{2}[n^2 + k^2 - (k-n)^2] \tag{11.97}$$

代替式(11.96)中的指数 nk，可得

$$\begin{aligned} X(e^{j\omega_k}) &= \sum_{n=0}^{N-1} x[n]e^{-j\omega_0 n}V^{[n^2+k^2-(k-n)^2]/2} \\ &= V^{k^2/2}\sum_{n=0}^{N-1} x[n]e^{-j\omega_0 n}V^{n^2/2}V^{-(k-n)^2/2} \end{aligned} \tag{11.98}$$

式(11.98)的等号右边可以表示成卷积形式。为此，定义一个新序列

$$u[n] = x[n]e^{-j\omega_0 n}V^{n^2/2} \tag{11.99}$$

将它代入式(11.98)中可得

$$X(e^{j\omega_k}) = V^{n^2/2}\sum_{n=0}^{N-1} u[n]V^{-(k-n)^2/2}, \qquad 0 \leqslant k \leqslant K-1 \tag{11.100}$$

互换变量 k 和 n，可将式(11.100)重写为

$$X(e^{j\omega_n}) = V^{n^2/2}\sum_{k=0}^{N-1} u[k]V^{-(n-k)^2/2}, \qquad 0 \leqslant n \leqslant K-1 \tag{11.101}$$

复指数序列

$$V^{-n^2/2} = e^{j(\Delta\omega)n^2/2}$$

有一个线性增加的频率，因而经常称为**线性调频信号**①。这就使得用于计算傅里叶变换样本的式(11.101)中的方案的名称为**线性调频傅里叶变换**。式(11.101)的等号右边可以解释为是序列 $u[n]$与 $V^{-n^2/2}$ 的卷积后乘上因子 $V^{n^2/2}$，即

$$X(e^{j\omega_n}) = V^{n^2/2}\left(u[n] \circledast V^{-n^2/2}\right) \tag{11.102}$$

式(11.102)的流图如图 11.35 所示。

现在，复指数序列 $V^{-n^2/2}$ 具有无限长度，而 $u[n]$是长度为 N 的有限长序列。因此，式(11.102)的卷积和可以在有限项上计算得到。于是，可以很方便地用定义为

$$g[n] = \begin{cases} V^{-n^2/2}, & -(N-1) \leqslant n \leqslant K-1 \\ 0, & \text{其他} \end{cases} \tag{11.103}$$

① 图 5.17 显示了调频信号的一个例子。

的有限长非因果序列 $g[n]$ 替换式(11.102)中的无限长序列 $V^{-n^2/2}$ 来计算 CFT 样本。$g[n]$ 是一个 LTI 有限冲激响应(FIR)滤波器。因此，修正的 CFT 算法为

$$y[n] = X(e^{j\omega_n}) = V^{n^2/2}(u[n] \circledast g[n]) \tag{11.104}$$

其流图如图 11.36 所示。

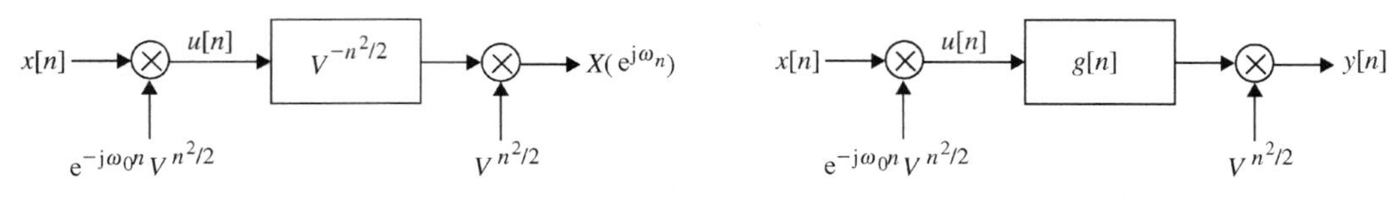

图 11.35 式(11.102)的框图表示　　图 11.36 CFT 算法的框图表示

下面给出一些评论。首先，将 $g[n]$ 延迟 $(N-1)$ 个样本，可将图 11.36 中的 LTI 系统变成因果系统。其次，卷积和可以通过 5.10.1 节中的基于 FFT 的方法实现。再次，和 DFT 的其他参数不同，ω_0 和 $\Delta\omega$ 两个参数可以任意选择。实际上，在某些应用中，离散时间傅里叶变换样本位置不需要与 DFT 分辨单元位置对应。

可以用 MATLAB 中的 M 文件 `czt` 来计算调频 z 变换。该 M 文件的基本形式为 `Y = czt(x, K, V, A)`，它计算由 `V` 和 `A` 定义的螺旋曲线上序列 `x` 的长度为 `K` 的 `CZT`。其中，`V` 定义在式(11.92a)中，`A` 是式(11.92b)定义的曲线的复值起点。

我们在例 11.19 中说明上述 M 文件的应用。

程序 11_13.m

例 11.19 用调频 z 变换计算 DFT 样本

用 CZT 重做例 11.18。为此，我们采用程序 11_13。该程序产生的输出数据与例 11.18 中得到的相同。

11.8 数字表示

在大多数数字计算机和用于实现数字滤波算法的专用数字信号处理器中，用二进制表示数字(和信号变量)。在该形式中，数字使用符号 0 和 1 来表示，称为比特(bit)①，其中，**二进制点**将整数部分和小数部分分开。例如，十进制数 11.625 的二进制表示为

$$1011_\Delta 101$$

这里用 Δ 表示二进制点。二进制点左边的四位 1011 形成整数部分，而位于二进制点右边的三位 101 代表数字的小数部分。通常，包含 B 个整数位和 b 个小数位的二进制数 η

$$a_{B-1}a_{B-2}\cdots a_1 a_{0\Delta} a_{-1}a_{-2}\cdots a_{-b}$$

的十进制等效为

$$\sum_{i=-b}^{B-1} a_i 2^i$$

这里，每一个位 a_i 取 0 或者 1。最左端的位 a_{B-1} 称为**最高位(MSB)**，而最右边的位 a_{-b} 称为**最低位(LSB)**。

为了避免包含数字 1 和 0 的十进制数和包含位 1 和 0 的二进制数之间的混淆，我们将在十进制数最低有效数字的右边加上一个下标 10 来表示十进制数，而在二进制数最低位的右边加上一个下标 2 来表示二进制数。因此，1101_{10} 表示一个十进制数，而 1101_2 就表示一个二进制数，其十进制等效为 13_{10}。若表示没有二义性，则不用下标。

表示一个数的一组比特称为字，而一个字包含的比特的数目称之为**字长**或者**字的大小**。通常字长是一个为 2 的正整数幂，如 8、16 或 32。字的大小通常用称为**字节**的 8 个比特单位表示。例如，一个 4 字节的字相当于一个 32 比特大小的字。

① 比特(bit)是二进制数字(binary digit)的缩写。

实现两个二进制数的相加和相乘算术运算的数字电路，是专门设计来分别用二进制形式生成总和与乘积的结果的，其中它们的二进制点在一个假定的位置。数字有两种基本的二进制表示，即定点和浮点，讨论如下所述。

11.8.1　定点表示

在这类表示中，二进制点被假定固定在特定的位置，而进行算术运算时算术电路的硬件实现会考虑到这个固定位置。只要对于被加的两个数的二进制点都在同一个位置，由数字相加电路实现的相加运算就与这两个数的二进制点的位置无关。另一方面，在两个二进制数的乘积中，小数点的位置很难确定，除非它们是两个整数或者两个小数。在使用乘法器电路计算两个整数的相乘时，结果也是一个整数。同样，两个小数的相乘得到一个小数。因此，在数字信号处理应用中，定点数通常以小数表示。

在定点表示中，可以用 B 位表示非负整数 η 的范围，为

$$0 \leqslant \eta \leqslant 2^{B}-1 \tag{11.105}$$

类似地，在定点表示法中也用 B 位表示正小数 η 的范围，为

$$0 \leqslant \eta \leqslant 1-2^{-B} \tag{11.106}$$

在任何一种情况下，范围都是固定的。若 $\eta_{\max}$ 和 $\eta_{\min}$ 分别代表在 B 位定点表示中能表示的数的最大值和最小值，则可用 R 表示 B 位所表示的数的动态范围为 $R=\eta_{\max}-\eta_{\min}$，而该表示的**分辨率**定义为

$$\delta=\frac{R}{2^{B}-1} \tag{11.107}$$

其中，δ 也被称为**量化电平**。

11.8.2　浮点表示

在规范的浮点表示中，正数 η 用两个参数来表示，即**尾数** M 和**指数**或**阶码** E，形如

$$\eta=M \cdot 2^{E} \tag{11.108}$$

其中，尾数 M 为限制在范围

$$\tfrac{1}{2} \leqslant M<1 \tag{11.109}$$

内的二进制小数，而指数 E 为正或负的二进制整数。

浮点系统对于被表示数的范围提供一个可变的分辨率。随着被表示数的幅度增长，分辨率也指数地增大。通过把寄存器的 B_E 位分配给指数而剩下的 B_M 位分配给尾数，浮点数被存储在寄存器中。若在浮点数和定点数的表示中用到的全部位数相同，即 $B=B_M+B_E$，则前者比后者可提供更大的动态范围（参见习题 11.45）。

最广泛遵循的 32 位和 64 位表示的浮点格式由 ANSI/IEEE 标准 754-1985 给出[IEEE85]。在该格式中，一个 32 位的数被分成几个部分。指数部分具有 8 位长度，尾数①部分具有 23 位长度，还有一位用做符号位，如图 11.37 所示。指数部分采用有偏形式编码为 $E-127$。这样，在此方案中，一个浮点数 η 表示为

$$\eta=(-1)^{S} \cdot 2^{E-127}(M) \tag{11.110}$$

其尾数的范围为

$$0 \leqslant M<1 \tag{11.111}$$

在解释式(11.110)时，遵循下面的约定：

1. 若 $E=255$ 且 $M \neq 0$，则 η 不是一个数字（简写为 NaN）。
2. 若 $E=255$ 且 $M=0$，则 $\eta=(-1)^{S} \cdot \infty$。

---

① 在 IEEE 浮点标准中，尾数称为**有效位数**。

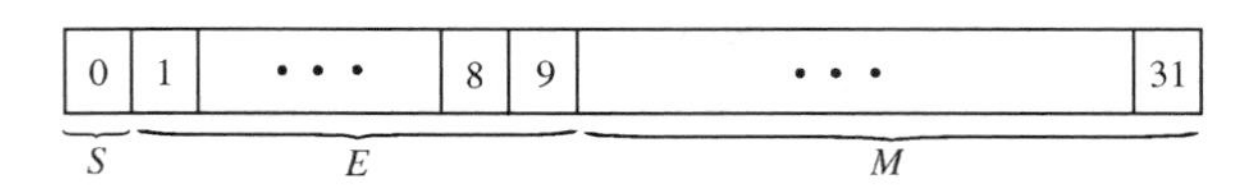

图 11.37 IEEE 32 位浮点格式

3. 若 $0<E<255$，则 $\eta=(-1)^S \cdot 2^{E-127}(1_\Delta M)$。

4. 若 $E=0$ 且 $M\neq 0$，则 $\eta=(-1)^S \cdot 2^{-126}(0_\Delta M)$。

5. 若 $E=0$ 且 $M=0$，则 $\eta=(-1)^S \cdot 0$。

这里 $1_\Delta M$ 是一个具有 1 个整数位和 23 个小数位的数，而 $0_\Delta M$ 是一个小数。上述格式的 32 位浮点数的范围从 1.18×10^{-38} 到 3.4×10^{38}(参见习题 11.46)。在几乎所有的商用浮点数字信号处理芯片中采用 IEEE 32 位标准。

11.8.3 负数的表示

为了表示 b 位的正小数和负小数，附加了一个位放在寄存器最前的位置，以表示这个数字的符号，称之为**符号位**(参见图 11.38)。除了偏移二进制表示①，与用来表示负数的方案无关，对于正数，符号位是 0，而对于负数，符号位为 1。另一方面，对于偏移二进制表示而言，其正数的符号位是 1，而负数的符号位为 0。

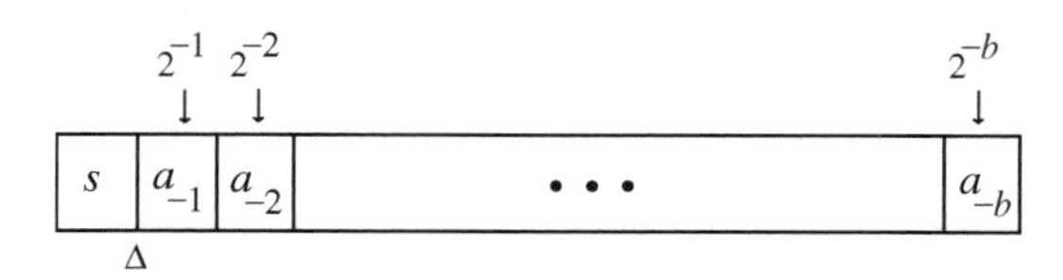

图 11.38 一个带符号的长度为 b 位的定点小数表示

定点负数用三种不同的形式表示。在**原码**形式中，若符号位 $s=0$，则 b 位小数是大小为 $\sum_{i=1}^{b} a_{-i}2^{-i}$ 的正数，而若 $s=1$，则 b 位小数是大小为 $\sum_{i=1}^{b} a_{-i}2^{-i}$ 的负数。

在**反码**形式中，正小数的表示和在原码形式中一样，而其负数表示为对正小数的二进制表示中的每一位取反。因此，在此表示中，正或负小数的十进制等效为 $-s(1-2^{-b})+\sum_{i=1}^{b} a_{-i}2^{-i}$。

最后，在**补码**表示中，正小数和原码形式中的表示一样，而其负数表示为将正小数的二进制表示中的每一位取反(即通过将每个 0 换成 1，反之亦然)，并在最低位，即第 b 位，加上 1 来表示。在此形式中，正或负小数的十进制等效为 $-s+\sum_{i=1}^{b} a_{-i}2^{-i}$。

表 11.1 对一个 4 位数(3 个小数位和 1 个符号位)说明了上面的三种表示。

例 11.20 一个负十进制小数的二进制表示

求十进制小数 -0.625_{10} 的 5 位二进制表示。现在，0.625_{10} 的原码表示为 $0_\Delta 1010$ ($=2^{-1}+2^{-3}=0.5+0.125$)。因此，-0.625_{10} 的原码表示就是 $1_\Delta 1010$。通过将 $0_\Delta 1010$ 的每位各自取反得到 -0.625_{10} 的反码表示，结果为 $1_\Delta 0101$。最后，通过在反码表示中的最低位加 1 得到 -0.625_{10} 的补码表示，结果为 $1_\Delta 0110$。

11.8.4 偏移二进制表示

在主要用于双极数模转换中的偏移二进制表示中，具有一个附加符号位的 b 位的小数可以看成是表示 2^{b+1} 个十进制数的一个 $(b+1)$ 位数。这些二进制数的大约一半表示负小数，而剩下的一半表示正小数，表 11.1 给出了 $b=3$ 时的情况。注意，可以简单地通过将补码的符号位取反来得到偏移二进制码。

① 参见 11.8.4 节。

表 11.1　二进制数表示

十进制等效	原码	反码	补码	偏移二进制码
7/8	$0_{\Delta}111$	$0_{\Delta}111$	$0_{\Delta}111$	$1_{\Delta}111$
6/8	$0_{\Delta}110$	$0_{\Delta}110$	$0_{\Delta}110$	$1_{\Delta}110$
5/8	$0_{\Delta}101$	$0_{\Delta}101$	$0_{\Delta}101$	$1_{\Delta}101$
4/8	$0_{\Delta}100$	$0_{\Delta}100$	$0_{\Delta}100$	$1_{\Delta}100$
3/8	$0_{\Delta}011$	$0_{\Delta}011$	$0_{\Delta}011$	$1_{\Delta}011$
2/8	$0_{\Delta}010$	$0_{\Delta}010$	$0_{\Delta}010$	$1_{\Delta}010$
1/8	$0_{\Delta}001$	$0_{\Delta}001$	$0_{\Delta}001$	$1_{\Delta}001$
0	$0_{\Delta}000$	$0_{\Delta}000$	$0_{\Delta}000$	$1_{\Delta}000$
-0	$1_{\Delta}000$	$1_{\Delta}111$	N/A	N/A
-1/8	$1_{\Delta}001$	$1_{\Delta}110$	$1_{\Delta}111$	$0_{\Delta}111$
-2/8	$1_{\Delta}010$	$1_{\Delta}101$	$1_{\Delta}110$	$0_{\Delta}110$
-3/8	$1_{\Delta}011$	$1_{\Delta}100$	$1_{\Delta}101$	$0_{\Delta}101$
-4/8	$1_{\Delta}100$	$1_{\Delta}011$	$1_{\Delta}100$	$0_{\Delta}100$
-5/8	$1_{\Delta}101$	$1_{\Delta}010$	$1_{\Delta}011$	$0_{\Delta}011$
-6/8	$1_{\Delta}110$	$1_{\Delta}001$	$1_{\Delta}010$	$0_{\Delta}010$
-7/8	$1_{\Delta}111$	$1_{\Delta}000$	$1_{\Delta}001$	$0_{\Delta}001$
-8/8	N/A	N/A	$1_{\Delta}000$	$0_{\Delta}000$

11.8.5　有符号数表示

基 2 有符号数(SD)格式是一个基 2 数的三值表示并用到三个数字值 0、1 和 $\bar{1}$(最后一个符号表示 -1)。在许多例子中，二进制数的 SD 表示需要更少的非零数字，并被用于生成相乘运算的快速硬件实现算法。下面给出一个简单的算法将基 2 二进制数转换为与其等价的 SD 形式[Boo51]。设 $a_{-1}a_{-2}\cdots a_b$ 表示一个二进制数，其等效的 SD 表示为 $c_{-1}c_{-2}\cdots c_b$，SD 数的位 c_{-i} 通过下面的关系确定：

$$c_{-i} = a_{-i-1} - a_{-i}, \qquad i = b, b-1, \cdots, 1$$

其中，$a_{-b-1}=0$。例 11.21 说明了基 2 SD 表示。

例 11.21　二进制小数的有符号数表示

考虑二进制数 $\eta=0_{\Delta}0111_2$，其十进制等效为 0.4375_{10}。其各种等效 SD 表示以及其十进制等效给出如下：

$$0_{\Delta}100\bar{1} = (0.5)_{10} - (0.0625)_{10}$$

$$0_{\Delta}10\bar{1}1 = (0.5625)_{10} - (0.125)_{10}$$

$$0_{\Delta}1\bar{1}11 = (0.6875)_{10} - (0.25)_{10}$$

从例 11.21 中可以看出，SD 表示并不唯一，具有最少非零数字的 SD 称为**最小** SD 表示。而不包含相邻非零数字的最小 SD 称为**典范的符号数字**(CSD)表示。黄铠提出了一个表示二进制数的 CSD 的算法[Hwa79]。

11.9　溢出的处理

两个定点小数相加得到的一个总和有可能超出了存储相加结果的寄存器的动态范围，从而导致溢出。溢出的发生将导致严重的输出失真，并常常可能在滤波器输出端造成较大的振幅振荡(参见 12.11.2 节)。因此，必须用另一个在动态范围内的数代替这个和。接下来介绍两种广泛使用的控制溢出的方案。

假设 η 表示总和，则在两个方案中的任一个，若 η 超出动态范围[-1, 1)，则用范围内的一个数 ξ 替代它。在如图 11.39(a)所示的**饱和溢出**方案中，若 $\eta\geq 1$，则用 $1-2^{-b}$ 替代它，这里，假定数字是一个为 b 位的小数，其中一个附加位表示符号；而若 $\eta\leq -1$，则用 -1 替代它。另一方面，在如图 11.39(b)所示的**补码溢出**方案中，只要 η 在范围$[-1, 1)$之外，就用 $\xi = \langle \eta + 1 \rangle_2$ 来替代它。基本上，若 η 在范围之外，我们都会忽略符号位左边的位(溢出位)。第二种方案通常使用补码代数的非递归数字滤波器来实现。在大多数应用中，通常首选第一种方案。

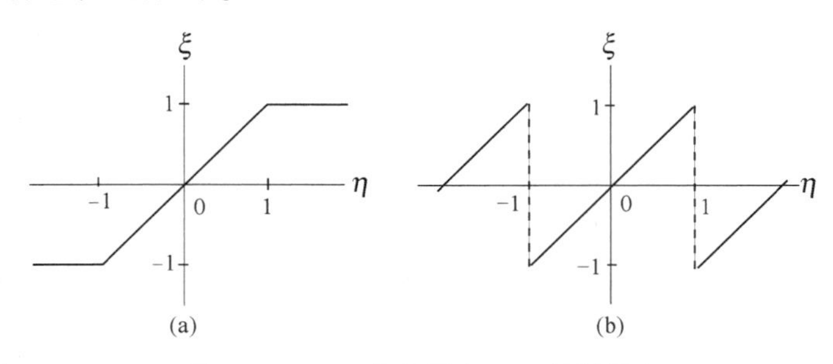

图 11.39 (a)饱和溢出；(b)补码溢出

12.7 节中将讨论数字滤波器结构的动态范围尺度缩放，来完全消除或减少溢出的可能性。12.7 节中讨论了两种溢出控制方案对于数字滤波器性能方面的影响。

11.10 小结

本章讨论了 DSP 算法实现的一些基本因素，它们独立于所进行的实现类型。该实现通常由描述算法的一组式子的顺序实现来完成。这些式子可以从实现算法的结构中直接得到。我们论述了这些式子的可计算条件，并描述了一个用于测试可计算性的算法。也列出了从输入样本和输出样本来验证结构的一种简单的代数技术。

然后，我们考虑了基于 MATLAB 的数字滤波算法和离散傅里叶变换(DFT)的软件实现。解释了用于快速计算 DFT 样本的快速傅里叶变换(FFT)的基本思想，并得到了几个通常用到的 FFT 算法。

最后介绍了在数字计算机及专用 DSP 芯片中用到的数字和信号变量的不同二进制表示法。在某些情况下，数字相加的结果可能引起存储总和的寄存器的动态范围的溢出。最后，列出了防止溢出的两种方法。

11.11 习题

11.1 按照输入 $x[n]$、输出 $y[n]$ 和中间变量 $w_k[n]$，顺序地生成一组描述如图 P11.1 所示的数字滤波器结构的时域方程。这组方程描述了一种有效的计算算法吗？通过生成该数字滤波器结构的矩阵表示，并研究矩阵 $\boldsymbol{F}$ 来证实你的答案。

11.2 生成一组描述如图 P11.1 所示的数字滤波器结构的可计算时域方程。通过形成时域方程的等效矩阵表示并研究矩阵 $\boldsymbol{F}$ 来验证可计算条件。

11.3 将输入 $x[n]$、输出 $y[n]$ 和中间变量 $w_k[n]$ 按照顺序结构生成一组描述如图 P11.2 所示的数字滤波器结构的时域方程。这组方程描述了一种有效的计算算法吗？通过生成这个数字滤波器结构的等效矩阵表示，并验证矩阵 $\boldsymbol{F}$ 来证实你的答案。

11.4 生成如图 P11.1 所示的数字滤波器结构的优先图并研究其可实现性。若该结构是可实现的，则从优先图来确定一种描述该结构的有效计算算法。

11.5 生成如图 P11.2 所示的数字滤波器结构的优先图并研究其可实现性。若该结构是可实现的，则从优先图来确定一种描述该结构的有效计算算法。

11.6 (a)写出关联如图 P11.3 所示的数字滤波器结构的节点变量 $w_i[n]$、$s_i[n]$、$y[n]$ 和输入 $x[n]$ 的方程。若方程按节点序号值增加的顺序排列，请严格地检查这组方程的可计算性。

(b)生成该数字滤波器结构的信号流图，并确定其优先图。由优先图生成一组描述该结构的可计算方程，并严格地证明这些方程确实是可计算的。

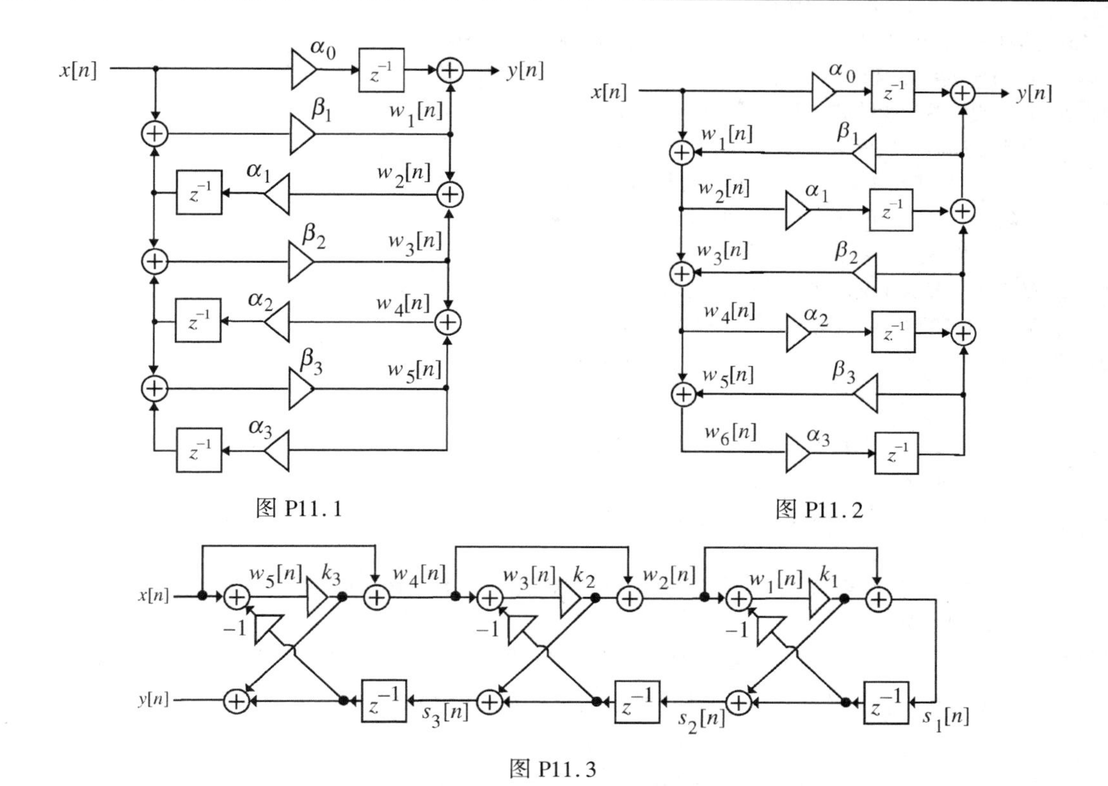

图 P11.1　　图 P11.2

图 P11.3

11.7　传输函数为 $H(z)=P(z)/(1+2.7z^{-1}-1.9z^{-2})$ 的因果二阶 IIR 数字滤波器的观测冲激响应样本为

$$h[0]=2.3,\ h[1]=6.5,\ h[2]=7.0,\ h[3]=21.6,\ h[4]=27.2,\cdots$$

求传输函数 $H(z)$ 的分子 $P(z)$。

11.8　因果二阶 IIR 数字滤波器的前 5 个冲激响应样本为

$$h[0]=1,\ h[1]=-3,\ h[2]=2,\ h[3]=2,\ h[4]=-6$$

求传输函数 $H(z)$。

11.9　求一个三阶因果 IIR 数字滤波器的传输函数，其前 10 个冲激响应样本为

$$\{h[n]\}=\{2,\ \ 4,\ \ 8,\ \ -4,\ \ 2,\ \ 4,\ \ -8,\ \ 16,\ \ 12,\ \ 48\}$$

11.10　传输函数为 $G(z)=P(z)/(1+1.4z^{-1}-0.6z^{-2}+0.4z^{-3})$ 的因果三阶 IIR 数字滤波器的前 4 个冲激响应样本为

$$g[0]=1,\ g[1]=3,\ g[2]=-2,\ g[3]=-5$$

求传输函数的分子多项式 $P(z)$。

11.11　一个因果 IIR 传输函数

$$H(z)=\frac{p_0+p_1z^{-1}+p_2z^{-2}+p_3z^{-3}+p_4z^{-4}}{1+2z^{-1}+4z^{-3}-5z^{-4}}$$

的前 11 个冲激响应样本为

$$\{h[n]\}=\{2,\ \ 3,\ \ -1,\ \ 4,\ \ 10,\ \ 2,\ \ 6,\ \ -4,\ \ 8,\ \ 12,\ \ 10\}$$

求其分子系数 $\{p_i\}$。

11.12　证明长度为 N 序列的 N 点 DFT 的直接运算需要 $4N^2$ 次实数相乘和 $(4N-2)N$ 次实数相加。

11.13　只用三个实数相乘和 5 个实数相加，实现一种进行两组复数的复数相乘的算法。

11.14　在 FFT 和逆 FFT 实现中的旋转因子是幅度为 1 的复数。令 $W_N=c+\mathrm{j}s$ 为复旋转因子。证明可用三个实数相乘来实现复信号 Ψ_r 与旋转因子 W_N 的相乘，如图 P11.4 所示[Ora2002]。推导用三个实数相乘实现与旋转因子 W_N^{-1} 相乘的结构。

11.15　抽样率为 2500 Hz 的数字振荡器可产生频率为 200 Hz、325 Hz、740 Hz 和 975 Hz 的 4 个正弦信号中任意一个。我们希望检测用戈泽尔方法计算 4 个 N 点 DFT 中的一个样本而产生的信号的音调频率。为让 4 个音调频率尽可能近地落到 4 个 DFT 分辨单元处，并使得相邻分辨单元的泄漏尽可能小，DFT 长度 N 的最小值是什么？在所有 4 种情况下，DFT 长度 N 是一样的。

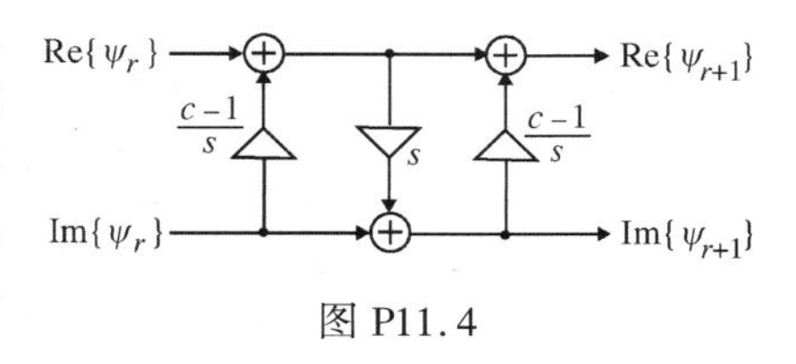

图 P11.4

11.16　设 $H_k(z)$ 表示在戈泽尔算法中用到的第 k 个滤波器的传输函数，它用于计算长度为 N 的序列 $x[n]$ 的 N 点 DFT $X[k]$。考虑将下面的输入序列应用到 $H_k(z)$：

$$x[n] = \{\underset{\underset{0}{\uparrow}}{1}, 0, 0, \cdots, \underset{\underset{N/2}{\uparrow}}{1}, 0, 0, \cdots\}$$

其中，$N/2$ 假定可被 k 整除。$k=1$ 时，输出序列 $y[n]$ 是什么？$k=N/2$ 时，输出序列 $y[n]$ 是什么？给出定性的描述。

11.17　当 $N=8$ 时，生成图 11.24 所示基 2 按时间抽取 FFT 算法的流图，其中输入用正常顺序，而输出用倒位序。

11.18　当 $N=8$ 时，生成图 11.24 所示基 2 按时间抽取 FFT 算法的流图，其中输入和输出均用正常顺序。

11.19　推导式(11.45)。

11.20　如 11.3.2 节所示，若忽略与 ±1 的相乘，基 2 按时间抽取和按频率抽取 FFT 运算所需的 $\mathcal{R}(\nu)$ 复数相乘的总数可以小于 $\frac{1}{2}N\log_2 N$。推导一个仅包含与幅度不为 1 的复旋转因子相乘的 $\mathcal{R}(\nu)$ 表达式。

11.21　若需要长度为 N 序列的 N 点离散傅里叶变换中的 M 个 DFT 样本点，且 $M \leq N$。若要使得 N 点基 2 的 FFT 算法比这 M 个 DFT 样本点的直接计算上的效率要高很多，M 的最小值是多少：对于如下 N 值，M 值是多少：$N=32$，$N=64$，$N=128$。

11.22　生成基 3 按时间抽取 FFT 算法的第一级的结构解释。

11.23　当 $N=9$ 时，生成基 3 按时间抽取 FFT 算法的流图，其中输入为倒位序，而输出为正常顺序。

11.24　我们希望求长度为 16 的实序列 $x[n]$ 和长度为 7 的实序列 $h[n]$ 的线性卷积生成序列 $y[n]$。为此，可按照下面的方法进行。

方法 1：直接计算线性卷积。

方法 2：通过单个圆周卷积计算线性卷积。

方法 3：用基 2 快速傅里叶变换算法计算线性卷积。

确定上述每一种方法所需的实数相乘的最小数目。对于基 2 快速傅里叶变换算法，在计算相乘时不包括乘以 ±1、±j 和 W_N^0。

11.25　重做习题 11.24 来计算长度为 16 的序列 $x[n]$ 和长度为 8 的序列 $h[n]$ 的线性卷积。

11.26　将长度 1024 的输入序列 $x[n]$ 用长度为 36 的线性相位 FIR 滤波器 $h[n]$ 滤波。这个滤波过程涉及两个有限长序列的线性卷积，可用 5.10.3 节讨论的重叠相加法计算，这里，较短的线性卷积可用图 5.11 所示的基于 DFT 的方法进行，其中的 DFT 用库利 - 图基 FFT 算法实现。

(a) 确定适当为 2 的幂的变换长度，以得到最小数目的相乘，并计算可能需要的相乘总数。

(b) 若用直接卷积法，则相乘的总数可能是多少？

11.27　式(5.25)中指出，DFT 样本向量 $\boldsymbol{X}$ 可表示为 DFT 矩阵 $\boldsymbol{D}_N$ 与输入样本的向量 $\boldsymbol{x}$ 的乘积，其中，$\boldsymbol{D}_N$ 由式(5.28)给出。

(a) 证明如图 11.21 所示的 8 点按时间抽取 FFT 算法，可以等效为将 DFT 矩阵表示为如下所示的 4 个矩阵相乘：

$$\boldsymbol{D}_N = \boldsymbol{V}_8\boldsymbol{V}_4\boldsymbol{V}_2\boldsymbol{E} \tag{11.112}$$

求出上面给出的矩阵，并证明与每一个矩阵 $\boldsymbol{V}_k$，$k=8, 4, 2$ 的相乘需要最多 8 个复数相乘。

(b) 由于 DFT 矩阵 $\boldsymbol{D}_N$ 的转置就是其本身，即 $\boldsymbol{D}_N = \boldsymbol{D}_N^{\mathrm{T}}$，另一种 FFT 算法可以容易通过形成

式(11.112)等号右边的转置得到，得到 $\boldsymbol{D}_N$ 的因式分解为

$$\boldsymbol{D}_N = \boldsymbol{E}^{\mathrm{T}}\boldsymbol{V}_2^{\mathrm{T}}\boldsymbol{V}_4^{\mathrm{T}}\boldsymbol{V}_8^{\mathrm{T}} \tag{11.113}$$

证明上面因式分解的流图正好是如图 11.28 所示的 8 点按频率抽取 FFT 算法。

11.28　本题中研究分裂基快速傅里叶变换(SRFFT)算法的基本思想[Duh86]。与按频率抽取 FFT 算法的情况一样，在 SRFFT 算法中，DFT 的偶序号与奇序号的样本被分开计算。与按频率抽取 FFT 方法一样，为计算偶序号样本，可写为

$$\begin{aligned} X[2\ell] &= \sum_{n=0}^{N-1} x[n]W_N^{2\ell n} \\ &= \sum_{n=0}^{(N/2)-1} x[n]W_N^{2\ell n} + \sum_{n=N/2}^{N-1} x[n]W_N^{2\ell n},\ \ell = 0, 1, \cdots, \tfrac{N}{2}-1 \end{aligned} \tag{11.114}$$

证明上式可重新表示为形如

$$X[2\ell] = \sum_{n=0}^{(N/2)-1}\left(x[n] + x\left[n+\frac{N}{2}\right]\right)W_{N/2}^{\ell n},\quad \ell = 0, 1, \cdots, \frac{N}{2}-1 \tag{11.115}$$

的一个 $\dfrac{N}{2}$ 点 DFT。对于奇序号样本的计算，依据频率系数 k 是否可表达为 $4\ell+1$ 还是 $4\ell+3$，我们写出两个不同的表达式：

$$\begin{aligned} X[4\ell+1] = &\sum_{n=0}^{(N/4)-1} x[n]W_N^{(4\ell+1)n} + \sum_{n=\frac{N}{4}}^{(N/2)-1} x[n]W_N^{(4\ell+1)n} \\ &+ \sum_{n=N/2}^{(3N/4)-1} x[n]W_N^{(4\ell+1)n} + \sum_{n=3N/4}^{N-1} x[n]W_N^{(4\ell+1)n} \\ &\ell = 0, 1, \cdots, \tfrac{N}{4}-1 \end{aligned} \tag{11.116a}$$

$$\begin{aligned} X[4\ell+3] = &\sum_{n=0}^{(N/4)-1} x[n]W_N^{(4\ell+3)n} + \sum_{n=N/4}^{(N/2)-1} x[n]W_N^{(4\ell+3)n} \\ &+ \sum_{n=N/2}^{(3N/4)-1} x[n]W_N^{(4\ell+3)n} + \sum_{n=3N/4}^{N-1} x[n]W_N^{(4\ell+3)n} \\ &\ell = 0, 1, \cdots, \tfrac{N}{4}-1 \end{aligned} \tag{11.116b}$$

证明式(11.116a)和式(11.116b)可重新写为形如

$$\begin{aligned} X[4\ell+1] = &\sum_{m=0}^{(N/4)-1}\left\{\left(x[m] - x\left[m+\tfrac{N}{2}\right]\right)\right. \\ &\left.- \mathrm{j}\left(x\left[m+\tfrac{N}{4}\right] - x\left[m+\tfrac{3N}{4}\right]\right)\right\}W_N^m W_{N/4}^{\ell m} \end{aligned} \tag{11.117a}$$

$$\begin{aligned} X[4\ell+3] = &\sum_{m=0}^{(N/4)-1}\left\{\left(x[m] - x\left[m+\tfrac{N}{2}\right]\right)\right. \\ &\left.+ \mathrm{j}\left(x\left[m+\tfrac{N}{4}\right] - x\left[m+\tfrac{3N}{4}\right]\right)\right\}W_N^{3m} W_{N/4}^{\ell m} \end{aligned} \tag{11.117b}$$

的两个 $(N/4)$ 点 DFT，其中，$\ell = 0, 1, \cdots, \dfrac{N}{4}-1$。画出上述算法中为了计算两个偶序数点和两个奇序数点的一个典型蝶形流图，并证明分裂基 FFT 算法对每个蝶形只需要两个复数相乘。

11.29　生成习题 11.28 中描述的分裂基算法的 8 点 DFT 的计算流图。实现该算法所需的实数相乘总数是多少？将该结果与用一个基 2 按频率抽取 FFT 算法的实数相乘数目相比较。忽略与 ± 1 和 $\pm \mathrm{j}$ 的相乘。

11.30　生成习题 11.28 中描述的分裂基算法的 16 点 DFT 的计算流图。实现该算法所需的实数相乘总数是多少？将该结果与用一个基 2 按频率抽取 FFT 算法的实数相乘数量相比较。忽略与 ± 1 和 $\pm \mathrm{j}$ 的相乘。

11.31　利用 256 点 FFT 单元和复数相乘及相加，来生成计算长度为 1536 的序列的 1536 点 DFT 的方案。用框

图形式显示此计算方案。整个运算需要多少个 FFT 单元和复数相乘及相加?

11.32 计算一个长度为 197 的序列 $x[n]$ 的 256 点 DFT。在 DFT 的计算之前需要在 $x[n]$ 后补上多少个零值样本? 直接求取 DFT 所需的复数相乘和相加的总数是多少? 若用一个库利-图基 FFT 计算 DFT, 需要的复数相乘和相加的总数量是多少?

11.33 生成 $N=15$ 时混合基 DIT FFT 算法的流图, 这里输入以倒序而输出为正常顺序。

11.34 实现图 11.24 所示流图的转置图。转置流图中用 $\frac{1}{2}W_N^{-r}$ 替换每一个复数相乘 W_N^r。证明, 若输入是 $X[k]$, 则最终的流图实现一个逆 DFT。

11.35 图 P11.5 中示例了用 DFT 算法计算逆 DFT 的第二种方法。设 $X[k]$ 是长度为 N 的序列 $x[n]$ 的 N 点 DFT。定义长度为 N 的时域序列 $q[n]$ 为

$$\text{Re}\{q[n]\} = \text{Im}\, X[k]|_{k=n}, \quad \text{Im}\{q[n]\} = \text{Re}\, X[k]|_{k=n}$$

其中 $Q[k]$ 表示其 N 点 DFT。证明

$$\text{Re}\{x[n]\} = \frac{1}{N}\cdot \text{Im}\, Q[k]\bigg|_{k=n}, \quad \text{Im}\{x[n]\} = \frac{1}{N}\cdot \text{Re}\, Q[k]\bigg|_{k=n}$$

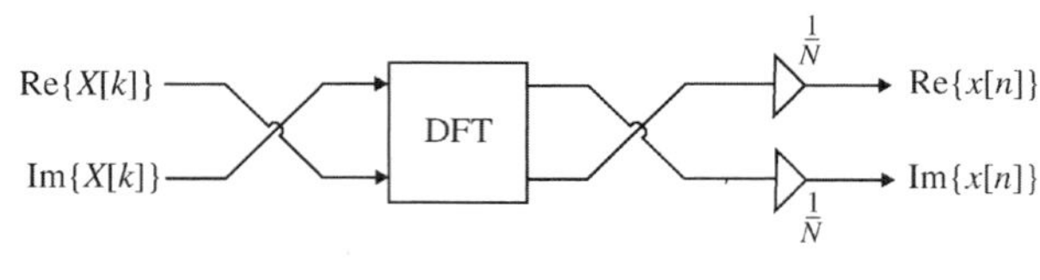

图 P11.5

11.36 用 DFT 算法计算逆 DFT 的第三种方法描述如下。令 $X[k]$ 是长度为 N 的序列 $x[n]$ 的 N 点 DFT。定义长度为 N 的时域序列 $r[n]$ 为

$$r[n] = X[k]|_{k=\langle -n\rangle_N}$$

其中 $R[k]$ 表示其 N 点 DFT。证明

$$x[n] = \frac{1}{N}\cdot R[k]\bigg|_{k=n}$$

11.37 当(a)$N=14$、(b)$N=20$、(c)$N=28$ 及(d)$N=30$ 时, 用库利-图基 FFT 算法生成为实现长度为 N 的序列 $x[n]$ 的 N 点离散傅里叶变换 $X[k]$ 第一级的序号映射。

11.38 当(a)$N=14$, (b)$N=20$, (c)$N=28$ 及(d)$N=30$ 时, 利用质因子算法求生成长度为 N 的序列 $x[n]$ 的 N 点离散傅里叶变换 $X[k]$ 第一级的序号映射。

11.39 计算长度为 N 的序列 $x[n]$ 的 12 点离散傅里叶变换 $X[k]$。所用的序号映射可以是

$$n = \langle An_1 + Bn_2\rangle_{12}, \quad k = \langle Ck_1 + Dk_2\rangle_{12}$$

或

$$n = \langle Cn_1 + Dn_2\rangle_{12}, \quad k = \langle Ak_1 + Bk_2\rangle_{12}$$

其中 A、B、C 和 D 是适当选择的常量。使用映射 $g[n_1, n_2] = x[\langle An_1 + Bn_2\rangle_{12}]$ 得到

$$G[k_1, k_2] = \sum_{n_1=0}^{2}\sum_{n_2=0}^{3} g[n_1, n_2]W_4^{n_2k_2}W_3^{n_1k_1} \tag{11.118}$$

$$X[\langle Ck_1 + Dk_2\rangle_{12}] = G[k_1, k_2] \tag{11.119}$$

另一方面, 若所用的序号映射是 $h[n_1, n_2] = x[\langle Cn_1 + Dn_2\rangle_{12}]$, 我们得到

$$H[k_1, k_2] = \sum_{n_1=0}^{2}\sum_{n_2=0}^{3} h[n_1, n_2]W_4^{n_2k_2}W_3^{n_1k_1} \tag{11.120}$$

$$Y[\langle Ak_1 + Bk_2\rangle_{12}] = H[k_1, k_2] \tag{11.121}$$

$X[k]$ 与 $Y[k]$ 之间有什么关系?

11.40　对如下 N 值生成基于质因子算法的 N 点离散傅里叶变换的计算流图：(a) $N=6$，(b) $N=10$，(c) $N=12$ 及(d) $N=15$。

11.41　我们想要根据式(11.93)计算长度为 N 的序列 $x[n]$ 的 L 点线性调频 z 变换(CZT) $X(z_\ell)$，$\ell=0, 1, 2, \cdots, L-1$，其中 $z_\ell=AV^{-\ell}$、$A=A_o e^{j\theta_o}$ 且 $V=V_o e^{j\phi_o}$。若 CZT 要计算在 z 平面的实轴上的点 $\{z_\ell\}$，使得 $z_\ell=\alpha^\ell$，$0\leq\ell\leq L-1$，其中 α 为实数且 $\alpha\neq\pm1$，则 A_o、θ_o、V_o 和 ϕ_o 的值是多少？

11.42　设 $H(z)=\sum_{n=0}^{N-1}h[n]z^{-n}$ 及 $X(z)=\sum_{n=0}^{N-1}x[n]z^{-n}$ 是两个 $(N-1)$ 次实数多项式。它们的乘积 $Y(z)$ 是一个 $(2N-2)$ 次多项式，且直接计算 $Y(z)$ 需要 N^2 次相乘和 $N+1$ 次相加。注意，$Y(z)$ 的系数 $y[n]$ 与由两个长度为 N 的序列 $h[n]$ 和 $x[n]$ 的线性卷积得到的系数相同。通过使用本题中研究的 **Cook-Toom 算法**[Knu69]，[Bla85]，在计算乘积 $H(z)X(z)$ 时，相乘的数量可以减少，但相加的数量会增加。

设 z_k 是 z 平面上 $2N-1$ 个不同的点，$k=0, 1, \cdots, 2N-1$。则 $\hat{Y}[z_k]=H(z_k)X(z_k)$ 表示 $y[n]$ 的 $(2N-1)$ 点非均匀离散傅里叶变换，并且由这 $2N-1$ 个样本，可以用习题 6.51 讨论的拉格朗日内插方程唯一地确定 $Y(z)$。若我们忽略以 2 的整数次幂相乘(或相除)(这在二进制表示中可以用简单的移位实现)，通过适当地选择 z_k 的值，则可只用 $2N-1$ 次相乘来求取 $\hat{Y}[z_k]$。

(a) 我们首先生成 $N=2$ 时的 Cook-Toom 算法。此时

$$Y(z)=y[0]+y[1]z^{-1}+y[2]z^{-2}=\left(h[0]+h[1]z^{-1}\right)\left(x[0]+x[1]z^{-1}\right)$$

使用拉格朗日插值方程，用在 $z_0=-1$，$z_1=\infty$，$z_2=+1$ 处计算的其 3 点非均匀离散傅里叶变换表示 $Y(z)$。按照参数 $X(z_k)$ 和 $H(z_k)$ 生成 $y[0]$、$y[1]$ 及 $y[2]$ 的表达式，并证明 $\{y[n]\}$ 的计算只需要总共 3 次相乘。求该算法所需的相加的总数。注意，在许多应用中，$h[n]$ 表示一个固定的 FIR 滤波器，因此，计算 $y[n]$ 所需的与整数相乘可以包括在常量 $H(z_k)$ 的计算中，从而在后续计算中不必计算它们。

(b) 生成用于两个长度为 3 的序列的线性卷积的 Cook-Toom 算法。

11.43　设 $H(z)=h[0]+h[1]z^{-1}$，$X(z)=x[0]+x[1]z^{-1}$。证明

$$Y(z)=H(z)X(z)=y[0]+y[1]z^{-1}+y[2]z^{-2}$$

可写为[Jen91]

$$Y(z)=h[0]x[0]+[(h[0]+h[1])(x[0]+x[1])-(h[0]x[0]+h[1]x[1])]z^{-1}+h[1]x[1]z^{-2}$$

因此可以用三个相乘而不是直接乘积中的 4 个来实现两个一阶实多项式乘积的计算。等效地，可只用三个相乘实现两个长度为 2 的序列的线性卷积。

11.44　当 N 是 2 的幂的情况下，推导习题 11.43 列出的多级算法，并计算两个长度为 N 的实数序列的线性卷积[Jen91]。多级算法计算卷积所需相乘的最少数目是多少？

11.45　设一个 32 位寄存器用于表示一个浮点数，其中 E 位用于指数，而 M 位加上一个符号位用于尾数。通过计算浮点表示可以表示的最小及最大数，对下面的指数和尾数位对，求该浮点表示的大致动态范围：(a) $E=6$ 且 $M=25$，(b) $E=7$ 且 $M=24$，(c) $E=8$ 且 $M=23$。确定一个带符号整数的 32 位定点表示法的动态范围。证明浮点表示法比定点表示法提供了更大的动态范围。

11.46　证明 IEEE 标准中 32 位浮点数的范围是从 1.18×10^{-38} 到 3.4×10^{38}。

11.47　证明以补码形式 $s_\Delta a_{-1}a_{-2}\cdots a_{-b}$ 给出的正或负的二进制小数，其十进制等效是 $-s+\sum_{i=1}^{b}a_{-i}2^{-i}$。

11.48　证明以反码形式 $s_\Delta a_{-1}a_{-2}\cdots a_{-b}$ 给出的正或负的二进制小数，其十进制等效是 $-s(1-2^{-b})+\sum_{i=1}^{b}a_{-i}2^{-i}$。

11.49　下面考虑用五位补码形式表示的三个数的二进制相加：$\eta_1=0.781\ 25_{10}$、$\eta_2=0.531\ 25_{10}$ 及 $\eta_3=-0.6875_{10}$。该相加分两步进行：首先，我们形成和 $\eta_1+\eta_2$，然后形成和 $(\eta_1+\eta_2)+\eta_3$。由于 η_1 和 η_2 的幅度均大于 0.5，所以它们的和将溢出，在和数的符号位以 1 标示。在部分和中保留所有位并忽略该溢出，然后再加上 η_3。证明，不论第一次相加是否产生溢出，最后的总和都是正确的。

11.12 MATLAB 练习

M11.1 用程序 11_1 确定下列滤波器的冲激响应系数的前 30 个样本。

(a)例 9.14 中生成的五阶椭圆低通滤波器。

(b)例 9.15 中生成的四阶 1 型切比雪夫高通滤波器。

(c)例 9.16 中生成的八阶巴特沃思带通滤波器。

M11.2 修改程序 11_2 来说明用任意的 IIR 因果数字滤波器对两个正弦序列的和进行滤波。修改程序的输入数据应该是正弦序列的角频率以及 IIR 数字滤波器的传输函数的分子和分母系数。应用修改后的程序采用例 9.14 生成的滤波器对角频率为 0.3π及 0.6π的两个正弦序列的和进行滤波，并验证其低通滤波特性。

M11.3 应用练习 M11.2 中生成的修改程序，采用例 9.15 生成的滤波器对角频率为 0.3π及 0.6π的两个正弦序列的和进行滤波，并验证其高通滤波特性。

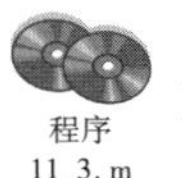

M11.4 修改程序 11_3 来说明以级联形式实现的 IIR 因果数字滤波器对两个正弦序列的和的滤波。级联中的单个节是带有实系数的二阶或一阶滤波器。修改后程序的输入数据应该是正弦序列的角频率以及级联中的单个节的传输函数的分子和分母系数。使用修改后的程序，用例 9.14 生成的滤波器对角频率为 0.3π及 0.6π的两个正弦序列的和进行滤波，并验证其低通滤波特性。修改后的程序 11_3 产生的输出图应该同练习 M11.2 中产生的一致。

M11.5 应用练习 M11.4 中生成的程序，采用例 9.15 生成的滤波器，对角频率为 0.3π及 0.6π的两个正弦序列的和进行滤波，并验证其高通滤波特性。修改后的程序 8_3 产生的输出图应该与练习 M11.3 中产生的一致。

M11.6 编写一个 MATLAB 程序用函数 `direct2` 对直接 2 型结构进行仿真并对延迟对输入序列滤波。应用该程序并采用例 9.14 生成的滤波器，对角频率为 0.3π及 0.6π的两个正弦序列的和进行滤波，并验证其低通滤波特性。新程序产生的输出图应该与练习 M11.2 中产生的一致。

M11.7 用函数 `goertzel` 以戈泽尔算法计算一个单个 DFT 样本，编写一个 MATLAB 程序来计算一个任意长度为 N 序列的 N 点 DFT，并将产生的 DFT 样本与用 M 文件函数 `fft` 得到的相比较。验证长度 $N=8$、12 和 16 的几个序列的 DFT 计算。

M11.8 数 x 的正弦可以用下面的展开式逼近[Abr72]

$$\sin(x) \approx x - 0.166667x^3 + 0.008333x^5 - 0.0001984x^7 + 0.0000027x^9 \qquad (11.122)$$

其中变量 x 的单位是弧度，其范围被限制在第一象限，即从 0 到π/2。若 x 在范围之外，其正弦可以用恒等式 $\sin(-x) = -\sin(x)$ 及 $\sin[(\pi/2)+x] = \sin[(\pi/2)-x]$ 计算。用 MATLAB 计算并画出式(11.122)给出的 $\sin(\pi x)$ 的值以及由于上面的逼近产生的误差。

M11.9 用来逼近数 x 的正弦的一种多项式展开为[Mar92]：

$$\sin(\pi x) \approx 3.140\,625x + 0.020\,263\,67x^2 - 5.325\,196x^3 + 0.544\,677\,8x^4 + 1.800\,293x^5 \qquad (11.123)$$

式中 x 以π归一化，且其范围被限制在由 $0<x<0.5$ 给出的第一象限(注意，0.5 是π/2 的归一化值)。用 MATLAB 求出由式(11.123)给出的 $\sin(\pi x)$ 的值以及上述逼近的误差。将该近似值与式(11.122)给出的进行比较。

M11.10 为计算数 x 的反正切，其中 $-1 \leqslant x \leqslant 1$，一种推荐的展开为[Abr72]

$$\arctan(x) \approx 0.999\,866x - 0.330\,299\,5x^3 + 0.180\,141x^5 - 0.085\,133x^7 + 0.020\,835\,1x^9 \qquad (11.124)$$

如果 $x \geqslant 1$，则反正切可以用恒等式 $\arctan(x) = (\pi/2) - \arctan(1/x)$ 计算。用 MATLAB 计算并画出由式(11.124)给出的 $\arctan(x)$ 的值以及由于上面的逼近产生的误差。

M11.11 用来逼近在范围 $-1 \leqslant x \leqslant 1$ 内数 x 的反正切的一种多项式展开为[Mar92]

$$\arctan(x/\pi) \approx 0.318\,253x + 0.003\,314x^2 - 0.130\,908x^3 + 0.068\,542x^4 - 0.009\,159x^5 \qquad (11.125)$$

用 MATLAB 计算并画出式(11.125)给出的 arctan(x)的值以及由于上面的逼近产生的误差。将该近似值与式(11.124)给出的进行比较。

M11.12　在范围 $0.5 \leqslant x \leqslant 1$ 内正数 x 的平方根可以用截短的多项式逼近[Mar92]:

$$\begin{aligned}\sqrt{x} \approx\ & 0.207\,5806 + 1.454\,895x - 1.344\,91x^2 + 1.106\,812x^3 \\ & - 0.536\,499x^4 + 0.112\,121\,6x^5\end{aligned} \tag{11.126}$$

求取。如果 x 在从 0.5 到 1 的范围外，可以对它乘以二进制常量 K^2 来使得乘积 $x' = K^2 x$ 到所需的范围内，用式(11.126)计算 $\sqrt{x'}$ 并求 $\sqrt{x} = \sqrt{x'}/K$。用 MATLAB 计算并画出由式(11.126)给出的 $\sqrt{(x)}$ 的值以及由于上面的逼近产生的误差。

第 12 章　有限字长效应的分析

到目前为止，我们假定所讨论的离散时间系统用常系数线性差分方程描述，其系数和信号变量具有无限精度，可取从 $-\infty$ 到 $+\infty$ 之间的任意值。然而，由于用来存储的数字寄存器的长度有限，无论在通用计算机上用软件形式还是用专用硬件形式实现，系统参数和信号变量都只能在某一个特定范围内取离散值。离散化过程得到离散时间系统的非线性差分方程描述。原则上几乎不可能精确地分析和处理这些非线性方程。但若量化量相对于信号变量和滤波器常数的值较小，则可以应用基于统计模型的简单近似理论，并可推导离散化的效果及生成能用实验加以验证的结果。

为了说明在实现数字滤波器的离散化过程中产生误差的各种原因，为简单起见，考虑图 12.1 中由线性常系数差分方程

$$y[n] = \alpha y[n-1] + x[n] \tag{12.1}$$

定义的因果一阶 IIR 数字滤波器，其中，$y[n]$ 和 $x[n]$ 分别是输出和输入信号变量。描述上面数字滤波器的传输函数为

$$H(z) = \frac{1}{1-\alpha z^{-1}} = \frac{z}{z-\alpha}, \qquad |z| > |\alpha| \tag{12.2}$$

当在数字机器上实现时，滤波器系数 α 只能取某些离散值 $\hat{\alpha}$，通常只是 α 原设计值的近似。因此，所实现的传输函数为

$$\hat{H}(z) = \frac{z}{z-\hat{\alpha}} \tag{12.3}$$

它可能和式(12.2)中的理想传输函数 $H(z)$ 不同。因此，实际的频率响应可能与理想频率响应有很大不同。此系数量化问题类似于在模拟滤波器实现中的灵敏度问题。

若假定输入序列 $x[n]$ 是通过对一个模拟信号 $x_a(t)$ 抽样后得到的，则通过对抽样和保持输出进行转化的 A/D 转换器对它进行离散化。若将 A/D 转换器的输出表示为 $\hat{x}[n]$，则图 12.1 中数字滤波器的实际输入为

$$\hat{x}[n] = x[n] + e[n] \tag{12.4}$$

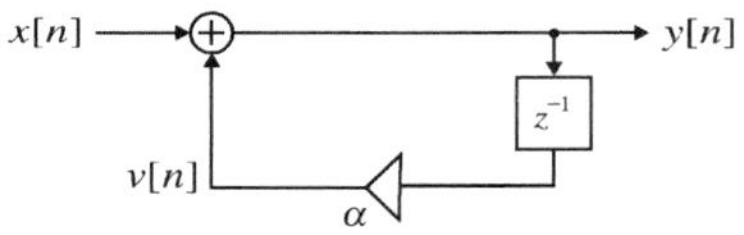

x[n]　y[n]　z^{-1}　v[n]　α

图 12.1　一阶 IIR 数字滤波器

其中，$e[n]$ 是输入量化过程中产生的 A/D 转换误差。

算术运算的量化产生了另一种误差。对式(12.1)的简单数字滤波器，将 α 与信号 $y[n-1]$ 相乘产生乘法器的输出 $v[n]$：

$$v[n] = \alpha y[n-1] \tag{12.5}$$

对 $v[n]$ 进行量化，以匹配存储乘积的寄存器。量化后的信号 $\hat{v}[n]$ 可表示为

$$\hat{v}[n] = v[n] + e_\alpha[n] \tag{12.6}$$

其中 $e_\alpha[n]$ 是乘积量化过程产生的误差序列。这类舍入误差的性质在某种程度上类似于 A/D 转换误差的性质。

除上述误差源外，算术运算的量化引起的非线性也会在数字滤波器中产生另外一种误差。这类误差通常在没有输入信号，或有常数输入信号或正弦输入信号的情况下，以一种称为极限环的振荡形式出现在滤波器的输出中。在本章中，我们将分析上述几种量化误差的影响，并描述对这些影响不太敏感的结构。

12.1　量化过程和误差

如 11.8 节所述，数据有两类基本的二进制表示，即定点和浮点形式。在任何一种形式中，负数都有三种不同的表示方法。数字信号处理中涉及的算术运算有相加(相减)和相乘运算。由于存储算术运算的数字

和结果的寄存器的有限字长限制，在涉及二进制数据的算术运算的数字实现中会出现很多问题。例如，在如前面所示的定点算术中，两个 b 位数的乘积是 $2b$ 位长，它必须量化到 b 位来适合寄存器指定的字长。而且在定点算术中，相加运算得到的和可能超过寄存器字长，这会引起溢出。另一方面，尽管本质上在浮点相加中没有溢出，但我们可能要对其加法和乘法的结果进行量化，以使之适合寄存器指定的字长。

通过分析不同量化过程对实际中数字滤波器的影响，可以发现其依赖于数字是定点格式还是浮点格式、用于表示负数的类型、用来量化数据的量化方法以及用于实现的数字滤波器结构。由于算术类型的所有可能的组合数目、量化方法的类型和数字滤波器的结构非常多(理论上有数千种)，因此在本章中，我们仅对一些选定实际情况下的量化效应进行分析。然而，所给出的分析也可以很容易地扩展到其他情况。

我们现在描述三类常用的量化方式。如 11.8 节所述，在数字信号处理应用中，数字机器中的数据通常用一个定点小数或一个其尾数为二进制小数的浮点二进制数来表示。假定可供使用的字长为$(b+1)$位，其中**最高位**(MSB)表示数字的符号。首先考虑一个$(b+1)$位定点小数的情况，其二进制点恰好在符号位的右边，如图 12.2 所示。可以用这种格式表示的最小正数的**最低位**(LSB)为 1，而其余的位都是 0，它的等效十进制数为 2^{-b}。这样，我们就以阶 2^{-b}对用$(b+1)$位表示的数进行了量化，2^{-b}称为**量化阶**或者**量化宽**。

量化前，字长比上面给出的要大得多。假定原数据 x 可以表示成为$(\beta+1)$位小数，且$\beta \gg b$。为了将它转换成一个用$\mathcal{Q}(x)$表示的$(b+1)$位小数，可以采用**截尾**或**舍入**。两者都可按图 12.3 所示建模。由于正二进制小数的表示格式都是一样的，与用于表示负二进制的格式无关，因此正小数的量化效果将是一样的，而负小数的量化效果根据其不同的表示格式有所不同。

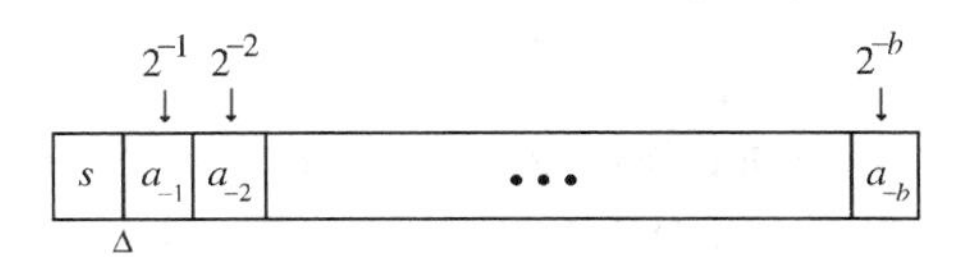

图 12.2　一个常见的$(b\ +1)$位定点小数

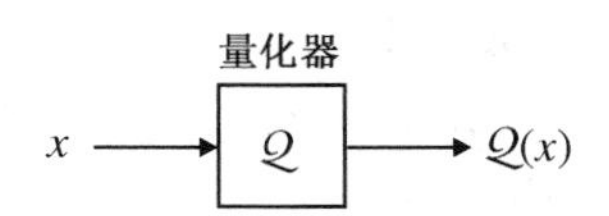

图 12.3　量化过程模型

12.2　定点数的量化

如图 12.4 所示，为了将一个定点数由$(\beta+1)$位截尾至$(b+1)$位，我们简单丢弃最后不重要的$(\beta-b)$位，设 ε_t表示定义为

$$\varepsilon_t = \mathcal{Q}(x) - x \tag{12.7}$$

的截尾误差。对于一个正数 x，截尾以后得到的数$\mathcal{Q}(x)$的幅度小于或等于 x。因此，对正的 x，$\varepsilon_t \leqslant 0$。当丢弃的位均为 0 时，误差 ε_t等于 0；而当丢弃的位都是 1 时，误差 ε_t最大。后一种情况中，被丢弃部分的十进制表示为 $2^{-b}-2^{-\beta}$。因此，对正数 x 截尾得到的误差 ε_t的范围为

$$-(2^{-b} - 2^{-\beta}) \leqslant \varepsilon_t \leqslant 0 \tag{12.8}$$

对于一个负数 x，三种不同表示中的每一个都需要研究。对一个原码形式的负小数，其截尾后的数$\mathcal{Q}(x)$的幅度小于量化前的负数 x 的幅度。由式(12.7)中量化误差 ε_t的定义有

$$0 \leqslant \varepsilon_t \leqslant 2^{-b} - 2^{-\beta} \tag{12.9}$$

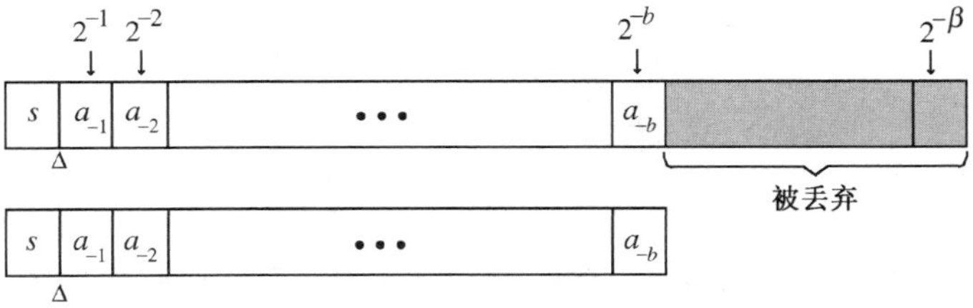

图 12.4　截尾运算说明

对一个反码形式为$1_{\Delta}a_{-1}a_{-2}\cdots a_{-\beta}$的负小数$x$，数值为$-(1-2^{-\beta})+\sum_{i=1}^{\beta}a_{-i}2^{-i}$。因而，它的量化形式$\mathcal{Q}(x)$的数值为$-(1-2^{-b})+\sum_{i=1}^{b}a_{-i}2^{-i}$，截尾误差$\varepsilon_t$为

$$\begin{aligned}\varepsilon_t &= \mathcal{Q}(x)-x=-(1-2^{-b})+\sum_{i=1}^{b}a_{-i}2^{-i}+(1-2^{-\beta})-\sum_{i=1}^{\beta}a_{-i}2^{-i}\\ &=(2^{-b}-2^{-\beta})-\sum_{i=b+1}^{\beta}a_{-i}2^{-i}\end{aligned}\tag{12.10}$$

该表示下的截尾误差总是正数，且范围为

$$0\leqslant\varepsilon_t\leqslant 2^{-b}-2^{-\beta}\tag{12.11}$$

现在，考虑以补码形式$1_{\Delta}a_{-1}a_{-2}\cdots a_{-\beta}$给出的负小数$x$，其数值为$(-1+\sum_{i=1}^{\beta}a_{-i}2^{-i})$。在对$x$进行截尾后，得到的$\mathcal{Q}(x)$的表示为$1_{\Delta}a_{-1}a_{-2}\cdots a_{-b}$，其数值为$(-1+\sum_{i=1}^{b}a_{-i}2^{-i})$。因此

$$\varepsilon_t=\mathcal{Q}(x)-x=\left(-1+\sum_{i=1}^{b}a_{-i}2^{-i}\right)-\left(-1+\sum_{i=1}^{\beta}a_{-i}2^{-i}\right)=-\sum_{i=b+1}^{\beta}a_{-i}2^{-i}\tag{12.12}$$

这里，截尾误差总是负数，其范围为

$$-(2^{-b}-2^{-\beta})\leqslant\varepsilon_t\leqslant 0\tag{12.13}$$

在舍入时，数字被量化到最接近的量化电平。假定两个量化电平正中间的数向上舍入到最接近的较高量化电平。因此，若位$a_{-(b+1)}$是0，则截尾与舍入等效；而若该位是1，则1被加到截尾数的最低位位置。注意，由于该运算仅仅基于数的幅度，所以舍入误差ε_r并不依赖于用来表示负小数的格式。为了确定ε_r的范围，我们观察到，舍入后的量化阶值为2^{-b}。因此，最大舍入误差ε_r的幅度为$(2^{-b})/2$。因而，ε_r的范围为

$$-\tfrac{1}{2}(2^{-b}-2^{-\beta})<\varepsilon_r\leqslant\tfrac{1}{2}(2^{-b}-2^{-\beta})\tag{12.14}$$

在实际中，$\beta\gg b$。例如，乘积的字长通常是被乘数的两倍。因此，我们可以在式(12.9)、式(12.11)、式(12.13)和式(12.14)的不等式中令$2^{-\beta}\approx 0$，得到表12.1中所示的简单不等式，其中，令量化阶$\delta=2^{-b}$。图12.5描述了在三种不同表示和两种不同量化方法下量化器的输入-输出特性。

表12.1　量化误差的范围

量化类型	数字表示	误差范围$\mathcal{Q}(x)-x$
截尾	正数 补码负数	$-\delta<\varepsilon_t\leqslant 0$
截尾	原码负数 反码负数	$0\leqslant\varepsilon_t<\delta$
舍入	所有的正数和负数	$-\frac{\delta}{2}<\varepsilon_t\leqslant\frac{\delta}{2}$

注意：$\delta=2^{-b}$。

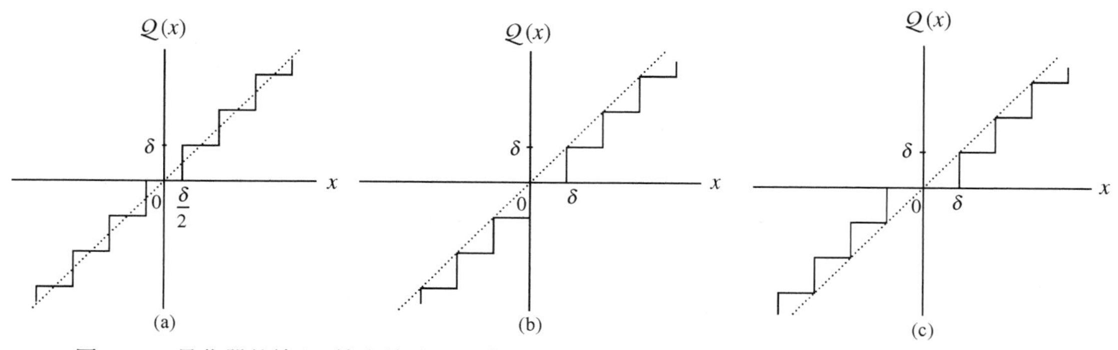

图12.5　量化器的输入-输出关系：(a)舍入；(b)补码截尾；(c)反码和原码截尾。这里$\delta=2^{-b}$

12.3　浮点数的量化

对浮点数的量化只在尾数上进行，因此，这里考虑量化过程所引起的相对误差更为恰当。为此，根据量化后的浮点数$\mathcal{Q}(x)=2^E\mathcal{Q}(M)$和未量化的数$x=2^EM$的数值，将相对误差$\varepsilon$定义为

$$\varepsilon=\frac{\mathcal{Q}(x)-x}{x}=\frac{\mathcal{Q}(M)-M}{M} \tag{12.15}$$

可以证明(参见习题 12.1)一个浮点二进制数的不同表示的相对误差范围如表 12.2 所示，其中假定$2^{-\beta}\ll 2^{-b}$。

表 12.2　相对误差 $\varepsilon=(\mathcal{Q}(x)-x)/x$ 的范围

量化类型	数字表示	相对误差的范围
截尾	补码	$-2\delta<\varepsilon_t\leq 0, x>0$ $0\leq\varepsilon_t<2\delta, x<0$
截尾	原码 反码	$-2\delta<\varepsilon_t\leq 0$
舍入	所有的正数和负数	$-\delta<\varepsilon_t\leq\delta$

注意：$\delta=2^{-b}$。

对用浮点算术实现数字滤波器的量化效应的分析的讨论超出了本书的范围，有兴趣的读者可以参考在本书最后列出的参考文献[Kan71]，[Liu69]，[Opp75]，[San67]，[Wei69a]，[Wei69b]。本书仅考虑定点实现的情况。

12.4　系数量化效应的分析

数字滤波器中，乘法器系数的量化效应与在模拟滤波器中所观察到的情况类似。通过硬件或软件实现的具有量化系数的数字滤波器的传输函数$\hat{H}(z)$与理想传输函数$H(z)$不同。可见，系数量化的主要影响是极点和零点从原来的理想位置移动到了其他位置，因此，实际频率响应$\hat{H}(e^{j\omega})$不等于理想频率响应$H(e^{j\omega})$，并且可能不被用户所接受。如例 6.38 中所述的那样，尽管具有未量化系数的原理想传输函数是稳定的，但量化后的极点可能移到单位圆外，从而导致最终实现的数字滤波器不稳定。然而，用例 6.41 的结果可以证明同样的传输函数当以级联形式实现时，系数量化后仍然保持稳定。

12.4.1　用 MATLAB 分析

在解析地研究系数量化对数字滤波器的性能的影响前，有必要在计算机上用 MATLAB 对这些影响进行研究。

a2dT.m
a2dR.m

由于 MATLAB 使用的是十进制数和算术，为了研究二进制数和算术实现的数字滤波器的量化效应，需要生成量化后二进制数和信号的十进制等效。二进制数可以用截尾或舍入量化。函数 `a2dT` 和 `a2dR` 分别通过截尾和舍入对一个十进制数的向量 `d` 的二进制表示生成等效的十进制数 `beq`，其中幅度部分为N 位。

为了说明系数量化对滤波器频率响应和零极点位置的影响，我们在滤波器系数为无限和有限精度条件下评价这些影响。由于 MATLAB 使用的是双精度十进制数和算术，出于实际考虑可以认为 MATLAB 产生的滤波器系数和信号具有无限精度。为了说明量化的二进制表示的效果，可以使用上面给出的函数 `a2dT` 或 `a2dR` 来生成量化的二进制数和信号的十进制等效。

我们首先用程序 12_1 演示一个以直接型实现的 IIR 数字滤波器的系数量化效果。在其所给出的形式中，程序计算了一个截止为0.4π，通带波纹为 0.4 dB，最小阻带衰减为 50 dB 的五阶椭圆低通滤波器的频率响应。经过简单修改，可以用该程序来研究具有不同指标的其他类型滤波器的量化效果。当对传输函数的系数进行截尾时，该程序使用函数 `a2dT`。

程序
12_1.m

上面的程序使用函数 plotzp 画出了量化分子和分母系数分别为 bq 和 aq 的传输函数的极点和零点位置。

plotzp. m

图 12.6(a)和(b)显示了具有无限精度系数理想滤波器的增益响应(用实线表示)以及当其传输函数系数被截尾到 5 位长度时得到的增益响应(用虚线表示)。从图中可以看出,对具有较小的过渡带的滤波器,系数量化的影响在频带边界附近更严重,得到更高的通带波纹。最小阻带衰减也变得更小了。此外,靠近阻带边界的传输零点更加靠近通带边界。

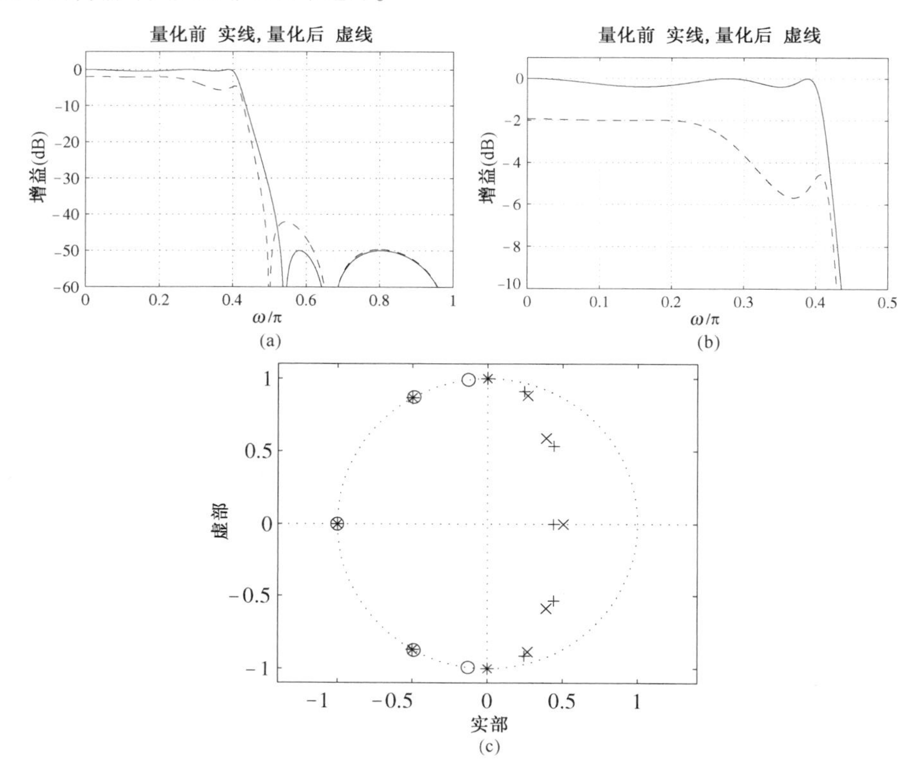

图 12.6 用直接型实现的五阶 IIR 椭圆低通滤波器的系数量化效应:(a)系数量化前(实线)和系数量化后(虚线)的全频带增益响应;(b)通带细节;(c)零极点移动。系数未量化的滤波器的零点和极点位置 分别用“×”和“o”表示,系数量化后的滤波器的零点和极点位置分别用“+”和“*”表示

图 12.6(c)显示了以未量化系数实现的原椭圆低通滤波器传输函数以及用量化系数实现的该椭圆滤波器的传输函数的极点和零点位置。由图中可以看出,系数量化会引起极点和零点较大地偏移其理想的标称位置。在本例中,与极点最近的零点离其原始位置最远,并且靠近与其最近极点的新位置,此时,极点的新位置更靠近单位圆。

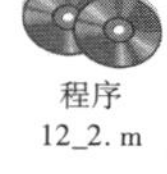

程序 12_2. m

当以量化后的系数实现时,将 IIR 传输函数的直接型实现和级联型实现的性能相比较是有意义的。程序 12_2 可以用来计算上面给出的椭圆低通滤波器的级联型实现的各部分传输函数系数的量化效果。然而,可以对这个程序进行简单修改,来研究具有不同指标的其他类型滤波器的量化效果。

图 12.7 显示了具有无限精度系数的理想级联在全频带上的增益响应和通带增益细节(用实线表示),以及当每个部分的传输函数系数被截尾至 5 位长度时的增益响应(用虚线表示)。从图中可以看出,这里的系数量化效应没有前一种情况严重。随着通带波纹的增加,平缓的损失添加到通带响应中。此处每个复数零点对用一个二阶节实现,因此零点保持在单位圆上。实际上,所有的零点几乎全部保持在其原始位置,对阻带响应的整体影响是最小的。

一般说来,较高阶的 IIR 传输函数不可能用单个直接型结构实现,但可以通过二阶系统和一阶系统的级联来实现,以降低系数量化的影响。

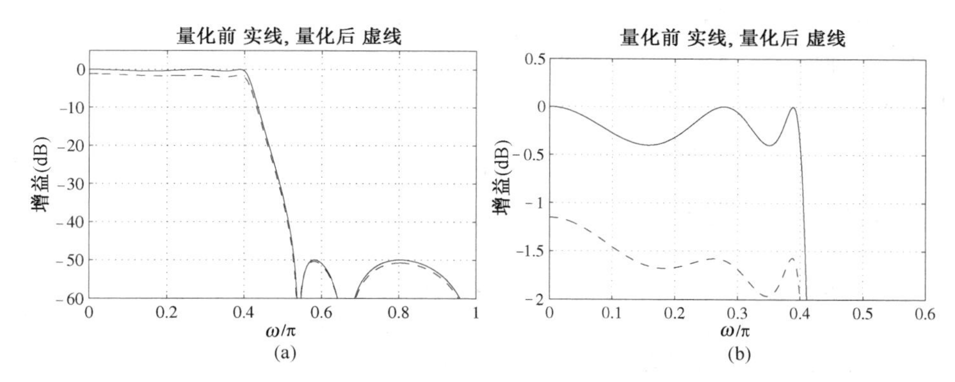

图 12.7　以级联型实现的五阶 IIR 椭圆低通滤波器的系数量化效应：(a) 系数量化前（实线）和系数量化后的（虚线）全频带增益；(b) 通带细节

可以对上述两个程序简单修改来研究 FIR 数字滤波器性能的系数量化效应。程序 12_3 可以用来研究通过直接型实现的低通等波纹 FIR 数字滤波器频率响应的系数量化效应。

程序 12_3. m

图 12.8 显示了上面的程序产生的 FIR 滤波器的增益响应。从图可见，对直接型实现的 FIR 滤波器而言，系数量化会导致通带宽度和最小阻带衰减的减少，以及通带波纹和过渡带的增加。

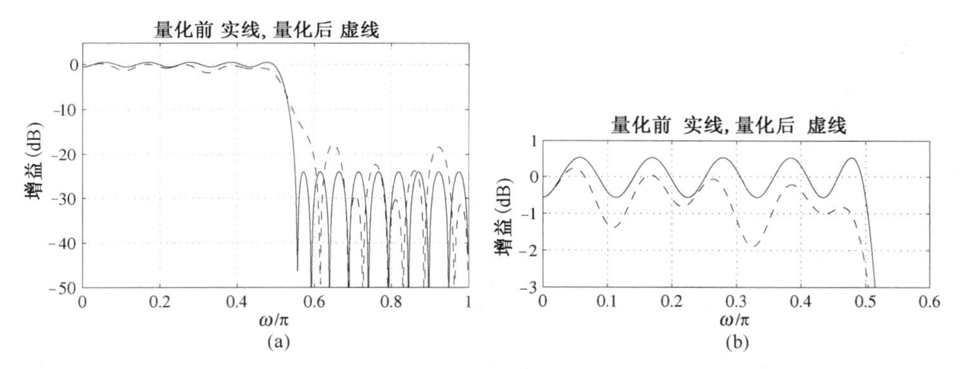

图 12.8　用直接型实现的 39 阶等波纹低通 FIR 滤波器的系数量化效应：(a) 系数未量化（实线）和系数量化后的（虚线）的全频带增益；(b) 通带细节

12.4.2　二阶结构的极点灵敏度分析

在很多应用中，高阶的 IIR 数字传输函数会以二阶节的级联或并联实现。因此，研究二阶数字滤波器结构的乘法器系数的灵敏度也很有意义。由于传输函数的极点在确定滤波器的频率响应时更为关键，所以本节主要研究由乘法器系数量化引起的极点偏移。若极点在系数量化后离原始位置很近，则称该结构具有低极点灵敏度；反之，若极点在系数量化后离原位置很远，则认为该结构表现出高的极点灵敏度。

这里限于研究两种二阶数字滤波器结构并研究它们的乘法器系数在指定字长范围内取所有可能量化值时的极点分布情况。可以采用类似的过程来分析其他二阶数字滤波器结构的极点灵敏度。我们在后续的章节中通过进行精确的灵敏度分析来说明其结论的有效性。

考虑图 12.9 中所示的二阶直接 II 型数字滤波器结构，其传输函数为

$$H(z)=\frac{z^2}{z^2-Kz+L} \tag{12.16}$$

上面传输函数的两个极点在

$$z_1=r\mathrm{e}^{\mathrm{j}\theta}=\frac{K+\sqrt{K^2-4L}}{2},\qquad z_2=r\mathrm{e}^{-\mathrm{j}\theta}=\frac{K-\sqrt{K^2-4L}}{2} \tag{12.17}$$

图 12.10(a)显示了乘法器系数 K 和 L 以原码格式量化到 4 位字长(3 位加一个符号位)时的极点分布图。例如，若 $K = 0_{\Delta}101 = 0.625_{10}$ 且 $L = 0_{\Delta}111 = 0.875_{10}$，则由式(12.17)可得复共轭极点对在

$$z_1 = 0.3125 + \mathrm{j}0.8817, \qquad z_2 = 0.3125 - \mathrm{j}0.8817$$

从该图可见，极点在 $z = \pm\mathrm{j}$ 附近彼此靠近，并在实轴附近彼此远离。

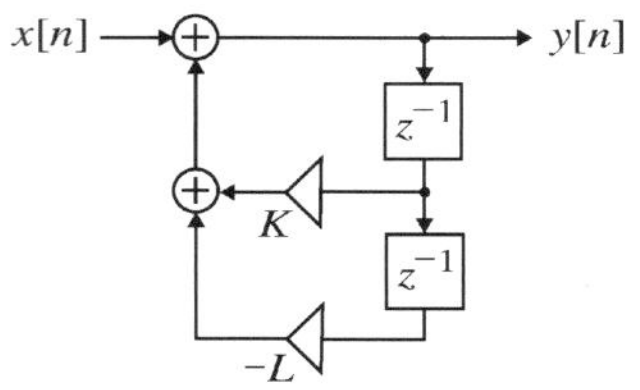

图 12.9 式(12.16)给出的二阶 IIR 传输函数的直接II型实现

图 12.10(b)显示了在 6 位字长(5 位加一个符号位)时直接 II 型结构的极点分布图，可以清楚地看出，在 $z = \pm\mathrm{j}$ 附近极点分布集中，而在实轴周围极点分布稀疏。

可见，当传输函数的极点接近实轴时，直接型结构表现出较高的极点灵敏度，而当传输函数的极点接近 $z = \pm\mathrm{j}$ 时，直接型结构显示出低极点灵敏度。因此，当极点靠近实数轴的时候，直接型结构并不适合实现低通或高通传输函数。

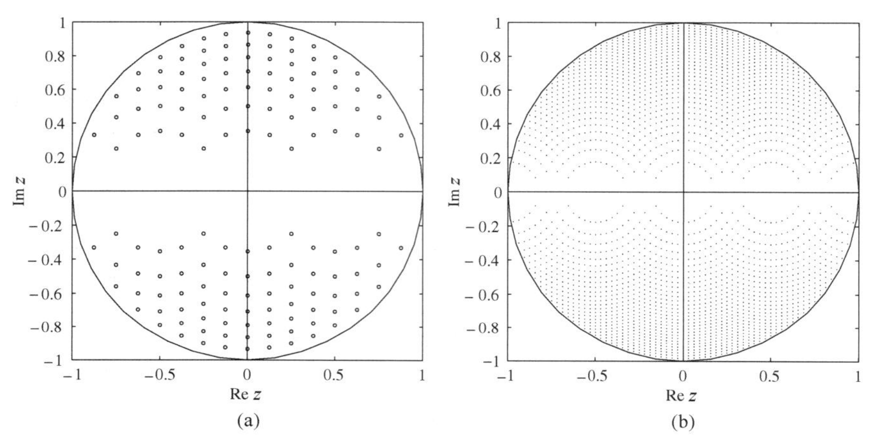

图 12.10 乘法器系数以原码格式表示的二阶直接型 IIR 结构的极点分布：(a)4 位字长；(b)6 位字长

现在考虑图 12.11 中所示的耦合型结构，其传输函数为

$$H(z) = \frac{\gamma z^2}{z^2 - (\alpha + \delta)z + (\alpha\delta - \beta\gamma)} \tag{12.18}$$

若 $\alpha = \delta = r\cos\theta$ 且 $\beta = -\gamma = r\sin\theta$，则式(12.18)中的传输函数变为

$$H(z) = \frac{\gamma z^2}{z^2 - 2r\cos\theta z + r^2} \tag{12.19}$$

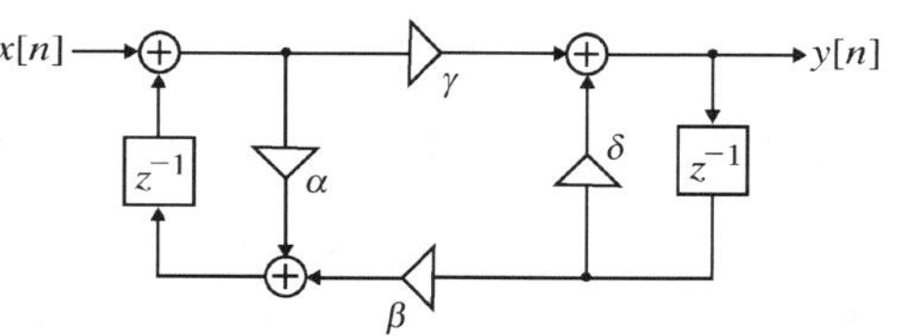

图 12.11 二阶耦合型结构

比较式(12.18)和式(12.16)的分母多项式，可得

$$K = \alpha + \delta = 2\alpha \tag{12.20a}$$

$$L = \alpha\delta - \beta\gamma = \alpha^2 + \beta^2 \tag{12.20b}$$

图 12.12(a)显示了当乘法器系数 α 和 β 以原码格式量化到 4 位字长(3 位加一个符号位)时该结构的极点分布图；图 12.12(b)显示了当乘法器系数 α 和 β 以原码形式量化到 6 位字长(5 位加一个符号位)的极点分布图。从这两幅图可见，此时，所有极点分布均匀。

若将式(12.20a)和式(12.20b)给出的系数 K 和 L 的值代入到式(12.17)中，耦合型结构的极点位置为

$$z_i = \alpha \pm \mathrm{j}\beta, \quad i = 1,2$$

从该形式可以看出 α 和 β 的均匀量化使得极点均匀分布，如图 12.12(a)和(b)所示。因此，耦合型结构更适合实现任意类型的二阶传输函数，尤其是低通和高通函数。

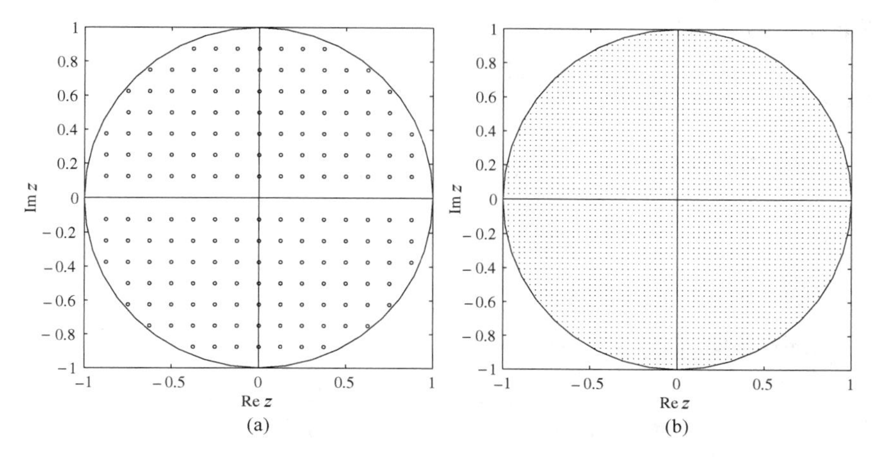

图 12.12　乘法器系数以原码格式表示的二阶耦合型 IIR 结构的极点分布：(a)4 位字长；(b)6 位字长

12.4.3　零极点偏移的估计

系数量化效应对数字滤波器性能的影响可由其零极点对原始位置的偏移来度量。这些偏移可按如下所述解析地计算[Mit74c]。

考虑具有单根的 N 次多项式 $B(z)$：

$$B(z)=\sum_{i=0}^{N}b_i z^i=\prod_{k=1}^{N}(z-z_k) \tag{12.21}$$

其中，$b_N=1$。$B(z)$的根 z_k为

$$z_k=r_k \mathrm{e}^{\mathrm{j}\theta_k} \tag{12.22}$$

注意，$B(z)$可以是数字传输函数的分母或分子多项式。系数量化的效果可将多项式系数由 b_i改变至 $b_i+\Delta b_i$看出来，因此，多项式 $B(z)$变成一个新的多项式 $\hat{B}(z)$ 为

$$\hat{B}(z)=\sum_{i=0}^{N}(b_i+\Delta b_i)z^i=B(z)+\sum_{i=0}^{N-1}(\Delta b_i)z^i=\prod_{k=1}^{N}(z-\hat{z}_k) \tag{12.23}$$

其中，$\hat{z}_k$ 表示多项式 $\hat{B}(z)$ 的根。注意，$\hat{z}_k$ 是 $B(z)$的根 z_k移动到的新位置。对于小的变化，$\hat{z}_k$ 与 z_k很接近且可表示为

$$\hat{z}_k=(r_k+\Delta r_k)\mathrm{e}^{\mathrm{j}(\theta_k+\Delta\theta_k)} \tag{12.24}$$

其中，Δr_k和 $\Delta\theta_k$表示由于系数量化，第 k 个根在半径和角度上的变化。我们的目标是在已知多项式 $B(z)$的系数变化 Δb_i的前提下，生成估计 Δr_k和 $\Delta\theta_k$的简单表达式。若假定变化 Δb_i非常小，也可认为第 k 个根在半径和角度上的变化 Δr_k和 $\Delta\theta_k$也非常小，若忽略高阶项，则可以将式(12.24)给出的 $\hat{z}_k$ 的表达式重写为

$$\begin{aligned}\hat{z}_k&=(r_k+\Delta r_k)\mathrm{e}^{\mathrm{j}\Delta\theta_k}\mathrm{e}^{\mathrm{j}\theta_k}\approx(r_k+\Delta r_k)(1+\mathrm{j}\Delta\theta_k)\mathrm{e}^{\mathrm{j}\theta_k}\\&\approx r_k\mathrm{e}^{\mathrm{j}\theta_k}+(\Delta r_k+\mathrm{j}r_k\Delta\theta_k)\mathrm{e}^{\mathrm{j}\theta_k}\end{aligned} \tag{12.25}$$

根的偏移现在可表示为

$$\hat{z}_k-z_k=\Delta z_k\approx(\Delta r_k+\mathrm{j}r_k\Delta\theta_k)\mathrm{e}^{\mathrm{j}\theta_k} \tag{12.26}$$

现在考虑有理函数 $1/B(z)$，其部分分式展开为

$$\frac{1}{B(z)}=\sum_{k=1}^{N}\frac{\rho_k}{z-z_k} \tag{12.27}$$

其中，ρ_k是 $1/B(z)$在极点 $z=z_k$的留数，即

$$\rho_k=\left.\frac{(z-z_k)}{B(z)}\right|_{z=z_k}=R_k+\mathrm{j}X_k \tag{12.28}$$

若假设 $\hat{z}_k$ 非常接近于 z_k，则有

$$\frac{1}{B(\hat{z}_k)} \approx \frac{\rho_k}{\hat{z}_k - z_k} \tag{12.29}$$

或

$$\Delta z_k = \rho_k \cdot B(\hat{z}_k) \tag{12.30}$$

然而

$$\hat{B}(\hat{z}_k) = 0 = B(\hat{z}_k) + \sum_{i=0}^{N-1} (\Delta b_i)(\hat{z}_k)^i \tag{12.31}$$

因此，假定 $\hat{z}_k$ 与 z_k非常接近，由式(12.30)和式(12.31)，可得

$$\Delta z_k = -\rho_k \left\{ \sum_{i=0}^{N-1} (\Delta b_i)(\hat{z}_k)^i \right\} \approx -\rho_k \left\{ \sum_{i=0}^{N-1} (\Delta b_i)(z_k)^i \right\} \tag{12.32}$$

重写式(12.32)，可得

$$(\Delta r_k + \mathrm{j} r_k \Delta\theta_k)\mathrm{e}^{\mathrm{j}\theta_k} = -(R_k + \mathrm{j}X_k)\left\{ \sum_{i=0}^{N-1} (\Delta b_i)(r_k \mathrm{e}^{\mathrm{j}\theta_k})^i \right\} \tag{12.33}$$

联立上面的实部和虚部，经过一些代数演算，可得

$$\Delta r_k = (-R_k \boldsymbol{P}_k + X_k \boldsymbol{Q}_k) \cdot \Delta\boldsymbol{B} = \boldsymbol{S}_b^{r_k} \cdot \Delta\boldsymbol{B} \tag{12.34a}$$

$$\Delta\theta_k = -\frac{1}{r_k}(X_k \boldsymbol{P}_k + R_k \boldsymbol{Q}_k) \cdot \Delta\boldsymbol{B} = \boldsymbol{S}_b^{\theta_k} \cdot \Delta\boldsymbol{B} \tag{12.34b}$$

其中

$$\boldsymbol{P}_k = [\cos\theta_k \quad r_k \quad r_k^2 \cos\theta_k \cdots r_k^{N-1} \cos(N-2)\theta_k] \tag{12.35a}$$

$$\boldsymbol{Q}_k = [-\sin\theta_k \quad 0 \quad r_k^2 \sin\theta_k \cdots r_k^{N-1} \sin(N-2)\theta_k] \tag{12.35b}$$

$$\Delta\boldsymbol{B} = [\Delta b_0 \ \Delta b_1 \ \Delta b_2 \cdots \Delta b_{N-1}]^{\mathrm{T}} \tag{12.35c}$$

注意，灵敏度向量 $\boldsymbol{S}_b^{r_k}$ 和 $\boldsymbol{S}_b^{\theta_k}$ 与 $\Delta\boldsymbol{B}$ 无关，仅仅依赖于 $B(z)$。因此，一旦计算出向量，对任何一组 $\Delta\boldsymbol{B}$，可以用式(12.34a)和式(12.34b)快速地算出零极点偏移的值。而且，$\Delta\boldsymbol{B}$ 中的元素仅表示直接型实现情况下乘法器的系数变化。

例 12.1 说明了式(12.34a)和式(12.34b)在计算由于系数量化引起的一个二阶直接型 IIR 数字滤波器的极点偏移的应用。

例 12.1 二阶直接 II 型结构的系数灵敏度分析

考虑图 12.9 所示的二阶直接 II 型结构，由式(12.16)可知，其传输函数的分母多项式为

$$B(z) = z^2 - Kz + L = z^2 - 2r\cos\theta z + r^2 = (z - z_1)(z - z_2) \tag{12.36}$$

其中

$$z_1 = r\mathrm{e}^{\mathrm{j}\theta}, \qquad z_2 = r\mathrm{e}^{-\mathrm{j}\theta} \tag{12.37}$$

由式(12.16)和式(12.36)可得

$$K = 2r\cos\theta, \qquad L = r^2 \tag{12.38}$$

而 $1/B(z)$ 在 $z = z_1$ 处的留数 ρ_1 为

$$\rho_1 = \left.\frac{z - z_1}{B(z)}\right|_{z=z_1} = -\frac{\mathrm{j}}{2r\sin\theta} \tag{12.39}$$

因此，对图 12.9 所示的 IIR 滤波器，我们有

$$\Delta\boldsymbol{B} = [\Delta L \quad -\Delta K]^{\mathrm{T}} \tag{12.40a}$$

$$\boldsymbol{Q}_1 = [-\sin\theta \quad 0] \tag{12.40b}$$

$$\boldsymbol{P}_1 = [\cos\theta \quad r] \tag{12.40c}$$

将式(12.40a)至式(12.40c)代入式(12.34a)和式(12.34b)中，可得

$$\Delta r = X_1 \boldsymbol{Q}_1 \Delta \boldsymbol{B} = \frac{1}{2r}\Delta L \tag{12.41a}$$

$$\Delta\theta = -\frac{1}{r}(X_1 \boldsymbol{P}_1 \Delta \boldsymbol{B}) = \frac{\Delta L}{2r^2 \tan\theta} - \frac{\Delta K}{2r\sin\theta} \tag{12.41b}$$

从上面的表达式明显可知，当传输函数的极点接近 $\theta = 0$ 或 π 时(即窄带低通或高通滤波器)，二阶直接型 IIR 滤波器对系数量化十分敏感，这验证了前一节中从图 12.10 的极点分布图中得到的结论。

现在，将式(12.34a)和式(12.34b)的结果扩展成一个有 R 个乘法器为 $\alpha_k (k=1, 2, \cdots, R)$ 的任意结构。由于系数量化，这些系数变成了 $\alpha_k + \Delta\alpha_k$。由于多项式 $B(z)$ 的系数 b_i 是乘法器系数 α_i 的多重线性函数，可以通过

$$\Delta b_i = \sum_{k=1}^{R} \frac{\partial b_i}{\partial \alpha_k}\Delta\alpha_k, \qquad i = 0, 1, \cdots, N-1 \tag{12.42}$$

用乘法器系数 α_k 的改变量 $\Delta\alpha_k$ 来表示传输函数系数 b_i 的改变量 Δb_i。上式可用矩阵形式写成：

$$\Delta \boldsymbol{B} = \boldsymbol{C} \cdot \Delta \boldsymbol{\alpha} \tag{12.43}$$

其中

$$\boldsymbol{C} = \begin{bmatrix} \frac{\partial b_0}{\partial \alpha_1} & \frac{\partial b_0}{\partial \alpha_2} & \cdots & \frac{\partial b_0}{\partial \alpha_R} \\ \frac{\partial b_1}{\partial \alpha_1} & \frac{\partial b_1}{\partial \alpha_2} & \cdots & \frac{\partial b_1}{\partial \alpha_R} \\ \vdots & \vdots & \ddots & \vdots \\ \frac{\partial b_{N-1}}{\partial \alpha_1} & \frac{\partial b_{N-1}}{\partial \alpha_2} & \cdots & \frac{\partial b_{N-1}}{\partial \alpha_R} \end{bmatrix} \tag{12.44a}$$

$$\Delta \boldsymbol{\alpha} = [\Delta\alpha_1 \quad \Delta\alpha_2 \cdots \Delta\alpha_R]^{\mathrm{T}} \tag{12.44b}$$

将式(12.43)代入式(12.34a)和式(12.34b)中，得到所求的结果为

$$\Delta r_k = \boldsymbol{S}_b^{r_k} \cdot \boldsymbol{C} \cdot \Delta\boldsymbol{\alpha} \tag{12.45a}$$

$$\Delta \theta_k = \boldsymbol{S}_b^{\theta_k} \cdot \boldsymbol{C} \cdot \Delta\boldsymbol{\alpha} \tag{12.45b}$$

其中灵敏度向量在式(12.34a)和式(12.34b)中给出。注意，矩阵 $\boldsymbol{C}$ 与结构有关，但仅需计算一次。

式(12.45a)和式(12.45b)在计算二阶 IIR 数字滤波器结构的极点偏移量的应用参见例 12.2。

例 12.2　耦合型结构的系数灵敏度分析

考虑图 12.11 所示的耦合型结构[Gol69b]，其中的传输函数由式(12.19)给出，乘法器系数 α 和 β 同直接 II 型结构中的系数 K 和 L 的关系如式(12.20a)和式(12.20b)所示，由此可得

$$\begin{bmatrix} \Delta L \\ \Delta K \end{bmatrix} = \begin{bmatrix} 2r\cos\theta & 2r\sin\theta \\ 2 & 0 \end{bmatrix} \begin{bmatrix} \Delta\alpha \\ \Delta\beta \end{bmatrix} \tag{12.46}$$

在上式中利用式(12.41a)和式(12.41b)，可得

$$\begin{aligned} \begin{bmatrix} \Delta r \\ \Delta\theta \end{bmatrix} &= \begin{bmatrix} \frac{1}{2r} & 0 \\ \frac{1}{2r^2\tan\theta} & -\frac{1}{2r\sin\theta} \end{bmatrix} \begin{bmatrix} 2r\cos\theta & 2r\sin\theta \\ 2 & 0 \end{bmatrix} \begin{bmatrix} \Delta\alpha \\ \Delta\beta \end{bmatrix} \\ &= \begin{bmatrix} \cos\theta & \sin\theta \\ -\frac{1}{r}\sin\theta & \frac{1}{r}\cos\theta \end{bmatrix} \begin{bmatrix} \Delta\alpha \\ \Delta\beta \end{bmatrix} \end{aligned} \tag{12.47}$$

从上面可看出，耦合型结构对乘法器系数量化的灵敏度要小于直接型结构，支持了前一节中从图 12.12 的极点分布图中得出的结论。其他一些低灵敏度二阶结构参见习题 12.4 和习题 12.5。

12.4.4　FIR 滤波器系数量化效应的分析

在前一节中对系数量化引起的多项式根的偏移的分析，也可以应用到 FIR 传输函数中，以确定其零点对于系数变化的灵敏度。通过研究由于系数量化引起的频率响应变化得到的一个更有意义的分析描述如下。

考虑一个 N 阶 FIR 传输函数

$$H(z)=\sum_{n=0}^{N}h[n]z^{-n} \tag{12.48}$$

滤波器系数量化后得到一个新传输函数

$$\hat{H}(z)=\sum_{n=0}^{N}\hat{h}[n]z^{-n}=\sum_{n=0}^{N}(h[n]+e[n])\,z^{-n} \tag{12.49}$$

它可重写为

$$\hat{H}(z)=H(z)+E(z) \tag{12.50}$$

其中

$$E(z)=\sum_{n=0}^{N}e[n]z^{-n} \tag{12.51}$$

因此，具有量化系数的 FIR 滤波器可以建模为两个 FIR 滤波器 $H(z)$ 和 $E(z)$ 的并联，如图 12.13 所示。其中 $H(z)$ 表示系数未量化的理想 FIR 滤波器，而 $E(z)$ 是表示在传输函数中由于系数量化引起的误差的 FIR 滤波器。

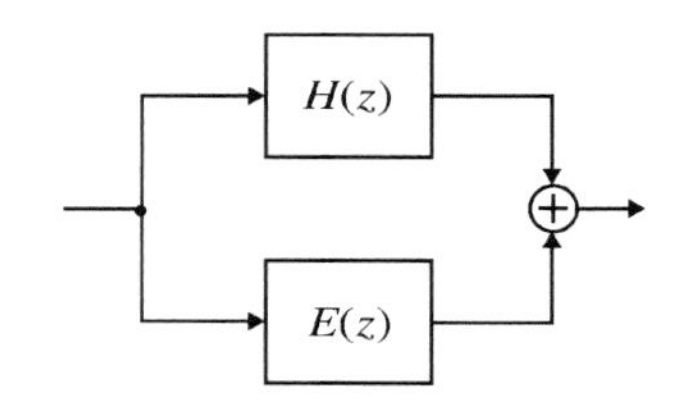

图 12.13 系数量化后 FIR 滤波器的模型

为不失一般性，假设 FIR 滤波器 $H(z)$ 是冲激响应为 $h[n]$ 的 N 阶 1 型线性相位滤波器。因此，$E(z)$ 也是 1 型线性相位 FIR 传输函数。$H(z)$ 的频率响应可以表示为

$$H(e^{j\omega})=e^{-j\omega N/2}\left(h\left[\tfrac{N}{2}\right]+\sum_{n=0}^{(N-2)/2}2h[n]\cos\left[\left(\tfrac{N}{2}-n\right)\omega\right]\right) \tag{12.52}$$

具有量化后系数 $\hat{h}[n]$ 的实际 FIR 滤波器的频率响应可以表示为

$$\hat{H}(e^{j\omega})=H(e^{j\omega})+E(e^{j\omega}) \tag{12.53}$$

式中，$E(e^{j\omega})$ 表示理想频率响应 $H(e^{j\omega})$ 的误差：

$$E(e^{j\omega})=\sum_{n=0}^{N}e[n]e^{-j\omega n} \tag{12.54}$$

其中，$e[n]=\hat{h}[n]-h[n]$。因此，频率响应中的误差以

$$\left|E(e^{j\omega})\right|=\left|\sum_{n=0}^{N}e[n]\,e^{-j\omega n}\right|\leqslant\sum_{n=0}^{N}|e[n]|\left|e^{-j\omega n}\right|\leqslant\sum_{n=0}^{N}|e[n]| \tag{12.55}$$

为界。假定每一个冲激响应系数 $h[n]$ 是一个 $(b+1)$ 位的带符号小数。此时，系数量化误差 $e[n]$ 的范围恰好和表 12.1 给出的相同。利用表中给出的数据，通过式(12.55)可得到 $|E(e^{j\omega})|$ 的上界。例如，舍入时，$|e[n]|\leqslant\delta/2$，其中，$\delta=2^{-b}$ 是量化阶。因此

$$\left|E(e^{j\omega})\right|\leqslant\frac{(N+1)\delta}{2} \tag{12.56}$$

式中的上界留有相当的余地，仅当式(12.55)中所有的误差符号相同并同时达到最大值时才能到达上界。假设 $e[n]$ 是统计独立的随机变量，则可以得到一个更实际的界限[Cha73]。由式(12.52)至式(12.54)可得

$$E(e^{j\omega})=e^{-j\omega N/2}\left(e\left[\tfrac{N}{2}\right]+\sum_{n=0}^{(N-2)/2}2e[n]\cos\left[\left(\tfrac{N}{2}-n\right)\omega\right]\right) \tag{12.57}$$

由上式，我们观察到，$E(e^{j\omega})$ 是独立随机变量的和。若我们将 $e[n]$ 的方差记为 σ_e^2，则 $E(e^{j\omega})$ 的方差就是

$$\sigma_E^2(\omega)=\sigma_e^2\left(1+4\sum_{n=1}^{N/2}\cos^2(\omega n)\right)=\sigma_e^2\left(N+\frac{\sin(N+1)\omega}{\sin\omega}\right) \tag{12.58}$$

使用记号

$$W_N(\omega)=\left[\frac{1}{2N+1}\left(N+\frac{\sin(N+1)\omega}{\sin\omega}\right)\right]^{1/2} \tag{12.59}$$

$E(e^{j\omega})$的标准差可表示为

$$\sigma_E(\omega)=\sigma_e\left(\sqrt{2N+1}\right)W_N(\omega) \tag{12.60}$$

对于均匀分布的 $e[n]$，$\sigma_e=\delta/\sqrt{12}=2^{-b-1}/\sqrt{3}$。

图 12.14 画出了典型权函数 $W_N(\omega)$的图形。可以证明，实际上 $W_N(\omega)$在范围(0, 1)中，因此，标准差 $\sigma_E(\omega)$以

$$\sigma_E(\omega)\leqslant\delta\sqrt{\frac{2N+1}{12}} \tag{12.61}$$

为界。

基于上面的界限，Chan 和 Rabiner 提出了一种估计 FIR 滤波器系数的字长来满足给定的滤波器指标的方法[Cha73]。

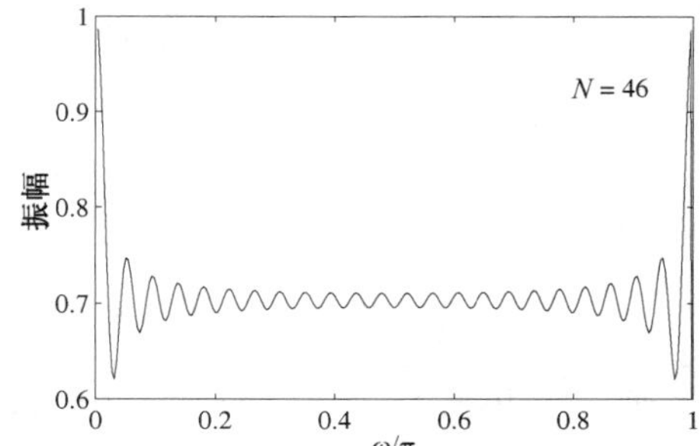

图 12.14　典型的 $W_N(\omega)$图

12.5 A/D 转换噪声分析

在很多应用中，数字信号处理技术被用来处理连续时间(模拟)带限信号，它们可以是电压或电流波形。在对这些模拟信号进行数字处理之前，必须将其转化成数字形式。按照 3.8.1 节给出的抽样定理，若抽样频率 $\Omega_T=2\pi/T$ 大于包含在模拟带限信号 $x_a(t)$中的最高频率 Ω_m的两倍，则信号 $x_a(t)$可以用它的抽样形式 $x_a(nT)$唯一地表示。为了确保所选择的抽样频率满足该条件，常用一个抗混叠滤波器将模拟信号频带限制到抽样频率的一半，然后将离散时间序列 $x_a(nT)=x[n]$转化成数字序列，以用于数字信号处理。如图 3.12 所示，实际中模拟信号到数字序列的转换通过一个抽样保持电路(S/H)与紧随其后的一个模数转换器(A/D)两个设备的级联实现。

A/D 转换器产生的数字样本通常用二进制形式表示。如 11.8 节中所述，二进制的表示有几种不同的形式。为了算术运算实现方便，在数字信号处理中通常采用补码表示。因此，用于模拟信号数字处理的 A/D 转换器通常用补码定点来表示输入模拟信号的数字等效。此外，对于双极型模拟信号的处理，A/D 转换器产生的双极输出用定点符号二进制小数表示。

12.5.1 量化噪声模型

A/D 转换器产生的数字样本，是一个具有无限精度的理想抽样器产生的量化形式的二进制表示。由于输出寄存器的字长有限，所以数字等效可以在寄存器的动态范围内的离散值的有限集合中取值。例如，若输出字为带符号位的$(b+1)$位，则可供表示的全部离散级数为 2^{b+1}。输出寄存器的动态范围取决于为 A/D 转换器所选的二进制数字表示形式。因此，由一个抽样和保持电路与紧随其后的一个 A/D 转换器组成的实际模数转换系统的运算，可以如图 12.15 所示地建模。量化器将输入模拟样本 $x[n]$映射成一组离散值中的一个值 $\hat{x}[n]$，而编码器基于 A/D 转换器所采用的二进制表示形式来确定其二进制等效 $\hat{x}_{eq}[n]$。

在 A/D 转换器中，量化器用到的量化处理可以是舍入或截尾。假定采用舍入，则输出采用补码形式的一个 3 位 A/D 转换器的输入-输出特性如图 12.16 所示。该图也显示了量化后样本的二进制等效。

图 12.15　一个实际 A/D 转换系统模型

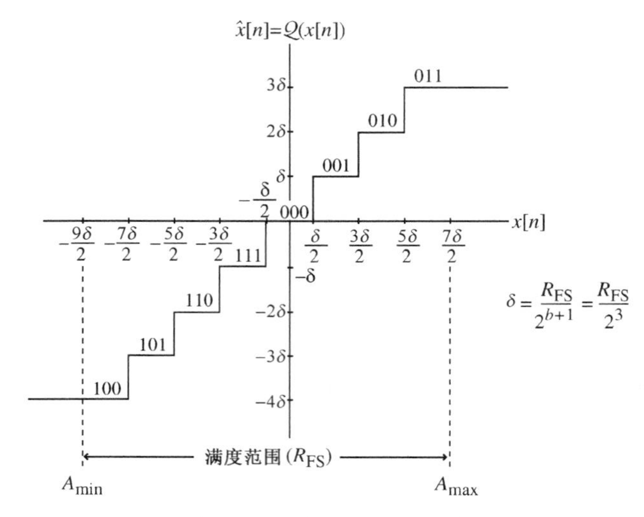

图 12.16　补码表示的 3 位双极性 A/D 转换器的输入-输出特性

如图 12.16 所示，对于二进制补码表示，量化后的输入模拟样本 $\hat{x}[n]$ 的二进制等效 $\hat{x}_{eq}[n]$ 是在范围

$$-1 \leqslant \hat{x}_{eq}[n] < 1 \tag{12.62}$$

内的一个二进制小数。它和量化后的样本 $\hat{x}[n]$ 通过

$$\hat{x}_{eq}[n] = \frac{2\hat{x}[n]}{R_{FS}} \tag{12.63}$$

建立关系，其中，R_{FS}表示 A/D 转换器的**满度范围**。和通常情况一样，我们将假定输入信号的幅度除以 $R_{FS}/2$，使其缩放到范围 ±1 内，则 $\hat{x}_{eq}[n]$ 的十进制等效为 $\hat{x}[n]$。后续讨论中我们不再区分这两个数。

对一个$(b+1)$位双极型 A/D 转换器，量化电平的总数是 2^{b+1}，而满度范围是 R_{FS}为

$$R_{FS} = 2^{b+1}\delta \tag{12.64}$$

其单位通常是伏特或安培，其中，δ 是量化阶大小，也称量化宽度，单位也是伏特或安培。若输入信号在式(12.62)给出的范围内，则 $R_{FS}=2$ 且 $\delta=2^{-b}$。对于图 12.16 所示的 3 位 A/D 转换器，量化电平的总数是 $2^3=8$，满度范围为 $R_{FS}=8\delta$，最大值为 $A_{max}=7\delta/2$，最小值为 $A_{min}=-9\delta/2$。若输入模拟样本 $x_a(nT)$ 在满度范围内

$$-\frac{9\delta}{2} < x_a(nT) \leqslant \frac{7\delta}{2} \tag{12.65}$$

则它被量化到图 12.16 中所示的 8 个离散值中的某一个。通常，对采用补码表示的一个$(b+1)$位字长 A/D 转换器，满度范围为

$$-(2^{b+1}+1)\frac{\delta}{2} < x_a(nT) \leqslant (2^{b+1}-1)\frac{\delta}{2} \tag{12.66}$$

若将量化值$Q(x[n]) = \hat{x}[n]$ 和输入样本 $x_a(nT) = x[n]$之间的差值表示为量化误差 $e[n]$：

$$e[n] = Q(x[n]) - x[n] = \hat{x}[n] - x[n] \tag{12.67}$$

则由图 12.16 可知，假定恰好在两个量化电平正中间的样本被向上舍入到最近的较高一级，并假定模拟输入在 A/D 转换器的满度范围内，如式(12.62)所示，$e[n]$范围为

$$-\frac{\delta}{2} < e[n] \leqslant \frac{\delta}{2} \tag{12.68}$$

此时，量化误差 $e[n]$称为**粒状噪声**，其幅度在式(12.68)给出的范围内。上述 3 位 A/D 转换器的量化误差 $e[n]$是输入样本 $x[n]$的函数，如图 12.17 所示。

从图中可以看出，当输入模拟样本在 A/D 转换器满度范围之外时，误差 $e[n]$的幅度随着输入幅度的增加而线性增加。在这后一种情况中，由于 A/D 转换器的输出独立于输入的实际值，当输入为正时，被

“钳”到最大值$(1-2^{-b})$;若输入为负，则到最小值-1。A/D 转换器的误差$e[n]$称为**饱和误差**或**过载噪声**。对 A/D 转换器输出的钳位引起的信号失真产生了非常不想要的效果，必须通过对模拟输入$x_a(nT)$进行缩小来保证它保持在 A/D 转换器的满度范围内来避免。

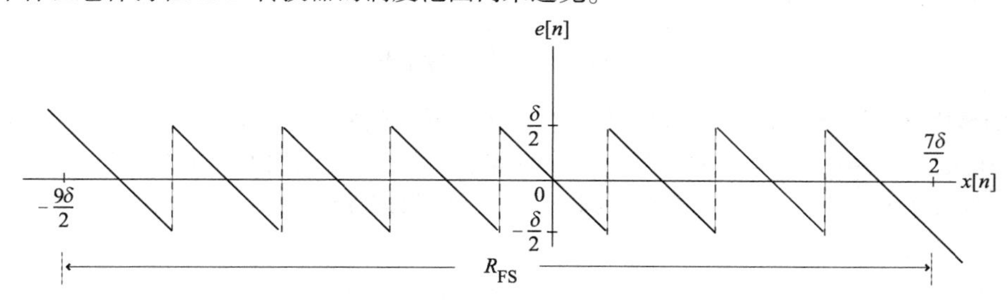

图 12.17　一个 3 位双极性 A/D 转换器以输入为自变量的量化误差函数

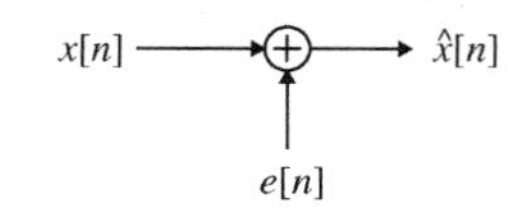

图 12.18　A/D 量化器的一个统计模型

为了生成用于分析 A/D 转换器输出的有限字长效应所需的数学模型，假定模拟输入样本在满度范围内，因此，此时在转换器输出没有饱和误差。由于 A/D 转换器的输入-输出特性是非线性的，并且在大多数情况下事先并不知道模拟输入信号，因此，出于分析目的，假设量化误差$e[n]$是一个随机信号，且用如图 12.18 所示的量化器运算的一个统计模型进行分析是合理的。而且，为了简化分析，使用了以下假设：

(a)误差序列$\{e[n]\}$是宽平稳(WSS)白噪声过程的样本序列，每个样本$e[n]$在量化误差范围内均匀分布，如图 12.19 所示，其中δ是量化阶。

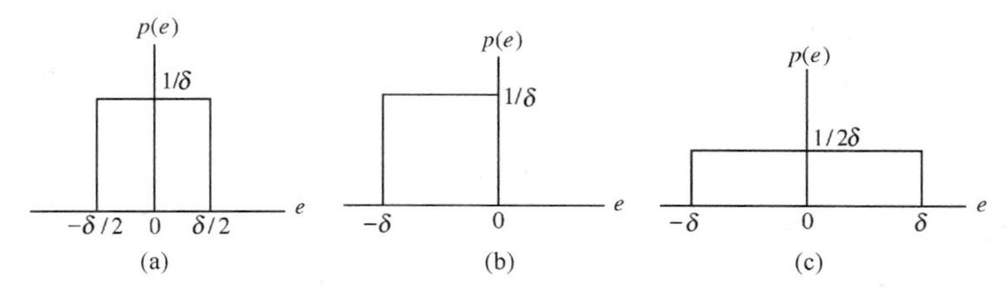

12.19　量化误差概率密度函数:(a)舍入;(b)补码截尾;(c)反码截尾

(b)误差序列和相应的输入序列$\{x[n]\}$不相关。

(c)输入序列是平稳随机过程的样本序列。

在大多数实际情况中，输入信号的样本数量大，并且相对于量化阶其振幅在时间上的变化非常快(以某种随机形式)，所以这些假设是成立的，并通过实验[Ben48]，[Wid56]，[Wid61]和计算机仿真[DeF88]验证了假设的有效性。这个统计模型也使得 A/D 转换噪声的分析更加容易处理，并且所得结果对大多数应用有价值。需要指出的是，对采用反码或原码截尾的 A/D 转换器，由于每个误差样本$e[n]$的符号恰好与相应的输入信号$x[n]$的符号相反，使得量化误差和输入信号相关，因此，实际中 A/D 转换器采用舍入或者补码截尾。式(C.5)中定义的均匀分布随机变量的均值和方差在式(C.7a)和式(C.7c)中给出。利用该结果，可得，在舍入时，误差样本的均值和方差为

$$m_e=\frac{(\delta/2)-(\delta/2)}{2}=0 \tag{12.69}$$

$$\sigma_e^2=\frac{((\delta/2)-(-\delta/2))^2}{12}=\frac{\delta^2}{12} \tag{12.70}$$

对于补码截尾，相应的参数为

$$m_e=\frac{0-\delta}{2}=-\frac{\delta}{2} \tag{12.71}$$

$$\sigma_e^2=\frac{(0-\delta)^2}{12}=\frac{\delta^2}{12} \tag{12.72}$$

12.5.2 量化信噪比

基于图 12.18 的模型，通过计算定义为

$$\mathrm{SNR_{A/D}} = 10\lg\left(\frac{\sigma_x^2}{\sigma_e^2}\right)\mathrm{dB} \tag{12.73}$$

单位为 dB 的**量化信噪比**($\mathrm{SNR_{A/D}}$)，可以得到加性量化噪声 $e[n]$对于输入信号 $x[n]$的影响。其中，σ_x^2 是信号功率的输入信号方差，而 σ_e^2 是量化噪声功率的噪声方差。如图 12.19(a)和(b)所示，舍入时量化误差在区间$(-\delta/2, \delta/2)$上均匀分布，而在补码截尾时，量化误差在区间$(-\delta, 0)$上均匀分布。在双极型$(b+1)$位 A/D 转换器中，$\delta = 2^{-(b+1)}R_{\mathrm{FS}}$，因此

$$\sigma_e^2 = \frac{2^{-2b}(R_{\mathrm{FS}})^2}{48} \tag{12.74}$$

将式(12.74)代入式(12.73)中可得

$$\begin{aligned}\mathrm{SNR_{A/D}} &= 10\lg\left(\frac{48\sigma_x^2}{2^{-2b}(R_{\mathrm{FS}})^2}\right)\\ &= 6.02b + 16.81 - 20\lg\left(\frac{R_{\mathrm{FS}}}{\sigma_x}\right)\mathrm{dB}\end{aligned} \tag{12.75}$$

上面的表达式可用来确定满足特定量化信噪比所需要的最小 A/D 转换器字长。从该表达式中可以看出，字长每增加 1 位，信噪比增加大约 6 dB。字长一定时，实际信噪比由式(12.75)中的最后一项所决定，它即依次取决于 σ_x、输入信号振幅的均方根值和转换器的满度范围 R_{FS}，如例 12.3 所示。

例 12.3 模拟样本数字等效的量化信噪比

用一个满度范围为 $R_{\mathrm{FS}} = K\sigma_x$的$(b+1)$位 A/D 转换器，求具有零均值高斯分布的模拟样本 $x[n]$的数字等效的量化信噪比。由式(12.75)可得

$$\mathrm{SNR_{A/D}} = 6.02\,b + 16.81 - 20\lg(K) \tag{12.76}$$

表 12.3 显示了不同的 b 和 K 值计算出的 SNR 值。

表 12.3 A/D 转换器中，以字长和满度为自变量的信号量化噪声比

	$b=7$	$b=9$	$b=11$	$b=13$	$b=15$
$K=4$	46.91	58.95	70.99	83.04	95.08
$K=6$	43.39	55.43	67.47	79.51	91.56
$K=8$	40.89	52.93	64.97	77.01	89.05

具有零均值高斯分布的一个特定输入模拟样本在满度范围 $K\sigma_x$内的概率分布为[Par60]

$$2\Phi(K/2) - 1 = \sqrt{\frac{2}{\pi}}\int_0^{K/2} \mathrm{e}^{-y^2/2}\,\mathrm{d}y \tag{12.77}$$

例如，当 $K=4$ 时，一个输入模拟样本在满度范围 $4\sigma_x$内的概率为 0.9544，这表明，平均每 10 000 个样本中有 456 个样本将落在范围外并被钳位。若将满度范围增加到 $6\sigma_x$，则输入模拟样本在扩展的满度范围 $6\sigma_x$内的概率增加到 0.9974，此时，每 10 000 个样本中平均有约 26 个样本在范围外。在大多数应用中，一个 $8\sigma_x$的满度范围足以确保在转换中没有钳位。

12.5.3 输入尺度缩放对 SNR 的影响

本节分析输入尺度缩放对 SNR 的影响。设输入缩放因子为 A，且 $A>0$。尺度缩放后的输入信号 $Ax[n]$的方差为 $A^2\sigma_x^2$，式(12.76)的量化信噪比表达式变为

$$\mathrm{SNR_{A/D}} = 6.02\,b + 16.81 - 20\lg(K) + 20\lg(A) \tag{12.78}$$

对于一个给定的 b，通过令 $A>1$ 来增大输入模拟信号也可以提高信噪比。然而，该过程也增加了输入模

拟样本在满度范围 R_{FS} 以外的概率，导致式(12.78)不再成立，而且输出被钳位，引起模拟输入的数字表示中的严重失真。另一方面，令 $A<1$ 又会减小模拟信号，从而降低 SNR。因此，有必要确保模拟样本范围尽可能和 A/D 转换器的满度范围匹配，以便在没有任何失真的情况下得到最大可能的信噪比。

注意，上述分析假定为一个理想的 A/D 转换。然而，实际的 A/D 转换器是一种表现出各种误差的非理想器件，因此实际量化信噪比比式(12.75)预测值要小。所以，A/D 转换器的有效字长通常比式(12.75)计算得到的字长少 1 到 2 位。在实际应用中选择合适的 A/D 转换器时，应该考虑到该因素。

12.5.4　输入量化噪声到数字滤波器输出的传播

大多数应用中，由 A/D 转换器产生的量化信号 $\hat{x}[n]$ 由一个 LTI 离散系统 $H(z)$ 处理。因此，有必要确定输入量化噪声如何传播到数字滤波器的输出端。为了求输入噪声在滤波器输出产生的噪声，可以假定数字滤波器以无限精度实现。然而，正如随后将指出的，实际应用中，算术运算的量化过程在数字滤波器结构内部会产生误差，这些误差也会传播到输出端以噪声形式出现。假定这些噪声源独立于输入量化噪声，并且它们的影响可以独立分析并按照输入噪声间的关系相加。

如图 12.18 所示，量化信号 $\hat{x}[n]$ 可以看成是未量化的输入 $x[n]$ 和输入量化噪声 $e[n]$ 两个序列之和。由于线性并假定 $x[n]$ 和 $e[n]$ 不相关，LTI 系统的输出 $\hat{y}[n]$ 可以表示成未量化的输入 $x[n]$ 产生的 $y[n]$ 序列以及由输入量化噪声 $e[n]$ 产生的 $v[n]$ 序列两个序列之和，如图 12.20 所示。因此，可以通过求 $e[n]$ 和LTI 系统的冲激响应序列 $h[n]$ 的线性卷积来计算输出噪声分量 $v[n]$：

$$v[n]=\sum_{m=-\infty}^{\infty}e[m]h[n-m] \tag{12.79}$$

由式(C.48)，输出噪声 $v[n]$ 的均值 m_v 为

$$m_v=m_eH(e^{j0}) \tag{12.80}$$

由式(C.67)，其方差 σ_v^2 为

$$\sigma_v^2=\frac{\sigma_e^2}{2\pi}\int_{-\pi}^{\pi}\left|H(e^{j\omega})\right|^2\,d\omega \tag{12.81}$$

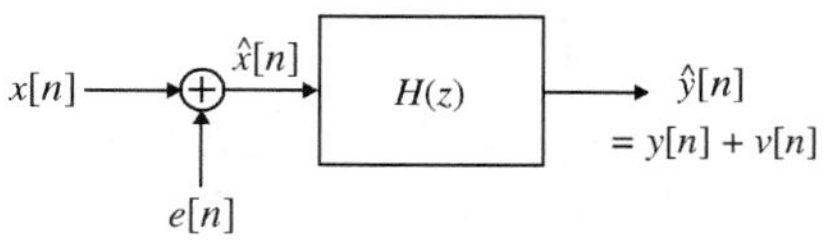

图 12.20　用于分析一个 LTI 离散时间系统对一个量化输入处理的效果的模型

输出噪声功率谱为

$$P_{vv}(\omega)=\sigma_e^2\left|H(e^{j\omega})\right|^2 \tag{12.82}$$

归一化输出噪声方差为

$$\sigma_{v,n}^2=\frac{\sigma_v^2}{\sigma_e^2}=\frac{1}{2\pi}\int_{-\pi}^{\pi}\left|H(e^{j\omega})\right|^2 d\omega \tag{12.83a}$$

$$=\|H\|_2^2 \tag{12.83b}$$

其中，$\|H\|_2$ 表示 $H(e^{j\omega})$ 的 $\mathscr{L}_2$ 范数①。

式(12.83b)中的归一化输出噪声方差的一种等效表达式为

$$\sigma_{v,n}^2=\frac{1}{2\pi j}\oint_C H(z)H(z^{-1})z^{-1}\,dz \tag{12.83c}$$

其中，C 是在 $H(z)H(z^{-1})$ 的收敛域中的一条逆时针围线。由式(C.69)得到式(12.83c)在时域中的另一种等效表达式为

$$\sigma_{v,n}^2=\sum_{n=-\infty}^{\infty}|h[n]|^2 \tag{12.83d}$$

12.5.5　输出噪声方差的代数计算

现在给出一个简单代数方法用式(12.83c)来计算归一化输出噪声方差[Mit74b]。已提出其他几种代数方法来计算形如式(12.83c)的积分[Chu95]，[Dug80]，[Dug82]。

① $\mathscr{L}_2$ 范数的定义参见式(3.35)。

通常，$H(z)$是一个所有极点都在z平面上单位圆内的因果稳定实有理函数。它可以用部分分式形式表示为

$$H(z)=\sum_{i=1}^{R}H_i(z) \tag{12.84}$$

其中，$H_i(z)$是一个低阶实有理因果稳定传输函数。将上面的$H(z)$的表达式代入式(12.83c)中可得

$$\sigma_{v,n}^2=\frac{1}{2\pi \mathrm{j}}\sum_{k=1}^{R}\sum_{\ell=1}^{R}\oint_C H_k(z)H_\ell(z^{-1})z^{-1}\,\mathrm{d}z \tag{12.85}$$

由于$H_k(z)$和$H_\ell(z)$是稳定的传输函数，可以证明

$$\oint_C H_k(z)H_\ell(z^{-1})z^{-1}\,\mathrm{d}z=\oint_C H_\ell(z)H_k(z^{-1})z^{-1}\,\mathrm{d}z \tag{12.86}$$

因此，式(12.85)可重写为

$$\begin{aligned}\sigma_{v,n}^2=\frac{1}{2\pi \mathrm{j}}\Bigg\{&\sum_{k=1}^{R}\oint_C H_k(z)H_k(z^{-1})z^{-1}\,\mathrm{d}z\\&+2\sum_{k=1}^{R-1}\sum_{\ell=k+1}^{R}\oint_C H_k(z)H_\ell(z^{-1})z^{-1}\,\mathrm{d}z\Bigg\}\end{aligned} \tag{12.87}$$

在大多数实际情况中，$H(z)$仅有一个单极点，且$H_k(z)$是一阶或二阶传输函数。因此，使用柯西留数定理可以很容易地实现上面的每一个围线积分，并为了参考方便将其列在表中。$H(z)$部分分式展开的典型项如下①：

$$A,\qquad \frac{B_k}{z-a_k},\qquad \frac{C_k z+D_k}{z^2+b_k z+d_k} \tag{12.88}$$

式(12.87)中的一个典型围线积分为

$$I_i=\frac{1}{2\pi \mathrm{j}}\oint_C H_k(z)H_\ell(z^{-1})z^{-1}\,\mathrm{d}z \tag{12.89}$$

对不同的I_i进行围线积分得到的表达式在表12.4中列出。

表12.4　计算输出噪声方差中的典型围线积分的表达式

$H_k(z)$	$H_\ell(z^{-1})$		
	A	$\dfrac{B_\ell}{z^{-1}-\alpha_\ell}$	$\dfrac{C_\ell z^{-1}+D_\ell}{z^{-2}+b_\ell z^{-1}+d_\ell}$
A	I_1	0	0
$\dfrac{B_k}{z-a_k}$	0	I_2	I_4'
$\dfrac{C_k z+D_k}{z^2+b_k z+d_k}$	0	I_4	I_3

$I_1=A^2$

$I_2=\dfrac{B_k B_\ell}{1-a_k a_\ell}$

$I_3=\dfrac{(C_k C_\ell+D_k D_\ell)(1-d_k d_\ell)-(D_k C_\ell-C_k D_\ell d_k)b_\ell-(C_k D_\ell-D_k C_\ell d_\ell)b_k}{(1-d_k d_\ell)^2+d_k b_\ell^2+d_\ell b_k^2-(1+d_k d_\ell)b_k b_\ell}$

$I_4=\dfrac{B_\ell(C_k+D_k a_\ell)}{1+b_k a_\ell+d_k a_\ell^2}$

$I_4'=\dfrac{B_k(C_\ell+D_\ell a_k)}{1+b_\ell a_k+d_\ell a_k^2}$

① 注意，在进行直接部分分式展开之前，将$H(z)$表示成z的多项式的比的形式，以得到式(12.88)给出的项。

例 12.4　A/D 量化噪声所产生的一阶数字滤波器的输出噪声方差

求由 A/D 量化噪声在传输函数为

$$H(z)=\frac{1}{1-\alpha z^{-1}} \tag{12.90}$$

的一阶数字滤波器的输出处产生的噪声方差。将 $H(z)$ 重写为

$$H(z)=\frac{z}{z-\alpha}$$

它的部分分式展开为

$$H(z)=1+\frac{\alpha}{z-\alpha} \tag{12.91}$$

部分分式展开的两项为

$$H_1(z)=1, \qquad H_2(z)=\frac{\alpha}{z-\alpha}$$

因此，利用表 12.4 中的结果，可以得到归一化输出噪声方差的表达式为

$$\sigma_{v,n}^2=1^2+\frac{\alpha^2}{1-\alpha^2}=\frac{1}{1-\alpha^2} \tag{12.92}$$

若极点靠近单位圆，则可以写出 $|\alpha|=1-\varepsilon$，其中 $\varepsilon\approx 0$。此时，可将式(12.92)重写为

$$\sigma_{v,n}^2=\frac{1}{1-(1-\varepsilon)^2}\approx\frac{1}{2\varepsilon} \tag{12.93}$$

表明随着极点接近单位圆，输出噪声急剧增加到非常大的值，接近无穷大。因此，对于高 Q 值实现，存储信号变量的寄存器应该具有更长的字长以保持输出舍入噪声在预设的电平之下。输出噪声方差的精确值可通过将式(12.92)乘以 A/D 转换噪声 σ_e^2 的方差得到。

12.5.6　用 MATLAB 计算输出噪声方差

上节推导的用来计算输出噪声方差的代数方法可以很容易用 MATLAB 实现。为此，用函数 `residue` 可以方便地生成实系数传输函数 $H(z)$ 的部分分式展开，它仅得到形如 A 和 $B_k/(z-a_k)$ 的项，其中，留数 B_k 和极点 a_k 可以是实数或复数。因此，当计算方差时，只用到表 12.4 中的项 I_1 和 I_2。程序 12_4 基于 12.5.5 节的方法。例 12.5 说明了其应用。

例 12.5　使用 MATLAB 计算数字滤波器的输出噪声方差

程序 12_4. m

用程序 12_4 求传输函数为

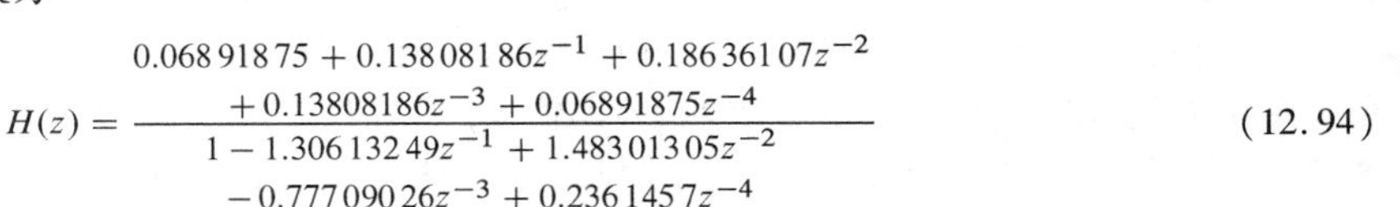

$$H(z)=\frac{0.068\,918\,75+0.138\,081\,86z^{-1}+0.186\,361\,07z^{-2}+0.13808186z^{-3}+0.06891875z^{-4}}{1-1.306\,132\,49z^{-1}+1.483\,013\,05z^{-2}-0.777\,090\,26z^{-3}+0.236\,145\,7z^{-4}} \tag{12.94}$$

的一个因果四阶椭圆低通数字滤波器由输入量化引起的输出噪声方差。

程序产生的输出为

```
Output Noise Variance = 0.40263012267534
```

归一化输出噪声方差也可在 MATLAB 中计算，相关的 M 文件是 3.2.5 节所给出的 `filternorm`（参见练习 M12.4）。

利用式(12.83d)给出的归一化输出噪声的等效表示，可以得到另一种更简单直接地计算归一化输出噪声近似值的基于计算机的方法。对一个因果稳定的数字滤波器，冲激响应很快衰减至零值，因此，式(12.83d)可以用有限和逼近为

$$\sigma_{v,n}^2=S_L\approx\sum_{n=0}^{L}|h[n]|^2 \tag{12.95}$$

为了求 $\sigma_{v,n}^2$，可以对 $L=1,2,\cdots$ 迭代计算上面的部分和，并当 S_L-S_{L-1} 的差小于特定值 κ（通常选为 10^{-8}）时，停止运算。

例 12.6 将说明该方法。

例 12.6 计算归一化输出噪声近似值

程序 12_5.m

再一次求例 12.5 中四阶数字滤波器由于输入量化引起的归一化舍入噪声方差。为此，采用程序 12_5。用该程序得到的式(12.94)的传输函数的归一化噪声方差为

```
Output Noise Variance = 0.40254346745459
```

可以看到，用式(12.95)的方法计算的近似值和例 12.5 中计算的真实值十分接近。

12.6 算术舍入误差分析

在数字滤波器的定点实现中，只有乘积运算的结果被量化。本节中，我们推导分析乘积舍入误差的工具。图 12.21(a)显示了实际乘法器的表示，其中量化器在其输出端。它的统计模型在图 12.21(b)中给出，该模型可以用来生成误差分析方法。这里，理想乘法器的输出 $v[n]$ 被量化成值 $\hat{v}[n]$，其中，$\hat{v}[n] = v[n] + e_\alpha[n]$。为分析方便，我们再一次做出与 A/D 误差转换分析时类似的假设，即

(a) 误差序列 $\{e_\alpha[n]\}$ 是平稳白噪声过程的样本序列，其中每个样本 $e_\alpha[n]$ 在量化误差范围内均匀分布。

(b) 量化误差序列 $\{e_\alpha[n]\}$ 和序列 $\{v[n]\}$、数字滤波器的输入序列 $\{x[n]\}$，以及其他量化噪声源不相关。

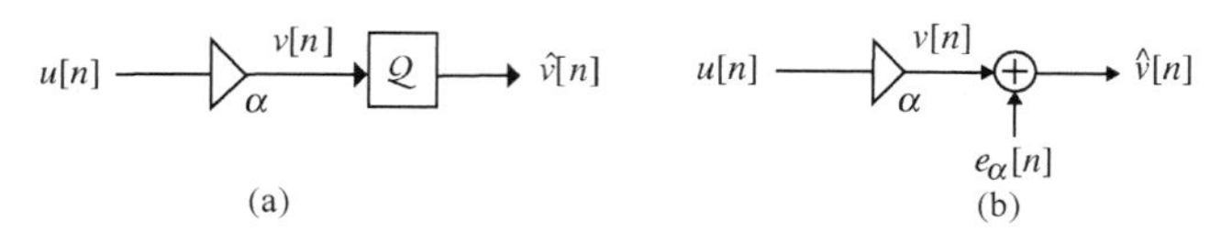

图 12.21 (a)乘积量化过程；(b)用于乘积舍入误差分析的统计模型

回忆 $\{e_\alpha[n]\}$ 和 $\{v[n]\}$ 不相关的假设仅仅只对舍入和补码截尾有效，这两种情况下误差样本 $e_\alpha[n]$ 的范围在表 12.1 中给出。舍入误差样本的均值和方差分别由式(12.69)和式(12.70)给出，同样，补码截尾中的均值和方差分别在式(12.71)和式(12.72)中给出。

对每个乘法器使用上面的模型，用来确定数字滤波器输出的乘积量化效应的数字滤波器的表示如图 12.22(a)所示。可清楚地看到，第 ℓ 个加法器在其输入端对 k_ℓ 个乘法器的量化输出相加，得到输出 $v_\ell[n]$。该图也显示了与信号变量 $u_r[n]$ 相关联的内部第 r 个分支节点，该变量需要被尺度缩小，以防止在这些节点的溢出。通常这些节点是乘法器的输入，如图 12.23 所示。在采用补码算术的数字滤波器中，这些节点是形成乘积和的加法器的输出，因此尽管某些积或部分和溢出，总和的值仍然是正确的(参见习题 11.49)。若假定误差源相互之间统计独立，则每个误差源在数字滤波器输出端产生一个舍入噪声。图 12.22(b)显示了一个等效统计模型。

设从数字滤波器的输入到第 r 个分支节点的冲激响应表示为 $f_r[n]$，并且从第 ℓ 个加法器的输入到数字滤波器输出的冲激响应表示为 $g_\ell[n]$，且它们相应的 z 变换分别用 $F_r(z)$ 和 $G_\ell(z)$ 表示。$F_r(z)$ 称为**尺度缩放传输函数**，它在 12.7 节将要讨论的定点数字滤波器结构的动态范围缩放方案中也会用到。$G_\ell(z)$ 称为**噪声传输函数**，它用来计算滤波器的输出中由于乘积舍入而引起的噪声功率，如下所述。

若 σ_0^2 表示在每个乘法器的输出的每个独立噪声源的方差，由于假定每个噪声源彼此统计独立，则图 12.22(b)中的 $e_\ell[n]$ 的方差即为 $k_\ell\sigma_0^2$。由 $e_\ell[n]$ 引起的输出噪声方差为

$$\sigma_0^2\left[k_\ell\left(\frac{1}{2\pi\mathrm{j}}\oint_C G_\ell(z)G_\ell(z^{-1})z^{-1}\,\mathrm{d}z\right)\right]=\sigma_0^2\left[k_\ell\left(\frac{1}{2\pi}\int_{-\pi}^{\pi}\left|G_\ell(\mathrm{e}^{\mathrm{j}\omega})\right|^2\,\mathrm{d}\omega\right)\right] \tag{12.96}$$

若在数字滤波器结构中有 L 个这样的加法器，由于所有的乘积舍入产生的整个输出噪声功率则为

$$\sigma_\gamma^2=\sigma_0^2\sum_{\ell=1}^{L}k_\ell\left(\frac{1}{2\pi\mathrm{j}}\oint_C G_\ell(z)G_\ell(z^{-1})z^{-1}\,\mathrm{d}z\right) \tag{12.97}$$

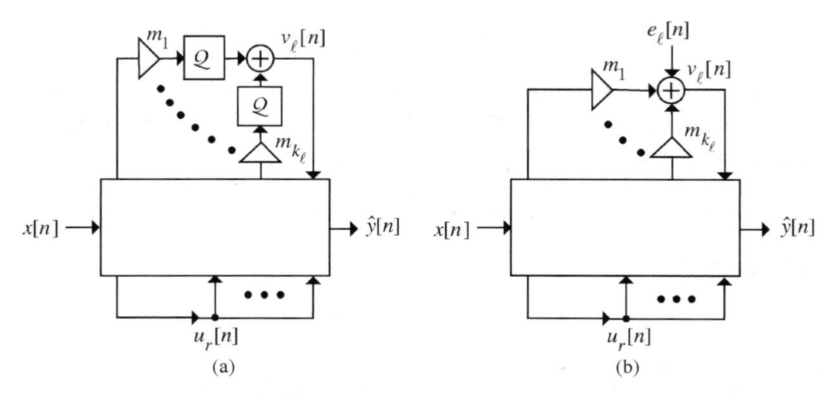

图 12.22　(a)乘积舍入在求和前的数字滤波器结构的表示；(b)其统计模型

在很多硬件实现方案中(如采用 DSP 芯片的方案中)，相乘运算以乘加运算进行，其结果存储在一个双精度寄存器中。此时，若信号变量通过乘积的求和运算产生，则量化运算将在所有的乘加运算完成以后进行。对每个这样的乘积和的运算，其量化噪声源的数量将减少到 1，如图 12.24 所示。此时，除了噪声源 $e_\ell[n]$ 的方差变为 σ_0^2 外，图 12.22(b)中的统计模型仍然适用，因此在数字滤波器的输出得到相当低的噪声。

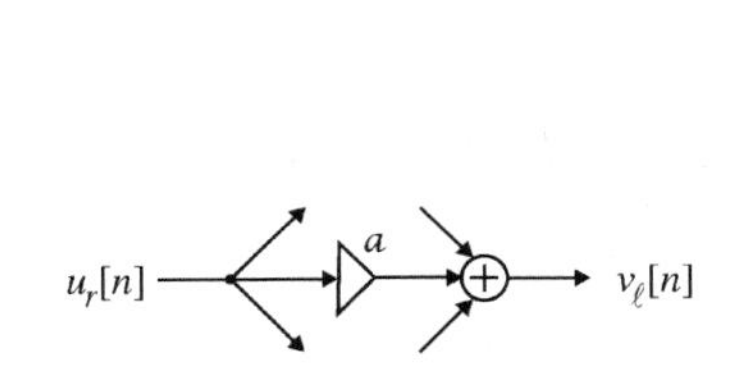

图 12.23　输入作为一个分支节点且输出送入加法器的一个典型乘法器分支

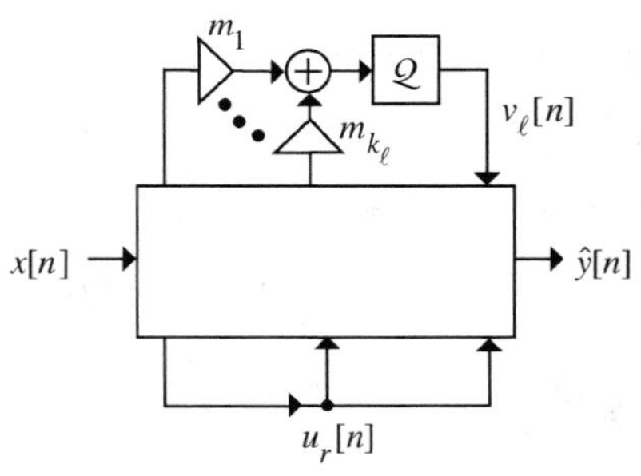

图 12.24　求和以后乘积舍入量化的数字滤波器结构

在例 12.7 和例 12.8 中，我们将说明对于两类简单的数字滤波器结构的乘积舍入误差分析方法。

例 12.7　一阶 IIR 数字滤波器由于乘积舍入引起的输出噪声方差

首先考虑图 12.1 所示的滤波器。此结构的算术舍入误差分析的模型如图 12.25 所示，其中输出是由输入 $x[n]$ 产生的理想输出序列 $y[n]$ 与误差 $e_\alpha[n]$ 产生的舍入噪声序列 $\gamma_\alpha[n]$ 这两个序列的和。从图中可以看出，噪声传输函数 $G_\alpha(z)$ 与式(12.2)给出的滤波器传输函数 $H(z)$ 相同

$$G_\alpha(z) = \frac{z}{z-\alpha} \tag{12.98}$$

因此由乘积舍入引起的归一化输出噪声方差与式(12.92)给出的由输入量化引起的归一化输出噪声方差相同。实际输出噪声方差为

$$\sigma_\gamma^2 = \frac{\sigma_0^2}{1-\alpha^2} \tag{12.99}$$

其中，σ_0^2 是误差序列 $e_\alpha[n]$ 的方差。量 $\sigma_\gamma^2/\sigma_0^2$ 称为**噪声增益**或**归一化舍入噪声方差**，用 $\sigma_{\gamma,n}^2$ 表示。

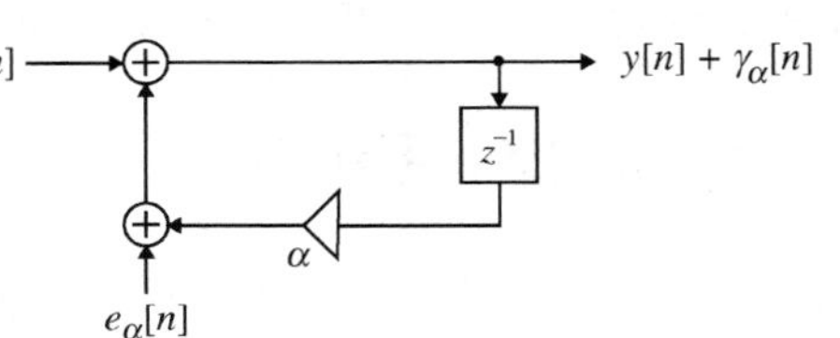

图 12.25　图 12.1 中的算术舍入误差分析的模型

例 12.8　二阶 IIR 数字滤波器由于乘积舍入引起的输出噪声方差

接下来考虑图 12.26(a)所示的因果二阶数字滤波器结构。其传输函数为

$$H(z)=\frac{Y(z)}{X(z)}=\frac{z^2}{z^2+\alpha_1 z+\alpha_2} \tag{12.100}$$

分析如图12.26(b)所示的乘积舍入误差模型，假定每个乘积在相加前都已进行了舍入操作。从图中可知，这两个噪声传输函数$G_{\alpha1}(z)$和$G_{\alpha2}(z)$与式(12.100)给出的数字滤波器的传输函数$H(z)$相同。由噪声源$e_{\alpha1}[n]$和$e_{\alpha2}[n]$产生的输出噪声的总归一化方差$\sigma^2_{\gamma,n}$为

$$\sigma^2_{\gamma,n}=2\left[\frac{1}{2\pi j}\oint_C H(z)H(z^{-1})z^{-1}\,dz\right] \tag{12.101}$$

其中，$H(z)$由式(12.100)给出。

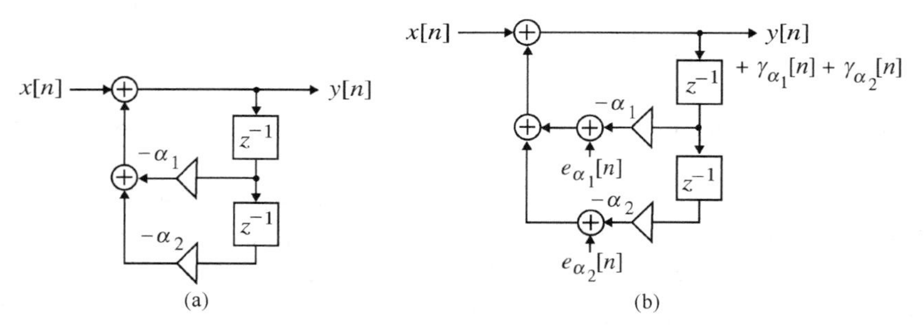

图12.26 (a)一个二阶数字滤波器结构；(b)其用于乘积舍入误差分析的模型

现在，$H(z)$的一个直接部分分式展开为

$$H(z)=1+\frac{-\alpha_1 z-\alpha_2}{z^2+\alpha_1 z+\alpha_2} \tag{12.102}$$

应用12.5.5节中的技术，可得归一化输出噪声方差的表达式为

$$\sigma^2_{\gamma,n}=2\left[1+\frac{(\alpha_1^2+\alpha_2^2)(1-\alpha_2^2)-2(\alpha_1\alpha_2-\alpha_1\alpha_2^2)\alpha_1}{(1-\alpha_2^2)^2+2\alpha_2\alpha_1^2-(1+\alpha_2^2)\alpha_1^2}\right] \tag{12.103}$$

经代数运算后简化为

$$\sigma^2_{\gamma,n}=2\left(\frac{1+\alpha_2}{1-\alpha_2}\right)\left(\frac{1}{1+\alpha_2^2+2\alpha_2-\alpha_1^2}\right) \tag{12.104}$$

在上述表达式中，用极点位置$re^{\pm j\theta}$表示乘法器系数是有意义的。此时$\alpha_1=-2r\cos\theta$且$\alpha_2=r^2$。将这些值代入式(12.104)，经过简单处理后可得

$$\sigma^2_{\gamma,n}=2\left(\frac{1+r^2}{1-r^2}\right)\left(\frac{1}{1+r^4-2r^2\cos 2\theta}\right) \tag{12.105}$$

若极点靠近单位圆，则可以将式(12.105)中的r用$1-\varepsilon$代替，其中，ε是一个非常小的正数。由此引出

$$\sigma^2_{\gamma,n}\approx\frac{1}{2\sin^2\theta}\left(\frac{1-\varepsilon}{\varepsilon}\right)\left(\frac{1}{1-2\varepsilon}\right) \tag{12.106}$$

可以看出，随着极点靠近单位圆，$\varepsilon\to 0$，总输出噪声方差急剧增长。

12.7 动态范围缩放

在一个用定点算术形式实现的数字滤波器中，溢出可能出现在某些内部节点，例如乘法器的输入端或加法器的输出端，这可能会在滤波器输出端导致大的振幅振荡，引起如12.11.2节讨论的令人不满意的运算。通过在数字滤波器结构的合适位置点处插入尺度缩放乘法器，适当地缩放内部信号量级，可以明显减少溢出的概率。在很多情况下，结构中大多数尺度缩放乘法器都融入现有的乘法器中，因而减少实现尺度缩放滤波器所需的乘法器的总数。

为了理解尺度缩放的基本概念，再次考虑图12.22所示的数字滤波器结构，它清楚地显示了需要被

尺度缩放的第 r 个节点变量 $u_r[n]$。假设所有定点数以二进制小数表示，且滤波器输入序列以单位 1 为界，即

$$|x[n]| \leqslant 1, \quad \text{对 } n \text{ 的所有值} \tag{12.107}$$

缩放的目标是为了确保

$$|u_r[n]| \leqslant 1, \quad \text{对 } r \text{ 和 } n \text{ 的所有值} \tag{12.108}$$

我们现在推导三种不同的条件来保证 $u_r[n]$ 满足上面的边界。

12.7.1　绝对界

尺度缩放传输函数 $F_r(z)$ 的逆 z 变换是从滤波器输入端到第 r 个节点的冲激响应 $f_r[n]$。因此，$u_r[n]$ 可以表示为 $f_r[n]$ 和输入 $x[n]$ 的线性卷积：

$$u_r[n] = \sum_{k=-\infty}^{\infty} f_r[k]x[n-k] \tag{12.109}$$

由式(12.109)可得

$$|u_r[n]| = \left|\sum_{k=-\infty}^{\infty} f_r[k]x[n-k]\right| \leqslant \sum_{k=-\infty}^{\infty} |f_r[k]|$$

因此，若

$$\sum_{k=-\infty}^{\infty} |f_r[k]| \leqslant 1, \qquad \text{对 } r \text{ 的所有值} \tag{12.110}$$

则式(12.108)得到满足。上面的条件对于保证无溢出是充要的[Jac70a]①。若该条件在无尺度缩放的实现中没有满足，则可用一个 K 值为

$$K = \frac{1}{\max\limits_{r} \sum_{k=-\infty}^{\infty} |f_r[k]|} \tag{12.111}$$

的乘法器来缩放输入信号。

注意，上面的尺度缩放规则基于一个最差情况的界限，并没有充分利用所有加法器输出寄存器的动态范围，因此会显著降低 SNR。尽管很难解析地计算 K 值，但可用类似式(12.95)中给出的方法在计算机上计算出近似值。

若预先知道输入信号的一些信息，则在频域可以得到更实际且易于使用的缩放规则[Jac70a]。假定数字滤波器的输入 $x[n]$ 是一个确定信号，且其傅里叶变换为 $X(e^{j\omega})$ 的前提下，所求的界限将以式(3.35)中定义的 $\mathcal{L}_p$ 范数的形式得到。

12.7.2　$\mathcal{L}_\infty$ 界

对式(12.109)两边进行傅里叶变换可得

$$U_r(e^{j\omega}) = F_r(e^{j\omega})X(e^{j\omega}) \tag{12.112}$$

其中 $U_r(e^{j\omega})$ 和 $F_r(e^{j\omega})$ 分别是 $u_r[n]$ 和 $f_r[n]$ 的傅里叶变换。式(12.112)的傅里叶逆变换得到

$$u_r[n] = \frac{1}{2\pi}\int_{-\pi}^{\pi} F_r(e^{j\omega})X(e^{j\omega})e^{j\omega n}\,d\omega \tag{12.113}$$

因此

---

① 也可以由 4.4.3 节和式(4.20)中讨论的 BIBO 稳定性的要求推出。

$$
\begin{aligned}
|u_r[n]| &\leqslant \frac{1}{2\pi}\int_{-\pi}^{\pi}\left|F_r(\mathrm{e}^{\mathrm{j}\omega})\right|\cdot\left|X(\mathrm{e}^{\mathrm{j}\omega})\right|\,\mathrm{d}\omega \\
&\leqslant \left\|F_r(\mathrm{e}^{\mathrm{j}\omega})\right\|_\infty\left[\frac{1}{2\pi}\int_{-\pi}^{\pi}\left|X(\mathrm{e}^{\mathrm{j}\omega})\right|\,\mathrm{d}\omega\right] \\
&\leqslant \|F_r\|_\infty\cdot\|X\|_1
\end{aligned}
\tag{12.114}
$$

若 $\|X\|_1 \leqslant 1$ 且

$$
\left\|F_r(\mathrm{e}^{\mathrm{j}\omega})\right\|_\infty \leqslant 1 \tag{12.115}
$$

成立，则式(12.108)的动态范围得到满足。因此，若输入谱的均值的绝对值被限制在1以内，且从滤波器输入到所有加法器输出的峰值增益都经过缩放以满足式(12.115)的界限，那么就不会有加法器溢出。因为实际中遇到的大多数输入信号中，$\|X\|_1 \leqslant 1$ 不成立，通常该缩放规则很少用到。

12.7.3 $\mathscr{L}_2$ 界

对式(12.113)应用施瓦兹(Schwartz)不等式可得[Jac70a]

$$
|u_r[n]|^2 \leqslant \left(\frac{1}{2\pi}\int_{-\pi}^{\pi}\left|F_r(\mathrm{e}^{\mathrm{j}\omega})\right|^2\mathrm{d}\omega\right)\cdot\left(\frac{1}{2\pi}\int_{-\pi}^{\pi}\left|X(\mathrm{e}^{\mathrm{j}\omega})\right|^2\mathrm{d}\omega\right) \tag{12.116}
$$

或等效地有

$$
|u_r[n]| \leqslant \|F_r\|_2\cdot\|X\|_2 \tag{12.117}
$$

因此，若到滤波器的输入具有以1为界的有限能量，即 $\|X\|_2 \leqslant 1$，则通过对滤波器尺度缩放使从输入到所有加法器输出的均方根值以1为界：

$$
\|F_r\|_2 \leqslant 1, \qquad r = 1, 2, \cdots, R \tag{12.118}
$$

就可以避免加法器溢出。

12.7.4 通用尺度缩放规则

用Holder不等式可得到更通用的尺度缩放规则为[Jac70a]

$$
|u_r[n]| \leqslant \|F_r\|_p\cdot\|X\|_q \tag{12.119}
$$

对所有的 $p, q \geqslant 1$ 满足 $(1/p)+(1/q)=1$。注意，对式(12.114)中的 $\mathscr{L}_\infty$ 界有 $p=\infty$ 且 $q=1$，对式(12.117)中的 $\mathscr{L}_2$ 界有 $p=q=2$。而当 $p=1$、$q=\infty$ 时，可以得到另一个有用的尺度缩放规则，即 $\mathscr{L}_1$ 界。

尺度缩放后，尺度缩放传输函数变成 $\bar{F}_r(z)$，必须恰当选择尺度缩放常量以满足

$$
\|\bar{F}_r\|_p \leqslant 1, \qquad r = 1, 2, \cdots, R \tag{12.120}
$$

在很多结构中，所有的尺度缩放乘法器可集成到现有的前馈乘法器中而不增加乘法器的数目，因此也不增加噪声源。但某些情况下，缩放过程可能在系统中引入额外的乘法器。若所有的尺度缩放乘法器都是规则的 b 位单位，则式(12.120)中的等号成立，此时每个加法器输出的动态范围得到充分利用，并且得到最大的SNR。从硬件角度来看，若将尺度缩放引入新的乘法器时，则推荐在缩放结构中尽可能将乘法器系数取为2的幂值[Jac70a]。此时可简单地通过移位运算来实现这些相乘。此时尺度缩放传输函数的范数满足

$$
\tfrac{1}{2} < \|\bar{F}_r\|_p \leqslant 1 \tag{12.121}
$$

其SNR有轻微的下降。

需要指出的是，数字滤波器结构经过尺度缩放后，应该始终要计算输出舍入噪声方差。对于尺度缩放后的结构，式(12.96)的输出舍入噪声的表达式变为

$$
\sigma_\gamma^2 = \sigma_0^2\sum_{\ell=1}^{L}\bar{k}_\ell\left(\frac{1}{2\pi\mathrm{j}}\oint_C \bar{G}_\ell(z)\bar{G}_\ell(z^{-1})z^{-1}\,\mathrm{d}z\right) \tag{12.122}
$$

其中，$\bar{k}_\ell$ 是送入第 ℓ 个加法器输入端的所有乘法器数目，且 $\bar{k}_\ell \geqslant k_\ell$，而 $\bar{G}_\ell(z)$ 是从第 ℓ 个加法器的输入到滤波器输出的修正的噪声传输函数。

接下来我们将说明上述方法在对 IIR 传输函数的级联实现的缩放中的应用[Jac70b]。

12.7.5　级联型 IIR 数字滤波器结构的尺度缩放

考虑图 12.27 中由 R 个直接 II 型结构实现的二阶 IIR 节级联所组成的未尺度缩放的结构。其传输函数为

$$H(z) = K\prod_{i=1}^{R} H_i(z) \tag{12.123}$$

其中

$$H_i(z) = \frac{B_i(z)}{A_i(z)} = \frac{1 + b_{1i}z^{-1} + b_{2i}z^{-2}}{1 + a_{1i}z^{-1} + a_{2i}z^{-2}} \tag{12.124}$$

需要被缩放的分支节点在图中用(*)标记，它们可看成是每个二阶节的乘法器的输入。由输入到这些分支节点的传输函数是缩放传输函数为

$$F_r(z) = \frac{K}{A_r(z)}\prod_{\ell=1}^{r-1} H_\ell(z), \qquad r = 1, 2, \cdots, R \tag{12.125}$$

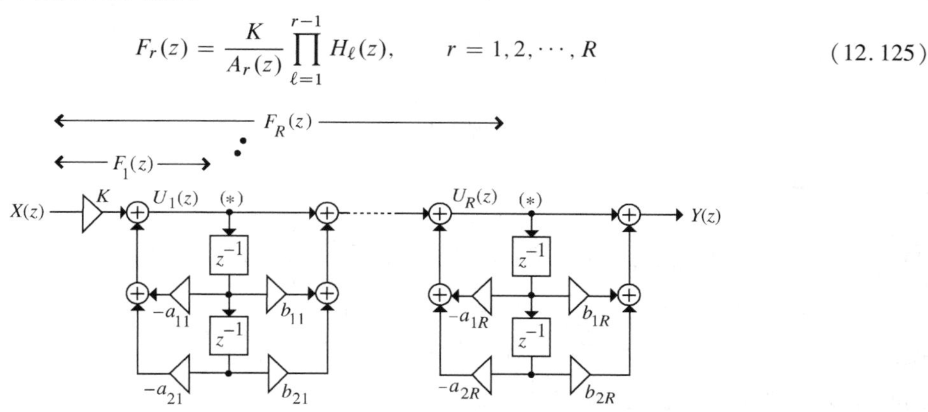

图 12.27　二阶 IIR 节的未尺度缩放级联实现

图 12.28 显示了上述结构的尺度缩放后的形式，其中前馈乘法器被赋予了新值。注意，尺度缩放过程在每个二阶节引入了一个新的乘法器 $\bar{b}_{0\ell}$。正如实际中的通常情况一样，若传输函数的零点在单位圆上，则有 $b_{2\ell} = \pm 1$，此时可以选择 $\bar{b}_{0\ell} = \bar{b}_{2\ell} = 2^{-\beta}$来降低最终实现中实际相乘的总数。

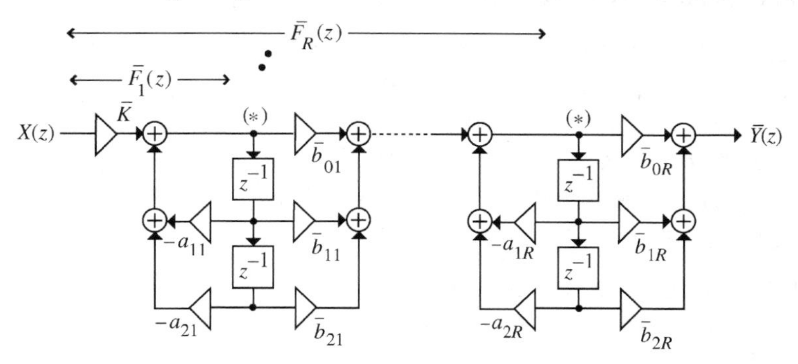

图 12.28　缩放后的级联实现

从图 12.28 中可以看出

$$\bar{F}_r(z) = \frac{\bar{K}}{A_r(z)}\prod_{\ell=1}^{r-1} \bar{H}_\ell(z) \tag{12.126a}$$

$$\bar{H}(z) = \bar{K}\prod_{\ell=1}^{R}\bar{H}_\ell(z) \tag{12.126b}$$

其中

$$\bar{H}_\ell(z) = \frac{\bar{b}_{0\ell} + \bar{b}_{1\ell}z^{-1} + \bar{b}_{2\ell}z^{-2}}{1 + a_{1\ell}z^{-1} + a_{2\ell}z^{-2}} \tag{12.127}$$

记

$$\|F_r\|_p \triangleq \alpha_r, \qquad r = 1,2,\cdots,R \tag{12.128a}$$

$$\|H\|_p \triangleq \alpha_{R+1} \tag{12.128b}$$

并选择尺度缩放常量为

$$\bar{K} = \beta_0 K; \qquad \bar{b}_{\ell r} = \beta_r b_{\ell r}, \qquad \ell = 0,1,2; \quad r = 1,2,\cdots,R \tag{12.129}$$

现在，由式(12.126a)、式(12.126b)和式(12.129)可得

$$\bar{F}_r(z) = \left(\prod_{i=0}^{r-1}\beta_i\right)F_r(z), \qquad r = 1,2,\cdots,R \tag{12.130a}$$

$$\bar{H}(z) = \left(\prod_{i=0}^{R}\beta_i\right)H(z) \tag{12.130b}$$

尺度缩放以后，需要

$$\|\bar{F}_r\|_p = \left(\prod_{i=0}^{r-1}\beta_i\right)\|F_r\|_p = \alpha_r\left(\prod_{i=0}^{r-1}\beta_i\right) = 1, \quad r = 1,2,\cdots,R \tag{12.131a}$$

$$\|\bar{H}\|_p = \left(\prod_{i=0}^{R}\beta_i\right)\|H\|_p = \alpha_{R+1}\left(\prod_{i=0}^{R}\beta_i\right) = 1 \tag{12.131b}$$

对尺度缩放常量求解式(12.131a)及式(12.131b)，有

$$\beta_0 = \frac{1}{\alpha_1} \tag{12.132a}$$

$$\beta_r = \frac{\alpha_r}{\alpha_{r+1}}, \qquad r = 1,2,\cdots,R \tag{12.132b}$$

12.7.6 用 MATLAB 进行动态范围尺度缩放

用 MATLAB 通过数字滤波器结构的实际仿真可以很容易实现使用$\mathcal{L}_2$ 范数规则的动态范围缩放。若将数字滤波器输入端到第 r 个分支节点的输出端的冲激响应记为$\{f_r[n]\}$，并假定分支节点是随着 i 的增加按照其优先关系排序的(参见 11.1.2 节)，则可以计算$\{f_1[n]\}$的$\mathcal{L}_2$ 范数 $\|F_1\|_2$，并将输入通过乘法器 $k_1 = \|F_1\|_2$ 进行相除；然后计算$\{f_2[n]\}$的$\mathcal{L}_2$ 范数 $\|F_2\|_2$ 后，对送入第二个加法器的乘法器通过除以常数 $k_2 = \|F_2\|_2$ 进行尺度缩放。此尺度缩放过程一直继续到输出节点产生一个单位值的$\mathcal{L}_2$ 范数。

用例 12.9 来说明此方法。

例 12.9 级联 IIR 数字滤波器结构的动态范围缩放

考虑式(11.22)给出的三阶低通数字滤波器的级联实现。级联中两个节的传输函数由式(11.23a)和式(11.23b)给出，为方便重写如下：

$$H_1(z) = \frac{0.066\,227\,2(1 + z^{-1})}{1 - 0.259\,328\,4z^{-1}} \tag{12.133a}$$

$$H_2(z) = \frac{1 + 2z^{-1} + z^{-2}}{1 - 0.676\,285\,8z^{-1} + 0.391\,746\,8z^{-2}} \tag{12.133b}$$

程序 12_6.m

它们的直接 II 型结构的实现如图 12.29 所示。程序 12_6 给出了对该结构仿真的 MATLAB 程序。该程序首先以所有的尺度缩放常量设为单位值 1 运行，即 k1 = k2 = k3 = 1。在给出近似计算$\mathcal{L}_2$ 范数的那一行，输出变量

选为 y1。程序计算出在节点 y1 的冲激响应的$\mathcal{L}_2$ 范数的平方为 1.07210002757252，利用该值令 k1 = $\sqrt{1.072\,100\,027\,572\,52}$，而其他尺度缩放常量仍设为 1。第二次运行程序显示，在节点 y1 的冲激响应的$\mathcal{L}_2$ 范数为 1.00000000000000，验证对输入尺度缩放成功。第二步中，在给出近似计算$\mathcal{L}_2$ 范数的那一行，输出变量选为 y2。程序计算出在节点 y2 的冲激响应的$\mathcal{L}_2$ 范数的平方为 0.02679820762398，用它令 k2 = $\sqrt{0.026\,798\,207\,623\,98}$，k3 仍然设为 1。对节点 y3 重复该过程，得到 k3 = $\sqrt{11.969\,754\,006\,089\,43}$，在节点 y3 的冲激响应的$\mathcal{L}_2$ 范数的终值为 0.99999683131540。列出的程序是所有加法器输出尺度缩放以后生成的。

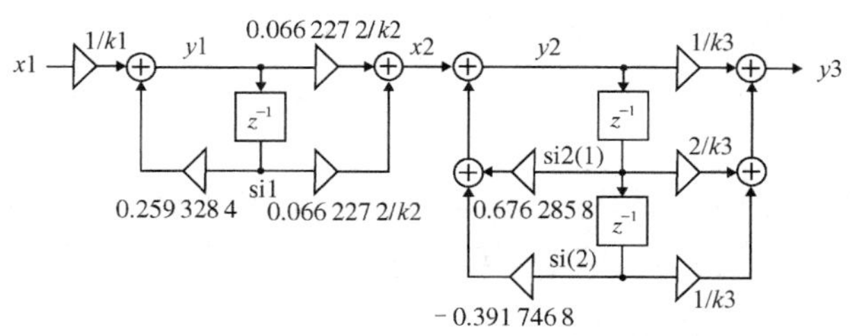

图 12.29　例 12.9 中传输函数 $H_1(z)$ 和 $H_2(z)$ 的直接 II 型级联实现

可以对程序 12_6 进行简单修改来计算在结构尺度缩放后输出的乘积的舍入噪声方差。为此，令数字滤波器输入为零并对第一个加法器输入一个冲激信号，这等效于在程序 12_6 中令 x1 =1，单个误差源引起的归一化输出噪声方差为 1.072 096 630 425 67。然后我们对第二个加法器输入一个冲激信号，且数字滤波器输入设为零，这通过在计算 y2 时，用 x1 来替换 x2 实现。程序生成的第二个加法器中由单个误差源产生的归一化输出噪声方差为 1.261 090 140 717 07。假定所有的乘积在相加以前都已被量化，因此总归一化输出舍入噪声等于

$$2\times 1.072\,096\,630\,425\,67+4\times 1.261\,090\,140\,717\,07+3=10.188\,553\,823\,719\,62$$

另一方面，若假定量化发生在每个加法器中的乘积相加之后，则总归一化输出舍入噪声变为

$$1.072\,096\,630\,425\,67+1.261\,090\,140\,717\,07+1=3.333\,186\,771\,142\,74$$

在例 12.10 中，我们研究级联 IIR 数字滤波器结构的排列对其输出舍入噪声的影响。

例 12.10　级联 IIR 数字滤波器结构中各部分的排列对输出舍入噪声的影响

互换级联中的两个节 $G_1(z)$ 和 $G_2(z)$ 的位置后，重做例 12.9 中的问题，如图 12.30 所示。通过修改程序 12_6，我们得到如下缩放常量值：

$$\text{k1}=\sqrt{1.546\,437\,364\,400\,90},\quad \text{k2}=\sqrt{14.445\,678\,931\,694\,08},\quad \text{k3}=\sqrt{0.015\,393\,267\,507\,82}$$

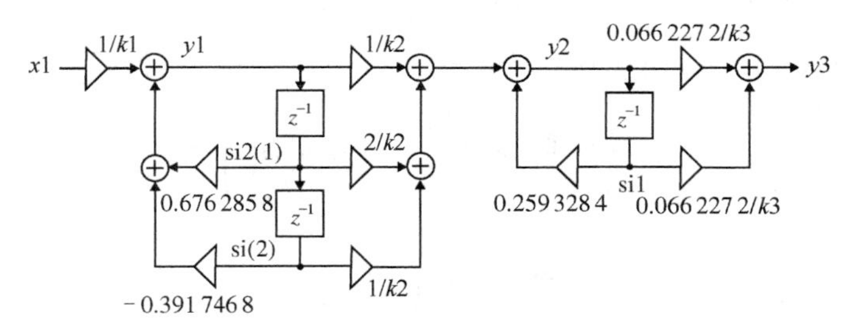

图 12.30　例 12.10 中传输函数 $H_1(z)$ 和 $H_2(z)$ 的直接 II 型级联实现

假定所有乘积在相加之前被量化，则总的归一化输出舍入噪声为

$$3\times 1.546\,522\,094\,770\,4+4\times 0.769\,389\,489\,422\,68+2=9.717\,124\,200\,195$$

而若量化在相加之后，则总的归一化输出舍入噪声为

$$1.546\,522\,094\,770\,4+0.769\,389\,489\,422\,68+1=3.315\,911\,584\,193\,09$$

从上面注意到，图 12.30 中第二种级联实现所产生的舍入噪声比图 12.29 中第一种的稍微小一些。

12.7.7 级联型 IIR 数字滤波器的最优排序和零极点配对

如 8.4.2 节所述，并由图 8.16 和图 8.17 可知，通过不同的零极配对和排列，可得到高阶 IIR 传输函数的许多种可能的级联实现。事实上，对一个有 R 个二阶节的级联，有$(R!)^2$种不同的可能实现(参见习题 12.30)。每个这样的实现将产生不同的输出噪声功率，如例 12.9 和例 12.10 所示，因此有必要确定具有最低输出噪声功率的级联实现。

Jackson 提出了一个相当简单的试探集，用来确定级联实现中各节的最优零极配对和排列[Jac70b]。为了理解这些准则后面的推理，我们首先推导出在定点算术实现级联型 IIR 结构中由乘积舍入引起的输出噪声方差的表达式。

输出噪声方差的表达式

为了求输出噪声方差的表达式，我们利用图 12.28 中尺度缩放后的级联结构的噪声模型，如图 12.31 所示。由图 12.31、式(12.127)和式(12.129)可知，尺度缩放后的噪声传输函数为

$$\bar{G}_\ell(z) = \prod_{i=\ell}^{R} \bar{H}_i(z) = \left(\prod_{i=\ell}^{R} \beta_i\right) G_\ell(z), \qquad \ell = 1, 2, \cdots, R \tag{12.134a}$$

$$\bar{G}_{R+1}(z) = 1 \tag{12.134b}$$

其中，$\bar{H}_i(z)$ 由式(12.127)给出，而未尺度缩放的噪声传输函数为

$$G_\ell(z) = \prod_{i=\ell}^{R} H_i(z) \tag{12.135}$$

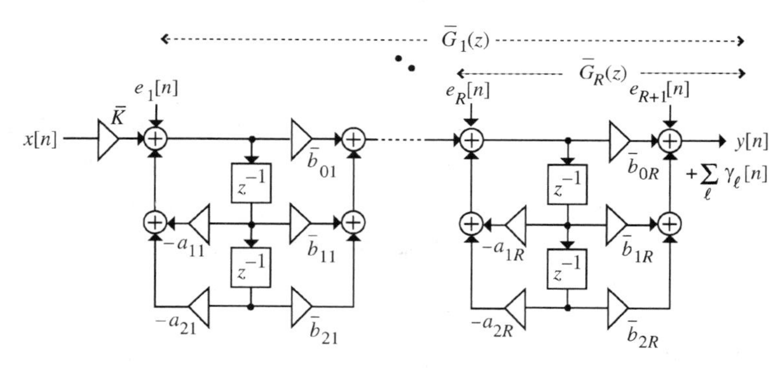

图 12.31 图 12.27 所示的缩放后的级联实现的噪声模型

因此，乘积舍入引起的输出噪声功率谱为

$$P_{\gamma\gamma}(\omega) = \sigma_0^2 \left[\sum_{\ell=1}^{R+1} k_\ell \left|\bar{G}_\ell(\mathrm{e}^{\mathrm{j}\omega})\right|^2\right] \tag{12.136}$$

从而输出噪声方差为

$$\begin{aligned}\sigma_\gamma^2 &= \sigma_0^2 \left[\sum_{\ell=1}^{R+1} k_\ell \left(\frac{1}{2\pi}\int_{-\pi}^{\pi} \left|\bar{G}_\ell(\mathrm{e}^{\mathrm{j}\omega})\right|^2 \mathrm{d}\omega\right)\right] \\ &= \sigma_0^2 \left[\sum_{\ell=1}^{R+1} k_\ell \left\|\bar{G}_\ell\right\|_2^2\right]\end{aligned} \tag{12.137}$$

其中，我们用到了这个事实，即在中间表达式括号里面的量是式(3.35)定义的 $\bar{G}_\ell(\mathrm{e}^{\mathrm{j}\omega})$ 的$\mathcal{L}_2$ 范数的平方。在式(12.136)和式(12.137)中，k_ℓ 是连接到第 ℓ 个加法器的乘法器的总数。若所有的乘积在求和前都已舍入，则

$$k_1 = k_{R+1} = 3 \tag{12.138a}$$

$$k_\ell = 5,\qquad \ell = 2, 3, \cdots, R \tag{12.138b}$$

另一方面，若所有的乘积在求和后舍入，则

$$k_\ell = 1,\qquad \ell = 1, 2, \cdots, R+1 \tag{12.139}$$

由式(12.132a)和式(12.132b)可知

$$\prod_{i=\ell}^{R}\beta_i = \frac{\alpha_\ell}{\alpha_{R+1}} = \frac{\|F_\ell\|_p}{\|H\|_p} \tag{12.140}$$

将式(12.140)代入式(12.136)，对于输出噪声功率谱有

$$P_{\gamma\gamma}(\omega) = \frac{\sigma_0^2}{\|H\|_p^2}\left[k_{R+1}\|H\|_p^2 + \sum_{\ell=1}^{R}k_\ell\|F_\ell\|_p^2\left|G_\ell(\mathrm{e}^{\mathrm{j}\omega})\right|^2\right] \tag{12.141}$$

相应输出噪声方差为

$$\sigma_\gamma^2 = \frac{\sigma_0^2}{\|H\|_p^2}\left[k_{R+1}\|H\|_p^2 + \sum_{\ell=1}^{R}k_\ell\|F_\ell\|_p^2\|G_\ell\|_2^2\right] \tag{12.142}$$

现在，尺度缩放传输函数 $F_\ell(z)$ 包含节传输函数 $H_i(z)$，$i=1, 2, \cdots, \ell-1$ 的乘积，而噪声传输函数 $G_\ell(z)$ 包含节传输函数 $H_i(z)$，$i=\ell, \ell+1, \cdots, R$ 的乘积。因此，式(12.141)和式(12.142)的和的每一项包括级联实现中所有 R 个节的传输函数。这表明，为了使输出噪声功率减到最小，应该通过适当的极点和零点配对，以使所有 i 的值 $H_i(z)$ 的范数最小。为此，可用到如下所述的零极点配对规则[Jac70b]。

零极点配对规则

首先，最靠近单位圆的复极点对应与离它最近的复零点对配对。其次，最靠近前一组极点的复极点对应与离它最近的复零点对配对。该配对过程应继续到所有的极点和零点都被配对为止。

上一类极点和零点的配对，很容易降低由已配对的极点和零点描述的节的峰值增益。降低峰值增益反过来会降低溢出的可能性，并且削弱舍入噪声。图 12.32 说明了通带边界为 0.3π、通带波纹为 0.5 dB，以及最小阻带衰减为 40 dB 的五阶椭圆低通 IIR 数字滤波器的零极点配对规则。

一旦形成了合适的零极点配对后，要解决的下一个问题是如何对级联结构中的各节排序[Jac70b]。级联前部的节具有在式(12.141)和式(12.142)给出的缩放传输函数的表达式中出现频繁的传输函数 $H_i(z)$，而接近级联输出端的节的传输函数 $H_i(z)$ 在噪声传输函数的表达式中出现得更为频繁。很明显，$H_i(z)$ 的最佳位置取决于在尺度缩放及噪声传输函数中采用的范数类型。

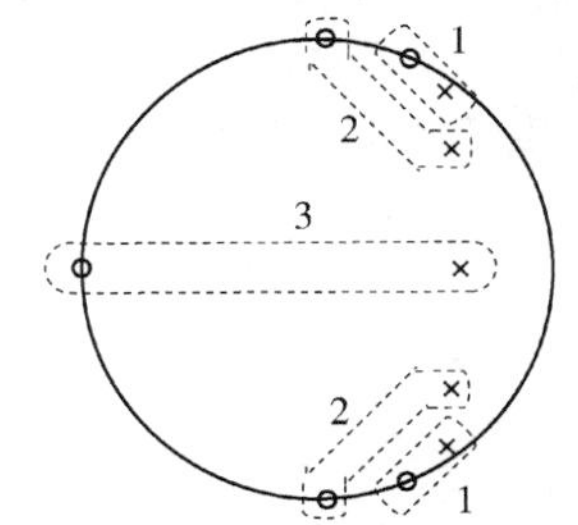

图 12.32　零极点配对和排序规则的说明

为了更好地理解各节最优排序的推理，考虑一个六阶 IIR 传输函数，其极点和零点已经按照上述规则排序。此时，式(12.141)给出的输出噪声功率谱的表达式可简化为

$$\begin{aligned}P_{\gamma\gamma}(\omega) = \frac{\sigma_0^2}{\|H\|_p^2}\Big[&k_1\|F_1\|_p^2\left|G_1(\mathrm{e}^{\mathrm{j}\omega})\right|^2 + k_2\|F_2\|_p^2\left|G_2(\mathrm{e}^{\mathrm{j}\omega})\right|^2\\ &+ k_3\|F_3\|_p^2\left|G_3(\mathrm{e}^{\mathrm{j}\omega})\right|^2 + k_4\|H\|_p^2\Big]\end{aligned} \tag{12.143}$$

同样，式(12.142)给出的输出噪声方差的表达式可简化为

$$\sigma_\gamma^2 = \frac{\sigma_0^2}{\|H\|_p^2}\left[k_1\|F_1\|_p^2\|G_1\|_2^2 + k_2\|F_2\|_p^2\|G_2\|_2^2 + k_3\|F_3\|_p^2\|G_3\|_2^2 + k_4\|H\|_p^2\right] \tag{12.144}$$

仔细观察式(12.144)，可以发现，若采用$\mathcal{L}_2$ 缩放，则在右边方括号内的每一项都包含级联结构中三个节的$\mathcal{L}_2$ 范数，因此配对节的顺序对输出噪声功率影响不大。这从例 12.9 和例 12.10 的结果中可以明显看到，其中可以看出图 12.29 中级联实现的总的归一化输出舍入噪声功率与图 12.30 所示级联实现中的该功率非常接近。然而，若采用$\mathcal{L}_\infty$ 缩放，则在式(12.144)的右边表达式中，传输函数 $H_3(z)$ 仅出现一

次，传输函数 $H_2(z)$ 出现两次，而传输函数 $H_1(z)$ 出现了三次。因此，极点最靠近单位圆的节表现出最大峰值的幅度响应，该节应该被选为 $H_3(z)$ 并放在输出端。节 $H_2(z)$ 应该是具有第二大峰值的幅度响应的节，而 $H_1(z)$ 则是具有最小峰值的幅度响应的节。因此一般情况下，排序规则是从输入端开始，先放置具有最小峰值的节，直至具有最大峰值的节。

另一方面，若目标是使得峰值噪声 $\|P_{\gamma\gamma}(\omega)\|_\infty$ 最小化，并采用 $\mathcal{L}_2$ 缩放，则排序方案正好相反。但若采用 $\mathcal{L}_\infty$ 缩放，则排序对峰值噪声没有影响。

用 MATLAB 进行零极点配对和排序

MATLAB 信号处理工具箱中的函数 zp2sos 可以依照上面讨论的规则来确定最优零极点配对和排序。其基本形式为 sos = zp2sos(z, p, k)。该函数生成一个矩阵 sos，该矩阵包含了从特定零极点形式确定的等效传输函数 $H(z)$ 中每个二阶节的系数。sos 是形如

$$\text{sos} = \begin{bmatrix} b_{01} & b_{11} & b_{21} & a_{01} & a_{11} & a_{21} \\ b_{02} & b_{12} & b_{22} & a_{02} & a_{12} & a_{22} \\ \vdots & \vdots & \vdots & \vdots & \vdots & \vdots \\ b_{0L} & b_{1L} & b_{2L} & a_{0L} & a_{1L} & a_{2L} \end{bmatrix}$$

的一个 $L\times 6$ 矩阵，其中第 i 行包含第 i 个二阶节的分子和分母多项式的系数 $\{b_{i\ell}\}$ 和 $\{a_{i\ell}\}$，其中，L 表示级联中节的总数。因此整个传输函数形如

$$H(z) = \prod_{i=1}^{L} H_i(z) = \prod_{i=1}^{L} \frac{b_{0i} + b_{1i}z^{-1} + b_{2i}z^{-2}}{a_{0i} + a_{1i}z^{-1} + a_{2i}z^{-2}}$$

对行进行排序，使第一行($i=1$)包含距单位圆最远的极点对和距其最近的零点对的系数。若需要相反的顺序，即第一行包含最靠近单位圆的极点和距其最近的零点对的系数，则应该使用语句 sos = zp2sos(z, p, k, 'down')。

例 12.11 用 MATLAB 进行 IIR 数字滤波器的最优配对和排序

我们推导五阶椭圆低通滤波器的最优配对和排序，该滤波器的零极点图如图 12.32 所示。滤波器的指标是 $\alpha_p=0.5$ dB、$\alpha_s=40$ dB 和 $\omega_p=0.3\pi$。

为此，我们先用命令[z, p, k] = ellip(5, 0.5, 40, 0.3)求所求的低通滤波器的零点、极点和增益常量，接下来使用命令 sos = zp2sos(z, p, k)来确定二阶节的系数。这些节的传输函数为

$$H_1(z) = \left[\frac{0.03 + 0.03z^{-1}}{1 - 0.613\,568\,6z^{-1}}\right]$$

$$H_2(z) = \left[\frac{1 - 0.0861z^{-1} + z^{-2}}{1 - 1.152\,863z^{-1} + 0.611\,648\,4z^{-2}}\right]$$

$$H_3(z) = \left[\frac{1 - 0.763\,829\,24z^{-1} + z^{-2}}{1 - 1.098\,334\,1z^{-1} + 0.899\,076z^{-2}}\right]$$

如上所述，级联中的第一个节为 $H_1(z)$，紧接着是 $H_2(z)$，最后是 $H_3(z)$。这些配对和图 12.32 中所示的一致，只是顺序相反。可以采用函数[z, p, k] = sos2zp(sos)进行简单验证，该函数可计算由矩阵 sos 定义的每一个二阶节的零点和极点。

用 M 文件 sos2tf，可以从矩阵 sos 来求传输函数的分子和分母多项式。

12.8 低阶 IIR 滤波器的信噪比

由于引入缩放乘法器会增加误差源的数目以及噪声传输函数的增益，因此在实际应用中，未尺度缩放的数字滤波器的输出舍入噪声方差并不能反映结构的真实性能。因此，在对舍入噪声性能进行分析前，对数字滤波器结构进行尺度缩放非常重要。大多数应用中，仅对舍入误差分析还不够，通过该计算舍入信噪比(SNR)的表达式来评估性能可以得到一个更有意义的结果。我们在例 12.7 和例 12.8 中已经

分别说明对一阶和二阶 IIR 结构进行计算[Vai87c]。这里给出的对简单结构的分析所得的大多数结论也对更复杂的结构有效。而且这里得到的方法很容易扩展到一般情况。

12.8.1　一阶节

首先考虑图 12.1 中未尺度缩放的因果一阶 IIR 滤波器。其舍入噪声方差在例 12.7 中计算并由式(12.99)给出。为了求它的信噪比，假定输入 $x[n]$是一个具有均匀概率密度函数且方差为 σ_x^2 的宽平稳(WSS)随机信号。由该输入产生的输出信号 $y[n]$的方差 σ_y^2 为

$$\sigma_y^2 = \sigma_x^2\left(\sum_{n=0}^{\infty} h^2[n]\right) = \frac{\sigma_x^2}{1-\alpha^2} \tag{12.145}$$

取式(12.99)和式(12.145)的比值，得到未尺度缩放节的信噪比的表达式为

$$\text{SNR} = \frac{\sigma_y^2}{\sigma_\gamma^2} = \frac{\sigma_x^2}{\sigma_0^2} \tag{12.146}$$

表明 SNR 独立于 α。然而，由于在无尺度缩放结构中加法器很容易溢出，所以这并不是一个有效的结果。因此，首先对结构进行尺度缩放后再计算 SNR 来得到更有意义的结果是很重要的。

假定量化是在所有乘积相加后进行的，则其尺度缩放结构和舍入误差分析模型如图 12.33 所示。随着尺度缩放乘法器的出现，输出信号功率现在变为

$$\sigma_y^2 = \frac{K^2\sigma_x^2}{1-\alpha^2} \tag{12.147}$$

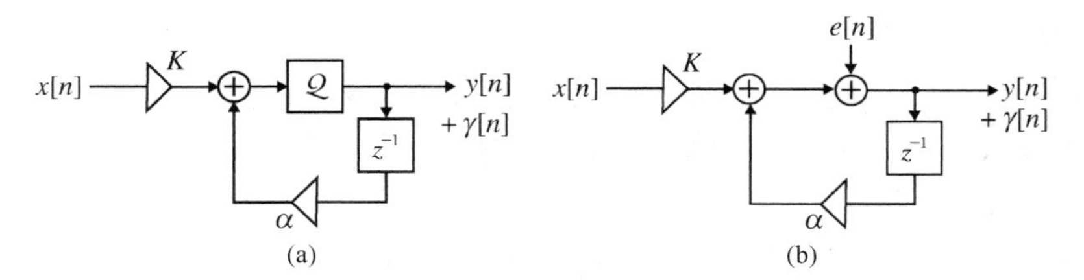

图 12.33　(a)具有量化器的缩放后的一阶节及 (b)其舍入噪声模型

将信噪比修正为

$$\text{SNR} = \frac{K^2\sigma_x^2}{\sigma_0^2} \tag{12.148}$$

由于尺度缩放乘法器的系数 K 取决于极点位置和采用的尺度缩放规则，SNR 将反映这种依赖性。我们可按 12.7 节列出的规则选择尺度缩放参量 K。为此，需要先确定未尺度缩放结构的尺度缩放传输函数 $F(z)$。由图 12.33(a)可得

$$F(z) = H(z) = \frac{1}{1-\alpha z^{-1}} \tag{12.149}$$

相应的冲激响应为

$$f[n] = \mathcal{Z}^{-1}\{F(z)\} = \alpha^n \mu[n] \tag{12.150}$$

现在，如 12.7 节所述，存在不同的尺度缩放规则。为了确保无溢出，可使用式(12.111)给出的尺度缩放规则，得到

$$K = \frac{1}{\sum_{n=0}^{\infty}|f[n]|} = 1-|\alpha| \tag{12.151}$$

为了求 SNR，需要知道所加入的输入 $x[n]$的类型。若 $x[n]$是均匀分布且$|x[n]|\leqslant 1$，其方差为

$$\sigma_x^2 = \tfrac{1}{3} \tag{12.152}$$

将式(12.151)和式(12.152)代入式(12.148)，可得

$$\text{SNR} = \frac{(1-|\alpha|)^2}{3\sigma_0^2} \tag{12.153}$$

对舍入或补码截尾的$(b+1)$位有符号小数，$\sigma_0^2 = 2^{-2b}/12$。将它代入式(12.153)，可得信噪比为(以 dB 为单位)

$$\text{SNR}_{\text{dB}} = 20\lg(1-|\alpha|) + 6.02 + 6.02\,b \tag{12.154}$$

因此，对于一个给定的传输函数，存储乘积的寄存器每增加一位，SNR 将增加 6 dB。

上述分析也可对其他类型的输入和不同的缩放规则进行。我们在表 12.5 中总结了对保证无溢出的三类不同的用于缩放的输入的结果。观察该表可得到以下结论：无论输入种类如何，随着极点向单位圆靠近，SNR 都迅速下降。对一个给定的传输函数，在知道所加入的输入的类型时，可以计算内部字长来得到期望的 SNR。

表 12.5 一阶 IIR 数字滤波器对不同输入下的信噪比(改编自[Vai87c])

缩放规则	输入类型	SNR	典型 SNR(dB) ($b=12, \|\alpha\|=0.95$)
无溢出	WSS，白均匀密度	$\frac{(1-\|\alpha\|)^2}{3\sigma_0^2}$	52.24
无溢出	WSS，白高斯密度	$\frac{(1-\|\alpha\|)^2}{9\sigma_0^2}$	47.97
无溢出	正弦，已知频率	$\frac{(1-\|\alpha\|)^2}{2\sigma_0^2}$	69.91

12.8.2 二阶节

接下来考虑图 12.26(a)所示的无尺度缩放二阶因果 IIR 滤波器。图 12.34 给出了其缩放后的形式和舍入噪声分析模型，再次假定量化是在所有乘积相加后进行的。现在对具有均匀概率密度函数且方差为 σ_x^2 的一个 WSS 输入，输出的信号功率为

$$\sigma_y^2 = \sigma_x^2\left(K^2\sum_{n=0}^{\infty}h^2[n]\right) \tag{12.155}$$

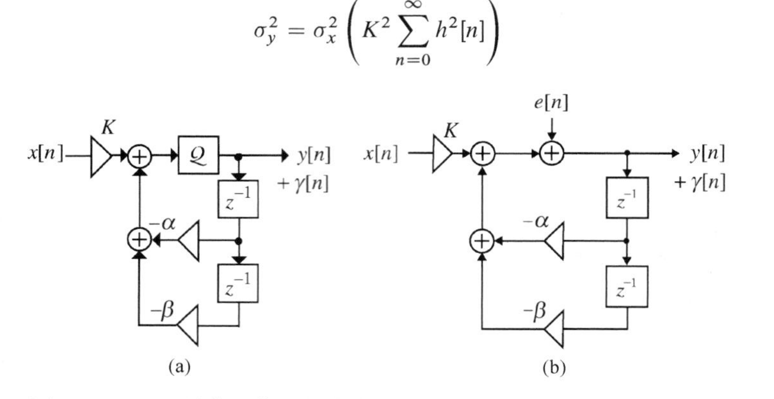

图 12.34 (a)具有量化器的缩放后的二阶节；(b)其舍入噪声模型

而输出端的舍入噪声功率为

$$\sigma_\gamma^2 = \sigma_0^2\left(\sum_{n=0}^{\infty}h^2[n]\right) \tag{12.156}$$

因此，缩放后结构的信噪比形如

$$\text{SNR} = \frac{\sigma_y^2}{\sigma_\gamma^2} = \frac{K^2\sigma_x^2}{\sigma_0^2} \tag{12.157}$$

为求出尺度缩放乘法器 K 的合适值，需计算尺度缩放传输函数 $F(z)$。从图 12.34(a)中可以看出，

$F(z)$与滤波器传输函数 $H(z)$一致。若传输函数的极点在 $z = re^{-j\theta}$，则两个传输函数都取如下形式

$$F(z) = H(z) = \frac{1}{1+\alpha z^{-1}+\beta z^{-2}} = \frac{1}{1-2r\cos\theta z^{-1}+r^2 z^{-2}} \tag{12.158}$$

相应的冲激响应通过对上式进行逆 z 变换得到，结果为(参见习题 6.28)

$$f[n] = h[n] = \frac{r^n \sin(n+1)\theta}{\sin\theta}\cdot\mu[n] \tag{12.159}$$

为了完全消除图 12.34 中输出端的溢出，尺度缩放乘法器 K 必须选为

$$K = \frac{1}{\sum_{n=0}^{\infty}|h[n]|} \tag{12.160}$$

当 $h[n]$由式(12.159)给出时，很难解析地计算式(12.160)中分母的总和。然而可以在总和上建立一些界限，以对尺度缩放乘法器系数 K 的值进行合理估计[Opp75]。为此，注意图 12.26(a)中无尺度缩放的二阶节对在谐振频率为 $\omega=\theta$ 的一个正弦输入[即 $x[n]=\cos(\theta n)$]的响应的振幅为

$$\left|H(e^{j\theta})\right| = \left[\frac{1}{(1-r)^2(1-2r\cos\theta+r^2)}\right]^{1/2} \tag{12.161}$$

然而，当输入 $x[n]$满足 $|x[n]|\leqslant 1$ 时，$\sum_{n=0}^{\infty}|h[n]|$ 是输出 $y[n]$可能的最大值，因此 $|H(e^{j\theta})|$不可能大于 $\sum_{n=0}^{\infty}|h[n]|$。此外

$$\begin{aligned}\sum_{n=0}^{\infty}|h[n]| &= \frac{1}{\sin\theta}\sum_{n=0}^{\infty} r^n\,|\sin(n+1)\theta| \\ &\leqslant \frac{1}{\sin\theta}\sum_{n=0}^{\infty} r^n = \frac{1}{(1-r)\sin\theta}\end{aligned} \tag{12.162}$$

[Ünv75]中给出了 $\sum_{n=0}^{\infty}|h[n]|$ 的紧上界为

$$\sum_{n=0}^{\infty}|h[n]| \leqslant \frac{4}{\pi(1-r^2)\sin\theta} \tag{12.163}$$

因此，由式(12.160)、式(12.161)和式(12.163)可得

$$(1-r)^2(1-2r\cos\theta+r^2) \geqslant K^2 \geqslant \frac{\pi^2(1-r^2)^2\sin^2\theta}{16} \tag{12.164}$$

按照对一阶节所使用的技术，可以由式(12.157)和式(12.164)推得在不同类型的输入下，全极点二阶节的 SNR 的界限。和一阶节的情况一样，随着极点靠近单位圆($r\to 1$)，滤波器的增益增加，使得很大程度地缩小输入信号来避免溢出，但同时也增加了输出舍入噪声。这类舍入噪声和动态取值范围之间的相互影响是所有定点数字滤波器的特征[Jac70a]。

在某些情况下，有可能生成本身具有最小量化效应的数字滤波器结构。下面的章节将考虑这些结构。

12.9　低灵敏度数字滤波器

在 12.2 节中，我们考虑了乘法器系数量化对数字滤波器性能的影响。一个主要的结果是，乘法器系数量化后，数字滤波器频率响应与系数量化前的理想数字滤波器的频率响应有差别，而且这种差别可能相当明显，使得实际的数字滤波器在大多数应用中不再适用。因此，生成本身对系数量化具有低灵敏度的数字滤波器结构是有意义的。为此，所提出的第一种方法是基于通过将每一个模拟网络元件以及它们的互连替换成对应的数字滤波器等效，由电感、电容和电阻组成的一个本身具有低灵敏度的模拟网络转换成一个数字滤波器结构，使整个结构对模拟原型“仿真”[Fet71]，[Fet86]。所得的数字滤波器称为**波数字滤波器**，它和其模拟原型具有一些共同的特性。另一种方法是直接确定数字滤波器结构满足的低系数灵敏度的条件，并生成实现方法来保证最终的结构确实满足这些条件[Vai84]。本节我们研究后一种方法。

12.9.1 低系数灵敏度的要求

设指定的传输函数 $H(z)$ 是如 7.1.2 节定义的一个**有界实**(BR)函数。则 $H(z)$ 是因果稳定实系数函数，其幅度响应 $|H(e^{j\omega})|$ 的界为 1，即

$$\left|H(e^{j\omega})\right| \leqslant 1 \tag{12.165}$$

假定在一组频率 ω_k，$H(z)$ 的幅度恰好等于 1：

$$\left|H(e^{j\omega_k})\right| = 1 \tag{12.166}$$

由于幅度函数界为 1，因此频率 ω_k 必须在滤波器通带内。图 12.35 给出了满足上述条件的一个典型频率响应。注意，任意一种因果稳定传输函数都可以被缩放，来满足式(12.165)和式(12.166)的条件。

设数字滤波器结构 $\mathcal{N}$ 实现以一组系数为 m_i 的 R 个乘法器描述的 $H(z)$。另外，假定无限精度实现，设这些乘法器系数的标称值为 m_{i0}。不考虑乘法器系数 m_i 的实际值在它们的设计值 m_{i0} 紧接的邻域内，假设结构 $\mathcal{N}$ 的传输函数满足式(12.165)给出的条件，保持有界实。现在，考虑当乘法器有无限精度时，$|H(e^{j\omega_k})|$ 在 $\omega=\omega_k$ 处的幅度响应值等于 1。基于对 $\mathcal{N}$ 的假设，当乘法器系数 m_i 被量化时，由于式(12.165)的 BR 条件，$|H(e^{j\omega_k})|$ 可能仅变得小于 1。因此，$|H(e^{j\omega_k})|$ 作为 m_i 的函数图如图 12.36 所示，其中零值斜率出现在 $m_i = m_{i0}$

$$\left.\frac{\partial\left|H(e^{j\omega_k})\right|}{\partial m_i}\right|_{m_i=m_{i0}} = 0 \tag{12.167}$$

它表明当 $|H(e^{j\omega})|$ 取其最大值是 1 时，幅度函数 $|H(e^{j\omega})|$ 在所有频率 ω_k 处对每个乘法器系数 m_i 的一阶灵敏度为零。由于幅度函数恰好等于 1 的所有的频率 ω_k 都在滤波器通带内，若这些频率在空间上很接近，则可以预料通带内其他频率点处幅度函数的灵敏度很低。

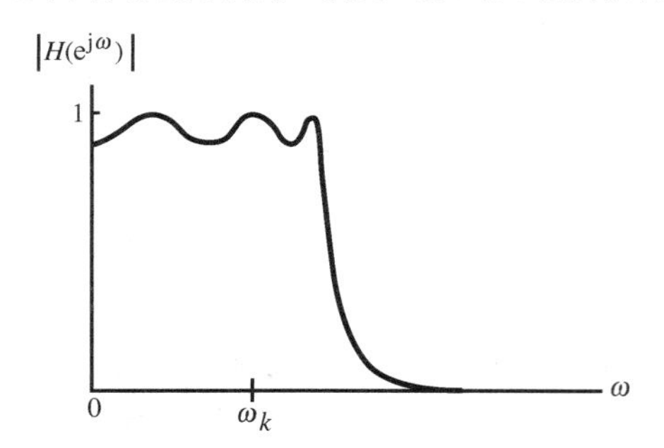

图 12.35 一个有界实传输函数的典型幅度响应

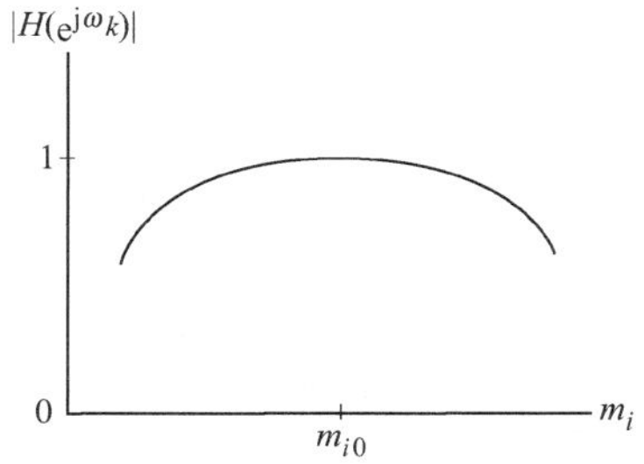

图 12.36 零灵敏度特性的说明

满足上述低通带灵敏度条件的数字滤波器结构称为**结构有界**系统。因为对于所有能量有限的输入，该系统结构的输出能量小于输入能量[参见式(7.6)]，所以它也称为一个**结构无源**系统。若式(12.165)的等号成立，则传输函数 $H(z)$ 称为**无损有界实**(LBR)函数，即稳定全通函数。因此，满足 LBR 条件的全通结构是一个**结构无损**或 LBR 系统，即系数量化时该结构保持全通。

下面我们将列出实现低通带灵敏度数字滤波器的方法。

12.9.2 通带低灵敏度 IIR 数字滤波器

在 8.10 节中，我们列出了用并行全通结构的形式实现一大类稳定 IIR 传输函数 $G(z)$ 的方法：

$$G(z) = \tfrac{1}{2}\{\mathcal{A}_0(z) + \mathcal{A}_1(z)\} \tag{12.168}$$

其中，$\mathcal{A}_0(z)$ 和 $\mathcal{A}_1(z)$ 是稳定全通传输函数。若 $G(z)$ 是一个具有对称分子的 BR 函数，且其有一个具有反对称分子的功率互补 BR 传输函数 $H(z)$，则这样的实现是可能的[Vai86a]。此时，$H(z)$ 可表示为

$$H(z) = \tfrac{1}{2}\{\mathcal{A}_0(z) - \mathcal{A}_1(z)\} \tag{12.169}$$

式(12.168)和式(12.169)的全通分解允许实现功率互补对$\{G(z), H(z)\}$，如图 12.37 所示。

现在，在单位圆上，式(12.168)变为

$$G(e^{j\omega}) = \frac{1}{2}\left\{e^{j\theta_0(\omega)} + e^{j\theta_1(\omega)}\right\} \quad (12.170)$$

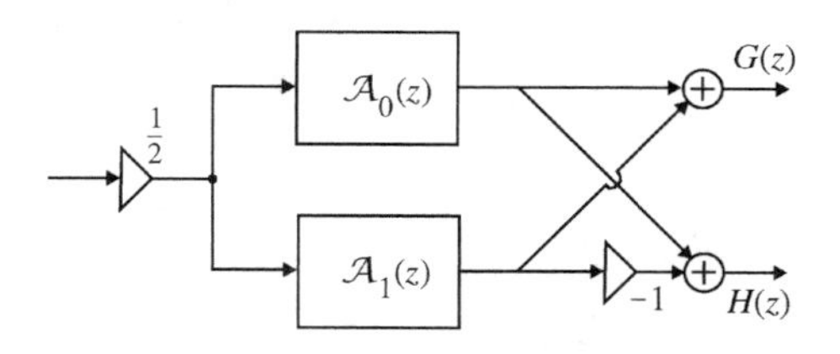

图 12.37　传输函数的功率互补对的并联全通实现

由于$\mathcal{A}_0(z)$和$\mathcal{A}_1(z)$是具有单位幅度响应的全通函数，因此，若该全通传输函数用结构上无损的形式实现，则$|G(e^{j\omega})|$将保持界为 1。另外，在频率ω_k处，$|G(e^{j\omega_k})|=1$，$\theta_0(\omega_k)=\langle\theta_1(\omega_k)\rangle_{2\pi}$且$|e^{j\theta_0(\omega_k)}+e^{j\theta_1(\omega_k)}|=2$。换言之，图 12.37 的实现是结构上无源的，表明对乘法器系数量化具有通带低灵敏度。

8.10 节描述了对一个满足上述条件的有界实传输函数$H(z)$来求两个全通传输函数$\mathcal{A}_0(z)$和$\mathcal{A}_1(z)$的方法。确定全通传输函数后，可以采用 8.6 节中的两种方法之一，以结构上无损的形式实现。

例 12.12 说明了一个并行全通结构的低通带灵敏特性。

例 12.12　并行全通结构的低通带灵敏特性

考虑椭圆 IIR 低通滤波器的并行实现，其指标为：通带波纹为 0.5 dB，最小阻带衰减为 40 dB，通带边界位于 0.4。使用程序 9_1 的修改版本，得到所求的传输函数为

$$G(z) = \frac{0.0528168 + 0.0797082z^{-1} + 0.1294975z^{-2} + 0.1294975z^{-3} + 0.0797082z^{-4} + 0.0528168z^{-5}}{(1-0.4908777z^{-1})(1-0.7624319z^{-1}+0.5390008z^{-2}) \times (1-0.5573823z^{-1}+0.8828417z^{-2})}$$

它的并联全通分解为

$$G(z) = \frac{1}{2}\left[\frac{(0.4908777 - z^{-1})(0.8828417 - 0.5573823z^{-1} + z^{-2})}{(1-0.4908777z^{-1})(1-0.5573823z^{-1}+0.8828417z^{-2})} + \frac{0.5390008 - 0.7624319z^{-1} + z^{-2}}{1-0.7624319z^{-1}+0.5390008z^{-2}}\right]$$

图 12.38 是上面分解的 5 个乘法器实现，其中每个乘法器系数用有符号的 7 位小数以原码表示。图 12.39 显示了分别具有无限精度乘法器系数和量化系数时，滤波器的增益响应。并联全通结构的通带低灵敏特性在图中非常明显。图 12.40 中描述了分别具有无限精度乘法器系数和量化系数时，上面的五阶低通滤波器的直接型实现的增益响应的通带细节。在该图中可以很清楚地看出来直接型实现的低通带灵敏度。

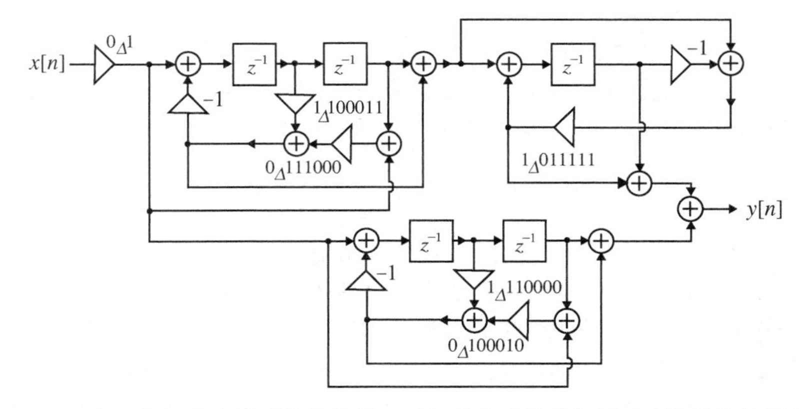

图 12.38　用具有量化的乘法器系数的结构上无损的全通节进行低通滤波器的并联全通实现

注意，若全通滤波器在结构上是 LBR 的，则以式(12.169)的形式实现的功率互补传输函数$H(z)$也保持 BR。因此，在其通带[即$G(z)$的阻带]内表现为低灵敏特性。然而，$H(z)$低通带灵敏度并不意味着$G(z)$的低阻带灵敏度(参见习题 12.35)。

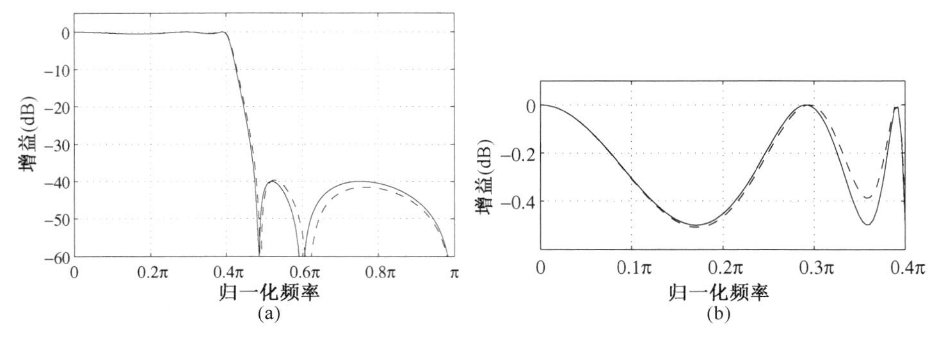

图 12.39 (a)具有无限精度系数(以实线显示)和具有量化系数(虚线)的并联全通实现的增益响应;(b)通带细节

此外，还有许多用于实现 BR IIR 数字传输函数的方法[Dep80]，[Hen83]，[Rao84]，[Vai84]，[Vai85a]。

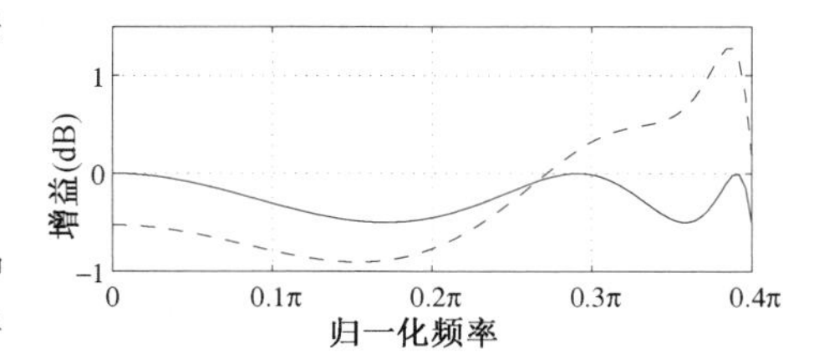

图 12.40 具有无限精度的系数(以实线显示)和量化系数(虚线)的直接型实现的通带响应

12.9.3 低通带灵敏度 FIR 数字滤波器

在很多应用中首选线性相位的 FIR 滤波器。如在 7.3 节中提到的，有 4 类线性相位 FIR 滤波器，其中 1 型滤波器最普遍，且能实现各类频率响应。因此这里我们仅限讨论一个有界实 1 型 FIR 传输函数，并给出以无源的结构形式实现它的简单方法，从而确保乘法器系数的通带低灵敏度[Vai85b]。

由式(7.42)，N 阶 1 型 FIR 滤波器的频率响应可表示为

$$H(e^{j\omega}) = e^{-j\omega N/2}\breve{H}(\omega) \tag{12.171}$$

其中，ω 的实函数 $\breve{H}(\omega)$ 是其振幅响应，由式(7.53)给出。由于 $H(z)$ 是一个 BR 函数，$\breve{H}(\omega) \leqslant 1$。其延迟互补滤波器 $G(z)$ 定义为(参见 7.5.1 节)

$$G(z) = z^{-N/2} - H(z) \tag{12.172}$$

其频率响应为

$$G(e^{j\omega}) = e^{-j\omega N/2}\left[1 - \breve{H}(\omega)\right] = e^{-j\omega N/2}\breve{G}(\omega) \tag{12.173}$$

其中，$\breve{G}(\omega) = 1 - \breve{H}(\omega)$ 是它的振幅响应。图 12.41 描述了一个典型的延迟互补 FIR 滤波器对的振幅响应。由图可见，在 $\omega = \omega_k$ 处，$|H(e^{j\omega_k})| = 1$，$\breve{G}(\omega)$ 有二重零点。因此，$G(z)$ 可表示为

$$G(z) = G_a(z)\prod_{k=1}^{L}\left(1 - 2\cos\omega_k z^{-1} + z^{-2}\right)^2 = G_a(z)G_b(z) \tag{12.174}$$

图 12.42 画出了基于式(12.172)的 $H(z)$ 的一个延迟互补实现，其中 FIR 滤波器 $G(z)$ 按照式(12.174)以 $G_a(z)$ 与 L 个四阶 FIR 节的级联实现，其中第 k 个节的传输函数为 $(1 - 2\cos\omega_k z^{-1} + z^{-2})^2$。若第 k 个节的乘法器系数 $2\cos\omega_k$ 被量化，则它的零点仍然是二重的，且保持在单位圆上。因此，对 $G_b(z)$ 系数的量化并不改变振幅响应 $\breve{G}(\omega)$ 的符号，而且在 $H(z)$ 的通带内 $\breve{G}(\omega) \geqslant 0$。另外，$G_a(z)$ 在单位圆上没有零点，其系数的量化并不影响 $\breve{G}(\omega)$ 的符号。因此，$\breve{H}(\omega)$ 继续保持以单位 1 为界，即相对所有乘法器系数而言，如图 12.41 中所示的 $H(z)$ 的实现保持了结构上有界或结构上无源，从而得到了低通带灵敏度的实现。

例 12.13 中考虑采用上述方法的低通 FIR 滤波器的低通带灵敏度实现。

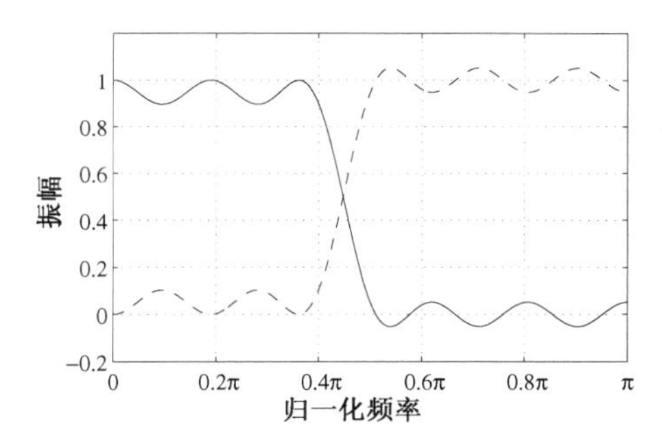

图 12.41　一个典型延迟互补 1 型 FIR 滤波器的振幅响应

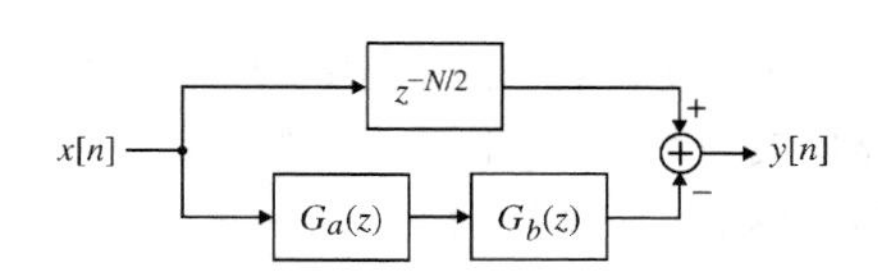

图 12.42　1 型 FIR 滤波器 $H(z)$ 的通带低灵敏度实现

例 12.13　低通 FIR 滤波器的低通带灵敏度实现

程序 10_5.m

滤波器指标为长度 13，归一化通带边界在 0.5π，归一化阻带边界在 0.6π，通带和阻带波纹等权值。我们首先用程序 10_5 设计低通滤波器 $H(z)$，然后生成它的延迟互补滤波器为 $G(z) = z^{-6} - H(z)$。用 MATLAB 中的函数 `roots`，接下来确定 $G(z)$ 的根。$G(z)$ 在单位圆上有 6 个零点：两个在 $z = 1$ 处，一对复共轭零点在 $z = -0.264\,630\,646\,266 \pm j0.964\,349\,843\,707$ 处，一对复共轭零点在 $z = -0.276\,835\,511\,425 \pm j0.960\,917\,321\,945$ 处。这些单位圆零点组成传输函数

$$G_b(z) = (1 - z^{-1})^2(1 - 0.529\,261\,292\,531z^{-1} + z^{-2}) \times(1 - 0.553\,671\,022\,850z^{-1} + z^{-2})$$

使用 MATLAB 中的函数 `deconv`，从 $G(z)$ 中因式分解出 $G_b(z)$，得到剩余项 $G_a(z)$：

$$G_a(z) = 0.041\,079\,971\,956 + 0.051\,971\,544\,351z^{-1} - 0.120\,947\,311\,687z^{-2} - 0.307\,045\,622\,241z^{-3} - 0.120\,947\,311\,687z^{-4} + 0.051\,971\,544\,351z^{-5} + 0.041\,079\,971\,956z^{-6}$$

接下来，通过将小数部分舍入到小数点后第 2 位对 $G_a(z)$ 和 $G_b(z)$ 的系数进行量化，并且从量化后的 $G(z)$ 再求如图 12.42 所示的延迟互补滤波器。图 12.43 显示了具有系数量化的原传输函数 $H(z)$ 及其如图 12.42 实现的频率响应，验证了所提出实现的通带低灵敏度行为。

[Vai86b]中描述了另一种设计通带低灵敏度 FIR 滤波器的方法。

12.10　用误差反馈减少乘积舍入误差

我们在 12.6 节中指出，在采用定点算术实现的数字滤波器中，乘法运算的量化可看做在滤波器结构输出的舍入噪声，可以用量化过程的一个统计模型进行分析。许多应用中，该噪声可能使输出信噪比降低到一个不能接受的电平。因此，有必要研究可以降低输出舍入噪声的技术。在本节中，我们将描述需要额外硬件的两种可能解决办法。在某些关键应用中，额外硬件的成本是合理的。

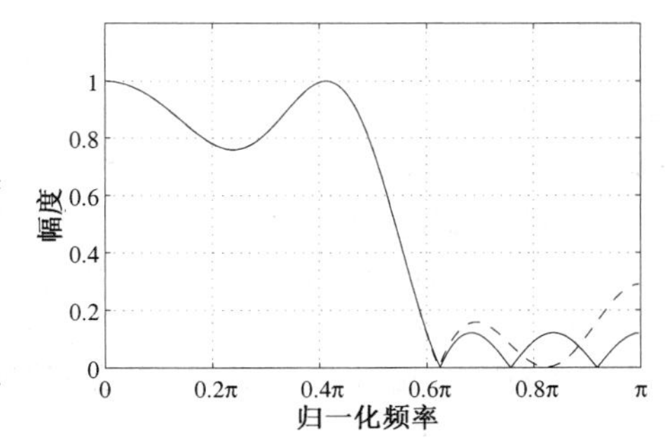

图 12.43　原 FIR 低通滤波器(实线)及其低灵敏度结构(虚线)的幅度响应

误差反馈方法的基本思想是使用量化和非量化信号的差别来降低舍入噪声。这个差别(称为误差)，被该结构以不改变原来实现的传输函数的方式反馈到数字滤波器结构中，同时有效地降低噪声功率[Cha81]，[Hig84]，[Mun81]，[Thô77]。我们考虑一阶和二阶滤波器结构来说明该方法。误差反馈方法常用来设计高精度过抽样 A/D 转换器①。

① 参见随书光盘的应用一节。

12.10.1 一阶误差反馈结构

再次考虑图 12.33(a)中尺度缩放后的一阶节。假定所有乘法器系数是$(b+1)$位的带符号小数。量化误差信号为

$$e[n] = y[n] - v[n] \tag{12.175}$$

现在，修改图 12.33(a)中的结构，如图 12.44 所示，此时误差信号通过一个延迟和一个系数为β的乘法器反馈到系统。实际中，系数β被选为一个简单的整数或小数，如±1、±2 或±0.5。这样，相乘可以用移位运算简单实现而不会引入额外的量化误差。

分析图 12.44，可得输出为$y[n]$的数字滤波器的传输函数表达式为

$$H(z) = \left.\frac{Y(z)}{X(z)}\right|_{E(z)=0} = \frac{K}{1-\alpha z^{-1}} \tag{12.176}$$

以$y[n]$为输出，含误差反馈的噪声传输函数$G(z)$为

$$G(z) = \left.\frac{Y(z)}{E(z)}\right|_{X(z)=0} = \frac{1+\beta z^{-1}}{1-\alpha z^{-1}} \tag{12.177}$$

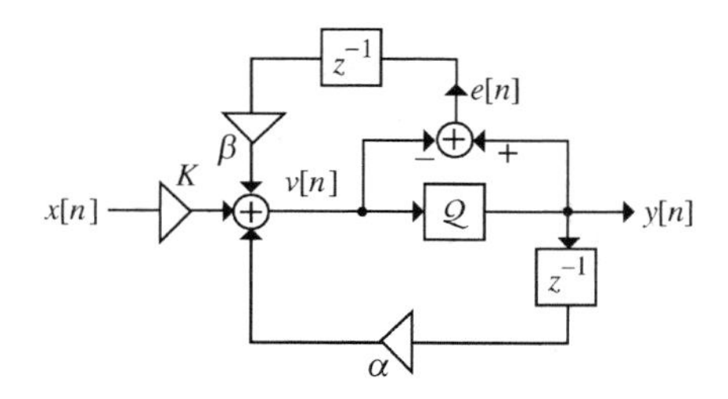

图 12.44 带误差反馈的一阶数字滤波器结构

不含误差反馈$(\beta=0)$的$G(z)$为

$$G(z) = \frac{1}{1-\alpha z^{-1}} \tag{12.178}$$

采用类似于例 12.4 所给出的步骤可得误差反馈结构的输出噪声功率为

$$\sigma_\gamma^2 = \frac{1+2\alpha\beta+\beta^2}{1-\alpha^2}\sigma_0^2 \tag{12.179}$$

其中，σ_0^2是噪声源$e[n]$的方差。注意，当$\beta=-\alpha$时输出噪声方差最小。但实际中$|\alpha|<1$，因此，β的该选择会引入另外的量化噪声源，使得到式(12.179)的分析无效。因此，从实际角度，通过将β取为接近$-\alpha$的整数，可以减少输出舍入噪声方差，此时，唯一的噪声源是对$\alpha y[n-1]$的量化。

当$|\alpha|<0.5$时，$\beta=0$，表明没有误差反馈。然而，此时$H(z)$的极点远离单位圆，因此噪声方差不大。当$|\alpha|\geqslant 0.5$时，我们选择$\beta=(-1)\mathrm{sgn}(\alpha)$①。将这个$\beta$值代入式(12.179)可得

$$\sigma_\gamma^2 = \frac{2}{1+|\alpha|}\sigma_0^2 \tag{12.180}$$

$\beta=0$时，比较式(12.179)和式(12.180)，我们发现引入误差反馈使信噪比以因子$-10\lg[2(1-|\alpha|)]$的倍数增加。极点越靠近单位圆时，上述信噪比的增加就越明显。例如，若$|\alpha|=0.99$，则 SNR 大约会提高 17 dB，这等价于在没有误差反馈时在原来的基础上增加了大约 3 位字长的精度。图 12.44 中的结构还需要增加另外的硬件：两个新加法器和一个另外的存储寄存器。

比较式(12.177)和式(12.178)可知，有误差反馈的噪声传输函数是由无误差反馈的噪声传输函数乘以表达式$(1+\beta z^{-1})$得到的。等效地，误差反馈电路通过将输入量化噪声$E(z)$修正为$E_s(z)=(1+\beta z^{-1})E(z)$，对误差谱成形。将$E_s(z)$通过式(12.178)的普通噪声传输函数生成输出噪声。

为了检验噪声谱成形效果，考虑$\alpha\to 1$的窄带低通一阶滤波器。此时，选择$\beta=-1$，则$E_s(z)$在$z=1$(即$\omega=0$)处有一个零点。没有成形的量化噪声$E(z)$的功率谱密度是常数σ_0^2。成形后噪声源$E_s(z)$的功率谱密度函数为$4\sin^2(\omega/2)\sigma_0^2$，在图 12.45 中画出，同时图中还画出了未成形时噪声源的情况。噪声成形基本上可将噪声重新分配，使得大多数噪声到低通滤波器的阻带中，从而减小噪声方差。由于是利用误差反馈电路引起噪声重新分配，这种减小舍入噪声的方法在文献中也被称为**误差谱成形**方法[Hig84]。

---

① 当$\alpha\geqslant 0$时，$\mathrm{sgn}(\alpha)=+1$；当$\alpha<0$时，$\mathrm{sgn}(\alpha)=-1$。

12.10.2　二阶误差反馈结构

减少舍入误差的误差反馈方法已被应用到二阶 IIR 数字滤波器结构中[Hig84]，[Mun81]。修改图 12.34(a)得到的一种结构在图 12.46 中给出，式(12.158)给出了该结构的传输函数 $H(z)$。注意，在图 12.34(a)所示的结构中，引入误差反馈电路并不影响 $H(z)$或尺度缩放传输函数 $F(z)$。分析图 12.46，可得噪声传输函数的表达式为

$$G(z)=\frac{1+\beta_1 z^{-1}+\beta_2 z^{-2}}{1+\alpha_1 z^{-1}+\alpha_2 z^{-2}} \tag{12.181}$$

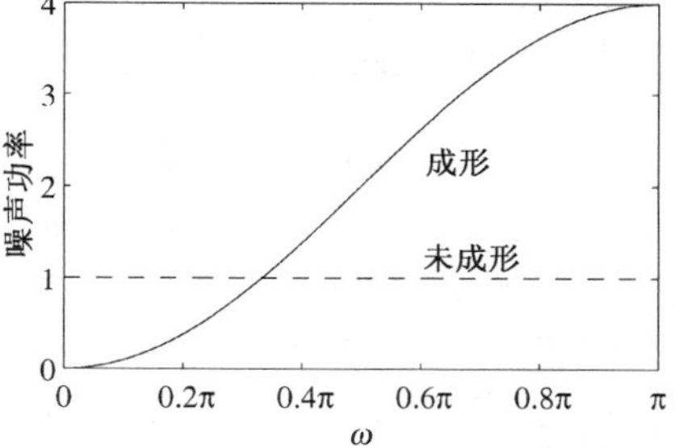

图 12.45　带误差反馈和不带误差反馈的一阶节的归一化误差功率谱

对于$\mathcal{L}_2$ 尺度缩放，输出舍入噪声方差为

$$\sigma_\gamma^2=(\|G\|_2)^2\sigma_0^2 \tag{12.182}$$

注意，选择$\beta_1=\alpha_1$ 和$\beta_2=\alpha_2$ 使得$\|G\|_2=1$，得到$\sigma_\gamma^2=\sigma_0^2$，这是一个明显的最优解。然而，误差反馈路径中乘法器系数的这种选择，会引入上面分析中未被考虑的另外的量化噪声源。和具有误差反馈的一阶节一样，一个更吸引人的解是使整数β_1 和β_2 分别取接近α_1 和α_2 的整数值。例如，对于窄带低通传输函数，极点非常接近单位圆和实轴，即$r\approx 1$ 和$\theta\approx 0$。此时，α_1 接近 -2，而α_2 接近 1。因此，这里选择$\beta_1=-2$ 和$\beta_2=1$，得到噪声传输函数

$$G(z)=\frac{1-2z^{-1}+z^{-2}}{1+\alpha_1 z^{-1}+\alpha_2 z^{-2}} \tag{12.183}$$

Vaidyanathan[Vai87c]证明了对具有$r=0.995$、$\theta=0.07\pi$和$b=16$的一个窄带低通滤波器，二阶误差反馈结构比没有误差反馈结构的 SNR 值大约高出 25 dB。对于不同类型的输入，有误差反馈和无误差反馈的二阶节的详细比较，留做练习(参见习题 12.36)。

注意，与一阶情况一样，误差反馈电路也提供噪声成形。实际上，对上面给出的参数，有误差反馈的噪声传输函数等于无误差反馈的噪声传输函数乘以表达式$(1-z^{-1})^2$。或换言之，误差反馈电路通过把输入量化噪声$E(z)$修改为$E_s(z)=(1-z^{-1})^2E(z)$对误差谱成形。输出噪声是将$E_s(z)$通过式(12.181)给出的普通噪声的传输函数产生的，其中$\beta_1=\beta_2=0$。成形后噪声源$E_s(z)$的功率谱密度为 $16\sin^4(\omega/2)\sigma_0^2$，而未成形情况下就是$\sigma_0^2$。图 12.47 画出了这些功率谱密度。误差反馈通过将噪声引入到滤波器的阻带内，来降低滤波器通带内的噪声。

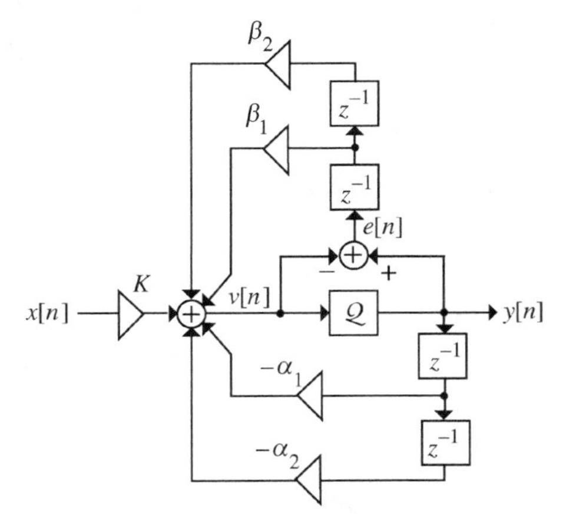

图 12.46　带误差反馈的二阶数字滤波器

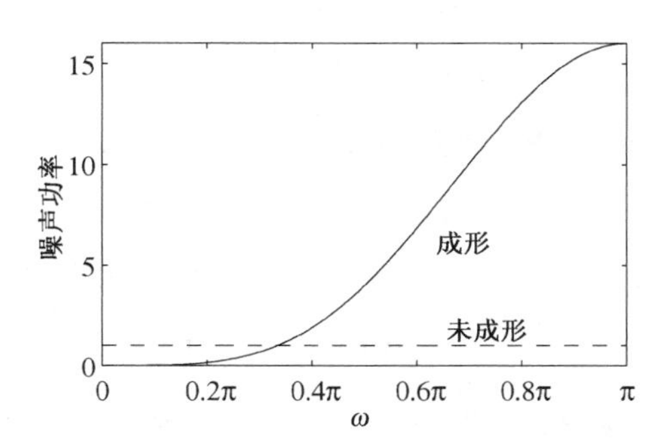

图 12.47　带误差反馈和不带误差反馈的二阶节的归一化误差功率谱

12.11 IIR 数字滤波器中的极限环

迄今为止，我们用系统的线性模型来分析有限字长效应。然而，由于算术运算的量化，实际中滤波器是一个非线性系统。这种非线性会得到无限精度下稳定的 IIR 滤波器，在有限精度的情况下对特定输入信号(如零或常量输入)，呈现出不稳定行为。这类不稳定性通常会产生一个称为**极限环**的周期振荡输出，并且系统将保持这种状态直到有一个足够大振幅的输入来将系统转入正常运算状态中。

对于数字滤波器在所有时间工作的应用，无输入信号的振荡输出是最不希望得到的。特别在音频和声音处理应用中，振荡频率在音频范围内的极限环会对听众产生干扰。

注意，由于存在反馈路径，在 IIR 滤波器中会产生极限环，而在没有任何反馈路径的 FIR 滤波器中没有这种振荡。

基本上有两类极限环：(1)**粒状极限环**和(2)**溢出极限环**。前一类极限环通常具有低振幅，而后一类有大的振幅。本节中我们将研究这两类极限环。

12.11.1 粒状极限环

在 IIR 数字滤波器中可观察到两类粒状极限环：**不可达到极限环**和**可达的极限环**[Cla73]。前一类只有当数字滤波器的初始条件在属于该极限环的开始时间才会出现，而在第二类中，即使以不属于该极限环的初始条件开始，极限环的条件也能达到。我们在例 12.14 和例 12.15 中通过分析一阶和二阶 IIR 数字滤波器的非线性行为说明极限环的产生。

例 12.14 一阶 IIR 数字滤波器的粒状极限环

考虑由式(12.1)的差分方程所描述的图 12.1 中因果一阶数字滤波器，其中，为了稳定，令$|\alpha|<1$。假定对乘积结构采用舍入量化，如图 12.48 所示。此时，式(12.1)变为非线性差分方程

$$\hat{y}[n]=\mathcal{Q}(\alpha\hat{y}[n-1])+x[n] \tag{12.184}$$

其中$\hat{y}[n]$表示滤波器的实际输出。不失一般性，我们假定被实现的数字滤波器使用 6 位带符号小数且量化阶为$\delta=2^{-5}$。表 12.6 显示了对冲激输入$x[0]=0_\Delta1101$，当$n>0$时$x[n]=0$，且初始条件为$\hat{y}[-1]=0$时，对于两个不同极点位置的前 7 个输出样本。观察到，第一种情况下的稳态输出是一个非零常数，即具有周期为 1 的周期性。而在第二种情况下它具有周期为 2 的周期性。另外，无限精度下，随着$n\to\infty$，理想输出按指数趋近零。

上述类型在输出的振荡称为**零输入极限环**，而振荡的振幅范围通常称为**死带**[Bla65]。在输出表现出极限环的数字滤波器可以建模为其极点在单位圆上的一个线性系统[Jac69]。使用该表示，可以确定在低阶滤波器中死带的范围。例如，对上面提到的一阶 IIR 数字滤波器，假定当$\alpha>0$时极限环条件下系统在$z=1$处有一个有效极点，而当$\alpha<0$时在$z=-1$处有一个有效极点。这有效地表明

$$\mathcal{Q}(\alpha\hat{y}[n-1])=\begin{cases}\hat{y}[n-1], & \alpha>0\\ -\hat{y}[n-1], & \alpha<0\end{cases} \tag{12.185}$$

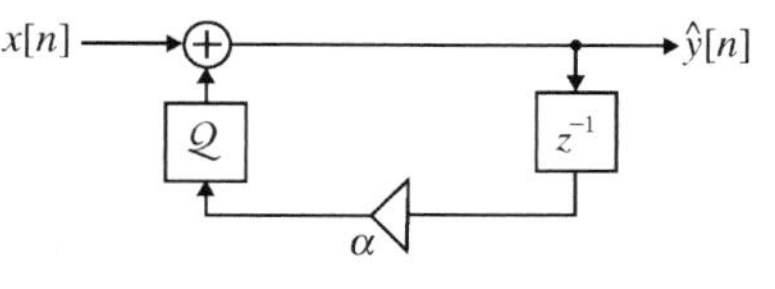

图 12.48 带量化器的一阶 IIR 滤波器

另外，由舍入导致的量化误差以$\pm\delta/2$为界，其中δ是量化阶，即

$$|\mathcal{Q}(\alpha\hat{y}[n-1])-\alpha\hat{y}[n-1]|\leqslant\frac{\delta}{2} \tag{12.186}$$

由式(12.185)和式(12.186)，我们得到一阶 IIR 滤波器的死带为

$$|\hat{y}[n-1]|\leqslant\frac{\delta}{2(1-|\alpha|)} \tag{12.187}$$

因此，若对任意n值，当输入设为 0 时，延迟单元的输出$\hat{y}[n-1]$在上述范围内，则系统陷入了极限环状态。对上例中用到的数值，死带的范围是$|\hat{y}[n-1]|\leqslant0.1$，它一定满足表 12.6 中的条目。

程序 12_7.m

在计算机上很容易演示极限环的产生。MATLAB 程序 12_7 可用于研究粒状极限环过程。该程序用 12.4.1 节中的函数 a2dR 来产生滤波器系数的二进制表示的十进制等效，其中 N 位表示舍入后的幅度。

图 12.49 是将式(12.1)给出的一阶 IIR 数字滤波器当系数舍入量化 6 位时，滤波器输出响应的前 21 个样本的图。其中输入 $x[n]=0.04\delta[n]$，滤波器系数为 $\alpha=\pm0.6$，初始条件为 $y[-1]=0$。

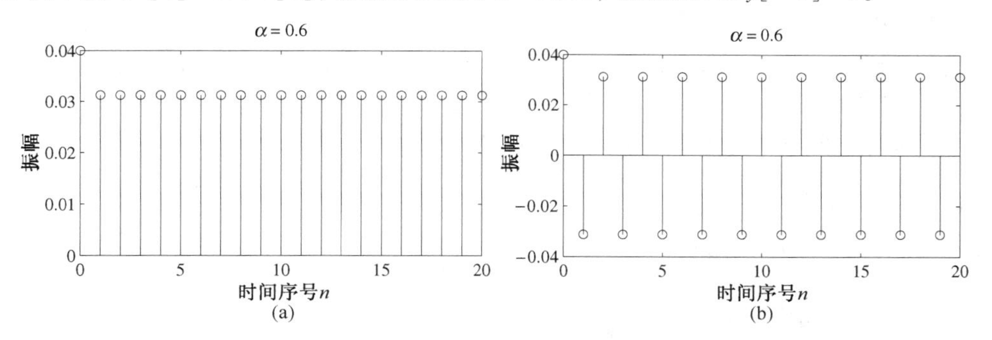

图 12.49　一阶 IIR 数字滤波器中的极限环的说明：(a) $\alpha=0.6$；(b) $\alpha=-0.6$

表 12.6　一阶 IIR 数字滤波器的极限环行为

n	$\alpha=0_\Delta1011$，$\hat{y}[-1]=0$		$\alpha=1_\Delta1011$，$\hat{y}[-1]=0$	
	$\alpha\hat{y}[n-1]$	$\hat{y}[n]$	$\alpha\hat{y}[n-1]$	$\hat{y}[n]$
0	0	$0_\Delta1101$	0	$0_\Delta1101$
1	$0_\Delta10001111$	$0_\Delta1001$	$1_\Delta10001111$	$1_\Delta1001$
2	$0_\Delta01100011$	$0_\Delta0110$	$0_\Delta01100011$	$0_\Delta0110$
3	$0_\Delta01000010$	$0_\Delta0100$	$1_\Delta01000010$	$1_\Delta0100$
4	$0_\Delta00101100$	$0_\Delta0011$	$0_\Delta00101100$	$0_\Delta0011$
5	$0_\Delta00100001$	$0_\Delta0010$	$1_\Delta00100001$	$1_\Delta0010$
6	$0_\Delta00010110$	$0_\Delta0001$	$0_\Delta00010110$	$0_\Delta0001$
7	$0_\Delta00001011$	$0_\Delta0001$	$1_\Delta00001011$	$1_\Delta0001$
8	$0_\Delta00001011$	$0_\Delta0001$	$0_\Delta00001011$	$0_\Delta0001$

例 12.15　二阶 IIR 数字滤波器的粒状极限环

对于二阶 IIR 滤波器，存在一种类似的情况，但极限环的类型不同。考虑图 12.26(a)所示的全极点二阶 IIR 数字滤波器，它由差分方程

$$y[n]=-\alpha_1 y[n-1]-\alpha_2 y[n-2]+x[n] \tag{12.188}$$

描述。系统的极点在

$$z=-\frac{\alpha_1}{2}-\frac{\sqrt{\alpha_1^2-4\alpha_2}}{2} \tag{12.189}$$

$\alpha_1^2<4\alpha_2$ 时，它是复数；且当 $\alpha_2=1$ 时，它在单位圆上。假定首先对乘积舍入量化，如图 12.50 所示，则式(12.188)中的差分方程变为

$$\hat{y}[n]=\mathcal{Q}(\alpha_1\hat{y}[n-1])-\mathcal{Q}(\alpha_2\hat{y}[n-2])+x[n] \tag{12.190}$$

其中 $\hat{y}[n]$ 代表实际输出。零输入下，图 12.50 所示的系统在极限环状态的一种可能方式是，其有效极点在单位圆上。此时

$$\mathcal{Q}(\alpha_2\hat{y}[n-2])=\hat{y}[n-2] \tag{12.191}$$

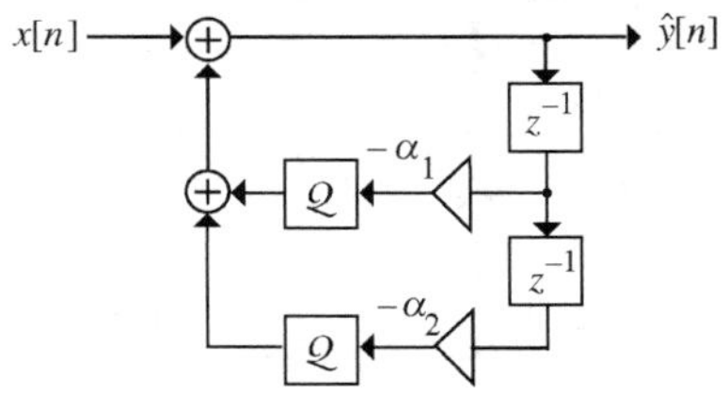

此外，由于舍入，我们有

$$|\mathcal{Q}(\alpha_2\hat{y}[n-2])-\alpha_2\hat{y}[n-2]|\leqslant\frac{\delta}{2} \tag{12.192}$$

图 12.50　量化器在乘法器之后的二阶 IIR 节

由式(12.191)和式(12.192)，我们得到控制极限环状态的死带范围为

$$|\hat{y}[n-2]| \leqslant \frac{\delta}{2|1+\alpha_2|} \tag{12.193}$$

其中，α_1 决定振荡频率。

若带有量化器的系统在 $z=\pm 1$ 处有有效极点，则极限环也会出现在二阶 IIR 滤波器中。在此模式下，死带的界限为 $2\delta/(1-|\alpha_1|+\alpha_2)$[Jac69]。

注意，以式(12.193)给出的振幅界限出现的极限环基本上是不可达到的极限环，实际中，数字滤波器不可能以属于这些极限环的初始条件开始[Cla73]。另外，对于图 12.50 所示的二阶 IIR 滤波器结构，在任意初始条件下，容易出现可达到的极限环，并且它们的振幅限制如下：

$$|\hat{y}[n-2]| \geqslant \frac{\delta}{2|1+\alpha_2|} \tag{12.194}$$

尽管我们这里讨论了简单的 IIR 数字滤波器中零输入极限环的产生，极限环也出现在高阶结构中。然而除了确定极限环振幅的范围之外，对它们的分析几乎不可能[Lon73]。在一些结构中，可以观察到具有非零常数振幅输入和常数振幅正弦输入的周期极限环。

12.11.2 溢出极限环

如前所述，类似极限环的振荡可能来自以有限精度算术实现的数字滤波器的溢出。溢出振荡的振幅可能占有溢出的寄存器的全部动态取值范围，从本质上说，溢出振荡比粒状极限环更严重。我们在例 12.16 中说明计算机上溢出振荡的产生。

例 12.16 二阶 IIR 数字滤波器的溢出极限环

考虑图 12.26(a)所示的因果全极点二阶 IIR 数字滤波器。假设其实现采用原码形式，通过一个量化器对乘积的和进行舍入量化，如图 12.51 所示。此时，描述该理想滤波器的式(12.188)中的线性差分方程退化成非线性差分方程为

$$\hat{y}[n] = \mathcal{Q}(-\alpha_1\hat{y}[n-1] - \alpha_2\hat{y}[n-2] + x[n]) \tag{12.195}$$

其中 $\mathcal{Q}(\cdot)$ 表示舍入运算，而 $\hat{y}[n]$ 表示滤波器的实际输出。假定所有的数字为 4 位带符号小数。

设滤波器系数为 $\alpha_1 = 1_\Delta 001 = -0.875_{10}$ 和 $\alpha_2 = 0_\Delta 111 = 0.875_{10}$。假设初始条件为 $\hat{y}[-1] = -0.625_{10}$ 和 $\hat{y}[-2] = -0.125_{10}$。考虑零输入情况，即当 $n \geqslant 0$ 时 $x[n]=0$。

程序 12_8.m

程序 12_8 可用来说明溢出极限环的产生，它用 12.4.1 节的函数 a2dR 来执行对乘积之和的舍入运算，如式(12.195)所示。

图 12.52 显示了上述说明具有零输入溢出极限环生成的程序产生的输出。注意，如后续章节所示，若采用原码截尾方式来量化乘积之和，则图 12.51 所示的结构不会出现溢出极限环。用 12.4.1 节中的函数 a2dT 替换程序 12_8 中的函数 a2dR 后，可以很容易地说明此特性。

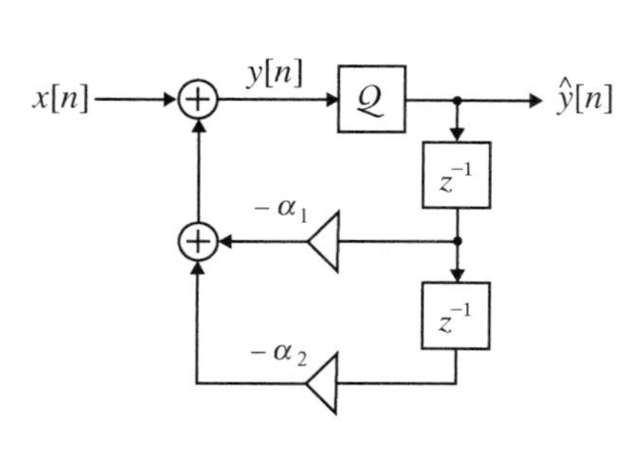

图 12.51 量化器在累加器之后的二阶 IIR 节

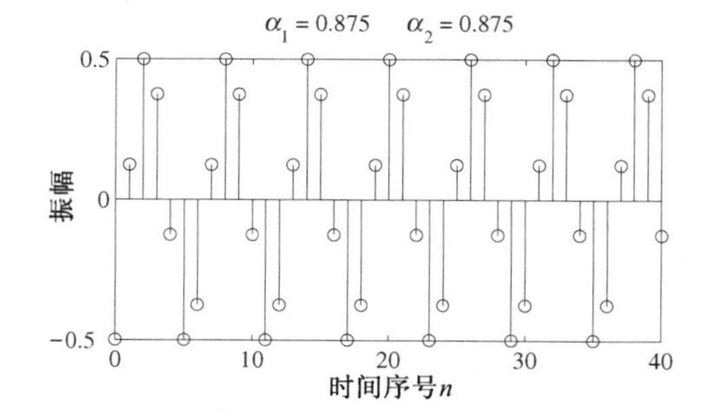

图 12.52 图 12.51 的溢出极限环

我们已经在 7.9.1 节中证明，图 12.51 中的二阶直接型 IIR 结构的滤波器系数必须在图 12.53 中的稳定性三角形内，以保证稳定性。然而，用带有舍入的补码算术实现时，对于滤波器系数较大范围的值，该

结构仍然可以进入零输入溢出振荡模式，满足该稳定性约束。可以证明，若滤波器系数在图 12.53 所示的稳定性三角形内部的阴影部分，则不会发生零输入下的溢出极限环[Ebe69]。该区域定义为如下关系：

$$|\alpha_1| + |\alpha_2| < 1 \tag{12.196}$$

由于上面的条件非常严格，下面将研究对极点位置限制较宽松时，不会保持极限环的其他 IIR 滤波器结构。

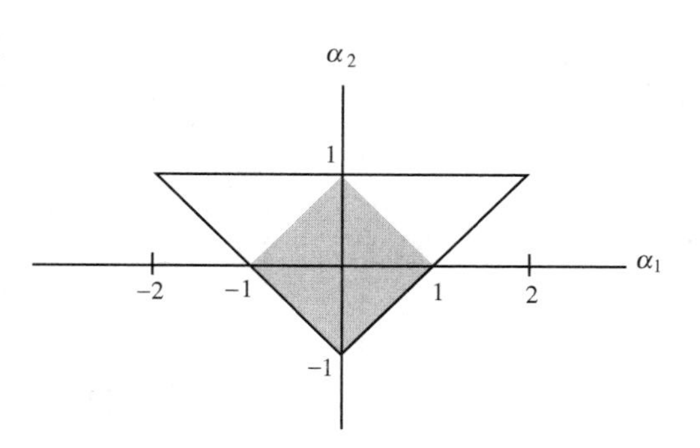

图 12.53　确保无溢出振荡的二阶直接型IIR滤波器的系数范围(以阴影区域显示)

12.11.3　无极限环结构

许多学者探讨用特定算术方案实现无极限环的数字滤波器结构。基于状态空间表示法是生成这种结构的最普遍方法[Mil78]。第 2 章中讨论了用卷积和以及关联输入和输出信号的线性常系数差分方程来对 LTI 离散时间系统进行时域描述。因果 LTI 离散时间系统的另一种时域描述是用称为状态变量的内部变量来表示的，它们通常是所有单位延迟的输出变量。对于二阶因果 LTI 离散时间系统，关联输出序列 $y[n]$ 和输入序列 $x[n]$ 的状态空间表示为

$$\begin{bmatrix} s_1[n+1] \\ s_2[n+1] \end{bmatrix} = \begin{bmatrix} a_{11} & a_{12} \\ a_{21} & a_{22} \end{bmatrix} \begin{bmatrix} s_1[n] \\ s_2[n] \end{bmatrix} + \begin{bmatrix} b_1 \\ b_2 \end{bmatrix} x[n] \tag{12.197}$$

$$y[n] = [c_1 \quad c_2] \begin{bmatrix} s_1[n] \\ s_2[n] \end{bmatrix} + dx[n] \tag{12.198}$$

记为

$$\boldsymbol{s}[n] = [s_1[n] \quad s_2[n]]^{\mathrm{T}} \tag{12.199}$$

$$\boldsymbol{A} = \begin{bmatrix} a_{11} & a_{12} \\ a_{21} & a_{22} \end{bmatrix}, \qquad \boldsymbol{b} = \begin{bmatrix} b_1 \\ b_2 \end{bmatrix}, \qquad \boldsymbol{c} = [c_1 \quad c_2] \tag{12.200}$$

以一种紧凑的形式将式(12.197)和式(12.198)重写为

$$\boldsymbol{s}[n+1] = \boldsymbol{A}\,\boldsymbol{s}[n] + \boldsymbol{b}x[n] \tag{12.201}$$

$$y[n] = \boldsymbol{c}\,\boldsymbol{s}[n] + dx[n] \tag{12.202}$$

上式中，式(12.199)中给出的 $\boldsymbol{s}[n]$ 称为**状态向量**，其元素 $s_i[n]$ 称为**状态变量**。式(12.200)中给出的矩阵 $\boldsymbol{A}$ 称为**状态转移矩阵**。

尽管在具体实现中，式(12.201)和式(12.202)的等号右边都被量化，式(12.201)等号右边量化产生的量化误差通过反馈环，仍引起极限环的产生。假定变量 $s_1[n+1]$ 和 $s_2[n+1]$ 被量化，则这些量化信号的延迟形式分别是状态变量 $s_1[n]$ 和 $s_2[n]$。

若

$$|\mathcal{Q}(x)| \leqslant |x|, \qquad \text{所有的 } x \tag{12.203}$$

成立，则定义一个量化器是**无源的**。若 x 在系统给定的动态范围内，则对于幅度截尾(参见 12.2 节)，很明显，式(12.203)成立，即量化器是无源的。若 x 在动态范围之外(例如由溢出引起)，则必须按照 11.9 节中讨论的饱和算术方案或者补码溢出方案将值带回范围之内。因此，后面紧跟着上面任意一种溢出处理方案的幅度截尾，也是一个无源量化器。

状态转移矩阵满足

$$\boldsymbol{A}^{\mathrm{T}}\boldsymbol{A} = \boldsymbol{A}\boldsymbol{A}^{\mathrm{T}} \tag{12.204}$$

的该数字滤波器结构称为**正规形结构**。可以证明，这种带有无源量化器的结构不支持任一类的零输入极限环[Mil78]。满足上述条件及 $\|\boldsymbol{A}\|_2 < 1$ 的矩阵 $\boldsymbol{A}$ 称为**正规矩阵**。

例 12.17　没有零输入极限环的二阶数字滤波器结构

考虑图 12.54 中的数字滤波器结构[Yan82]。通过分析可知

$$s_1[n+1] = cs_1[n] - cds_2[n] + cx[n] \tag{12.205a}$$

$$s_2[n+1] = cds_1[n] + cs_2[n] \tag{12.205b}$$

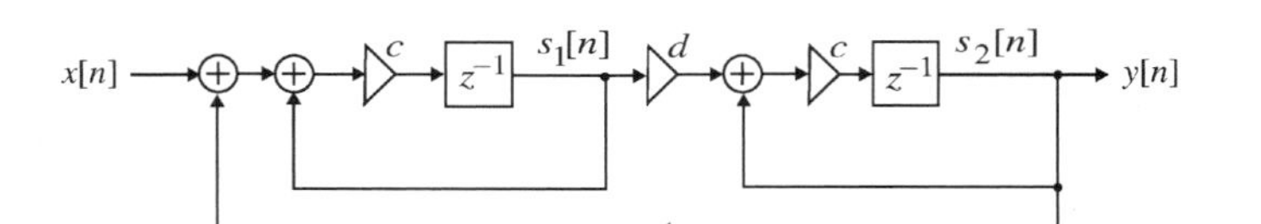

图 12.54 一个二阶 IIR 节

由上面的式子很容易得到状态转移矩阵为

$$\boldsymbol{A} = \begin{bmatrix} c & -cd \\ cd & c \end{bmatrix} \tag{12.206}$$

将$(z\boldsymbol{I} - \boldsymbol{A})$的行列式和极点在$z = re^{\pm j\theta}$处(为了稳定$r<1$)的二阶 IIR 传输函数的分母进行比较，得到

$$c = r\cos\theta, \qquad d = \tan\theta \tag{12.207}$$

将上面的值代入式(12.206)，可得

$$\boldsymbol{A} = \begin{bmatrix} r\cos\theta & -r\sin\theta \\ r\sin\theta & r\cos\theta \end{bmatrix} \tag{12.208}$$

注意，$\boldsymbol{A}^{\mathrm{T}}\boldsymbol{A} = \boldsymbol{A}\boldsymbol{A}^{\mathrm{T}} = r^2\boldsymbol{I}$。由于$r<1$，所以有$\|\boldsymbol{A}\|_2 = r < 1$。因此，图 12.54 所示的滤波器是一个正规形结构，它不会表现出任一种类型的零输入极限环。

12.11.4 随机舍入

随机舍入是一种用来抑制二阶 IIR 系统中的零输入粒状极限环的在概念上简单的技术[Büt77]，[Law78]。为了解释这种方法的运算，设量化前存储信号的寄存器为$v[n]$，如图 12.55 所示。在随机舍入方法中，在外部通过随机数生成器产生一个不相关的二进制随机序列$x[n]$，且用$x[n]$代替$v[n]$的第$(b+1)$位a_{-b-1}。然后使修改后的信号$v[n]$通过一个无源量化器。这种方法除了增加了硬件上的复杂度之外，而且还产生了分布在整个频率范围上的稍微更高的量化噪声。

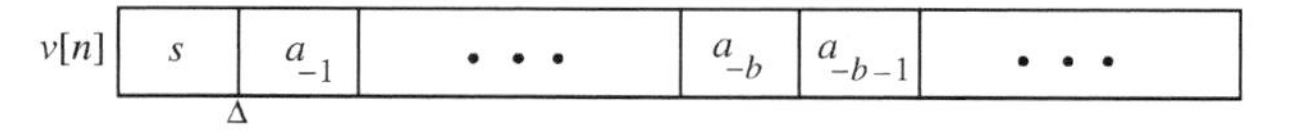

图 12.55 存储待量化信号的寄存器

12.12 FFT 算法中的舍入误差

由于 FFT 在数字信号处理中应用广泛，因此有必要分析 FFT 计算中的有限字长效应。FFT 计算中最重要的误差是算术舍入误差。和前几节一样，假设 DFT 计算采用定点算术，这样，我们仅限讨论采用 FFT 算法的 DFT 计算中的乘积舍入误差，并将它们与直接进行 DFT 计算产生的误差做比较[Opp89]，[Pro96]，[Wel69]。这里用来分析舍入误差的模型与图 12.20 所示的 LTI 数字滤波器的结构相同。

乘法器系数W_N^{kn}和 DFT 计算中的信号通常都是复数，因此应进行复数相乘。由于每个复数相乘需要 4 个实数相乘，每次相乘有 4 个量化误差。若 DFT 运算需要K次复数相乘，在计算结构中就有$4K$个量化误差源。我们对噪声源统计特性做一般性假设：

(a)所有的$4K$个误差彼此不相关并且与输入序列无关。

(b)假定一个带符号的b位小数定点算术，量化误差是方差为$\sigma_0^2 = 2^{-2b}/12$的均匀分布的随机变量。

12.12.1　直接 DFT 计算

回忆长度为 N 的复序列 $x[n]$ 的 N 点 DFT $X[k]$ 为

$$X[k]=\sum_{n=0}^{N-1}x[n]W_N^{nk},\qquad 0\leqslant k\leqslant N-1 \tag{12.209}$$

因此，计算单个 DFT 样本需要 N 次复数相乘，相应地，计算单个 DFT 样本中的实数相乘的总数为 $4N$，即有 $4N$ 个量化误差源。因而，计算一个 DFT 样本的误差方差为①

$$\sigma_\gamma^2=4N\sigma_0^2=\frac{2^{-2b}N}{3} \tag{12.210}$$

这表明输出舍入误差正比于 DFT 长度。

在计算 $X[k]$ 时，为了避免溢出，必须对输入序列 $x[n]$ 进行缩放。假定输入样本满足动态范围限制 $|x[n]|\leqslant 1$，由式(12.209)有

$$|X[k]|\leqslant\sum_{n=0}^{N-1}|x[n]|<N \tag{12.211}$$

为了防止溢出，需要保证

$$|X[k]|<1 \tag{12.212}$$

这可以通过对输入序列中的每个样本 $x[n]$ 除以 N 来保证。

为了分析上面的缩放效果，假定输入是样本均匀分布在 $(-1/N,\ 1/N)$ 上的一个白噪声序列[Pro96]。输入信号功率为

$$\sigma_x^2=\frac{(2/N)^2}{12}=\frac{1}{3N^2} \tag{12.213}$$

相应的输出信号功率为

$$\sigma_X^2=N\sigma_x^2=\frac{1}{3N} \tag{12.214}$$

因此，信噪比为

$$\mathrm{SNR}=\frac{\sigma_X^2}{\sigma_\gamma^2}=\frac{2^{2b}}{N^2} \tag{12.215}$$

上述表达式表明了由于缩放和舍入误差的影响，SNR 以因子 N^2 减少。可以用式(12.215)求出满足期望 SNR 时计算给定长度的 DFT 所需的字长(参见习题 12.43)。

12.12.2　通过 FFT 算法计算 DFT

现在分析基于 FFT 算法的 DFT 计算中的舍入误差。不失一般性，我们先分析按时间抽取的基 2 FFT 算法，不过得到的结果可以很容易地推广到其他类型快速 DFT 算法中。

由图 11.24 给出的按时间抽取 FFT 算法流图中可以看出，DFT 样本通过一系列蝶形运算来计算，其中每个蝶形模块是一个单个复数相乘。为简化分析，在此不单独讨论某些蝶形运算中需要乘以 ± 1 或 $\pm \mathrm{j}$ 的运算。

考虑如图 12.56 所示的单个 DFT 样本的计算。从图中可见，计算一个 DFT 样本需要 $v=\log_2 N$ 阶段。在某一特定阶段中，蝶形的个数取决于该阶段在计算链中的位置，第 r 阶段有 $N/2^r=2^{\nu-r}$ 个蝶形，$r=1,\ 2,\ \cdots,\ \nu$。因此每个 DFT 样本计算所需的蝶形总数为

$$1+2+2^2+\cdots+2^{\nu-2}+2^{\nu-1}=2^\nu-1=N-1 \tag{12.216}$$

---

① 严格来说，由于与 W_N^0 和 $W_N^{N/2}$ 相乘不产生任何误差，实际输出噪声方差应该比这里的值小。

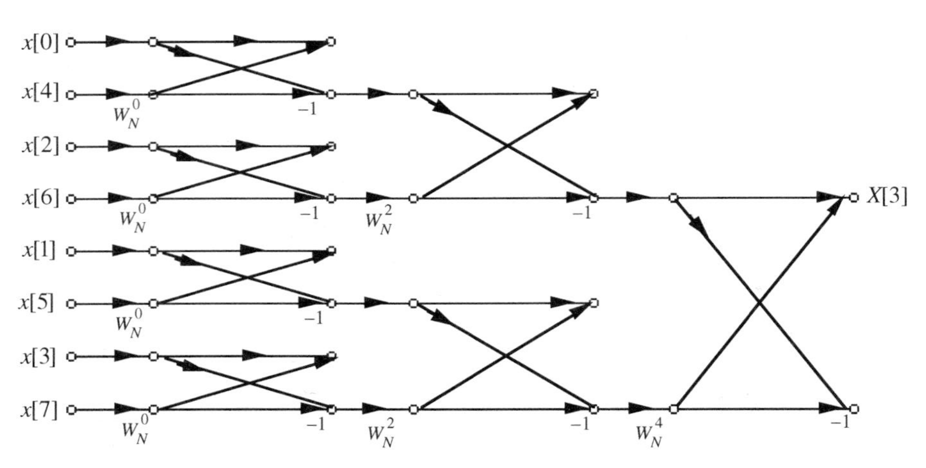

图 12.56 用于计算 $X[3]$ 的简化流图

从图 12.56 也可以看出，第 r 阶段引入的量化误差在传过 $(r-1)$ 个阶段之后会在输出端出现，而在后面的每阶段中都会乘以一个旋转因子。由于旋转因子的幅度总是 1，因此传播到输出时量化误差功率不变。产生输出舍入误差的误差源总数是 $4(N-1)$。假定每个蝶形引入的量化误差和其他蝶形产生的量化误差不相关，则输出舍入误差的方差为

$$\sigma_\gamma^2 = 4(N-1)\frac{2^{-2b}}{12} \approx \frac{2^{-2b}N}{3} \tag{12.217}$$

注意，上面的 σ_γ^2 的表达式与式(12.210)给出的直接 DFT 计算的表达式相同。其原因在于 FFT 算法并不改变计算一个 DFT 样本的复数相乘的总数，而是通过更有效地组织计算，减少 N 个 DFT 样本的相乘数目。

若我们对输入样本进行缩放，使其满足条件 $|x[n]| < 1/N$ 以防输出产生溢出，则在 FFT 算法中得到的 SNR 和式(12.215)给出的一样。然而，对于 FFT 算法，按照如下所示的不同的缩放规则可以提高 SNR。

除了以 $1/N$ 缩小输入样本外，也可以在每阶段以 1/2 缩小输入。这个缩放规则可以保证输出 DFT 样本与期望的一样，以因子 $(1/2)^\nu = 1/N$ 缩小。但以因子 1/2 缩放时，舍入噪声方差会以因子 1/4 减少，因此在噪声传播到输出的过程中，第 r 阶段的 $4(2^{\nu-r})$ 噪声源的舍入噪声方差以因子 $1/4^{r-1}$ 减少。假定 N 足够大，以至于 $\dfrac{1}{N} \ll 1$，可以证明，输出端的全部舍入噪声方差为(参见习题 12.44)

$$\sigma_\gamma^2 = \tfrac{2}{3}\cdot 2^{-2b}\left(1-\tfrac{1}{N}\right) \approx \tfrac{2}{3}\cdot 2^{-2b} \tag{12.218}$$

此时 SNR 减少到

$$\frac{\sigma_X^2}{\sigma_\gamma^2} = \frac{2^{2b}}{2N} \tag{12.219}$$

因此，将缩放分配到每一阶段可以以因子 N 增加 SNR。对于计算一个给定长度 N 的 DFT，式(12.219)给出的方程可用来求为了达到指定的 SNR 所需的字长(参见习题 12.45)。

12.13 小结

本章讨论了数字信号处理算法的实际实现所引起的有限字长效应，该效应会导致实际算法结果与在具有无限精度字长的理想情况中得到的结果不同。为了在实际实现之前生成分析这些效应的适当模型，我们首先回顾了使无限精度数据适合一个有限字长的寄存器的量化过程以及由该过程产生的误差。定点数和浮点数的量化都被考虑。当然，本章的余下部分集中讨论了定点的实现情况。

接下来，我们将数字滤波器的实现中乘法器系数量化的影响作为系数灵敏度问题进行了讨论。推导了对有限冲激响应(IIR)滤波器和无限冲激响应(FIR)滤波器系数灵敏度分析的简单方程。

对连续时间信号进行数字处理时，连续信号由一个抽样保持设备的周期抽样后，由模数(A/D)转换器转换成数字形式。我们生成一个统计模型，用来分析 A/D 转换引起的输入量化误差，并用来推导以 A/D 转换器的字长变化的函数表示的信噪比的表达式。研究表明，A/D 量化误差传播到处理数字化连续时间信号的数字滤波器的输出端时，会以噪声的形式叠加在所求的输出上。我们还给出了对输出误差进行统计分析的方法。

然后，用统计模型分析了数字滤波器的定点实现中的乘积舍入效应，并对滤波器内部产生的误差传输到输出端所引起的输出噪声进行了统计分析。在定点算术实现的数字滤波器的某些内部节点可能出现溢出，导致滤波器输出端出现大的振幅振荡。本章讨论了通过适当放置尺度缩放乘法器来对内部信号变量进行缩放从而降低溢出概率的方法。特别深入研究数字滤波器的级联形式的性能，来说明零极点配对和低阶节排序的效果。并提供了缩放后一阶和二阶 IIR 数字滤波器节的输出信噪比的详细分析。

接着，我们推导了 IIR 和 FIR 数字滤波器通带低灵敏度实现的条件，并列出了每种情况这种低灵敏度实现的方法，描述了在 IIR 数字滤波器中减少舍入误差的两种方法。

某些情况下，离散过程在 IIR 数字滤波器的输出端会引起周期性振荡的出现，称为极限环。一般情况下，极限环很难分析。这里仅对一阶和二阶 IIR 数字滤波器说明极限环的存在，并得到了状态空间结构无极限环的条件。

本章最后分析了 DFT 和 FFT 算法实现中的舍入误差。

12.14　习题

12.1　推导表 12.2 中相对量化误差的范围。

12.2　计算图 8.34 所示一阶数字滤波器结构对于 α 的极点灵敏度。

12.3　计算图 8.37 所示二阶数字滤波器结构对于 α 和 β 的极点灵敏度。

12.4　图 12.54 所示的数字滤波器结构是常见的**修正耦合型结构**[Yan82]。图 P12.1 中显示了另一种修正的耦合型结构。求两种结构的传输函数并计算它们各自的极点灵敏度。将这些灵敏度与式(12.19)给出的图 12.11 所示耦合型结构的灵敏度进行比较。

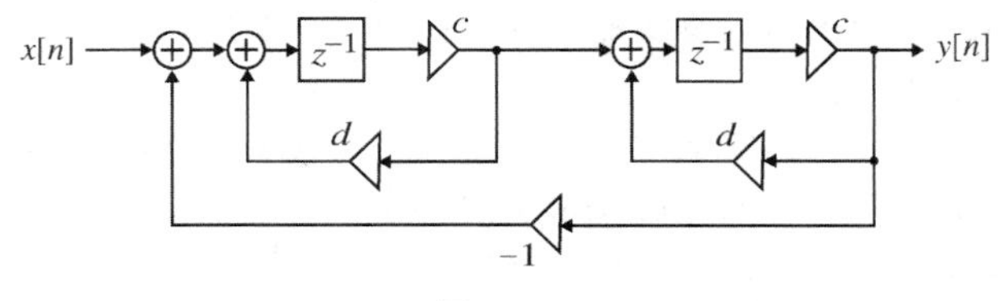

图 P12.1

12.5　求图 P12.2 所示二阶数字滤波器结构的传输函数并计算它的极点灵敏度[Aga75]。将其与图 12.11及图 P12.1 所示结构的灵敏度进行比较。

12.6　一个三阶椭圆低通传输函数

$$H(z)=\frac{0.3035(z+1)(z^2+1.6z+1)}{(z+0.75)(z^2-0.5z+0.25)}$$

以(1)直接型和(2)级联型实现。计算每种结构的极点灵敏度。

12.7　考虑用传输函数 $H(z)=Y_1/X_1$ 描述的图 P12.3 所示数字滤波器结构。证明 $H(z)$ 相对于乘法器系数 α 的灵敏度定义为 $\partial H(z)/\partial\alpha$。且为

$$\frac{\partial H(z)}{\partial\alpha}=F_\alpha(z)\cdot G_\alpha(z)$$

其中 $F_\alpha(z)$ 是乘法器 α 从输入节点 X_1 到输入节点 Y_2 的缩放传输函数。$G_\alpha(z)$ 是从乘法器 α 的输出节点 X_2 到滤波器输出节点 Y_1 的噪声传输函数。

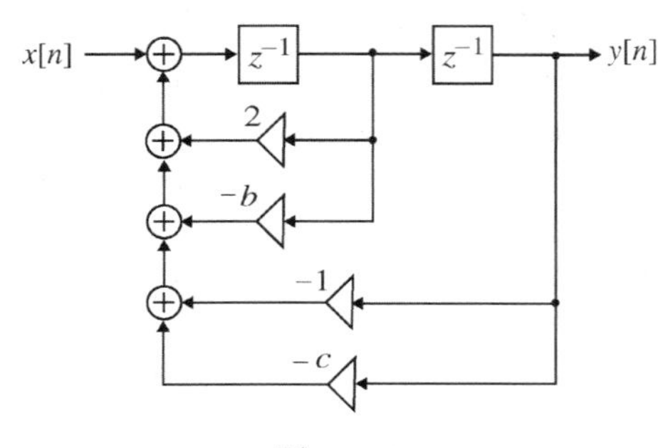

图 P12.2

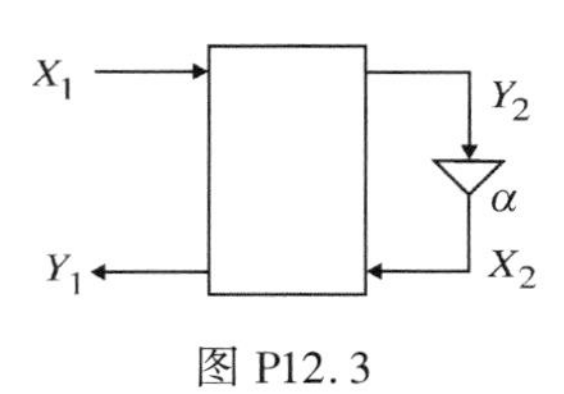

图 P12.3

12.8 证明式(12.59)中定义的函数 $W_N(\omega)$ 具有下列性质：

(a) $0 < W_N(\omega) \leqslant 1$

(b) 对所有 N，$W_N(0) = W_N(\pi) = 1$

(c) $\lim\limits_{N\to\infty} W_N(\omega) = \dfrac{1}{\sqrt{2}},\ 0 < \omega < \pi$

12.9 验证表 12.3 中的 SNR 值。

12.10 对下面的因果 IIR 数字滤波器，求由于输入量化噪声传播产生的输出噪声方差。

(a) $H_1(z) = \dfrac{(z+4)(z-1)}{(z+0.4)(z+0.2)}$

(b) $H_2(z) = \dfrac{(4z+1)(z^2-4z+1)}{(z-0.2)(z+0.4)(z^2+0.75z+0.4)}$

(c) $H_3(z) = \dfrac{(z-2)^2}{(z^2+0.4z+0.75)}$

(d) $H_4(z) = \dfrac{(z-3)(z-4)(z-1)}{(z+0.25)(z-0.75)(z+0.1)}$

12.11 求下面以并联形式实现的数字滤波器，由于输入量化引起的归一化输出噪声方差的表达式为

$$H(z) = A + \frac{B}{z+\beta} + \frac{C}{z+\gamma}$$

其中并联结构中每一节用直接 II 型实现。特别地，当 $\beta = 0.2$，$\gamma = -0.75$，$A = 6$，$B = -2$，$C = 3$ 时，方差的值是多少？

12.12 用直接 II 型和直接 II_t 型结构实现传输函数 $H(z) = (p_0 + p_1 z^{-1})/(1 + d_1 z^{-1})$。

(a)假定在相加前对乘积进行量化且舍入或者补码截尾均以定点实现，给出在输出计算乘积舍入噪声的每个无缩放结构的噪声模型。对每种实现计算归一化输出舍入噪声方差的表达式。

(b)假定在乘积相加以后进行量化，重做(a)部分。

12.13 用 4 种不同的级联形式实现传输函数：

$$G(z) = \frac{(z-0.6)(z+0.3)}{(z-0.2)(z+0.9)}$$

其中每个一阶级用直接 II 型实现。

(a)假定在相加前对乘积进行量化且舍入或者补码截尾均以定点实现，给出在输出计算乘积舍入噪声的每个无缩放结构的噪声模型。对每种实现计算归一化输出舍入噪声方差。哪种级联实现有最低的舍入噪声？

(b)假定在乘积相加以后进行量化，重做(a)部分。

12.14 用两个不同的并联形式实现习题 12.13 中的传输函数，其中每个一阶级以直接 II 型实现。

(a)假定在相加前对乘积进行量化且舍入或者补码截尾均以定点实现，给出在输出计算乘积舍入噪声的每个无缩放结构的噪声模型。对每种实现计算归一化输出舍入噪声方差。哪种级联实现有最低的舍入噪声？

(b) 假定在乘积相加以后进行量化，重做(a)部分。

12.15　用(1)直接型、(2)级联型和(3)并联型实现下面的二阶传输函数：

$$H(z)=\frac{2+0.2z^{-1}-0.6z^{-2}}{1-0.15z^{-1}-0.1z^{-2}}$$

级联和并联结构中的各个节都以直接 II 型实现。假定在相加前对乘积进行量化且舍入或者补码截尾均以定点实现，给出在输出计算乘积舍入噪声的每个无缩放结构的噪声模型。对每种实现计算乘积舍入噪声方差。哪种实现有最低的舍入噪声[注意：有 4 种级联和 2 种并联实现]？

12.16　以 Gray-Markel 形式实现习题 12.15 的传输函数。

(a) 假定在相加前对乘积进行量化且舍入或者补码截尾均以定点实现，给出在输出计算乘积舍入噪声的每个无缩放结构的噪声模型，并计算其乘积舍入噪声方差。

(b) 假定在乘积相加以后进行量化，重做(a)部分。

12.17　图 P12.4 的结构是传输函数为

$$\mathcal{A}(z)=\frac{d_2+d_1z^{-1}+z^{-2}}{1+d_1z^{-1}+d_2z^{-2}}$$

的二阶全通滤波器。假定舍入或者补码截尾均以定点实现，求由于乘积舍入产生的归一化稳态输出噪声的表达式。

12.18　生成对(a)图 12.11 和(b)图 P12.1 中的二阶耦合型结构进行乘积舍入噪声分析的噪声模型。对上面的每一个结构求出由于求和前和求和后进行乘积舍入产生的归一化输出舍入噪声方差。

12.19　生成对习题 8.8 中图 P8.6 的二阶 Kingsbury 结构的乘积舍入噪声分析的噪声模型。求出在求和前和求和后由于乘积舍入量产生的归一化输出舍入噪声方差。

12.20　图 P12.4 中的全通节被用来改变实现习题 12.13 中传输函数 $G(z)$ 的结构的相位响应，如图 P12.5 所示。图 P12.5 中全通均衡器有传输函数为

$$\mathcal{A}(z)=\frac{-0.25+0.4z^{-1}+z^{-2}}{1+0.4z^{-1}-0.25z^{-2}}$$

若 $G(z)$ 用具有最小乘积舍入噪声的级联形式实现，计算图 P12.5 中相位均衡结构中由于乘积舍入产生的归一化稳态输出噪声方差。

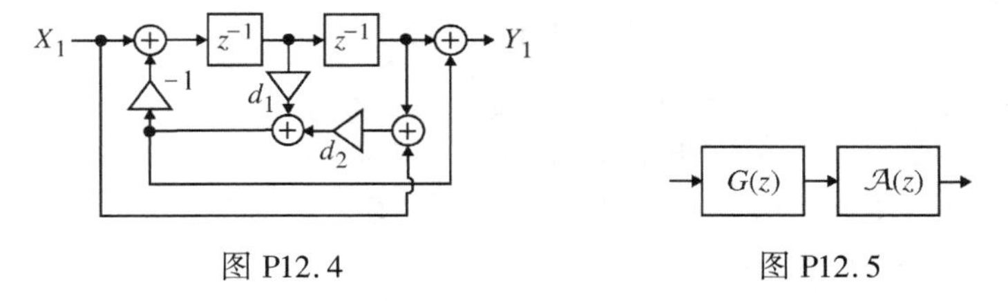

图 P12.4　　图 P12.5

12.21　考虑图 P12.6 中的数字滤波器结构，假定它用 9 位带符号补码定点算术实现，且所有乘积量化在相加前。画出这个无尺度缩放系统的线性噪声模型并且计算其总输出噪声功率。

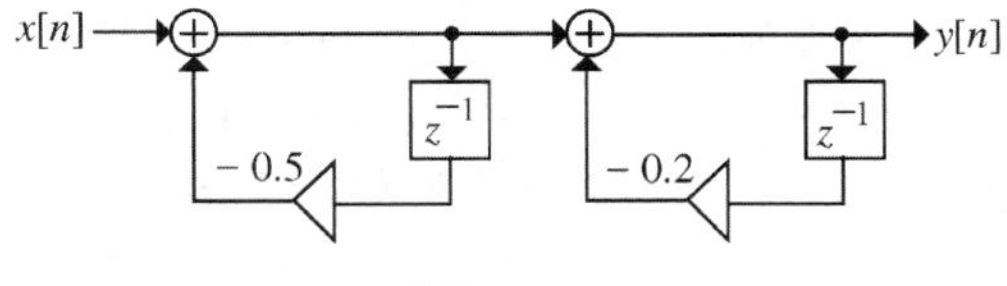

图 P12.6

12.22　用 $\mathcal{L}_2$ 范数尺度缩放规则对图 P12.7 中的一阶数字滤波器结构进行尺度缩放。

12.23　用 $\mathcal{L}_2$ 范数尺度缩放规则对图 P12.8 中的二阶数字滤波器结构进行尺度缩放。

12.24　用 $\mathcal{L}_2$ 范数尺度缩放规则对习题 12.11 中的结构进行尺度缩放，然后计算由于乘积舍入产生的其输出噪声方差，假定乘积量化在相加前。

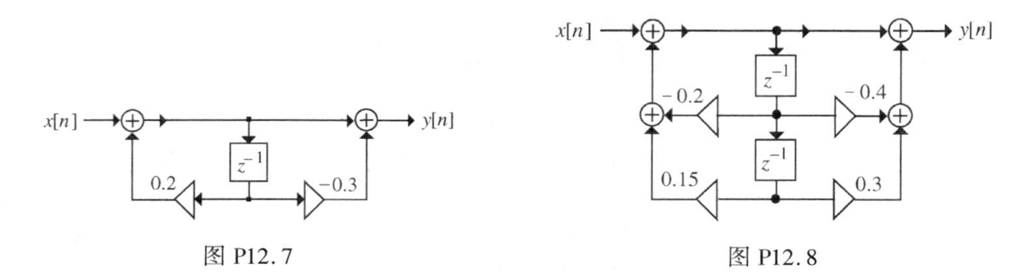

图 P12.7　　　图 P12.8

12.25　用$\mathcal{L}_2$范数尺度缩放规则对习题 12.13 中的结构进行尺度缩放，然后计算由于乘积舍入产生的其输出噪声方差，假定乘积量化在相加前。若量化在相加后进行，输出噪声方差是多少？

12.26　用$\mathcal{L}_2$范数尺度缩放规则对习题 12.14 中的结构进行尺度缩放，然后计算由于乘积舍入产生的其输出噪声方差，假定乘积量化在相加前。若量化在相加后进行，输出噪声方差是多少？

12.27　用$\mathcal{L}_2$范数尺度缩放规则对习题 12.15 中的结构进行尺度缩放，然后计算由于乘积舍入产生的其输出噪声方差，假定乘积量化在相加前。若量化在相加后进行，输出噪声方差是多少？

12.28　(a)计算由于相加前对乘积进行量化而对图 P12.9(a)所示的数字滤波器结构中乘积舍入产生的输出噪声方差。假设所有数是字长为 $b+1$ 位的用补码定点表示的小数。注意乘法器"-1"不产生噪声。

(b)现在考虑图 P12.9(b)所示的结构，其中全通滤波器$\mathcal{A}_1(z)$、$\mathcal{A}_2(z)$和$\mathcal{A}_3(z)$按图 P12.9(a)实现，仅滤波器系数 d_i分别用 d_1、d_2 和 d_3 替换。计算新数字滤波器结构中由于乘积舍入产生的输出噪声方差。

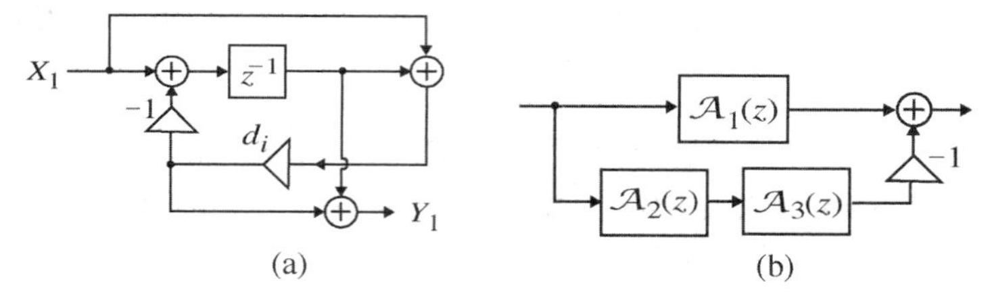

图 P12.9

12.29　考虑图 P12.5 所示的数字滤波器结构，其中$\mathcal{A}(z)$是传输函数为$\mathcal{A}(z)=(0.2+z^{-1})/(1+0.2z^{-1})$的一个一阶全通滤波器。令 σ_0^2 表示 $G(z)$ 和$\mathcal{A}(z)$中由于乘积舍入产生的总输出噪声方差。若 $G(z)$的实现中每个延迟用两个延迟替换，即用 z^{-2} 替换 z^{-1}，而不改变$\mathcal{A}(z)$，试用 σ_0 表示由于乘积舍入产生的输出噪声方差。

12.30　证明 R 个二阶节的级联有$(R!)^2$种不同的可能实现。

12.31　(a)在$\mathcal{L}_2$尺度缩放规则下，为了得到乘积舍入时最小峰值输出噪声，下面每个传输函数的最优零极点配对和排序是什么？

(b)在$\mathcal{L}_\infty$尺度缩放规则下，若要使由于乘积舍入产生的输出噪声功率最小，重做(a)部分。

(i) $$H_1(z)=\frac{0.4(z^2+z+1)(z^2+1.85z+1)(z^2+1.5z+1)}{(z^2+0.6z+0.9)(z^2+0.25z+0.5)(z^2-0.4z+0.2)}$$

(ii) $$H_2(z)=\frac{0.2(z^2-1.2z+1)(z^2-1.9z+1)(z^2-0.9z+1)}{(z^2-0.7z+0.95)(z^2-0.4z+0.75)(z^2-0.2z+0.3)}$$

12.32　推导表 12.5 给出的信噪比的表达式。

12.33　证明按图 8.33 的形式实现的 $H_{\mathrm{LP}}(z)$在 $\omega=0$ 处对乘法器系数 α 表现出通带低灵敏度。同样，证明按图 8.33 的形式实现的 $H_{\mathrm{HP}}(z)$在 $\omega=\pi$处对乘法器系数 α 具有通带低灵敏度。

12.34　证明按图 8.36 的形式实现的 $H_{\mathrm{BP}}(z)$在中心频率 ω_0处对乘法器系数 α 和 β 表现出通带低灵敏度。同样，证明按图 8.36 的形式实现的 $H_{\mathrm{BS}}(z)$在 $\omega=0$ 和 $\omega=\pi$处对乘法器系数 α 和 β 具有通带低灵敏度。

12.35　在有界实(BR)传输函数 $G(z)$ 的并联全通实现中，$G(z)$ 的通带是其能量互补传输函数 $H(z)$ 的阻带。说明为什么 $G(z)$ 的低通带灵敏度并不意味着 $H(z)$ 的低阻带灵敏度。

12.36　对于下列类型的输入，生成图 12.46 的二阶 IIR 数字滤波器结构在具有和不具有误差反馈时 SNR 的表达式：(a) WSS，白均匀密度；(b) WSS，白高斯密度($\sigma_x = 1/3$)；(c) 频率已知的正弦。极点在 $z=(1-\varepsilon)e^{\pm j\theta}$ 并且 $\varepsilon \to 0$，$\theta \to 0$，$\theta \gg \varepsilon$。假定数字表示的是 $(b+1)$ 位的带符号表示。

12.37　修改图 12.11 所示的耦合型结构，使之包含误差反馈。求修改后的结构的归一化输出舍入噪声功率。为了最小化输出舍入噪声功率，在误差反馈回路中的乘法器系数的值应取多少？此时输出舍入噪声功率的表达式是什么？

12.38　修改图 P8.6 所示的 Kingsbury 结构，使之包含误差反馈。求修改后的结构的归一化输出舍入噪声功率。为了最小化输出舍入噪声功率，在误差反馈回路中的乘法器系数的值应是多少？此时输出舍入噪声功率的表达式是什么？

12.39　证明在幅度量化下图 12.11 所示的耦合型结构不支持零输入极限环。

12.40　证明在幅度量化下图 P12.1 所示的修正耦合型结构不支持零输入极限环。

12.41　已证明采用 **δ 算子**的数字滤波器结构能得到改进的有限字长性能[Mid86]。δ 算子定义为

$$\delta = \frac{z-1}{\Gamma} \tag{12.220}$$

其中 z 是单位超前算子，Γ 是用来改进滤波器结构有限字长特性的自由参数。用逆 δ 算子 δ^{-1} 代替单位延迟算子 z^{-1}，生成与二阶 z 域传输函数

$$H(z) = \frac{\beta_0 + \beta_1 z^{-1} + \beta_2 z^{-2}}{1 + \alpha_1 z^{-1} + \alpha_2 z^{-2}}$$

等价的 δ 域传输函数 $H(\delta)$[Kau98]。清楚地写出 $H(\delta)$ 系数的表达式。

12.42　求在用以有符号 $(b+1)$ 位定点算术表示的小数实现的戈泽尔算法计算一个长度为 N 的 DFT 的单样本中输出舍入噪声方差的表达式。

12.43　确定在信噪比为 10 dB 时，直接计算一个长度为 512 的输入序列的 512 点 DFT 的单个样本所需位数 b 的值。

12.44　推导式(12.218)。

12.45　确定在信噪比为 10 dB 时，用按时间抽取的基 2 FFT 算法来计算的一个长度为 512 的输入序列的 512 点 DFT 的单个样本所需要的位数。采用分布式缩放来防止输出端的溢出。

12.15　MATLAB 练习

M12.1　编写一个 MATLAB 程序来画出一个二阶两乘法器结构的极点分布图，其中乘法器系数以 b 位原码表示。

程序 12_1.m

M12.2　使用练习 M12.1 中生成的程序，对于 4 位字长，画出直接型、图 9.9 中的耦合型和图 P8.6 中的 Kingsbury 结构的极点分布图。由极点分布图评价每种结构的系数灵敏度。

M12.3　修改程序 12_1 来设计具有下列指标的椭圆高通 IIR 滤波器：通带边界为 0.8π，阻带边界为 0.5π，通带波纹为 0.02 dB，最小阻带衰减为 40 dB。采用 M 函数 `a2dT` 将传输函数系数量化到 6 位。画出这两个传输函数的幅度响应和零极图。评论你的结果。

M12.4　使用函数 `filternorm`，编写 MATLAB 程序来计算对一个稳定 IIR 数字滤波器，由输入量化噪声产生的归一化输出噪声方差。程序的输入数据是滤波器传输函数的分子和分母系数。用该程序求式(12.94)给出的传输函数的归一化输出噪声方差，并将结果与例 12.5 中得到的进行比较。

M12.5　求具有如下指标的一个椭圆低通传输函数的因式形式：通带边界为 0.3π，阻带边界为 0.6π，通带波纹为 0.02 dB，最小阻带衰减为 40 dB。根据其零极点位置，确定在 $\mathcal{L}_\infty$ 缩放规则下，具有最小化输出噪声功率的最优零极点对和顺序。用 MATLAB 验证你的结果。

M12.6 用两个全通滤波器的并联实现练习 M12.5 中的传输函数，求出与其功率互补的高通传输函数。在同一幅图上画出这两个滤波器的增益响应。将滤波器系数改变 1% 来验证并联全通结构的通带低灵敏度。

M12.7 编写一个 MATLAB 程序，采用级联形式对形如

$$H(z)=\frac{(1+b_1z^{-1}+b_2z^{-2})(1+b_3z^{-1}+b_4z^{-2})}{(1+a_1z^{-1}+a_2z^{-2})(1+a_3z^{-1}+a_4z^{-2})} \tag{12.221}$$

的四阶传输函数进行仿真。每个二阶节用直接 II 型来现。程序的输入数据是二阶节的分子系数 $\{b_i\}$ 和分母系数 $\{a_i\}$。使用此程序对具有如下传输函数的两种不同的级联实现进行仿真：

$$H(z)=\frac{(1-0.8z^{-1}+z^{-2})(1+0.75z^{-1}+z^{-2})}{(1+1.2z^{-1}+0.85z^{-2})(1+1.2z^{-1}+0.4z^{-2})} \tag{12.222}$$

用此程序求出每个相关的尺度缩放传输函数的冲激响应以及它们的近似 $\mathcal{L}_2$ 范数。基于该信息，用 $\mathcal{L}_2$ 缩放规则对每种实现进行缩放，并计算每个缩放后结构的总乘积舍入噪声方程，假定舍入在相加之前。

M12.8 编写一个 MATLAB 程序，对形如式(12.221)给出的四阶传输函数以并联结构 I 和 II 型进行仿真。程序的输入数据是分子系数 $\{b_i\}$ 和分母系数 $\{a_i\}$。使用此程序对式(12.222)给出的传输函数以两种不同并联实现进行仿真。求出每个相关的尺度缩放传输函数的冲激响应及其近似 $\mathcal{L}_2$ 范数。基于该信息，用 $\mathcal{L}_2$ 尺度缩放规则对每种实现进行缩放，并计算每个尺度缩放后结构的总乘积舍入噪声方差，假定舍入在相加之前。将这两个并联结构的输出舍入噪声同练习 M12.7 中级联实现的相比较。

M12.9 编写一个 MATLAB 程序，用 Gray-Markel 方法对式(12.221)给出的四阶传输函数进行仿真。程序的输入数据是分子系数 $\{b_i\}$ 和分母系数 $\{a_i\}$。使用该程序对式(12.222)给出的传输函数以 Gray-Markel 实现进行仿真。求出每个相关的尺度缩放传输函数的冲激响应及其近似 $\mathcal{L}_2$ 范数。基于该信息，用 $\mathcal{L}_2$ 尺度缩放规则对实现进行缩放，并对尺度缩放后结构计算总乘积舍入噪声方差，假定舍入在相加之前。比较 Gray-Markel 实现、练习 M12.7 中的级联实现以及练习 M12.8 中的两个并联结构实现的输出舍入噪声。

M12.10 对下面的一组系数值、初始条件及输入冲激的尺度缩放因子，用程序 12_7 研究图 12.48 中的粒状极限环：

(a) $\alpha=0.8$, $y[-1]=0.7$, $x[0]=0.02$

(b) $\alpha=0.8$, $y[-1]=0.5$, $x[0]=0.06$

(c) $\alpha=0.8$, $y[-1]=6$, $x[0]=4$

评价你的结果。

M12.11 通过用函数 `a2dT` 替换 M 函数 `a2dR` 来修改程序 12_8，并通过运行修改后的程序来说明若用原码截尾对式(12.195)的乘积的和进行截尾，图 12.50 的结构不表现出溢出极限环。

第 13 章　多抽样率数字信号处理基础

到目前为止，本书所讨论的数字信号处理结构都属于单抽样率系统，此类系统在输入和输出以及所有内部节点上，抽样率都是一样的。而在有些应用中，需要将给定抽样率的信号转化为具有不同抽样率的其他信号。例如，在数字音频中，目前使用了三种不同的抽样率：广播中使用 32 kHz，数字 CD 中使用 44.1 kHz，数字音频磁带（DAT）以及其他应用中使用 48 kHz[Lag82]。在许多情况下，音频信号常常需要在这三种不同的抽样率间进行转换。另一个例子是在音频录制中，音调控制通常用改变磁带录音的速度来实现的。然而，这样一类方法改变了数字信号的抽样率，因此最后还需要将其转换回原始抽样率[Lag82]。在视频应用中，NTSC（全美电视系统委员会制式）和 PAL（逐行倒相彩色电视制式）混合视频信号的抽样率分别是 14.318 181 8 MHz 和 17.734 475 MHz，而数字分量视频信号中对应的亮度和色差信号的抽样率分别是 13.5 MHz 和 6.75 MHz[Lut91]①。另外，在其他一些应用中，滤波器的输入、输出以及内部节点使用不同的抽样率来实现工程是比较方便的（而且通常是明智的）。这类抽样率转换的例子将在随书光盘中描述。

为了改变数字信号的抽样率，多抽样率数字信号处理系统使用了**下抽样器**和**上抽样器**这两种基本的抽样率转换器件，以及各种常规器件，如加法器、乘法器及延迟单元。若在系统的多个部分存在不同的抽样率的离散时间系统就称为**多抽样率系统**，这是本章讨论的主要内容。

我们首先将研究在时域以及变换域中，下抽样器和上抽样器的输入同输出之间的关系。由于在许多应用中，用到了基本抽样率转换器和数字滤波器的级联，所以接着还要讨论一些基本的级联等效。对于抽样率改变，基本抽样率转换器一定是同合适的低通数字滤波器一起使用的。接下来我们将推导这些滤波器的频率响应指标。然后，通过一个特定设计问题来说明基于多级实现的计算上更加高效的抽样率转换方法。随后，在多抽样率理论的框架中将重新研究序列的多相分解，并说明它在生成计算高效的抽样率转换系统的应用。此后讨论基于拉格朗日内插和样条内插的算法实现具有任意转换比率的抽样率转换器的设计。本章最后对 L 带滤波器及其设计进行了讨论。

第 14 章将研究多抽样率滤波器组的分析和设计方法。

13.1　基本抽样率转换器件

抽样率转换中的两个基本元件是在 2.2.4 节中介绍过的上抽样器和下抽样器，在那里我们研究了它们在时域中的输入-输出关系。然而，分析它们在频域中的运算也很有意义。这将说明为什么这些器件必须和其他的滤波器一起使用。另外，频域分析也对研究本章后面引入的更复杂的多抽样率系统奠定了基础。

13.1.1　时域特性

我们重新研究这两种基本抽样率转换器件的时域特性。上抽样因子为 L 的上抽样器（其中 L 是正整数）生成的输出序列 $x_u[n]$ 的抽样率是输入序列 $x[n]$ 的 L 倍。上抽样运算实际上就是按照

$$x_u[n] = \begin{cases} x[n/L], & n = 0, \pm L, \pm 2L, \cdots \\ 0, & \text{其他} \end{cases} \tag{13.1}$$

在输入序列 $x[n]$ 的两个连续样本间插入 $L-1$ 个等距的零值样本来实现的。

例 13.1 中说明了上抽样运算。

① 参见 CCIR 601 建议。

例 13.1 上抽样运算的示例

程序 13_1.m

可用程序 13_1 来研究对正弦输入序列进行上抽样。其输入数据是输入序列的长度、上抽样因子及正弦曲线频率(以 Hz 为单位)。程序将画出输入序列以及经过上抽样后的形式。图 13.1 显示了频率为 0.12 Hz、长度为 50 的正弦输入序列在上抽样因子为 3 时得到的结果。

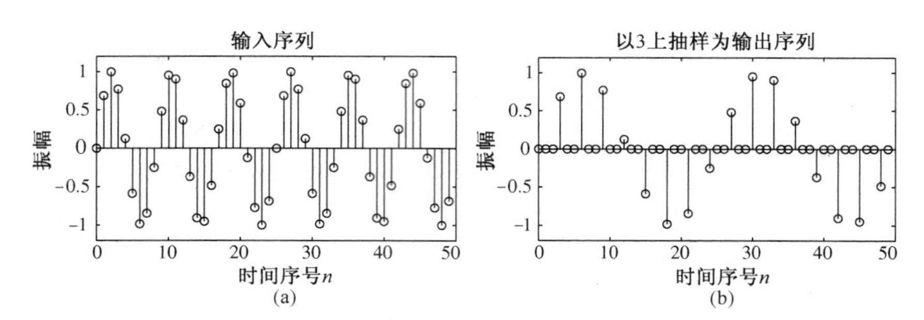

图 13.1 上抽样过程的图示

上抽样器, 也称为**抽样率扩展器**, 或简称为**扩展器**的框图在图 13.2 中显示。

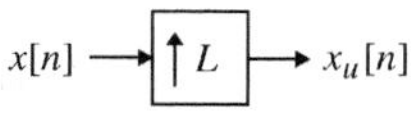

$x[n] \longrightarrow \boxed{\uparrow L} \longrightarrow x_u[n]$

图 13.2 上抽样器的框图表示

在实际中, 为了使生成的高抽样率序列中没有不需要的频谱成分, 可通过上抽样器插入的零值样本用某类滤波过程进行插值。这一过程称为**内插**, 将在本章的后面讨论。

另一方面, 下抽样因子为 M 的下抽样器(其中 M 为正整数)生成的输出序列 $y[n]$ 的抽样率为输入序列 $x[n]$ 的 $1/M$。下抽样运算按照关系

$$y[n] = x[nM] \tag{13.2}$$

通过保留输入序列中的第 M 个样本, 并移除中间的 $M-1$ 个样本来生成输出序列。因此, 序号等于 M 整数倍的输入样本在输出被保留, 而其他的样本则被丢弃, 如例 13.2 所示。

例 13.2 下抽样运算的示例

程序 13_2.m

我们用 MATLAB 来研究一个正弦输入序列的下抽样。为此使用程序 13_2。其输入数据为输入序列的长度、下抽样因子及正弦频率(单位为 Hz)。程序画出了输入序列及其下抽样后的形式。频率为 0.042 Hz、长度为 50 的正弦信号在下抽样因子为 3 时得到的结果如图 13.3 所示。

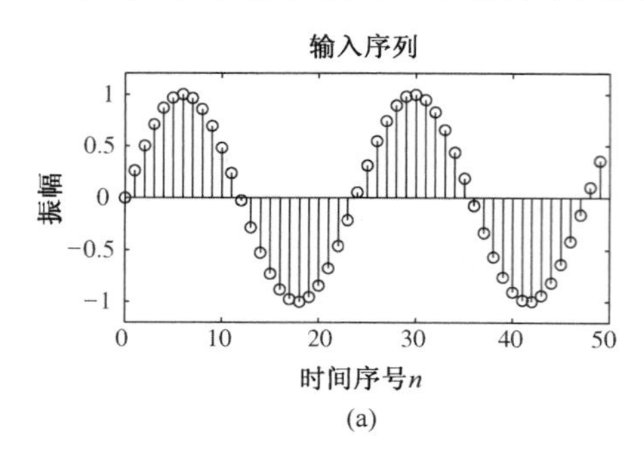

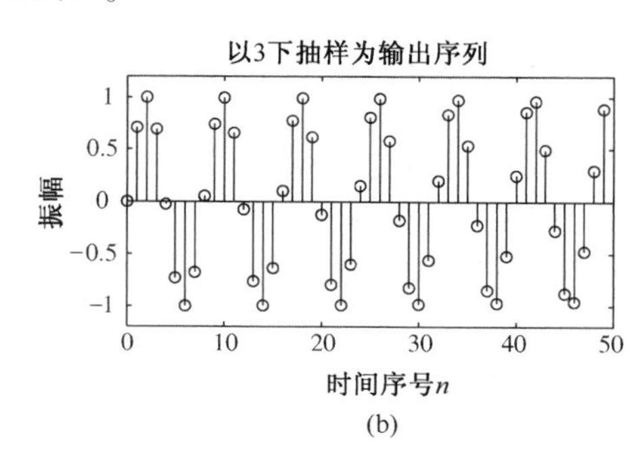

图 13.3 下抽样过程的图解

$x[n] \longrightarrow \boxed{\downarrow M} \longrightarrow y[n]$

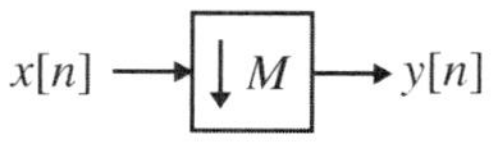

图 13.4 下抽样器的框图表示

下抽样器(或**抽样率压缩器**)的框图如图 13.4 所示。

所涉及的抽样周期未在图 13.2 和图 13.4 中明确地表示出来。这是为了简化, 是考虑到即使不在框图中明确表示出抽样周期 T 或者抽样率 F_T, 也能够理解多抽样率系统的数学原理。如图 13.5 所示, 从一开始就清楚地观察在抽样率转换过程的不同级的时间维是很有意义的。然而, 在本书的后面, 不会再明确地显示出抽样周期 T 或抽样率 F_T, 除非它们的实际值相关。

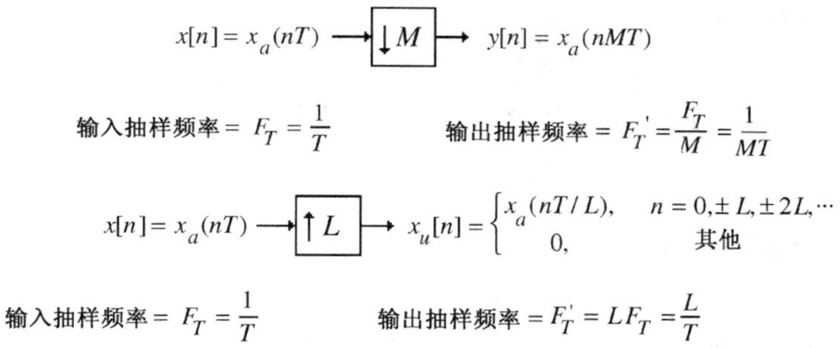

$$x[n] = x_a(nT) \longrightarrow \boxed{\downarrow M} \longrightarrow y[n] = x_a(nMT)$$

输入抽样频率 $= F_T = \dfrac{1}{T}$　　　输出抽样频率 $= F_T' = \dfrac{F_T}{M} = \dfrac{1}{MT}$

$$x[n] = x_a(nT) \longrightarrow \boxed{\uparrow L} \longrightarrow x_u[n] = \begin{cases} x_a(nT/L), & n = 0, \pm L, \pm 2L, \cdots \\ 0, & \text{其他} \end{cases}$$

输入抽样频率 $= F_T = \dfrac{1}{T}$　　　输出抽样频率 $= F_T' = LF_T = \dfrac{L}{T}$

图 13.5　明确显示出抽样率的抽样率转换结构块

在许多涉及多抽样率信号处理的应用中，图 13.2 和图 13.4 所示的上抽样器和下抽样器结构块经常是同时使用的，在本章以及第 14 章中将会进行详细的讨论。例如，同时使用两类抽样率转换设备的一个应用是以一个有理数而不是整数来改变抽样率。例 13.3 说明了另一个应用。

例 13.3　简单的多抽样率结构的分析

考虑图 13.6 中的多抽样率系统。可以通过写下不同信号变量与输入之间的关系来分析其运算，如下所示：

n:	0	1	2	3	4	5	6	7	8
$x[n]$:	$x[0]$	$x[1]$	$x[2]$	$x[3]$	$x[4]$	$x[5]$	$x[6]$	$x[7]$	$x[8]$
$v[n]$:	$x[0]$	$x[2]$	$x[4]$	$x[6]$	$x[8]$	$x[10]$	$x[12]$	$x[14]$	$x[16]$
$w[n]$:	$x[-1]$	$x[1]$	$x[3]$	$x[5]$	$x[7]$	$x[9]$	$x[11]$	$x[13]$	$x[15]$
$v_u[n]$:	$x[0]$	0	$x[2]$	0	$x[4]$	0	$x[6]$	0	$x[8]$
$w_u[n]$:	$x[-1]$	0	$x[1]$	0	$x[3]$	0	$x[5]$	0	$x[7]$
$v_u[n-1]$:	0	$x[0]$	0	$x[2]$	0	$x[4]$	0	$x[6]$	0
$y[n]$:	$x[-1]$	$x[0]$	$x[1]$	$x[2]$	$x[3]$	$x[4]$	$x[5]$	$x[6]$	$x[7]$

从上面可以看出，图 13.6 所示的多抽样率系统的输出 $y[n]$ 为 $y[n] = v_u[n-1] + w_u[n]$，即 $x[n-1]$。图 13.6 所示多抽样率结构的完全重构特性的正式证明将留做练习(参见习题 13.1)。

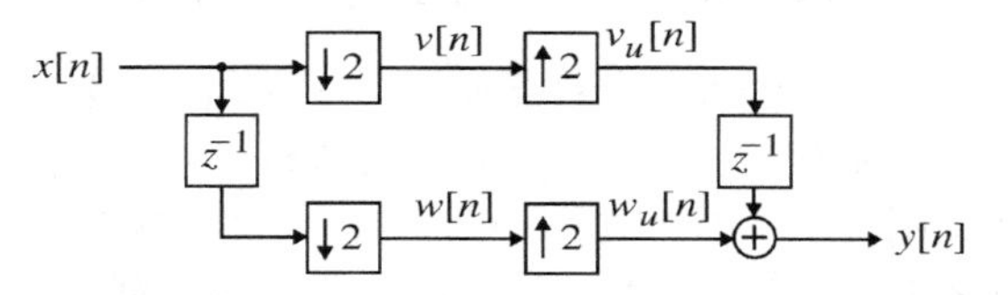

图 13.6　简单的多抽样率系统

若一个多抽样率结构得到的输出序列完全为输入序列延迟后的尺度缩放后的副本，则此结构称为**完全重构多抽样率系统**。因此，图 13.6 中的结构就是此类系统的一个简单例子。

可以证明上抽样器和下抽样器是线性离散时间系统(参见习题 4.2)。此外，在例 4.5 中已证明，上抽样器是一个时变离散时间系统。同样可以证明，下抽样器也是时变离散时间系统(参见习题 13.2)。

13.1.2　频域描述

现在探讨上抽样器和下抽样器的输入和输出谱之间的关系。

上抽样器的频域表示

我们首先推导因子为 2 的上抽样器的输入和输出频谱之间的关系。由式(13.1)给出的因子为 L 的上抽样器的输入-输出关系，可得因子为 2 的上抽样器的相应关系为

$$x_u[n] = \begin{cases} x[n/2], & n = 0, \pm 2, \pm 4, \cdots \\ 0, & \text{其他} \end{cases} \tag{13.3}$$

按 z 变换，输入和输出关系为

$$\begin{aligned} X_u(z) &= \sum_{n=-\infty}^{\infty} x_u[n]z^{-n} = \sum_{\substack{n=-\infty \\ n\text{为偶数}}}^{\infty} x[n/2]z^{-n} \\ &= \sum_{m=-\infty}^{\infty} x[m]z^{-2m} = X(z^2) \end{aligned} \tag{13.4}$$

用类似的方法，可以证明，对于因子为 L 的上抽样器

$$X_u(z) = X(z^L) \tag{13.5}$$

我们在单位圆上研究上面关系的含义。当 $z = e^{j\omega}$ 时，上式变为 $X_u(e^{j\omega}) = X(e^{j\omega L})$。图 13.7(a)表明为了方便，DTFT $X(e^{j\omega})$ 被假定为 ω 的一个实函数。此外，所显示的 DTFT $X(e^{j\omega})$ 不是 ω 的偶函数，表明 $x[n]$ 是一个复序列。通常，特意选择非对称的响应，以清楚地说明上抽样的效果。

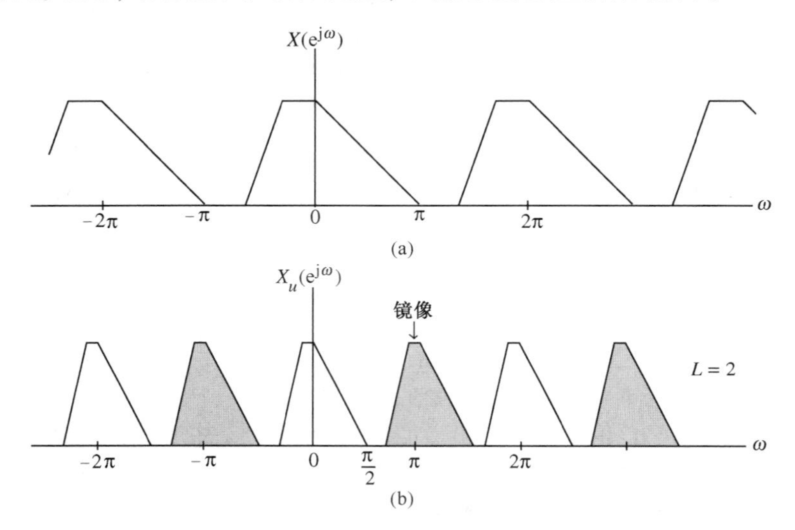

图 13.7　上抽样在频域中的效果：(a)输入谱；(b) $L = 2$ 时的输出谱

如图 13.7(b)所示，因子为 2 的抽样率扩展可导致 $X(e^{j\omega})$ 的 2 次重复，这表明傅里叶变换以两倍压缩。由于得到输入谱的一个额外的“镜像”，这个过程也称为**映射**。对于因子为 L 的抽样率扩展，在基带上会有 $L-1$ 个额外的输入谱的镜像。上抽样以后，由于在 $x_u[n]$ 的非零样本之间插入了零值，使得带限到低频区域的 $X(e^{j\omega})$ 谱看起来不像一个低频谱。对 $x_u[n]$ 的低通滤波移除了这 $L-1$ 个镜像，实际上用内插样本值“填入”到 $x_u[n]$ 中的零值样本上。

例 13.4 说明了上抽样器的频域特性。

例 13.4　用 MATLAB 来说明上抽样器的频域特性

程序 13_3.m

使用程序 13_3 来研究上抽样的效果。输入是一个因果有限长序列，其带限频率响应用 `fir2` 文件生成。`fir2` 的输入如下：序列的长度为 `100`，期望幅度响应向量 `mag = [0　1　0　0]`，频率点向量 `freq = [0　0.45　0.5　1]`。期望幅度响应因此如图 13.8(a)所示，生成的信号中间 61 个样本的图如图 13.8(b)所示。

程序求出了上抽样器的输出，并且画出了输入信号和输出信号的频谱，图 13.9 画出了 `L = 5` 时的结构。从图中可以看到，和预计的一样，输出频谱是由输入频谱的因子为 5 的压缩形式及 `L - 1 = 4` 个镜像映射组成的。

下抽样器的频域表示

现在推导下抽样器输入和输出谱之间的关系。对式(13.2)给出的输入-输出关系，应用 z 变换可得

$$Y(z) = \sum_{n=-\infty}^{\infty} x[Mn]z^{-n} \tag{13.6}$$

式(13.6)中等号右边的表达式不能够直接用 $X(z)$ 表示。为了解决这个问题，我们定义一个中间序列 $x_{\text{int}}[n]$，当n 为 M 的整数倍时，其样本值和 $x[n]$的相等;当 n 为其他值时，样本值为零：

$$x_{\text{int}}[n] = \begin{cases} x[n], & n = 0, \pm M, \pm 2M, \cdots \\ 0, & \text{其他} \end{cases} \tag{13.7}$$

接下来

$$\begin{aligned} Y(z) &= \sum_{n=-\infty}^{\infty} x[Mn]z^{-n} = \sum_{n=-\infty}^{\infty} x_{\text{int}}[Mn]z^{-n} \\ &= \sum_{k=-\infty}^{\infty} x_{\text{int}}[k]z^{-k/M} = X_{\text{int}}(z^{1/M}) \end{aligned} \tag{13.8}$$

现在，通过 $x_{\text{int}}[n] = c[n]x[n]$，$x_{\text{int}}[n]$可严格地和 $x[n]$相关联，其中 $c[n]$定义为

$$c[n] = \begin{cases} 1, & n = 0, \pm M, \pm 2M, \cdots \\ 0, & \text{其他} \end{cases} \tag{13.9}$$

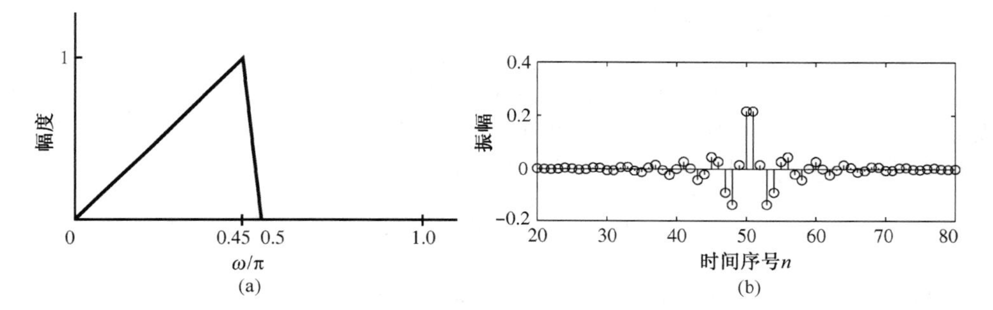

图 13.8　(a)期望的幅度响应;(b)对应的时间序列

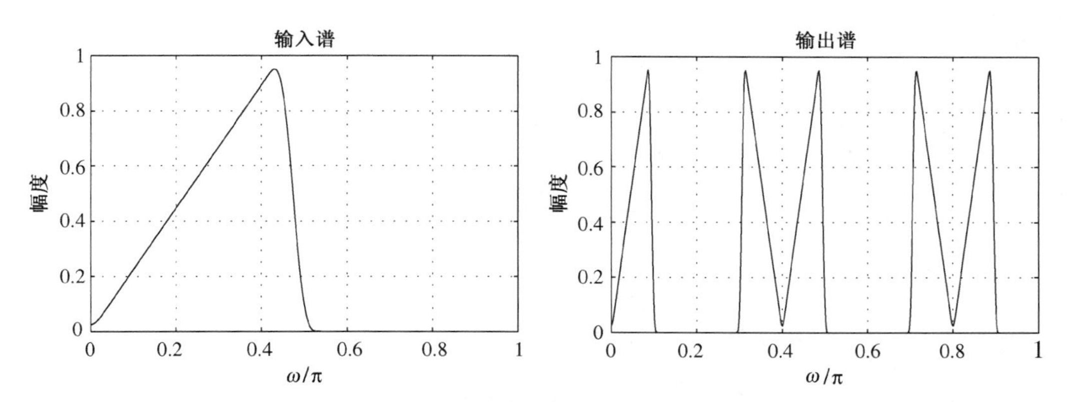

图 13.9　用 MATLAB 产生的因子为 5 的上抽样器的输入和输出谱

$c[n]$可以更简洁地表示为(参见习题 13.3)

$$c[n] = \frac{1}{M}\sum_{k=0}^{M-1} W_M^{kn} \tag{13.10}$$

式中 $W_M = e^{-j2\pi/M}$ 是式(5.12)中定义的量。在 $x_{\text{int}}[n]$ 的 z 变换中代入 $x_{\text{int}}[n] = c[n]x[n]$ 并利用式(13.10)，可得

$$X_{\text{int}}(z) = \sum_{n=-\infty}^{\infty} c[n]x[n]z^{-n} = \frac{1}{M}\sum_{n=-\infty}^{\infty}\left(\sum_{k=0}^{M-1} W_M^{kn}\right)x[n]z^{-n}$$

$$=\frac{1}{M}\sum_{k=0}^{M-1}\left(\sum_{n=-\infty}^{\infty}x[n]W_M^{kn}z^{-n}\right)=\frac{1}{M}\sum_{k=0}^{M-1}X\left(zW_M^{-k}\right) \tag{13.11}$$

将式(13.11)代入式(13.8)，可得到所求的因子为 M 的下抽样器在变换域中的输入-输出关系，得到

$$Y(z)=\frac{1}{M}\sum_{k=0}^{M-1}X(z^{1/M}W_M^{-k}) \tag{13.12}$$

为了理解上述关系的含义，考虑一个因子为 2 的下抽样器，其输入 $x[n]$ 的频谱如图 13.10(a)所示。和前面一样，为了方便，再一次假定 $X(e^{j\omega})$ 是具有不对称频率响应的实函数。由式(13.12)可得

$$Y(e^{j\omega})=\frac{1}{2}\left\{X(e^{j\omega/2})+X(-e^{j\omega/2})\right\} \tag{13.13}$$

$\frac{1}{2}X(e^{j\omega/2})$ 的图在图 13.10(b)中用实线表示。为了确定式(13.13)中第二项与第一项的关系，接下来可以观察到

$$X(-e^{j\omega/2})=X(e^{j(\omega-2\pi)/2}) \tag{13.14}$$

这表明式(13.13)中的第二项 $X(e^{-j\omega/2})$ 可通过将第一项 $X(e^{j\omega/2})$ 简单地右移 2π 得到，如图 13.10(b)中带点的线所示。式(13.13)中两项的图有重叠，因此，通常在 $x[n]$ 被下抽样以后，$X(e^{j\omega})$ 的原“形状”会丢失。重叠引起混叠，它由于欠抽样(即下抽样)而出现。仅当 $X(e^{j\omega})$ 在 $|\omega|\geq\pi/2$ 时为零，才不会出现重叠，即没有混叠。注意，即使拉伸后 $X(e^{j\omega})$ 的周期为 4π，而式(13.13)中的 $Y(e^{j\omega})$ 确实是周期为 2π 的周期函数。通常情况下它们本质上都相同，因子为 M 的下抽样器的输出和输入之间傅里叶变换的关系为

$$Y(e^{j\omega})=\frac{1}{M}\sum_{k=0}^{M-1}X(e^{j(\omega-2\pi k)/M}) \tag{13.15}$$

上面的关系表明，$Y(e^{j\omega})$ 是将 $X(e^{j\omega})$ 的 M 个均匀平移并以因子 $1/M$ 缩放后得到的拉伸形式的和。当且仅当把 $x[n]$ 带限到 $\pm\pi/M$ 内，因子为 M 的下抽样所产生的混叠就不存在，如图 13.11 所显示的是 $M=2$ 时的情况。

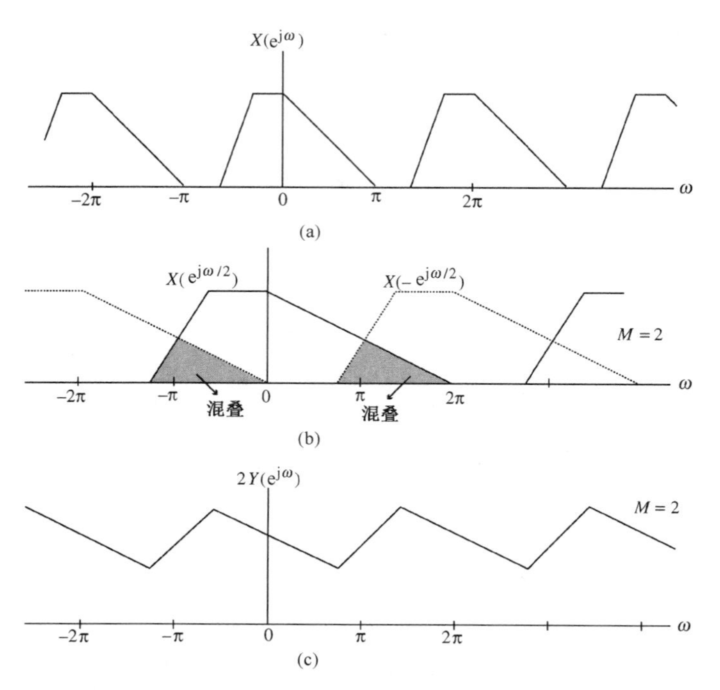

图 13.10　下抽样引起频域混叠效果的图示

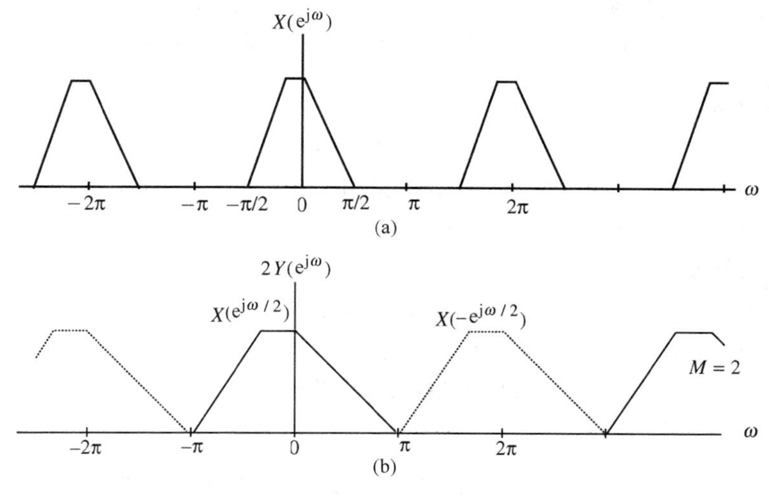

图 13.11　用来说明无混叠的频域中下抽样的效果

例 13.5 说明了下抽样引起的混叠效应。

例 13.5　使用 MATLAB 来说明下抽样器的频域特性

我们用程序 13_4 来研究下抽样的效果。输入信号仍然是用 `fir2` 产生的具有三角幅度响应的序列，如图 13.8(a)所示。然而，为保证在归一化频率 0.5 之上没有明显的信号分量，这里频率向量被选为 `freq = [0 0.42 0.48 1]`。

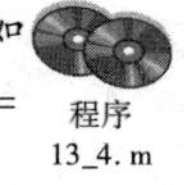

程序 13_4 生成的图显示在图 13.12 中。图 13.12(a)中显示了输入频谱。由于输入信号被带限到π/2，图 13.12(b)显示的下抽样因子 `M = 2` 时的输出频谱除了在频率上以两倍拉伸以及它的幅度减少一半外，与输入频谱的形状几乎相同，这与式(13.13)中所预计的一样，那里因子为 1/2。另一方面，图 13.12(c)显示的下抽样因子 `M = 3` 时的输出频谱表现出了由于混叠而引起的严重失真。

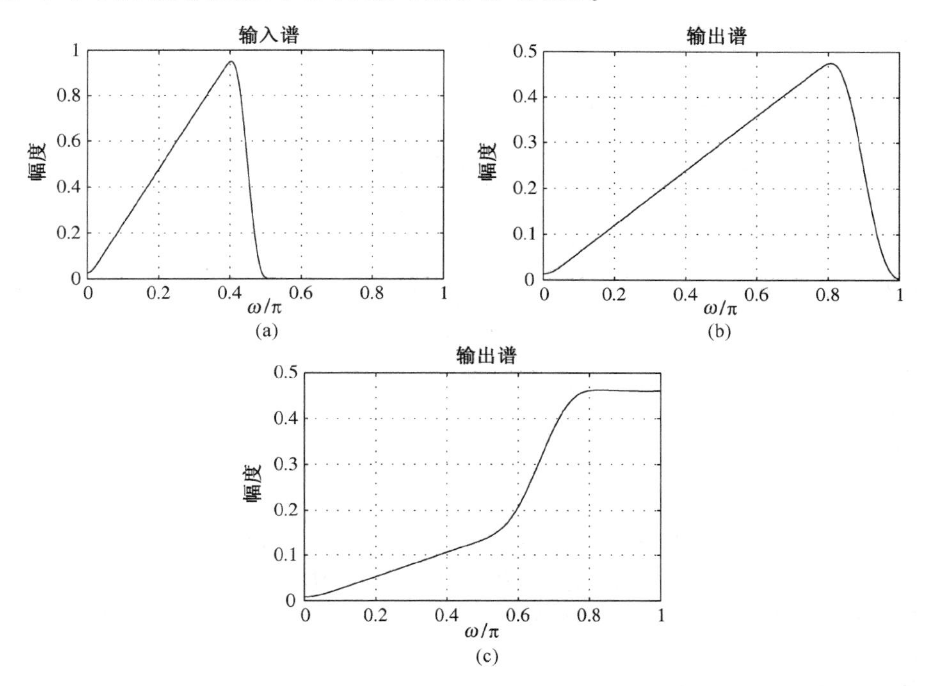

图 13.12　(a)输入谱；(b)下抽样因子 $M = 2$ 的输出谱；(c)下抽样因子 $M = 3$ 的输出谱

任何线性离散时间多抽样率系统都可以用式(13.5)和式(13.12)中分别给出的上抽样器和下抽样器的输入-输出关系在变换域中进行分析。我们在本章的后面将说明这些关系的应用。

13.1.3 级联等效

如我们后面将观察到的，一个复合多抽样率系统是由基本抽样率变换设备和 LTI 数字滤波器成分互连所形成的。在许多应用中，这些器件以级联的形式出现。在级联中，互换支路的位置常常会得到计算更有效率的实现。我们将研究某些特定的级联及其等效，该等效即保持输入-输出关系不变。

上抽样器和下抽样器的级联

基本抽样率变换设备只能以整数因子改变信号的抽样率。因此，为了实现抽样率的分数变换，可知需要用到上抽样器和下抽样器的级联。在确保输入和输出关系不变的前提下，确定因子为 M 的下抽样器和因子为 L 的上抽样器(参见图 13.13)可**相互交换**的条件是有意义的。我们接下来会通过生成两种级联的输入-输出关系，来确定该条件。

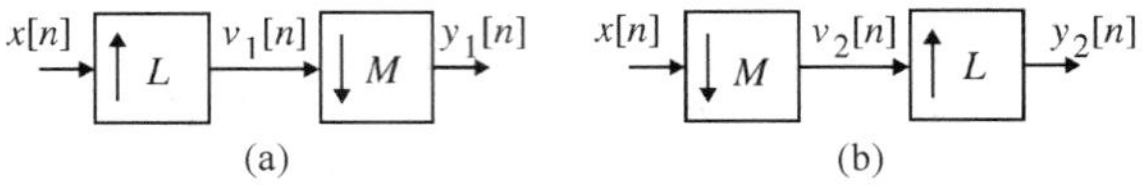

(a) (b)

图 13.13 上抽样器和下抽样器的两种不同级联排列

首先考虑如图 13.13(a)所示的级联结构。这里使用式(13.5)可得

$$V_1(z) = X(z^L)$$

再使用式(13.12)有

$$Y_1(z) = \frac{1}{M}\sum_{k=0}^{M-1} V_1(z^{1/M}W_M^{-k})$$

合并上面两式，可得

$$Y_1(z) = \frac{1}{M}\sum_{k=0}^{M-1} X(z^{L/M}W_M^{-kL})$$

对图 13.13(b)所示的级联结构，同理可得

$$V_2(z) = \frac{1}{M}\sum_{k=0}^{M-1} X(z^{1/M}W_M^{-k})$$

$$Y_2(z) = V_2(z^L)$$

合并上面的两式，可得

$$Y_2(z) = \frac{1}{M}\sum_{k=0}^{M-1} X(z^{L/M}W_M^{-k})$$

由上面可以推出，若

$$\sum_{k=0}^{M-1} X(z^{L/M}W_M^{-kL}) = \sum_{k=0}^{M-1} X(z^{L/M}W_M^{-k})$$

则 $Y_1(z)=Y_2(z)$。当且仅当 M 和 L 是**互质**的，即 M 和 L 没有大于 1 的整数公因子 r，上式成立。此时，W_M^{-k} 和 W_M^{-kL} 在 $k=0, 1, \cdots, M-1$ 取同样的一组值[Vai90](参见习题 13.4)。

我们将在 13.2 节中讨论抽样率的分数变换。

noble 恒等式

另外两个简单的级联等效如图 13.14 所示。这些级联等效的有效性可以通过证明 $y_1[n]=y_2[n]$ 来验证(参见习题 13.5)。这些 noble 恒等式可以使我们在多抽样率网络中将基本抽样率变换设备移到更有利的位置。如我们后面将要看到的，该规则对于设计和分析更加复杂的系统是很有用的。

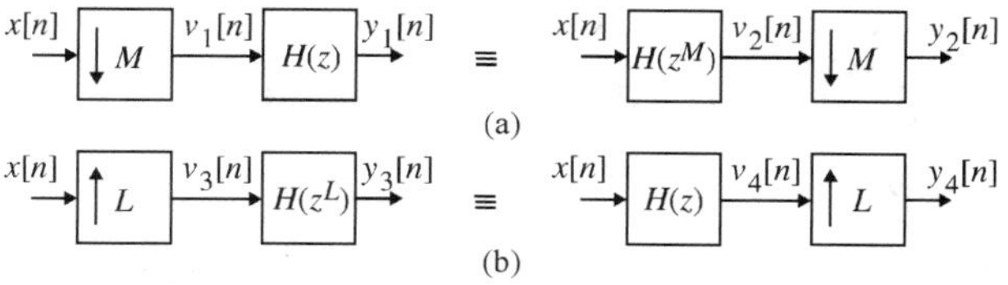

图 13.14　级联等效：(a) 等效#1；(b) 等效#2

13.2　用于抽样率变换的多抽样率结构

降低序列抽样率的过程常称为**抽取**，而实现抽取的多抽样率结构称为**抽取器**。同样，增加抽样率这个相反的过程称为**内插**，用于内插的多抽样率结构称为**内插器**。由 3.8.1 节中介绍的抽样定理可知，一个频谱占据整个奈奎斯特范围的临界抽样离散时间信号的抽样率不能够再减少，因为进一步减少将会引起混叠。因此，在用下抽样器降低临界抽样信号的抽样率之前，必须首先进行低通滤波降低信号的带宽。同样，为有效地增加抽样率，上抽样器引入的零值样本必须进行内插。正如我们接下来将要看到的，通过数字低通滤波可以很容易地实现这个内插。由于具有有理变换因子的分数倍抽样率变换器可以由内插器和抽取器级联而成，所以在这类多抽样率结构的设计中同样需要滤波器。本节将考虑有关这些低通滤波器相关的一些问题。我们首先推导用于抽样率变换中的多抽样率结构的输入-输出关系，然后生成用于多抽样率结构中的低通滤波器的频率响应指标。接着，用 MATLAB 来说明序列的抽取和内插。最后研究所需的低通数字滤波器的计算复杂度问题。

13.2.1　基本结构

由于以整数 L 为因子的上抽样会引起基本频谱周期性的重复(参见图 13.7)，因此以整数值增加抽样率的基本内插器结构是由一个上抽样器后接一个截止频率为π/L 的低通滤波器 $H(z)$ 组成的，如图 13.15(a) 所示。此低通滤波器 $H(z)$，又称为**内插滤波器**，可以除去上抽样后信号 $x_u[n]$ 的频谱中所不期望产生的 $L-1$ 个镜像。另一方面，由于以整数因子 M 的下抽样会产生混叠，所以以整数值的抽样率减少的基本抽取器结构是由一个截止频率为π/M 的低通滤波器 $H(z)$ 后接一个下抽样器组成的，如图 13.15(b) 所示。这里，低通滤波器 $H(z)$，又称为**抽取滤波器**，把输入信号 $v[n]$ 在下抽样前带限到 $|\omega|<\pi/M$，以确保没有混叠①。可以证明，抽取因子为 M 的抽取器和内插因子为 M 的内插器互为转置(参见习题 13.30)。

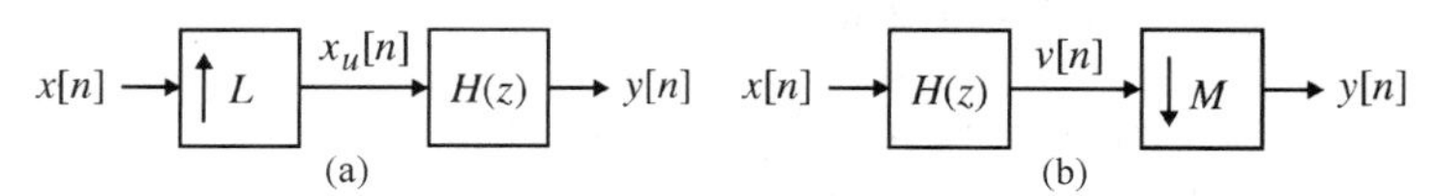

图 13.15　整数值变换因子的抽样率变换系统：(a) 内插器；(b) 抽取器

抽样率以有理数因子的分数变化可以用因子为 L 的内插器和因子为 M 的抽取器级联而成，其中 L 和 M 都是正整数。内插器的位置必须在抽取器之前，以确保 $w[n]$ 的基带要大于或等于 $x[n]$ 或 $y[n]$ 的基带，如图 13.16(a) 所示[Cro83]。由于图 13.16(a) 中的内插滤波器 $H_u(z)$ 和抽取滤波器 $H_d(z)$ 都工作在相同的抽样率上，因此可以仅用单个的滤波器来代替，这个滤波器要设计成既能避免下抽样引起的混叠，又能去除上抽样产生的多余镜像，最后得到如图 13.16(b) 所示的计算高效的结构。

① 这里默认将要内插和抽取的离散时间信号有一个低通频率响应，因此，所需的内插或抽取滤波器是一个低通滤波器。然而，若需要内插或抽取的离散时间信号有高通(带通)频率响应，则所需要的内插或抽取滤波器是一个高通(带通)滤波器。

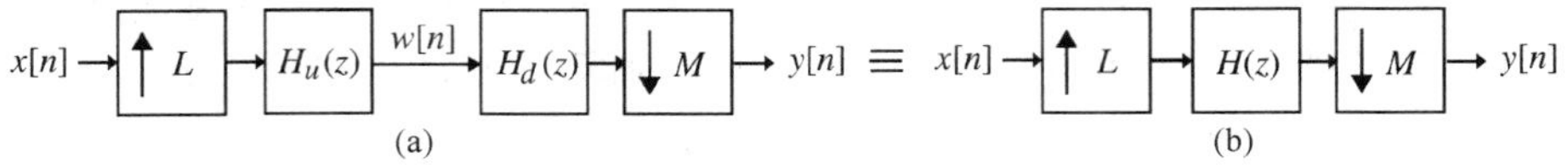

图 13.16 (a)以 L/M 增加抽样率的一般方案;(b)有效实现

13.2.2 输入-输出关系

我们首先推导图 13.15(b)所示的抽取器结构的输入-输出关系。设 $h[n]$ 表示抽取滤波器 $H[z]$ 的冲激响应，则滤波器的输出 $v[n]$ 等于输入 $x[n]$ 与 $h[n]$ 的卷积和：

$$v[n] = \sum_{\ell=-\infty}^{\infty} h[n-\ell]x[\ell]$$

利用式(13.2)，可以通过

$$y[n] = v[Mn]$$

将因子为 M 的下抽样器的输出 $y[n]$ 用其输入 $v[n]$ 来表示。合并上面两式，就可得到所求的抽取器结构在时域的输入-输出关系为

$$y[n] = v[Mn] = \sum_{\ell=-\infty}^{\infty} h[Mn-\ell]x[\ell] \tag{13.16}$$

在 z 变换域中，抽取滤波器的输入-输出关系为

$$V(z) = H(z)X(z)$$

其中，$V(z)$ 和 $X(z)$ 分别为 $v[n]$ 和 $x[n]$ 的 z 变换。由式(13.12)，可得下抽样器在 z 域中的输入-输出关系为

$$Y(z) = \frac{1}{M}\sum_{k=0}^{M-1} V(z^{1/M}W_M^{-k})$$

合并以上两式，可得抽取器在 z 域中的输入-输出关系为

$$Y(z) = \frac{1}{M}\sum_{k=0}^{M-1} H(z^{1/M}W_M^{-k})X(z^{1/M}W_M^{-k}) \tag{13.17}$$

接下来考虑图 13.15(a)中内插器结构的输入-输出关系。在时域中，因子为 L 的上抽样器的输入-输出关系由式(13.1)给出，通过替换变量它可重写为

$$x_u[Lm] = x[m], \quad m = 0, \pm 1, \pm 2, \cdots$$

将上式代入内插滤波器的输入-输出关系，可得

$$y[n] = \sum_{\ell=-\infty}^{\infty} h[n-\ell]x_u[\ell]$$

再进行变量替换，就可得到所求的内插器在时域的输入-输出关系，即

$$y[n] = \sum_{m=-\infty}^{\infty} h[n-Lm]x[m] \tag{13.18}$$

在 z 域中，上抽样器的输入-输出关系已由式(13.5)给出，将其与内插滤波器的输入-输出关系相结合，就可以对内插器得到所求的结果为

$$Y(z) = H(z)X(z^L) \tag{13.19}$$

对于图 13.16(b)所示的分数倍抽样率转换器，其输入-输出关系可以用类似的方法得到。在时域中，可表示为

$$y[n] = \sum_{m=-\infty}^{\infty} h[Mn-Lm]x[m] \tag{13.20}$$

而在 z 域中为

$$Y(z)=\frac{1}{M}\sum_{k=0}^{M-1}H(z^{1/M}W_M^{-k})X(z^{L/M}W_M^{-kL}) \tag{13.21}$$

13.2.3　滤波器指标

现在可以推导出图 13.15 和图 13.16(b)中低通滤波器的指标。我们首先生成内插滤波器的指标。假定 $x[n]$是用奈奎斯特频率对一个带限的连续时间信号 $x_a(t)$抽样而得到的。若 $X_a(\mathrm{j}\Omega)$和 $X(\mathrm{e}^{\mathrm{j}\omega})$分别表示 $x_a(t)$和 $x[n]$的傅里叶变换，则由式(3.75a)可得这些傅里叶变换通过

$$X(\mathrm{e}^{\mathrm{j}\omega})=\frac{1}{T_o}\sum_{k=-\infty}^{\infty}X_a\left(\frac{\mathrm{j}\omega-\mathrm{j}2\pi k}{T_o}\right) \tag{13.22}$$

相关联。式中，T_o是抽样周期。由于是用奈奎斯特频率进行抽样的，$X_a(\mathrm{j}\omega/T_o)$的各个平移谱之间没有重叠。若改用更高的抽样率 $1/T=L/T_o$对 $x_a(t)$进行抽样，可得到 $y[n]$，其傅里叶变换 $Y(\mathrm{e}^{\mathrm{j}\omega})$通过

$$Y(\mathrm{e}^{\mathrm{j}\omega})=\frac{1}{T}\sum_{k=-\infty}^{\infty}X_a\left(\frac{\mathrm{j}\omega-\mathrm{j}2\pi k}{T}\right)=\frac{L}{T_o}\sum_{k=-\infty}^{\infty}X_a\left(\frac{\mathrm{j}\omega-\mathrm{j}2\pi k}{T_o/L}\right) \tag{13.23}$$

与 $X_a(\mathrm{j}\Omega)$相关联。另一方面，若将 $x[n]$通过因子为 L 的上抽样器，则得到 $x_u[n]$。由式(13.5)，傅里叶变换 $X_u(\mathrm{e}^{\mathrm{j}\omega})$和 $X(\mathrm{e}^{\mathrm{j}\omega})$之间的关系为

$$X_u(\mathrm{e}^{\mathrm{j}\omega})=X(\mathrm{e}^{\mathrm{j}\omega L}) \tag{13.24}$$

由式(13.22)至式(13.24)可知，若 $x_u[n]$通过一个截止频率为π/L、增益为 L 的理想低通滤波器，则输出将恰好是 $y[n]$。

在实际中，提供一个过渡带以保证低通内插滤波器 $H(z)$的可实现性和稳定性。因此，所需的低通滤波器在 $\omega_s=\pi/L$ 处应该有一个阻带边界，并在 ω_s附近有通带边界 ω_p来降低信号 $x[n]$的频谱失真①。若 ω_c表示在将要内插的信号中需要保留的最高频率，则低通滤波器的通带边界 ω_p应该是 $\omega_p=\omega_c/L$。综上所述，低通内插滤波器的指标因此为

$$|H(\mathrm{e}^{\mathrm{j}\omega})|=\begin{cases}L, & |\omega|\leqslant\omega_c/L\\ 0, & \text{其他}\end{cases} \tag{13.25}$$

注意，在很多内插应用中，要保证输入样本在输出没有改变。这个要求可以由奈奎斯特内插滤波器来满足，这将在 13.6 节中讨论。

用同样的方法，可推出低通抽取滤波器的指标为

$$|H(\mathrm{e}^{\mathrm{j}\omega})|=\begin{cases}1, & |\omega|\leqslant\omega_c/M\\ 0, & \text{其他}\end{cases} \tag{13.26}$$

其中，ω_c表示需要保留在抽取信号中的最高频率。

图 13.17 和图 13.18 中分别说明了 $M=2$ 且 $L=2$ 时频域中的抽取和内插效果。图 13.17(a)显示了输入信号 $x[n]$的频谱 $X(\mathrm{e}^{\mathrm{j}\omega})$以及抽取滤波器的频谱 $H(\mathrm{e}^{\mathrm{j}\omega})$。抽取滤波器的通带边界和阻带边界分别是 $\omega_c/2$ 和$\pi/2$，其中 ω_c是在抽取器输出中保留的输入信号的最高频率。由式(13.13)，抽取器输出 $y[n]$的频率响应 $Y(\mathrm{e}^{\mathrm{j}\omega})$现在为

$$Y(\mathrm{e}^{\mathrm{j}\omega})=\tfrac{1}{2}\left\{V(\mathrm{e}^{\mathrm{j}\omega/2})+V(-\mathrm{e}^{\mathrm{j}\omega/2})\right\}$$

其中，$V(\mathrm{e}^{\mathrm{j}\omega})$是滤波器输出 $v[n]$的频率响应。由于预滤波，这两个谱没有重叠，因此抽取器输出谱 $Y(\mathrm{e}^{\mathrm{j}\omega})$也没有混叠，如图 13.17(b)所示。然而，还不能从抽取形式 $y[n]$中恢复出原输入信号 $x[n]$。滤波器$H(z)$用来在范围 $-\omega_c/2<\omega<\omega_c/2$ 内保留 $X(\mathrm{e}^{\mathrm{j}\omega})$，而由 $y[n]$恰好可以重构这一部分。另一方面，若

---

① 本章中 ω_p、ω_s、δ_p和 δ_s的意义和 9.1.1 节中的完全一样。

在下抽样之前，没有对输入的 $x[n]$ 进行滤波，则两个分量 $\frac{1}{2}X(e^{j\omega/2})$ 和 $\frac{1}{2}X(-e^{j\omega/2})$ 将会重叠，结果是，在抽取器输出时会发生严重的混叠，如图 13.17(c)所示。我们将在 13.5 节中讨论分数抽样率变换。

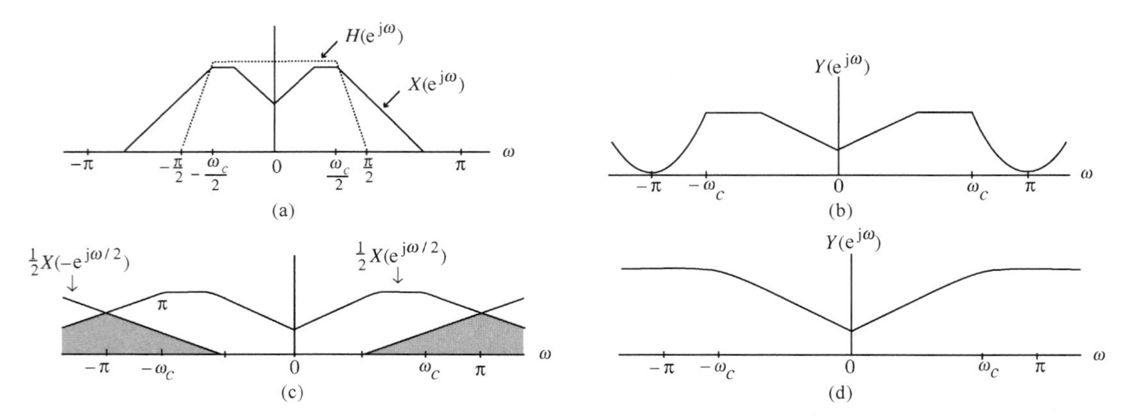

图 13.17 (a)输入 $x[n]$ 的谱；(b)因子为 2 的抽取器的输出 $y[n]$ 的谱，其中 $x[n]$ 经过滤波；(c)因子为2的抽取器的输出 $y[n]$ 的谱，其中 $x[n]$ 未经过滤波来显示混叠效应。抽取滤波器 $H(z)$ 的谱在图(a)中用带点的线表示。图中 ω_c 为输入信号中被保留的最高频率

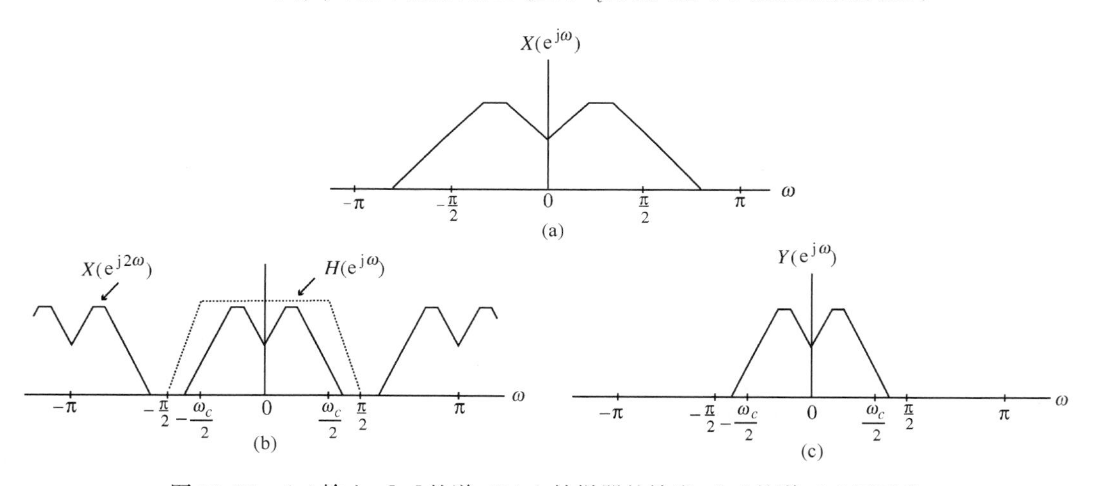

图 13.18 (a)输入 $x[n]$ 的谱；(b)上抽样器的输出 $x[n]$ 的谱；(c)因子为 2 的内插器的输出 $y[n]$ 的谱。内插滤波器 $H(z)$ 的谱在图(b)中用带点的线表示。图中 ω_c 为输入信号中被保留的最高频率

对于因子为 2 的内插，上抽样器输出频谱 $V(e^{j\omega})$ 为 $X(e^{j2\omega})$。图 13.18(b)显示了对应于图 13.18(a)给出的输入谱的 $V(e^{j\omega})$。通过对 $v[n]$ 滤波得到的内插输出频谱 $Y(e^{j\omega})$ 在图 13.18(c)中画出。

对于图 13.16(a)所示为分数抽样率变换器，$H_u(z)$ 和 $H_d(z)$ 中只有一个足以同时用做内插滤波器及抽取滤波器，具体则取决于它们的阻带频率 π/L 和 π/M 哪个更小一些。因而低通滤波器 $H(z)$ 就有一个归一化的阻带截止频率为[Cro83]

$$\omega_s = \min\left(\frac{\pi}{L}, \frac{\pi}{M}\right)$$

这样既能抑制内插器引起的镜像，同时又能确保不会出现抽取器所产生的混叠。因此，对于分数抽样率变换器，其滤波器 $H(z)$ 的指标为

$$|H(e^{j\omega})| = \begin{cases} L, & |\omega| \leqslant \min\left(\frac{\pi}{L}, \frac{\pi}{M}\right) \\ 0, & \text{其他} \end{cases} \tag{13.27}$$

$H(z)$的设计问题就是标准 IIR 或 FIR 低通滤波器的设计问题。第 9 章和第 10 章中概述的任何一种方法都可以在这里用来设计这些低通滤波器。

13.2.4　计算需求

如前所述，低通抽取或者内插滤波器都可以设计为 FIR 或 IIR 数字滤波器。对于单抽样率数字信号处理，通常 IIR 滤波器比 FIR 滤波器的计算效率高一些。因此在需要最小化计算耗费的应用中首选前者，这和接下来详细描述的多抽样率数字信号处理中的情况不完全一样。

考虑图 13.15(b)所示的因子为 M 的抽取器的结构。若抽取滤波器 $H(z)$是一个用直接型实现的长度为 N 的 FIR 滤波器，则

$$v[n] = \sum_{m=0}^{N-1} h[m]x[n-m] \tag{13.28}$$

现在，下抽样器保留 $v[n]$的每 M 个样本作为其输出。因此，用式(13.28)仅计算 $v[n]$在 n 为 M 整数倍时的值，而跳过中间的 $M-1$ 样本就足够了。这也使计算复杂度有一个因子为 M 的节省。另一方面，若图 13.15(b)中的 $H(z)$是一个 K 阶 IIR 滤波器，其传输函数为

$$H(z) = \frac{V(z)}{X(z)} = \frac{P(z)}{D(z)} \tag{13.29}$$

其中

$$P(z) = \sum_{n=0}^{K} p_n z^{-n}, \qquad D(z) = 1 + \sum_{n=1}^{K} d_n z^{-n} \tag{13.30}$$

它的直接型实现为

$$w[n] = -d_1 w[n-1] - d_2 w[n-2] - \cdots - d_K w[n-K] + x[n] \tag{13.31a}$$

$$v[n] = p_0 w[n] + p_1 w[n-1] + \cdots + p_K w[n-K] \tag{13.31b}$$

由于 $v[n]$被下抽样，用式(13.31b)仅计算 $v[n]$在 n 为 M 整数倍的值就足够了。然而，式(13.31a)中的中间信号 $w[n]$必须对所有的 n 值计算。例如，在计算

$$v[M] = p_0 w[M] + p_1 w[M-1] + \cdots + p_K w[M-K]$$

时，仍然需要 $w[n]$的 $K+1$ 个相连续的值。因此，对 IIR 滤波器，计算中的节省将小于因子 M。

例 13.6 提供了更加详细的比较。

例 13.6　抽取器的计算复杂度

在本例中，我们比较图 13.15(b)所示因子为 M 的抽取器采用不同方法实现时的计算复杂度①。设图 13.15(b)中的输入信号 $x[n]$的抽样频率为 F_T，则对不同计算方案中每秒相乘运算的数目(用$\mathcal{R}_M$来表示)，如下所示。

对长度为 N 的有限冲激响应 $H(z)$

$$\mathcal{R}_{M,\mathrm{FIR}} = N \times F_T$$

对于长度为 N 的有限冲激响应 $H(z)$后接一个因子为 M 的下抽样器

$$\mathcal{R}_{M,\mathrm{FIR-DEC}} = N \times F_T / M$$

对 K 阶有限冲激响应 $H(z)$

$$\mathcal{R}_{M,\mathrm{IIR}} = (2K+1) \times F_T$$

① 在本章中，取“实现的计算复杂度”等于每秒所需相乘运算的数目。同样，我们将忽略 FIR 冲激响应的对称性，它会导致约 50% 的计算量节省。

对于 K 阶有限冲激响应 $H(z)$ 后接一个因子 M 倍下抽样器

$$\mathcal{R}_{M,\mathrm{IIR-DEC}} = K \times F_T + (K+1) \times F_T / M$$

因此，可以看出，对有限冲激响应，我们以因子 M 对计算进行了节省。对无限冲激响应，以因子为 $M(2K+1)/[(M+1)K+1]$ 对计算进行了节省，当 K 很大时这样的节省并不明显。当 $M=10$ 及 $K=9$ 时，节省因子仅为 1.9。我们在后面将要指出，在某些情况下，IIR 滤波器的计算可以更高效。

对图 13.15(a) 中内插滤波器的情况，有相似的论点成立。若 $H(z)$ 是一个 FIR 滤波器，则计算量的节省因子为 L(由于 $v[n]$ 在两个连续非零样本中有 $L-1$ 个零值)。另一方面，对 IIR 滤波器，计算量的节省明显要小一些。

13.2.5 用 MATLAB 实现抽样率转换

MATLAB 中包含了 4 个抽样率转换的特定函数，decimate、interp、upfirdn 和 resample。

函数 decimate 能以整数因子来降低输入信号向量的抽样率，且其中含有多个形式。我们在例 13.7 中示例其应用。

例 13.7 用 MATLAB 说明抽取运算

程序 13_5.m

我们用程序 13_5 演示以任意下抽样因子 M 来对归一化频率分别为 f_1 和 f_2 两个正弦序列的和进行抽取。程序的输入数据有输入序列 $x[n]$ 的长度 N、下抽样因子 M 以及单位为 Hz 的两个归一化频率。程序使用一个所设计的 30 抽头 FIR 低通抽取滤波器，其阻带边界在 π/M①。然后画出了当 $N=100$、$M=2$、$f_1=0.043$ 以及 $f_2=0.031$ 时的输入和输出信号序列，如图 13.19 所示。

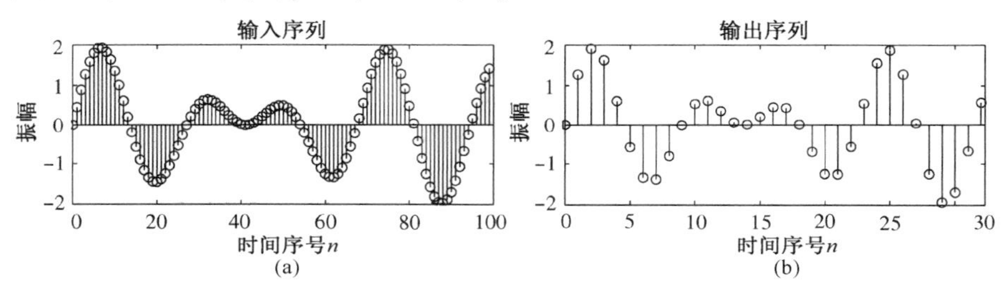

图 13.19 例 13.7 中因子为 2 的抽取器的(a)输入序列和(b)输出序列

函数 interp② 可以用来以整数因子增加输入信号的抽样率，且其中含有多个形式。我们在例 13.8 中示例其应用。

例 13.8 用 MATLAB 说明内插运算

程序 13_6.m

为了说明内插过程，我们取 x 为两个正弦信号的和。程序 13_6 是用于生成上抽样因子为 L 的内插输出 y。程序的输入数据有输入向量 x 的长度 N、上抽样因子 L 以及两个单位为 Hz 的归一化频率。这里所用的两个正弦信号的频率分别是 $f_1=0.043$ 和 $f_2=0.031$，内插因子为 2，输入的长度是 50。该程序产生的输出图在图 13.20 中显示。

resample 和 upfirdn 这两个 M 文件可以用两个正整数之比来增加输入向量的抽样率，且每个函数都有多个形式。例 13.9 示例了函数 resample 的应用。

例 13.9 用 MATLAB 说明分数率内插

程序 13_7.m

在本例中，我们用程序 13_7 以两个正整数之比来增加由两个正弦信号组成的信号的抽样率。程序的输入数据有输入信号向量 x 的长度 N、上抽样因子 L、下抽样因子 M 以及这两个正弦的频率。这里用到的上抽样因子和下抽样因子分别为 5 和 3，两个正弦的频率分别是 $f_1=0.043$ 和 $f_2=0.031$。图 13.21 显示了该程序产生的输出图形。

---

① 默认抽取滤波器的群延迟是 14.5 个样本。对一个整数值的群延迟，需要用到一个奇长度的抽取器。

② interp 基于 Oetken 等提出的内插器设计[Oet75]。

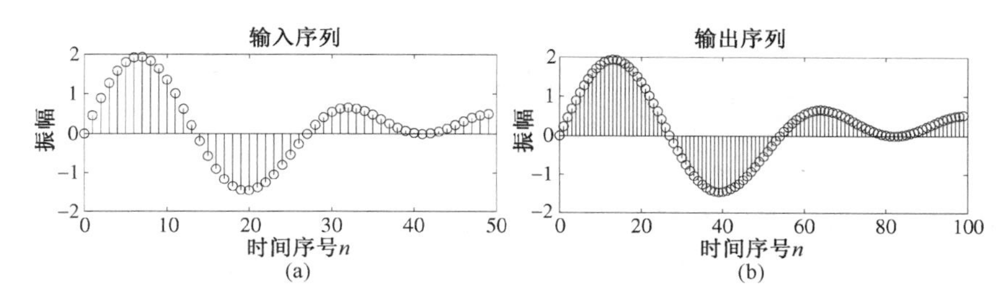

图 13.20　例 13.8 中因子为 2 的内插器的(a)输入序列和(b)输出序列

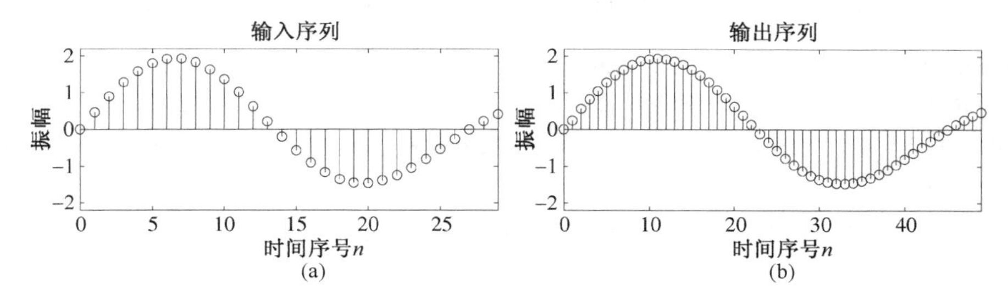

图 13.21　以有理数 5/3 增加抽样率的图示

13.3　抽取器和内插器的多级设计

由于图 13.15 中的抽取器和内插器的基本结构只涉及一个低通滤波器和一个抽样率转换器，因此它们都是单级结构。若内插因子 L 可以表示为两个整数 L_1 和 L_2 的积，则图 13.15(a)中因子为 L 的内插器也可以用两级来实现，如图 13.22(a)所示。同样，若抽取器的因子 M 是两个整数 M_1 和 M_2 的积，则图 13.15(b)中因子为 M 的抽取器也可以用两级实现，如图 13.22(b)所示。当然，根据能用来表示 L 和 M 的因子数，设计可能不止两级。通常，通过将抽样率转换系统设计为几个级的级联，计算的效率会显著提升。我们用例 13.10 来说明这个特点。

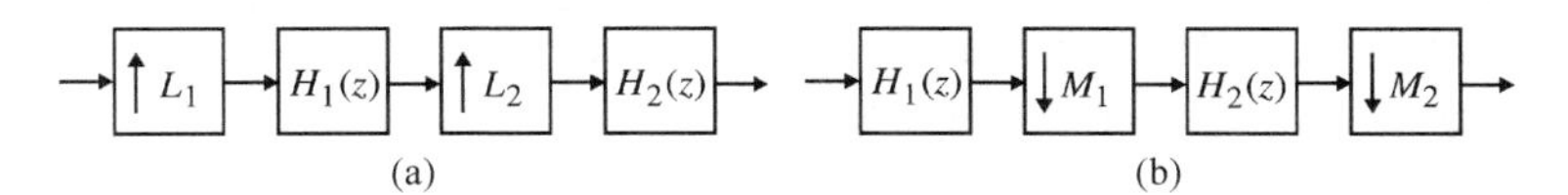

图 13.22　抽样率改变系统两级的实现：(a)内插器；(b)抽取器

例 13.10　抽取器的多级设计

考虑设计一个抽取器将一个信号的抽样率从 12 kHz 减少到 400 Hz，如图 13.23 所示。因此所求的抽取因子为 $M = 12\,000/400 = 30$。抽取滤波器 $H(z)$ 的指标如下：通带边界 $F_p = 180$ Hz，阻带边界 $F_s = 200$ Hz，通带波纹 $\delta_p = 0.002$，阻带波纹 $\delta_s = 0.001$。若需要求 $H(z)$ 是一个等波纹的线性相位 FIR 低通滤波器，则用 `firpmord` 可以求出其阶数 N_H 为

$$N_H = 1827 \tag{13.32}$$

因此，若忽略滤波器系数的对称性，则图 13.23 中因子为 30 的抽取器的单级实现中每秒相乘的数目为

$$\mathcal{R}_{M,H} = (N_H + 1) \times \frac{F_T}{M} = 1828 \times \frac{12\,000}{30} = 730\,800 \tag{13.33}$$

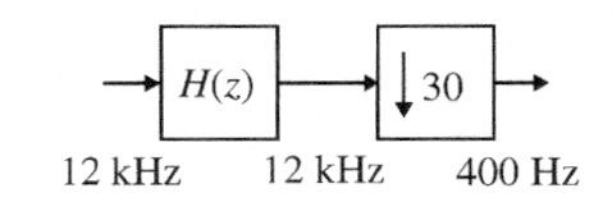

图 13.23　单级因子为 30 的抽取器的框图表示

现在考虑用 10.6.2 节讨论的内插 FIR(IFIR)实现方法以 $F(z^{15})I(z)$ 的形式实现 $H(z)$。成形滤波器 $F(z)$ 应该有如图 13.24(a)所示的指标。这对应于将 $H(z)$ 的指标拉伸 15 倍。图 13.24(b)显示了 $F(z^{15})$ 的幅度响应。$I(z)$ 的期望响应也在同一幅图中显示。注意，由于 $I(z)$ 的期望响应考虑了 $F(z^{15})$ 通带之间的谱间隔，所以其过渡带更宽。

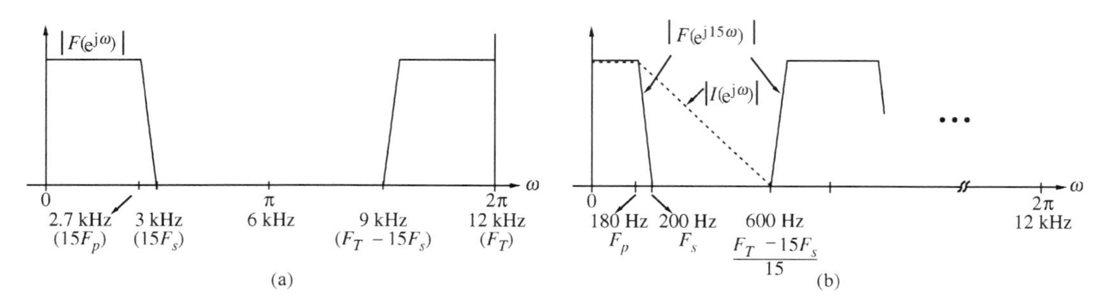

图 13.24 基于 IFIR 的抽取滤波器设计(频率响应图未按比例显示)

得到的 IFIR 实现在图 13.25(a)中显示。由于是级联，总波纹是 $I(z)$和 $F(z^{15})$的通带波纹之和，单位为 dB。这可以通过把 $I(z)$和 $F(z)$的每个通带波纹设计为 $\delta_p=0.001$(而不是 0.002)来补偿。另外，$I(z)$和 $F(z^{15})$级联的阻带至少和单个的 $I(z)$或者 $F(z^{15})$相当，故 $I(z)$和 $F(z)$中 δ_s的指标可以保持为 $\delta_s=0.001$。因此，IFIR 方法的指标如下：

$$F(z): F_p^{(F)}=15\times F_p=15\times 180=2.7\text{ kHz},\ F_s^{(F)}=15\times F_s=15\times 200=3\text{ kHz}$$
$$\delta_p^{(F)}=\delta_p/2=0.001,\ \delta_s^{(F)}=\delta_s=0.001 \tag{13.34a}$$

$$I(z): F_p^{(I)}=F_p=180\text{ Hz},\quad F_s^{(I)}=\frac{F_T}{15}-F_s=\frac{12\ 000}{15}-200=600\text{ Hz}$$
$$\delta_p^{(I)}=\delta_p/2=0.001,\quad \delta_s^{(I)}=\delta_s=0.001 \tag{13.34b}$$

用函数 firpmord 分别得到 $F(z)$和 $I(z)$的滤波器阶数 N_F 和 N_I如下：

$$N_F=130,\qquad N_I=93 \tag{13.35}$$

注意，图 13.25(a)是通过将图 13.23 中的 $H(z)$替换成 $I(z)F(z^{15})$得到的。由式(13.32)得到 $H(z)$的直接实现的长度为 1828，而 $I(z)F(z^{15})$的长度是 $93+15\times 130+1=2044$。换言之，整个滤波器的长度增加了。然而，通过用图 13.14 的级联等效#1，新实现的计算复杂度(即每秒相乘的数目)还可以降低很多。为此，将下抽样因子 M 以 M_1M_2 因式分解并将图 13.25(a)重画为图 13.25(b)，其中 $M_1=15$、$M_2=2$。接下来，通过调用图 13.14(a)中的等效，我们用图 13.25(c)替换它。从图中可以看出，要实现 800 Hz 抽样率的 $F(z)$并后接因子为 2 的下抽样，需要

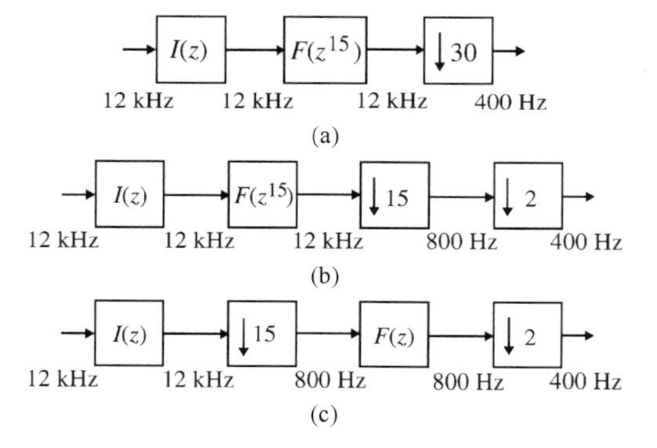

图 13.25 抽取器结构的两级实现的步骤

$$\mathcal{R}_{M,F}=131\times\frac{800}{2}=52\ 400 \tag{13.36}$$

次相乘/秒。$I(z)$后接 15 倍下抽样的实现需要

$$\mathcal{R}_{M,I}=94\times\frac{12\ 000}{15}=75\ 200 \tag{13.37}$$

次相乘/秒。因此，内插器 $I(z)$比成形滤波器 $F(z)$需要更多的相乘/秒。从而，图 13.25(c)中基于 IFIR 实现的整体复杂度是

$$52\ 400+75\ 200=127\ 600 \tag{13.38}$$

次相乘/秒，这大约是直接实现的复杂度式(13.33)的 1/5.73，如图 13.23 所示。

如图 13.26(a)所示，在 k 级实现的通常情况下，抽取因子为 $M=M_1M_2\cdots M_k$。对于一个给定的 M_k，$k-1$ 个量 M_1，M_2，…，M_{k-1}可以用不同方式选择，其中必有一个计算复杂度最小的最优多级组合方式。这个最优的形式取决于 k 的选择和 M_1，M_2，…，M_k的“最佳”组合及排序，以使所需的每秒相乘数目最小[Cro83]。相应的多级内插器的设计也是十分类似的问题[参见图 13.26(b)][Cro83]。

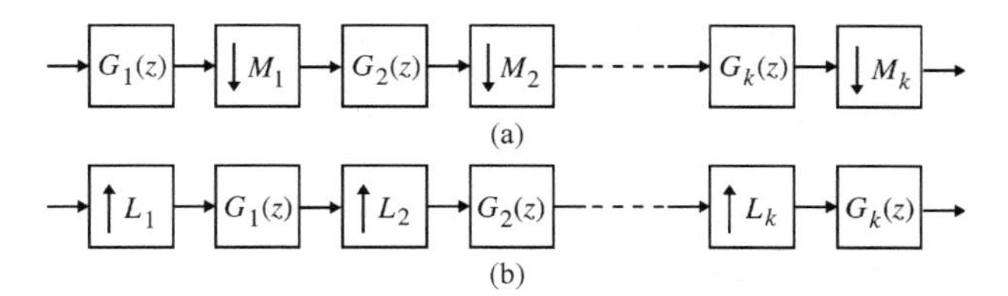

图 13.26　(a)通用的多级抽取结构;(b)通用的多级内插结构

13.4　多相分解

我们在 13.2.4 节中已经看到，使用了 FIR 低通滤波器的单级抽取器或内插器，只有在需要时，才会用到有关的相乘运算来计算输出样本，因此其计算效率很高。我们在前一节中描述了利用多级设计可以进一步降低计算需求。用 8.3.3 节中描述的多相分解实现的 FIR 滤波器，可能进一步降低计算复杂度。在某些情况下，可用多相形式实现 IIR 抽取和内插滤波器，得到降低计算复杂度的实现。在这里，我们再一次讨论多相分解并说明它在抽取器和内插器的有效实现中的应用。

13.4.1　通用分解形式

考虑一个具有 z 变换 $X(z)$：

$$X(z) = \sum_{n=-\infty}^{\infty} x[n]z^{-n} \tag{13.39}$$

的任意序列 $\{x[n]\}$。可将 $X(z)$ 重写为

$$X(z) = \sum_{k=0}^{M-1} z^{-k} X_k(z^M) \tag{13.40}$$

其中

$$X_k(z) = \sum_{n=-\infty}^{\infty} x_k[n]z^{-n} = \sum_{n=-\infty}^{\infty} x[Mn+k]z^{-n}, \qquad 0 \leqslant k \leqslant M-1 \tag{13.41}$$

子序列 $\{x_k[n]\}$ 称为原序列 $x[n]$ 的多相分量，而由 $\{x_k[n]\}$ 的 z 变换得到的函数 $X_k(z)$，称为 $X(z)$ 的**多相分量**[Bel76]。子序列 $\{x_k[n]\}$ 和原序列 $\{x[n]\}$ 之间的关系为

$$x_k[n] = x[Mn+k], \qquad 0 \leqslant k \leqslant M-1 \tag{13.42}$$

式(13.40)可以用矩阵形式写为

$$X(z) = [1 \quad z^{-1} \quad \cdots \quad z^{-(M-1)}] \begin{bmatrix} X_0(z^M) \\ X_1(z^M) \\ \vdots \\ X_{M-1}(z^M) \end{bmatrix} \tag{13.43}$$

多相分解的多抽样率结构解释由图 13.27 给出。

对于 FIR 传输函数 $H(z)$，多相分解形如：

$$H(z) = \sum_{k=0}^{M-1} z^{-k} E_k(z^M) \tag{13.44}$$

其中多相分量 $E_k(z)$，$0 \leqslant k \leqslant M-1$，是一个 FIR 传输函数。另一方面，对于 IIR 传输函数 $H(z)$，多相分量 $E_k(z)$，$0 \leqslant k \leqslant M-1$，是一个 IIR 传输函数。对于某类截止频率在

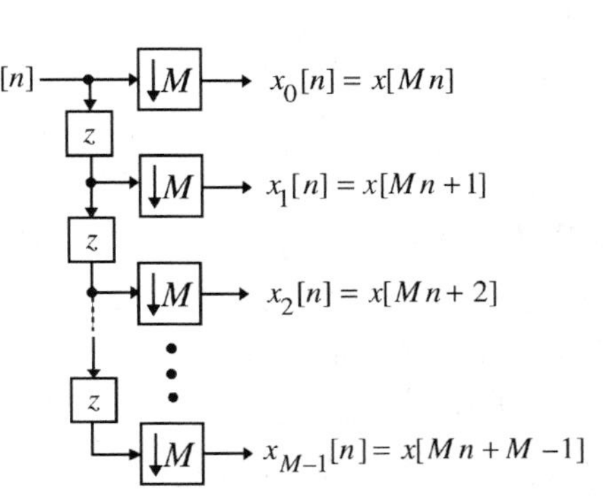

图 13.27　序列 $x[n]$ 的 M 带多相分解的结构解释

π/M的稳定低通 IIR 传输函数，多相分解采用的形式为

$$H(z) = \sum_{k=0}^{M-1} z^{-k} \mathcal{A}_k(z^M) \tag{13.45}$$

其中$\mathcal{A}_k(z)$，$0 \leqslant k \leqslant M-1$，是一个稳定的全通传输函数。

FIR 传输函数的多相分解可以用如 8.3.3 节说明的观察法来进行。在那一节中，我们生成了一个长度为 9 的 FIR 传输函数的两支路和三支路的多相分解。图 8.7 说明了基于多相分解的一个 FIR 传输函数的并行实现。在下一节中，我们研究基于多相分解 FIR 传输函数并行实现的几种变形。

得到 IIR 传输函数 $H(z)$的 M 支路多相分解的一种方法是，先用所选的一个适当的多项式乘以分母 $D(z)$和分子 $P(z)$，将其表达成 $P'(z)/D'(z^M)$的形式，再对 $P'(z)$应用 M 支路多相分解。该方法增加了 $H(z)$的总阶数和复杂度。这种方法在例 13.11 中说明。

例 13.11 IIR 传输函数的多相分解

考虑一个 IIR 传输函数

$$H(z) = \frac{1-2z^{-1}}{1+3z^{-1}}$$

为得到 $M=2$ 时形如式(13.41)的双路分解，将 $H(z)$重写为

$$H(z) = \frac{(1-2z^{-1})(1-3z^{-1})}{(1+3z^{-1})(1-3z^{-1})} = \frac{1-5z^{-1}+6z^{-2}}{1-9z^{-2}} = \left(\frac{1+6z^{-2}}{1-9z^{-2}}\right) + z^{-1}\left(\frac{-5}{1-9z^{-2}}\right)$$

因此，$H(z) = E_0(z^2) + z^{-1}E_1(z^2)$，其中

$$E_0(z) = \frac{1+6z^{-1}}{1-9z^{-1}}, \quad E_1(z) = \frac{-5}{1-9z^{-1}}$$

注意，尽管上面的方法增加了 $H(z)$的总阶数和复杂度，然而，在某些多抽样率结构中，这可以得到一个更有效的结构。14.1.2 节中描述了推导一个任意 IIR 传输函数多相分解的一般方法。例 13.12 说明了形如式(13.45)的全通分解和的生成。

例 13.12 IIR 传输函数基于全通的多相分解

考虑 3 dB 截止频率在 0.5π的一个五阶巴特沃思低通滤波器的传输函数：

$$H(z) = \frac{0.0527864045(1+z^{-1})^5}{1+0.633436854z^{-2}+0.05572809z^{-4}}$$

利用 8.10 节提到的极点交错性质，可以将 $H(z)$表示为

$$H(z) = \frac{1}{2}\left[\left(\frac{0.10557281+z^{-2}}{1+0.10557281z^{-2}}\right) + z^{-1}\left(\frac{0.527864045+z^{-2}}{1+0.527864045z^{-2}}\right)\right]$$

因此，可以表示 $H(z) = \mathcal{A}_0(z^2) + z^{-1}\mathcal{A}_1(z^2)$，其中

$$\mathcal{A}_0(z) = \frac{1}{2}\left(\frac{0.10557281+z^{-1}}{1+0.10557281z^{-1}}\right), \qquad \mathcal{A}_1(z) = \frac{1}{2}\left(\frac{0.527864045+z^{-1}}{1+0.527864045z^{-1}}\right)$$

注意，在上面的类多相分解中，支路传输函数是稳定的全通函数。而且，分解未增加整个传输函数 $H(z)$的阶数。

可以证明双路($M=2$)基于全通的多相分解存在于所有截止在$\pi/2$ 的奇数阶的巴特沃思、切比雪夫和椭圆低通 IIR 传输函数中，并且也可以利用 8.10 节中描述的极点交错性质通过观察来得到。已经提出一种基于计算机的设计技术，用于生成截止在π/M 的一个低通 IIR 传输函数的 M 支基于全通的多相分解[Ren87]。

13.4.2 基于多相分解的滤波器结构

8.3.3 节中已经说明，一个 FIR 滤波器传输函数 $H(z)$的并联实现可以用多相分解得到。正如我们在本章后面将要指出的，在某些多抽样率应用中，这样的实现通常会得到计算效率更高的结构。这里我们用更通用的符号来表示多相分量来再一次讨论基于多相分解的 FIR 滤波器，并生成几个其他的实现。

首先考虑 $H(z)$ 的 M 支路多相分解为

$$H(z) = \sum_{k=0}^{M-1} z^{-k} E_k(z^M) \tag{13.46}$$

图 13.28(a)显示了基于式(13.46)的直接实现。该实现的转置由图 13.28(b)给出。使用记号

$$R_\ell(z^M) = E_{M-1-\ell}(z^M), \qquad 0 \leqslant \ell \leqslant M-1 \tag{13.47}$$

可以得到图 13.28(b)中的转置结构的另一种表示，结果就是图 13.29 所示的结构。因此，相应的多相分解为

$$H(z) = \sum_{\ell=0}^{M-1} z^{-(M-1-\ell)} R_\ell(z^M) \tag{13.48}$$

为了区分式(13.46)和式(13.48)这两种分解，通常称前者为 I **型多相分解**，称后者为 II **型多相分解**。

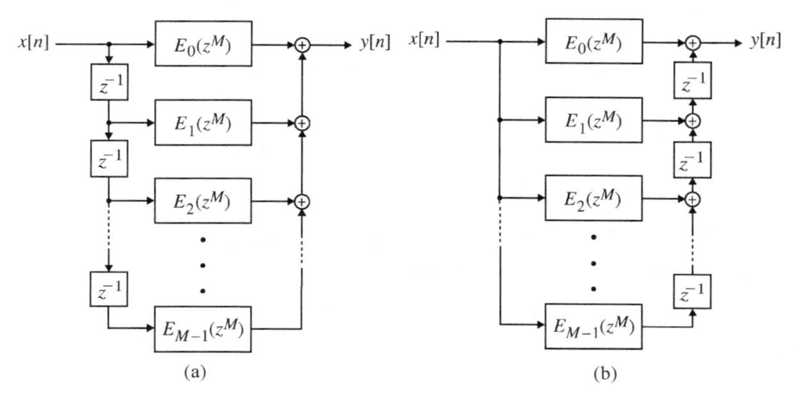

图 13.28　(a)基于 I 型多相分解的 FIR 滤波器的直接实现；(b)其转置

当 $0 \leqslant k \leqslant M-1$ 时，通过用全通节 $\mathcal{A}_k(z^M)$ 替换图 13.28 中的多相分量 $E_k(z^M)$ 并用全通节 $\mathcal{A}_{M-1-k}(z^M)$ 替换图 13.29 中的多相分量 $R_k(z^M)$，可以得到形如式(13.45)的具有 M 支路多相分解的 IIR 传输函数的实现。

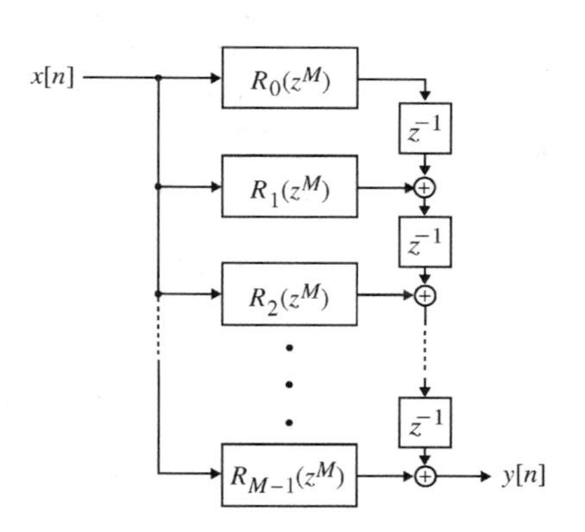

图 13.29　基于 II 型多相分解的 FIR 滤波器的实现

13.4.3　计算高效的内插器和抽取器结构

使用低通滤波器的高效抽取器和内插器结构可以通过对它们相应的传输函数进行多相分解而得到。我们接下来说明该性质。

首先考虑多相分解在图 13.15(b)所示抽取滤波器实现中的应用。若低通滤波器 $H(z)$ 以图 13.28(a)实现，则整个抽取器结构形如图 13.30(a)。使用图 13.14(a)中的级联等效#1，得到如图 13.30(b)所示的一个等效实现，它比图 13.30(a)的结构计算上更高效。为了说明这一点，假定图 13.15(b)中的抽取滤波器 $H(z)$ 是一个长度为 N 的 FIR 结构且输入抽样周期 $T=1$。由于抽取器的输出 $y[n]$ 可以对滤波器的输出 $v_1[n]$ 以因子 M 下抽样得到，故仅仅需要计算当 $n=\cdots, -2M, -M, 0, M, 2M, \cdots$ 时的 $v[n]$。因此，输出每个样本需要的计算量为 N 次相乘和 $(N-1)$ 次相加。然而，随着 n 的增加，延迟寄存器中存储的信号会改变。因此全部的计算需要在一个抽样周期中完成，而在接下来的 $(M-1)$ 个抽样周期中，算术单元保持空闲。现在考虑图 13.30(b)所示的结构。若子滤波器 $E_k(z)$ 的长度是 N_k，则 $N=\sum_{k=0}^{M-1} N_k$。第 k 个子滤波器的计算需求是每输出样本 N_k 次相乘和 N_k-1 次相加，因此对于整个结构，抽取器每个输出样本需要计算 $\sum_{k=0}^{M-1} N_k = N$ 次相乘和

$\sum_{k=0}^{M-1}(N_k-1)+(M-1)=N-1$ 次相加。然而，在后一个结构中，算术单元在输出抽样周期的所有时刻都在工作，该输出抽样周期是输入抽样周期的 M 倍。

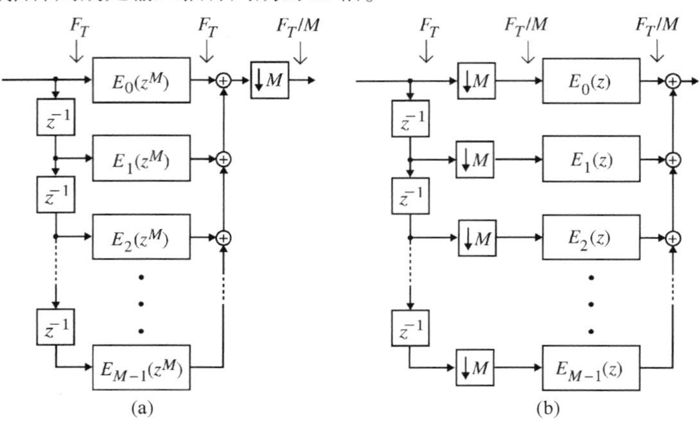

图 13.30 (a)基于 I 型多相分解的抽取器的实现；(b)计算高效的抽取器结构。图中，相关序列的抽样率用箭头标示

对于使用多相分解的内插器结构，在计算有效的内插器实现中，也会有相应的节省。利用内插滤波器 $H(z)$ 的 L 路 I 型多相分解以及图 13.14(b)所示的级联等效#2，可以从图 13.15(a)得到图 13.31(a)所示的内插器结构。另一个形式是用内插滤波器 $H(z)$ 的 II 型多相分解以及级联等效#2 来得到，如图 13.31(b)所示。

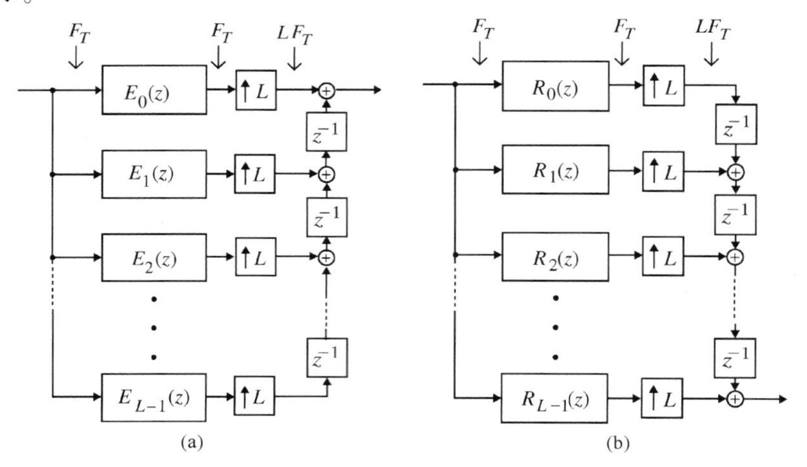

图 13.31 计算高效的内插器结构：(a)I 型多相分解；(b)II 型多相分解。在图中，相关序列的抽样率用箭头标示

对于线性相位滤波器，可以利用滤波器 $H(z)$ 系数的对称性来实现更高效的内插器和抽取器结构。例如，考虑用具有对称冲激响应：

$$H(z)=h[0]+h[1]z^{-1}+h[2]z^{-2}+h[3]z^{-3}+h[4]z^{-4}+h[5]z^{-5}+h[5]z^{-6}\\+h[4]z^{-7}+h[3]z^{-8}+h[2]z^{-9}+h[1]z^{-10}+h[0]z^{-11} \tag{13.49}$$

的一个长度为 12 的线性相位 FIR 低通滤波器实现一个因子为 3($M=3$)的抽取器。

上面 $H(z)$ 的一个常规多相分解得到如下的子滤波器：

$$\begin{aligned}E_0(z)&=h[0]+h[3]z^{-1}+h[5]z^{-2}+h[2]z^{-3}\\E_1(z)&=h[1]+h[4]z^{-1}+h[4]z^{-2}+h[1]z^{-3}\\E_2(z)&=h[2]+h[5]z^{-1}+h[3]z^{-2}+h[0]z^{-3}\end{aligned} \tag{13.50}$$

注意，子滤波器 $E_1(z)$ 仍有一个对称冲激响应，而 $E_2(z)$ 的冲激响应是 $E_0(z)$ 的镜像。这些关系可以用来生成使用 6 个乘法器和 11 个双输入加法器的计算高效实现，如图 13.32 所示。

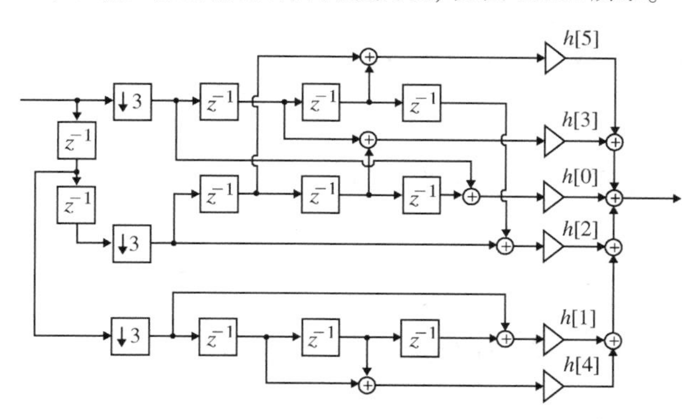

图 13.32　用长度为 12 的抽取滤波器的线性相位对称性得到的因子为 3 的计算高效实现

类似地，当 $0 \leqslant k \leqslant M-1$ 时，通过用全通节 $\mathcal{A}_k(z)$ 来代替图 13.30 和图 13.31(a) 中的多相分量 $E_k(z)$ 并用全通节 $\mathcal{A}_{M-1-k}(z)$ 来代替图 13.31(b) 中的多相分量 $R_k(z)$，可以得到采用具有全通多相分解的总和的 IIR 低通滤波器的计算高效抽取器和内插器。

13.4.4　计算高效的有理数抽样率转换器

分数抽样率转换器设计的复杂度取决于输入和输出数字信号的抽样率之比。例如，在数字音频应用中使用了三种不同的抽样频率：44.1 kHz、32 kHz 和 48 kHz。因此，就存在三个不同的抽样率转换因子值：2∶3(或 3∶2)、147∶160(或 160∶147) 和 320∶441(或 441∶320)。同样，在数字视频应用中，对于 NTSC 和 PAL 系统，混合视频信号的抽样率分别是 14.318 181 8 MHz 和 17.734 475 MHz，而数字分量视频信号中对应的亮度和色差信号的抽样率分别是 13.5 MHz 和 6.75 MHz。这里分量信号和 NTSC 混合视频信号抽样率之比是 35∶33，而分量信号和 PAL 混合视频信号抽样率之比是 709 379∶540 000。有一些应用，例如音频信号里的音调控制，其比值为无理数，此时输入和输出数字信号的抽样时刻之间没有周期关系。

这里，我们考虑具有有理数转换因子 L/M 的一个计算高效的分数抽样率转换器的实现，其中 L 和 M 互质。为了生成计算高效的结构，我们从数论中援引一个定理，即对一组不同的正整数 μ 和 λ，两个互质的整数 L 和 M 满足关系

$$\mu M - \lambda L = 1 \tag{13.51}$$

在图 13.16(b) 所示的有理数抽样率转换器的一般结构中，可以使用如图 13.29 或图 13.31 所示的任一多相分解结构使得计算高效。结合以上两种方法，可以实现更为高效的结构，下面将进行详述[Hsi87]，[Fli94]。

不失一般性，假定 $L<M$。$L>M$ 时的结构可以通过应用转置运算得到。

为了生成 $L<M$ 时的高效结构，首先将图 13.16(b) 中的因子为 L 的上抽样器和滤波器 $H(z)$ 的级联用如图 13.31(a) 所示的其等效 I 型基于多相分解的实现来替换，并将因子为 M 的下抽样器移入所有的 L 条支路中，得到如图 13.33 所示的结构。考虑图 13.33 中的第 k 个多相支路，如图 13.34(a) 所示。现在使用式(13.51)，可得

$$z^{-k} = z^{-k(\mu M - \lambda L)}, \qquad 0 \leqslant k \leqslant L-1$$

因此我们可以用 $k\mu M$ 个单位延迟的块和 $k\lambda L$ 个单位超前的块替换图 13.34(a) 中的 k 个单位延迟的块，如图 13.34(b) 所示。调用图 13.14 所示的 noble 恒等式，图 13.34(b) 能进一步重绘如图 13.34(c) 所示。由于上抽样因子 L 和下抽样因子 M 互质，所以可以交换它们的位置，得到图 13.34(d) 所示的结构。因此，图 13.33 中的一般有理数抽样率转换器结构可重绘为图 13.35(a) 所示，其等效实现形式如图 13.35(b) 所示。

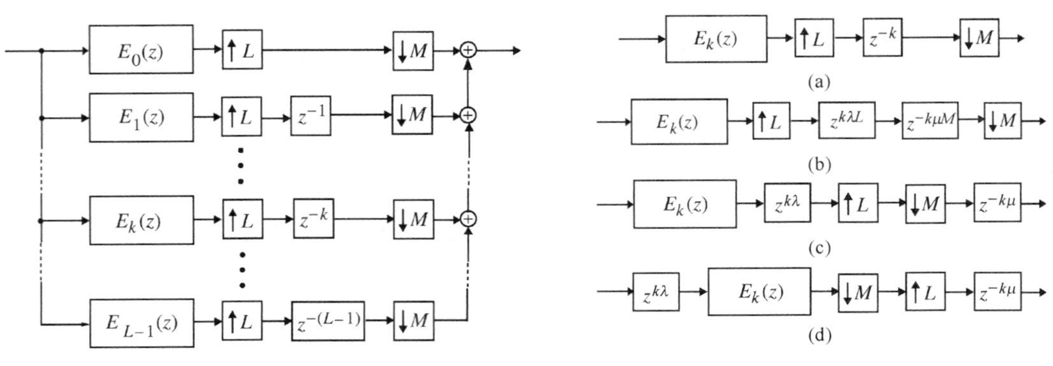

图 13.33　基于 I 型多相分解的有理数抽样率转换器的实现

图 13.34　生成第 k 支路的不同步骤

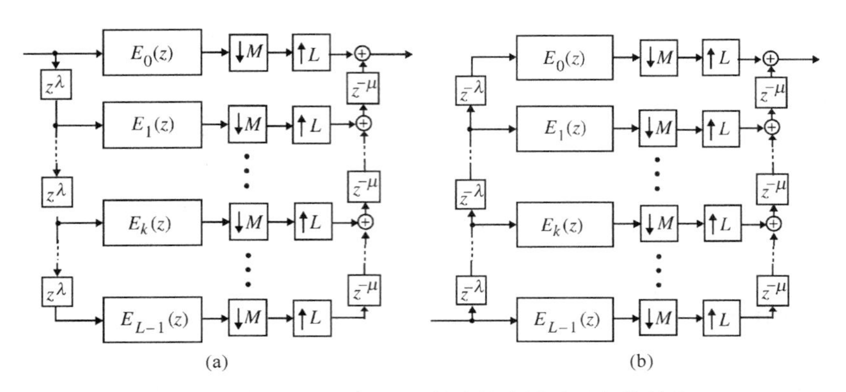

图 13.35　图 13.33 所示有理数抽样率转换器的等效实现

接下来，可以用形如图 13.31(b)所示的基于 I 型多相分解的计算高效实现来代替级联中的多相节$E_k(z)$及随后的因子为 M 的下抽样器，得到如图 13.36 所示的结构。最后，通过将所有如图 13.35(b)所示的 k 个支路合并，可得到有理数抽样率转换器的一个计算高效实现。

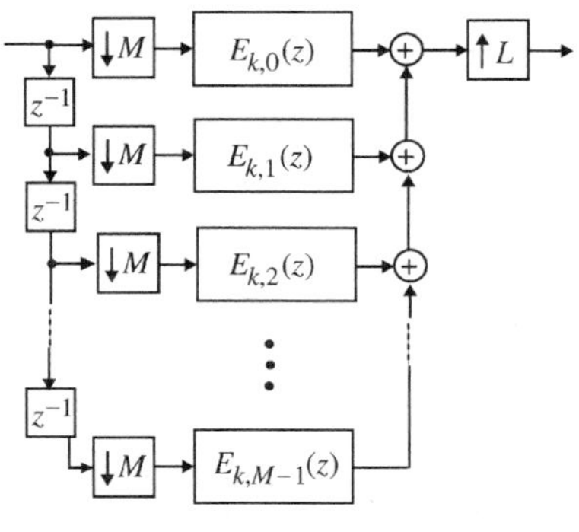

图 13.36　图 13.35(b)中第 k 个多相支路的计算高效实现

我们在例 13.13 中说明上面的方法。

例 13.13　转换因子为 2/3 的有理数抽样率转换器的设计

把一个数字音频信号的抽样率从 48 kHz 转换到 32 kHz 时，需要一个内插因子为 2/3 的有理数抽样率内插器。所需的抽样率转换器的基本形式如图 13.16(a)所示，其中低通滤波器 $H(z)$的阻带边界为 $\pi/3$。注意，在此结构中，滤波器 $H(z)$ 工作在 96 kHz。

对于这样的设计，可得 $L=2$、$M=3$ 及 $k=1$。可以看出此时 $\mu=\lambda=1$ 满足式(13.51)。因此，图 13.35(b)中的结构简化为如图 13.37(a)所示。通过用 I 型多相形式来实现滤波器 $E_0(z)$和 $E_1(z)$，再运用图 13.14(a)中的级联等效，我们得到最终的实现形式如图 13.37(b)所示，其中所有的滤波器都工作在 16 kHz 这个速率上。

图 13.37(b)所示结构的转置将产生转换因子为 3/2 的有理数抽样率内插器，并可用于 32 ~ 48 kHz 的抽样率转换器(参见习题 13.31)。

习题 13.47 讨论了具有有理数转换因子 L/M 的计算高效 IIR 分数抽样率转换器的实现。

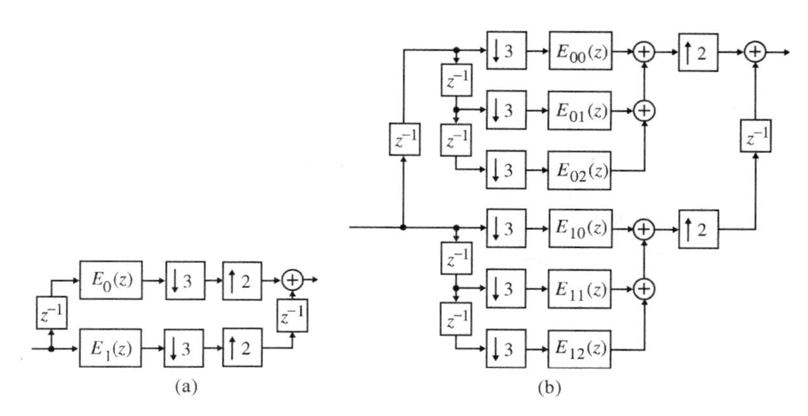

图 13.37　(a)转换因子为 2/3 的原有理数抽样率转换器；(b)其计算高效实现

13.4.5　一个有用的恒等式

图 13.38(a)中的级联多抽样率数字滤波器结构出现在很多的应用中。若我们用其 L 项 I 型多相形式 $\sum_{k=0}^{L-1} z^{-k} E_k(z^L)$ 来表示传输函数 $H(z)$，可以容易看出，图 13.38(a)的结构等价于图 13.38(b)中的时不变数字滤波器，其中 $E_0(z)$ 是第零个多相项(参见习题 13.33)[Vai93]。为用于分析，该等价可以用来简化包括形如图 13.38(a)所示级联结构的复数多抽样率网络。

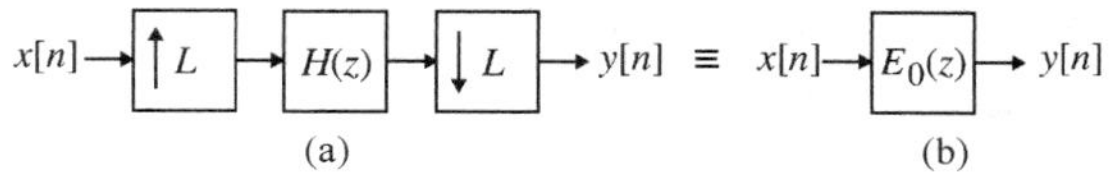

图 13.38　(a)级联多抽样率结构；(b)其等价形式

13.5　任意率抽样率转换器

有许多应用需要在两个已知的连续样本对之间的任意时刻来估计离散时间信号的值。这类应用包括，任意抽样率之间的转换、数字接收机的定时调整、时间延迟估计、调制解调器中的回声抑制以及在天线阵列中的波束控制和定向。

该估计问题可以使用某些类型的内插来解决，该内插从给定离散时间信号的一组已知的连续样本，基本形成一个逼近的连续时间信号，然后再计算连续时间信号在期望时刻的值。可以通过设计一个数字内插滤波器而直接实现该内插过程。具有任意因子的抽样率转换器的全数字设计并不简单。特别当抽样率转换因子为两个非常大的整数的比或者一个无理数时，设计就很困难而且开销很大。

13.5.1　理想抽样率转换器

在原理上，以任意转换因子的抽样率转换可以很简单地将输入数字信号通过一个理想模拟重构低通滤波器来实现，其输出在期望的输出抽样率重抽样，如图 13.39 所示[Ram84]。若模拟低通滤波器的冲激响应用 $g_a(t)$ 表示，则滤波器的输出为

$$\hat{x}_a(t) = \sum_{\ell=-\infty}^{\infty} x[\ell] g_a(t - \ell T) \tag{13.52}$$

若选择模拟滤波器将其输出带限到频率范围 $F_g < F'_T/2$，则其输出 $\hat{x}_a(t)$ 可在抽样率 F'_T 进行重抽样。因此，在新时刻 $t = nT'$ 重抽样器的输出 $y[n]$ 为

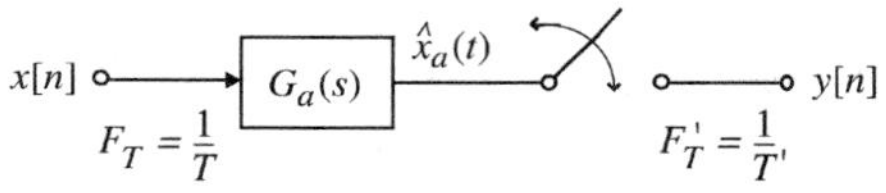

图 13.39　基于从输入数字信号变换到模拟形式并后接在期望输出抽样率进行重抽样的抽样率转换

$$y[n] = \hat{x}_a(nT') = \sum_{\ell=-\infty}^{\infty} x[\ell]g_a(nT' - \ell T) \tag{13.53}$$

由于理想低通模拟滤波器的冲激响应 $g_a(t)$ 具有无限持续时间，且在每个输出抽样时刻都要计算样本 $g_a(nT' - \ell T)$，所以以精确形式的式(13.53)的理想带限内插算法的实现并不实用。因此，在实际中通常使用这种理想内插算法的逼近。

基于输入信号样本的有限加权和的基本内插问题可以叙述如下：给定 $N_2 + N_1 + 1$ 个对一个模拟信号 $x_a(t)$ 在 $t = t_k = t_0 + kT_{\text{in}}$ 时刻抽样得到的输入信号样本 $x[k]$，$k = -N_1, \cdots, N_2$，在时刻 $t' = t_0 + \alpha T_{\text{in}}$ 求样本值 $x_a(t_0 + \alpha T_{\text{in}}) = y[\alpha]$，其中 $-N_1 \leqslant \alpha \leqslant N_2$。图 13.40 说明了以一个任意因子内插的过程。

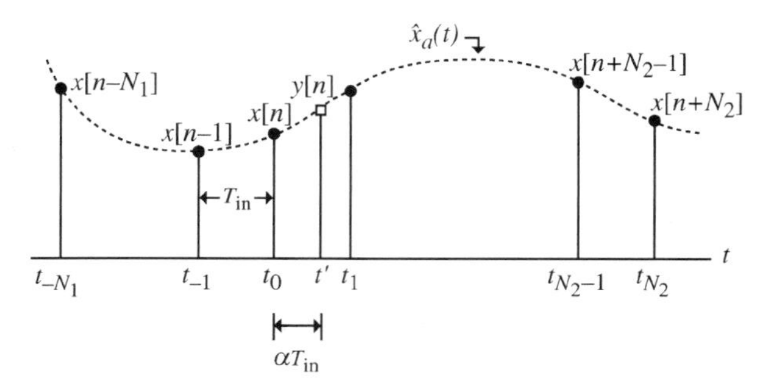

图 13.40 以任意因子内插

本节接着描述两个常用的基于输入样本有限加权和的内插算法。

13.5.2 拉格朗日内插算法

在这种方法中，对 $x_a(t)$ 的多项式逼近 $\hat{x}_a(t)$ 定义为

$$\hat{x}_a(t) = \sum_{k=-N_1}^{N_2} P_k(t)x[n+k] \tag{13.54}$$

其中 $P_k(t)$ 是拉格朗日多项式

$$P_k(t) = \prod_{\substack{\ell=-N_1\\ \ell\neq k}}^{N_2} \left(\frac{t - t_\ell}{t_k - t_\ell}\right), \qquad -N_1 \leqslant k \leqslant N_2 \tag{13.55}$$

由于

$$P_k(t_r) = \begin{cases} 1, & k = r \\ 0, & k \neq r \end{cases}, \qquad -N_1 \leqslant r \leqslant N_2 \tag{13.56}$$

由式(13.54)到式(13.56)可得

$$\hat{x}_a(t_k) = x_a(t_k), \qquad -N_1 \leqslant k \leqslant N_2 \tag{13.57}$$

由式(13.54)可知，当取任意值 $t' = t_0 + \alpha T_{\text{in}}$ 时，$x_a(t)$ 的值为

$$\hat{x}_a(t') = \hat{x}_a(t_0 + \alpha T_{\text{in}}) = y[n] = \sum_{k=-N_1}^{N_2} P_k(\alpha)x[n+k] \tag{13.58}$$

其中

$$P_k(\alpha) = P_k(t_0 + \alpha T_{\text{in}}) = \prod_{\substack{\ell=-N_1\\ \ell\neq k}}^{N_2} \left(\frac{\alpha - \ell}{k - \ell}\right), \qquad -N_1 \leqslant k \leqslant N_2 \tag{13.59}$$

例 13.14 中说明拉格朗日内插算法在设计分数抽样率转换器中的应用。

例 13.14　用拉格朗日内插算法进行内插

考虑设计一个内插因子为 3/2 的分数率内插器。为简单起见，我们用一个三阶多项式逼近，其中 $N_1=2$、$N_2=1$，此时，式(13.58)简化为

$$y[n]=P_{-2}(\alpha)x[n-2]+P_{-1}(\alpha)x[n-1]+P_0(\alpha)x[n]+P_1(\alpha)x[n+1] \tag{13.60}$$

这里，拉格朗日多项式 $P_k(\alpha)$ 为

$$P_{-2}(\alpha)=\frac{(\alpha+1)\alpha(\alpha-1)}{-6}=\tfrac{1}{6}(-\alpha^3+\alpha) \tag{13.61a}$$

$$P_{-1}(\alpha)=\frac{(\alpha+2)\alpha(\alpha-1)}{2}=\tfrac{1}{2}(\alpha^3+\alpha^2-2\alpha) \tag{13.61b}$$

$$P_0(\alpha)=\frac{(\alpha+2)(\alpha+1)(\alpha-1)}{-2}=-\tfrac{1}{2}(\alpha^3+2\alpha^2-\alpha-2) \tag{13.61c}$$

$$P_1(\alpha)=\frac{(\alpha+2)(\alpha+1)\alpha}{6}=\tfrac{1}{6}(\alpha^3+3\alpha^2+2\alpha) \tag{13.61d}$$

它由式(13.55)当 $N_1=2$ 且 $N_2=1$ 时得到。

图 13.41 显示的是转换因子为 3/2 的内插器的输入和输出序列样本的位置，其中输入样本的位置用圆圈来标记，输出样本的位置用方块来标记。在输入样本域中，输出样本 $y[0]$、$y[1]$、$y[2]$ 的位置用箭头来标记。

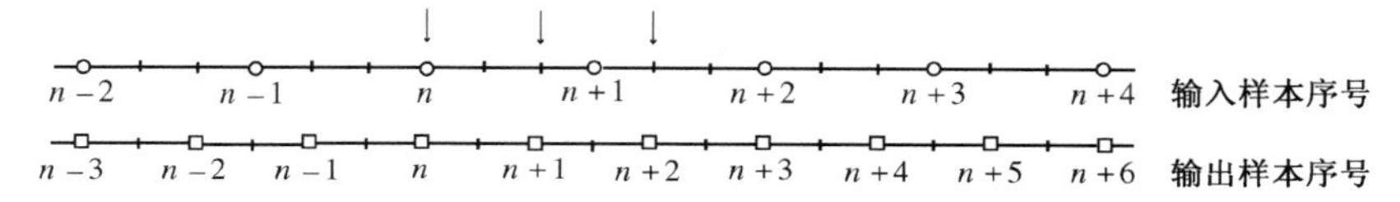

图 13.41　上抽样因子为 3/2 的上抽样器的输入和输出样点的位置

考虑用 4 个输入样本 $x[n-2]$ 至 $x[n+1]$ 来计算 $y[n]$、$y[n+1]$ 以及 $y[n+2]$。为此需要一个三阶拉格朗日多项式，即在式(13.59)中 $N_1=2$ 和 $N_2=1$。由图 13.41 可以推出，为计算 $y[n]$，式(13.60)中的 α(标记为 α_0)的值为 0。则式(13.60)形如

$$y[n]=P_{-2}(\alpha_0)x[n-2]+P_{-1}(\alpha_0)x[n-1]+P_0(\alpha_0)x[n]+P_1(\alpha_0)x[n+1] \tag{13.62}$$

在式(13.61a)至式(13.61d)中用 $\alpha_0=0$ 来替换 α，可以得到所求滤波器的参数值为

$$P_{-2}(\alpha_0)=0,\quad P_{-1}(\alpha_0)=0 \tag{13.63a}$$

$$P_0(\alpha_0)=1,\quad P_1(\alpha_0)=0 \tag{13.63b}$$

接下来，从图 13.41 观察到，为了计算 $y[n+1]$，α(标记为 α_1)的值为 2/3。则 $y[n+1]$ 的表达似乎形如

$$y[n+1]=P_{-2}(\alpha_1)x[n-2]+P_{-1}(\alpha_1)x[n-1]+P_0(\alpha_1)x[n]+P_1(\alpha_1)x[n+1] \tag{13.64}$$

在式(13.61a)至式(13.61d)中使用该 α 值，可以得到内插滤波器系数的一组新值为

$$P_{-2}(\alpha_1)=0.0617,\quad P_{-1}(\alpha_1)=-0.2963 \tag{13.65a}$$

$$P_0(\alpha_1)=0.7407,\quad P_1(\alpha_1)=0.4938 \tag{13.65b}$$

最后，为了计算 $y[n+2]$，α(标记为 α_2)的值为 4/3。相应的 $y[n+2]$ 的表达式形如

$$y[n+2]=P_{-2}(\alpha_2)x[n-2]+P_{-1}(\alpha_2)x[n-1]+P_0(\alpha_2)x[n]+P_1(\alpha_2)x[n+1] \tag{13.66}$$

对上面的 α_2 值，得到下述滤波器的参数值：

$$P_{-2}(\alpha_2)=-0.1728,\quad P_{-1}(\alpha_2)=0.7407 \tag{13.67a}$$

$$P_0(\alpha_2)=-1.2963,\quad P_1(\alpha_2)=1.7284 \tag{13.67b}$$

将式(13.62)、式(13.64)和式(13.66)组合成矩阵形式，可得到内插滤波器的输入-输出关系为

$$\begin{aligned}\begin{bmatrix}y[n]\\y[n+1]\\y[n+2]\end{bmatrix}&=\begin{bmatrix}P_{-2}(\alpha_0)&P_{-1}(\alpha_0)&P_0(\alpha_0)&P_1(\alpha_0)\\P_{-2}(\alpha_1)&P_{-1}(\alpha_1)&P_0(\alpha_1)&P_1(\alpha_1)\\P_{-2}(\alpha_2)&P_{-1}(\alpha_2)&P_0(\alpha_2)&P_1(\alpha_2)\end{bmatrix}\begin{bmatrix}x[n-2]\\x[n-1]\\x[n]\\x[n+1]\end{bmatrix}\\&=\boldsymbol{H}\begin{bmatrix}x[n-2]\\x[n-1]\\x[n]\\x[n+1]\end{bmatrix}\end{aligned} \tag{13.68}$$

其中 $\boldsymbol{H}$ 是一个块系数矩阵，对上面的因子为 3/2 的内插设计为

$$\boldsymbol{H}=\begin{bmatrix} 0 & 0 & 1 & 0 \\ 0.0617 & -0.2963 & 0.7407 & 0.4938 \\ -0.1728 & 0.7407 & -1.2963 & 1.7284 \end{bmatrix} \tag{13.69}$$

观察图 13.41 可以很明显地看到，式(13.63a)和式(13.63b)、式(13.65a)和式(13.65b)以及式(13.67a)和式(13.67b)分别给出了用于计算 $y[n+3]$、$y[n+4]$、$y[n+5]$ 的滤波器参数。换言之，所求的内插滤波器是周期为三个样本的时变滤波器。上面基于式(13.68)实现的因子为 3/2 的内插器在图 13.42(a)中给出。注意在实际中，整个系统延迟将是三个样本周期，因此，输出样本 $y[n]$ 实际上在时间序号 $n+3$ 上出现。

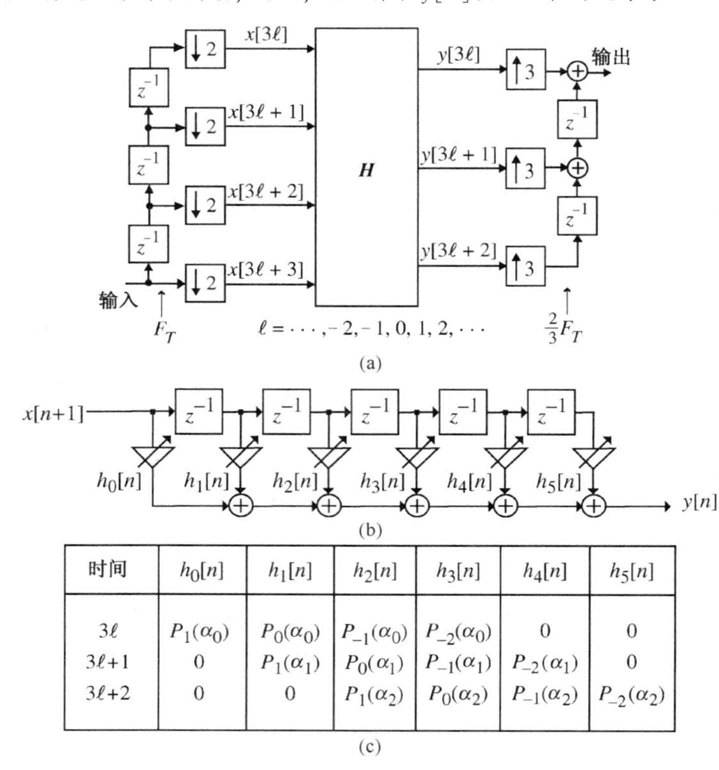

时间	$h_0[n]$	$h_1[n]$	$h_2[n]$	$h_3[n]$	$h_4[n]$	$h_5[n]$
3ℓ	$P_1(\alpha_0)$	$P_0(\alpha_0)$	$P_{-1}(\alpha_0)$	$P_{-2}(\alpha_0)$	0	0
$3\ell+1$	0	$P_1(\alpha_1)$	$P_0(\alpha_1)$	$P_{-1}(\alpha_1)$	$P_{-2}(\alpha_1)$	0
$3\ell+2$	0	0	$P_1(\alpha_2)$	$P_0(\alpha_2)$	$P_{-1}(\alpha_2)$	$P_{-2}(\alpha_2)$

(c)

图 13.42　例 13.14 的分数率内插器的实现：(a)块数字滤波器实现；(b)用时变 FIR 内插滤波器的实现；(c)作为样本序号的函数的时变滤波器系数

分数率内插器以时变 FIR 滤波器的形式的另一种实现如图 13.42(b)所示。五阶时变 FIR 滤波器的周期为 3，并且被赋予如图 13.42(c)中所示的值。

分数率内插器的另一种实现方式是通过将式(13.61a)至式(13.61d)中的拉格朗日多项式代入式(13.60)中得到

$$\begin{aligned} y[n] &= \alpha^3\left(-\tfrac{1}{6}x[n-2]+\tfrac{1}{2}x[n-1]-\tfrac{1}{2}x[n]+\tfrac{1}{6}x[n+1]\right) \\ &\quad+\alpha^2\left(\tfrac{1}{2}x[n-1]-x[n]+\tfrac{1}{2}x[n+1]\right) \\ &\quad+\alpha\left(\tfrac{1}{6}x[n-2]-x[n-1]+\tfrac{1}{2}x[n]+\tfrac{1}{3}x[n+1]\right)+x[n] \end{aligned} \tag{13.70}$$

由上式所示数字滤波器的实现可得到如图 13.43 所示的 **Farrow 结构**[Far88]，其中这三个 FIR 数字滤波器的传输函数为

$$\begin{aligned} H_0(z) &= -\tfrac{1}{6}z^{-2}+\tfrac{1}{2}z^{-1}-\tfrac{1}{2}+\tfrac{1}{6}z \\ H_1(z) &= \tfrac{1}{2}z^{-1}-1+\tfrac{1}{2}z \\ H_2(z) &= \tfrac{1}{6}z^{-2}-z^{-1}+\tfrac{1}{2}+\tfrac{1}{3}z \end{aligned}$$

注意到在该实现方式中，仅乘法器系数 α 的值是周期性变化的，而数字滤波器结构的其他部分保持不变。

图 13.44 显示的是对于频率为 0.05 Hz 的正弦输入以 1 Hz 抽样的分数率内插器输入和输出图，以及定义为逐个输出序列样本和实际正弦值之差的误差序列图。注意图 13.44(c) 中开始时的瞬时样本。

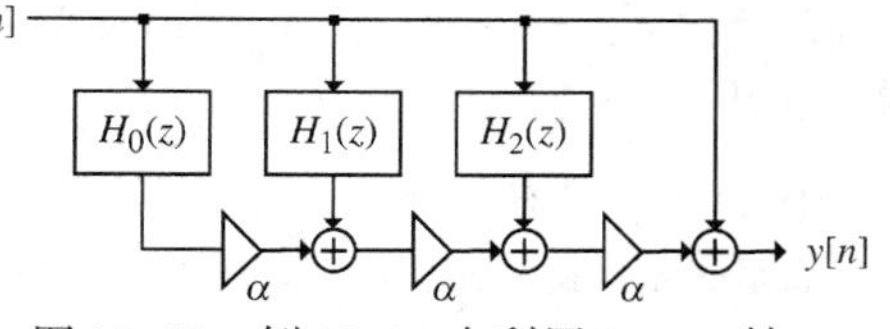

图 13.43　例 13.14 中利用 Farrow 结构的分数率内插器实现

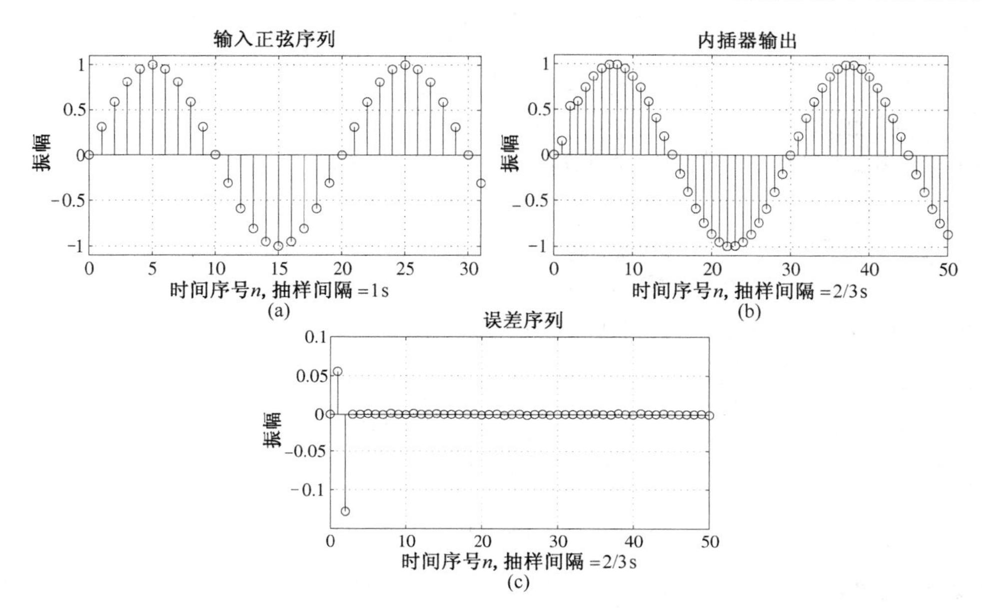

图 13.44　内插器的(a)输入序列图，(b)输出序列图，(c)频率为 0.05 Hz 的正弦输入的误差序列图

13.5.3　基于样条的内插

在这种方法中，用 **B 样条函数**作为基来进行 $\hat{x}_a(t)$ 对 $x_a(t)$ 的多项式逼近。信号 $x_a(t)$ 的样本 $x_a(t_k)$ 已知的时刻 t_k 称为**节点**，$m \leqslant k \leqslant N+m$。定义在间隔 $[t_m, \cdots, t_{N+m}]$ 内的 L 阶 B 样条 $B_m^{(L)}(t)$ 为[Zöl97]：

$$B_m^{(L)}(t) = \sum_{i=m}^{N+m} a_i \phi_i(t) \tag{13.71}$$

其中 $\phi_i(t)$ 为 L 次多项式，称为**截断幂函数**

$$\phi_i(t) = (t - t_i)_+^L = \begin{cases} 0, & t < t_i \\ (t - t_i)^L, & t \geqslant t_i \end{cases} \tag{13.72}$$

$\hat{x}_a(t)$ 对 $x_a(t)$ 的多项式逼近为

$$\hat{x}_a(t) = \sum_{k=m}^{N+m} B_k^{(L)}(t) x_a(t_k) \tag{13.73}$$

式(13.71)中的系数 a_i 可在节点 t_m 和 t_{N+m} 处加入特定的条件求得。由截断能量函数的定义可推得，当 $t \leqslant t_m$ 时，$B_m^{(L)}(t) = 0$。也加入另一个条件，即当 $t \geqslant t_{N+m}$ 时，$B_m^{(L)}(t) = 0$。因此，在 $t \geqslant t_{N+m}$ 时，将式(13.72)代入式(13.71)可得

$$\sum_{i=m}^{N+m} a_i (t - t_i)^L = 0 \tag{13.74}$$

上面的这组齐次线性方程在 $N>L$ 时存在非平凡解。在实际中，当 $N=L+1$ 时，存在一个简单且巧妙的解，如例 13.15 所示。

例 13.15 三阶 B 样条

在本例中，我们将推导广泛使用的三阶 B 样条的解。这里 $L=3$，因此 $N=4$。为了记号上的简便，我们选择 $m=0$。此时，式(13.74)的矩阵形式变为

$$\begin{bmatrix} 1 & 1 & 1 & 1 & 1 \\ t_0 & t_1 & t_2 & t_3 & t_4 \\ t_0^2 & t_1^2 & t_2^2 & t_3^2 & t_4^2 \\ t_0^3 & t_1^3 & t_2^3 & t_3^3 & t_4^3 \end{bmatrix} \begin{bmatrix} a_0 \\ a_1 \\ a_2 \\ a_3 \\ a_4 \end{bmatrix} = \begin{bmatrix} 0 \\ 0 \\ 0 \\ 0 \end{bmatrix} \tag{13.75}$$

假设 $i \neq j$ 时 $t_i \neq t_j$，则上面的矩阵式为一个欠定系统，且各行线性独立。因此，我们可以任取一个系数作为自由参数并按自由参数求解其他 4 个系数。考虑将 a_4 作为自由参数，重写式(13.75)为

$$\begin{bmatrix} 1 & 1 & 1 & 1 \\ t_0 & t_1 & t_2 & t_3 \\ t_0^2 & t_1^2 & t_2^2 & t_3^2 \\ t_0^3 & t_1^3 & t_2^3 & t_3^3 \end{bmatrix} \begin{bmatrix} a_0 \\ a_1 \\ a_2 \\ a_3 \end{bmatrix} = -a_4 \begin{bmatrix} 1 \\ t_4 \\ t_4^2 \\ t_4^3 \end{bmatrix} \tag{13.76}$$

使用 Cramer 法则，可以求解出式(13.76)中的系数 a_i。例如，系数 a_0 为

$$a_0 = -a_4 \frac{\begin{vmatrix} 1 & 1 & 1 & 1 \\ t_4 & t_1 & t_2 & t_3 \\ t_4^2 & t_1^2 & t_2^2 & t_3^2 \\ t_4^3 & t_1^3 & t_2^3 & t_3^3 \end{vmatrix}}{\begin{vmatrix} 1 & 1 & 1 & 1 \\ t_0 & t_1 & t_2 & t_3 \\ t_0^2 & t_1^2 & t_2^2 & t_3^2 \\ t_0^3 & t_1^3 & t_2^3 & t_3^3 \end{vmatrix}} \tag{13.77}$$

上式等号右边的分子和分母为范德蒙德矩阵，若节点 t_i 各不相同，则其有非零值。式(13.77)可以简化为(参见习题 13.37)

$$\begin{aligned} a_0 &= -a_4 \frac{(t_4-t_1)(t_4-t_2)(t_4-t_3)(t_1-t_2)(t_1-t_3)(t_2-t_3)}{(t_0-t_1)(t_0-t_2)(t_0-t_3)(t_1-t_2)(t_1-t_3)(t_2-t_3)} \\ &= -a_4 \frac{(t_4-t_1)(t_4-t_2)(t_4-t_3)}{(t_0-t_1)(t_0-t_2)(t_0-t_3)} \end{aligned} \tag{13.78}$$

选择自由参数 a_4 为

$$a_4 = \frac{1}{(t_4-t_0)(t_4-t_1)(t_4-t_2)(t_4-t_3)} \tag{13.79}$$

由式(13.78)可得

$$a_0 = \frac{1}{(t_0-t_1)(t_0-t_2)(t_0-t_3)(t_0-t_4)} \tag{13.80}$$

用类似的方法可以得到其他三个系数的表达式为

$$a_1 = \frac{1}{(t_1-t_0)(t_1-t_2)(t_1-t_3)(t_1-t_4)} \tag{13.81a}$$

$$a_2 = \frac{1}{(t_2-t_0)(t_2-t_1)(t_2-t_3)(t_2-t_4)} \tag{13.81b}$$

$$a_3 = \frac{1}{(t_3-t_0)(t_3-t_1)(t_3-t_2)(t_3-t_4)} \tag{13.81c}$$

在一般情况下，系数 a_i 为

$$a_i = \frac{(-1)^{L+1}}{\prod_{k=m, i\neq k}^{N+m}(t_i-t_k)}, \qquad m \leqslant i \leqslant N+m \tag{13.82}$$

则 L 阶 B 样条函数形如

$$B_m^{(L)}(t)=(-1)^{L+1}\sum_{i=m}^{N+m}\frac{(t-t_i)_+^L}{\prod_{k=m,i\neq k}^{N+m}(t_i-t_k)} \tag{13.83}$$

由于 B 样条的最大值随着 L 的增大而减小，所以在式(13.73)的内插方程中，常改用归一化的形式

$$\beta_m^{(L)}(t)=(t_{N+m}-t_m)B_m^{(L)}(t) \tag{13.84}$$

在数字信号处理的应用中，节点在抽样时刻等间隔分布，这就可得到更简单的系数 a_i 的值，如例 13.16 所示。

例 13.16　二阶归一化 B 样条

对 $t_i=i$，$m\leqslant i\leqslant m+3$，求二阶归一化 B 样条的系数值，并画出样条和其相应的能量函数。这里 $L=2$，因此 $N=3$。将这些值代入式(13.82)中，得到系数为

$$a_m=-\frac{1}{(m-m-1)(m-m-2)(m-m-3)}=\frac{1}{6}$$

$$a_{m+1}=-\frac{1}{(m+1-m)(m+1-m-2)(m+1-m-3)}=-\frac{1}{2}$$

$$a_{m+2}=-\frac{1}{(m+2-m)(m+2-m-1)(m+2-m-3)}=\frac{1}{2}$$

$$a_{m+3}=-\frac{1}{(m+3-m)(m+3-m-1)(m+3-m-2)}=-\frac{1}{6}$$

接下来，由式(13.71)和上面的 a_i 值，可以得到二阶 B 样条的表达式如下：

$$B_m^{(2)}(t)=\begin{cases}0, & t<m\\ a_m(t-m)^2, & m\leqslant t<m+1\\ a_m(t-m)^2+a_{m+1}(t-m-1)^2, & m+1\leqslant t<m+2\\ a_m(t-m)^2+a_{m+1}(t-m-1)^2+a_{m+2}(t-m-2)^2, & m+2\leqslant t<m+3\\ 0, & t\geqslant m+3\end{cases} \tag{13.85}$$

因此，归一化二阶 B 样条的形式为

$$\beta_m^{(2)}(t)=(m+3-m)B_m^{(2)}(t)=\begin{cases}0, & t<m\\ \frac{t^2}{2}-mt+\frac{m^2}{2}, & m\leqslant t<m+1\\ -t^2+3t+2mt-3m-m^2-\frac{3}{2}, & m+1\leqslant t<m+2\\ \frac{t^2}{2}-3t-mt+\frac{m^2}{2}+3m+\frac{9}{2}, & m+2\leqslant t<m+3\\ 0, & t\geqslant m+3\end{cases} \tag{13.86}$$

归一化二阶 B 样条 $\beta_m^{(2)}(t)$ 及其在几个 m 值上相对应的能量函数如图 13.45 所示。

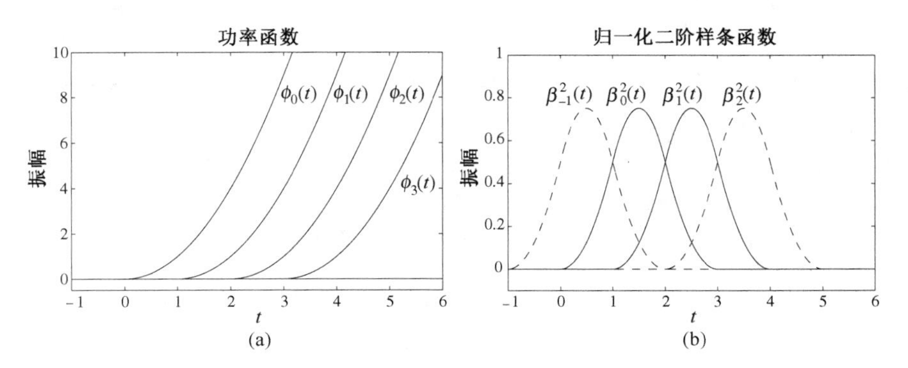

图 13.45　(a)功率函数；(b)归一化二阶样条函数

对归一化 B 样条以函数 $x_a(t)$ 在节点 $t_k=n+k$ 时的已知值进行加权形成线性加权和可得到内插公式。在 $t'=t_0+\alpha T_{in}$ 时刻得到的内插值为

$$\begin{aligned}\hat{x}_a(t')&=\hat{x}_a(t_0+\alpha T_{in})\\ &=y[n]=\sum_{k=m}^{L+m+1}\beta_k^{(L)}(t_0+\alpha T_{in})x[n+k]\end{aligned} \tag{13.87}$$

注意，和拉格朗日内插算法不同，对样条内插，$\hat{x}_a(t_k) \neq x_a(t_k)$。例 13.17 示例用归一化二阶 B 样条形成内插方程。

例 13.17 使用二阶 B 样条进行内插

内插过程如图 13.46 所示。从图中可以看出，$\hat{x}_a(t)$ 的期望值 $y[n]$ 的位置 $t'=1+\alpha$ 在节点 $t=1$ 和 $t=2$ 之间。这里，式(13.87)简化为

$$y[n] = \sum_{k=-1}^{2} \beta_k^{(2)}(\alpha)x[n+k] \qquad (13.88)$$

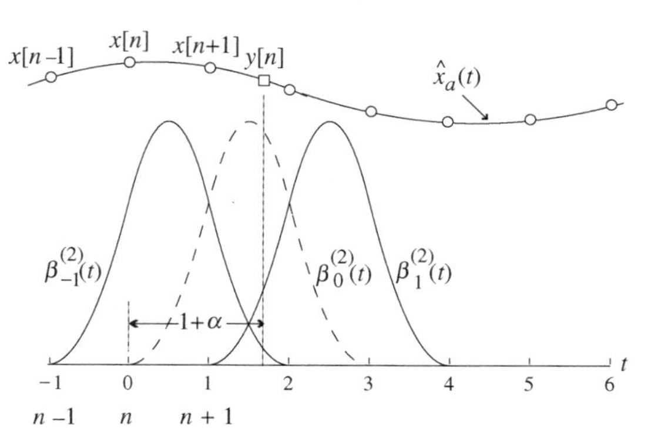

图 13.46 用二阶 B 样条进行内插

其中，$\beta_{-1}^{(2)}(\alpha)$ 用式(13.86)中的第 4 行计算，这里 $t=1+\alpha$，$m=-1$；$\beta_0^{(2)}(\alpha)$ 用式(13.86)中的第 3 行计算，这里 $t=1+\alpha$，$m=0$；$\beta_1^{(2)}(\alpha)$ 用式(13.86)中的第 2 行计算，这里 $t=1+\alpha$，$m=1$；$\beta_2^{(2)}(\alpha)$ 用式(13.86)中的第 1 行计算，$t=1+\alpha$，$m=2$；结果为

$$\beta_{-1}^{(2)}(\alpha) = \frac{\alpha^2}{2} - \alpha + \frac{1}{2} \qquad (13.89\text{a})$$

$$\beta_0^{(2)}(\alpha) = -\alpha^2 + \alpha + \frac{1}{2} \qquad (13.89\text{b})$$

$$\beta_1^{(2)}(\alpha) = \frac{\alpha^2}{2} \qquad (13.89\text{c})$$

$$\beta_2^{(2)}(\alpha) = 0 \qquad (13.89\text{d})$$

将上面的值代入式(13.88)中，最后得到

$$\begin{aligned} y[n] &= \sum_{k=-1}^{1} \beta_k^{(2)}(\alpha)x[n+k] \\ &= \left(\frac{\alpha^2}{2} - \alpha + \frac{1}{2}\right)x[n-1] + \left(-\alpha^2 + \alpha + \frac{1}{2}\right)x[n] + \left(\frac{\alpha^2}{2}\right)x[n+1] \end{aligned} \qquad (13.90)$$

重写式(13.90)，可得

$$y[n] = \left(\frac{1}{2}x[n-1] + \frac{1}{2}x[n]\right) + \alpha\,(-x[n-1] + x[n]) + \alpha^2\left(\frac{1}{2}x[n-1] - x[n] + \frac{1}{2}x[n+1]\right) \qquad (13.91)$$

得到如图 13.47 所示的 Farrow 结构，其中

$$\begin{aligned} H_0(z) &= \tfrac{1}{2}z^{-1} - 1 + \tfrac{1}{2}z \\ H_1(z) &= -z^{-1} + 1 \\ H_2(z) &= \tfrac{1}{2}z^{-1} + \tfrac{1}{2} \end{aligned} \qquad (13.92)$$

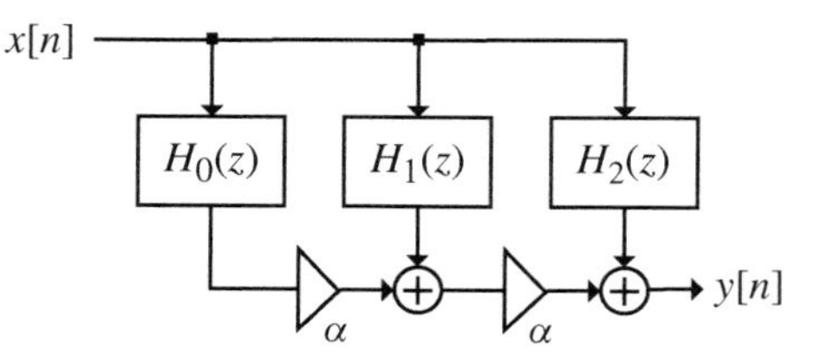

图 13.47 用 Farrow 结构实现例 13.17 中的分数率内插器

在例 13.18 中，我们将使用三阶 B 样条来生成内插方程。

例 13.18 用三阶 B 样条进行内插

推导 a_i 的表达式和在等间隔节点 $t_i=i$，$m \leqslant i \leqslant m+4$ 处三阶 B 样条的方法与例 13.14 中给出的用于拉格朗日内插的类似。现在 $L=3$ 且 $N=4$。按例 13.16 和例 13.17 中描述的步骤，我们得到内插方程为[Cuc91]

$$y[n] = \sum_{k=-1}^{2} \beta_k^{(3)}(\alpha)x[n+k] \qquad (13.93)$$

其中

$$\beta_{-1}^{(3)}(\alpha) = -\frac{\alpha^3}{6} + \frac{\alpha^2}{2} - \frac{\alpha}{2} + \frac{1}{6} \qquad (13.94\text{a})$$

$$\beta_0^{(3)}(\alpha) = \frac{\alpha^3}{2} - \alpha^2 + \frac{2}{3} \qquad (13.94\text{b})$$

$$\beta_1^{(3)}(\alpha) = -\frac{\alpha^3}{2} + \frac{\alpha^2}{2} + \frac{\alpha}{2} + \frac{1}{6} \qquad (13.94\text{c})$$

$$\beta_2^{(3)}(\alpha) = \frac{\alpha^3}{6} \qquad (13.94\text{d})$$

对式(13.94a)至式(13.94d)的归一化三阶 B 样条以及用于内插的对应 Farrow 结构[Doo99]的推导留做练习(参见习题 13.39)。

M 文件 `spline` 可用来用更一般的样条函数实现内插。

用 MATLAB 设计有理数抽样率转换器

可以用 M 文件 `mfilt.firsrc` 来设计一个直接型 FIR 的多相分数抽样率转换器。我们用例 13.19 示例该函数的用法。

例 13.19　用 MATLAB 进行分数抽样率转换

我们考虑设计一个分数倍抽样率转换器，将数字音频中使用的 48 kHz 抽样率转换为 CD 中使用的 44.1 kHz。所求的抽样率转换因子为

$$\frac{44.1}{48}=0.918\,75=\frac{147}{160}$$

因此，首先需要以上抽样因子 $L=147$ 增加抽样率，然后再以下抽样因子 $M=160$ 降低抽样率。使用默认 FIR 滤波器的代码段为

```
hm = mfilt.firsrc(147,160)
```

图 13.48 显示了频率为 1 kHz，抽样率为 48 kHz 的正弦输入信号，及抽样率为 44.1 kHz 的正弦输出信号的图。

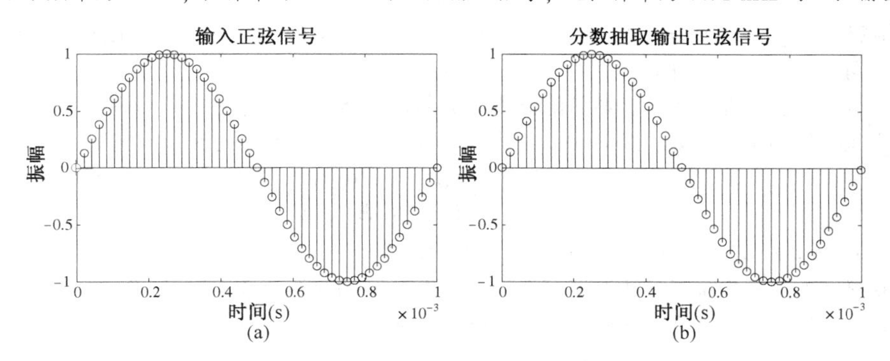

图 13.48　(a)正弦输入序列；(b)正弦输出序列

13.5.4　实际中的考虑

由于所需时变滤波器的长度常常需要很长，对相应的滤波器系数进行实时计算几乎是不可能的，在大多数应用中，直接设计一个分数率抽样转换器是不实际的。所以，常用具有整数值转换因子的数字抽样率转换器后接一个“模拟”分数率转换器所组成的混合形式来实现分数率抽样转换器，如图 13.49 所示[Ram84]。当然，若需要，数字抽样率转换器可以用多级形式实现(参见 13.3 节)。

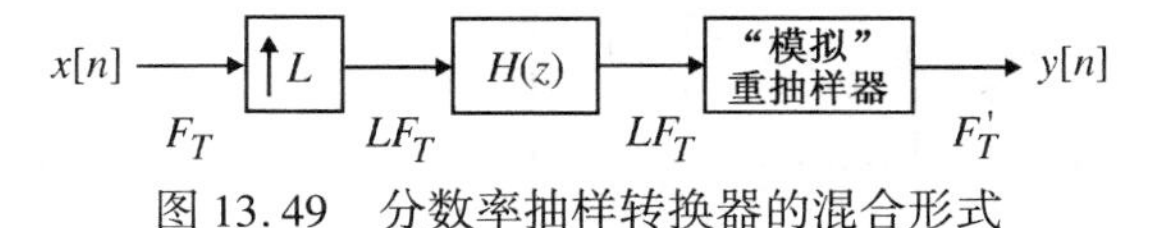

图 13.49　分数率抽样转换器的混合形式

13.6　奈奎斯特滤波器

本节将介绍一类特殊的低通滤波器，通过设计，其传输函数有一些零值系数。由于这些零值系数的存在，这些滤波器自然比其他具有同样阶数的低通滤波器在计算上要更加有效。另外，当用做内插滤波器时，它们在内插器的输出上保留了上抽样器输出的非零样本。这些滤波器称为 L 带滤波器或者本节所讨论的奈奎斯特滤波器，它们常用于单抽样率和多抽样率信号处理。例如，在抽取器或者内插器的设计中，它们通常是首选。另一个应用则是在 14.3 节中讨论的正交镜像滤波器组的设计。第三个应用是用于生成解析信号的希尔伯特变换器的设计中①。

① 希尔伯特变换器的设计在随书光盘的应用一节讨论。

13.6.1　L 带滤波器

考虑图 13.15(a)中因子为 L 的内插器。内插器的输入-输出关系为

$$Y(z) = H(z)X(z^L) \tag{13.95}$$

若内插滤波器 $H(z)$ 用 L 带多相形式实现，则有

$$H(z) = E_0(z^L) + z^{-1}E_1(z^L) + z^{-2}E_2(z^L) + \cdots + z^{-(L-1)}E_{L-1}(z^L)$$

假定 $H(z)$ 的第 k 个多相分量是一个常数，即 $E_k(z) = \alpha$：

$$\begin{aligned} H(z) = &E_0(z^L) + z^{-1}E_1(z^L) + \cdots + z^{-(k-1)}E_{k-1}(z^L) + \alpha z^{-k} \\ &+ z^{-(k+1)}E_{k+1}(z^L) + \cdots + z^{-(L-1)}E_{L-1}(z^L) \end{aligned} \tag{13.96}$$

接下来，可将 $Y(z)$ 表示为

$$Y(z) = \alpha z^{-k}X(z^L) + \sum_{\substack{\ell=0 \\ \ell\neq k}}^{L-1} z^{-\ell}E_\ell(z^L)X(z^L) \tag{13.97}$$

因此，对于给定的 k，$y[Ln+k] = \alpha x[n]$，即在时刻 $Ln+k$，$-\infty < n < \infty$，输入样本在输出没有失真，而中间的$(L-1)$个输出样本由内插来确定。

具有以上属性的滤波器称为**奈奎斯特滤波器**或 ***L* 带滤波器**，并且它的冲激响应有很多零值样本，使得其在计算上很有吸引力。例如，当 $k=0$ 时，得到的零相位 L 带滤波器的冲激响应满足如下条件：

$$\breve{h}[Ln] = \begin{cases} \alpha, & n = 0 \\ 0, & \text{其他} \end{cases} \tag{13.98}$$

通常，在实际中，$\alpha = 1$，以保持相应输入信号的精确值。

图 13.50 显示的是零相位三带滤波器($L=3$)的一个典型的冲激响应。若 $\breve{H}(z)$ 为一个零相位传输函数，且当 $k=0$ 时满足式(13.96)，即 $E_0(z) = \alpha$，则可以证明(参见习题 13.40)

$$\sum_{k=0}^{L-1} \breve{H}(zW_L^k) = L\alpha = 1 \qquad (\text{假设}\alpha = 1/L) \tag{13.99}$$

由于 $\breve{H}(zW_L^k)$ 的频率响应是 $\breve{H}(e^{j\omega})$ 的平移形式 $\breve{H}(e^{j(\omega-2\pi k/L)})$，所以 $\breve{H}(e^{j\omega})$ 的所有 L 个均匀平移形式的和加起来是一个常数(参见图 13.51)。L 带滤波器可以是 FIR 滤波器或 IIR 滤波器。

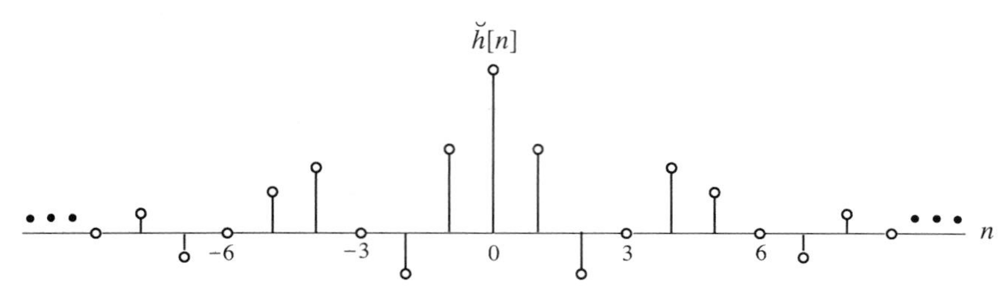

图 13.50　典型的三带滤波器的冲激响应

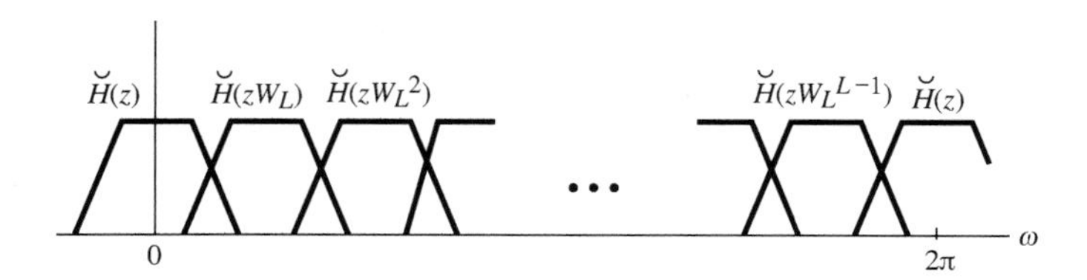

图 13.51　在 $k=0, 1, \cdots, L-1$ 时 $\breve{H}(zW_L^k)$ 的频率响应

13.6.2　半带滤波器

称 $L=2$ 时的 L 带滤波器为**半带滤波器**。由式(13.96)，一个半带滤波器的传输函数因此为

$$\breve{H}(z)=\alpha+z^{-1}E_1(z^2) \tag{13.100}$$

其冲激响应满足式(13.98)，且 $L=2$。在 $L=2$ 时，式(13.99)给出的零相位 L 带滤波器的频率响应的条件可以简化为

$$\breve{H}(z)+\breve{H}(-z)=1 \qquad (\text{假设}\alpha=\tfrac{1}{2}) \tag{13.101}$$

若 $\breve{H}(z)$ 有实系数，则 $\breve{H}(-e^{j\omega})=\breve{H}(e^{j(\pi-\omega)})$，并且由式(13.101)得

$$\breve{H}(e^{j\omega})+\breve{H}(e^{j(\pi-\omega)})=1 \tag{13.102}$$

上式表明，对所有的 θ，$\breve{H}(e^{j(\pi/2-\theta)})$ 和 $\breve{H}(e^{j(\pi/2+\theta)})$ 加起来为 1。换言之，$\breve{H}(e^{j\omega})$ 表现出以半带频率 $\pi/2$ 对称，这说明取名为"半带滤波器"是正确的。图 13.52 示例了一个半带低通滤波器的对称性，其通带和阻带波纹是相等的，即 $\delta_p=\delta_s$，且它的通带和阻带边界关于 $\pi/2$ 对称，即 $\omega_p+\omega_s=\pi$。

线性相位 FIR 半带滤波器的传输函数形如：

$$H(z)=z^{-R}\left(h[0]+\sum_{n=1,3,\cdots}^{R}h[n](z^n+z^{-n})\right) \tag{13.103}$$

FIR 半带滤波器可以设计成具有线性相位。然而，在其长度上有一个约束。考虑一个零相位实系数半带 FIR 滤波器，对它有 $\breve{h}[n]=\breve{h}[-n]$。设最大的非零系数是 $\breve{h}[R]$。按照式(13.98)的条件得到 R 为奇数。因此，对于一些整数 K，$R=2K+1$。从而，冲激响应 $h[n]$ 的长度被限制为形如 $2R+1=4K+3$ [除非 $\breve{H}(z)$ 是一个常数]。

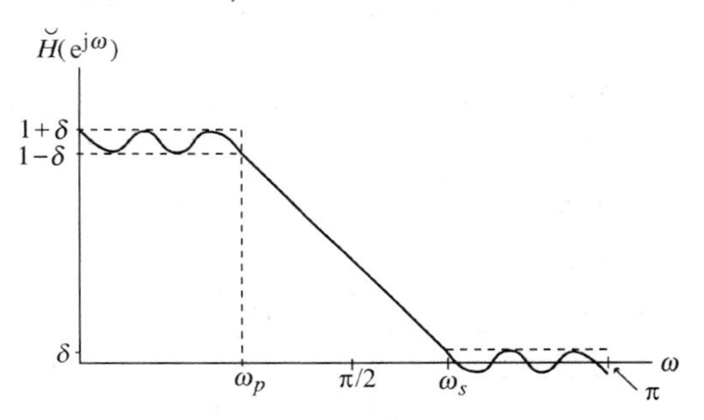

图 13.52　零相位半带滤波器的频率响应

由式(13.103)可知，FIR 半带滤波器的一个重要的吸引人的特性就是，$h[n]$ 中大约 50% 的系数是零。这减少了它在实现时需要的相乘数目，使得滤波器在计算上非常高效。例如，若 $N=101$，则任意一个 1 型 FIR 传输函数需要大约 50 个乘法器，而一个 1 型半带滤波器仅需要大约 25 个乘法器。

可以证明，如果下面的等效条件成立[Wil2010]：

(a) $|H(e^{j\pi})|=0$

(b) $|H(e^{j0})|=2h[0]$

(c) $h[0]=2(h[1]+h[3]+\cdots)$

形如式(13.103)的线性相位 FIR 半带滤波器的传输函数 $H(z)$ 将包含因子 $(1+z^{-1})^2$。

上面性质的证明留做练习(参见习题 13.41)。上面的性质可用来生成 FIR 半带滤波器的计算高效实现(参见习题 13.44 和习题 13.46)。

13.6.3　线性相位 *L* 带 FIR 滤波器的设计

通过 10.2 节描述的加窗傅里叶级数法，可以很容易设计出截止频率为 $\omega_c=\pi/L$ 且具有良好频率响应的低通线性相位 L 带 FIR 滤波器。在该方法中，低通滤波器的冲激响应系数被选为

$$h[n]=h_{\text{LP}}[n]\cdot w[n] \tag{13.104}$$

其中，$h_{\text{LP}}[n]$ 是一个截止频率在 π/L 的理想低通滤波器的冲激响应，而 $w[n]$ 是一个合适的窗函数。若

$$h_{\text{LP}}[n]=0,\qquad n=\pm L,\pm 2L,\cdots \tag{13.105}$$

则式(13.98)确实满足。

现在，理想 L 带滤波器的冲激响应 $h_{\text{LP}}[n]$ 可以通过将 $\omega_c=\pi/L$ 代入式(10.14)中得到为

$$h_{\mathrm{LP}}[n]=\frac{\sin(\pi n/L)}{\pi n},\quad -\infty<n<\infty \tag{13.106}$$

由上式可以看出，冲激响应系数确实满足式(13.105)的条件。因此，可以通过对式(13.106)使用一个合适的窗函数来设计 L 带滤波器。

同样，可以通过在式(10.46)中用π/L 替换 ω_c来设计具有图 10.13(a)所示频率响应的 L 带滤波器，得到冲激响应

$$h_{\mathrm{LP}}[n]=\begin{cases}\frac{1}{L}, & n=0\\ \frac{2\sin(\Delta\omega n/2)}{\Delta\omega n}\cdot\frac{\sin(\pi n/L)}{\pi n}, & |n|>0\end{cases} \tag{13.107}$$

可以再一次看到，它满足式(13.105)的条件。L 带滤波器设计的另一种候选方案是式(10.47)的低通滤波器以及习题 10.13 中式(10.126)给出的升余弦滤波器。

我们在例 13.20 中示例低通 L 带滤波器的设计。

例 13.20　基于窗的 L 带滤波器的设计

用加窗傅里叶级数法以汉明窗设计一个长度为 23 的四带($L=4$)线性相位低通滤波器。为此，我们使用程序 13_8。

程序 13_8.m

程序使用式(13.106)求 L 带 FIR 滤波器的冲激响应系数，计算并画出了所设计的滤波器的增益响应，如图 13.53 所示。可以看出，该程序产生的冲激响应系数在 $n=\pm4$，±8 时为零。

使用 M 文件 `firnyquist`，同样可以设计一个低通 L 带 FIR 滤波器。此函数包含有多个形式。我们将在例 13.21 中说明它的使用。

例 13.21　L 带滤波器的直接设计

我们分别使用两个不同的滚降因子 0.1 和 0.4 来重复例 13.20 中的四带滤波器的设计。代码段为

```
b1 = firnyquist(22,4,0.4);
b2 = firnyquist(22,4,0.1);
```

这两个四带滤波器的增益响应如图 13.54 所示。通过显示出滤波器系数，可以看出，两个设计中的冲激响应系数在 $n=\pm4$，±8 时都等于零。

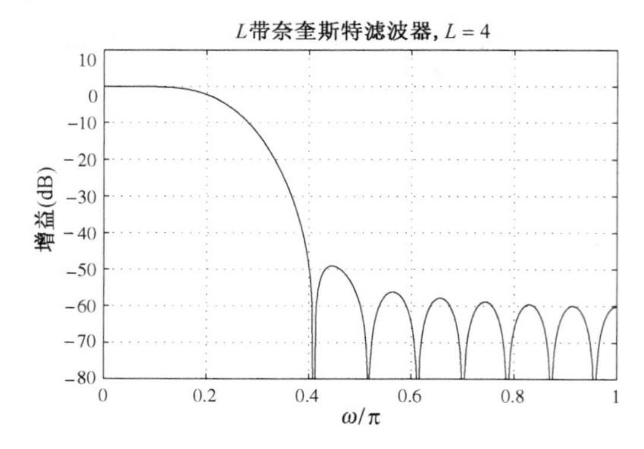

图 13.53　例 13.20 中长度为 23 的线性相位四带FIR滤波器的增益响应

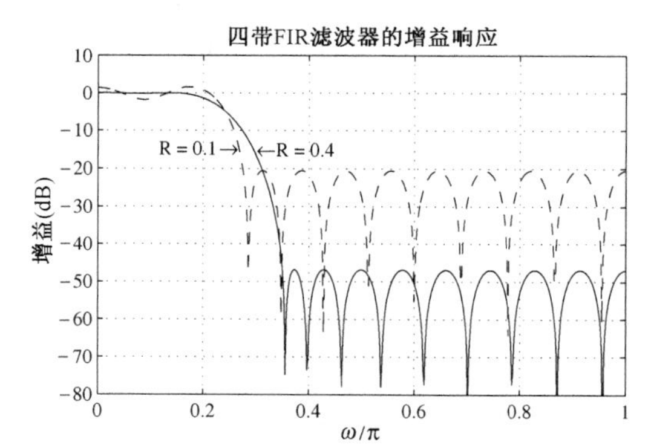

图 13.54　例 13.21 中长度为 23 的线性相位四带FIR滤波器的增益响应

在下一节中，我们将讨论一种设计半带线性相位 FIR 滤波器的巧妙方法。在 13.6.5 节中也描述了设计半带 IIR 滤波器的方法。其他一些设计方法已经在参考文献[Ren87]，[Vai87a]中提出。

13.6.4　设计线性相位半带 FIR 滤波器

一个实系数半带 FIR 滤波器的设计问题可以转化为设计一个无阻带的单通带 FIR 滤波器，用 10.3 节介绍的 Parks-McClellan 算法[Vai87b]，可以很容易设计出此滤波器。对宽带滤波器的产生过程做逆变换即可得到所需的实系数半带滤波器的实现。

设 N 阶实半带低通滤波器 $G(z)$ 的各项指标如下：通带边界为 ω_p，阻带边界为 ω_s，通带波纹为 δ_p，阻带波纹为 δ_s。如 13.6.2 节所述，线性相位的低通半带 FIR 传输函数 $G(z)$ 的通带和阻带的波纹是相等的；即 $\delta_p = \delta_s = \delta$，阶数 N 为偶数且 $N/2$ 为奇数。另外，通带和阻带边界的关系为 $\omega_p + \omega_s = \pi$。

现在，考虑一个次数为 $N/2$ 的宽带线性相位滤波器 $F(z)$，其通带范围是 0 至 $2\omega_p$，过渡带范围是 $2\omega_p$ 至 π，通带波纹为 2δ。由于 $N/2$ 为奇数，所以 $F(z)$ 在 $z=-1$ 时有一个零点。可以使用 Parks-McClellan 方法来设计宽带滤波器 $F(z)$。定义

$$G(z) = \frac{1}{2}\left[z^{-N/2} + F(z^2)\right] \tag{13.108}$$

由式(13.108)可知，$G(z)$ 实际上为一个因果半带低通滤波器的传输函数，其冲激响应为

$$g[n] = \begin{cases} \frac{1}{2} f\left[\frac{n}{2}\right], & n\text{为偶数} \\ 0, & n\text{为奇数}, n \neq \frac{N}{2} \\ \frac{1}{2}, & n = \frac{N}{2} \end{cases} \tag{13.109}$$

其中，$f[n]$ 为 $F(z)$ 的冲激响应。

例 13.22 示例了上面的设计方法。

例 13.22　用 Parks-McClellan 算法设计半带 FIR 滤波器

利用 MATLAB 设计一个 13 次的宽带 FIR 滤波器 $F(z)$，其通带范围是 `0` 至 `0.85`π，并有一个非常小的阻带范围 `0.9`π至π。我们以幅度向量 `m=[1 1 0 0]` 使用函数 `firpm`。对通带和阻带进行加权的权向量为 `wt=[2 0.05]`。宽带滤波器 $F(z)$ 和半带滤波器 $G(z)$ 的幅度响应如图 13.55 所示。

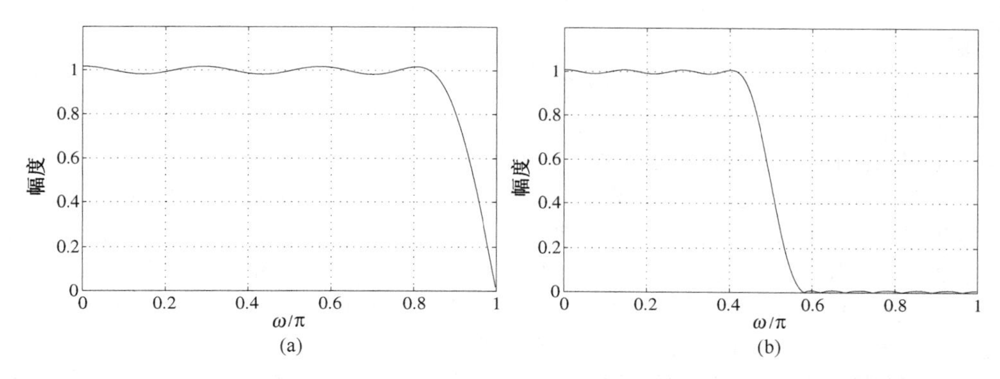

图 13.55　(a)宽带低通滤波器的幅度响应；(b)所求的半带低通滤波器的幅度响应

用 M 文件 `firhalfband` 也可以设计一个低通半带 FIR 滤波器。此函数包含有多个形式。例 13.23 中示例了其使用。

例 13.23　低通半带 FIR 滤波器的直接设计

设计一个最小阶的低通半带 FIR 滤波器，使其通带边界为 0.45π，阻带偏离为 0.002，即 −53.9794 dB。用到的代码段为

```
b = firhalfband('minorder',0.45, 0.002);
```

上面的滤波器的增益响应如图 13.56 所示。滤波器的阶数设计为 58。可以看出，除了 $n=0$ 之外，所有的偶数序号的滤波器系数都等于零。

可以用 `b=firhalfband(....,'high')` 来设计一个高通的半带 FIR 滤波器。

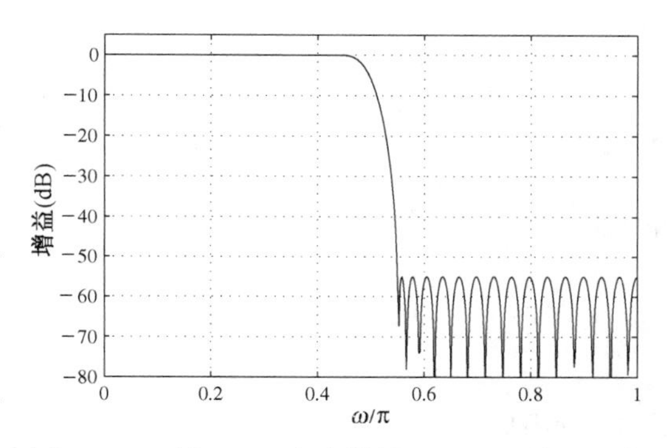

图 13.56　例 13.23 中半带低通 FIR 的增益响应

13.6.5 设计半带 IIR 滤波器

我们现在给出一种设计半带 IIR 滤波器的方法。在 8.10 节曾证明，一个具有对称分子且分子和分母之间没有公因子的奇数阶有界实低通 IIR 传输函数，若与其功率互补的高通 IIR 传输函数有一个反对称分子，则它就可以被分解为两个稳定的全通传输函数之和。此时一个具有对称分子且满足功率对称条件

$$G(z)G(z^{-1}) + G(-z)G(-z^{-1}) = 1 \tag{13.110}$$

的奇数阶有界实低通传输函数 $G(z) = P(z)/D(z)$，则全通分解之和形如

$$G(z) = \frac{1}{2}[\mathcal{A}_0(z^2) + z^{-1}\mathcal{A}_1(z^2)] \tag{13.111}$$

其中，$\mathcal{A}_0(z)$ 和 $\mathcal{A}_1(z)$ 为稳定的全通传输函数[Vai87f]。由式(13.110)可知，由于 $G(z)G(z^{-1})$ 满足式(13.101)的条件，因此它是一个半带低通滤波器。

因为切比雪夫无限冲激响应滤波器的通带波纹和阻带波纹不相等，所以不可能设计出一个切比雪夫无限冲激响应半带滤波器。因此，这里仅考虑巴特沃思和椭圆半带滤波器的设计。前者可以通过首先设计一个 3 dB 截止频率为 $\Omega_c = 1$ 的奇数阶模拟巴特沃思滤波器，再应用双线性变换就得到一个巴特沃思 IIR 数字滤波器 $G(z)$，可以证明其满足式(13.110)所示的功率对称特性(参见习题 13.55)。接下来，讨论椭圆 IIR 半带滤波器的设计。

可以很容易验证例 13.12 中的传输函数 $H(z)$ 满足功率对称条件。可以证明，频率响应指标为

$$1 - 2\delta_p \leqslant \left|G(e^{j\omega})\right| \leqslant 1, \quad 0 \leqslant \omega \leqslant \omega_p \tag{13.112a}$$

$$\left|G(e^{j\omega})\right| \leqslant \delta_s, \ \omega_s \leqslant \omega \leqslant \pi \tag{13.112b}$$

且满足条件

$$\omega_p + \omega_s = \pi \tag{13.113a}$$

$$\delta_s^2 = 4\delta_p(1 - \delta_p) \tag{13.113b}$$

的任意奇数阶椭圆低通半带滤波器 $G(z)$，就是一个功率对称传输函数，并总可以用式(13.111)来表示[Vai87f]。而且可以证明，满足以上两个条件的椭圆滤波器的极点落在虚轴上(参见习题 13.54)。使用 8.10 节提到的极点交错性质，不难确定两个全通传输函数 $\mathcal{A}_0(z)$ 和 $\mathcal{A}_1(z)$ 的表达式。接下来给出 IIR 椭圆半带滤波器的设计步骤，它可以通过对在[Ant93]和[Vai93]中提到的数字椭圆滤波器的设计算法进行修改而得到。因为两个频带边界由式(13.113a)相关联，而两个波纹由式(13.113b)相关联，所以滤波器指标中只包含一个频带边界和一个波纹。令特定的阻带边界和阻带波纹分别为 ω_s 和 δ_s。则通带边界 ω_p 和通带波纹 δ_p 可以分别由式(13.113a)和式(13.113b)确定。因此，最小阻带衰减为 $\mathcal{A}_s = -20\ \lg\delta_s$ dB，最大通带波纹为 $\mathcal{A}_{\max} = -20\ \lg(1 - 2\delta_p)$ dB。

接下来，定义参数

$$r = \frac{\tan(\omega_p/2)}{\tan(\omega_s/2)} \tag{13.114a}$$

$$r' = \sqrt{1 - r^2} \tag{13.114b}$$

$$q_0 = \frac{(1 - \sqrt{r'})}{2(1 + \sqrt{r'})} \tag{13.114c}$$

并计算

$$q = q_0 + 2q_0^5 + 15q_0^9 + 150q_0^{13} \tag{13.115a}$$

$$D = \left(\frac{1 - \delta_s^2}{\delta_s^2}\right)^2 \tag{13.115b}$$

然后选择满足

$$N \geqslant \frac{\lg(16D)}{\lg(1/q)} \tag{13.116}$$

的最小奇数来估计 $G(z)$ 的阶数 N。现在，整数值 N 几乎总是大于式(13.116)等号右边的值。结果是相应的阻带波纹 δ_s 将小于原给定值。为了求 δ_s 的实际值，首先由下式

$$D=\frac{10^{N\lg(1/q)}}{16} \tag{13.117}$$

计算参数 D 的实际值。由这个 D 值，通过解式(13.115b)可以计算出 δ_s 的实际值，而 δ_p 的实际值由式(13.113b)得到。

接下来，两个全通滤波器的极点可以如下计算。定义在 $1\leqslant k\leqslant(N-1)/2$

$$\lambda_k=\frac{2q^{1/4}\sum_{i=0}^{\infty}(-1)^i q^{i(i+1)}\sin((2i+1)k\pi/N)}{1+2\sum_{i=1}^{\infty}(-1)^i q^{i^2}\cos(2\pi ki/N)} \tag{13.118a}$$

$$b_k=\sqrt{\left(1-r\lambda_k^2\right)\left(1-\frac{\lambda_k^2}{r}\right)} \tag{13.118b}$$

$$c_k=\frac{2b_k}{1+\lambda_k^2} \tag{13.118c}$$

$$\alpha_{k-1}=\frac{2-c_k}{2+c_k} \tag{13.118d}$$

通常，式(13.118a)中的两个无限求和在加入第 5 项或第 6 项后趋于收敛。

由于式(13.118d)所确定的参数值 α_k 都小于 1，两个全通部分的极点都落在虚轴上的 $z=\pm\mathrm{j}\sqrt{\alpha_k}$ 处，因此极点都在单位圆内。使用极点交错特性，就可以选出 $\mathcal{A}_0(z)$ 和 $\mathcal{A}_1(z)$ 的极点。它们相应的零点在镜像位置。

程序 13_9 用来设计一个 IIR 低通半带滤波器。我们在例 13.24 中示例其使用。

例 13.24　设计半带 IIR 滤波器

指定的阻带边界和阻带波纹分别为 $\omega_s=0.6\pi$，$\delta_s=0.016$。期望的最小阻带衰减因此为 35.9176 dB。使用程序 13_9，我们得到半带滤波器 $G(z)$ 的两个全通部分的传输函数为

程序 13_9.m

$$\mathcal{A}_0(z^2)=\frac{0.236\,471\,021+z^{-2}}{1+0.236\,471\,021z^{-2}},\quad \mathcal{A}_1(z^2)=\frac{0.714\,542\,149\,7+z^{-2}}{1+0.714\,542\,149\,7z^{-2}} \tag{13.119}$$

将上面的全通部分代入式(13.111)可得到 $G(z)$ 的传输函数。使用 M 文件 zplane 画出的 $G(z)$ 的零极点图如图 13.57(a)所示，半带滤波器的幅度响应如图 13.57(b)所示。

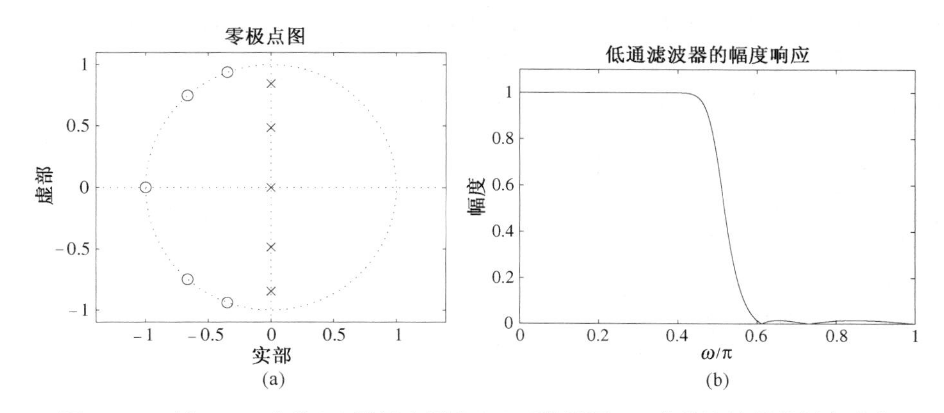

图 13.57　例 13.24 中的(a)零极点图和(b)五阶椭圆 IIR 半带滤波器的幅度响应

调整后的阻带波纹 δ_s 为 0.015 419 720 774 41；即最小阻带衰减为 36.238 46 dB，这比指定的值要略大一些。

13.7 CIC 抽取器和内插器

多抽样率数字信号处理的一种巧妙应用是设计过抽样 A/D 转换器。正如其名，在此类转换器中，模拟信号以远高于奈奎斯特率的抽样率进行抽样，得到空间上非常靠近的样本。因此，两个连续样本的振幅之间的差别非常小，允许数字形式中以非常少的位数(通常为 1 位)来表示它。接下来将数字信号经过一个因子为 M 的抽取器将抽样率从 MF_T降低到 F_T来减少抽样率。通过将用来降低其带宽到π/M 的一个抗混叠低通 M 带数字滤波器与一个因子为 M 的下抽样器进行级联来设计抽取器。下抽样器输出的字长决定了过抽样 A/D 转换器的分辨率，并且由于数字滤波的影响，它比高抽样率数字信号的字长大很多。过抽样方法越来越多地用于许多实际系统的高分辨率 A/D 转换器的设计中[Fre94]。

可用于设计抽取器的最简单的低通 FIR 滤波器是本书式(4.4)中的滑动平均滤波器，为方便重写如下①：

$$H(z) = 1 + z^{-1} + z^{-2} + \cdots + z^{-(M-1)} \tag{13.120}$$

为了实现，上面传输函数一个更方便的形式为

$$H(z) = \frac{1 - z^{-M}}{1 - z^{-1}} \tag{13.121}$$

它也被称为**递归动求和滤波器**或**矩形窗滤波器**。基于式(13.121)的抽取滤波器的因子为 M 的抽取器的较少乘法器实现如图 13.58 所示②。

式(13.121)中的递归动求和滤波器可以用来设计一个计算高效的内插器。图 13.59 显示了一个使用动求和内插滤波器的具有较少乘法器的因子为 L 的内插器。

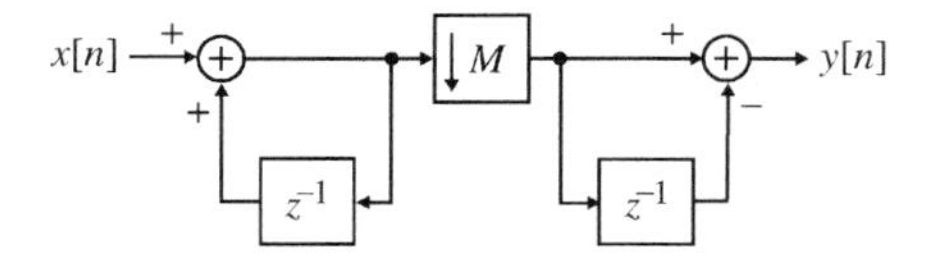

图 13.58 一个非常简单的因子为 M 的抽取器结构

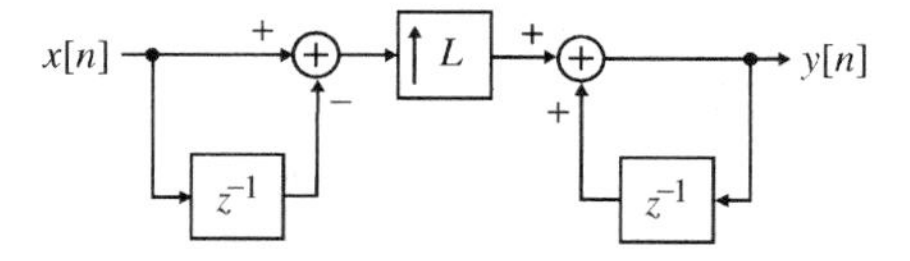

图 13.59 一个非常简单的因子为 L 的内插器结构

13.7.1 CIC 抽取器

因为基于动求和滤波器的抽取器并没有提供足够的带外衰减，通常在实际中采用由多个动求和抽取器级联形成的一个多级抽取器，它常称为**级联积分梳状**(CIC)滤波器[Hog81]。图 13.60 显示了一个二级 CIC 抽取器的结构。可以看出，该结构的第一级是一个积分器，而最后一级是一个梳状滤波器，而因子为 R 的下抽样器在中间。很容易证明该结构与具有长度为 RM 的动求和抽取滤波器的因子为 R 的滤波器等价。在 CIC 抽取器的设计中，可以通过在下抽样前包括 K 个积分器节，以及在其后包括 K 个梳状滤波器来得到更大的灵活性，如图 13.61 所示。该抽取滤波器的传输函数因此为

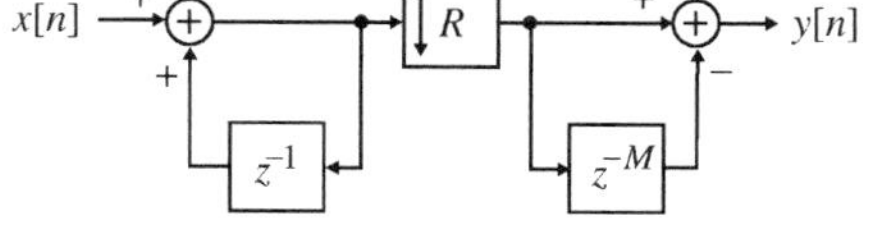

图 13.60 一个二级 CIC 抽取器结构

$$H(z) = \left(\frac{1 - z^{-RM}}{1 - z^{-1}}\right)^K \tag{13.122}$$

对一个给定的下抽样因子 R，可以调整参数 M 和 K 来产生所需的带外衰减。

① 为了简化，我们忽略了缩放因子 $1/M$，它需要提供一个 0 dB 的直流增益。

② 由输入加法器溢出引起的积分器过载可以很容易用二进制算术来处理。

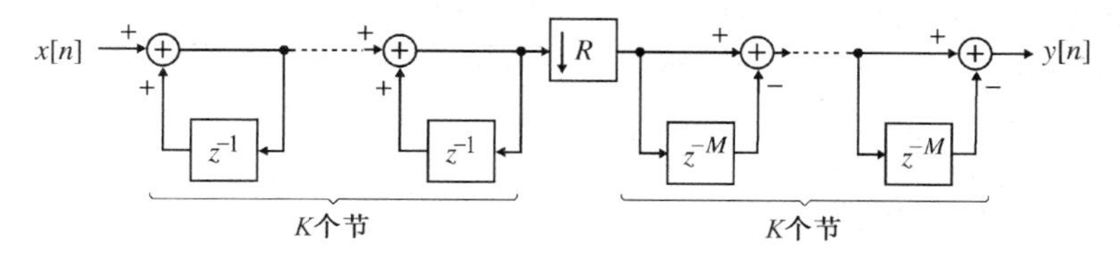

图 13.61 带级联节的 CIC 抽取器结构

13.7.2 CIC 内插器

通过交换积分器和梳状滤波器的位置，并且用上抽样器替换下抽样器来得到一个两级 CIC 内插器结构，如图 13.62 所示。该结构与一个具有长度为 RL 的动求和内插滤波器的因子为 R 的内插器等效。

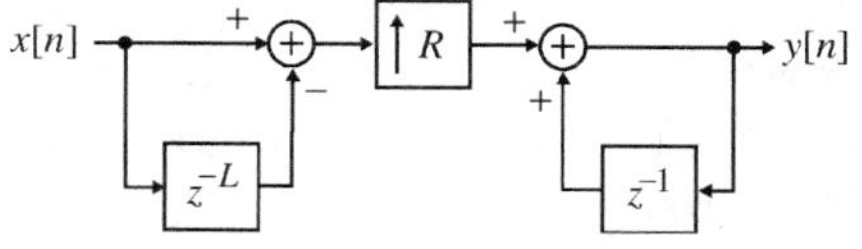

图 13.62 一个二级 CIC 内插器结构

和 CIC 抽取器一样，在 CIC 内插器的设计中，通过在上抽样器前包括 K 个梳状滤波器，并在其后包括 K 个积分器节可以得到更多的灵活性，如图 13.63 所示。这里，内插滤波器的传输函数为

$$H(z)=\left(\frac{1-z^{-RL}}{1-z^{-1}}\right)^{K} \tag{13.123}$$

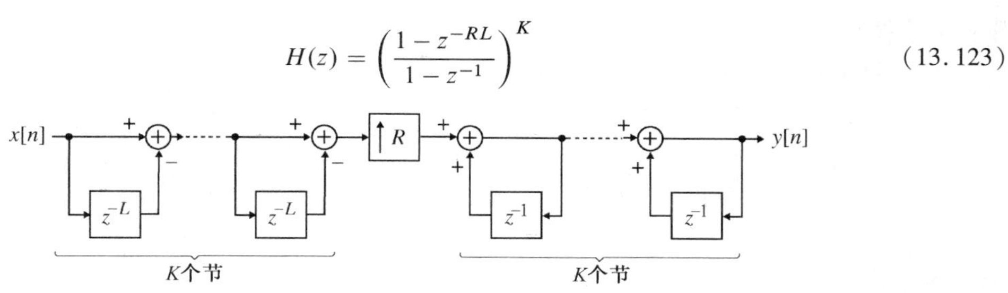

图 13.63 带级联节的 CIC 内插器结构

13.7.3 FIR 抽取和内插滤波器

到目前为止，给出的 CIC 抽取器和内插器都是具有较少乘数结构的，因而除了容易实现外，也是计算高效的。然而，在多级实现中，每个积分器中加法器的字长迅速增加。这个问题可以通过在每一级用 FIR 滤波器实现动求和滤波器来避免。例如，考虑 $M=1$ 时图 13.60 中的二级 CIC 抽取，此时，由式(13.133)可知，抽取滤波器的传输函数为

$$H(z)=\frac{1-z^{-R}}{1-z^{-1}}=1+z^{-1}+z^{-2}+\cdots+z^{-(R-1)} \tag{13.124}$$

如果 R 是 2 的整数次幂，即 $R=2^J$，上式可以重写为因子的形式如下：

$$H(z)=(1+z^{-1})(1+z^{-2})(1+z^{-4})\cdots(1+z^{-2^{J-1}}) \tag{13.125}$$

上述分解会得到一个如图 13.64 所示的级联结构，其中在每一级用到一个简单一阶 FIR 滤波器。

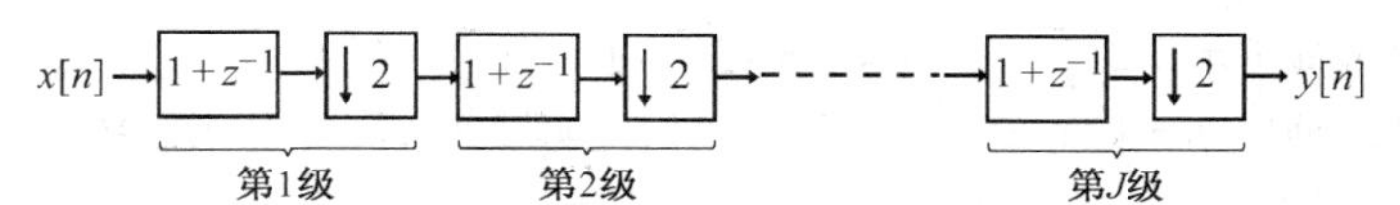

图 13.64 具有 J 个级联因子 2 抽取器节的多级因子为 $R(R=2^J)$ 的抽取器结构

一般情况下，当 $M\neq1$ 时，用传输函数为 $(1+z^{-1})^M$ 的 M 阶 FIR 滤波器替换图 13.64 中的每个一阶 FIR 滤波器。抽取滤波器传输函数的整数值系数可以表示成 $2^r\pm1$ 的形式，使得相乘运算仅用平移相加运算实现[Gao99]。例 13.25 说明用该方法实现抽取滤波器。

例 13.25 运用平移和相加运算实现 FIR 抽取滤波器的示例

我们说明 $M=5$ 时的实现[Gao99]。在每一级中 FIR 抽取滤波器的传输函数为

$$H(z)=(1+z^{-1})^5=1+5z^{-1}+10z^{-2}+10z^{-3}+5z^{-4}+z^{-5} \tag{13.126}$$

上面传输函数的两级 1 型多相分解为

$$H(z)=(1+10z^{-2}+5z^{-4})+z^{-1}(5+10z^{-2}+z^{-4})=E_0(z^2)+z^{-1}E_1(z^2) \tag{13.127}$$

这里

$$E_0(z)=1+10z^{-1}+5z^{-2},\quad E_1(z)=5+10z^{-1}+z^{-2} \tag{13.128}$$

一个基于上述多相分解的单级因子为 2 的抽取器的示意图如图 13.65 所示。

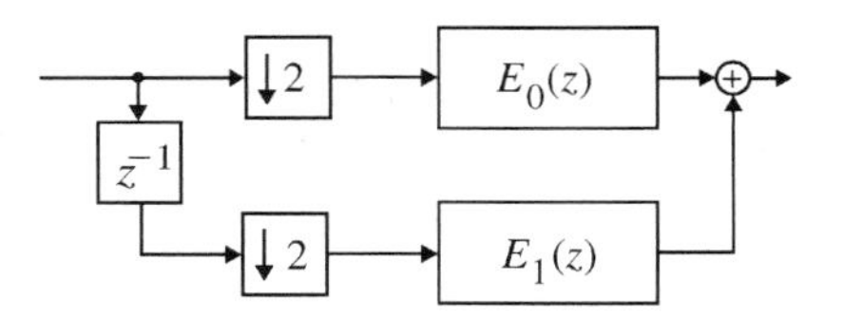

图 13.65 基于 FIR 抽取滤波器的 1 型多相实现的因子为2的抽取器实现

基于图 8.5(b)的第二个直接型 FIR 结构的传输函数 $E_0(z)$ 的实现如图 13.66(a)所示。现在，乘法器系数值 5 可以表示为 $4+1=2^2+1$，乘法器系数值 10 可以表示为 $8+2=2^3+2$，得到如图 13.66(b)所示的 $E_0(z)$ 的实现，除了最初的两个加法器之外，它需要 3 次平移运算和另外 2 次相加。

可以很容易地得到一个相似的 $E_1(z)$ 的 2 的幂的实现(参见习题 13.59)。

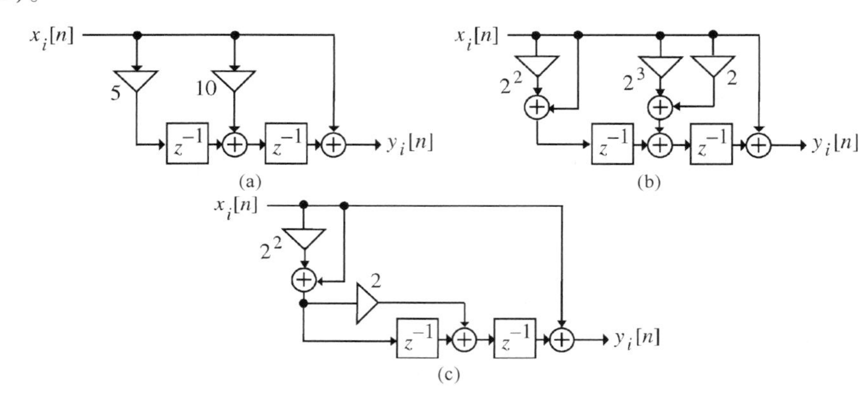

图 13.66 (a)基于第二种直接型 FIR 结构的 $E_0(z)$ 的实现；(b)用平移及相加运算替代乘法器的 $E_0(z)$ 的实现；(c)采用子结构共享技术的 $E_0(z)$ 的实现

13.8 小结

在这一章中，我们介绍了多抽样率数字信号处理的基本理论，并讨论了一些实用的多抽样率系统的设计。两个基本的抽样率转换设备是上抽样器和下抽样器。我们先讨论了这些设备在时域和频域的输入-输出关系。然后描述了用于多抽样率系统的高效实现的几种级联等效，其方式是允许将上抽样器和下抽样器从系统的一部分移动到另一部分。

单独使用上抽样器或下抽样器，或同时使用两者，再加上一个低通数字滤波器，就可以实现抽样率转换器。接下来讨论了抽样率转换器的设计问题。我们证明了通过转化器级联的方法，可以设计出计算高效的抽样率转换器，还略述了另外一种实现计算高效抽样率转换器的方法，就是使用低通数字滤波器的多相分解。

然后，我们讨论了用于设计任意率抽样率转换器的拉格朗日和样条内插算法。接下来讨论了奈奎斯特滤波器的设计，由于有部分系数值为零，奈奎斯特滤波器的计算效率要高于其他等效滤波器，当用做内插滤波器时，在内插器的输出保留了上抽样器的非零样本值。本章最后讨论了计算高效 CIC 抽取器和内插器的设计，并包括仅用平移和相加运算实现该结构。

第 14 章将讨论把本章所述的多抽样率数字信号处理的基本概念应用于多抽样率滤波器组的分析和设计。

若想要了解更多关于多抽样率数字信号处理的细节，我们建议读者参考由 Akansu 和 Haddad 编写的[Aka92]、由 Crochiere 和 Rabiner 编写的[Cro83]、由 Fliege 编写的[Fli94]、由 Vaidyanathan 编写的[Vai93]以及由 Vetterli 和 Kovacevic 编写的[Vet95]。

13.9　习题

13.1　将图 13.6 中的输出 $y[n]$表示成输入 $x[n]$的函数。通过简化得到的表达式来证明 $y[n]=x[n-1]$。

13.2　证明下抽样器是一个时变离散时间系统。

13.3　证明式(13.10)的恒等式。

13.4　(a)证明当 $L=5$ 和 $M=6$ 时，对于 $k=0, 1, \cdots, M-1$，W_M^{-k} 和 W_M^{-kL} 取同一组值。

(b)对于任意互质的 L 和 M 值，证明通常上面的结论成立。

13.5　验证图 13.14 中的级联等效。

13.6　(a)证明图 P13.1 中的结构为一个 LTI 系统，并求它的总传输函数为 $H(z)=Y(z)/X(z)$，其中 $Y(z)$ 和 $X(z)$ 分别是 $y[n]$和 $x[n]$的 z 变换。

(b)证明图 P13.1 中的结构为一个恒等系统，即若

$$\frac{1}{L}\sum_{k=0}^{L-1} G(z^{1/L}W_L^k)=1$$

则 $y[n]=x[n]$。

13.7　考虑图 P13.2 中的结构，其中传输函数 $G(z)$ 和 $H(z)$ 满足条件

$$\frac{1}{L}\sum_{k=0}^{L-1} G(z^{1/L}W_L^k)H(z^{1/L}W_L^k)=1$$

证明它是一个恒等系统，即 $v[n]=u[n]$[Vai2001]。

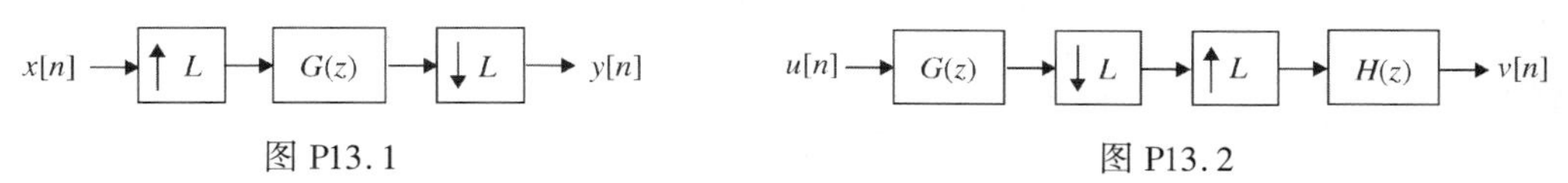

图 P13.1　　　　图 P13.2

13.8　生成图 P13.3 所示多抽样率结构的输出 $y[n]$作为输入 $x[n]$的函数的表达式。

13.9　生成图 P13.4 所示多抽样率结构的输出 $y[n]$作为输入 $x[n]$的函数的表达式。

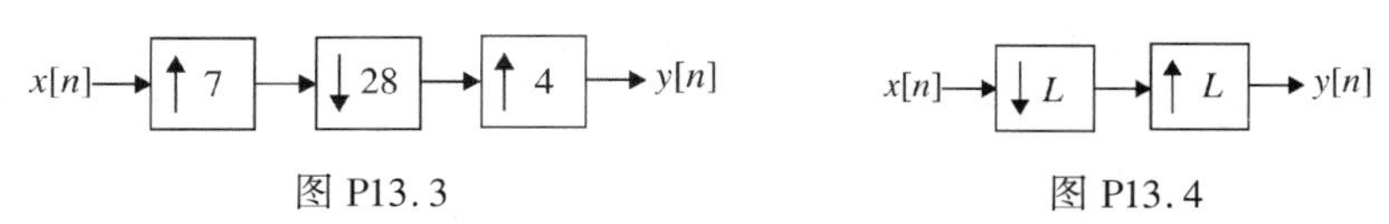

图 P13.3　　　　图 P13.4

13.10　生成图 P13.5 所示多抽样率结构的输出 $y[n]$作为输入 $x[n]$的函数的表达式。

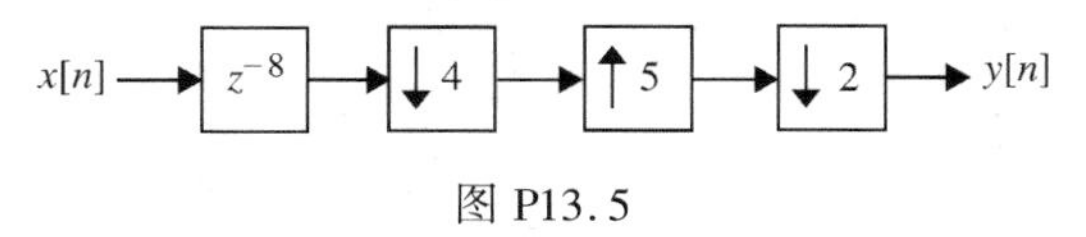

图 P13.5

13.11　证明:若因子为 M 的下抽样器的转置是因子为 M 的上抽样器，则因子为 M 的抽取器的转置是因子为 M 的内插器，反之亦然。

13.12　图 P13.6 所示的结构已被提议用于计算高效的 FIR 滤波器实现[Vet88]。

(a)证明该结构是无混叠的，并用 $H_0(z)$ 和 $H_1(z)$ 来确定整个传输函数 $T(z)=Y(z)/X(z)$。

(b)若

$$H_0(z^2)=\tfrac{1}{2}\{H(z)+H(-z)\}, \qquad H_1(z^2)=\tfrac{1}{2}\{H(z)-H(-z)\}z$$

求 $T(z)$ 的表达式。

(c)若 $H(z)$ 是一个长度为 $2K$ 的 FIR 滤波器，则滤波器 $H_0(z)$ 和 $H_1(z)$ 的长度是多少？

(d)求图 P13.6 的结构的计算效率。

13.13 分析图 P13.7 中的结构并确定它的输入-输出关系。评价你的结果。

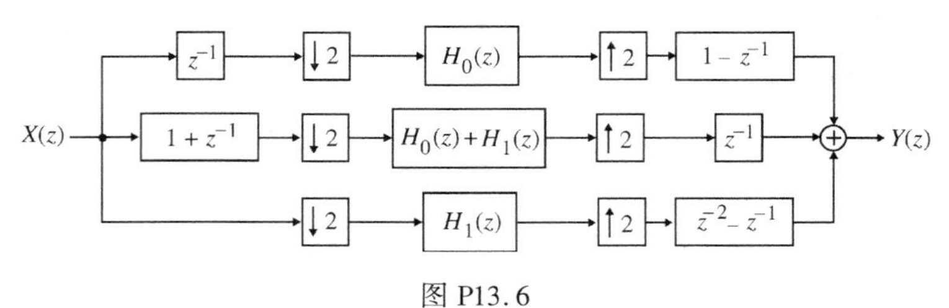

图 P13.6

13.14 具有相同传输函数 $H(z)$ 的两个独立的单输入、单输出 LTI 离散时间系统，是利用如图 P13.8 的**流水线/交错**(PI)技术由一个双输入、双输出多抽样率离散时间系统得到的[Jia97]。证明图 P13.8 所示的系统是时不变的，并求从每个输入到每个输出的传输函数。

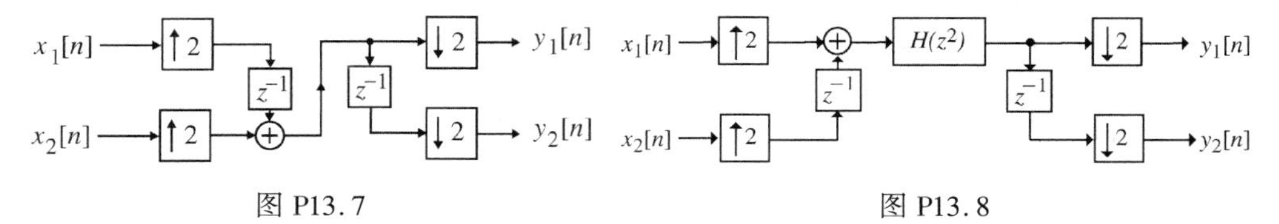

图 P13.7　　图 P13.8

13.15 证明图 P13.9 的多抽样率系统是时不变的，并求它的传输函数[Jia97]。

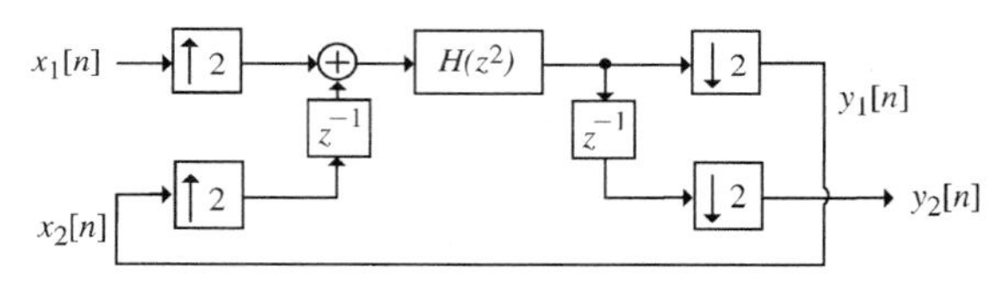

图 P13.9

13.16 习题 10.29 描述了滤波器锐化的方法[Kai77]，它是在滤波器 $H(z)$ 的通带和阻带中利用滤波器的多个副本来改善幅度响应的。例如，滤波器锐化的**三次法**实现传输函数

$$G(z)=z^{-2}[3H^2(z)-2H^3(z)] \tag{13.129}$$

其中，$H(z)$ 是原型零相位 FIR 滤波器。证明对一个适当的常数值 C 使用 PI 技术时，图 P13.10 的多抽样率结构可实现式(13.129)[Jia97]。

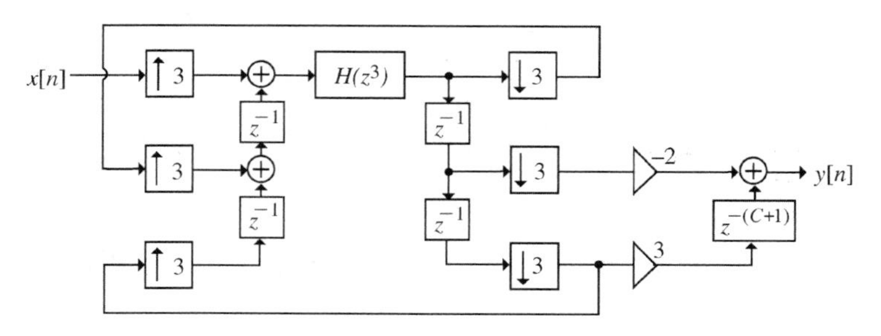

图 P13.10

13.17 推导分别由式(13.20)和式(13.21)给出的分数抽样率转换器的输入-输出关系。

13.18 考虑图 13.16(b)所示的分数率转换器，其中 $L=5$，$M=9$。

(a)若输入信号 $x[n]$ 的抽样率 F_T 为 475 Hz，求输出信号 $y[n]$ 的抽样率。

(b)为了确保没有混叠，滤波器 $H(z)$ 的阻带边界应该是多少？

13.19　使用下面的输入抽样率、上抽样因子和下抽样因子值重做习题 13.18：$F_T = 825$ Hz、$L = 11$、$M = 7$。

13.20　图 P13.11 中的多抽样率系统常被用来在两个具有不同抽样率的离散时间系统之间交换离散时间信号[Cro83]。数字抽样和保持电路的输入样本值可能常被重复或完全消失，使得在整个抽样率转换过程中产生误差。设$\mathcal{E}$表示在因子为 L 的内插器输出时逐个样本差值信号和原始信号 $u[n]$ 的能量比，并设$\mathcal{C}$表示信号 $u[n]$ 的逐点相关。将$\mathcal{E}$表示为$\mathcal{C}$的函数，并证明随着 L 变大，$\mathcal{E}$会变小，即整个抽样率转换过程的误差变小。

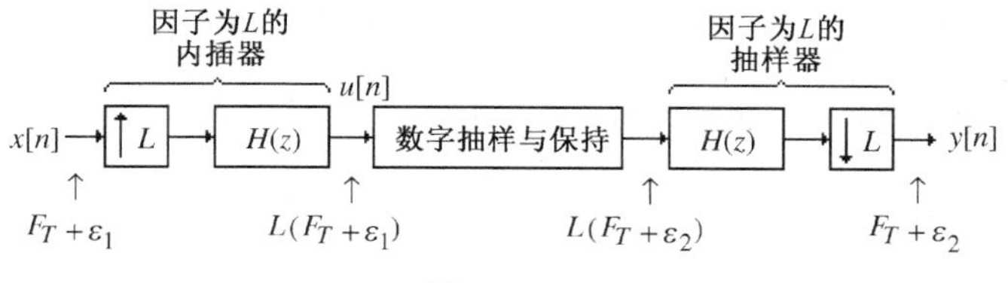

图 P13.11

13.21　图 P13.12 中的多抽样率系统实现了固定延迟 L/M 个样本值，其中 L 和 M 是互质整数[Cro83]。设 $H(z)$ 是截止频率为π/M、通带幅度近似等于 M、长度为 N 的 1 型线性相位 FIR 低通滤波器。假定 $N = 2KM + 1$，其中 K 是正整数，分别生成输出 $y[n]$ 和输入 $x[n]$ 的离散时间傅里叶变换 $Y(e^{j\omega})$ 和 $X(e^{j\omega})$ 之间的关系。

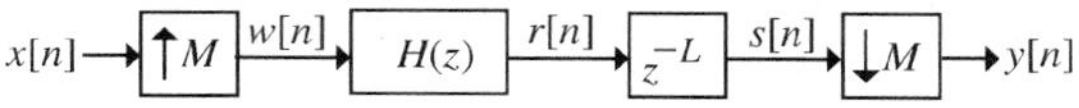

图 P13.12

13.22　通过设计形如 $H(z) = I(z)F(z^6)$ 的抽取滤波器来生成例 13.10 中的抽取器的另一种两级设计，并比较它和例 13.10 的计算需求。

13.23　使用形如 $H(z) = I(z)F(z^{10})$ 的滤波器重复习题 13.22。比较它和例 13.10 以及习题 13.22 所需的计算量。

13.24　(a) 确定用来将抽样率从 48 kHz 降为 4 kHz 的一个单级抽取器的计算复杂度。抽取滤波器要设计为通带边界在 1.8 kHz、通带波纹为 0.002 以及阻带波纹为 0.001 的等波纹 FIR 滤波器。利用式(10.2)中给出的 Kaiser 方程来估计 FIR 滤波器的阶数。以每秒相乘的总数作为计算复杂度的度量标准。

(b) 上面的抽取器以一个两级结构来设计。生成所有可能的两级设计并选择具有最小计算复杂度的设计。

(c) 对于两级设计，解析地求稀疏因子的最优值。

13.25　(a) 确定用来将抽样率从 500 Hz 增加到 10.5 kHz 的一个单级内插器的计算复杂度。内插器要设计为通带边界在 200 Hz、通带波纹为 0.002 以及阻带波纹为 0.002 的等波纹 FIR 滤波器。利用式(10.2)中给出的 Kaiser 方程来估计 FIR 滤波器的阶数。以每秒相乘的总数作为计算复杂度的度量标准。

(b) 生成上面内插器的一种最优两级设计并比较它同单级设计的计算复杂度。

13.26　用长度为 15 的线性相位 FIR 滤波器生成一个因子为 3 的内插器的高效实现。

13.27　用长度为 14 的线性相位 FIR 滤波器生成一个因子为 4 的抽取器的高效实现。

13.28　证明**动求和滤波器**，也称为**矩形窗滤波器**

$$H(z) = \sum_{i=0}^{N-1} z^{-i}$$

可以表示成下面的形式

$$H(z) = (1 + z^{-1})(1 + z^{-2})\cdots(1 + z^{-2^{K-1}})$$

其中 $N = 2^K$。用长度为 16 的矩形窗滤波器生成因子为 16 的内插器的计算高效实现。

13.29　对于下面的上抽样因子 L 和下抽样因子 M，求满足式(13.51)的常量 μ 和λ的值：

(a) $L = 3$，$M = 2$

(b) $L = 3$，$M = 4$

(c)$L=3$, $M=5$

(d)$L=4$, $M=3$

(e)$L=4$, $M=5$

(f)$L=5$, $M=2$

(g)$L=5$, $M=3$

13.30 用 13.4.4 节给出的方法生成用来实现内插因子为 3/2 的分数率内插器的计算高效结构。

13.31 通过取图 13.37(b)中分数率抽取器的转置重做习题 13.30。比较其与习题 13.30 生成的分数率抽取器的计算复杂度。

13.32 设截止频率在π/M 的理想低通滤波器 $H(z)$ 表示为

$$H(z)=\sum_{k=0}^{M-1} z^{-k} H_k(z^M)$$

证明每一个多相子滤波器 $H_k(z)$ 是全通滤波器。

13.33 证明图 13.38 所示的恒等式。

13.34 本题中考虑多相分解的一个推广。设

$$H(z)=\sum_{n=0}^{N-1} h[n]z^{-n}$$

是一个 $N-1$ 次因果 FIR 传输函数，其中 N 为偶数。

(a)证明 $H(z)$ 可以表示为下面的形式：

$$H(z)=(1+z^{-1})H_0(z^2)+(1-z^{-1})H_1(z^2) \tag{13.130}$$

(b)将 $H_0(z)$ 和 $H_1(z)$ 用多相分量 $E_0(z)$ 和 $E_1(z)$ 的系数表示。式(13.130)的分解是推广多相分解的一个例子，称为**结构子带分解**[Mit93]。

(c)证明式(13.130)的分解可以表示成下面的形式：

$$H(z)=[1\ \ z^{-1}]\begin{bmatrix}1 & 1\\ 1 & -1\end{bmatrix}\begin{bmatrix}H_0(z^2)\\ H_1(z^2)\end{bmatrix} \tag{13.131}$$

式(13.131)中的 2×2 矩阵称为二阶阿达马(Hadamard)矩阵，并记为 $\boldsymbol{R}_2$。

(d)证明若 $N=2^L$，则 $H(z)$ 可以表示为下面的形式：

$$H(z)=[1\ \ z^{-1}\cdots z^{-(L-1)}]\boldsymbol{R}_L\begin{bmatrix}H_0(z^L)\\ H_1(z^L)\\ \vdots\\ H_{L-1}(z^L)\end{bmatrix} \tag{13.132}$$

其中 $\boldsymbol{R}_L$是一个 $L\times L$ 阿达马矩阵。用 $H(z)$ 的多相分量$\{E_i(z)\}$表示结构子带分量$\{H_i(z)\}$。

13.35 使用一个长度为 16 的线性相位 FIR 滤波器 $H(z)$，并利用形如式(13.132)的 $H(z)$ 四带结构子带分解来生成因子为 4 的内插器的计算高效实现。

13.36 利用拉格朗日内插算法设计一个内插因子为 4/3 的分数率内插器。使用四阶多项式逼近。生成基于块滤波方法和 Farrow 结构的内插器。

13.37 推导式(13.78)。

13.38 推导式(13.81a)至式(13.81c)。

13.39 推导式(13.94a)至式(13.94d)，并生成相应的用于内插的 Farrow 结构。

13.40 推导式(13.99)。

13.41 证明若下面的等效条件成立，式(13.103)给出的中间冲激响应样本 $h[0]=\alpha/2$ 的线性相位 FIR 半带滤波器的传输函数 $H(z)$ 将包含因子$(1+z^{-1})^2$[Wil2010]：

(a)在 $\omega=\pi$ $|H(e^{j\omega})|=0$

(b)在 $\omega=0$ $|H(e^{j\omega})|=\alpha$

(c)$h[0]=2(h[1]+h[3]+\cdots)$

13.42　证明下面的 FIR 线性相位传输函数是低通半带滤波器[Goo77]。用 MATLAB 画出它们的幅度响应。

(a) $H_1(z) = 1 + 2z^{-1} + z^{-2}$

(b) $H_2(z) = -1 + 9z^{-2} + 16z^{-3} + 9z^{-4} - z^{-6}$

(c) $H_3(z) = -3 + 19z^{-2} + 32z^{-3} + 19z^{-4} - 3z^{-6}$

(d) $H_4(z) = 3 - 25z^{-2} + 150z^{-4} + 256z^{-5} + 150z^{-6} - 25z^{-8} + 3z^{-10}$

(e) $H_5(z) = 9 - 44z^{-2} + 208z^{-4} + 346z^{-5} + 208z^{-6} - 44z^{-8} + 9z^{-10}$

13.43　零相位半带最大平坦 Daubechies FIR 滤波器的频率响应的一般形式为[Dau88]:

$$H(\mathrm{e}^{\mathrm{j}\omega}) = \left(\frac{1+\cos\omega}{2}\right)^p \sum_{\ell=0}^{p-1} \binom{p-1+\ell}{\ell} \left(\frac{1-\cos\omega}{2}\right)^{\ell} \tag{13.133}$$

(a) 证明 $H(\mathrm{e}^{\mathrm{j}\omega})$ 在 $\omega = 0$ 和 $\omega = \pi$ 都有 p 阶零点。

(b) 证明 $H(\mathrm{e}^{\mathrm{j}\pi/2}) = \dfrac{1}{2}$。

(c) 当 $p = 6$ 时确定传输函数，使用 MATLAB 画出其幅度响应。

13.44　仅用平移和相加运算实现习题 13.42 的线性相位二阶 FIR 半带滤波器 $H_1(z)$。

13.45　仅用平移和相加运算实现习题 13.42 的线性相位六阶 FIR 半带滤波器 $H_2(z)$。

13.46　仅用平移和相加运算实现习题 13.42 的线性相位六阶 FIR 半带滤波器 $H_3(z)$。

13.47　本题分别考虑图 13.16 中具有整数值上抽样和下抽样转换因子的 L 和 M 的分数抽样率转换器的计算有效实现[Rus2000]。设为了防止混叠和镜像的 IIR 滤波器的传输函数为

$$H(z) = \frac{P_K(z)}{D_N(z)} = \frac{\sum_{\ell=0}^{K} p_\ell z^{-\ell}}{\prod_{\ell=1}^{N}(1-\lambda_\ell z^{-1})} \tag{13.134}$$

对 $H(z)$ 的每个极点，将

$$1 - \lambda_\ell z^{-1} = \frac{1 - \lambda_\ell^R z^{-R}}{\sum_{k=0}^{R-1} \lambda_\ell^k z^{-k}} \tag{13.135}$$

代入式(13.134)，其中对于 N_L 个极点，$R = L$，而对于剩下的 $N_M = N - N_L$ 个极点，$R = M$。这种替换增加了 $H(z)$ 的分子和分母多项式的阶数，得到一种改进形式 $H(z) = H_L(z^L)Q(z)H_M(z^M)$，其中

$$H_L(z) = \frac{1}{\prod_{\ell=1}^{N_L}(1 - a_\ell^L z^{-1})}$$

$$H_M(z) = \frac{1}{\prod_{\ell=1}^{N_M}(1 - a_\ell^M z^{-1})}$$

$$Q(z) = \sum_{\ell=0}^{K_S} q_\ell z^{-\ell}$$

在 $H_L(z)$ 的表达式中，$H(z)$ 的极点 λ_ℓ 被重标为 a_ℓ^L，而在 $H_M(z)$ 的表达式中被标为 a_ℓ^M。

(a) 用 N、K 和 R 表示 K_S。

(b) 基于上面的 $H(z)$ 的分解，生成分数抽样率转换器的计算有效实现。

(c) 求(a)中生成结构的 MPOS(相乘每样本)的总数。

(d) 若采用式(13.134)中的 $H(z)$ 的直接型实现，求抽样率转换器的 MPOS 的总数。

13.48　用内插滤波器的传输函数的 2 型多相分解生成具有 3 个乘法器和 4 个延迟的因子为 3 的因果线性内插器的实现。

13.49　用内插滤波器的传输函数的 2 型多相分解生成具有 5 个乘法器和 6 个延迟的因子为 4 的因果线性内插器的实现。

13.50　生成具有一个乘法器和 4 个延迟的因子为 3 的因果线性内插器的两级 CIC 实现[Lyo2007a]。

13.51　生成具有一个乘法器和 4 个延迟的因子为 4 的因果线性内插器的两级 CIC 实现[Lyo2007a]。

13.52　(a) 将三阶 IIR 传输函数

$$G(z)=\frac{0.0985(1+z^{-1})^3}{(1-0.1584z^{-1})(1-0.4189z^{-1}+0.3554z^{-2})}$$

分解为如下形式：

$$G(z)=\tfrac{1}{2}\{\mathcal{A}_0(z)+\mathcal{A}_1(z)\}$$

其中，$\mathcal{A}_0(z)$和$\mathcal{A}_1(z)$是稳定全通传输函数。

(b)将$G(z)$实现为全通滤波器的并联，其中$\mathcal{A}_0(z)$和$\mathcal{A}_1(z)$用最少数量的乘法器。

(c)求传输函数$H(z)$，它与$G(z)$功率互补。

(d)用MATLAB画出$G(z)$和$H(z)$的幅度响应。

13.53　对下面的三阶IIR传输函数重做习题13.52：

$$G(z)=\frac{0.1868(1+1.0902z^{-1}+1.0902z^{-2}+z^{-3})}{(1-0.3628z^{-1})(1-0.5111z^{-1}+0.7363z^{-2})}$$

13.54　证明具有对称分子且满足功率对称条件的实系数奇数阶有界实低通传输函数的极点落在z平面的虚轴上。

13.55　设$G_a(s)$表示3 dB截止频率在1 rad/s的N阶稳定模拟低通巴特沃思传输函数，其中N为奇数。证明通过双线性变换得到的对应的数字巴特沃思传输函数$H_0(z)$是一个用下面的形式

$$H_0(z)=\tfrac{1}{2}\{\mathcal{A}_0(z^2)+z^{-1}\mathcal{A}_1(z^2)\} \tag{13.136}$$

表示的半带低通滤波器，其中，$\mathcal{A}_0(z)$和$\mathcal{A}_1(z)$是稳定的全通传输函数。

13.56　通过对具有3 dB截止频率在1 rad/s的3阶低通巴特沃思模拟滤波器传输函数应用双线性变换，生成3阶低通巴特沃思半带数字滤波器的传输函数的形如式(13.136)的基于全通的多相分解。

13.57　设$\{x[n]\}$是一个长度为N的序列，并假定它是周期序列的一个周期。生成基于DFT的方法来将$\{x[n]\}$内插成长度为RN的序列$\{y[n]\}$。

13.58　设$\{x[n]\}$是一个长度为RN的序列，并假定它是周期序列的一个周期。若$\{x[n]\}$的谱被限制在范围$0\leq\omega\leq\pi/R$，生成基于DFT的方法来将$\{x[n]\}$抽取成长度为N的序列$\{y[n]\}$。

13.59　用平移及相加运算生成式(13.128)中$E_1(z)$的实现。

13.60　用最少数量的平移及相加运算实现因子为4的因果线性内插器。

13.10　MATLAB练习

程序 13_1.m

M13.1　(a)修改程序13_1来研究因子为4的上抽样器对如下输入序列的运算：(i)归一化频率为0.20 rad/s和0.45 rad/s的两个正弦序列的和，(ii)斜变序列。选择输入长度为50，画出输入和输出序列。

(b)对因子为7的上抽样器重做(a)部分。

程序 13_2.m

M13.2　(a)修改程序13_2来研究因子为4的下抽样器对以下输入序列的运算：(i)归一化频率为0.20 rad/s和0.45 rad/s的两个正弦序列的和，(ii)斜坡序列。选择输入长度为50，画出输入和输出序列。

(b)对因子为7的下抽样器重做(a)部分。

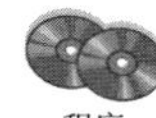
程序 13_3.m

M13.3　(a)在程序13_3中使用频率点向量`freq = [0 0.97 0.99 1]`并以上抽样因子$L=3$来运行该程序。评价你的结果。

(b)对$L=6$重做(a)部分。分析你的结果。

M13.4　(a)在程序13_3中使用频率点向量`freq = [0 0.97 0.99 1]`和幅度响应向量`mag = [1 0 0 0]`并以上抽样因子$L=3$来运行该程序。分析你的结果。

(b)对$L=6$重做(a)部分。分析你的结果。

程序 13_4.m

M13.5　(a)在程序13_4中使用频率点向量`freq = [0 0.17 0.19 1]`和幅度响应向量`mag = [1 0 0 0]`并以下抽样因子$M=3$来运行该程序。分析你的结果。

(b)对$M=6$重做(a)部分。分析你的结果。

程序 13_5.m

M13.6　对下面的输入数据运行程序13_5：(a)$N=120$，$M=3$，$f_1=0.037$，$f_2=0.025$；(b)$N=120$，$M=4$，$f_1=0.037$，$f_2=0.025$。分析你的结果。

M13.7　对下面的输入数据运行程序 13_6：(a) $N=50$，$L=3$，$f_1=0.037$，$f_2=0.025$；(b) $N=30$，$L=4$，$f_1=0.037$，$f_2=0.025$。分析你的结果。

程序 13_6.m

M13.8　对下面的输入数据运行程序 13_7：(a) $N=35$，$L=2$，$M=3$，$f_1=0.041$，$f_2=0.027$；(b) $N=45$，$L=5$，$M=3$，$f_1=0.037$，$f_2=0.025$。分析你的结果。

程序 13_7.m

M13.9　利用加窗傅里叶级数方法设计截止频率为 $\pi/5$、长度为 71 的线性相位 FIR 低通滤波器。用五带多相分解表示传输函数。用 MATLAB 计算并画出每一个多相分量的频率响应。证明所有的多相分量都有一个常数幅度响应。

M13.10　设计一个 N 阶 IIR 半带巴特沃思低通滤波器，并且对下面的 N 值用最少数量的乘法器来实现它：(a) $N=3$，(b) $N=5$，(c) $N=7$。对于每一个 N 值，确定功率互补的半带高通滤波器，并用 MATLAB 在同一幅图中画出低通和高通滤波器的幅度响应。

M13.11　通过修改程序 13_8，利用加窗傅里叶级数方法设计一个 $\omega_p=0.1\pi$ 且 $\omega_s=0.15\pi$ 的 38 阶线性相位 8 路低通 FIR 滤波器。使用 Hann 窗。

程序 13_8.m

M13.12　使用程序 13_9，设计一个具有下列指标的奇阶实系数椭圆半带滤波器 $H_0(z)$：$\omega_s=0.6\pi$ 且 $\delta_s=0.001\pi$。注意若 $\omega_p+\omega_s=\pi$ 且 $(1-\delta_p)^2+\delta_s^2=1$，半带滤波器的约束被满足。用式(13.136)的形式表示 $H_0(z)$，其中 $\mathcal{A}_0(z)$ 和 $\mathcal{A}_1(z)$ 是稳定全通传输函数。在同一幅图中画出 $H_0(z)$ 及其功率互补传输函数 $H_1(z)$ 的幅度响应。

程序 13_9.m

第 14 章　多抽样率滤波器组和小波

许多多抽样率处理系统使用一个滤波器组来实现共同输入或者一个总和输出，或二者都有。下面将介绍这些滤波器组，并对其中一类的设计及其高效实现形式进行讨论。随后，我们将研究正交镜像滤波器(QMF)组，它在信号压缩和其他领域中有应用。本章最后将简短讨论由树形结构 QMF 组生成某类离散小波变换。随书光盘中将讨论多抽样率滤波器组和小波的几种应用。

14.1　数字滤波器组

在第 13 章中，我们主要讨论单输入、单输出数字滤波器的设计、实现和应用。有一些应用，如在频谱分析仪中，需要将信号分成一系列子带信号，它们通常占据原频带中互不重叠的部分。在其他应用中，可能需要将许多这样的子带信号组合成一个占据整个奈奎斯特范围的单个复合信号。为此，数字滤波器组有重要的作用，这是本节讨论的主题。

14.1.1　定义

数字滤波器组是有共同输入或者一个总和输出的一组数字带通滤波器，如图 14.1 所示。图 14.1(a)所示的结构称为 M 带**分解滤波器组**，其子滤波器 $H_k(z)$ 称为**分解滤波器**。它用来将输入信号 $x[n]$ 分解成 M 个子带信号 $v_k[n]$，其中每一个子带信号占据原始频带的一部分(通过将信号分到一组窄谱带来进行“分析”)。

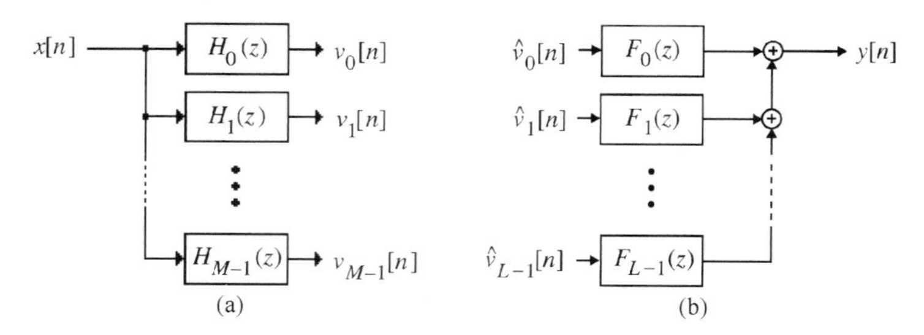

图 14.1　(a)分解滤波器组；(b)合成滤波器组

在分解运算的**对偶**中，一组子带信号 $\hat{v}_k[n]$（通常属于相邻的频带）被称为**合成滤波器组**，合成为一个信号 $y[n]$。图 14.1(b)显示了一个 L 带合成滤波器组，其中每个滤波器 $F_k(z)$ 被称为**合成滤波器**。

14.1.2　均匀 DFT 滤波器组

我们现在简述一种设计一类具有等通带宽度的滤波器组的简单技术。设 $H_0(z)$ 表示冲激响应为 $h_0[n]$ 的一个因果低通数字滤波器：

$$H_0(z) = \sum_{n=0}^{\infty} h_0[n]z^{-n} \tag{14.1}$$

不失一般性，假定它是一个 IIR 滤波器。现在假定 $H_0(z)$ 的通带边界为 ω_p，阻带边界为 ω_s，在π/M 附近，其中，M 是一个任意整数，如图 14.2(a)所示。现在，考虑以指数序列 $e^{j2\pi k/M}$ 对 $h_0[n]$ 进行调制得到因果冲激响应 $h_k[n]$，$0 \leqslant k \leqslant M-1$：

$$h_k[n] = h_0[n]W_M^{-kn} \tag{14.2}$$

其中我们使用了记号 $W_M = e^{-j2\pi/M}$，其如式(5.12)所定义。对应的传输函数为

$$H_k(z) = \sum_{n=0}^{\infty} h_k[n]z^{-n} = \sum_{n=0}^{\infty} h_0[n]\left(zW_M^k\right)^{-n}, \qquad 0 \leqslant k \leqslant M-1 \tag{14.3}$$

即

$$H_k(z) = H_0\left(zW_M^k\right), \qquad 0 \leqslant k \leqslant M-1 \tag{14.4}$$

其频率响应为

$$H_k(e^{j\omega}) = H_0(e^{j(\omega-2\pi k/M)}), \qquad 0 \leqslant k \leqslant M-1 \tag{14.5}$$

换言之，$H_k(z)$的频率响应可以通过将低通滤波器 $H_0(z)$的频率响应右移 $2\pi k/M$ 而得到。$H_1(z)$，$H_2(z)$，…，$H_{M-1}(z)$的响应如图 14.2(b)所示。由式(14.2)注意到对应的冲激响应 $h_k[n]$通常是复数，因此$|H_k(e^{j\omega})|$并不一定表现出相对于零频率的对称性。因而，图 14.2(b)表示 $M-1$ 个滤波器 $H_1(z)$，$H_2(z)$，…，$H_{M-1}(z)$的频率响应，它们是图 14.2(a)中基本**原型**滤波器 $H_0(z)$的响应的均匀平移形式。

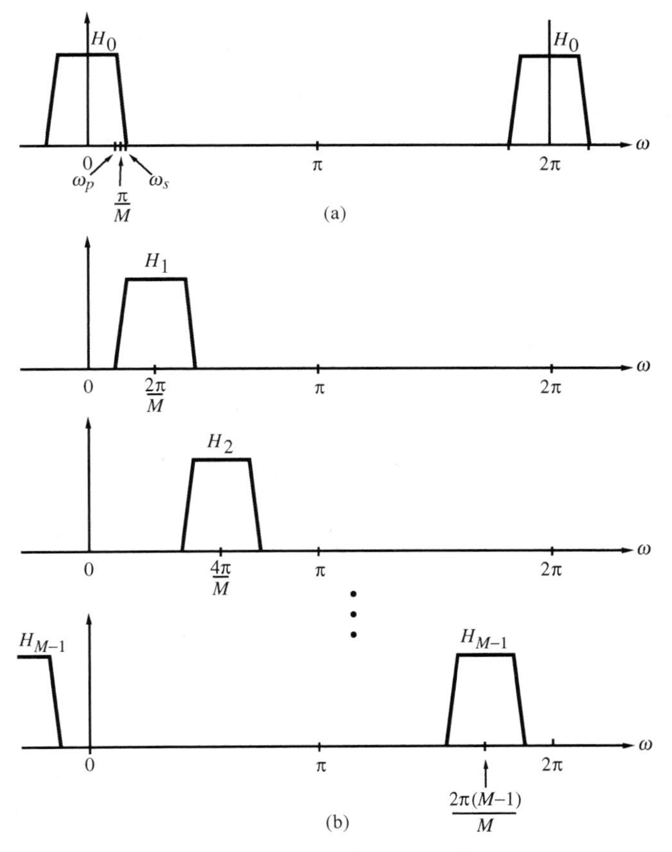

图 14.2　(a)原型低通滤波器 $H_0(z)$的频率响应；(b)$M-1$ 个带通滤波器$H_k(z)$的频率响应，$1 \leqslant k \leqslant M-1$

式(14.4)定义的 M 个滤波器 $H_k(z)$可以用做图 14.1(a)中分解滤波器组的分解滤波器，或者用做图 14.1(b)中合成滤波器组的合成滤波器 $F_k(z)$。

由于幅度响应组$|H_k(e^{j\omega})|$，$0 \leqslant k \leqslant M-1$，是基本原型$|H_0(e^{j\omega})|$的均匀平移形式，即

$$\left|H_k(e^{j\omega})\right| = \left|H_0\left(e^{j(\omega-2\pi k/M)}\right)\right| \tag{14.6}$$

故所得滤波器组称为**均匀滤波器组**。

14.1.3 均匀滤波器组的多相实现

设图 14.1(a)表示一个均匀滤波器组，其 M 个分解滤波器 $H_k(z)$ 通过式(14.4)相联系。这些分解滤波器的冲激响应序列 $\{h_k(n)\}$ 相应地按式(14.2)相联系。若不以单独的滤波器实现每个分解滤波器，就有可能生成上面的均匀滤波器组的一个计算上更有效的实现，描述如下。

设低通原型传输函数 $H_0(z)$ 用其 M 带多相形式表示为

$$H_0(z) = \sum_{\ell=0}^{M-1} z^{-\ell} E_\ell(z^M) \tag{14.7}$$

其中，$E_\ell(z)$ 是 $H_0(z)$ 的第 ℓ 个多相分量：

$$E_\ell(z) = \sum_{n=0}^{\infty} e_\ell[n] z^{-n} = \sum_{n=0}^{\infty} h_0[\ell + nM] z^{-n}, \qquad 0 \leqslant \ell \leqslant M-1 \tag{14.8}$$

用 zW_M^k 替换式(14.7)中的 z，可得 $H_k(z)$ 的 M 带多相分解：

$$H_k(z) = \sum_{\ell=0}^{M-1} z^{-\ell} W_M^{-k\ell} E_\ell(z^M W_M^{kM}) = \sum_{\ell=0}^{M-1} z^{-\ell} W_M^{-k\ell} E_\ell(z^M), \qquad 0 \leqslant k \leqslant M-1 \tag{14.9}$$

其中，我们利用了恒等式 $W_M^{kM} = 1$。

注意，当 $k=0, 1, \cdots, M-1$ 时，式(14.9)可以写成矩阵形式：

$$H_k(z) = \begin{bmatrix} 1 & W_M^{-k} & W_M^{-2k} & \cdots & W_M^{-(M-1)k} \end{bmatrix} \begin{bmatrix} E_0(z^M) \\ z^{-1}E_1(z^M) \\ z^{-2}E_2(z^M) \\ \vdots \\ z^{-(M-1)}E_{M-1}(z^M) \end{bmatrix} \tag{14.10}$$

所有的 M 个式子可以合并到一个矩阵式

$$\begin{bmatrix} H_0(z) \\ H_1(z) \\ H_2(z) \\ \vdots \\ H_{M-1}(z) \end{bmatrix} = M\boldsymbol{D}^{-1} \begin{bmatrix} E_0(z^M) \\ z^{-1}E_1(z^M) \\ z^{-2}E_2(z^M) \\ \vdots \\ z^{-(M-1)}E_{M-1}(z^M) \end{bmatrix} \tag{14.11}$$

其中 $\boldsymbol{D}$ 代表 DFT 矩阵：

$$\boldsymbol{D} = \begin{bmatrix} 1 & 1 & 1 & \cdots & 1 \\ 1 & W_M^1 & W_M^2 & \cdots & W_M^{(M-1)} \\ 1 & W_M^2 & W_M^4 & \cdots & W_M^{2(M-1)} \\ \vdots & \vdots & \vdots & \ddots & \vdots \\ 1 & W_M^{(M-1)} & W_M^{2(M-1)} & \cdots & W_M^{(M-1)^2} \end{bmatrix} \tag{14.12}$$

因此，基于式(14.11)的 M 带分解滤波器组的一种有效实现方式如图 14.3 所示。其中，原型滤波器 $H_0(z)$ 以多相形式实现。图 14.3 所示的结构就是所谓的**均匀 DFT 分解滤波器组**。

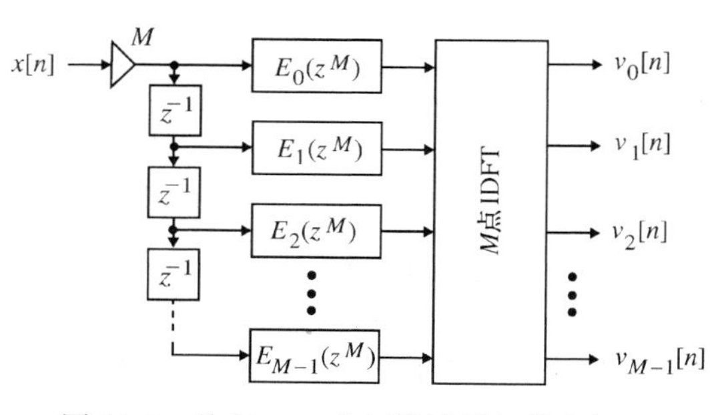

图 14.3 均匀 DFT 分解滤波器组的多相实现，其中 $H_k(z) = V_k(z)/X(z)$

图 14.3 的计算复杂性比图 14.1(a)中所示的直接法要小很多。例如，一个基于 N 抽头原型低通 FIR 滤波器的 M 带均匀 DFT 分解滤波器组总共需要 $(M/2)\log_2 M + N$ 个乘法器，其 M 点 DFT 用基 2 FFT 算法实现，而直接实现法需要 NM 次相乘。

按照类似于上面给出的推导，可得**均匀 DFT 合成滤波器组**的结构。原型低通滤波器 $H_0(z)$ 基于 I 型和 II 型多相分解的有效实现如图 14.4 所示。

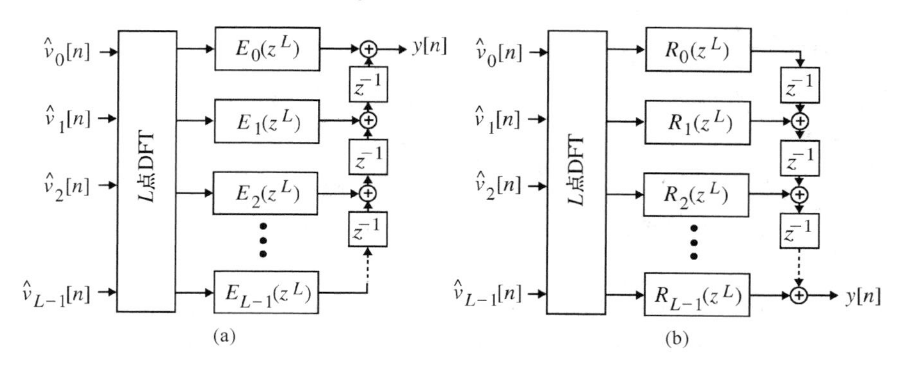

图 14.4　均匀 DFT 合成滤波器组：(a) 基于 I 型多相分解的实现；(b) 基于 II 型多相分解的实现

例 14.1 示例了均匀 DFT 滤波器组的设计。

例 14.1　设计四通道均匀 DFT 滤波器组

用例 13.20 中的四带线性相位低通滤波器来设计一个四通道均匀离散傅里叶滤波器组。这里 4 个多相成分如下所示：

$$\begin{aligned}E_0(z) &= 0.001\,636\,94 - 0.011\,218\,88\,z^{-1} + 0.063\,114\,87\,z^{-2} + 0.220\,885\,13\,z^{-3}\\&\quad -0.027\,255\,49\,z^{-4} + 0.003\,826\,93\,z^{-5}\\E_1(z) &= 0.003\,139\,59 - 0.025\,174\,873\,z^{-1} + 0.147\,532\,912\,z^{-2} + 0.147\,532\,912\,z^{-3}\\&\quad -0.025\,174\,873\,z^{-4} + 0.003\,139\,59\,z^{-5}\\E_2(z) &= 0.003\,826\,93 - 0.027\,255\,49\,z^{-1} + 0.220\,885\,13\,z^{-2} + 0.063\,114\,87\,z^{-3}\\&\quad -0.011\,218\,88\,z^{-4} + 0.001\,636\,94\,z^{-5}\\E_3(z) &= 0.25\,z^{-2}\end{aligned}$$

当 $M=4$ 时，由式(14.11)可得

$$\begin{bmatrix}H_0(z)\\H_1(z)\\H_2(z)\\H_3(z)\end{bmatrix}=\begin{bmatrix}1&1&1&1\\1&\mathrm{j}&-1&-\mathrm{j}\\1&-1&1&-1\\1&-\mathrm{j}&-1&\mathrm{j}\end{bmatrix}\begin{bmatrix}E_0(z^4)\\z^{-1}E_1(z^4)\\z^{-2}E_2(z^4)\\z^{-3}E_3(z^4)\end{bmatrix}$$

其中多相成分已在前面给出。因此，可得 4 个分解滤波器为

$$\begin{aligned}H_0(z) &= E_0(z^4) + z^{-1}E_1(z^4) + z^{-2}E_2(z^4) + z^{-3}E_3(z^4)\\H_1(z) &= E_0(z^4) + \mathrm{j}\,z^{-1}E_1(z^4) - z^{-2}E_2(z^4) - \mathrm{j}\,z^{-3}E_3(z^4)\\H_2(z) &= E_0(z^4) - z^{-1}E_1(z^4) + z^{-2}E_2(z^4) - z^{-3}E_3(z^4)\\H_3(z) &= E_0(z^4) - \mathrm{j}\,z^{-1}E_1(z^4) - z^{-2}E_2(z^4) + \mathrm{j}\,z^{-3}E_3(z^4)\end{aligned}$$

四通道均匀 DFT 滤波器组的这 4 个分解滤波器的增益响应如图 14.5 所示。

按照

$$\begin{bmatrix}E_0(z^M)\\z^{-1}E_1(z^M)\\z^{-2}E_2(z^M)\\\vdots\\z^{-(M-1)}E_{M-1}(z^M)\end{bmatrix}=\frac{1}{M}\boldsymbol{D}\begin{bmatrix}H_0(z)\\H_1(z)\\H_2(z)\\\vdots\\H_{M-1}(z)\end{bmatrix}=\frac{1}{M}\boldsymbol{D}\begin{bmatrix}H_0(z)\\H_0(zW_M)\\H_0(zW_M^2)\\\vdots\\H_0(zW_M^{M-1})\end{bmatrix}\tag{14.13}$$

由式(14.11)可得，多相分量 $E_i(z^M)$ 可以用原型传输函数 $H_0(z)$ 及其调制形式 $H_k(z)=H_0(zW_M^k)$ 来表示。式(14.13)可以用来求 IIR 传输函数的多相分量。

此方法在例 14.2 中示出。

例 14.2　一个 IIR 传输函数的三带多相分解

生成一阶 IIR 传输函数

$$H(z)=\frac{a+b\,z^{-1}}{1+c\,z^{-1}},\qquad |c|<1$$

的三带多相分解。

由式(14.13)，有

$$\begin{bmatrix} E_0(z^3)\\ z^{-1}E_1(z^3)\\ z^{-2}E_2(z^3)\end{bmatrix}=\frac{1}{3}\begin{bmatrix}1 & 1 & 1\\ 1 & W_3^1 & W_3^2\\ 1 & W_3^2 & W_3^1\end{bmatrix}\begin{bmatrix}H(z)\\ H(zW_3^1)\\ H(zW_3^2)\end{bmatrix}$$

因此

$$\begin{aligned}E_0(z^3)&=\tfrac{1}{3}\left[H(z)+H(z\,W_3^1)+H(z\,W_3^2)\right]\\ &=\tfrac{1}{3}\left[\tfrac{a+b\,z^{-1}}{1+c\,z^{-1}}+\tfrac{a+b\,\mathrm{e}^{\mathrm{j}2\pi/3}z^{-1}}{1+c\,\mathrm{e}^{\mathrm{j}2\pi/3}z^{-1}}+\tfrac{a+b\,\mathrm{e}^{\mathrm{j}4\pi/3}z^{-1}}{1+c\,\mathrm{e}^{\mathrm{j}4\pi/3}z^{-1}}\right]\\ &=\frac{a+bc^2z^{-3}}{1+c^3z^{-3}}\end{aligned}$$

$$\begin{aligned}z^{-1}E_1(z^3)&=\tfrac{1}{3}\left[H(z)+W_3^1H(z\,W_3^1)+W_3^2H(z\,W_3^2)\right]\\ &=\tfrac{1}{3}\left[\tfrac{a+b\,z^{-1}}{1+c\,z^{-1}}+\mathrm{e}^{\mathrm{j}2\pi/3}\left(\tfrac{a+b\,\mathrm{e}^{\mathrm{j}2\pi/3}z^{-1}}{1+c\,\mathrm{e}^{\mathrm{j}2\pi/3}z^{-1}}\right)+\mathrm{e}^{\mathrm{j}4\pi/3}\left(\tfrac{a+b\,\mathrm{e}^{\mathrm{j}4\pi/3}z^{-1}}{1+c\,\mathrm{e}^{\mathrm{j}4\pi/3}z^{-1}}\right)\right]\\ &=z^{-1}\left(\frac{b-ac}{1+c^3z^{-3}}\right)\end{aligned}$$

$$\begin{aligned}z^{-2}E_2(z^3)&=\tfrac{1}{3}\left[H(z)+W_3^2H(z\,W_3^1)+W_3^1H(z\,W_3^2)\right]\\ &=\tfrac{1}{3}\left[\tfrac{a+b\,z^{-1}}{1+c\,z^{-1}}+\mathrm{e}^{\mathrm{j}4\pi/3}\left(\tfrac{a+b\,\mathrm{e}^{\mathrm{j}2\pi/3}z^{-1}}{1+c\,\mathrm{e}^{\mathrm{j}2\pi/3}z^{-1}}\right)+\mathrm{e}^{\mathrm{j}2\pi/3}\left(\tfrac{a+b\,\mathrm{e}^{\mathrm{j}4\pi/3}z^{-1}}{1+c\,\mathrm{e}^{\mathrm{j}4\pi/3}z^{-1}}\right)\right]\\ &=z^{-2}\left(\frac{-bc+ac^2}{1+c^3z^{-3}}\right)\end{aligned}$$

所以，$H(z)$的三个多相分量为

$$E_0(z)=\frac{a+bc^2z^{-1}}{1+c^3z^{-1}},\qquad E_1(z)=\frac{b-ac}{1+c^3z^{-1}},\qquad E_2(z)=\frac{-bc+ac^2}{1+c^3z^{-1}}$$

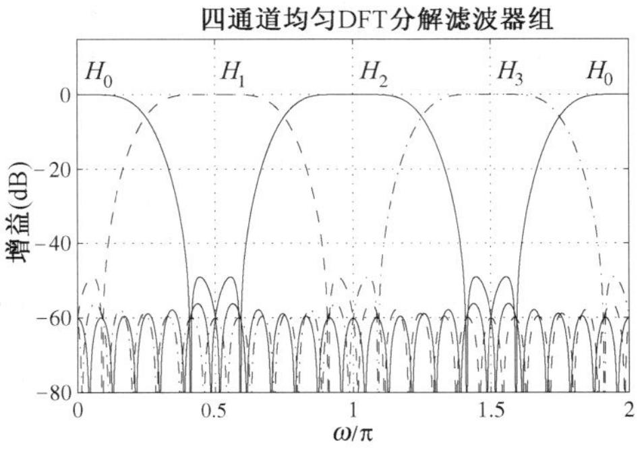

四通道均匀DFT分解滤波器组

图 14.5　例 14.1 中四通道均匀 DFT 分解滤波器组的滤波器增益响应

14.2　双通道正交镜像滤波器组

在许多应用中，离散时间信号 $x[n]$首先通过一个分解滤波器组被分成一系列子带信号$\{v_k[n]\}$；然后，子带信号被处理并且通过一个合成滤波器组进行组合来得到输出信号 $y[n]$。若子带信号被带限到比原始输入信号小得多的频率范围，则它们可以在处理前进行下抽样。由于较低的抽样率，下抽样后信号处理可以更有效地进行。经过处理后，这些信号在被合成滤波器组合成为一个较高频率信号之前要进行上抽样。所用到的合成结构称为**正交镜像滤波器**(QMF)组。若上抽样和下抽样因子等于或大于滤波器组的频带数，则通过在结构中适当地选择滤波器，可以使输出信号 $y[n]$保持输入信号 $x[n]$的部分或者全部特性。在抽样因子等于滤波器组的频带数时，滤波器组称为**临界抽样滤波器组**。这种方案最常见的应用是在信号 $x[n]$的有效编码中①。另外一个可能的应用是设计模拟语音专用系统来提供安全的电话交谈[Cox83]。在本节中，我们将研究双通道 QMF 组。

14.2.1　滤波器组结构

图 14.6 显示了基于基本双通道 QMF 组的子带编解码器(编码器/解码器)。这里，输入信号 $x[n]$首先通过一个包含滤波器 $H_0(z)$和 $H_1(z)$的双路分解滤波器组，它们分别有典型截止频率在π/2 的低通和高通频率响应，如图 14.7 所示。然后，子带信号$\{v_k[n]\}$以因子为 2 进行下抽样。用信号的特殊频谱特性

① 参见随书光盘中应用一节。

(例如能量等级和感知要点)来对每个下抽样后的子带信号进行编码。编码后的子带信号通过多路复用组合成一个序列，或保存下来以便将来恢复或者进行传输。在接收端，编码后的子带信号首先通过解复用进行还原，解码器常用于生成原下抽样的信号的逼近。解码后的信号接着进行因子为 2 的上抽样并通过一个由滤波器 $G_0(z)$ 和 $G_1(z)$ 组成的双路合成滤波器组，接下来，把它们的输出相加得到 $y[n]$。从图中可知，输入信号 $x[n]$ 和输出信号 $y[n]$ 的抽样率是一样的。在 QMF 组中，选择分解和合成滤波器来保证重构输出 $y[n]$ 是输入 $x[n]$ 的一个合理副本。另外，它们也被设计来提供良好的频率选择性，以保证各子带信号的功率之和接近于输入信号的功率。

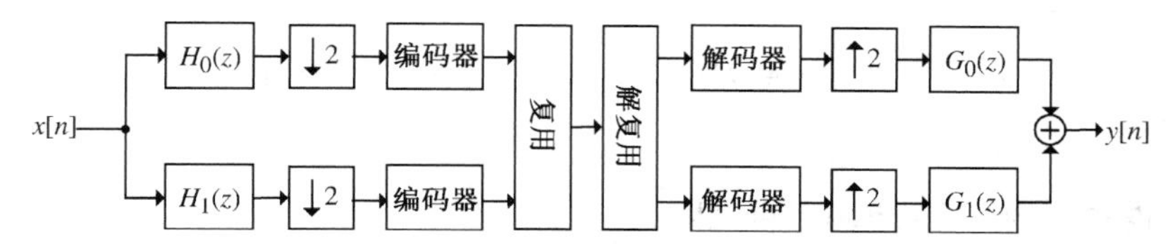

图 14.6　基于双通道滤波器组的编码/解码器

在实际中，此方案可能会产生不同的误差。除了编码误差和通道传输引起的误差之外，由于抽样率转换和滤波器的不完善 QMF 组本身也会产生一些误差。我们忽略编码和通道误差，仅仅研究由于滤波器组中上抽样器和下抽样器产生的误差以及它们对系统性能的影响。为此，考虑如图 14.8 所示没有编码器和解码器的 QMF 组结构[Cro76b]，[Est77]。

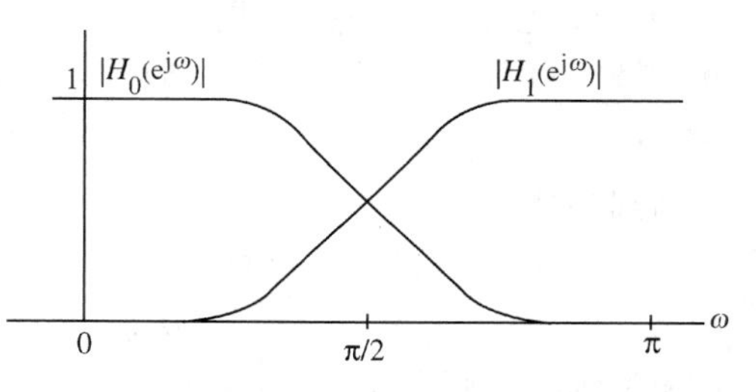

图 14.7　分解滤波器典型的频率响应

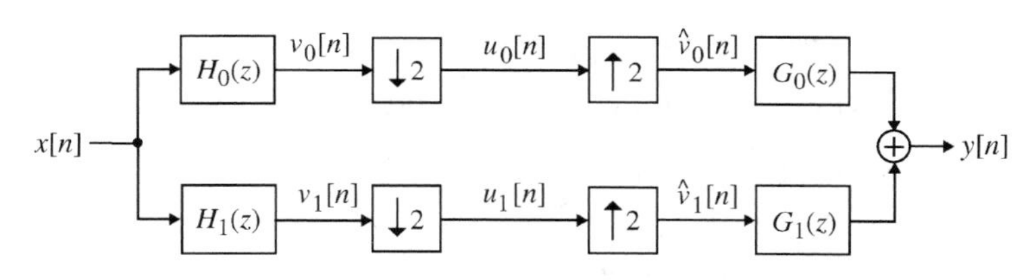

图 14.8　双通道正交镜像滤波器(QMF)组

14.2.2　双通道 QMF 组的分解

在 z 域中对滤波器组进行分析是十分方便的。为此，利用 13.1 节中推导出的由式(13.5)和式(13.12)给出的上抽样器和下抽样器的输入和输出关系。由式(13.5)和式(13.12)可推得图 14.8 中各种中间信号的 z 变换为

$$V_k(z) = H_k(z)X(z) \tag{14.14a}$$

$$U_k(z) = \frac{1}{2}\left\{V_k(z^{1/2}) + V_k(-z^{1/2})\right\} \tag{14.14b}$$

$$\hat{V}_k(z) = U_k(z^2) \tag{14.14c}$$

其中 $k=0, 1$。由式(14.14a)到式(14.14c)，通过一些代数演算可得

$$\hat{V}_k(z) = \frac{1}{2}\{V_k(z) + V_k(-z)\} = \frac{1}{2}\{H_k(z)X(z) + H_k(-z)X(-z)\} \tag{14.15}$$

滤波器组的重构输出为

$$Y(z) = G_0(z)\hat{V}_0(z) + G_1(z)\hat{V}_1(z) \tag{14.16}$$

将式(14.15)代入式(14.16)，重新组织后可得滤波器组的输出表达式为

$$\begin{aligned} Y(z) = & \tfrac{1}{2}\{H_0(z)G_0(z)+H_1(z)G_1(z)\}X(z) \\ & +\tfrac{1}{2}\{H_0(-z)G_0(z)+H_1(-z)G_1(z)\}X(-z) \end{aligned} \tag{14.17}$$

式(14.17)中的第二项就是由于抽样率转换引起的混叠而产生的。式(14.17)可以简洁地表示为

$$Y(z)=T(z)X(z)+A(z)X(-z) \tag{14.18}$$

其中

$$T(z)=\tfrac{1}{2}\{H_0(z)G_0(z)+H_1(z)G_1(z)\} \tag{14.19}$$

称为**失真传输函数**，而

$$A(z)=\tfrac{1}{2}\{H_0(-z)G_0(z)+H_1(-z)G_1(z)\} \tag{14.20}$$

为混叠项。

14.2.3 线性时不变双通道 QMF 组

如 13.1 节所述，上抽样器和下抽样器是线性时变分量，所以通常图 14.8 中的 QMF 结构是线性时变(LTV)系统。也可以证明它的周期为 2(参见习题 14.10)。然而，通过选择分解合成滤波器可以消除混叠影响，得到线性时不变(LTI)运算。另外，通过适当地选择这些滤波器，QMF 组的输出可以保留其输入的某些特性。

混叠抑制条件

由式(14.18)可以看出，若 $A(z)=0$，则混叠被抑制。因此，由式(14.20)可得混叠抑制的条件为

$$H_0(-z)G_0(z)+H_1(-z)G_1(z)=0 \tag{14.21}$$

若上述关系成立，则式(14.18)简化为

$$Y(z)=T(z)X(z) \tag{14.22}$$

其中 $T(z)$ 如式(14.19)所给出。在单位圆上，我们得到

$$Y(e^{j\omega})=T(e^{j\omega})X(e^{j\omega})=\left|T(e^{j\omega})\right|e^{j\phi(\omega)}X(e^{j\omega}) \tag{14.23}$$

若 $T(z)$ 是一个全通函数，即 $|T(e^{j\omega})|=d\neq 0$，则

$$\left|Y(e^{j\omega})\right|=d\left|X(e^{j\omega})\right| \tag{14.24}$$

表明 QMF 组的输出和其输入具有相同的幅度响应(以 d 缩放)，但表现出相位失真，这样的滤波器组被称为**幅度保持的**。若 $T(z)$ 具有线性相位，即

$$\theta(\omega)=\alpha\omega+\beta \tag{14.25}$$

则

$$\arg\{Y(e^{j\omega})\}=\arg\{X(e^{j\omega})\}+\alpha\omega+\beta \tag{14.26}$$

这样的滤波器组被称为**相位保持的**，但表现出幅度失真。

完全重构的条件

若一个无混叠的 QMF 组没有振幅和相位失真，则就称为**完全重构**(PR)QMF 组。要得到这样的结构，必须有

$$H_0(z)G_0(z)+H_1(z)G_1(z)=2z^{-\ell} \tag{14.27}$$

即 $T(z)=z^{-\ell}$，其中 ℓ 为一个正整数，可得

$$Y(z)=z^{-\ell}X(z) \tag{14.28}$$

对于所有可能的数据，其在时域中等效于

$$y[n]=x[n-\ell] \tag{14.29}$$

表明重构的输出 $y[n]$ 是输入 $x[n]$ 的延迟副本。

例 14.3　一个普通的双通道完全重构 QMF 组

图 13.6 中的多抽样率系统可以看成是一个双通道 QMF 组。将它和图 14.8 中的滤波器组结构相比较，可得图 13.6 中的分解和合成滤波器为

$$H_0(z)=1,\qquad H_1(z)=z^{-1},\qquad G_0(z)=z^{-1},\qquad G_1(z)=1$$

将这些值代入式(14.19)和式(14.20)，可得

$$T(z)=\tfrac{1}{2}\left(z^{-1}+z^{-1}\right)=z^{-1}$$
$$A(z)=\tfrac{1}{2}\left(z^{-1}-z^{-1}\right)=0$$

证实该结构是一个无混叠完全重构滤波器组。然而，组中的滤波器不能提供任何频率选择性。

乘积滤波器

式(14.27)的完全重构条件含有两个乘积滤波器之和[Str96]：

$$P_0(z)=H_0(z)G_0(z),\qquad P_1(z)=H_1(z)G_1(z)\tag{14.30}$$

由于 $H_0(z)$ 和 $G_0(z)$ 都是低通滤波器，因此乘积滤波器 $P_0(z)$ 也是一个低通滤波器。同样，由于 $H_1(z)$ 和 $G_1(z)$ 都是高通滤波器，所以乘积滤波器 $P_1(z)$ 也是一个高通滤波器。

14.2.4　一个简单的完全重构 QMF 组

考虑一个双通道的 QMF 组，其分解滤波器为

$$H_0(z)=\tfrac{1}{\sqrt{2}}(1+z^{-1}),\qquad H_1(z)=\tfrac{1}{\sqrt{2}}(1-z^{-1})\tag{14.31}$$

合成滤波器为

$$G_0(z)=\tfrac{1}{\sqrt{2}}(1+z^{-1}),\qquad G_1(z)=\tfrac{1}{\sqrt{2}}(-1+z^{-1})\tag{14.32}$$

由 7.4.1 节的讨论可知，$H_0(z)$ 和 $G_0(z)$ 是非常简单的一阶 FIR 低通滤波器，而 $H_1(z)$ 和 $G_1(z)$ 是非常简单的一阶 FIR 高通滤波器。将式(14.31)和式(14.32)代入式(14.21)中，得到

$$\begin{aligned}H_0(-z)G_0(z)+H_1(-z)G_1(z)&=\tfrac{1}{2}(1-z^{-1})(1+z^{-1})+\tfrac{1}{2}(1+z^{-1})(-1+z^{-1})\\&=\tfrac{1}{2}(1-z^{-2})+\tfrac{1}{2}(-1+z^{-2})=0\end{aligned}$$

因此，分别由式(14.31)和式(14.32)中的分解和合成滤波器所构成的双通道 QMF 组，是一个无混叠系统。

接着，我们将式(14.31)和式(14.32)中分解和合成滤波器的表达式代入式(14.19)中，得到

$$\begin{aligned}T(z)&=\tfrac{1}{2}\{H_0(z)G_0(z)+H_1(z)G_1(z)\}\\&=\tfrac{1}{4}\left\{(1+z^{-1})(1+z^{-1})+(1-z^{-1})(-1+z^{-1})\right\}=z^{-1}\end{aligned}$$

因此，分别由式(14.31)和式(14.32)中的分解和合成滤波器所构成的双通道 QMF 组，是一个完全重构系统。

在时域中，分解滤波器的输出和 QMF 组(参见图 14.8)的输入 $x[n]$ 的关系为

$$u_0[n]=\tfrac{1}{\sqrt{2}}\left(x[n]+x[n-1]\right)\tag{14.33a}$$
$$u_1[n]=\tfrac{1}{\sqrt{2}}\left(x[n]-x[n-1]\right)\tag{14.33b}$$

由上可知，样本 $u_0[n]$ 和 $u_1[n]$ 就是输入信号 $x[n]$ 和 $x[n-1]$ 的和与差，缩放因子为 $1/\sqrt{2}$ ①。式(14.33a)和式(14.33b)可以写成矩阵形式为

$$\begin{bmatrix}u_0[n]\\u_1[n]\end{bmatrix}=\boldsymbol{H}_2\begin{bmatrix}x[n]\\x[n-1]\end{bmatrix}\tag{14.34}$$

其中

$$\boldsymbol{H}_2=\tfrac{1}{\sqrt{2}}\begin{bmatrix}1&1\\1&-1\end{bmatrix}\tag{14.35}$$

---

① 尺度缩放因子 $1/\sqrt{2}$ 保持了能量。

它可以看成是式(5.178)的 2×2 Haar **变换矩阵**, 仅相差一个缩放因子 $1/\sqrt{2}$。注意, $\boldsymbol{H}_2$ 是一个对称的正交矩阵, 因此, $\boldsymbol{H}_2^{-1} = \boldsymbol{H}_2^{\mathrm{T}} = \boldsymbol{H}_2$。由输出信号 $u_0[n]$ 和 $u_1[n]$ 来重构输入信号 $x[n]$ 和 $x[n-1]$ 的矩阵形式为

$$\begin{bmatrix} x[n] \\ x[n-1] \end{bmatrix} = \boldsymbol{H}_2^{\mathrm{T}} \begin{bmatrix} u_0[n] \\ u_1[n] \end{bmatrix} \tag{14.36}$$

14.2.5 无混叠实现

若选择

$$G_0(z) = H_1(-z), \qquad G_1(z) = -H_0(-z) \tag{14.37}$$

则式(14.21)给出的混叠抑制条件可得满足。此时, 式(14.30)中的乘积滤波器 $P_1(z)$ 变为

$$P_1(z) = -H_0(-z)H_1(z) = -P_0(-z) \tag{14.38}$$

在式(14.27)中使用上面的结果, 完全重构条件可重写为[Str96]

$$P_0(z) - P_0(-z) = 2z^{-\ell} \tag{14.39}$$

由于 $P_0(z)$ 和 $P_0(-z)$ 中 z 的偶次幂互相抵消了, 所以 ℓ 必是一个奇数。另外, 除包含系数为 1 的项 $z^{-\ell}$ 外, $P_0(z)$ 不能包含任意的 z 的奇次幂项。

由式(14.31)和式(14.32)给出的分解和合成滤波器的表达式可以看出, 传输函数满足式(14.37)的条件, 即确保双通道 QMF 组的无混叠运算。这里, $P_0(z) = H_0(z)H_1(-z) = \frac{1}{2}(1 + 2z^{-1} + z^{-2})$。因此, $P_0(z) - P_0(-z) = 2z^{-1}$, 换言之, 式(14.39)中的完全重构条件当 $\ell = 1$ 时满足。注意, 正如所料, 这里 $P_0(z)$ 未包含任意的具有 z 的奇次幂的项, 只含有 z^{-1} 项, 其系数就是 1。

因此, 在式(14.37)的无混叠条件下, 完全重构的双通道 QMF 组的设计算法包含三个步骤:(1)设计满足式(14.39)条件的一个低通乘积滤波器 $P_0(z)$, (2)将 $P_0(z)$ 因式分解来确定低通滤波器 $H_0(z)$ 和 $G_0(z)$,(3)使用式(14.37)求滤波器 $H_1(z)$ 和 $G_1(z)$。

已提出很多算法来设计低通乘积滤波器 $P_0(z)$, 我们在这一章中只讨论几种方法。同样也许有多种方法被提出来从 $P_0(z)$ 中确定因子 $H_0(z)$ 和 $G_0(z)$。对因式分解问题我们给出三种不同方法。

在式(14.39)两边同乘 z^{ℓ} 可得完全重构条件的一个更简洁形式, 得到 $z^{\ell}P_0(z) - z^{\ell}P_0(-z) = 2$。定义低通乘积滤波器的标准化形式为

$$P(z) = z^{\ell}P_0(z) \tag{14.40}$$

由式(14.40)可得 $P(-z) = (-z)^{\ell}P_0(-z) = -z^{\ell}P_0(-z)$, ℓ 为一个奇数。这样, 可以将完全重构条件重写为

$$P(z) + P(-z) = 2 \tag{14.41}$$

比较式(14.41)和式(13.101), 我们发现 $P(z)$ 是一个零相位半带低通滤波器, 其常数项, 即 z^0 项的系数为 1。

通过选择 [Cro76b]:

$$G_0(z) = H_0(z) \tag{14.42}$$

可得乘积滤波器 $P_0(z)$ 的一个非常简单的因式分解。接下来由式(14.37)可得

$$H_1(z) = G_0(-z) = H_0(-z) \tag{14.43a}$$

$$G_1(z) = -H_1(z) = -H_0(-z) \tag{14.43b}$$

对实系数滤波器, 式(14.43a)意味着

$$\left|H_1(e^{j\omega})\right| = \left|H_0(e^{j(\pi-\omega)})\right| \tag{14.44}$$

这表明, 若 $H_0(z)$ 是一个低通滤波器, 则 $H_1(z)$ 是一个高通滤波器, 反之亦然。实际上, 式(14.43a)表明 $|H_1(e^{j\omega})|$ 与 $|H_0(e^{j\omega})|$ 对于**正交频率** $\pi/2$ 呈镜像对称。这就是正交镜像滤波器组名称的由来。

式(14.42)、式(14.43a)和式(14.43b)表明，QMF 组中的两个分解滤波器和两个合成滤波器本质上由一个传输函数 $H_0(z)$ 确定。此时，式(14.19)中的失真传输函数 $T(z)$ 简化为

$$T(z) = \frac{1}{2}\left\{H_0^2(z) - H_1^2(z)\right\} = \frac{1}{2}\left\{H_0^2(z) - H_0^2(-z)\right\} \tag{14.45}$$

可以通过用多相形式来实现分解和合成滤波器而得到上面无混叠双通道 QMF 组的高效实现形式。$H_0(z)$ 的双带 I 型多相表示为

$$H_0(z) = E_0(z^2) + z^{-1}E_1(z^2) \tag{14.46a}$$

由式(14.43b)可得

$$H_1(z) = E_0(z^2) - z^{-1}E_1(z^2) \tag{14.46b}$$

使用矩阵形式，式(14.46a)和式(14.46b)可以表示为

$$\begin{bmatrix} H_0(z) \\ H_1(z) \end{bmatrix} = \begin{bmatrix} 1 & 1 \\ 1 & -1 \end{bmatrix}\begin{bmatrix} E_0(z^2) \\ z^{-1}E_1(z^2) \end{bmatrix} \tag{14.47}$$

同样，合成滤波器可以用矩阵形式表示为

$$[G_0(z) \quad G_1(z)] = [z^{-1}E_1(z^2) \quad E_0(z^2)]\begin{bmatrix} 1 & 1 \\ 1 & -1 \end{bmatrix} \tag{14.48}$$

使用式(14.47)和式(14.48)，可将双通道 QMF 组重画为图 14.9(a)，它还可以用图 13.14 中的级联等效进一步简化，得到图 14.9(b)中的计算高效实现。

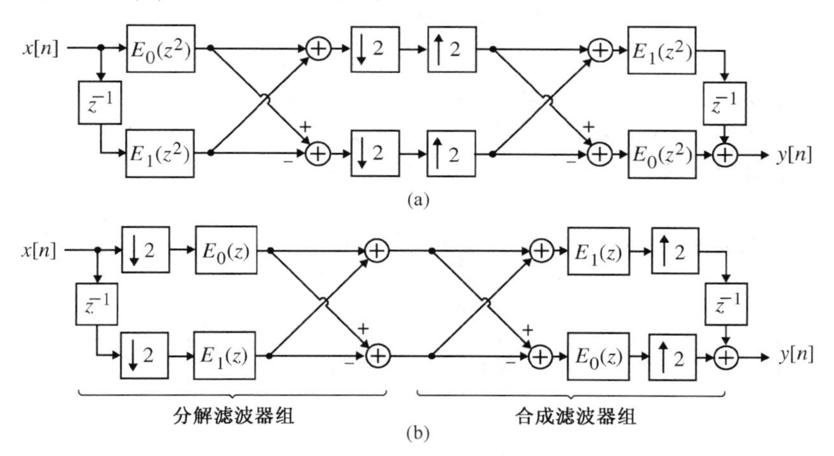

图 14.9　双通道 QMF 组的多相实现：(a)直接多相实现；(b)计算高效实现

在这种情况下，失真传输函数的表达式可以通过将式(14.46a)和式(14.46b)的分解滤波器以及相应的式(14.42)和式(14.43b)的合成滤波器的表达式代入式(14.19)而得到

$$T(z) = 2z^{-1}E_0(z^2)E_1(z^2) \tag{14.49}$$

14.2.6　无混叠有限冲激响应 QMF 组

在 14.2.4 节我们给出过一个简单的无混叠有限冲激响应 QMF 组，它具有一阶线性相位 FIR 分解和合成滤波器。我们现在考虑设计一个具有高阶滤波器的无混叠线性相位有限冲激响应 QMF 组。假定原型分解滤波器是一个具有实系数传输函数 $H_0(z)$ 为

$$H_0(z) = \sum_{n=0}^{N} h_0[n]z^{-n} \tag{14.50}$$

的 N 阶线性相位 FIR 滤波器。注意，由于必须是低通滤波器，$H_0(z)$ 可以是 1 型或 2 型线性相位函数。因此，其冲激响应系数必须满足条件 $h_0[n] = h_0[N-n]$，此时可以写出

$$H_0(e^{j\omega}) = e^{-j\omega N/2}\breve{H}_0(\omega) \tag{14.51}$$

其中，$\breve{H}_0(\omega)$ 是振幅函数，它是 ω 的实函数。在式(14.45)中利用式(14.51)及$|H_0(e^{j\omega})|$是 ω 的偶函数这个性质，可以将失真传输函数的频率响应表示为

$$T(e^{j\omega}) = \frac{e^{-jN\omega}}{2}\left\{\left|H_0(e^{j\omega})\right|^2 - (-1)^N \left|H_0(e^{j(\pi-\omega)})\right|^2\right\} \tag{14.52}$$

从式(14.52)可以看出，若 N 是偶数，则在 $\omega=\pi/2$ 时 $T(e^{j\omega})=0$，表明滤波器组输出有很严重的振幅失真。所以，N 必须被选为奇数，此时，式(14.52)简化为

$$\begin{aligned} T(e^{j\omega}) &= \frac{e^{-jN\omega}}{2}\left\{\left|H_0(e^{j\omega})\right|^2 + \left|H_0(e^{j(\pi-\omega)})\right|^2\right\} \\ &= \frac{e^{-jN\omega}}{2}\left\{\left|H_0(e^{j\omega})\right|^2 + \left|H_1(e^{j\omega})\right|^2\right\} \end{aligned} \tag{14.53}$$

由上面的表达式可知，若

$$\left|H_0(e^{j\omega})\right|^2 + \left|H_1(e^{j\omega})\right|^2 = 1 \tag{14.54}$$

即两个分解滤波器是功率互补的，则具有线性相位分解和合成滤波器的 FIR 双通道滤波器组将是完全重构型。除了例 14.3 和 14.2.4 节中两个平凡滤波器组外，可以证明，用线性相位功率互补分解滤波器实现完全重构的双通道滤波器组是不可能的[Vai85c]。

由式(14.53)可以看到，QMF 组没有相位失真，但总是表现出振幅失真，除非$|T(e^{j\omega})|$对所有的 ω 值都是常数。若 $H_0(z)$是一个非常好的低通滤波器，且在通带中$|H_0(e^{j\omega})|\approx 1$，在阻带中$|H_0(e^{j\omega})|\approx 0$，则 $H_1(z)$是一个非常好的高通滤波器，且其通带与 $H_0(z)$的阻带重合，反之亦然。所以，在 $H_0(z)$和 $H_1(z)$的通带中，$|T(e^{j\omega})| \approx 1/2$。因此，振幅失真主要是在这些滤波器的过渡带中产生，失真的程度主要是由它们的幅度平方响应的重叠量确定的。通过控制重叠，即通过适当选择 $H_0(z)$的通带边界，就可以使失真最小化。

一种最小化振幅失真的方法是使用计算机辅助优化方法来迭代调整 $H_0(z)$的系数 $h_0[n]$，使得约束

$$\left|H_0(e^{j\omega})\right|^2 + \left|H_1(e^{j\omega})\right|^2 \approx 1 \tag{14.55}$$

对于所有 ω 值都能满足[Joh80]。为此，最小化的目标函数 Φ 可以选择为下面两个函数的线性组合：(1) $H_0(z)$的阻带衰减，(2)如式(14.55)中所示的 $H_0(z)$和 $H_1(z)$的幅度平方响应之和。这样一个目标函数为

$$\Phi = \alpha\Phi_1 + (1-\alpha)\Phi_2 \tag{14.56}$$

其中

$$\Phi_1 = \int_{\omega_s}^{\pi} \left|H_0(e^{j\omega})\right|^2 d\omega \tag{14.57a}$$

$$\Phi_2 = \int_0^{\pi} \left(1 - \left|H_0(e^{j\omega})\right|^2 - \left|H_1(e^{j\omega})\right|^2\right)^2 d\omega \tag{14.57b}$$

且 $0<\alpha<1$，而对于某些很小的 $\varepsilon>0$ 的数，$\omega_s = (\pi/2)+\varepsilon$。注意，由于$|T(e^{j\omega})|$关于$\pi/2$ 对称，所以式(14.57b)中的第二个积分可以用

$$2\int_0^{\pi/2} \left(1 - \left|H_0(e^{j\omega})\right|^2 - \left|H_1(e^{j\omega})\right|^2\right)^2 d\omega$$

替换。当 Φ 通过最小化过程变得非常小以后，Φ_1 和 Φ_2 也都很小。这相应可以使 $H_0(z)$的幅度响应满足在通带内为$|H_0(e^{j\omega})|\approx 1$，而在阻带内为$|H_0(e^{j\omega})|\approx 0$。此外，由于将近似地满足式(14.55)的功率互补条件，与低通滤波器功率互补的高通滤波器 $H_1(z)$的幅度响应在 $H_0(z)$的通带内将满足$|H_1(e^{j\omega})|\approx 0$，而在 $H_0(z)$的阻带内为$|H_1(e^{j\omega})|\approx 1$。

用上面的方法，Johnston 设计了一大类满足各种各样指标的线性相位 FIR 低通滤波器 $H_0(z)$，并且将它们的冲激响应系数制成了表格[Joh80]，[Cro83]，[Ans93]。例 14.4 研究了一个这样的滤波器的性能。

例 14.4　Johnston 最优滤波器设计举例

Johnston 的长度为 12 的线性相位低通滤波器 12B[Joh80]的冲激响应系数为

$$\begin{aligned} h_0[0] &= -0.006\,443\,977 = h_0[11], & h_0[1] &= 0.027\,455\,39 = h_0[10] \\ h_0[2] &= -0.007\,581\,64 = h_0[9], & h_0[3] &= -0.091\,382\,5 = h_0[8] \\ h_0[4] &= 0.098\,085\,22 = h_0[7], & h_0[5] &= 0.480\,796\,2 = h_0[6] \end{aligned}$$

程序 14_1.m

我们用 MATLAB 程序 14_1 来验证 Johnston 的低通滤波器 12B 的性能。程序要求输入的数据是滤波器$H_0(z)$系数的前一半。利用函数 fliplr 可以确定余下的另一半。程序计算滤波器 $H_0(z)$ 以及它的互补高通滤波器 $H_1(z)=H_0(-z)$的增益响应，如图 14.10(a)所示。接着计算振幅失真函数$|H_0(e^{j\omega})|^2+|H_1(e^{j\omega})|^2$，单位为 dB，如图 14.10(b)所示。由图 14.10(a)可知，滤波器 12B 的阻带边界频率 ω_s 大约是 0.71π，对应的过渡带宽为$(\omega_s-0.5\pi)/2\pi=0.105$。最小阻带衰减大约是 34 dB。我们同样从图 14.10(b)观察到，在两个滤波器的通带和阻带上振幅失真函数非常接近 0 dB，其峰值为 ±0.02 dB。

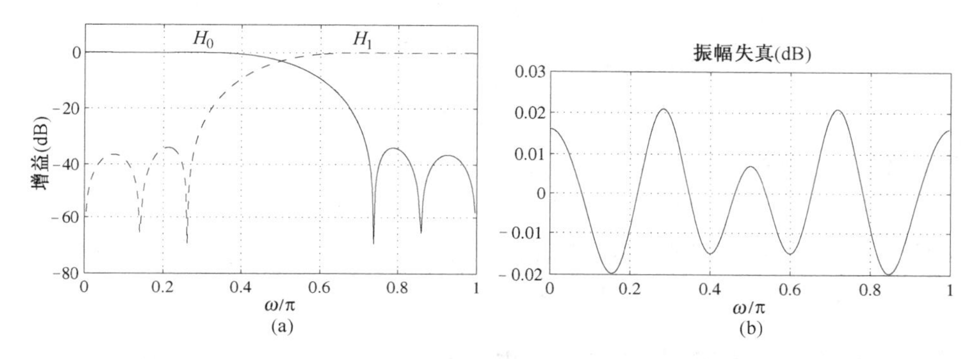

图 14.10　Johnston 12B 滤波器：(a)增益响应；(b)重构误差，单位为 dB

注意，具有分别由式(14.31)和式(14.32)给定的分解和合成滤波器的双通道 QMF 组，是唯一一个具有线性相位 FIR 滤波器的完全重构系统的例子。该观察的证明留做习题(参见习题 14.20)。具有非最小相位 FIR 滤波器的一个双通道完全重构 QMF 组的例子将在习题 14.14 中给出。

14.2.7　无混叠无限冲激响应 QMF 组

我们现在考虑用 IIR 分解和合成滤波器来设计一个无混叠 QMF 组。在式(14.37)的条件下，其中按式(14.43a)选择 $H_1(z)$，双通道 QMF 组的失真传输函数 $T(z)$ 为 $2z^{-1}E_0(z^2)E_1(z^2)$，如式(14.45)所示。若 $T(z)$是一个全通函数，则它的幅度响应是一个常数，因此相应的 QMF 组没有幅度失真[Vai87f]。设 $H_0(z)$的多相分量 $E_0(z)$和 $E_1(z)$可以表示为

$$E_0(z)=\tfrac{1}{2}\mathcal{A}_0(z),\qquad E_1(z)=\tfrac{1}{2}\mathcal{A}_1(z) \tag{14.58}$$

其中，$\mathcal{A}_0(z)$和$\mathcal{A}_1(z)$是稳定的全通函数。所以，$T(z)=\dfrac{1}{2}z^{-1}\mathcal{A}_0^2(z)\mathcal{A}_1^2(z)$，它可以视为一个 IIR 全通函数。

将式(14.58)代入式(14.46a)和式(14.46b)中可得

$$H_0(z)=\tfrac{1}{2}[\mathcal{A}_0(z^2)+z^{-1}\mathcal{A}_1(z^2)] \tag{14.59a}$$

$$H_1(z)=\tfrac{1}{2}[\mathcal{A}_0(z^2)-z^{-1}\mathcal{A}_1(z^2)] \tag{14.59b}$$

式(14.59a)和式(14.59b)可以写成矩阵形式

$$\begin{bmatrix} H_0(z) \\ H_1(z) \end{bmatrix}=\frac{1}{2}\begin{bmatrix} 1 & 1 \\ 1 & -1 \end{bmatrix}\begin{bmatrix} \mathcal{A}_0(z^2) \\ z^{-1}\mathcal{A}_1(z^2) \end{bmatrix} \tag{14.60}$$

相应的合成滤波器可以由式(14.48)得到

$$[G_0(z) \quad G_1(z)] = \frac{1}{2}\left[z^{-1}\mathcal{A}_1(z^2) \quad \mathcal{A}_0(z^2)\right]\begin{bmatrix} 1 & 1 \\ 1 & -1 \end{bmatrix} \tag{14.61}$$

由此可得

$$G_0(z) = \tfrac{1}{2}[\mathcal{A}_0(z^2) + z^{-1}\mathcal{A}_1(z^2)] = H_0(z) \tag{14.62a}$$

$$G_1(z) = \tfrac{1}{2}[-\mathcal{A}_0(z^2) + z^{-1}\mathcal{A}_1(z^2)] = -H_1(z) \tag{14.62b}$$

图 14.11 显示了利用图 14.9(b)中的式(14.58)得到的**幅度保持**双通道 QMF 组的一个计算有效实现[Cro76b]。

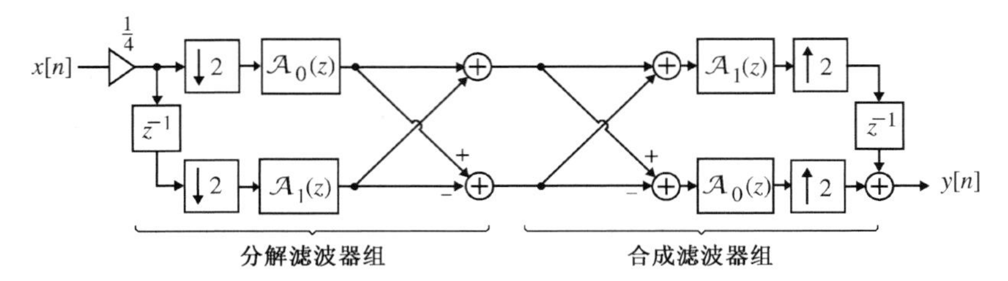

图 14.11 一个高效计算的幅度保持双通道 QMF 组结构

由 13.6.5 节，我们观察到式(14.59a)中的低通传输函数 $H_0(z)$满足功率对称条件

$$H_0(z)H_0(z^{-1}) + H_0(-z)H_0(-z^{-1}) = 1 \tag{14.63}$$

它可以用来设计一个奇数阶巴特沃思或椭圆低通半带滤波器。利用极点交错性质，可以由 $H_0(z)$的极点确定两个全通部分$\mathcal{A}_0(z)$和$\mathcal{A}_1(z)$，如例 13.24 所示。

14.3 完全重构的双通道 FIR 滤波器组

若分解滤波器 $H_0(z)$和 $H_1(z)$不需要具有式(14.54)中所要求的功率互补性，则可以设计出具有线性相位 FIR 滤波器的完全重构双通道 FIR 滤波器组。我们在本节中将生成相关的设计式。

14.3.1 调制矩阵

由式(14.17)观察到，$Y(z)$可以用矩阵形式表示为

$$Y(z) = \tfrac{1}{2}[G_0(z) \quad G_1(z)]\begin{bmatrix} H_0(z) & H_0(-z) \\ H_1(z) & H_1(-z) \end{bmatrix}\begin{bmatrix} X(z) \\ X(-z) \end{bmatrix} \tag{14.64}$$

由式(14.64)可得

$$Y(-z) = \tfrac{1}{2}[G_0(-z) \quad G_1(-z)]\begin{bmatrix} H_0(z) & H_0(-z) \\ H_1(z) & H_1(-z) \end{bmatrix}\begin{bmatrix} X(z) \\ X(-z) \end{bmatrix} \tag{14.65}$$

联立式(14.64)和式(14.65)，可得

$$\begin{aligned}\begin{bmatrix} Y(z) \\ Y(-z) \end{bmatrix} &= \frac{1}{2}\begin{bmatrix} G_0(z) & G_1(z) \\ G_0(-z) & G_1(-z) \end{bmatrix}\begin{bmatrix} H_0(z) & H_0(-z) \\ H_1(z) & H_1(-z) \end{bmatrix}\begin{bmatrix} X(z) \\ X(-z) \end{bmatrix} \\ &= \tfrac{1}{2}\boldsymbol{G}^{(m)}(z)\,[\boldsymbol{H}^{(m)}(z)]^{\mathrm{T}}\begin{bmatrix} X(z) \\ X(-z) \end{bmatrix}\end{aligned} \tag{14.66}$$

其中

$$\boldsymbol{G}^{(m)}(z) = \begin{bmatrix} G_0(z) & G_1(z) \\ G_0(-z) & G_1(-z) \end{bmatrix}, \qquad \boldsymbol{H}^{(m)}(z) = \begin{bmatrix} H_0(z) & H_1(z) \\ H_0(-z) & H_1(-z) \end{bmatrix} \tag{14.67}$$

在式(14.67)中，$\boldsymbol{H}^{(m)}(z)$称为**分解调制矩阵**，$\boldsymbol{G}^{(m)}(z)$称为**合成调制矩阵**。

14.3.2　完全重构条件

由式(14.66)可知，为了得到完全重构，必须有 $Y(z)=z^{-\ell}X(z)$，且相应地有 $Y(-z)=(-z)^{-\ell}X(-z)$。将这些关系代入式(14.66)可知，若

$$\boldsymbol{G}^{(m)}(z)\,[\boldsymbol{H}^{(m)}(z)]^{\mathrm{T}}=2\begin{bmatrix} z^{-\ell} & 0 \\ 0 & (-z)^{-\ell} \end{bmatrix} \tag{14.68}$$

则完全重构条件得到满足。因此，可知分解滤波器 $H_0(z)$ 和 $H_1(z)$ 及合成滤波器 $G_0(z)$ 和 $G_1(z)$ 由

$$\boldsymbol{G}^{(m)}(z)=2\begin{bmatrix} z^{-\ell} & 0 \\ 0 & (-z)^{-\ell} \end{bmatrix}\left([\boldsymbol{H}^{(m)}(z)]^{\mathrm{T}}\right)^{-1}$$

确定。经过一些代数演算后可得

$$G_0(z)=\frac{2z^{-\ell}}{\det[\boldsymbol{H}^{(m)}(z)]}\cdot H_1(-z) \tag{14.69a}$$

$$G_1(z)=-\frac{2z^{-\ell}}{\det[\boldsymbol{H}^{(m)}(z)]}\cdot H_0(-z) \tag{14.69b}$$

其中

$$\det[\boldsymbol{H}^{(m)}(z)]=H_0(z)H_1(-z)-H_0(-z)H_1(z) \tag{14.70}$$

且 ℓ 是一个正奇数。

对 FIR 分解滤波器 $H_0(z)$ 和 $H_1(z)$，合成滤波器 $G_0(z)$ 和 $G_1(z)$ 同样也是 FIR 滤波器，并当

$$\det[\boldsymbol{H}^{(m)}(z)]=c\,z^{-k} \tag{14.71}$$

时，确保完全重构。式中，c 是一个实数而 k 是一个正整数。此时，这两个合成滤波器是

$$G_0(z)=\tfrac{2}{c}z^{-(\ell-k)}H_1(-z) \tag{14.72a}$$

$$G_1(z)=-\tfrac{2}{c}z^{-(\ell-k)}H_0(-z) \tag{14.72b}$$

14.3.3　双正交滤波器组

如式(14.41)所指出的，对于一个完全重构的滤波器组，标准化乘积滤波器 $P(z)$ 必须是一个零相移半带低通滤波器。因此，$P(z)$ 是形如

$$P(z)=1+p_1(z+z^{-1})+p_3(z^3+z^{-3})+p_5(z^5+z^{-5})+\cdots \tag{14.73}$$

的对称多项式。在使用 QMF 组进行信号压缩时，最好选择那些在 $z=-1$ 时有最多零点的低通滤波器 $H_0(z)$ 和 $G_0(z)$，该点也是 $P_0(z)$ 和 $P(z)$ 的零点[Dau88]。$P(z)$ 的通用形式为[Vet95]

$$P(z)=(1+z^{-1})^m(1+z)^m\,R(z) \tag{14.74}$$

其中 $R(z)$ 是一个对称多项式，即 $R(z)=R(z^{-1})$，且有 $R(e^{j\omega})\geqslant 0$。这类半带滤波器称为**二项式**或**最平坦滤波器**，因为它们的频率响应 $P(e^{j\omega})$ 在 $\omega=0$ 和 $\omega=\pi$ 处有最平坦特性[Dau88]，[Her71]。当 $R(z)$ 为

$$R(z)=r_0+\sum_{s=1}^{m-1}r_s\,(z^s+z^{-s}) \tag{14.75}$$

时，则称为**极小度**，它具有实用意义。

在最简单的情况 $m=1$ 和 $R(z)=\dfrac{1}{2}$ 时，得到

$$\begin{aligned} P(z)&=\tfrac{1}{2}(z+2+z^{-1}) \\ &=\tfrac{1}{2}z(1+z^{-1})(1+z^{-1})=z^{\ell}H_0(z)G_0(z) \end{aligned} \tag{14.76}$$

若选择

$$H_0(z)=\tfrac{1}{\sqrt{2}}(1+z^{-1})$$

则在 $\ell=1$ 时得到最低阶 $G_0(z)$ 为

$$G_0(z) = \frac{1}{\sqrt{2}}(1+z^{-1})$$

这些低通滤波器正好是已在 14.2.4 节中讨论过的式(14.31)和式(14.32)中的 Haar 滤波器。相应的高通滤波器也在这两个式子中给出。

当 $m=2$ 时，$R(z)$ 形如[Vet95]

$$R(z) = a\,z + b + a\,z^{-1}$$

因此

$$\begin{aligned}P(z) &= (1+z^{-1})^2(1+z)^2(a\,z+b+a\,z^{-1}) \\ &= a\,z^3 + (4a+b)z^2 + (7a+4b)z + (8a+6b) \\ &\quad +(7a+4b)z^{-1} + (4a+b)z^{-2} + a\,z^{-3}\end{aligned} \tag{14.77}$$

由于 $P(z)$ 的偶次幂必为零，且 z^0 的系数必须等于 1，所以有

$$4a+b=0, \qquad 8a+6b=1 \tag{14.78}$$

解式(14.78)可得

$$a=-\frac{1}{16}, \qquad b=\frac{1}{4} \tag{14.79}$$

此时，有

$$\begin{aligned}P(z) &= [1+\tfrac{1}{2}(z+z^{-1})]^2[1-\tfrac{1}{4}(z+z^{-1})] \\ &= \tfrac{1}{16}z^3(1+2z^{-1}+z^{-2})^2(-1+4z^{-1}-z^{-2})\end{aligned} \tag{14.80}$$

当 $\ell=3$ 时，$P(z)$ 的一个可能的因式分解为[Kin2001]

$$H_0(z) = \tfrac{1}{2}(1+2z^{-1}+z^{-2}) \tag{14.81a}$$

$$\begin{aligned}G_0(z) &= \tfrac{1}{8}(1+2z^{-1}+z^{-2})(-1+4z^{-1}-z^{-2}) \\ &= \tfrac{1}{8}(-1+2z^{-1}+6z^{-2}+2z^{-3}-z^{-4})\end{aligned} \tag{14.81b}$$

相应的高通滤波器为

$$H_1(z) = G_0(-z) = \tfrac{1}{8}(-1-2z^{-1}+6z^{-2}-2z^{-3}-z^{-4}) \tag{14.82a}$$

$$G_1(z) = -H_0(-z) = -\tfrac{1}{2}(1-2z^{-1}+z^{-2}) \tag{14.82b}$$

式(14.81a)和式(14.82a)中分解滤波器的幅度响应图如图 14.12(a)所示。上面的这组完全重构 QMF 滤波器最先由 LeGall 提出[LeG88]。由于低通和高通分解滤波器 $H_0(z)$ 和 $H_1(z)$ 分别是长度为 3 和 5 的线性相位 FIR 滤波器，所以这组滤波器通常称为 **LeGall 3/5 抽头滤波器对**。

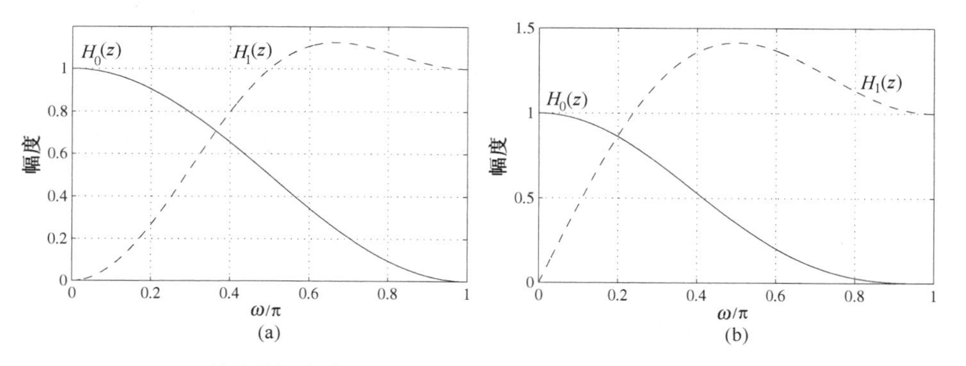

图 14.12　(a) LeGall 3/5 抽头分解滤波器对的幅度响应；(b) Daubechies 4/4 抽头分解滤波器对的幅度响应

互换上面两组等式的因子，可得一组不同的完全重构 QMF 滤波器[Kin2001]：

$$H_0(z) = \tfrac{1}{8}(-1+2z^{-1}+6z^{-2}+2z^{-3}-z^{-4}) \tag{14.83a}$$

$$G_0(z) = \tfrac{1}{2}(1+2z^{-1}+z^{-2}) \tag{14.83b}$$

$$H_1(z) = \frac{1}{2}(1 - 2z^{-1} + z^{-2}) \tag{14.83c}$$

$$G_1(z) = \frac{1}{8}(1 + 2z^{-1} - 6z^{-2} + 2z^{-3} + z^{-4}) \tag{14.83d}$$

上面这组完全重构线性相位 FIR 分解滤波器 $H_0(z)$ 和 $H_1(z)$ 称为 **LeGall 5/3 抽头滤波器对**。

当 $\ell = 3$ 时，另一种可能的 $P(z)$ 的因式分解为

$$H_0(z) = \frac{1}{8}(1 + 3z^{-1} + 3z^{-2} + z^{-3}) \tag{14.84a}$$

$$G_0(z) = \frac{1}{2}(-1 + 3z^{-1} + 3z^{-2} - z^{-3}) \tag{14.84b}$$

相应的高通滤波器为

$$H_1(z) = \frac{1}{2}(-1 - 3z^{-1} + 3z^{-2} + z^{-3}) \tag{14.85a}$$

$$G_1(z) = \frac{1}{8}(-1 + 3z^{-1} - 3z^{-2} + z^{-3}) \tag{14.85b}$$

式(14.84a)和式(14.85a)中的完全重构线性相位 FIR 分解滤波器，就是所谓的 **Daubechies 4/4 抽头滤波器对**[Dau88]。这些分解滤波器的幅度响应图如图 14.12(b)所示。

很容易证明，分解滤波器的上述选择，在确定分解调制矩阵 $\boldsymbol{H}^{(m)}(z)$ 的行列式时，的确满足式(14.71)的条件。例如，对于 Haar 滤波器，有

$$\begin{aligned}\det[\boldsymbol{H}^{(m)}(z)] &= H_0(z)H_1(-z) - H_0(-z)H_1(z)\\ &= P_0(z) - P_0(-z)\\ &= \frac{1}{2}(1 + z^{-1})^2 - \frac{1}{2}(1 - z^{-1})^2 = 2z^{-1}\end{aligned}$$

可以看出当 $c = 2$ 且 $k = 1$ 时满足上面的条件。同样，对于由式(14.80)给出的低通乘积滤波器所生成的分解滤波器，我们得到

$$\begin{aligned}\det[\boldsymbol{H}^{(m)}(z)] = &\frac{1}{16}(1 + 2z^{-1} + z^{-2})^2(-1 + 4z^{-1} - z^{-2})\\ &-\frac{1}{16}(1 - 2z^{-1} + z^{-2})^2(-1 - 4z^{-1} - z^{-2}) = 2z^{-3}\end{aligned}$$

当 $c = 2$ 且 $k = 3$ 时又一次满足该条件。

分解滤波器还有其他几个可能的选择，其中一些并不能得到线性相位滤波器。

在许多应用中，需要使用一个 QMF 组，使其分解滤波器的输出表示为输入信号的正交变换，同时，用合成滤波器实现的重构过程表示为一个变换，该变换就是分解滤波变换矩阵的转置。然而，上面描述的子带滤波过程不能表示为输入信号的正交变换。通过完全重构线性相位 FIR 滤波器得到的、并且用非正交变换矩阵表示的 QMF 组，通常称为**双正交滤波器组**。

我们下面将讨论用基于正交变换的非线性相位 FIR 滤波器来设计完全重构 QMF 组。

14.3.4　正交滤波器组

对 $2N$ 阶低通乘积滤波器 $P(z)$ 采用不同方案进行因式分解，可得到这些滤波器组的设计，得到的 FIR 分解和合成滤波器不再是线性相位的。现在 $P(z)$ 是形如式(14.73)的对称多项式，其因子形如 $(\alpha z + 1)(1 + \alpha z^{-1})$。我们可以指定子因式 $(1 + \alpha z^{-1})$ 为 $H_0(z)$，子因式 $z^{-1}(\alpha z + 1)$ 为 $G_0(z)$。对 $P(z)$ 的每一个因式继续该过程，得到 $H_0(z)$ 和其镜像传输函数为

$$G_0(z) = z^{-N} H_0(z^{-1}) \tag{14.86}$$

对于实系数滤波器，上面的关系表明 $G_0(e^{j\omega}) = H_0(e^{-j\omega})$，这说明两个滤波器的幅度响应相同，而相位响应彼此相反。

与在双正交滤波器组中一样，期望得到在 $z = -1$ 时有尽量多零点的滤波器，即在 $z = -1$ 时 $P(z)$ 要有最多的零点[Dau88]。因此选择 $P(z)$ 具有式(14.74)中的形式。将 $P(z)$ 的零点在单位圆内的所有因子指定为 $H_0(z)$，而将 $P(z)$ 的零点在单位圆外的所有因子指定为 $G_0(z)$。此外，$P(z)$ 在单位圆上的零点具有多重性，因此将这些零点的一半指定为 $H_0(z)$，另一半指定为 $G_0(z)$。这样就使得 $G_0(z)$ 为 $H_0(z)$ 的镜像。另外，$H_0(z)$ 是一个最小相位滤波器，而 $G_0(z)$ 是一个最大相位滤波器。

作为一个例子，我们考虑式(14.80)中 $P(z)$ 的因式分解。注意到因子 $(1 - 4z^{-1} + z^{-2})$ 在单位圆内有

一零点 $z=2-\sqrt{3}$，在单位圆外有另一零点 $z=2+\sqrt{3}$。$P(z)$ 的最小相位谱因子从而生成低通分解滤波器

$$\begin{aligned}H_0(z) &= \tfrac{1}{4(\sqrt{3}-1)}(1+z^{-1})^2\left(1-(2-\sqrt{3})z^{-1}\right)\\ &= 0.3415+0.5915z^{-1}+0.1585z^{-2}-0.0915z^{-3}\end{aligned} \tag{14.87}$$

而最大相位谱因子生成的低通合成滤波器，它是 $H_0(z)$ 的镜像多项式：

$$G_0(z) = z^{-3}H_0(z^{-1}) = -0.0915+0.1585z^{-1}+0.5915z^{-2}+0.3415z^{-3} \tag{14.88}$$

因此，高通分解和合成滤波器的传输函数为

$$H_1(z) = G_0(-z) = -0.0915-0.1585z^{-1}+0.5915z^{-2}-0.3415z^{-3} \tag{14.89a}$$

$$G_1(z) = -H_0(-z) = -0.3415+0.5915z^{-1}-0.1585z^{-2}-0.0915z^{-3} \tag{14.89b}$$

图 14.13 显示了上面两个分解滤波器的幅度响应。

一个 $2N$ 阶（N 为奇数）低通零相位半带滤波器 $P(z)=H_0(z)H_0(z^{-1})$ 的通用设计方法将在下面讲述[Smi84]，[Min85]。设 $H_0(z)$ 是满足式(14.63)中功率对称条件的一个奇数 N 阶 FIR 滤波器。若选择

$$H_1(z) = -z^{-N}H_0(-z^{-1}) \tag{14.90}$$

则式(14.70)可以简化为

$$\det[\boldsymbol{H}^{(m)}(z)] = z^{-N}\left(H_0(z)H_0(z^{-1})+H_0(-z)H_0(-z^{-1})\right) = z^{-N} \tag{14.91}$$

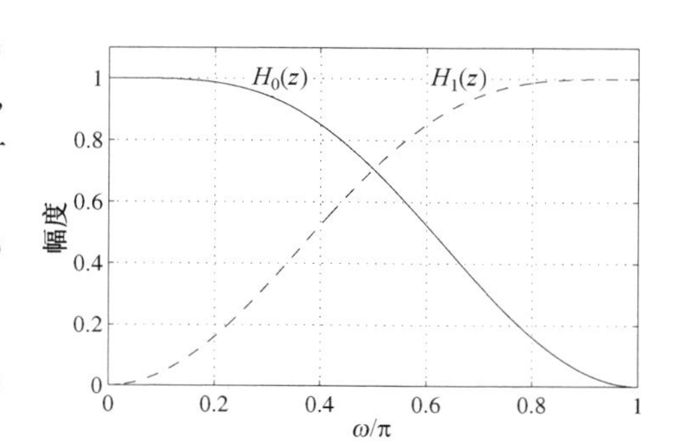

图 14.13 式(14.87)和式(14.89a)中三阶最大平坦分解滤波器的幅度响应

比较式(14.91)和式(14.71)，可观察到 $c=1$ 且 $k=N$。在式(14.72a)和式(14.72b)中利用式(14.90)和式(14.91)，其中 $\ell=k=N$，可得

$$G_0(z) = z^{-N}H_0(z^{-1}), \qquad G_1(z) = z^{-N}H_1(z^{-1}) \tag{14.92}$$

注意，若 $H_0(z)$ 是一个因果 FIR 滤波器，则其他三个滤波器同样也是因果 FIR 滤波器。另外，由式(14.90)和式(14.92)可推得，在 $i=1$，2 时，$|G_i(e^{j\omega})|=|H_i(e^{j\omega})|$。此外，对实系数传输函数 $|H_1(e^{j\omega})|=|H_0(-e^{j\omega})|$，这表明若 $H_0(z)$ 是一个低通滤波器，则 $H_1(z)$ 就是一个高通滤波器。完全重构的功率对称滤波器组也称为**正交滤波器组**。

因此，滤波器组的设计问题可以简化为一个功率对称低通滤波器 $H_0(z)$ 的设计问题。为此，可以设计一个偶数阶 $P_0(z)=H_0(z)H_0(z^{-1})$，对其**谱分解**可得 $H_0(z)$。现在，式(14.63)中的功率对称条件表明，$P_0(z)$ 是一个具有非负频率响应 $P_0(e^{j\omega})$ 的零相位半带低通滤波器。这样一个半带滤波器可以用10.5.3 节中描述的最小相位 FIR 滤波器来设计。

我们在这里做一些讨论。首先，如 13.6.2 节所示，半带滤波器 $P_0(z)$ 的阶数具有 $4K+2$ 的形式，其中，K 是一个正整数。这表明 $H_0(z)$ 的阶数是 $N=2K+1$，正如所要求的，它是奇数。其次，$P_0(z)$ 的零点在 z 平面以镜像对称出现，并且单位圆上的有偶数个零点。这些零点中任意合适的一半都可以构成谱因子 $H_0(z)$。例如，一个最小相位 $H_0(z)$ 可以通过将所有单位圆内和单位圆上一半的零点组合而得到。同样，一个最大相位 $H_0(z)$ 可以通过将所有单位圆外和单位圆上一半的零点组合而得到。然而，这样不可能形成一个线性相位的谱因子。第三，$P_0(z)$ 和 $H_0(z)$ 的阻带边界频率是一样的。若 $H_0(z)$ 期望的最小阻带衰减是 α_s dB，则 $P_0(z)$ 的最小阻带衰减近似为 $2\alpha_s+6.02$ dB。

我们在例 14.5 中说明功率对称滤波器组的设计。

例 14.5 设计低通功率对称滤波器

设计具有如下指标的一个低通实系数功率对称滤波器 $H_0(z)$：阻带边界在 $\omega_s=0.63\pi$，最小阻带衰减为 $\alpha_s=17$ dB。因此，相应的零相位半带滤波器 $F(z)$ 的指标如下：阻带边界在 $\omega_s=0.63\pi$，最小阻带衰减为 $\alpha_s=40$ dB。期望的阻带波纹是 $\delta_s=0.01$，通带波纹也为该值。通带边界在 $\omega_p=\pi-0.63\pi=0.37\pi$。用函数 `firpmord` 估计 $F(z)$ 的阶数，再用函数 `firpm` 设计 $Q(z)$。为此，用到的代码段为

```
[N,fpts,mag,wt] = firpmord([0.37 0.63],[1 0], [0.01 0.01]);
[q,err] = firpm(N,fpts,mag,wt);
```

可以看到 $P_0(z)$ 的阶数是 14，表明 $H_0(z)$ 的阶数是 7，满足所要求的为奇数。注意，参数 err 提供了波纹的最大值。为求半带滤波器 $F(z)$ 的系数，我们将 err 加到中间的系数 $q[7]$ 上。理论上 $F(z)$ 的根应该表现出关于单位圆镜像对称，并在单位圆上有二重根。然而，可以发现，需要加上一个比 err 稍微大的值，以保证 $P_0(z)$ 的两个零点在单位圆上。然后，用 M 文件 minphase 求最小相位谱因子 $H_0(z)$。与它相应的高通分解滤波器 $H_1(z)$ 可由式(14.90)得到。图 14.14 显示的是 $F(z)$ 和 $H_0(z)$ 的零点位置。两个分解滤波器 $H_0(z)$ 和 $H_1(z)$ 的增益响应如图 14.15 所示。

minphase. m

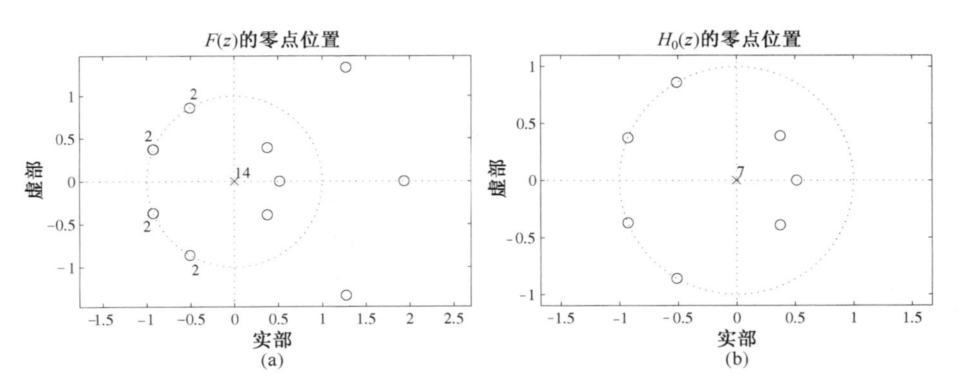

图 14.14　(a)例 14.5 中的零相位半带滤波器 $P_0(z)$ 的零点位置；(b)其最小相位谱因子 $H_0(z)$ 的零点位置

在实现分解滤波器组时，若两个滤波器 $H_0(z)$ 和 $H_1(z)$ 是独立实现的，则整个结构需要 $2(N+1)$ 个乘法器和 $2N$ 个双输入加法器。然而，可以利用式(14.90)的关系得到一种计算高效的方法，只需要 $N+1$ 个乘法器和 $2N$ 个双输入加法器(参见习题 14.19)。

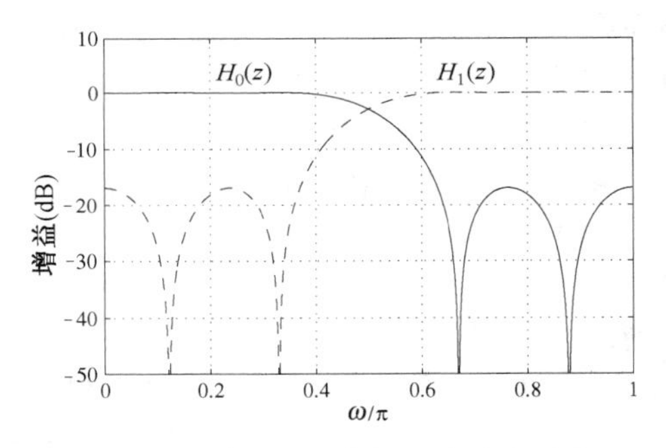

图 14.15　例 14.5 中的七阶功率对称分解滤波器的增益响应

14.3.5　用 MATLAB 设计正交滤波器组

M 文件 firpr2chfb 可以用来设计完全重构双通道 FIR 滤波器组。我们在例 14.6 中示例了其使用。

例 14.6　设计完全重构 FIR 正交滤波器组

考虑设计一个双通道完全重构 FIR 正交滤波器组，其滤波器阶数为 11。低通滤波器的归一化通带边界频率是 0.4。用到的代码段为

```
[h0,h1,g0,g1] = firpr2chfb(11,0.4);
```

式(14.21)中的混叠抑制条件可以用 MATLAB 来检验。

```
n = 0:11;
ac = conv(g0,((-1).^n.*h0))+ conv(g1,((-1).^n.*h1))
```

由于序列 ac 的最大绝对值为 0.2776×10^{-16}，可以看出混叠抑制条件得到满足。式(14.27)中的完全重构条件可以用下列 MATLAB 语句来检验：

```
n = 0:11;
pr = 0.5*conv(g0,h0)+ 0.5*conv(g1,h1);
```

序列 pr 的第 12 个样本值为 0.9985。该序列的其他样本值或等于零或近似为零。这两个分解滤波器的增益响应如图 14.16 所示。

14.3.6 仿酉滤波器组

若 $\boldsymbol{T}_{\mathrm{pq}}(z)$ 是一个**仿酉矩阵**，即

$$\tilde{\boldsymbol{T}}_{\mathrm{pq}}(z)\boldsymbol{T}_{\mathrm{pq}}(z)=c\boldsymbol{I}_p \tag{14.93}$$

则以 $\boldsymbol{T}_{\mathrm{pq}}(z)$ 为转移矩阵的一个 p 输入、q 输出的 LTI 离散时间系统，称为**仿酉系统**。其中 $\tilde{\boldsymbol{T}}_{pq}(z)$ 是 $\boldsymbol{T}_{\mathrm{pq}}(z)$ 的仿共轭，它由 $\boldsymbol{T}_{\mathrm{pq}}(z^{-1})$ 转置给出，并且每一系数用它的共轭代替。$\boldsymbol{I}_p$ 是一个 $p\times p$ 单位矩阵，而 c 是一个实常数。一个因果稳定仿酉系统也是一个无损系统。

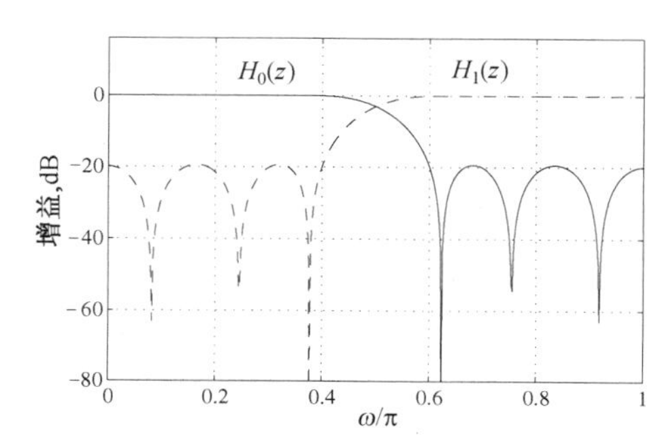

图 14.16 例 14.6 中两个分解滤波器的增益响应

容易证明，由式(14.67)中功率对称滤波器组定义的调制矩阵 $\boldsymbol{H}^{(m)}(z)$ 是一个仿酉矩阵。因此，功率对称滤波器组也被认为是一个**仿酉滤波器组**。

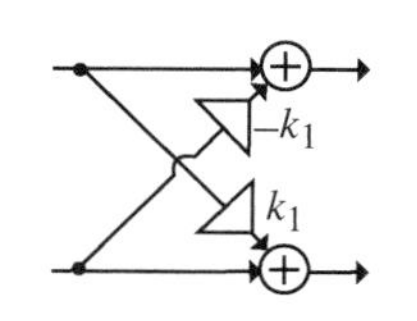

图 14.17 仿酉格型结构

由于转移矩阵为 $\boldsymbol{T}_{\mathrm{pq}}^{(1)}(z)$ 的仿酉系统和转移矩阵为 $\boldsymbol{T}_{\mathrm{qr}}^{(2)}(z)$ 的仿酉系统的级联也是一个仿酉系统，因此，可以很容易通过将一些简单的仿酉结构块进行级联来设计一个仿酉滤波器组，而不需要进行谱分解。为此，可以用到在 8.9.2 节介绍的级联 FIR 格型结构。由于图 14.17 中所示每一个格型级都是无损的，所以整个结构就是无损的，即仿酉的、因果的以及稳定的[Vai86b]，[Vai88a]。在[Vai86b]和[Vai88a]中列出的合成过程，实现了功率对称传输函数 $H_0(z)$ 及其共轭二次传输函数 $H_1(z)$。QMF 格型结构的三个重要特性是由结构本身产生的。首先，QMF 格型滤波器组保证了完全重构，与格型参数无关。其次，由于每一级在系数量化时保持无损，其对格型参数表现出非常小的系数灵敏度。第三，由于一个 N 阶滤波器的实现总共需要 $(N-1)/2$ 个乘法器，所以它的计算复杂度为其他任何结构的一半。

例 14.7 FIR 级联格型分解滤波器组

按照 8.9.2 节中列出的方法，我们生成例 14.5 中设计的 FIR 级联格型实现的分解滤波器组。这里的输入乘法器是 $h[0]=0.323\,081\,46$，它被用来归一化分解传输函数，使其常系数是 1。利用式(8.106)，可从归一化分解滤波器的传输函数得到格型系数为

$$k_7=-0.151\,652\,36,\quad k_5=0.235\,387\,43,\quad k_3=-0.483\,934\,447,\quad k_1=1.610\,0196$$

注意，由于数值准确性的问题，例 14.5 中得到的谱因子系数并不是十分准确。所以，利用式(8.106)由传输函数 $H_i(z)$ 生成的传输函数 $H_{i-2}(z)$ 中 $z^{-(i-1)}$ 的系数并不恰好是零，因此要在每一次迭代时将其设为零。由上面的系数值可看出级联格型滤波器组两个很有趣的特性。第一，格型乘法器系数在每一级变换符号。第二，随着 i 增加，乘法器系数 $\{k_i\}$ 的值是减小的。

利用迭代的计算机辅助优化技术，QMF 格型结构可以直接用于设计功率对称分解滤波器 $H_0(z)$。这里的目标是，通过最小化 $H_0(z)$ 的阻带中的能量来确定格型参数 k_i。为此，目标函数为

$$\Phi=\int_{\omega_s}^{\pi}\left|H_0(\mathrm{e}^{\mathrm{j}\omega})\right|^2\mathrm{d}\omega \tag{14.94}$$

注意，功率对称特性确保了良好的通带响应。

14.4 L 通道 QMF 组

我们现在将上一节的讨论推广到两个以上通道的 QMF 组。L 通道 QMF 组的基本结构如图 14.18 所示。

14.4.1 L 通道滤波器组的分解

我们分析图 14.18 所示的 L 通道 QMF 组在 z 域中的运算。图 14.18 中各种中间信号的 z 变换表达式为

$$V_k(z) = H_k(z)X(z) \tag{14.95a}$$

$$U_k(z) = \frac{1}{L}\sum_{\ell=0}^{L-1} H_k(z^{1/L}W_L^{\ell})X(z^{1/L}W_L^{\ell}) \tag{14.95b}$$

$$\hat{V}_k(z) = U_k(z^L) \tag{14.95c}$$

其中 $0 \leqslant k \leqslant L-1$。

定义下抽样后的子带信号 $U_k(z)$ 的向量为

$$\boldsymbol{u}(z) = [U_0(z) \quad U_1(z) \quad \cdots \quad U_{L-1}(z)]^{\mathrm{T}} \tag{14.96}$$

输入信号的调制向量是

$$\boldsymbol{x}^{(m)}(z) = [X(z) \quad X(zW_L) \quad \cdots \quad X(zW_L^{L-1})]^{\mathrm{T}} \tag{14.97}$$

而**分解滤波器组调制矩阵**为

$$\boldsymbol{H}^{(m)}(z) = \begin{bmatrix} H_0(z) & H_1(z) & \cdots & H_{L-1}(z) \\ H_0(zW_L^1) & H_1(zW_L^1) & \cdots & H_{L-1}(zW_L^1) \\ \vdots & \vdots & \ddots & \vdots \\ H_0(zW_L^{L-1}) & H_1(zW_L^{L-1}) & \cdots & H_{L-1}(zW_L^{L-1}) \end{bmatrix} \tag{14.98}$$

则式(14.95b)可以紧凑地表示为

$$\boldsymbol{u}(z) = \tfrac{1}{L}[\boldsymbol{H}^{(m)}(z^{1/L})]^{\mathrm{T}}\boldsymbol{x}^{(m)}(z^{1/L}) \tag{14.99}$$

QMF 组的输出为

$$Y(z) = \sum_{k=0}^{L-1} G_k(z)\hat{V}_k(z) \tag{14.100}$$

它可以用矩阵形式表示为

$$Y(z) = \boldsymbol{g}^{\mathrm{T}}(z)\boldsymbol{u}(z^L) \tag{14.101}$$

其中

$$\boldsymbol{g}(z) = [G_0(z) \quad G_1(z) \quad \cdots \quad G_{L-1}(z)]^{\mathrm{T}} \tag{14.102}$$

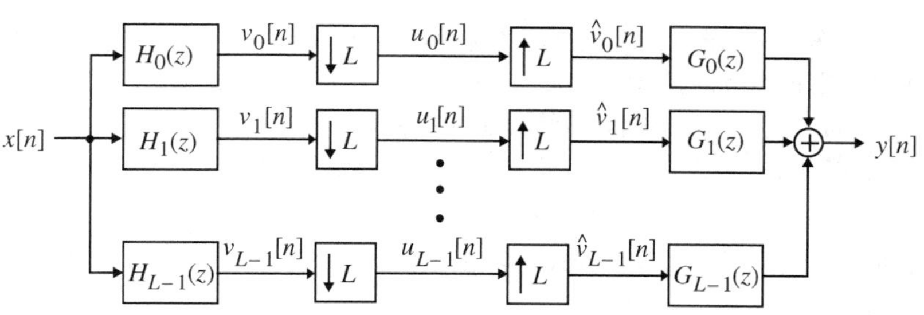

图 14.18　基本的 L 通道 QMF 组结构

14.4.2　无混叠 L 通道滤波器组

我们现在推导使图 14.18 中的 L 通道滤波器组无混叠运算的条件[Fli94]。由式(14.101)，输出信号调制后的形式为

$$Y(zW_L^k) = \boldsymbol{g}^{\mathrm{T}}(zW_L^k)\boldsymbol{u}(z^L W_L^{kL}) = \boldsymbol{g}^{\mathrm{T}}(zW_L^k)\boldsymbol{u}(z^L), \qquad 0 \leqslant k \leqslant L-1 \tag{14.103}$$

它也可以用矩阵形式表示为

$$\boldsymbol{y}^{(m)}(z) = [Y(z) \quad Y(zW_L) \quad \cdots \quad Y(zW_L^{L-1})]^{\mathrm{T}} \tag{14.104}$$

在上式中利用式(14.101)和式(14.102)，因此得到

$$\boldsymbol{y}^{(m)}(z) = \boldsymbol{G}^{(m)}(z)\boldsymbol{u}(z^L) \tag{14.105}$$

其中

$$\boldsymbol{G}^{(m)}(z)=\begin{bmatrix} G_0(z) & G_1(z) & \cdots & G_{L-1}(z) \\ G_0(zW_L^1) & G_1(zW_L^1) & \cdots & G_{L-1}(zW_L^1) \\ \vdots & \vdots & \ddots & \vdots \\ G_0(zW_L^{L-1}) & G_1(zW_L^{L-1}) & \cdots & G_{L-1}(zW_L^{L-1}) \end{bmatrix} \tag{14.106}$$

是**合成滤波器组调制矩阵**。

联立式(14.99)和式(14.105)，可得 L 通道滤波器组的输入和输出关系为

$$\begin{aligned}\boldsymbol{y}^{(m)}(z)&=\tfrac{1}{L}\boldsymbol{G}^{(m)}(z)[\boldsymbol{H}^{(m)}(z)]^t\boldsymbol{x}^{(m)}(z)\\&=\boldsymbol{T}(z)\boldsymbol{x}^{(m)}(z)\end{aligned} \tag{14.107}$$

其中，$\boldsymbol{T}(z)=\dfrac{1}{L}\boldsymbol{G}^{(m)}(z)[\boldsymbol{H}^{(m)}(z)]^{\mathrm{T}}$ 称为**转移矩阵**，它将输入信号 $X(z)$ 及其频率调制后的形式 $X(zW_L^k)$，$1\leqslant k\leqslant L-1$，与输出信号 $Y(z)$ 及其频率调制后的形式 $Y(zW_L^k)$，$1\leqslant k\leqslant L-1$ 相关联。若转移矩阵 $\boldsymbol{T}(z)$ 是形如

$$\boldsymbol{T}(z)=\mathrm{diag}[T(z)\quad T(zW_L)\quad\cdots\quad T(zW_L^{L-1})] \tag{14.108}$$

的对角矩阵，则滤波器组是无混叠的。

上面对角矩阵的第一个元素 $T(z)$ 称为 L 通道滤波器组的**失真传输函数**。将式(14.95a)至式(14.95c)代入式(14.100)，可得

$$Y(z)=\sum_{\ell=0}^{L-1}a_\ell(z)X(zW_L^\ell) \tag{14.109}$$

式中

$$a_\ell(z)=\frac{1}{L}\sum_{k=0}^{L-1}H_k(zW_L^\ell)G_k(z),\qquad 0\leqslant\ell\leqslant L-1 \tag{14.110}$$

在单位圆上，$X(zW_L^\ell)$ 项变成

$$X(\mathrm{e}^{\mathrm{j}\omega}W_L^\ell)=X(\mathrm{e}^{\mathrm{j}(\omega-2\pi\ell/L)}) \tag{14.111}$$

因此，由式(14.109)可知，输出谱 $Y(\mathrm{e}^{\mathrm{j}\omega})$ 是 $X(\mathrm{e}^{\mathrm{j}\omega})$ 和其均匀平移形式 $X(\mathrm{e}^{\mathrm{j}(\omega-2\pi\ell/L)})$ 的加权和，$\ell=1,2,\cdots,L-1$，它们由抽样率转换运算引起的。项 $X(zW_L^\ell)$ 称为第 ℓ **混叠项**，$a_\ell(z)$ 表示其在输出时的**增益**。通常，图 14.18 中的 QMF 组是一个周期为 L 的线性时变系统。

由式(14.109)可以推出，对所有可能的输入信号 $x[n]$，当且仅当

$$a_\ell(z)=0,\qquad 1\leqslant\ell\leqslant L-1 \tag{14.112}$$

时，才可以完全消除输出时的混叠效应。若式(14.112)成立，则图 14.18 中的 L 通道 QMF 组变成一个线性时不变系统，其输入和输出关系为

$$Y(z)=T(z)X(z) \tag{14.113}$$

其中，$T(z)$ 是失真传输函数

$$T(z)=a_0(z)=\frac{1}{L}\sum_{k=0}^{L-1}H_k(z)G_k(z) \tag{14.114}$$

若 $T(z)$ 的幅度为常数，则图 14.18 的系统是一个**幅度保持 QMF 组**。若 $T(z)$ 的相位为线性，则它是一个**相位保持 QMF 组**，且没有相位失真。最后，若 $T(z)$ 为纯延迟，则它是一个**完全重构 QMF 组**。

利用式(14.98)和式(14.102)，可以将式(14.110)用矩阵形式表示为

$$L\cdot\boldsymbol{A}(z)=\boldsymbol{H}^{(m)}(z)\boldsymbol{g}(z) \tag{14.115}$$

其中

$$\boldsymbol{A}(z)=[a_0(z)\quad a_1(z)\quad\cdots\quad a_{L-1}(z)]^{\mathrm{T}} \tag{14.116}$$

混叠抑制条件现在可以重写成

$$\boldsymbol{H}^{(m)}(z)\boldsymbol{g}(z)=\boldsymbol{t}(z) \tag{14.117}$$

其中

$$\boldsymbol{t}(z)=[Las_0(z) \quad 0 \quad \cdots \quad 0]^{\mathrm{T}}=[L\cdot T(z) \quad 0 \quad \cdots \quad 0]^{\mathrm{T}} \tag{14.118}$$

由式(14.117)可知，若已知一组分解滤波器组$\{H_k(z)\}$，且假设$[\det\boldsymbol{H}^{(m)}(z)]\neq 0$，则可以确定所求的合成滤波器组$\{G_k(z)\}$为

$$\boldsymbol{g}(z)=[\boldsymbol{H}^{(m)}(z)]^{-1}\boldsymbol{t}(z) \tag{14.119}$$

此外，若在式(14.118)中设置$\boldsymbol{t}(z)$的表达式为$T(z)=z^{-n_0}$，则可得完全重构 QMF 组。在实际中，上面的方法由于种种原因很难实现。设计完全重构 QMF 组的一种更加实用的解可以通过接下来讨论的多相表示得到[Vai87d]。

14.4.3　多相表示

考虑第k个分解滤波器$H_k(z)$的 I 型多相表示：

$$H_k(z)=\sum_{\ell=0}^{L-1}z^{-\ell}E_{k\ell}(z^L), \qquad 0\leqslant k\leqslant L-1 \tag{14.120}$$

上面一组式子的矩阵表示为

$$\boldsymbol{h}(z)=\boldsymbol{E}(z^L)\boldsymbol{e}(z) \tag{14.121}$$

其中

$$\boldsymbol{h}(z)=[H_0(z) \quad H_1(z) \quad \cdots \quad H_{L-1}(z)]^{\mathrm{T}} \tag{14.122a}$$

$$\boldsymbol{e}(z)=\begin{bmatrix}1 & z^{-1} & \cdots & z^{-(L-1)}\end{bmatrix}^{\mathrm{T}} \tag{14.122b}$$

且

$$\boldsymbol{E}(z)=\begin{bmatrix} E_{00}(z) & E_{01}(z) & \cdots & E_{0,L-1}(z) \\ E_{10}(z) & E_{11}(z) & \cdots & E_{1,L-1}(z) \\ \vdots & \vdots & \ddots & \vdots \\ E_{L-1,0}(z) & E_{L-1,1}(z) & \cdots & E_{L-1,L-1}(z) \end{bmatrix} \tag{14.122c}$$

上面定义的矩阵$\boldsymbol{E}(z)$称为 I **型多相分量矩阵**。图 14.19(a)显示了分解滤波器组的 I 型多相表示。

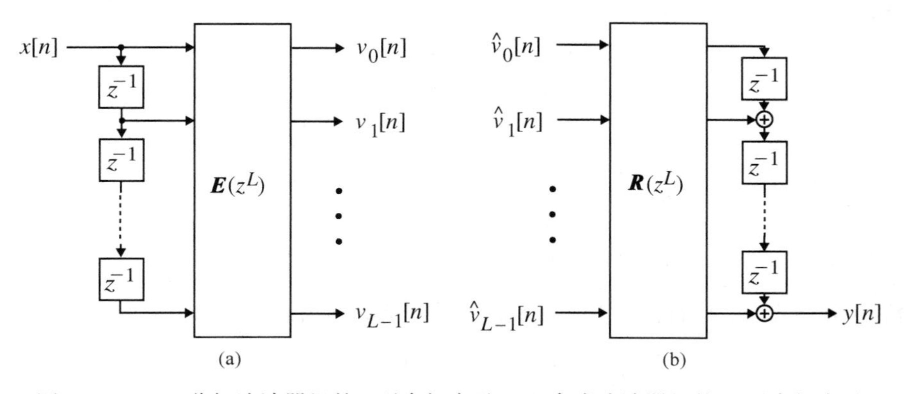

图 14.19　(a)分解滤波器组的 I 型多相表示；(b)合成滤波器组的 II 型多相表示

同样，我们可以将L个合成滤波器用 II 型多相形式表示为

$$G_k(z)=\sum_{\ell=0}^{L-1}z^{-(L-1-\ell)}R_{\ell k}(z^L), \qquad 0\leqslant k\leqslant L-1 \tag{14.123}$$

上面一组 L 个式子可用矩阵形式重写为

$$\boldsymbol{g}^{\mathrm{T}}(z) = z^{-(L-1)}\tilde{\boldsymbol{e}}(z)\boldsymbol{R}(z^L) \tag{14.124}$$

其中

$$\boldsymbol{g}(z) = [G_0(z) \quad G_1(z) \quad \cdots \quad G_{L-1}(z)]^{\mathrm{T}} \tag{14.125a}$$

$$\tilde{\boldsymbol{e}}(z) = \begin{bmatrix}1 & z & \cdots & z^{L-1}\end{bmatrix} = \boldsymbol{e}^t(z^{-1}) \tag{14.125b}$$

且

$$\boldsymbol{R}(z) = \begin{bmatrix} R_{00}(z) & R_{01}(z) & \cdots & R_{0,L-1}(z) \\ R_{10}(z) & R_{11}(z) & \cdots & R_{1,L-1}(z) \\ \vdots & \vdots & \ddots & \vdots \\ R_{L-1,0}(z) & R_{L-1,1}(z) & \cdots & R_{L-1,L-1}(z) \end{bmatrix} \tag{14.125c}$$

上面定义的矩阵 $\boldsymbol{R}(z)$ 称为 II **型多相分量矩阵**。图 14.19(b)显示了合成滤波器组的 II 型多相表示。

将图 14.19 的多相表示用于图 13.14 的级联等效和图 14.18 中，可得图 14.20 所示的 L 通道 QMF 组的等效形式。

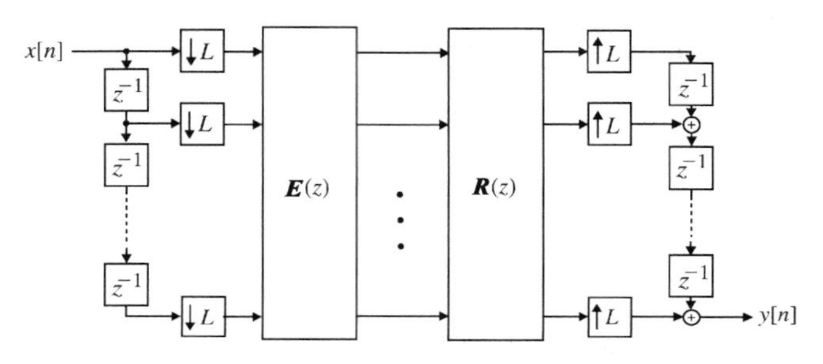

图 14.20 基于分解和合成滤波器组多相表示的 L 通道 QMF 组结构

可以很容易建立式(14.98)的调制矩阵 $\boldsymbol{H}^{(m)}(z)$ 和式(14.122c)中的 I 型多相分量矩阵 $\boldsymbol{E}(z)$ 之间的关系。由式(14.98)、式(14.121)和式(14.122a)，我们观察到

$$\begin{aligned}[\boldsymbol{H}^{(m)}(z)]^{\mathrm{T}} &= \begin{bmatrix}\boldsymbol{h}(z) & \boldsymbol{h}(zW_L^1) & \cdots & \boldsymbol{h}(zW_L^{L-1})\end{bmatrix} \\ &= \boldsymbol{E}(z^L)\begin{bmatrix}\boldsymbol{e}(z) & \boldsymbol{e}(zW_L^1) & \cdots & \boldsymbol{e}(zW_L^{L-1})\end{bmatrix}\end{aligned} \tag{14.126}$$

由式(14.122b)可知

$$\boldsymbol{e}(zW_L^k) = \boldsymbol{\Delta}(z)\begin{bmatrix} 1 \\ W_L^{-k} \\ \vdots \\ W_L^{-k(L-1)} \end{bmatrix} \tag{14.127}$$

其中

$$\boldsymbol{\Delta}(z) = \mathrm{diag}\begin{bmatrix}1 & z^{-1} & \cdots & z^{-(L-1)}\end{bmatrix} \tag{14.128}$$

在式(14.126)中利用式(14.128)，经过一些代数演算后，可得所求的结果：

$$\boldsymbol{H}(z) = \boldsymbol{D}^{\dagger}\boldsymbol{\Delta}(z)\boldsymbol{E}^{\mathrm{T}}(z^L) \tag{14.129}$$

其中 $\boldsymbol{D}$ 是 $L \times L$ DFT 矩阵。

14.4.4 完全重构条件

若图 14.20 所示的多相分量矩阵满足关系

$$\boldsymbol{R}(z)\boldsymbol{E}(z) = c\boldsymbol{I} \tag{14.130}$$

其中，$\boldsymbol{I}$ 是 $L\times L$ 单位矩阵且 c 是一个常数，则图 14.20 所示的结构可简化为如图 14.21 所示。将图 14.21 和图 14.18 相比较，我们注意到，若

$$H_k(z)=z^{-k},\qquad G_k(z)=z^{-(L-1-k)},\qquad 0\leqslant k\leqslant L-1 \tag{14.131}$$

前者可以看成 L 通道 QMF 组的一个特殊形式。将式(14.131)代入式(14.110)，可得

$$a_\ell(z)=\frac{1}{L}\sum_{k=0}^{L-1}z^{-k}W_L^{-\ell k}z^{-(L-1-k)}=z^{-(L-1)}\left(\frac{1}{L}\sum_{k=0}^{L-1}W_L^{-\ell k}\right) \tag{14.132}$$

由式(13.9)和式(13.10)，可知当 $\ell\neq 0$ 时，$a_0(z)=1$，$a_\ell(z)=0$。因此，由式(14.114)，我们注意到 $T(z)=z^{-(L-1)}$，或者换言之，若满足式(14.130)的条件，则图 14.20 所示的结构是一个完全重构 L 通道 QMF 组。

注意，完全重构的一个更一般条件为

$$\boldsymbol{R}(z)\boldsymbol{E}(z)=cz^{-K}\boldsymbol{I} \tag{14.133}$$

式中 K 是一个非负整数。

可以很容易确定形如图 14.20 中完全重构滤波器组的分解和合成滤波器，如例 14.8 所示。

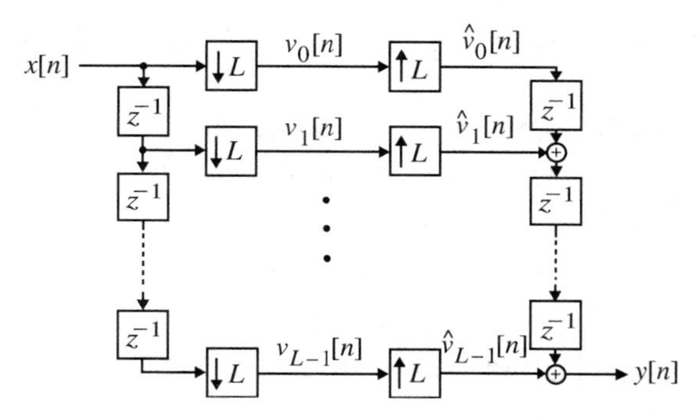

图 14.21　一个简单的 L 通道完全重构多抽样率系统

例 14.8　一个简单的完全重构三通道分解/合成滤波器组

图 14.22 所示结构的三通道分解/合成滤波器组在结构上是一个完全重构滤波器组。滤波器组的输出就是 $y[n]=dx[n-2]$。另外，这里 $\boldsymbol{E}(z^3)=\boldsymbol{P}$ 且 $\boldsymbol{R}(z^3)=d\boldsymbol{P}^{-1}$。考虑

$$\boldsymbol{P}=\begin{bmatrix}1&1&1\\1&-1&1\\1&0&-1\end{bmatrix}$$

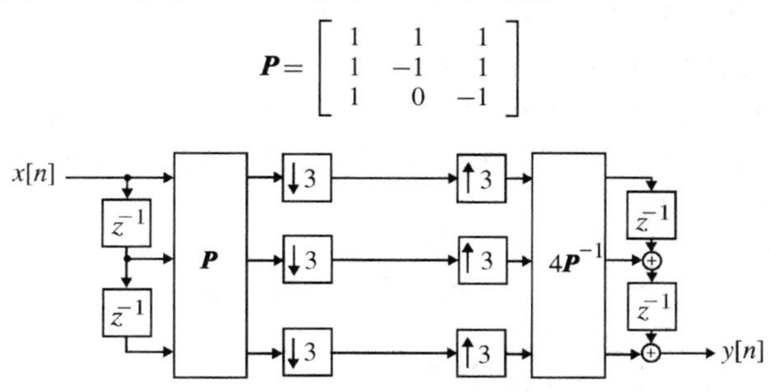

图 14.22　一个三通道分解/合成滤波器组

由式(14.121)以及式(14.122a)至式(14.122c)，可得

$$\begin{bmatrix}H_0(z)\\H_1(z)\\H_2(z)\end{bmatrix}=\begin{bmatrix}1&1&1\\1&-1&1\\1&0&-1\end{bmatrix}\begin{bmatrix}1\\z^{-1}\\z^{-2}\end{bmatrix}$$

得到的分解滤波器为

$$H_0(z)=1+z^{-1}+z^{-2},\qquad H_1(z)=1-z^{-1}+z^{-2},\qquad H_2(z)=1-z^{-2}$$

令 $d=4$，则

$$d\boldsymbol{P}^{-1} = \begin{bmatrix} 1 & 1 & 2 \\ 2 & -2 & 0 \\ 1 & 1 & -2 \end{bmatrix}$$

利用式(14.124)以及式(14.125a)到式(14.125c),可得

$$\begin{bmatrix} G_0(z) \\ G_1(z) \\ G_2(z) \end{bmatrix} = \begin{bmatrix} z^{-2} & z^{-1} & 1 \end{bmatrix} \begin{bmatrix} 1 & 1 & 2 \\ 2 & -2 & 0 \\ 1 & 1 & -2 \end{bmatrix}$$

得到的合成滤波器为

$$G_0(z) = 1 + 2z^{-1} + z^{-2}, \quad G_1(z) = 1 - 2z^{-1} + z^{-2}, \quad G_2(z) = -2 + 2z^{-2}$$

现在,对于给定的 L 通道分解滤波器组,它的多相矩阵 $\boldsymbol{E}(z)$ 已知。因此,由式(14.130)可得,通过构造一个具有多相矩阵 $\boldsymbol{R}(z) = [\boldsymbol{E}(z)]^{-1}$ 的合成滤波器组,可以很容易地设计出完全重构 L 通道 QMF 组。通常,计算一个 $L \times L$ 有理矩阵的转置很困难。另一种巧妙的方法是设计一个有可逆多相矩阵的分解滤波器组。例如,$\boldsymbol{E}(z)$ 可以选择为满足条件

$$\tilde{\boldsymbol{E}}(z)\boldsymbol{E}(z) = c\boldsymbol{I}, \quad \text{对}z\text{的所有值} \tag{14.134}$$

的一个仿酉矩阵,其中,$\tilde{\boldsymbol{E}}(z)$ 是 $\boldsymbol{E}(z)$ 的仿共轭,由 $\boldsymbol{E}(z^{-1})$ 的转置给出,它的每一个系数用其共轭替换并选择 $\boldsymbol{R}(z) = \tilde{\boldsymbol{E}}(z)$。

为设计一个完全重构 FIR L 通道 QMF 组,矩阵 $\boldsymbol{E}(z)$ 可以用乘积的形式表示为[Vai89]

$$\boldsymbol{E}(z) = \boldsymbol{E}_R(z)\boldsymbol{E}_{R-1}(z)\cdots\boldsymbol{E}_1(z)\boldsymbol{E}_0 \tag{14.135}$$

其中,$\boldsymbol{E}_0$ 是一个常数酉矩阵,并且

$$\boldsymbol{E}_\ell(z) = \boldsymbol{I} - \boldsymbol{v}_\ell[\boldsymbol{v}_\ell^*]^{\mathrm{T}} + z^{-1}\boldsymbol{v}_\ell[\boldsymbol{v}_\ell^*]^{\mathrm{T}} \tag{14.136}$$

其中,$\boldsymbol{v}_\ell$ 是具有单位范数的 L 阶列向量,即 $[\boldsymbol{v}_\ell^*]^{\mathrm{T}}\boldsymbol{v}_\ell = 1$。由于对 $\boldsymbol{E}(z)$ 的这个约束,我们可以建立一个合适的目标函数,通过使它最小化,来实现满足通带和阻带指标要求的一组 L 个分解滤波器。为此,一个合适的目标函数为

$$\Phi = \sum_{k=0}^{L-1} \int_{\text{第}k\text{个阻带}} \left|H_k(\mathrm{e}^{\mathrm{j}\omega})\right|^2 \mathrm{d}\omega \tag{14.137}$$

最优化参数是 $\boldsymbol{v}_\ell$ 和 $\boldsymbol{E}_0$ 中的元素。

例 14.9 示例了一个 FIR 完全重构三通道滤波器组的计算机辅助设计。

例 14.9 设计一个 FIR 完全重构三通道 QMF 组

考虑设计一个通带宽度为π/3 的三通道 FIR 完全重构 QMF 组[Vai93]。低通分解滤波器 $H_0(z)$ 的通带从 0 到π/3,带通分解滤波器 $H_1(z)$ 的通带从π/3 到 2π/3,高通分解滤波器 $H_2(z)$ 的通带从 2π/3 到π。因此,这里将要最小化的目标函数形如

$$\Phi = \int_{\frac{\pi}{3}+\varepsilon}^{\pi} \left|H_0(\mathrm{e}^{\mathrm{j}\omega})\right|^2 \mathrm{d}\omega + \int_0^{\frac{\pi}{3}-\varepsilon} \left|H_1(\mathrm{e}^{\mathrm{j}\omega})\right|^2 \mathrm{d}\omega + \int_{\frac{2\pi}{3}+\varepsilon}^{\pi} \left|H_1(\mathrm{e}^{\mathrm{j}\omega})\right|^2 \mathrm{d}\omega + \int_0^{\frac{2\pi}{3}-\varepsilon} \left|H_2(\mathrm{e}^{\mathrm{j}\omega})\right|^2 \mathrm{d}\omega$$

分解滤波器 $\{h_k[n]\}$, $k=0, 1, 2$ 的冲激响应系数可以通过最小化 $\boldsymbol{\Phi}$ 来得到。按该方法设计了一个长度为 15 的三通道滤波器组[Vai93]。这些滤波器的增益响应在图 14.23 中画出。注意,相应的合成滤波器的系数为 $g_k[n] = h_k[14-n]$, $k=0, 1, 2$。

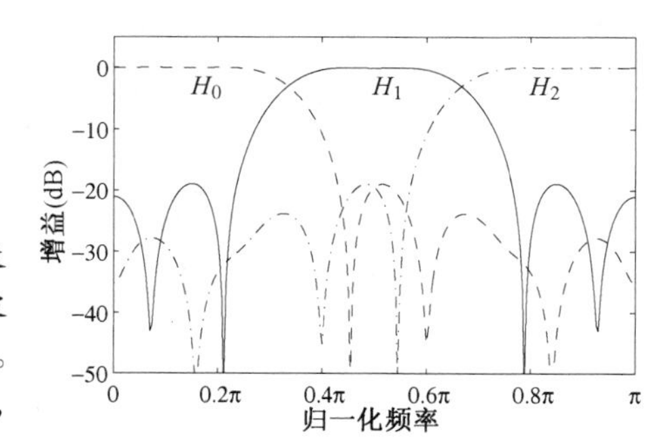

图 14.23 例 14.9 中的三通道有限冲激响应QMF组的增益响应

14.5　多层滤波器组

通过对一个双通道 QMF 组进行迭代，得到多通道分解/合成滤波器组。此外，若双带 QMF 组是完全重构类型的，则生成的多频带结构也呈现完全重构特性(参见习题 14.52 和习题 14.53)。本节我们将考虑该方法。

14.5.1　通带宽度相等的滤波器组

在上抽样器和下抽样器之间，通过在另一个双通道最大抽取 QMF 组的每一个通道中插入一个双通道最大抽取 QMF 组，可得到一个四通道最大抽取 QMF 组，如图 14.24 所示。由于所得分解和合成滤波器组像树一样构成，所以整个系统通常称为**树形结构滤波器组**。注意，在图 14.24 所示的四通道树形结构滤波器组中，第二层的两个双通道 QMF 并不一定一样。然而，若它们是具有不同分解和合成滤波器的不同 QMF 组，为了对这两个双通道系统的不同增益和不同延迟进行补偿，则需要在中间插入合适的延迟值，以保证整个四通道系统的完全重构。

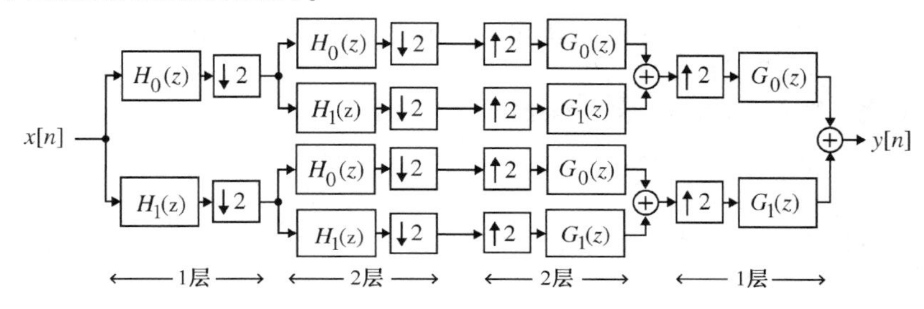

图 14.24　一个两层四通道最大抽取 QMF 组结构

图 14.24 中四通道 QMF 系统的等效表示如图 14.25 所示。等价形式中的分解和合成滤波器与原两级树形结构滤波器组的关系如下：

$$H_{00}(z) = H_0(z)H_0(z^2), \quad H_{01}(z) = H_0(z)H_1(z^2) \tag{14.138a}$$

$$H_{10}(z) = H_1(z)H_0(z^2), \quad H_{11}(z) = H_1(z)H_1(z^2) \tag{14.138b}$$

$$G_{00}(z) = G_0(z)G_0(z^2), \quad G_{01}(z) = G_0(z)G_1(z^2) \tag{14.138c}$$

$$G_{10}(z) = G_1(z)G_0(z^2), \quad G_{11}(z) = G_1(z)G_1(z^2) \tag{14.138d}$$

例 14.10 考虑通过使用双通道 QMF 组设计一个树形结构的四通道 QMF 组。

例 14.10　设计一个树形结构的四通道 QMF 组

我们示例基于 Johnston 的 12B 滤波器通过迭代一个双通道 QMF 组来设计一个四通道 QMF 组[Joh80]。

由例 14.4 给出的滤波器冲激响应，可以用式(14.138a)和式(14.138b)来计算 4 个分解滤波器中每一个的冲激响应，并用程序 14_1 求每一个的增益响应，图 14.26 显示了最终的四通道 QMF 组的 4 个分解滤波器的增益响应。

程序 14_1.m

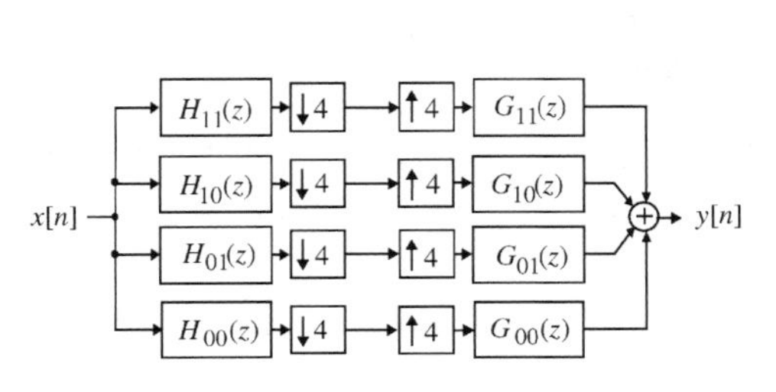

图 14.25　图 14.24 中 4 通道 QMF 结构的等效表示

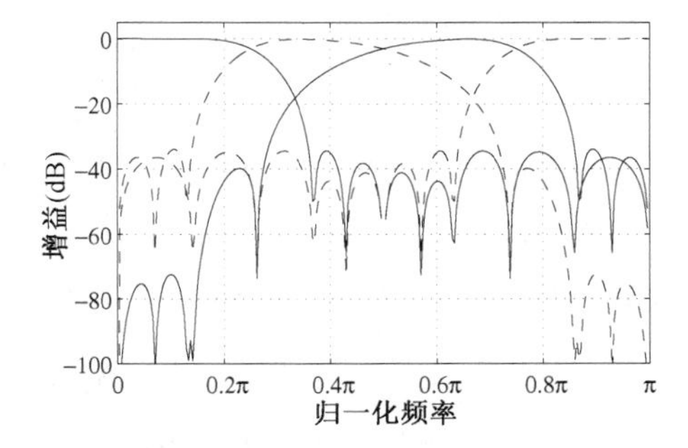

图 14.26　例 14.10 中 4 个分解滤波器的增益响应

由式(14.138a)和式(14.138b)可以看出，每一个分解滤波器 $H_{r,s}(z)$ 是两个滤波器的级联，其中一个具有单通带和单阻带，另一个具有双通带和双阻带。级联的通带是两个滤波器通带重叠的频率范围。另一方面，级联的阻带由三个不同的频率范围形成。在其中的两个频率范围中，其中一个的通带与另一个的阻带重合，而在第三个范围中，两个阻带重叠。所以，在阻带的这三个区域，级联的增益响应不相等，导致了不均匀的阻带衰减特性。增益响应的这类行为同样也可从图 14.26 中看出，因此需要在设计树形结构滤波器组时考虑这一点。

继续插入双通道最大抽取 QMF 组的过程，可以很容易地构造出多于四通道的 QMF 组。注意，从这种方法中得到的通道数量被限制为 2 的幂，即 $L=2^{\nu}$。另外，如图 14.26 所示，分解(合成)分支上的滤波器必须有等宽度为π/L 的通带。然而，通过对这种方法简单修改，我们可以设计出其分解(合成)滤波器具有不相等的通带宽度的 QMF 组，如下所述。

14.5.2 通带宽度不相等的滤波器组

考虑图 14.27(a)中的双通道最大抽取 QMF 组。通过把上抽样器和下抽样器之间最顶端的子带通道标记为 * 的位置插入一个双通道最大抽取 QMF 组，我们得到一个三通道最大抽取 QMF 组，如图 14.27(b)所示。生成的三通道滤波器组的等效表示在图 14.28(a)给出，其中分解和合成滤波器为

$$\begin{aligned} &H_{00}(z)=H_0(z)H_0(z^2), \quad H_{01}(z)=H_0(z)H_1(z^2), \quad H_1(z)\\ &G_{00}(z)=G_0(z)G_0(z^2), \quad G_{01}(z)=G_0(z)G_1(z^2), \quad G_1(z) \end{aligned} \tag{14.139}$$

图 14.27(a)中双通道 QMF 组的分解滤波器和图 14.27(b)中得到的三通道滤波器组的典型幅度响应分别在图 14.29(a)和图 14.29(b)中画出。

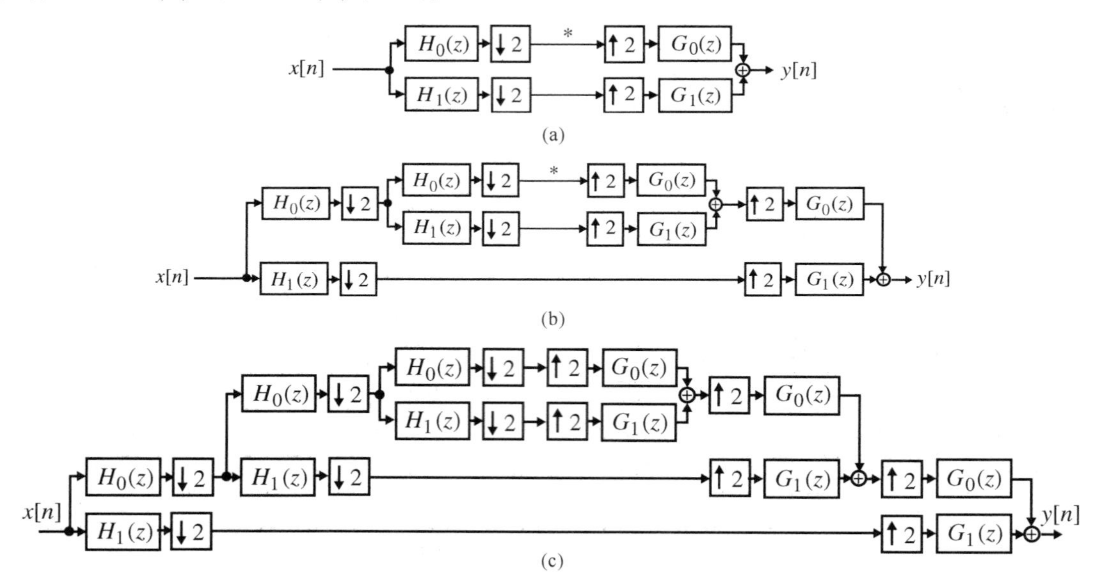

图 14.27 (a)双通道 QMF 组;(b)由双通道 QMF 组得到的三通道 QMF 组;(c)由三通道 QMF 组得到的四通道 QMF 组

可以继续这个过程，通过在最顶端的子带标记为 * 的位置插入一个双通道 QMF 组，可以从图 14.27(b)中的三通道 QMF 组生成一个四通道 QMF 组，得到图 14.27(c)的结构。其等效表示在图 14.28(b)中给出，其中

$$\begin{aligned} &H_{000}(z)=H_0(z)H_0(z^2)H_0(z^4), \quad H_{001}(z)=H_0(z)H_0(z^2)H_1(z^4)\\ &H_{01}(z)=H_0(z)H_1(z^2), \quad H_1(z)\\ &G_{000}(z)=G_0(z)G_0(z^2)G_0(z^4), \quad G_{001}(z)=G_0(z)G_0(z^2)G_1(z^4)\\ &G_{01}(z)=G_0(z)G_1(z^2), \quad G_1(z) \end{aligned} \tag{14.140}$$

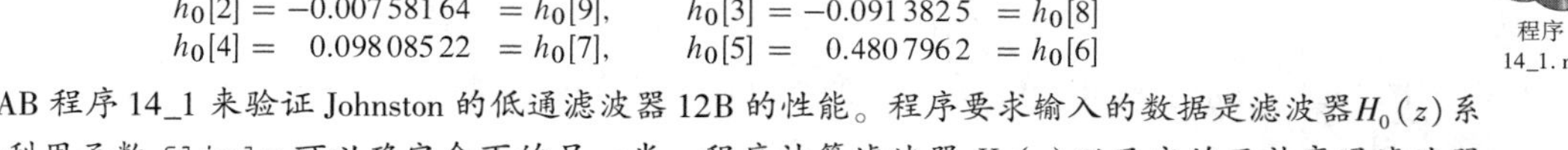

$$h_0[0] = -0.006\,443\,977 = h_0[11],\quad h_0[1] = 0.027\,455\,39 = h_0[10]$$
$$h_0[2] = -0.007\,581\,64 = h_0[9],\quad h_0[3] = -0.091\,382\,5 = h_0[8]$$
$$h_0[4] = 0.098\,085\,22 = h_0[7],\quad h_0[5] = 0.480\,796\,2 = h_0[6]$$

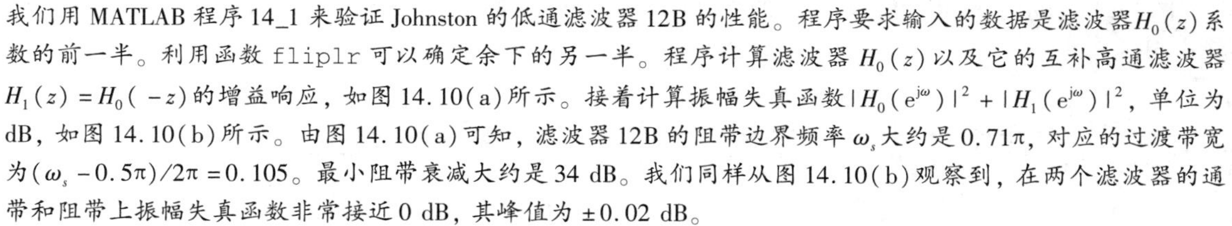

通带边界 Ω_p、最小通带幅度 $1/\sqrt{1+\varepsilon^2}$、阻带边界 Ω_s 和最大阻带波纹 $1/A$ 来确定这两个参数。由式(A.7)可得

$$|H_a(\mathrm{j}\Omega_p)|^2 = \frac{1}{1+(\Omega_p/\Omega_c)^{2N}} = \frac{1}{1+\varepsilon^2} \quad \text{(A.8a)}$$

$$|H_a(\mathrm{j}\Omega_s)|^2 = \frac{1}{1+(\Omega_s/\Omega_c)^{2N}} = \frac{1}{A^2} \quad \text{(A.8b)}$$

求解上式可得滤波器阶数 N 的表达式为

$$N = \frac{1}{2}\frac{\lg\left[(A^2-1)/\varepsilon^2\right]}{\lg(\Omega_s/\Omega_p)} = \frac{\lg(1/k_1)}{\lg(1/k)} \quad \text{(A.9)}$$

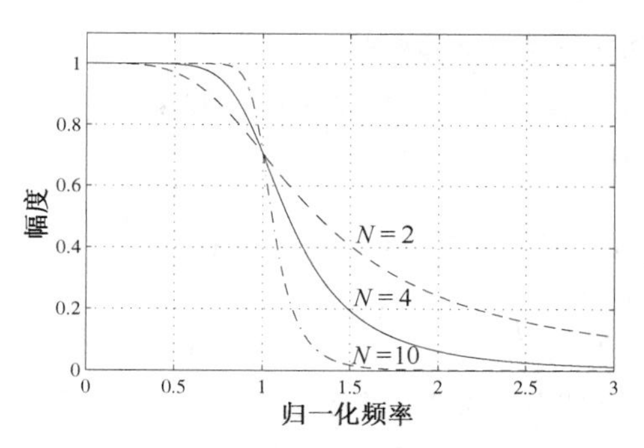

图 A.3　典型的巴特沃思低通滤波器响应

由于滤波器的阶数 N 必须是一个整数，用上式算出的 N 值应该向上取整到最接近的下一个整数。接下来可以在式(A.8a)或式(A.8b)中使用此 N 值，来求解 3 dB 截止频率 Ω_c。若用式(A.8a)来求解 Ω_c，则在 Ω_p 处恰好满足通带指标，而超出了阻带指标。另一方面，若用式(A.8b)来确定 Ω_c，则在 Ω_s 处阻带指标恰好满足，而超出了通带指标，从而在 Ω_p 处提供一个安全裕度[Tem77]。然而，在实际中通常选用后者，因为它在通带中确保了最小波纹，换言之，即在所研究的频带中对滤波后的信号的振幅失真最小。

巴特沃思低通滤波器的传输函数的表达式为

$$H_a(s) = \frac{C}{D_N(s)} = \frac{\Omega_c^{\ N}}{s^N + \sum_{\ell=0}^{N-1} d_\ell s^\ell} = \frac{\Omega_c^{\ N}}{\prod_{\ell=1}^{N}(s-p_\ell)} \quad \text{(A.10)}$$

式中

$$p_\ell = \Omega_c \mathrm{e}^{\mathrm{j}[\pi(N+2\ell-1)/2N]}, \qquad \ell = 1,2,\cdots,N \quad \text{(A.11)}$$

式(A.10)中的分母 $D_N(s)$ 是 N 阶**巴特沃思多项式**，它很容易计算。这些多项式也已经制成表格，作为简单设计的参考[Chr66]，[Skw65]，[Zve67]。用 MATLAB 可以很容易设计出模拟低通巴特沃思滤波器(参见 A.6 节)。

例 A.2　最平坦模拟低通滤波器的阶数

求具有最平坦低通特性的传输函数 $H_a(s)$ 的最低阶数，其 1 dB 截止频率在 1 kHz，它在 5 kHz 处有一个 40 dB 的最小衰减。

我们首先求 ε 和 A。由式(A.8a)

$$10\lg\left(\frac{1}{1+\varepsilon^2}\right) = -1$$

可得 $\varepsilon^2 = 0.258\,95$。同样，由式(A.8b)有

$$10\lg\left(\frac{1}{A^2}\right) = -40$$

可得 $A^2 = 10\,000$。将这两个值代入式(A.6)，可得

$$1/k_1 = 196.513\,34$$

这里过渡比的倒数等于 $1/k = 5000/1000 = 5$。把这些值代入式(A.9)，可得

$$N = \frac{\lg(1/k_1)}{\lg(1/k)} = \frac{\lg(196.513\,34)}{\lg(5)} = 3.281\,102\,2 \quad \text{(A.12)}$$

由于传输函数的阶数必须是整数，我们向上取整可得 $N=4$。

A.3　切比雪夫逼近

此时，逼近误差(定义为实际幅度响应与理想矩形幅度特性之差)在一个指定的频带上最小。实际上，在整个频带内幅度误差是等波纹。有两类**切比雪夫(Chebyshev)传输函数**。在 **1 型**逼近中，幅度特性在通带内等波纹，在阻带内单调；而在 **2 型**逼近中，幅度响应在通带内单调，在阻带内等波纹。

切比雪夫 1 型逼近

N 阶模拟低通切比雪夫 1 型滤波器 $H_a(s)$ 的幅度平方响应为

$$|H_a(j\Omega)|^2 = \frac{1}{1+\varepsilon^2 T_N^2(\Omega/\Omega_p)} \tag{A.13}$$

式中，$T_N(\Omega)$ 是 N 阶切比雪夫多项式：

$$T_N(\Omega) = \begin{cases} \cos(N\arccos\Omega), & |\Omega| \leqslant 1 \\ \cosh(N\operatorname{arccosh}\Omega), & |\Omega| > 1 \end{cases} \tag{A.14}$$

上面的多项式也可以通过递归关系

$$T_r(\Omega) = 2\Omega T_{r-1}(\Omega) - T_{r-2}(\Omega), \qquad r \geqslant 2 \tag{A.15}$$

推得。其中，$T_0(\Omega)=1$ 且 $T_1(\Omega)=\Omega$。

具有相同通带波纹 ε 的切比雪夫 1 型低通滤波器对应不同阶数值 N 的幅度响应曲线如图 A.4 所示。从图中可见，平方幅度响应在 $\Omega=0$ 和 $\Omega=1$ 之间是等波纹的，而当 $\Omega>1$ 时单调下降。

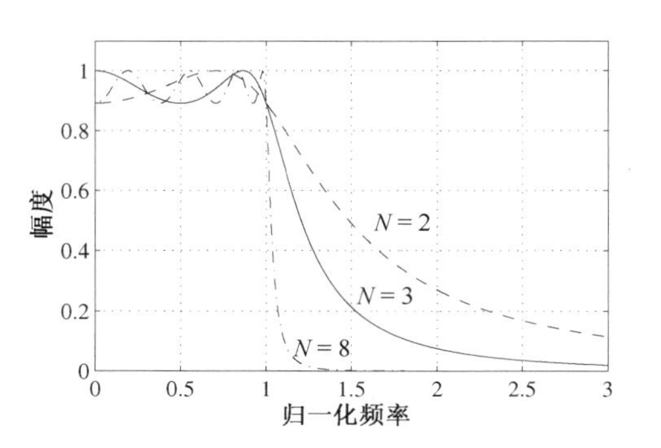

图 A.4　通带波纹为 1 dB 的典型切比雪夫1型低通滤波器响应

传输函数的阶数 N 通过阻带中在一个特定频率上的衰减指标来确定。例如，若在 $\Omega=\Omega_s$ 处，幅度等于 $1/A$，则由式(A.13)和式(A.14)有

$$\begin{aligned} |H_a(j\Omega_s)|^2 &= \frac{1}{1+\varepsilon^2 T_N^2(\Omega_s/\Omega_p)} \\ &= \frac{1}{1+\varepsilon^2\left\{\cosh[N\operatorname{arccosh}(\Omega_s/\Omega_p)]\right\}^2} = \frac{1}{A^2} \end{aligned} \tag{A.16}$$

求解上式，可得

$$N = \frac{\operatorname{arccosh}(\sqrt{A^2-1}/\varepsilon)}{\operatorname{arccosh}(\Omega_s/\Omega_p)} = \frac{\operatorname{arccosh}(1/k_1)}{\operatorname{arccosh}(1/k)} \tag{A.17}$$

在用上式计算 N 时，使用恒等式 $\operatorname{arccos}(y) = \ln(y+\sqrt{y^2-1})$ 通常是很方便的。与在巴特沃思滤波器中一样，滤波器的阶数 N 选为大于或等于式(A.17)计算值的最小整数。

传输函数 $H_a(s)$ 可以重新写为式(A.10)的形式，并有

$$p_\ell = \sigma_\ell + j\Omega_\ell, \qquad \ell = 1,2,\cdots,N \tag{A.18}$$

其中

$$\sigma_\ell = -\Omega_p\xi\sin\left[\frac{(2\ell-1)\pi}{2N}\right], \qquad \Omega_\ell = \Omega_p\zeta\cos\left[\frac{(2\ell-1)\pi}{2N}\right] \tag{A.19a}$$

$$\xi = \frac{\gamma^2-1}{2\gamma}, \qquad \zeta = \frac{\gamma^2+1}{2\gamma}, \qquad \gamma = \left(\frac{1+\sqrt{1+\varepsilon^2}}{\varepsilon}\right)^{1/N} \tag{A.19b}$$

切比雪夫 2 型逼近

模拟低通切比雪夫 2 型滤波器(即通常所知的**逆切比雪夫逼近**)的幅度平方响应在通带内具有单调行为并且在 $\Omega=0$ 处具有最平坦响应，在阻带内具有等波纹行为。这里平方幅度响应的表达式为

$$|H_a(j\Omega)|^2 = \frac{1}{1+\varepsilon^2\left[\frac{T_N(\Omega_s/\Omega_p)}{T_N(\Omega_s/\Omega)}\right]^2} \tag{A.20}$$

典型的响应如图 A.5 所示。切比雪夫 2 型低通滤波器的传输函数不再是一个全极点函数，它既有极点也有零点。若我们写出

$$H_a(s) = C_0 \frac{\prod_{\ell=1}^{N}(s - z_\ell)}{\prod_{\ell=1}^{N}(s - p_\ell)} \tag{A.21}$$

则在 jΩ 轴上的零点为

$$z_\ell = \mathrm{j}\frac{\Omega_s}{\cos\left[\frac{(2\ell-1)\pi}{2N}\right]}, \qquad \ell = 1,2,\cdots,N \tag{A.22}$$

若 N 是奇数，则对于 $\ell = (N+1)/2$，零点在 $s = \infty$。极点在

$$p_\ell = \sigma_\ell + \mathrm{j}\Omega_\ell, \quad \ell = 1,2,\cdots,N \tag{A.23}$$

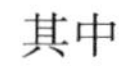

其中

$$\sigma_\ell = \frac{\Omega_s\alpha_\ell}{\alpha_\ell^2 + \beta_\ell^2}, \qquad \Omega_\ell = -\frac{\Omega_s\beta_\ell}{\alpha_\ell^2 + \beta_\ell^2} \tag{A.24a}$$

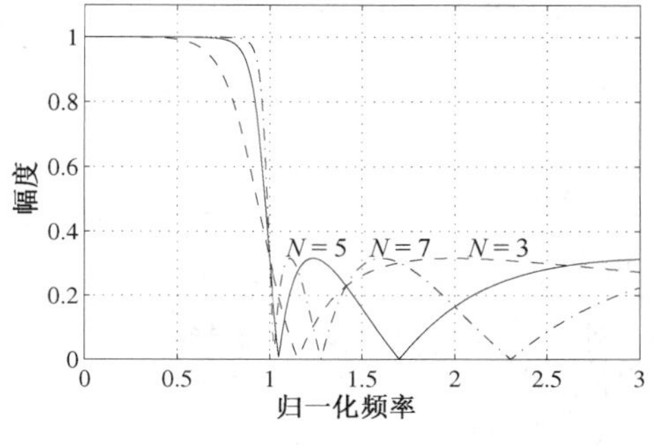

图 A.5　具有 10 dB 最小阻带衰减的典型切比雪夫2型低通滤波器响应

$$\alpha_\ell = -\Omega_p\zeta\sin\left[\frac{(2\ell-1)\pi}{2N}\right], \qquad \beta_\ell = \Omega_p\xi\cos\left[\frac{(2\ell-1)\pi}{2N}\right] \tag{A.24b}$$

$$\zeta = \frac{\gamma^2-1}{2\gamma}, \qquad \xi = \frac{\gamma^2+1}{2\gamma}, \qquad \gamma = \left(A + \sqrt{A^2-1}\right)^{1/N} \tag{A.24c}$$

切比雪夫 2 型低通滤波器的阶数 N 可以用式(A.17)从给定的 ε、Ω_s 和 A 来确定。

例 A.3　模拟切比雪夫低通滤波器的阶数

我们希望求设计满足例 A.2 给定指标的一个具有切比雪夫或逆切比雪夫响应的低通滤波器所需的最低阶数 N。

由例 A.2 可得如下参数：$1/k_1 = 196.51334$ 和 $1/k = 5$。把这些值代入式(A.17)，可得

$$N = \frac{\operatorname{arccosh}(1/k_1)}{\operatorname{arccosh}(1/k)} = \frac{\operatorname{arccosh}(196.51334)}{\operatorname{arccosh}(5)} = 2.60591 \tag{A.25}$$

由于滤波器的阶数必须是一个整数，所以我们将 N 选为下一个整数值 3。注意，在满足式(A.12)给定的同样条件下，切比雪夫低通滤波器的阶数要低于巴特沃思低通滤波器的阶数。当 $N \geq 2$ 时，通常就是这样。

A.4　椭圆逼近

椭圆滤波器（也称为 **Cauer 滤波器**）具有等波纹通带和等波纹阻带幅度响应，图 A.6 给出了典型椭圆低通滤波器的情况。椭圆滤波器的传输函数满足一组给定的滤波器指标，即通带边界频率 Ω_p、阻带边界频率 Ω_s、通带波纹 ε、最小阻带衰减 A 和最低滤波器阶数 N。椭圆滤波器逼近的理论在数学上相当困难，对其详细的讨论超出了本书的范围，感兴趣的读者可以参阅 Antoniou 的专著[Ant93]、Parks 和 Burrus 的专著[Par87]以及 Temes 和 LaPatra 的专著[Tem77]。

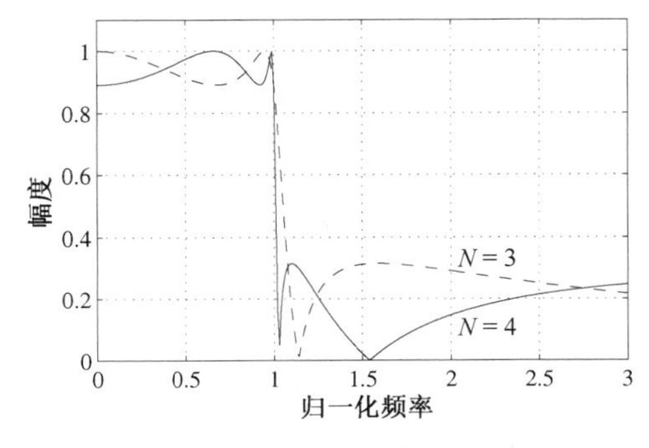

图 A.6　具有 1 dB 通带波纹和 10 dB 最小阻带的典型椭圆低通滤波器响应

椭圆低通滤波器的平方幅度响应为

$$|H_a(\mathrm{j}\Omega)|^2 = \frac{1}{1 + \varepsilon^2 R_N^2(\Omega/\Omega_p)} \tag{A.26}$$

其中，$R_N(\Omega)$ 是满足性质 $R_N(1/\Omega) = 1/R_N(\Omega)$ 的 N 阶有理函数，其分子的根落在区间 $0 < \Omega < 1$ 内，分母的根落在范围 $1 < \Omega < \infty$ 内。对于大多数应用，满足一组给定指标（通带边界频率 Ω_p、通带波纹 ε、阻带边界频率 Ω_s 和最小阻带波纹 A）的条件的滤波器的阶数可以通过近似方程

$$N \approx \frac{2\lg(4/k_1)}{\lg(1/\rho)} \tag{A.27}$$

来估计[Ant93]。式中，k_1 是式(A.6)定义的分辨参数，ρ 计算如下：

$$k' = \sqrt{1-k^2} \tag{A.28a}$$

$$\rho_0 = \frac{1-\sqrt{k'}}{2(1+\sqrt{k'})} \tag{A.28b}$$

$$\rho = \rho_0 + 2(\rho_0)^5 + 15(\rho_0)^9 + 150(\rho_0)^{13} \tag{A.28c}$$

在式(A.28a)中，k 是由式(A.5)定义的选择性参数。

例 A.4　模拟低通椭圆滤波器的阶数

我们希望求设计满足例 A.2 给定指标的一个低通椭圆滤波器所需的最低阶数 N。

由例 A.2 我们注意到 $k=1/5=0.2$，$1/k_1=196.513\,34$。把这些值代入式(A.28a)至式(A.28c)，可得

$$k' = 0.979796,\quad \rho_0 = 0.00255135,\quad \rho = 0.0025513525$$

将上面的值代入式(A.27)中，可得

$$N = 2.23308 \tag{A.29}$$

把求出的值向上取整，可得 $N=3$ 就是所求的椭圆低通滤波器的适当阶数。

A.5　线性相位逼近

前面三种逼近技术用来生成满足指定幅度或增益响应指标的模拟低通传输函数，而没有考虑它们的相位响应。在一些应用中，所设计的模拟低通滤波器除了逼近幅度特性之外，还需要在通带内具有线性相位特性。实现此目标的一种方法是将一个模拟全通滤波器与设计来满足幅度指标的滤波器相级联，这样，整个级联实现的相位响应在通带中就近似为线性相位响应。这种方法增加了模拟滤波器整体的硬件复杂度，并不适合于用来设计一些 A/D 转换中的模拟抗混叠滤波器或 D/A 转换应用中的模拟重构滤波器。

可以设计一个低通滤波器用来在通带内逼近线性相位特性。这样的滤波器具有形如

$$H_a(s) = \frac{d_0}{B_N(s)} = \frac{d_0}{s^N + d_{N-1}s^{N-1} + \cdots + d_1 s + d_0} \tag{A.30}$$

的全极点传输函数，并在 $\Omega=0$ 处提供了一个对线性相位特性最平坦的逼近，即在直流($\Omega=0$)处有一个最平坦的常数群延迟。对于在直流处归一化的群延迟，传输函数的分母多项式 $B_N(s)$[称为**贝塞尔(Bessel)多项式**]可以通过下面的递归关系

$$B_N(s) = (2N-1)B_{N-1}(s) + s^2 B_{N-2}(s) \tag{A.31}$$

从 $B_1(s)=s+1$ 和 $B_2(s)=s^2+3s+3$ 开始来得到。另外，贝塞尔多项式 $B_N(s)$ 的系数可以通过下式求得：

$$d_\ell = \frac{(2N-\ell)!}{2^{N-\ell}\ell!(N-\ell)!},\qquad \ell = 0,1,\cdots,N-1 \tag{A.32}$$

这些滤波器通常称为**贝塞尔滤波器**。图 A.7 显示了一些典型贝塞尔滤波器的相位响应。注意，与使用前面三种技术中的任何一种设计的同样阶数的低通滤波器相比，贝塞尔滤波器的幅度响应特性更差。

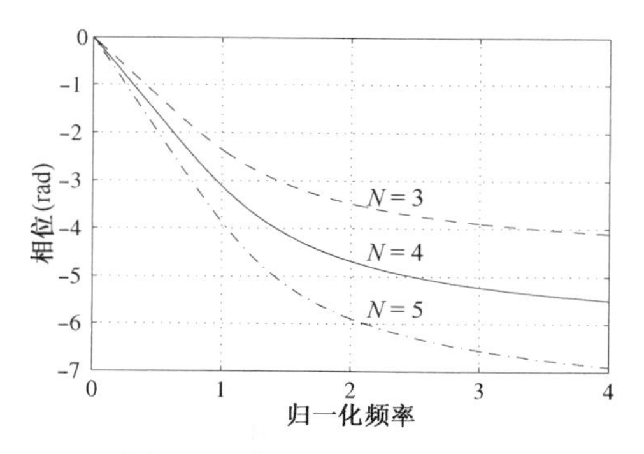

图 A.7　典型归一化贝塞尔低通滤波器的相位响应

A.6　用 MATLAB 设计模拟滤波器

MATLAB **信号处理工具箱**包含有大量 M 文件来对上述逼近技术中的任何一种直接生成模拟传输函数。我们接下来介绍这些函数。

巴特沃思滤波器

用来设计模拟巴特沃思滤波器的 M 文件是

```
[z,p,k]    = buttap(N)
[num,den] = butter(N,Wn,'s')
[num,den] = butter(N,Wn,'type','s')
[N, Wn]    = buttord(Wp,Ws,Rp,Rs,'s')
```

M 文件 buttap(N)用来计算 3 dB 截止频率为 1 的 N 阶归一化模拟巴特沃思低通滤波器的传输函数的零点、极点和增益因子。输出文件包含存储极点位置的长度为 N 的列向量 p、存储零点位置的零向量 z 和增益因子 k。得到传输函数形如：

$$H_a(s) = \frac{P_a(s)}{D_a(s)} = \frac{k}{(s-p(1))\,(s-p(2))\cdots(s-p(N))} \tag{A.33}$$

为了从计算出的零点和极点中确定出传输函数的分子和分母多项式的系数，需要用到 M 文件 zp2tf(z, p, k)。

另外，可以用 M 文件 butter(N, Wn, 's')来设计一个指定 3 dB 截止频率为 Wn rad/s(一个非零数)的 N 阶低通传输函数。该 M 文件的输出数据分别是分子和分母的系数向量，即 num 和 den，它们都以 s 的降幂排列。若 Wn 是一个含有两个元素的向量[W1, W2]，其中 W1 < W2，则 M 文件产生 3 dB 频带边界频率分别为 W1 和 W2(都是非零值)的 2N 阶带通传输函数。M 文件 butter(N, Wn, 'type', 's')可以用来设计一个阶数为 N 的高通滤波器或一个阶数为 2N 的带阻滤波器，对于一个 3 dB 截止频率为 Wn 的高通滤波器，参数 type = high；对于 3 dB 阻带边界为一个两元素非零向量 Wn = [W1, W2]且 W1 < W2 的带阻滤波器，type = stop。

M 文件 buttord(Wp, Ws, Rp, Rs, 's')用来计算滤波器参数 Wp、Ws、Rp 和 Rs 满足给定的指标的一个巴特沃思模拟传输函数的最低阶数 N，其中 Wp 是单位为 rad/s 的通带边界角频率，Ws 是单位为弧度/秒的阻带边界角频率，Rp 是单位为 dB 的最大通带衰减，Rs 是单位为 dB 的最小阻带衰减。输出数据为滤波器阶数 N 和单位为弧度/秒的 3 dB 截止角频率 Wn。该 M 文件也可以用来计算 4 种基本类型巴特沃思滤波器的任何一种的阶数。对于低通设计，Wp < Ws，对于高通设计，Wp > Ws。对于另外两种类型，Wp 和 Ws 都是含有两个元素的向量，它们分别设定通带和阻带的边界频率。

切比雪夫 1 型滤波器

用来设计切比雪夫 1 型滤波器的 M 文件如下：

```
[z,p,k]    = cheb1ap(N,Rp)
[num,den] = cheby1(N,Rp,Wn,'s')
[num,den] = cheby1(N,Rp,Wn,'type','s')
[N,Wn]     = cheb1ord(Wp,Ws,Rp,Rs,'s')
```

M 文件 cheb1ap(N, Rp)计算阶数为 N、通带波纹为 Rp(单位是 dB)的归一化模拟切比雪夫 1 型低通滤波器传输函数的零点、极点和增益因子。归一化通带边界频率设为 1。输出文件有提供极点位置的列向量 p、零点位置的空向量 z 和增益因子 k。传输函数的形式如式(A.33)所示。

同前一种情况那样，传输函数的分子和分母的系数可以用 M 文件 zp2tf(z, p, k)来确定。切比雪夫 1 型低通滤波器传输函数的有理形式也可以直接用 M 文件 cheby1(N, Rp, Wn, 's')来确定，其中 Wn 是单位为弧度/秒的通带边界角频率，Rp 是单位为 dB 的通带波纹。输出数据是向量 num 和 den，它们分别包含了传输函数的分子和分母多项式的系数，都以 s 的降幂排列。若 Wn 是一个含有两个元素的向量[W1, W2]，其中 W1 < W2，则 M 文件用来计算通带边界角频率为 W1 和 W2(单位为弧度/秒)的一个阶数为 2N 的带通滤波器的传输函数。M 文件 cheby1 (N, Rp, Wn, 'type', 's')用于另两类滤波器的设计，对于高通情况，type = high，而对于带阻情况，type = stop。对于高通滤波器设计，Wn 是一个表示通带边界频率的标量，对于带阻滤波器设计，Wn 是一个定义阻带截止频率的含有两个元素的向量。

M 文件 cheb1ord(Wp, Ws, Rp, Rs, 's')用来确定滤波器参数 Wp, Ws, Rp 和 Rs 满足给定的指标

的一个切比雪夫 1 型模拟传输函数的最低阶数 N，其中 Wp 是通带边界角频率，Ws 是阻带边界角频率，Rp 是单位为 dB 的通带波纹，而 Rs 是单位为 dB 的最小阻带衰减。输出数据是滤波器的阶数 N 和截止角频率 Wn。该 M 文件也可以用来计算 4 种基本类型模拟切比雪夫 1 型滤波器的任何一种的阶数。对于低通设计，Wp < Ws，而对于高通设计，Wp > Ws。对于其他两类，Wp 和 Ws 是指定通带和阻带边界频率的两元素的向量。所有的频带边界频率的单位都是弧度/秒。

切比雪夫 2 型滤波器

用来设计模拟切比雪夫 2 型滤波的 M 文件是

```
[z,p,k]    = cheb2ap(N,Rs)
[num,den] = cheby2(N,Rs,Wn,'s')
[num,den] = cheby2(N,Rs,Wn,'type','s')
[N,Wn]     = cheb2ord(Wp,Ws,Rp,Rs,'s')
```

M 文件 cheb2ap(N, Rs)返回的是最小阻带衰减为 Rs(单位为 dB)的 N 阶归一化模拟切比雪夫 2 型低通滤波器的零点、极点和增益因子。归一化阻带边界频率设为 1。输出数据是分别提供零点和极点位置的长度为 N 的列向量 z 和 p 以及增益因子 k。若 N 是奇数，则 z 的长度为 N - 1。所得到的传输函数形如

$$H_a(s) = \frac{P_a(s)}{D_a(s)} = k\frac{(s-z(1))(s-z(2))\cdots(s-z(N))}{(s-p(1))(s-p(2))\cdots(s-p(N))} \tag{A.34}$$

M 文件 cheby2(N, Rs, Wn, 's')用来确定一个切比雪夫 2 型低通滤波器或带通滤波器的传输函数。当 Wn(单位为弧度/秒)是一个定义阻带边界角频率的标量时，设计的是一个低通滤波器，当 Wn 是一个定义阻带边界角频率的含有两个元素的向量时，设计的是一个带通滤波器。M 文件 cheby2(N, Rs, Wn, 'type', 's')提供一个切比雪夫 2 型滤波器的传输函数，当 type = high 时是高通滤波器，当 type = stop 时是带阻滤波器。在所有情况下，指定的最小阻带衰减为 Rs(单位为 dB)。输出数据是包含以 s 的降幂排列的分子和分母系数的向量 num 和 den。

如切比雪夫 1 型滤波器所定义那样，M 文件 cheb2ord(Wp, Ws, Rp, Rs, 's')用来确定滤波器参数 Wp、Ws、Rp 和 Rs 满足给定的指标的一个切比雪夫 2 型模拟传输函数的最低阶数 N。

椭圆(Cauer)滤波器

用来设计模拟椭圆滤波器的 M 文件是

```
[z,p,k]    = ellipap(N,Rp,Rs)
[num,den] = ellip(N,Rp,Rs,Wn,'s')
[num,den] = ellip(N,Rp,Rs,Wn,'type','s')
[N,Wn]     = ellipord(Wp,Ws,Rp,Rs,'s')
```

M 文件 ellipap(N, Rp, Rs)确定通带波纹为 Rp dB、最小阻带衰减为 Rs dB 的一个 N 阶归一化模拟椭圆低通滤波器的零点、极点和增益因子。归一化的通带边界角频率设为 1。输出文件是分别提供零点和极点位置且长度为 N 的列向量 z 和 p，以及增益因子 k。若 N 是奇数，则 z 的长度为 N - 1。得到的传输函数形如式(A.34)。

M 文件 ellip(N, Rp, Rs, Wn, 's')返回一个椭圆模拟滤波器的传输函数，当 Wn(单位为弧度/秒)是一个定义通带边界角频率的标量时，返回的是低通滤波器，当 Wn 是一个定义通带边界频率的含有两个元素的向量时，返回的是一个带通滤波器。M 文件 ellip(N, Rp, Rs, Wn, 'type', 's')也可以用来确定一个椭圆传输函数，当 type = high 并且 Wn(单位为弧度/秒)是定义阻带边界角频率的标量时，设计的是一个高通滤波器，当 type = stop 并且 Wn 是一个定义阻带边界角频率的含有两个元素的向量时，设计的是一个带阻滤波器。在所有情况下，Rp dB 是指定的通带波纹，Rs(单位为 dB)是最小阻带衰减。输出文件是包含以 s 的降幂排列的分子和分母系数的向量 num 和 den。

如切比雪夫 1 型滤波器所定义那样，M 文件 ellipord(Wp, Ws, Rp, Rs, 's')用来确定滤波器参数 Wp、Ws、Rp 和 Rs 满足给定的指标的一个椭圆模拟传输函数的最低阶数 N。

贝塞尔滤波器

为了设计一个贝塞尔滤波器，可供使用的 M 文件是

```
[z,p,k]    = besselap(N)
[num,den] = besself(N,Wn)
[num,den] = besself(N,Wn,'type')
```

M 文件 besselap(N)用来计算一个 N 阶贝塞尔低通滤波器原型的零点、极点和增益因子。该 M 文件的输出数据是提供极点位置且长度为 N 的列向量 p 和增益因子 k。由于没有零点，所以输出向量 z 是一个空向量。传输函数如式(A.33)所示。

M 文件 besself(N, Wn)用来设计一个 3 dB 截止角频率为标量 Wn(单位为弧度/秒)的 N 阶模拟低通贝塞尔滤波器。它生成长度为(N+1)的向量 num 和 den，它们包含了以 s 的降幂形式排列的分子和分母的系数。若 Wn 是一个含有两个元素的向量，则它返回一个阶数为 2N 的模拟带通贝塞尔滤波器的传输函数。为了设计另外两类贝塞尔滤波器，可用函数 besself(N, Wn, 'type')。这里，对于高通情况，参数 type = high，Wn 表示单位为弧度/秒的 3 dB 阻带边界频率，对于带阻情况，参数 type = stop，Wn 是一个定义 3 dB 阻带边界频率的含有两元素的向量。

局限

对于巴特沃思、切比雪夫 2 型、椭圆或贝塞尔滤波器的设计，零点 - 极点 - 增益的形式比传输函数形式更为准确。在这些情况下，滤波器设计函数最好仅用于滤波器阶数小于 15 的情况，因为当滤波器阶数大于或等于 15 时，可能会出现数值计算问题。

A.7　模拟低通滤波器设计举例

下面我们举几个例子来说明在设计模拟滤波器时如何使用上述函数。在例 A.5 到例 A.7 中，我们重做例 A.2 到例 A.4，用各自的 M 文件来求传输函数的阶数。在例 A.8 到例 A.10 中，我们确定相应的传输函数并用 M 文件 freqs(num, den, w)来计算频率响应，其中 num 和 den 是以 s 的降幂排列的分子和分母系数向量，而 w 是一组指定的离散角频率。函数产生了一个频率响应样本的复向量，由此可以很容易计算幅度响应或相位响应样本。

例 A.5　模拟巴特沃思低通滤波器的阶数

为了求满足例 A.2 给定的频率响应指标的模拟巴特沃思低通滤波器的阶数，我们使用命令[N, Wn] = buttord(Wp, Ws, Rp, Rs, 's')，其中 Wp = 2π(1000)，Ws = 2π(5000)，Rp = 1，Rs = 40。产生的输出是 N = 4 和 Wn = 9934.7，其中 Wn 是 3 dB 截止角频率。计算出来的阶数和在例 A.2 中用式(A.9)求出的阶数一样。

例 A.6　模拟切比雪夫低通滤波器的阶数

接下来我们求满足上述同样指标的模拟切比雪夫 1 型和 2 型低通滤波器的阶数。为此，我们分别使用命令[N, Wn] = cheb1ord(Wp, Ws, Rp, Rs, 's')和[N, Wn] = cheb2ord(Wp, Ws, Rp, Rs, 's')。对于切比雪夫 1 型滤波器，计算出的输出数据为 N = 3 和 Wn = 6283.18，而对于切比雪夫 2 型滤波器，计算出的输出数据为 N = 3 和 Wn = 23440.97。前面一种情况计算出来的 Wn 是单位为弧度/秒的 1 dB 通带边界角频率，而第二种情况计算出来的 Wn 是单位为弧度/秒的 40 dB 阻带边界角频率。计算出来的阶数与在例 A.3 中用式(A.17)求出的阶数一致。

例 A.7　模拟椭圆低通滤波器的阶数

为了求满足同样指标的一个模拟椭圆低通滤波器的阶数，我们使用命令[N, Wn] = ellipord(Wp, Ws, Rp, Rs, 's')，得到的输出数据是 N = 3 和 Wn = 6283.185，这验证了例 A.4 中得到的阶数。其中 Wn 是 1 dB 通带边界角频率。

例 A.8　四阶最平坦模拟低通滤波器的传输函数

程序 A_1.m

考虑用程序 A_1 设计一个 3 dB 截止频率为 $\Omega = 1$ 的四阶最平坦模拟低通滤波器。程序运行后产生的输出数据如下：

```
Poles are at
 -0.38268343236509 + 0.92387953251129i
 -0.92387953251129 + 0.38268343236509i
 -0.92387953251129 - 0.38268343236509i
 -0.38268343236509 - 0.92387953251129i

Numerator polynomial
     0     0     0     0     1

Denominator polynomial
Columns 1 through 4
1.0   2.6131259297   3.4142135624    2.6131259297

Column 5
1.0
```

该程序生成的增益响应图在图 A.8 中绘出。

例 A.9 用 MATLAB 设计巴特沃思低通滤波器

程序 A_2.m

我们现在用 MATLAB 来完成例 A.2 中的巴特沃思低通滤波器的设计。为此，我们修改例 A.8 中的程序 A_1，如程序 A_2 所示。在程序执行过程中，程序要求输入滤波器的阶数和 3 dB 截止角频率(在例 A.5 中求出分别为 4 和 9934.7)。产生的增益响应图如图 A.9 所示。从图中可以看出，与期望的一样，1 dB 通带截止频率为 1 kHz，在 5 kHz 处衰减大于 40 dB。

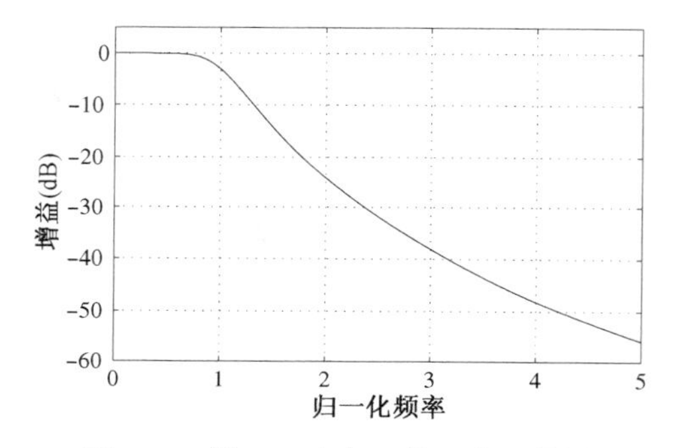

图 A.8 例 A.8 中归一化四阶巴特沃思低通滤波器的增益响应

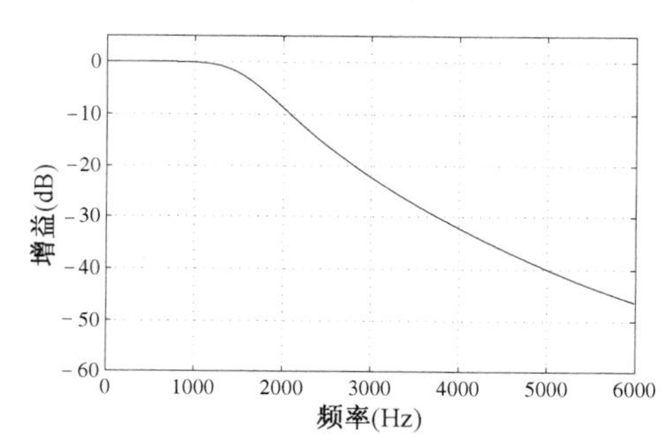

图 A.9 例 A.9 中巴特沃思低通滤波器的增益响应

例 A.10 用 MATLAB 设计切比雪夫 1 型模拟低通滤波器

程序 A_3.m

我们接下来设计满足例 A.2 中的指标的一个切比雪夫 1 型低通滤波器。为此，用到程序 A_3。程序在运行时，要求键入滤波器的阶数、通带边界角频率(例 A.6 分别求出为 3 和 6283.18)和通带波纹(1 dB)。它接下来产生增益响应图，如图 A.10 所示。

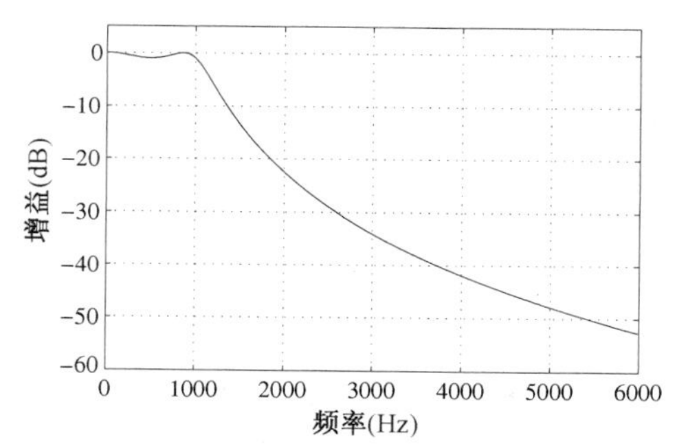

图 A.10 例 A.10 中切比雪夫 1 型低通滤波器的增益响应

例 A.11 用 MATLAB 设计椭圆模拟低通滤波器

程序 A_4.m

用类似的格式可以设计满足例 A.2 的指标的一个模拟椭圆低通滤波器。相关的 MATLAB 程序是程序 A_4。当程序运行时，要求输入滤波器的阶数(在例 A.7 中求出等于 3)、通带边界角频率($2000\pi = 6283.185$)、通带波纹(1 dB)和最小阻带衰减(40 dB)。产生的增益响应图如图 A.11 所示。

A.8　滤波器类型的比较

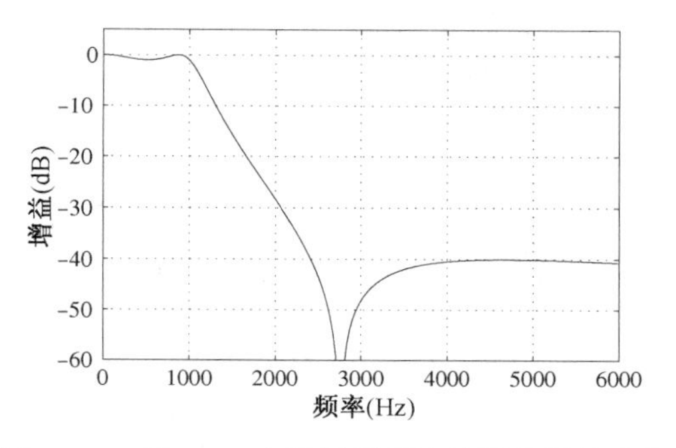

图 A.11　例 A.11 中椭圆低通滤波器的增益响应

在前面四节中，我们已经介绍了四类模拟低通滤波器的逼近，其中的三类主要是为了满足幅度响应指标，而第四类主要是为了提供一个近似线性相位的逼近。为了确定选择哪一类滤波器来满足给定的幅度响应指标，需要比较四类逼近的性能。为此，在这里比较同一阶数的归一化巴特沃思、切比雪夫和椭圆模拟低通滤波器。假设切比雪夫 1 型与等波纹滤波器的通带波纹是相同的，而切比雪夫 2 型与等波纹滤波器的最小阻带衰减是相同的。用于比较的滤波器指标如下：滤波器阶数为 6，通带边界在 $\Omega=1$，最大通带偏离为 1 dB，最小阻带衰减为 40 dB。用 MATLAB 算出的频率响应在图 A.12 中画出。

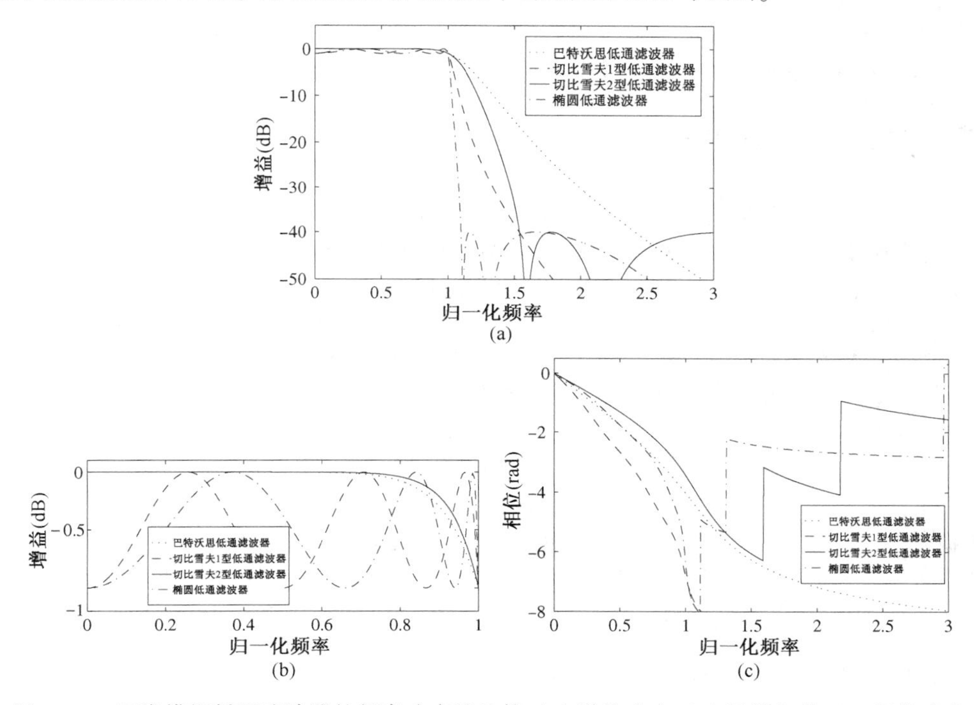

图 A.12　四类模拟低通滤波器的频率响应的比较：(a)增益响应；(b)通带细节；(c)相位响应

从图 A.12 中可以看到，巴特沃思滤波器具有最宽的过渡带，并有一个单调下降的增益响应。两种类型的切比雪夫滤波器有相同宽度的过渡带，该宽度小于巴特沃思滤波器的宽度，但大于椭圆滤波器的宽度。切比雪夫 1 型滤波器比切比雪夫 2 型滤波器在过渡带提供一个稍微更快的滚降。切比雪夫 2 型滤波器在通带的幅度响应几乎和巴特沃思的相同。椭圆滤波器具有最窄的过渡带，并且有等波纹的通带响应和等波纹阻带响应。

巴特沃思和切比雪夫滤波器大约在通带 3/4 的范围内有一个几乎线性的相位响应，而椭圆滤波器大约在通带一半的范围内有一个近似的线性相位响应。另一方面，若需要在通带更大的范围内具有线性相位响应，则贝塞尔滤波器将具有吸引力，但这是以更差的增益响应特性为代价的。图 A.13 显示了一个六阶贝塞尔滤波器的增益响应和相位响应，其频率被尺度缩放使得其通带边界在 $\Omega=1$ 且最大通带偏离为 1 dB。然而，贝塞尔滤波器在大约 $\Omega=6.4$ 处提供了一个 40 dB 的最小衰减，因此，与其他三类滤波器相比，它具有最宽的过渡带。

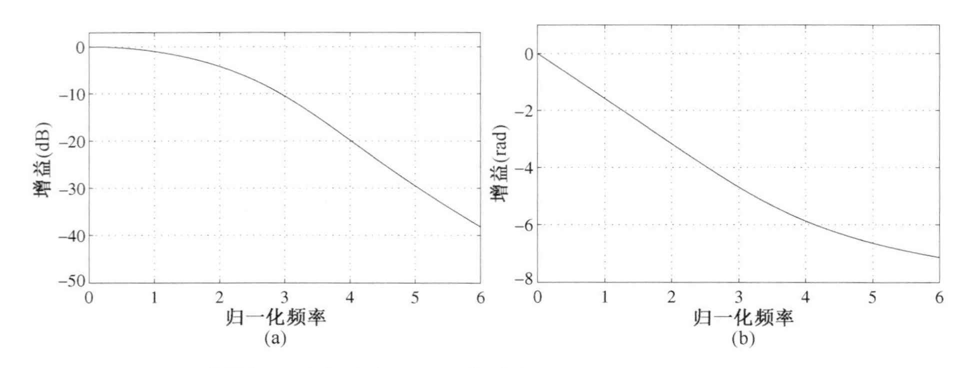

图 A.13　六阶模拟贝塞尔滤波器的频率响应:(a)增益响应;(b)展开的相位响应

另一种比较巴特沃思、切比雪夫和椭圆滤波器的性能的方法是,比较达到同样的滤波器指标时这些滤波器所需要的阶数。例如,考虑低通滤波器指标:通带边界在 $\Omega=1$,最大通带偏离为 1 dB,阻带边界在 $\Omega=1.2$,最小阻带衰减为 40 dB。一个 29 阶的巴特沃思滤波器、一个 10 阶的切比雪夫 1 型或 2 型滤波器以及一个六阶的椭圆滤波器,均可以实现这些指标。

A.9　抗混叠滤波器设计

根据 3.8.1 节的抽样定理,若满足式(3.71)的条件,即以至少两倍于带限连续时间信号 $g_a(t)$ 的最高频率 Ω_m 的抽样率 Ω_T 对 $g_a(t)$ 进行抽样,则信号 $g_a(t)$ 就可以从它的均匀抽样形式中完全恢复。若该条件不满足,则由于混叠引起的失真,会使得原始连续时间信号 $g_a(t)$ 不能从其抽样形式中恢复。在实际中,$g_a(t)$ 在抽样之前通过一个模拟抗混叠低通滤波器来保证满足式(3.71)的条件。该模拟滤波器是在连续时间域和离散时间域之间的第一个接口电路,在本节中将对其进行讨论。

理想情况下,抗混叠滤波器 $H_a(s)$ 应该具有低通频率响应 $H_a(\mathrm{j}\Omega)$:

$$H_a(\mathrm{j}\Omega)=\begin{cases}1, & |\Omega|<\Omega_T/2\\ 0, & |\Omega|\geqslant\Omega_T/2\end{cases} \tag{A.35}$$

这样一个"理想矩形"类型的频率响应无法用实际模拟电路元件实现,因而只能逼近。因此,一个实际的抗混叠滤波器在通带内的幅度响应应该以一个可接受的容限逼近 1、应该具有超过最小衰减程度的阻带幅度响应以及分离通带和阻带的一个可接受的过渡带,并在无穷远处有一个传输零点。另外,在许多应用中,也要求在通带内具有线性相位响应。通带边界频率 Ω_p、阻带边界频率 Ω_s 和抽样频率 Ω_T 必须满足关系

$$\Omega_p<\Omega_s\leqslant\frac{\Omega_T}{2} \tag{A.36}$$

通带边界频率 Ω_p 由连续时间信号 $g_a(t)$ 中的最高频率决定,该连续信号必须无失真地保留在抽样形式中。由于频率大于 $\Omega_T/2$ 的信号分量因混叠而表现为小于 $\Omega_T/2$ 的频率,所以抗混叠滤波器在频率大于 $\Omega_T/2$ 处的衰减程度由在通带内可以容忍的混叠数量来确定。最大的混叠失真来自与基带相邻的输入频谱的副本的分量①。由图 A.14 可知,频率 $\Omega_o=\Omega_T-\Omega_p$ 混叠到频率 Ω_p,并且若在 Ω_p 处可接受的混叠谱的数量是 $\alpha_p=-20\lg(1/A)$,则抗混叠滤波器在 Ω_o 处的最小衰减也必须是 α_p[Jac96]。

例 A.12　确定抗混叠滤波器阶数

设计一个具有巴特沃思低通幅度响应特性的抗混叠滤波器。由式(A.7),在 Ω_p 和 Ω_o 处的衰减程度的差异(以 dB 为单位)为

$$10\lg\left[\frac{1+(\Omega_o/\Omega_c)^{2N}}{1+(\Omega_p/\Omega_c)^{2N}}\right]\approx10\lg\left(\frac{\Omega_o}{\Omega_p}\right)^{2N} \tag{A.37}$$

① 此处默认抗混叠滤波器的幅度响应在阻带内是单调下降的。

对几个不同比值Ω_o/Ω_p，表 A.1 中列出了表示为滤波器阶数 N 的函数的这个差异。该表可以用来在指定的滤波器阶数和在频率 $\Omega_o=\Omega_T-\Omega_p$ 处指定的最小阻带衰减电平估计最小抽样频率 Ω_T，它是通带边界 Ω_p 的函数。例如，若在 $\Omega_T-\Omega_p$ 处的最小阻带衰减是 60 dB，则从表 A.1 中可以观察到当抽样率 $\Omega_T=3\Omega_p$ 时，滤波器的阶数应该为 $N=\lceil 60/6.02\rceil=\lceil 9.967\rceil=10$①。若将抽样频率增加到 $4\Omega_p$，则滤波器的阶数减少到 $N=\lceil 60/9.54\rceil=\lceil 6.29\rceil=7$。对于更高的抽样频率 $5\Omega_p$，滤波器的阶数变为 $N=\lceil 60/12.04\rceil=\lceil 4.98\rceil=5$。

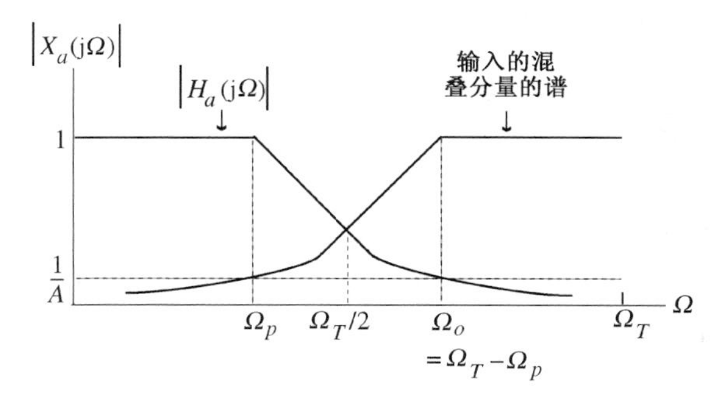

图 A.14　抗混叠滤波器的幅度响应及其在所研究的信号频带中的影响

表 A.1　巴特沃思低通滤波器的近似最小阻带衰减

Ω_0	$2\Omega_p$	$3\Omega_p$	$4\Omega_p$
衰减(dB)	6.02N	9.54N	12.04N
Ω_T	$3\Omega_p$	$4\Omega_p$	$5\Omega_p$

在实际中，按照特定的应用选择抽样频率。在需要最小混叠的应用中，抽样率通常选为抗混叠模拟滤波器的通带边界 Ω_p 的 3～4 倍。在对抗混叠要求不高的应用中，取抗混叠模拟滤波器的通带边界 Ω_p 的两倍作为抽样率就足够了。例如，在脉冲编码调制(PCM)电话系统中，声音信号首先要通过一个通带边界为 3.6 kHz 而阻带边界为 4 kHz 的抗混叠模拟滤波器，将声音信号带限到 4 kHz。一个三阶椭圆低通滤波器通常可以满足这些指标。接下来以 8 kHz 对滤波器的输出进行抽样。

可以对模拟信号进行过抽样，然后对高抽样率的数字信号抽取得到期望的低速率数字信号，以放宽对模拟抗混叠滤波器性能的要求。首先将高抽样率的数字信号通过一个数字抗混叠滤波器，然后对其输出进行下抽样，抽取过程可以完全在数字域中实现。为了理解过抽样方法的优点，考虑对一个带限到频率为 Ω_m 的模拟信号进行抽样。图 A.15 分别显示了信号在两种不同抽样率 Ω_T 和 $\Omega_T'=2\Omega_T$ 下得到的抽样形式的频谱，其中 Ω_T 稍大于奈奎斯特率 $2\Omega_m$。图中也显示了在这两种情况下模拟抗混叠滤波器所需的频率响应特性。注意，在后一种情况下，模拟抗混叠滤波器的过渡带要比前面一种情况所需要的过渡带的 3 倍还大得多。因此，用一个更低阶的模拟滤波器就可以很容易地满足滤波器的指标。

可以用 A.2 节至 A.4 节介绍的 4 种逼近技术中的任何一种来设计抗混叠滤波器。在这 4 类滤波器中，对于一个给定阶数的滤波器，巴特沃思逼近提供了一个在通带内的期望幅度响应和线性相位响应之间的较好折中。若要以较差的幅度响应为代价换取相位响应的改善，则可以选择贝塞尔逼近。另一方面，若要求幅度响应改善而相位响应变差，则可以选择切比雪夫或者椭圆逼近，对于一个给定的滤波器阶数，后者提供了最小的混叠误差。然而，椭圆逼近中需要保证传输函数在无穷远处有一个零点。否则，所有平移的谱的尾部都将叠加起来将是无穷大。

一旦确定了满足要求的抗混叠滤波器的传输函数 $H_a(s)$，就可以通过很多方式(例如无源 RLC 滤波器、有源 RC 滤波器或开关电容滤波器)来实现它[Lar93]。关于这些实现方法的详细讨论超出了本书的范围，我们建议读者参考在本书末尾列出的书籍[Dar76]，[Tem73]，[Tem77]。

① $\lceil x\rceil$表示大于或等于 x 的最小整数。

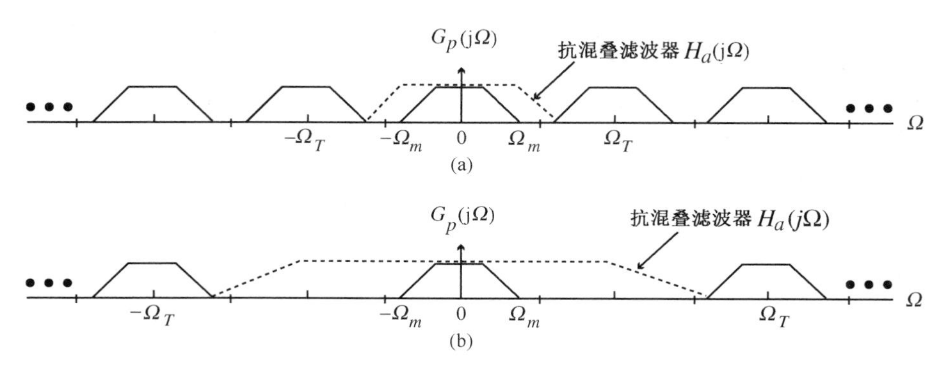

图 A.15 对两个不同的过抽样率的模拟抗混叠滤波器的需求

A.10 重构滤波器设计

D/A 转换器的输出最终要通过一个模拟重构或者平滑滤波器来消除基带以外所有谱的副本。如3.8.2节中指出的，理想情况下，该滤波器应该具有如式(3.78)所示的频率响应。若重构滤波器的截止频率 Ω_c 选为 $\Omega_T/2$，其中 Ω_T 是抽样角频率，则相应的频率响应为

$$H_r(j\Omega)=\begin{cases}T, & |\Omega|\leqslant\Omega_T/2\\ 0, & |\Omega|>\Omega_T/2\end{cases}\tag{A.38}$$

若将 D/A 转换器的输入记为 $y[n]$，则由式(3.82)可知重构出的模拟信号 $y_a(t)$ 为

$$y_a(t)=\sum_{n=-\infty}^{\infty}y[n]\frac{\sin[\pi(t-nT)/T]}{\pi(t-nT)/T}\tag{A.39}$$

由于式(A.38)中的理想重构滤波器具有双向无限冲激响应，因此它是非因果的并且是不可实现的。在实际中，有必要用到逼近理想低通频率响应的滤波器。

理想 D/A 转换器的输出为如图 A.16(a)所示的冲激串。然而，一个实际的 D/A 转换器单元在它的输出端总是包含有一个**零阶保持电路**，它产生一个阶梯状的模拟波形 $y_z(t)$，如图 A.16(b)所示。因此，为了确定跟在整个 D/A 转换器结构后面的平滑低通滤波器的指标，分析零阶电路的影响十分重要。

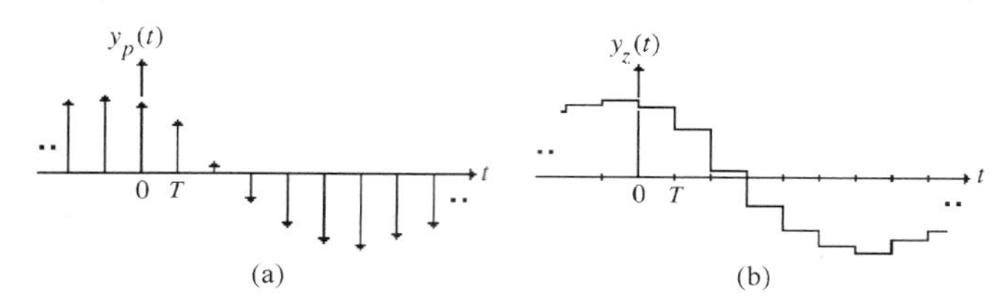

图 A.16 典型的输出波形：(a)理想 D/A 转换器；(b)实际 D/A 转换器

零阶保持运算可以建模为将 D/A 输出的理想冲激串 $y_p(t)$ 通过一个冲激响应 $h_z(t)$ 是一个宽度为 T 的单位矩形脉冲的线性时不变模拟系统，如图 A.17 所示。若 $Y_p(j\Omega)$ 表示理想 D/A 转换器的输出 $y_p(t)$ 的连续时间傅里叶变换，则零阶保持电路的输出 $y_z(t)$ 的连续时间傅里叶变换 $Y_z(j\Omega)$ 就是

$$Y_z(j\Omega)=H_z(j\Omega)Y_p(j\Omega)\tag{A.40}$$

式中

$$\begin{aligned}H_z(j\Omega)&=\int_0^T e^{-j\Omega t}\,dt=-\left.\frac{e^{-j\Omega t}}{j\Omega}\right|_0^T\\&=\frac{1-e^{-j\Omega T}}{j\Omega}=e^{-j\frac{\Omega T}{2}}\left[\frac{\sin(\Omega T/2)}{\Omega/2}\right]\end{aligned}\tag{A.41}$$

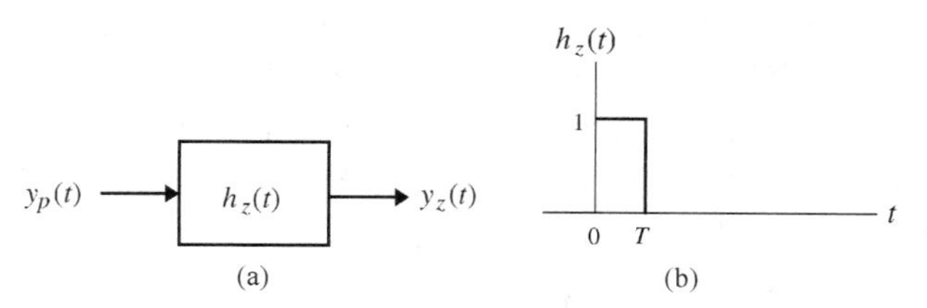

图 A.17　(a)零阶保持运算的模型；(b)零阶保持电路的冲激响应

如图 A.18(a)所示，零阶保持电路的幅度响应有低通特性，并且在 $\pm\Omega_T$，$\pm 2\Omega_T$，…处有零点，其中 $\Omega_T=2\pi/T$ 是抽样角频率。图 A.18(b)显示了幅度响应 $|Y_p(\mathrm{j}\Omega)|$，它是 Ω 的周期函数，周期为 Ω_T。由于零阶保持电路的模拟输出 $y_z(t)$ 的频率响应 $Y_z(\mathrm{j}\Omega)$ 是 $Y_p(\mathrm{j}\Omega)$ 和 $H_z(\mathrm{j}\Omega)$ 的乘积，所以零阶保持电路在某种程度上衰减了中心在抽样率 Ω_T 的整数倍的不需要的副本，如图 A.18(c)所示。因此，一个**模拟重构滤波器**(也称为**平滑滤波器**) $H_r(\mathrm{j}\Omega)$ 跟在实际 D/A 转换器单元的后面，它设计用来进一步削弱中心在抽样频率 Ω_T 的整数倍的信号谱的残余部分。此外，还需要对零阶保持电路在直流到 $\Omega_T/2$ 的频带中产生的振幅失真(通常称为固定偏差)进行补偿。

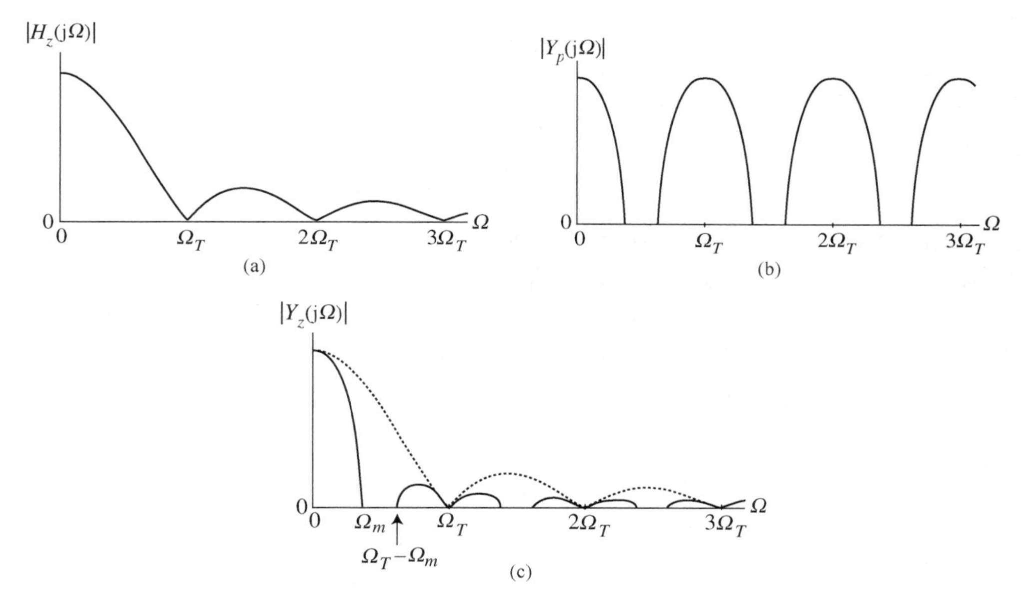

图 A.18　(a)零阶保持电路的幅度响应；(b)理想 D/A 转换器的输出的幅度响应；(c)实际D/A转换器的输出的幅度响应

若忽略固定偏差的影响，就可以很容易地确定模拟重构滤波器 $H_r(\mathrm{j}\Omega)$ 的常用指标。若 Ω_c 表示需要在重构滤波器的输出保留的信号 $y_p(t)$ 的最高频率，则在零阶保持电路输出的残余图像中存在的最低频率分量为 $\Omega_o=\Omega_T-\Omega_c$。零阶保持电路在频率 Ω_o 处的增益为

$$20\lg|H_z(\mathrm{j}\Omega_o)|=20\lg\left[\frac{\sin(\Omega_o T/2)}{\Omega_o/2}\right] \tag{A.42}$$

因此，若系统指标要求在残余图像中对于所有频率分量要有一个最小衰减 A_s dB，则重构滤波器需要在 Ω_o 处提供一个至少 $A_s+20\lg|H_z(\mathrm{j}\Omega_o)|$ dB 的衰减。例如，若 Ω_c 的归一化值为 0.7π，则零阶保持电路在 0.7π处的增益是 −7.2 dB。现在，残余图像的最低归一化频率给定为 1.3π。若要求对于在零阶保持电路输出的残余图像中的所有信号分量有一个 50 dB 的最小衰减，则重构滤波器在频率 1.3π必须至少提供 42.8 dB 的衰减。

可以通过一个在 D/A 转换器之前的数字滤波器或者通过一个在零阶保持电路之后的模拟重构滤波器来补偿零阶保持电路引起的固定偏差。对于后一种方法，我们观察到零阶保持电路和模拟重构滤波器的级联必须有一个跟在理想 D/A 转换器后面的理想重构滤波器的频率响应特性。若将理想重构滤波器的频率响应表示为 $H_r(\text{j}\Omega)$，并将实际重构滤波器的频率响应表示为 $\hat{H}_r(\text{j}\Omega)$，则需要

$$H_r(\text{j}\Omega) = H_z(\text{j}\Omega)\hat{H}_r(\text{j}\Omega) \tag{A.43}$$

式中，$H_r(\text{j}\Omega)$ 由式(3.78)给出。因此，由式(A.38)，为了保证对原信号 $g_a(t)$ 的真实重构，所求的实际重构滤波器的频率响应为

$$\hat{H}_r(\text{j}\Omega) = \begin{cases} \frac{\Omega T/2}{\sin(\Omega T/2)}, & |\Omega| \leqslant \Omega_c \\ 0, & |\Omega| > \Omega_c \end{cases} \tag{A.44}$$

修正的重构滤波器也有一个定义在 $-\infty < t < \infty$ 的非因果冲激响应，因此它是不可实现的。所以，必须设计一个逼近幅度响应 $\hat{H}_r(\text{j}\Omega)$ 的模拟滤波器。

另外，固定偏差的影响可以在 D/A 转换器电路之前包含一个数字补偿滤波器 $G(z)$ 进行补偿，这样做适度地增加了数字硬件需求。数字补偿滤波器可以是有限冲激响应类型或无限冲激响应类型。数字补偿滤波器的频率响应为

$$G(\text{e}^{\text{j}\omega}) = \frac{\omega/2}{\sin(\omega/2)}, \qquad 0 \leqslant |\omega| \leqslant \pi \tag{A.45}$$

两个非常低阶的数字补偿滤波器如下[Jac96]：

$$G_{\text{FIR}}(z) = -\tfrac{1}{16} + \tfrac{9}{8}z^{-1} - \tfrac{1}{16}z^{-2} \tag{A.46a}$$

$$G_{\text{IIR}}(z) = \frac{9}{8 + z^{-1}} \tag{A.46b}$$

图 A.19 显示了在基带内未补偿和进行固定偏差补偿的 D/A 转换器的增益响应。由于上面的数字补偿滤波器有一个周期为 Ω_T 的周期频率响应，所以需要充分地抑制在基带之外的基带幅度响应的副本，以保证混叠的影响最小。尽管在 D/A 转换器中的零阶保持电路提供了对这些不想要的副本的一定衰减[如图 A.18(c)所示]，仍需要接在 D/A 转换器后面的模拟重构滤波器提供另外的衰减。

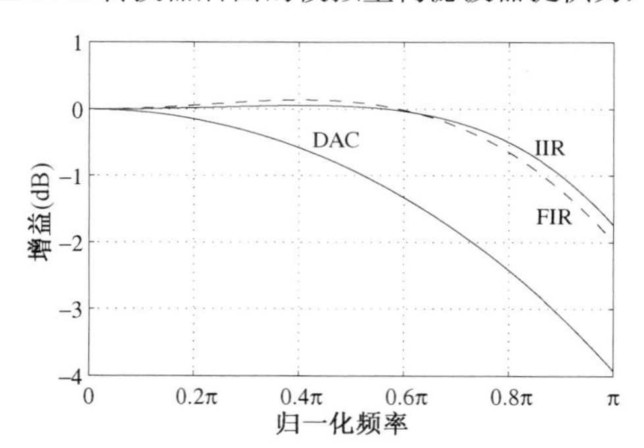

图 A.19　基带内未补偿和补偿后的 DAC 的增益响应

附录 B　设计模拟高通、带通和带阻滤波器

A.2 节至 A.4 节中讨论的所有四类逼近涉及的是设计一个满足给定指标的低通滤波器。其他三类模拟滤波器，也就是高通、带通和带阻滤波器的设计，可以通过频率变量的简单谱变换来进行[Tem77]。设计过程包括通过频率变换从所求的模拟滤波器的指标中生成低通滤波器原型的指标，接着设计模拟原型低通滤波器，然后通过应用确定低通滤波器原型指标的频率变换的逆过程来确定要设计的模拟滤波器的传输函数。

为了避免模拟低通原型传输函数 $H_{LP}(s)$ 和所求的模拟传输函数 $H_D(s)$ 的拉普拉斯变换变量之间的混淆，我们将采用不同的符号。因此，用 s 表示模拟低通滤波器原型 $H_{LP}(s)$ 的拉普拉斯变换变量，并用 $\hat{s}$ 表示所求的模拟滤波器 $H_D(\hat{s})$ 的拉普拉斯变换变量。在 s 域和 $\hat{s}$ 域的角频率分别为 Ω 和 $\hat{\Omega}$。

s 域到 $\hat{s}$ 域的映射用如下的可逆变换给出：

$$s = F(\hat{s})$$

传输函数 $H_{LP}(s)$ 和 $H_D(\hat{s})$ 的关系为

$$H_D(\hat{s}) = H_{LP}(s)\big|_{s=F(\hat{s})}$$
$$H_{LP}(s) = H_D(\hat{s})\big|_{\hat{s}=F^{-1}(s)}$$

B.1　模拟高通滤波器设计

一个通带边界频率为 Ω_p 的原型模拟低通传输函数 $H_{LP}(s)$ 可以用谱变换

$$s = \frac{\Omega_p \hat{\Omega}_p}{\hat{s}} \tag{B.1}$$

变换成一个通带边界频率为 $\hat{\Omega}_p$ 的高通传输函数 $H_{HP}(\hat{s})$。在虚轴上，上面的变换简化为

$$\Omega = -\frac{\Omega_p \hat{\Omega}_p}{\hat{\Omega}} \tag{B.2}$$

上面的映射表明低通滤波器在正频率范围 $0 \le \Omega \le \Omega_p$ 的通带映射到高通滤波器在负频率范围 $-\infty < \hat{\Omega} \le -\hat{\Omega}_p$ 的通带，而低通滤波器在负频率范围 $-\Omega_p \le \Omega \le 0$ 的通带映射到高通滤波器在正频率范围 $\hat{\Omega}_p \le \hat{\Omega} < \infty$ 的通带。同样，低通滤波器在正频率范围 $\Omega_s \le \Omega < \infty$ 的阻带映射到高通滤波器在负频率范围 $\hat{\Omega}_s \le \hat{\Omega} \le 0$ 的阻带，而低通滤波器在负频率范围 $-\infty < \Omega \le -\Omega_s$ 的阻带映射到高通滤波器在正频率范围 $0 \le \hat{\Omega} \le \hat{\Omega}_s$ 的阻带。式(B.2)给出的低通到高通的映射关系如图 B.1 所示。

上面的映射保证了原型低通滤波器在其通带中的增益值 $|H_{LP}(j\Omega)|$ 将出现在所求的高通滤波器的通带 $|\hat{\Omega}| \ge \hat{\Omega}_p$ 中。同样，原型低通滤波器在其阻带 $|\Omega| \ge \Omega_s$ 的增益值将出现在所求的高通滤波器的阻带 $0 \le |\hat{\Omega}| \le \hat{\Omega}_s$ 中。

例 B.1　用 MATLAB 设计模拟巴特沃思高通滤波器

用下面的指标设计一个模拟巴特沃思高通滤波器：通带边界在 4 kHz，阻带边界在 1 kHz，通带波纹为 0.1 dB，最小阻带衰减为 40 dB。

对于原型模拟低通滤波器，我们选择归一化通带边界为 $\Omega_p = 1$。因此，由式(B.2)，低通滤波器的归一化阻带边界为

$$\Omega_s = \frac{2\pi \times 4000}{2\pi \times 1000} = 4$$

从而，低通滤波器的指标如下：通带边界为 $\Omega_p = 1$ rad/s，阻带边界为 $\Omega_s = 4$ rad/s，阻带波纹为 0.1 dB，最小阻带衰减为 40 dB。

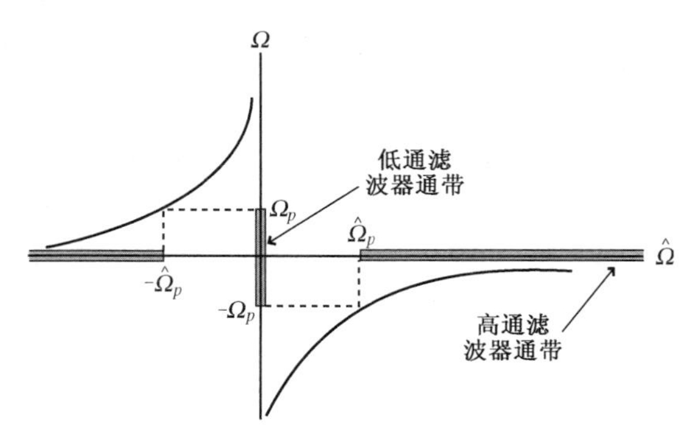

图 B.1　式(B.2)中的低通至高通映射

我们先用函数 buttord 来求低通滤波器的阶数 N 和 3 dB 截止频率 Wn。接着用函数 butter 来确定原型低通滤波器的传输函数 $H_{LP}(s)$。使用函数 lp2hp 可以将低通滤波器变换成所求的高通滤波器 $H_{HP}(s)$。用来设计 $H_{HP}(s)$ 的代码段如下

```
[N,Wn] = buttord(1,4,0.1,40,'s');
[B,A] = butter(N,Wn,'s');
[num,den] = lp2hp(B,A,2*pi*4000);
```

模拟低通滤波器的传输函数 $H_{LP}(s)$ 可以通过列出分子多项式的系数向量 B 和分母多项式的系数向量 A 得到：

$$H_{\mathrm{LP}}(s) = \frac{10.2405}{s^5 + 5.1533s^4 + 13.278s^3 + 21.1445s^2 + 20.8101s + 10.2405}$$

上面低通滤波器的增益响应曲线如图 B.2(a)所示。所求的模拟高通滤波器的传输函数 $H_{HP}(s)$ 可以通过列出分子多项式的系数向量 num 和分母多项式的系数向量 den 得到。所求的高通滤波器的增益响应曲线如图 B.2(b)所示。

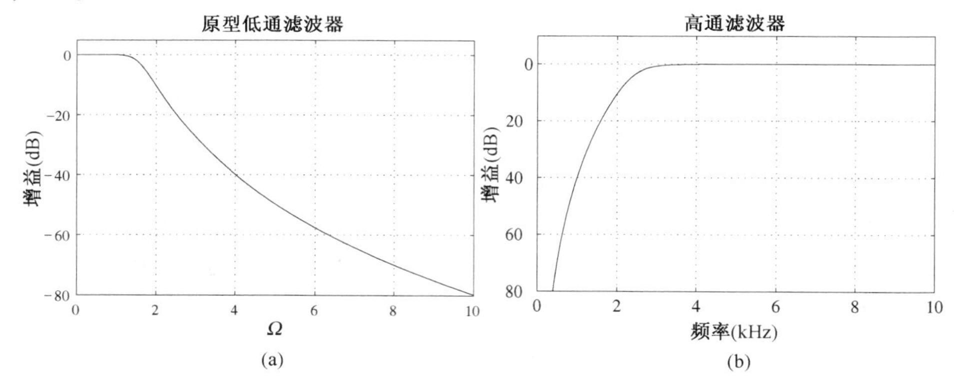

图 B.2　(a)原型模拟低通滤波器的增益响应；(b)例 B.1 中所求的模拟高通滤波器的增益响应

注意，所求的高通滤波器还可以用如下语句直接设计：

```
[N,Wn] = buttord(8000*pi, 2000*pi, 0.1, 40, 's');
[num,den] = butter(N,Wn,'high','s');
```

B.2　模拟带通滤波器设计

通带边界频率为 Ω_p 的模拟低通原型传输函数 $H_{LP}(s)$ 可以用谱变换

$$s = \Omega_p \frac{\hat{s}^2 + \hat{\Omega}_o^2}{\hat{s}(\hat{\Omega}_{p2} - \hat{\Omega}_{p1})} \tag{B.3}$$

变换成下通带边界频率为 $\hat{\Omega}_{p1}$ 而上通带边界频率为 $\hat{\Omega}_{p2}$ 的模拟带通传输函数 $H_{BP}(\hat{s})$。在虚轴上，上面的变换简化为

$$\Omega = -\Omega_p \frac{\hat{\Omega}_o^2 - \hat{\Omega}^2}{\hat{\Omega}\ B_w} \tag{B.4}$$

式中 $B_w = (\hat{\Omega}_{p2} - \hat{\Omega}_{p1})$ 表示带通滤波器通带的宽度。由上式可知频率 $\Omega = 0$ 映射到频率 $\hat{\Omega}_o$，它称为带通滤波器的**通带中心频率**。也可以由式(B.4)推出低通滤波器的通带边界频率 Ω_p 映射到带通滤波器的两个通带边界频率 $\hat{\Omega}_{p2}$ 和 $-\hat{\Omega}_{p1}$。此外，低通滤波器的频率范围 $-\Omega_p \leqslant \Omega \leqslant \Omega_p$ 映射到带通滤波器的频率范围 $-\hat{\Omega}_{p2} \leqslant \hat{\Omega} \leqslant -\hat{\Omega}_{p1}$ 和 $\hat{\Omega}_{p1} \leqslant \hat{\Omega} \leqslant \hat{\Omega}_{p2}$。同样，低通滤波器的阻带边界频率 Ω_s 映射到带通滤波器的两个阻带边界频率 $\hat{\Omega}_{s2}$ 和 $-\hat{\Omega}_{s1}$。类似地，低通滤波器的阻带边界频率 $-\Omega_s$ 映射到带通滤波器的两个阻带边界频率 $\hat{\Omega}_{s1}$ 和 $-\hat{\Omega}_{s2}$。式(B.4)的低通到带通的映射关系如图 B.3 所示。

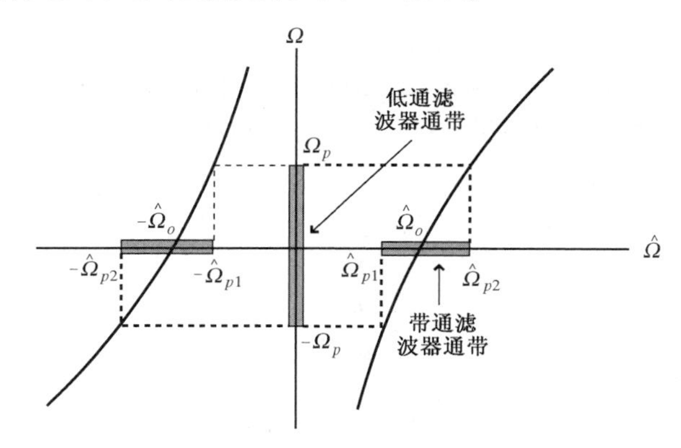

图 B.3　式(B.4)中的低通到带通的映射

可以证明

$$\hat{\Omega}_{p1}\hat{\Omega}_{p2} = \hat{\Omega}_{s1}\hat{\Omega}_{s2} = \hat{\Omega}_o^2 \tag{B.5}$$

因此，两个通带边界频率关于中心频率 $\hat{\Omega}_o$ 表现出几何对称性。同样，阻带边界频率关于中心频率也表现出几何对称性。若频带边界频率不满足式(B.5)的条件，则必须改变它们中的一个到新的值来使得条件满足，同时引入一些安全裕度[Tem77]。例如，若

$$\hat{\Omega}_{p1}\hat{\Omega}_{p2} > \hat{\Omega}_{s1}\hat{\Omega}_{s2}$$

则或者将 $\hat{\Omega}_{p1}$ 降低到 $\hat{\Omega}_{s1}\hat{\Omega}_{s2}/\hat{\Omega}_{p2}$，或者将 $\hat{\Omega}_{s1}$ 增加到 $\hat{\Omega}_{p1}\hat{\Omega}_{p2}/\hat{\Omega}_{s2}$ 来满足式(B.5)的条件。在前一种情况下，新的通带将大于原来所求的通带。相反，在后一种情况下，左边的过渡带将小于原值。另一方面，若

$$\hat{\Omega}_{p1}\hat{\Omega}_{p2} < \hat{\Omega}_{s1}\hat{\Omega}_{s2}$$

则或者增加 $\hat{\Omega}_{p2}$ 或者降低 $\hat{\Omega}_{s2}$ 来满足式(B.5)的条件。此外，若低通滤波器在某个频率上的增益值是 α dB，对于带通滤波器，相同的增益值出现在正频率 $\hat{\Omega}_a$ 和 $\hat{\Omega}_b$ 上，这两个频率相对于 $\hat{\Omega}_o$ 呈现几何对称性。

例 B.2　用 MATLAB 设计模拟椭圆带通滤波器

设计一个具有如下指标的模拟椭圆带通滤波器：通带边界为 4 kHz 和 7 kHz，阻带边界为 3 kHz 和 8 kHz，通带波纹为 1 dB，最小阻带衰减为 22 dB。

通带边界频率的乘积是 28×10^6，而阻带边界频率的乘积是 24×10^6。由于前者大于后者，我们将第一个通带边界降低到 24/7 = 3.428 57 kHz。因此通带中心频率为 $\sqrt{24}$ = 4.898 979 5 kHz。通带的带宽从 3 kHz 增加到 25/7 = 3.571 428 kHz。

对于原型模拟低通滤波器，我们选择通带边界频率 $\Omega_p = 1$。由式(B.4)可得低通滤波器的阻带边界频率为

$$\Omega_s = \frac{24-9}{(25/7)\times 3} = 1.4$$

因此，椭圆低通滤波器的指标为：归一化通带边界为 1 rad/s，归一化阻带边界为 1.4 rad/s，通带波纹为 1 dB，最小阻带衰减为 22 dB。

先用函数 ellipord 来求低通滤波器原型 $H_{LP}(s)$ 的滤波器阶数 N 和通带边界角频率 Wn。接着用函数 ellip 来设计所求的低通滤波器 $H_{LP}(s)$。然后，用函数 lp2hp 将上面的低通传输函数变换为所求的带通滤波器 $H_{BP}(s)$ 的传输函数。设计 $H_{BP}(s)$ 的代码段如下

```
[N,Wn] = ellipord(1,1.4,1,22,'s');
[B,A] = ellip(N,1,22,Wn,'s');
[num,den] = lp2bp(B,A,2*pi*4.8989795,2*pi*25/7);
```

模拟低通滤波器原型的传输函数 $H_{LP}(s)$ 可以通过显示出分子多项式的系数向量 B 和分母多项式的系数向量 A 得到：

$$H_{LP}(s) = \frac{0.275\,032\,211\,648s^2 + 0.638\,449\,761}{s^3 + 0.965\,577\,206s^2 + 1.243\,426s + 0.638\,449\,76}$$

低通滤波器的增益响应如图 B.4(a)所示。所求的模拟带通滤波器 $H_{BP}(s)$ 的传输函数可以通过输出分子多项式的系数向量 num 和分母多项式的系数向量 den 得到。$H_{BP}(s)$ 的增益响应曲线如图 B.4(b)所示。

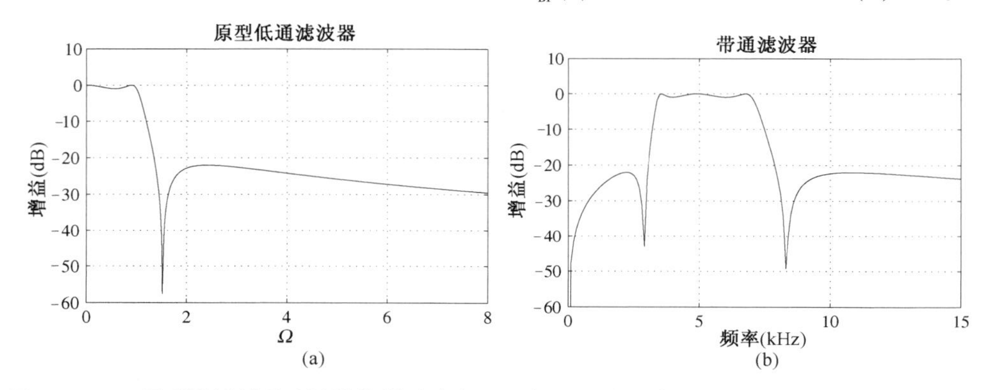

图 B.4 (a)原型模拟低通滤波器的增益响应；(b)例 B.2 中所求的模拟带通滤波器的增益响应

和例 B.1 中一样，所求的带通滤波器可以用下面的语句直接设计：

```
Wp = [3.42857 7]*2*pi; Ws = [3 8]*2*pi;
[N,Wn] = ellipord(Wp,Ws,1,22,'s');
[num,den] = ellip(N,1,22,Wn,'s');
```

B.3 模拟带阻滤波器设计

通带边界频率为 Ω_p 的一个模拟低通原型传输函数 $H_{LP}(s)$ 可以通过下面的谱变换

$$s = \Omega_s \frac{\hat{s}(\hat{\Omega}_{s2} - \hat{\Omega}_{s1})}{\hat{s}^2 + \hat{\Omega}_o^2} \tag{B.6}$$

变换为一个下阻带边界频率为 $\hat{\Omega}_{s1}$ 而上阻带边界频率为 $\hat{\Omega}_{s2}$ 的模拟带阻传输函数 $H_{BP}(\hat{s})$。在虚轴上，上面的变换简化为

$$\Omega = \Omega_s \frac{\hat{\Omega}\ B_w}{\hat{\Omega}_o^2 - \hat{\Omega}^2} \tag{B.7}$$

式中 $B_w = (\hat{\Omega}_{s2} - \hat{\Omega}_{s1})$ 是带通滤波器阻带的宽度。其中频率 $\Omega = \pm\infty$ 映射到频率 $\pm\hat{\Omega}_o$，它称为带通滤波器的**阻带中心频率**。由式(B.7)可以推出低通滤波器的频率范围 $-\Omega_p \leq \Omega \leq \Omega_p$ 映射到带阻滤波器的频率范围 $-\hat{\Omega}_{p1} \leq \hat{\Omega} \leq \hat{\Omega}_{p1}$、$-\infty < \hat{\Omega} \leq -\hat{\Omega}_{p2}$ 和 $\hat{\Omega}_{p2} \leq \hat{\Omega} < \infty$。低通滤波器的阻带边界频率 Ω_s 映射到带阻滤波器

的两个阻带边界频率 $\hat{\Omega}_{s1}$ 和 $-\hat{\Omega}_{s2}$。同时，低通滤波器的阻带边界频率 $-\Omega_s$ 映射到带阻滤波器的两个阻带边界频率 $-\hat{\Omega}_{s1}$ 和 $\hat{\Omega}_{s2}$。而且，与模拟带通滤波器的情况一样，这里频带边界频率关于中心频率也呈现出几何对称性，即

$$\hat{\Omega}_{s1}\hat{\Omega}_{s2}=\hat{\Omega}_o^2,\qquad \hat{\Omega}_{p1}\hat{\Omega}_{p2}=\hat{\Omega}_o^2$$

式(B.7)给出的低通到带阻的映射关系如图 B.5 所示。

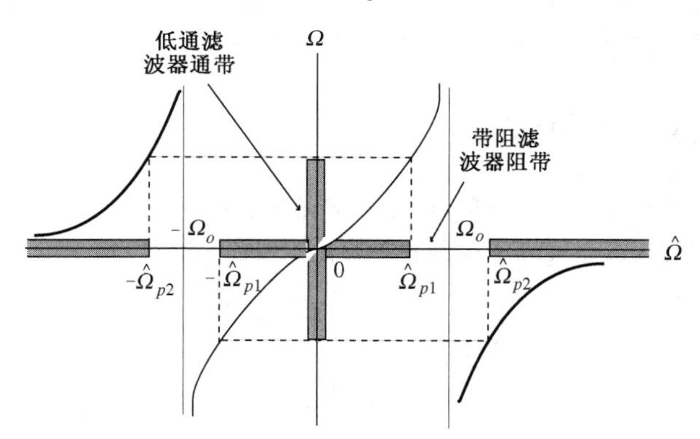

图 B.5　式(B.7)中的低通到带阻的映射

模拟带阻滤波器的设计和模拟带通滤波器的设计非常相似。

附录 C　离散时间随机信号

离散时间随机信号是一个随机过程，因此它是一个随机变量序列，并且通常由离散时间序列无限个集合组成。在此附录中我们将介绍随机变量和随机过程的重要统计特性。

C.1　随机变量的统计特性

随机变量的统计特性依赖于其概率分布函数，或等效地，依赖于其概率密度函数。下面将给出它们的定义。**概率分布函数**是随机变量 X 在 $-\infty$ 到 α 特定范围内取一个值的概率，即

$$P_X(\alpha) = \text{概率}[X \leqslant \alpha] \tag{C.1}$$

X 的**概率密度函数**定义为

$$p_X(\alpha) = \frac{\partial P_X(\alpha)}{\partial \alpha} \tag{C.2}$$

若 X 可取连续范围的值，由式(C.2)，概率分布函数也可以表示为

$$P_X(\alpha) = \int_{-\infty}^{\alpha} p_X(u)\,du \tag{C.3}$$

用来描述随机变量的三个常用统计特性为**均值或期望值** m_X、**均方值** $E(X^2)$ 以及**方差** σ_X^2，定义如下：

$$m_X = E(X) = \int_{-\infty}^{\infty} \alpha\, p_X(\alpha)\,\mathrm{d}\alpha \tag{C.4a}$$

$$E(X^2) = \int_{-\infty}^{\infty} \alpha^2 p_X(\alpha)\,\mathrm{d}\alpha \tag{C.4b}$$

$$\begin{aligned}\sigma_X^2 &= E\left([X - m_X][X - m_X]^*\right)\\ &= \int_{-\infty}^{\infty} (\alpha - m_X)(\alpha - m_X)^* p_X(\alpha)\,\mathrm{d}\alpha = E(X^2) - |m_X|^2\end{aligned} \tag{C.4c}$$

其中 $E(\cdot)$ 表示求期望算子，$*$ 表示复共轭。在大多数实际情况中，这三个性质提供了关于某个随机变量的足够信息。方差的平方根 σ_X 称为随机信号 X 的**标准差**。

在数字信号处理的应用中，两个常见的概率密度函数是定义为

$$p_X(\alpha) = \begin{cases}\frac{1}{b-a}, & a \leqslant \alpha \leqslant b\\ 0, & \text{其他}\end{cases} \tag{C.5}$$

的**均匀密度函数**及**高斯密度函数**，也称为**正态密度函数**，其定义为

$$p_X(\alpha) = \frac{1}{\sigma_X\sqrt{2\pi}}\mathrm{e}^{-(\alpha - m_X)^2/2\sigma_X^2} \tag{C.6}$$

其中，参数 m_X 和 σ_X 分别表示实随机变量 X 的均值和标准差，且范围是 $-\infty < m_X < \infty$ 和 $\sigma_X \geqslant 0$。这些密度函数在图 C.1 中画出。

可以证明，由式(C.5)定义的一个均匀分布的实随机变量 X 的均值和方差为

$$m_X = \frac{1}{b-a}\int_a^b \alpha\,\mathrm{d}\alpha = \frac{b+a}{2} \tag{C.7a}$$

$$E(X^2) = \frac{1}{b-a}\int_a^b \alpha^2\,\mathrm{d}\alpha = \frac{b^2 + a^2 + ab}{3} \tag{C.7b}$$

$$\sigma_X^2 = \frac{(b-a)^2}{12} \tag{C.7c}$$

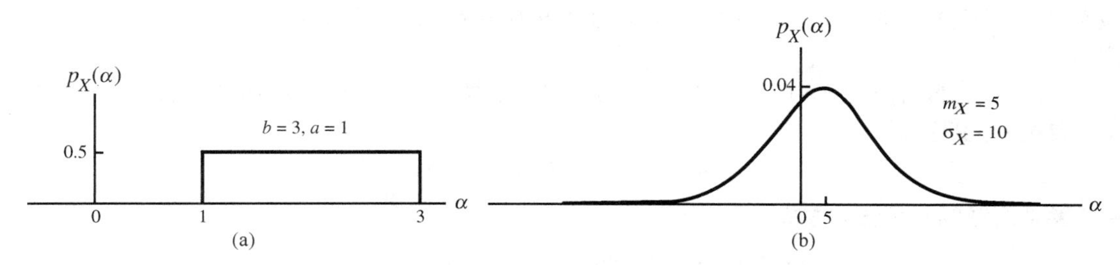

图 C.1　(a)均匀分布；(b)高斯分布概率密度函数

对于两个随机变量 X 和 Y，它们各自的统计特性与它们的联合统计特性都有研究价值。X 在从 $-\infty$ 到 α 特定范围内取值且 Y 在 $-\infty$ 到 β 特定范围内取值的概率，由它们的**联合概率分布函数**

$$P_{XY}(\alpha,\beta)=\text{概率}[X\leqslant\alpha, Y\leqslant\beta] \tag{C.8}$$

给出，或通过它们的联合概率密度函数

$$p_{XY}(\alpha,\beta)=\frac{\partial^2 P_{XY}(\alpha,\beta)}{\partial\alpha\,\partial\beta} \tag{C.9}$$

给出。于是，联合概率分布函数也可以表示为

$$P_{XY}(\alpha,\beta)=\int_{-\infty}^{\alpha}\int_{-\infty}^{\beta}p_{XY}(u,v)\,\mathrm{d}u\,\mathrm{d}v \tag{C.10}$$

两个随机变量 X 和 Y 的联合统计特性由它们的互相关和互协方差描述，定义为

$$\phi_{XY}=E\left(XY^*\right)=\int_{-\infty}^{\infty}\int_{-\infty}^{\infty}\alpha\beta p_{X,Y}(\alpha,\beta^*)\,\mathrm{d}\alpha\,\mathrm{d}\beta \tag{C.11a}$$

$$\begin{aligned}\gamma_{XY}&=E\left([X-m_X][Y-m_Y]^*\right)\\&=\int_{-\infty}^{\infty}\int_{-\infty}^{\infty}(\alpha-m_X)(\beta-m_Y)^*p_{X,Y}(\alpha,\beta)\,\mathrm{d}\alpha\,\mathrm{d}\beta\\&=\phi_{XY}-m_Xm_Y^*\end{aligned} \tag{C.11b}$$

其中，m_X和 m_Y分别是随机变量 X 和 Y 的均值。若

$$E(XY)=E(X)E(Y) \tag{C.12a}$$

则称两个随机变量 X 和 Y 是**线性独立的**或**不相关的**。若

$$P_{X,Y}(\alpha,\beta)=P_X(\alpha)P_Y(\beta) \tag{C.12b}$$

则称它们是**统计独立的**。可以证明，若随机变量 X 和 Y 是统计独立的，则它们也是线性独立的。然而，若 X 和 Y 是线性独立的，它们却不一定是统计独立的。

C.2　随机信号的统计特性

如前所述，随机离散时间信号通常由离散时间序列的无限集合组成。随机信号$\{X[n]\}$在时间序号 n 的统计特性由随机变量 $X[n]$的统计特性决定。因此，$\{X[n]\}$在时间序号 n 的**均值**(或**期望值**)为

$$m_{X[n]}=E(X[n])=\int_{-\infty}^{\infty}\alpha p_{X[n]}(\alpha;n)\,\mathrm{d}\alpha \tag{C.13}$$

$\{X[n]\}$在时间序号 n 的**均方值**为

$$E\left(X[n]^2\right)=\int_{-\infty}^{\infty}\alpha^2p_{X[n]}(\alpha;n)\,\mathrm{d}\alpha \tag{C.14}$$

$\{X[n]\}$在时间序号 n 的**方差** $\sigma^2_{X[n]}$ 定义为

$$\sigma^2_{X[n]}=E\left(\left\{X[n]-m_{X[n]}\right\}^2\right)=E\left(X[n]^2\right)-\left(m_{X[n]}\right)^2 \tag{C.15}$$

一般而言，一个随机离散时间信号的均值、均方值和方差都是时间序号 n 的函数，所以也可以看成是序列。

通常，随机离散时间信号在两个不同时间序号 m 和 n 的样本之间的统计关系更有意义。其中一个关系就是**自相关**，其定义为

$$\phi_{XX}[m,n] = E\left(X[m]X^*[n]\right) \tag{C.16}$$

另一个关系是$\{X[n]\}$的**自协方差**，定义为

$$\begin{aligned}\gamma_{XX}[m,n] &= E\left((X[m]-m_{X[m]})(X[n]-m_{X[n]})^*\right)\\ &= \phi_{XX}[m,n]-m_{X[m]}(m^*_{X[n]})\end{aligned} \tag{C.17}$$

由式(C.16)和式(C.17)可以看出，自相关和自协方差都是两个时间序号 m 和 n 的函数，且可以看成是二维序列。

两个不同随机离散时间信号$\{X[n]\}$和$\{Y[n]\}$之间的相关由**互相关函数**

$$\phi_{XY}[m,n] = E\left(X[m]Y^*[n]\right) = \int_{-\infty}^{\infty}\int_{-\infty}^{\infty}\alpha\beta^*\,p_{X[m],Y[n]}(\alpha,m,\beta,n)\,\mathrm{d}\alpha\,\mathrm{d}\beta \tag{C.18}$$

和**互协方差函数**

$$\begin{aligned}\gamma_{XY}[m,n] &= E\left((X[m]-m_{X[m]})(Y[n]-m_{Y[n]})^*\right)\\ &= \phi_{XY}[m,n]-m_{X[m]}(m^*_{Y[n]})\end{aligned} \tag{C.19}$$

描述。其中，$p_{X[m],\,Y[n]}(m,\alpha,n,\beta)$是$X[n]$和$Y[n]$的联合概率密度函数。互相关和互协方差函数都可以看成是二维序列。若对于所有的时间序号值 m 和 n 有 $\gamma_{XY}[m,n]=0$，则说这两个随机离散时间信号$\{X[n]\}$和$\{Y[n]\}$是不相关的。

C.3 宽平稳随机信号

通常，随机离散时间信号$\{X[n]\}$的统计特征，如随机变量$X[n]$的均值和方差以及自相关和自协方差函数，都是时变函数。在数字信号处理应用中经常遇到的一类随机信号，即所谓的**宽平稳**(WSS)随机过程，其一些关键的统计特性要么独立于时间，要么独立于时间源。更特殊的是，对一个宽平稳随机过程$\{X[n]\}$，均值$E(X[n])$对于所有时间序号 n 值都有相同的常数值 m_X。而自相关和自协方差函数仅与时间序号 m 和 n 的差有关，即

$$m_X = E(X[n]),\quad \text{对}n\text{的所有值} \tag{C.20a}$$

$$\phi_{XX}[\ell] = \phi_{XX}[n+\ell,n] = E(X[n+\ell]X^*[n]),\ \text{对所有的}\ n\ \text{和}\ \ell \tag{C.20b}$$

$$\begin{aligned}\gamma_{XX}[\ell] = \gamma_{XX}[n+\ell,n] &= E\left((X[n+\ell]-m_X)(X[n]-m_X)^*\right)\\ &= \phi_{XX}[\ell]-|m_X|^2,\ \text{对所有的}\ n\ \text{和}\ \ell\end{aligned} \tag{C.20c}$$

注意，对宽平稳随机过程，自相关和自协方差函数都是一维序列。

宽平稳随机过程$\{X[n]\}$的均方值为

$$E\left(|X[n]|^2\right) = \phi_{XX}[0] \tag{C.21}$$

方差为

$$\sigma_X^2 = \gamma_{XX}[0] = \phi_{XX}[0]-|m_X|^2 \tag{C.22}$$

两个宽平稳随机过程$\{X[n]\}$和$\{Y[n]\}$的互相关和互协方差函数为

$$\phi_{XY}[\ell] = E\left(X[n+\ell]Y^*[n]\right) \tag{C.23a}$$

$$\begin{aligned}\gamma_{XY}[\ell] &= E\left((X[n+\ell]-m_X)(Y[n]-m_Y)^*\right)\\ &= \phi_{XY}[\ell]-m_X(m^*_Y)\end{aligned} \tag{C.23b}$$

由自相关、自协方差、互相关和互协方差函数满足的对称特性为

$$\phi_{XX}[-\ell] = \phi_{XX}^*[\ell] \quad (\text{C.24a})$$
$$\phi_{XX}[-\ell] = \phi_{XX}^*[\ell] \quad (\text{C.24b})$$
$$\phi_{XY}[-\ell] = \phi_{YX}^*[\ell] \quad (\text{C.24c})$$
$$\gamma_{XY}[-\ell] = \gamma_{YX}^*[\ell] \quad (\text{C.24d})$$

由上面的对称特性，可以看出序列 $\phi_{XX}[\ell]$、$\gamma_{XX}[\ell]$、$\phi_{XY}[\ell]$和 $\gamma_{XY}[\ell]$总是双边序列。

关于这些函数还有一些有用的性质：

$$\phi_{XX}[0]\phi_{YY}[0] \geqslant |\phi_{XY}[\ell]|^2 \quad (\text{C.25a})$$
$$\gamma_{XX}[0]\gamma_{YY}[0] \geqslant |\gamma_{XY}[\ell]|^2 \quad (\text{C.25b})$$
$$\phi_{XX}[0] \geqslant |\phi_{XX}[\ell]| \quad (\text{C.25c})$$
$$\gamma_{XX}[0] \geqslant |\gamma_{XX}[\ell]| \quad (\text{C.25d})$$

上面特性的结果是宽平稳随机过程的自相关和自协方差函数在 $\ell=0$ 处取最大值。另外，可以证明，对于均值非零(即 $m_{X[n]} \neq 0$)且没有周期分量的一个宽平稳信号，有

$$\lim_{|\ell|\to\infty} \phi_{XX}[\ell] = |m_{X[n]}|^2 \quad (\text{C.26})$$

若 $X[n]$有周期分量，则 $\phi_{XX}[\ell]$将含有如例 2.19 所示的一样的周期分量。

C.4　随机信号中功率的概念

前面通过式(2.37)定义了一个确定性序列 $x[n]$的平均功率。为了计算与随机信号$\{X[n]\}$相关的功率，我们使用如下的定义：

$$\mathcal{P}_X = E\left(\lim_{N\to\infty} \frac{1}{2N+1} \sum_{n=-N}^{N} |X[n]|^2\right) \quad (\text{C.27})$$

在大多数实际情况中，式(C.27)中的期望与求和算子可以互换位置，这样，可以得到一个更简单的表达式为

$$\mathcal{P}_X = \lim_{N\to\infty} \frac{1}{2N+1} \sum_{n=-N}^{N} E\left(|X[n]|^2\right) \quad (\text{C.28})$$

另外，如在宽平稳信号中一样，若随机信号对于所有的 n 值有恒定的均方值，则式(C.28)可以简化为

$$\mathcal{P}_X = E\left(|X[n]|^2\right) \quad (\text{C.29})$$

由式(C.21)和式(C.22)可知，对一个宽平稳随机信号，平均功率为

$$\mathcal{P}_X = \phi_{XX}[0] = \sigma_X^2 + |m_X|^2 \quad (\text{C.30})$$

C.5　各态历经信号

在很多实际情况中，所研究的随机信号不可能用简单的解析表达式来描述，于是很难计算它的统计特性，因为统计特性求解中总是涉及确定积分或求和的计算。通常存在一个随机信号某次实现的有限部分，由此必须对随机信号集合的一些统计特性进行估计。若满足各态历经条件，这种方法可以得到有意义的结果。更精确地说，若一个平稳随机信号的所有统计特性可以由一个足够大的有限长实现估计，就说该信号是**各态历经信号**。注意，实际遇到的一类重要信号具有有限存储器(即那些满足所谓混合条件的)，是各态历经信号。

对于各态历经信号，随着实现的长度趋近于无穷，由极限运算中期望算子得到的时间平均等于集合平均。例如，对于一个实各态历经信号，可以计算均值、方差和自协方差为

$$m_X = \lim_{M\to\infty} \frac{1}{2M+1} \sum_{n=-M}^{M} x[n] \tag{C.31a}$$

$$\sigma_X^2 = \lim_{M\to\infty} \frac{1}{2M+1} \sum_{n=-M}^{M} (x[n]-m_X)^2 \tag{C.31b}$$

$$\gamma_{XX}[\ell] = \lim_{M\to\infty} \frac{1}{2M+1} \sum_{n=-M}^{M} (x[n]-m_X)(x[n+\ell]-m_X) \tag{C.31c}$$

在大多数情况下，用时间平均来计算集合平均所需的求极限运算仍不实用，因此，可用一个有限和代替求极限运算来得到所求统计特征的估计。例如，常用的对式(C.31a)到式(C.31c)的逼近为

$$\hat{m}_X = \frac{1}{M+1} \sum_{n=0}^{M} x[n] \tag{C.32a}$$

$$\hat{\sigma}_X^2 = \frac{1}{M+1} \sum_{n=0}^{M} (x[n]-m_X)^2 \tag{C.32b}$$

$$\hat{\gamma}_{XX}[\ell] = \frac{1}{M+1} \sum_{n=0}^{M} (x[n]-m_X)(x[n+\ell]-m_X) \tag{C.32c}$$

C.6 随机信号的变换域表示

在 C.2 节中引入了随机离散时间信号的概念及其在时域的统计特性。这些无限长信号有无限的能量，没有同确定信号一样的变换域特性。然而，式(C.16)和式(C.17)定义的平稳随机信号的自相关和自协方差序列具有有限能量，而且在大多数实际情况下，它们的变换域表示确实存在。我们将在本节讨论这些表示。

C.6.1 离散时间傅里叶变换表示

对于式(C.20b)定义的宽平稳随机序列 $X[n]$ 的自相关序列 $\phi_{XX}[\ell]$，其离散时间傅里叶变换为

$$\Phi_{XX}(e^{j\omega}) = \sum_{\ell=-\infty}^{\infty} \phi_{XX}[\ell] e^{-j\omega\ell}, \qquad |\omega| < \pi \tag{C.33}$$

它通常称为 $X[n]$ 的**功率密度谱**或简称为**功率谱**①，记为$\mathcal{P}_{XX}(\omega)$。上面的自相关序列和功率谱之间的关系就是所谓的**维纳-辛钦(Wiener-Khintchine)定理**。功率谱$\mathcal{P}_{XX}(\omega)$存在的充分条件是自相关序列 $\phi_{XX}[\ell]$ 绝对可和。同样，对于式(C.20c)定义的宽平稳随机序列 $x[n]$ 的自协方差序列 $\gamma_{XX}[\ell]$，其离散时间傅里叶变换为

$$\Gamma_{XX}(e^{j\omega}) = \sum_{\ell=-\infty}^{\infty} \gamma_{XX}[\ell] e^{-j\omega\ell}, \qquad |\omega| < \pi \tag{C.34}$$

$\Gamma_{XX}(e^{j\omega})$ 存在的充分条件是自协方差序列 $\gamma_{XX}[\ell]$ 绝对可和。对式(C.33)应用离散时间傅里叶逆变换并使用记号$\mathcal{P}_{XX}(\omega) = \Phi_{XX}(e^{j\omega})$，可得

$$\phi_{XX}[\ell] = \frac{1}{2\pi} \int_{-\pi}^{\pi} \mathcal{P}_{XX}(\omega) e^{j\omega\ell}\, d\omega \tag{C.35}$$

由式(C.35)和式(C.21)可得

$$E\left(|X[n]|^2\right) = \phi_{XX}[0] = \frac{1}{2\pi} \int_{-\pi}^{\pi} \mathcal{P}_{XX}(\omega)\, d\omega \tag{C.36}$$

① 也称为**功率谱密度**。

因此，$\phi_{XX}[0]$表示随机信号 $X[n]$的**平均功率**。类似地，式(C.34)的逆变换得到

$$\gamma_{XX}[\ell]=\frac{1}{2\pi}\int_{-\pi}^{\pi}\Gamma_{XX}(\mathrm{e}^{\mathrm{j}\omega})\mathrm{e}^{\mathrm{j}\omega\ell}\,\mathrm{d}\omega \tag{C.37}$$

由式(C.37)和式(C.22)可得

$$\begin{aligned}\sigma_X^2=\gamma_{XX}[0]&=\frac{1}{2\pi}\int_{-\pi}^{\pi}\Gamma_{XX}(\mathrm{e}^{\mathrm{j}\omega})\,\mathrm{d}\omega\\&=\frac{1}{2\pi}\int_{-\pi}^{\pi}\mathcal{P}_{XX}(\omega)\,\mathrm{d}\omega-|m_X|^2\end{aligned} \tag{C.38}$$

在式(C.24a)的两边应用离散时间傅里叶变换，可以看出，宽平稳随机离散时间信号$\{X[n]\}$的功率谱$\mathcal{P}_{XX}(\omega)$是 ω 的实值函数。另外，若$\{X[n]\}$是实随机信号，$\mathcal{P}_{XX}(\omega)$就是 ω 的偶函数，即$\mathcal{P}_{XX}(\omega)=\mathcal{P}_{XX}(-\omega)$。

同样，两个联合平稳随机信号$\{X[n]\}$和$\{Y[n]\}$的互相关序列 $\phi_{XY}[\ell]$的离散时间傅里叶变换为

$$\Phi_{XY}(\mathrm{e}^{\mathrm{j}\omega})=\sum_{\ell=-\infty}^{\infty}\phi_{XY}[\ell]\,\mathrm{e}^{-\mathrm{j}\omega\ell},\qquad|\omega|<\pi \tag{C.39}$$

该互相关序列通常称为**互功率谱密度**或**互功率谱**，记为$\mathcal{P}_{XY}(\omega)$。一般而言，它是 ω 的复函数。$\mathcal{P}_{XY}(\omega)$存在的充分条件是互相关序列 $\phi_{XY}[\ell]$绝对可和。在式(C.24c)的两边应用离散时间傅里叶变换，可以看出$\mathcal{P}_{XY}(\omega)=P_{YX}^*(\omega)$。类似地，可以定义互协方差序列 $\gamma_{XY}[\ell]$的离散时间傅里叶变换为

$$\Gamma_{XY}(\mathrm{e}^{\mathrm{j}\omega})=\sum_{\ell=-\infty}^{\infty}\gamma_{XY}[\ell]\mathrm{e}^{-\mathrm{j}\omega\ell},\qquad|\omega|<\pi \tag{C.40}$$

$\Gamma_{XY}(\mathrm{e}^{\mathrm{j}\omega})$存在的充分条件是互协方差序列 $\gamma_{XY}[\ell]$绝对可和。

自相关序列和自协方差序列之间的离散时间傅里叶变换的关系，可以由式(C.20c)推出为

$$\Gamma_{XX}(\mathrm{e}^{\mathrm{j}\omega})=\mathcal{P}_{XX}(\omega)-2\pi|m_X|^2\delta(\omega),\qquad|\omega|<\pi \tag{C.41}$$

式中我们使用记号$\mathcal{P}_{XX}(\omega)=\Phi_{XX}(\mathrm{e}^{\mathrm{j}\omega})$。同样，由式(C.23b)推出的互相关序列和互协方差序列之间的离散时间傅里叶变换的关系为

$$\Gamma_{XY}(\mathrm{e}^{\mathrm{j}\omega})=\mathcal{P}_{XY}(\omega)-2\pi m_X m_Y^*\delta(\omega),\qquad|\omega|<\pi \tag{C.42}$$

式中我们使用记号$\mathcal{P}_{XY}(\omega)=\Phi_{XY}(\mathrm{e}^{\mathrm{j}\omega})$。

C.6.2　z 变换表示

如在式(C.41)和式(C.42)中可以看到的，序列 $\gamma_{XX}[\ell]$和 $\gamma_{XY}[\ell]$的傅里叶变换包括冲激函数，因此，通常它们的 z 变换不存在。然而，对于均值为零的平稳随机信号，自相关序列的 z 变换 $\Phi_{XX}(z)$和互相关序列的 z 变换 $\Phi_{XY}(z)$，可能在某个条件下存在。既然自相关和互相关序列是双边序列，它们的收敛域必须是形如

$$R_1<|z|<\frac{1}{R_1} \tag{C.43}$$

的环域。

若 z 变换存在，我们可以推广前一节的一些结果。例如，从功率谱$\mathcal{P}_{XX}(\omega)$和互功率谱$\mathcal{P}_{XY}(\omega)$的对称性，可以推得 $\Phi_{XX}(z)=\Phi_{XX}^*(1/z^*)$ 和 $\Phi_{XY}(z)=\Phi_{YX}^*(1/z^*)$。由式(C.38)和式(C.41)也可以推出

$$\sigma_X^2=\frac{1}{2\pi\mathrm{j}}\oint_C\Phi_{XX}(z)z^{-1}\,\mathrm{d}z \tag{C.44}$$

其中 C 是 $\Phi_{XX}(z)$的收敛域中的一条封闭逆时针曲线。

C.7　白噪声

若随机过程$\{X[n]\}$中的任意一对样本 $X[m]$和 $X[n]$不相关，其中 $m\neq n$，即 $E(X[m]X[n])=E(X[m])E(X[n])$，则我们称其为**白随机过程**。对一个宽平稳白随机过程，自相关序列为

$$\phi_{XX}[\ell] = \sigma_X^2 \delta[\ell] + m_X^2 \tag{C.45}$$

相应的功率谱密度为

$$\mathcal{P}_{XX}(\omega) = \sigma_X^2 + 2\pi m_X^2 \delta(\omega), \qquad |\omega| < \pi \tag{C.46}$$

均值为零的白宽平稳随机过程有自相关序列 $\phi_{XX}[\ell]$，它是振幅为 σ_x^2 的冲激序列，并且对于所有的 ω 值，其功率谱 $\mathcal{P}_{XX}(\omega)$ 为常量值 σ_x^2，如图 C.2 所示。这样的随机过程通常称为**白噪声**，它在数字信号处理中有着重要作用。

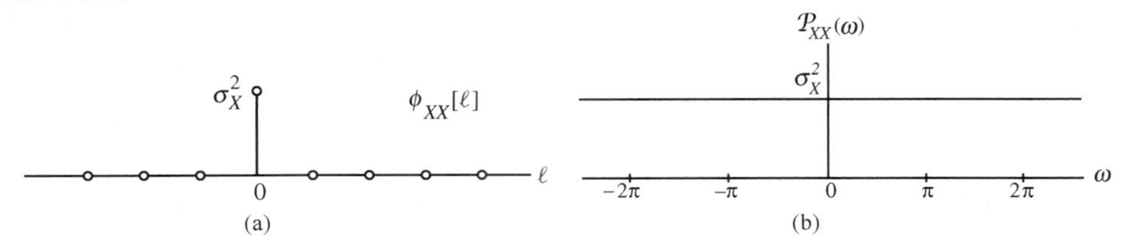

图 C.2　白噪声的(a)自相关序列和(b)功率谱密度

C.8　随机信号的离散时间处理

如在本书中所提到的，在有些场合需要研究随机离散时间信号通过线性时不变系统所受到的影响。更确切地说，我们需要求冲激响应函数为 $\{h[n]\}$ 的稳定线性时不变系统在输入为宽平稳(WSS)随机过程 $\{X[n]\}$ 的一个特定实现 $x[n]$ 时的输出信号 $\{y[n]\}$ 的统计特性。为简便起见，假定输入序列和冲激响应函数是实值。现在，线性时不变系统的输出为输入信号和系统冲激响应函数的线性卷积，即

$$y[n] = \sum_{k=-\infty}^{\infty} h[k]x[n-k] \tag{C.47}$$

既然随机变量的函数值也是随机变量，则由式(C.47)可知输出结果 $y[n]$ 也是输出随机过程 $\{Y[n]\}$ 的一个样本序列。

C.8.1　输出信号的统计特性

由于输入信号 $x[n]$ 是一个平稳随机过程的样本序列，所以其均值 m_x 是与时间序号 n 无关的常量①。因此，输出随机过程 $y[n]$ 的均值 $E(y[n])$ 为

$$\begin{aligned} m_y = E(y[n]) &= E\left(\sum_{k=-\infty}^{\infty} h[k]x[n-k]\right) \\ &= \sum_{k=-\infty}^{\infty} h[k]E(x[n-k]) = m_x \sum_{k=-\infty}^{\infty} h[k] = m_x H(\mathrm{e}^{\mathrm{j}0}) \end{aligned} \tag{C.48}$$

它也是与时间序号 n 无关的常量。

线性时不变离散时间系统对实值输入产生的输出的自相关函数为

$$\begin{aligned} \phi_{yy}[n+\ell, n] &= E(y[n+\ell]y[n]) \\ &= E\left(\left\{\sum_{i=-\infty}^{\infty} h[i]x[n+\ell-i]\right\}\left\{\sum_{k=-\infty}^{\infty} h[k]x[n-k]\right\}\right) \\ &= \sum_{i=-\infty}^{\infty} h[i] \sum_{k=-\infty}^{\infty} h[k]E(x[n+\ell-i]x[n-k]) \\ &= \sum_{i=-\infty}^{\infty} h[i] \sum_{k=-\infty}^{\infty} h[k]\phi_{xx}[n+\ell-i, n-k] \end{aligned} \tag{C.49}$$

---

① 为了方便，我们忽略随机过程 $\{X[n]\}$ 与其特定实现 $\{x[n]\}$ 在记号上的不同。

由于输入信号是一个宽平稳随机过程的样本序列，因此其自相关序列仅仅与时间序号 $n+\ell-i$ 和 $n-k$ 之间的差值 $\ell+k-i$ 有关，即

$$\phi_{xx}[n+\ell-i,n-k]=\phi_{xx}[\ell+k-i] \tag{C.50}$$

把上式代入式(C.49)，可得

$$\phi_{yy}[n+\ell,n]=\sum_{i=-\infty}^{\infty}h[i]\sum_{k=-\infty}^{\infty}h[k]\phi_{xx}[\ell+k-i]=\phi_{yy}[\ell] \tag{C.51}$$

上式表明输出信号的自相关序列只与时间序号 $n+\ell$ 与 n 之间的差值 ℓ 有关。根据式(C.48)和式(C.51)，可得输出信号 $y[n]$ 也是一个宽平稳随机过程的样本序列。

将 $m=i-k$ 代入式(C.51)，可得

$$\begin{aligned}\phi_{yy}[\ell]&=\sum_{m=-\infty}^{\infty}\phi_{xx}[\ell-m]\sum_{k=-\infty}^{\infty}h[k]h[m+k]\\&=\sum_{m=-\infty}^{\infty}\phi_{xx}[\ell-m]r_{\mathrm{hh}}[m]\end{aligned} \tag{C.52}$$

式中

$$r_{\mathrm{hh}}[m]=\sum_{k=-\infty}^{\infty}h[k]h[m+k]=h[m]\circledast h[-m] \tag{C.53}$$

称为冲激响应序列 $\{h[n]\}$ 的**非周期自相关序列**。注意，$r_{\mathrm{hh}}[m]$ 是一个能量有限的确定序列的自相关函数，并且与一个能量无限的宽平稳随机信号的自相关函数不同。

线性时不变系统对一个实值输入的输出序列与输入序列之间的互相关函数为

$$\begin{aligned}\phi_{yx}[n+\ell,n]&=E\left(y[n+\ell]\,x[n]\right)\\&=E\left(\sum_{i=-\infty}^{\infty}h[i]\,x[n+\ell-i]\,x[n]\right)\\&=\sum_{i=-\infty}^{\infty}h[i]E\left(x[n+\ell-i]\,x[n]\right)\\&=\sum_{i=-\infty}^{\infty}h[i]\phi_{xx}[\ell-i]=\phi_{yx}[\ell]\end{aligned} \tag{C.54}$$

式(C.54)的结果表明，互相关序列由时间序号 $n+\ell$ 和 n 之间的差值 ℓ 决定。

C.8.2　z 域表示

现在考虑式(C.51)在 z 域中的表示。如 C.6.2 节所述，若输入随机信号的均值为零，则 $\phi_{xx}[\ell]$ 的 z 变换可能存在。由式(C.48)可知，对于零均值随机输入，线性时不变系统所产生的输出也是零均值随机信号。此时，对式(C.51)的两边进行 z 变换可得

$$\Phi_{yy}(z)=\Psi(z)\Phi_{xx}(z) \tag{C.55}$$

其中，$\Phi_{xx}(z)$、$\Phi_{yy}(z)$ 和 $\Psi(z)$ 分别表示 $\phi_{xx}[\ell]$、$\phi_{yy}[\ell]$ 和 $\Psi[r]$ 的 z 变换。但由式(C.53)，$\Psi(z)=H(z)H(z^{-1})$，把它代入式(C.55)可得

$$\Phi_{yy}(z)=H(z)H(z^{-1})\Phi_{xx}(z) \tag{C.56}$$

在单位圆上，式(C.56)简化为

$$\Phi_{yy}(\mathrm{e}^{\mathrm{j}\omega})=|H(\mathrm{e}^{\mathrm{j}\omega})|^2\Phi_{xx}(\mathrm{e}^{\mathrm{j}\omega}) \tag{C.57}$$

若使用记号 $\mathcal{P}_{xx}(\omega)$ 和 $\mathcal{P}_{yy}(\omega)$ 来分别表示输入与输出的功率谱密度函数 $\Phi_{xx}(\mathrm{e}^{\mathrm{j}\omega})$ 和 $\Phi_{yy}(\mathrm{e}^{\mathrm{j}\omega})$，则可将式(C.57)重写为

$$\mathcal{P}_{yy}(\omega)=|H(\mathrm{e}^{\mathrm{j}\omega})|^2\mathcal{P}_{xx}(\omega) \tag{C.58}$$

现在，由式(C.21)可知，对零均值宽平稳随机过程$y[n]$，总平均功率由均方值$E(y^2[n])=\phi_{yy}[0]$给出。但$\phi_{yy}[\ell]$为$\Phi_{yy}(e^{j\omega})$的傅里叶逆变换：

$$\phi_{yy}[\ell]=\frac{1}{2\pi}\int_{-\pi}^{\pi}\Phi_{yy}(e^{j\omega})e^{j\omega\ell}\,d\omega \tag{C.59}$$

因此，由式(C.57)和式(C.58)可以得出输出信号$y[n]$的总平均功率为

$$\begin{aligned}E(y^2[n])&=\phi_{yy}[0]\\&=\frac{1}{2\pi}\int_{-\pi}^{\pi}\Phi_{yy}(e^{j\omega})\,d\omega\\&=\frac{1}{2\pi}\int_{-\pi}^{\pi}|H(e^{j\omega})|^2\mathcal{P}_{xx}(\omega)\,d\omega\end{aligned} \tag{C.60}$$

对于实值宽平稳随机信号$x[n]$，其自相关序列$\phi_{xx}[\ell]$是一个偶序列，因而，$\Phi_{xx}(e^{j\omega})$也是ω的一个偶函数。假设线性时不变系统$h[n]$是具有平方幅度响应

$$|H(e^{j\omega})|^2=\begin{cases}1, & \omega_{c1}\leqslant|\omega|\leqslant\omega_{c2}\\0, & 0\leqslant|\omega|<\omega_{c1},\omega_{c2}<|\omega|<\pi\end{cases} \tag{C.61}$$

的理想滤波器。此时，式(C.60)简化为

$$\begin{aligned}\phi_{yy}[0]&=\frac{1}{\pi}\int_{-\omega_{c2}}^{-\omega_{c1}}\mathcal{P}_{xx}(\omega)\,d\omega+\frac{1}{\pi}\int_{\omega_{c1}}^{\omega_{c2}}\mathcal{P}_{xx}(\omega)\,d\omega\\&=\frac{2}{\pi}\int_{\omega_{c1}}^{\omega_{c2}}\mathcal{P}_{xx}(\omega)\,d\omega\end{aligned} \tag{C.62}$$

由于总平均输出功率$\phi_{yy}[0]$通常是非负的，并且与线性滤波器的带宽无关，因此由式(C.62)可以推出

$$\mathcal{P}_{xx}(\omega)\geqslant0 \tag{C.63}$$

说明一个实宽平稳随机信号的功率谱密度函数不仅是一个实偶函数，而且是非负的。

同样，对式(C.54)的两边进行z变换可得

$$\Phi_{yx}(z)=H(z)\,\Phi_{xx}(z) \tag{C.64}$$

上式中，$\Phi_{yx}(z)$是$\phi[\ell]$的z变换。在单位圆上，式(C.64)简化为

$$\Phi_{yx}(e^{j\omega})=H(e^{j\omega})\,\Phi_{xx}(e^{j\omega}) \tag{C.65}$$

函数$\Phi_{yx}(e^{j\omega})$是**互谱密度**或**互功率谱**，用$\mathcal{P}_{yx}(\omega)$表示。注意，若$x[n]$是一个宽平稳白噪声序列，则其功率谱在所有频率上都是一个常数K。此时，式(C.65)简化为

$$\Phi_{yx}(e^{j\omega})=K\cdot H(e^{j\omega})$$

输出信号的方差

现在我们来推导当线性时不变系统的输入是实值白噪声随机过程时，其输出随机信号方差的表达式。由式(C.38)可得

$$\sigma_y^2=\gamma_{yy}[0]=\frac{1}{2\pi}\int_{-\pi}^{\pi}\mathcal{P}_{yy}(\omega)\,d\omega-m_y^2 \tag{C.66}$$

将式(C.58)代入式(C.66)并利用式(C.46)可得

$$\sigma_y^2=\frac{\sigma_x^2}{2\pi}\int_{-\pi}^{\pi}|H(e^{j\omega})|^2\,d\omega \tag{C.67}$$

它可以另外写为

$$\sigma_y^2=\frac{\sigma_x^2}{2\pi j}\oint_C H(z)H(z^{-1})z^{-1}\,dz \tag{C.68}$$

式中，C是$H(z)H(z^{-1})$的收敛域中的一条逆时针封闭曲线。

利用式(C.67)中的帕塞瓦尔关系，输出方差也可以表示为

$$\sigma_y^2=\sigma_x^2\sum_{n=-\infty}^{\infty}|h[n]|^2 \tag{C.69}$$

参考文献①

[Abr72] M. Abramowitz and I. A. Stegun, editors. Handbook of Mathematical Functions. Dover Publications, New York NY, 1972.

[Abr97] E. Abreu, S. K. Mitra, and R. Marchesani. Nonminimum phase channel equalization using noncausal filters. IEEE Trans. on Acoustics, Speech, and Signal Processing, 45:1-13, January 1997.

[Aca83] A. Acampora. Wideband picture detail restoration in a digital NTSC comb-filter system. RCA Engineer, 28(5):44-47, September/October 1983.

[Ada83] J. W. Adams and A. N. Willson, Jr. A new approach to FIR digital filters with fewermultipliers and reduced sensitivity. IEEE Trans. on Circuits and Systems, CAS-30:277-283, May 1983.

[Aga75] R. C. Agarwal and C. S. Burrus. New recursive digital filter structures having very low sensitivity and low roundoff noise. IEEE Trans. on Circuits and Systems, CAS-22:921-927, December 1975.

[Ahm74] N. Ahmed, T. Natarajan, and K. R. Rao. Discrete cosine transform. IEEE Trans. On Computers, C-23:90-93, January 1974.

[Aka92] A. N. Akansu and R. A. Haddad. Multiresolution Signal Decomposition. Academic Press, New York NY, 1992.

[Ala93] M. A. Al-Alaoui. Novel digital integrator and differentiator. Electronic Letters, 29:376-378, 18 February 1993.

[Ala94] M. A. Al-Alaoui. Novel IIR differentiator from the Simpson integration rule. Electronic Letters, 41:186-187, 18 February 1994.

[Ala2007] M. A. Al-Alaoui. Using fractional delay to control the magnitudes and phases of integrators and differentiators. IET Proceedings, 1:107-119, June 2007.

[All77] J. B. Allen and L. R. Rabiner. A unified approach to short-term Fourier analysis and synthesis. Proc. IEEE, 65:1558-1564, November 1977.

[All80] H. G. Alles. Music synthesis using real time digital techniques. Proc. IEEE, 68:436-449, April 1980.

[Ans85] R. Ansari. An extension of the discrete Fourier transform. IEEE Trans. on Circuits & Systems, CAS32:618-619, June 1985.

[Ans91] R. Ansari, C. Guillemot, and J. F. Kaiser. Wavelet construction using Lagrange halfband filters. IEEE Trans. on Circuits & Systems, 38:1116-1118, September 1991.

[Ans93] R. Ansari and B. Liu. Multirate signal processing. In S. K. Mitra and J. F. Kaiser, editors, Handbook for Digital Signal Processing, chapter 14, pages 981-1084. Wiley-Interscience, New York NY, 1993.

[Ant93] A. Antoniou. Digital Filters: Analysis, Design, and Applications. McGraw-Hill, New York NY, 2nd edition, 1993.

[Bag98] S. Bagchi and S. K. Mitra. Nonuniform Discrete Fourier Transform and Its Signal Processing Applications, Kluwer Academic Publishers, Norwell MA, 1998.

[Bel76] M. Bellanger, G. Bonnerot, and M. Coudreuse. Digital filtering by polyphase network: Application to sample-rate alteration and filter banks. IEEE Trans. Acoustics, Speech, and Signal Processing, ASSP-24:109-114, April 1976.

[Bel81] M. Bellanger. On computational complexity in digital filters. Proc. The European Conference on Circuit Theory & Design, The Hague, The Netherlands, pp. 58-63, August 1981.

[Bel2000] M. Bellanger. Digital Processing of Signals:Theory and Practice. Wiley, New York NY, 3rd edition, 2000.

[Ben48] W. R. Bennett. Spectra of quantized signals. Bell System Technical Journal, 27:446-472, 1948.

[Ber76] P. A. Bernhardt, D. A. Antoniadis, and A. D. Da Rossa. Lunar perturbations in columnar electron content and their interpretations in terms of dynamo electrostatic fields. Journal of Geophysics Research, 43:5957-5963, December 1976.

[Bjo98] G. Bjontegaard. Response to call for proposals for H. 26L. ITU-T SG16 Doc. Q15-F-11, October 1998.

[Bla65] R. B. Blackman. Linear Data Smoothing and Prediction in Theory and Practice. Addison-Wesley, Reading MA, 1965.

[Bla85] R. E. Blahut. Fast Algorithms for Digital Signal Processing. Addison-Wesley, Reading MA, 1985.

(中文版)数字信号处理的快速算法.[美] R. E. 布莱赫特 著. 肖先赐 等译. 北京:科学出版社,1992年4月

[Ble78] B. Blesser and J. M. Kates. Digital processing in audio signals. In A. V. Oppenheim, editor, Applications of Digital Signal Processing, chapter 2. Prentice Hall, Englewood Cliffs NJ, 1978.

[Boi81] R. Boite and H. Leich. A new procedure for the design of high-order minimum-phase FIR digital or CCD filters. Signal Processing, 3:101-108, 1981.

① 如果国内所出版的与参考文献所列出的版本一致,我们给出该国内版本以及目前的最新版,如果国内只出版了该文献的后续版本,我们将只列出最新版——译者注。

[Bol93] B. A. Bolt. Earthquakes. W. H. Freeman, New York NY, 1993.

[Bon76] G. Bongiovanni, P. Corsini, and G. Forsini. One-dimensional and two-dimensional generalized discrete Fourier transform. IEEE Trans. on Acoustics, Speech and Signal Processing, ASSP-24:97-99, February 1976.

[Boo51] A. D. Booth. A signed binary multiplication technique. Quart. J. Mech. Appl. Math., 4(Part 2):236-240, 1951.

[Box70] G. E. P. Box and G. M. Jenkins. Time Series Analysis: Forecasting and Control. Holden-Day, San Francisco CA, 1970.

(中文版)时间序列分析:预测与控制(第三版)顾岚 主译. 北京:中国统计出版社,1997 年
(英文版)时间序列分析:预测与控制(英文影印版)(第三版). 北京:人民邮电出版社. ,2005 年 9 月

[Bra83] R. N. Bracewell. The discrete Hartley transform. Journal of the Optical Society of America, 73:1832-1835, December 1983.

[Bur72] C. S. Burrus. Block realization of digital filters. IEEE Trans. on Audio and Electroacoustics, AU-20:230-235, October 1972.

[Bur77] C. S. Burrus. Index mappings for multidimensional formulation of the DFT and convolution. IEEE Trans. on Acoustics, Speech, and Signal Processing, ASSP-25:239-242, June 1977.

[Bur92] C. S. Burrus, A. W. Soewito, and R. A. Gopinath. Least squared error FIR filter design with transition bands. IEEE Trans. on Signal Processing, 40:1327-1340, 1992.

[Büt77] M. Büttner. Elimination of limit cycles in digital filters with very low increase in the quantization noise. IEEE Trans. on Circuits and Systems, CAS-24:300-304, 1977.

[Cad87] J. A. Cadzow. Foundations of Digital Signal Processing and Data Analysis. Macmillan, New York NY, 1987.

[Cag56] P. Cagan. The monetary dynamics of hyperinflation. In M. Friedman, editor, Studies in the Quantity Theory of Money, University of Chicago Press, Chicago, Illinois, 1956.

[Cav2000] T. J. Cavicchi. Digital Signal Processing. Wiley, New York NY, 2000.

[Cha73] D. S. K. Chan and L. R. Rabiner. Analysis of quantization errors in the direct form for finite impulse response digital filters. IEEE Trans. on Audio and Electroacoustics, AU-21:354-366, August 1973.

[Cha81] T-L. Chang and S. A. White. An error cancellation digital-filter structure and its distributedarithmetic implementation. IEEE Trans. on Circuits and Systems, CAS-28:339-342, April 1981.

[Cha80] C. Charalambous and A. Antoniou. Equalisation of recursive digital filters. IEEE Proc., Part G, 127:219-225, October 1980.

[Che2001] C-T. Chen. Digital Signal Processing: Spectral Computation and Filter Design. Oxford University Press, New York NY, 2001.

(英文版)数字信号处理频谱计算与滤波器设计(英文版). 北京:电子工业出版社,2002 年 9 月

[Chr66] E. Christian and E. Eisenmann. Filter Design Tables and Graphs. Wiley, New York NY, 1966.

[Chu95] J. Chun and N. K. Bose. Fast evaluation of an integral occurring in digital filtering applications. IEEE Trans. on Signal Processing, 43:1982-1986, August 1995.

[Chu90] R. V. Churchill and J. W. Brown. Introduction to Complex Variables and Applications. McGraw-Hill, New York NY, 5th edition, 1990.

(英文版)复变函数及应用(英文影印版. 第 8 版). 北京:机械工业出版社,2009 年 3 月
(中文版)复变函数及应用(原书第 7 版). [美] James Ward Brown, Ruel V. Churchill 著. 邓冠铁 等译. 北京:机械工业出版社,2005 年 2 月

[Cio93] J. M. Cioffi andY-S Byun. Adaptive filtering. In S. K. Mitra and J. F. Kaiser, editors, Handbook for Digital Signal Processing, chapter 15, pages 1085-1142. Wiley Interscience, New York NY, 1993.

[Cla73] T. A. C. M. Classen, W. F. G. Mecklenbröuker, and J. B. H. Peek. Some remarks on the classifications of limit cycles in digital filters. Philips Research Reports, 28:297-305, August 1973.

[Coh86] A. Cohen. Biomedical Signal Processing, volume II. CRC Press, Boca Raton FL, 1986.

[Coh22] A. Cohn. Über die anzahl der wurzeln einer algebraischen gleichung in einem kreise. Math 2, 14:110-148, August 1922.

[Con69] A. C. Constantinides. Digital notch filters. Electronics Letters, 5:198-199, 1 May 1969.

[Con70] A. C. Constantinides. Spectral transformations for digital filters. Proc. IEEE, 117:1585-1590, August 1970.

[Coo65] J. W. Cooley and J. W. Tukey. An algorithm for the machine calculation of complex Fourier series. Math. Computation, 19:297-301, 1965.

[Cou83] L. W. Couch II. Digital and Analog Communication Systems. Macmillan, New York NY, 1983.

(英文版)数字与模拟通信系统(第七版)(英文影印版). 北京:电子工业出版社,2010 年 8 月
(中文版)数字与模拟通信系统(第七版). [美] Leon W. Couch,II 著. 罗新民 任品毅 黄华 等译. 北京:电子工业出版社. ,2007 年 11 月

[Cox83] R. V. Cox and J. M. Tribolet. Analog voice privacy systems using TFSP scrambling: Full duplex and half duplex. Bell System Technical Journal, 62:47-61, January 1983.

[Cro75] R. E. Crochiere and A. V. Oppenheim. Analysis of linear digital networks. Proc. IEEE, 62:581-595, April 1975.

[Cro76a] R. E. Crochiere and L. R. Rabiner. On the properties of frequency transformations for variable cutoff linear phase digital filters. IEEE Trans. on Circuits and Systems, CAS-23:684-686, 1976.

[Cro76b] A. Croisier, D. Esteban, and C. Galand. Perfect channel splitting by use of interpolation/ decimation/tree decomposition techniques. In Proc. International Symposium on Information Science and Systems, Patras, Greece, 1976.

[Cro83] R. E. Crochiere and L. R. Rabiner. Multirate Digital Signal Processing. Prentice Hall, Englewood Cliffs NJ, 1983.

(中文版)多抽样率数字信号处理. [美] R. E. 克劳切, L. R. 拉宾纳著. 鄞广增译. 北京:人民邮电出版社,1988 年

[Cuc91] S. Cucchi, F. Desinan, G. Parladori, and G. Sicuranza. DSP implementation of arbitrary sampling frequency conversion for high quality sound application. In Proc. IEEE International Conference on Acoustics, Speech, and Signal Processing, pages 3609-3612, Toronto Canada, May 1991.

[Dar76] G. Daryanani. Principles of Active Network Synthesis and Design. Wiley, New York NY, 1976.

(中文版)有源网络综合与设计原理. [美]哥宾德·达瑞南尼 著. 北京邮电学院网络理论教研室译. 北京:人民邮电出版社,1986 年 2 月

[Dau88] I. Daubechies. Orthonormal bases of compactly supported wavelets. Comm. Pure Appl. Math., 41:909-996, 1988.

[DeF88] D. J. DeFatta, J. G. Lucas, and W. S. Hodgkiss. Digital Signal Processing: A System Design Approach. Wiley, New York NY, 1988.

[Del93] J. R. Deller, Jr., J. G. Proakis, and J. H. L. Hansen. Discrete-Time Processing of Speech Signals. Macmillan, New York NY, 1993.

[Dep80] E. Deprettere and P. DeWilde. Orthogonal cascade realization of a real multiport digital filter. International Journal on Circuit Theory Appl, 8:245-277, 1980.

[Doo99] S. R. Dooley, R. W. Stewart, and T. S. Durrani. Fast on-line B-spline interpolation. Electronics Letters, 35:1130-1131, 8 July 1999.

[Dre90] J. O. Drewery. Digital filtering of television signals. In C. P. Sandbank, editor, Digital Television, chapter 5. Wiley, New York NY, 1990.

[Dug80] J. P. Dugré, A. A. L. Beex, and L. L. Scharf. Generating covariance sequences and the calculation of quantization and roundoff error variances in digital filters. IEEE Trans. on Acoustics, Speech, and Signal Processing, ASSP-28:102-104, 1980.

[Dug82] J. P. Dugré and E. I. Jury. A note on the evaluation of complex integrals using filtering interpretations. IEEE Trans. on Acoustics, Speech, and Signal Processing, ASSP-30:804-807, 1982.

[Duh86] P. Duhamel. Implementation of "split-radix" FFT algorithms for complex, real, and realsymmetric data. IEEE Trans. on Acoustics, Speech, and Signal Processing, ASSP-34:285-295, April 1986.

[Dut83] S. C. Dutta Roy. Comments on "On the construction of a digital transfer function from its real part on the unit circle." Proceedings of the IEEE (Letters), 71:1009-1010, August 1983.

[Dut89] S. C. Dutta Roy and B. Kumar. On digital differentiators, Hilbert transformers, and half-band low-pass filters. IEEE Trans. on Education, 32:314-318, August 1989.

[Dut2005] S. C. Dutta Roy, D. M. Krishna, and N. Ghosh. A note on the FFT. IETE Journal of Education, 46:61-63, April-June 2005.

[Dut2007] S. C. Dutta Roy. A new canonic lattice realization of arbitrary FIR transfer functions. IEEE Journal of Research, 53:13-18, January-February 2007.

[Dut2008] S. C. Dutta Roy. A note on canonic lattice realization of arbitrary FIR transfer functions. IEEE Journal of Research, 54:71-72, January-February 2008.

[Dut80] D. L. Duttweiler. Bell's echo-killer chip. IEEE Spectrum, 17:34-37, October 1980.

[Ear76] J. Eargle. Sound Recording. Van Nostrand Reinhold, New York NY, 1976.

[Ebe69] P. M. Ebert, J. E. Mazo, and M. G. Taylor. Overflow oscillations in digital filters. Bell System Technical Journal, 48:2999-3020, November 1969.

[Est77] D. Esteban and C. Galand. Application of quadraturemirror filters to split-band voice coding schemes. In Proc. IEEE International Conference on Acoustics, Speech, and Signal Processing, pages 191-195, May 1977.

[Far88] C. W. Farrow. A continuously variable digital delay element. In Proc. IEEE International Symposium on Circuits and Systems, Helsinki, Finland, pages 2641-2645, June 1988.

[Fet71] A. Fettweis. Digital filter structures related to classical filter networks. Archiv für Elektrotechnik und Übertragungstechnik, 25:79-81, 1971.

[Fet72] A. Fettweis. A simple design method of maximally flat delay digital filters. IEEE Trans. on Audio and Electroacoustics, AU-20:112-114, June 1972.

[Fet86] A. Fettweis. Wave digital filters: Theory and practice. Proc. IEEE, 74:270-316, February 1986.

[Fli94] N. J. Fliege. Multirate Digital Signal Processing. Wiley, New York NY, 1994.

[Fot2001] I. Fotinopoulos, T. Stathai, and A. Constantinides. A method for FIR filter design from joint amplitude and group delay characteristics. In Proc. IEEE International Conference on Acoustics, Speech, and Signal Processing, pages 621-625, May 2001.

[Fre78] S. L. Freeny, J. F. Kaiser, and H. S. McDonald. Some applications of digital signal processing in telecommunications. In A. V. Oppenheim, editor, Applications of Digital Signal Processing, chapter 1, pages 1-28. Prentice Hall, Englewood Cliffs NJ, 1978.

[Fre94] M. E. Frerking. Digital Signal Processing in Communication Systems. VanNostrandReinhold, New York NY, 1994.

[Gao99] Y. Gao and H. Tenhunen. Low-power implementation of a fifth-order comb decimation filter for multi-standard transceiver applications. In Proc. International Conference on Signal Processing Applications and Technology (ICSPAT), Orlando, FL, October 1999.

[Gaz85] L. Gazsi. Explicit formulas for lattice wave digital filters. IEEE Trans. on Circuits and Systems, CAS-32:68-88, January 1985.

[Goe58] G. Goertzel. An algorithm for evaluation of finite trigonometric series. American Mathematical Monthly, 65:34-35, January 1958.

[Gol68] B. Gold and K. L. Jordan. A note on digital filter synthesis. Proc. IEEE, 56:1717-1718, October 1968.

[Gol69a] B. Gold and K. L. Jordan. A direct search procedure for designing finite duration impulseresponse filters. IEEE Trans. Audio and Electroacoustics, AU-17:33-36, March 1969.

[Gol69b] B. Gold and C. M. Radar. Digital Processing of Signals. McGraw-Hill, New York, NY, 1969.

(中文版)讯号的数字处理. [美] B. 戈尔德, C. M. 雷道 著. 高哲民 等译. 北京:地质出版社, 1980 年 3 月

[Gol2005] A. Goldsmith. Wireless Communications. Cambridge University Press, New York, NY, 2005.

(英文版)无线通信(英文影印版). 北京:人民邮电出版社,2007 年 12 月

[Gon2002] R. C. Gonzalez and P. Wintz. Digital Image Processing. Prentice-Hall, Upper Saddle River NJ, 2nd edition, 2002.

(英文版)数字图像处理(第三版)(英文版). 北京:电子工业出版社,2010 年 1 月

(中文版)数字图像处理(第二版). 阮秋琦 阮宇智 译. 北京:电子工业出版社,2007 年 8 月

[Goo77] D. J. Goodman and M. J. Carey. Nine digital filters for decimation and interpolation. IEEE Trans. on Acoustics, Speech, and Signal Processing, ASSP-25:121-126, April 1977.

[Gra73] A. H. Gray Jr. and J. D. Markel. Digital lattice and ladder filter synthesis. IEEE Trans. on Audio and Electroacoustics, AU-21:491-500, December 1973.

[Gun2002] J. H. Gunther. Simultaneous DFT and IDFT of real N-point sequences. IEEE Signal Processing Letters, 9:245-246, August 2002.

[Haa10] A. Haar. Zur theorie der orthogonalen funktionen-systeme. Math. Annalen., 69:331-371, 1910.

[Ham89] R. W. Hamming. Digital Filters. Prentice Hall, Englewood Cliffs NJ, 3rd edition, 1989.

[Hel68] H. D. Helms. Nonrecursive digital filters: Design methods for achieving specifications on frequency response. IEEE Trans. on Audio and Electroacoustics, AU-16:336-342, September 1968.

[Hen83] D. Henrot and C. T. Mullis. A modular and orthogonal digital filter structure for parallel processing. In Proc. IEEE International Conference Acoustics, Speech, and Signal Processing, pages 623-626, 1983.

[Her70] O. Herrmann and H. W. Schüssler. Design of nonrecursive digital filters with minimumphase. Electronics Letters, 6:329-330, 1970.

[Her71] O. Herrmann. On the approximation problem in nonrecursive digital filter design. IEEE Trans. Circuit Theory, CT-18: 411-413, 1971.

[Her73] O. Herrmann, L. R. Rabiner, and D. S. K. Chan. Practical design rules for optimum finite impulse response lowpass digital filters. Bell System Tech. J., 52:769-799, 1973.

[Hig84] W. E. Higgins and D. C. Munson Jr. Optimal and suboptimal error spectrum shaping for cascade form digital filters. IEEE Trans. on Circuits and Systems, CAS-31:429-437, May 1984.

[Hir73] K. Hirano, T. Saito, S. Nishimura, and S. K. Mitra. Time-sharing realization of Butterworth digital filters. In Monograph of the Circuits and Systems Group. Institution of Electronic and Communication Engineers (Japan), No. CST 73-59, December 1973. (In Japanese).

[Hir74] K. Hirano, S. Nishimura, and S. K. Mitra. Design of digital notch filters. IEEE Trans. on Circuits and Systems, CAS-21:540-546, July 1974.

[Hog81] E. B. Hogenauer. An economical class of digital filters for decimation and interpolation. IEEE Trans. Acoustics, Speech, and Signal Processing, ASSP-29:155-162, April 1981.

[Hsi87] C-C. Hsiao. Polyphase filter matrix for rational sampling rate conversions. In Proc. IEEE International Conference on Acoustics, Speech, and Signal Processing, pages 2173-2176, Dallas TX, April 1987.

[Hub89] D. M. Huber and R. A. Runstein. Modern Recording Techniques. Howard W Sams, Indianapolis IN, 3rd edition, 1989.

[Hwa79] K. Hwang. Computer Arithmetic: Principles, Architecture and Designs. Wiley, New York NY, 1979.

[IEEE85] Institute of Electrical and Electronic Engineers. IEEE Standard for Binary Floating-Point Arithmetic, 1985.

[Ita72] F. Itakura and S. Saito. On the optimum qualization of feature parameters in the PARCOR speech synthesizer. In Proc. IEEE Conf. Speech Commun. Processing, pages 434-437, Newton, MA, 1972.

[ITU84] International Telecommunication Union. CCITT Red Book, volume VI. Fascicle VI. 1, October 1984.

[Jac69] L. B. Jackson. An analysis of limit cycles due to multiplicative rounding in recursive digital filters. In Proc. 7th Allerton Conference on Circuit and System Theory, pages 69-78, Monticello IL, 1969.

[Jac70a] L. B. Jackson. On the interaction of roundoff noise and dynamic range in digital filters. Bell System Technical Journal, 49:159-184, February 1970.

[Jac70b] L. B. Jackson. Roundoff-noise analysis for fixed-point digital filters realized in cascade or parallel form. IEEE Trans. on Audio and Electroacoustics, AU-18:107-122, June 1970.

[Jac96] L. B. Jackson. Digital Filters and Signal Processing. Kluwer, Boston MA, 3rd edition, 1996.

[Jac2000] L. B. Jackson. A correction to impulse invariance. IEEE Signal Processing Letters, 7:273-275. October 2000.

[Jac2003] E. Jacobsen and R. Lyons. The sliding DFT. IEEE Signal Processing Magazine, 20:74-80, March 2003.

[Jai89] A. K. Jain. Fundamentals of Digital Image Processing. Prentice Hall, Englewood Cliffs NJ, 1989.

(中文版)数字图像处理基础. ANIL K JAIN 著. 韩博 徐枫 译. 北京:清华大学出版社,2006 年 11 月

[Jar88] P. Jarske, Y. Neuvo, and S. K. Mitra. A simple approach to the design of FIR digital filters with variable characteristics. Signal Processing, 14:313-326, 1988.

[Jay84] N. S. Jayant and P. Knoll. Digital Coding of Waveforms. Prentice Hall, Englewood Cliffs NJ, 1984.

(中文版)语音与图像的波形编码原理及应用. [美]N. S. 杰因特, [德]彼得.诺尔著. 钱亚生 诸庆麟 译. 北京:人民邮电出版社,1990 年 6 月

[Jen91] Y-C. Jenq. Digital convolution algorithm for pipelining multiprocessor system. IEEE Trans. on Computers, C-30:966-973, December 1991.

[Jia97] Z. Jiang and A. N. Willson, Jr. Efficient digital filtering architectures using pipelining/ interleaving. IEEE Trans. on Circuits and Systems, Part II. 44:110-119, February 1997.

[Joh89] J. R. Johnson. Introduction to Digital Signal Processing. Prentice Hall, Englewood Cliffs NJ, 1989.

[Joh80] J. D. Johnston. A filter family designed for use in quadrature mirror filter banks. In Proc. IEEE International Conference on Acoustics, Speech, and Signal Processing, pages 291-294, April 1980.

[Jos99] Y. V. Joshi and S. C. Dutta Roy. Design of IIR multiple notch filters based on all-pass filters. IEEE Trans. on Circuits and Systems, Part II. 46:134-138, February 1999.

[Jur73] E. I. Jury. Theory and Application of the z-TransformMethod. Robert E. Krieger, Huntington, NY, 1973.

[Kai66] J. F. Kaiser. Digital filters. In F. Kuo and J. F. Kaiser, editors, System Analysis by Digital Computers, chapter 7. Wiley, New York NY, 1966.

[Kai74] J. F. Kaiser. Nonrecursive digital filter design using the I0-sinh window function. In Proc. 1974 IEEE International Symposium on Circuits and Systems, pages 20-23, San Francisco CA, April 1974.

[Kai77] J. F. Kaiser and R. W. Hamming. Sharpening the response of a symmetric nonrecursive filter by multiple use of the same filter. IEEE Trans. on Acoustics, Speech, and Signal Processing, ASSP-25:415-422, October 1977.

[Kai80] J. F. Kaiser. On a simple algorithm to calculate the 'energy' of a signal. Proc. IEEE International Conference on Acoustics, Speech, and Signal Processing, pages 381-384, Albuquerque NM, April 1980.

[Kan71] E. P. F. Kan and J. K. Aggarwal. Error analysis in digital filters employing floating-point arithmetic. IEEE Trans. on Circuit Theory, CT-18:678-686, November 1971.

[Kau98] J. Kauraniemi, T. I. Laakso, I. Hartimo, and S. J. Ovaska. Delta operator realizations of directform IIR filters. IEEE Trans. on Circuits and Systems-II: Analog and Digital Signal Processing, 45:41-52, January 1998.

[Kel62] J. L. Kelly Jr. and C. Lochbaum. Speech synthesis. In Proc. Stockholm Speech Communication Seminar, Stockholm, Sweden, September 1962. Royal Institute of Technology.

[Kin72] N. Kingsbury. Second-order recursive digital filter element for poles near the unit circle and the real-z axis. Electronics Letters, 8: 155-156, March 1972.

[Kin2001] N. Kingsbury. Image Coding Course Notes. Department of Engineering, University of Cambridge, Cambridge, U. K., July 13, 2001.

[Knu69] D. E. Knuth. The Art of Computer Programming: Volume 2 - Seminumerical Algorithms. Addison-Wesley, Reading MA, 2nd edition, 1969.

(英文版)计算机程序设计艺术(第二卷 半数值算法)(第三版). 北京:清华大学出版社,2002 年
(中文版)计算机程序设计技巧.(美)克努特 著. 管纪文、苏运霖译. 北京:国防工业出版社,1980 年
计算机程序设计艺术 第二卷 半数值算法(第三版)克努特 著. 苏运霖译. 北京:国防工业出版社,2002 年

[Ko97] N. Ko, D. J. Shpak, and A. Antoniou. Design of recursive delay equalizers using constrained optimization. Proc. IEEE Pacific Rim Conference on Communications, Computers and Signal Processing, Victoria, B. C., Canada, pp. 173-177, August 1997.

[Kol77] D. P. Kolba and T. W. Parks. A prime factor FFT algorithm using high speed convolution. IEEE Trans. on Acoustics, Speech, and Signal Processing, ASSP-25:281-294, August 1977.

[Kor93] I. Koren. Computer Arithmetic Algorithms. Prentice Hall, Englewood Cliffs NJ, 1993.

[Laa96] T. I. Laakso, V. Völimöki, M. Karjalainen, and U. K. Laine. Splitting the unit delay. IEEE Signal Processing Magazine, 13:30-60, January 1996.

[Lag82] R. Lagadec, D. Pelloni, and D. Weiss. A 2-channel, 16-bit digital sampling frequency converter for professional digital audio. In Proc. IEEE International Conference on Acoustics, Speech, and Signal Processing, pages 93-96, April 1982.

[Lar99] J. Laroche. A modified lattice structure with pleasant scaling properties. IEEE Trans. on Signal Processing, 47:3423-3425, December 1999.

[Lar93] L. E. Larson and G. C. Temes. Signal conditioning and interface circuits. In S. K. Mitra and J. F. Kaiser, editors, Handbook for Digital Signal Processing, chapter 10, pages 677-720. Wiley-Interscience, New York NY, 1993.

[Lat98] B. P. Lathi. Signals Processing and Linear Systems. Berkley-Cambridge, Carmichael CA, 1998.

[Law78] V. B. Lawrence and K. V. Mina. Control of limit cycle oscillations in second-order recursive digital filters using constrained random quantization. IEEE Trans. on Acoustics, Speech, and Signal Processing, ASSP-26:127-134, April 1978.

[LeG88] D. LeGall and A. Tabatabai. Subband coding of images using symmetric short kernel filters and arithmetic coding techniques. In Proc. IEEE International Conference on Acoustics, Speech and Signal Processing, pages 761-764, 1988.

[Ler83] E. L. Lerner. Electronically synthesized music. IEEE Spectrum, 17:46-51, June 1983.

[Lim86] Y. C. Lim. Frequency-response masking approach for the synthesis of sharp linear phase digital filters. IEEE Trans. on Circuits and Systems, CAS-33:357-364, April 1986.

[Liu69] B. Liu and T. Kaneko. Error analysis of digital filters realized in floating-point arithmetic. Proc. IEEE, 57:1735-1747, October 1969.

[Lon73] J. L. Long and T. N. Trick. An absolute bound on limit cycles due to roundoff errors in digital filters. IEEE Trans. on Audio and Electroacoustics, AU-21:27-30, February 1973.

[Lut91] A. Luthra and G. Rajan. Sampling rate conversion of video signals. SMPTE J., pages 869-879, November 1991.

[Lüt91] H. Lütkepohl. Introduction to Multiple Time Series Analysis. Springer-Verlag, New York NY 1991.

[Lyo2007a] R. G. Lyons. A differentiator with a difference. In R. G. Lyons, editor, Streamlining Digital Signal Processing, chapter 19, pages 199-202, Wiley-Interscience, Hoboken NJ 2007.

[Lyo2007b] R. G. Lyons and A. Bell. The Swiss army knife of digital networks. In R. G. Lyons, editor, Streamlining Digital Signal Processing, chapter 19, pages 283-300, Wiley-Interscience, Hoboken NJ 2007.

[Mak75] J. Makhoul. Linear prediction: A tutorial review. Proc. IEEE, 62:561-580, April 1975.

[Mak78] J. Makhoul. A class of all-zero lattice digital filters: Properties and applications. IEEE Trans. on Acoustics, Speech, and Signal Processing, 26:304-314, August 1978.

[Mak2001] A. Makur and S. K. Mitra. Warped discrete Fourier transform: Theory and applications. IEEE Trans. on Circuits and Systems I: Fundamental Theory and Applications, 48:1086-1093, September 2001.

[Mal2002] H. Malvar, A. Hallapuro, M. Karczezwicz, and L. Kerofsky. Low-complexity transform and quantization with 16-bit arithmetic for H. 26L In Proc. IEEE International Conference on Image Processing, pages II-489-II-4924, 2002.

[Mar92] A. Mar, editor. Digital Signal Processing Applications Using the ADSP-2100 Family. Prentice Hall, Englewood Cliffs NJ, 1992.

[Mar87] S. L. Marple, Jr. Digital Spectral Analysis with Applications. Prentice Hall, Englewood Cliffs NJ, 1987.

[Mar94] S. A. Martucci. Symmetric convolution and the discrete sine and cosine transforms. IEEE Trans. on Signal Processing, 42:1038-1051, May 1994.

[Mas53] S. J. Mason. Feedback theory - some properties of signal flow graphs. Proceedings of the IRE, 41:1144-1156, September 1953.

[Mec2000] W. F. G. Mecklenbraüker. Remarks on and correction to the impulse invariance method for the design of IIR digital filters. Signal Processing, 80:1687-1690, August 2000.

[Meh2004] A. Mehrnia and A. N. Willson, Jr. On optimal IFIR filter design. In Proc. IEEE International Symposium on Circuits & Systems, vol. III, pages 133-136, May 2004.

[Mes84] D. G. Messerschmitt. Echo cancellation in speech and data transmission. IEEE J. on Selected Areas in Communications, SAC-2:283-297, March 1984.

[Mia82] G. A. Mian and A. P. Naider. A fast procedure to design equirippleminimum-phase FIR filters. IEEE Trans. on Circuits and Systems, CAS-29:327-331, May 1982.

[Mid86] R. H. Middleton and G. C. Goodwin. Improved finite word length characteristics in digital control using delta operators. IEEE Trans. on Automatic Control, AC-31:1015-1021, November 1986.

[Mik92] N. Mikami, M. Kobayashi, and Y. Tokoyama. A new DSP-oriented algorithm for calculation of the square root using a nonlinear digital filter. IEEE Trans. on Signal Processing, 40:1663-1669, July 1992.

[Mil78] W. L. Mills, C. T. Mullis, and R. A. Roberts. Digital filter realizationswithout overflow oscillations. IEEE Trans. on Acoustics, Speech, and Signal Processing, ASSP-26:334-338, August 1978.

[Min85] F. Mintzer. Filters for distortion-free two-band multirate filter banks. IEEE Trans. on Acoustics, Speech, and Signal Processing, ASSP-33:626-630, June 1985.

[Mit73a] S. K. Mitra and R. J. Sherwood. Digital ladder networks. IEEE Trans. on Audio and Electroacoustics, AU-21:30-36, February 1973.

[Mit73b] S. K. Mitra. On reciprocal digital two-pairs. Proc. IEEE (Letters), 61:1647-1648, November 1973.

[Mit74a] S. K. Mitra and K. Hirano. Digital all-pass networks. IEEE Trans. on Circuits and Systems, CAS-21:688-700, 1974.

[Mit74b] S. K. Mitra, K. Hirano, and H. Sakaguchi. A simple method of computing the input quantization and the multiplication round off errors in digital filters. IEEE Trans. on Acoustics, Speech, and Signal Processing, ASSP-22:326-329, October 1974.

[Mit74c] S. K. Mitra and R. J. Sherwood. Estimation of pole-zero displacements of a digital filter due to coefficient quantization. IEEE Trans. on Circuits and Systems. CAS-21:116-124, January 1974.

[Mit75] S. K. Mitra, K. Hirano, and K. Furuno. Digital sine-cosine generator. In Proc. Second Florence InternationalConference on Digital Signal Processing, pages 142-149, Florence, Italy, September 1975.

[Mit77a] S. K. Mitra and C. S. Burrus. A simple efficient method for the analysis of structures of digital and analog systems. Archiv für Elektrotechnik und Übertrangungstechnik, 31:33-36, 1977.

[Mit77b] S. K. Mitra, P. S. Kamat, and D. C. Huey. Cascaded lattice realization of digital filters. International Journal on Circuit Theory and Applications, 5:3-11, 1977.

[Mit77c] S. K. Mitra, K. Mondal, and J. Szczupak. An alternate parallel realization of digital transfer functions. Proc. IEEE (Letters), 65:577-578, April 1977.

[Mit80] S. K. Mitra. An Introduction to Digital and Analog Integrated Circuits, and Applications. Harper and Row, New York NY, 1980.

[Mit90a] S. K. Mitra, K. Hirano, S. Nishimura, and K. Sugahara. Design of digital bandpass/ bandstop digital filters with tunable characteristics. Frequenz, 44:117-121, March/April 1990.

[Mit90b] S. K. Mitra, Y. Neuvo, and H. Roivainen. Design and implementation of recursive digital filters with variable characteristics. International Journal on Circuit Theory and Applications, 18:107-119, 1990.

[Mit93] S. K. Mitra, A. Mahalanobis, and T. Saramáki. A generalized structural subband decomposition of FIR filters and its application in efficient FIR filter design and implementation. IEEE Trans. on Circuits and Systems II: Analog and Digital Signal Processing, 40:363-374, June 1993.

[Mit98] S. K. Mitra and H. Babic. Partial-fraction expansion of rational z-transforms. Electronics Letters, 34:1726, 3 September 1998.

[Moo77] J. A. Moorer. Signal processing aspects of computer music: A survey. Proc. IEEE, 65:1108-1137, August 1977.

[Mun81] D. C. Munson, Jr., and B. Liu. Narrowband recursive filters with error spectrum shaping. IEEE Trans. on Circuits and Systems, CAS-28:160-163, February 1981.

[Naw88] S. H. Nawab and T. F. Quatieri. Short-time Fourier transform. In J. S. Lim and A. V. Oppenheim, editors, Advanced Topics in Signal Processing, chapter 6. Prentice Hall, Englewood Cliffs NJ, 1988.

[Neu84a] Y. Neuvo and S. K. Mitra. Complementary IIR digital filters. In Proc. IEEE International Symposium on Circuits and Systems, pages 234-237, Montreal, Canada, May 1984.

[Neu84b] Y. Neuvo, C-Y. Dong, and S. K. Mitra. Interpolated finite impulse response filters. IEEE Trans. on Acoustics, Speech, and Signal Processing, ASSP-32:563-570, June 1984.

[Oet75] G. Oetken, T. W. Parks, and H. W. Schüssler. New results in the design of digital interpolators. IEEE Trans. on Acoustics, Speech, and Signal Processing, ASSP-23:301-309, June 1975.

[Opp75] A. V. Oppenheim and R. W. Schafer. Digital Signal Processing. Prentice Hall, Englewood Cliffs NJ, 1975.

(中文版)数字信号处理. [美]A. V. 奥本海姆 R. W. 谢弗 著. 董士嘉 杨耀增 译. 北京:科学出版社,1980 年

[Opp76] A. V. Oppenheim, W. F. G. Mecklenbräuker, and R. M. Mersereau. Variable cutoff linear phase digital filters. IEEE Trans. on Circuits and Systems, CAS-23:199-203, 1976.

[Opp78] A. V. Oppenheim. Digital processing of speech. In A. V. Oppenheim, editor, Applications of Digital Signal Processing, chapter 2. Prentice Hall, Englewood Cliffs NJ, 1978.

[Opp83] A. V. Oppenheim and A. S. Willsky. Signals and Systems. Prentice Hall, Englewood Cliffs NJ, 1983.

(英文版)信号与系统(第二版)(英文版). Alan V. Oppenheim, Alan S. Willsky, S. Hamid Nawab 著. 北京:电子工业出版社,2002 年 8 月

(中文版)信号与系统 [美] A. V. 奥本海姆等. 西安:西安交通大学出版社,1985 年 11 月

信号与系统 (第二版) Alan V. Oppenheim, Alan S. Willsky, S. Hamid Nawab 著. 刘树棠 译. 西安:西安交通大学出版社,1998 年 1 月

[Opp99] A. V. Oppenheim and R. W. Schafer. Discrete-Time Signal Processing. Prentice Hall, Englewood Cliffs NJ, 2nd edition, 1999.

(中文版)离散时间信号处理(第二版). [美]A. V. 奥本海姆 R. W. 谢弗 J. R. 巴克 著. 刘树棠 黄建国 译. 西安:西安交通大学出版社,2001 年 9 月.

(英文版)离散时间信号处理(第二版). 北京:清华大学出版社,2005 年 1 月

离散时间信号处理(第三版)(英文版). 北京:电子工业出版社,2011 年 1 月

[Ora2002] S. Oraintara, Y-J Chen, and T. Q. Nguyen. Integer fast Fourier transform. IEEE Trans. on Signal Processing, 50:607-618, March 2002.

[Orc2003] H. J. Orchard and A. N. Willson, Jr. On the computation of a minimum-phase spectral factor. IEEE Trans. on Circuits and Systems, 50:365-375, March 2003.

[Orf96] S. J. Orfanidis. Introduction to Signal Processing. Prentice Hall, Englewood Cliffs NJ, 1996.

(英文版)信号处理导论. 北京:清华大学出版社,1999 年 1 月

[Orm61] J. F. A. Ormsby. Design of numerical filters with applications to missile data processing. Journal of ACM, 8:440-466, July 1961.

[Pap62] A. Papoulis. The Fourier Integral and Its Applications. McGraw-Hill, New York NY, 1962.

[Par60] E. Parzen. Modern Probability Theory and Its Applications. Wiley, New York NY, 1960.

[Par72] T. W. Parks and J. H. McClellan. Chebyshev approximation for nonrecursive digital filters with linear phase. IEEE Trans. on Circuit Theory, CT-19:189-194, 1972.

[Par87] T. W. Parks and C. S. Burrus. Digital Filter Design. Wiley, New York NY, 1987.

[Pei98] S-C. Pei and C-C. Tseng. A comb filter design using fractional-sample delay. IEEE Trans. on Circuit and Systems, 45: 649-653, June 1998.

[Pie96] J. W. Pierre. A novel method for calculating the convolution sum of two finite length sequences. IEEE Trans. on Education, 39:77-80, February 1996.

[Por97] B. Porat. A Course in Digital Signal Processing. Wiley, New York NY, 1997.

[Pou87] K. Poulton, J. J. Corcoran, and T. Hornak. A 1-GHz 6-bit ADC system. IEEE J. of Solid-State Circuits, SC-22:962-970, December 1987.

[Pri80] D. H. Pritchard. A CCD comb filter for color TV receiver picture enhancement. RCA Review, 41:3-28, 1980.

[Pro96] J. G. Proakis and D. G. Manolakis. Digital Signal Processing: Principles, Algorithms and Applications. Prentice Hall, Upper Saddle River NJ, 3rd edition, 1996.

[Pse2002] B. Psenicka, F. Garcia-Ugalde, and A. Herrera-Camacho. The bilinear z transform by Pascal matrix and its application in the design of digital filters. IEEE Signal Processing Letters, 9:368-370, November 2002.

[Rab2001] R. Rabenstein and L. Trautmann. Digital sound synthesis by physical modelling. In Proc. 2nd International Symp. on Image and Signal Processing and Analysis, pages 12-23, Pula, Croatia, June 2001.

[Rab69] L. R. Rabiner, R. W. Schafer, and C. M. Rader. The chirp-z transform algorithm. IEEE Trans. on Audio and Electroacoustics, AU-17:86-92, June 1969.

[Rab70] L. R. Rabiner and K. Steiglitz. The design of wide-band recursive and nonrecursive digital differentiators. IEEE Trans. on Audio and Electroacoustics, 18:204-209, 1970.

[Rab73] L. R. Rabiner. Approximate design relationships for low-pass FIR digital filters. IEEE Trans. on Audio and Electroacoustics, AU-21:456-460, 1973.

[Rab74a] L. R. Rabiner and R. W. Schafer. On the behavior of minimax relative error FIR digital differentiators. Bell System Technical Journal, 53:333-362, February 1974.

[Rab74b] L. R. Rabiner and R. W. Schafer. On the behavior of minimax relative error FIR digital Hilbert transformers. Bell System Technical Journal, 53:363-394, February 1974.

[Rab74c] L. R. Rabiner, J. F. Kaiser, and R. W. Schafer. Some considerations in the design of multiband finite-impulse-response digital filters. IEEE Trans. on Acoust., Speech, Signal Processing, 22:462-472, December 1974.

[Rab75a] L. R. Rabiner and B. Gold. Theory and Application of Digital Signal Processing. Prentice Hall, Englewood Cliffs NJ, 1975.

(中文版)数字信号处理的原理和应用. [美]L. R. 拉宾纳, B. 戈尔德 著. 史令启 译. 北京:国防工业出版社,1982 年 2 月

[Rab78] L. R. Rabiner and R. W. Schafer. Digital Processing of Speech Signals. Prentice-Hall, Upper Saddle River NJ, 1978.

(中文版)语音信号数字处理. [美]L. R. 拉宾纳 R. W. 谢弗 著. 朱雪龙 等译. 北京:科学出版社,1983 年.

[Ram84] T. Ramstad. Digital methods for conversion between arbitrary sampling frequencies. IEEE Trans. Acoustics, Speech and Signal Processing, ASSP-32:577-591, June 1984.

[Rao84] S. K. Rao and T. Kailath. Orthogonal digital filters for VLSI implementation. IEEE Trans. on Circuits and Systems, CAS-31:933-945, 1984.

[Reg87a] P. A. Regalia, S. K. Mitra, and J. Fadavi-Ardekani. Implementation of real coefficient digital filters using complex arithmetic. IEEE Trans. on Circuits and Systems, CAS-34:345-353, April 1987.

[Reg87b] P. A. Regalia and S. K. Mitra. A class of magnitude complementary loudspeaker crossovers. IEEE Trans. on Acoustics, Speech, and Signal Processing, ASSP-35:1509-1515, November 1987.

[Reg88] P. A. Regalia, S. K. Mitra, and P. P. Vaidyanathan. The digital all-pass filter: A versatile signal processing building block. Proc. IEEE, 76:19-37, January 1988.

[Reg93] P. A. Regalia. Special filter designs. In S. K. Mitra and J. F. Kaiser, editors, Handbook for Digital Signal Processing, chapter 13, pages 967-980. Wiley-Interscience, New York NY, 1993.

[Ren87] M. Renfors and T. Saramäki. Recursive N-th band digital filters, Parts I and II. IEEE Trans. on Circuits and Systems, CAS-34:24-51, January 1987.

[Rob80] E. A. Robinson and S. Treitel. Geophysical Signal Analysis. Prentice Hall, Englewood Cliffs NJ, 1980.

[Ros71] A. E. Rosenberg. Effect of glottal pulse shape on the quality of natural vowels. J. Acoust. Soc. Am., 49:583-590, February 1971.

[Ros75] J. P. Rossi. Digital television image enhancement. SMPTE J., 84:545-551, July 1975.

[Rus2000] A. I. Russell. Efficient rational sampling rate alteration using IIR filters. IEEE Signal Processing Letters, 7:6-7, January 2000.

[San67] I. W. Sandberg. Floating-point-roundoff accumulation in digital filter realization. Bell System Technical Journal, 46: 1775-1791, October 1967.

[Sar88] T. Saramäki, Y. Neuvo, and S. K. Mitra. Design of computationally efficient interpolated FIR filters. IEEE Trans. on Circuits & Systems, CAS-35:70-88 1988.

[Sar93] T. Saramäki. Finite impulse response filter design. In S. K. Mitra and J. F. Kaiser, editors, Handbook for Digital Signal Processing, chapter 4, pages 155-278. Wiley-Interscience, New York NY, 1993.

[Sch18] I. Schur. Über potenzreihen, die im innern des einheitskreises beschränkt sind. Journal für Mathematik, 147:205-232, 1917.

[Sch72] H. W. Schüssler. On structures for nonrecursive digital filters. Archiv für Electrotechnik und Überstragunstechnik, 26: 255-258, June 1972.

[Sch75] M. Schwartz and L. Shaw. Signal Processing: Discrete Spectral Analysis, Detection, and Estimation. McGraw-Hill, New York NY, 1975.

(中文版)信号处理—离散频谱分析、检测和估计. [美] M. 许华兹 L. 肖 著. 茅于海 楼希澄 译. 北京:科学出版社.,1982 年 10 月

[Sha81] A. F. Shackil. Microprocessors and the MD. IEEE Spectrum, 18:45-49, April 1981.

[Shp90] D. J. Shpak and A. Antoniou. A generalized Remez method for the design of FIR digital filters. IEEE Trans. on Circuits & Systems, 37:161-174, February 1990.

[Sko62] M. I. Skolnik. Introduction to Radar Systems. McGraw-Hill, New York NY, 1962.

(英文版)雷达系统导论(第三版). 北京:电子工业出版社,2007 年 6 月

(中文版)雷达系统导论(第三版). [美]Merrill I. Skolnik 著. 左群声 徐国良 马林 王德纯等译. 北京:电子工业出版社,2006 年 4 月

[Skw65] J. K. Skwirzynski. Design Theory and Data for Electrical Filters. Van Nostrand Reinhold, New York NY, 1965.

[Smi91] J. O. Smith III. Viewpoints on the history of digital synthesis. In Proc. International Computer Music Conference, pages 1-10, Montreal, Que., Canada, October 1991.

[Smi84] M. J. T. Smith and T. P. Barnwell III. A procedure for designing exact reconstruction filter banks for tree-structured subband coders. In Proc. IEEE Conf. on Acoustics, Speech, and Signal Processing, pages 27. 1. 1-27. 1. 4, San Diego, CA, March 1984.

[Ste93] K. Steiglitz. Mathematical foundations of signal processing. In S. K. Mitra and J. F. Kaiser, editors, Handbook for Digital Signal Processing, chapter 2, pages 57-99. Wiley-Interscience, New York NY, 1993.

[Ste96] K. Steiglitz. A Digital Signal Processing Primer. AddisonWesley, Menlo Park CA, 1996.

[Sto66] T. G. Stockham Jr. High speed convolution and correlation. 1966 Spring Joint Computer Conference, AFIPS Proc, 28: 229-233, 1966.

[Sto94] G. Stoyanov and H. Clausert. A comparative study of first-order digital allpass filter sections. Frequenz, 48:221-226, September-October 1994.

[Str96] G. Strang and T. Nguyen. Wavelets and Filter Banks. Wellesley-Cambridge Press, Wellesley MA, 1996.

[Swe96] W. Sweldens. The lifting scheme: A custom-design construction of biorthogonal wavelets. Applied and Computational Harmonic Analysis, 3:186-200, 1996.

[Szc75a] J. Szczupak and S. K. Mitra. Digital filter realization using successive multiplier- extraction approach. IEEE Trans. Acoustics, Speech, and Signal Processing, ASSP-23:235-239, April 1975.

[Szc75b] J. Szczupak and S. K. Mitra. Detection, location, and removal of delay-free loops in digital filter configurations. IEEE Trans. Acoustics, Speech, and Signal Processing, ASSP-23:558-562, December 1975.

[Szc88] J. Szczupak, S. K. Mitra, and J. Fadavi-Ardekani. A computer-based synthesis method of structurally LBR digital allpass networks. IEEE Trans. on Circuits and Systems, CAS- 35:755-760, 1988.

[Tem73] G. C. Temes and S. K. Mitra, editors. Modern Filter Theory and Design. Wiley, New York NY, 1973.

(中文版)现代滤波器理论与设计. [美] 加博 C. 特默斯, 桑吉特 K. 米特纳 编. 王志洁译. 北京:人民邮电出版社,1984 年 11 月

[Tem77] G. C. Temes and J. W. LaPatra. Introduction to Circuit Synthesis and Design. McGraw- Hill, New York NY, 1977.

[Tha98] M. T. Tham. Dealing with measurement noise. http://lorien. ncl. ac. uk/ming/filter/filter. htm.

[Thô77] T. Thô' ng and B. Liu. Error spectrum shaping in narrow-band recursive digital filters. IEEE Trans. on Acoustics, Speech, and Signal Processing, ASSP-25:200-203, 1977.

[Thu2000] S. Thurnhofer. Two-dimensional Teager filters. In S. K. Mitra and G. Sicuranza, editors, Nonlinear Image Processing, chapter 6. Academic Press, New York NY, 2000.

[Tom81] W. J. Tompkins and J. G. Webster, editors. Design of Microcomputer-Based Medical Instrumentation. Prentice Hall, Englewood Cliffs NJ, 1981.

[Tri77] J. M. Tribolet. A new phase unwrapping algorithm. IEEE Trans. Acoustics, Speech, and Signal Processing, ASSP-25: 170-177, April 1977.

[Tri79] J. M. Tribolet. Seismic Applications of Homomorphic Signal Processing. Prentice Hall, Englewood Cliffs NJ, 1979.

[Tuk74] J. W. Tukey. Nonlinear (nonsuperposable) methods for smoothing data. Cong. Rec. EASCON, 73, 1974.

[Ünv75] Z. Ünver and K. Abdullah. A tighter practical bound on quantization errors in second- order digital filters with complex conjugate poles. IEEE Trans. on Circuits and Systems, CAS-22:632-633, July 1975.

[Urk58] H. Urkowitz. An extension to the theory of airborne moving target indicators. IRE Trans, ANE-5:210-214, December 1958.

[Vai84] P. P. Vaidyanathan and S. K. Mitra. Low passband sensitivity digital filters: A generalized viewpoint and synthesis procedures. Proc. IEEE, 72:404-423, 1984.

[Vai85a] P. P. Vaidyanathan. The doubly terminated lossless digital two-pair in digital filtering. IEEE Trans. on Circuits and Systems, CAS-32:197-200, 1985.

[Vai85b] P. P. Vaidyanathan and S. K. Mitra. Very low-sensitivity FIR filter implementation using "structural passivity" concept. IEEE Trans. on Circuits and Systems, CAS-32:360-364, April 1985.

[Vai85c] P. P. Vaidyanathan. On power-complementary FIR filters. IEEE Trans. on Circuits and Systems, CAS-32:1308-1310, December 1985.

[Vai86a] P. P. Vaidyanathan, S. K. Mitra, and Y. Neuvo. A new approach to the realization of lowsensitivity IIR digital filters. IEEE Trans. on Acoustics, Speech, and Signal Processing, ASSP-34:350-361, April 1986.

[Vai86b] P. P. Vaidyanathan. Passive cascaded-lattice structures for low-sensitivity FIR filter design, with application to filter banks. IEEE Trans. on Circuits and Systems, CAS-33:1045-1064, November 1986.

[Vai87a] P. P. Vaidyanathan and T. Q. Nguyen. Eigenfilters: A new approach to least-squares FIR filter design and applications including Nyquist filters. IEEE Trans. on Circuits and Systems, CAS-34:11-23, January 1987.

[Vai87b] P. P. Vaidyanathan and T. Q. Nguyen. A 'TRICK' for the design of FIR half-band filters. IEEE Trans. on Circuits and Systems, CAS-34:297-300, March 1987.

[Vai87c] P. P. Vaidyanathan. Low-noise and low-sensitivity digital filters. In D. F. Elliot, editor, Handbook of Digital Signal Processing, chapter 5. Academic Press, New York NY, 1987.

[Vai87d] P. P. Vaidyanathan. Quadrature mirror filter banks, M-band extensions and perfectreconstruction techniques. IEEE ASSP Magazine, 4:4-20, 1987.

[Vai87e] P. P. Vaidyanathan and S. K. Mitra. A unified structural interpretation and tutorial review of stability test procedures for linear systems. Proc. IEEE, 75:478-497, April 1987.

[Vai87f] P. P. Vaidyanathan, P. A. Regalia, and S. K. Mitra. Design of doubly-complementary IIR digital filters using a single complex allpass filter, with multirate applications. IEEE Trans. on Circuits and Systems, CAS-34:378-389, April 1987.

[Vai88a] P. P. Vaidyanathan and P-Q. Hoang. Lattice structures for optimal design and robust implementation of two-channel perfect-reconstruction QMF banks. IEEE Trans. on Acoustics, Speech, and Signal Processing, ASSP-36:81-94, January 1988.

[Vai88b] P. P. Vaidyanathan and S. K. Mitra. Polyphase networks, block digital filtering, LPTV systems, and alias-free QMF banks: A unified approach based on pseudocirculants. IEEE Trans. on Acoustics, Speech, and Signal Processing, ASSP-36:381-391, March 1988.

[Vai89] P. P. Vaidyanathan, T. Q. Nguyen, Z. Dôganata, and T. Saramäki. Improved technique for design of perfect reconstruction FIR QMF filter banks with lossless polyphase matrices. IEEE Trans. on Acoustics, Speech, and Signal Processing, ASSP-37:1042-1056, July 1989.

[Vai90] P. P. Vaidyanathan. Multirate digital filters, filter banks, polyphase networks, and applications: A tutorial. Proc. IEEE, 78:56-93, January 1990.

[Vai93] P. P. Vaidyanathan. Multirate Systems and Filter Banks. Prentice Hall, Englewood Cliffs NJ, 1993.

[Vai2001] P. P. Vaidyanathan and B. Vrcelj. Biorthogonal partners and applications. IEEE Trans. on Acoustics, Speech, and Signal Processing, 49:1013-1027, May 2001.

[Vet88] M. Vetterli. Running FIR and IIR filtering using multirate filter banks. IEEE Trans. on Acoustics, Speech and Signal Processing, ASSP-36:730-738, May 1988.

[Vet89] M. Vetterli and D. LeGall. Perfect reconstruction FIR filter banks: Some properties and factorization. IEEE Trans. on Acoustics, Speech and Signal Processing, 37:1057-1071, July 1989.

[Vet95] M. Vetterli and J. Kovacevic. Wavelets and Subband Coding. Prentice Hall, Englewood Cliffs NJ, 1995.

[Vla69] J. Vlach. Computerized Approximation and Synthesis of Linear Networks. Wiley, New York NY, 1969.

[Vla83] J. Vlach and K. Singhal. Computer Methods for Circuit Analysis and Design. VanNostrand Reinhold, New York NY, 1983.

(中文版)电路分析和设计的计算机方法.［加拿大］J. 瓦拉赫 K. 辛格尔 著. 汪蕙 李普成 刘润生 范崇治 译. 北京:科学出版社,1992 年 2 月.

[Wei69a] C. J. Weinstein and A. V. Oppenheim. A comparison of roundoff noise in fixed point and floating point digital filter realizations. Proc. IEEE, 57:1181-1183, June 1969.

[Wei69b] C. J. Weinstein. Roundoff noise in floating point fast Fourier transform computation. IEEE Trans. on Audio and Electroacoustics, AU-17:209-215, September 1969.

[Wel69] P. D. Welch. A fixed-point fast Fourier transform error analysis. IEEE Trans. on Audio and Electroacoustics, AU-17: 151-157, June 1969.

[Whi58] W. D. White. Synthesis of comb filters. Proc. National Electronics Conference, pages 279-285, 1958.

[Whi71] S. A. White. New method of synthesizing linear digital filters based on convolution integral. IEE Proc. (Corr.), 118: 348, February 1971.

[Wid56] B. Widrow. A study of rough amplitude quantization by means of Nyquist sampling theory. IRE Trans. on Circuit Theory, CT-3:266-276, December 1956.

[Wid61] B. Widrow. Statistical analysis of amplitude-quantized sampled-data systems. AIEE Trans. (Appl. Industry), 81:555-568, January 1961.

[Wil2010] A. N. Willson, Jr. Desensitized half-band filters. IEEE Trans. on Circuits & Systems, 57:152-165, January 2010.

[Wor89] J. M. Worham. Sound Recording Handbook. HowardW. Sams, Indianapolis IN, 1989.

[Yan82] G-T. Yan and S. K. Mitra. Modified coupled form digital-filter structures. Proc. IEEE (Letters), 70:762-763, July 1982.

[Yat2008] R. Yates and R. Lyons. DC blocker algorithms. IEEE Signal Processing Magazine, 25:132-134, March 2008.

[Yel96] D. Yellin and E. Weinstein. Multichannel signal separation: Methods and analysis. IEEE Trans. on Signal Processing, ASSP-44:106-118, January 1996.

[Yu90] T-H. Yu, S. K. Mitra, and H. Babic. Design of linear-phase FIR notch filters. Sadhana, 15:133-155, November 1990.

[Zöl97] U. Zölzer. Digital Audio Signal Processing. Wiley, New York NY, 1997.

[Zve67] A. I. Zverev. Handbook of Filter Synthesis. Wiley, New York NY, 1967.

索　　引

麦格劳-希尔教育教师服务表

尊敬的老师：您好！

感谢您对麦格劳-希尔教育的关注和支持！我们将尽力为您提供高效、周到的服务。与此同时，为帮助您及时了解我们的优秀图书，便捷地选择适合您课程的教材并获得相应的免费教学课件，请您协助填写此表，并欢迎您对我们的工作提供宝贵的建议和意见！

麦格劳-希尔教育 教师服务中心

★ 基本信息

姓		名		性别	
学校			院系		
职称			职务		
办公电话			家庭电话		
手机			电子邮箱		
省份		城市		邮编	
通信地址					

★ 课程信息

主讲课程-1		课程性质	
学生年级		学生人数	
授课语言		学时数	
开课日期		学期数	
教材决策日期		教材决策者	
教材购买方式		共同授课教师	
现用教材 书名/作者/出版社			

主讲课程-2		课程性质	
学生年级		学生人数	
授课语言		学时数	
开课日期		学期数	
教材决策日期		教材决策者	
教材购买方式		共同授课教师	
现用教材 书名/作者/出版社			

★ 教师需求及建议

提供配套教学课件 （请注明作者 / 书名 / 版次）			
推荐教材 （请注明感兴趣的领域或其他相关信息）			
其他需求			
意见和建议（图书和服务）			
是否需要最新图书信息	是/否	感兴趣领域	
是否有翻译意愿	是/否	感兴趣领域或 意向图书	

填妥后请选择电邮或传真的方式将此表返回，谢谢！

地址：北京市东城区北三环东路36号环球贸易中心A座702室，教师服务中心，100013

电话：010-5799 7618/7600 传真：010-5957 5582

邮箱：instructorchina@mheducation.com

网址：www.mheducation.com, www.mhhe.com

欢迎关注我们的微信公众号：MHHE0102

反侵权盗版声明